生命科学实验指南系列

Molecular Cloning: A Laboratory Manual (Fourth Edition)

分子克隆实验指南

（原书第四版）

（上册）

主　编　〔美〕M.R. 格林　J. 萨姆布鲁克
主　译　贺福初
副主译　陈　薇　杨晓明

科学出版社

北　京

图字：01-2013-2619 号

内 容 简 介

　　分子克隆技术 30 多年来一直是全球生命科学领域实验室专业技术的基础。冷泉港实验室出版社出版的《分子克隆实验指南》一书拥有的可靠性和权威性，使本书成为业内最流行、最具影响力的实验室操作指南。

　　第四版的《分子克隆实验指南》保留了之前版本中备受赞誉的细节和准确性，10 个原有的核心章节经过更新，反映了标准技术的发展和创新，并介绍了一些前沿的操作步骤。同时还修订了第三版中的核心章节，以突出现有的核酸制备和克隆、基因转移及表达分析的策略和方法，并增加了 12 个新章节，专门介绍最激动人心的研究策略，包括利用 DNA 甲基化技术和染色质免疫沉淀的表观遗传学分析、RNAi、新一代测序技术，以及如何处理数据生成和分析的生物信息学，例如介绍了分析工具的使用，如何比较基因和蛋白质的序列，鉴定多个基因的常见表达模式等。本书还保留了必不可少的附录，包括试剂和缓冲液、常用技术、检测系统、一般安全原则和危险材料。

　　任何使用分子生物学技术的基础研究实验室都将因拥有一部《分子克隆实验指南》而受益。本书可作为学习遗传学、分子生物学、细胞生物学、发育生物学、微生物学、神经科学和免疫学等学科的重要指导用书，可供生物学、医药卫生，以及农林牧渔、检验检疫等方面的科研、教学与技术人员参考。

Originally published in English as *Molecular Cloning: A Laboratory Manual*, Fourth Edition, by Michael R.Green and Joseph Sambrook © 2012 Cold Spring Harbor Laboratory Press, Cold Spring Harbor, New York, USA

© 2017 Science Press. Printed in China.

Authorized simplified Chinese translation of the English edition © 2012 Cold Spring Harbor Laboratory Press. This translation is published and sold by permission of Cold Spring Harbor Laboratory Press, the owner of all rights to publish and sell the same.

图书在版编目(CIP)数据

分子克隆实验指南：第四版/（美）M.R.格林（Michael R. Green），（美）J. 萨姆布鲁克（Joseph. Sambrook）主编；贺福初主译.—北京：科学出版社，2017.3
　　（生命科学实验指南系列）
　　书名原文：Molecular Cloning: A Laboratory Manual (Fourth Edition)
　　ISBN 978-7-03-051997-9

Ⅰ.①分… Ⅱ.①M… ②J… ③贺… Ⅲ.①分子生物学-克隆-实验-指南 Ⅳ.①Q785-33

中国版本图书馆 CIP 数据核字（2017）第 042159 号

责任编辑：王 静 李 悦 刘 晶 夏 梁／责任校对：郑金红
责任印制：赵 博／封面设计：刘新新

科 学 出 版 社 出版
北京东黄城根北街 16 号
邮政编码：100717
http://www.sciencep.com
天津市新科印刷有限公司印刷
科学出版社发行　各地新华书店经销
*
2017 年 3 月第 一 版　　开本：880×1230　1/16
2025 年 1 月第 八 次印刷　　印张：103 1/2
字数：2 808 000

定价：598.00 元（上、中、下册）
（如有印装质量问题，我社负责调换）

《分子克隆实验指南》（第四版）翻译及校对人员名单

主　译：贺福初

副主译：陈　薇　杨晓明

译校者名单：（按姓氏汉语拼音排序）

伯晓晨	陈红星	陈苏红	陈　薇	陈昭烈	陈忠斌
程　龙	迟象阳	丁丽华	付汉江	葛常辉	郭　宁
韩勇军	贺福初	侯利华	胡显文	李长燕	李建民
李伍举	梁　龙	林艳丽	刘威岑	刘星明	仇纬祎
邵　勇	宋　伦	宋　宜	孙　强	田春艳	铁　轶
童贻刚	汪　莉	王婵娟	王恒樑	王　建	王　俊
王　双	王友亮	吴　军	吴诗坡	徐俊杰	徐小洁
杨晓明	杨益隆	叶玲玲	叶棋浓	于长明	于　淼
于学玲	余云舟	张　浩	张令强	张　哲	赵　镈
赵　怡	赵志虎	郑晓飞	朱　力		

统筹人员名单：

王　琰	韩　铁	郑晓飞	阎明凡	徐俊杰	于学玲
张金龙					

译者序

天地玄黄，宇宙洪荒。人类的生命在日月星辰的映衬下显得如此微茫，但人类对科研探索的执着追求却给世界带来了翻天覆地的变化。1953 年 DNA 双螺旋结构的发现解开了"生命之谜"，从此生物科技的发展突飞猛进。《分子克隆实验指南》一书就是在生物技术更新换代的背景下应运而生的。这部分子生物学领域的经典巨著、生命科学前沿科研的实验室"圣经"，自 1982 年问世以来便受到世界关注，后经 1989、2001 年两次再版，一直是科学实验和技术领域的中流砥柱，该书提供的精妙的实验室方案使它成为分子生物学领域的黄金标准。

本书为第四版，在第三版的基础上修订了核心章节，新增包括新一代测序技术、DNA 甲基化技术、染色质免疫沉淀和生物信息学分析等前沿技术，并尽可能全面地囊括分子生物学的实验方法。为广大科研人员探索基因图谱提供了多种新的实验技术和方法。

近年来，生物科技步伐进一步加快，基因编辑等颠覆性生物技术风生水起，而《分子克隆实验指南》一书为基因的分离、克隆、重组、表达等研究承担着铺路石的职能，在整个生命科学领域，尤其是分子生物学领域发挥着不可或缺的基石作用，对人类生物技术的未来也将施以辐射式的深远影响。

军事医学科学院的广大学者，在繁忙的科研工作之余，秉承致之以求、精益求精、与时俱进的科研精神，挑灯夜战、牺牲节假日，在指定时间内将本书第四版译为中文。希望此书能进一步推动我国分子生物技术的更大、更快发展，助更多华人科学家取得不凡的成就。

是为序。

译　者
2017 年 3 月

第四版前言

人类和模式生物全基因组序列的获得对各领域生物学家现有的科研方式产生了深远影响。对浩瀚的基因图谱的探索需要开发多种新的实验技术和方法，传统的克隆手册必然会过时，已建立的方法也会被淘汰，这都是《分子克隆实验指南》一书全新版本问世的主要推动力。

在准备《分子克隆实验指南》（第四版）的初期，我们进行了全面的回顾来决定哪些旧材料应被保留，哪些新材料需要补充，最难的是，哪些材料应该被删除。在回顾过程中，许多科学家提出了宝贵的建议，他们的名字在下一页的致谢中列出，我们对他们深表感激。

仅是一本实验室手册当然不可能涵盖所有的分子生物学实验方法，所以必须从中做出选择，有时是艰难的选择。我们猜测对于其中一部分选择，有些人会提出异议。然而我们的两个指导原则是：第一，《分子克隆实验指南》是"以核酸为中心"的实验室手册，因而总体上我们没有选取非直接涉及 DNA 或 RNA 的实验方法。所以，尽管本书中有分析蛋白质之间相互作用的酵母双杂交实验操作的章节，但并不包括许多其他的不直接涉及核酸的蛋白质间相互作用的研究方法。第二，本着 John Lockean "为尽可能多的人们做最多的善事"的思想，我们尝试囊括尽可能多的广泛用于分子和细胞实验室的以核酸为基础的方法。对我们而言，较为困难的任务是决定哪些材料应该被删除，而这个任务在与冷泉港实验室出版社协商之后难度大大降低，他们同意把较陈旧的方法放在冷泉港方案网站上（www.cshprotocols.org），方便大家免费获取。

由于新实验方法的激增，由一个人（甚至两个人）权威撰写所有相关的实验方法是根本不现实的。因此，与前一版《分子克隆实验指南》最大的不同是组织了众多领域内的专家们来撰写指定章节，提供指定方案。没有他们这些科学家的热心参与，本书不可能呈献给大家。

自第三版《分子克隆实验指南》问世后，各种商业化试剂盒层出不穷，这是一把双刃剑。一方面，试剂盒提供了极大的便利，尤其用于个别实验室非常规的实验操作；另一方面，试剂盒可能经常太过便利，使得使用者在进行实验时并不理解方法背后的原理。我们提供了商业化试剂盒列表，并描述它们如何工作，以尝试解决这一矛盾。

许多人对《分子克隆实验指南》（第四版）的出版发挥着重要的作用，我们对他们表示由衷的感谢。Ann Boyle 帮助《分子克隆实验指南》（第四版）起步，在项目早期也承担了关键的组织角色，后来，她的任务由其得力助手 Alex Gann 接手。Sara Deibler 在《分子克隆实验指南》（第四版）所有时期的各个方面都做出了贡献，尤其是协助撰写、编辑和校对。Monica Aalani 对第 9 章的内容和撰写做出了极大的贡献。

我们特别感谢冷泉港实验室出版社员工的热情支持以及卓越合作和包容，尤其是 Jan Argentine，她负责整个项目并把关财务。感谢我们的项目经理 Maryliz Dickerson、项目编辑 Kaaren Janssen、Judy Cuddihy 和 Michael Zierler，制作经理 Denise Weiss，制作编辑 Kathleen Bubbeo，当然还有冷泉港实验室出版社的幕后智囊 John Inglis。

Michael R. Green

Joseph Sambrook

致谢

作者希望感谢以下这些提供了十分有价值帮助的人员：

H. Efsun Arda	Nathan Lawson	Narendra Wajapeyee
Michael F. Carey	Chengjian Li	Marian Walhout
Darryl Conte	Ling Lin	Phillip Zamore
Job Dekker	Donald Rio	Maria Zapp
Claude Gazin	Sarah Sheppard	
Paul Kaufman	Stephen Smale	

冷泉港出版社希望感谢以下人员：

Paula Bubulya	Nicole Nichols	Barton Slatko
Tom Bubulya	Sathees Raghavan	

目　　录

上　册

第 1 章　DNA 的分离及定量···1

导言··2

方案 1　SDS 碱裂解法制备质粒 DNA：少量制备···························9

方案 2　SDS 碱裂解法制备质粒 DNA：大量制备·························12

方案 3　从革兰氏阴性菌（如 *E.coli*）中分离 DNA······················15

方案 4　乙醇法沉淀 DNA···17

方案 5　异丙醇法沉淀 DNA···21

方案 6　用微量浓缩机进行核酸的浓缩和脱盐·····························22

方案 7　丁醇抽提法浓缩核酸···23

方案 8　聚乙二醇沉淀法制备 M13 噬菌体单链 DNA····················24

方案 9　M13 噬菌体铺平板···27

方案 10　M13 噬菌体液体培养···30

方案 11　M13 噬菌体双链（复制型）DNA 的制备························32

方案 12　利用有机溶剂分离纯化高分子质量 DNA·······················35

方案 13　用蛋白酶 K 和苯酚从哺乳动物细胞中分离高分子质量 DNA··········37

方案 14　一步法同时提取细胞或组织中的 DNA、RNA 和蛋白质····43

方案 15　从鼠尾或其他小样本中制备基因组 DNA·······················46

替代方案：不使用有机溶剂从鼠尾分离 DNA·································48

替代方案：一管法从鼠尾中分离 DNA···49

方案 16　快速分离酵母 DNA···50

方案 17　微型凝胶电泳后使用溴化乙锭（EB）估算条带中 DNA 数量····52

方案 18　利用 Hoechst 33258 通过荧光分析仪估算 DNA 浓度·······53

方案 19　用 PicoGreen 定量溶液中的 DNA····································55

信息栏··56

第 2 章　DNA 分析···62

导言··63

方案 1　琼脂糖凝胶电泳···73

方案 2　琼脂糖凝胶中 DNA 的染色检测·······································76

方案 3　聚丙烯酰胺凝胶电泳···80

方案 4　聚丙烯酰胺凝胶中 DNA 的染色检测·······························85

方案 5　聚丙烯酰胺凝胶中 DNA 的放射自显影检测·····················86

方案 6　碱性琼脂糖凝胶电泳···87

附加方案：碱性琼脂糖凝胶的放射自显影·····································90

方案 7　成像：放射自显影和感光成像···91

方案 8　用玻璃珠从琼脂糖凝胶中回收 DNA·································96

方案 9 低熔点琼脂糖凝胶中 DNA 的回收：有机溶剂抽提法 ················· 98

方案 10 聚丙烯酰胺凝胶中 DNA 片段的回收：压碎与浸泡法 ················· 101

方案 11 Southern 印迹 ················· 103

方案 12 Southern 印迹：DNA 从一块琼脂糖凝胶同时向两张膜转移 ················· 110

方案 13 采用放射性标记探针对固定在膜上的核酸 DNA 进行 Southern 杂交 ········· 112

附加方案：从膜上洗脱探针 ················· 117

信息栏 ················· 119

第 3 章 质粒载体克隆与转化 ················· 122

导言 ················· 123

方案 1 制备和转化感受态大肠杆菌的 Hanahan 方法：高效转化策略 ················· 126

方案 2 制备和转化感受态大肠杆菌的 Inoue 方法："超级感受态"细胞 ················· 131

方案 3 大肠杆菌的简单转化：纳米颗粒介导的转化 ················· 135

替代方案：一步法制备感受态大肠杆菌：在同一溶液中转化和储存细菌细胞 ········· 136

方案 4 电穿孔法转化大肠杆菌 ················· 138

方案 5 质粒载体克隆：定向克隆 ················· 143

方案 6 质粒载体克隆：平末端克隆 ················· 145

方案 7 质粒 DNA 的去磷酸化 ················· 148

方案 8 向平末端 DNA 添加磷酸化衔接子/接头 ················· 150

方案 9 克隆 PCR 产物：向扩增 DNA 的末端添加限制性酶切位点 ················· 151

方案 10 克隆 PCR 产物：平末端克隆 ················· 154

方案 11 克隆 PCR 产物：制备 T 载体 ················· 157

方案 12 克隆 PCR 产物：TA 克隆 ················· 159

方案 13 克隆 PCR 产物：TOPO TA 克隆 ················· 161

方案 14 使用 X-Gal 和 IPTG 筛选细菌菌落：α-互补 ················· 165

信息栏 ················· 167

第 4 章 Gateway 重组克隆 ················· 205

导言 ················· 206

方案 1 扩增 Gateway 载体 ················· 210

方案 2 制备可读框入门克隆和目的克隆 ················· 213

方案 3 应用多位点 LR 克隆反应制备目的克隆 ················· 219

信息栏 ················· 222

第 5 章 细菌人工染色体及其他高容量载体的应用 ················· 223

导言 ················· 224

方案 1 BAC DNA 的小量分离和 PCR 检验 ················· 235

方案 2 BAC DNA 的大量制备和线性化 ················· 238

方案 3 通过脉冲电场凝胶电泳检验 BAC DNA 的质量和数量 ················· 241

方案 4 两步 BAC 工程：穿梭载体 DNA 的制备 ················· 242

方案 5 A 同源臂（A-Box）和 B 同源臂（B-Box）的制备 ················· 244

方案 6 克隆 A 和 B 同源臂到穿梭载体 ················· 247

方案 7 重组穿梭载体的制备和检验 ················· 249

方案 8 通过电穿孔法转化重组穿梭载体到感受态 BAC 宿主细胞 ················· 251

方案 9 共合体的检验和重组 BAC 克隆的筛选 ················· 253

方案 10　一步 BAC 修饰：质粒制备 ··· 256

方案 11　A 同源臂（A-Box）的制备 ·· 259

方案 12　克隆 A 同源臂到报道穿梭载体 ·· 260

方案 13　用 RecA 载体转化 BAC 宿主 ··· 263

方案 14　转移报道载体到 BAC/RecA 细胞以及共合体的筛选 ················ 265

方案 15　酿酒酵母（S. cerevisiae）的生长和 DNA 制备 ························ 267

方案 16　酵母 DNA 的小量制备 ··· 269

信息栏 ·· 270

第 6 章　真核细胞 RNA 的提取、纯化和分析 ·· 275

导言 ·· 276

方案 1　从哺乳动物的细胞和组织中提取总 RNA ···································· 279

替代方案　从小量样本提取 RNA ·· 281

方案 2　从斑马鱼胚胎和成体中提取总 RNA ··· 282

方案 3　从黑腹果蝇提取总 RNA ··· 283

方案 4　从秀丽隐杆线虫中提取总 RNA ··· 285

方案 5　从酿酒酵母菌中采用热酸酚提取总 RNA ···································· 287

方案 6　RNA 定量和储存 ·· 289

方案 7　RNA 的乙醇沉淀 ·· 295

方案 8　通过无 RNase 的 DNase Ⅰ 处理去除 RNA 样品中的 DNA 污染 ········ 297

方案 9　Oligo（dT）磁珠法提取 poly（A）$^+$ mRNA ··························· 298

方案 10　按照大小分离 RNA：含甲醛的琼脂糖凝胶电泳 ······················ 308

方案 11　根据分子质量大小分离 RNA：RNA 的尿素变性聚丙烯酰胺凝胶电泳 ····· 312

方案 12　琼脂糖凝胶中变性 RNA 的转膜和固定 ···································· 319

替代方案　下行毛细管转移 ·· 323

方案 13　聚丙烯酰胺凝胶的电转移和膜固定 ··· 325

方案 14　Northern 杂交 ··· 327

方案 15　纯化 RNA 的点杂交和狭缝杂交 ··· 330

方案 16　用核酸酶 S1 对 RNA 作图 ··· 342

方案 17　核糖核酸酶保护分析：用核糖核酸酶和放射性标记的 RNA 探针
　　　　　对 RNA 作图 ·· 349

方案 18　引物延伸法分析 RNA ··· 355

信息栏 ·· 359

第 7 章　聚合酶链反应 ·· 363

导言 ·· 364

方案 1　基础 PCR ·· 375

方案 2　热启动 PCR ··· 380

方案 3　降落 PCR ··· 383

方案 4　高 GC 含量模板的 PCR 扩增 ·· 385

方案 5　长片段高保真 PCR（LA　PCR） ··· 390

方案 6　反向 PCR ··· 393

方案 7　巢式 PCR ··· 397

方案 8　mRNA 反转录产物 cDNA 的扩增：两步法 RT-PCR ·················400
方案 9　由 mRNA 的 5′端进行序列的快速扩增：5′-RACE ·················409
方案 10　由 mRNA 的 3′端进行序列的快速扩增：3′-RACE ·················416
方案 11　使用 PCR 筛选克隆 ·················422
信息栏 ·················424

第 8 章　生物信息学 ·················431

导言 ·················432
方案 1　使用 UCSC 基因组浏览器将基因组注释可视化 ·················434
方案 2　使用 BLAST 和 ClustalW 进行序列比对和同源性检索 ·················444
方案 3　使用 Primer3Plus 设计 PCR 引物 ·················450
方案 4　使用微阵列和 RNA-seq 进行表达序列谱分析 ·················461
方案 5　将上亿短读段定位至参考基因组上 ·················472
方案 6　识别 ChIP-seq 数据集中富集的区域（寻峰） ·················483
方案 7　发现顺式调控基序 ·················495
信息栏 ·················503

中　册

第 9 章　实时荧光聚合酶链反应定量检测 DNA 及 RNA ·················509

导言 ·················510
方案 1　实时 PCR 反应用引物和探针浓度的优化 ·················532
方案 2　制作标准曲线 ·················537
方案 3　实时荧光 PCR 定量检测 DNA ·················540
方案 4　实时荧光 PCR 定量检测 RNA ·················542
方案 5　实时荧光 PCR 实验数据的分析和归一化 ·················545
信息栏 ·················550

第 10 章　核酸平台技术 ·················551

导言 ·················552
方案 1　印制微阵列 ·················560
方案 2　Round A/Round B DNA 扩增 ·················564
方案 3　核小体 DNA 和其他小于 500bp 的 DNA 的 T7 线性扩增（TLAD） ·················567
方案 4　RNA 的扩增 ·················572
方案 5　RNA 的 Cyanine-dUTP 直接标记 ·················578
方案 6　RNA 的氨基烯丙基-dUTP 间接标记 ·················581
方案 7　用 Klenow 酶对 DNA 进行 Cyanine-dCTP 标记 ·················583
方案 8　DNA 的间接标记 ·················585
方案 9　封闭自制微阵列上的多聚赖氨酸 ·················587
方案 10　自制微阵列的杂交 ·················589

第 11 章　DNA 测序 ·················595

导言 ·················596
方案 1　毛细管测序质粒亚克隆的制备 ·················620

方案 2　毛细管测序之 PCR 产物的制备 ……………………………………………… 625

方案 3　循环测序反应 ………………………………………………………………… 627

方案 4　全基因组：手工文库制备 …………………………………………………… 630

方案 5　全基因组：自动化的无索引文库制备 ……………………………………… 636

附加方案　自动化的文库制备 ………………………………………………………… 642

方案 6　全基因组：自动化的带索引文库制备 ……………………………………… 644

方案 7　用于 Illumina 测序的 3kb 末端配对文库的制备 …………………………… 651

方案 8　用于 Illumina 测序的 8kb 末端配对文库的制备 …………………………… 659

附加方案　AMPure 磁珠校准 ………………………………………………………… 671

方案 9　RNA-Seq:RNA 反转录为 cDNA 及其扩增 ………………………………… 673

附加方案　RNAClean XP 磁珠纯化（RNA-Seq 前）……………………………… 679

方案 10　液相外显子组捕获 …………………………………………………………… 680

附加方案　AMPure XP 磁珠纯化 …………………………………………………… 688

附加方案　琼脂糖凝胶大小筛选 ……………………………………………………… 689

方案 11　自动化大小筛选 …………………………………………………………… 690

方案 12　用 SYBR Green-qPCR 进行文库定量 …………………………………… 693

方案 13　用 PicoGreen 荧光法进行文库 DNA 定量 ……………………………… 696

方案 14　文库定量：用 Qubit 系统对双链或单链 DNA 进行荧光定量 ………… 700

方案 15　为 454 测序制备小片段文库 ……………………………………………… 702

方案 16　单链 DNA 文库的捕获及 emPCR …………………………………………… 708

方案 17　Roche/454 测序：执行一个测序运行 …………………………………… 714

方案 18　结果有效性确认 …………………………………………………………… 721

方案 19　测序数据的质量评估 ……………………………………………………… 723

方案 20　数据分析 …………………………………………………………………… 724

信息栏 …………………………………………………………………………………… 725

第 12 章　哺乳动物细胞中 DNA 甲基化分析 ……………………………………… 729

导言 …………………………………………………………………………………… 730

方案 1　DNA 亚硫酸氢盐测序法检测单个核苷酸的甲基化 ……………………… 735

方案 2　甲基化特异性聚合酶链反应法检测特定基因的 DNA 甲基化 …………… 742

方案 3　基于甲基化胞嘧啶免疫沉淀技术的 DNA 甲基化分析 …………………… 745

方案 4　高通量深度测序法绘制哺乳动物细胞 DNA 甲基化图谱 ………………… 749

方案 5　亚硫酸氢盐转化的 DNA 文库的 Roche 454 克隆测序 …………………… 760

方案 6　亚硫酸氢盐转化的 DNA 文库的 Illumina 测序 …………………………… 765

信息栏 …………………………………………………………………………………… 770

第 13 章　标记的 DNA 探针、RNA 探针和寡核苷酸探针的制备 ……………… 775

导言 …………………………………………………………………………………… 776

方案 1　随机引物法：用随机寡核苷酸延伸法标记纯化的 DNA 片段 …………… 792

方案 2　随机引物法：在融化琼脂糖存在下用随机寡核苷酸延伸法标记 DNA …… 798

方案 3　用切口平移法标记 DNA 探针 ……………………………………………… 800

方案 4　用聚合酶链反应标记 DNA 探针 …………………………………………… 804

附加方案　不对称探针 ……………………………………………………………… 808

方案 5　体外转录合成单链 RNA 探针 ……………………………………………… 809

附加方案　用 PCR 法将噬菌体编码的 RNA 聚合酶启动子加至 DNA 片段上 ········· 816

方案 6　用随机寡核苷酸引物法从 mRNA 合成 cDNA 探针 ···················· 818

方案 7　用随机寡核苷酸延伸法制备放射性标记的消减 cDNA 探针 ············ 820

方案 8　用大肠杆菌 DNA 聚合酶 I 的 Klenow 片段标记双链 DNA 的 3′端 ······ 825

方案 9　用碱性磷酸酶进行 DNA 片段的去磷酸化 ···························· 831

方案 10　含 5′突出羟基端的 DNA 分子磷酸化 ······························ 833

方案 11　去磷酸化的平端或 5′凹端 DNA 分子的磷酸化 ······················ 836

方案 12　用 T4 多核苷酸激酶进行寡核苷酸 5′端的磷酸化 ···················· 839

方案 13　用末端脱氧核苷酸转移酶标记寡核苷酸 3′端 ······················· 841

替代方案　用 TdT 合成非放射性标记的探针 ······························· 843

附加方案　加尾反应 ··· 843

附加方案　合成非放射性标记探针的修饰 ·································· 844

方案 14　用大肠杆菌 DNA 聚合酶 I 的 Klenow 片段标记合成的寡核苷酸 ········ 845

方案 15　用乙醇沉淀法纯化标记的寡核苷酸 ································ 849

方案 16　用空间排阻层析法纯化标记的寡核苷酸 ···························· 850

方案 17　用 Sep-Pak C$_{18}$柱色谱法纯化标记的寡核苷酸 ···················· 852

方案 18　寡核苷酸探针在水溶液中杂交：在含季铵盐缓冲液中洗涤 ············ 854

信息栏 ··· 857

第 14 章　体外诱变方法 ·· 871

导言 ·· 872

方案 1　用易错 DNA 聚合酶进行随机诱变 ································· 879

方案 2　重叠延伸 PCR 产生插入或缺失诱变 ······························· 890

方案 3　以双链 DNA 为模板的体外诱变：用 *Dpn* I 选择突变体 ·············· 897

方案 4　突变型β-内酰胺酶选择法定点诱变 ······························· 904

方案 5　通过单一限制性位点消除进行寡核苷酸 指导的诱变（USE 诱变） ······ 910

方案 6　利用密码子盒插入进行饱和诱变 ·································· 915

方案 7　随机扫描诱变 ·· 922

方案 8　多位点定向诱变 ·· 926

方案 9　基于 PCR 的大引物诱变 ·· 930

信息栏 ··· 933

第 15 章　向培养的哺乳动物细胞中导入基因 ·························· 937

导言 ·· 938

方案 1　阳离子脂质试剂介导的 DNA 转染 ································· 942

替代方案　采用 DOTMA 和 DOGS 进行转染 ······························ 948

附加方案　单层细胞组织化学染色检测β-半乳糖苷酶 ······················ 950

方案 2　磷酸钙介导的质粒 DNA 转染真核细胞 ···························· 952

替代方案　磷酸钙介导的质粒 DNA 高效转染真核细胞 ······················ 956

方案 3　磷酸钙介导的高分子质量基因组 DNA 转染细胞 ···················· 959

替代方案　磷酸钙介导的贴壁细胞的转染 ·································· 962

替代方案　磷酸钙介导的悬浮生长细胞的转染 ······························ 963

方案 4　DEAE-葡聚糖介导的转染：高效率的转染方法 ······················ 964

替代方案　DEAE-葡聚糖介导的转染：提高细胞活力的方案 ·················· 966

方案 5 电穿孔转染 DNA ··· 968

方案 6 通过 alamarBlue 法分析细胞活力 ·· 972

方案 7 通过乳酸脱氢酶法分析细胞活力 ·· 974

方案 8 通过 MTT 法分析细胞活力 ·· 977

信息栏 ·· 980

第 16 章 向哺乳动物细胞中导入基因：病毒载体 ································ 998

导言 ·· 999

方案 1 直接克隆法构建重组腺病毒基因组 ·································· 1019

方案 2 将克隆的重组腺病毒基因组释放用于挽救和扩增 ·········· 1023

方案 3 氯化铯梯度沉降法纯化重组腺病毒 ·································· 1028

方案 4 限制性内切核酸酶消化法鉴定纯化后的重组腺病毒基因组 ··· 1031

方案 5 TCID$_{50}$ 终点稀释结合 qPCR 测定重组腺病毒感染滴度 ······ 1034

附加方案 准备 qPCR 的 DNA 标准品 ·· 1042

方案 6 浓缩传代和 Real-Time qPCR 法检测有复制能力腺病毒（RCA） ··· 1043

方案 7 瞬时转染法制备 rAAV ·· 1051

方案 8 氯化铯梯度沉降法纯化 rAAV ·· 1054

方案 9 碘克沙醇梯度离心法纯化 rAAV ······································· 1059

方案 10 肝素亲和层析法纯化 rAAV2 ·· 1062

方案 11 阴离子交换柱层析法从碘克沙醇梯度离心后的 rAAV 样本中富集
        完全包装病毒 ·· 1065

方案 12 实时定量 PCR 法测定 rAAV 基因组拷贝数 ····················· 1068

方案 13 TCID$_{50}$ 终点稀释结合 qPCR 法灵敏测定 rAAV 感染滴度 ······ 1071

方案 14 负染色法和高分辨电子显微镜分析 rAAV 样本形态 ········· 1074

方案 15 银染 SDS-PAGE 分析 rAAV 纯度 ····································· 1076

方案 16 高滴度反转录病毒和慢病毒载体的制备 ·························· 1079

方案 17 慢病毒载体的滴定 ··· 1085

方案 18 监测慢病毒载体储备液中的可复制型病毒 ····················· 1089

信息栏 ··· 1091

下 册

第 17 章 利用报道基因系统分析基因表达调控 ······························ 1102

导言 ··· 1103

方案 1 哺乳动物细胞提取物中 β-半乳糖苷酶的测定 ···················· 1112

附加方案 化学发光实验检测 β-半乳糖苷酶活性 ························· 1115

方案 2 单萤光素酶报道基因实验 ··· 1118

方案 3 双萤光素酶报道基因实验 ··· 1123

方案 4 酶联免疫吸附试验定量检测绿色荧光蛋白 ······················ 1128

方案 5 用四环素调控基因表达建立细胞系 ·································· 1131

附加方案 有限稀释法筛选悬浮细胞的稳定克隆 ························· 1138

信息栏 ··· 1140

第 18 章　RNA 干扰与小 RNA 分析 ···················· 1170

导言 ·························· 1171

方案 1　双链 siRNA 制备 ·························· 1185

方案 2　通过转染双链 siRNA 在哺乳动物细胞中进行 RNA 干扰 ·········· 1187

方案 3　通过转染双链 siRNA 在果蝇 S2 细胞中进行 RNA 干扰 ·········· 1190

方案 4　体外转录法制备 dsRNA ·························· 1192

方案 5　采用 dsRNA 浸泡果蝇 S2 细胞进行 RNA 干扰 ············ 1196

方案 6　采用 dsRNA 转染在果蝇 S2 细胞中进行 RNA 干扰 ·········· 1198

方案 7　小 RNA 的 Northern 杂交分析 ···················· 1199

方案 8　反转录定量 PCR 分析小 RNA ···················· 1203

方案 9　构建小 RNA 高通量测序文库 ···················· 1206

方案 10　抑制 miRNA 功能的反义寡核苷酸制备 ·············· 1215

方案 11　在哺乳动物细胞中通过反义寡核苷酸抑制 miRNA 功能 ········ 1216

方案 12　在果蝇 S2 细胞中通过反义寡核苷酸抑制 miRNA 功能 ········ 1218

信息栏 ·························· 1219

第 19 章　克隆基因的表达以及目的蛋白的纯化和分析 ············ 1225

导言 ·························· 1226

方案 1　在大肠杆菌中利用可用 IPTG 诱导的启动子表达克隆化基因 ······ 1249

附加方案　目标蛋白可溶性表达的小量试验 ·················· 1255

替代方案　在大肠杆菌中利用阿拉伯糖 BAD 启动子表达克隆基因 ········ 1260

替代方案　信号肽融合蛋白的亚细胞定位 ·················· 1261

方案 2　用杆状病毒表达系统表达克隆基因 ·················· 1265

附加方案　噬菌斑测定法确定杆状病毒原液的滴度 ············ 1271

替代方案　用于转染昆虫细胞的杆粒 DNA 制备 ·············· 1274

方案 3　用甲醇诱导启动子 *AOX1* 在毕赤酵母中表达克隆基因 ········ 1277

附加方案　酵母培养物的冻存 ·························· 1287

方案 4　用于纯化大肠杆菌中表达可溶性蛋白的细胞提取物的制备 ······ 1291

附加方案　酵母细胞玻璃珠裂解法 ···················· 1296

替代方案　温和的热诱导的酶裂解法制备大肠杆菌细胞提取物 ········ 1298

替代方案　用溶菌酶裂解和冻融法联用制备大肠杆菌细胞提取物 ········ 1300

方案 5　采用固化的金属亲和层析纯化多聚组氨酸标记的蛋白质 ········ 1302

附加方案　Ni^{2+}-NTA 树脂的清洗与再生 ·················· 1309

替代方案　组氨酸标签蛋白的快速液相色谱纯化 ·············· 1310

方案 6　采用谷胱甘肽树脂以亲和层析纯化融合蛋白 ············ 1314

方案 7　包含体中表达蛋白的增溶 ···················· 1321

方案 8　蛋白质的 SDS-PAGE ·························· 1325

替代方案　用考马斯亮蓝进行 SDS-PAGE 凝胶染色的各种不同方法 ······ 1335

替代方案　用银盐进行 SDS-PAGE 凝胶染色 ·················· 1336

方案 9　蛋白质的免疫印迹分析 ·························· 1340

方案 10　测定蛋白质浓度的方法 ···················· 1347

信息栏 ·························· 1353

第 20 章　利用交联技术分析染色质结构与功能 ································· 1358

　　导言 ··· 1359

　　方案 1　甲醛交联 ·· 1369

　　方案 2　制备用于染色质免疫沉淀的交联染色质 ······················· 1371

　　方案 3　染色质免疫沉淀（ChIP） ··· 1373

　　方案 4　染色质免疫沉淀-定量聚合酶链反应（ChIP-qPCR） ········· 1377

　　方案 5　染色质免疫沉淀-芯片杂交（ChIP-chip） ······················ 1378

　　方案 6　染色质免疫沉淀-高通量测序（ChIP-seq） ····················· 1385

　　方案 7　交联细胞 3C 文库的制备 ·· 1389

　　方案 8　环形染色质免疫沉淀（ChIP-loop）文库的制备 ··············· 1393

　　方案 9　连接产物对照组文库的制备 ·· 1398

　　方案 10　PCR 检测 3C、ChIP-loop 和对照文库中的 3C 连接产物：文库滴定与

　　　　　　相互作用频率分析 ·· 1400

　　方案 11　3C、ChIP-loop 和对照组文库的 4C 分析 ····················· 1404

　　方案 12　3C、ChIP-loop 和对照组文库的 5C 分析 ····················· 1408

　　信息栏 ··· 1412

第 21 章　紫外交联免疫沉淀（CLIP）技术进行体内 RNA 结合位点作图 ··· 1415

　　导言 ··· 1416

　　方案 1　CLIP 实验免疫沉淀严谨性的优化 ································· 1424

　　方案 2　活细胞的紫外交联和裂解物制备 ··································· 1429

　　方案 3　RNA 酶滴定、免疫沉淀及 SDS-PAGE ························· 1432

　　方案 4　3′-接头的连接和用 SDS-PAGE 进行大小选择 ················· 1441

　　替代方案　去磷酸化 RL3 接头 5′端的标记 ································· 1445

　　方案 5　RNA 标签的分离、5′-接头的连接和反转录 PCR 扩增 ········· 1446

　　方案 6　RNA CLIP 标签测序 ·· 1456

　　方案 7　RNA 接头胶回收及保存 ·· 1458

　　信息栏 ··· 1460

第 22 章　Gateway 相容酵母单杂交和双杂交系统 ·························· 1464

　　导言 ··· 1465

　　方案 1　构建酵母单杂交 DNA-诱饵菌株 ··································· 1474

　　替代方案　用复性引物从 DNA 诱饵中获得入门克隆产物 ············· 1481

　　方案 2　生成酵母双杂交 DB-诱饵菌株 ····································· 1484

　　方案 3　从活化域捕获文库中鉴定相互作用分子 ························· 1490

　　方案 4　高效的酵母转化 ·· 1496

　　方案 5　用于 β-半乳糖苷酶活力的菌落转移比色测定 ··················· 1500

　　方案 6　酵母克隆的 PCR ··· 1502

　　信息栏 ··· 1504

附录 1 试剂和缓冲液 ……………………………………………………… 1507
附录 2 常用技术 …………………………………………………………… 1533
附录 3 检测系统 …………………………………………………………… 1541
附录 4 一般安全原则和危险材料 ………………………………………… 1565
索引 ………………………………………………………………………… 1573

上　　册

第 1 章 DNA 的分离及定量

导言 | DNA 分离   2

纯化 DNA 的商业试剂盒   3

DNA 定量   5

方案 | 1   SDS 碱裂解法制备质粒 DNA：
少量制备   9

2   SDS 碱裂解法制备质粒 DNA：
大量制备   12

3   从革兰氏阴性菌（如 *E.coli*）中
分离 DNA   15

4   乙醇法沉淀 DNA   17

5   异丙醇法沉淀 DNA   21

6   用微量浓缩机进行核酸的浓缩
和脱盐   22

7   丁醇抽提法浓缩核酸   23

8   聚乙二醇沉淀法制备 M13 噬菌体
单链 DNA   24

9   M13 噬菌体铺平板   27

10   M13 噬菌体液体培养   30

11   M13 噬菌体双链（复制型）DNA
的制备   32

12   利用有机溶剂分离纯化高分子
质量 DNA   35

13   用蛋白酶 K 和苯酚从哺乳动物
细胞中分离高分子质量 DNA   37

14   一步法同时提取细胞或组织中
的 DNA、RNA 和蛋白质   43

15   从鼠尾或其他小样本中制备基因
组 DNA   46

●   替代方案   不使用有机溶剂从鼠
尾分离 DNA   48

●   替代方案   一管法从鼠尾中分
离 DNA   49

16   快速分离酵母 DNA   50

17   微型凝胶电泳后使用溴化乙锭
（EB）估算条带中 DNA 数量   52

18   利用 Hoechst33258 通过荧光分
析仪估算 DNA 浓度   53

19   用 PicoGreen 定量溶液中的 DNA   55

信息栏 | 从石蜡包埋的甲醛固定组织中
提取 DNA   56

聚乙二醇   57

α-互补   58

X-Gal   59

尽量降低对高分子质量 DNA 的损伤   59

分光光度法   60

导　言

双链 DNA 是非常惰性的化学物质。它潜在的反应基团隐藏在中央螺旋部位，并经氢键紧密连接。碱基对外侧受磷酸键和戊糖形成的强大环层的保护，这种保护因内在的碱基堆积力而进一步加强。如此坚固的结构和保护，使得 DNA 在现代犯罪现场和古代墓葬等完全不同的场所中比大多数细胞内其他成分保存时间更长。这样的化学耐久性赋予基因组 DNA 文库的持久性和价值，使得或大或小的遗传工程和测序计划成为可能。

尽管双链 DNA 在化学上是稳定的，但它在物理结构上是易碎的。高分子质量的 DNA 长而弯曲、侧面不稳定，因此更容易受到最柔和的流体剪切力的伤害。双链 DNA 在溶液中随机卷曲，并由于碱基对之间的堆积作用和 DNA 骨架上磷酸基团间的静电排斥力而变得黏稠。因为移液、振荡或搅拌引起的液流，在黏滞的盘绕物上产生的拖拉力，可以切断双链 DNA。DNA 分子越长，破坏其所需的力越小。因此基因组 DNA 很容易变成片段形式，并且随着分子质量增加，分离的难度也相应增加。大于 150kb 的 DNA 分子在常规分离基因组 DNA 过程中易于断裂。

DNA 分离

DNA 的分离是 DNA 纯化、成功克隆的关键步骤。DNA 制备得越纯，DNA 作为模板或者底物的酶反应效率会越高。在 20 世纪 30～40 年代，科技文献中开始积累了一些从细胞中提取 DNA 并去除能够抑制或者竞争酶催化反应的细胞成分的方法。自此，成千上万种从不同器官、组织和体液中纯化 DNA 的方法被发表。一般来说，这些过程通过 3 个步骤便可快速成功。

1. 裂解宿主细胞，通常使用这些成分：
   - 离子去污剂，如 SDS
   - 离液剂（如胍盐）
   - 与离子去污剂结合的碱
2. 从细胞中释放 DNA，去除与 DNA 结合的蛋白质并快速使胞内核酸酶失活，如：
   - 酶水解蛋白和 RNA
   - 从层析液中吸收、释放 DNA（例如，玻璃粉末或者阴离子树脂；多种商品化 DNA 纯化试剂盒是基于该技术进行开发的）
   - 利用有机溶剂（苯酚和/或氯仿）抽提裂解液以去除 DNA 溶液中的蛋白质
3. 利用乙醇或者异丙醇沉淀 DNA 去除盐离子

由于质粒被广泛应用，因此分离质粒 DNA 十分重要。人们使用碱与 SDS 裂解法从大肠杆菌中分离制备质粒 DNA 已有 30 多年的历史（Birnboim and Doly 1979）。菌液在高 pH 条件下加入强离子去污剂能够破坏细胞壁，使蛋白质与染色体 DNA 变性，并将质粒 DNA 释放到上清液中。

溶菌过程中，菌体蛋白、破碎的细胞壁和变性的染色体 DNA 交织成一个大的复合物，被十二烷基硫酸盐包裹。这些复合物能够通过将钠离子替换成钾离子而被有效沉淀下来（Ish-Horowicz and Burke 1981）。离心去除变性剂后，就可以从上清液中回收复性的质粒。

在 SDS 的存在下，碱裂解法是一种非常灵活、有效的方法，它对 E.coli 的所有菌株都适用，并且其细菌培养物的体积可以从 1mL 到 500mL 以上。但是，实验中的关键是要动作快，因为长时间暴露在变性的条件下会对闭环 DNA 造成不可逆变性（Vinograd and

Lebowitz 1966）。这种变性的折叠卷曲 DNA 不能被限制酶切割，它的琼脂糖电泳速率是线性、超螺旋和环状等天然结构 DNA 电泳速率的两倍，并且不易被嵌入染料染色。碱裂法在制备质粒过程中常会产生不同数量折叠形式的 DNA。

这种方法适用于大小在 15kb 以下的质粒。大于 15kb 的质粒容易在细胞裂解和随后的处理中断裂。利用等渗蔗糖溶液裂解细菌，并用溶菌酶和 EDTA（乙二胺四乙酸）去除细胞壁，可解决受损。产生的原生质球可通过加入去污剂（如 SDS）被裂解。了解更详细的方法，请详见 Godson 和 Vapnek（1973）。

纯化 DNA 的商业试剂盒

商业公司将过去 DNA 提取与纯化的技术应用到试剂盒中，然后出售。它是预包装的试剂，具有非常清楚并且简洁的说明，对操作人员的要求简单，使操作人员很容易快速上手，并且结果可多次重复。这些试剂盒可用于纯化不同来源的 DNA 及用于不同实验目的。但现在的文献中缺少对这些试剂盒进行直接的比较。事实上，制造商现在掌握着这些资源。

如何看待这些试剂盒是具有节省时间的优势还是具有破坏性影响，在很大程度上取决于你所处的年代和培训背景。经历过分子克隆早期研究的科学家，可能会认为试剂盒就像快餐食物一样：简单、不用思考、无创造力，是科学的仿制品。可是试剂盒使用起来如此简便，为什么要纠结它们的作用原理呢？或许无知是福吧（Gray 1742）。

试剂盒给我们带来了很多的好处：它们提供了一种高度可靠的、能够与自动化任务相融合的技术。因为仅需要很少的专业知识，所以降低了新研究者进入分子克隆领域的门槛，并且加速了科学发展的进程。例如，我们可以用试剂盒从档案组织中分离其 DNA 从而研究遗传疾病，还可以研究恶性组织中基因表达的异常（详见"从石蜡包埋的甲醛固定组织中提取 DNA"）。此外，若没有试剂盒制备的快速性和重复性，大量的样本要想满足自动 DNA 测序仪的需求，我们还需要几十年才能实现人类基因组测序计划。

试剂盒就存在于我们的身边，在很多实验室中甚至是不可缺少的，不管你喜不喜欢它，它都会在日新月异的科学领域发挥越来越重要的作用。

许多试剂盒开始利用 DNA 选择性吸附稳定固定相（通常是二氧化硅或者硅酸盐）的特性进行 DNA 纯化。最初的文章（Vogelstein and Gillespie 1979; Marko et al. 1982）描述了硅酸盐粉末（碱石灰玻璃和硼硅酸盐玻璃）如何快速及定量结合 DNA。在高 pH、高盐缓冲液中，DNA 吸附在二氧化硅介质上，在低盐浓度下可被洗脱下来。这种结合不依赖碱基配对或者拓扑学特征，可被离液剂增强，如能够破坏核酸周围水化层的胍基盐。玻璃表面的阳性离子随后可以在 DNA 骨架中磷酸负电基团和硅醇负电基团（Si-OH）之间形成盐桥。结合力的强度与成桥离子类型有关（Romanowski et al. 1991）。一旦被吸附，在溶液中（如 50%乙醇）的 DNA 还可以被吸附在介质上，而与其他的生物多聚物（如 RNA 和糖）分开。然而，当用水溶液对吸附的 DNA 进行水化时，DNA 可被洗脱下来并（大部分）在洗脱液中被回收。得率由 DNA 的大小决定：片段越小，与二氧化硅结合越紧密，得率越低。洗涤缓冲液，尤其含易挥发液体的（如乙醇），应该现用现配。

做二氧化硅试剂盒的制造商不愿意提供他们的树脂结构及特性的详细数据。许多试剂盒用二氧化硅来吸附高密度的阴离子基团来建立盐桥。这些阴离子二氧化硅有着很强的结合能力，但是批次之间的不同成为早期二氧化硅树脂被广泛应用的阻碍，现在问题已经解决了。这种结合不受溶液中的去污剂（Triton X-100）或结构破坏剂（胍基盐、碘化钠或高氯酸钠）的影响。

阴离子二氧化硅介质可存在多种形式，如凝胶状、玻璃粉、微粒状、旋转柱、膜状和多墙平板状。二氧化硅材质经常做成平行设计，因为这样可在芯片制造中将其嵌入卡槽。

依据二氧化硅材质的结构，DNA 可通过重力进行吸附和洗脱，还可通过泵或离心加速该过程。商品化树脂的制造商会根据不同的情况来制订详细的 DNA 纯化方案。因为 DNA 的吸附和洗脱依赖特定树脂的结构和衍生化，制造商一般会提供说明书。

二氧化硅材料直至今日还是高科技产物，所以价格还很昂贵，但它们能够为实验室节省很多时间和精力，进而大大提高了成本利用率。由于还有 5%～10% 的 DNA 依然吸附在介质上，因此二氧化硅柱在用完一次后必须废弃。然而，我们可以将柱上残留的 DNA 洗去，使之再生后重新使用，这样能够降低成本（如 Esser et al. 2005, 2006）。如果把劳动力成本考虑进去的话，这种节约是否能够提高成本效率并不明确。

不是所有的商业试剂盒都用二氧化硅材质去结合 DNA，因为 DNA 是一个大的多价阴离子物，在低离子强度作用的缓冲液中能够与任何阳离子结合，在高离子强度的缓冲液中被洗脱。强电荷基质能够紧密结合 DNA，但是 DNA 的复性非常慢，尤其是在离心柱上。一些商业化试剂盒用阳离子柱效果也很好，可有效获得高纯度 DNA（如 Applied Biosystems 公司的 PrepMan 试剂盒）。

选择哪一种试剂盒呢？目前有很多 DNA 制备试剂盒已经进入市场。就算实验经验匮乏的人也能够使用这些试剂盒从任何你想到的来源中提取和纯化 DNA。

生产 DNA 纯化试剂和试剂盒的公司有 Applied Biosystems 公司、Brinkmann 公司、Clontech 公司、Millipore 公司、Agilent 公司、Life Technologies 公司、Promega 公司及市场领导者 QIAGEN 公司。目前并没有对这些公司试剂盒提取 DNA 的成本、效率、速度及可重复性进行比较。但这个市场竞争十分激烈，劣质产品不会存在太久。我们建议根据自己的目的来比较这些公司产品（产量、速度、花费等），然后选择一个性价比高的产品。现在涌现了很多公司推销可同时纯化多种样本 DNA 的工作站和自动化仪器。目前，这些仪器的主要使用者是基因组测序工厂、基因检测实验室和分子病理实验室的人。很快它们会像 PCR 一样普遍。

高分子质量 DNA 的分离

试剂盒纯化的基因组 DNA 在大小上（一般为 50～100kb）可作为 Southern 杂交和 PCR 的模板。因此，当 DNA 用于特定用途如构建基因组文库（克隆的 DNA 大小尤为重要）时，商品化的试剂盒用处不大。为使剪切力降到最低，200kb 大小的 DNA 可用去污剂裂解细胞，强蛋白酶（如链霉蛋白酶和蛋白酶 K）处理裂解液，并利用有机溶剂进行多次萃取（一般为水饱和的酚-氯仿溶液）。最后的水相经过广泛透析以去除低分子质量的污染及调整离子浓缩。如果可能，尽量避免用乙醇沉淀 DNA。

此方法的雏形可追溯到 60 年以前。如果操作足够谨慎和耐心，有机溶剂萃取可产生足够大分子质量的基因组 DNA，以用于在某些高容量载体中构建真核基因组 DNA 文库。

尽管此方法值得尊敬，但与其他实验室常规方法相比，仍是对技术与耐心的巨大挑战，并且也有一些缺点。例如，该过程需使用有毒试剂，并且涉及多次水相与有机相的费力分离；长 DNA 很容易断裂，非常容易被切割成小的片段。成功的关键在于通过使用宽口径的移液器，避免振荡、涡旋和乙醇沉淀，以及避免色谱树脂降低剪切力。高分子质量的 DNA 分离方法无法自动化，并且不适合多个样本的平行操作。

在以下情况下需要更加谨慎以降低剪切力对 DNA 的影响：利用高容量载体如 YAC（酵母人工染色体）或 BAC（细菌人工染色体）构建基因组文库时；或 DNA 样品从常染色体通过脉冲电泳进行分离时。为避免 DNA 被打断，琼脂中固定的完整细胞用酶处理以破坏其细胞壁并去除细胞蛋白。释放的 DNA 可在琼脂槽中被固定，并在原位被限制酶水解，这与 DNA 在溶液中是相同的（了解更详细的分离及分析超高分子质量 DNA 的方法，详见 Birren and Lai 1993）。

DNA 定量

确定 DNA 的数量对于分子克隆中获得可重复、精确及有效的结果是十分必要的。常规使用 3 种方法进行 DNA 定量：紫外分光光度法、荧光分析法和绝对定量法。

紫外分光光度法

紫外分光光度法是利用分光光度计来测定 DNA 溶液的吸收值（见信息栏"分光光度法"）。在水相中，双链 DNA 在 260nm 附近具有最大吸光度，吸光系数约为 50。实际上，双链 DNA 的紫外光谱范围从约 4μg/mL 到约 50μg/mL。然而，分光光度计法定量对多种干扰成分十分敏感，这些成分可以是单链 DNA、RNA、蛋白质、核苷酸、含有苯环的芳香族化合物及溶液中的颗粒等。

通过测定单波长（260nm）下的吸光度来定量核酸浓度实际效果并不好。样品的吸光度可以在多个波长下（230nm、260nm、280nm 与 320nm）进行测定，因为在这些波长下的吸光度可指示样品制备的纯度。

- 230nm。胍盐、苯氧基离子、硫氰酸酯及其他经常用于核酸制备的化合物在该波长下具有强吸收。
- 280nm。芳香族氨基酸色氨酸和酪氨酸在该波长下具有强吸收。多年以来，260nm 与 280nm 的吸光度比值一直用于检测核酸中是否污染了蛋白质。这项测定尽管十分普遍，但却值得怀疑。这个方法需追溯到 Warburg 和 Christian（1942）的研究，他们发现 OD_{260}/OD_{280} 比值是核酸中是否污染蛋白质的很好的指示。但事实上这并不是真的！DNA 在 260nm 的吸收很强，只有在被大量蛋白质污染的条件下才会引起两个波长下吸光度比值的显著变化。
- 320nm。在高波长下的吸收一般是由光散射造成的，可用于指示核酸制备过程中特定物质引起的浊度。

根据实验经验，OD_{260}/OD_{280} 比值在 1.7～2.0，并且在 230nm 和 320nm 处吸收度较小的 DNA 制备物，被认为是纯度足够高，可以作为分子克隆各个过程中的模板和底物。

测定 DNA 溶液的吸光度可以使用传统的分光光度计或针对生物大分子设计的仪器（如 Eppendorf 公司 Biophotometer）。详细信息见信息栏"分光光度法"。

紫外光谱使用的是石英杯，各种形状及大小均可，包括多数实验室测定 DNA 浓度常用的微量杯或超微量杯。当使用超微量石英杯时，应确保其窗口高度与特定分光光度仪的射束高度相匹配。如果窗口高度错误，光束要么完全不能穿过样品，要么需要更大体积的样品才能得到结果。

NanoDrop Technologies 销售的分光光度仪可用于测定微量体积 DNA、RNA 和蛋白质的吸光度。这种分光光度仪利用光束下表面张力仅需要微量液滴（1～2μL），进而避免需要石英杯及其他样本容器。此外，NanoDrop 分光光度仪不需要稀释即可测定高浓度的 DNA 溶液（比标准的石英杯分光光度仪所能测量的浓度要高 50 倍）。

接触样品的表面非常容易并快速地被清洗，因此可在短时间内测定多个样品。为避免问题产生，可进行下列操作。

- 确保 DNA 溶液在测定前充分混匀。因为样品体积很小（2μL），没有混匀会使取得的样品不具有代表性。
- 少量体积样品加入到分光光度仪的底座后，会很快挥发，并导致测出的 DNA 浓度比实际的要高。为减少这个问题的影响，可将 NanoDrop 分光光度仪放在温度可控、通风的环境下，并保持样品放置于盖了盖子的管中。操作要快。应该在样品加到分光光度仪底座后尽快读数。

荧光分析法

荧光分析法用特定结合 DNA 的染料来测定双链 DNA 的浓度。常用的 DNA 染料包括溴化乙锭、Hoechst33258、SYBR Green I 和 II、SYBR Gold 及 PicoGreen。

溴化乙锭

溴化乙锭含有三环菲啶平面环系统，可嵌入到双链 DNA 碱基之间。嵌入 DNA 双螺旋后，溴化乙锭的菲啶环平面位于与螺旋轴相垂直的位置，并通过范德瓦耳斯力与上下碱基结合。而其平面环系统被埋在底部，其外侧的苯基和乙烷基处于 DNA 双螺旋的大沟内。在高强度离子溶液的饱和状态，大约每 2.5 个碱基对嵌入一分子的溴化乙锭，这与 DNA 的碱基组成无关。溴化乙锭的嵌入一般不会对碱基对的构象及其在螺旋中的位置产生影响，除了会使碱基对沿螺旋轴移位 3.4Å（Waring 1965）。这种移位可造成饱和溴化乙锭的 DNA 分子长度增加 27%（Freifelder 1971）。

溴化乙锭还可以高度可变计量学与 RNA 和热变性或单链 DNA 形成的链间碱基对结合（Waring 1965，1966；Lepecq and Paoletti 1967）。溴化乙锭平面基团的固定位置及其与碱基的密切接近可使结合的染料散发的荧光比游离在溶液中的染料要强 20～25 倍。254nm 的紫外线（UV）照射由 DNA 吸收，并转移至溴化乙锭；302nm 和 366nm 的紫外线照射由溴化乙锭本身吸收。在 590nm 和可见光的红-黄区一小部分（约 0.3）可被重新释放出来（Lepecq and Paoletti 1967；Tuma et al. 1999）。

大多数销售的 UV 光源可发射 302nm 的 UV 光。溴化乙锭-DNA 复合物在此波长产生的荧光明显强于 366nm，但略微低于较短的波长（254nm）。然而，DNA 分子的光漂白和断裂作用在 302nm 要比在 254nm 处低得多（Brunk and Simpson 1977）。

溴化乙锭主要用于检测琼脂糖中的 DNA（Aaij and Borst 1972；Sharp et al. 1973），但这种染料也还可以用于半定量地估算 DNA 溶液的浓度（见方案 17）。

▲在酵母及沙门氏菌中，溴化乙锭本身并不容易诱发突变，但它通过微粒体酶代谢的化合物可中度诱变（Mchler and Bastos 1974；McCann et al. 1975；MacGregor and Johnson 1977；Singer et al. 1999）。多数研究所开发了安全操作及处理含有溴化乙锭溶液及胶的说明。研究者应该根据这些说明来处理溴化乙锭。安全处理溴化乙锭的试剂盒也可通过 Schleicher & Schuell 和 Qbiogene 公司及其他渠道获得。

Hoechst 33258

Hoechst 33258 是一类双-苯并咪唑荧光染料，可高特异性非插入地结合于 DNA 双链的小沟。结合的染料产生的荧光从 0.01 上升到 0.6（Latt and Wohlleb 1975），因此，Hoechst 33258 用于双链 DNA 溶液的荧光检测及定量。Hoechst 33258 比溴化乙锭更优先使用，因为它具有非常强的区分双链 DNA 与 RNA 及单链 DNA 的能力（Loontiens et al. 1990）。

与其他非嵌入染料类似（Müller and Gautier 1975），Hoechst 33258 可优先结合 DNA 螺旋中的富含 A/T 区（Weisblum and Haenssler 1974），并随着 A+T 含量的增加，荧光强度以 10 的对数增长（Daxhelet et al. 1989）。Hoechst 33258 与双链 DNA 结合产生的荧光比与单链 DNA 结合要强 3 倍左右（Hilwig and Gropp 1975）（见方案 18）。

SYBR Green I

SYBR Green I（Life Technologies）是一种嵌入型青蓝色染料，在 488nm 蓝色光照射激发后，在 522nm（绿光）具有发射高峰。尽管 SYBR Green I 可加入到凝胶上样缓冲液中，但并不推荐这样使用，因为该染料对 DNA 在凝胶中的迁移影响很大。为得到最好的效果，凝胶应该进行预染处理。由于产生的荧光很强，SYBR Green I 是一种可用于检测少量 DNA

（低拷贝/PCR 产物数量少）的理想染料。少至 20pg 的 DNA 或 250pg 多分散性 DNA 在经过 SYBR Green I 染色后，凝胶可用基于 CCD 的图像记录系统进行检测。

因为 SYBR 染料-DNA 复合物在非极性溶液中可解离，因此可用乙醇沉淀的方法将 SYBR Green I 从 DNA 中去除。

SYBR Green II

SYBR Green II（Life Technologies）主要用于对电泳后的 RNA 和单链 DNA 进行染色。由于该染料在结合 RNA 后发出非常亮的荧光及其在凝胶中的低背景，SYBR Green II 经常用来对多聚甲醛/琼脂糖或聚丙烯酰胺凝胶中的 RNA 进行染色。

利用肝脏提取物进行 Ames 实验显示 SYBR 染料与溴化乙锭相比致癌性要低（Singer et al. 1999）。但 SYBR Green 在暴露于 UV 的细菌中比溴化乙锭更容易诱发突变（Ohta et al. 2001）。Life Technologies 公司现在销售更安全的 SYBR 染料（SYBR-Safe DNA 凝胶染色）（见 Martineau et al. 2008）。

SYBR Gold

SYBR Gold（Life Technologies）是检测凝胶中 DNA 和 RNA 高度灵敏的染料，与 300nm 紫外光源和基于 CCD 的图像记录系统联合使用。结合 DNA 后，SYBR Gold 在 495nm 和 300nm 处均有最大激发（最大发射波长 537nm）。

结合核酸后，SYBR Gold 的荧光增强程度是溴化乙锭的 30 多倍。SYBR Gold 染凝胶中 DNA 的灵敏度是 SYBR Green I 的 10 多倍，染乙醛酸化的 RNA 的灵敏度是溴化乙锭的 25 倍以上。

SYBR Glod 也可用于检测甲基敏感的单链构象分析（MS-SSCA）（McKee and Thomson 2004）。然而，由于其成本较高，SYBR Gold 并不是检测凝胶中 DNA 或 DNA 定量的常规选择染料。Ames 实验显示 SYBR Gold 并不具有诱变作用（Kirsanov et al. 2010），并且不像其他菲啶类染料如溴化乙锭，SYBR Gold 可很容易地通过乙醇沉淀法从 DNA 中去除。

PicoGreen

PicoGreen（Life Technologies）是一种耐光性染料，在 480nm 处有最大激发，在 520nm 处有发射高峰，可特异结合双链 DNA。在检测溶液中双链 DNA 时，其具有最高灵敏度和最大动力性范围。PicoGreen 广泛应用于多孔板 DNA 样品的自动化检测和定量。利用一个染料浓度，可检测 1～1000ng/mL 的 DNA 样品，并可通过手持型荧光分析仪进行精确定量（见方案 19）。

将染料从 DNA 中去除

在推荐使用浓度范围内，SYBR Green I 和 SYBR Gold 并不显著抑制限制酶、连接酶及热稳定 DNA 聚合酶的活性。这些染料不像溴化乙锭和其他菲啶类染料，可非常容易通过乙醇沉淀法从 DNA 中去除。

溴化乙锭染 DNA 后可抑制后续酶促反应中 DNA 作为模板或底物的能力。幸运的是，溴化乙锭可通过两次等体积的异丙醇或酚：氯仿（25：1）萃取，非常容易并快速地从 DNA 中去除。去染色的 DNA 可再通过乙醇沉淀回收。

实际上，所有用于纯化 DNA 的商业试剂盒或系统都可有效地将溴化乙锭及其他 DNA 结合染料从 DNA 中去除。

绝对定量法

一种基于 TaqMan 系统的商业化产品为 DNA 绝对定量提供了有效方法。

TaqMan RNase P Detection Reagents（Applied Biosystems）系统使用 TaqMan 化学法检测基因组 DNA 的总量，后者可通过特异针对人 RNase P 基因的引物进行扩增。TaqMan 探针包括：①结合到针对 RNase P 基因的非延伸寡核苷酸 3′端的猝灭分子；②结合到引物 5′端的报告分子。猝灭分子 [罗丹明、异硫氰酸四甲基罗丹明（TAMRA）] 发射长波长红光光谱，而报告分子（荧光素，FAM）发射短波长的绿光。猝灭分子与报告分子距离很近时，可发生从猝灭分子到报告分子的荧光共振能量转移（FRET），这有效抑制了报告分子的荧光。设计荧光标记的寡核苷酸，用于上下游未标记引物所扩增靶序列的复性。由具有 5′→3′ 外切酶活性的热稳定 DNA 聚合酶（如 Taq）催化的 DNA 合成可引起探针的水解以及激光照射后荧光强度增加。

目前已经有商业化试剂盒利用 TaqMan Universal PCR Master Mix 完成 5′核酸酶检测，这类试剂盒中含有预稀释的系列浓度的 DNA 参照品。

参考文献

Aaij C, Borst P. 1972. The gel electrophoresis of DNA. *Biochim Biophys Acta* 269: 192–200.

Birnboim HC, Doly J. 1979. A rapid alkaline extraction procedure for screening recombinant plasmid DNA. *Nucleic Acids Res* 7: 1513–1523.

Birren B, Lai E. 1993. Preparation of high molecular weight DNA from bacteria. In *Pulsed field gel electrophoresis: A practical guide*, pp. 3.9.1–3.9.10. Academic, San Diego.

Brunk CF, Simpson L. 1977. Comparison of various ultraviolet sources for fluorescent detection of ethidium bromide–DNA complexes in polyacrylamide gels. *Anal Biochem* 82: 455–462.

Daxhelet GA, Coene MM, Hoet PP, Cocito CG. 1989. Spectrofluorometry of dyes with DNAs of different base composition and conformation. *Anal Biochem* 179: 401–403.

Esser K-H, Marx WH, Lisowsky T. 2005. Nucleic acid-free matrix: Regeneration of DNA. *BioTechniques* 39: 270–271.

Esser K-H, Marx WH, Lisowsky T. 2006. MaxXbond: First generation system for DNA binding silica matrices. *BioTechniques* 39: i–ii.

Freifelder D. 1971. Electron microscopic study of the ethidium bromide–DNA complex. *J Mol Biol* 60: 401–403.

Godson GN, Vapnek D. 1973. A simple method of preparing large amounts of φX174 RF 1 supercoiled DNA. *Biochim Biophys Acta* 299: 516–520.

Gray T. 1742. *Ode on a Distant Prospect of Eton College*. http://www.thomasgray.org/cgi-bin/display.cgi?text=odec.

Hilwig I, Gropp A. 1975. pH-dpendent fluorescence of DNA and RNA in cytologic staining with "33258" Hoeschst. *Exp Cell Res* 91: 457–460.

Ish-Horowicz D, Burke JF. 1981. Rapid and efficient cosmid cloning. *Nucleic Acids Res* 9: 2989–2998.

Kirsanov KI, Lesovaya EA, Yakubovskaya MG, Belitsky GA. 2010. SYBR Gold and SYBR Green II are not mutagenic in the Ames test. *Mutat Res* 699: 1–4.

Latt SA, Wohlleb JC. 1975. Optical studies of the interaction of 33258 Hoechst with DNA, chromatin, and metaphase chromosomes. *Chromosoma* 52: 297–316.

LePecq JB, Paoletti C. 1967. A fluorescent complex between ethidium bromide and nucleic acids. Physical–chemical characterization. *J Mol Biol* 27: 87–106.

Loontiens FG, Regenfuss P, Zechel A, Dumortier L, Clegg RM. 1990. Binding characteristics of Hoechst 33258 with calf thymus DNA, poly[d(A-T)], and d(CCGGAATTCCGG): Multiple stoichiometries and determination of tight binding with a wide spectrum of site affinities. *Biochemistry* 29: 9029–9039.

MacGregor JT, Johnson IJ. 1977. In vitro metabolic activation of ethidium bromide and other phenanthridinium compounds: Mutagenic activity in *Salmonella typhimurium*. *Mutat Res* 48: 103–107.

Mahler HR, Bastos RN. 1974. Coupling between mitochondrial mutation and energy transduction. *Proc Natl Acad Sci* 71: 2241–2245.

Marko MA, Chipperfield R, Birnboim HC. 1982. A procedure for the large-scale isolation of highly purified plasmid DNA using alkaline extraction and binding to glass powder. *Anal Biochem* 121: 382–387.

Martineau C, Whyte LG, Greer CW. 2008. Development of a SYBR safe technique for the sensitive detection of DNA in cesium chloride density gradients for stable isotope probing assays. *J Microbiol Methods* 73: 199–202.

McCann J, Choi E, Yamasaki E, Ames BN. 1975. Detection of carcinogens as mutagens in the *Salmonella*/microsome test: Assay of 300 chemicals. *Proc Natl Acad Sci* 72: 5135–5139.

McKee DR, Thomson MS. 2004. Nucleic acid stain–dependent single strand conformation polymorphisms. *BioTechniques* 37: 46, 48, 50.

Müller W, Gautier F. 1975. Interactions of heteroaromatic compounds with nucleic acids. A·T-specific non-intercalating DNA ligands. *Eur J Biochem* 54: 385–394.

Ohta T, Tokishita S, Yamagata H. 2001. Ethidium bromide and SYBR Green I enhance the genotoxicity of UV-irradiation and chemical mutagens in *E. coli*. *Mutat Res* 492: 91–97.

Romanowski G, Lorenz MG, Wackernagel W. 1991. Adsorption of plasmid DNA to mineral surfaces and protection against DNase I. *Appl Environ Microbiol* 57: 1057–1061.

Sharp PA, Sugden B, Sambrook J. 1973. Detection of two restriction endonuclease activities in *Haemophilus parainfluenzae* using analytical agarose–ethidium bromide electrophoresis. *Biochemistry* 12: 3055–3063.

Singer VL, Lawlor TE, Yue S. 1999. Comparison of SYBR Green I nucleic acid gel stain mutagenicity and ethidium bromide mutagenicity in the *Salmonella*/mammalian microsome reverse mutation assay (Ames test). *Mutat Res* 439: 37–47.

Tuma RS, Beaudet MP, Jin X, Jones LJ, Cheung CY, Yue S, Singer VL. 1999. Characterization of SYBR Gold nucleic acid gel stain: A dye optimized for use with 300-nm ultraviolet transilluminators. *Anal Biochem* 268: 278–288.

Vinograd J, Lebowitz J. 1966. Physical and topological properties of circular DNA. *J Gen Physiol* 49: 103–125.

Vogelstein B, Gillespie D. 1979. Preparative and analytical purification of DNA from agarose. *Proc Natl Acad Sci* 76: 615–619.

Warburg O, Christian W. 1942. Isolierung und Kristallisation des Garungsterments Enolase. *Biochem Z* 310: 384–421.

Waring MJ. 1965. Complex formation between ethidium bromide and nucleic acids. *J Mol Biol* 13: 269–282.

Waring MJ. 1966. Structural requirements for the binding of ethidium to nucleic acids. *Biochim Biophys Acta* 114: 234–244.

Weisblum B, Haenssler E. 1974. Fluorometric properties of the bibenzimidazole derivative Hoechst 33258, a fluorescent probe specific for AT concentration in chromosomal DNA. *Chromosoma* 46: 255–260.

方案 1　SDS 碱裂解法制备质粒 DNA：少量制备

该实验方案是从少量（1～2mL）细菌培养物中分离质粒 DNA。DNA 产量为 100ng～5μg，这取决于质粒的拷贝数。少量的 DNA 作为体外酶促反应的底物或者模板是足够的，但是，如果质粒 DNA 用于测序则需要进一步纯化。

很多年以来，碱裂解法提取质粒 DNA 一直是标准的方法。如今，人们更倾向于用试剂盒提取。下列方案是早期实验的回顾，已经包含在所有 4 个版本的《分子克隆实验指南》一书中。它一定不会再出现了。

材料

为正确使用本方案中的器材和危险试剂，必须查阅相应的材料安全数据表并咨询所在机构的环境卫生和安全办公室。

本方案的专用试剂标注<R>，配方在本方案末提供。常用储备溶液、缓冲液和试剂标注<A>，配方见附录1。储备溶液应稀释至适用浓度后使用。

试剂

碱裂解液 I<A>，冰浴

碱裂解液 II<A>

> 碱裂解液 II 应新鲜制备，于室温下使用。

碱裂解液 III<A>，冰浴

用于筛选质粒的抗生素

精氨酸缓冲液（0.1mol/L，pH 12.4）（可选；见步骤 5）

> 配制该溶液，可用 pH12.4 的 5mol/L NaOH 调整 0.1mol/L L-精氨酸溶液的 pH。更多的细节参见 Cloninger 等（2008）和 Paul 等（2008）。

转化了所需质粒的细菌克隆

乙醇（70%，90%）

酚：氯仿（1:1，*V/V*）（可选；见步骤 8）

培养基（LB、YT 或者 Terrific Broth）<A>

STE<A>，冰浴（可选，见步骤 3）

Tris-EDTA(TE)(pH 8.0) <A> 含 20μg/mL RNase A

设备

细菌摇床，37℃

KimWipes 纸巾

巴斯德吸管和吸球（可选；见步骤 3）

携带式真空吸气器（可选；见步骤 3 和 13）

方法

细胞的制备

1. 挑转化后的单克隆菌落，接种到 2mL 含有适当抗生素的培养中（LB、YT 或者 Terrific Broth），于 37℃ 剧烈振荡过夜。

> 为确保培养物通气良好：

　　i. 试管的体积应该至少比细菌培养物的体积大 4 倍。

　　ii. 试管盖要盖得松些。

　　iii. 培养物要在剧烈振荡下过夜培养。

2．将 1.5mL 培养物倒入微量离心管，用微量离心机在 4℃ 以最大转速离心 30s，将剩余培养物储存在 4℃。

3．离心完成后，尽最大可能吸干培养液。

　　这个步骤可用一个简单的方法进行，用一次性吸头和巴斯德吸管与一个真空管和一个侧臂烧瓶相连（参见图 1-1）。轻轻抽吸，并使吸头接触液面。当吸出液体时，要尽量避免接触细菌沉淀，以免沉淀吸到侧臂中。也可以用吸头或者吸球吸去培养液，并用吸头除去管壁上残余的液滴。未从细菌沉淀中除去所有培养液可导致质粒不能被限制性酶切或不能完全切割。这是因为细胞壁成分抑制多种限制酶的活性。这个问题可通过用预冷的 STE（菌液体积的 0.25 倍）重悬细菌沉淀并离心来解决。

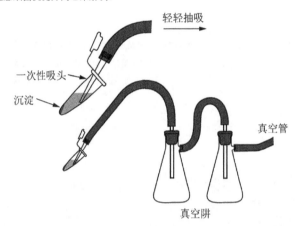

图 1-1　吸取上清。将微量离心管打开盖并呈一定角度放置，使沉淀位于上方。使用连接真空管的一次性吸头从离心管中吸去液体。将吸头插入管下方的液面以下。当液体吸除时，沿着管的底部移动吸头。吸取要轻柔以免将沉淀吸入吸头中。勿使吸头尾端接近沉淀团块。最后，真空抽干管壁，以去除挂壁的液滴。

细胞的裂解

4．用 100μL 预冷的碱裂解液 I 重悬细菌沉淀，剧烈振荡。

　　为确保菌液在碱裂解液 I 中完全分散，将两个微量离心管的管底互相接触同时涡旋振荡，这样可以提高细菌沉淀重悬的速度和效率。原方案（Birnboim and Doly 1979）要求用溶菌酶消化细菌细胞壁，如果处理的细菌培养物的体积小于 10mL，这一步可以省略。

5．加入 200μL 新鲜配制的碱裂解液 II 于每管细菌悬液中，盖紧管口，快速颠倒离心管 5 次，以混合内容物，切勿振荡！将离心管放置在冰上。

　　▲确保离心管的整个内壁均与碱裂解液 II 接触。

　　延长超螺旋 DNA 暴露于碱的时间会使其不可逆变性，所产生的环状卷曲 DNA 不能被限制酶切割，而且它在琼脂糖电泳中的迁移率为正常超螺旋 DNA 的 2 倍，难以被溴化乙锭染色。从细菌中用碱裂解法提质粒时可能会看到微量的这种 DNA。这样环状卷曲的 DNA 几乎没有危害。最简单的消除这种 DNA 的方法是严格按照说明制备碱裂解液，或者在步骤 5 中将碱裂解液 II 换成精氨酸缓冲液。

6．加入 150μL 用冰预冷的碱裂解液 III，盖紧管口，反复数次颠倒，使溶液 III 在黏稠的细菌裂解物中分散均匀，之后将管置于冰上 3～5min。

7．用小离心机于 4℃ 以最大转速离心 5min，将上清转移至另一离心管中。

8．（可选）加等量体积的酚：氯仿，振荡混合有机相和水相，然后用小离心机于 4℃ 以最大转速离心 2min。将上清转移至另一离心管中。

　　有些研究者认为不必用酚：氯仿抽提。然而，这一步骤的省略可能导致获得不能被限制酶切割的 DNA。用氯仿抽提的目的是从水相中除去残余的酚。酚在水中微溶，但能被氯仿抽提到有机相中。

质粒 DNA 的回收

9. 用 2 倍体积的乙醇于室温沉淀核酸，振荡混合，于室温放置 2min。
10. 用微量离心机于 4℃以最大转速离心 5min，收集沉淀的核酸。

> 最好养成总是用同一种方式在离心机中放置离心管的习惯。例如，按顺序放置，将离心管的塑料柄朝外。沉淀总是在离转头中心最远的离心管内壁聚集。知道 DNA 沉淀在什么地方可以容易地找到可见的沉淀，也可以有效地溶解看不见的沉淀。在离心管的侧面和顶部做好标记，这样即使字迹模糊了也能辨识。

11. 按上述步骤 3 吸去上清液，将离心管倒置在纸巾上，以使所有的液体排干，用 KimWipes 纸巾或一次性吸头除去管壁上的液滴。
12. 加 1 mL 70%的乙醇于沉淀中并将盖紧的试管颠倒数次，用微量离心机在 4℃以最大转速离心 2min，回收 DNA。
13. 再次用步骤 3 所述的方法轻微抽吸除去所有上清。

> 这一步要小心，因为沉淀有时候并不是紧贴管壁的。

14. 除去管壁上的乙醇液滴，应将开口的试管置于室温挥发乙醇，直至试管内没有可见液体存在（5～10min）。

> 如果用干燥器或者真空干燥的方法干燥 DNA 沉淀，在某些情况下会使其难以溶解并可能变性。将沉淀在室温下干燥 10～15min 使乙醇挥发就足够，不会引起 DNA 脱水。

15. 用 50μL 含有去 DNA 酶的 RNase A（胰 RNA 酶）（20μg/mL）的 TE（pH8.0）重新溶解核酸，温和振荡几秒，储存于-20℃。

> 见"疑难解答"。

疑难解答

在质粒 DNA 的制备过程中遇到的任何问题，在随后的限制性酶切分析中会更加明显。

问题（步骤 15）：在酶切前、后经电泳只见很少或无 DNA。

解决方案：在乙醇沉淀后，在步骤 11 中可能将核酸丢失。离心后马上小心地去除乙醇，如果离心管放置的时间太长，DNA 沉淀会与管壁分离。

问题（步骤 15）：DNA 不能被限制酶切割。

解决方案：DNA 不能切割，可能是没有移去所有液体，在纯化质粒 DNA 的过程中，有些成分阻碍限制酶的功能。可以尝试以下建议：

- 在步骤 3 中移去所有液体。
- 用冰浴的 STE（菌液体积的 0.25 倍）重悬细菌沉淀并重新离心弃去每一滴剩余的 STE，并用碱裂解液 I 重悬细胞，如步骤 4。
- 如步骤 8 所述用酚：氯仿抽提最后所得的 DNA。
- 移去所有的液体，如步骤 11。

还有比较好的方法是，用酚：氯仿抽提最后所得的 DNA，用标准的乙醇沉淀法回收，并用 70%乙醇洗涤；或者使用大体积酶切体系（100～200μL），用 5 倍以上的酶量，酶切后用标准乙醇沉淀法回收 DNA。

问题（步骤 15）：在消化过程中 DNA 变成了弥散带。

解决方案：DNA 可能被细菌 DNA 酶（如 EndA）污染，这种酶会被酶切缓冲液中的 Mg^{2+} 激活。DNA 酶的最可能来源是溶解质粒 DNA 所用的 TE 储液。如果不是十分小心，TE 会被细菌污染。较小的可能性是酶切缓冲液的问题。可以尝试以下方法：

- 每批 TE 都经高压灭菌，分装于 1mL 无菌离心管中，每天用新鲜的。

- 使用储存液时尽量无菌操作。
- 如果纯化质粒 DNA 含有 DNA 酶，用酚：氯仿抽提，标准乙醇法回收，重悬于新鲜的 TE 中。

参考文献

Birnboim HC, Doly J. 1979. A rapid alkaline extraction procedure for screening recombinant plasmid DNA. *Nucleic Acids Res* **7**: 1513–1523.

Cloninger C, Felton M, Paul B, Hirakawa Y, Metzenberg S. 2008. Control of pH during plasmid preparation by alkaline lysis of *Escherichia coli*. *Anal Biochem* **378**: 224–225.

Paul B, Cloninger C, Felton M, Khachatoorian R, Metzenberg S. 2008. A nonalkaline method for isolating sequencing-ready plasmids. *Anal Biochem* **377**: 218–222.

Svaren J, Inagami S, Lovegren E, Chalkley R. 1987. DNA denatures upon drying after ethanol precipitation. *Nucleic Acids Res* **15**: 8739–8754.

Vinograd J, Lebowitz J. 1966. Physical and topological properties of circular DNA. *J Gen Physiol* **49**: 103–125.

方案 2　SDS 碱裂解法制备质粒 DNA：大量制备

近些年来，随着 PCR 技术的出现，以及 DNA 克隆和测序方法的发展，对大量质粒载体和重组子的需求也大大减少。因此，本方案曾一度广泛应用，但已经被更为快速和简便的柱纯化方法代替（见本章导言部分的"纯化 DNA 的商业试剂盒"）。在本方案中，通过碱裂解法的放大（Birnboim and Doly 1979），质粒 DNA 可从清亮的细菌裂解物中通过含有溴化乙锭的 CsCl 梯度离心来进行纯化。梯度法非常适用于本书中后续过程的操作，但在其他人看来可能会认为过于古老。

无论是高拷贝数的质粒还是低拷贝数的质粒，通过这种方法可以得到每毫升 3～5μg 的 DNA。重组子的质粒一般产量较少，这取决于克隆的 DNA 片段的大小和特点。

材料

为正确使用本方案中的器材和危险试剂，必须查阅相应的材料安全数据表并咨询所在机构的环境卫生和安全办公室。

本方案的专用试剂标注<R>，配方在本方案末提供。常用储备溶液、缓冲液和试剂标注<A>，配方见附录1。储备溶液应稀释至适用浓度后使用。

试剂

琼脂糖凝胶（见步骤 8 和 19）

碱裂解液 I<A>

　　若用柱层析进一步纯化所制备的质粒 DNA（见本章导言中"纯化 DNA 的商业试剂盒"部分），无菌的碱裂解液 I 在使用前可补充适当体积的无 DNA 酶的 RNA 酶（20mg/mL，胰 RNA 酶），使终浓度为 100μg/mL，若用其他方法纯化 DNA，不推荐在此步骤中加 RNA 酶。

碱裂解液 II<A>

　　现配现用，室温使用。

碱裂解液 III<A>

用于筛选质粒的抗生素

转化了目的质粒的细菌克隆

氯霉素（34mg/mL）（可选；见步骤4）

乙醇

异丙醇

溶菌酶（10mg/mL）

限制性内切核酸酶

培养基（LB、YT 或者 Terrific Broth）<A>，预热到 37℃

STE<A>，冰浴

TE（pH8.0）<A>

附加试剂

步骤 8 和步骤 19 需要第 2 章方案 1 中列出的试剂。步骤 18 需要柱层析所用材料（见本章导言）。

设备

有盖的培养瓶（125mL，2L）

摇床，预设到 37℃

RC6 Plus 离心机带转头，合适容量（Thermo Scientific）

分光光度计

方法

细胞制备

1. 挑取转化的细菌单菌落或用 0.1～1.0mL 单菌落的培养物，接种到 30mL 含有适当抗生素的培养基中（LB、YT 或者 Terrific Broth）。

　　为确保培养物通气良好：

● 试管的体积应该至少比细菌培养物的体积大 4 倍。试管盖要盖得松些。

● 培养物要在剧烈振荡下培养。

2. 在适当的温度和摇速下培养菌液直至对数生长期晚期（OD_{600} 约为 0.6）。

3. 在含有 500mL 的 LB、YT 或者 Terrific Broth 培养液（预热到 37℃）及适当抗生素的烧瓶（2L）中接种 25mL 对数生长期晚期的菌液。将此培养液在 37℃ 剧烈振荡（300cycles/min），培养 2.5h。

　　最后菌液的 OD_{600} 应为 0.4。由于不同菌株的生长速度不同，可稍微延长或缩短培养时间，使最终的 OD 值为 0.4。

4. 若质粒为低或中拷贝数的质粒，在培养液中加 2.5mL 浓度为 34mg/mL 的氯霉素，使其终浓度为 170μg/mL。

　　▲ 对于高拷贝数质粒，不必添加氯霉素。

5. 在 37℃ 以 300cycles/min 振荡 12～16h。

6. 取部分菌液（1～2mL）到离心管中，4℃储存。2700g 离心 15min 以收集余下的近 500mL 培养物。弃上清，倒置离心管使残余上清流出。

7. 用 200mL 冰预冷的 STE 重悬细菌沉淀，按步骤 6 所述重新收集细菌并储存在-20℃。

8. 采用方案 1 中的方法或使用商品化试剂盒，从步骤 6 中取出的 1～2mL 菌液中提取质粒，并采用酶切和琼脂糖电泳分析此少量制备的质粒 DNA，以确定大量培养菌液中获得的质粒正确。

　　设置这种对照可能看上去有点过于谨慎，然而它可以避免发生某些难以挽回的、浪费大量时间的错误。

细胞裂解

9. 将步骤 7 中冻存的细菌在室温下放置 5～10min 使其解冻，用 18mL（10mL）碱裂解液 I 重悬。

　　如果步骤 4 中使用了氯霉素的菌液，则使用括号中的体积数。

10．加 2mL（1mL）新配制的 10mg/mL 溶菌酶。

11．加 40mL（20mL）新配制的碱裂解液 II。盖上离心管盖，轻轻颠倒数次，彻底混匀，室温放置 5～10min。

> 延长超螺旋 DNA 暴露于碱的时间会使其不可逆变性，所产生的环状卷曲 DNA 不能被限制酶切割，而且它在琼脂糖电泳中的迁移率为正常超螺旋 DNA 的 2 倍，难以被溴化乙锭染色。从细菌中用碱裂解法提质粒时可能会看到微量的这种 DNA。

12．加 20mL（15mL）冰浴冷的碱裂解液 III。盖上离心管盖，轻轻地但完全振荡混匀（此时不应再有两个液相）。将离心管在冰上放置 10min。

> 在放置过程中会出现由染色体 DNA、高分子质量 RNA、钾离子、SDS、蛋白质、细胞壁复合物一起形成的乳白色沉淀。
>
> 在碱裂解液III中最好使用乙酸钾而非乙酸钠，因为十二烷基乙酸钾盐比钠盐难溶。

13．4℃用>20 000g 离心 30min，让转子自动停止，无须制动。将上清轻轻移入量筒中，弃去沉淀。

> 不能形成紧密沉淀的原因一般是加入碱裂解液II时没有充分混匀（步骤 11）。如果细菌碎片不能形成紧密的沉淀，以 20 000g 再次离心 15min，将上清移入干净的离心管。转移时可用 4 层纱布过滤上清，可以除去黏稠的基因组 DNA 和蛋白质沉淀。

质粒 DNA 回收

14．量取上清体积，将其连同 0.6 倍体积的异丙醇一起移入一支干净离心管中并将其充分混匀，室温下放置 10min。

15．在室温下以 12 000g 离心 15min 回收核酸沉淀。

> 若在 4℃离心会使盐沉淀下来。

16．小心弃去上清，将离心管敞开盖，倒置于纸巾除去残余上清。在室温下用 70%乙醇涮洗管壁，倒掉乙醇，并除去管壁的液滴。将离心管开口倒置于纸巾上使剩余乙醇挥发掉。

> 如果用干燥器或者真空干燥的方法干燥 DNA 沉淀，在某些情况下会使其难以溶解并可能变性（Svaren et al. 1987）。将沉淀在室温下干燥 10～15min 使乙醇挥发就足够，不会引起 DNA 脱水。

17．用 3mL 含有 2.0μg/mL 无 DNA 酶的 RNase A 的 TE（pH 8.0）溶解 DNA 沉淀。轻柔振荡溶液。将 DNA 保存于-20℃。

18．质粒 DNA 的纯化可用商业树脂进行柱层析（如 QIAGEN 公司的 QIA-prep）。

19．用 DNA 测序及限制性酶切结合凝胶电泳分析确证质粒结构。

> 见"疑难解答"。

疑难解答

问题（步骤 19）：由于质粒毒性使质粒 DNA 得率低（≤1.0μg/mL）。
解决方案：换成低拷贝数的质粒或携带原核生物转录终止信号的载体。
问题（步骤 19）：在酶切前、后经电泳只见很少或无 DNA。
解决方案：在乙醇沉淀后，在步骤 16 中可能将核酸丢失。离心后马上小心地去除乙醇，如果离心管放置的时间太长，DNA 沉淀会与管壁分离。
问题（步骤 19）：DNA 不能被限制酶切割。
解决方案：DNA 不能切割，可能是没有移去所有液体，在纯化质粒 DNA 的过程中，有些成分阻碍限制酶的功能。可以尝试以下建议：
- 在步骤 6 中移去所有液体。
- 在步骤 7 中移去所有 STE。
- 在步骤 16 中移去所有液体。

比较好的方法是，用酚：氯仿抽提最后所得的 DNA，用标准的乙醇沉淀法回收，并用 70% 乙醇洗涤；或者使用大体积酶切体系（100～200μL），用 5 倍以上的酶量，酶切后用标准乙醇沉淀法回收 DNA。

问题：在消化过程中 DNA 变成了弥散带。

解决方案：DNA 可能被细菌 DNA 酶（如 EndA）污染，这种酶会被酶切缓冲液中的 Mg^{2+} 激活。DNA 酶的最可能来源是溶解质粒 DNA 所用的 TE 储液。如果不是十分小心，TE 会被细菌污染。较小的可能性是酶切缓冲液的问题。可以尝试以下方法：

- 每批 TE 都经高压灭菌，分装于 1mL 无菌离心管中，每天用新鲜的。
- 使用储存液时尽量无菌操作。
- 如果纯化质粒 DNA 含有 DNA 酶，用酚：氯仿抽提，标准乙醇沉淀法进行回收，重悬于新鲜的 TE 中。

参考文献

Birnboim HC, Doly J. 1979. A rapid alkaline extraction procedure for screening recombinant plasmid DNA. *Nucleic Acids Res* 7: 1513–1523.
Svaren J, Inagami S, Lovegren E, Chalkley R. 1987. DNA denatures upon drying after ethanol precipitation. *Nucleic Acids Res* 15: 8739–8754.

Vinograd J, Lebowitz J. 1966. Physical and topological properties of circular DNA. *J Gen Physiol* 49: 103–125.

方案 3　从革兰氏阴性菌（如 *E.coli*）中分离 DNA

从细菌中分离 DNA 需要依赖 SDS 和蛋白酶 K 以裂解细胞。高分子质量的 DNA 需要剪切（以减少它的黏性，更适合操作），用酚和氯仿提取，再用异丙醇提纯。该方案可以分离到长度为 30～80kb 的 DNA。

材料

为正确使用本方案中的器材和危险试剂，必须查阅相应的材料安全数据表并咨询所在机构的环境卫生和安全办公室。

本方案的专用试剂标注 <R>，配方在本方案末提供。常用储备溶液、缓冲液和试剂标注 <A>，配方见附录 1。储备溶液应稀释至适用浓度后使用。

试剂

乙酸铵（5mol/L）

细菌培养基（≥1.5mL）

　　　　培养基需要在剧烈振荡中过夜。

氯仿

乙醇（70%，95%）

异丙醇

氯化钠（5mol/L）

酚：氯仿（1:1，*V/V*）

蛋白酶 K（在 TE 中 20mg/mL，pH7.5）

核糖核酸酶 A（在 TE 中 5m g/mL，pH8.0）

SDS（10%，*m/V*）

TE (pH8.0) <A>

设 备

可检测 260nm 波长吸收的小杯

　　小杯可用一次性可穿透紫外线的丙烯酸甲酯材质或石英材质。石英杯在使用前和使用后要浸泡在盐酸：甲醇

　　（1∶1，*V/V*）中，至少浸泡 30min，然后用无菌水充分冲洗。

针管，26G

分光光度计

携带式真空吸气器

水浴锅，预热到 37℃

方法

　　1．将过夜培养的 1.5mL 细菌菌液转移到 1.5mL 的微量离心管中。室温下离心 30s。用真空吸气器移去上清。

　　2．加 400μL TE (pH8.0)，用涡旋器重悬细菌沉淀，2 次，每次 20s。

　　3．加 50μL 10%SDS，50μL 蛋白酶 K（在 TE 中 20mg/mL，pH7.5）。在 37℃孵育细菌裂解液 1h。

　　4．消化过的菌液很黏稠。用 26G 针管剪切 DNA，尽可能减少泡沫。

　　5．加 500μL 1∶1 混合好的酚∶氯仿。

　　6．盖上离心管管盖，将两个液相温和混匀。

　　7．将上层液相转移到一个新的微量离心管中，重复步骤 5 和步骤 6 共 2～3 次，直到界面接触处没有东西。

　　8．用 500μL 氯仿提取水相。

　　9．将上清转移到一个新的微量离心管中，加入约 25μL 的 5mol/L NaCl 和 1mL 95%的乙醇。涡旋，在 4℃离心 10min。

　　10．轻轻将上清倒出，然后用微量移液器将残余的乙醇吸出。将离心管开口在工作台放置约 15min。

　　11．用 100μL 的 TE（pH8.0）溶解已经干的细菌沉淀，加 5μL 的 RNase A（在 TE 中 5mg/mL，pH8.0）。在 37℃孵育 30min。

　　12．加 40μL 的 5mol/L 乙酸铵和 250μL 的异丙醇。涡旋，在室温放置 10min。

　　13．在室温将离心 10min，收获 DNA。用 70%的乙醇将沉淀洗涤 2 次。在工作台中将离心管开盖晾干约 15min。

　　14．用 100μL 的 TE（pH8.0）溶解沉淀。在 260nm 测 DNA 的浓度，将 DNA 样本按 1∶10 稀释。空白对照为用水按 1∶10 稀释的 TE（pH8.0）。

$1OD_{260} \approx 50mg/mL$ 的 DNA

　　15．储存 DNA。

　　　　DNA 可以在 TE 缓冲液（10mmol/L Tris，pH8.0，1mmol/L EDTA）中储存于-20℃或 4℃。在-20℃和-80℃储存

　　DNA 是没有差别的，但是 DNA 储存在水中容易被水解。

　　　　长期储存 DNA 的离心管应密封好，防止蒸发。

方案 4 乙醇法沉淀 DNA

DNA 能够从溶液中沉淀出来,用以去除盐分子或者重悬于另一种缓冲液中。乙醇或者异丙醇都能够达到此目的;但是乙醇为首选(可以参考本方案结尾处的讨论部分和方案 5 的导言)。由盐分子产生的阳离子能够中和暴露的、带负电荷的 DNA 磷酸残基。表 1-1 列举了一些盐溶液的原液及工作浓度。接下来介绍一下在微量离心管中用乙醇沉淀 DNA 的方法。

表 1-1 阳离子在乙醇沉淀 DNA 中的应用

盐类	原液/(mol/L)	终浓度/(mol/L)
乙酸铵	10.00	2.0~2.5
氯化锂	8.0	0.8
氯化钠	5.0	0.2
乙酸钠(pH=5.2)	1.0	0.3

历史背景

乙醇沉淀的方法比分子克隆的出现要早大约 50 年,这种方法最早是 J.Lionel Alloway 用来浓缩生物活性核酸的。Alloway 于 20 世纪 30 年代早期在洛克菲勒学院工作,他计划由 S 型肺炎双球杆菌制备能够在体外转化 R 型菌株的无细胞提取物。那时转化还只是通过加热灭活的完整细胞来实现的。经过多次挫败之后,他在 1932 年报道了能够把起转化作用的物质转移到溶液中,其做法是将冻融的 S 型菌株提取物加热到 60℃,通过离心去除颗粒物,再将溶液通过多孔陶瓷滤器过滤(Alloway 1932)。上述最后一步操作目的是为了消除这样一个疑虑,即转化是由提取物过程中偶尔存活的 S 型菌株所造成的假象。

Alloway 不用加热致死的供体实现了转化,这一成功在走向最终发现 DNA 是转化物质的道路上迈出了一大步(Avery 1944)。然而并不是 Alloway 制备的所有无细胞提取液均有转化作用。即使有转化作用的制备物,转化效率也很低。可能 Alloway 意识到这个问题是由于提取物的浓度太稀的缘故,他开始寻找各种裂解肺炎球菌的途径以及浓缩转化活性物质的方法(Alloway 1933)。MaClyn McCarty(1985)这样描述了 Alloway 发现乙醇沉淀方法的过程:

这时 Alloway 采用了一种新的方法,这个方法从此成为所有有关转化物质研究工作中不可缺少的操作方法。他加入 5 倍体积于提取物体积的纯乙醇时,结果从肺炎球菌释放出来的大部分物质都沉淀下来……沉淀物能重新溶于盐溶液中,并通过转化实验证实其中含有转化活性物质,乙醇沉淀和重新溶解可以任意重复而引起活性丧失。

当然,Alloway 并非使用乙醇沉淀的第一人。这种方法已被几代为 DNA 碱基结构所困惑的有机化学家们在纯化步骤采用。但 Alloway 却是用乙醇沉淀制备能够改变受体细胞表型的第一位科学家。尽管最终证实转化因子是 DNA 还延迟了十多年的时间,但应该公正地承认 Alloway 是今天我们已经习以为常的一项操作技术的发明者。

材料

为正确使用本方案中的器材和危险试剂,必须查阅相应的材料安全数据表并咨询所在机构的环境卫生和安全办公室。

本方案的专用试剂标注<R>,配方在本方案末提供。常用储备溶液、缓冲液和试剂标注<A>,配方见附录 1。储备溶液应稀释至适用浓度后使用。

试剂

载体（酵母 tRNA、糖原和线形聚丙烯酰胺，见表 1-2）（可选；见步骤 3）

DNA 样品

乙醇（95%，冰浴；70%）

异丙醇（可选；见步骤 9）

MgCl$_2$（1mol/L）（可选；见步骤 3）

盐溶液（10mol/L 乙酸钠、8mol/L LiCl、5mol/L NaCl 和 3mol/L 乙酸钠；见表 1-1）（可选；见步骤 2）

TE（pH 8.0)<A>

表 1-2　载体在乙醇沉淀中的作用

载体	工作浓度	优缺点
酵母 tRNA	10～20μg/mL	比较便宜，缺点是沉淀的核酸若用作核苷酸酶或末端转移酶的底物时则不能选用。酵母 tRNA 的末端是这些酶的良好底物，将与目标核酸的末端发生竞争
糖原	50μg/mL	当用乙酸铵和异丙醇进行沉淀 DNA 时使用。糖原不是核酸，因此不会在以后的反应中与目标核酸竞争。但糖原能够干扰 DNA 与蛋白质之间的相互作用（Gaillard and Strauss 1990）
线形聚丙烯酰胺	10～20μg/mL	线状聚丙烯酰胺是一种有效的中性载体，仅在少量核酸（皮克级）的乙醇沉淀时使用（Strauss and Varshavsky 1984，Gaillard and Strauss 1990）

设备

冰盒

真空吸气器

🔩 方法

1．估算 DNA 溶液的体积。

2．如果 DNA 溶液含有高浓度的盐，可以通过 pH 8.0 的 TE 缓冲液来稀释，或者可以加入适量表 1-1 中列出的其中一种盐溶液。

> 如果最后的溶液体积为 400μL 或者更少，可以沉淀在一个微量离心管中。体积较大的可以分在几个微量离心管中，或者 DNA 可以在适合中速或者超速离心机的管中沉淀和离心。

3．充分混匀溶液。加入 2 倍体积的冰乙醇，混匀后将含有乙醇的溶液静置于冰上，让 DNA 沉淀形成。

> 通常 15～30min 足矣，但是当 DNA 的片段很小时（<100 个核苷酸）或者当 DNA 的量很少时（<0.1μg/mL），延长时间至少到 1h 并且加入终浓度为 0.01 mol/L 的 MgCl$_2$。
>
> DNA 能够长期在乙醇溶液中于 0℃ 或者-20℃ 保存。
>
> （可选）加入适当浓度的载体 DNA（见表 1-2）。

4．0℃ 离心获得 DNA。

> 大部分情况，微型离心机最大转速离心 10min 足矣，但是，正如上面讨论的，当离心低浓度的 DNA（<20ng/mL）或者非常小的片段，需要更长的时间。

5．小心地用自动微量移液器或者真空移液器除去上清液。注意不能碰到核酸沉淀（可能看不见）。用移液枪吸出沾在管壁上残留的液体。

> 最好是保存吸出的上清液，除非已经确定得到沉淀的 DNA。

6．加入一半体积的 70%乙醇，置于微型离心机，于 4℃ 最大转速离心 2min。

7．重复步骤 5。

8. 室温下，将敞口的管置于工作台上直到残留的液体挥发完为止。

> 过去习惯性地将核酸沉淀置于干燥器上烘干。这一步不仅是不必需的，而且还是不利的，因为这样会使小片段的 DNA（<400 核苷酸）变性（Svaren et al.1987）和减少大片段 DNA 的获取。

9. 通常用一定体积的 pH7.6～8 的 TE 缓冲溶液溶解 DNA 沉淀（一般看不见），并用缓冲液冲洗一下管壁。

> 1 倍体积的异丙醇可以替换 2 倍体积的乙醇用来沉淀 DNA（见方案 5）。异丙醇沉淀的好处是需要离心的液体体积较小。无论怎样，异丙醇比乙醇难挥发，所以很难除去，况且，当用异丙醇时，溶液中一些蔗糖或氯化钠很容易和 DNA 一块沉淀。一般情况，乙醇沉淀为首选，除非是必须保证很少量的溶液体系。

讨论

由于暴露出带有负电荷的磷酸残基，DNA 是较强的极性分子。在水溶液中，所带电荷可以攻击水化保护层，后者可以抑制正电荷结合 DNA。乙醇破坏了 DNA 的水化层，并且使未被保护的磷酸基团与溶剂中的阳离子形成离子键。在含有 300mmol/L 的 Na^+ 溶液中，当乙醇的浓度接近 70% 时，多肽链之间的排斥力减弱到 DNA 出现沉淀以下。因此乙醇沉淀法只有在足够的阳离子去中和磷酸残基上的电荷时才有效。大多数通用的阳离子见表 1-1，下面也加以介绍。

乙酸铵

常用于减少多余的杂质（如 dNTP 及多糖）与核酸的共沉淀。例如，在 2 mol/L 乙酸铵存在下，连续两次 DNA 沉淀可从 DNA 制品中除去>99% 的 dNTP(Okayama and Berg 1982)。在通过琼脂糖酶消化琼脂糖之后沉淀核酸时，使用乙酸铵也是最佳选择。这种阳离子可以减少寡糖消化产物共沉淀的可能性。然而若用沉淀的核酸进行磷酸化时，就不用乙酸铵沉淀核酸，因为铵离子能抑制 T4 噬菌体多核苷酸激酶。

氯化锂

常用于高浓度乙醇（>75%，V/V）进行的沉淀（如沉淀 RNA）。LiCl 在乙醇溶液中的溶解度很高，而且不随核酸共沉淀。小分子 RNA（如 tRNA 及 5S RNA）在高离子强度下（没有乙醇）是可溶的，而大分子 RNA 则不溶。可以利用这个差异在高浓度 LiCl(0.8 mol/L) 中纯化大分子 RNA。

氯化钠

氯化钠（0.2mol/L）可用于 DNA 样品中存在 SDS 时。这种去污剂在 70% 乙醇中仍为可溶。

乙酸钠

乙酸钠（0.3 mol/L，pH5.2）在 DNA 和 RNA 的常规沉淀中最为常用。

与通常认为的不同，低温可抑制 DNA 的沉淀生成，室温条件下发生沉淀的效率较大，而不是-20℃或者-80℃（Zeugin and Hartley 1985）。最小反应时间取决于 DNA 的长度和浓度，长度越短、浓度越低的 DNA 分子沉淀需要进行更长的时间。针对小片段和低浓度的 DNA 分子，推荐 4℃过夜反应。为在延长的低温保存期中抑制形成盐沉淀物，最好使用乙酸铵（终浓度 500m mol/L）而不是乙酸钠用于平衡离子（Zeugin and Hartley 1982）。

在 4℃且没有载体存在的情况下，即使浓度低至 20ng/mL 的 DNA 也能形成沉淀，并可在微型离心管中通过离心定量地加以回收。然而在沉淀低浓度的 DNA 为很小的片段（长度<100 核苷酸）时，则需延长离心时间，使核酸沉淀更紧密地结合在离心管上。在没有载

体存在的情况下，于 100 000*g* 离心 20～30min 可回收到皮克级的核酸。在处理少量 DNA 时，一种谨慎的做法是留下每一步操作中含乙醇的上清液，直到把所有 DNA 回收回来。在用 70%乙醇洗涤 DNA 沉淀时这种留样的做法尤为重要，因为在洗涤过程中往往使管壁上的 DNA 变松散。

载体（或共沉淀物）是一种可以用于乙醇沉淀过程中提高小分子质量核酸获得量的物质。载体不溶于乙醇，可捕获目的核酸形成沉淀；通过离心，载体可以形成一种可见的沉淀便于目的核酸的操作。有三种物质通常用作载体：酵母 tRNA、糖原和线形聚丙烯酰胺。它们各自的优缺点见表 1-2。

向 DNA 的乙醇溶液中加入一种载体能够提高 DNA 获得量，而且不会被下游的酶促反应所干扰。糖原的终浓度在沉淀混合体系中的量为 0.05～1mg/mL（Tracy 1981；Hengen 1996）。

DNA 沉淀的溶解

直到几年之前，回收的 DNA 沉淀在溶解以前还要经过真空干燥。这种做法现已弃用，因为：①干燥的 DNA 溶解缓慢且效率低；②双链小分子 DNA（<400bp)在干燥时会变性，原因可能是在干燥过程中失去了起到稳定作用的结合水分子外层（Svaren et al. 1987)。

目前最好的办法是通过轻轻抽吸移除 DNA 沉淀和离心管边上的乙醇，在实验台上敞口放置约 15min 挥发残留的乙醇，当 DNA 沉淀仍有些潮湿的时候，用适当缓冲液溶解便可溶得快速而且完全。必要时可将重溶了 DNA 的离心管敞口放在 45℃加热块上保温 2～3min 挥发残留的乙醇。

固定转头角度离心所得的 DNA 沉淀不一定都在离心管的底部。例如，在使用微型离心管的情况下，至少 40%的 DNA 沉淀是黏在管壁上的。为了提高 DNA 的回收率，可用吸头带动溶剂的液滴在管壁适当部位来回滚动数次。如果 DNA 样品具有放射性，可在移出溶解的 DNA 之后加以检测，确定检不出残留的放射性。

通常情况下，DNA 沉淀能从溶液中通过乙醇沉淀出来，也能够被一些缓冲液和低离子强度的溶液再次溶解，如 TE（pH 8.0)。有时，当含有 $MgCl_2$ 或者>0.1mol/L NaCl 的缓冲液直接加入到 DNA 沉淀时，就难以溶解。因此，首先应用小体积的低离子强度缓冲液去溶解 DNA，接下来调整缓冲液的组分。如果样品不能够溶解在小体积里，就用大体积的缓冲液再次用乙醇沉淀。第二次沉淀可能会帮助消除一些外加的盐分子或者其他一些阻碍 DNA 溶解的复合物。

参考文献

Alloway JL. 1932. The transformation in vitro of R pneumococci into S forms of different specific types by the use of filtered pneumococcus extracts. *J Exp Med* 55: 91–99.

Alloway JL. 1933. Further observations on the use of Pneumococcus extracts in effecting transformation of type in vitro. *J Exp Med* 57: 265–278.

Avery OT, MacLeod CM, McCarty M. 1944. Studies on the chemical nature of the substance inducing transformation of pneumococcal types: Induction of transformation by a desoxyribonucleic acid fraction isolated from Pneumococcus type III. *J Exp Med* 79: 137–158.

Gaillard C, Strauss F. 1990. Ethanol precipitation of DNA with linear polyacrylamide as carrier. *Nucleic Acids Res* 18: 378. doi: 10.1093/nar/18.2.378.

Hengen PN. 1996. Methods and reagents: Carriers for precipitating nucleic acids. *Trends Biochem Sci* 21: 224–225.

McCarty M. 1985. *The transforming principle: Discovering that genes are made of DNA.* Norton, New York.

Okayama H, Berg P. 1983. A cDNA cloning vector that permits expression of cDNA inserts in mammalian cells. *Mol Cell Biol* 3: 280–289.

Strauss F, Varshavsky A. 1984. A protein binds to a satellite DNA repeat at three specific sites that would be brought into mutual proximity by DNA folding in the nucleosome. *Cell* 37: 889–901.

Svaren J, Inagami S, Lovegren E, Chalkley R. 1987. DNA denatures upon drying after ethanol precipitation. *Nucleic Acids Res* 15: 8739–8754.

Tracy S. 1981. Improved rapid methodology for the isolation of nucleic acids from agarose gels. *Prep Biochem* 11: 251–268.

Zeugin JA, Hartley JL. 1982. DNA precipitation in the presence of ammonium acetate. *Focus* 4: 12.

Zeugin JA, Hartley JL. 1985. Ethanol precipitation of DNA. *Focus* 7: 1–2.

方案 5　异丙醇法沉淀 DNA

　　DNA 在含有异丙醇的溶液中比在含有乙醇的溶液中难溶。乙醇沉淀法需要 2～3 倍体积的乙醇，异丙醇沉淀则需要 0.6～0.7 倍的体积。沉淀大体积溶液中的 DNA 时，异丙醇是比较好的选择。在室温用异丙醇沉淀减少了一些蔗糖或者氯化钠和 DNA 发生共沉淀的现象。但异丙醇还是有一些不足之处：

- 盐在 35% 的异丙醇溶液中比在 65% 的乙醇溶液中难溶。
- DNA 沉淀是半透明的，肉眼难以观测，异丙醇较乙醇不宜挥发，因此很难除去。
- 最后，异丙醇沉淀的 DNA 与微量离心管管壁结合较松，在吸取异丙醇或用乙醇洗沉淀的时候容易丢失（见步骤 5）。

　　通常情况，DNA 乙醇沉淀法为首选，除非有必要使用较小的上清液体积。

材料

　　为正确使用本方案中的器材和危险试剂，必须查阅相应的材料安全数据表并咨询所在机构的环境卫生和安全办公室。

　　本方案的专用试剂标注 <R>，配方在本方案末提供。常用储备溶液、缓冲液和试剂标注 <A>，配方见附录 1。储备溶液应稀释至适用浓度后使用。

试剂

DNA 样品
乙醇
异丙醇
乙酸钠（3mol/L，pH 5.2）
TE（pH 8.0）<A>

设备

真空吸气器

方法

1. 将乙酸钠（3.0mol/L，pH5.2）加入到 DNA 溶液中使其终浓度为 0.3mol/L。
2. 加 0.6～0.7 倍体积的异丙醇于室温下充分混匀。
3. 在离心管外做好标记使沉淀容易定位，微量离心管的样品于 4℃ 离心 20～30min。
   　　4℃离心防止样品过热。
4. 小心地将上清液移入一个新标记的离心管，为避免 DNA 沉淀在此过程中发生丢失，应保存好上清液直至确认 DNA 沉淀已经回收。
5. 用乙醇清洗 DNA 沉淀除去残留的异丙醇。
   　　残留的异丙醇阻碍 DNA 被再次溶解。
6. 在 4℃，微量离心管中的样品离心 20～30min。
7. 小心地除去上清，使 DNA 沉淀干燥。
   　　不能让 DNA 干燥得太彻底，否则，沉淀将会非常难溶解。当步骤 8 加入缓冲液时，沉淀应仍保持湿润。
8. 用适量的 TE（pH 8.0）重新溶解 DNA 沉淀。

方案 6　用微量浓缩机进行核酸的浓缩和脱盐

通过微量浓缩机的超滤作用进行浓缩是一个迅速的过程（15min）：①对小体积的 DNA 或者 RNA 溶液同时去盐和浓缩；②从琼脂糖凝胶中回收核酸；③纯化 PCR 产物。微量浓缩器最大的供应商是 Millipore Inc.(http://www.millipore.com/)，这个方案的下面将介绍 Millicon 滤筒的利用。目前有多种配备异质多孔亲水性纤维素膜的微量浓缩器可用。

材料

为正确使用本方案中的器材和危险试剂，必须查阅相应的材料安全数据表并咨询所在机构的环境卫生和安全办公室。

试剂

DNA 样品
仪器设备
Millicon 滤筒

方法 1：核酸的浓缩与脱盐

1. 选择一种型号的 Microcon，其核苷酸截留值等于或小于待分离核酸的大小（表 1-3）。

表 1-3　微型浓缩器 Microcon 的核苷酸截留值

Microcon 型号	颜色标志	核苷酸截留值		建议最大离心力（×g）	离心时间/min	
		ss	ds		4℃	25℃
3	黄	10	10	14 000	185	95
10	绿	30	20	14 000	50	35
30	透明	60	50	14 000	15	8
50	玫瑰红	125	100	14 000	10	6
100	蓝	300	125	500	25	15

注：注意单纯超滤是不会改变缓冲液组成的。在 Microcon 中离心浓缩样品的盐浓度与原始样品的盐浓度相同，脱盐时可在浓缩的样品中加入水或缓冲液至原先体积，再重新离心（称为不连续渗透）。这种脱盐的方式与超滤的浓缩系数有关。举例来说，一份含 100mmol/L 盐的 500μL 样品浓缩至 25μL 时（浓缩系数为 20），则样品中 95%的盐被除去，而样品中的盐浓度仍为 100mmol/L，再将样品稀释至 500μL 时盐的浓度降至 5mmol/L，再将此稀释的样品浓缩至 25μL 可除去原先总量的 99%的盐，这时浓缩盐浓度为 0.25mmol/L。若欲脱盐更彻底一些，可再进行一次溶解和离心的循环，即可脱去原先 99.9%的盐量。ss 表示单链；ds 表示双链。

2. 如图 1-2 所示，从提供的两只小管中取出一只，将 Microcon 滤筒插于其中。

3. 浓缩时（不影响盐的浓度），可将最多达 500μL 的样品（DNA 或 RNA）加入到样品池中。将小管放于离心机中，盖帽垫朝中心方向。任何可容纳 1.5 mL 具有封盖离心管的固定角度的离心机均可使用。如果使用适合 YM100 滤器的微量浓缩机，需要可变转速离心机。按说明书推荐的时间在 25℃离心，转速不要超过表 1-3 列出的离心力。继续步骤 5。

4. 若进行盐的交换，加适量适当的稀释液，使浓缩样品的体积至 500μL。按说明书推荐的条件离心，转速不要超过表 1-3 列出的离心力。要使盐的浓度更低，必要时可重复整个步骤，见表 1-3 的脚注。

　　　　▲注意：样品池不要加得太满。

5. 从小管上取下样品池，倒置插入另一个小管中。在分析样品之前要留存滤液。

6. 在一只微型离心管中于 650～1000g 离心 2min 回收步骤 5 小管中的核酸。

7. 取下样品池，盖紧管盖置于 4℃保存样品。

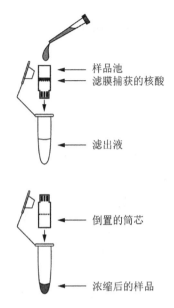

样品池
滤膜捕获的核酸

滤出液

倒置的筒芯

浓缩后的样品

图 1-2　使用微量超速离心机对核酸溶液进行浓缩和脱盐。

方法 2：纯化 PCR 产物

选择一种型号的 Microcon，其核苷酸截留值等于或小于待分离核酸的大小（见表 1-3）。

1. 用一种 Microcon 设备处理每一个 PCR 反应。

2. 向每个 PCR 反应体系中加水至 500μL。

3. 12 000r/min（约 14000g）离心 9min。保持样品池中的 PCR 溶液 10μL。如果样品池中有过多的上清，再次离心 30s 直到维持在 10μL 的量。如果还是少于 10μL，用水调整样品中的体积在 10μL。

4. 从管中移去样品池，将样品池移入新的管中。保存滤液直到样品分析完成。

5. 将步骤 4 中的管中的样品在新的微量离心管中于 650～1000g 的转速下离心 2min 从而再次获得核酸。

6. 移去样品池，将管封好保存在 4℃备用。

方案 7　丁醇抽提法浓缩核酸

用仲丁醇（2-丁醇）或正丁醇（1-丁醇）等溶剂萃取水溶液时，部分水分子会进入有机相，而核酸依然留在水相。重复抽提几次后可显著减少核酸溶液的体积。这一浓缩方法可用于减少稀溶液的体积，以使核酸易于通过乙醇沉淀得到回收。

材料

为正确使用本方案中的器材和危险试剂，必须查阅相应的材料安全数据表并咨询所在机构的环境卫生和安全办公室。

试剂

DNA 样品
异丁醇

方法

1. 计算核酸溶液体积，在 25℃下加入等量的异丙醇。轻微、充分混匀两相。

> 加入过多的异丙醇可能会导致除去所有水分并使核酸发生沉淀。如果发生这种情况，向有机相中加入水直到水相（其中包含核酸分子）再次形成。

2. 室温下，将溶液置于微量离心机中以最大转速离心 20s，或者用台式离心机在 1600r/min 下离心。用微量移液器移去上清（异丙醇）。
3. 重复步骤 1 和 2 直到获得想要的水相。

> 因为异丙醇抽提液不能除去盐分，盐的浓度会伴随体积的减少而增加。核酸可以通过柱层析（见本章导言中"纯化 DNA 的商业试剂盒"及第 13 章方案 1）或者乙醇沉淀转移到适当的缓冲液中。异丙醇在水中最大的溶解度为 20℃溶解 5%、30℃溶解 7.5%。水在异丙醇中最大的溶解度为 20℃溶解 5%、30℃溶解 17.3%。

方案 8　聚乙二醇沉淀法制备 M13 噬菌体单链 DNA

M13 噬菌体单链 DNA 是从感染细胞分泌至周围培养液中的病毒颗粒中制备的。一些方法也适用于纯化多种丝状病毒颗粒。此方案由 Sanger 等（1980）和 Messing（1983）改进，噬菌体颗粒是在高盐条件下利用聚乙二醇沉淀进行浓缩。随后用苯酚萃取释放出单链 DNA，再用乙醇沉淀回收。该方法制备的单链 DNA 纯度足以用于 DNA 测序反应。带有 300～1000 个核苷酸插入序列的重组噬菌体的单链 DNA 得率为 5～10μg/mL 感染细胞。

QIAGEN 的 M13 噬菌体 DNA 的分离和纯化试剂盒可用性较好（如 QIAprep 96 M13 Kit）。

材料

> 为正确使用本方案中的器材和危险试剂，必须查阅相应的材料安全数据表并咨询所在机构的环境卫生和安全办公室。
> 本方案的专用试剂标注<R>，配方在本方案末提供。常用储备溶液、缓冲液和试剂标注<A>，配方见附录 1。储备溶液应稀释至适用浓度后使用。

试剂

1.2%的琼脂糖胶，溶解于 0.5×的 TBE 和含 0.5μg/mL 溴化乙锭（见步骤 13）
氯仿（见步骤 7 中的注意事项）
培养感染和未感染噬菌体 M13 的大肠杆菌

> M13 菌斑用灭菌的牙签挑，并且立刻转入 1.5mL 含有大肠杆菌的培养基中。感染的噬菌体在旋转仪上 37℃旋转 4～6h，将未感染的噬菌体设定为对照。

平衡酚

乙醇（冰冷的 70%；95%）

上样缓冲液 1 和 2 <A>

聚乙二醇 8000（20%PEG 8000）溶于 2.5mol/L NaCl

　　　见信息栏"聚乙二醇"。

M13 噬菌体单链 DNA 载体和重组 DNA

　　　在电泳时用已知浓度的 M13 噬菌体 DNA 作为对照。见步骤 13。

乙酸钠（3mol/L，pH5.2）

TE（pH 8.0）<A>

仪器

连接真空装置的一次性微量移液器或配有洗耳球的巴斯德移液管

多管的涡旋仪（可选；见步骤 5）

方法

PEG 沉淀噬菌体颗粒

1. 分别将 1mL 感染和未感染培养物加入两个微量离心管，以最大转速室温离心 5min，室温下，将上清分别转入两个微量离心管。如果需要，取 0.1mL 上清作为噬菌体颗粒的原种。

2. 上清中加入 200μL 溶于 2.5mol/L NaCl 的 20% PEG，颠倒离心管数次混合溶液，温和振荡，室温放置 15min。

　　　务必使所有 PEG/ NaCl 溶液与感染细胞培养液混合。见信息栏"聚乙二醇"。

3. 在微量离心机上，以最大转速 4℃离心 5min，回收噬菌体沉淀。

4. 用连接于真空装置的一次性移液器头或装有洗耳球的长巴斯德吸管小心地吸去所有上清后，再离心 30s，除去所有残存的上清。

　　　在管底应能看见一个微小的、针尖大小的噬菌体颗粒沉淀，而接种未感染大肠杆菌菌苔的阴性对照的离心管中应看不见沉淀。如果结果不是很理想，参考"疑难解答"。对照组管底应该没有沉淀。

　　　见"疑难解答"。

酚抽提单链 DNA

5. 用 100μL TE（pH8.0）振荡重悬噬菌体颗粒沉淀。

　　　使沉淀完全重悬的最好方法是用 TE 室温浸泡沉淀 15～30min，接着低速振荡溶解沉淀。使噬菌体颗粒沉淀完全重悬对下一步用酚有效地抽提单链 DNA 非常重要，如果同时提取多个样品，则使用多管振荡器省时又省力。

6. 在沉淀悬液中加入 100μL 平衡酚，振荡 30s 充分混合，室温放置 1min，再振荡 30s。

7. 在微量离心机上，以最大转速离心 3～5min。在方便的前提下，尽可能多地将上层水相转移至一个新微量离心管。

　　　为了便于分相，加入 30μL 硅润滑胶（锁相胶，5′→3′）。这一步骤有时可以提高产量，但通常是不需要的。不要试图转移全部水相，当约 5μL 水相留在界面时，制备的单链 DNA 更干净。

　　　用一次酚抽提制备的模板可用于大多数用途（DNA 测序），一般不需要再进行酚抽提。但是，如果在步骤 3 噬菌体沉淀污染有 PEG/ NaCl 上清的组分，则会影响双脱氧测序反应的重要性，并使每个反应测定的可靠长度下降至300bp 或更少。特别注意，除去微量离心管中的痕量上清可以避免这个问题。另外有些研究者还在步骤 6 离心分相前，在每个离心管中加入 100μL 氯仿，再振荡混合；或者同步骤 7 将水相转移到另一个新的微量离心管，再用 100μL氯仿抽提水相一次，离心分相，将水相转移至一个新的微量离心管中。

乙醇沉淀噬菌体 DNA

8. 存在 0.3mol/L 乙酸钠的条件下，用标准的乙醇沉淀法回收 M13 DNA。短暂振荡混合后，室温放置 15～30min 或-20℃过夜。

> 转移至新离心管的酚抽提水相可能会略浑，但加入乙酸钠溶液后应清亮。

> 沉淀单链 DNA 也可以加入 300μL 无水乙醇∶3mol/L 乙酸钠（pH5.2）为 25∶1 的混合物，然后室温放置 15min。这个方法不需要分别加入乙酸钠和乙醇，因而在许多单链 DNA 样品纯化时，可以加快操作步骤。M13 DNA 可以在乙醇中-20℃存放数月。

9. 在微量离心机上以最大转速 4℃离心 10min 回收单链噬菌体 DNA 沉淀。

10. 轻轻吸取上清，小心不要触动 DNA 沉淀（经常只能在管壁上看到一点模糊痕迹），再离心 15s，除去所有残留的上清。

11. 加 200μL 70%冰乙醇，以最大转速 4℃离心 5～10min。立刻轻轻吸取上清。

> ▲在这一步，沉淀黏在管壁上并不牢固，因而操作务必要尽快且小心，以免 DNA 丢失。

12. 倒置开盖的离心管 10min，使所有残留的乙醇流出和蒸发。用 40μL TE（pH8.0）溶解沉淀，37℃温育 5min 以加速 DNA 溶解。DNA 溶液-20℃保存。

> 单链 DNA 的产量通常是 5～10μg/mL 原始感染培养物。

13. 数个样品的 DNA 浓度的估计可各取步骤 12 制备的 DNA 溶液 2μL，加入蔗糖凝胶加样缓冲液 1μL 混合后，加至含 0.5×TBE 和 0.5μg/mL 溴化乙锭的 1.2%琼脂糖凝胶的加样孔。用不同量的已知浓度 M13 DNA 作为对照，6V/cm 电泳 1h，根据荧光光密度的强弱估计 DNA 的量。

疑难解答

问题（步骤 4）：没有明显可见的噬菌体沉淀出现。

解决方案：如果看不见噬菌体沉淀，则不大可能获得足够的单链 DNA 进行后续实验。这种情况下，最好的方法是多挑几个噬菌斑，用不同感染复数感染培养物，延长培养时间 6～12h。但是延长培养可能导致克隆的插入片段丢失和重排，要注意挑选的是真正的噬菌斑而不是气泡。

参考文献

Messing J. 1983. New M13 vectors for cloning. *Methods Enzymol* 101: 20–78.

Sanger F, Coulson AR, Barrell BG, Smith AJ, Roe BA. 1980. Cloning in single-stranded bacteriophage as an aid to rapid DNA sequencing. *J Mol Biol* 143: 161–178.

方案 9　M13 噬菌体铺平板

　　M13 噬菌斑是由单个病毒感染单个细菌后形成的。子代病毒颗粒感染邻近细菌，然后又产生下一代病毒颗粒。细菌在半固体培养基（如含有琼脂或琼脂糖）上生长时，子代病毒颗粒的扩散受到一定限制。由于感染了 M13 噬菌体的大肠杆菌并未被杀死，而是倍增时间比未感染的要长，因而在快速生长的细菌层中就出现了慢速生长的噬菌斑。与裂解宿主菌的噬菌体（如 T 噬菌体）不同，M13 噬菌体形成的噬菌斑浑浊甚至有时难以辨认。在 M13 平板上出现的非常清晰的"噬菌斑"很可能是在铺板前软琼脂混合时带入的小气泡，或是污染了裂解性病毒（当然可能性非常小）。

　　M13 是雄性特异的噬菌体，只感染表达 F 因子编码的性菌毛的大肠杆菌。病毒进入细胞需要性菌毛与病毒少数衣壳蛋白 pIII 的相互作用，3～5 个拷贝的 pIII 位于丝状杆的一端。为保证用于 M13 噬菌体增殖的细菌保持 F'质粒编码的菌毛结构，可采用下列两种阳性选择方法之一。

- 通常用于增殖雄性特异噬菌体的大肠杆菌中，F'质粒带有编码脯氨酸合成酶的基因（proAB$^+$）。因为宿主染色体上这些基因已经缺失，因而只有那些带有 F'质粒的菌株才是脯氨酸原养型，可在不含脯氨酸的培养基（如 M9 基本培养基）上形成克隆。菌株在基本培养基上生长远慢于在丰富培养基中，而且不能在 4℃储存条件下长期存活。因此，必须每隔数天再用-70℃保存的原种接种 M9 基本培养基琼脂平板，制备新鲜宿主菌（见下文）。

- 有些但不是全部 F'质粒带有抗生素抗性基因，通常是卡那霉素或四环素。只有带 F'质粒的菌才能在含有适当抗生素的培养基中生长。利用该选择方法可避免使用基本培养基，进而加快实验工作。

　　无论用何种选择方法来维持 F'质粒，用于 M13 扩增和铺板的大肠杆菌原种必须在-20℃含有 15%甘油的 LB 培养基中保存（详见第 3 章大肠杆菌信息栏）。通常用于 M13 噬菌体的宿主菌株见表 1-4。所有这些作为 M13 载体的宿主携带的 F'质粒，编码一个缺失 11～41

表 1-4　可作为 M13 噬菌体宿主的常用大肠杆菌菌株

菌株	基因型	参考文献
JM 101	glnV44 thi-1 Δ(lac-proAB) F'[lacIqZΔM15 traD36 proAB+]	Messing 1981
JM 107	endA1 glnV44 thi-1 relA1 gyrA96 Δ(lac-proAB) [F'　traD36 proAB+lacIq lacZΔM15] hsdR17(RK− mK+) λ−	Yanisch-Perron 等 1985
JM 109	endA1 glnV44 thi-1 relA1 gyrA96 recA1 mcrB+ Δ(lac-proAB) e14− [F' traD36 proAB+ lacIq lacZΔM15] hsdR17(rK−mK+)	Yanisch-Perron 等 1985
XL1-Blue	recA1, endA1, gyrA96, thi, hsdR17 (rk[+], mk[+]), supE44, relA1, [λ][−], lac, [F', proAB, lacIqZΔM15, Tn10 (tet[R])]	Bullock 等 1987
TG1	supE thi-1 Δ(lac-proAB) Δ(mcrB-hsdSM)5 (rK− mK−) [F' traD36 proAB lacIqZΔM15]	TG1 与 CSH50 非常接近，后者是冷泉港实验室在20世纪70、80年代发布的菌株，并且是其开发的大肠杆菌株试剂盒的组分 (Miller 1972)
NM522	supE, thi, Δ(lac-proAB), hsd5 (r−, m−) [F', proAB, lacIqZΔM15]	Gough 和 Murray 1983

个氨基酸的β-半乳糖苷酶突变体。这个缺陷多肽可与β-半乳糖苷酶的 N 端 146 个氨基酸结合，形成有活性的蛋白质。Joachim Messing 及其同事开发的所有 mp 系列的 M13 噬菌体载体均表达β-半乳糖苷酶的前 146 个氨基酸。在含有 IPTG（异丙基-β-D-硫代半乳糖苷，β-半乳糖苷酶的诱导物）和 X-Gal（5-溴-4-氯-3-吲哚-β-D-半乳糖苷，酶的显色底物）的培养基中，当 M13 mp 噬菌体铺到含适当 F′附加体的宿主时，形成深蓝色噬菌斑（详见信息栏"X-Gal 和α-互补"）。外源 DNA 插入 M13 mp 载体的 *lacZ* 区域往往消除了α互补，使重组体形成淡蓝色或无色噬菌斑（Groneborn and Messing 1978）。

  M9 基本培养基琼脂平板对于 M13 噬菌体形成噬菌斑非常有利。这不仅是因为在基本培养基上形成的噬菌斑比在丰富培养基上形成的易于观察，而且从基本培养基上形成的噬菌斑建立的感染培养物含大量雌性细胞的可能性较小。而在丰富培养基（YT 或 LB）上形成的噬菌斑，由于雌性细菌抗 M13 感染，可能会过度生长。幸运的是，这种可能性较小，因为细菌在丰富培养基中培养有限时间内 F′质粒自发丢失的概率很小，不会引起问题。由于在丰富培养基上，噬菌斑的形成较在基本培养基上快，在 M13 原种常规铺板时，我们还是推荐使用 YT 或 LB 培养基。噬菌斑一般在 37℃孵育 4～8h 后即可看到。

雄性特异性噬菌体的发现

  一项针对纽约城市污水中只生长于雄性（F⁺和 Hfr）大肠杆菌中病毒的研究导致了 7 种噬菌体（f1～f7）的分离。这些噬菌体大多是以 RNA 为遗传物质的小球状病毒（Loeb and Zinder 1961）。虽然 f1 在浮力密度和抗原结构上与其他噬菌体有明显不同，但由于它形成浑浊噬菌斑而难以检测和计数，因而未能立刻被研究。但是，最初的雄性特异性噬菌体研究报告激励了其他研究小组研究其余病毒的宿主特异性范围。在这些工作中发现了雄性特异性 M13 噬菌体（Munich 13）（Hofschneider 1963）和 fd 噬菌体（Marvin and Hoffman-Berling 1963）。开始，fd 噬菌体的电镜照片显示小球体嵌在缠绕的纤维状物质的基质中，这些纤维状物质起初被认为是从细菌细胞壁上脱落的菌毛。但是，当试图进一步纯化噬菌体制备物时，发现感染性总是与这些柔性的棒状结构有关。以下发现有力地证实了这些丝状物就是噬菌体：①高滴度病毒总是高黏度的；②感染性对剪切力非常敏感。化学分析表明丝状物所含的 DNA 的碱基组成不符合 Waston-Crick 碱基配对原则。而且，其 DNA 表现出异常的流体动力学特征。当时无法理解这一现象，但现在可以容易地解释为：这是环状和线状单链 DNA 分子造成的结果。

🔩 材料

为正确使用本方案中的器材和危险试剂，必须查阅相应的材料安全数据表并咨询所在机构的环境卫生和安全办公室。

本方案的专用试剂标注<R>，配方在本方案末提供。常用储备溶液、缓冲液和试剂标注<A>，配方见附录1。储备溶液应稀释至适用浓度后使用。

试剂

LB 或 YT 培养基<A>中的 M13 噬菌体原种或悬于 1mL LB 或 YT 培养基中的噬菌斑

  充分生长的感染 M13 噬菌体的细菌液体培养物中含有 10^{10}～10^{12} pfu/mL。一个噬菌斑含有 10^6～10^8 pfu。

大肠杆菌 F′菌株

  用于扩增 M13 噬菌体的合适大肠杆菌菌株见表 1-4。

IPTG 溶液（20%，*m/V*）

含有四环素或卡那霉素的 LB 培养基琼脂平板<A>

只有使用四环素抗性大肠杆菌（如 XL1-Blue）或卡那霉素抗性菌株（如 XL1-Blue MRF'Kan）扩增病毒时才使用这些平板。否则，使用下列平板：

LB 或 YT 培养基<A>

含 5mmol/L MgCl$_2$ 的 LB 或 YT 培养基琼脂平板

含 5mmol/L MgCl$_2$ 的 LB 或 YT 培养基上层琼脂或琼脂糖

据报道在培养基加入 Mg^{2+}（5mmol/L）可提高低感染复数时 M13 噬菌体的得率。

M9 基本培养基<A>平板

当使用的大肠杆菌染色体带有脯氨酸合成操纵子（Δ[lac-proAB]）缺陷，而 F'质粒带有互补的 *proAB* 基因时，使用加富 M9 基本培养基。

X-Gal 溶液（2%，*m/V*）

设 备

47℃加热器或水浴

冰浴

预设到 37℃的孵箱

预设到 37℃的旋转摇床

无菌培养管（20mL）

无菌试管（13 mm×100mm 或 17mm×100mm）

方法

1. 取带有 F'质粒的菌株培养物在含有四环素（XL1-Blue）或卡那霉素（XL1-Blue MRF'Kan）的加富 M9 基本培养基或 LB 平板上划线。37℃培养 24～36h。

2. 制备铺板用细菌。挑取步骤 1 制备的平板上分离良好的单菌落，接种于含有 5mL LB 或 YT 培养基的 20 mL 无菌培养管中，37℃旋转摇床培养 6～8h。冰浴冷却 20min，储存于 4℃。这种铺板用细菌可在 4℃保存 1 周以上。

▲不要让细菌生长饱和，因为这将增加 F'质粒编码的菌毛丢失的风险。

3. 准备装有 3mL 融化的 LB 或 YT 培养基的上层琼脂或琼脂糖的无菌试管（13mm×100mm 或 17mm×100mm），培养基中加入 5mmol/L MgCl$_2$，试管在水浴或加热器中 47℃保温。

4. 根据稀释度及噬菌体原种的量（见步骤 5）标记一系列无菌试管（13mm×100mm 或 17mm×100mm）。取 100μL 步骤 2 制备的菌液加入各试管。

5. 将噬菌体原种用 LB 或 YT 培养基做 10 倍系列稀释（10^{-6}～10^{-9}）。分别取 10μL 或 100μL 各个稀释度的噬菌体溶液加入步骤 4 制备的含铺板细菌的无菌试管中。在振荡器中轻柔振荡使噬菌体和细菌混合。

M13 噬菌体吸附细菌很快，因而在加入上层琼脂前不需将噬菌体与铺板细菌温育。

6. 在装有上层琼脂的试管中分别加入 40μL 2% X-Gal 和 4μL 20% IPTG。立刻分别将试管中的内容物倒入一支含感染培养物的试管中，用振荡器轻柔振荡 3s，将培养物与琼脂糖混匀。将混合物倒入标记好的含 5mmol/L MgCl$_2$ 并预先平衡至室温的 LB 或 YT 平板中。转动平板以确保菌体和上层琼脂分布均匀。

操作要快，以便使上层琼脂凝固前使其分布于整个琼脂平板。

7. 将步骤 5 准备的含感染培养物的各试管，重复步骤 6 加入含 X-Gal 和 IPTG 的上层琼脂。

8. 盖上平皿，室温放置 5min，使上层琼脂/琼脂糖凝固。用 KimWipes 纸巾将盖子上多余的冷凝水擦干，平板倒置放于 37℃ 培养。

4h 后开始出现淡蓝色噬菌斑。随着噬菌斑扩大，蓝色逐渐加深。培养 8～12h 后噬菌斑的大小和颜色不再变化。

但如果将平板在 4℃ 放置数小时或在黄色背景下观察，蓝色可进一步加深。

参考文献

Bullock WO, Fernandez JM, Short JM. 1987. XL-1 Blue: A high efficiency plasmid transforming recA *Esherichia coli* strain with β-galactosidase selection. *BioTechniques* **5**: 376–379.

Gough JA, Murray NE. 1983. Sequence diversity among related genes for recognition of specific targets in DNA molecules. *J Mol Biol* **166**: 1–19.

Gronenborn B, Messing J. 1978. Methylation of single-stranded DNA in vitro introduces new restriction endonuclease cleavage sites. *Nature* **272**: 375–377.

Hofschneider P-H. 1963. Untersuchungen über 'kleine' *E. coli* K-12 Bacteriophagen M12, M13, und M20. *Z Naturforsch* **18**: 203–205.

Loeb T. 1960. Isolation of a bacteriophage specific for the F+ and Hfr mating types of *Escherichia coli* K12. *Science* **131**: 932–933.

Loeb T, Zinder ND. 1961. A bacteriophage containing RNA. *Proc Natl Acad Sci* **47**: 282–289.

Marvin DA, Hoffman-Berling H. 1963. Physical and chemical properties of two new small bacteriophages. *Nature* **197**: 517–518.

Messing J. 1981. M13mp2 and derivatives: A molecular cloning system for DNA sequencing, strand-specific hybridization and in vitro mutagenesis. In *Recombinant DNA: Proceedings of the 3rd Cleveland Symposium on Macromolecules* (ed Walton AG), pp. 22–36. Elsevier, Amsterdam.

Miller JH. 1972. *Experiments in bacterial genetics*. Cold Spring Harbor Laboratory, Cold Spring Harbor, NY.

Reddy P, McKenney K. 1996. Improved method for the production of M13 phage and single-stranded DNA for DNA sequencing. *BioTechniques* **20**: 854–860.

Yanisch-Perron C, Vieira J, Messing J. 1985. Improved M13 phage cloning vectors and host strains: Nucleotide sequences of the M13mp18 and pUC19 vectors. *Gene* **33**: 103–119.

方案 10　M13 噬菌体液体培养

M13 噬菌体原种通常采用液体培养，感染后的细胞并不裂解而是缓慢生长形成稀悬液。噬菌体接种几乎总是用一个新鲜挑取的噬菌斑或由单个噬菌斑获得的噬菌体颗粒悬液。感染后的细胞含 200 个拷贝以上的双链复制型 DNA，每代分泌数百个噬菌体颗粒。因此，1mL 感染细胞的培养物可以制备足够量的双链病毒 DNA（1～2μg[①]）用于作限制性酶切图谱和回收克隆用 DNA 插入片段，也可制备足够的单链病毒 DNA（5～10 μg）用于定点突变、DNA 测序或合成放射性标记探针。感染细胞培养物上清的病毒滴度很高，因而只需取少量作为原噬菌斑的原种保存。

对于某些重组 M13 噬菌体，外源 DNA 片段的缺失或重组会引起很大问题。插入的片段越大，缺失突变率越高。这个问题可通过不使用连续在液体培养基中生长的感染细胞扩增噬菌体来降低发生的概率，但不能完全消除。正确的做法是，用保存于 -70℃ 的重组噬菌体原种在含有合适抗生素的平板上铺板，从分离良好的单个噬菌斑挑取细菌进行小规模培养。这种培养方法多数情况下可产生足够量的单链 DNA（方案 8）。这种方法培养的时间要尽可能短（通常 5h 为最佳），培养物不要作为再次培养的种子。携带外源 DNA 的片段越大，重组噬菌体生长越慢。这些生长缓慢的重组体培养需要 8h 以上才能产生满意得率的单链 DNA。外源 DNA 序列的缺失会导致一种选择优势，这种优势经常足以导致在数代后细菌不再合成原始重组体了。带有长的单一核苷酸序列的重组噬菌体 [如含 3'poly（A）序列的真核 cDNA 片段或含有多拷贝短重复序列的 DNA 片段] 非常容易发生重排，这些噬菌体培养时间尽可能短（通常 4～6h），不要超过 8h。

对 M13 噬菌体的多数操作，包括病毒原种的制备、单链和双链 DNA 的分离，开始都用小规模液体培养。通常是从琼脂平板挑取一个噬菌斑接种至 1～2mL 含未感染的大肠杆菌的液体培养基中（见信息栏"噬菌斑挑取"）。经过 4～6h 培养后，培养基中噬菌体的滴

---

① 译者注：原文为 mg，但根据上下文，应为 μg。

度达到约 10^{12} pfu/mL，这足以用于分离病毒 DNA 或作为原种保存。

材料

为正确使用本方案中的器材和危险试剂，必须查阅相应的材料安全数据表并咨询所在机构的环境卫生和安全办公室。

本方案的专用试剂标注<R>，配方在本方案末提供。常用储备溶液、缓冲液和试剂标注<A>，配方见附录 1。储备溶液应稀释至适用浓度后使用。

试剂

铺于琼脂或琼脂糖平板上的 M13 噬菌斑

在上层琼脂或琼脂糖中制备噬菌斑的方法，见方案 9。

生长于琼脂平板上的大肠杆菌 F′菌株，克隆分离良好

适合于 M13 增殖的大肠杆菌菌株，请见方案 9 中表 1-4。

取适当菌株的培养物在 M9 基本琼脂平板上划线，对抗生素抗性菌株，则在含合适抗生素的 LB 平板上划线，37℃培养 24～36h。

含四环素或卡那霉素的 LB 培养基<A>

这种培养基只在用四环素抗性大肠杆菌菌株（如 XL-Blue）或卡那霉素抗性大肠杆菌菌株（如 XL-Blue MFR′Kan）进行病毒增殖时才使用。否则，使用下列培养基：

加富 M9 基本培养基

当使用的大肠杆菌染色体带有脯氨酸合成操纵子（Δ[lac-proAB]）缺陷，而 F′质粒带有互补的 proAB 基因时，使用加富 M9 基本培养基。

含 5 mmol/L MgCl$_2$ 的 2×YT 培养基<A>

YT 或 LB 培养基 <A>

设备

摇床，预设到 37℃

无菌离心管

无菌牙签，接种针，或玻璃毛细管（50μL）

无菌试管（13mm×100mm 或 17mm×100mm）

方法

1. 取带有 F′质粒的大肠杆菌的单个新鲜生长的单菌落接种于 5mL 加富培养基（对抗生素抗性菌株则用含合适抗生素的 LB 培养基），37℃温和振荡 12h。

不要生长至饱和期，否则会增加 F′质粒编码的菌毛丢失的风险。

2. 取 0.1mL 大肠杆菌培养物接种 5mL 含 5mmol/L MgCl$_2$ 的 2×YT 培养基。37℃剧烈振荡培养 2h。

3. 将 5mL 培养物用 45mL 含 5mmol/L MgCl$_2$ 的 2×YT 培养基稀释，每支 1mL 分装无菌试管（13mm×100mm 或 17mm×100mm），按照需要扩增的噬菌斑数量确定试管数。另再分装 2 支作为噬菌体生长的阴性和阳性对照。将这些试管放于一边，供步骤 7 使用。

4. 取 1mL YT 或 LB 培养基分装无菌试管（13mm×100mm 或 17mm×100mm），按照需要扩增的噬菌斑的数量确定试管数，另再分装 2 支作为噬菌体生长的阴性和阳性对照。

5. 用无菌接种针蘸取噬菌斑表面，在 YT 或 LB 培养基中漂洗，制备 M13 噬菌体稀释悬液。挑取一个蓝色噬菌斑作为噬菌体生长的阳性对照，在平板上挑取一处无噬菌斑的大肠杆菌层，作为阴性对照。

见信息栏"噬菌斑挑取"

6．悬液室温放置 1～2h，使噬菌体颗粒从琼脂中扩散出来。

平均一个噬菌斑含 10^6～10^8pfu。噬菌体颗粒悬液可于 LB 中在 4℃或-20℃长期保存。

7．取 0.1mL 噬菌体悬液（步骤 6）感染 1mL 大肠杆菌培养物（步骤 3）用于分离病毒 DNA。37℃温和振荡 5h。

也可以将一个噬菌斑直接转到大肠杆菌培养物中：

i．用无菌接种针头蘸取噬菌斑表面，并立刻到 2×YT 培养基中（步骤 3）漂洗；

ii．剧烈振荡试管，使琼脂（或琼脂糖）中的小碎片扩散开来。

▲为减少缺失突变的可能，在获得足够用量的单链 DNA 基础上，应尽量缩短培养时间（通常 4～6h）。

8．培养液转移到一个无菌微量离心管中，最大转速室温离心 5min，不要搅动细菌沉淀，将上清转移至一个新的微量离心管中。

9．取 0.1mL 上清置于一个无菌微量离心管中。

10．这种高滴度的原液可在 4℃或-20℃长期保存而不丢失感染性。

11．将剩余的 10mL 培养上清制备噬菌体单链 DNA（方案 8）。细菌沉淀用于制备双链复制型（RF）DNA（方案 11）。

培养上清可在 4℃保存数月，并不会显著降低病毒滴度。

噬菌斑挑取

M13 噬菌体可在上层琼脂中扩散一定距离。为了减少交叉感染的可能，应挑取与邻近噬菌斑分离良好的噬菌斑（理想距离约为 0.5cm）。不要挑取在 37°C 生长超过 16h 或 4°C 保存过期的噬菌斑。以下是一些可挑取噬菌斑的方法：

- 用接种环或无菌挑菌签。
- 在无菌巴斯德吸管或毛细吸管上装一橡皮球，将尖端插入噬菌斑直至底层琼脂，然后将管尖的琼脂吹入液体培养基中。
- 用一支无菌牙签蘸取噬菌斑表面，然后将牙签投入液体培养基中。这种方法违反了无菌操作规程，因为牙签已经用非无菌的手拿过，但在实际工作中很少出现问题。可能是由于："脏"的一端通常不接触培养基。这一方法可用于挑取马上使用的噬菌斑（如制备测序用模板），但如果要挑取供长期保存的噬菌斑和制备有价值的重组体的原液，不推荐使用该方法。
- 在一个无菌 50μL 毛细管上装上塞有棉花的吸球，用毛细管在噬菌斑上打孔，从平板上轻轻将管尖的琼脂块吸起，吹入含细菌的 2×YT 培养液中。

方案 11   M13 噬菌体双链（复制型）DNA 的制备

感染了 M13 噬菌体的细胞内含有高拷贝数的闭合环状双链复制型 DNA，其物理特征与闭合环状质粒 DNA 相同。因此，纯化质粒 DNA 的常用方法——硅胶法（如 QIAGEN 公司）和碱裂解法（Ish-Horowicz and Burke 1981）也可以用于分离 M13 复制型 DNA。

本方案介绍了利用碱裂解法从少量感染的细菌培养物（1～2mL）中分离 M13 复制型 DNA 的方法。DNA 的得率（1～4mg，取决于 M13 克隆大小）对于分子克隆的多数用途是足够用的。然而，如果需要更多 DNA，该操作流程可以放大。

材料

为正确使用本方案中的器材和危险试剂，必须查阅相应的材料安全数据表并咨询所在机构的环境卫生和安全办公室。

本方案的专用试剂标注<R>，配方在本方案末提供。常用储备溶液、缓冲液和试剂标注<A>，配方见附录 1。储备溶液应稀释至适用浓度后使用。

试剂

琼脂糖凝胶（0.8%）悬于 0.5×TBE，含 0.5μg/mL 溴化乙锭（见步骤 13）

碱性裂解液 I <A>，冰浴

碱性裂解液 II<A>，室温

　　　　　每次使用之前用标准原液新鲜制备；在室温下使用

碱性裂解液 III <A>，冰浴

乙酸铵（7.5 mol/L）（可选；见步骤 10）

感染 M13 噬菌体的大肠杆菌培养物（野生型或重组体）

　　　　　如方案 10 所述制备

乙醇（70%，90%）

溶菌酶（10mg/mL）（可选；见步骤 3）

酚：氯仿（1：1，*V/V*）

限制性内切核酸酶

STE <A> （可选；见步骤 3）

TE（pH8.0）<A> 含 20mg/mL 的 RNase A

设备

冰盒

便携式抽气真空泵

方法

感染细胞的裂解

1. 在微量离心机上，将 1mL M13 感染细胞培养物以最大转速室温离心 5min，从培养液中分离感染细胞。将上清转移至新的微量离心管中，保存于 4℃。感染细胞沉淀置于冰上。

　　　　如果需要，可在随后步骤中从上清的 M13 颗粒中制备单链 DNA。

2. 细胞沉淀在 4℃离心 5s，用自动移液器吸去残余培养基。

3. 加入 100μL[①]预冰冷的碱裂解液 I 悬浮细胞沉淀，剧烈振荡。

　　　　务必使菌沉淀在碱裂解液 I 中完全分散。同时将两个微量离心管底部接触振荡器进行振荡，可以提高细菌沉淀悬浮的速度和效率。

　　　　某些菌株可将细胞壁成分释放到培养液中，这些成分可以抑制限制酶活性。为避免这个问题，可在步骤 3 前将细菌沉淀先悬于 0.5mL STE [0.1mol/L NaCl，10mmol/L Tris-HCl（pH8.0），1mmol/L EDTA（pH8.0）]，再离心去除 STE，然后再如上所述将沉淀悬于碱性裂解液 I。

　　　　有些制备 M13 噬菌体复制型 DNA 的方案包含用溶菌酶消化细胞壁的步骤，这个步骤一般情况下并无必要，但也无害。如果包括这个步骤，则是在细菌沉淀中加入 90mL 碱裂解液 I，振荡悬浮细胞，在悬液中加入 10mL 含 10mg/mL

---

① 译者注：体积应为μL，原文 mL 错误。

新鲜配制的溶菌酶的碱裂解液 I，轻拍管壁使内容物混合，冰浴 5min，继续步骤 4。

4．在管中加入 200mL 新配制的碱裂解液 II。盖紧盖子，快速颠倒混合 5 次。不要振荡。混合后置于冰上 2min。

5．在管中加入 150mL 冰冷的碱裂解液 III。盖紧盖子，颠倒混合数次，使碱裂解液 III 与黏稠的细菌裂解物混合，置于冰上 3～5min。

6．在微量离心机上，将细菌裂解物以最大转速 4℃离心 5min。将上清转移至新的微量离心管中。

M13 噬菌体复制型 DNA 的纯化

7．加入等体积酚：氯仿。振荡混合有机相和水相，以最大转速离心 2～5min。将水相（上层）转移至新的微量离心管中。

8．加入 2 倍体积的乙醇沉淀双链 DNA。振荡混合，室温放置 2min。

9．微量离心机以最大转速 4℃离心 5min，回收 DNA。

10．轻轻吸去上清。将离心管倒置于吸水纸上，使管中液体流尽，除去吸附于管壁的所有液滴。

> 这一步可以方便地使用一次性移液器头连接一个真空泵来完成。采用弱真空，将移液器头接触液滴表面，吸液时，尽可能使移液器头远离核酸沉淀，吸去管壁上所有液滴。

11．再加一步乙醇沉淀步骤可确保双链 DNA 可以有效地被限制酶切割。

> i. 将复制型 DNA 沉淀溶于 100μL TE。
>
> ii. 加入 50μL 7.5 mol/L 乙酸铵（见附录 1），充分混合，再加入 300μL 冰浴的乙醇。
>
> iii. 室温放置 15min 或-20℃过夜，在微量离心机上，以最大转速 4℃离心 5～10min。小心吸去上清。
>
> iv. 用 250μL 冰冷的 70%乙醇洗涤沉淀，再离心 2～3min，弃上清。
>
> v. 空气中干燥 10min，按照步骤 12 溶解 DNA。

12．加入 1mL 70%乙醇，4℃离心 2min，按步骤 10 的方法去除上清，核酸沉淀室温干燥 10min。

13．为了去除微量 RNA，沉淀用 25μL 含 RNase 的 TE（pH8.0）重悬，略加振荡。

14．用适当的限制性内切核酸酶消化双链复制型 DNA，并用琼脂糖凝胶电泳分析。

> 1mL 感染细菌培养物中复制型 DNA 的得率通常达到几微克，这个量足以用于 5～10 次限制性酶切分析。

参考文献

Ish-Horowicz D, Burke JF. 1981. Rapid and efficient cosmid cloning. *Nucleic Acids Res* 9: 2989-2998.

方案 12　利用有机溶剂分离纯化高分子质量 DNA

分子克隆最基础的操作可能就是核酸纯化了。去除蛋白质的关键步骤经常是简单地利用酚：氯仿和氯仿把 DNA 从水相中萃取出来。这种萃取可在进行一步法克隆操作前有效灭活和去除蛋白酶。然而，如果是从复杂分子混合物如细胞裂解液中纯化 DNA 时，则需要更多的检测。在这些情况下，一般是在用有机溶剂萃取前，利用蛋白质水解酶如链霉菌蛋白酶或蛋白酶 K（表 1-5）去除大部分蛋白质，而这两种酶对很多种天然蛋白具有活性。

表 1-5　蛋白质水解酶

	母液浓度	储存温度	反应浓度	反应缓冲液		反应温度	预处理
链霉菌蛋白酶[a]	20mg/mL 溶于水	−20℃	1mg/mL	0.01mol/L（pH7.8）0.01mol/L EDTA 0.5%SDS	Tris-Cl	37℃	自消化[b]
蛋白酶 K[1]	20mg/mL 溶于水	−20℃	50μg/mL	0.01mol/L（pH7.8）0.005 mol/L EDTA 0.5%SDS	Tris-Cl	37～56℃	不需要

a. 链霉菌蛋白酶是从灰色链霉菌 *Streptomyces griseus* 中分离的丝氨酸及酸性蛋白酶的混合物。

b. 自消化可去除 DNase 和 RNase 的污染。自消化的链霉菌蛋白酶可通过将酶粉末溶于 10mmol/L Tris-Cl（pH7.5）、10mmol/L NaCl 至最后使用浓度 20mg/mL，并在 37℃孵育 1h 来制备。将自消化的链霉菌蛋白酶小量分装，盖紧盖子于−20℃保存。

利用酚：氯仿萃取

从核酸溶液中去除蛋白质的标准方法是先用酚：氯仿（也可含 0.1%羟基喹啉），然后再用氯仿抽提。这个操作方法利用了两个不同有机溶剂比一种有机溶剂更能有效去除蛋白质的优点。此外，尽管酚能有效地使蛋白质变性，但不能完全抑制 RNase 活性，并且也是具有 poly(A)重复 RNA 分子的溶剂（Brawerman et al. 1972）。所有这些问题可通过使用酚：氯仿：异戊醇（25：24：1）避免。随后的氯仿抽提可从制备的核酸中去除所有残留的酚。之前多年的时间里采用乙醚来达到此目的，但目前常规 DNA 纯化已经不需要或不推荐使用。

苯酚（酚）的历史（C_6H_6O，相对分子质量 94.11）

直到 20 世纪 50 年代中期，纯化 DNA 的标准方法一直使用去污剂及强离子溶液（如高氯酸盐）从核酸中去除蛋白质，再通过氯仿加入异戊醇经过几次抽提最后除蛋白（Sevag 1934；Sevag et al. 1938）。使用苯酚的第一例报告是由 Kirby（1956）发表的，主要致力于如何利用苯酚从水相溶液中抽提蛋白质（Grassmann and Deffner 1953）。在他的最初论文中，Kirby 发现用两相的酚-水混合物从匀浆的哺乳动物组织中抽提蛋白时，可引起 RNA 进入水相，DNA 与蛋白质结合在一起释放到两相交界面。Kirby 很快意识到用阴离子溶液代替水可使 RNA 和 DNA 都能释放到水相（Kirby 1957；综述见 Kirby 1964）。尽管使用阴离子盐将蛋白质从 DNA 中分离的方法很快被放弃，并代替以强阴离子去污剂如 SDS，但 Kirby 最初用酚抽提的描述奠定了至今仍在广泛使用的纯化方法的基础。苯酚的功能可能与蛋白质溶剂类似：它可将通过阴离子盐或去污剂与 DNA 分离的蛋白质抽提出来。这个过程如此有效，仅仅使用 2～3 次苯酚抽提就可以获得高纯度的核酸。

纯的苯酚具有 1.07 的特定引力，因此与水混合时形成下层相。但是，苯酚用于从含高浓度溶质的水相溶液中抽提蛋白质时，有机相与水相会难以分离甚至会颠倒。这个问题在使用 50：50 的苯酚：氯仿混合物时得以缓解，因为高比重（1.47）的氯仿确保了两相的分离。在两相交界面可收集到变性的蛋白质，脂质部分则有效进入有机相。异戊醇经常会加入到苯酚：氯仿混合物中以减少气泡的产生。

纯的苯酚是白色、清澈如水晶般的物体（m.p.43℃）。在空气及光中暴露后，可逐渐变红，该过程在碱性条件下可加速。碱化的苯酚不推荐使用，它需要在 182℃ 蒸馏以去除如醌类的氧化产物，因为后者会破坏核酸的磷酸二酯键或促进核酸的交联。

很多制造商提供的液化形式苯酚含有约 8%的水，可在 -20℃ 冻存。液化的苯酚如果无色可以用于分子克隆，并不需要再蒸馏。目前，只有偶尔部分批次的液化苯酚呈粉红色或黄色，这种情况可以拒绝使用并退回给制造商。

在使用之前，苯酚要用水饱和，并用 Tris（>pH7.8）平衡，目的是阻止在酸性 pH 中 DNA 进入有机相。

材料

为正确使用本方案中的器材和危险试剂，必须查阅相应的材料安全数据表并咨询所在机构的环境卫生和安全办公室。

本方案的专用试剂标注<R>，配方在本方案末提供。常用储备溶液、缓冲液和试剂标注<A>，配方见附录1。储备溶液应稀释至适用浓度后使用。

试剂

氯仿
DNA 样品
乙醇（95%，70%）
乙醚（可选；见步骤7）
苯酚：氯仿（1：1，*V/V*）
盐溶液（10 mol/L 乙酸铵，8mol/L LiCl，5mol/L NaCl，或 3mol/L 乙酸钠）
　　　　　详见方案 4 的讨论苯酚
TE（pH7.8）<A>（可选；见步骤4）

设备

聚丙烯管

方法

1. 将样品转移至聚丙烯管中，加入等体积的苯酚：氯仿。

    如果苯酚未平衡到 pH7.8～8.0，DNA 会容易进入有机相。

2. 混匀管中内容物直到呈现乳状液形式。

3. 在室温条件下，采用管所能承受的最大转速的 80%进行离心混合液。如果有机相和水相未能很好地分开，可再离心较长时间。

    正常情况下，水相在上层。但水相如果含有盐（>0.5mol/L）或蔗糖（>10%），比重会变大，因此就会在下层。

    有机相非常容易辨认，因为在平衡过程中加入了 8-羟基喹啉而呈现黄色。

4. 使用移液器将上层水相转移至新鲜管中。如果体积较少（<200μL），使用配有一次性吸头的自动移液器来完成。去除中间相和有机相。

    为达到最好的回收效率，有机相和中间相可如下再抽提：在第一次抽提的水相如上转移之后，有机相和中间相中加入等体积的 TE（pH7.8）。充分混匀。按照步骤 3 进行离心使不同相分离。将第二次得到的水相与第一次得到的混合，继续步骤 5。

5．重复步骤 1～4 直到在有机相和水相之间的中间界面中未见可见的蛋白质。

6．加入等体积的氯仿，重复步骤 2～4。

7．按照标准流程利用乙醇沉淀法回收核酸。

有些情况下，制备高分子质量 DNA 时可用乙醚去除残留的痕量氯仿（见下）。

注意事项

在分离小分子 DNA 分子时（<10kb）可用涡旋方法将有机相和水相进行混合。但当分离中 DNA 为 10～30kb 时，应轻柔振荡。当分离大分子质量 DNA（>30kb）时，需要注意以下事项以避免 DNA 被切断。

- 在旋转器上轻柔晃动管（20r/min）使有机相与水相混合。
- 使用大孔的移液器转移 DNA。

参考文献

Brawerman G, Mendecki J, Lee SY. 1972. A procedure for the isolation of mammalian messenger ribonucleic acid. *Biochemistry* 11: 637–641.

Grassmann W, Deffner G. 1953. Verteilungschromatograph-isches Verhalten von Proteinen und Peptiden in phenolhaltigen Lösungsmitteln. *Hoppe Zeylers Z Physiol Chem* 293: 89–98.

Kirby KS. 1956. A new method for the isolation of ribonucleic acids from mammalian tissues. *Biochem J* 64: 405–408.

Kirby KS. 1957. A new method for the isolation of deoxyribonucleic acids; evidence on the nature of bonds between deoxyribonucleic acid and protein. *Biochem J* 66: 495–504.

Kirby KS. 1964. Isolation and fractionation of nucleic acids. *Prog Nucleic Acids Res Mol Biol* 3: 1–31.

Sevag MG. 1934. Eine neue physikalische EntweiBungs-Methode zur Darstellung biologische wirksamer Substanzen. *Biochem Z* 213: 419–429.

Sevag MG, Lackmann DB, Smolens J. 1938. Isolation of components of streptococcal nucleoproteins in serologically active form. *J Biol Chem* 124: 425–436.

方案 13　用蛋白酶 K 和苯酚从哺乳动物细胞中分离高分子质量 DNA

这一方案改自最先由 Daryl Stafford 及其同事描述的方法（Blin and Stanfford 1976）。当需要大量哺乳动物 DNA，如用于 Southern 杂交时（第 2 章，方案 11），应选用这一方法。从 5×10^7 个培养的非整倍体细胞（如 HeLa 细胞）中可获得大约 200μg、长度为 100～150kb 的哺乳动物 DNA。20mL 正常血的 DNA 产量约为 250μg。

以下所列材料全是纯化哺乳动物基因组 DNA 所必需的，无论 DNA 取自何种样品。特殊类型样品所需的附加材料罗列在 4 种步骤的小标题下：单层细胞的裂解、悬浮细胞的裂解、组织样品的裂解、新鲜或冻存血细胞的裂解。

材料

为正确使用本方案中的器材和危险试剂，必须查阅相应的材料安全数据表并咨询所在机构的环境卫生和安全办公室。

本方案的专用试剂标注<R>，配方在本方案末提供。常用储备溶液、缓冲液和试剂标注<A>，配方见附录 1。储备溶液应稀释至适用浓度后使用。

▲灵长类组织和细胞原代培养需要特别谨慎操作。

试剂

琼脂糖凝胶（0.6%）

乙酸铵（10mol/L）（可选；见步骤 9）

噬菌体 λDNA 或商业化的 DNA Marker 10～100kb 范围

> 用于凝胶电泳时标注 DNA 分子大小（见步骤 11）。

透析缓冲液

> 透析缓冲液应提前配制 4L 储存于 4℃（可选；见步骤 9）。

EDTA（10mmol/L，pH8.0）

乙醇（70%，95%室温保存）（可选；见步骤 9）

裂解液<R>

> 不含 DNA 酶的胰 RNA 酶使用前加入到适当体积的混合物中（20μg/mL），在裂解液中加入 RNA 酶可免去在制备的后期从半纯化的 DNA 中取出 RNA 的必要。胰 RNase 在用 0.5%SDS 的情况下活性不高，但如果高浓度加入足以降解大多数细胞的 RNA。

单层或悬浮哺乳细胞，新鲜组织或血液样品

苯酚，用 0.5mol/L Tris-Cl（pH8.0）平衡

> ▲苯酚的 pH 必须大约为 8，以防止 DNA 陷于有机相和水相的界面。

蛋白酶 K（20mg/mL）

> 对本方案，我们推荐使用无 DNase 和 RNase 活性的基因组级蛋白酶 K。参见第 6 章"如何去除 RNase"。

TE（pH8.0）<A>

Tris-Cl（50mmol/L，pH8.0）

设备

尖头切断的黄色尖头

> 尖头切断的黄色尖头可用剪刀或狗指甲剪（例如，Fisher 05-401A）制作，或用一把锋利的剃刀切去末端。使用前必须高压灭菌，或者浸泡在 70%乙醇中 2min 后风干。宽口尖头也可从一些公司购买。

透析袋（可选；见步骤 9）

透析管夹（可选；见步骤 9）（如 Sepctra/Por closures from Spectrum Laboratories，Houston，TX）

玻璃棒

合适配置的 RC 6 Plus 离心机和转子（Thermo Scientific）

4℃振荡平台（可选；见步骤 9）

Shepherd 氏钩（可选；见步骤 9）

> 将巴斯德移液管在本生灯的火焰上封口，并用止血钳将它做成 U 形，即成 Shepherd 氏钩。制作过程中戴上防护眼镜。

分光光度计或荧光分析仪

混悬仪或旋转器

真空抽干仪（可选；见步骤 7 和 9）

50℃水浴

宽口移液管（开口处直径 0.3cm）

> 宽口移液管可从多个公司买到，也可用标准玻璃移液管去掉棉塞，高压后反方向甩。

🔬 方法

以下是 4 种裂解不同类型细胞和组织样品的步骤 1，根据研究材料选用合适的方法裂解后接步骤 2。

单层培养细胞的裂解

附加材料

足以放置 10～12 个培养皿的冰浴

锥形烧瓶（50mL 或 100mL）

橡胶刮棒

4℃离心机

冰冷的 Tris-缓冲盐溶液（TBS）

1. 单层培养细胞的裂解

最好一次做 10～12 个培养皿，其余的保存在孵箱中，用前取出。

i. 长满单层细胞的一批培养皿从孵箱中取出，迅速吸去培养基，并用冰冷的 TBS 洗 2 次。小心加入 10mL TBS，轻轻旋转数秒，将溶液倒入 2L 烧杯中，加入 10mL 冰冷的 TBS 并置于冰上。重复上述操作将整批细胞处理完。

ii. TBS 溶液倒入 2L 烧杯，并吸去残存的少量溶液。加入 1mL 新鲜的冰冷 TBS，并将培养皿置于冰上。重复此操作将整批细胞处理完。

iii. 用橡胶刮棒将细胞刮入 1mL TBS 中。用巴斯德移液管将细胞悬液转移到冰上的离心管中，用 0.5mL 冰冷的 TBS 冲洗培养皿，并加入离心管中的细胞悬液。重复此操作将整批细胞处理完。

iv. 于 4℃ 1500g 离心 10min 以收集细胞。

v. 将细胞重悬于 5～10 倍体积的冰冷的 TBS 中并再度离心。用 TE（pH8.0）重悬细胞至 5×10^7个/mL，转移至一个锥形烧瓶中。1mL 细胞悬液用 50mL 锥瓶，2mL 细胞悬液用 100mL 锥瓶，余者类推。

单层培养细胞的密度因细胞类型和培养条件而异，仅凭经验而言，长满 90mm 培养皿（如 HeLa 或 BHK 细胞）细胞密度大约为 $1 \times 10^5 \sim 3 \times 10^5$个/cm^2

vi. 每毫升细胞悬液加 10mL 裂解缓冲液，37℃孵育 1h，立即进行步骤 2。

确保加入裂解液时，细胞悬液均匀地分散在锥瓶内表面，以使形成难以处理的 DNA 团块的可能性降到最低。

悬浮培养细胞的裂解

附加材料

与真空阀连接的抽吸装置

锥形烧瓶（50mL 或 100mL）

橡胶刮棒

4℃离心机

冰冷的 TE（pH8.0）<A>

冰冷的 Tris-缓冲盐溶液（TBS）<A>

1. 悬浮培养细胞的裂解

i. 将细胞转移到离心管或瓶并于 4℃ 1500g 离心 10min，抽吸去除上清。

ii. 洗涤细胞，用一倍体积的冰冷的 TBS 重悬并再度离心，吸出上清，然后轻轻再次悬浮细胞在冰冷的 TBS 中，离心收集细胞。

iii. 去上清，小心用 TE（pH8.0）重悬细胞至 5×10^7个/mL，转移到上清到锥形瓶中。1mL 细胞悬浮液，转移到 50mL 的烧瓶中，2mL 细胞悬浮液转移到 100mL 的烧瓶中，依此类推。

1L 饱和的培养细胞（如 HeLa 或 BHK 细胞）密度大约为 1×10^6 个/mL。

iv. 每毫升细胞悬液加入 10 mL 裂解缓冲液，37℃孵育 1h，然后立即进行步骤 2。

确保加入裂解液时，细胞悬液均匀的分散在锥形烧瓶内表面，最大限度地减少形成顽固性团块 DNA。

组织样本的裂解

因为组织中通常含有大量的纤维物质，难以提取高产量的基因组 DNA。在裂解之前将组织粉碎可极大地提高抽提效率。大量的新鲜组织（>1g）可以用 Waring 混合器来粉碎。

附加材料

烧杯

液氮

聚丙烯离心管（50mL；Falcon 或相当产品）

Waring 混合器配备不锈钢杯或用液氮预冷的研钵和研杵

预冷研钵必须缓慢加入少量液氮，突然将液氮注满研钵或将研杵浸入液氮会发生碎裂。将研钵置于冰上并加入干冰不失为一种在加入液氮前预冷的好办法。研磨人类和灵长类动物的组织时要小心，因为容易产生粉末气溶胶，尤其是当加入液氮时。

1. 粉碎组织。

i. 将 1g 新鲜切除的组织样品置于盛有液氮 Waring 混合器的不锈钢杯中，以最高速度将组织磨成粉末。

小量组织样品可在液氮中快速冷冻，并用液氮预冷的研钵和研杵研磨。

ii. 液氮挥发，将粉末状的组织加入到盛有 10 倍体积的裂解液的烧杯中，使其分散于裂解液表面，然后摇动烧杯将粉末浸没。

iii. 当所有的材料分散在溶液中时，将悬浮液转移到 50mL 的离心管中，37℃孵育 1h，然后进行步骤 2。

新鲜抽取或冻存的血细胞的裂解

ACD 是一种抗凝血剂，用于从全血中制备基因组 DNA，保持高分子质量 DNA 效果优于 EDTA（Gustafson et al. 1987）。然而，血样常常被收集于用定量 EDTA 作为抗凝剂的小管中。在大多数美国医院里，收集血样的小管均用颜色标明是否含有抗凝剂，通常是 EDTA 干粉。紫盖小管含有抗凝剂，而黄盖小管则不含。在分子克隆中，紫盖小管用于收集制备基因组 DNA 的血液，而黄盖小管收集的血液通常作为用 Epstein-Barr 病毒永生化淋巴细胞的来源。这种永生细胞作为一种可再生资源，从中可以分离出大量的 DNA 以备后用，如进行遗传学研究。

附加材料

酸式柠檬酸盐葡萄糖溶液 B（ACD）<R>（用于新鲜抽取或冻存的血液样本）

与真空阀连接的抽吸装置

离心机和离心管，冷却至 4℃，用于新鲜抽取的血样

EDTA

用于替代 ACD，提取新鲜抽取或冻存的血样品。

磷酸盐缓冲液（PBS，用于冻存样品）

室温水浴

1. 从新鲜抽取或冻存的样品中收集血细胞。人类血液需由熟练的采血师在无菌环境下抽取。

从新鲜血样中收集细胞

i. 收集 20mL 的新鲜血液于含有 3.5mL 柠檬酸葡萄糖溶液 B（ACD）或 EDTA 的小管中。

> 血样可于 0℃保存数天或−70℃无限期保存。血样中不能加肝素，它是聚合酶链反应的抑制物（Behtler et al. 1990）。

ii. 血液转移到离心管中，于 4℃1300g 离心 15min。

iii. 吸去上清，用巴斯德移液管将淡黄色层小心转移至新管中并再次离心，弃去红细胞沉淀。

> 淡黄色层为密度不均一的白细胞宽带。

iv. 将淡黄色层重悬于 15mL 裂解液中，并于 37℃孵育 1h，然后进行步骤 2。

从冻存血样中收集细胞

i. 收集 20mL 的新鲜血液于含有 3.5mL 柠檬酸葡萄糖溶液 B（ACD）或 EDTA 的小管中。

> 血样可于 0℃保存数天或-70℃无限期保存。

ii. 室温水浴中解冻血样并转移至离心管，加入等体积 PBS。

iii. 室温下，3500g 离心 15min

iv. 吸去含有裂解红细胞的上清，将沉淀重悬于 15mL 裂解液，并于 37℃孵育 1h，然后进行步骤 2。

用蛋白酶 K 和苯酚处理细胞裂解液

2. 将裂解液转移到一个或多个离心管中。裂解液应不超过 1/3 体积。

3. 添加蛋白酶 K（20mg/mL）至终浓度为 100mg/mL 的溶液。用玻璃棒温和地将酶混入黏滞的细胞裂解液中。

4. 将细胞裂解液置于 50℃温育 3h，不时旋转黏稠溶液。

5. 冷却溶液至室温，并加入等体积用 0.1 mol/L Tris-Cl（pH8.0）平衡过的苯酚。将离心管置于旋转器上，使其缓慢颠倒 10min 以温和地混合两相。如此时两相未能形成乳浊液，则将离心管置于旋转器上 1h。

> Blin 和 Stafford（1976）曾建议在裂解液中加入 0.5 mol/L 的 EDTA（pH8.0）。然而这样缓冲液的密度几乎与苯酚密度相等，使得分离两相变得非常困难。此处所用裂解液 EDTA 的浓度为 0.1mol/L，这使得苯酚相和水相很容易分离并在相当程度上保护 DNA 不被核酸酶和重金属酶降解。

6. 室温 5000g 离心 15min 使两相分离。

7. 用大口径的移液管（0.3cm 直径的孔）将黏稠的水相转移到新的离心管中。

> 转移水相（上层）时，必须非常小心地将 DNA 吸入移液管以防止搅动界面上的物质并使水的剪切力降到最低。如 DNA 太黏而不易吸入宽口移液管，则用一与真空泵相连的长移液管按下面的方法吸去有机相（下层）。

i. 开始之前，确保真空接液瓶是空的、安全的，使苯酚不能进入真空系统。

ii. 关闭真空管，慢慢地将移液管插入有机相的底部。待黏滞的水溶液界面与移液管分开，小心开启真空管并缓慢地将有机相吸去。关掉真空管，迅速从水相撤去移液管，随即打开真空管将残存的苯酚转移至接液瓶。

iii. 室温 5000g 离心 DNA 溶液 20min（Sorvall SS-34 转子，6500r/min）。蛋白质凝块和 DNA 凝块沉淀在试管底部。将 DNA 溶液（上清液）转移到 50mL 的离心管中，蛋白质 DNA 凝块仍留在原管中。

8. 用苯酚再抽提 2 次，收集水相。

9. 用以下两种方法之一分离 DNA。

分离大小为150～200 kb 的DNA

i. 所收集的水相转移到透析袋。用管夹关闭透析袋的顶部，袋中留有是样品体积增加 1.5～2 倍体积的空间。

ii. 于 4℃在 4L 透析液中透析，期间更换缓冲液 3 次，每次间隔 6h。

由于 DNA 黏性很高，透析通常要超过 24h 才能完成。

分离平均大小为100～150 kb 的DNA

i. 第三次用苯酚抽提后，汇集的水相转移到一个新的离心管中，加 0.2 倍体积的 10mol/L 乙酸铵和 2 倍体积的乙醇，旋转离心管直至溶液完全混合。

ii. 该 DNA 立即形成沉淀物。用 Shepherd 氏钩将 DNA 沉淀从乙醇溶液中移出，污染的寡核苷酸仍留在其中。

iii. 如果 DNA 沉淀变成碎片，不用 Shepherd 氏钩而在室温 5000g 离心 5min 收集沉淀。

iv. 用 70%乙醇洗涤 DNA 沉淀 2 次，按步骤 9 iii 离心收集 DNA。

v. 尽可能用真空泵吸去残余的乙醇。于室温将 DNA 沉淀置于敞开的管中，直至可见的痕量乙醇挥发完全。

不要使 DNA 沉淀完全干燥，否则 DNA 极难溶解。

vi. 按每 0.1mL 细胞（步骤 1）加入 1mL TE。将其置于摇床上，于 4℃温和振摇 12～24h 直至 DNA 完全溶解。将 DNA 溶液置于 4℃。

10. 测量的 DNA 的浓度。用标准方法如 260nm 吸光度很难测定高分子质量 DNA 的浓度，主要是因为 DNA 溶液常常不均一并十分黏滞，无法取出代表性样品进行分析。要解决这些问题，可参照以下方法。

i. 用带尖头切断黄色尖头的自动移液器吸取大体积样品（10～20μL）至一新的离心管中。

ii. 用 0.5mL TE（pH8.0）稀释样品，剧烈振荡 1～2min。

iii. 按标准方法测定稀释后样品在 260nm 和 280nm 的光吸收。

A_{260} 为 1 的溶液含有 DNA 50μg/mL。要注意的是，用 OD_{260}∶OD_{280} 比值估计核酸纯度的做法并不可靠（Glasel 1995）。如果样品中含有苯酚，浓度估计将会变得不准确。用酚饱和的水在 270nm 有典型的吸收峰，OD_{260}∶OD_{280} 比值为 2（Stulnig and Amberger 1994）。没有酚的核酸样品，其 OD_{260}∶OD_{280} 比值应为 1.2 左右。请见 DNA 定量章节以获取更多信息。

11. 用常规的 0.6%琼脂糖凝胶电泳分析所制备的高分子质量 DNA 的质量。可使用一组商业化的 Marker 作为标记物。

配方

为正确使用本方案中的器材和危险试剂，必须查阅相应的材料安全数据表并咨询所在机构的环境卫生和安全办公室。

柠檬酸葡萄糖溶液 B（ACD）

试剂	终浓度
柠檬酸	0.48%（m/V）
柠檬酸钠	1.32%（m/V）
葡萄糖	1.47%（m/V）

裂解缓冲液

试剂	用量（1L）	终浓度
Tris-Cl(1mol/L,pH8.0)	10mL	10mmol/L
EDTA(0.5mol/L)	200mL	0.1mol/L
SDS（20%，m/V）	25mL	0.5%（m/V）
不含 DNase 的胰 RNase（10mg/mL）	N/A	20μg/mL

前三种成分可以预先混合，并在室温下储存。使用前加入适当量 RNase。

参考文献

Beutler E, Gelbart T, Kuhl W. 1990. Interference of heparin with the polymerase chain reaction. *BioTechniques* 9: 166.

Blin N, Stafford DW. 1976. A general method for isolation of high molecular weight DNA from eukaryotes. *Nucleic Acids Res* 3: 2303–2308.

Glasel JA. 1995. Validity of nucleic acid purities monitored by 260nm/280nm absorbance ratios. *BioTechniques* 18: 62–63.

Gustafson S, Proper JA, Bowie EJ, Sommer SS. 1987. Parameters affecting the yield of DNA from human blood. *Anal Biochem* 165: 294–299.

Stulnig TM, Amberger A. 1994. Exposing contaminating phenol in nucleic acid preparations. *BioTechniques* 16: 402–404.

方案 14 一步法同时提取细胞或组织中的 DNA、RNA 和蛋白质

本方案（Chomczynski 1993）可以从部分组织或细胞中同时提取的 RNA、DNA 和蛋白质。像它的前身（Chomczynski and Sacchi 1987）一样，此方法涉及用异硫氰酸胍和苯酚的单相溶液裂解细胞。加入氯仿产生第二（有机）相，从而 DNA 和蛋白质被抽提，而 RNA 留在水相上清中。有机相中 DNA 和蛋白质的分离，通过按顺序用乙醇、异丙醇进行沉淀。从有机相中回收的 DNA 是 20kb 大小、适合进行 PCR 反应的模板。蛋白质由于暴露在胍中，而变性则主要用于免疫反应。用异丙醇从水相中沉淀出的 RNA 可通过色谱法在寡核苷酸-纤维素柱进一步纯化和/或用于 Northern 杂交、反转录或 RT-PCR。

总 RNA 的产率因组织或细胞来源而异，但一般而言，组织的初始产量为 4～7μg/mg，细胞为 5～10 mg/10^7 个细胞，所提取的 RNA 的 A_{260}/A_{280} 比值为 1.8～2.0。

材料

为正确使用本方案中的器材和危险试剂，必须查阅相应的材料安全数据表并咨询所在机构的环境卫生和安全办公室。

本方案的专用试剂标注 <R>，配方在本方案末提供。常用储备溶液、缓冲液和试剂标注 <A>，配方见附录 1。储备溶液应稀释至适用浓度后使用。

▲准备本方案中的所有试剂均需要用 DEPC 处理的水。

试剂

细胞或组织

氯仿

DEPC 处理过的水

十五水柠檬酸二钠（0.8mol/L）

　　　　不需调整 pH。

乙醇（75%）

异丙醇

液氮

单相裂解试剂

用于同时提取细胞或组织中的 DNA、RNA 和蛋白质的商业化的单相裂解试剂配方尚未公布。但是 Chomczynski 与 Sacchi（1987）及 Weber 等（1998）描述过一种效果很好而且实验室容易配制的试剂。

试剂	商业供应商
Trizol（三唑）	Life Technologies 公司
TRI 试剂	Molecular Research Center
ISOGEN	日本基因有限公司

这些试剂都是单相裂解试剂包含苯酚、胍或硫氰酸铵和增溶剂。当使用商业试剂同时提取细胞或组织中的 DNA、RNA 和蛋白质时，我们建议遵循制造商的最新指导。但是，本方案同时作出修订以降低 RNA 中 DNA、多糖和蛋白聚糖的污染水平。

氯化钠（1.2 mol/L）

磷酸盐缓冲盐水（PBS），冰冷（可选，见步骤 1）

仅适用于重悬和单层细胞生长所需的。

RNA 沉淀溶液

SDS（20%，m/V）（可选，见步骤 7）

设备

用于测量在 260 nm 处吸光度的比色皿

比色皿应是一次性的 UV 透明丙烯酸甲酯或石英制作。使用前后，浓盐酸：甲醇（1:1，V/V）浸泡石英比色皿至少 30min，然后用大量无菌水冲洗。

组织匀浆器（如 Teledyne TEKMAR 的 Tissumizer 或 Brinkmann 的 Polytron）

低中速离心机和转子

DEPC 处理水清洗过的研钵和杵，预冷

聚丙烯带封盖的管（如 Falcon）

65℃水浴（可选，见步骤 7）

方法

1. 准备细胞或组织样品提取 RNA。

对于组织样品

处理含有丰富的蛋白质分解酶的组织如胰腺或肠道时，最好将组织先切成小块（100mg），然后直接放入液氮中。快速冷冻的组织可以被转移到-70℃保存或立即用于提取 RNA（如下文所述）。组织可以存储于-70℃数月而不影响 RNA 的产量或完整性。

冷冻和粉碎并不是必需的。不含有丰富的 RNase 的组织可以被迅速剁碎成小块，并直接转入加有适量溶液 D（步骤 1.iii）的聚丙烯 snap-cap 管中。

i. 分离出所需组织，并立即将它们放置在液氮中。

ii. 将约 100mg 的冷冻组织转移到含有液氮的研钵中，并用杵粉碎。在粉碎过程中添加液氮以保持组织的冷冻状态。

iii. 转移粉状组织至还有 1mL 冰冷单相裂解试剂的聚丙烯 snap-cap 管中。

iv. 在室温下用 Polytron 匀浆器匀浆组织 15～30s。

也可以将冷冻的组织放置在一个自制塑料薄膜袋中用钝的工具粉碎来替代研磨（Gramza et al. 1995）。只有某些类型的塑料薄膜足够坚韧能承受低温下的锤击（例如，Write-On Transparency Film from 3M）。

对于悬浮培养的哺乳动物细胞

　　i．通过 200～1900*g* 离心 5～10min 收获细胞。

　　ii．弃培养基，用 1～2mL 的无菌冰冷 PBS 重悬细胞沉淀。

　　iii．通过离心收集细胞，弃去 PBS，按每 10^6 个细胞加 1mL 单相裂解试剂比例加入单相裂解试剂。

　　iv．在室温下用 Polytron 匀浆器匀浆组织 15～30s。

对于单层哺乳动物细胞

　　i．弃去培养基，并用 5～10mL 无菌冰冷的 PBS 漂洗细胞一次。

　　ii．弃去 PBS，按一个 90mm 培养皿加入 1mL 单相裂解试剂比例加入单相裂解试剂裂解细胞（每 60mm 培养皿 0.7mL）。

　　iii．细胞裂解液转移到聚丙烯 snap-cap 管中。

　　iv．在室温下用 Polytron 匀浆器匀浆组织 15～30s。

2．在室温下孵育 5min，以完全分离核蛋白复合物。

3．每毫升单相裂解试剂添加 0.2mL 氯仿。剧烈振动或涡旋以混合样品。

4．4℃以 12 000r/min 离心 15min，分离成两相的混合物。将上层水相转移到新的管中。

> DNA 和蛋白质提取到有机相中，RNA 留在水相中。DNA 和蛋白质可能通过顺序用乙醇、异丙醇沉淀，并从有机相中回收。

5．从水相中沉淀的 RNA：对于每个初始毫升的单相裂解试剂，加入 0.25 倍体积的异丙醇和 0.25 倍体积沉淀 RNA 溶液。彻底混合后，室温下放置 10min。

> 原来的方案中关于单相裂解试剂（Chomczynski 1993），建议使用 0.5 倍体积的异丙醇从水相中沉淀 RNA。但是，鉴于发现用胍提取 RNA 可能导致严重的多糖和蛋白多糖污染（Schick and Eras 1995），这一步骤已经被修改。研究报道上述污染可能阻止 RNA 乙醇沉淀后的溶解、抑制 RT-PCR，以及 Northern 杂交时 RNA 与膜的结合（Groppe and Morse 1993；Re et al. 1995；Schick and Eras 1995）。改变从水相中沉淀 RNA 所用的条件（Chomczynski and Sacchi 1995），如步骤 5 中所描述，可大大降低上面提到的蛋白多糖和多糖的污染程度。

6．微型离心机 4℃以最大的速度离心 10min 收集沉淀出的 RNA。用 75%乙醇洗涤沉淀两次，再离心。用一次性吸头清除残留的乙醇。敞开放置数分钟使乙醇挥发，不要让沉淀完全干燥。

7．加入 50～100mL DEPC 处理过的水，-70℃储存 RNA 溶液。

> 加入 0.5%SDS，然后加热至 65℃可协助溶解沉淀。

8．按附录 2 中所描述的方法估计 RNA 的浓度。

> 纯化的 RNA 重悬于 0.5%SDS 后不再被 RNase 所降解。因此，一些研究者倾向于溶解沉淀的 RNA 在 50～100μL 稳定的甲酰胺中并储存于-20℃（Chomczynski 1992）。RNA 可以通过用 4 倍体积的乙醇沉淀重新获得。对于存储 RNA 的进一步详情，请参阅第 6 章方案 6。
>
> 在酶处理 RNA（如引物延伸、反转录和体外翻译）前，应先通过氯仿抽提和标准乙醇沉淀除去 SDS。重新溶解的 RNA 可用寡聚（dT）-纤维素层析进行 mRNA 纯化或用于标准技术分析，如印迹杂交分析。
>
> 从组织中制备 RNA 一般是不会被 DNA 污染的。然而，从细胞系中制备 RNA 由于存在自发或诱发的细胞凋亡，容易被退化的基因组 DNA 片段污染。从转染的细胞制备 RNA 几乎总是被用于转染的 DNA 片段污染。因此，一些研究者用 RNase-free 的 DNA 酶处理最后获得的 RNA 溶液（Grillo and Margolis 1990）。另外，DNA 片段也可被添加 poly（A）$^+$RNA 的寡聚色谱所清除。

参考文献

Chomczynski P. 1992. One-hour downward alkaline capillary transfer for blotting of DNA and RNA. *Anal Biochem* 201: 134–139.

Chomczynski P. 1993. A reagent for the single-step simultaneous isolation of RNA, DNA and proteins from cell and tissue samples. *BioTechniques* 15: 532–537.

Chomczynski P, Mackey K. 1995. Short technical reports. Modification of the TRI reagent procedure for isolation of RNA from polysaccharide- and proteoglycan-rich sources. *BioTechniques* 19: 942–945.

Chomczynski P, Sacchi N. 1987. Single-step method of RNA isolation by acid guanidinium thiocyanate-phenol-chloroform extraction. *Anal Biochem* 162: 156–159.

Gramza AW, Lucas JM, Mountain RE, Schuller DE, Lang JC. 1995. Efficient method for preparing normal and tumor tissue for RNA extraction. *BioTechniques* 18: 228–231.

Grillo M, Margolis FL. 1990. Use of reverse transcriptase polymerase chain reaction to monitor expression of intronless genes. *BioTechniques* 9: 262–268.

Groppe JC, Morse DE. 1993. Isolation of full-length RNA templates for reverse transcription from tissues rich in RNase and proteoglycans. *Anal Biochem* 210: 337–343.

Re P, Valhmu WB, Vostrejs M, Howell DS, Fischer SG, Ratcliffe A. 1995. Quantitative polymerase chain reaction assay for aggrecan and link protein gene expression in cartilage. *Anal Biochem* 225: 356–360.

Schick BP, Eras J. 1995. Proteoglycans partially co-purify with RNA in TRI Reagent and can be transferred to filters by northern blotting. *BioTechniques* 18: 574–578.

Weber K, Bolander ME, Sarkar G. 1998. PIG-B: A homemade monophasic cocktail for the extraction of RNA. *Mol Biotechnol* 9: 73–77.

方案 15　从鼠尾或其他小样本中制备基因组 DNA

　　近年来已经发表了许多从鼠尾中提取基因组 DNA 的方法，所有这些方法都是从 1985 年 Richard Palmiter 和 Ralph Brinster 建立的方法衍生而来的（Palmiter et al. 1985）。Palmiter 的实验室在西雅图，Brinster 的实验室及他的成千上万的老鼠远在 3000 英里[①]外的费城。Brinster 将剪下的小鼠尾尖放置在 SDS 和蛋白酶 K 的溶液中，通过美国邮政邮寄给 Palmiter（因为当时还没有联邦快递）。经过 2～3 天环境温度下的行程后，样品经酚：氯仿抽提、乙醇沉淀后即获得基因组 DNA。这种方法幸运地获得成功，并不需要委托美国邮政系统对小鼠尾巴进行半消化，事实上，更好的消化方法是 55℃过夜，中间无需运输。每一个小鼠尾尖可以获得 50～100μg DNA。这样获得的 DNA 可用于斑点杂交或狭线杂交，也可以用于 Southern 杂交检测小于 20kb 的 DNA 片段，更可以方便地作为 PCR 反应的模板。这一简单的实验方案在成百上千的实验室中广泛被用于转基因或基因剔除小鼠的基因型鉴定，以及从小量培养的细胞或组织中提取 DNA。

　　如果需要从大量的样本中提取 DNA，还有两个替代方案是很有用的。Laird 等（1991）的方法省略了酚：氯仿抽提，而 Thomas 等（1989）和 Couse 等（1994）建立的方法使用商业上运用的凝胶屏障管以排除在连续对有机溶剂抽提时枯燥的样品转移工作。这些替代方案作为备选列于本方案之后。

材料

　　为正确使用本方案中的器材和危险试剂，必须查阅相应的材料安全数据表并咨询所在机构的环境卫生和安全办公室。

　　本方案的专用试剂标注<R>，配方在本方案末提供。常用储备溶液、缓冲液和试剂标注<A>，配方见附录 1。储备溶液应稀释至适用浓度后使用。

试剂

乙醇（70%）

异丙醇

---

① 1 英里=1.609km。

小鼠尾巴或小鼠组织

鼠尾样品一般从 10 日龄哺乳期动物或在断奶时(约 3 周龄)获得。前者一般剪去尾巴末端的 1/3 放入离心管中;后者在麻醉状态下剪下 6~10mm 尾巴,放入 17mm×100mm 的 Falcon 聚丙烯管中。在极少数必须尽快获得结果的情况下可以将新生小鼠的整条尾巴剪下放入离心管中。

从小鼠组织中(指除鼠尾以外的部分)分离 DNA,需将 100mg 新鲜的组织放入 17mm×100mm 的 Falcon 聚丙烯管中。

在加入 SNET 和蛋白酶 K 前,鼠尾或其他组织可以存储在密闭的管中,于-70℃放置几个星期。但是最好尽快用蛋白酶 K 消化样品(步骤 1 和 2)。在酚:氯仿抽提前,完全消化的溶液可以在-20℃保存一段时间。

所有在实验小鼠上进行的实验,包括剪鼠尾,都需要事先获得人道主义组织的许可。

酚:氯仿:异戊醇(25:24:1,*V/V/V*)

磷酸盐缓冲盐水(**PBS**)<A>,冰冷(可选;见步骤 1)

蛋白酶 K(20mg/mL)

SNET<R>

TE(pH8.0)<A>

设备

低中速离心机和转子

聚丙烯管(17mm×100mm)

室温和 4℃振荡平台

预设为 55℃的振荡平台或振荡孵箱

Shepherd 氏钩

将巴斯德移液管在本生灯的火焰上封口,并用止血钳将它做成 U 形,即成 Shepherd 氏钩。制作过程中戴上防护眼镜。

方法

1. 准备适量的裂解缓冲液(表 1-6),即在 SNET 中加入蛋白酶 K 至终浓度为 400 μg/mL。向小鼠尾巴或其他组织中加入裂解缓冲液。

此过程还可以用来从单层培养的哺乳动物细胞中分离 DNA。此时,直接向经 PBS 浸洗 2 次的 100mm 单层细胞中加入 1mL 含 400μg/mL 蛋白酶 K 的 SNET 即可。用橡胶刮棒将黏稠的细胞质从培养皿中刮下,转到 17mm×100mm 的 Falcon 聚丙烯管中。

悬浮细胞通过离心收集,用冰冷的磷酸缓冲盐溶液洗涤两次,重悬于 TE(pH8.0),然后用含 400 μg /mL 蛋白酶 K 的 SNET 裂解(每 10^9 细胞用 1mL)。

表 1-6　SNET 裂解缓冲液的体积

小鼠年龄	组织量	管子种类	SNET 裂解液体积/mL
新生	整条尾巴(1cm)	微量离心管	0.5
10 日龄	末端 1/3	微量离心管	0.5
断乳期(3~4 周龄)	6~10mm	聚丙烯管(17mm×100mm)	4.0
任意年龄	10mg 新鲜组织	聚丙烯管(17mm×100mm)	4.0

2. 管子水平放置于振荡平台或振动恒温箱中 55℃过夜。

消化过程中样品的充分混合是非常重要的。过夜消化后,应当看不见任何组织或鼠尾,缓冲液呈灰色乳状液。

3. 加入等体积的酚:氯仿:异戊醇,密封管口,室温下振荡 30min。

在方案的不同阶段用到不同的振动速度。有些方案建议轻轻晃动而不是剧烈振荡;有些认为剧烈振荡可以增加 20kb 以上 DNA 片段的产量,可用于 Southern 杂交或斑点和狭线杂交,以及 PCR 分析。如果需要大分子质量的 DNA,

注意尽量减少剪切力。

4．通过离心分离有机相和水相。17mm×100mm 的 Falcon 聚丙烯管中的样品室温下 666*g* 离心 5min，对于较小体积的样品，样品置于微量离心管中室温下最大转速离心 5min。转移上层水相至新的 Falcon 管或微量离心管中。

5．加入等体积的异丙醇沉淀 DNA。通过离心（13 000*g*）收集沉淀的 DNA（15min，4℃）。

6．小心地除去异丙醇。用 1mL 70%乙醇冲洗 DNA 沉淀。如果沉淀较松散，再次离心样品 5min。除去 70%的乙醇，室温下空气中干燥沉淀 15～20min。

　　　不要让沉淀完全干燥，否则极难溶解。

7．加入 0.5mL TE，4℃下轻柔振荡过夜。

8．将该溶液转移到微量离心管中，并在室温下存储。

　　　一般 1cm（约 100mg）的鼠尾可以获得 100～250μg 基因组 DNA。

　　　加入浓度为 100μg/mL 的小牛血清蛋白可以吸收用这种方法制备的基因组 DNA 中残留的 SDS，从而减少限制性内切核酸酶反应不完全消化的可能。如果问题仍然存在，请重新提取样品，再次用酚：氯仿抽提，并用 2 倍体积的乙醇沉淀 DNA。

替代方案　不使用有机溶剂从鼠尾分离 DNA

Laird 等（1991）记述了一种不用酚-氯仿抽提的基因组 DNA 提取方案，也可以用于 24 孔板培养的细胞 DNA 的提取。

补充材料

为正确使用本方案中的器材和危险试剂，必须查阅相应的材料安全数据表并咨询所在机构的环境卫生和安全办公室。

本方案的专用试剂标注<R>，配方在本方案末提供。常用储备溶液、缓冲液和试剂标注<A>，配方见附录 1。储备溶液应稀释至适用浓度后使用。

试剂

鼠尾裂解缓冲液 I<R>

方法

1．向离心管中加入鼠尾裂解缓冲液 I，每 1cm 的鼠尾加入 0.5mL 裂解液。

2．按照方案 15 中步骤 2 所述，55℃消化组织。

3．剧烈振荡被消化的样品，室温下以最大速度离心 10min 以沉淀未消化的组织。

4．室温将上清转移到一个新的含有 0.5 mL 异丙醇的离心管中，颠倒混匀。

5．用干净的一次性微量移液管尖或 Shepherd 氏钩捞出沉淀的 DNA。将 DNA 暂时置于 Kimwipe 吸水纸以除去多余的乙醇，然后将 DNA 转移到新的离心管中。

6．打开管口，置于架子上直到剩余的乙醇挥发干净。

7．将 DNA 溶解于 200～500μL 的 TE（pH8.0），4℃轻柔振荡过夜。

　　　DNA 产量可达到 5～12μg/mm 鼠尾。

替代方案　一管法从鼠尾中分离 DNA

Couse 等（1994）记述了一种建立在早期 Thomas 等（1989）工作基础上的方法，可用于利用有机溶剂从鼠尾中连续抽提 DNA；对于 24 孔板培养的哺乳动物细胞可采用同样的方法。连续抽提需要将水相转移到新的管中，这是一个费时又枯燥的工作。使用 Becton Dickinson 公司出售的血清分离管（SST）可以克服这一弊端。这种管子由玻璃制成，底部有一内置凝胶栓和一个硅胶塞。离心时，凝胶栓转移到有机相顶部，俘获下面的细胞蛋白和残余的组织，而水相则留在凝胶栓的上层。因为离心时凝胶栓总是移动于有机相和水相之间，因此有机相的抽提可以在同一个 SST 中进行。

补充材料

为正确使用本方案中的器材和危险试剂，必须查阅相应的材料安全数据表并咨询所在机构的环境卫生和安全办公室。

本方案的专用试剂标注<R>，配方在本方案末提供。常用储备溶液、缓冲液和试剂标注<A>，配方见附录 1。储备溶液应稀释至适用浓度后使用。

试剂

乙醇
氯仿
鼠尾裂解缓冲液 II<R>
乙酸钠（3mol/L，pH6.0）

设备

SST 管（Becton Dickinson）

方法

1. 向离心管中加入鼠尾裂解缓冲液 II，每 1cm 的鼠尾加入 0.5mL 裂解液。

2. 按照方案 15 中步骤 2 所述，55℃消化组织。

3. 向管中加入 1mL 酚：氯仿：异戊醇，轻柔颠倒彻底混匀。

4. 室温 2000g 在摇摆转子中离心 10min。如果水相仍然浑浊或者蛋白层留在凝胶栓上层，则再次离心。

5. 同一试管中，加入 1mL 氯仿，如步骤 4 所述再次离心。

6. 将凝胶栓上部的水相转移至 2 个已经加入 50μL 乙酸钠（3mol/L，pH6.0）的微量离心管中，每份 450μL。

> 使用 pH6.0 而不是 pH5.2 的乙酸钠，这是很少见的。裂解缓冲液中 EDTA 浓度高达 100mmol/L，在很低的 pH 下极易沉淀，避免这一问题的办法在于保持 pH>6.0，并且在进行步骤 6 和 7 时要动作迅速。另外，裂解缓冲液中的 EDTA 浓度可以减至 20mmol/L，但是这样有可能不足以整合样品中的 Mg^{2+}，使 DNA 易受到 DNase 的降解。

7. 室温下，每管中加入 2 倍体积的乙醇（0.9mL），迅速颠倒混匀，室温下立即用最大速度离心 5min。

8．用70%的乙醇洗涤，离心沉淀。抽吸除去乙醇溶液，敞开管口置于架子上直至剩余的乙醇挥发干净。

9．将DNA溶解于250μL的TE（pH8.0），4℃轻柔振荡过夜。

> DNA产量通常为10μg/mm鼠尾。

配方

为正确使用本方案中的器材和危险试剂，必须查阅相应的材料安全数据表并咨询所在机构的环境卫生和安全办公室。

鼠尾裂解缓冲液 I

试剂	用量（每100mL）	终浓度
Tris-Cl(1mol/L,pH8.5)	10mL	100mmol/L
EDTA(0.5mol/L)	1mL	5mmol/L
NaCl（5mol/L）	4mL	200mmol/L
SDS（20%，*m/V*）	1mL	0.2%（*m/V*）
蛋白酶K		100μg/mL

鼠尾裂解缓冲液 II

试剂	用量（每100mL）	终浓度
Tris-Cl(1mol/L,pH8.0)	5mL	50mmol/L
EDTA(0.5mol/L)	10mL	50mmol/L
SDS（20%，*m/V*）	625μL	0.125%（*m/V*）
蛋白酶K		800μg/mL

SNET

试剂	终浓度
Tris-Cl(pH8.0)	20mmol/L
EDTA(pH8.0)	5mmol/L
NaCl	400mmol/L
SDS	1%（*m/V*）

用0.45μm硝酸纤维素滤膜过滤溶液以灭菌。将无菌的溶液按每份50mL分装，室温下保存。

参考文献

Couse JF, Davis VL, Tally WC, Korach KS. 1994. An improved method of genomic DNA extraction for screening transgenic mice. *BioTechniques* 17: 1030–1032.

Laird PW, Zijderveld A, Linders K, Rudnicki MA, Jaenisch R, Berns A. 1991. Simplified mammalian DNA isolation procedure. *Nucleic Acids Res* 19: 4293. doi: 10.1093/nar/19.15.4293.

Palmiter RD, Chen HY, Messing A, Brinster RL. 1985. SV40 enhancer and large-T antigen are instrumental in development of choroid plexus tumours in transgenic mice. *Nature* 316: 457–460.

Thomas SM, Moreno RF, Tilzer LL. 1989. DNA extraction with organic solvents in gel barrier tubes. *Nucleic Acids Res* 17: 5411. doi: 10.1093/nar/17.13.5411.

方案 16　快速分离酵母 DNA

此方法用于分离酵母基因组 DNA 或在 *E.coli* 和 *Saccharomyces cerevisiae*（酿酒酵母）中均能复制的穿梭质粒。

材料

为正确使用本方案中的器材和危险试剂，必须查阅相应的材料安全数据表并咨询所在机构的环境卫生和安全办公室。

本方案的专用试剂标注<R>，配方在本方案末提供。常用储备溶液、缓冲液和试剂标注<A>，配方见附录 1。储备溶液应稀释至适用浓度后使用。

试剂

乙醇（70%，95%）
酚：氯仿（1:1，*V/V*）
乙酸钠（3mol/L，pH 5.2）
STES 缓冲液<R>
TE（pH 7.6）<A>
新鲜的琼脂平板培养的克隆或液体的过夜培养的酵母细胞

设备

酸洗过的玻璃珠（直径为 0.4mm）
无菌接种环（可选；见步骤 1）

方法

1．准备用于裂解的酵母细胞。

平板培养的酵母克隆

　　i．用无菌接种环将一个或几个大的、新鲜培养的克隆转移到加有 50μL STES 缓冲液的微量离心管中。

液体培养的酵母

　　i．将过夜培养的 1.5mL 酵母细胞转移到离心管。

　　ii．室温下在以最大速度离心 1min，收集沉淀下来的细胞。

　　iii．吸去培养介质，将细胞重悬于 50μL STES 缓冲液中。

2．每个离心管中加入 50μL 酸洗过的玻璃珠。每管加入 20μL TE（pH 7.6）。

3．加入 60μL 的酚：氯仿，紧紧盖上盖子，涡旋 1min 混合有机相和水相。

4．室温下在以最大速度离心 5min。

5．上层水相转移至新的微量离心管中。按照标准方法 0℃下用乙醇沉淀 5min 以收集 DNA。

6．4℃下最大转速离心 10min 收集核酸沉淀。

7．吸去上清，用 100μL 70%的乙醇洗涤沉淀。用最大转速室温下离心 1min。

8．吸去上清，空气中干燥 15min，将沉淀溶于 40μL TE（pH 7.6）。

使用 1～10μL DNA 溶液作为 PCR 反应的模板。穿梭质粒可通过 1μL DNA 转化 *E.coli* 的感受态再次获得。

配方

为正确使用本方案中的器材和危险试剂，必须查阅相应的材料安全数据表并咨询所在机构的环境卫生和安全办公室。

STES 缓冲液

试剂	终浓度
Tris-Cl(pH7.6)	0.2mol/L
NaCl	0.5mol/L
SDS	0.1%（m/V）
EDTA(pH8.0)	0.01mol/L

室温下保存。

方案 17　微型凝胶电泳后使用溴化乙锭（EB）估算条带中 DNA 数量

此简便方案概述了一个快速定量 DNA 的方法，并同时分析其物理状态。溴化乙锭染色后，用 UV 灯照射透视法可以发现包含>5ng DNA 的 DNA 条带。CCD 照相机拍下未知样品的影像，然后与一系列已知含量标准品进行强度（灰度）对比，从而估计未知样品中 DNA 的含量。染色凝胶分析是一种快速的同时测量 DNA 的数量并分析其物理状态的方式。

SYBR 染料也可用于染色并大致确定凝胶条带中 DNA 的含量。然而，不同于溴化乙锭，SYBR 染料只能用于电泳后染色。通常情况下，凝胶需浸入含有染料在溶液中至少 1h，这给实验者造成不方便。

有关进一步详情，请参阅本章导言中"DNA 定量"的部分。

材料

为正确使用本方案中的器材和危险试剂，必须查阅相应的材料安全数据表并咨询所在机构的环境卫生和安全办公室。

本方案的专用试剂标注<R>，配方在本方案末提供。常用储备溶液、缓冲液和试剂标注<A>，配方见附录 1。储备溶液应稀释至适用浓度后使用。

试剂

含溴化乙锭（0.5μg /mL）的微型琼脂糖凝胶（0.6%）
DNA 样品
DNA 标准品（见步骤 2）
电泳缓冲液（通常为 1×TAE<A>或 0.5×TBE<A>）
凝胶上样缓冲液 IV<A>
$MgCl_2$（1.0 mol/L）

设备

琼脂糖凝胶电泳设备（见第 2 章，方案 1）
　　清洁、干燥的包含梳子和槽的电泳设备
凝胶短波紫外光照射下拍摄设备
能提供 500V/200mA 的电源设备

方法

1. 将 2 mL DNA 样品与 0.4 mL 上样缓冲液 IV 混合，注入含溴化乙锭（0.5μg/mL）的微型琼脂糖凝胶（0.6%）狭槽中。

2. 将一系列 2 mL DNA 标准品（0、2.5mg/mL、5mg/mL、10mg/mL、20mg/mL、30mg/mL、40mg/mL 和 50mg/mL）与 0.4 mL 上样缓冲液 IV 混合，同样注入凝胶孔中。

此标准品应能在-20℃下稳定保存数月。

3. 进行电泳，直至溴酚蓝迁移 1～2cm。

4. 凝胶放入含有 0.01 mol/L $MgCl_2$ 的电泳缓冲液浸泡 5min 脱色。

5. 在短波紫外光照射下给凝胶拍照。对比标准品的荧光强度估计未知 DNA 的浓度。

DNA 样品中可能存在的污染物可以增强或猝灭荧光。为避免出现问题，DNA 样品和标准品可以被置于含溴化乙锭（0.5mg/mL）或 SYBR Green I 的 1%板式琼脂糖凝胶上。让凝胶站立数小时从而污染的小分子可以弥散开去。然后拍照，如上所述。

方案 18　利用 Hoechst 33258 通过荧光分析仪估算 DNA 浓度

用荧光分析仪测定 DNA 的浓度比用分光光度法更敏感，可检测到纳克级的 DNA。在本方法中，已知浓度和未知浓度的 DNA 样品与荧光染料 Hoechst 33258 温育。通过未知浓度样品的吸收值与已知样品的系列浓度的吸光值比较可以估计待测样品的浓度（Labarca and Paigen 1980；Daxhelet et al. 1989）。以下方案修改自 Held（2001）。

关于 Hoechst 33258

- 自由溶液中的 Hoechst 33258 的最大激发波长为 356nm，最大发射波长为 492nm。然而，当与 DNA 结合后，Hoechst 33258 的最大激发波长为 365nm，最大发射波长为 458nm（Cesarone et al. 1979，1980）。

- 使用 Hoechst 33258 荧光检测无法在极端 pH 环境下进行，并同时受清洁剂和盐的影响（Van Lancker and Gheyssens 1986）。因此，检测通常在标准条件下（0.2 mol/L NaCl，10mmol/L EDTA，pH7.4）。然而，单链和双链 DNA 及 RNA 要求两个不同的盐浓度以区分开来。用一组一定范围的 DNA（0～20mg/mL）绘制标准曲线从而估计未知样品中 DNA 的浓度，这组 DNA 的基本组成与未知样品的组成相同。DNA 必须是超高分子质量，因为 Hoechst 33258 无法有效结合小片段 DNA。测量必须在一个固定的波长的荧光计中快速进行，以尽量减少光漂白及由于温度变化导致的荧光变化。

- 参与反应的 Hoechst 33258 的浓度应保持在较低水平（5×10^{-7}mol/L～2.5×10^{-6} mol/L），因为当染料与 DNA 的比例高时会发生荧光猝灭（Stokke and Steen 1985）。然而，有时两种浓度的染料又用于扩大检测的动态范围。

- 所有的 DNA 和溶液都不能含有溴化乙锭，因为它将使 Hoechst 33258 的荧光猝灭。但是，由于 Hoechst3 3258 对蛋白质或 rRNA 几乎没有亲和力，测量可以使用细胞裂解物或纯化的 DNA 制剂（Cesarone et al. 1979；Labarca and Paigen 1980）。

- 与溴化乙锭不同，Hoechst 染料是细胞渗透物。

材料

为正确使用本方案中的器材和危险试剂，必须查阅相应的材料安全数据表并咨询所在机构的环境卫生和安全办公室。

试剂

用于构建标准曲线的已知浓度的 DNA 溶液

因为 Hoechst 33258 荧光染料与 DNA 的结合受基本组成的影响，所以用于构建标准曲线的 DNA 应该与要测试的样品来自同一物种。

荧光缓冲液

2 mol/L NaCl

50mmol/L 磷酸钠（pH7.4）

准备 500mL 溶液并用 0.45μm 过滤器滤过消毒

高分子质量（或基准）的 DNA 溶液（100 mg /mL 溶于 TE，pH 8.0）

Hoechst 33258 荧光染料（1mg/mL，水溶）

染料的浓溶液可在室温下保存于箔包裹的试管中。

待测 DNA 样本

设备

低荧光背景，黑色，U 形，96 孔 B 显微荧光板（Dynatech Laboratories）

读板器（Dynatech、Tecan、Biotek 公司等）

方法

1. 实验前 1h 将荧光计开关打开，使机器预热并稳定。

与高分子质量双链 DNA 结合后，Hoechst 33258 染料的吸光值在 365nm 达到最大，发射光值在 458nm 达到最大。

2. 准备适量的稀释染料溶液（每 1mL 荧光缓冲液加入 10μL 染料浓缩液）。DNA 分析中每个孔需加入 100μL 稀释的 Hoechst 33258 染料。将 100μL 稀释好的 Hoechst 33258 染料加入适当数量的孔中，包括 6 个额外的孔由于空白对照和制作标准曲线。

3. 将一组已知含量的 DNA（例如，0、50ng/孔、100ng/孔、200ng/孔、500ng/孔、1000ng/孔）作为基准 DNA 溶液加入到一组孔中，每孔 10μL，从而产生一组标准值用于绘制标准曲线。加完最后一孔后立即混匀并在预热的荧光计上读出荧光值。

4. 减去空白，并建立标准曲线，纵坐标为荧光值（y 轴），横坐标为基准 DNA 重量（ng）（x 轴）。轨迹应该随测定的 DNA 的量呈线性增加。

因为剂量-效应的线性相关是基于染料多于 DNA，所以当 DNA 浓度变高时曲线的斜率开始减小，并最终变平。线性范围可以通过增加或减少检测使用的染料的浓度来向上或向下延伸。一个多项式描述的校准曲线的线性部分的回归分析可以被用来确定未知样品的 DNA 浓度。

5. 读取未知（测试）的 DNA 样品的稀释液的吸光度。

　i. 10 倍稀释待测 DNA。

　ii. 各稀释液各加 10μL 至不同的含稀释后染料的孔中，立即读取荧光值。

　iii. 利用标准曲线的线性部分估计未知样品中的 DNA 浓度。

　iv. 如果未知的基因组 DNA 溶液的读数为超出的标准曲线，则读取更浓缩的样品的荧光，或进行适当的稀释样本并重复检测。

极端 pH、接近或超过临界分子浓度的去垢剂、超过 3mol/L 的盐浓度对与 Hoechst 33258 结合均有不利影响。如果以上条件或试剂用于制备基因组 DNA，则用荧光分析不可能得到结果。可用乙醇沉淀 DNA，用 70%乙醇漂洗沉淀溶于 TE

后重复上述分析。

如果待测的 DNA 高度黏滞，用标准黄色尖头取样也许不够精确，使得待测 DNA 的稀释度与标准曲线不同。在这种情况下，最好的解决办法是用装备尖头切断的黄色尖头的自动移液器吸取 2 份样品（10～20μL）。每份样品用约 0.5 mL TE 稀释并剧烈振荡 1～2min。不同量的稀释样品可被转移到含有稀释染料溶液的孔中，从两套样品得到的数据应该保持一致。消毒的，大口径的尖头可以从一些商业公司（如 Bio-Rad 公司）购买。

本分析可用于检测分子质量大于 1kb 的 DNA 浓度。Hoechst 33258 与更小分子的 DNA 结合能力较差。

参考文献

Cesarone CF, Bolognesi C, Santi L. 1979. Improved microfluorometric DNA determination in biological material using 33258 Hoechst. *Anal Biochem* 100: 188–197.

Cesarone CF, Bolognesi C, Santi L. 1980. Fluorometric DNA assay at nanogram levels in biological material. *Boll Soc Ital Biol Sper* 56: 1666–1672.

Daxhelet GA, Coene MM, Hoet PP, Cocito CG. 1989. Spectrofluorometry of dyes with DNAs of different base composition and conformation. *Anal Biochem* 179: 401–403.

Held PG. 2001. *Increasing the DNA quantitation range when using Hoechst dye 33258*, BioTek Instruments, Winooski, VT. http://www.biotek.com/resources/articles/dna-hoechst-dye-33258.html.

Labarca C, Paigen K. 1980. A simple, rapid, and sensitive DNA assay procedure. *Anal Biochem* 102: 344–352.

Stokke T, Steen HB. 1985. Multiple binding modes for Hoechst 33258 to DNA. *J Histochem Cytochem* 33: 333–338.

Van Lancker M, Gheyssens H. 1986. A comparison of four frequently-used assays for quantitative determination of DNA. *Anal Lett* 19: 615–623.

方案 19　用 PicoGreen 定量溶液中的 DNA

不像基于 Hoechst 染料的分析，仅用单个浓度的 PicoGreen 可在 4 个数量级范围内与 DNA 浓度呈现线性关系，从 1ng/mL 到 1μg/mL。该方法使用手持型荧光计即可完成。

材料

为正确使用本方案中的器材和危险试剂，必须查阅相应的材料安全数据表并咨询所在机构的环境卫生和安全办公室。

本方案的专用试剂标注<R>，配方在本方案末提供。常用储备溶液、缓冲液和试剂标注<A>，配方见附录 1。储备溶液应稀释至适用浓度后使用。

试剂

PicoGreen dsDNA 定量试剂（Life Technologies 公司）

提供的此试剂为溶于无水二甲亚砜（DMSO）的浓溶液，并且必须使用实验当天新鲜稀释液（1:200 稀释于 TE 中，pH 7.5）。用铝箔包裹工作液。

DNA 标准品（如小牛胸腺 DNA），浓度为 2μg/mL 溶于 TE（pH7.5）

TE（pH7.5）

待测 DNA 样本

设备

甲基丙烯酸酯荧光比色皿（10mm×10mm）

带蓝色荧光装置的 PicoFluometer 荧光计（例如，PicoFluor 手持荧光计；Applied Biosystems）

方法

1. 生成的标准曲线，如下所示。稀释 0、1μL、10μL、100μL、500μL、1000μL 的 DNA 标准品至一组甲基丙烯酸酯荧光比色皿中，通过添加适量的 TE，将每个比色皿中的流体的体积调节至 1 mL。

2. 每个皿添加 1mL 水稀释的 PicoGreen 试剂。用手持荧光计依次测量每个样品的荧光。
   为了尽量减少漂白效果，样品应暴露在荧光计紫外线下相同时间。

3. 减去空白，并建立标准曲线：纵坐标上绘制荧光（y 轴），横坐标为参考 DNA 重量（ng）（x 轴）。轨迹应该随测定的 DNA 的量呈线性增加。

4. 加入已知体积的待测 DNA 样品，调节总体积至 1 mL。设置一个空白的比色皿，含 1 mL 的 TE，并没有 DNA。重复步骤 2 和 3。

5. 利用标准曲线的线性部分估计未知样品中的 DNA 浓度。

信息栏

从石蜡包埋的甲醛固定组织中提取 DNA

甲醛固定保存的组织经常被用于人类遗传性疾病和恶性肿瘤突变鉴定的一种 DNA 资源，部分原因是因为组织样品是外科手术中收集经过固定、染色后由病理学家保存的。据估计，美国至少有 4 亿石蜡包埋组织样本，而且这个数字还在以每年超过 2000 万块的速度增长。

不幸的是，病理实验室中使用的常规固定剂（福尔马林）会对从固定组织中回收 DNA 的质量造成不利影响。商业化福尔马林每 1000g 溶液中含有 370～400g 甲醛。甲醛（福尔马林的活性成分）以单羟甲基形式加合到 DNA 碱基上，通过水解 DNA 的 N -糖苷键在 DNA 上产生嘌呤和吡啶位点，还可缓慢水解磷酸二酯键，产生 DNA 碎片。DNA 暴露于福尔马林（特别是在整个 20 世纪常规使用的无缓冲福尔马林）导致的损伤和断裂是决定提取的 DNA 是否符合要求的主要因素。之前描述了几个基于 PCR 的用于测定提取的 DNA 质量的方法（例如，Siwoski et al. 2002；Swango et al. 2006）。

尽管已经有些发表的文章比较了不同的从石蜡块中提取 DNA 的方法（见 Sepp et al. 1994），然而，根据我们的经验，最好是使用市售试剂盒从石蜡包埋组织提取 DNA。常规脱蜡后用二甲苯或商业产品，例如 QIAamp DNA Mini Kit (QIAGEN)、BiOstic FFPE Tissue DNA Isolation Kit (MO BIO Laboratories)，或 QuickExtract FFPE DNA Extraction Kit (Epicentre Biotechnologies/Illumina)，DNA 可以被提取出来。

使用试剂盒，甚至可以从固定了长达 17 年的组织中成功提取出 DNA。已经有报道其他研究者从更老的石蜡块中分离 DNA。但是，提取的 DNA 往往是高度退化，尤其是当组织在包埋前被非缓冲福尔马林固定了很长一段时间（如 12～24h）。在一般情况下，从石蜡包埋的甲醛固定组织中提取的 DNA 只能用于 PCR 模板，而且扩增片段大小少于 120 碱基。虽然得率低于微克级别，但 DNA 足以用于基于阵列的分析，例如，Illumina 的基于 SNP 的杂合性丢失分析（Barker et al. 2004; Lips et al. 2005; Oosting et al. 2007），或者用于分析肿瘤细胞中 DNA 启动子突变的 Sequenom's OncoCarta 系统（McConnaill et al. 2009）。

Barker DL, Hansen MS, Faruqi AF, Giannola D, Irsula OR, Lasken RS, Latterich M, Makarov V, Oliphant A, Pinter JH, et al. 2004. Two methods of whole-genome amplification enable accurate genotyping across a 2320-SNP linkage panel. *Genome Res* 14: 901–907.

Lips EH, Dierssen JW, van Eijk R, Oosting J, Eilers PH, Tollenaar RA, de Graaf EJ, van't Slot R, Wijmenga C, Morreau H, et al. 2005. Reliable high-throughput genotyping and loss-of-heterozygosity detection in formalin-fixed, paraffin-embedded tumors using single nucleotide polymorphism arrays. *Cancer Res* 65: 10188–10191.

McConnaill LE, Campbell CD, Kehoe SM, Bass AJ, Hatton C, Niu L, Davis M, Yao K, Hanna M, Mondal C, et al. 2009. Profiling critical cancer gene mutations in clinical tumor samples. *PLoS ONE* 4: e7887. doi: 10.1371/journal.pone.0007887.

Oosting J, Lips EH, van Eijk R, Eilers PH, Szuhai K, Wijmenga C, Morreau H, van Wezel T. 2007. High-resolution copy number analysis of paraffin-embedded archival tissue using SNP BeadArrays. *Genome Res* 17: 368–376.

Sepp R, Szabo I, Uda H, Sakamoto H. 1994. Rapid techniques for DNA extraction from routinely processed archival tissue for use in PCR. *J Clin Pathol* 47: 318–323.

Siwoski A, Ishkanian A, Garnis C, Zhang L, Rosin M, Lam WL. 2002. An efficient method for the assessment of DNA quality of archival microdissected specimens. *Mod Pathol* 15: 889–892.

Swango KL, Timken MD, Chong MD, Buoncristiani MR. 2006. A quantitative PCR assay for the assessment of DNA degradation in forensic samples. *Forensic Sci Int* 158: 14–26.

聚乙二醇

聚乙二醇（PEG）是一个简单的重复单元 $H(OCH_2CH_2)_nOH$ 的直链聚合物。PEG 有一定范围的分子质量，其名称反映了每个分子的重复单位数（n），如 PEG400，$n=8\sim9$；PEG4000，n 为 68～84。

PEG 可诱导水溶液中的大分子的聚集（Zimmerman and Minton 1993），在分子克隆中有很多用途，包括：

- 按分子大小沉淀 DNA。沉淀所需 PEG 浓度与 DNA 片段的大小成反比（Lis and Schleif 1975a, b；Ogata and Gilbert 1977；Lis 1980）。室温下，同时存在 10mmol/L $MgCl_2$ 时经聚乙二醇（PEG）沉淀 DNA 的效率最高（Paithankar and Prasad 1991）。在这种条件下，PEG 沉淀的效率接近乙醇。长链状和环状 DNA 都能有效沉淀；但是，小于 150bp 的链状 DNA 无法用 PEG/ $MgCl_2$ 量化沉淀。
- 沉淀和纯化噬菌体颗粒。见 Yamamoto 等（1970）。
- 杂交、DNA 分子平端连接和用 T4 多聚核酸激酶进行 DNA 末端标记时，增加互补核酸链的结合效率。见 Zimmerman 和 Minton（1993）。
- 培养细胞原生质与细菌的融合。见 Schaffner（1980）及 Rassoulzadegane 等（1982）。

参考文献

Lis JT. 1980. Fractionation of DNA fragments by polyethylene glycol induced precipitation. *Methods Enzymol* 65: 347–353.

Lis JT, Schleif R. 1975a. The regulatory region of the L-arabinose operon: Its isolation on a 1000 base-pair fragment from DNA heteroduplexes. *J Mol Biol* 95: 409–416.

Lis JT, Schleif R. 1975b. Size fractionation of double-stranded DNA by precipitation with polyethylene glycol. *Nucleic Acids Res* 2: 383–389.

Ogata R, Gilbert W. 1977. Contacts between the lac repressor and the thymines in the lac operator. *Proc Natl Acad Sci* 74: 4973–4976.

Paithankar KR, Prasad KS. 1991. Precipitation of DNA by polyethylene glycol and ethanol. *Nucleic Acids Res* 19: 1346. doi: 10.1093/nar/19.6.1346.

Rassoulzadegan M, Binetruy B, Cuzin F. 1982. High frequency of gene transfer after fusion between bacteria and eukaryotic cells. *Nature* 295: 257–259.

Schaffner W. 1980. Direct transfer of cloned genes from bacteria to mammalian cells. *Proc Natl Acad Sci* 77: 2163–2167.

Yamamoto KR, Alberts BM, Benzinger R, Lawhorne L, Treiber G. 1970. Rapid bacteriophage sedimentation in the presence of polyethylene glycol and its application to large-scale virus purification. *Virology* 40: 734–744.

Zimmerman SB, Minton AP. 1993. Macromolecular crowding: Biochemical, biophysical, and physiological consequences. *Annu Rev Biophys Biomol Struct* 22: 27–65.

α-互补

　　α-互补是指 *E.coli* β-半乳糖苷酶的两个无活性片段组合而成一个功能完整的酶的过程。删去 *lacZ* 基因中编码起始甲硫氨酸的 5′区，翻译将从下游的甲硫氨酸开始，从而产生酶的 C 端片段（ω或α受体片段）。N 端片段（α供体片段）也可以通过对结构基因进行删除或突变的手段来实现。α供体和ω受体片段都没有酶活性，但两者结合后可形成在细胞和体外都能显示活性的β-半乳糖苷酶（Ullmann et al. 1967）。长度不一的很多α供体片段都可完成α-互补。最小的α供体是 3～41 位氨基酸组成的肽段（Langley et al. 1975；Zabin 1982；Weinstock et al. 1983；Henderson et al. 1986）。

　　很多质粒载体都含有 *E.coli* β-半乳糖苷酶的前 146 个氨基酸的编码序列及其调控序列。在编码序列中包含着保持读框的多克隆位点，会在酶的 N 端引入少量不影响酶活性的氨基酸。这类质粒载体通常用于能够表达β-半乳糖苷酶 C 端片段的宿主细胞。大多数用于α-互补的菌种，ω片段由缺失突变体 lacZΔM15 编码，突变体缺失了β-半乳糖苷酶基因的 11～41 位密码子（Ullmann and Perrin 1970）。这一突变基因通常由 F′质粒携带。

　　尽管宿主编码和质粒编码的片段本身没有活性，但两者结合后即成为有活性的酶蛋白。此种类型的互补，即 *lacZ* 基因操纵子近端区段的缺失突变被含有完整操纵子近端区段的β-半乳糖苷酶阴性突变体所互补，称为α-互补（Ullmann et al. 1967）。来自α-互补的 *lac*[+]菌很容易识别，它们在含有 X-Gal 的培养基中形成蓝色菌落（Horwitz et al. 1964；Davies and Jacob 1968；请见信息栏"X-Gal"）。但如果外源 DNA 片段插入到多克隆位点，将无一例外地导致不具有α-互补功能的 N 端片段的产生带有重组质粒的细菌形成白色菌落。这个简单的颜色实验给重组子的鉴定带来了极大方便。从成百上千的转化克隆中可以很容易地挑出携带重组质粒的白色克隆。这些重组子的结构可以通过限制性酶切或其他方法进一步分析。

　　用α-互补筛选尽管十分可靠，但也不是万无一失。

- 外源DNA的插入并非总是造成α-片段的互补活性丧失。如果DNA片段很小（<100bp），并在插入后不能破坏读码框及α-片段的结构，α-互补就不会受到严重影响。有些这样的例子被报道，但毕竟少见，仅仅对于遇到这类问题的研究者是有意义的。
- 并非所有的白色克隆都带有重组质粒。lac 序列的突变或丢失也会使质粒丧失表达α片段的能力。然而，在实践中这不会成为问题。因为在质粒群体中 *lac*[-]突变体的数量总是比连接反应中重组质粒的数量少得多。

　　α-互补的常用菌株并不产生明显数量的 *lac* 抑制基因。因此，一般不需要诱导ω和α片段的合成来进行菌落的组织化学分析。如有必要，用 IPTG 可充分诱导两种片段的合成。IPTG 是非发酵性乳糖类似物，具有失活 *lacZ* 抑制的功能（Barkley and Bourgeois 1978）。

参考文献

Barkley MD, Bourgeois S. 1978. Repressor recognition of operator and effectors. In *The operon* (ed Reznikoff WS, Miller JH), pp. 177–220. Cold Spring Harbor Laboratory, Cold Spring Harbor, NY.

Davies J, Jacob F. 1968. Genetic mapping of the regulator and operator genes of the *lac* operon. *J Mol Biol* 36: 413–417.

Henderson DR, Friedman SB, Harris JD, Manning WB, Zoccoli MA. 1986. CEDIA, a new homogeneous immunoassay system. *Clin Chem* 32: 1637–1641.

Horwitz JP, Chua J, Curby RJ, Tomson AJ, Darooge MA, Fisher BE, Mauricio J, Klundt I. 1964. Substrates for cytochemical demonstration of enzyme activity. I. Some substituted 3-indolyl-β-D-glycopyranosides. *J Med Chem* 7: 574–575.

Langley KE, Villarejo MR, Fowler AV, Zamenhof PJ, Zabin I. 1975. Molecular basis of β-galactosidase α-complementation. *Proc Natl Acad Sci* 72: 1254–1257.

Ullmann A, Perrin D. 1970. Complementation in β-galactosidase. In *The lactose operon* (ed Zipser D, Beckwith JR), pp. 143–172. Cold Spring Harbor Laboratory, Cold Spring Harbor, NY.

Ullmann A, Jacob F, Monod J. 1967. Characterization by in vitro complementation of a peptide corresponding to an operator-proximal segment of the β-galactosidase structural gene of *Escherichia coli*. *J Mol Biol* 24: 339–343.

Weinstock GM, Berman ML, Silhavy TJ. 1983. Chimeric genetics with β-galactosidase. In *Expression of cloned genes in prokaryotic and eukaryotic cells (gene amplification and analysis)* (ed Papas TS, et al.), pp. 27–64. Elsevier, New York.

Zabin I. 1982. β-Galactosidase α-complementation. A model of protein–protein interaction. *Mol Cell Biochem* 49: 87–96.

X-Gal

E.coli 产生的β-半乳糖苷酶催化二糖乳糖水解为单糖——葡萄糖和半乳糖。该酶活性可以用诸如 X-Gal（5-溴-4-氢-3-吲哚-β-D-半乳糖苷）等显色底物加以检测，β-半乳糖苷酶可将 X-Gal 转变为不溶性的深蓝色沉淀（Horwitz et al. 1964; Davies and Jacob 1968）。

这一发现是在 1967 年。当时在巴斯德研究所工作的 Julian Davies 试图寻找一种非损伤性组织化学染料，以帮助他鉴别 lac⁺ 和 lac⁻ 的克隆。这需要找到一种能够被β-半乳糖苷酶特异地水解为有色产物的显色底物，而且是非扩散性和无毒性的。Davies 高兴地发现苯基-β-半乳糖苷可以产生满意的显色反应，但不太理想的是其转化物质硝基苯毒性较大，可杀死他要鉴定的所有细胞。可以理解，Davies——一个健谈的威尔士人，发现这种状况后多少有点灰心。他向实验室的参观者 Mel Cohn 诉说他的沮丧，Mel Cohn 幸运地想起曾读到 Horwitz 及其同事一起撰写的一篇短文，介绍了将二卤代吲哚类化合物用作β-半乳糖苷酶的组织染料（Horwitz et al. 1964）。Davies 说服巴斯德研究所的人去买一些 X-Gal。在当时，X-Gal 尚未商品化，预约合成的费用高达每克 1000 美元。经过充分讨论后，X-Gal 被预约合成，拿到了研究所。除了非常敏感和没有毒性外，X-Gal 还被证明是一种绝妙的组织染色剂，可以在所有表达β-半乳糖苷酶的植物和动物组织上产生出漂亮的画面。当 Jacques Monod 第一次看到由菌落产生的鲜明的蓝色时，他赞叹道这说明 E.coli 是世界上最有智慧的生物。

参考文献

Davies J, Jacob F. 1968. Genetic mapping of the regulator and operator genes of the lac operon. J Mol Biol 36: 413–417.

Horwitz JP, Chua J, Curby RJ, Tomson AJ, Darooge MA, Fisher BE, Mauricio J, Klundt I. 1964. Substrates for cytochemical demonstration of enzyme activity. I. Some substituted 3-indolyl-β-D-glycopyranosides. J Med Chem 7: 574–575.

尽量降低对高分子质量 DNA 的损伤

高分子质量的 DNA 分子（>100kb）很容易被机械剪切力所打断。常规抽提和浓缩 DNA 的方法（如用有机溶剂进行抽提，用乙醇或丁醇进行沉淀）一般得到长度小于 100kb 的分子。即使是短至 50kb（λ噬菌体基因组的长度）的线状 DNA 分子，也可以被过分快速、长时间的吸取和剧烈振荡所打断。

线状双链 DNA 在水溶液中是以随机卷曲的形式存在的，由于碱基间的相互作用和带有负电荷磷酸基团的静电排斥作用（这些磷酸基团均匀分布在 DNA 双链骨架上）而变得十分黏稠。由于长 DNA 分子的刚性使得其对机械剪切力十分脆弱，容易造成双链的断裂，而这种断裂最常发生在伸张分子的中部。有以下几种情况将产生足够强的速度梯度使 DNA 发生机械性剪切：当 DNA 溶液进行涡旋振荡或剧烈摇晃时；当 DNA 溶液被吸入或吸出吸管时；当长 DNA 分子在乙醇沉淀后进行溶解时。

在转移过程中，降低 DNA 损伤的方法之一是将溶液从一个容器中倾倒入另一个容器。但这种方法并非总是有效，只是一种最有利情况下的冒险行动。因为高分子质量 DNA 溶液十分黏稠，倾倒时总是以一大团的形式运动而不是很好控制的细流状。

宽口吸管提供了一个更为安全的方法。这类吸管可从商业渠道购买，或根据需要可在实验室自行制作：将任意塑料吸管、蓝色移液尖头或巴斯德吸管的尖头端去掉即可制成。但是，由橡皮球或手动移液设备所提供的微量负压将无法使极黏稠的 DNA 溶液保留在吸管中，所以最好使用电动移液设备（如 PipetteAids）。以下是其他几种将机械剪切力最小化的方法。

- 轻轻晃动 DNA 溶液而不是剧烈振摇。
- 保持高 DNA 浓度。
- 用高离子强度的缓冲液，减少赋予 DNA 大分子黏稠度的静电作用力。
- 加入浓缩剂如精胺或聚赖氨酸。
- 在琼脂糖块中分离和操作 DNA。当所制备的基因组 DNA 用于黏粒和λ噬菌体载体克隆时，不必用该方法。但是，当所制备的高分子质量 DNA 用于 P1 噬菌体载体中克隆时，或用于构建细菌和酵母人工染色体时，这是一种备选方法。

分光光度法

由于紫外线光子的能量正好与 DNA 电子结构的两种稳定能量形式之间的差相等，因而 DNA 可有效吸收紫外照射。DNA 分子能够吸收大部分 UV 照射的部分被认为是嘌呤和嘧啶碱基对芳香环。

如 Beer-Lamber 定律所描述，特定波长的能量吸收强度与吸收物质的浓度呈正比。因此 DNA 溶液在 260nm 处的吸收可用于测定 DNA 浓度（见导言中"DNA 定量"部分）。然而，利用 260nm 的吸收度测定核酸浓度只在 DNA 非常纯的时候结果才准确。DNA 中常有苯酚、胍盐、三磷酸核苷酸、RNA 和其他 DNA 的污染，这些物质也在 260nm 处有吸收。Beer-Lamber 定量可以表示为

$$I=I_0 10^{-edc}$$

式中，I 代表透射光的强度；I_0 代表入射光强度；e 为摩尔消光系数（又称为摩尔吸光系数）；d 为光的路径长度（cm）；c 为吸收物质的浓度（mol/L）；e 在数值上等于 1mol/L 溶液在 1cm 路径长度时的吸光度，因此表示为 $M^{-1}cm^{-1}$。吸光值可通过分光光度仪获得，并一般记录为吸光值[$\log(I/I_0)$]。当 d=1cm，A 称为光强度或在特定波长的 OD 值：

$$OD_1=ec$$

因为 DNA（和 RNA）的吸收谱在 260nm 最大，核酸的吸收值几乎常用 A_{260} 或 OD_{260} 表示。对于双链 DNA，$1OD_{260}$ 相当于浓度为 50mg/mL。由于 Beer-Lamber 定律在 OD=2 时还是适用的，因此浓度<100mg/mL 的 DNA 溶液可通过插值轻松计算出来。在 100mL 比色杯中检测的下限约是 200ngDNA（OD_{260}=0.02）。

对于核酸，e 值随着嘌呤和嘧啶环系统在多聚核苷酸链上堆积而降低。因此 e 值会以下列顺序降低：

自由碱基

⇓

小分子寡核苷酸

⇓

单链核酸

⇓

双链核酸

Beer-Lamber 定律

Beer-Lamber 定律既不是 August Beer 也不是 Johann Heinrich Lambert 发现的，而是 Bouguer 在 1720 年左右发现的。在 1760 年，物理学家 Lambert 出版了一本关于光反射的书 *Photoetria*，在这本书里他正面引用了 Brouger 的 "Essai d'Optique surla Gradation de la Lumiere"。一个世纪以后，德国数学家 Beer 延伸了指数吸收定律，包括吸收系数中的溶液浓度。

这意味着单链核酸比双链核酸在 260nm 具有更高的吸收。举个例子，双链 DNA 在 260nm 处的摩尔消光系数是 6.6，而单链 DNA 和 RNA 的摩尔消光系数约为 7.4。但是，请注意，核酸的消光系数受到离子强度和溶液 pH 的影响。只有当 pH 受到控制并且离子强度非常低（<0.1mol/L）时，测定的浓度才是准确的。

核酸的消光系数是每个核苷酸组成消光系数的总和。对于大分子，计算所有核苷酸消光系数的总和并不现实也无必要，一般用消光系数的平均值。对于双链 DNA，平均消光系数为 50（mg/mL）$^{-1}$cm^{-1}。对于单链 RNA 或 DNA，平均消光系数为 38（mg/mL）$^{-1}$cm^{-1}。这些值也意味着

1OD$_{260}$ 单位＝50 mg/mL 双链 DNA 或 38 mg/mL 单链 DNA 或 RNA

对于小分子核酸如寡核苷酸，最好从其碱基组成计算出其精确的消光系数。因为寡核苷酸浓度经常用 mmol/L 来表示，因此在 Beer-Lamber 方程式中使用摩尔消光系数（E）：

$$E=A(15.3)+G(11.9)+C(7.4)+T(9.3),$$

式中，A、G、C 和 T 是指寡核苷酸序列中每种核苷酸出现的次数。括号中的数值是每种脱氧核苷酸在 pH7 条件下的摩尔消光系数。

（李长燕　译，宋伦　校）

第 2 章　DNA 分析

导言		
	琼脂糖凝胶电泳	63
	DNA 片段分析	67
	凝胶中 DNA 的回收	68
	Southern 印迹	68

方案					
	1	琼脂糖凝胶电泳	73	9	低熔点琼脂糖凝胶中 DNA 的回收：有机溶剂抽提法 98
	2	琼脂糖凝胶中 DNA 的染色检测	76	10	聚丙烯酰胺凝胶中 DNA 片段的回收：压碎与浸泡法 101
	3	聚丙烯酰胺凝胶电泳	80	11	Southern 印迹 103
	4	聚丙烯酰胺凝胶中 DNA 的染色检测	85	12	Southern 印迹：DNA 从一块琼脂糖凝胶同时向两张膜转移 110
	5	聚丙烯酰胺凝胶中 DNA 的放射自显影检测	86	13	采用放射性标记探针对固定在膜上的核酸 DNA 进行 Southern 杂交 112
	6	碱性琼脂糖凝胶电泳	87	●	附加方案　从膜上洗脱探针 117
	●	附加方案　碱性琼脂糖凝胶的放射自显影	90		
	7	成像：放射自显影和感光成像	91		
	8	用玻璃珠从琼脂糖凝胶中回收 DNA	96		

信息栏		
	甲酰胺及其在分子克隆中的应用	119
	快速杂交缓冲液	120

导　　言

琼脂糖凝胶电泳或聚丙烯酰胺凝胶电泳用于分离、分析、鉴定和纯化 DNA 片段（见下文信息栏中"利用电泳技术进行的早期 DNA 分析"）。该技术操作简单而迅速，并且能分离其他方法如密度梯度离心等不能充分分离的 DNA 片段。此外，凝胶中 DNA 的位置可以用低浓度荧光插入染料（如溴化乙锭或 SYBR Gold 染色）直接观察到，甚至含量低至 20pg 的双链 DNA 条带在紫外线（UV）照射下也能被直接检测到。如有需要，还可以从凝胶中回收这些 DNA 条带。

琼脂糖和聚丙烯酰胺凝胶能灌制成各种形状、大小和孔径不同的分离胶，也能以许多不同的构型和方位进行电泳。上述参数的选择主要取决于欲分离的 DNA 片段的大小。聚丙烯酰胺凝胶最适合分离小片段 DNA（5~500bp），因为这种方法的分辨能力非常强，长度上相差 1bp 或质量上相差 0.1%的 DNA 都可以彼此分离。虽然聚丙烯酰胺凝胶电泳快速并能容纳较大的 DNA 上样量，但是与琼脂糖凝胶电泳相比，在制备和操作上还是更繁琐些。聚丙烯酰胺凝胶电泳通常是在恒定电场中沿垂直方向进行泳动。

琼脂糖凝胶比聚丙烯酰胺凝胶的分辨率略低，但它的分离范围更大。50bp 到数兆碱基对的 DNA 都可以在不同浓度和构型的琼脂糖凝胶中得以分离。小片段 DNA（50~20 000bp）最适合在具有恒定强度和方向的电场中沿水平方位的琼脂糖凝胶内进行电泳分离。在这些条件下，DNA 泳动速率通常随 DNA 片段长度的增加而减少，但与电场强度成正比（McDonell et al. 1977；Fangman 1978；Calladine et al. 1991）。然而当 DNA 片段长度超过一个最大极限值时，以上简单相关性会被破坏，最大值主要是由凝胶的构成和电场强度所决定（Hervet and Bean 1987）。当线状双螺旋 DNA 的半径超过凝胶的孔径时就达到凝胶分辨率的极值。此时，DNA 不再被凝胶按其大小筛分，而必须以一端在前的方式在介质中迁移，就像通过曲折而又空间有限的管子。这种迁移模式称为"蠕行"（reptation）（de Gennes 1971）。因此，必须根据所需分离 DNA 片段的大小范围选择合适浓度的琼脂糖和聚丙烯酰胺凝胶（参见 Stellwagen 2009；Stellwagen and Stellwagen 2009）。

琼脂糖凝胶电泳

DNA 在琼脂糖凝胶中的迁移速率

下述因素影响 DNA 在琼脂糖凝胶中的迁移速率

- 通过凝胶的电流。根据欧姆定律，

$$V = IR$$

式中，V 是电压；I 是电流（单位安培）；R 是电阻（单位欧姆）。因为用于电泳的缓冲液通常是微碱性的（pH 7.8~8.0），通过凝胶的 DNA 分子携带负电荷，并以所施加的电流形成的速率向阳极迁移。

- DNA 分子的大小。双链 DNA 分子在凝胶基质迁移的速率与其碱基对数的常用对数（$\log_{10}$）成反比（Helling et al. 1974）。大分子 DNA 摩擦阻力大，通过凝胶孔径的效率低于小分子 DNA，因此迁移速率慢。

- 琼脂糖浓度。琼脂糖凝胶是由氢键和疏水作用聚合在一起的多孔胶体。在电流的作用下，DNA 线性分子通过一系列孔径泳动，这些孔径的有效直径取决于凝胶中琼脂糖的浓度（图 2-1）。在 DNA 电泳迁移率(μ)的对数和凝胶浓度（τ）之间存在线性

关系，这种相关性可以用方程式来表示

$$\log\mu = \log\mu_0 - K_r$$

式中，μ_0 是 DNA 自由电泳迁移率；K_r 是阻滞系数，是一个与凝胶性质、迁移分子大小和形状相关的常数。

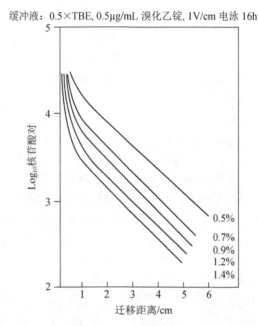

图 2-1　DNA 大小及其电泳迁移率的相关性。

- DNA 的构象。超螺旋环状（I 型）、切口环状（II 型）和线性（III 型）DNA 在琼脂糖凝胶中迁移速率不同（Thorne 1996,1967）。上述三种类型 DNA 的相对迁移率主要取决于琼脂糖凝胶的浓度和类型，但是电流强度、缓冲液离子强度和 I 型超螺旋 DNA 的绞紧程度或密度也影响相对迁移率（Johnson and Grossman 1977）。在一些条件下，I 型 DNA 比 III 型 DNA 迁移得更快；在另一些条件下，顺序可能颠倒。绝大多数情况下，区分不同构象 DNA 的最佳方式是在电泳系统中加入未处理的环状 DNA 样品和在单一限制酶切位点经酶切消化后的同一线状 DNA 样品。
- 凝胶和电泳缓冲液中的染料。染料插入双链 DNA 造成其负电荷减少，而刚性和长度增加。因此，线状 DNA-染料复合物在凝胶中的迁移率约降低 15%（Sharp et al. 1973）。
- 施加电压。低电压时，线状 DNA 片段迁移率与所用的电压成正比。但是，电场强度升高时，高分子质量 DNA 片段的迁移率不成比例增加。所以，当电压增大时，琼脂糖凝胶分离的有效范围反而减小。要获得大于 2kb DNA 片段的良好分辨率，则所用电压不应高于 5～8V/cm。
- 琼脂糖种类。常见的琼脂糖主要有两种：标准琼脂糖和低熔点琼脂糖（Kirkpatrick 1990）。正在研制的第三种是熔点和凝点介于上述二者之间的琼脂糖，它兼有两者的特性。每一大类中都有不同种类的琼脂糖用于不同的分离目的，请见表 2-1 和表 2-2 以及相应的信息栏"琼脂糖的级别及其性质"。
- 电泳缓冲液。DNA 的泳动受电泳缓冲液的组成和离子强度的影响。缺乏离子（如用水替代电泳槽及凝胶中的缓冲液）则电导率降至很低，DNA 迁移极慢，或者完全不动。高离子强度时，如错用了 10×电泳缓冲液，电导率升高，即使应用适中的电压也会产生大量的热量。最严重时凝胶会熔化，DNA 会变性。

表 2-1　不同类型琼脂糖的性质

琼脂糖类型	凝结温度/℃	熔化温度/℃	商品名
标准琼脂糖			
低电内渗	35～38	90～95	SeaKem LE (Lonza Walkersville)
从 *Gelidium* spp.分离			Agarose-LE (Affymetrix)
			Low EEO Agarose (Agilent)
			Molecular Biology Certified Grade (Bio-Rad)
标准琼脂糖			
低电内渗	40～42	85～90	SeaKem HGT (Lonza Walkersville)
从 *Gracilaria* spp.分离			Agarose-HGT (Affymetrix)
高强度琼脂糖	34～43	85～95	FastLane (Lonza Walkersville)
			SeaKem Gold (Lonza Walkersville)
			Chromosomal Grade Agarose (Bio-Rad)
改良的低熔点/凝点琼脂糖			
低熔点	25～35	63～65	SeaPlaque (Lonza Walkersville)
	35	65	NuSieve GTG (Lonza Walkersville)
超低熔点	8～15	40～45	SeaPrep (Lonza Walkersville)
低黏性低熔点/凝点琼脂糖			
	25～30	70	InCert (Lonza Walkersville)
	38	85	NuSieve 3:1 (Lonza Walkersville)
	30	75	Agarose HS (Lonza Walkersville)

表 2-2　用不同类型琼脂糖分离 DNA 片段的范围

琼脂糖/%	各种类型琼脂糖分辨 DNA 大小的范围			
	标准琼脂糖	高强度琼脂糖	低熔点/凝点琼脂糖	低黏性低熔点/凝点琼脂糖
0.3				
0.5	700bp～25kb			
0.8	500bp～15kb	800bp～10kb	800bp～10kb	
1.0	250bp～12kb	400bp～8kb	400bp～8kb	
1.2	150bp～6kb	300bp～7kb	300bp～7kb	
1.5	80bp～4kb	200bp～4kb	200bp～4kb	
2.0			100bp～3kb	100bp～3kb
3.0			500bp～1kb	500bp～1kb
4.0				100bp～500bp
6.0				10bp～100bp

琼脂糖的级别及其性质

标准（高熔点）琼脂糖

制造标准（高熔点）琼脂糖的原料是两种海藻 *Gelidium* 和 *Gracilaria*。这两种琼脂糖的凝点和熔点有所不同，但是在实际应用中每种来源的琼脂糖都可以用于分析或分离 1kb～25kb 范围的 DNA 片段。几种市售级别的琼脂糖测试表明：①溴化乙锭染色后的背景荧光很低；②没有 DNA 酶和 RNA 酶；③很低的限制酶和连接酶抑制作用；④产生适量的电内渗（EEO，请见后文）。

新型标准琼脂糖具有高凝胶强度和低电内渗（EEO），可以灌制浓度低至 0.3% 的凝胶。这种凝胶用于常规电泳能方便地分离高分子质量 DNA（高达 60kb）。DNA 在任何浓度的这种新型凝胶中的迁移速率都比在以往采用的标准琼脂糖凝胶中加快 10%～20%，加快程度与缓冲液类型和浓度相关。

低熔点/凝点琼脂糖

通过羟乙基化修饰的琼脂糖在较低的温度下熔化，羟乙基化替代的程度决定准确的熔化和凝结温度。低熔点/凝点琼脂糖主要用于 DNA 的快速回收，因为大多数该类型琼脂糖在 65℃熔化，这个温度远低于双链 DNA 的解链温度。这种特性使它还可以用于 DNA 的简单纯化和酶处理（限制酶消化/连接），并可在熔化的凝胶中直接进行核酸的细菌转化。如同标准琼脂糖的情况一样，制造商供应的各类低熔点琼脂糖已经经过检测，用溴化乙锭染色后显示很低的背景荧光；没有 DNA 酶和 RNA 酶活性；只对限制酶和连接酶产生极低的抑制作用。低熔点琼脂糖不仅在低温下熔化，而且只在低温下凝结。该特性使它在 30～35℃范围仍呈液态，所以能无损伤地包埋细胞。

化学修饰的琼脂糖

商业化的经化学修饰的琼脂糖比等浓度的标准琼脂糖具有更高的筛分能力（表 2-1 和表 2-2）。该发现使琼脂糖的分辨能力接近丙烯酰胺凝胶，因此可用于 PCR 产物、小片段 DNA 和小 RNA（<1kb）的分离。现在它能分辨差异低至 4bp 的 DNA 和分离 200～800bp 范围内长度相差仅 2%的 DNA 片段（见表 2-2）。

由于不同厂家提供的产品有所不同，建议仔细阅读产品说明以获取关于不同琼脂糖产品的更准确信息。

电内渗

在琼脂糖凝胶中，核酸向阳极迁移的速率受到电内渗的影响。这个作用是由于离子化的酸性基团（通常是硫酸盐）附着到琼脂糖凝胶的多糖基质引起的。酸性基团导致缓冲液中产生正电荷反向离子，它们向阴极迁移，从而造成与 DNA 反方向迁移的液流。

琼脂糖中负电荷密度越高，EEO 流越大，核酸片段的分离效果越差。小片段 DNA（<10kb）的延迟效应不明显，但是大分子 DNA 却十分显著，尤其在 PFGE 时。为避免此类问题，最好从声誉良好的厂家购买，并且使用低水平电内渗的琼脂糖。市售的无电内渗琼脂糖并不理想，有两个理由：它们通过加入正电荷基团进行化学修饰，以中和凝胶中的硫酸化多糖，但是这样将可能抑制后续的酶反应；它们也常被掺入刺槐豆胶（locust bean gum），这样会延迟水从凝胶中的排除（Kirkpatrick 1990）。

电泳缓冲液

有几种缓冲液适用于天然双链 DNA 的电泳，它们包括 Tris-乙酸盐和 EDTA 缓冲液（pH8.0，TAE，也称为 E 缓冲液)、Tris-硼酸盐和 EDTA 电泳缓冲液（TBE）或 Tris-磷酸盐和 EDTA 电泳缓冲液（TPE），工作浓度约 50mmol/L，pH7.5～7.8。各种电泳缓冲液通常配制成浓溶液于温室存放（见每种实验方案后的配方）。这些缓冲液都非常有效，选择哪一种使用主要看个人工作习惯。三者之中 TAE 的缓冲容量最低，如长时间电泳会被消耗。此时凝胶的阳极一侧将发生酸性化，凝胶中向阳极迁移的溴酚蓝的颜色呈现从蓝紫色到黄色的变化。该颜色变化从 pH4.6 开始，到 pH3.0 终止。定期更换缓冲液或调换两个电极池的缓冲液可以防止 TAE 的消耗。TBE 和 TPE 比 TAE 花费稍贵些，但是它们有高得多的缓冲容量。双链线状 DNA 片段在 TAE 中比在 TBE 或 TPE 中迁移速率快 10%左右。对于高分子质量 DNA，TAE 的分辨率高于 TBE 或 TPE；对于低分子质量 DNA，TAE 要差些。此差别也许能解释下述现象：高度复杂混合物中的 DNA 片段，如哺乳类动物 DNA，用 TAE 电泳可有较高分辨率。因此，用于分析复杂基因组的 Southern 印迹（Southern blot）均用 TAE 作为电泳缓冲液制备凝胶和电泳。超螺旋 DNA 在 TAE 中的电泳分辨率要好于 TBE。

凝胶上样缓冲液

加样到凝胶孔之前，混合上样缓冲液和样品。上样缓冲液有三个作用：可增加样品密度以保证 DNA 均匀沉入加样孔内；使样品带有颜色便于简化上样过程；其中的染料可以预定速率向阳极迁移。溴酚蓝在琼脂糖凝胶中的迁移速率是二甲苯蓝 FF 的 2.2 倍，这一特性与琼脂糖浓度无关。在 0.5×TBE 琼脂糖凝胶电泳中溴酚蓝迁移速率约与长 300bp 的双链线状 DNA 相同，而二甲苯蓝 FF 约与长 4000bp 的 DNA 相同。上述关系在浓度范围 0.5%～1.4%琼脂糖凝胶中基本不受凝胶浓度变化的影响。用哪种上样缓冲液可依据个人习惯，各种上样缓冲液配方列于实验方案后面。

DNA 片段分析

经电泳分离后，可以通过方案 2（琼脂糖凝胶）和方案 4（丙烯酰胺凝胶）所描述的染色法分析 DNA 片段。为了进一步观察，DNA 片段可以从凝胶中回收，或者转移到固相支持物上进行杂交。使用方案 11～13 所描述的方法之一从凝胶中回收 DNA 片段。在 Southern 印迹中，通过琼脂糖凝胶电泳分离的 DNA 片段发生了原位变性，并且从凝胶中转移到膜上或过滤器上，这些在方案 11 和方案 12 有所介绍。通过方案 13 描述的放射性标记探针杂交可以研究转移到膜上的特定 DNA 序列。

利用电泳技术进行的早期 DNA 分析

利用电泳通过支持介质分析 DNA 的方法最初由 Vin Thorne 提出，他是 20 世纪 60 年代中期在格拉斯哥病毒研究所工作的生化学家和病毒学家。他从纯化的多瘤病毒（polyomavirus）颗粒中提取到多种形式 DNA，并对建立分析检测这些 DNA 的新方法很感兴趣。他推断：摩擦阻力和电场力结合将会分离不同形状、大小的 DNA 分子。利用琼脂糖凝胶电泳，他成功分离了同位素标记的超螺旋、切口和线状形式的多瘤病毒 DNA（Thorne 1966，1967）。那时，Thorne 的工作没有引起足够的注意。直到 70 年代早期，限制性内切核酸酶的应用提供了分析大分子 DNA 的可能性，而且发现了凝胶中少量非放射性标记 DNA 的检测方法后，他的研究才得到重视。

在凝胶中用溴化乙锭染料标记 DNA 这一发现似乎是由两个研究组分别提出的。Aaij 和 Borst（1972）的方法是将凝胶浸入浓的染料溶液，并且采用较长的脱色过程降低背景荧光。而冷泉港实验室的一组研究者发现副流感嗜血菌（*Haemophilus parainfluenzae*）有两种限制酶活性，并尝试用离子交换色谱分离该酶。为了找出快速检测层析柱组分的方法，他们决定采用低浓度溴化乙锭染色含有 SV40 DNA 片段的琼脂糖凝胶。他们很快就认识到：染料能掺入凝胶和电泳缓冲液，对线状 DNA 片段在凝胶中的迁移没有明显影响。在他们（Sharp et al.1973）的论文中介绍的技术方法已沿用至今，且基本没有变动。

1972～1975 年间，研究者们用迅速增多的限制性内切核酸酶绘制感兴趣的 DNA 酶切图谱时，琼脂糖凝胶的使用明显增加。那时，凝胶在玻璃吸管内灌制，然后用自制的电源在电泳槽中进行垂直电泳。DNA 样品在切开的凝胶小圆柱上分析。第一个现代电泳装置是 Walter Schaffner 发明的，他当时在 Zurich 读研究生。由于认识到琼脂糖凝胶的电阻基本上与周围的缓冲液相同，他构建了水平电泳槽放置浸没的凝胶，这样的凝胶可以供 12 个以上的样品电泳。Schaffner 分送该装置的设计图给任何需要它的人，直至大家不再怀疑装置的性能。小玻璃管灌制的圆柱凝胶很快被弃用，新的浸没式凝胶沿用至今。

凝胶中 DNA 的回收

从凝胶中纯化 DNA 是 DNA 片段亚克隆过程中的关键步骤。多年以来已经发表了许多从琼脂糖和聚丙烯酰胺凝胶中回收 DNA 的方法。其中许多方法可能在一定程度上有效，但是它们没有广泛被采纳，这说明这些方法缺乏有效性、重复性、耐用性。传统方法中我们熟悉的问题包括：

- 从琼脂糖凝胶中回收的 DNA 通常难于连接、消化和放射性标记
- 不能有效地回收大片段 DNA
- 不能有效地回收小量 DNA

鉴于这些问题，如能设计一个方案不涉及凝胶中 DNA 的分离将是最好的选择。PCR 由于兼具快速、经济的特点，往往是个较好的备选方案。但是如果 PCR 在实际操作中不可行，最好利用目前已经广泛应用的商业产品从琼脂糖凝胶中回收 DNA。大多数试剂盒的制造商提供的数据涉及：从不同浓度的琼脂糖凝胶中回收不同大小 DNA 片段的效率，通过回收 DNA 是否能够作为模板或底物进而判断其纯度。这些试剂盒在重复性、可靠性、有效性和快速性等方面的优点因其高成本而大打折扣。但总的来说，试剂盒还是取代了老旧的传统方法。

许多商品化试剂盒操作的核心步骤是将 DNA 结合到硅胶表面。含有 DNA 条带的琼脂糖凝胶块溶解在离散缓冲液（chaotropic buffer）中，这破坏了琼脂糖聚合物之间的氢键。解离的 DNA 滞留在硅胶珠或膜上，经水溶液或含有低浓度盐或乙醇的缓冲液回收。这种类型的试剂盒包括：QIAEX II Gel Extraction 试剂盒（QIAGEN）、Wizard SV 试剂盒（Promega）、Ultra Silica Bead 试剂盒（ThermoFisher）、NucleoSpin Extract IIa（Clontech）和 GenElute（Sigma-Aldrich）。

与此相反，Millipore Montage 试剂盒的工作原理不同：琼脂糖凝胶切片通过内置的雾化器设备高速离心，使凝胶呈碎片状并被压缩，从挤出的缓冲液中收集该 DNA。

因为有些试剂盒需要特别制备凝胶电泳缓冲液，所以使用试剂盒前，应仔细阅读制造商的说明。

琼脂糖凝胶中回收 DNA 的非试剂盒技术

非试剂盒技术回收 DNA 的旧方法存在一个常见问题，即很难权衡从凝胶中回收 DNA 的效率和纯度。如果从凝胶中分离的 DNA 用于酶促反应，选择的技术最好能保证适当的产率且能避免严重污染。详细解释见方案 8 和方案 9。

Southern 印迹

Southern 转移和杂交（Southern 1975）通过对特异性探针结合的基因组 DNA 片段内或其周围序列进行限制性内切核酸酶酶切位点作图来研究基因在基因组内部是如何组织排列的。基因组 DNA 首先用一种或几种限制性内切核酸酶消化，消化后的片段通过标准琼脂糖电泳按照大小进行分离。然后 DNA 经过原位变性，从胶上转移到固相支持物上（通常是尼龙膜或硝酸纤维素膜）。附着于膜上的 DNA 与标记的 DNA、RNA 或者寡核苷酸探针杂交，通过特定的检测方法，如放射自显影，可以确定与探针配对的条带位置。通过对经过不同限制性内切核酸酶（单一的或联合使用的）消化过的基因组 DNA 产生条带的大小以及数量的估计，可以判断靶基因上下游限制性内切核酸酶的位置。

Southern 印迹方法在刚建立后的 2～3 年里,其灵敏度还不能够检测到哺乳类动物 DNA

中的单拷贝序列，当时的放射自显影背景有许多杂点或杂带（如 Botchan et al.1976），在今天那样的结果是不能发表的。但是，几年来各个领域取得的显著进步提高了杂交的灵敏度及重复性，现在我们通常都可以获得完美的杂交结果。最为重要的改进是使用了比硝酸纤维素膜更耐用、结合能力更强的尼龙膜作为固相支持物。另外，DNA 现在经过转移后共价结合于膜上，避免了由于高温处理硝酸纤维素膜时 DNA 被洗脱而引起的问题（Haas et al.1972）。其他的进步还包括：

- 多种更有效的从胶上转移 DNA 到膜上的方法，如向下毛细管转移（Lichtenstein et al.1990；Chomczynski 1992）、真空印迹（Medveczky et al.1987；Olszewska and Jones 1988；Trnovsky 1992）双向印迹（请见方案 9）、碱性缓冲液中转移（Reed and Mann 1985）。
- 简洁的体外标记，可获得更高特异性的探针（Feinberg and Vogelstein 1983，1984）。
- 更高效的可防止放射性标记探针与膜非特异性结合的封闭剂（Church and Gilbert 1984）。
- 使用高敏感度的感光影像仪高效显像。

这些改进方法在"如何将 DNA 从胶上转移到膜上"的方案 11 和方案 12 可见。放射性标记探针与固定化 DNA 杂交的方案见方案 13。以上技术方案适用于经限制性内切核酸酶消化后的哺乳类动物基因组 DNA 的 Southern 分析，但是也很容易用于经脉冲凝胶电泳分离的大分子 DNA，以及经限制性内切核酸酶消化的质粒、黏性质粒、λ噬菌体、细菌人工染色体（BAC）、酵母人工染色体（YAC）。

将 DNA 从凝胶转移到固相支持物的方法

将经电泳分离的 DNA 从凝胶转移到二维固相支持物是 Southern 杂交的关键步骤。下面讲述了 5 种将 DNA 片段从凝胶转移到固相支持物（尼龙膜或硝酸纤维素膜）的方法。

向上毛细管转移法

在向上毛细管转移法中，DNA 片段由向上的液流携带从凝胶转移并聚集于固相支持物表面（Southern 1975）。液体通过毛细管作用抽吸过凝胶，借助于一叠干燥的吸水纸巾产生并维持毛细管作用（图 2-2）。转移的速率取决于 DNA 片段的大小和凝胶中琼脂糖的浓度。小片段 DNA（<1kb）大约需要 1h 能够从 0.7% 的琼脂糖凝胶中成功转移；而大片段 DNA 的转移速率和效率会明显下降。例如，大于 15kb DNA 的毛细管转移至少要进行 18h，而且即使 18h 后转移仍不完全。大片段 DNA 的转移效率取决于其在脱水前脱离凝胶分子所占的比例。在洗脱过程中，液体从液池及凝胶本身的孔隙中抽吸出来，这就使凝胶成了阻滞 DNA 分子通过的橡胶性物质。这一因长时间转移所引发的脱水问题有望通过在毛细管转移前对 DNA 进行不完全酸碱水解而得以缓解（Wahl et al.1979；Meinkoth and Wahl 1984）。凝胶中的 DNA 先用弱酸（引起部分脱嘌呤作用）后用强碱（水解脱嘌呤部位的磷酸二酯主链）处理。产生的 DNA 片段（约 1kb）可以快速高效地从凝胶上转移。然而，重要的是要防止过强的脱嘌呤作用，否则 DNA 断裂成过小的片段，不能有效地结合到固相支持物上。脱嘌呤及水解作用亦可导致在最后的放射自显影片上出现条带模糊的现象，这可能是在转移过程中由于 DNA 扩散程度加重引起的。因此建议只有预知靶 DNA 片段长度大于 15kb 时，才进行脱嘌呤及水解处理。

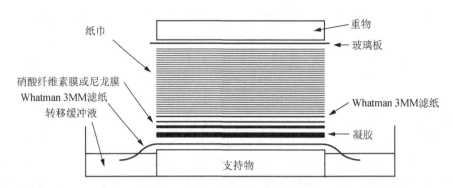

图 2-2　向上毛细管转移法转移琼脂糖凝胶中的 DNA。从储液池中吸出的缓冲液流经凝胶至一叠纸巾中。DNA 随液流从凝胶上洗脱下来，并沉积在硝酸纤维素膜或尼龙膜上。纸巾上面的重物保证了转移系统中各层之间的紧密连接。

向下毛细管转移法

在向下毛细管转移法中，DNA 片段由向下的碱性缓冲液液流携带转移并聚集于带电荷的尼龙膜表面。为实现向下的转移，有各种不同的储液池、纱布层排列，以及各种不同的转移缓冲液配方（参阅 Lichtenstein et al.1990；Chomczynski 1992）。我们目前的最优方案是采用 0.4mol/L NaOH 溶液以及一套可以使转移缓冲液从储液池，经过纱布层流向凝胶上部，并进而借助凝胶下层纸巾的作用而使转移缓冲液通过凝胶的装置。这种方法与传统的向上转移相比更快捷，并且信号强度提高约 30%。这种改进可能是由于凝胶上没有了顶部重物的压力从而使 DNA 片段更容易通过凝胶中的小空隙。

同时向两张膜转移

在同时向两张膜转移的方法中，当靶 DNA 浓度较高时（如克隆 DNA 限制性内切核酸酶消化产物），利用毛细管法可将 DNA 同时并快捷地从一块凝胶转移到两张尼龙膜或硝酸纤维素膜上。转移缓冲液唯一的来源是凝胶自身含有的液体，因此转移效率相对较差。如果实验需要较高的灵敏度（如检测哺乳类动物 DNA 中的单拷贝序列），不推荐使用这种方法；但是如果是对质粒、噬菌体、黏性质粒或简单的有机体（如酿酒酵母和果蝇）的基因组进行 Southern 杂交分析，则足够了。实际上，只有少数采用这种方法转移的哺乳类动物基因组 DNA 能够用常规的信号检测方法实现检测。

电转移

电转移不适用于使用硝酸纤维素滤膜作为固相支持物，因为核酸结合到这种滤膜上所要求缓冲液的离子强度要高。这些缓冲液传导电流的效率极高，必须采用大体积来保证该电泳缓冲液系统的缓冲容量不会因电解而耗尽。另外，需要充分的外冷却来克服欧姆热。

最近由于带电荷的尼龙膜的出现，电转移法又焕发了生机。这种方法被应用于经聚丙烯酰胺凝胶电泳分离的小分子 DNA 片段的 Southern 杂交（Stellwag and Dahlberg 1980；Church and Gilbert 1984）。在离子强度极低的缓冲液中，小至 50bp 的核酸也可以结合到这些带电荷的尼龙膜上（Reed and Mann 1985）。

虽然单链 DNA 和 RNA 可以直接转移，但双链 DNA 片段必须先经过如方案 11 所述的原位变性，随后中和凝胶并将其浸于电泳缓冲液（如 1×TBE）中，最后将其夹放于大电泳槽内平行电极之间的多孔板之间。完成转移这一步骤的时间主要取决于 DNA 片段的大小、凝胶的孔径和所采用的电场强度。然而，因为高分子质量的核酸也能够从凝胶中快速迁移，所以不必进行脱嘌呤及脱水处理，通常 2～3h 内可以转移完毕。因为电转移需要相对较大的电流，故往往难以使电泳缓冲液维持在利于 DNA 有效转移的特定温度。许多商业化的电转移装置附有冷却设备，但也有一些只能在冷室中进行。

真空转移

在真空转移中，DNA 或 RNA 可以从凝胶快速并定量地转移。目前商品化的真空转移装置有数种。在这些装置内，硝酸纤维素滤膜或尼龙膜置于真空室上方的多孔屏之上，而凝胶则放在与膜相接触的位置。上槽缓冲液将核酸从凝胶中洗脱，并使其聚集在膜上。

真空转移较毛细管转移更为有效，而且更为快捷。经部分脱嘌呤处理和碱变性处理的 DNA 在 30min 内即可从正常厚度（4～5mm）和正常琼脂糖浓度（＜1%）的凝胶中定量地转移。如果操作细心，采用真空转移方法进行 Southern 杂交可以使杂交信号增强 2～3 倍（Olszewska and Jones 1988）。

只要操作仔细以保证真空均匀地作用在凝胶的整个表面，所有商品化的该类装置均能正常工作。但应特别注意水平放置的琼脂糖凝胶上的加样孔，因为它们在准备转移过程中极易破裂。如果加样孔破裂，就应在转移前将其修去（只要孔不破裂就不必如此）。还有一点也很重要，即在转移过程中所采用的真空度不宜过高。如果真空超过 60cm 水柱，凝胶将被压缩变紧，转移效率会下降。

<h2 align="center">用于 Southern 及 Northern 杂交的膜</h2>

在将近 20 年的时间里，唯一可用于固定 DNA 的固相支持物是硝酸纤维素膜，其最初的使用形式是粉末状（Hall and Spiegelman 1961），稍后出现了片状（Nygaard and Hall 1960；Gillespie and Spiegelman 1965；Southern 1975）。Northern 杂交最初全部是将 RNA 固定于活化的纤维素纸上进行的（Alwine et al. 1977；Seed 1982）。但是不久，人们发现经乙二醛、甲醛及羟化甲基汞变性后的 RNA 可以紧密地结合于硝酸纤维素膜上。几年内，硝酸纤维素膜成为 Southern 及 Northern 杂交共用的固相支持物。尽管取得了显著的成功，硝酸纤维素膜仍不是固相杂交的理想支持物，原因如下：

- 结合核酸的能力较低（约 50～100μg/cm²），且随 RNA 和 DNA 的大小不同而变化。尤其是＜400bp 的核酸不能有效地保留于硝酸纤维素膜上。

- DNA 和 RNA 通过疏水作用而不是共价作用力结合于硝酸纤维膜上，在高温洗膜或者杂交操作过程中会缓慢脱落（Haas et al.1972）。

- 硝酸纤维素膜在真空 80℃烘烤时变脆，而这一步对于固定核酸是必需的。这种易碎的膜不能用于超过 1～2 次杂交或者高温洗膜。使用具有较高拉伸强度的混合酯类膜可以减轻这一问题，但不能完全消除。

- 如果要成功用于核酸杂交或 Western 印迹实验，在保存硝酸纤维素膜时要多加小心。如果湿度过高，膜从空气中吸潮膨胀导致卷曲皱缩；如果湿度过低，硝酸纤维素膜将变干并且带静电荷。这种状态下，膜容易折裂、破损且极难浸湿。世界上的大部分地区都需要改变硝酸纤维素膜的储藏条件以适应不同的天气条件。例如，在北京湿热的夏季，硝酸纤维素膜需要密闭保存并放置干燥剂；冬天则要用加湿纸取代干燥剂。这样做的目的是为了保证膜无折痕，易均匀、快速浸湿（30s 或以下），且用水饱和时呈淡蓝色。

硝酸纤维素膜的这些问题因为几种不同的尼龙膜的引入而得到解决。尼龙膜较硝酸纤维素膜耐用，可以不可逆地结合核酸（Reed and Mann 1985）。固定化的核酸可以连续地与几种不同探针的杂交反应而保持尼龙膜不破损。另外，由于核酸可以在低离子强度缓冲液中固定到尼龙膜上，所以可以用电转移将核酸从凝胶上转移到尼龙膜上。这种方法在毛细管或真空转移效率很低时尤其有用，如需要从聚丙烯酰胺凝胶上转移 DNA 这一情况。

商业化可获得的尼龙膜有两种：未加修饰的（或者说中性的）尼龙膜以及带电荷修饰的尼龙膜，即带有氨基基团，被称为正电荷或（+）尼龙膜。两种尼龙膜都可以结合单链及双链核酸，并且在多种溶液中其 DNA 保留率定量可测，如水、0.25mol/L HCl 及 0.4 mol/L

NaOH 等。带电荷修饰的尼龙膜结合核酸的能力较强（表 2-3），但是由于 DNA 或 RNA 中带负电荷的磷酸基团容易结合聚合物表面带正电荷的基团，从而导致或者至少部分导致了背景水平的升高。这一问题可以通过增加预杂交及杂交过程中封闭剂的数量得到解决。

表 2-3　Southern 印迹及杂交中所使用的膜的性质

性质	膜的种类		
	硝酸纤维素膜	中性尼龙膜	带电荷的尼龙膜
结合容量/（μg 核酸/cm²）	80～120	约 100	400～500
实现最大结合能力所需的核酸大小	>400 bp	>50 bp	>50 bp
转移缓冲液	中性 pH 下的高离子强度	低离子强度，pH 范围较广	
固定	真空条件下 80℃烘烤 2 h	70℃烘烤 1 h；无需真空条件或者温和的碱性条件，或者 254 nm 紫外照射；潮湿的膜曝露于 1.6 kJ/m²；干燥的膜曝露于 160 kJ/m²	
商业产品		Hybond-N GeneScreen	Hybond-N+ Zeta-Probe Nytran+ GeneScreen Plus

注：二氟聚偏二乙烯（PVDF）膜通常不用于 Northern 或 Southern 转移。但是，由于 PVDF 膜具有较高的机械强度以及较高的结合蛋白的能力，所以比硝酸纤维素膜更适合于 Western 印迹实验。尼龙膜非特异吸收免疫学探针的水平高得让人难以接受，所以不应该用于 Western 印迹。

　　有许多种不同类型的尼龙膜可供选择，它们所带电荷的类型及程度、适用方法和尼龙网眼密度都各不相同。每一个制造商都为将核酸转移到其产品提供了特殊的使用说明。由于这些规则已经证实可以获得最佳结果，使用时应当严格遵守这些规则。

参考文献

Aaij C, Borst P. 1972. The gel electrophoresis of DNA. *Biochim Biophys Acta* 269: 192–200.

Alwine JC, Kemp DJ, Stark GR. 1977. Method for detection of specific RNAs in agarose gels by transfer to diazobenzyloxymethyl-paper and hybridization with DNA probes. *Proc Natl Acad Sci* 74: 5350–5354.

Botchan M, Topp W, Sambrook J. 1976. The arrangement of simian virus 40 sequences in the DNA of transformed cells. *Cell* 9: 269–287.

Calladine CR, Collis CM, Drew HR, Mott MR. 1991. A study of electrophoretic mobility of DNA in agarose and polyacrylamide gels. *J Mol Biol* 221: 981–1005.

Chomczynski P. 1992. One-hour downward alkaline capillary transfer for blotting of DNA and RNA. *Anal Biochem* 201: 134–139.

Church GM, Gilbert W. 1984. Genomic sequencing. *Proc Natl Acad Sci* 81: 1991–1995.

de Gennes PG. 1971. Reptation of a polymer chain in the presence of fixed obstacles. *J Chem Phys* 55: 572–579.

Fangman WL. 1978. Separation of very large DNA molecules by gel electrophoresis. *Nucleic Acids Res* 5: 653–665.

Feinberg AP, Vogelstein B. 1983. A technique for radiolabeling DNA restriction endonuclease fragments to high specific activity. *Anal Biochem* 132: 6–13.

Feinberg AP, Vogelstein B. 1984. A technique for radiolabeling DNA restriction endonuclease fragments to high specific activity. [Addendum] *Anal Biochem* 137: 266–267.

Gillespie D, Spiegelman S. 1965. A quantitative assay for DNA–RNA hybrids with DNA immobilized on a membrane. *J Mol Biol* 12: 829–842.

Haas M, Vogt M, Dulbecco R. 1972. Loss of simian virus 40 DNA–RNA hybrids from nitrocellulose membranes; implications for the study of virus–host DNA interactions. *Proc Natl Acad Sci* 69: 2160–2164.

Hall BD, Spiegelman S. 1961. Sequence complementarity of T2-DNA and T2-specific RNA. *Proc Natl Acad Sci* 47: 137–163.

Helling RB, Goodman HM, Boyer HW. 1974. Analysis of endonuclease R-EcoRI fragments of DNA from lambdoid bacteriophages and other viruses by agarose-gel electrophoresis. *J Virol* 14: 1235–1244.

Hervet H, Bean CP. 1987. Electrophoretic mobility of λ phage HIND III and HAE III DNA fragments in agarose gels: A detailed study. *Biopolymers* 26: 727–742.

Johnson PH, Grossman LI. 1977. Electrophoresis of DNA in agarose gels. Optimizing separations of conformational isomers of double- and single-stranded DNAs. *Biochemistry* 16: 4217–4225.

Kirkpatrick FH. 1990. Overview of agarose gel properties. *Curr Commun*

Cell Mol Biol 1: 9–22.

Lichtenstein AV, Moiseev VL, Zaboikin MM. 1990. A procedure for DNA and RNA transfer to membrane filters avoiding weight-induced gel flattening. *Anal Biochem* 191: 187–191.

McDonell MW, Simon MN, Studier FW. 1977. Analysis of restriction fragments of T7 DNA and determination of molecular weights by electrophoresis in neutral and alkaline gels. *J Mol Biol* 110: 119–146.

Meinkoth J, Wahl G. 1984. Hybridization of nucleic acids immobilized on solid supports. *Anal Biochem* 138: 267–284.

Nygaard AP, Hall BD. 1960. A method for the detection of DNA–RNA complexes. *Biochim Biophys Acta* 40: 85–92.

Olszewska E, Jones K. 1988. Vacuum blotting enhances nucleic acid transfer. *Trends Genet* 4: 92–94.

Reed KC, Mann DA. 1985. Rapid transfer of DNA from agarose gels to nylon membranes. *Nucleic Acids Res* 13: 7207–7221.

Seed B. 1982. Diazotizable arylamine cellulose papers for the coupling and hybridization of nucleic acids. *Nucleic Acids Res* 10: 1799–1810.

Sharp PA, Sugden B, Sambrook J. 1973. Detection of two restriction endonuclease activities in *Haemophilus parainfluenzae* using analytical agarose–ethidium bromide electrophoresis. *Biochemistry* 12: 3055–3063.

Southern EM. 1975. Detection of specific sequences among DNA fragments separated by gel electrophoresis. *J Mol Biol* 98: 503–517.

Stellwag EJ, Dahlberg AE. 1980. Electrophoretic transfer of DNA, RNA and protein onto diazobenzyloxymethyl (DBM)–paper. *Nucleic Acids Res* 8: 299–317.

Stellwagen NC. 2009. Electrophoresis of DNA in agarose gels, polyacrylamide gels and in free solution. *Electrophoresis* 30: S188–S195.

Stellwagen NC, Stellwagen E. 2009. Effect of the matrix on DNA electrophoretic mobility. *J Chromatogr A* 1216: 1917–1929.

Thorne HV. 1966. Electrophoretic separation of polyoma virus DNA from host cell DNA. *Virology* 29: 234–239.

Thorne HV. 1967. Electrophoretic characterization and fractionation of polyoma virus DNA. *J Mol Biol* 24: 203–211.

Trnovsky J. 1992. Semi-dry electroblotting of DNA and RNA from agarose and polyacrylamide gels. *BioTechniques* 13: 800–804.

Wahl GM, Stern M, Stark GR. 1979. Efficient transfer of large DNA fragments from agarose gels to diazobenzyloxymethyl-paper and rapid hybridization by using dextran sulfate. *Proc Natl Acad Sci* 76: 3683–3687.

方案 1　琼脂糖凝胶电泳

琼脂糖是 D-和 L-半乳糖残基通过 α（1→3）和 β（1→4）糖苷键交替构成的线状聚合物。琼脂糖链形成螺旋纤维，后者再聚合成半径 20～30nm 的超螺旋结构。琼脂糖凝胶可以构成一个直径从 50nm 到略大于 200nm 的三维筛孔的通道（Norton et al.1986；综述请见 Kirkpatrick 1990）。

商品化的琼脂糖聚合物每个链约含 800 个半乳糖残基。然而，琼脂糖并不是均一的，不同的制造商或不同生产批次的多糖链的平均长度都是不同的（更详细介绍请参照本章导言）。此外，较低等级的琼脂糖也许存在其他多糖、盐和蛋白质的污染。这种变异性（非均一性）影响琼脂糖凝结和熔化的温度、DNA 的筛分和从凝胶中回收的 DNA 作为酶切底物的能力。应用特制等级的琼脂糖可以减少以上潜在的问题，因为它们经检查不含抑制剂和核酸酶，并且在溴化乙锭染色后产生很少的背景荧光。

此方案介绍了琼脂糖凝胶的制备和电泳步骤。通过染色法检测 DNA 见方案 2。微型胶电泳见于此方案后信息栏。

材料

为正确使用本方案中的器材和危险试剂，必须查找相应的材料安全数据表并咨询所在机构的环境卫生和安全办公室。

本方案的专用试剂标注<R>，配方在本方案末提供。常用储备溶液、缓冲液和试剂标注<A>，配方见附录 1。储备溶液应稀释至适用浓度后使用。

试剂

琼脂糖溶液（见本章导言表 2-1 和表 2-2）

在需用的缓冲液中熔化琼脂糖直到获得清亮透明的溶液，然后浇灌入模具内，让其凝结硬化。凝结后琼脂糖形成基质的密度取决于琼脂糖的浓度。为了快速分析 DNA 样品，推荐使用微量胶（minigel）（请见此方案后的信息栏"微型胶电泳"）。

DNA 样品
DNA 分子质量标准品

通常使用的 DNA 分子质量标准品源于经限制性内切核酸酶消化已知序列的质粒或噬菌体 DNA。另一方法是连接已知分子质量的单体 DNA 片段，在电泳中形成不同大小的多聚体梯形条带。琼脂糖和聚丙烯酰胺凝胶电泳用的 DNA 分子质量标准品可以从市场购得或者实验室自制。一般最好有两套不同分子质量范围的标准品；一个是 1kb～>20kb 的高分子质量标准品，一个是 100～1000bp 的低分子质量标准品。分子质量标准品储备溶液用凝胶上样缓冲液稀释后用于每次电泳实验。

电泳缓冲液（常用 1×TAE ＜A＞ 或 0.5×TBE＜A＞）
6×凝胶载样缓冲液 I-IV 型＜A＞

设备

琼脂糖凝胶电泳仪

附带梳子和电泳槽的清洁干燥水平电泳仪，或有适用梳子的清洁干燥玻璃平板。

封胶带

常见的实验室用胶带，如 Time 胶带或 VWR 胶带都适用于浇灌琼脂糖凝胶时封边。

有盖玻璃瓶或三角烧瓶
成像系统（如 CCD 相机以及紫外照明灯）
KimWipes 擦拭纸

微波炉或沸水浴

可以提供 500V 和 200mA 的电源装置

预设 55℃水浴锅

方法

1．用封边胶带封住塑料托盘开放的两边或清洁干燥的玻璃板的边缘形成一个模具（图 2-3），并置于水平实验台上。

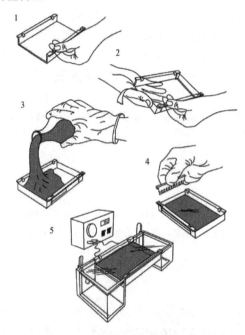

图 2-3　灌制水平琼脂糖凝胶。

2．配制足量的电泳缓冲液（1×TAE 或 0.5×TBE）用以灌满电泳槽和配制凝胶。

> 配制和灌满电泳槽使用同一批缓冲液很重要。因为即使很小的离子强度或 pH 差别也会导致凝胶性能异常，严重影响 DNA 片段的泳动。当检测未知 DNA 片段的大小时，一定要保证所有样品在同一缓冲液配置的同样凝胶中分析。一些限制性内切核酸酶缓冲液（如 *Bam*HⅠ和 *Eco*RⅠ）含盐浓度高，不仅能够减缓 DNA 的迁移速率，同时也会使邻近孔 DNA 样品出现失真的电泳行为。

3．根据欲分离 DNA 片段大小，用电泳缓冲液配制适宜浓度琼脂糖溶液：应准确称量琼脂糖干粉加到盛有定好量的电泳缓冲液的三角烧瓶或玻璃瓶中（表 2-4）。

> 缓冲液体积应小于烧瓶或玻璃瓶容积的 50%。

> 分离不同大小的 DNA 所需的琼脂糖凝胶浓度列于表 2-3。一些高分辨率琼脂糖（如 MetaPhor 琼脂糖；Lonza Walkersville）凝胶能分离只有几个碱基对差别的 DNA。此外，经修饰的多糖（市场有出售）加到琼脂糖中可以增加分辨率。修饰多糖与琼脂糖混合制成的浓度为 0.5%～2.0%（*m/V*）的凝胶不仅分辨率增加，而且更清亮，强度更好。

表 2-4　不同含量标准低电内渗琼脂糖凝胶的分离范围

琼脂糖凝胶浓度/[%（*m/V*）]	线状 DNA 分子分离范围/kb
0.3	5～60
0.6	1～20
0.7	0.8～10
0.9	0.5～7
1.2	0.4～6
1.5	0.2～3
2.0	0.1～2

4．用 KimWipes 擦拭纸松松地塞住三角烧瓶颈部，如用玻璃瓶一定松松地盖住。在沸水浴或微波炉内加热至琼脂糖熔化。

> **警惕：微波炉加热时间过长，琼脂糖溶液会变得过热或剧烈沸腾。**
>
> 仅加热所有琼脂糖颗粒完全溶解需要的最短时间。通常未熔解的琼脂糖呈小透明体或半透明碎片悬浮在溶液中。戴上手套，不时地小心旋转三角烧瓶或玻璃瓶，以保证黏在壁上的未熔化的琼脂糖颗粒进入溶液。熔解较高浓度的琼脂糖需要较长的加热时间。要查看煮沸后是否由于蒸发而溶液体积减少，如有必要用水恢复原体积。

5．用隔离手套或夹子转移三角烧瓶或玻璃瓶到 55℃水浴。待熔化的凝胶稍冷却后加入溴化乙锭，终浓度为 0.5μg/mL。轻轻地旋转以充分混匀凝胶溶液。

> **警惕：SYBR Gold 不应加到熔化的凝胶溶液中。**
>
> 当用塑料托盘制备凝胶时，灌制凝胶前冷却熔化的琼脂糖溶液至 60℃以下很重要。高温溶液会使托盘变形或出现裂纹。含有高浓度琼脂糖（2%或更高）的溶液应在 70℃存放以免过早凝结。但是因为用于纯化和制备标准琼脂糖方法的改进，这种处理现已没有必要。

6．琼脂糖溶液正在冷却时，选择一个合适的梳子用来制造加样孔。梳齿底部的位置应在托盘底面上 0.5～1.0mm，这样琼脂糖浇灌到托盘时将形成符合要求的加样孔。

> 多数凝胶托盘都有适宜放梳子的侧壁或外侧支架。如果没有或不合适，梳齿可能会太接近托盘底面，在拔出梳子时易穿透加样孔的底部，样品液将从凝胶和加样孔之间泄露。应用低浓度琼脂糖（＜0.6%）或低凝点琼脂糖时这种问题尤其容易发生。

7．浇灌温热的琼脂糖溶液进入模具。

> 凝胶适宜厚度为 3～5mm。需检查在梳齿下或梳齿间应无气泡。熔化的凝胶液中的气泡用 KimWipes 擦拭纸的角轻触即可容易除去。
>
> 制备低浓度琼脂糖凝胶（＜0.5%）时，先倒一个 1%浓度琼脂糖的支持胶，它没有加样孔。让支持胶在托盘或玻璃板上室温下硬化，然后再直接在支持胶上倒低浓度凝胶。此方式制备的凝胶明显减少了在后续如照相或 Southern 杂交等操作过程中可能造成的低浓度胶液断裂。需要保证两个浓度的凝胶用同一批缓冲液配制，且含有相同浓度的溴化乙锭。低熔点和低于 0.5%浓度的琼脂糖凝胶也可以冷却到 4℃，并在冷室中电泳以减少断裂的机会。

8．让凝胶溶液完全凝结，室温下需 30～45min。加少量电泳缓冲液于凝胶顶部，小心拔出梳子。倒出电泳缓冲液。轻轻撕去封边胶带，将凝胶安放到电泳槽内。

9．向电泳槽加入电泳缓冲液，刚好没过凝胶约 1mm。

> 没有必要在加样前对琼脂糖凝胶进行预电泳。

10．将 DNA 样品和 0.2 倍体积的 6×上样缓冲液混合。

> 加样孔能加入 DNA 的最大量取决于样品中 DNA 片段的大小和数目。若一个 5mm 宽带含有 500ng 以上的 DNA 时，说明加样孔过载，会导致拖尾、条带两侧卷翘的"微笑效应"和模糊不清等现象。如果 DNA 长度增加，上述现象变得更为严重。分析单一 DNA 样品（如 λ 噬菌体或质粒 DNA）时，每个 5mm 宽加样孔可加 100～500ng DNA。如果样品由不同大小的许多 DNA 片段组成（如哺乳类动物 DNA 的酶切样品），则每个加样孔加入 20～30μg 的 DNA 也不会造成分辨率明显下降。
>
> 加样 DNA 的最大体积是由加样孔容积决定的。通用的加样孔（0.5cm×0.5cm×0.15cm）可容纳约 40μL 样品。切忌将加样孔加得太满，甚至溢出。为避免溢出造成邻孔样品污染，最好配置稍厚些的凝胶能够增加加样孔容积或通过乙醇沉淀浓缩 DNA 减少加样体积。

11．用一次性吸头、自动移液器、拉长的巴斯德吸管或玻璃毛细管将样品混合液缓慢加至浸没凝胶的加样孔内。DNA 分子质量标准品应分别加至样品孔的左侧和右侧的两个孔内。

> 许多情况下，不必每个样品用一个新的移液器吸头，只需在两次加样之间用阳极池内缓冲液充分洗涤后即可再用。但是凝胶要用于 Southern 印迹分析或实验目的为回收 DNA 条带时，每个样品应使用一个新的吸头。

12．关上电泳槽盖，接好电极插头。DNA 应向阳极（红色插头）侧泳动。给予 1～5V/cm 的电压，其中距离以阳极至阴极之间的测量为准。如电极插头连接正确，阳极和阴极由于电解作用将产生气泡，并且几分钟内溴酚蓝从加样孔迁移进入胶体内。待溴酚蓝和二甲苯蓝 FF 迁移到适当距离后停止电泳。

溴化乙锭的存在使凝胶在电泳的任何阶段都能够置于紫外灯下观察。此时，可以除去托盘，直接放凝胶于透光板上。也可以用一个手提式紫外光源检查凝胶。不管哪种方式，应在检查时短时间关闭电源。

电泳期间，溴化乙锭向阴极迁移（与 DNA 迁移方向相反）。长时间电泳将导致凝胶中溴化乙锭含量显著减少，使小片段 DNA 检测发生困难。此时，可将凝胶浸入 0.5μg/mL 溴化乙锭溶液染色 30～45min。

13. 当 DNA 样品或染料在凝胶中迁移了足够距离时，关上电源、拔出电极插头并打开电泳槽盖。若凝胶和电泳缓冲液中含有溴化乙锭，用紫外灯观察凝胶和用装有紫外线透射滤光片的 CCD 相机照相（Oatey 2007）。除此之外，也可采用方案 2 对凝胶进行染色。

从凝胶中回收 DNA 见方案 8～10。Southern 印迹及杂交见方案 11～13。

微型胶电泳

用微型琼脂糖凝胶可以对 DNA 样品进行快速的常规电泳分析。微型胶电泳在需要迅速判断是否进行下一步克隆步骤时特别有用。

该法使用的加样孔更小、凝胶更薄、可以观察少于常量的 DNA。此外，由于凝胶能预先制备并迅速电泳，所需试剂量也更少，所以它在时间和经济上都相当节省。许多研究者在一周开始时制备一块微型胶，在实验过程中可以多次重复使用。其步骤是：一批样品上样、电泳和观察后，继续电泳。待样品从凝胶进入缓冲液就可以重新使用该凝胶。注意，微型胶最适合分析 DNA 小片段（<3kb）。由于通常使用的电压较高，凝胶长度又较短，所以大片段的分辨率较差。

一些厂家已经生产了几类用于微型胶电泳的微型电泳槽，它们是常规电泳槽的缩小版本。它的每个加样孔能加样 3～12μL，当然这取决于凝胶的厚度和梳齿的宽度。一般选择加 10～100ng DNA 到加样孔，在较高电压（5～20V/cm）下电泳 30～60min。当溴酚蓝和二甲苯蓝 FF 迁移到适当距离时停止电泳并采用 CCD 相机拍摄紫外线照射下的凝胶图像。

参考文献

Kirkpatrick FH. 1990. Overview of agarose gel properties. *Curr Commun Cell Mol Biol* 1: 9–22.
Norton IT, Goodall DM, Anstren KRJ, Morris ER, Rees DA. 1986. Dynamics of molecular organization in agarose sulfate. *Biopolymers* 25: 1009–1030.

Oatey P. 2007. Imaging fluorescently stained DNA with CCD technology: How to increase sensitivity and reduce integration times. *BioTechniques* **43**: 376–377.

方案 2　琼脂糖凝胶中 DNA 的染色检测

经琼脂糖凝胶电泳分离的 DNA 可以通过染色法检测。染色的染料通常具有少量的内在荧光特性、较强的 DNA 亲和力，以及与核酸结合后的高荧光量子产率。量子产率越高，其信号噪声比就越高。经这些染料染色的 DNA 条带可以在某一波长的紫外光照射下观察，同时在另一个波长紫外光照射下做记录。这里介绍了用三种染料（溴化乙锭、SYBR Gold 和 SYBR Green I）浸染后观察凝胶中 DNA 的方法。有关这些及其他染料的更详细信息见第 1 章"DNA 定量"章节中的介绍。

注意，同 SYBR 染料具有相似特点的染料可以从其他公司，如 GelStar（White et al.1999）和 GelRed（Huang et al. 2010）购买。尽管这些染料的敏感性不如非对称花青染料高，但是溴化乙锭仍然适用于凝胶中 DNA 的大多数常规染色。

在紫外光照射下,用装有合适的转换荧光屏和滤光片的 CCD 相机可以拍摄染色的凝胶图像。在 Oatey(2007)中陈述了如何建立一个 CCD 系统来拍摄具有最高敏感度的荧光染色图像。

凝胶 SYBR Gold 染色法

SYBR Gold 是一种新型的、极敏感的染料的商品名称,其与 DNA 结合的亲和力高,并且结合后能够极大地增强荧光信号。该染料与核酸结合的模式和机制与以往其他常规菲啶嵌入型染料(如溴化乙锭、碘化丙锭)不同。

SYBR Gold 可以用于中性聚丙烯酰胺凝胶和琼脂糖凝胶中的核酸染色,同时也可以用于含有变性剂(如尿素、乙二醛、甲醛)的凝胶染色。SYBR Gold-DNA 复合物产生光子的量比 EB-DNA 复合物要大得多,同时其结合 DNA 后产生的荧光信号增强度比 EB 高 1000 多倍。因此,用 SYBR Glod 染色可以检测出琼脂糖凝胶中小于 20pg 的双链 DNA(是 EB 染色最低检测量的 1/25)。此外,利用 SYBR Gold 染料进行琼脂糖或聚丙烯酰胺凝胶染色可以检测出一个条带中含有少至 100pg 的单链 DNA 或 300pg 的 RNA。SYBR Gold 染料的最大激发波长为 495nm,同时在 300nm 有第二个激发峰。其荧光发射波长为 537nm。

SYBR Gold 以 10 000×的浓度储存在无水的 DMSO 中,并应戴无粉手套操作。其昂贵的价格使其无法应用于常规凝胶染色。但是该染料在某些技术中替代放射标记 DNA 是物有所值的,如单链构象多态性(SSCP)和变性梯度凝胶电泳(DGGE)技术。

不能将 SYBR Gold 加入熔化的凝胶中或在电泳前加入凝胶,这是因为在 SYBR Gold 存在的情况下,凝胶中核酸的电泳行为会产生严重失真。由于 SYBR Gold 染料对荧光敏感,所以其工作液(储备溶液 1:10 000 稀释)应该当天用电泳缓冲液新鲜配制,室温存放。

DNA 片段经过凝胶电泳分离后,用 SYBR Gold 工作液(1:10 000 稀释储备溶液)浸染凝胶。浸染的过程需要约 30min(如果凝胶较厚需更长时间)。由于该染料背景荧光水平很低,所以不需脱色。

在紫外灯照射下,用装有蓝光转换荧光屏和 SG 透射滤光片的 CCD 相机可以拍摄 SYBR Gold 染料浸染的凝胶图像(Oatey 2007)。

凝胶 SYBR Green I 染色法

SYBR Green I 是一种能激发荧光的非对称花青染料,其荧光量子产率为 0.8,能结合双链 DNA,结合后使荧光信号增强 800~1000 倍(Schneeberger et al. 1995)。SYBR Green I 染料最大激发波长为 497nm,同时在 284~312nm 间可见其他激发峰,这使得该染料适合与氩离子激光器共同使用。其荧光发射波长为 520nm。

SYBR Green I 与 DNA 以高亲和力结合,而且可以用于多种实验目的,包括检测浸染琼脂糖和聚丙烯酰胺凝胶中的 DNA 和寡核苷酸、在聚合酶链反应中扩增的产物,并应用于条带迁移和核酸酶保护分析系统的检测。

SYBR Green I 与双链 DNA 的结合亲和力很强,但与单链 DNA 和 RNA 的结合亲和力较弱。该染料在波长为 300nm 的紫外灯下能检测琼脂糖凝胶中少至 60pg 的双链 DNA 条带和 5%聚丙烯酰胺凝胶中 50pmol 的寡核苷酸。因为 SYBR Green I 染料具有最强的敏感性,因此可以用于电泳后染色。

SYBR Green I 不会干扰 *Taq* DNA 聚合酶、反转录酶、限制性核酸内切核酸酶、噬菌体 T4 DNA 连接酶活性,并且在 Ames 实验中显示出弱于溴化乙锭的致诱变性。

因为 SYBR Green I 能够被玻璃表面强烈吸收,所以染色溶液应该在塑料容器中配制。

像其他 SYBR 染料一样，SYBR Green I 储存在无水的 DMSO 中，而且在使用前需采用 TE（pH 7.5）或 1×电泳缓冲液稀释。

在紫外灯照射下，用装有蓝光转换荧光屏和 SG 透射滤光片的 CCD 相机可以拍摄 SYBR Green I 染料浸染的凝胶图像（Oatey 2007）。

凝胶溴化乙锭染色法

观察琼脂糖凝胶中 DNA 的最简便、最常用的方法是利用荧光染料溴化乙锭进行染色（Sharp et al.1973）。溴化乙锭含有一个可以嵌入 DNA 堆积碱基之间的三环平面基团，它与 DNA 的结合几乎没有碱基序列特异性，结合比例大约为每一个 DNA 螺旋嵌入两个溴化乙锭分子（Waring 1965）。当染料分子插入后，其平面基团与螺旋的轴线垂直并通过范德瓦耳斯力与上下碱基相互作用。这个基团的固定位置及其与碱基的密切接近，导致与 DNA 结合的染料与溶液中未结合 DNA 的游离染料相比呈现出增强的荧光信号。DNA 可吸收 254nm 波长的紫外线并将其传递给染料，而被结合的染料本身可吸收 302nm 和 366nm 波长的紫外线。这两种情况下，被吸收的能量在可见光谱红橙区的 590nm 处重新发射出来（LePecq and Paoletti 1967）。由于溴化乙锭-DNA 复合物的荧光强度比未结合 DNA 的染料高出 20～30 倍，所以当凝胶中含有游离的溴化乙锭（0.5μg/mL）时，可以检测到少至 10ng 的 DNA 条带。

溴化乙锭可以用来检测单链或双链核酸（DNA 或 RNA）。但是染料对单链核酸的亲和力相对较小，所以其荧光产率也相对较低。事实上，大多数情况下染料与单链 DNA 或 RNA 结合所产生的荧光源于染料结合到分子内形成较短的链内双螺旋（Waring 1965，1966）。DNA 和溴化乙锭之间的反应是可逆的，但是这种复合物的解离速度非常慢，要用天数估量，而不是分钟或小时。

通常用水将溴化乙锭配制成 10mg/mL 的储备溶液，于室温保存在棕色瓶中或用铝箔包裹的瓶中。这种染料通常掺入琼脂糖凝胶和缓冲液的浓度为 0.5μg/mL，室温中浸染 30～45min。注意聚丙烯酰胺凝胶灌制时不能掺入溴化乙锭，这是由于溴化乙锭能够抑制丙烯酰胺聚合。聚丙烯酰胺电泳通常在电泳结束后用含溴化乙锭（0.5μg/mL）的电泳缓冲液染色。

结合 EB 呈饱和状态的线状 DNA 分子变硬，其摩擦系数增加。因此，在该染料以饱和浓度存在条件下，线状双链 DNA 的电泳迁移率约降低 15%（Sigmon and Larcom 1996）。能够在电泳过程中或结束后直接在紫外灯下观察 DNA 是该染料的最大优点。但是当凝胶中没有 EB 时，凝胶中的 DNA 条带更为清晰。这样的凝胶可在含有溴化乙锭（0.5μg/mL）的水或电泳缓冲液中室温浸染 30～45min。染色完毕后，通常不需要脱色。但是在检测小量 DNA（<10ng）片段时，通常要将染色后的凝胶浸入水中或 1mmol/L $MgSO_4$ 中，室温脱色 20min 更易观察到。

带有紫外投射滤光片的 CCD 相机可以有效地拍摄出溴化乙锭染色的凝胶图像（Oatey 2007）。

溴化乙锭的处理

关于含有溴化乙锭的溶液和凝胶的安全操作及处理，大多数研究机构已制定了相应的操作方案。研究人员应根据这些操作处理溴化乙锭。

安全处理溴化乙锭的试剂盒可以通过 Whatman 和 MP Biomedicals 购买获得。

材料

为正确使用本方案中的器材和危险试剂，必须查找相应的材料安全数据表并咨询所在机构的环境卫生和安全办公室。

试剂

琼脂糖凝胶

配制凝胶和电泳的过程见方案 1

染色溶液

用配制凝胶的电泳缓冲液配制下列染料之一：

SYBR Gold 储备溶液，用电泳缓冲液 1:10 000 稀释

SYBR Green I 储备溶液，用电泳缓冲液 1:10 000 稀释

溴化乙锭染色液：掺入电泳缓冲液的浓度为 0.5μg/mL

设备

成像系统（如 CCD 相机和紫外照射灯）

塑料膜（如 Saran 膜）

浅的塑料托盘，大小合适，能够盛下玻璃板

方法

1. 轻轻地将凝胶浸没于塑料托盘内的相应染色液中。用足量的染色液完全盖住凝胶，溴化乙锭染液浸染凝胶室温染色 30～45min；SYBR 染液浸染凝胶室温染色 30min。

2. 用玻璃板作为支持物将染色液中的凝胶取出。用水冲洗凝胶，然后用 KimWipes 擦拭纸小心吸干凝胶表面的多余染色液。

3. 用一块塑料膜封住凝胶。用加样梳子的宽末端或者皱褶的 KimWipes 擦拭纸消除塑料膜内气泡或褶痕。

4. 将一块塑料膜放置于紫外照射装置的工作台表面。使凝胶倒置并将其放于塑料膜上，然后移开玻璃板。

5. 在紫外灯照射下，用装有适当的荧光屏和透射滤光片的 CCD 相机拍摄凝胶图像。关于照相术和记录成像所需考虑的问题见讨论。

讨论：凝胶中 DNA 的成像和凝胶成像系统

可以在透射或入射紫外光下对 EB 或其他染料染色的凝胶进行拍照。大多数市售的紫外光源发射波长为302nm。在这一波长下EB-DNA 复合物的荧光产率明显高于 366nm 波长，但略低于 254nm 波长。在波长 302nm 处，DNA 产生缺口的程度比在 254nm 处要低得多（Brunk and Simpson 1977）。

现在可以用完整的成像系统检测 EB 染色的凝胶。该系统主要包括光源、固定焦距的数码相机和热能打印机。在这些系统中的 CCD 相机，采用一种广角变焦镜头（焦距为75mm）。这种相机可以检测痕量的 EB 染色 DNA（据称可达 0.01～0.5ng）。这些系统通常安装有紫外滤光片，并且在通道打开时可以通过安全开关关掉紫外线灯。图像文件夹能够以各种格式保存，并可传输给其他计算机系统存储和分析。

在更为先进的成像系统中，凝胶图像可以直接输出到计算机，直接观察。它可用于琼脂糖凝胶、荧光凝胶、比色凝胶、放射自显影膜片、免疫印迹膜等多种图像拍摄。图像在打印之前，可以在计算机的显示器上进行视野、焦距和累积曝光时间等方面处理。每一个图像都可以被打印和储存成各种形式的文件，并且可以采用软件对图像进行进一步处理。通常琼脂糖凝胶图像的文件大小约为 0.3M 字节。因此，若要保存大量的图片，需要一个储

存容量大的系统。出售凝胶成像系统的供应商主要包括：Bio-Rad、FOTODYNE、Kodak和 DNR Bio-Imaging Systems。

尽管通过凝胶成像系统获得的图片能够及时进行结果分析，但是打印的图片在保存过程中容易褪色，也缺少层次。所以要获得更为满意的、保持时间长久的图片，应采用高灵敏度的宝丽莱胶片 57 型或 667 型（ASA3000）。采用高效紫外光源（>2500mW/cm²）、一块 Wratten22A（红色或橘红色）滤光片以及性能良好的镜头（f=135mm），经曝光数秒后就可以获得少至 10ng DNA 的条带图片。若延长曝光时间并且采用强紫外光源，可以在胶片上记录到仅 1ng DNA 所激发的荧光。用常规的湿法处理胶片（如 Kodak No.4155），同时采用更小焦距（f=75mm）的镜头，可以检测出痕量 DNA 条带。此时，镜头距离凝胶更近，成像集中在胶片的更小区域。同时，这也可以更为灵活地显影和晒印图片。

SYBR Gold 和 SYBR Green I

SYBR Gold 和 SYBR Green I 在 300nm 标准透射光激发下会产生明亮的荧光信号，这些荧光信号能通过常用的黑白波拉片或电荷耦合器件（CCD）图像检测系统拍摄下来。电泳后经 SYBR 染料染色的凝胶就可以拍照了。

在紫外灯照射下，用装有蓝光转换荧光屏和 SG 透射滤光片的 CCD 相机可以拍摄 SYBR Gold 染料浸染的凝胶图像（Oatey 2007）。

以上两种染料的背景荧光水平很低，因此不需要脱色。染色的核酸能直接转移至膜上进行 Northern 或 Southern 杂交。通过乙醇沉淀法可以去除从凝胶中回收的核酸 DNA 中的 SYBR Gold 和 SYBR Green I 染料。

参考文献

Brunk CF, Simpson L. 1977. Comparison of various ultraviolet sources for fluorescent detection of ethidium bromide−DNA complexes in poly-acrylamide gels. *Anal Biochem* 82: 455–462.

Huang Q, Baum L, Fu WL. 2010. Simple and practical staining of DNA with GelRed in agarose gel electrophoresis. *Clin Lab* 56: 149–152.

LePecq JB, Paoletti C. 1967. A fluorescent complex between ethidium bromide and nucleic acids. Physical−chemical characterization. *J Mol Biol* 27: 87–106.

Oatey P. 2007. Imaging fluorescently stained DNA with CCD technology: How to increase sensivity and reduce integration times. *BioTechniques* 43: 376–377.

Schneeberger C, Speiser P, Kury F, Zeillinger R. 1995. Quantitative detection of reverse transcriptase-PCR products by means of a novel and sensitive DNA stain. *PCR Methods Appl* 4: 234–238.

Sharp PA, Sugden B, Sambrook J. 1973. Detection of two restriction endo-nuclease activities in *Haemophilus parainfluenzae* using analytical agar-ose−ethidium bromide electrophoresis. *Biochemistry* 12: 3055–3063.

Sigmon J, Larcom LL. 1996. The effect of ethidium bromide on mobility of DNA fragments in agarose gel electrophoresis. *Electrophoresis* 17: 1524–1527.

Waring MJ. 1965. Complex formation between ethidium bromide and nucleic acids. *J Mol Biol* 13: 269–282.

Waring MJ. 1966. Structural requirements for the binding of ethidium to nucleic acids. *Biochim Biophys Acta* 114: 234–244.

White HW, Vartak NB, Burland TG, Curtis FP, Kusukawa N. 1999. GelStar nucleic acid gel stain: High sensitivity detection in gels. *BioTechniques* 26: 984–988.

方案 3　聚丙烯酰胺凝胶电泳

1959 年，Raymonf 和 Weintraub 首先将聚丙烯酰胺交联链作为电泳支持介质。如今，它作为电中性的介质被用于分子质量大小不同的双链 DNA 分离，以及大小和构象都不相同的单链 DNA 的分离。聚丙烯酰胺凝胶较琼脂糖凝胶有三个优点：①分辨率极高，可分开长度仅相差 0.1% 的 DNA 分子，即 1000bp 中相差 1bp；②其载样量远大于琼脂糖凝胶，多达 10μg 的 DNA 可加样于聚丙烯酰胺凝胶的一个标准加样孔（1cm×1mm）中，而其分辨率不会受到显著影响；③从聚丙烯酰胺凝胶中回收的 DNA 纯度很高，可用于要求最高的实验（如小鼠胚胎显微注射）。

- 非变性聚丙烯酰胺凝胶用于双链 DNA 片段的分离和纯化。按照常规规则，双链 DNA 在非变性聚丙烯酰胺凝胶中的迁移率通常与其大小的常用对数值成反比。然而，电泳迁移率也受其碱基组成和序列的影响。因此，大小完全相同的两条 DNA 的迁移率可相差 10%。
- 变性聚丙烯酰胺凝胶用于单链 DNA 片段的分离和纯化。这些凝胶在尿素和（或）甲酰胺（后者不常用）等抑制核酸碱基配对的试剂存在下发生聚合。变性的 DNA 在这些凝胶中的迁移率几乎与其碱基组成及序列完全无关。

这里将介绍非变性聚丙烯酰胺凝胶的制备和电泳（方案 3）、DNA 染色检测（方案 4）和放射自显影检测（方案 5）。

聚丙烯酰胺

在由 TEMED（N, N, N', N'-四甲基乙二胺)催化过硫酸铵还原产生的自由基存在条件下，丙烯酰胺单体的乙烯基聚合形成丙烯酰胺的线状长链。在双功能交联剂（如 N, N'-双丙烯酰胺）参与下的共聚合反应中，丙烯酰胺的交联链形成三维带状网格结构，其孔径的大小呈正态分布。由于这些网格孔径的平均直径取决于丙烯酰胺和双功能交联剂的浓度，因此孔径大小可依需要进行调节，从而拓宽了凝胶的分离范围（Margolis and Wrigley 1975; Campbell et al. 1983; 相关综述请参阅 Chiari and Righetti 1995）。然而，许多其他因素也影响分离效率，如胶的厚度、焦耳热、电场强度等。若要优化 DNA 片段的分离效果，请参阅 Grossman 等（1992）的论著，该文献系统地分析了这些影响因素。

🔬 材料

为正确使用本方案中的器材和危险试剂，必须查找相应的材料安全数据表并咨询所在机构的环境卫生和安全办公室。

本方案的专用试剂标注<R>，配方在本方案末提供。常用储备溶液、缓冲液和试剂标注<A>，配方见附录 1。储备溶液应稀释至适用浓度后使用。

试剂

丙烯酰胺：双丙烯酰胺(29:1)(%，m/V)

灌制聚丙烯酰胺凝胶除了使用丙烯酰胺：双丙烯酰胺 29：1（%，m/V）的储备溶液外，其他比例的储备溶液亦可使用。然而，需要重新计算储备溶液的合适用量。配制凝胶所用丙烯酰胺溶液中丙烯酸胺：双丙烯酰胺的比例除了这里推荐的 29:1，还可使用其他比例（即交联率），如 19:1, 37.5:1。DNA 和染料在这些凝胶中的迁移率与本方案所提供的数据存在差异。

取用丙烯酰胺需戴手套。

过硫酸铵（10%，m/V）

过硫酸铵是丙烯酰胺和双丙烯酰胺凝胶聚合的催化剂。该聚合反应由自由基驱动，后者是在二胺类化合物（如 TEMED）催化的氧化-还原反应中产生的（Chrambach and Rodbard 1972）。

溶解的 DNA 样品

TBE 电泳缓冲液<A> (5×)

聚丙烯酰胺凝胶制备和电泳使用 0.5× 或 1×TBE，采用低电压（1～8V/cm）以免产生的热量导致小片段 DNA 变性。其他电泳缓冲液如 1×TAE 也可使用，但效果不如 TBE。1×TAE 缓冲能力弱于 TBE，故电泳速度应更慢一些。对于超过 8h 的电泳推荐使用 1×TBE 缓冲液，以确保电泳过程中缓冲液有足够的缓冲能力。

乙醇

凝胶上样缓冲液 I～IV <A>　(6×)

KOH/甲醇

硅化液（如 Sigmacote 或 Acrylease）（可选）

TEMED

> 电泳级 TEMED 可购自 Bio-Rad、Sigma-Aldrich 和其他供应商。4℃储存。

设备

夹子或铁皮制纸夹（6～8 个，2in*/5cm 宽）

电泳装置、玻璃板、梳子和间隔片

> 一些市售的垂直电泳槽可使用不同型号的玻璃板。间隔片（常用 Teflon，有时 Lucite）厚度可为 0.5～2.0mm。
> 凝胶越厚，电泳时产热越多。过多热量可致 DNA 条带的"微笑"（smiling）现象和其他问题的出现。制备大量 DNA
> （>1µg/带）时需使用较厚的凝胶，然而通常以较薄的胶为优，因其电泳分离的 DNA 条带最清晰平整。

凝胶密封带

> 凝胶时以普通实验用胶带如 Time 胶带或 VWR 实验胶带密封聚丙烯酰胺凝胶的边缘。

凝胶测温条（可选）

> 这些测温条为液晶温度指示器（TLC），电泳过程随胶的温度升高而改变颜色。测温条 BioWhittaker 等公司有售。
> 若电泳装置有内置热感应器，则不需要测温条。

成像系统（如 CCD 相机和紫外线照射仪）

KimWipes 擦拭纸

微量移液管及拉长的塑料吸头（如 Research Products International）或 Hamilton 注射器

凡士林

注射器（50mL）

方法

安装电泳装置和配制凝胶溶液

用于制备凝胶的丙烯酰胺单体的百分数由 DNA 片段的大小决定（表 2-5）。交联剂 N, N'-亚甲基双丙烯酰胺通常需要丙烯酰胺单体重量的 1/30。

1. 必要时可用 KOH/甲醇清洗玻璃板和间隔片，这可以避免玻璃板残留油渍和指印。

2. 用温热的去污剂溶液洗涤玻璃板和间隔片，再充分漂洗，先用自来水，再用去离子水。应拿取玻璃板的边缘部分或戴手套操作，以免手上的油脂残留在玻璃板的工作面上。用乙醇冲洗玻璃板，并将其置于一边晾干。

> 必须确保玻璃板上无油渍，以避免凝胶中产生气泡。

表 2-5　聚丙烯酰胺凝胶中的有效 DNA 分离范围

丙烯酰胺单体浓度 [a]	有效的分离范围/bp	二甲苯蓝 FF [b]	溴酚蓝 [b]
3.5	1000～2000	460	100
5.0	80～500	260	65
8.0	60～400	160	45
12.0	40～200	70	20
15.0	25～150	60	15
20.0	6～100	45	12

a. N, N'-亚甲基双丙烯酰胺与丙烯酰胺单体的重量比为 1：30；

b. 所给出的数字是双链 DNA 片段的近似大小（碱基对）。

3. （可选）其中一块玻璃板的一面用硅化液处理（如 Sigmacote 或 Acrylease）：在化学

---

* 1in=2.54cm。

通风橱内将玻璃板放于一叠纸巾上，倒少量硅化液于其表面上，用 KimWipes 擦拭纸涂抹均匀，然后用去离子水冲洗、纸巾擦干。

这样处理防止凝胶与玻璃板粘贴过紧，减少电泳后拆卸模具时凝胶发生断裂的可能性。

4．安装玻璃与间隔片：

i．将较大的（不带凹口）玻璃板平放在实验台上，在玻璃板的两侧将间隔片平行置于其边缘放妥。

一般来说，两块玻璃板的大小略有差别，其中一块有凹口。

ii．用凡士林轻涂以助于间隔板在后面的操作中保持原位。

iii．将内板（带凹口的玻璃板）在间隔片上放妥。

iv．用夹子或铁皮制纸夹将玻璃板夹在一起，将整块玻璃板的两边及底部用凝胶密封带封紧，形成不透水密封。

应特别注意玻璃板的底角，因为这里易发生渗漏。玻璃板的底部加封一层胶带有助于防止渗漏。

市售的电泳装置类型多种多样，玻璃板与间隔片的配制因制造商不同而略有差异。无论何种设计，都旨在使玻璃板与间隔片之间形成防水密封，这样未聚合的凝胶溶液便不会渗出。有些制造商还出售预制的聚丙烯酰胺凝胶，其质量上乘但价格不菲，且通常只适用于同一厂商的电泳装置。

v．根据玻璃板的大小和间隔板的厚度计算所需凝胶的体积。参照表 2-6 所给出的配置 100 mL 凝胶时各成分的用量，制备适宜浓度的凝胶溶液。

表 2-6　配制聚丙烯酰胺凝胶所用试剂的体积

聚丙烯酰胺凝胶/%	29%（m/V）丙烯酰胺加上 1% N, N'-亚甲基双丙烯酰胺	H_2O/mL	5×TBE/mL	10%（m/V）过硫酸铵/mL
3.5	11.6	67.7	20.0	0.7
5.0	16.6	62.7	20.0	0.7
8.0	26.6	52.7	20.0	0.7
12.0	40.0	39.3	20.0	0.7
20.0	66.6	12.7	20.0	0.7

注：一些研究者使用 0.5×TBE 进行聚丙烯酰胺凝胶电泳。这时应相应调整 TBE 和 H_2O 的用量。

5．（可选）将所需用量的聚丙烯酰胺：双丙烯酰胺溶液放于一干净的带侧臂的烧瓶中，加入磁力搅拌子，抽真空脱气。开始脱气应温和一些，边脱气边旋转烧瓶直至不再有气泡溢出位为止。

丙烯酰胺溶液的脱气步骤虽然并非必需，但确实可以减少灌注厚凝胶(>1mm)时产生气泡的可能，也能够减少聚合所需要的时间。

灌制凝胶

6．下面的操作需要戴手套，在托盘上进行，以免溅出的丙烯酰胺：双丙烯酰胺溶液洒在实验台上。动作应迅速，于丙烯酰胺聚合前完成。

i．每 100 mL 丙烯酰胺：双丙烯酰胺溶液中加入 35μL TEMED，轻轻旋转混匀溶液。

5～15 min 内，90%丙烯酰胺单体可以通过乙烯基聚合形成交联多聚体。然而，仅一部分双丙烯酰胺分子掺入交联链中，其余的分子通过侧链间的分子内反应很快形成环状结构。为了提高聚合速度，每毫升凝胶溶液中可加入 1μL 的 TEMED。

ii．用 50 mL 注射器吸取凝胶溶液，调转注射器，排净进入针管的空气。将注射器的针头插入两块玻璃板之间的空隙，注入丙烯酰胺溶液，接近注满该空隙。

将剩余的丙烯酰胺溶液保存于 4℃以减慢聚合速度。若玻璃板清洗干净，则凝胶中不应有气泡藏匿，若密封良好，则不应渗漏。若有气泡形成，轻轻敲击可使气泡升至模具顶部或以薄聚丙烯管制成的气泡钩清除。若上述方法均无效，将模具倾空，认真清洗玻璃板，重新灌胶。

iii．将玻璃板斜靠在试管架上，与实验台面成约 10°角。

这样放置减少了凝胶渗漏和变形的可能。

7. 立即将合适的梳子插入到凝胶中，小心勿使梳齿下留有气泡。梳子的顶端应略高于玻璃板的上沿。用铁皮制夹子将梳子夹紧，使其就位。必要时，用剩余的丙烯酰胺溶液完全充满模具。确认无丙烯酰胺溶液从模具里漏出。

8. 丙烯酰胺于室温聚合 30～60 min。若凝胶回缩明显，应补加丙烯酰胺：双丙烯酰胺溶液。

聚合完全后，梳齿下可见 Schlieren 线。

9. 聚合完全后，用 1×TBE 浸润的纸巾包绕梳子和凝胶的顶部，然后用 Saran Wrap 膜密封整块凝胶，4℃保存，直至使用。

凝胶在使用之前可这样保存 1～2d。

10. 当准备好进行电泳时，在梳子的周围及其顶部喷些 1×TBE 缓冲液，从聚合的凝胶中小心取出梳子。用注射器吸取 1×TBE 冲洗加样孔。用剃须刀或手术刀除去凝胶底部的密封胶带。

梳子一取出就立即彻底冲洗加样孔。否则梳子所留存的聚丙烯酰胺溶液会在加样孔中聚合，产生不规则的表面，引起 DNA 条带的变形。

上样与电泳

11. 将凝胶放入电泳槽中，用大号铁皮制夹子夹住其边缘或用装置本身的夹子固定。带凹口的玻璃板应面对缓冲液槽向里放置。

12. 用配制凝胶溶液同一批次的 5×TBE 配制电泳缓冲液灌满缓冲液槽。用一根弯头巴斯德吸管或注射器针头排除藏匿于凝胶底部的气泡。

缓冲液槽和凝胶中务必使用同一批次的电泳缓冲液。离子强度或 pH 的微小差别会造成缓冲液功能紊乱，从而使 DNA 片段的迁移严重失真。

13. 用巴斯德吸管或注射器再次吸取 1×TBE 冲洗加样孔。将 DNA 样品与适量 6×凝胶载样缓冲液混合，用 Hamilton 注射器或带有顶端拉长塑料吸头的微量移液管加入加样孔。

通常，每个加样孔可加约 20～100μL DNA 样品，视加样孔的大小而异。不要将加样器中的样品全部推出，因为这样难免会产生气泡而把样品从孔中吹出。许多情况下，只要每次加样后将加样器底部清洗，即可使用同一个加样器加许多样品。然而，加样时间切勿过长，否则样品会从加样孔中扩散开来。

14. 将电极与电源相连（正极接下槽），打开电源，进行电泳。

非变性聚丙烯酰胺凝胶一般以 1～8V/cm 的电压电泳。若在较高电压下进行，凝胶中部产热不均匀，造成 DNA 条带弯曲，甚至导致小片段 DNA 解链。因此，使用较高电压时，凝胶盒需有一块金属板，或增大缓冲液池帮助热量均匀扩散。许多电泳装置都装有热传感器，在电泳过程中监测凝胶温度。这对减少两次电泳间的差别尤为有用。另外，也可使用凝胶测温条。

15. 至标准参照染料迁移至所需位置，关闭电源，拔掉插头。弃去电泳槽中的电泳缓冲液。

16. 卸下玻璃板，用手术刀或剃须刀片除去凝胶密封胶带。将玻璃板放在实验台上（硅化的玻璃板在上面）。用间隔片或塑料楔将上面玻璃板的一角撬起。检查一下凝胶仍应附着在下面的玻璃板上。将上面的玻璃板平稳移开，去掉间隔片。

有时凝胶会吸附在硅化的玻璃板上。这时，将玻璃板翻转，从上取下未硅化的玻璃板。

17. 用方案 4 的染色方法或方案 5 中的放射自显影方法检测聚丙烯酰胺凝胶中 DNA 条带的位置。

从凝胶中回收 DNA 参见方案 8～10。

参考文献

Campbell WP, Wrigley CW, Margolis J. 1983. Electrophoresis of small proteins in highly concentrated and crosslinked polyacrylamide gradient gels. *Anal Biochem* **129**: 31–36.

Chiari M, Righetti PG. 1995. New types of separation matrices for electrophoresis. *Electrophoresis* **16**: 1815–1829.

Chrambach A, Rodbard D. 1972. Polymerization of polyacrylamide gels: Efficiency and reproducibility as a function of catalyst concentrations. *Sep Sci Technol* **7**: 663–703.

Grossman PD, Menchen S, Hershey D. 1992. Quantitative analysis of DNA-sequencing electrophoresis. *Genet Anal Tech Appl* **9**: 9–16.

Margolis J, Wrigley CW. 1975. Improvement of pore gradient electrophoresis by increasing the degree of cross-linking at high acrylamide concentrations. *J Chromatog* **106**: 204–209.

Raymond S, Weintraub L. 1959. Acrylamide gel as a supporting medium for zone electrophoresis. *Science* **130**: p711. doi: 10.1126/science.130.3377.711.

方案 4　聚丙烯酰胺凝胶中 DNA 的染色检测

与琼脂糖凝胶不同，聚丙烯酰胺凝胶灌制时不能加入溴化乙锭，因为此染料会影响丙烯酰胺的聚合。但电泳后可用溴化乙锭对聚丙烯酰胺凝胶进行染色。由于聚丙烯酰胺会猝灭溴化乙锭的荧光，所以检测 DNA 的灵敏度会稍微有点降低。

电泳后也可用核酸染料 SYBR（Life Technology）进行聚丙烯酰胺凝胶的染色。与溴化乙锭相同，它也不能在聚合过程中掺入凝胶，这样会妨碍 DNA 的迁移并使 DNA 条带变形。

亚甲蓝染色检测的灵敏度低，但较之前两种染料价格低廉，也可选用。

材料

为正确使用本方案中的器材和危险试剂，必须查找相应的材料安全数据表并咨询所在机构的环境卫生和安全办公室。

本方案的专用试剂标注<R>，配方在本方案末提供。常用储备溶液、缓冲液和试剂标注<A>，配方见附录 1。储备溶液应稀释至适用浓度后使用。

试剂

聚丙烯酰胺凝胶

　　凝胶的制备及电泳见方案 3。

染色液

　　用电泳缓冲液（TBE <A>）配制以下其中一种染料溶液：

溴化乙锭溶液	0.5 mg/mL 稀释于 0.5×TBE
SYBR Green I 储备溶液	1:10 000 稀释于 0.5×TBE
亚甲蓝储备溶液	0.001%～0.0025%稀释于 TBE

有关凝胶中 DNA 染色的讨论请参见方案 2。

设备

成像系统（如 CCD 相机和紫外线照射仪）

KimWipes 擦拭纸

塑料筛（筛目大小为 1cm，园艺和五金商店有售）（可选）

保鲜膜（如 Saran Wrap）

浅的塑料托盘，大小足以容纳所述玻璃板

方法

1. 将凝胶及其附着的玻璃板轻轻地浸入需用的染色液中，染色液正好将凝胶浸没即可。室温染色 30~45min。

染色过程中尽量减少染色液在凝胶表面的晃动，以使凝胶始终附着在支撑的玻璃板上。若凝胶完全脱落下来，通常可用大玻璃板从染色液中捞出，转移至浅水浴中。多数情况下，可将凝胶小心地展开，恢复其原有的形状。为了避免这一情况，一些研究人员在染色时用一塑料筛（筛目大小为 1cm，园艺和五金商店有售）保特凝胶的位置。

2. 以玻璃板为支撑物将凝胶从染色液中取出，水冲洗后用一叠 KimWipes 擦拭纸蘸去凝胶表面多余的液体。

▲切勿使用吸水纸，它会黏到凝胶上。

3. 用一张 Saran Warp 膜覆盖在凝胶上，用梳子宽的一端或折叠的 KimWipes 擦拭纸除去 Saran Wrap 膜中的气泡或皱褶。

4. 在紫外透射光源上放一张 Saran Warp 膜，将凝胶倒置，放在透射光源上，移去玻璃板，凝胶便留在 Saran Warp 膜上。

5. 用配备了相应屏幕和发射滤光片的 CCD 相机在紫外光照射下摄取图像。

参考文献

Oatey P. 2007. Imaging fluorescently stained DNA with CCD technology: How to increase senstivity and reduce integration times. *BioTechniques* 43: 376−377.

方案 5 聚丙烯酰胺凝胶中 DNA 的放射自显影检测

丙烯酰胺凝胶电泳分离的放射性 DNA 条带可用放射自显影的方法检测。含有放射性 DNA 的聚丙烯酰胺分析凝胶，在放射自显影前通常要固定和干燥。然而，若要从凝胶中回收放射性 DNA 条带，则不应固定和干燥。此时，省去步骤 1~3，直接进行步骤 4 操作。

更详细的信息，请参见方案 7。

材料

实验前为了妥善处理此方案中所使用的设备和有害物质，有必要查阅相应的材料安全数据表并咨询研究所的环境健康和安全办公室。

试剂

冰乙酸（7%，*V/V*）
化学发光标准参照物
去离子水
聚丙烯酰胺凝胶

凝胶的制备与电泳请参见本章方案 3。

设备

市售凝胶干燥机（可选）
KimWipes 擦拭纸
感光影像仪（参见方案 7）
塑料筛（筛目大小为 1cm，园艺和五金商店有售）（可选）
保鲜膜（如 Saran Wrap）
放射性墨水或化学发光标准参照物
浅的塑料托盘，大小足以容纳所述玻璃板
Whatman 3MM 滤纸

方法

1. 将凝胶及其附着的玻璃板于 7%乙酸中浸 5min，小心地从固定液中拿起玻璃板以取出凝胶。

> 固定时尽量减少固定液在凝胶表面的晃动，使凝胶始终附着在支撑的玻璃板上。若凝胶完全脱落，通常用大玻璃板从乙酸溶液中捞出，转移至浅水浴中。多数情况下，可将凝胶小心地展开，恢复其原来的形状。为避免这一情况，一些研究人员在固定时用一塑料筛保持凝胶的位置。

2. 去离子水短暂漂洗凝胶，用一叠 KimWipes 擦拭纸蘸去凝胶表面多余的液体。

> ▲切勿使用吸水纸，它会黏到凝胶上。

3. （可选）将凝胶放在 Whatman 3MM 纸上，用市售凝胶干燥机干燥。

> 通常，仅在凝胶含有 ^{35}S 等发射弱β射线的同位素标记的 DNA，或由于所含 ^{32}P 标记的 DNA 量很少，必须长时间曝光（>24h）才能得到清晰的放射自显影像时，方有必要干燥凝胶。

4. 将凝胶及支撑的玻璃板包在 Saran Wrap 膜中，用梳子宽的一端或折叠的 KimWipes 擦拭纸除去 Saran Wrap 膜中的气泡或皱褶。

> 若经凝胶分离的 DNA 样品为 ^{35}S 标记，则最好不用 Saran Wrap 膜，因为这种塑料膜会阻挡弱的β射线。确认凝胶完全干燥（步骤 3）。

5. 应采用化学发光标准参照物标记于 Saran Wrap 膜表面保证凝胶和膜片对齐。在感光影像仪上捕获放射影像。

方案 6 碱性琼脂糖凝胶电泳

碱性琼脂糖凝胶电泳在高 pH 条件下进行，它能引起胸腺嘧啶和鸟嘌呤残基丢失一个质子，从而阻止与其各自的配对碱基和腺嘌呤或胞嘧啶间形成氢键。变性的 DNA 保持单链状态，根据其分子大小在碱性琼脂糖凝胶中泳动（McDonell et al. 1977）。其他的变性剂如甲酰胺和尿素由于能引起琼脂糖橡胶化，因此结果往往较差。

碱性琼脂糖凝胶电泳的应用在 20 世纪 80 年代早期达到鼎盛时期。当时试剂和酶的稳定性均低于现在，而分子克隆工作者又尤为重视质量控制。当时，碱性琼脂糖凝胶电泳被常规地用于：

- 检查用于分子克隆的酶在制备过程中产生的 DNA 切口活性；

- 标定用于 DNA 切口平移的试剂；
- 检测反转录酶合成的 cDNA 的第一链和第二链的大小；
- 分析 S1 核酸酶消化的 DNA-RNA 杂交体中 DNA 的大小（Favaloro et al. 1980）。

现在，只有极少数学者采用碱性琼脂糖凝胶电泳来检测酶的质量。然而，该技术在 Southern 杂交检测 DNA 长度方面所显示出的快速性和准确性，使其仍受到重视。

发展史附注

碱性琼脂糖凝胶电泳是在 Brookhaven National Laboratory 的 Bill Studier 实验室，作为替代繁琐的 T7 噬菌体 DNA 碱性梯度离心技术而发展起来的。最早的碱性水平凝胶电泳配备有琼脂糖内蕊，后来 Studier 研制一个凝胶盒，带有可移动的狭缝形成装置，可使倒胶、浸胶、染色、结果观察在原位进行。由于这种装置易于操作，因此在商品化凝胶胶盒出现之前，广泛应用于碱性和中性电泳。

溴酚蓝在高 pH 条件下很快被漂白，因此不宜作为碱性琼脂糖凝胶电泳的示踪染料。Brookhaven 实验室化学试剂部通过对库存陈旧的染料进行系统筛选，发现高质量的溴甲酚绿可作为此用途之用。

材料

为正确使用本方案中的器材和危险试剂，必须查找相应的材料安全数据表并咨询所在机构的环境卫生和安全办公室。

本方案的专用试剂标注<R>，配方在本方案末提供。常用储备溶液、缓冲液和试剂标注<A>，配方见附录 1。储备溶液应稀释至适用浓度后使用。

试剂

琼脂糖

10×碱性琼脂糖电泳缓冲液<A>

> 在下面步骤 3 操作之前，用水将此 10×电泳缓冲液稀释为 1×工作液。用相同的 10×电泳缓冲液制备碱性琼脂糖电泳凝胶和 1×电泳缓冲液工作液。

6×碱性凝胶上样缓冲液

DNA 样品（通常放射性标记）

乙醇

溴化乙锭或 SYBR Gold 染色液，配制于电泳缓冲液<A>(TAE)

> 溴化乙锭溶液：0.5μg/mL 稀释于 0.5×TBE
>
> SYBR Green I 储备液：（1:1000）稀释于 0.5×TBE
>
> 关于琼脂糖凝胶染色的讨论，请见方案 2。

碱性琼脂糖凝胶中和溶液

> 1mol/L Tris-Cl (pH 7.6)
>
> 1.5mol/L NaCl

乙酸钠（3mol/L pH 5.2）

1×TAE 电泳缓冲液<A>

设备

琼脂糖凝胶电泳仪器（清洁干燥的水平电泳槽、梳子）

封胶带

> 实验室常规类型，如 Time Tape 和 VWR Laboratory Tape 型，用于在倒胶过程中封胶边缘。

带盖子的玻璃瓶或三角瓶

玻璃板

KimWipes 擦拭纸

图像捕获系统（如 CCD 相机和紫外照射器）

微波炉或沸水浴

能量供应设备

浅塑料槽，足够容纳下凝胶

预置温度 55℃的水浴

方法

进行碱性琼脂糖凝胶电泳要注意以下几点：

- 在相同电压下，碱性琼脂糖凝胶电泳产生的电流比中性凝胶大、产热多，因此碱性凝胶应在电压小于 3.5V/cm 条件下进行电泳。电泳开始后应在凝胶上面直接放置一块玻璃板，用以减缓溴甲酚绿从碱性凝胶中的扩散，同时也可以防止凝胶脱离玻璃板并漂浮在电泳缓冲液中。

- 由于此琼脂糖部分碱基易发生水解，引起单链 DNA 的条带不均一，时常在速度较慢时趋向于向凝胶底部泳动，而较快时趋向于向凝胶顶部泳动（Favaloro et al. 1980）。如果出现这种情况，应检查：缓冲液中 NaOH 的浓度是否为 50mmol/L；在加 10×碱性琼脂糖凝胶电泳缓冲液前，凝胶溶液温度是否已冷却至 60℃；在将凝胶放入到电泳槽前，凝胶是否已冷却至室温；加入的碱性电泳缓冲液是否覆盖住凝胶等。

- 在电泳前不必用碱性溶液将 DNA 变性，因为样品电泳所处的碱性环境足以使双链 DNA 解链。

碱性琼脂糖凝胶的准备和电泳

1. 在三角烧瓶或玻璃瓶中加入准确量的琼脂糖粉（请见方案 1）和定量的水制备琼脂糖溶液。

2. 在烧瓶的瓶颈上轻轻地塞上 KimWipes 擦拭纸。如用玻璃瓶，瓶塞需拧松。在沸水浴或者微波炉中将混悬液加热至琼脂糖熔解。

> 加热尽可能短的时间使琼脂糖颗粒全部熔解。未熔解的琼脂糖犹如小的晶状体或半透明的碎片漂浮在溶液中。
>
> 戴一只微波炉专用手套，不时小心地旋动玻璃瓶或烧瓶，以使黏附在瓶壁上的颗粒均入溶液。应注意溶液的体积在煮沸时是否由于蒸发而减少，必要时需用水补充恢复原体积。

3. 使清亮的溶液冷却至 55℃。加 0.1 倍体积的 10×碱性琼脂糖电泳缓冲液，按方案 1 介绍的方法迅速灌制凝胶。当凝胶完全凝固后，置于电泳槽中，加入新配置的 1×碱性电泳缓冲液至恰好盖住凝胶。

> 由于溴化乙锭在高 pH 条件下不与 DNA 结合，故碱性琼脂糖凝胶不加溴化乙锭。
>
> 由于 NaOH 加入热的琼脂糖溶液后可引起多糖水解，所以，要用水先熔化琼脂糖，并在倒胶前加入 NaOH，使其呈碱性。

4. 用常规乙醇沉淀法收集 DNA 样品。加入 10～20μL 1×凝胶缓冲液溶解沉淀，再加 0.2 倍体积 6×碱性凝胶上样缓冲液.

> 如果原 DNA 样品的体积较小（<15μL），可加 0.5mol/L EDTA（pH8.0）至终浓度为 10mmol/L，再加 0.2 倍体积的 6×碱性凝胶上样缓冲液。
>
> 由于在高 pH 溶液中，Mg^{2+} 能形成不溶于水的 $Mg(OH)_2$ 沉淀包裹 DNA，因此在将电泳样品调为碱性条件前，

用 EDTA 络合溶液中的 Mg²⁺是极为重要的。

5．按方案 1 所述，将溶于 6×碱性凝胶上样缓冲液的 DNA 样品加置加样孔中。以小于 3.5V/cm 的电压开始电泳，当溴甲酚绿迁移入胶 0.5～1cm 时，关闭电源。在凝胶上面放置一块玻璃板，继续电泳至染料迁移至凝胶长度的近 2/3 时，停止电泳。

6．根据实验目的，按照下面介绍的程序之一处理凝胶：

i．凝胶染色，按照步骤 7 进行。

ii．Southern 杂交，按照步骤 9 进行。

凝胶染色

7．将凝胶置于中和溶液中，室温浸泡 45min。

8．将中和过的凝胶用含 0.5μg/mL 溴化乙锭的 1×TAE 溶液或 SYBR Gold 染色液染色。

Southern 杂交

9．将凝胶放入中和溶液，室温浸泡 45min。按方案 11 所述将 DNA 转移至不带电荷的硝酸纤维素或尼龙膜上。

　　或凝胶不经中和溶液浸泡处理，将 DNA 直接从碱性琼脂糖凝胶转移至带电荷的尼龙膜上（方案 11）。

10．通过相应的标记探针对膜上固相化的 DNA 进行杂交检测（方案 13）。

　　如需进行放射自显影，参照附加方案中"碱性琼脂糖凝胶的放射自显影"方法进行。

附加方案　碱性琼脂糖凝胶的放射自显影

多数情况下，利用碱性琼脂糖凝胶电泳分析的 DNA 是用 ³²P 标记的，可以用放射自显影检测。因凝胶干燥后（见下文）可减少信号猝灭，因而使放射自显影的图像条带锐度更好，同时使灵敏度略微提高。但是，如果 DNA 中有足够强的放射性标记，条带的锐度将不是主要问题，或者在 DNA 条带需从凝胶中回收的情况下，凝胶可以不经干燥而直接进行放射自显影。

附加材料

为正确使用本方案中的器材和危险试剂，必须查找相应的材料安全数据表并咨询所在机构的环境卫生和安全办公室。

试剂

7%三氯乙酸（TCA）

设备

玻璃板（与凝胶大小相同）

　　杂交袋可以从实验室器材供应处获得，但是 Sears 或 Cheswick 公司出售的热封式塑料袋效果也较好，而且价格便宜得多。

发光标记物

感光影像仪

热封口仪（Sears）

Whatman 3MM 滤纸

方法 1：湿胶的放射自显影

1. 电泳完毕，将凝胶放置于玻璃板上。
2. 用 Kim Wipes 擦拭纸吸干凝胶表面及周围的玻璃板上的残留液体。
3. 用发光标记物标记玻璃板。
4. 在感光影像仪上捕获放射性影像（参见方案 7）。

方法 2：干胶的放射自显影

1. 将凝胶浸于 7%TCA 溶液并于室温处理 30min，不时地摇动溶液以确保凝胶全部被溶液覆盖。
2. 将凝胶置玻璃板上，其上覆盖几层纸巾，并用另一玻璃板覆盖，干燥数小时；或凝胶置于两张 Whatman 3MM 滤纸上，用市售凝胶干燥机进行真空干燥。

　　　切勿加热，以免凝胶融化。

3. 将干燥的凝胶置于 3MM 滤纸上，粘贴荧光标记物标签以确保凝胶图像位置的准确性。
4. 在感光影像仪上捕获放射性影像（参见方案 7）。

参考文献

Favaloro J, Treisman R, Kamen R. 1980. Transcription maps of polyoma virus-specific RNA: Analysis by two-dimensional nuclease S1 gel mapping. *Methods Enzymol* 65: 718–749.

McDonell MW, Simon MN, Studier FW. 1977. Analysis of restriction fragments of T7 DNA and determination of molecular weights by electrophoresis in neutral and alkaline gels. *J Mol Biol* 110: 119–146.

方案 7　成像：放射自显影和感光成像

分子克隆实验中的很多常用技术手段,都依赖于在二维（2D）平面上对放射性原子的准确分布定位方法的建立。如果没有这些方法，Southern 杂交、Northern 杂交、放射性 DNA 序列分析以及文库筛选等工作都无法开展。在 20 世纪 70 年代和 80 年代，分子克隆工作刚刚兴起，二维（2D）平面上的图像都是靠放射自显影获得的。在放射自显影过程中，放射性样本激发产生的β粒子射线可显示在 X 射线片上并形成潜在影像，进而可通过 X 射线片的显影和定影获得真实的影像。

放射自显影实验既有乐趣又有烦恼。人们通常会急躁而又兴奋地想知道实验结果如何,于是会把新曝光的 X 射线片移到暗室光源下观察,而洗片残留的水会倒流到他们的胳膊上,弄脏衣服和鞋子。正因为如此，20 世纪 90 年代末感光影像仪进入市场后，放射自显影技术很快被抛弃就不足为怪了。

材料

为正确使用本方案中的器材和危险试剂，必须查找相应的材料安全数据表并咨询所在机构的环境卫生和安全办公室。

试剂

电泳后含有放射性样品的聚丙烯酰胺凝胶

按方案 3 中所描述制备凝胶和电泳。

设备

市售干胶机

暗室

增感屏（可选）

发光标签

这些标签可从几个供应商处购买（如 Life Technologies 公司）。另外，也可用透明胶带和放射性墨水自制标签。

保鲜膜（如 Saran Wrap）

Whatman 3MM 滤纸

X 射线片（例如，Garestream/Fisher 提供的 Kodak"BioMax"、"XAR"胶片；GE Healthcare 提供的 Amersham 超级胶片 MP；Denville 公司提供的 HyBlot CL 放射自显影胶片等）

暗盒

X 射线片影像仪

方法

1. 按下述方法之一来准备用于放射自显影的凝胶：

    i. 将含有 ^{33}P、^{35}S、^{14}C 或 ^3H 的 SDS-聚丙烯酰胺凝胶按方案 5 所描述的方法固定。使用商品化的干胶机将置于 Whatman 3MM 滤纸上的凝胶做干胶处理。

    ii. 为获得最高的灵敏度和分辨率，将含有 ^{32}P 的聚丙烯酰胺凝胶固定在一张衬垫纸上。

    将湿的、未经固定的凝胶用塑料袋封好或包裹后在 X 射线片上曝光也可得到令人满意的自显影图像（参见方案 5）。琼脂糖凝胶中 ^{32}P 标记的核酸也可在湿胶状态下（用 Saran Wrap 包裹）采用 X 射线进行曝光。但是，为获得最高的灵敏度和分辨率，可按方案 8 的方法将放射性标记的核酸转移到固相载体上（如硝酸纤维素膜或尼龙膜）。将固相载体干燥并用保鲜膜覆盖以防止污染增感屏及胶片暗盒。

2. 在背衬纸或保鲜膜上沿样品边缘放置数张携带放射性墨水标记的纸条做标签，用透明胶带封住纸条以防止放射性墨水污染暗盒或增感屏。

    或者在背衬纸或保鲜膜上粘贴放射性标签，该标签可以从几个供应商（例如 Life Technologies 公司）处获得。

3. 在暗室中，将样品放入 X 射线片暗盒，并覆盖一张 X 射线片。如果使用预闪光的胶片，预闪光的一面应该面对样品；如果使用增感屏，那么预闪光的一面应该面对增感屏。

4. 确定在 24h 之内获得影像所需的增强类型。若放射性较低，需要适当延长曝光时间（见表 2-7）。

    当使用传统的增感屏或荧光自显影时，胶片必须在-70℃进行曝光。低温能够稳定形成放射活性源潜影的银原子和离子。

5. 从存放处取出片夹（如为-70℃请戴手套）。在暗室中迅速取出胶片并在其恢复至室温后开始显影。

如果需要获得另一张放射自显影图像，在取出第一张 X 射线片时迅速压上另一张胶片并尽快放回冰箱中。如果在压新胶片前出现了冷凝水，则让样品及增感屏恢复到室温后，擦去冷凝水，再压上一张新胶片。

6. 在自动 X 射线片显影仪上显影，或按下述方法手工显影：

显影	5min
3%冰乙酸溶液终止或水洗终止	1min
快速定影	5min
流水冲洗	15min

所有溶液的温度应该为 18～20℃。

7. 根据放射性或发光标签的影像将放射自显影图像与样品对齐定位。

储存于磷光屏（感光成像屏）上的放射性图像在可见光下暴露 10min 后可被擦洗掉，擦洗后的感光屏可以重复使用。

讨论

感光成像

与传统的放射自显影相同，感光成像检测衰变的放射性标记原子。多数情况下，采用感光成像比普通的 X 射线片显色更加敏感，具有更大的动态变化范围。磷光屏表面涂有以铕作为活化剂、由 3 分子氟卤化钡构成的晶格。当暴露于放射性条件下，铕原子将离子化并释放电子，后者可自由通过传导带直到它们被捕获在一个卤素真空空间。局部空间所聚集的电子数量与该部位吸收的放射性能量成正比，因此会形成能够反映出样品中放射性分布特征的潜像。聚集的电子在氦-氖激光照射下可在 390nm 以光子形式释放。释放的信号收集反馈到光电倍增管，并被转换成电信号，进而放大、数字化并存储。由于可见光可破坏潜像，因此磷光屏在可见光下暴露 10min 后可重复使用。关于感光影像仪的进一步信息，见 Johnston 等（1990）论著。

商业化的感光成像系统在检测同位素如 ^{14}C、^{35}S 和 ^{32}P 时的敏感度是普通 X 射线片的 10 倍左右，而感光成像的输出信号在约 5 个数量级的宽泛动态变化范围内与放射性存在线性相关性。感光影像仪所采集的图像的光密度分析比普通 X 射线片图像更准确也更简单。此外，由于能够直接获取电子图像，可以轻而易举地使用例如 Adobe Photoshop 这类的软件，准备可用于发表学术论文的图片。磷光屏对凝胶中 ^{3}H 标记的分子不是很敏感，因为凝胶可以猝灭大部分的信号。

大多数磷光屏短暂暴露于中性水溶液是不受损害的，因此可以作为普通屏幕捕捉湿凝胶上的潜像，但必须去除凝胶表面过量的缓冲液，然后用保鲜膜包裹并放置在磷光屏上。这样做的目的是防止放射性液体泄漏引起长期的屏幕污染。湿凝胶显影不能使用低能量屏幕。禁止用圆珠笔在屏幕上写字，因为这样一来会在屏幕上留下不可消除的痕迹。

放射自显影

增感屏

由 ^{32}P 衰变所产生的强β粒子可以轻易地穿透 X 射线片，因此难以检测。为了提高检测高能量粒子的效率，可在 X 射线片后放一块增感屏。放射性粒子穿过胶片后撞击增感屏，可导致增感屏释放光子并被乳化剂中的卤化银晶体捕获。增感屏的效率主要由其感光层的厚度所决定。由于厚感光层比薄感光层可吸收更多的放射性信号，因此可产生快速显影效果，即屏幕越厚，成像越快。但通常会使胶片上的图像模糊，主要是由于光线在感光层中散射所致。

　　大多数传统的增感屏由钨酸钙所制成，当其俘获β粒子时产生蓝光。还有一些增感屏包含稀土元素，比如溴氧化镧（lanthanum oxybromide）（产生蓝光）或硫氧化钆（gadolinium oxysulfide）（产生绿光）。目前所用的钨酸钙增感屏如 Lightning Plus（Dupont Cronex）可在低温环境（–70℃）延缓潜在影像的衰减速度，从而增强放射自显影后的影像强度约 5 倍（Swan-strom and Shank 1978）。通常在一个暗盒内使用上下两个增感屏，并将 X 射线片和含 ^{32}P 样品的凝胶像三明治一样置于暗盒中的两块增感屏之间。

　　传统的增感屏并不会改善低能β粒子被 X 射线片捕获的效率，因而对用 ^{35}S、^{33}P、^{14}C 或 ^{3}H 标记的样品使用这些增感屏只是浪费时间（Laskey and Mills 1977; Sanger et al.1977）。然而，与这些同位素配套使用的特殊增感屏目前可从 Kodak 公司获得。这些增感屏放置在样品与胶片之间，样品中释放的β粒子首先被增感屏俘获并转换成光子，这样信号就可用 X 射线片检测记录，如图 2-4 所示。这类屏幕的代表——TransScreen 所提供的信号增强度通常与应用荧光自显影所获得的灵敏度相当。

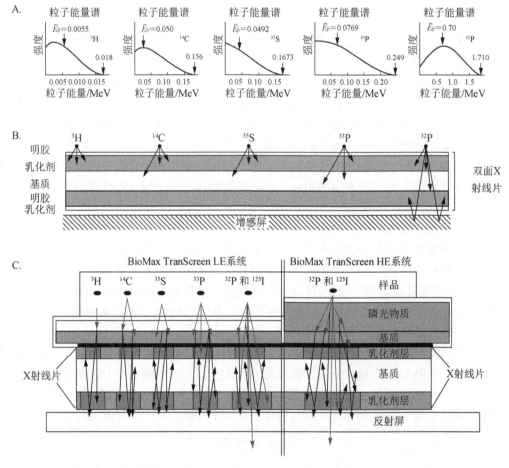

图 2-4　常用同位素释放的放射性能量。 A. 放射性同位素衰变所产粒子的能谱图，图中的箭头标出每个粒子的平均能量；B. 常用同位素能穿透放射自显影胶片的深度；C. Kodak BioMax TranScreen 系统的工作原理草图（在获得 Eastman Kodak 公司同意后修改，Kodak BioMax 以及 TranScreen 为 Eastman Kodak 公司注册商标）。

胶片的预闪光处理

　　有些磷光的发射光谱决定了它们必须与一些有适当敏感度的胶片配合使用，否则许多光线会被浪费。因此，应用频闪灯或摄影用闪光灯预先对胶片进行短暂（约致 1ms）预曝光，可使低水平放射性信号的检测效率提高两倍。这种预曝光在每个卤化银晶体中形成稳定的银原子对，这样将提高放射性粒子进入时产生活化晶体的可能性，后者可在胶片显影过程中被还原为金属银。在预曝光过程中，光源到胶片的距离应该依据下述论著靠经验来决定（Laskey and Mills 1975，1977）。

注意：对于高灵敏胶片，如 BioMax（Kodak 公司），不主张进行预曝光。对这些胶片预曝光会导致很高的背景。

1. 在频闪灯或闪光灯上使用橙色滤镜（Kodak，Wratten 21 或 22A）。这种滤镜可减少蓝光的照射，X 射线片对蓝光十分敏感。

2. 在全黑环境下，让胶片与光源垂直并保持至少 50cm 的距离，这样可防止照射不均匀。使用一个散射屏覆盖胶片；如果没有，可使用一张 Whatman 1 号滤纸替代。

3. 对胶片进行一系列不同时长的曝光测试并对它们进行显影。将胶片剪成小片使它能正好放入分光光度计的测量小杯中，以未曝光的胶片空白处作对照，测量波长 545nm 时的吸光度。选择使吸光度增加 0.15 的曝光时间。

经过预闪光处理的胶片还有另外一个优点：胶片中影像的密度变得与样品中放射性含量成比例（Laskey 1980）。因而在预曝光胶片上的放射自显影图像的密度可通过显微密度计来定量测定，并可用来衡量原始样品中的辐射含量。相反，在未经预曝光的胶片上的卤化银晶体未被完全活化，因而它对辐射含量增加的反应曲线为 S 形（Laskey and Mills 1975，1977）。这种相关性使得放射自显影图像的定量分析变得复杂。除荧光自显影外，用于放射自显影最好的胶片为 Kodak X-Omat-R 以及 Fuji RX。经过预闪光，这些胶片所产生影像的吸光度在 0.15～1.0 范围内与放射源的强度成正相关。然而，真正的线性相关性仅仅在下列情况下可获得：①胶片在波长为 545nm 时的背景吸光度提高到 OD 值 0.10～0.20；②预闪光的持续时间短（约 1ms）。

荧光自显影

将样品在荧光化学试剂中浸泡可增强弱β粒子源如 ^3H、^{14}C 和 ^{35}S 的放射自显影图像密度，这种荧光化学试剂在遭遇一个量子射线时即可放出许多光子（Wilson 1960）。荧光自显影可使 ^{14}C 和 ^{35}S 的检测灵敏度大约增强 10 倍并可用于 ^3H 的检测，而这是使用传统的放射自显影技术所无法实现的。因而，荧光自显影对于检测聚丙烯酰胺凝胶电泳中放射性标记的蛋白质和核酸十分有用。

在最初的方法中（Bonner and Laskey 1974; Laskey and Mills 1975），含有放射性的含水凝胶样品首先用 DMSO 来平衡，然后在闪烁液 PPO（2,5-diphenyloxazole）中浸泡，再在水中浸泡以去除 DMSO，之后干燥，最后在-70℃采用 X 射线片曝光。这些操作程序价格昂贵、冗长乏味（需要至少 5h 的工作），而且对新手来说可重复性差。造成这些困难的主要原因是未能成功地将 DMSO 完全去除，这恰恰是致使干燥后凝胶粘连的关键。基于上述原因，人们相继发现了几种能够将 PPO 直接导入样品的替代溶剂，包括乙醇（Laskey 1980）、乙酸（Skinner and Griswold 1983），以及其他几种有机溶剂（请参看 Shine et al. 1974; Southern 1975）。

除上述改进外，作为闪烁液的 PPO 目前已被水杨酸钠（Chamberlain 1979）或商品化的闪烁液（见下）所广泛替代。使用水杨酸钠的效果与 PPO 相当，但条带有些略微扩散。而诸如 EN^{3}HANCE（PerkinElmer）、ENLIGHTNING、Entensify（NEN Life Science Products）及 Amplify（Amer-sham）的商品化含水闪烁液，通常以液体或喷雾的形式提供，如果按制造商的说明书操作，可以得到与使用 PPO 一样好的效果，且工作量大大减少。但它们都十分昂贵。

荧光自显影中所使用的 X 射线片应该与闪烁液的荧光光谱相匹配。水杨酸钠发射波长为 409nm，而 PPO 为 375nm，商品化增效剂产生蓝光或紫外线。对上述光谱范围敏感的胶片被称为"屏型"（screen-type）X 射线片，包括 Kodak BioMax MS、Amersham Hyperfilm-MP 和 Fuji RX。

不同放射自显影方法的灵敏度

表 2-7 列出在增强方法存在与否条件下，采用不同放射自显影方法检测不同同位素的灵敏度对比结果。表中所示的放射性强度是在经预闪光的胶片上经过 24h 曝光后能够获得可探测图像（$A_{545} = 0.02$）时的强度。如果获得可供发表的图像，需要更长的曝光时间。放射自显影程序设定按照方案 7。

表 2-7 各种不同的放射自显影方法对不同放射性同位素的检测灵敏度

同位素	方法	灵敏度/(dpm/mm²)
35S	无增强	30~60
	荧光自显影	2~3
	TranScreenLE(Kodak)	0.8~1.2
32P	直接	2~5
	增感屏	0.5
	TranScreenLE(Kodak)	0.05~0.1
33P	直接	15~30
	增感屏	1~1.5
	TranScreenLE(Kodak)	0.4~0.6
14C	荧光自显影	2
	TranScreenLE(Kodak)	0.8~1.2
125I	增感屏	1~2
3H	荧光自显影	10~20
	TranScreenLE(Kodak)	74~110

参考文献

Bonner WM, Laskey RA. 1974. A film detection method for tritium-labelled proteins and nucleic acids in polyacrylamide gels. *Eur J Biochem* **46**: 83–88.

Chamberlain JP. 1979. Fluorographic detection of radioactivity in polyacrylamide gels with the water-soluble fluor, sodium salicylate. *Anal Biochem* **98**: 132–135.

Johnston RF, Pickett SC, Barker DL. 1990. Autoradiography using storage phosphor technology. *Electrophoresis* **11**: 355–360.

Laskey RA. 1980. The use of intensifying screens or organic scintillators for visualizing radioactive molecules resolved by gel electrophoresis. *Methods Enzymol* **65**: 363–371.

Laskey RA, Mills AD. 1975. Quantitative film detection of ³H and ¹⁴C in polyacrylamide gels by fluorography. *Eur J Biochem* **56**: 335–341.

Laskey RA, Mills AD. 1977. Enhanced autoradiographic detection of ³²P and ¹²⁵I using intensifying screens and hypersensitized film. *FEBS Lett* **82**: 314–316.

Sanger F, Nicklen S, Coulson AR. 1977. DNA sequencing with chain-terminating inhibitors. *Proc Natl Acad Sci* **74**: 5463–5467.

Shine J, Dalgarno L, Hunt JA. 1974. Fingerprinting of eukaryotic ribosomal RNA labelled with tritiated nucleosides. *Anal Biochem* **59**: 360–365.

Skinner MK, Griswold MD. 1983. Fluorographic detection of radioactivity in polyacrylamide gels with 2,5-diphenyloxazole in acetic acid and its comparison with existing procedures. *Biochem J* **209**: 281–284.

Southern EM. 1975. Detection of specific sequences among DNA fragments separated by gel electrophoresis. *J Mol Biol* **98**: 503–517.

Swanstrom R, Shank PR. 1978. X-ray intensifying screens greatly enhance the detection by autoradiography of the radioactive isotopes ³²P and ¹²⁵I. *Anal Biochem* **86**: 184–192.

Wilson AT. 1960. Detection of tritium on paper chromatograms. *Biochim Biophys Acta* **40**: 522–526.

方案 8 用玻璃珠从琼脂糖凝胶中回收 DNA

以下方法是 Vogelstein 和 Gillespie（1979）方法的改进，用碘化钠/硫代硫酸钠作为离液剂（chaotropic agent）破坏琼脂糖凝胶。

详情请参见本章导言部分"凝胶中 DNA 的回收"。

材料

为正确使用本方案中的器材和危险试剂，必须查找相应的材料安全数据表并咨询所在机构的环境卫生和安全办公室。

本方案的专用试剂标注<R>，配方在本方案末提供。常用储备溶液、缓冲液和试剂标注<A>，配方见附录 1。储备溶液应稀释至适用浓度后使用。

试剂

琼脂糖凝胶（0.7%～1%），用 1×TAE 电泳缓冲液配制

合适的限制性内切核酸酶

DNA 样品

电泳缓冲液（TAE）（1×）

玻璃珠混悬液

        在微量离心管中，用 200μL 超纯水混悬等体积粒径不同并经酸化洗涤处理的玻璃珠（150～212μm；购于 Sigma-Aldrich 公司）

甘露醇（1mol/L）（可选；见步骤 3）

碘化钠/硫代硫酸钠溶液<R>，现配现用（用于步骤 6）

SYBR Gold 染色液或任选其他染色液

TE（pH 8.0）

        10mmol/L Tris-Cl (pH 8.0)

        1mmol/L EDTA

玻璃珠洗液<R>

设备

琼脂糖凝胶电泳仪器（清洁干燥的水平电泳槽、梳子）

图像捕获系统（如 CCD 相机和紫外照射仪）

一次性手术刀

手提式长波（302nm）紫外灯

预置温度 50℃的水浴

方法

1．消化一定量 DNA 以收获至少 100ng 目的片段 DNA。用 TAE 电泳缓冲液配制琼脂糖凝胶用来电泳分离 DNA 片段。电泳结束后，用 SYBR Gold 短暂染色，并将凝胶成像为图片。用手提式长波紫外灯观察目的 DNA 条带的定位。

2．用装有新刀片的手术刀在目的条带位置的前后左右凝胶上依此切口，注意每侧比条带宽约 2mm。用刀片挑起包含目的条带的凝胶块，放入一微量离心管中。凝胶剩余部分进行拍照。

3．称量盛有凝胶条带的微量离心管的重量，并计算凝胶条带的重量。假设凝胶密度为 1.0，加入 3.5 倍体积的 6mol/L 碘化钠溶液，并让琼脂糖熔化（50℃ 5min，并频繁振荡）。

        此步骤的目的是用最小量的碘化钠溶液溶解琼脂糖条带。DNA 样品中残留的碘化钠溶液可能会抑制后续的酶反应。对于在 TBE 电泳缓冲液中灌制的凝胶及其电泳来说，可加入 0.1 体积的 1mol/L 甘露醇帮助凝胶熔化。

4．对于＜5μg 的 DNA 样品，加入 5μL 玻璃珠。对于＞5μg 的 DNA 样品，每增加 1μg

DNA 需额外添加 2μL 玻璃珠。室温温育不超过 15min，并不时摇动。

5．在微量离心机中以最大转速离心 30s，小心移去上清。

6．玻璃珠沉淀用 500μL 新鲜配制的碘化钠或硫代硫酸钠溶液重悬，重复步骤 5。

7．用 500μL 洗涤液连洗沉淀 3 次。最后一次离心，尽可能将上清清除干净，并干燥 5min。

8．用 25μL TE（pH 8.0）溶液重悬沉淀，密闭 EP 管于 50℃温育 5min。

在 pH<8.0 的溶液中洗脱会使产量严重下降。

9．在微量离心机中以最大转速离心 5min，并将含 DNA 的上清液转移至另一新的离心管中。

10．重复步骤 8 和 9，并保留上清。弃去玻璃珠，将收集的上清按步骤 9 重复离心一次以去除微量玻璃珠。将上清移至另一新离心管中。

配方

为正确使用本方案中的器材和危险试剂，必须查找相应的材料安全数据表并咨询所在机构的环境卫生和安全办公室。

碘化钠/硫代硫酸钠溶液

试剂	质量（5mL）	终浓度
Na_2SO_3	5mg	0.1%（m/V）
NaI	3.375g	4.5mol/L

将 Na_2SO_3 溶于 4mL 无菌的超纯水中，加入 NaI 并搅拌溶解。用 Whatman 滤纸过滤并立即使用。

玻璃珠洗涤液

试剂	质量（500mL）	终浓度
Tris-Cl（1mol/L，pH 7.4）	10mL	20 mmol/L
EDTA（0.5mol/L）	1mL	1mmol/L
NaCl（5mol/L）	10mL	100 mmol/L

加入等体积乙醇溶液，储存于 0℃ 3～4 个月。

参考文献

Vogelstein B, Gillespie D. 1979. Preparative and analytical purification of DNA from agarose. *Proc Natl Acad Sci* **76**: 615–619.

方案 9　低熔点琼脂糖凝胶中 DNA 的回收：有机溶剂抽提法

羟乙基修饰的琼脂糖可降低多糖链间的氢键数目，因此可在比标准琼脂糖更低的温度下熔化。多糖链上这种替换发生的程度决定了琼脂糖熔化与凝结的确切温度，这一特性构成了从凝胶中回收及操作 DNA 片段的基础（Wieslander 1979；Parker and Seed 1980）。许多品牌的低熔点琼脂糖可在 30～35℃间保持液态，因此可在琼脂糖未凝固的适宜温度下进行一系列酶促反应（限制性酶切/连接）。除酶促反应外，低熔/凝点琼脂糖可用于从琼脂糖凝胶中快速回收 DNA 以及进行核酸的细菌转化实验。

由于低熔点琼脂糖在 37℃仍保持液态，一些酶学反应操作（如连接、合成放射性探针以及限制性酶切等反应）均可通过将含有目的 DNA 片段的凝胶直接加入到反应体系中来完成（Parker and Seed 1980）。然而，从总体上来讲，DNA 聚合酶、连接酶及限制性内切核酸酶在液胶状态下比在常规的缓冲溶液中工作效率要低。

低熔点琼脂糖也可像标准琼脂糖一样被用于制备目的，一些厂家提供的不同级别的低熔点琼脂糖被证实在溴化乙锭染色后只有微弱背景的荧光、没有 DNA 酶和 RNA 酶活性，同时对限制性内切核酸酶及连接酶只有微弱的抑制作用。

本方案将介绍通过低熔点琼脂糖凝胶电泳分离 DNA 片段，经熔化凝胶和酚：氯仿抽提进行 DNA 回收。该方法对大小在 0.5～5.0kb 的 DNA 片段效果最好。DNA 片段的大小超过此范围，回收效率往往会下降，但仍然能够满足实验目的的需求。

材料

为正确使用本方案中的器材和危险试剂，必须查找相应的材料安全数据表并咨询所在机构的环境卫生和安全办公室。

本方案的专用试剂标注<R>，配方在本方案末提供。常用储备溶液、缓冲液和试剂标注<A>，配方见附录 1。储备溶液应稀释至适用浓度后使用。

浓度<1.0%的低熔点琼脂糖凝胶易脆，不易操作。

试剂

低熔点琼脂糖凝胶

　　这种琼脂糖可以从许多厂家购买（参见导言表 2-1）。根据分离 DNA 样品片段的大小配制不同浓度凝胶。

乙酸铵（10 mol/L）

氯仿

DNA 样本

电泳缓冲液（1×TAE）<A>

乙醇（70%）

溴化乙锭或 SYBR Gold 染色液，用电泳缓冲液配制（1×TAE）<A>

溴化乙锭溶液（0.5mg/mL，用 0.5×TBE 配制 <A>）

加样缓冲液（6×）<A>

LMT 洗脱缓冲液

　　20mmol/L Tris-Cl (pH 8.0)

　　1mmol/L EDTA (pH 8.0)

酚：氯仿（1：1，V/V）

SYBR Gold 染液

SYBR Green I 储备液（1：10 000 稀释于 0.5×TBE 中<A>）

　　关于琼脂糖凝胶染色的讨论，参见方案 2。

TE（pH 8.0）

　　10mmol/L Tris-Cl (pH 8.0)

　　1mmol/L EDTA

设备

琼脂糖凝胶电泳装置（清洁干燥的水平电泳槽和梳子）
手术刀或剃须刀片
Sorvall SS-34 转子或同等转子
手提式长波段（302nm）紫外灯
预设温度 65℃的水浴

方法

1. 用 1×TAE 电泳缓冲灌制一块合适浓度的低熔点琼脂糖凝胶。

> 之所以选择 TAE 而非 TBE 缓冲液有几个理由，其中最为重要的是 TBE 中的硼酸盐离子会抑制连接反应，并会干扰后续洗脱下来的 DNA 片段的纯化。

> 电泳结束后用 SYBR Gold 染色液染胶。

2. 待凝胶冷却至室温后，将凝胶连同支撑用的玻璃板一起移至胶盒的表面。凝胶也可以放在冷室，以保证凝胶充分凝固。

3. 配胶完成后，在拔梳子前，使 TAE 电泳缓冲液完全覆盖凝胶表面，这样可减少拔梳子时造成凝胶劈裂的可能。将凝胶加样缓冲液与 DNA 样品混合，上样至凝胶槽内，以 3～6V/cm 进行电泳。

> 由于特定分子质量大小的 DNA 在低熔点琼脂糖凝胶中的泳动速度快于常规琼脂糖凝胶，因此低熔点琼脂糖凝胶所加电压应低于常规琼脂糖凝胶。

4. 用 SYBR 染色液染色，在手提式长波（302nm）紫外灯下观察结果，确定条带的确切位置。

5. 用锋利的手术刀片或剃刀切下含目的条带的琼脂糖凝胶胶块，转移至一个干净的一次性塑料管内。

> 尽量使切出的琼脂糖胶块体积最小，以减少 DNA 样品中抑制剂的残留污染量。

6. 切下条带后，进行拍照，从而获得切出条带的记录。

7. 加入约 5 倍体积的 LMT 洗脱缓冲液至琼脂糖胶块中，盖好管盖，于 65℃温育 5min 熔化凝胶。

8. 待凝胶冷却至室温后，加等体积的平衡酚，将混悬液混悬 20s。在 20℃以 4000g（Sorvall SS-34 转子 5800r/min）离心 10min，回收水相。

> 界面的白色物质即是琼脂糖。

9. 再用等体积的酚：氯仿、氯仿各抽提 1 次。

10. 水相转移至另一新的离心管中。加 0.2 倍体积的 10mol/L 乙酸铵和 2 倍体积 4℃预冷无水乙醇。混合液在室温下放置 10min，然后 4℃ 5000g（Sorvall SS-34 转子相当于 6500r/min）离心 20min，沉淀回收 DNA。

11. 用 70%乙醇清洗沉淀，并溶于适当体积的 TE（pH 8.0）溶液中。

> 从低熔点琼脂糖凝胶中回收纯化的 DNA 适用于分子克隆的大多数酶学操作。

> 从低熔点琼脂糖凝胶中回收 DNA 也可以用玻璃珠法（请见方案 8）或选用商品化试剂盒（如 QIAEX 凝胶抽提试剂盒、Qbiogene 公司的 GENECLEAN）。

参考文献

Parker RC, Seed B. 1980. Two-dimensional agarose gel electrophoresis "SeaPlaque" agarose dimension. *Methods Enzymol* 65: 358–363.

Wieslander L. 1979. A simple method to recover intact high molecular weight RNA and DNA after electrophoretic separation in low gelling temperature agarose gels. *Anal Biochem* 98: 305–309.

方案 10　聚丙烯酰胺凝胶中 DNA 片段的回收：压碎与浸泡法

从聚丙烯酰胺凝胶中回收 DNA 的标准方法是由 Maxam 和 Gilbert（1977）最先介绍的"压碎与浸泡"技术。这种方法回收的 DNA 通常不含有酶抑制物，也没有对转染细胞或显微注射细胞产生毒性效应的污染物。此方法所需时间长，但是工作量小。回收率少于 30%～90%，视 DNA 片段大小而定。此法可分别用于从中性或变性聚丙烯酰胺凝胶中分离单、双链 DNA；也被广泛用于从变性聚丙烯酰胺凝胶中分离合成的寡核苷酸（见第 6 章，方案 11）。通过压碎和浸泡法从聚丙烯酰胺凝胶中回收的 DNA，适于用作杂交探针、PCR 引物、酶促反应的底物。下面的过程是对 Maxam 和 Gilbert（1977，1980）介绍技术的改进。其他从聚丙烯酰胺凝胶中回收 DNA 的方法包括：

- 将含有目的 DNA 的聚丙烯酰胺凝胶条块埋入琼脂糖凝胶切出的裂隙中，然后将 DNA 洗脱至一长条 DEAE-纤维素膜上。
- 从凝胶中洗脱 DNA 至透析带中。

这些方法很少被使用，详情请见冷泉港实验手册（http: // cshprotocols.cshlp.org）。

材料

为正确使用本方案中的器材和危险试剂，必须查找相应的材料安全数据表并咨询所在机构的环境卫生和安全办公室。

本方案的专用试剂标注<R>，配方在本方案末提供。常用储备溶液、缓冲液和试剂标注<A>，配方见附录 1。储备溶液应稀释至适用浓度后使用。

试剂

丙烯酰胺凝胶洗脱缓冲液<R>

> 其他缓冲液可替代丙烯酰胺凝胶洗脱缓冲液。例如，DNA 片段被放射性标记并用于杂交探针，就可选用杂交缓冲液。

氯仿

DNA 分子质量标准品

> 分子质量标准品通常是市售的，也可以通过酶切消化一个已知数量信息清楚的 DNA 而轻易获得。

DNA 样品

乙醇（70%，95%）

凝胶加样缓冲液 I～IV<A> (6×)

酚：氯仿（1：1，V/V）

聚丙烯酰胺凝胶或适宜浓度的高分辨率琼脂糖凝胶

> 凝胶制备和电泳，分别参见方案 3 和/或方案 1。

乙酸钠（3mol/L，pH 5.2）

TE（pH 8.0）

> 10mmol/L Tris-Cl (pH 8.0)
>
> 1mmol/L EDTA

设备

一次性使用的塑料层析柱（如 IsoLab Quik-Sep）或装有 Whatman GF /C 滤纸或硅化玻璃棉的注射器针筒

冰盒

塑料膜（如 Saran Wrap）

转轮或旋转平台，置于 37 ℃温箱中

手术刀或剃须刀片

手持式长波（302nm）紫外灯

方法

1．按照方案 3 的方法，进行 DNA 样品和标准参照物的聚丙烯酰胺凝胶电泳，用放射自显影方法（方案 7）或长波式（302nm）紫外灯检测 SYBR 染色的凝胶，以确定目的 DNA 的位置。

2．用干净锋利的手术刀或剃须刀片切下含有目的条带的凝胶，要使切下的聚丙烯酰胺凝胶条尽可能小，可按如下方法中的任何一个操作：

　　i．在紫外灯照射下，将凝胶与 Saran Wrap 膜一同切下，然后从膜上剥下包含目的 DNA 的凝胶条。

　　ii．紫外灯从下面照射凝胶，用永不褪色的标记笔（如 Sharpie 笔）在玻璃板的背面勾勒出 DNA 条带的位置。翻转凝胶，揭去 Saran Wrap 膜，按照标记笔作的标记切下 DNA 条带。

　　iii．如果用放射自显影方法检测 DNA 片段，可将曝光后的放射自显影胶片放在 Saran Wrap 膜上，并与凝胶比齐。用标记笔在玻璃板的背面勾勒出所需 DNA 片段的位置。移去胶片和 Saran Wrap 膜，切下该条带。

　　　　DNA 条带切去后，对凝胶进行摄影或放射自显影，可得到此实验的永久记录。

3．将切下的凝胶条移入微量离心管或聚丙烯管中，用一次性吸头或接种针对着管壁将凝胶挤碎。

　　　　或者，用干净的手术刀或剃须刀先将凝胶切成小条再放入洗脱管中。

4．估计出凝胶条的大致体积，向微量离心管中加入 1～2 倍体积的丙烯酰胺凝胶洗脱缓冲液。

5．盖上离心管盖，在转轮或旋转平台上 37℃温育。

　　　　在这一温度下，洗脱小片段 DNA（<500bp）需 3～4h，大片段 DNA 需 12～16h。

6．样品用微量离心机以最大转速于 4℃离心 1min。将上清移入另一新的离心管中，应特别小心，不要将聚丙烯酰胺凝胶块转移进去（使用一根拉长的巴斯德吸管效果甚佳）。

7．向聚丙烯酰胺沉淀物中再加入 0.5 倍体积丙烯酰胺凝胶洗脱缓冲液。振荡片刻再次离心。合并两次上清液。

8．（可选做）上清液通过一次性使用的塑料层析柱（如 IsoLab Quick-Sep 柱）或装有 Whatman GF / C 滤膜或充填硅化玻璃棉的注射器针筒，以除去残留的聚丙烯酰胺凝胶块。

　　　　洗脱的 DNA 可用酚∶氯仿和氯仿抽提以去除 SDS，SDS 能阻断对 DNA 的后续酶促反应。然后按步骤 9 的方法用乙醇沉淀提取到的 DNA 并进行后续步骤。

9．将 2 倍体积的 4℃预冷乙醇加到滤过液中，冰上放置 30min。在微量离心机中以最大转速于 4℃离心 10min，回收 DNA。

　　　　可能由于洗脱液中存在少量聚丙烯酰胺，甚至很少量的 DNA 亦可被乙醇有效沉淀（Gaillard and Strauss 1990）。

而在沉淀前加入 10μg tRNA（商业有售）可进一步提高小量 DNA 的回收率。必须确知 RNA 的存在不会干扰 DNA 的后续反应，方可加入 RNA。

10．用 200μL TE (pH 8.0) 溶解 DNA，再加入 25μL 3mol/L 乙酸钠溶液（pH 5.2），然后按步骤 9 的方法用 2 倍体积的乙醇再次沉淀 DNA。

11．用 70% 乙醇小心洗涤 DNA 沉淀。采用 TE（pH 8.0）溶液溶解 DNA 至终体积 10μL。

12．通过聚丙烯酰胺或高分辨率琼脂糖凝胶电泳对回收 DNA 进行定性和定量。

  i．取少量最终制备得到的 DNA 片段（约 20ng）与 10μL TE（pH 8.0）溶液混合，加入 2μL 所需的凝胶加样缓冲液。

  ii．在适当浓度的聚丙烯酰胺或高分辨率琼脂糖凝胶上进行样品电泳，用已知数量的原始 DNA 的酶切消化产物作为示踪标准品。回收的 DNA 片段应与示踪标准品中的相应酶切片段具有同步迁移率。

  iii．仔细检查电泳凝胶，观察是否存在其他污染 DNA 的弱荧光条带。常常可以通过比较回收 DNA 目的条带和示踪标准品条带的相对荧光强度估计最终 DNA 量。

  回收的 DNA 条带很少需要进一步纯化。对于长度 <100bp 的寡核苷酸和 DNA 片段，最佳选择是采用市售的阴离子交换树脂色谱法进行纯化 [例如 QIAGEN-tips；DNAPac（Dionex）]。

配方

丙烯酰胺凝胶洗脱缓冲液

试剂	终浓度
乙酸铵	0.5mol/L
四水合乙酸镁	10mmol/L
EDTA（pH 8.0）	1mmol/L
SDS（可选用）	0.1%(m/V)

其他缓冲液可用于替代丙烯酰胺凝胶洗脱缓冲液。例如，若 DNA 片段已被放射性标记且将用作杂交探针，就可选用杂交缓冲液。

参考文献

Gaillard C, Strauss F. 1990. Ethanol precipitation of DNA with linear polyacrylamide as carrier. *Nucleic Acids Res* 18: 378–383.

Maxam AM, Gilbert W. 1977. A new method for sequencing DNA. *Proc Natl Acad Sci* 74: 560–564.

Maxam AM, Gilbert W. 1980. Sequencing end-labeled DNA with base-specific chemical cleavages. *Methods Enzymol* 65: 499–560.

方案 11　Southern 印迹

在 Southern 印迹中，DNA 要经过一种或多种限制性内切核酸酶的消化，消化后的片段在标准的琼脂糖凝胶上经电泳按照大小进行分离。DNA 经过原位变性后，从凝胶转移到固相支持物上（通常为尼龙膜或者硝酸纤维素膜）。DNA 片段的相对位置在向膜转移的过程中保持不变。然后将 DNA 固定于膜上，并按照方案 12 所述方法准备进行杂交。本方案中还介绍了一种同时转移两块膜的方法。Southern 印迹中向上转移 DNA 的步骤参见"RNA

向尼龙膜转移"所述（第 6 章，方案 12）。

更详细的细节，请参阅本章导言部分关于 Southern 印迹的介绍。

材料

为正确使用本方案中的器材和危险试剂，必须查找相应的材料安全数据表并咨询所在机构的环境卫生和安全办公室。

本方案的专用试剂标注<R>，配方在本方案末提供。常用储备溶液、缓冲液和试剂标注<A>，配方见附录 1。储备溶液应稀释至适用浓度后使用。

试剂

用 0.5×TBE 或 1×TAE 配制的无 SYBR 染料的琼脂糖凝胶（0.7%）

> 对于哺乳类动物基因组 DNA 的分析，许多研究者使用大块凝胶（20cm×20cm×0.5cm），包含 20 个足以容纳 50～60μL 溶液的标准加样孔。这个容量允许全部的酶切消化产物都被加入而不发生泄漏。凝胶也可按照常规方法用含有 SYBR Gold 的缓冲液配制和电泳。然而，更为精确的测定 DNA 片段大小的方法是在电泳结束后用 SYBR Gold 染色。凝胶中含有的 SYBR Gold 可能引起 DNA 条带的扭曲，并且可能会不同程度地阻碍 DNA 片段的迁移。

碱性转移缓冲液（应用于尼龙膜的碱性转移）

> 0.4mol/L NaOH
>
> 1mol/L NaCl

适当的限制性内切核酸酶

去离子水

变性溶液（应用于中性转移）

> 1.5mol/L NaCl
>
> 0.5mol/L NaOH

DNA 分子质量标准品

> 从许多制造商那里可以买到一系列不同大小的 DNA 分子质量标准品，或用适当的限制性内切核酸酶消化克隆载体来制备。我们建议在凝胶一侧的加样孔中使用 1kb 梯度标准品（Life Technologies），与之相反的另一侧使用细菌 λ 噬菌体的 *Hind* III 消化产物作为 DNA 分子质量标准品。
>
> 不推荐使用 ^{35}S 或 ^{33}P 放射性标记的 DNA 分子质量标准品，因为它们所需的最佳曝光时间与目标条带不同。

电泳缓冲液（通常为 1×TAE<A>或 0.5×TBE<A>）

凝胶上样缓冲液 I 或 IV<A>（6×，含蔗糖）

基因组 DNA

HCl（0.2 mol/L），应用于 DNA 脱嘌呤（可选，请参阅方法 6 附注）

中和缓冲液 I（应用于中性膜的转移）

> 1mol/L Tris（pH7.4）
>
> 1.5mol/L NaCl

中和缓冲液 II（应用于尼龙膜的碱性转移）

> 0.5mol/L Tris-Cl（pH7.2）
>
> 1mol/L NaCl

中性转移缓冲液，10×SSC<A>或 10×SSPE<A>均可

SSC（6×）<A>

SYBR Gold 染料

TE（pH8.0）

> 10mmol/L Tris-Cl（pH8.0）
>
> 1mmol/L EDTA

设备

交联设备（如 Stratalinker，Agilent；GS Gene Linker，Bio-Rad）,微波炉或真空炉

琼脂糖凝胶电泳设备（清洁干燥的水平电泳槽和配套梳子）

荧光计或者 NanoDrop 仪器

玻璃烤盘，大小足以容纳凝胶

玻璃棒或者吸管

图像采集系统（如 CCD 相机和紫外线照明器）

大口径的黄吸头

> 大口径的黄吸头可以买到也可以用剪刀、狗指甲剪或锋利的剃须刀片将标准黄吸头的末端切掉来快速制备。切好的吸头使用前需灭菌，可使用高压或用 70%的乙醇浸泡 2min 后风干。

氯丁橡胶塞

尼龙膜或硝酸纤维素膜

> 请参阅方案 13 的介绍中有关 Southern 及 Northern 杂交用膜的讨论

纸巾

塑料膜（例如 Saran Wrap）或 Parafilm 膜

树脂玻璃板或玻璃碟

能提供高达 500V 和 200mA 输出的电源设备

剃须刀片

旋转振荡平台

手术刀或切纸机

厚的吸水纸（如 Whatman 3MM、Schleicher & Schuell GB004 或 Sigma-Aldrich QuickDraw）

荧光标记的透明尺

> 尺子用来测量 DNA 分子质量标准品的电泳迁移距离。在成像时将尺子放置于凝胶边缘，可以在图像上测量出已知大小的 DNA 分子质量标准品从加样孔迁移的距离并绘制拟合曲线。杂交检测到的放射性标记条带大小则可以通过与 DNA 分子质量标准品拟合曲线进行插值换算来估计。

重物（400g）

🔩 方法

DNA 的消化及电泳

1. 用一种或几种限制性内切核酸酶消化适当数量的基因组 DNA（请参阅讨论：制备 Southern 分析所用的 DNA 消化产物）

> 使用大口径黄吸头操作大分子 DNA。

2. 如果需要，消化结束后用乙醇沉淀浓缩 DNA 片段。将 DNA 溶解于约 25μL TE（pH8.0）。

> 上样前，需确信 DNA 溶液中的乙醇已被完全除去。否则，DNA 将"爬出"凝胶加样孔（请参阅"疑难解答"）。

3. 通过荧光测量法或者 NanoDrop 技术测定 DNA 消化产物的浓度（请参阅第 1 章 "DNA 定量"部分的介绍）。将适量的消化产物转移到新的微量离心管中。加入 0.15 倍体积的 6×蔗糖上样缓冲液，通过琼脂糖凝胶电泳分离 DNA 片段（对于大部分基因组 DNA，可以使用 0.5×TBE 或 1×TAE 配制的 0.7%凝胶）。对凝胶施加并维持一个较低的电压（约 <1 V/cm）使 DNA 以较慢的速率迁移。

> 如果消化后的 DNA 保存于 4℃，在加样前需要加热至 56℃ 2~3 min。这种加热处理可以破坏突出的黏性末端可能形成的任何碱基配对。

请参阅"疑难解答"。

4. 电泳完成后，用 SYBR Gold 将凝胶染色，然后照相。在凝胶一侧放置一把透明荧光尺以便从照片上读出每一个 DNA 条带迁移的距离。

> 如果需要，在进行 DNA 变性以及转移到膜上之前，凝胶可以在这种状态下保存。用 Saran 包装膜将凝胶包好，平放储存于 4℃。由于在保存过程中 DNA 条带会扩散，因此在将 DNA 转移到硝酸纤维素或尼龙膜之前，不要将凝胶放置超过一天。

5. 将 DNA 变性并用下述方法之一将 DNA 从琼脂糖凝胶转移到硝酸纤维素膜上，或者中性或带电荷的尼龙膜上。

准备用于转移的凝胶

6. 将凝胶转移到一个玻璃烤盘中。用锋利的剃须刀片修去凝胶边缘无用的部分，包括加样孔上方的凝胶。确保在凝胶上留有足够的加样孔，以便 DNA 转移结束后将孔道的位置标记于膜上。在凝胶左下角切去一个小三角形作为后续操作中简单的方位标记。

> 因为探针可能含有与某些 DNA 分子质量标准品条带互补的序列，因此最好切去含有 DNA 分子质量标准品的泳道。DNA 分子质量标准品经过放射自显影产生的条带图像有时可以提供有效信息，但更多时候会造成困惑。

> 如果目的条带大于 15~20kb，那么在变性前采用简略的脱嘌呤处理可使 DNA 产生缺口并进而提高转移效率（Wahl et al.1979）（请参阅"疑难解答"。）

7. 按以下步骤将凝胶浸入变性（碱性）溶液中进行 DNA 变性：

转移到不带电荷的膜上

i. 将凝胶浸入 10 倍于凝胶体积的变性溶液中，室温下持续轻轻地振荡 45min（如放在一个振荡平台上）。

ii. 用去离子水短暂冲洗凝胶，然后将凝胶浸于 10 倍于凝胶体积的中和缓冲液 I 中，室温条件下轻轻振荡 30min。更换一次中和缓冲液，继续浸泡凝胶 15min。

转移到带电荷的尼龙膜上

i. 将凝胶浸于数倍于凝胶体积的碱性转移缓冲液中，室温下轻轻振荡 15min（如放在一个振荡平台上）。

ii. 更换缓冲液一次，继续浸泡凝胶 20min，并轻轻振荡。

> 如果凝胶漂浮于液体表面，可用数支巴斯德吸管将其压下去。

准备转移用膜

8. 用干净的手术刀或切纸机切一张每边均比凝胶大 1mm 的尼龙膜或硝酸纤维素膜。此外，再切两张与膜同样大小的厚吸水纸。

> ▲对膜进行操作时需使用适当的手套以及钝头镊子（如 Millipore 镊子）。用沾有油污的手摸过的膜不易浸湿！

9. 将膜漂浮于盛有去离子水的皿中，直到膜从下往上完全浸湿，然后将膜浸泡于适当的转移缓冲液中至少 5min。用干净的手术刀片切下膜的一角，与凝胶切下的一角相一致。

> 不同批号的硝酸纤维素膜的润湿速率变化很大。如果膜在水中浸泡数分钟后仍不能完全浸湿，请参阅"疑难解答"。中性或带电荷的尼龙膜通常不会发生湿润不均匀的问题。

组装转移装置及 DNA 的转移

将 DNA 转移至不带电荷的膜时，使用中性转移缓冲液（10×SSC 或 10×SSPE）。将 DNA 转移至带电荷的尼龙膜时，使用碱性转移缓冲液（0.4 mol/L NaOH 及 1mol/L NaCl）。

10. DNA 进行变性的过程中，将一张厚的吸水纸放在一片树脂玻璃板或玻璃皿上，形成一个比凝胶长且宽的支撑物。吸水纸两端需要超出皿的边缘。将支撑物放在一个大的干烤皿中。支撑物可以放在 4 个氯丁橡胶塞上，将其从皿的底部垫高。

11．皿中放入适当的转移缓冲液直到液面几乎与支持物表面平齐。当支持物上的吸水纸完全湿润后，用一只玻璃棒或吸管赶走气泡。

12．将凝胶从步骤 7 中的溶液中取出并倒转使原来的底面向上。将倒转的凝胶放在支持物上并位于吸水纸中央。

> 要保证凝胶与吸水纸之间无气泡。

13．用 Saran 包装膜或 Parafilm 膜围绕凝胶四周，但不要覆盖凝胶。

> 以此作为屏障可以阻止液体从皿中直接流至凝胶上方的纸巾层中。如果纸巾堆放的并非十分整齐，就容易从凝胶边缘垂下并与下层的吸水纸接触。这种问题造成的短路是 DNA 从凝胶向膜转移效率低下的主要原因。

14．用适当的转移缓冲液将凝胶表层湿润。将湿润的膜放置于凝胶上，并使两者切角相重叠。为避免产生气泡，应当先使膜的一角与凝胶接触，再缓慢地将膜放到凝胶上。膜的一条边缘应恰好超过凝胶上部加样孔线的边缘。

> ▲膜一旦放在凝胶表面就不要再移动了。确保膜与凝胶之间没有气泡。

15．用适当的转移缓冲液湿润两张厚的吸水纸，并放置于湿润的膜上。用吸管在膜表面滚动，赶走气泡。

16．切或折叠一堆略小于吸水纸的纸巾（5～8 cm 高）。将纸巾放在吸水纸上。在纸巾顶部放置一块玻璃板，然后用一个 400g 重物压实。

> 其目的是为了建立液体从皿中经凝胶向膜流动的液流，以洗脱凝胶中的变性 DNA 并使其聚集在膜上。凝胶顶部的重物其重量应当能够保证印迹实验各种不同器物之间的良好接触，但是又不会挤压凝胶。挤压可以挤出凝胶内部的液体，剩下的脱水物质会很大程度地阻碍 DNA 的运动，并且极大地降低从凝胶向膜的转移效率。
>
> 未切割或折叠的整块纸巾也可以用于以上实验，但前提是 Saran 包装膜或 Parafilm 膜形成的保护层可以有效地防止缓冲液的渗漏。
>
> 为防止蒸发，有些研究者把整套转移装置用 Saran 包装膜包起来。这并无必要。

17．DNA 转移需进行 8～24h。当纸巾湿润后更换新的纸巾。尽量避免整叠纸巾都被缓冲液浸湿。

18．除去凝胶上的纸巾及吸水纸。翻转凝胶以及与之接触的膜，凝胶向上平放于一层干燥的吸水纸上。用一支极软的铅笔或圆珠笔标记加样孔的位置。

19．将凝胶从膜上剥离，弃去凝胶。

> 若不弃去凝胶，也可以将凝胶用 SYBR Gold 染色 45 min，直观地估计 DNA 转移是否成功。需要注意的是，由于残留在凝胶中的 DNA 已经变性，荧光强度可能会很低。

将 DNA 固定于膜上

从将 DNA 固定于膜上到其后的杂交，这一系列步骤的顺序取决于膜的种类、转移的方法以及固定的方法（表 2-8）。由于碱性转移将导致 DNA 共价结合于带正电荷的尼龙膜上，因此在杂交前不需要做 DNA 固定。在中性缓冲液中转移至不带电荷的尼龙膜的 DNA，需要真空烘烤或者用微波炉加热以固定于膜上，或者用紫外照射交联于膜上。

表 2-8　将 DNA 固定在膜上进行杂交

膜的类型	转移的类型	固定方法	步骤顺序
带正电荷的尼龙膜	碱性转移	碱性转移	1.将膜浸于中和缓冲液 II 中 2.进行预杂交
不带电荷或带正电荷的尼龙膜	中性转移	紫外照射（细节请参阅步骤21）	1.将膜浸于 6×SSC 中 2.紫外照射固定 DNA 3.进行预杂交
不带电荷或带正电荷的尼龙膜	中性转移	真空炉或微波炉烘烤（细节请参阅步骤21）	1.将膜浸于 6×SSC 中 2.烤膜 3.进行预杂交

20. 将膜浸于适量的下列溶液之一：

对于中性转移

6×SSC，室温 5min。

对于碱性转移

中和缓冲液 II[0.5 mol/L Tris-Cl（pH7.2）及 1 mol/L NaCl]，室温 15 min。

通过浸洗可去除黏附在膜上的凝胶碎片，对于后者则可同时使膜中和。

21. 固定已经转移到不带电荷的膜上的 DNA。

由于碱性转移导致 DNA 共价结合于带正电荷的尼龙膜上，因此不需要额外的步骤来固定 DNA。

用真空炉烘烤固定

i. 将膜从 6×SSC 中取出并使多余的液体流净。将膜放在纸巾上室温下晾干至少 30 min。

ii. 将膜夹在两张干燥的吸水纸中间。在 80℃ 真空炉中烘烤 30 min～2 h。

过度烘烤将导致硝酸纤维素膜变脆。如果在 DNA 转移前凝胶未充分变性，烘烤中硝酸纤维素膜会变成黄色或褐色并易碎。非特异杂交的背景也会急剧升高。

用微波炉烘烤固定

i. 将潮湿的膜放在一张干燥的吸水纸上。

ii. 将微波炉调至最大功率（750～900W）对膜加热 2～3 min。

可直接进行杂交（请参阅方案 13）或者将膜干燥后放在若干吸水纸中保存，需要时取出。

用微波炉烤硝酸纤维素膜将使 Southern 杂交的信号减弱，因此不推荐使用（Angeletti et al.1995）。

通过紫外照射交联

i. 将潮湿的膜放在一张干燥的吸水纸上。

ii. 采用 254 nm 紫外光源照射使 DNA 交联到膜上。

通过紫外照射固定 DNA 可以很大程度上增强利用某些品牌带正电荷尼龙膜进行杂交实验所获得的信号强度。然而，为了保证最好的效果，避免膜被过量照射非常重要。照射的目的在于使 DNA 中的一小部分胸腺嘧啶残基与膜表面带正电荷的氨基基团之间形成交联（Church and Gilbert 1984）。过量照射将导致大部分胸腺嘧啶共价结合，从而降低杂交信号。照射时应当确保膜上带有 DNA 的一面朝向紫外光源。大部分制造商建议对潮湿的膜照射总量为 1.5 J/cm²，而干燥膜则采用 0.15 J/cm² 的照射剂量。但是，我们建议采用一系列预实验以确定能获得最佳杂交信号的照射剂量的经验值。

22. 直接用探针对固定化的 DNA 进行杂交（请参阅方案 13）。

任何不立即用于杂交的膜都应当充分干燥，松散地包于铝箔纸或吸水纸中，室温保存，最好在真空条件下保存。

疑难解答

问题（步骤 2）：DNA "爬出" 凝胶的上样孔。

解决方案：DNA 样品中可能还残留有很多乙醇。将溶解的 DNA 溶液置于敞口的管中，并加热至 70℃，10 min，通常能够除去大部分乙醇。

问题（步骤 3）：DNA 溶液不下沉到上样孔的底部。

解决方案：当消化结束后出现分子质量非常高的 DNA 时，就会发生这种漂浮现象（例如，当消化不彻底或使用像 Not I 这样的酶消化哺乳类动物 DNA 时，就会产生非常大的 DNA 片段）。为了减少这类问题，请确保 DNA 被均匀地分散开，并在上样时要非常缓慢地将样品加入上样孔中。上样后，静置数分钟，以便使 DNA 更加彻底地扩散到上样孔中。

问题（步骤 6）：大的 DNA 片段（15～20kb）转移效果差。

解决方案：如果目的条带大于 15～20kb，那么变性前用简略的脱嘌呤处理可使 DNA 产生缺口并可提高转移效率（Wahl et al.1979）。脱嘌呤作用能使 DNA 的磷酸-核糖骨架打开，继而被氢氧离子所切割。步骤 6 之后，将凝胶浸于数倍体积的 0.2 mol/L HCl 直到溴酚蓝变成黄色，并且二甲苯蓝变成黄色或绿色。立即将 0.2 mol/L HCl 倒入危险性废物容器，然后用去离子水将凝胶冲洗几次。

由于脱嘌呤作用依靠 H^+ 在凝胶中的扩散，琼脂糖中不同含量的 DNA 会发生不同效率和程度的脱嘌呤作用。因此，该反应很难控制和重复。如果脱嘌呤反应过强，会产生 DNA 过度片段化，并且降低杂交信号的强度。当目的片段小于 15kb 时，最好不要进行脱嘌呤处理。然而，我们建议采用脱嘌呤/缺口方法，即使这对于高分子质量 DNA 的 Southern 分析并不是必须步骤。

问题（步骤 9）： 硝酸纤维素膜没有均匀的湿润。

解决方案： 如果膜在水中浸泡数分钟后仍不能完全浸湿，必须更换一张新膜，因为将 DNA 转移到一张未均匀浸湿的膜上是不可靠的。最初的膜应被丢弃或者夹在 2×SSC 饱和的 3MM 滤纸之间高压 5min。这种处理通常会使膜完全浸湿。高压后的膜可以夹在高压过的 2×SSC 饱和浸润 3MM 滤纸中间，密封于塑料袋中 4℃ 保存，用时取出。

🔬 讨论：准备 Southern 分析所需的 DNA 限制性内切核酸酶消化产物

以下所列为制备标准 Southern 分析所需的基因组 DNA 限制性内切核酸酶消化产物时，需要记住的要点：

- 消化的 DNA 量必须足以产生信号。对于哺乳类动物基因组 DNA 的 Southern 分析，当用于检验单拷贝序列的探针为标准长度（＞500bp）并具有高比活度（＞10^9 cpm/μg）时，凝胶每一加样孔应加 10μg DNA 样品。如果样品中目的序列的浓度较高，可以按比例减少 DNA 用量。

- 所选择的限制性内切核酸酶应当是已知有用的。例如，使用平均每 100kb 才会出现一个位点的限制性内切核酸酶处理一个长度中位数为 50kb 的 DNA 样品是毫无意义的。作为一个通用的规则，通常消化前的 DNA 长度中位数至少应该 3 倍于消化产生的 DNA 片段长度中位数。

- 每一加样孔的 DNA 上样量应当精确定量。这并不是指限制性内切核酸酶消化产物必须具有相同的 DNA 含量。小体积黏稠度极度的高分子质量基因组 DNA 很难测量，这种不精确将导致凝胶加样孔的上样量过大或不足。如果需要分析多个样品中相同量的 DNA（例如，比较从正常个体和患某种遗传病的个体中分离的基因组 DNA，或者试图确定某基因的拷贝数时），则最好是对每一个样品都消化足量的 DNA，而不必考虑是否每一种消化产物都有相同的 DNA 含量。每一样品的精确 DNA 浓度可以在上样前用荧光测定法测定（请参阅第 1 章"DNA 定量"部分的介绍）。

许多情况下，限制性内切核酸酶消化反应的体积取决于需要分析的 DNA 浓度。通常制备的高分子质量哺乳类动物基因组 DNA 浓度很低，以致限制性内切核酸酶消化反应需要很大的体积。通常相应的一个系列的 DNA 限制性内切核酸酶消化反应不必在相同的体积中进行。只要能保证消化完全，每一个消化反应的体积不是实质性的问题。消化结束后，DNA 片段可用乙醇沉淀浓缩，用荧光测量法测定浓度，然后用较小体积的凝胶加样缓冲液加于加样孔中。

- 消化反应要进行完全。高分子质量 DNA 消化所遇到的主要问题是由局部 DNA 浓度的差异引起的消化不均匀。相对而言，限制酶不易进入 DNA 团块中，只能从团块的外部消化。要保证 DNA 均匀地分散，应操作如下：

1. 如果可能，至少采用 45μL 反应体积。在加入限制酶之前，稀释 DNA 并加入 10× 限制酶缓冲液，置于 4℃ 数小时。

2. 使用一个封口的玻璃毛细管温和地搅动 DNA 溶液数次。

3. 加入限制酶后（5V/μg DNA），先于 4℃温和地搅拌溶液 2～3min，再升温至酶切反应需要的温度。

4. 消化 15～30 min 后，加入第二份限制酶（5V/μg DNA），同上所述搅动反应液。

5. 在适当的温度下反应 8～12 h。

重要的是，实验中应当包括有若干对照反应，以显示限制酶消化反应是否进行完全、DNA 转移和杂交是否有效进行。可以通过设立一组消化物，包含高分子质量哺乳类动物基因组 DNA 和与探针存在互补序列的少量质粒（如 10μg 哺乳类动物 DNA，以及 10^{-5}μg、10^{-6}μg、10^{-7}μg 的质粒）来实现。在消化过程中，质粒将被切成一系列条带，这些条带用 SYBR Gold 对凝胶染色时，可能观察不到。然而，正确大小的片段应该在随后的探针杂交中能够被检测到。这些对照应点样于凝胶一侧的加样孔中，远离哺乳类动物 DNA 样品，这样可以减少意外污染的机会，最大限度地减小对照与样品的杂交信号混淆不清的可能性。

参考文献

Angeletti B, Battiloro E, Pascale E, D'Ambrosio E. 1995. Southern and northern blot fixing by microwave oven. *Nucleic Acids Res* 23: 879–880.
Church GM, Gilbert W. 1984. Genomic sequencing. *Proc Natl Acad Sci* 81: 1991–1995.

Wahl GM, Stern M, Stark GR. 1979. Efficient transfer of large DNA fragments from agarose gels to diazobenzyloxymethyl-paper and rapid hybridization by using dextran sulfate. *Proc Natl Acad Sci* 76: 3683–3687.

方案 12　Southern 印迹：DNA 从一块琼脂糖凝胶同时向两张膜转移

DNA 可以同时从琼脂糖凝胶的上下两面向两张膜上转移。当需要用两种不同的探针分析同一组限制性内切核酸酶酶切片段时，这种方法是很有用的。应用此法 DNA 片段转移速率较快，但是由于凝胶中的液体从两侧同时流出导致脱水速率太快，所以转移效率较低。当靶序列的浓度较高时这种方法效率最高，如分析克隆的 DNA（质粒、噬菌体、黏粒、PAC 或 BAC）或者不太复杂的基因组（如 *S.cerevisiae* 或 *Drosophila*）时。用这种方法转移的哺乳类动物基因组 DNA 量太少，以至于在检测单拷贝序列杂交信号时重复性和快捷性较差。

材料

为正确使用本方案中的器材和危险试剂，必须查找相应的材料安全数据表并咨询所在机构的环境卫生和安全办公室。

本方案的专用试剂标注<R>，配方在本方案末提供。常用储备溶液、缓冲液和试剂标注<A>，配方见附录 1。储备溶液应稀释至适用浓度后使用。

试剂

用无 SYBR 染料的电泳缓冲液（0.5×TBE<A>或 1×TAE<A>）配制的琼脂糖凝胶（0.7%）

尽管凝胶可以按照常规方法在含有染料的缓冲液中进行电泳，但更为精确地测定 DNA 片段大小的方法是在电泳后用 SYBR Gold 进行染色。凝胶中含有的 SYBR Gold 有可能导致 DNA 条带的扭曲，并可能会不同程度地阻碍 DNA 片段的迁移。

适当的限制性内切核酸酶

变性溶液

> 1.5 mol/L NaCl
>
> 0.5 mol/L NaOH

DNA 分子质量标准品

> 从许多制造商那里可以买到一系列的 DNA 分子质量标准品，或用适当的限制性内切核酸酶消化克隆载体来制备。我们建议在凝胶一侧的加样孔中使用 1kb 的 DNA 梯度标准品（Life Technologies），与之相反的另一侧使用细菌 λ 噬菌体 DNA 的 *Hin*d III 酶切消化产物作为标记。
>
> 不推荐使用 ^{35}S 或 ^{33}P 放射性标记的分子质量标准品，因为它们所需的最佳曝光时间与目标条带不同。

电泳缓冲液（通常为 1×TAE<A>或 0.5×TBE<A>）

凝胶加样缓冲液 I 或 IV<A>（6×，含蔗糖）

HCl（0.2 mol/L），应用于 DNA 脱嘌呤（可选，请参阅方案 11，步骤 6）

中和缓冲液

> 1mol/L Tris（pH7.4）
>
> 1.5mol/L NaCl

中性转移缓冲液（10×SSC<A>）

SSC（6×）<A>

SYBR Gold

靶 DNA

设　备

交联设备（如 Stratalinker，Agilent；GS Gene Linker，Bio-Rad），微波炉或者真空炉。

玻璃烤盘

玻璃板

尼龙膜或硝酸纤维素膜

> 请参阅章节导言中有关 Southern 及 Northern 杂交使用膜的讨论。

玻璃棒

旋转振荡平台

手术刀或切纸机

厚的吸水纸（如 Whatman 3MM、Schleicher & Schuell/Whatman GB004 或 Sigma-Aldrich QuickDraw）

荧光标记的透明尺

> 尺子用来测量 DNA 分子质量标记物的电泳距离。在成像时将尺子放置于凝胶边缘，可以在图像上测量出已知大小的 DNA 标记物从加样孔迁移的距离，并绘制拟合曲线。杂交检测到的放射性标记条带大小可以通过与 DNA 分子质量标准品拟合曲线进行插值换算来估计。

重物（400g）

🔩 方法

1．消化 DNA 并根据方案 11 步骤 1～3 所述将其进行凝胶电泳分离。

2．凝胶电泳分离 DNA 以后，用 SYBR Gold 染色并照相。将一透明荧光尺放在凝胶边缘以便从照片上根据迁移距离直接读出 DNA 条带的大小。在中性条件下准备转移用的凝胶（方案 11，步骤 6～7）。

3．用干净的手术刀或切纸机切下两张每边都比凝胶大 1～2mm 的尼龙或硝酸纤维素膜。切下膜的一角，使之与凝胶的切角对应。切 4 张与膜同样大小的厚吸水纸。

▲对膜进行操作时需使用适当的手套以及钝头镊子（如 Millipore 镊子）。用沾有油污的手摸过的膜不易浸湿！
若欲固定小片段 DNA（<300 核苷酸），换用小孔径（0.2 μm）的硝酸纤维素膜或尼龙膜。

4．将膜漂浮于盛有去离子水的皿中，直到膜从下往上完全浸湿，然后将膜浸泡入 10×SSC 中至少 5 min。

不同批号的硝酸纤维素膜的润湿速率变化很大。如果膜在水中浸泡数分钟后仍不能完全浸湿，必须更换一张新膜，因为将 DNA 转移到一张未均匀浸湿的膜上是不可靠的。不能完全浸湿的膜应被丢弃或者夹在 2×SSC 饱和的 3MM 滤纸之间高压 5 min。这种处理通常会使膜完全浸湿。高压后的膜可以夹在高压过的 2×SSC 饱和 3MM 滤纸中间，密封于塑料袋中 4℃保存，用时取出。

5．每层都用吸管滚动赶走气泡，尤其是膜与凝胶之间。将一张膜放在两张潮湿的吸水纸上。将凝胶放在膜上，二者切去的一角对齐。立即将另一张膜放在胶的另一面，然后是两张潮湿的吸水纸。

6．将夹在一起的吸水纸、膜以及凝胶放到 5～10cm 高的一叠纸巾上。上面再放置一叠纸巾。将一块玻璃板放在纸巾上并用 400g 重物压实。

7．2～4h 之后，移去吸水纸及纸巾。将凝胶和膜转移到干燥的吸水纸上，用一支极软的铅笔或圆珠笔标记凝胶加样孔的近似位置。

8．通过完成方案 11 的步骤 20～22 将 DNA 固定于膜上。

9．直接用探针与固定的 DNA 杂交（方案 13）。

任何不立即用于杂交的膜都应当充分干燥，松散地包于铝箔纸或吸水纸中，室温保存，最好在真空条件下保存。

方案 13　采用放射性标记探针对固定在膜上的核酸 DNA 进行 Southern 杂交

　　Southern 杂交的目的是在 DNA 片段混合物中检测出靶 DNA 序列。这种方法成功的关键取决于制备出对于靶 DNA 序列具有惟一性和特异性的检测探针。当初始 DNA 的复杂性较低、重复原件的数量很少，且靶 DNA 的核苷酸序列很独特时，寻找到一个具有前述特性的探针是很容易的。在这种情况下，可以用人工方法选择合适的探针。然而，像哺乳类动物基因组 DNA 这种初始 DNA 基因组复杂性较高且（或）序列很复杂的情形，最好使用一个基因组浏览器去选择一个合适的探针序列。有一种比对工具可被用来在起始基因组中寻找和鉴别出对靶 DNA 特异，且对初始 DNA 的其他序列没有高度同源性的一段序列。有时要鉴别出不与初始 DNA 序列存在同源交叉的探针需要工作者有较强的毅力。另一种可供选择的方法就是利用生物信息学方法自动设计具有高识别力的探针，这种探针的效果应当比手工设计的探针效果好（请参阅 Corning et al. 2010）。

　　Southern 杂交获得的信号强度取决于若干因素，包括与探针互补的固定化 DNA 比例、探针的大小及特异性、以及转移到膜上的基因组 DNA 的数量。在最佳条件下，这种方法的敏感度足以检测到与 ^{32}P 标记的高特异性（$>10^9$ cpm/μg）探针互补的 <0.1 pg 的 DNA。如果有 10μg 的 DNA 转移到膜上，并用长度为几百个核苷酸的探针杂交，用传统的 X 射线片曝光过夜（或者在感光影像仪上曝光 15～60min），可以检测到一段 1000bp 的哺乳类动物基因组中的单拷贝序列（即 300 万分之一）。由于杂交信号的强度与探针的特异活性成正比，而与其长度成反比，所以当使用极短的探针进行杂交时，Southern 杂交的灵敏度将达到极限。当用寡核苷酸作为探针去检测单拷贝基因组序列的杂交信号时，则必须对探针进

行放射性标记以获得可能的最高特异活性，同时提高膜上的靶 DNA 数量并进行放射自显影数天或者用磷光屏曝光数小时。关于检测相关但并非惟一的序列，请参阅本方案结尾处的讨论"低严谨性杂交"。关于使用放射性或非放射性标记探针的讨论，请参阅第 13 章中的介绍。

材料

为正确使用本方案中的器材和危险试剂，必须查找相应的材料安全数据表并咨询所在机构的环境卫生和安全办公室。

本方案的专用试剂标注<R>，配方在本方案末提供。常用储备溶液、缓冲液和试剂标注<A>，配方见附录 1。储备溶液应稀释至适用浓度后使用。

试剂

固定于膜上的 DNA
磷酸-SDS 洗液 1<R>
磷酸-SDS 洗液 2<R>
预杂交/杂交液

> 根据具体需要配置适量的预杂交液。每平方厘米膜大约需要 0.2 mL 预杂交液；如果在转瓶里杂交时，可以使用更少的体积（约 0.1mL/cm²）。
>
> 预杂交/杂交液制备时，可以用或不用 poly（A）RNA。当使用 ³²P 标记的 cDNA 或 RNA 作探针时，可以在预杂交液或杂交液中添加 poly（A）RNA，以避免探针同真核生物 DNA 中普遍存在的富含胸腺嘧啶的序列结合。poly（A）RNA 加于水相溶液或甲酰胺杂交缓冲液中，使其终浓度为 1μg/mL。

用于在水相溶剂缓冲液中杂交的预杂交/杂交液<R>

> 这是用于 Southern 杂交的标准缓冲液，已有 35 年之久。这个溶液可以用 SSC 或 SSPE 配制。SSPE 中含有 EDTA，它是一种比柠檬酸更好的二价金属离子（如镁离子）螯合剂，因此可以更有效地抑制 DNA 酶活性以免降低探针及靶 DNA 的浓度。

用于在甲酰胺缓冲液中杂交的预杂交/杂交液<R>

> 请参阅信息栏"甲酰胺及其在分子克隆中的应用"

用于在磷酸-SDS 缓冲液中杂交的预杂交/杂交液（Church 缓冲液）<R>
DNA 或 RNA 探针

> 对于哺乳类动物基因组 DNA 的 Southern 分析，每个凝胶加样孔上样 10μg DNA，应使用 10～20ng/mL 放射性标记的探针（特异活性≥10⁹cpm/μg）。对于克隆 DNA 片段的 Southern 分析，每一个限制性内切核酸酶消化的条带仅含有约 10ng DNA 或略多，因此需要的探针量也少得多。分析克隆 DNA 时，应当使用 1～2ng/mL 放射性标记的探针（特异活性=10⁶～10⁹ cpm/μg）杂交 6～8h。请按照第 13 章中描述的方法进行放射性或非放射性标记。

Na₃PO₄ 溶液（1 mol/L，pH7.2）
SSC<A>（0.1×）
SSC<A>（0.1×）含 0.1%（m/V）SDS
SSC<A>（2×）含 0.1%（m/V）SDS
SSC<A>（2×）含 0.5%（m/V）SDS
SSC<A>或 SSPE<A>（6×）

专用设备

杂交瓶
预先调到适宜温度的孵箱或商品化杂交装置
预先调到 65℃的孵箱或水浴振荡器（应用于磷酸-SDS 缓冲液中的杂交）
黏性点状磷光标签
沸水浴

方法

1. 将含有靶 DNA 的膜漂浮在盛有 6×SSC（或 6×SSPE）的皿中，直到膜自下而上完全浸湿。将膜浸泡于溶液中 2min。

2. 用下列方法之一进行预杂交。

在热密封袋中进行的杂交

 i. 将湿润的膜塞入热密封袋中（如 Sears Seal-A-Meal 或相应设备），按每平方厘米膜 0.2mL 加入预杂交液。尽量将袋中的空气挤出。

 ii. 用热封口机重复密封住袋的开口端两次。轻轻挤压袋子以检查密封的强度及完整性。将袋子浸泡于适宜温度的水浴中孵育 1～2h（水性溶剂杂交液 68℃；含有 50%甲酰胺的杂交液 42℃；磷酸-SDS 杂交液 65℃）。

在杂交瓶中进行的杂交

 i. 轻轻地将湿润的膜卷成圆柱状，与制造商提供的塑料网一起放入杂交瓶。按每平方厘米膜 0.1mL 加入预杂交液。将瓶盖拧紧。

 ii. 将杂交管放入预先加热到适宜温度的杂交炉中（水性溶剂杂交液 68℃；含有 50%甲酰胺的杂交液 42℃；磷酸-SDS 杂交液 65℃）。

在塑料容器中进行的杂交

 i. 将湿润的膜放在塑料（如 Tupperware）容器中，按每平方厘米膜 0.2mL 加入预杂交液。

 ii. 用盖子密封盒子，将盒子放入预设到适宜温度的空气孵箱中的振荡平台上（水性溶剂杂交液 68℃；含有 50%甲酰胺的杂交液 42℃；磷酸-SDS 杂交液 65℃）。

3. 如果放射性标记的探针是双链 DNA，100℃加热 5 min 变性，迅速将探针放入冰水浴中冷却。

> 或者，可以加入 0.1 倍体积的 3mol/L NaOH 使 DNA 探针变性。室温下 5min 后，将探针放入 0℃冰水浴中冷却，加入 0.05 倍体积的 1mol/L 的 Tris-Cl（pH7.2）以及 0.1 倍体积的 3 mol/L HCl。将探针保存在冰水中直至取用前。
>
> 单链 DNA 以及 RNA 探针不需要变性。

4. 使探针与包含基因组 DNA 的膜杂交，请按照下列方法之一进行操作。

在热密封袋中进行的杂交

 i. 快速将装有膜的塑料袋从水浴中取出。用剪刀剪开一角打开袋子，将预杂交液倒出。

 ii. 将变性的探针加到适量的新鲜预杂交液中，并将此溶液转移入袋子。尽量将袋中的空气挤出。

 iii. 用热封口机重新密封袋子，使袋中尽可能少地残留气泡。为了避免水浴的放射性污染，需将重新封口的袋子密封于另一个未污染的袋子中。将袋子浸泡于适宜温度的水浴中进行一定时长的杂交反应。

在杂交瓶中进行的杂交

 i. 将预杂交液从杂交瓶中倒出，并加入新鲜的含有探针的杂交液。

 ii. 封好瓶口，重新放入杂交炉进行一定时长的杂交反应。

在塑料容器中进行的杂交

 i. 将膜从容器中转移到密封的袋子或杂交瓶中。

 ii. 迅速按照上述方法进行杂交反应。

5. 杂交后，洗膜。

在热密封袋中进行的杂交

i. 戴上手套，将袋子从水浴中取出，去掉外层的袋子，立即将内层袋子剪去一角。将杂交液倒入处理放射性污染物的废液缸中，然后沿三边将袋子剪开。

ii. 将膜取出，立即浸入含有数百毫升 2×SSC 及 0.5% SDS 的托盘中（即每平方厘米膜约 1mL），室温下将托盘放在缓慢旋转平台上轻轻振荡。

在杂交瓶中进行的杂交

i. 将膜从杂交瓶中取出，夹住膜的一角，将其贴靠在瓶口或容器口，以便将多余的杂交液沥干。

ii. 将膜浸入含有数百毫升 2×SSC 及 0.5%SDS 的托盘中（即每平方厘米膜约 1mL），室温下将托盘放在缓慢旋转平台上轻轻振荡。

> 如果在磷酸-SDS 溶液中进行杂交，如步骤 5 所述将膜从杂交容器中取出后，将膜浸入含有数百毫升 65℃磷酸-SDS 洗液 1 的托盘中（即每平方厘米膜约 1mL），将托盘放在缓慢旋转平台上轻轻振荡。重复上述步骤一次。

> ▲洗膜过程任一步骤中，切忌使膜彻底干燥！

6. 5min 后，将第一遍洗液倒入处理放射性污染物的废液缸中，在托盘中加入数百毫升 2×SSC 及 0.1% SDS。室温下放置 15min，并轻轻振荡数次。

> 如果杂交是在磷酸-SDS 缓冲液中进行的，将膜浸入 65℃的磷酸-SDS 洗液 2 中清洗共 8 次，每次 5min。然后直接进行步骤 9。

7. 将浸泡的溶液换成数百毫升新鲜的、含有 0.1% SDS 的 0.1×SSC。65℃下放置 30min 至 4h，并轻轻振荡。

> 在洗膜过程中，使用手持迷你检测仪定期检测膜上的放射活性剂量。膜上没有 DNA 的部分应当没有可检测的信号。不要期望通过手持迷你检测仪获得膜上哺乳类动物 DNA 与单拷贝探针杂交后的信号。

8. 室温下用 0.1×SSC 洗膜。

9. 将膜放在一叠纸巾上以去除大部分液体。将潮湿的膜放在一张 Saran 包装膜上。在 Saran 包装膜上取几个不对称的位置贴上黏性点状磷光标签。这些标记物可以与膜一起进行放射自显影。

> 也可以将膜在空气中干燥后，用水溶性胶水将其黏在一张 3MM 滤纸上。

10. 用一层 Saran 包装膜将膜覆盖，将膜暴露于磷光屏。通常曝光 1~4h 已经足够检测哺乳类动物基因组中的单拷贝基因序列。

> 如果膜上的 DNA 还要用另一种探针进行杂交，请见本方案后的附加方案：将探针从膜上洗脱。

> 许多因素都会造成 Southern 杂交中多余的背景。表 2-9 列出了最常见的问题和降低背景的预防措施。

讨论：低严谨性杂交

当被检测的基因与某一探针的序列仅仅是相关而不是完全一致时，可以在降低严谨性的条件下进行杂交。杂交成功与否关键在于：①杂交探针与靶序列的一致性；②正确选择杂交条件。来自于单一物种的基因家族成员，或不同物种的同工基因，只要其序列一致性达到≥65%，就可以通过低严谨性杂交将其分离出来。鉴别序列一致性＜65%的基因则需要操作技巧及运气。后者更容易通过低严谨性 PCR（请见第 8 章）分离出来。下文给出的杂交/洗膜条件适用于鉴别序列一致性≥65%的基因。

- 对于噬菌斑和菌落的 Southern 杂交或筛选。建立杂交体系的缓冲液需要含有 30% (*V/V*) 去离子甲酰胺、0.6mol/L NaCl、0.04mol/L 磷酸钠（pH 7.4）、2.5mmol/L EDTA（pH 8.0）、7% SDS，以及放射性标记的变性探针（杂交液中浓度为 $1×10^6~2×10^6$ cpm/mL）。42℃杂交 16 h。

- 对于 Northern 杂交。杂交在如下体系之中进行，50%去离子甲酰胺、0.25mol/L NaCl、0.10mol/L 磷酸钠（pH 7.2）、2.5mmol/L EDTA（pH 8.0）、7% SDS、放射性标记的变性探针（杂交液中浓度为 $1×10^6~2×10^6$ cpm/mL）。42℃杂交 16 h。

　　杂交反应结束后，室温下用 2×SSC/0.1% SDS 洗膜两次，每次 10min。然后用 2×SSC/0.1% SDS 55℃洗膜 1h。应使用较大体积的浸泡及洗膜溶液，并确保在使用前其温度适当。对于序列同源性<65%的基因的鉴别难度较大，但是采用下列方法中的一种或几种应该也可以完成。

- 使用体外转录的 RNA 探针（请见第 13 章，方案 5）。由于 RNA-DNA 的杂交稳定性大于 DNA-DNA（Casey and Davidson 1977；Zuker et al.1985），有时这就可能带来信号可见与不可见的差别。但是 RNA 探针易产生较高的背景，用低严谨性洗膜条件无法去除。使用不带电荷的尼龙膜可以减轻这一问题。
- 降低甲酰胺浓度到 20%并在 34℃杂交。浸泡及洗膜的方法同上所述。
- 使用商业化的"快速杂交"溶液（请见关于信息栏"快速杂交缓冲液"），并且按照制造商建议的方法洗膜。

表 2-9　背景及避免措施

特征	原因	可能的解决方法
整张膜上有杂点背景	预杂交时封闭不完全	延长预杂交时间
	实验过程中膜过度干燥了	注意使膜始终保持湿润
	实验过程中使用的某一溶液中SDS沉淀出来	室温下配制溶液，在 37℃中预热，然后再加 SDS。应时刻注意避免 SDS 沉淀。当 SDS 沉淀时重新加热溶液有时也会得到干净的结果
	杂交中使用了 10%的硫酸葡聚糖	硫酸葡聚糖可以增强杂交效率。除非在极少数情况下（如原位杂交或使用消减探针时），一般的杂交溶液中可以不使用硫酸葡聚糖。洗去这种黏稠的化合物需要使用大量的洗膜液，而且这种物质一旦残留在杂交后的膜上，可以吸附探针产生背景
	毛细管效应转移时纸巾完全湿透了（见方案 11）	使用较多的纸巾或者及时更换湿透的纸巾
	使用带电荷的尼龙膜而溶液中SDS浓度较低	在所有步骤中将 SDS 的浓度提高至 1%（m/V）或者换成不带电荷的尼龙膜
	使用了不纯（黄色）的甲酰胺	使用前先用 Dowex XG-8 纯化甲酰胺（附录2）
	使用了不恰当的封闭剂	进行基因组 Southern 杂交时请勿使用 BLOTTO。建议采用 50μg/mL 肝素作为封闭剂（Singh and Jones 1984）或使用 Church 缓冲液（Church and Gilbert 1984）作为预杂交及杂交溶液
整张膜上有斑块 背景集中在含有核酸的泳道上	预杂交/杂交液中有气泡；没有使膜搅动	使用前预热溶液，搅动膜
	未恰当变性载体 DNA	重新煮沸预杂交/杂交液中使用的鲑鱼精 DNA，避免热变性的 DNA 重新复性
	Northern 杂交中使用了含有 poly（T）的探针	在杂交液中加入 1 μg/mL 的 poly（A）
	使用 RNA 探针	提高杂交液中甲酰胺的浓度可以极大地提高杂交的严谨性；杂交液中使用 1%的 SDS，提高洗膜温度，降低洗膜液的离子强度（如 0.1×SSC）
杂点背景仅在某些膜上出现而其他膜上没有	在同一个容器中放入了太多的膜一起杂交，预杂交/杂交液体积不够	增加杂交容积和洗膜液，并/或减少杂交袋或容器中的膜数量
整张膜出现深黑色斑点	采用了旧放射性标记物标记探针	当采用 5′端标记的 DNA 探针时，^{32}P 以无机磷酸或磷酸盐的形式黏附在膜上可产生强背景。不要用旧的放射性标记物，因为它们已经发生了放射性衰变。在使用探针前可采用离心柱层析、沉淀或电泳等方法对探针进行纯化处理。在预杂交/杂交液中加入 0.5%（m/V）的焦磷酸钠

附加方案　从膜上洗脱探针

尽管在许多实验中，记录下自显影图像以后，可以将探针从膜上洗脱，并用其他的探针进行杂交，但与这一程序有关的一些问题如下。

- 探针与膜的不可逆结合。当硝酸纤维素膜或尼龙膜干燥时间过长时，探针的结合是不可逆的。如果需要在一张膜上杂交一个以上的探针，那么在所有的实验阶段包括杂交、洗膜以及在 X 射线片或磷光屏上曝光时，都必须保证所用的固相支持物保持湿润。
- 膜的脆性。结合有基因组 DNA 或 RNA 的尼龙膜可洗脱探针并重复杂交 5～10 次。而硝酸纤维素膜易碎，通常不能洗脱探针并重复杂交超过 2～3 次。
- 从膜上洗去了核酸。每一次洗脱探针和重复杂交都会将固定在膜上的 DNA 或 RNA 洗去一部分，因此信号强度会逐渐降低。在这一点上，硝酸纤维素膜是最糟糕的。

附加材料

为正确使用本方案中的器材和危险试剂，必须查找相应的材料安全数据表并咨询所在机构的环境卫生和安全办公室。

试剂

洗脱缓冲液
探针洗脱液（请参阅下面方法 2 中的表）

方法 1：将探针从膜上洗脱

1. 将数百毫升的 0.05×SSC、0.01mol/L EDTA（pH 8.0）加热至沸腾以制备洗脱缓冲液。将液体从热源上移开，加入 SDS 至终浓度为 0.1%（m/V）。
2. 将膜浸入热的洗脱缓冲液中 15min，在此期间请振荡或旋转容器。
3. 更换新的沸腾的洗脱缓冲液，重复步骤 2。

▲在更换洗脱缓冲液时注意不要让膜干燥。

4. 室温下将膜浸于 0.01×SSC 中。将膜放在一叠纸巾上以去除大部分液体，将湿润的膜夹在两张 Saran 包装膜之间，用 X 射线片曝光以检查是否所有的探针都已被洗脱。
5. 干燥膜，将其松散地包在铝箔纸或者一叠吸水纸中间，室温下保存（最好是真空条件下）直到需要时。对膜进行重复杂交时，将其置于预杂交液中，然后按照方案 13 步骤 2 进行后续实验。

方法 2：从带电荷或者中性的尼龙膜上洗脱杂交后的探针

大部分尼龙膜的制造商都会提供从其特定类型膜上洗脱各种不同探针的最佳方案。建议按这些方法操作。另外，也可以用下表中所述的三种探针洗脱缓冲液中的一种，处理杂交后的膜。

探针洗脱液	处理方法	洗膜液
1mol/L Tris-Cl（pH8.0），1mmol/L EDTA（pH 8.0），0.1×Denhardt's 试剂	75℃，2 h	室温下 0.1×SSPE
50%甲酰胺	2×SSPE，65℃，1h	室温下 0.1×SSPE
0.4mol/L NaOH	42℃，30 min	0.1×SSC，0.1%SDS，0.2 mol/L Tris-Cl（pH7.6）；42℃，30 min

1. 按照配方配制上表中所列的某一种探针洗脱液数百毫升，将膜浸于溶液中，按照文中所述方法洗脱探针并洗膜。

2. 将膜放在一叠纸巾上以去除大部分液体，将湿润的膜夹在两张 Saran 包装膜之间，用 X 射线片曝光以检查是否所有的探针都被洗脱。

3. 干燥膜，将其松散地包在铝箔纸或者一叠吸水纸中间，室温下（最好是真空条件下）保存直到需要时。对膜进行重复杂交时，将其置于预杂交液中，然后按照方案 13 步骤 2 进行后续实验。

配方

为正确使用本方案中的器材和危险试剂，必须查找相应的材料安全数据表并咨询所在机构的环境卫生和安全办公室。

磷酸-SDS 洗液 1

试剂	用量（配置 1L）	终浓度
Na_3PO_4 缓冲液（0.1mol/L，pH 7.2）	400mL	40mmol/L
EDTA（0.5mol/L，pH 8.0）	2mL	1mmol/L
SDS（20%，m/V）	250mL	5%（m/V）
牛血清白蛋白成分 V	5g	0.5%（m/V）

磷酸-SDS 洗液 2

试剂	用量（配置 1L）	终浓度
Na_3PO_4 缓冲液（0.1mol/L，pH 7.2）	400mL	40mmol/L
EDTA（0.5mol/L，pH 8.0）	2mL	1mmol/L
SDS（20%，m/V）	50mL	1%（m/V）

预杂交/杂交液（用于在水相缓冲液中杂交）

试剂	用量（配置 1L）	终浓度
SSC（或 SSPE）（20×）	300mL	6×
Denhardt's 试剂（50×）	100mL	5×
SDS（20%，m/V）	25mL	0.5%（m/V）
Poly（A）（10mg/mL）	100μL	1μg/mL
鲑鱼精 DNA（10mg/mL）[a]	10mL	100 μg/mL

充分混合后，用孔径为 0.45μm 的一次性醋酸纤维素膜（Schleicher & Schuell Uniflow 注射器滤膜或其他相应设备）过滤。

a. 制备鲑鱼精的配方在附录 1 中。

预杂交/杂交液（用于在甲酰胺缓冲液中杂交）

试剂	用量（配置 1L）	终浓度
SSC（或 SSPE）（20×）	300mL	6×
Denhardt's 试剂（50×）	100mL	5×
SDS（20%，m/V）	25mL	0.5%（m/V）
Poly（A）（10mg/mL）	100μL	1μg/mL
鲑鱼精 DNA（10mg/mL）[a]	10mL	100μg/mL
甲酰胺	500mL	50%（m/V）

充分混合后，用孔径为 0.45μm 的一次性醋酸纤维素膜（Schleicher & Schuell Uniflow 注射器滤膜或其他相应设备）过滤。

为了降低在低严谨性条件下（如 20%～30%的甲酰胺）的杂交背景，尽可能使用高纯度的甲酰胺是非常重要的。

a. 制备鲑鱼精的配方在附录 1 中。

预杂交/杂交液（用于在磷酸-SDS 缓冲液中杂交）（Church 缓冲液）

试剂	用量（配置 1L）	终浓度
Na$_3$PO$_4$ 缓冲液（1mol/L，pH7.2）	500mL	0.5mmol/L
EDTA（0.5mol/L，pH8.0）		1 mmol/L
SDS（20%，m/V）	25mL	7%（m/V）
牛血清白蛋白成分		1%（m/V）

使用电泳级的牛血清白蛋白。由于此缓冲液中含有高浓度 SDS，因此不需要其他的封闭剂。

参考文献

Casey J, Davidson N. 1977. Rates of formation and thermal stabilities of RNA:DNA and DNA:DNA duplexes at high concentrations of formamide. *Nucleic Acids Res* 4: 1539–1552.

Church GM, Gilbert W. 1984. Genomic sequencing. *Proc Natl Acad Sci* 81: 1991–1995.

Croning MD, Fricker DG, Komiyama NH, Grant SG. 2010. Automated design of genomic Southern blot probes. *BMC Genomics* 11: 74. doi: 10.1186/1471-2164-11-74.

Singh L, Jones KW. 1984. The use of heparin as a simple cost-effective means of controlling background in nucleic acid hybridization procedures. *Nucleic Acids Res* 12: 5627–5638.

Zuker CS, Cowman AF, Rubin GM. 1985. Isolation and structure of a rhodopsin gene from *D. melanogaster*. *Cell* 40: 851–858.

信息栏

甲酰胺及其在分子克隆中的应用

甲酰胺在液体缓冲体系中用作离子溶剂。许多批号的高等级甲酰胺，其纯度可以满足直接使用而不用进一步处理。但是作为一条首要原则，一旦出现黄色或者有氨的味道产生，则甲酰胺需要纯化。更为精确的检测纯度实验是测电导率，当甲酰胺降解为甲酸铵时，电导率会升高。纯甲酰胺的电导率为 1.7（Casey and Davidson 1977），而 10^{-3} mol/L 甲酸铵溶液的电导率为 650μmho。用于重新复性实验的甲酰胺的电导率应＜2.0μmho。

甲酰胺可以通过与离子交换树脂（如 Dowex AG8，20~50mesh，或 G501-X8[D]）混合后，放在磁力搅拌器上搅拌 1h 达到去离子效果。再用 Whatman #1 滤纸过滤后，分成若干小份储存于-20℃，最好是液氮中。每种树脂都可以重复使用若干次。X8（D）带有指示剂，当树脂被耗尽时会改变颜色。

甲酰胺可用于杂交反应，以解决测序凝胶中复杂的条带压缩问题，也可以如下文所述在电泳前使 DNA 变性。

解决测序凝胶中的条带压缩问题

在聚丙烯酰胺测序凝胶中含有 25%~50%（V/V）的甲酰胺，可以减少 DNA 的二级结构，解决由于 DNA 条带不对称迁移造成的一些条带压缩问题（Brown 1984；Martin 1987）。在同样的电压下，含有甲酰胺的凝胶比传统的聚丙烯酰胺凝胶跑得更慢，温度也较低。为了维持温度，通常需要提高电压约 10%。含有甲酰胺的凝胶产生的条带较分散。

除了 DNA 测序以外，通常在分析哺乳类动物 DNA 中（CA）重复序列多态性的凝胶中也会加入甲酰胺。当凝胶中含有甲酰胺时，等位基因聚合酶链反应（PCR）扩增产生的 DNA 条带拖尾现象，可以变成相差 2bp 的一系列可分辨条带（Litt et al. 1993）。

电泳前 RNA 变性

在进行变性甲醛-琼脂糖凝胶电泳之前，甲酰胺（50%）可用于辅助 RNA 变性（Lehrach et al. 1977）。

杂交反应

Bonner 等（1967）首次在杂交反应中使用甲酰胺作为溶剂，在论文末尾，他们写道：

甲酰胺预计有可能取代杂交程序中升高温度这一步。甲酰胺的水溶液可以如 Helmkamp 和 Ts'o（1961）以及 Marmur 和 Ts'o（1961）所描述的那样使 DNA 变性。DNA-RNA 杂交所需的甲酰胺浓度为 30%~40%（V/V），远低于 Marmur 和 Ts'o 发现的使天然 DNA（在 0.02 mol/L NaCl-0.002 mol/L 柠檬酸钠溶液中）变性所需的 60%（V/V）。

最近的偶然发现表明：使用甲酰胺水溶液的杂交比升高温度的杂交具有更多的优点。这些优点包括提高了固定化 DNA 在硝酸纤维素膜上的保留时间，并降低了非特异杂交背景。这两个因素结合起来提高了杂交重复实验的可重复性。甲酰胺溶液中的杂交在低温下进行，有助于降低因延长温育过程而引发的核酸分子剪切。

除了以上这些优点以外，甲酰胺的存在可以增加针对特定实验设计反应条件的灵活性。通过甲酰胺控制杂交的严谨性比通过调节温度更容易。

参考文献

Bonner J, Kung G, Bekhor I. 1967. A method for the hybridization of nucleic acid molecules at low temperature. *Biochemistry* 6: 3650–3653.

Brown NL. 1984. DNA sequencing. *Methods Microbiol* 17: 259–313.

Casey J, Davidson N. 1977. Rates of formation and thermal stabilities of RNA:DNA and DNA:DNA duplexes at high concentrations of formamide. *Nucleic Acids Res* 4: 1539–1552.

Helmkamp G, Ts'o POP. 1961. The secondary structures of nucleic acids in organic solvents. *J Am Chem Soc* 83: 138–142.

Lehrach H, Diamond D, Wozney JM, Boedtker H. 1977. RNA molecular weight determinations by gel electrophoresis under denaturing condi-

tions, a critical reexamination. *Biochemistry* 16: 4743–4751.

Litt M, Hauge X, Sharma V. 1993. Shadow bands seen when typing polymorphic dinucleotide repeats: Some causes and cures. *BioTechniques* 15: 280–284.

Marmur J, Ts'o POP. 1961. Denaturation of deoxyribonucleic acid by formamide. *Biochim Biophys Acta* 51: 32–36.

Martin R. 1987. Overcoming DNA sequencing artifacts: Stops and compressions. *Focus (Life Technologies)* 9: 8–10.

快速杂交缓冲液

多种阳离子去污剂可以极大地提高核酸互补链的杂交效率（Pontius and Berg 1991），包括十二烷基三甲基溴化铵（DTAB）和十六烷基三甲基溴化铵（CTAB），它们都是季铵盐化合物-四甲基溴化铵的变异体。CTAB 可以用来稳定寡核苷酸探针与靶序列之间形成的双链结构（请参阅第 10 章）。在毫摩尔级浓度时，DTAB 和 CTAB 可以使两条 DNA 互补链的复性速率提高 10 000 倍以上。这种杂交速率的提高是特异的，并且发生率比非互补 DNA 杂交高 10^6 倍以上。

多家制造商出售的快速杂交缓冲液可以将杂交反应的时间从 16 h 降低到 1~2 h。尽管这些溶液的化学成分是商业秘密，但是看来有些含有季铵盐化合物，有些含有 10% 硫酸葡聚糖（Wahl et al. 1979；Renz and Kurz 1984；Amasino 1986）或 5% PEG 35000（Kroczek 1993）。如果使用这些杂交缓冲液取代传统的杂交缓冲液，可以将杂交时间降低 5 倍以上。另外，这些杂交加速剂可以在使用较低浓度（约 1 ng/mL）探针时提高杂交效率。快速杂交液在加到膜上之前应当预热到杂交温度。应当在杂交液加入膜之前，将放射性标记的探针加到预热的快速杂交液里。

　　根据我们的经验，快速杂交缓冲液对于 Southern 杂交效果很好。但是，当杂交加速剂用于 Northern 杂交时，由核糖体 RNA 杂交后所产生的非特异性背景会显著升高，有时会升高得令人难以接受。

参考文献

Amasino RM. 1986. Acceleration of nucleic acid hybridization rate by polyethylene glycol. *Anal Biochem* 152: 304–307.

Kroczek RA. 1993. Southern and Northern analysis. *J Chromatogr* 618: 133–145.

Pontius BW, Berg P. 1991. Rapid renaturation of complementary DNA strands mediated by cationic detergents: A role for high-probability binding domains in enhancing the kinetics of molecular assembly processes. *Proc Natl Acad Sci* 88: 8237–8241.

Renz M, Kurz C. 1984. A colorimetric method for DNA hybridization. *Nucleic Acids Res* 12: 3435–3444.

Wahl GM, Stern M, Stark GR. 1979. Efficient transfer of large DNA fragments from agarose gels to diazobenzyloxymethyl-paper and rapid hybridization by using dextran sulfate. *Proc Natl Acad Sci* 76: 3683–3687.

（宋 伦 译，吴 军 王恒樑 校）

第3章　质粒载体克隆与转化

导言 质粒载体 123

转化 124

方案 1 制备和转化感受态大肠杆菌的
Hanahan 方法：高效转化策略 126

2 制备和转化感受态大肠杆菌的 Inoue
方法："超级感受态"细胞 131

3 大肠杆菌的简单转化：纳米颗粒介导
的转化 135

● 替代方案　一步法制备感受态大肠杆菌：
在同一溶液中转化和储存细菌细胞 136

4 电穿孔法转化大肠杆菌 138

5 质粒载体克隆：定向克隆 143

6 质粒载体克隆：平末端克隆 145

7 质粒 DNA 的去磷酸化 148

8 向平末端 DNA 添加磷酸化衔接子/
接头 150

9 克隆 PCR 产物：向扩增 DNA 的
末端添加限制性酶切位点 151

10 克隆 PCR 产物：平末端克隆 154

11 克隆 PCR 产物：制备 T 载体 157

12 克隆 PCR 产物：TA 克隆 159

13 克隆 PCR 产物：TOPO TA 克隆 161

14 使用 X-Gal 和 IPTG 筛选细菌菌落：
α-互补 165

信息栏 关照大肠杆菌 167

用 DNA 转化细菌的历史 170

聚合酶链反应产物克隆指南 171

BioBricks 和 DNA 片段的有序组装 176

TOPO 工具：创建带有功能元件的
线性表达结构 178

抗生素 179

衔接子 181

接头 183

连接和连接酶 184

缩合剂和聚合剂 188

限制性内切核酸酶的发现 188

限制性内切核酸酶 189

氯霉素 191

ccdB 基因 193

λ 噬菌体 193

M13 噬菌体 194

质粒 195

黏粒 201

导　言

质粒载体

质粒在分子克隆技术中处于极其重要的地位：最早的重组 DNA 实验就使用了质粒，在四十多年后的今天，它仍然是分子克隆技术的重要工具并推动这项技术不断进步。经过近半个世纪的在设计上的不断改进，现在可用的质粒载体种类繁多，并针对特定目的进行了优化，与早期使用的质粒存在很大差异。关于质粒各种特征的详细讨论，见信息栏"质粒"。

用于分子克隆的质粒是宿主菌染色体之外的 DNA 片段，长度为 1kb 至>200kb。它们大多是双链、共价闭合的环状分子，可以从细菌细胞中以超螺旋形式分离出来。质粒：

- 在各种各样的细菌种类中被发现。大多数质粒宿主范围较窄，只能存在于亲缘关系很近的少数细菌种类中。
- 是辅助性遗传单位，其复制和遗传独立于细菌染色体之外。
- 已经进化发展出多种机制，以维持其在细菌宿主中稳定的拷贝数，并将质粒分子准确地分配给子代细胞。
- 其复制和转录或多或少地依赖于宿主编码的酶和蛋白质。
- 常常含有一些编码对细菌宿主有利的酶的基因。这些基因可赋予宿主一些迥然不同的特性，其中有许多极具医学和商业价值。由质粒产生的表型包括：对抗生素的抗性，产生抗生素，降解复杂有机化合物，产生大肠杆菌素、肠毒素、限制酶和修饰酶等（见信息栏"用 DNA 转化细菌的历史"）。

质粒

"质粒"（plasmid）一词由 Joshua Lederberg 于 1952 年提出，当时定义为一个染色体外的遗传单位。它曾一度被"附加体"（episome）所取代，该词由 Jacob 和 Wollman（1958）提出，用来描述一种辅助性遗传单位，它能在细胞之间传递，在细胞质中或插入细菌染色体中作为其一部分进行增殖。但是，在确定一些染色体外元件是否为质粒时很快遇到了操作困难，因为它们看起来从不插入到宿主染色体，或这些附加体插入到宿主染色体中的频率非常低。因此，Hayes（1969）建议，附加体一词"服役期满、光荣退休"。现实并非如此：现在这两个词都普遍使用，它们之间的区别日渐模糊。然而，大多数在本章中讨论的载体是 Lederberg 所定义的质粒，而不是 Jacob 和 Wollman 所定义的附加体。因此，我们认为，对于追求严谨的读者来说，"质粒"通常比"附加体"更为准确，当然也有例外。

多年来，质粒载体已变得复杂得多，并日益特殊化。早期的质粒载体只不过是用来运送 DNA 进入细菌工厂的工具，现在的许多载体都进行了精确设计以实现特定的任务，诸如基因在原核和真核生物中的表达、PCR 扩增的 DNA 的快速克隆（例如，Topo、TA、TOPO-TA、InFusion；见信息栏"聚合酶链反应产物克隆指南"）、Gateway 和其他重组系统的克隆。商业公司越来越多地构建和销售以特定目的设计的质粒载体，这些载体经常是现成的试剂盒的组分。对这些专门的高效载体的介绍，可以在本手册中推荐商业化试剂盒和商业化系统的内容中找到。毫无疑问，在过去的几年里出现了惊人的技术进步：商业化试剂盒都进行了精心设计，不容错误发生。然而，对质粒的学习和理解来自于犯错误——或许，正如 Albert Camus 写到的："真正的进步在于学会不断犯错误。"

转化

　　通常使用两种高效的方法将质粒 DNA 转化入大肠杆菌：化学转化和电穿孔。

　　在化学转化中，使用含有 Ca^{2+} 的溶液温育细菌，这个过程被认为是：①在细菌膜上制造孔隙；②遮蔽 DNA 上的负电荷；③促使 DNA 与膜结合。以这种方式处理的细胞称为感受态细胞。热激（42℃）细胞协助建立 DNA 通过膜的通道，产生温度梯度，进而将 DNA 带入细胞内。目前用于细菌转化的化学方法大部分是建立在 Mandel 和 Higa（1970）的工作基础之上，他们开发了一种用 λ 噬菌体 DNA（见信息栏"λ 噬菌体"）转染大肠杆菌的方法。后来，相同的方法被用于将质粒 DNA（Cohen et al. 1972）和大肠杆菌染色体 DNA（Oishi and Cosloy 1972）转化到细菌的实验中。

　　采用 Mandel 和 Higa 的简单实用的步骤，通常可使每毫克超螺旋质粒 DNA 产生 10^5～10^6 个大肠杆菌转化菌落。这对于常规任务已经绰绰有余，如扩增质粒或者将质粒从一种大肠杆菌菌株转移到另一种。然而，当可能得到的每一个克隆都非常重要的时候，就需要更高的转化效率，如构建 cDNA 文库或者只有微量的外源 DNA 可用。从 20 世纪 70 年代开始，一直持续到今天，文献中介绍了许多在基本技术上的革新，这些革新的目的都是为了提高质粒转化不同细菌菌株的效率（见信息栏"黏粒"），包括：在不同的缓冲液中使用二价阳离子的复杂混合液，用还原剂处理细胞，调整混合液的成分以适应大肠杆菌特殊菌株的遗传组成，在生长周期的特定阶段收获细胞，在加入化学试剂之前改变培养物生长的温度，优化热激的程度和温度，冷冻和融化细胞，在二价阳离子洗涤后把细胞放到有机溶剂中。通过所有这些或更多处理措施，现在在常规基础上可以使转化效率达到 10^6～10^9 转化体/μg 超螺旋质粒 DNA（综述见 Hanahan 1987；Hanahan et al. 1995；Hanahan and Bloom 1996；Hengen 1996）。

　　转化效率的提高归功于强有力的实践经验。同 Mandel 和 Higa 那个时代一样，这些化学试剂和物理处理如何共同诱导细胞为感受态的状态、质粒 DNA 通过何种机制进入感受态大肠杆菌并稳定传代，直到今天依然不清楚。尽管如此，20 世纪 70 年代末期以来，技术方法所取得的进步，已经使转化效率不再是分子克隆中一个潜在的限制因素。

　　电穿孔时，电流会使细胞产生瞬时的"小窝"，然后在细胞膜上形成瞬时的疏水"孔隙"。一些较大的疏水性孔隙转换为亲水性孔隙，通过附着到下面的细胞骨架成分可使其稳定。目前有两个主要的假说来解释 DNA 如何通过这些亲水孔隙。第一个假说是，在没有与细胞膜的组分有明显相互作用的情况下，DNA 被运送通过大的、稳定的细胞膜孔隙。第二个假说中，推测 DNA 必须和脂质组分形成复合物，在此模型中，电场可能不会使细胞膜产生足以转运 DNA 的大孔隙，相反，它也许会导致膜的结构变化，使得 DNA 转运成为可能（Tieleman 2004）。在这两个模型中，电流切断后孔隙都会很快关闭，使孔内的 DNA 进入细胞内。

　　电穿孔在 0℃进行，以减少焦耳热对细胞的损伤。成功的关键在于彻底清洗细胞以去除培养基中的盐。最初开发这种方法是用来诱导 DNA 进入真核细胞的，随后又被用于质粒转化大肠杆菌（Dower et al. 1988；Fiedler and Wirth 1988；Taketo 1988）。

- 通过优化参数，如电场强度、电脉冲的波长、DNA 浓度和电穿孔缓冲液的组成，能够获得超过 10^{10} 转化体/μg DNA 的转化效率（Dower et al. 1988）。
- 电穿孔可使培养液中 80%以上的细胞转化成氨苄青霉素抗性的细胞，已报道使用此方法的转化效率接近每分子质粒 DNA 可以获得一个转化体的理论最大值（Smith et al. 1990）。
- 对于大小为 2.6～85kb 的质粒，转化效率可分别达到 6×10^{10}～1×10^7 转化体/μg

DNA。这比通过化学方法制备的感受态细胞的转化效率高 10～20 倍。

- 电穿孔对于实验室最常用的大肠杆菌菌株都适用（Dower et al. 1988；Tung and Chow 1995）。

电穿孔是更快、更有效的转化方法。然而，化学转化更便宜，每微克超螺旋质粒 DNA 的转化效率虽然稍低，但是并不需要购买释放电荷的专用设备和在电穿孔过程中承载细菌悬浮液的专用样品池。高转化效率对于某些应用是至关重要的，但不是所有情况都需要。例如，构建文库就需要尽可能高的转化效率，电穿孔方法将是最好的选择；对于亚克隆等常规应用，导入 DNA 的效率不是一个限制因素，并不需要太多的转化体，更便宜的化学转化可完全满足实验需要。

菌株基因型可极大地影响质粒 DNA 转化大肠杆菌的效率，最近几年进行了大量的工作以寻找获得最大转化效率所需的突变组合。许多电穿孔和化学方法制备的大肠杆菌菌株的感受态细胞可从供应商获得，如 Life Technologies 公司和 Stratagene 公司。除非需要达到最高的转化效率，否则，对于经常进行转化的实验室，购买制备好的感受态大肠杆菌可能性价比并不高。对于这些实验室，更便宜的选择可能是使用方案 1、2 和 3 中方法自行批次制备感受态细胞。此外，还有各种商业化试剂盒可用于制备和转化感受态细胞（表 3-1）。

表 3-1　用于转化大肠杆菌的商业化试剂盒

公司	试剂盒名称	网站
Fermentas	TransformAid Bacterial Transformation kit	http://www.fermentas.com/en/products/all/molecular-cloning/kits/k271-transformaid
Sigma	RapidTransit Transformation kit	https://www.sigmaaldrich.com/Rapid-transit-transformation
Zymo Research	Z-Competent E. coli Transformation Kit	http://www.zymoresearch.com/product/z-competent-e-coli-transformation-kit-buffer-set-t3001-t3002
Lucigen	UltraClone DNA Ligation & Transformation Kit	http://lucigen.com/store/_search.php?page=1&q=ultraclone
Qbiogene	Transform and Grow Transformation Kit	http://www.qbiogene.com/products/dna-rna-purification/transgrowbactrankit.shtmL

注：用于转化大肠杆菌的试剂盒可从一些商业公司购买。表中显示的是其中一部分。

参考文献

Cohen SN, Chang ACY, Hsu L. 1972. Nonchromosomal antibiotic resistance in bacteria: Genetic transformation of *Escherichia coli* by R-factor DNA. *Proc Natl Acad Sci* 69: 2110–2114.

Dower WJ, Miller JF, Ragsdale CW. 1988. High efficiency transformation of *E. coli* by high voltage electroporation. *Nucleic Acids Res* 16: 6127–6145.

Fiedler S, Wirth R. 1988. Transformation of bacteria with plasmid DNA by electroporation. *Anal Biochem* 170: 38–44.

Hanahan D. 1987. Mechanisms of DNA transformation. In Escherichia coli *and* Salmonella typhimurium: *Cellular and molecular biology* (ed Neidhardt FC, et al.), Vol. 2, pp. 1177–1183. American Society for Microbiology, Washington, DC.

Hanahan D, Bloom FR. 1996. Mechanisms of DNA transformation. In Escherichia coli *and* Salmonella: *Cellular and molecular biology*, 2nd ed. (ed Neidhardt FC, et al.), Vol. 2, pp. 2449–2459. American Society for Microbiology, Washington, DC.

Hanahan D, Jessee J, Bloom FR. 1995. Techniques for transformation of *E. coli*. In *DNA cloning: A practical approach*, 2nd ed. Core techniques (ed Glover DM, Hames BD), Vol. 1, pp. 1–36. IRL, Oxford.

Hayes W. 1969. Introduction: What are episomes and plasmids? In *Bacterial episomes and plasmids* (ed Wolstenholme GEW, O'Connor M), pp. 4–8. Little, Brown, Boston.

Hengen PN. 1996. Methods and reagents. Preparing ultra-competent *Escherichia coli*. *Trends Biochem Sci* 21: 75–76.

Jacob F, Wollman EL. 1958. Les episomes, elements genetiques ajoutes. *CR Acad Sci* 247: 154–156.

Lederberg J. 1952. Cell genetics and hereditary symbiosis. *Physiol Rev* 32: 403–430.

Mandel M, Higa A. 1970. Calcium-dependent bacteriophage DNA infection. *J Mol Biol* 53: 159–162.

Oishi M, Cosloy SD. 1972. The genetic and biochemical basis of the transformability of *Escherichia coli* K12. *Biochem Biophys Res Commun* 49: 1568–1572.

Smith M, Jessee J, Landers T, Jordan J. 1990. High efficiency bacterial electroporation 1×10^{10} *E. coli* transformants per microgram. *Focus* (Life Technologies) 12: 38–40.

Taketo A. 1988. Sensitivity of *Escherichia coli* to viral nucleic acid. 17. DNA transfection of *Escherichia coli* by electroporation. *Biochim Biophys Acta* 949: 318–324.

Tieleman DP. 2004. The molecular basis of electroporation. *BMC Biochem* 5: 10.

Tung WL, Chow KC. 1995. A modified medium for efficient electrotransformation of *E. coli*. *Trends Genet* 11: 128–129.

方案 1　制备和转化感受态大肠杆菌的 Hanahan 方法：高效转化策略

从 20 世纪 70 年代开始，一直持续到今天，文献中报道了许多在细菌转化的基本技术方面的创新，这些技术创新的主要目的是为了提高质粒转化不同大肠杆菌菌株的效率，包括：在不同的缓冲液中使用二价阳离子的复杂混合液，用还原剂处理细胞，调整混合液的成分以适应不同遗传背景的大肠杆菌特殊菌株，在生长周期的特定阶段收获细胞，在加入化学试剂之前改变培养温度，优化热激的程度和温度，冷冻和融化细胞，在用二价阳离子溶液洗涤后在细胞中加入有机溶剂。通过所有这些或更多处理措施，现在在常规基础上的转化效率可以高达 10^9 转化体/μg 超螺旋质粒 DNA（综述见 Hanahan 1987；Hanahan et al. 1995；Hanahan and Bloom 1996；Hengen 1996）。

有几个因素会影响转化效率（见信息栏"关照大肠杆菌"）。

- 转化缓冲液中所使用试剂的纯度。使用高纯度的水和二甲亚砜（DMSO）制备感受态细胞是最重要的（Hanahan 1983）。一些试剂，包括细菌培养基组分，会随着存储期的延长而降低效能。无论何时，尽可能使用新购买的试剂和培养基。如果出现问题，每一种单独的试剂［如 DMSO、二硫苏糖醇（DTT）、丙三醇、2-（N-吗啉代）乙磺酸（MES）］应逐一在转化操作中予以替换，以确定某一批次试剂的质量及其对转化效率的影响。
- 细胞的生长状态。由于未知的原因，对-70℃冷冻存储的细菌直接进行培养，可以获得最高的转化效率。不要使用已在实验室中连续传代或存放在 4℃或室温下的培养菌做转化。
- 玻璃器皿和塑料制品的清洁度。痕量的洗涤剂或其他化学物质会极大地降低细菌的转化效率，所以最好留出一批玻璃器皿，专门用于制备感受态细菌而不再有别的用途。这些玻璃器皿应用手工洗涤和清洗，充满纯净水（Milli-Q 水或与之相当的水），然后高压灭菌消毒。在玻璃器皿使用前才将水倒掉。注意：许多用于灭菌的塑料制品和滤膜包含洗涤剂，可严重降低转化效率。

Hanahan 方法适用于分子克隆中常用的大肠杆菌 K-12 菌株，包括 DH1、DH5、MM294、JM108/9、DH5α、DH10B、TOP10 和 Mach1。此方案也适用于（虽然没有那么完美）大肠杆菌菌株 B 衍生出的 BL3。但是，其他一些大肠杆菌菌株不能采用此方法。因此，尽量使用已报道过可成功转化的菌株。

洗涤剂和有机污染物是转化反应的强抑制剂。为了避免玻璃器皿中残留洗涤剂所造成的问题，尽可能使用一次性塑料管和器皿来制备和储存转化中所使用的溶液和培养基。

下面的 Hanahan 方案结合了 Hanahan 等（1991）描述的方法和多年来公开的各种专利（美国专利 6709852、6855494 和 6960464）。CCMB80 转化缓冲液（美国专利 6960464）用来代替最初 Hanahan（1983）所述的 TSB 和 FSB 缓冲液。

材料

为正确使用本方案中的器材和危险试剂，必须查阅相应的材料安全数据表并咨询所在机构的环境卫生和安全办公室。

本方案的专用试剂标注<R>，配方在本方案末提供。常用储备溶液、缓冲液和试剂标注<A>，配方见附录 1。储备溶液应稀释至适用浓度后使用。

试剂

CCMB80 转化缓冲液，冰冷 <R>

待转化的大肠杆菌菌株（例如，DH1、DH5、MM294、JM108/9、DH5α、DH10B、TOP10
或 Mach1）（冰冻储存）

乙醇（可选；见信息栏"使用连接混合物进行转化"，下文）

甘油（无菌）

连接调整缓冲液（5×）<R>（可选；见信息栏"使用连接混合物进行转化"）

质粒 DNA（1μg）

> 存储一份标准方法制备的质粒 DNA，用来测定此批经化学处理的大肠杆菌感受态活性。通常用于此目的的质
> 粒为 pUC19，可从 New England Biolabs 公司购得。

SOB 琼脂板 <A> 含 10mmol/L MgSO$_4$

SOB 琼脂板 <A> 含 10mmol/L MgSO$_4$ 和适量的抗生素，预热

SOB 培养基 <A>

SOC 培养基 <A> 或 LB 培养基 <A>

TE（pH 7.6）<A>

设备

细菌涂布器（例如，一个巴斯德吸管制成的玻璃"曲棍球棒"）

> 或者，可用无菌的玻璃珠在琼脂平板表面上涂布细菌悬浮液。见本方案的步骤25。

配有适合平底离心瓶的转子的离心机，预冷至 4℃

容器盛满冰

冻存管（2.5mL；Nunc 公司）

干冰乙醇浴

冷冻小管（2mL，螺旋盖；如 Nunc 公司冻存管）

直径约 0.4mm 的玻璃珠

> 玻璃珠应该用酸洗涤，用水冲洗至 pH 为中性，干燥，然后在烤箱180℃烘烤约2h。

培养箱 [23℃（可选；见步骤1）和37℃]

接种环

塑料离心瓶（250mL，平底），在冰中冷却

塑料拉链袋

聚丙烯管（13mm×100mm）（可选；见步骤25）

聚丙烯管（17mm×100mm；Falcon 2059），在冰中冷却

旋转轮，置于温室中（37℃）

> 转轮应装有夹子，用于容纳 Nunc 公司冻存管。

恒温振荡器（20℃和23℃）

分光光度计

超微比色皿，读取 600nm 波长的 OD 值

水浴（42℃）

🧫 方法

准备转化用的细胞原种

1. 用接种环直接将冻存的大肠杆菌菌种在 SOB 琼脂平板表面划线，在 23℃下孵育平

板 16h。

2．将 4 或 5 个分开的菌落转移到含 2mL SOB 的 17mm×100mm 聚丙烯管中。

菌落直径应该不超过 2～3mm。可根据需要设置多个 2mL 培养物。

3．在振荡培养器中 23℃培养 16h。

4．在每份培养物中，添加无菌甘油至终浓度为 15%（V/V）。

5．分装到 2.5mL 冻存管中，每管 1mL。将冻存管装入到一个塑料密封袋中，浸入干冰/乙醇浴中 5min。

6．将塑料袋及其内容物转移到-80℃冰箱。

感受态细胞的制备

7．将 1mL 小管里的原种细胞接种到 250mL SOB 培养基（来自上述步骤 6）。

8．在振荡培养器中 20℃孵育约 16h。不时地从培养物取一份样品，测定其在 600nm 的光密度。不要让培养物的 OD_{600} 大于 0.26。

9．将培养物转移到预冷的平底离心瓶中，4℃离心 10min。

10．先倾倒上清，然后通过一个宽口移液管轻轻吸出，去掉尽可能多的上清。

11．加入 20mL 冰冷的 CCMB80 缓冲液，并旋动离心瓶中的混合物，轻柔地重悬细胞。当沉淀悬浮好后，再次添加 60mL 冰冷的 CCMB80 缓冲液并旋动。如果悬液中依然有块状的细胞，**非常轻柔地**上下吹打将小块分散开。然后，悬液在冰上孵育 20min。

12．将悬液 4℃离心 10min，读取 600nm 处的 OD 值。

13．如前所述去除上清（步骤 10），用 10mL 冰冷的 CCMB80 缓冲液重悬沉淀。

14．将 200μL SOB 加入到塑料管中。添加 50μL 大肠杆菌悬液，轻轻混匀，避免产生气泡。

15．计算所需要的 CCMB80 缓冲液的量，以将剩余细菌悬液的 OD 值调整到 1.0～1.5。加入所需冰冷的 CCMB80 的量到悬液中。

16．在冰上孵育稀释后的悬液 20min。

17．按每管 50μL 分装到预冷的 2mL 螺旋盖冷冻管中。如前所述冷冻悬液（步骤 5）。

18．用如下介绍的方法测定细胞的感受态活性。

测定感受态活性

转化效率用于定量化学处理制备的细菌感受态的活性，通常表示为每微克标准制备的质粒 DNA（如 pUC19）得到的转化体数量。要准确地测定转化效率，必须避免使用饱和量的测试质粒。通常情况下，约 10 ng 标准制备的质粒 DNA 能使一份 50μL 化学感受态细菌的转化能力饱和。因此，应使用非饱和量的 DNA（10～50pg 质粒 DNA）来测定转化效率。如果转化效率是 10^9 转化体/μg DNA，10 pg 质粒 DNA 应产生共 10 000 个转化体。如果只在平板上涂了 1/10 的转化混合物（见下文步骤 25），每个琼脂平板上应形成约 1000 个转化菌落。

商业化生产的化学感受态细胞，转化效率在 10^8～10^9 转化体/μg pUC19 DNA。通常，自制的转化细胞效率没那么高，很少能超过 10^8 转化体/μg 质粒 DNA。

19．将水浴的温度调节至 42℃。

20．用 100mL TE（pH 7.6）稀释 1μg 测试质粒。稀释液中的质粒 DNA 浓度应该是约 10^{-5} μg/μL。将 DNA 溶液置于冰上待用（步骤 22）。

pUC19 是最常用的测定化学制备感受态细胞活性的质粒。

21．按如下方法解冻一份 50μL 感受态细胞：将冰盒装上冰置于-80℃冰箱处。从冰箱中取出一份感受态细胞后，用手掌握住小管解冻细胞。待细胞刚刚解冻后，将小管置于冰上。

22．将全部解冻的感受态细胞转移到预冷的 Falcon 2059 管中，加入 1μL 稀释的 DNA。非常轻柔地摇动小管，在冰上放置 30min。

> 应该丢弃未使用完的、融化的转化细胞。再冷冻将导致转化效率显著下降。

23．将小管置于 42℃水浴中温育恰好 60s。

> 热激是至关重要的一步。细胞以适当的速率上升到正确的温度是非常重要的。这里给出的孵育时间和温度，已经用 Falcon 2059 管和约 50μL 反应体积检验过。其他类型的管子可能不会产生相同的结果。如果按比例放大，应该对不同孵育时间和反应体积进行实验，测定转化效率。

24．小管加入 250μL SOC 培养基，在旋转轮上室温（37℃）培养 60min。

> LB 培养基可以取代 SOC 培养基，但将导致近 2 倍的转化效率的损失。

25．将每份 25μL 转化混合物铺到预热的、含有适当抗生素的琼脂平板上。为了得到分开的菌落，使用巴斯德吸管制成的传统玻璃曲棍球棒或玻璃珠（用下述方法），将接种物均匀地涂布在一个预热的琼脂平板表面。

  i. 使用小漏斗，将玻璃珠转移到一系列的聚丙烯管（13mm×100mm）中，每管 4～6 个。高压灭菌消毒珠子。

  ii. 当接种物转移到琼脂平板后，打开一管无菌的玻璃珠，并将玻璃珠倒到平板上。

  iii. 缓慢地来回摇动平板，每隔几秒钟将平板旋转大约 90°，目的是让玻璃珠按平板的直径方向运动，而不是环绕其周边。

  iv. 持续摇动 2～3min。如果平板是叠置的，几个平板可以同时摇动。

  v. 平板充分摇动后，将平板倾斜到一侧去除玻璃珠，打开盖子，将玻璃珠倒入含洗涤溶液的烧杯中。

  vi. 收集到足够多的脏玻璃珠时，可以用去离子水洗涤，高压灭菌并重复使用。

26．将平板转移到 37℃培养箱中。

使用连接混合物进行转化

  连接混合物通常含有高浓度的 DNA，根据插入片段和载体的末端不同，会产生各种连接产物，包括线性和再环化载体、线性插入片段、二聚体、线性和环状的载体：插入片段重组体等。此外，连接混合物的其他组成部分（如 DNA 连接酶、聚乙二醇），可能会干扰 DNA 进入感受态细菌。

  一个常见的错误是向感受态细胞添加太多的连接混合物。为了避免出现问题，每个转化实验使用不超过 1μL 的标准连接反应产物。如下更好：

- 用 2 倍体积的乙醇沉淀连接混合物中的 DNA。离心回收 DNA，溶解在 50 μL TE（pH 7.6）中；

或者

- 5 倍稀释连接混合物。使用 1μL 稀释后的反应混合物进行转化；

或者

- 在将连接反应产物用于转化前，加入 0.2 倍体积的连接调整缓冲液到连接混合物中，调整连接反应物的缓冲液组成，使其更接近 CCMB80 缓冲液。调整后，连接混合物的 pH 应为 6.3～6.5。

细菌转化必要的对照

在每次实验中，应设有阳性对照，以测定转化效率；并设置阴性对照，以排除污染的可能性，以及确定实验失败的潜在原因。

阴性对照

转化实验中设置一份感受态细胞不添加 DNA。将此份细胞平铺于一个含有适当抗生素的、用于筛选转化体的琼脂平板上。此平板上应该无菌落长出，没有涂布细菌的选择性平板也应如此。如果有菌落长出，考虑以下可能性。

- 在实验过程中感受态细胞被具有抗生素耐药性的细菌菌株污染。可能转化方案中使用的溶液/试剂被污染。
- 选择性平板有问题。可能是忘记了在平板中添加抗生素或者加入抗生素时琼脂太热。
- 选择性平板被具有抗生素耐药性的细菌菌株污染。在这种情况下，菌落通常同时出现在培养基的表面上和琼脂中。

阳性对照

用已知量的、标准制备的环状超螺旋质粒 DNA 转化一份感受态细胞。此对照将测定此次转化的效率，并提供了与以前的转化实验相比较的一个参照。

配方

为正确使用本方案中的器材和危险试剂，必须查阅相应的材料安全数据表并咨询所在机构的环境卫生和安全办公室。

CCMB80 转化缓冲液

试剂	配制 1L 所需的量	终浓度
乙酸钾（1 mol/L，pH 7.0）	10mL	
$CaCl_2 \cdot 2H_2O$	11.8g	
$MnCl_2 \cdot 4H_2O$	4.0g	
$MgCl_2 \cdot 6H_2O$	2.0g	
甘油	100mL	10%（V/V）

洗涤剂和有机污染物是转化反应的强抑制剂。为了避免玻璃器皿残留洗涤剂所造成的问题，尽可能使用一次性塑料管和器皿制备和储存转化中所使用的溶液和培养基。用于配制转化缓冲液的水中存在的有机污染物会降低感受态细菌转化的效率。通常，直接来自工作状态良好的 Milli-Q 过滤系统（Millipore 公司）的水可以得到好的结果。如果出现问题，使用前用活性炭处理去离子水。

如果有必要，用 0.1mol/L HCl 将溶液的 pH 调节至 6.4。这可以防止产生二氧化锰沉淀。溶液通过一次性 Nalgene 过滤器（0.45μm 孔径）过滤除菌。将溶液按每份 40mL 分装到组织培养瓶中（例如，Corning 公司或同等产品），在 4℃ 储存。在储存过程中，溶液的 pH 会向下漂移，最终值将达到 6.1～6.2，然后稳定。长期存储时，可能会出现微弱的棕褐色沉淀。它虽然难看，但似乎并不影响转化效率。

连接调整缓冲液（5×）

试剂	配制 1L 所需的量	终浓度
乙酸钾（1mol/L，pH 7.0）	40mL	40mmol/L
$CaCl_2$（2mol/L）	200mL	400mmol/L
$MnCl_2$（1 mol/L）	100mL	100mmol/L
甘油	468mL	46.8%（V/V）

加水至 988mL。加入 12.8mL 10%乙酸溶液以调节 pH。

参考文献

Hanahan D. 1983. Studies on transformation of *Escherichia coli* with plasmids. *J Mol Biol* 166: 557–580.

Hanahan D, Bloom FR. 1996. Mechanisms of DNA transformation. In *Escherichia coli* and Salmonella: *Cellular and molecular biology*, 2nd ed. (ed Neidhardt FC, et al.), Vol. 2, pp. 2449–2459. American Society for Microbiology, Washington, DC.

Hanahan D, Jessee J, Bloom FR. 1991. Plasmid transformation of *E. coli* and other bacteria. *Methods Enzymol* 204: 63–113.

Hanahan D, Jessee J, Bloom FR. 1995. Techniques for transformation of *E. coli*. In *DNA cloning: A practical approach*, 2nd ed. Core techniques (ed Glover DM, Hames BD), Vol. 1, pp. 1–36. IRL, Oxford.

Hengen PN. 1996. Methods and reagents. Preparing ultra-competent *Escherichia coli*. *Trends Biochem Sci* 21: 75–76.

方案 2　制备和转化感受态大肠杆菌的 Inoue 方法："超级感受态"细胞

Inoue 等（1990）制备感受态大肠杆菌的方法，最好的时候可以挑战 Hanahan 方法（Hanahan 1983；Hanahan et al. 1991；见方案 1）的效率。然而，在标准的实验室条件下，效率通常为 $1 \times 10^8 \sim 3 \times 10^8$ 转化菌落/µg 质粒 DNA。此方法的优点是，它没有原始的 Hanahan 方法（1983）要求苛刻，并且具有更多可预测性。

此方法与其他方法不同之处在于，该方法中细菌培养生长在 18℃ 而不是常规的 37℃。除此之外，此方法就是个普通的方法，并遵循一个相当标准的过程。细胞在低温生长会影响转化效率的原因不得而知。可能是由于在 18℃ 时合成的细菌细胞膜的组成或物理特性有利于摄取 DNA，或者可能是有利于高效转化的生长周期阶段被延长了。

在 18℃ 孵化培养细菌是一个挑战。大多数实验室没有可以在夏季和冬季准确保持温度为 18℃ 的摇床。一种解决方案是在 4℃ 冷室放置一个培养箱，通过温控加热培养箱至 18℃。另外，如果培养物生长在 20～23℃，几乎没有效率的损失，这个温度是许多实验室的环境温度。在 18℃ 低温下培养细胞生长缓慢，倍增时间为 2.5～4h。这可能会令人沮丧，尤其在深更半夜的时候看上去 OD_{600} 值永远不会达到想要的 0.6。为了解决这个问题，可以在晚上开始培养，第二天一早收获细菌。该方法对一些大肠杆菌菌株效果良好，尤其是 DH5α 和 XL1-Blue。然而，在这些菌株中可达到的高转化效率换做其他菌株时可能并不容易实现。

材料

为正确使用本方案中的器材和危险试剂，必须查阅相应的材料安全数据表并咨询所在机构的环境卫生和安全办公室。

本方案的专用试剂标注 <R>，配方在本方案末提供。常用储备溶液、缓冲液和试剂标注 <A>，配方见附录 1。储备溶液应稀释至适用浓度后使用。

试剂

二甲基亚砜（DMSO）

　　DMSO 中的氧化产物，大概是二甲基砜和二甲硫醚，是转化的抑制剂（Hanahan 1983）。为了避免出现问题，应购买最高质量的 DMSO。

大肠杆菌菌株（如 DH5α、XL1-Blue）（冷冻保存）

Inoue 转化缓冲液（ITB）<R>，按下列组分配制（参见步骤 1）：

　　$MnCl_2 \cdot 4H_2O$

CaCl$_2$ · 2H$_2$O

KCl

1,4-哌嗪二乙磺酸（PIPES）(0.5mol/L, pH6.7)

LB<A>或者 SOB<A>培养基，用于培养物的初期培养

质粒 DNA

> 存储一份标准方法制备的质粒 DNA，用来测定此批经化学处理的大肠杆菌感受态活性。通常用于此目的的质粒为 pUC19，可从 New England Biolabs 公司购得。

SOB 琼脂板<A>，含 20mmol/L MgSO$_4$ 和适当的抗生素

> 标准的 SOB 琼脂板，含 10mmol/L MgSO$_4$。

SOB 培养基<A>，用于准备转化培养物的生长

> 准备 3 个 1L 烧瓶，每瓶加 250mL 培养基，在接种前将温度平衡到 18～20℃。

SOC 培养基<A>

> 每个转化反应需要大概 1mL 此培养基。

设备

冰水浴

培养箱（37℃）

液氮

聚丙烯管（17mm×100mm；Falcon 2059），在冰中冷却

振荡培养器（18℃和37℃）

Sorvall R-6 离心机和合适的转子

分光光度计

超微比色皿读取 600nm 处 OD 值

水浴（37℃和42℃）

方法

▲此方案中各步骤均要求在无菌条件下进行。

准备细胞

1. 准备 ITB，使用前冷却到 0℃。

> 用于配制转化缓冲液的水中存在的有机污染物会降低感受态细菌转化的效率。通常，直接从工作状态良好的 Milli-Q 过滤系统（Millipore 公司）获取的水可以获得良好的结果。如果出现问题，使用前用活性炭处理去离子水。

i. 将 15.1g PIPES 溶解到 80mL 纯净水（Milli-Q 系统或同等设备）以制备 0.5mol/L PIPES（pH 6.7）。用 5mol/L KOH 调节溶液至 pH6.7，然后加纯水至终体积为 100mL。将溶液通过一次性预清洗 Nalgene 滤器（0.45μm 孔径）过滤除菌。分成小份冷冻储存在-20℃。

ii. 将下面列出的所有溶质溶解在 800mL 纯水中，然后添加 20mL 0.5mol/L PIPES（pH 6.7）。用纯水将 ITB 的体积定容至 1L。

试剂	每升加入的量	终浓度
MnCl$_2$ · 4H$_2$O	10.88g	55mmol/L
CaCl$_2$ · 2H$_2$O	2.20g	15mmol/L
KCl	18.65g	250mmol/L
PIPES（0.5mol/L，pH 6.7）	20mL	10mmol/L
H$_2$O	至 1L	

iii. 通过预清洗的 0.45μm Nalgene 滤器将 ITB 过滤除菌。分装后储存于-20℃。

2．从 37℃已温育 16～20h 的平板中挑取单个菌落（直径 2～3 mm），转移到含有 25mL LB 培养基或 SOB 培养基的 250mL 细颈瓶中。在 37℃剧烈振荡（250～300 r/min）培养 6～8h。

　　　　　DH5α在 SOB 培养基中 37℃生长的倍增时间约为 30min。

3．在大概下午 6：00，将起始培养物接种到三个 2L 细颈瓶中，每个瓶中含 250mL SOB。第一个细颈瓶中加入 10mL 起始培养物，第二个加入 4mL，第三个加入 2mL。所有三个细颈瓶在 18～23℃中速振荡培养过夜。

　　　　　通常的经验是，在广口瓶中生长培养物时，瓶的体积应至少是培养基体积的 10 倍。DH5α在 SOB 培养基 20℃生长的倍增时间为 150～240min。

4．第二天早晨，读取所有三种培养物的 OD$_{600}$ 值。继续每隔 45min 监测 OD 值。

5．当一种培养物的 OD$_{600}$ 值达到 0.55 时，将培养瓶转移到冰水浴 10min。丢弃其他两个培养物。

　　　　　大多数实验室的环境温度昼升夜降。温度变化的度数和从高峰下降到低谷的时间取决于一年中的季节、晚上在实验室工作的人数等。由于这种可变性，很难预计任何一个晚上培养物增长的速度。使用三种不同接种密度进行培养，可以提高培养过夜后获得合适细菌密度的可能。

6．通过在 4℃，2500g 离心 10min 收集细胞。

7．倒掉培养基，将打开的离心瓶放在一叠纸巾上 2min。使用真空抽吸器去除所有附着在离心瓶瓶壁上或截留在其颈部的剩余培养基液滴。

8．用 80mL 冰冷 ITB 非常轻柔地重悬细胞。

　　　　　细胞最好通过旋动重悬，而不是吹打或漩涡振荡。

9．通过在 4℃，2500g 离心 10min 收集细胞。

10．倒掉培养基，将打开的离心瓶放在一叠纸巾上 2min。使用真空抽吸器去除所有附着在离心瓶瓶壁上或截留在其颈部的剩余培养基液滴。

感受态细胞的冷冻

11．用 20mL 冰冷的 Inoue 转化缓冲液轻轻重悬细胞。

12．加入 1.5mL DMSO。旋动混合细菌悬液，然后置于冰浴中 10min。

13．迅速将悬液分到预冷的无菌离心管中。立即将密闭的离心管浸入液氮浴中，急速冷冻感受态细胞。将离心管存储在-80℃待用。

　　　　　在液氮中冷冻可提高转化效率约 5 倍。对于大多数克隆实验的目的来说，每管分装 50μL 细胞悬液将绰绰有余。然而，当要求大量转化菌落时（如构建 cDNA 文库），可能需要更大的分装量。

转化

在重要实验里使用准备的感受态细胞前，按方案 1（测定感受态活性）所述方法使用已知量的标准方法制备的质粒测定其转化效率，包括所有适当的阳性和阴性对照（见本方案信息框"细菌转化必要的对照"）。使用诸如 DH5α 的大肠杆菌菌株，Inoue 方案产生的感受态细胞转化效率通常为 $5×10^7$～$3×10^8$ 菌落/μg[①] pUC19 DNA。

14．从-70℃冰箱中取出一管感受态细胞。用手掌握住小管解冻细胞。待细胞解冻后，将小管转移到冰浴中。将细胞置于冰上 10min。

15．使用预冷的无菌吸头将感受态细胞转移到预冷的无菌 17mm×100mm 聚丙烯管。将细胞置于冰上。

　　　　　应避免使用玻璃管，因为它们可降低约 10 倍的转化效率。

――――――――――――――

① 译者注：应为μg，原文为 mg。

16. 加入转化 DNA（每 50μL 感受态细胞中最多加入 10ng），体积不超过感受态细胞的 5%。轻轻旋转小管多次，混合内含物。每个转化实验中至少设置两个对照管，其中一管感受态细胞转化已知量的、标准制备的超螺旋质粒DNA，另一管细胞不转化任何质粒DNA。将管子置于冰上 30min。

17. 将管子置于预热至 42℃循环水浴中的架上，放置恰好 90s，不要摇动管子。

> 热激是至关重要的一步。细胞以适当的速率上升到正确的温度是非常重要的。这里给出的孵育时间和温度，已经用 Falcon 2059 管和约 50μL 反应体积检验过。其他类型的试管可能不会产生相同的结果。如果按比例放大，应该对不同孵育时间和反应体积进行实验，测定转化效率。

18. 迅速地将管子转移到冰浴中。使细胞冷却 1～2min。

19. 每管加入 800μL SOC 培养基。在水浴中将培养物加热到 37℃，然后将管子转移到振荡培养器中 37℃培养45min，使细菌复苏并表达质粒编码的抗生素抗性基因。

> 为了最大限度地提高转化效率，在细胞复苏期间可轻轻摇动细胞（小于 225cycles/min）。如果通过 α 互补进行筛选，跳转至方案 14。

20. 将合适体积（至多200μL/90mm 平皿)的转化感受态细胞转移到含20 mmol/L MgSO$_4$ 和合适抗生素的琼脂 SOB 培养基中。

> 使用四环素抗性筛选时，整个转化混合物可只涂布在一个平板上（或覆盖在顶层琼脂上）。在这种情况下，用微量离心机室温离心 20s 收集细菌，然后轻叩管的侧面，用 100μL 预热的 SOC 培养基轻轻地重悬细胞沉淀。
>
> 当采用氨苄青霉素筛选时，转化细胞应以低密度（小于 10^4 菌落/90mm 平皿）平铺，并且平板在 37℃孵育不应超过 20h。氨苄青霉素抗性的转化体产生的β-内酰胺酶分泌到培养基中，可以迅速使菌落周围区域的抗生素失活。因此，铺板密度过高或孵育时间过久会导致氨苄青霉素敏感的卫星菌落产生。在选择性培养基中使用羧苄青霉素而不是氨苄青霉素，并且把抗生素浓度从 60μg/mL 提高到 100μg/mL，该问题可以得到部分改善，但不能完全消除。氨苄青霉素抗性菌落的数量并不随着铺板的细胞数目呈线性增加，这也许是由于抗生素杀死的细胞释放出的生长抑制物质造成的。

21. 在室温下放置平板直至液体被吸收。

22. 将平板倒置并在 37℃孵育。转化菌落应该在 12～16h 后出现。

细菌转化必要的对照

在每次实验中，应设有阳性对照，以测定转化效率；并设置阴性对照，以排除污染的可能性，鉴定实验失败的潜在原因。

阴性对照

转化实验中设置一份感受态细胞不添加 DNA。将此份细胞平铺于一个含有适当抗生素的筛选转化体所用的琼脂平板上。此平板上应该无菌落长出，没有涂布细菌的选择性平板也应如此。如果有菌落长出，考虑以下可能性。

- 在实验过程中感受态细胞被具有抗生素耐药性的细菌菌株污染。可能转化方案中使用的溶液/试剂被污染。
- 选择性平板有问题。可能是忘记了在平板中添加抗生素或者加入抗生素时琼脂太热。
- 选择性平板被具有抗生素耐药性的细菌菌株污染。在这种情况下，菌落通常同时出现在培养基的表面上和琼脂中。

阳性对照

用已知量的、标准方法制备的环状超螺旋质粒 DNA 转化一份感受态细胞。此对照将测定此次转化的效率，并提供了与以前的转化实验相比较的一个参照。

🧬 配方

为正确使用本方案中的器材和危险试剂，必须查阅相应的材料安全数据表并咨询所在机构的环境卫生和安全办公室。

Inoue 转化缓冲液

试剂	配制 1L 所需的量	终浓度
$MnCl_2 \cdot 4H_2O$	10.88g	55mmol/L
$CaCl_2 \cdot 2H_2O$	2.20g	15mmol/L
KCl	18.65g	250mmol/L
PIPES（0.5mol/L，pH 6.7）	20mL	10mmol/L
H_2O	800mL	

将所有溶质溶解在 800mL 纯水中，然后加入 20mL 0.5mol/L PIPES（pH6.7）。用纯水将缓冲液定容至 1L。通过预清洗的 0.45μm Nalgene 滤器过滤除菌。分装后储存于-20℃。

将 15.1g PIPES 溶解到 80mL 纯净水（Milli-Q 系统或同等设备）以制备 0.5mol/L PIPES（pH6.7）。用 5mol/L KOH 调节该溶液至 pH6.7，然后加纯水至终体积到 100mL。将溶液通过一次性预清洗 Nalgene 滤器（0.45μm 孔径）过滤除菌。分成等份冷冻储存在-20℃。

用于配制转化缓冲液的水中存在的有机污染物会降低感受态细菌转化的效率。通常，直接来自工作状态良好的 Milli-Q 过滤系统（Millipore 公司）的水可以得到良好的结果。如果出现问题，使用前用活性炭处理去离子水。

参考文献

Hanahan D. 1983. Studies on transformation of *Escherichia coli* with plasmids. *J Mol Biol* **166**: 557–580.

Hanahan D, Jessee J, Bloom FR. 1991. Plasmid transformation of *E. coli* and other bacteria. *Methods Enzymol* **204**: 63–113.

Inoue H, Nojima H, Okayama H. 1990. High efficiency transformation of *Escherichia coli* with plasmids. *Gene* **96**: 23–28.

方案 3　大肠杆菌的简单转化：纳米颗粒介导的转化

在过去的 10 年中，宫崎县的 Yoshida 研究组已经发表了一系列论文，确认和扩展了 Appel 等（1988）的观察，即可以通过使用矿物纳米纤维将质粒转化大肠杆菌（Yoshida et al. 2001，2002，2007；Yoshida and Sato 2009）。将含有矿物纳米纤维的胶体溶液与大肠杆菌和质粒 DNA 混合，并立即铺到适当的选择性平板上。用聚苯乙烯棒（德国 Sarstedt 公司）在琼脂平板表面涂布时产生的滑动摩擦力，可以使附着 DNA 的矿物纤维穿透进细菌。转化体的数量在暴露于矿物纤维：DNA 复合物中最初的 60s 期间是增加的，然后会到达一个 $1 \times 10^6 \sim 2 \times 10^6$ 转化体/μg[①] DNA 的平台。

虽然不很高效，但是该方法非常简单。直到最近，阻碍其更广泛应用的原因是其作为转染试剂的矿物纤维的性质：Appel 等和 Yoshida 研究组都使用温石棉（chrysotile）——石棉的一种。然而，最近，Yoshida 的发现已得到证实（Wilharm et al. 2010），可以使用非致癌纤维（西班牙海泡石）的悬浮液替代 Yoshida 和他的同事使用的有潜在危险的温石棉晶须。

对使用此方法感兴趣的人应该从由 Wilharm 等（2010）概述的基本方案开始，现转载如下。

材料

为正确使用本方案中的器材和危险试剂，必须查阅相应的材料安全数据表并咨询所在机构的环境卫生和安全办公室。

本方案的专用试剂标注<R>，配方在本方案末提供。常用储备溶液、缓冲液和试剂标注<A>，配方见附录 1。储备溶液应

---

① 译者注：应为μg，原文为 mg。

稀释至适用浓度后使用。

试剂

对数生长期的大肠杆菌培养物（如 TOP10 细胞或其他健壮菌株）

HEPES（1mol/L，pH 7.4）<R>

KCl（1mol/L）

质粒 DNA

> 存储一份标准方法制备的质粒 DNA，用来测定此批经化学处理的大肠杆菌感受态活性。通常用于此目的的质粒为 pUC19，可从 New England Biolabs 公司购得。

海泡石

> 西班牙海泡石，纤维平均长度为 2mm，平均直径为 20nm，可从德国 Kremer Pigmente GmbH & Co，KG 公司购得（目录号 58945）。

SOB、SOC 或 LB 琼脂平板<A>（1%～2%），含适当的抗生素

设备

培养箱（37℃）

聚苯乙烯棒（可从德国 Sarstedt 公司购得）

方法

1．将 0.01% 悬浮于 200mmol/L KCl 和 5mmol/L HEPES（pH7.4）中的海泡石悬浮液高压灭菌。

2．将 500mL 对数生长期大肠杆菌培养物短暂离心。

3．将细菌沉淀重悬于 100mL 海泡石悬浮液中，添加 50ng 质粒 DNA。等待 60s，然后用聚苯乙烯棒将形成的悬浮液涂布在含适当抗生素的 1%～2% 琼脂平板（至少 2 天前配制）。在液体渗入琼脂后、摩擦阻力增加时，应持续涂布约 30s。

4．37℃下过夜孵育。

替代方案　一步法制备感受态大肠杆菌：在同一溶液中转化和储存细菌细胞

此方法报道的转化效率是约 5×10^7 转化体/μg[①]质粒 DNA。

改编自 Chung 和 Miller（1988）以及 Chung 等（1989）。

补充材料

为正确使用本方案中的器材和危险试剂，必须查阅相应的材料安全数据表并咨询所在机构的环境卫生和安全办公室。

本方案的专用试剂标注<R>，配方在本方案末提供。常用储备溶液、缓冲液和试剂标注<A>，配方见附录 1。储备溶液应稀释至适用浓度后使用。

---

① 译者注：应为μg，原文为 mg。

试剂

培养在指数生长期早期的大肠杆菌

LB 培养基<A>含 20mmol/L 葡萄糖

质粒 DNA（100pg）

　　存储一份标准方法制备的质粒 DNA，用来测定此批经化学处理的大肠杆菌感受态活性。通常用于此目的的质粒为 pUC19，可从 New England Biolabs 公司购得。

TSS 溶液，冰冷<R>

设备

离心机和转子（4℃）

干冰/乙醇浴（可选）

聚丙烯管，冰上冷却

振荡培养器（37℃）

方法

1．将 10mL 指数期早期大肠杆菌培养物在 4℃离心 10min。

2．将细菌沉淀重悬于 1mL 冰冷的 TSS 溶液。

3．将 0.1mL 细菌悬浮液转移到一个置于冰上的预冷聚丙烯管。加入 100pg 质粒 DNA，将溶液置于 4℃ 30min。

4．加入 0.9mL 含 20mmol/L 葡萄糖的 LB 培养基，在振荡培养器上 37℃孵育培养 1h（225 r/min）。

5．将一份细胞涂布于含有适当抗生素的琼脂平板上。

　　如要长期储存感受态细菌，悬浮在 TSS（步骤 2）中的细胞应立即在-70℃干冰/乙醇浴中冻结。

冷冻的细胞在冰上解冻后应立即用于转化。

细菌转化必要的对照

　　在每次实验中，应设有阳性对照，以测定转化效率；并设置阴性对照，以排除污染的可能性，鉴定实验失败的潜在原因。

阴性对照

转化实验中设置一份感受态细胞不添加 DNA。将此份细胞平铺于一个含有适当抗生素的筛选转化体所用的琼脂平板上。此平板上应该无菌落长出，没有涂布细菌的选择性平板也应如此。如果有菌落长出，考虑以下可能性。

● 在实验过程中感受态细胞被具有抗生素耐药性的细菌菌株污染。可能转化方案中使用的溶液/试剂被污染。

● 选择性平板有问题。可能是忘记了在平板中添加抗生素或者加入抗生素时琼脂太热。

● 选择性平板被具有抗生素耐药性的细菌菌株污染。在这种情况下，菌落通常同时出现在培养基的表面上和琼脂中。

阳性对照

用已知量的标准方法制备的环状超螺旋质粒 DNA 转化一份感受态细胞。此对照将测定此次转化的效率，并提供了与以前的转化实验相比较的一个参照。

🔹 配方

为正确使用本方案中的器材和危险试剂，必须查阅相应的材料安全数据表并咨询所在机构的环境卫生和安全办公室。

HEPES（1mol/L，pH 7.4）

将 238.3g HEPES 溶解到 500mL 蒸馏水中。搅拌，同时用 NaOH（每次数粒）调节 pH 至 7.4。添加 Nanopure 超纯水至1L。过滤除菌后储存于 4℃。

TSS 溶液

配制 LB 培养基（pH6.1），含有 10% PEG（相对分子质量约 3350）、10mmol/L $MgCl_2$ 和 10mmol/L $MgSO_4$。调节最终溶液的 pH 至 6.5 并储存于 4℃。

参考文献

Appel JD, Fasy TM, Kohtz DS, Kohtz JD, Johnson EM. 1988. Asbestos fibers mediate transformation of monkey cells by exogenous plasmid DNA. *Proc Natl Acad Sci* 85: 7670–7674.

Chung CT, Miller RH. 1988. A rapid and convenient method for the preparation and storage of competent bacterial cells. *Nucleic Acids Res* 16: 3580.

Chung CT, Niemela SL, Miller RH. 1989. One-step preparation of competent *Escherichia coli*: Transformation and storage of bacterial cells in the same solution. *Proc Natl Acad Sci* 86: 2172–2175.

Wilharm G, Lepka D, Faber F, Hofmann J, Kerrinnes T, Skiebe E. 2010. A simple and rapid method of bacterial transformation. *J Microbiol Methods* 80: 215–216.

Yoshida N, Sato M. 2009. Plasmid uptake by bacteria: A comparison of methods and efficiencies. *Appl Microbiol Biotechnol* 83: 791–798.

Yoshida N, Ikeda T, Yoshida T, Sengoku T, Ogawa K. 2001. Chrysotile asbestos fibers mediate transformation of *Escherichia coli* by exogenous plasmid DNA. *FEMS Microbiol Lett* 195: 133–137.

Yoshida N, Kodama K, Nakata K, Yamashita M, Miwa T. 2002. *Escherichia coli* cells penetrated by chrysotile fibers are transformed to antibiotic resistance by incorporation of exogenous plasmid DNA. *Appl Microbiol Biotechnol* 60: 461–468.

Yoshida N, Nakajima-Kambe T, Matsuki K, Shigeno T. 2007. Novel plasmid transformation method mediated by chrysotile, sliding friction, and elastic body exposure. *Anal Chem Insights* 2: 9–15.

方案 4　电穿孔法转化大肠杆菌

制备电穿孔细菌比制备用化学方法转化的细菌容易得多。细菌只需生长到对数中期，冷冻，离心，用冰冷的缓冲液或水充分洗涤以降低细胞悬液的离子强度，然后悬浮在冰冷的含有 10%甘油的缓冲液中。通过施加短暂的高压放电（Chassy et al. 1988；Dower et al. 1988；Miller et al. 1988），DNA 可以立即导入细菌。或者，可将细胞悬浮液快速冷冻并储存于-70℃，至多 6 个月内再电穿孔不会损失转化效率。如需更多的信息，见本方案中最后的讨论部分。

🔹 材料

为正确使用本方案中的器材和危险试剂，必须查阅相应的材料安全数据表并咨询所在机构的环境卫生和安全办公室。

本方案的专用试剂标注<R>，配方在本方案末提供。常用储备溶液、缓冲液和试剂标注<A>，配方见附录 1。储备溶液应稀释至适用浓度后使用。

试剂

大肠杆菌菌株［例如，DH5α 或市售衍生物 Electromax DH5α（Life Technologies 公司）、Turbo Electrocompetent *E. coli*（NEB 公司）或 Electromax DH10B（Life Technologies 公司）］，在一个新鲜的琼脂平板上以菌落形式生长

甘油（10%，*V/V*）（分子生物学级），冰冷

GYT 培养基<R>，冰冷

LB 培养基<A>，预热至 37℃

质粒 DNA

在理想的情况下，用于电穿孔的 DNA 应重悬于水（pH8.0）中，浓度为 1～10μg/mL。为获得最高转化效率，连接反应混合物应该通过微型柱纯化（Schlaak et al. 2005）或者 Microcon/Centricon cartridges（Millipore 公司）超滤进行脱盐。然而，对于常规克隆或亚克隆，少量的连接混合物可以用水稀释 2～5 倍后，简单地加入到电穿孔的细胞中。对于构建文库来说，需要高效率的转化，同时要避免共转化体，建议总 DNA 浓度小于 10ng/mL（Dower et al. 1988）。对于用超螺旋质粒常规转化大肠杆菌，10～50pg DNA 就足够了。当亚克隆到质粒时，可以使用最多 25ng 从连接混合物稀释的 DNA。

纯水

Milli-Q 水或相当级别，通过预清洗 0.45μm 滤器过滤除菌。存放于 4℃。

SOB 琼脂板块<A>，含 20mmol/L MgSO₄ 和适当的抗生素

标准的 SOB，含 10mmol/L MgSO₄。

SOC 培养基<A>

每个转化反应需要大概 1mL 此培养基。

设备

离心瓶，无菌，冰上冷却
电穿孔设备和电极间距为 0.1cm 的电击池
冰水浴
液氮
微量离心管（0.5mL），冰上冷却
连接真空管路的巴斯德吸管
聚丙烯管（17mm×100mm 或 15mm×150mm）
旋转轮，置于 37℃温室
振荡培养器（37℃）
Sorvall R-6 离心机和适当的转子，预冷至 4℃
分光光度计
在 600nm 处读取 OD 值的超微量比色池

方法

▲本方案中的所有步骤应在无菌条件下进行。

准备细胞

1. 从一个新鲜的琼脂板上挑取大肠杆菌单菌落接种到含有 50mL LB 培养基的细颈瓶中。37℃过夜，剧烈振荡培养（摇床 250 r/min）。

2. 加入 500mL 预热的 LB 培养基到 2L 摇瓶中，接种 25mL 过夜培养的细菌培养物。摇瓶在 37℃振荡培养（摇床 300 r/min）。每隔 20min 测定细菌培养物的 OD_{600}。

许多研究者将用于电穿孔的培养物生长至 OD_{600} 为 0.6～0.8。然而，从我们掌握的情况来看，当 OD_{600} 值为 0.35～0.4 时，可以获得最佳的结果（大于 10^9 转化体/μg 质粒）。这种密度通常是在培养约 2.5h 后达到。为确保培养物不会达到更高的密度，每隔 20min 测量 OD_{600} 值。根据数据绘制曲线图，可以比较准确地预计培养物 OD_{600} 值接近 0.4 的时间。当 OD_{600} 达到 0.35 时，准备收获培养物。

3. 当培养物的 OD_{600} 值达到 0.4 时，快速地将摇瓶转移到冰水浴中 15～30min。不时地旋动培养物以保证均匀冷却。在准备用于下一步骤时，将离心瓶放到冰水浴中。

为了获得最大的转化效率，确保在本方案任何阶段细菌的温度都不高于 4℃是至关重要的。

4．将培养物转移到冰冷的离心瓶中。4℃，1000g 离心 15min，收集细胞。轻轻倒出上清，用 500mL 冰冷的纯水重悬细胞沉淀，轻轻地上下吹打。

5．4℃，1000g 离心 20min，收集细胞。轻轻弃去上清，将细胞沉淀重悬于 250mL 冰冷的 10%甘油中。

6．4℃，1000g 离心 20min，收集细胞。轻轻弃去上清，将细胞沉淀重悬于 10mL 冰冷的 10%甘油中。轻轻地上下吹打混合。

> 弃倒上清时要小心，因为在 10%甘油中细菌沉淀的附着力会降低。

7．4℃，1000g 离心 20min，收集细胞。当离心机停止时，马上小心地倒出上清液，用连接到真空管路的巴斯德吸管去除所有剩余的缓冲液液滴。将沉淀重悬于 1mL 冰冷的 GYT 培养基中。

> 最好的做法是轻轻地旋动，而不是吹吸或漩涡振荡。

8．测量 1:100 稀释的细胞悬液的 OD_{600} 值。用冰冷的 GYT 培养基将细胞悬液稀释至浓度为 $2\times10^{10}\sim3\times10^{10}$ 细胞/mL（1.0 $OD_{600}\approx2.5\times10^8$ 细胞/mL）。

9．将细胞悬液按 40μL 分装到冰冷的无菌 0.5mL 微量离心管中，将其置于液氮浴后，转移至-80℃冰箱。拿出两个微量离心管，使用 10pg 和 50pg 的超螺旋质粒 DNA，按下述方法测定制备感受态细胞的转化效率。如果一切按计划顺利进行，制备感受态的转化效率应该是约 10^9 个菌落/μg[①]质粒 DNA，转化体的数量应该与 DNA 浓度成正比。

> 闭环超螺旋质粒 DNA 转化大肠杆菌比线性质粒 DNA 更有效率，但是它降解迅速（Conley and Saunders 1984）。

电穿孔

10．从-80℃冰箱取出适当数量的、等份的冷冻感受态细胞。将管置于室温，待细菌悬液刚刚解冻后转移至冰浴。

11．将 25μL 悬液转移到冰冷的微量离心管中。加入 1μL 制备的 DNA。

> 对于构建 cDNA 文库来说，需要高效率的转化，同时要避免共转化体，建议总 DNA 浓度小于 10ng/mL（Dower et al. 1988）。对于用超螺旋质粒常规转化大肠杆菌，10~50pg DNA 是足够的。当亚克隆到质粒时，可以使用最多 25ng 从连接混合物稀释的 DNA。

12．使用微量移液器，转移 20μL 的细菌/DNA 悬液到电穿孔室的支柱之间（0.1cm 间隙）。实际应用中，可以将电穿孔室放到冰里进行操作。

> 最好是将移液器吸头沿着一面光滑的比色皿壁插入，将细胞加到电击池槽的一端。轻叩电击池，将悬液移入槽中。确保无气泡，电击池底部的液体在两个电极之间形成一个完整的桥梁。盖上电击池。
> 包括所有适当的阳性和阴性对照（见信息栏"细菌转化必要的对照"）。

13．按照制造商的说明，对细胞释放适当的电脉冲。

> 电穿孔电击池中存在的离子可增加溶液的电导率，导致电流产生电弧或跳过细胞和 DNA 的溶液。在电脉冲期间，电弧放电通常会在电击池中产生爆裂声。通过电击池电荷的不均匀传输会极大地降低转化效率。电弧放电在较高的温度下增加，并且会在电导大于 5mEq（如 10mmol/L 盐或 20mmol/L Mg^{2+}溶液）的溶液中发生。如果电弧放电只在 DNA 存在的情况下发生，而在没有 DNA 的情况下不发生，按材料中所述方法去除 DNA 中的离子。

14．在脉冲之后，尽可能快地取出电穿孔电击池，加入 1mL 室温下的 SOC 培养基。

> 一些研究者相信，添加室温下的培养基提供了热激，提高了转化效率。

15．将细胞转移到 17mm×100mm 或 17mm×150mm 聚丙烯管，在 37℃温和旋转培养 1h。

16．将不同体积的转化混合物与一份 200μL 预热的无菌培养基混合。将每个混合物涂到含有 20mmol/L $MgSO_4$ 和含适当抗生素的 SOB 琼脂培养基上。

> 当用超螺旋质粒转化时，可以预计会形成很多转化体，通过无菌接种环将少量的转化培养物划线接种到含有适当抗生素的琼脂平板（或平板的一部分）。但是，如果预期只会产生少量的转化体，最好在 5 个平板上各涂布 200μL 细菌悬液。我们不建议将浓缩后的细菌培养物悬液涂到一个平板上，因为电穿孔产生的大量死细胞可能会抑制本就稀少的转化体的生长。

---

① 译者注：应为μg，原文为 mg。

17．将平板置于室温，直至液体被吸收。

18．将平板倒置在 37℃温育。转化菌落应该在 12～16h 后出现。菌落计数，并计算转化效率（转化体数量/μg[①] DNA）。

细菌转化必要的对照

在每次实验中，应设有阳性对照，以测定转化效率；并设置阴性对照，以排除污染的可能性，鉴定实验失败的潜在原因。

阴性对照

转化实验中设置一份感受态细胞不添加 DNA。将此份细胞平铺于一个含有适当的抗生素的筛选转化体所用的琼脂平板上。此平板上应该无菌落长出，没有涂布细菌的选择性平板也应如此。如果有菌落长出，考虑以下可能性。

- 在实验过程中感受态细胞被具有抗生素耐药性的细菌菌株污染。可能转化方案中使用的溶液/试剂被污染。
- 选择性平板有问题。可能是忘记了在平板中添加抗生素或者加入抗生素时琼脂太热。
- 选择性平板被具有抗生素耐药性的细菌菌株污染。在这种情况下，菌落通常同时出现在培养基的表面上和琼脂中。

阳性对照

用已知量的、标准方法制备的环状超螺旋质粒 DNA 转化一份感受态细胞。此对照将测定此次转化的效率，并提供了与以前的转化实验相比较的一个参照。

讨论

与介导 DNA 进入真核细胞相比，因为大肠杆菌细胞小，它们进行电穿孔需要非常高的场强（12.5～18 kV/cm）（Dower et al. 1988; Smith et al. 1990）。将小体积的稠密菌液（约 $2×10^{10}$/mL）加入到特别设计的、电极紧密排列（0.1cm）的电击池中，可以实现最佳转化效率。为了防止电弧放电，溶液的导电性要低。在实际中，这意味着细菌悬液必须充分洗涤以除去盐。要实现最大转化效率（例如，构建 cDNA 文库），用于电穿孔的 DNA 应该通过微型柱纯化（Schlaak et al. 2005）或者利用 Microcon/Centricon cartridges（Millipore 公司）超滤脱盐。然而，对于常规克隆或亚克隆，少量的连接混合物可以用水稀释 2～5 倍后，简单地加入到电穿孔的细胞中。

多种因素会影响转化效率：大肠杆菌菌株的基因型（Elvin and Bingham 1991；Miller and Nickoloff 1995），收获时培养物的生长状态，收获和准备细菌细胞过程中的温度，DNA 的拓扑结构（线性或闭合环状），电脉冲的时限、强度和波形等。

大多数用于转化的大肠杆菌菌株缺失了用于同源重组的基因 recA。RecA 蛋白有助于启动单链 DNA 对双链 DNA 的入侵，并导致进一步解旋，进而分支迁移。recA⁻ 的大肠杆菌菌株对转化有高度的感受态活性（Kurnit 1989），携带重复 DNA 序列的质粒在这些菌株中稳定。这个方案中概述的方法能够在大肠杆菌 recA⁻ 的菌株 DH5α 中获得很好的结果，用市售的其他一些从 DH5α 衍生的菌株（例如，Electromax DH5α-E，Life Technologies 公司；Turbo Electrocompetent *E. coli*，NEB 公司；Electromax DH10B，Life Technologies 公司）效果甚至更好。如同化学转化的情况，商业化生产的电穿孔细胞比自制的细胞能实现更高的转化效率。然而，高效的电穿孔菌株只在要求苛刻的情况下需要（例如，用于 cDNA 文库的构建），对于大多数日常用途，DH5α 就完全足够了。

---

① 译者注：应为μg，原文为 mg。

　　实验室用于电穿孔的细胞在培养的对数期早期阶段收获，快速冷冻，按方案所述在 0～4℃处理。电穿孔的转化效率取决于温度，最好在 0～4℃下进行。在室温下进行电穿孔，转化效率会下降高达 100 倍。最高的转化效率（菌落数/μg 质粒 DNA）可在下列情况下获得：加入的 DNA 浓度高（1～10μg/mL）；DNA 是闭环结构；电脉冲的长度和强度使得过程中只有 30%～50%的细胞存活下来。在这些条件下，多达 80%的存活细胞可以被转化。DNA 的浓度低时（约 10pg/mL）可以获得更高的转化频率（菌落数/分子 DNA），因而大多数的转化体是一个单独的质粒分子导入单个细胞。另一方面，高浓度的 DNA 有利于形成导入一个以上质粒的转化细胞（Dower et al. 1988）。在某些情况下，这是非常令人不快的，如通过质粒载体产生 cDNA 文库。

　　通常用于转化的电穿孔仪产生的波形电脉冲，在电容放电后呈现指数衰减。通过改变电阻可以调整脉冲（时间常数）的长度。施加在样品上的电场强度与脉冲在电击池中通过的间隙长度成反比。因此，如果 200V 的脉冲施加到 0.1cm 间隙电击池中，电场强度为 2000 V/cm。大肠杆菌的有效电穿孔需要的场强为 12.5～15kV/cm（Dower et al. 1988）。不同品牌的电穿孔仪转化大肠杆菌的条件都有所不同，但通常为 1.8kV、25μF、200Ω。

　　电极之间的间隙越小，产生电弧的可能性越高。电击池有较大间距时更容易加载，但需要更大体积的电穿孔感受态细菌。大多数研究者使用 0.1cm 间距的电击池。

　　电穿孔转化效率通常比化学转化高约 10 倍。使用商业化的电转感受态大肠杆菌，在最佳 DNA 量时，可以实现大于或等于 10^{10} 转化体/μg[①] DNA 的效率。如同化学转化的情况，据报道，转化效率随着 DNA 大小的增加会降低（Leonardo and Sedivy 1990；Siguret et al. 1994）。然而，转化效率至少在质粒 30 kb 大小时仍保持恒定（Donahue and Bloom 1998）。对于所有大小的质粒，电穿孔都比化学转化更有效率。

🧪 配方

为正确使用本方案中的器材和危险试剂，必须查阅相应的材料安全数据表并咨询所在机构的环境卫生和安全办公室。

GYT 培养基

试剂	配制 100mL 所需的量	终浓度
甘油	10mL	10%（*V/V*）
酵母提取物	0.125g	0.125%（*m/V*）
胰蛋白胨	0.25g	0.25%（*m/V*）

将培养基通过一个预清洗的 0.22 μm 滤器过滤除菌。按 2.5mL 分装，储存在 4℃。

参考文献

Chassy BM, Mercenier A, Flickinger JL. 1988. Transformation of bacteria by electroporation. *Trends Biotechnol* 6: 303–309.

Conley EC, Saunders JR. 1984. Recombination-dependent recircularization of linearized pBR322 plasmid DNA following transformation of *Escherichia coli*. *Mol Gen Genet* 194: 211–218.

Donahue RA, Bloom FR. 1998. Transformation efficiency of *E. coli* electroporated with large plasmid DNA. *Focus (Life Technologies)* 20: 77–78.

Dower WJ, Miller JF, Ragsdale CW. 1988. High efficiency transformation of *E. coli* by high voltage electroporation. *Nucleic Acids Res* 16: 6127–6145.

Elvin S, Bingham AH. 1991. Electroporation-induced transformation of *Escherichia coli*: Evaluation of a square waveform pulse. *Lett Appl Microbiol* 12: 39–42.

Kurnit DM. 1989. *Escherichia coli* recA deletion strains that are highly competent for transformation and for in vivo phage packaging. *Gene* 82: 313–315.

Leonardo ED, Sedivy JM. 1990. A new vector for cloning large eukaryotic DNA segments in *Escherichia coli*. *Biotechnology* 8: 841–844.

Miller EM, Nickoloff JA. 1995. *Escherichia coli* electrotransformation. *Methods Mol Biol* 47: 105–113.

Miller JF, Dower WJ, Tompkins LS. 1988. High-voltage electroporation of bacteria: Genetic transformation of *Campylobacter jejuni* with plasmid DNA. *Proc Natl Acad Sci* 85: 856–860.

Schlaak C, Hoffmann P, May K, Weimann A. 2005. Desalting minimal amounts of DNA for electroporation in *E. coli*: A comparison of different physical methods. *Biotechnol Lett* 27: 1003–1005.

Siguret V, Ribba AS, Cherel G, Meyer D, Pietu G. 1994. Effect of plasmid size on transformation efficiency by electroporation of *Escherichia coli* DH5α. *BioTechniques* 16: 422–426.

Smith M, Jessee J, Landers T, Jordan J. 1990. High efficiency bacterial electroporation 1 × 10^{10} *E. coli* transformants per microgram. *Focus (Life Technologies)* 12: 38–40.

---

① 译者注：应为μg，原文为 mg。

方案 5　质粒载体克隆：定向克隆

　　大多数常用的质粒载体中含有多克隆位点，实质上是许多不同的限制性内切核酸酶识别序列的簇。鉴于目前多克隆位点种类繁多（一些多接头含有多达 46 个独特位点，例如 Life Technologies 公司的 pSE280；更长的多接头也已组装；Brosius，1992），几乎总是可以找到一个携带独特的限制性位点的质粒载体，可以与一个特定外源 DNA 片段的末端兼容。

　　定向克隆通常需要线性化载体的两端含有突出末端：①与另一个不一致；②与靶 DNA 的末端一致。然而，在某些情况下，当靶 DNA 和质粒 DNA 两端都携带相同的突出末端时，定向克隆也可以实现。例如，限制性内切核酸酶 *Bam*H I 和 *Bgl* II 识别不同的六核苷酸序列（分别是 GGATCC 和 AGATCT），生成具有相同 3′突出末端的限制性酶切片段。如果携带 *Bam*H I 和 *Bgl* II 末端的 DNA 片段连接到同样用这两种酶切割的载体中，那么外源 DNA 可以在任一方向插入。然而，如果在连接混合物中包含两种限制性内切核酸酶之一，或者，如果在转化前使用酶消化连接后的 DNA，则只有那些 *Bam*H I 末端被连接到 *Bgl* II 末端或反之亦然的连接事件，将在大肠杆菌中产生重组产物。该策略利用的是闭环 DNA 转化细菌细胞的频率比线性 DNA 高得多的现象。

　　有时候会找不到一个适合的载体、靶 DNA、限制性内切核酸酶组合用来定向克隆。此问题的最佳解决方案是用寡核苷酸引物扩增外源 DNA 片段，引物的两个末端添加所需的限制性酶切位点（见方案 9）。

　　本方案描述标准、老式但可靠的方法，用于克隆含有不相容的突出末端的线性 DNA 片段。

材料

为正确使用本方案中的器材和危险试剂，必须查阅相应的材料安全数据表并咨询所在机构的环境卫生和安全办公室。

本方案的专用试剂标注<R>，配方在本方案末提供。常用储备溶液、缓冲液和试剂标注<A>，配方见附录 1。储备溶液应稀释至适用浓度后使用。

试剂

琼脂糖凝胶（和第 2 章方案 1 中其他所需的试剂和设备）（可选；见步骤 1、2 和 4）

ATP（10mmol/L）

　　　　如果连接缓冲液包含 ATP，在步骤 5 中的连接反应省略 ATP。

噬菌体 T4 DNA 连接酶和缓冲液

　　　　见信息栏"连接和连接酶"。一些商业化的连接酶缓冲液含有 ATP；使用这些缓冲液时不必加入 ATP。

乙醇

外源或靶 DNA 片段

连接试剂（本方案步骤 7 需要本章中方案 1、2 或 3 列出的试剂）

酚：氯仿（1:1，*V/V*）

聚丙烯酰胺凝胶（在第 2 章方案 3 所需的试剂及设备）（可选；见步骤 2）

限制性内切核酸酶

乙酸钠（3mol/L，pH 5.2）

TE（pH 8.0）<A>
转化感受态大肠杆菌细胞（以及方案 1 和 2 中转化大肠杆菌所需的其他试剂和设备）

　　转化感受态大肠杆菌细胞可以商业购买，或按方案 1～3 中方法制备。

载体 DNA（闭合环状质粒）含有多克隆位点（10μg）

设备

用于离心柱层析的设备（例如，QIAGEN 公司的 QIAprep；见第 1 章的导言）
水浴（16℃或 20℃、45℃和限制性内切核酸酶消化的最适温度）

方法

1. 用两种合适的限制性内切核酸酶消化载体（10μg）和外源 DNA。

　　制备闭合环状质粒载体用于定向克隆，通过两种限制性内切核酸酶在不同序列切割，产生不同的末端。只要可能，尽量避免使用多克隆位点上切割序列相互之间位于 12bp 以内的两种限制性内切核酸酶，因为在其中一个位点被切割后，第二个位点将太接近线性 DNA 的末端，从而不利于第二种酶的有效切割。New England Biolabs 公司目录（www.neb.com/neb/frame_tech.htmL）的附录有一张极好的列表，显示了不同限制性内切核酸酶切割靠近 DNA 分子末端位点的效率。阅读制造商的说明，以确定两种限制性内切核酸酶在相同的酶切缓冲液中是否是最优条件下工作。如果是这样的话，可以用两种酶同时消化载体 DNA。如果两种限制性内切核酸酶需要不同的缓冲液，最好分步酶切。在这种情况下，应首先使用盐浓度低的酶。在反应结束时，取一份 DNA 用凝胶电泳法分析，以确认所有的质粒 DNA 由环形转变为线性分子。然后适当调整盐浓度，并添加第二种酶。

2. 通过酚：氯仿抽提纯化消化后的外源 DNA，标准乙醇沉淀。

　　根据实验情况，分离外源 DNA 的目的片段可能是必要或适当的，通过中性琼脂糖或聚丙烯酰胺凝胶电泳，按第 2 章方案 1 和方案 3 中所述进行。这个纯化步骤一般是在限制性酶切外源 DNA 后产生多个可以连接到载体的片段时才进行。与其通过筛选大量转化体寻找所需克隆，许多研究者更愿意在连接反应前富集感兴趣的外源序列（如通过琼脂糖凝胶电泳）。

3. 通过离心柱层析纯化载体 DNA，然后标准乙醇沉淀。

　　此过程从载体中去除了在多克隆位点上两个接近的限制性酶切位点切割质粒产生的小片段 DNA。

4. 分别复溶 DNA 沉淀于 TE（pH 8.0）中，浓度约 100μg/mL。计算 DNA 的浓度（单位：pmol/mL）时，假定 1bp 相当于 660Da。

通过琼脂糖凝胶电泳分析少许样品，确认两种 DNA 的大概浓度。

5. 按如下表格将适量的 DNA 加入到无菌 0.5mL 微量离心管中。

管	DNA
A 和 D	载体（30fmol [约 100ng]）
B	插入片段（外源）（30fmol [约 10ng]）
C 和 E	载体（30fmol）和插入片段（外源）（30fmol）
F	超螺旋载体（3fmol [约 10ng]）

连接反应中质粒载体和插入 DNA 片段的摩尔比应为约 1:1。DNA 终浓度应为约 10ng/μL。

i. 对于管 A、B 和 C，添加：

连接缓冲液（10×）	1.0μL
噬菌体 T4 DNA 连接酶	0.1Weiss U
ATP（10mmol/L）	1.0μL
H₂O	至 10μL

ii. 对于管 D 和 E，添加：

连接缓冲液（10×）	1.0μL	
ATP（10mmol/L）	1.0μL	
H₂O	至 10μL	

不添加 DNA 连接酶

DNA 片段可以和水一起加入管中，然后加热至 45℃ 5min，将片段制备过程中再复性的所有黏性末端熔化。冷却 DNA 溶液到 0℃，添加其余的连接试剂。为了达到最大的连接效率，应在尽可能小的体积（5～10μL）中进行反应。添加 ATP 作为 10×连接缓冲液的组分可以为载体或外源 DNA 在反应混合物中留出更多的体积。魏斯单位（Weiss units）的定义见信息栏"连接和连接酶"。

6. 16℃过夜或 20℃ 4h 孵育反应混合物。

7. 用每个连接反应的稀释液转化感受态大肠杆菌。用已知量的标准方法制备的超螺旋质粒 DNA 作为对照检查转化的效率。

管	DNA	连接酶	预期转化菌落数量
A	载体	+	约为 0（比 F 管少约 10^4 倍）[a]
B	插入片段	+	0
C	载体和插入片段	+	比 A 管或 D 管多约 10 倍
D	载体	−	约为 0（比 F 管少约 10^4 倍）
E	载体和插入片段	−	有一些，但比 C 管少
F	超螺旋载体	−	大于 $2×10^5$

a. 单独的载体 DNA 在连接反应时产生的转化体，可能是由于一种或两种限制性内切核酸酶消化 DNA 不完全，或由于载体同残余的多克隆位点小片段连接所致。

参考文献

Brosius J. 1992. Compilation of superlinker vectors. *Methods Enzymol* **216**: 469–483.

方案 6　质粒载体克隆：平末端克隆

当克隆平末端目的片段时，为了获得最大量的"正确"连接产物，连接反应的两种成分 DNA 必须在一个适当的比例。如果质粒载体与靶 DNA 的摩尔比太高，则连接反应可能会产生不希望的环状空质粒，包括单体和聚合体；如果过低，连接反应将可能会生成多余的，不同大小、方向和成分的线性及环状同聚物和杂聚物。出于这个原因，必须通过限制性内切核酸酶图谱或其他方法，始终对每个重组克隆中外源 DNA 的方向和插入数进行验证。一般而言，含有等摩尔量的质粒和靶 DNA 的连接反应，总 DNA 浓度小于 100μg/mL，获得的单体环状重组体的得率可以接受（Bercovich et al. 1992）。

本方案描述将平末端 DNA 片段克隆到线性质粒载体的方法。方案 7 和 8 概述另外的方法，以有助于获得正确的平末端克隆连接产物。载体去除 5′-磷酸残基（见方案 7）将抑制线性质粒在连接反应期间的再环化。但是注意，对于去磷酸化是否有利还存在争议。一个更有效的方法是使用编码限制性内切核酸酶识别位点的合成接头连接到平末端 DNA 的末端（见方案 8），从而提供定向克隆所需的黏性末端。

材料

为正确使用本方案中的器材和危险试剂，必须查阅相应的材料安全数据表并咨询所在机构的环境卫生和安全办公室。

本方案的专用试剂标注<R>，配方在本方案末提供。常用储备溶液、缓冲液和试剂标注<A>，配方见附录1。储备溶液应稀释至适用浓度后使用。

试剂

琼脂糖凝胶（以及第2章方案1中其他所需的试剂和设备）（可选；见步骤2和3）

ATP（5mmol/L）

> 如果连接缓冲液包含ATP，在步骤5中的连接反应省略ATP。

噬菌体T4 DNA连接酶和缓冲液

> 见信息栏"连接和连接酶"。一些商业化的连接酶缓冲液含有ATP；使用这些缓冲液时不必加入ATP。

去磷酸化试剂（本方案步骤4需要方案7中所列的试剂）

乙醇

外源或靶DNA（平末端片段）

聚乙二醇（30%，*m/V*；PEG 8000溶液）

酚：氯仿（1:1，*V/V*）

聚丙烯酰胺凝胶（在第2章方案3所需试剂及设备）（可选；见步骤2）

限制性内切核酸酶

乙酸钠（3mol/L，pH 5.2）

TE（pH 8.0）<A>

转化用感受态大肠杆菌细胞（和方案1和2中转化大肠杆菌所需的其他试剂和设备）

> 转化用感受态大肠杆菌细胞可以商业购买，或按方案1~3中方法制备。

载体DNA（闭合环状质粒），含有多克隆位点（1~10μg）

设备

水浴（16℃或20℃，限制性内切核酸酶消化的最适温度）

方法

1．用适当的限制性内切核酸酶分别消化1~10μg的质粒DNA和外源DNA，生成平末端。

2．通过酚：氯仿抽提纯化消化后的外源DNA，标准乙醇沉淀。

> 根据实验情况，分离外源DNA目的片段可能是必要或有利的，可以通过中性琼脂糖或聚丙烯酰胺凝胶电泳，按第2章方案3中所述进行。当限制性酶切外源DNA后产生多个可以连接到载体末端的片段时，分离通常是必要的。与通过筛选大量转化体寻找所需克隆相比，凝胶电泳可用于在连接前富集感兴趣的外源序列。

3．分别复溶DNA沉淀于TE（pH 8.0）中，浓度约100μg/mL。计算DNA的浓度（单位：pmol/mL）时，假定1bp相当于660Da。

> 通过琼脂糖凝胶电泳分析少许样品，确认两种DNA的大概浓度。

4．按方案7中所述将质粒载体DNA去磷酸化。

5．按如下表格将适量的DNA加入到无菌0.5mL微量离心管中：

管	DNA
A 和 E	载体[a]（60fmol [约 100ng]）
B	外源 DNA[b]（60fmol [约 10ng]）
C 和 F	载体[a]（60fmol）加外源 DNA（60fmol）[c]
D	线性化载体（含有 5′端磷酸残基）（60fmol）
G	超螺旋载体（6fmol [约 10 ng]）

a. 载体 DNA 按方案 7 所述进行去磷酸化。

b. 接头可以连接到外源靶 DNA 上。

c. 连接反应中质粒载体和插入 DNA 片段的摩尔比应为约 1:1。连接反应中的 DNA 总浓度应为约 10ng/μL。

i. 对于管 A、B 和 C，添加：

连接缓冲液（10×）	1.0μL
噬菌体 T4 DNA 连接酶	0.5Weiss U
ATP（5mmol/L）	1.0μL
H₂O	至 8.5μL
30% PEG 8000	1～1.5μL

ii. 对于管 D、E 和 F，添加：

连接缓冲液（10×）	1.0μL
ATP（5mmol/L）	1.0μL
H₂O	至 8.5μL
30% PEG8000	1～1.5μL

不添加 DNA 连接酶

为了达到最大的连接效率，应在尽可能小的体积（5～10μL）进行反应。添加 ATP 作为 10×连接缓冲液的组分可以为载体或外源 DNA 在反应混合物中留出更多的体积。一些商业化的连接酶缓冲液含有 ATP。使用这些缓冲液时不必加入 ATP。

DNA 片段可以和水一起加入管中，然后加热至 45℃，5min，使 DNA 片段制备过程中形成的 DNA 团块解离。将 DNA 溶液冷却到 0℃后再添加其余的连接试剂。重要的是：①加热 PEG 储液（30%）至室温后再加入连接反应；②最后添加这种成分。在 PEG 8000 存在时，DNA 可以在低温下析出。

6. 16℃过夜或 20℃，4 h 孵育反应混合物。

7. 按方案 1、2 或 4 中所述的方法，用每个连接反应的稀释液转化感受态大肠杆菌。用已知量的、标准方法制备的超螺旋质粒 DNA 作为对照检查转化的效率。

管	DNA	连接酶	预期转化菌落数量
A	载体[a]	+	约为 0[c]
B	插入片段	+	0
C	载体[a]和插入片段	+	比 F 管约多 5 倍
D	载体[a]	−	约为 0
E	载体[b]	−	比 D 管约多 50 倍
F	载体[a]和插入片段	−	比 D 管约多 50 倍
G	超螺旋载体	−	大于 2×10⁶

a. 去磷酸化。

b. 未去磷酸化。

c. 单独的去磷酸化载体 DNA 在连接反应后转化产生的转化体是由于用碱性磷酸酶处理时未能去除 5′-磷酸残基。

参考文献

Bercovich JA, Grinstein S, Zorzopulos J. 1992. Effect of DNA concentration on recombinant plasmid recovery after blunt-end ligation. *BioTechniques* 12: 190, 192–193.

方案 7　质粒 DNA 的去磷酸化

　　去除 5′端磷酸基团能够抑制质粒 DNA 的自身连接和环化。在体外连接反应时，只有一个核苷酸带有 5′-磷酸基团且另一个带有 3′-羟基末端时，DNA 连接酶才能催化相邻核苷酸之间形成磷酸二酯键。因此，用碱性磷酸酶去除质粒 DNA 两个末端的 5′-磷酸残基可以将质粒 DNA 的再环化降到最低（Seeburg et al. 1977；Ullrich et al. 1977）。然而，一个含有完整 5′端磷酸残基的外源 DNA 片段可以在体外有效地连接到去磷酸化的质粒 DNA，产生一个包含两个缺口的开放环状分子。由于这些开放环状 DNA 分子转化大肠杆菌的效率比去磷酸化的线性 DNA 高，从理论上讲，大部分转化体应该含有重组质粒。如需进一步信息，见本方案结尾的讨论部分。

材料

　　为正确使用本方案中的器材和危险试剂，必须查阅相应的材料安全数据表并咨询所在机构的环境卫生和安全办公室。

　　本方案的专用试剂标注<R>，配方在本方案末提供。常用储备溶液、缓冲液和试剂标注<A>，配方见附录 1。储备溶液应稀释至适用浓度后使用。

试剂

TBE 配制的琼脂糖凝胶（0.7%），含 0.5μg/mL 溴化乙锭（所需要的试剂和设备见第 2 章，方案 1）（见步骤 2）
小牛肠碱性磷酸酶（CIP）或虾碱性磷酸酶（SAP）
去磷酸化反应缓冲液，由制造商提供（可选；见步骤 6）
EDTA（0.5mol/L，pH8.0）（可选；见步骤 6）
EGTA（0.5mol/L，pH8.0）（可选；见步骤 6）
乙醇
苯酚
酚：氯仿（1:1，V/V）
蛋白酶 K（10mg/mL）（可选；见步骤 6）
限制性内切核酸酶
SDS（10%，m/V）（可选；见步骤 6）
乙酸钠（3mol/L，pH5.2）
TE（pH8.0）<A>
Tris-Cl（10mmol/L，pH8.3）
包含多克隆位点的载体 DNA（闭合环状质粒）（10μg）

设备

盛满冰的容器
水浴［55℃、65℃或 75℃（见步骤 6），限制性内切核酸酶消化的最适温度］

方法

1. 用 2～3 倍过量的限制性内切核酸酶消化适量的闭合环状质粒 DNA（10μg）1h。

2. 取出一份（0.1μg），通过含有溴化乙锭的 0.7%琼脂糖凝胶电泳分析消化程度（见第 2 章，方案 1），用未消化的质粒 DNA 作为标记。如果消化不完全，添加更多的限制性内切核酸酶并继续温育。

3. 当消化完全后，用酚：氯仿抽提样品一次，标准乙醇沉淀回收 DNA。将乙醇溶液置于冰上 15min。

4. 在微量离心机上以最大转速 4℃离心 10min 回收 DNA，溶于 110μL 10mmol/L Tris-Cl（pH8.3）中。

> 储存 20μL 制备的 DNA 供以后作为对照使用（作为随后连接反应的对照使用）。

5. 如表 3-2 中所述，向剩余的 90μL 线性化质粒 DNA 添加 10μL 的 10×CIP 或 10×SAP 缓冲液和适量的小牛肠碱性磷酸酶（CIP）或虾碱性磷酸酶（SAP）并温育。

表 3-2　DNA 5′残基去磷酸化的反应条件

末端类型	每摩尔 DNA 末端的酶及用量	温育温度及时间
5′突出末端	0.01U CIP[a]	37℃ /30min
	0.1U SAP	37℃ /60min
3′突出末端	0.1～0.5U CIP[b]	37℃ /15min 然后 55℃ /45min
	0.5U SAP	37℃ /60min
平末端	0.1～0.5U CIP[b]	37℃ /15min 然后 55℃ /45min
	0.2U SAP	37℃ /60min

a. 在第一次 30min 温育后，添加第二份 CIP 酶，继续在 37℃温育 30min。

b. 正好在 55℃温育开始前添加第二份 CIP。

6. 灭活磷酸酶活性。为了在温育结束时灭活 CIP，加入 SDS 和 EDTA（pH 8.0）至终浓度分别为 0.5%和 5mmol/L。充分混匀，加入蛋白酶 K 至终浓度为 100μg/mL。在 55℃温育 30min。

> 另外，在 5mmol/L EDTA 或 10mmol/L EGTA（均为 pH8.0）的存在下，CIP 也可以通过加热至 65℃，30min（或 75℃，10min）灭活。
>
> 或者在去磷酸化缓冲液中，将反应混合物 65℃温育 15min 灭活 SAP。
>
> 在去磷酸化反应结束时，至关重要的是在进行连接反应前去除或完全灭活碱性磷酸酶。虽然可以通过上述的加热灭活 CIP 和 SAP，我们还是建议在使用去磷酸化的 DNA 进行连接反应之前，用苯酚/氯仿抽提去磷酸化反应产物。

7. 将反应混合物冷却至室温，然后用酚抽提一次，用酚：氯仿抽提一次。

8. 标准乙醇沉淀回收 DNA。再次混合溶液，并将其置于 0℃，15min。

9. 在微量离心机上以最大转速 4℃离心 10min 回收 DNA。在 4℃用 70%乙醇洗涤沉淀，再次离心。

10. 小心去除上清液，将开盖的管置于实验台上，使乙醇蒸发。

11. 将 DNA 沉淀以 100μg/mL 的浓度溶解于 TE（pH 8.0）中。分装 DNA 存储于-20℃。

讨论

尽管去磷酸化在逻辑上具有吸引力，许多研究者还是对它的价值产生怀疑。毫无疑问，去除 5′-磷酸残基抑制了线性质粒 DNA 的再环化，并因此减少了携带"空"质粒转化菌落带来的背景。然而，携带所需重组体的菌落数目也经常出现同样程度的下降。此外，一些研究者认为，5′-羟基团的存在可能会导致重排或删除克隆的频率增加。由于这些原因，只要有适当的限制性位点可用，定向克隆是质粒克隆的首选方法。对载体去磷酸化现在只在下列情况推荐使用：

- 可用于克隆的插入 DNA 量很少。在这种情况下，使用超过插入物 10 倍摩尔量的去磷酸化载体将确保所有可用的插入物连接到载体。

- 通过用限制性内切核酸酶消化少量制备的质粒 DNA 筛选转化体。从十几种小规模细菌培养物制备质粒 DNA 是乏味的，使用去磷酸化载体将确保在小样本转化体中出现所需重组体的频率较高。
- 克隆平末端 DNA 片段（见方案 6）。
- 通过用两种不同的酶切割进行制备的载体产生大量的转化菌落。这表明，用于制备载体的两种酶中的其中一种或两者都切割 DNA 不完全，或释放出的多克隆位点的 DNA 小片段并没有从载体制备中去除，反而是连接到载体上。在这两种情况下，载体的去磷酸化是有用的，去除 5'端的磷酸残基可以防止闭合环状质粒 DNA 的重新组成。

然而，当克隆含有互补突出末端重组体的 DNA 片段时，如果通过 α-互补进行筛选或通过菌落杂交鉴定（方案 14），去磷酸化没有必要。因为在一个平板上筛选大量的菌落很容易，即使背景菌落数高，也可以轻易地鉴定和回收到稀少的重组体。

参考文献

Seeburg P, Shine J, Martial JA, Baxter JD, Goodman HM. 1977. Nucleotide sequence and amplification in bacteria of structural gene for rat growth hormone. *Nature* 270: 486–494.

Ullrich A, Shine J, Chirgwin J, Pictet R, Tischer E, Rutter WJ, Goodman HM. 1977. Rat insulin genes: Construction of plasmids containing the coding sequences. *Science* 196: 1313–1319.

方案 8   向平末端 DNA 添加磷酸化衔接子/接头

衔接子和接头连接到 DNA 片段的末端，以便其插入到质粒载体中进行克隆和表达。为使衔接子的连接达到最大效率，靶 DNA 的末端首先用 T4 DNA 聚合酶处理（见信息栏"衔接子和接头"）。

材料

为正确使用本方案中的器材和危险试剂，必须查阅相应的材料安全数据表并咨询所在机构的环境卫生和安全办公室。

本方案的专用试剂标注<R>，配方在本方案末提供。常用储备溶液、缓冲液和试剂标注<A>，配方见附录 1。储备溶液应稀释至适用浓度后使用。

试剂

ATP（10mmol/L）

如果连接缓冲液包含 ATP，在步骤 1 的连接反应中省略 ATP。

噬菌体 T4 DNA 连接酶和缓冲液

见信息栏"连接和连接酶"。一些商业化的连接酶缓冲液含有 ATP；使用这些缓冲液时不必加入 ATP。

乙醇

酚：氯仿（1:1，*V/V*）

多核苷酸激酶

限制性内切核酸酶

乙酸钠（3mol/L，pH5.2）

合成接头或衔接子溶解在 TE（pH8.0）中，浓度约 400μg/mL。

对于六聚体来说，该浓度相当于 50μmol/L 溶液。

靶 DNA 片段（100～200ng）

TE <A>（pH8.0）

设备

离心柱层析设备（例如，QIAGEN 公司的 QIAprep；见第 1 章导言）

水浴（37℃、65℃和限制性内切核酸酶消化的最适温度）

方法

1. 要将磷酸化的衔接子连接到含有互补突出末端的 DNA 片段上，建立连接反应如下：

DNA 片段	100～200ng
磷酸化的衔接子或接头	10～20 倍摩尔数过量
连接缓冲液（10×）	1.0μL
噬菌体 T4 DNA 连接酶	0.1Weiss U
ATP（10mmol/L）	1.0μL
H$_2$O	至 10μL

2. 在 4℃温育连接混合物 4～6h。

为了达到最大的连接效率，在尽可能小的体积（5～10μL）建立反应。添加 ATP 作为 10×连接缓冲液的组分可以为载体或外源 DNA 在反应混合物中留出更多的体积。一些商业化的连接酶缓冲液含有 ATP。使用这些缓冲液时不必加入 ATP。

NEB 公司销售的快速连接试剂盒的连接酶缓冲液含有聚合剂聚乙二醇（见第 1 章中的信息栏"聚乙二醇"和本章结尾的信息栏"缩合剂和聚合剂"）。含有该缓冲液的连接反应在几分钟之内即可完成。

3. 将反应混合物在 65℃下温育 15min 使 DNA 连接酶失活。

4. 用 10μL 适当的 10×限制性内切核酸酶缓冲液稀释连接反应产物。加入无菌水至终体积为 100μL，接着加入 50～100U 的限制性内切核酸酶。

5. 37℃温育反应 1～3h。

限制性内切核酸酶催化去除 DNA 片段末端的聚合接头，并创建突出末端。需要大量的限制性内切核酸酶来消化反应中存在的大量衔接子。

6. 通过离心柱（如 QIAprep）纯化 DNA。

7. 通过乙醇沉淀回收 DNA。

现在可以将修饰过的 DNA 片段连接到质粒载体中，这些载体含有突出末端与切割后的衔接子/接头突出末端互补。

方案 9　克隆 PCR 产物：向扩增 DNA 的末端添加限制性酶切位点

如果 PCR 中使用的两个引物携带不同的限制性酶切位点，扩增产生的目的片段可以定向克隆到一个含有匹配末端的载体中（Scharf et al. 1986；Kaufman and Evans 1990）。将纯化的片段和载体分别使用适当的限制性内切核酸酶消化，连接在一起，并转化大肠杆菌。

此方法适用于所有类型的 PCR 产物，包括那些平末端的和 3'端携带非模板核苷酸的 PCR 产物。

许多限制性内切核酸酶难以切割靠近 DNA 分子末端的识别序列，包括由 PCR 产生的序列（例如，见 Jung et al. 1990, 1993；Kaufman and Evans 1990）。为了避免这些问题，在寡核苷酸引物的 5'端设计额外的 6~8 个核苷酸长度的序列。这些序列像夹子一样将扩增 DNA 的末端结合在一起，为限制性内切核酸酶发挥作用提供"支撑"。商品供应商的网站中包含关于限制性内切核酸酶切割末端和近末端位点效率的信息（如 New England Biolabs 公司），见信息栏"限制性内切核酸酶及其发现"。

如果扩增产物的 DNA 序列是已知的，可在引物中引入独特的限制性酶切位点。如果扩增产物的序列是未知的，最好是掺入已知在宿主生物基因组中很少出现的限制性酶切位点。

成功用限制性内切核酸酶消化扩增的 DNA 产物依赖于 PCR 产物的纯度。未纯化的扩增产物将受到未使用的引物和 PCR 过程中产生的引物二聚体的严重污染。此外，扩增产物用限制性内切核酸酶切割后，残余聚合酶和 dNTP 的继续存在可能会导致平末端 DNA 的再生。因此，要想克隆成功，需要在用限制性内切核酸酶切割扩增的 DNA 之前除去残留的聚合酶和竞争性底物。可以将 PCR 产物用酚：氯仿抽提后再用乙醇沉淀扩增的 DNA。然而，许多研究人员倾向于使用商业化纯化试剂盒，如 Wizard SV Gel 和 PCR Clean-Up System（Promega 公司）、PureLink PCR 纯化试剂盒（Life Technologies 公司）或 QIAquik PCR 纯化试剂盒（QIAGEN 公司）。

材料

为正确使用本方案中的器材和危险试剂，必须查阅相应的材料安全数据表并咨询所在机构的环境卫生和安全办公室。

本方案的专用试剂标注<R>，配方在本方案末提供。常用储备溶液、缓冲液和试剂标注<A>，配方见附录 1。储备溶液应稀释至适用浓度后使用。

试剂

琼脂糖凝胶（和第 2 章方案 1 中所需的其他试剂和设备）（见步骤 1 和 10）

ATP（10mmol/L）

> 如果连接缓冲液包含 ATP，在步骤 6 中的连接反应省略 ATP。

噬菌体 T4 DNA 连接酶和缓冲液

> 见信息栏"连接和连接酶"。一些商业化的连接酶缓冲液含有 ATP；使用这些缓冲液时不必加入 ATP。

乙醇

正向引物（20mmol/L）溶于水，反向引物（20mmol/L）溶于水（和进行聚合酶链反应所需的其他试剂和设备，如第 7 章方案 1 所述）

> 设计携带适当限制性酶切位点的正向和反向引物。各引物的 3'端应与在靶 DNA 选择的约 15 个连续碱基完全互补。每种引物的 5'端包括：①6~8 个附加核苷酸，会保持扩增 DNA 末端在一起，提供限制性内切核酸酶的"着陆地点"；②限制性内切核酸酶的识别序列。两个引物应携带不同的酶切位点。每个引物应该长 29~31 个核苷酸，包含大约同等数量的 4 种碱基，G 和 C 分布均衡，不易形成稳定二级结构。
>
> 自动 DNA 合成仪合成的寡核苷酸引物通常可以使用于标准 PCR 中，无需进一步纯化。

酚：氯仿（1:1，V/V）

> 或者可以使用商业化试剂盒纯化 PCR 扩增的 DNA，如 Wizard SV Gel 和 PCR Clean-Up System（Promega 公司）、PureLink PCR 纯化试剂盒（Life Technologies 公司）或 QIAquik PCR 纯化试剂盒（QIAGEN 公司）（见步骤 2 和 4）。

用适当的限制性内切核酸酶切割质粒 DNA，通过凝胶电泳纯化（20 ng）

> 如果可能，选择一个可用于蓝/白筛选的质粒。
>
> 如果携带匹配末端的线性化质粒 DNA 可以彼此连接，用碱性磷酸酶除去其 5'-磷酸基团，抑制载体自连接（见

方案 7）。

限制性内切核酸酶

SOB、SOC 或 LB 琼脂平板 <A> 含有合适的抗生素

> 如果用于蓝/白筛选，平板中也应该含有 X-Gal 和 IPTG（见第 1 章的信息栏"X-Gal"和方案 14 的信息栏"IPTG"）

乙酸钠（3mol/L，pH 5.2）

作为 PCR 模板的靶 DNA

TE（pH 7.5）<A>

转化用感受态大肠杆菌细胞（以及方案 1 和 2 中转化大肠杆菌需要的其他试剂和设备）

> 制备好的感受态大肠杆菌细胞可以商业购买，或自己制备（见方案 1 或 2）。在可能的情况下选择可用于蓝/白筛选转化菌落的大肠杆菌菌株。

设备

培养箱（37℃）

水浴（预设为 16℃ 和限制性酶切的最适温度）

🔬 方法

1. 使用按本方案材料部分概述方法设计的正向和反向引物产生 100～200ng 扩增目的片段。取少量样品（约 25ng）通过琼脂糖凝胶电泳检查扩增产物的大小。

2. 用酚：氯仿抽提和乙醇沉淀，或通过使用商业产品如 Wizard SV Gel 和 PCR Clean-Up System（Promega 公司）、PureLink PCR 纯化试剂盒（Life Technologies 公司）或 QIAquik PCR 纯化试剂盒（QIAGEN），纯化 PCR 扩增的 DNA。纯化的 PCR 产物溶解在 20μL[①] TE（pH 7.5）中。

3. 在 20μL[②]反应体积中，用 1.0～2.0U 相关限制性内切核酸酶消化约 50ng 纯化的 PCR 产物。在最适温度温育反应物 1h。

4. 消化结束时，按步骤 2 所概述方法纯化 DNA。

5. 将 DNA 溶解在 10μL[③]水中。

6. 在一个微量离心管中建立以下连接混合物：

扩增的靶 DNA（25ng/μL[④]）	5.0μL
线性质粒 DNA（见上文"材料"）	20ng
连接缓冲液（10×）	1.0μL
T4 DNA 连接酶	1U
H$_2$O	至 10μL

如果有必要，添加 ATP 至终浓度为 1mmol/L。

建立对照反应，包含上述列出的所有试剂，除了扩增的靶 DNA。

> 连接混合物中纯化的靶 DNA 与切割的质粒载体摩尔比应为约 1∶1。

7. 在 16℃ 温育连接混合物 2h。

8. 分别用 10μL[⑤]水稀释 5μL[⑥]两种连接混合物，转化合适的抗生素耐药性的感受态大肠杆菌菌株。为估计大肠杆菌的转化效率，设置已知量未切割的质粒 DNA 为阳性对照。

---

① 译者注：应为 μL，原文为 mL。
② 译者注：应为 μL，原文为 mL。
③ 译者注：应为 μL，原文为 mL。
④ 译者注：应为 μL，原文为 mL。
⑤ 译者注：应为 μL，原文为 mL。
⑥ 译者注：应为 μL，原文为 mL。

用于作为阳性对照的 DNA 通常随着商业化感受态大肠杆菌提供。

将转化培养物涂在含有适当抗生素的培养基上。在 37℃过夜孵育平板。

9．计算每个连接混合物得到的菌落数量。如果质粒可用于蓝/白筛选，挑选一些从含有靶 DNA 的连接反应产物转化而得到的白色菌落。在不同的实验中，蓝色：白色菌落的比率在 1:5 到 2:1 之间。

10．分离重组质粒 DNA，并用适当的限制性内切核酸酶消化，确认扩增片段的存在。通过琼脂糖凝胶电泳分级分离限制内切核酸酶酶切的 DNA，使用适当的 DNA 大小标记。

11．通过 DNA 测序、限制性内切核酸酶图谱或 Southern 杂交确认所克隆的片段正确。

如果没有菌落出现，见"疑难解答"。

疑难解答

问题（步骤 11）：分离含有目的 PCR 产物的菌落失败。

解决方案：这可能是由于转化或连接的低效率所致。对于每一个实验，设立一个阳性对照，以监测制备的感受态大肠杆菌的转化效率。通过凝胶电泳分析连接混合物和对照的样本，确认载体和靶 DNA 片段的浓度是正确的。

参考文献

Jung V, Pestka SB, Pestka S. 1990. Efficient cloning of PCR generated DNA containing terminal restriction endonuclease recognition sites. *Nucleic Acids Res* 18: 6156.

Jung V, Pestka SB, Pestka S. 1993. Cloning of polymerase chain reaction-generated DNA containing terminal restriction endonuclease recognition sites. *Methods Enzymol* 218: 357–362.

Kaufman DL, Evans GA. 1990. Restriction endonuclease cleavage at the termini of PCR products. *BioTechniques* 9: 304, 306.

Scharf SJ, Horn GT, Erlich HA. 1986. Direct cloning and sequence analysis of enzymatically amplified genomic sequences. *Science* 233: 1076–1078.

方案 10   克隆 PCR 产物：平末端克隆

下面优雅而简单的用于生成和克隆平末端 DNA 的方案，改编自 Weiner（1993）和 Chuang 等（1995）的研究，是建立在 Liu 和 Schwartz（1992）的早期工作之上，他们的研究表明在过量的限制性内切核酸酶的存在下温育连接反应，可以显著提高重组质粒的得率。限制性内切核酸酶的作用是在限制位点切割质粒分子自连接产生的环状和线性多联体。该方法需要质粒与靶 DNA 分子的连接破坏限制性酶切位点，以防止限制性内切核酸酶消化连接反应过程中产生的重组体。单位长度线性载体分子持续再生的净效应，推动连接反应的平衡状态强烈偏向于载体和插入物之间形成重组体。

因为载体 DNA 的再生、连接、所有 PCR 产生的 DNA 片段的末端补平都同时发生在同一反应混合物中，该方法非常高效。

材料

为正确使用本方案中的器材和危险试剂，必须查阅相应的材料安全数据表并咨询所在机构的环境卫生和安全办公室。

本方案的专用试剂标注<R>，配方在本方案末提供。常用储备溶液、缓冲液和试剂标注<A>，配方见附录 1。储备溶液应稀释至适用浓度后使用。

试剂

琼脂糖凝胶（以及第 2 章方案 1 中所需的其他试剂和设备）

ATP（10 mmol/L）

> 如果连接缓冲液包含 ATP，在连接反应时省略 ATP。

噬菌体 T4 DNA 连接酶和缓冲液

> 见信息栏"连接和连接酶"。一些商业化的连接酶缓冲液含有 ATP；使用这些缓冲液时不必加入 ATP。

噬菌体 T4 DNA 聚合酶

> 不要使用大肠杆菌 DNA 聚合酶的 Klenow 片段作为补平酶，因为它含有内源性末端转移酶活性。

闭合环状质粒 DNA（100ng/mL）

> 选择一个质粒载体，含有单个可产生平末端的限制性内切核酸酶位点（例如，Sma I、Srf I 和 EcoR V）。限制酶位点不应该存在于扩增的 DNA 中，并且目的片段连接到载体不应再生此限制性位点。常用的平末端 PCR 产物克隆的质粒载体是 Bluescript 型质粒和含有缩短的多克隆位点的质粒（例如，Stratagene 公司的 pCR-Script Direct）。质粒载体和细菌宿主如果带有蓝/白筛选系统更好。

dNTP 溶液（2mmol/L），包含所有 4 种 dNTP。

质粒 DNA 用适当的限制性内切核酸酶切割，通过凝胶电泳纯化。

> 如果线性化的质粒 DNA 含有可以彼此连接的互补末端，用碱性磷酸酶去除 5′-磷酸基团和抑制自连接（参见方案 7）。如果可能的话，选择可用于蓝/白筛选的质粒。

限制性内切核酸酶

> 选择产生平末端的限制性内切核酸酶，切割载体一次，不要切割扩增的 DNA（见步骤 1）。

SOB、SOC 或 LB 琼脂平板<A>，含有合适的抗生素

> 如果要使用蓝/白筛选，平板也应该含有 X-Gal 和 IPTG（见第 1 章的信息栏"X-Gal"和方案 14 的信息栏"IPTG"；制备含有 X-Gal 和 IPTG 的琼脂平板的配方见附录 1）。

靶 DNA（25ng/μL[①]），通过 PCR 扩增

> 当 PCR 产生一个或两个以上的 DNA 扩增片段时，通过低熔点琼脂糖电泳纯化目的片段（见第 2 章方案 9）。如果没有通过凝胶电泳纯化，PCR 扩增的 DNA 可以通过用酚：氯仿提取 PCR 产物，然后用乙醇沉淀扩增的 DNA 以用于连接。然而，许多研究人员倾向于使用商业化纯化试剂盒，如 Wizard SV Gel 和 PCR Clean-Up System（Promega 公司）、PureLink PCR 纯化试剂盒（Life Technologies 公司）或 QIAquik PCR 纯化试剂盒（QIAGEN 公司）。

转化用感受态大肠杆菌细胞（以及用于转化大肠杆菌所需的其他试剂和设备）

> 感受态大肠杆菌细胞可以商业购买或自行制备（见方案 1 或 2）。尽可能选择可用于蓝/白筛选转化菌落的大肠杆菌菌株。

通用 KGB 缓冲液（10×）<R>

设备

水浴（16℃、22℃和限制性内切核酸酶消化的最适温度）

🔧 方法

1. 在微量离心管中，按所示的顺序混合如下：

闭合环状质粒载体（100ng/μL[②]）	1μL[③]
扩增的靶 DNA（25ng/μL[④]）	8μL[⑤]

[①] 译者注：应为μL，原文为 mL。
[②] 译者注：应为μL，原文为 mL。
[③] 译者注：应为μL，原文为 mL。
[④] 译者注：应为μL，原文为 mL。
[⑤] 译者注：应为μL，原文为 mL。

	续表
通用 KGB 缓冲液（10×）	2μL[①]
H₂O（见下文附注）	5μL[②]
ATP（10mmol/L）	1μL[③]
dNTP（2mmol/L）	1μL[④]
限制性内切核酸酶	2U
T4 DNA 聚合酶	1U
T4 DNA 连接酶	3U

调整 H₂O 的加入量，使最终的反应体积为 20μL[⑤]。设置对照反应，包含上述列出的所有试剂，除了扩增的靶 DNA。

2．在 22℃孵育连接混合物 4h。

> 限制性内切核酸酶切割质粒 DNA；在 dNTP 的存在下，T4 DNA 聚合酶的 3′外切核酸酶活性补平扩增的 DNA 的末端。

3．分别用 10μL[⑥] H₂O 稀释 5μL[⑦]两种连接混合物，转化合适的抗生素抗性的感受态大肠杆菌菌株（见信息栏"抗生素"）。根据载体和宿主基因型、IPTG 和 X-Gal，将转化培养物铺在含有适当抗生素的培养基上（见第 1 章中信息栏"X-Gal"和方案 14 的信息栏"IPTG"）。

4．计算从每个连接混合物得到的菌落数量。如果质粒可用于蓝/白筛选，挑选一些用含有靶 DNA 的连接反应产物转化得到的白色菌落。在不同的实验中，蓝色：白色菌落的比率可以在 1:5 到 2:1 之间变化。

5．通过分离重组质粒 DNA，并用适当的限制性内切核酸酶消化确认扩增片段的存在。使用适当的 DNA 大小标记，通过琼脂糖凝胶电泳分离限制性酶切后的 DNA。

6．通过 DNA 测序、限制性酶切图谱或 Southern 杂交确认所克隆片段的正确。

配方

为正确使用本方案中的器材和危险试剂，必须查阅相应的材料安全数据表并咨询所在机构的环境卫生和安全办公室。

通用 KGB 缓冲液（10×）

试剂	配制 100mL 所需的量	终浓度
乙酸钾（3mol/L）	33.3mL	1mol/L
Tris-乙酸（1mol/L，pH7.6）	25mL	250mmol/L
四水合乙酸镁	2.14g	100mmol/L
β-巯基乙醇（14.3mol/L）	35μL	5mmol/L
牛血清白蛋白	10mg	0.1mg/mL

分装 10×缓冲液，存储在-20℃。

参考文献

Chuang SE, Wang KC, Cheng AL. 1995. Single-step direct cloning of PCR products. *Trends Genet* 11: 7–8.

Liu ZG, Schwartz LM. 1992. An efficient method for blunt-end ligation of PCR products. *BioTechniques* 12: 28, 30.

Weiner MP. 1993. Directional cloning of blunt-ended PCR products. *BioTechniques* 15: 502–505.

---

① 译者注：应为μL，原文为 mL。
② 译者注：应为μL，原文为 mL。
③ 译者注：应为μL，原文为 mL。
④ 译者注：应为μL，原文为 mL。
⑤ 译者注：应为μL，原文为 mL。
⑥ 译者注：应为μL，原文为 mL。
⑦ 译者注：应为μL，原文为 mL。

方案 11　克隆 PCR 产物：制备 T 载体

T 载体可以由几种不同的方法制成，包括：

- 用限制性内切核酸酶如 *Xcm* I、*Hph* I 和 *Mbo* II 等消化载体，生成 3′端的未成对脱氧胸苷残基（Kovalic et al. 1991；Mead et al. 1991；Chuang et al. 1995；Borovkov and Rivkin 1997）；
- 使用末端转移酶和双脱氧 TTP 在一个线性化载体的 3′端添加一个突出的 T 残基（Holton and Graham 1991）；
- 利用 *Taq* DNA 聚合酶的、不依赖模板的末端转移酶活性催化添加一个 T 残基到线性化载体的末端 3′-羟基基团（Marchuk et al. 1991）。

此外，现成的 T 载体作为克隆试剂盒的组件可以从许多商业供应商购买（例如，Stratagene 公司的 pCR-Script [SK+]；Life Technologies 公司 TA 克隆试剂盒里的 pCRII；Promega 公司的 pGEM-T）（Hengen 1995）。

此方案概述了两种通常用来产生 T 载体的方法。

材料

为正确使用本方案中的器材和危险试剂，必须查阅相应的材料安全数据表并咨询所在机构的环境卫生和安全办公室。

本方案的专用试剂标注<R>，配方在本方案末提供。常用储备溶液、缓冲液和试剂标注<A>，配方见附录 1。储备溶液应稀释至适用浓度后使用。

试剂

琼脂糖凝胶（1%）（以及第 2 章方案 1 中所需的其他试剂和设备）

$CoCl_2$（25mmol/L）

ddTTP（1mmol/L 和 100mmol/L）

EDTA（0.5mol/L）

乙醇（可选；见步骤 4）

质粒 DNA（例如，pBluescript）（5μg）

> 如果质粒载体和细菌宿主携带蓝/白筛选系统则更好。

酚：氯仿（1:1，*V/V*）（可选；见步骤 4）

> 或者可以使用商业化试剂盒纯化 PCR 扩增的 DNA，如 Wizard SV Gel 和 PCR Clean-Up System（Promega 公司）、PureLink PCR 纯化试剂盒（Life Technologies 公司）或 QIAquik PCR 纯化试剂盒（QIAGEN 公司）。

限制性内切核酸酶

Taq 聚合酶

TE（pH 7.8）<A>

末端转移酶（25U/μL）和缓冲液

设备

商业化 DNA 纯化试剂盒（可选，见第 1 章引言）

水浴（37℃，72℃，以及限制性内切核酸酶消化的最适温度）

方法1　使用末端转移酶将双脱氧胸苷残基添加到平末端质粒DNA

平末端质粒 DNA 的制备

1. 在 100μL 反应体积中，用限制性内切核酸酶（如 *Eco*R V）完全消化 5μg 质粒 DNA（如 pBluescript），在一个位点切割质粒 DNA 并生成末端是 3′-T 残基的平末端线性分子。

进行下一步骤之前，通过凝胶电泳检查样品的消化情况，以确保没有环状质粒 DNA 分子残留。

2. 加入 2μL 0.5mmol/L EDTA。

3. 使用商品化试剂盒纯化线性载体，将 DNA 重悬于 50μL H_2O 中。

ddT 残基添加到平末端质粒 DNA 的 3′端

末端脱氧核糖核苷酸转移酶催化 dNTPs 添加到 DNA 分子的 5′端。DNA 聚合酶如大肠杆菌 DNA 聚合酶的 Klenow 片段和 *Taq* 具有往 DNA 底物添加单个核苷酸的能力，而末端转移酶可以在适当的条件下催化数百个核苷酸的添加。然而，通过使用链终止底物双脱氧胸苷三磷酸（ddTTP）作为底物，3′延伸的长度被限定为一个单核苷酸（Cozzarelli et al. 1969）。以 G：C 碱基对作为末端的平末端 DNA 是较差的底物，而富含 A：T 的平末端则比较宽松，并且修饰起来更迅速和同步。

末端转移酶对离子的要求很奇怪。它被许多反应缓冲液常有的阳离子所抑制，包括铵、氯离子和磷酸根离子（更多详情，见酶的发现者 Fred Bollum 于 1974 年合著的一篇综述）。大多数末端转移酶催化的反应在二甲胂酸（二甲基砷酸）缓冲液中进行（Kato et al. 1967），虽然 100mmol/L 的 Tris-乙酸（pH 7.2）几乎是一样好。使用 dTTP 或其类似物 ddTTP 作为底物的反应在 Co^{2+} 的存在下进行。相比之下，如果要添加嘌呤残基，Mn^{2+} 是首选的辅因子。

除了它的怪癖，末端转移酶在平末端 DNA 的 3′端添加核苷酸比 *Taq* DNA 聚合酶更有效。末端转移酶催化的反应结束时，大于 70% 的 DNA 末端将携带 3′-T 延伸，而使用 *Taq* 酶时只有 30% 的 DNA 末端将被修改。

4. 混合：

平末端质粒 DNA，按上述准备	45.0μL
末端转移酶缓冲液（5×）	6.0μL
$CoCl_2$（25mmol/L）	5.0μL
ddTTP 溶液（1mmol/L）	1.5μL
末端转移酶（25U/μL）	3.0μL

轻轻混匀，短暂离心，然后在 37℃孵育反应混合物 1.5h。

5. 通过用酚/氯仿抽提，然后乙醇沉淀，或使用市售的试剂盒，纯化 ddT 尾的 DNA。

6. 溶解纯化的 DNA 于 30μL TE（pH7.8）中。取一份 DNA 在 1% 琼脂糖凝胶电泳，用已知量的线性质粒 DNA（上面步骤 1）估计纯化的 T 载体的浓度。分装制备的 T 载体，存储于 -20℃。

方法 2　使用 *Taq* DNA 聚合酶添加 3′-脱氧胸苷残基

Taq 酶添加非模板 dA 残基到线性 DNA 底物的效率较低。在最好的情况下，约 30% 的 3′端得到一个非模板 dA 残基，而只有 10% 的线性质粒 DNA 两端都含有 T 残基。这对于常规克隆的目的来说是足够多的，但用于克隆极少量的 DNA 时却不尽人意。

1. 按方法 1 的步骤 1～3（见上文）准备 5.0μg 线性平末端质粒 DNA。
2. 调整制备的线性 DNA 的体积到 90μL。
3. 加入 10μL 的 10×*Taq* 缓冲液（由酶的生产商提供）。
4. 加入 2μL 100mmol/L dTTP 溶液和 5U *Taq* DNA 聚合酶。
5. 在 72℃孵育溶液 2h。
6. 按方法 1 步骤 5 和 6（见上文）纯化和定量 DNA。

参考文献

Bollum FJ, Chang LM, Tsiapalis CM, Dorson JW. 1974. Nucleotide polymerizing enzymes from calf thymus gland. *Methods Enzymol* **29**: 70–81.

Borovkov AY, Rivkin MI. 1997. XcmI-containing vector for direct cloning of PCR products. *BioTechniques* **22**: 812–814.

Chuang SE, Wang KC, Cheng AL. 1995. Single-step direct cloning of PCR products. *Trends Genet* **11**: 7–8.

Cozzarelli NR, Kelly RB, Kornberg A. 1969. Enzymic synthesis of DNA. 33. Hydrolysis of a 5′-triphosphate-terminated polynucleotide in the active center of DNA polymerase. *J Mol Biol* **45**: 513–531.

Hengen PN. 1995. Methods and reagents. Cloning PCR products using T-vectors. *Trends Biochem Sci* **20**: 85–86.

Holton TA, Graham MW. 1991. A simple and efficient method for direct cloning of PCR products using ddT-tailed vectors. *Nucleic Acids Res* **19**: 1156.

Kato KI, Goncalves JM, Houts GE, Bollum FJ. 1967. Deoxynucleotide-polymerizing enzymes of calf thymus gland. II. Properties of the terminal deoxynucleotidyltransferase. *J Biol Chem* **242**: 2780–2789.

Kovalic D, Kwak JH, Weisblum B. 1991. General method for direct cloning of DNA fragments generated by the polymerase chain reaction. *Nucleic Acids Res* **19**: 4560.

Marchuk D, Drumm M, Saulino A, Collins FS. 1991. Construction of T-vectors, a rapid and general system for direct cloning of unmodified PCR products. *Nucleic Acids Res* **19**: 1154.

Mead DA, Pey NK, Herrnstadt C, Marcil RA, Smith LM. 1991. A universal method for the direct cloning of PCR amplified nucleic acid. *Biotechnology* **9**: 657–663.

方案 12　克隆 PCR 产物：TA 克隆

　　Taq 酶等非校对 DNA 聚合酶固有的非模板依赖性末端转移酶活性为克隆 PCR 产物提供了一种高效的方法。这些酶在双链扩增产物的每个 3′端添加一个单一的、未成对的残基，优先是腺苷残基（Clark 1988）。未成对末端（A）残基可以和每个末端含有一个未成对 3′-胸苷残基的线性 T 载体配对（Holton and Graham 1991；Marchuk et al. 1991；综述见 Trower and Elgar 1994；Zhou and Gomez-Sanchez 2000）。

　　TA 克隆的两个主要优点是快速和不依赖限制性内切核酸酶；主要缺点是无法定向克隆。鉴于此，需要扩增片段位于特定方向时，挑选和分析多个转化克隆非常重要。

　　T 载体可以用于克隆任何 A-尾的 DNA 片段，在这个意义上，TA 克隆是万能的。PCR 可能是产生 A-尾的 DNA 分子最常用的方法，但不是唯一的方法。

　　在含有所有 4 种 dNTP 的反应中，*Taq* 聚合酶可催化含有平末端或 5′突出末端的 DNA 片段加上 3′-腺苷尾巴。酶首先补平末端，然后添加多余的 3′-A 残基。

　　往含有突出 3′尾巴的 DNA 添加未成对 3′-腺苷残基需要一个额外的步骤。在含有所有 4 种 dNTP 并且用 T4 DNA 聚合酶催化的反应中，末端被去除。平末端的分子可以按上述方法被装上 3′-A 尾巴。

　　T 载体可以在实验室制备（见方案 11）或作为克隆试剂盒的组分从许多商业供应商购买（例如，Stratagene 公司的 pCR-Script [SK+]；Life Technologies 公司 TA 克隆试剂盒里的 pCRII；Promega 公司的 pGEM-T；也见 Hengen 1995）。

材料

为正确使用本方案中的器材和危险试剂，必须查阅相应的材料安全数据表并咨询所在机构的环境卫生和安全办公室。

本方案的专用试剂标注<R>，配方在本方案末提供。常用储备溶液、缓冲液和试剂标注<A>，配方见附录 1。储备溶液应稀释至适用浓度后使用。

试剂

琼脂糖凝胶（以及第 2 章方案 1 中所需的其他试剂和设备）（见步骤 5）

ATP（10mmol/L）

> 如果连接缓冲液包含 ATP，在步骤 1 中的连接反应省略 ATP。

噬菌体 T4 DNA 连接酶和缓冲液

> 见信息栏"连接和连接酶"。一些商业化的连接酶缓冲液含有 ATP；使用这些缓冲液时不必加入 ATP。

SOB、SOC 或 LB 琼脂平板<A>含有合适的抗生素

> 如果要使用蓝/白筛选，平板也应该含有 X-Gal 和 IPTG（见第 1 章的信息栏"X-Gal"和方案 14 的信息栏"IPTG"；制备含有 X-Gal 和 IPTG 的琼脂平板的配方见附录 1）。

靶 DNA（25ng/mL），通过非校对热稳定 DNA 聚合酶催化的 PCR 扩增（如 *Taq* 酶）

> 通常，只有约 30% 的扩增产物携带一个未成对的 3'-腺苷残基。为了最大限度地提高 *Taq* 酶催化添加未成对 A 残基的效率，使用携带 5'-G 残基或 5'-A 残基的引物（Magnuson et al. 1996）。通过在 PCR 扩增循环的末尾编程在 72℃温育 10min，可以提高非模板添加反应的效率。

> 在克隆之前，通过将一份 PCR 产物凝胶电泳以检查大小。当 PCR 产生一个或两个以上的 DNA 扩增片段时，通过低熔点琼脂糖电泳纯化目的片段（见第 2 章，方案 9）。如果没有通过凝胶电泳纯化，PCR 扩增的 DNA 可以通过酚：氯仿提取 PCR 产物，然后乙醇沉淀扩增的 DNA，以用于连接。然而，许多研究人员倾向于使用商业化纯化试剂盒，如 Wizard SV Gel 和 PCR Clean-Up System（Promega 公司）、PureLink PCR 纯化试剂盒（Life Technologies 公司）、Millipore Ultrafree 核酸纯化柱或 QIAquik PCR 纯化试剂盒（QIAGEN 公司）。一些研究人员建议在合成后一两天内使用 PCR 产物以确保不会损失突出 A-残基。长时间在 4℃存放和反复冻融都使得 T 载体和靶 DNA 倾向于失去其未成对 3'-残基。

T 载体

> T 载体的合成，见方案 11。

> 现成的 T 载体作为克隆试剂盒的组分可以从许多商业供应商购买（例如，Stratagene 公司的 pCR-Script [SK+]；Life Technologies 公司 TA 克隆试剂盒里的 pCRII；Promega 公司的 pGEM-T）（Hengen 1995）。

转化用感受态大肠杆菌细胞（以及方案 1 和 2 中其他用于转化大肠杆菌所需的试剂和设备）

> 转化用感受态大肠杆菌细胞可以商业购买或按方案 1~4 自行制备。

设备

培养箱（37℃）

水浴（预设为 14℃）

方法

1. 在微量离心管中建立连接反应。

连接混合物中载体：扩增 DNA 的最佳摩尔比为 3:1。连接反应建议的两种 DNA 的量（如下）是假设载体和扩增 DNA 的大小相等。这种情况很少见。当靶 DNA 的大小已知时，应改变连接反应中两种类型 DNA 的相对量以达到摩尔比为 3:1（载体：扩增 DNA）。

扩增的靶 DNA（25ng/μL）	1μL
T 尾质粒（75ng/μL）	1μL
连接缓冲液（10×）	1μL
噬菌体 T4 DNA 连接酶	3U
H_2O	至 10μL

如果有必要，添加 ATP 至终浓度为 1mmol/L。建立对照反应，包含上述列出的所有试剂，除了扩增的靶 DNA。

2．在 14℃孵育连接混合物 4h。

3．分别用 10μL[①] H_2O 稀释 5μL[②]两种连接混合物，按方案 1～4 转化合适的抗生素抗性的感受态大肠杆菌菌株。根据载体和宿主基因型、IPTG 和 X-Gal，将转化培养物铺在含有适当的抗生素的培养基上（见第 1 章中信息栏"X-Gal"和方案 14 的信息栏"IPTG"）。

4．计算从每个连接混合物得到的菌落数量。如果质粒可用于蓝/白筛选，挑选一些用含有靶 DNA 的连接反应产物转化得到的白色菌落。在不同的实验中，蓝色：白色菌落的比率可以在 1:5 到 2:1 之间变化。

5．通过分离重组质粒 DNA，并用适当的限制性内切核酸酶消化确认扩增片段的存在。使用适当的 DNA 大小标记，通过琼脂糖凝胶电泳分离限制性酶切后的 DNA。

参考文献

Clark JM. 1988. Novel non-templated nucleotide addition reactions catalyzed by procaryotic and eucaryotic DNA polymerases. *Nucleic Acids Res* 16: 9677–9686.

Hengen PN. 1995. Methods and reagents. Cloning PCR products using T-vectors. *Trends Biochem Sci* 20: 85–86.

Holton TA, Graham MW. 1991. A simple and efficient method for direct cloning of PCR products using ddT-tailed vectors. *Nucleic Acids Res* 19: 1156.

Magnuson VL, Ally DS, Nylund SJ, Karanjawala ZE, Rayman JB, Knap JI, Lowe AL, Ghosh S, Collins FS. 1996. Substrate nucleotide-determined non-templated addition of adenine by *Taq* DNA polymerase: Implications for PCR-based genotyping and cloning. *BioTechniques* 21: 700–709.

Marchuk D, Drumm M, Saulino A, Collins FS. 1991. Construction of T-vectors, a rapid and general system for direct cloning of unmodified PCR products. *Nucleic Acids Res* 19: 1154.

Trower MK, Elgar GS. 1994. PCR cloning using T-vectors. *Methods Mol Biol* 31: 19–33.

Zhou MY, Gomez-Sanchez CE. 2000. Universal TA cloning. *Curr Issues Mol Biol* 2: 1–7.

方案 13　克隆 PCR 产物：TOPO TA 克隆

牛痘病毒的拓扑异构酶和其他 IB 型拓扑异构酶一样，通过将双链 DNA 的一条链瞬时断裂和再连使 DNA 超螺旋松弛。拓扑异构酶 274 位酪氨酸的 OH 基团对 DNA 磷酸二酯键的亲核进攻导致双链 DNA 产生切口。靶 DNA 链的裂开高度特异性的发生在五嘧啶片段 5′(C／T)CCTT，形成一个稳定的 3′-磷酸酪氨酸-DNA 中间体（Shuman et al.1989）。由于键能是保守的，该反应很容易可逆，磷酸酪氨酸-DNA 中间体可以：①催化重新形成原来的双链或者②通过与含有和供体复合物互补的 5′-OH 尾的受体 DNA 形成磷酸二酯键，产生重组 DNA（图 3-1）。

---

① 译者注：应为μL，原文为 mL。
② 译者注：应为μL，原文为 mL。

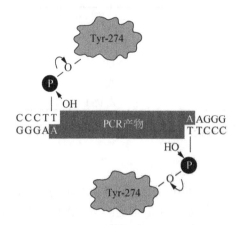

图 3-1　牛痘 Topo。TOPO TA 克隆。 *Taq* 聚合酶的非模板依赖性末端转移酶活性在 PCR 产物的 3′端添加单个 dA。线性 TOPO TA 克隆载体含有突出 3′-dT 残基，是"TOPO 激活的"（即 TOPO 通过 3′-磷酸酪氨酰连接附加上），使其能够有效连接两端都含有 3′-dA 突出的 PCR 产物。PCR 产物每个末端的 5′ OH 可以攻击载体 DNA 和 TOPO 之间的磷酸酪氨酰键，导致 TOPO 分子的释放和双切口环状重组分子的产生（未显示）。（转载自 Invitrogen 公司 2002 年，Life Technologies 公司的一部分，©2002。）

　　TOPO 分裂/连接反应的特异性和通用性带动了 Life Technologies 公司制造并销售的质粒克隆载体的发展，TOPO 磷酸酪氨酸-质粒 DNA 中间体产物可以连接到具有互补末端的 DNA 序列，反应在室温下 5min 内即可完成（见信息栏"TOPO 工具"）。Life Technologies 公司在市场推出了作为试剂盒组分的预活化载体，设计用于特定的克隆目的。例如，TA 克隆试剂盒包括拓扑异构酶活化的载体、用于克隆 PCR 产生的携带未配对 3′端腺苷残基的 DNA。图 3-2 显示了可从 Life Technologies 公司购得的三个系统所使用连接反应的示意图，分别用于 TA 克隆、平末端克隆和定向平末端克隆。

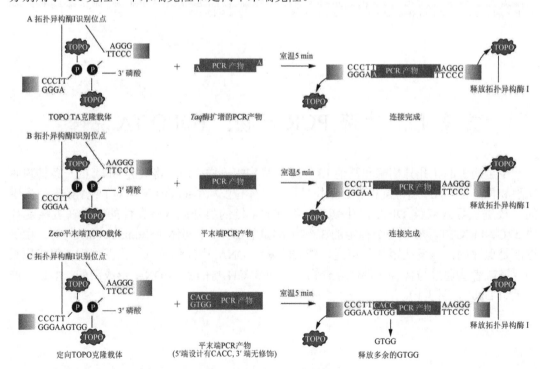

图 3-2　TOPO 克隆。（A）*Taq* 酶扩增 DNA 的 TOPO TA 克隆；（B）Zero 平末端 TOPO 克隆：平末端 DNA；（C）定向 TOPO 克隆：平末端 DNA。（转载自 Life Technologies 公司[Invitrogen 公司]。）

试剂盒也可用于克隆"长"的 DNA（大于 1kb）和克隆 PCR 产生的在测序载体和原核及真核表达载体中的 DNA。能够从 Life Technologies 公司购得的载体的完整列表，见 Life Technologies/Invitrogen 公司网站（www.invitrogen.com/site/us/en/home.html）。其他制造商也出售基于拓扑异构酶的克隆试剂盒，虽然目前在多样性上尚不如 Life Technologies 公司。例如，Stratagene/Agilent 公司销售的 Strataclone PCR 克隆试剂盒，含有一个由两个分开的臂组成的载体，其中每一个臂在其一端带有拓扑异构酶活化的、修饰的尿嘧啶残基，在其另一端有一个 *lox*P 识别位点。连接后，带有（A）突出的 PCR 产物被两个臂捕获，得到的线性 DNA 随后用于转化一个表达 Cre 重组酶的大肠杆菌菌株。*lox*P 位点之间的重组产生一个环状的、善于复制的质粒。这个系统看起来有点笨拙，但是根据 Stratagene 公司的介绍，已成功地用于克隆长的 PCR 产物。

Promega 公司出售的 pGEM-T 和 pGEM-T Easy 试剂盒包含线性化高拷贝数载体，在每一末端含有一个单一的突出 3′-胸苷残基。载体都可用于蓝/白筛选，并包含多个限制性酶切位点便于快速释放克隆序列。

克隆试剂盒的制造商提供了很棒的指南，详细解释了要做什么和为什么要这么做。这使得 TOPO 克隆很容易，但是并非万无一失。在第一次建立 TOPO 克隆时，使用试剂盒提供的组分，按照下文建立预实验。

牛痘病毒

Edward Jenner 在 1796 年采用接种疫苗预防天花，使得 181 年后这种疾病从人群中完全灭绝，毫无疑问是最伟大的医学成就之一。Jenner 的疫苗株来自一个挤牛奶女工手上的脓疱，Jenner 认为是来自于感染牛痘的产奶动物。不过，从病态行为和基因组分析（Gubser et al. 2004），现在看上去该疫苗株似乎更有可能是牛痘和天花病毒之间的杂种，或者是现在已灭绝的马痘，又或者可能本身就是天花的减毒菌株（Baxby 1977，1981，1999；Razzell 1998）。不论其来源，牛痘病毒已经找到了新的用途，作为哺乳动物表达载体（见第 16 章）和 DNA 拓扑异构酶的来源，此酶是一种 314 个氨基酸的蛋白质，是一种准确连接 DNA 片段的快速、简便方法（TOPO 克隆）的基石（Shuman 1994）。

材料

为正确使用本方案中的器材和危险试剂，必须查阅相应的材料安全数据表并咨询所在机构的环境卫生和安全办公室。

本方案的专用试剂标注<R>，配方在本方案末提供。常用储备溶液、缓冲液和试剂标注<A>，配方见附录 1。储备溶液应稀释至适用浓度后使用。

试剂

琼脂糖凝胶（以及第 2 章方案 1 中所需的其他试剂和设备）

化学感受态 One-Shot TOP10 细菌（Life Technologies 公司）或等效产品

质粒

限制性内切核酸酶

SOB、SOC 或 LB 琼脂平板<A>含有合适的抗生素，预热

SOC 培养基<A>

含有 1.2mol/L NaCl 和 0.06mol/L MgCl$_2$ 的溶液

靶 DNA（25ng/mL），通过 *Taq* 酶催化的 PCR 扩增

TOPO 活化的 TA 载体（10ng/μL）

设备

盛满冰块的容器

振荡培养器（37℃）

水浴（预设为 37℃、42℃和限制性内切核酸酶消化的最适温度）

方法

1. 根据第 7 章方案 1 的说明，按照您的实验室最近的实验中成功扩增产生丰富的 250～750 核苷酸长度扩增产物所使用模板：引物组合的情况，建立一个 50μL *Taq* 酶催化的 PCR 体系。

2. 通过琼脂糖凝胶电泳分析少量（10μL）PCR 产物，检查扩增反应是否产生单个离散的与预期大小相符的产物。

如果扩增反应产生一种以上 DNA 或其他 PCR 伪迹（如引物二聚体，成片条带），最好用另一块凝胶纯化感兴趣的 DNA，使用如 Millipore 公司的 Montage DNA Gel Extraction 试剂盒或 Sigma 公司的 GenElute 试剂盒。

3. 使用试剂盒制造商提供的溶液，立刻建立一个 TOPO 克隆试验反应如下。

混合：

扩增的 DNA	1.0μL
NaCl（1.2mol/L）/ MgCl$_2$（0.06mol/L）	1.0μL
无菌水	3.0μL
TOPO 活化的 TA 载体（10ng/μL）	1.0μL

建立对照反应（背景对照），其中扩增的 DNA 替换为 1μL 水。建立第三个转化反应（转化对照），其中用 10～20pg 纯化的具有抗生素抗性标记的质粒替代 TOPO 活化的 TA 载体。

4. 轻轻混合反应物，在室温下孵育 5min。将反应物转移到冰上。

TOPO 克隆反应时间可以短至 30s，或长达 30min。PCR 产物越长，就需要越长的时间以获得最大量的转化体。

5. 转移 2μL 各反应物（步骤 3）到含有化学感受态 One-Shot TOP10 细菌（Life Technologies 公司）或同等产品的单独小管中。将转化反应物在冰上孵育 5min。

6. 在 42℃热激细胞整整 30s，立即将细胞放回冰上，添加 250μL 室温的 SOC 培养基。

7. 封紧小管，然后在 37℃孵育 30min，轻轻摇动。

Life Technologies 公司的标准 TOPO 试剂盒包含制备好的化学转化或电穿孔的 One-Shot TOP10 细菌。然而，这些制备细菌并无特别之处，使用 TOP10 的近亲 DH10B 的化学感受态的效果同样出色。

8. 将一份 50μL 转化的细菌铺到预热的含 75～100μg 氨苄青霉素的琼脂平板上。37℃ 培养过夜。

在 37℃过夜孵育后，如果一切都按计划顺利进行，试验反应和阳性对照将有大量转化菌落产生。背景对照的平板则应该只有极少数菌落出现。

9. 从试验反应平板上 6 个分开的菌落建立培养物，并小量制备质粒（见第 1 章方案 1～3）。用质粒中多克隆位点里插入片段两侧位点的限制性内切核酸酶切割 DNA。通过琼脂糖凝胶电泳确认克隆的扩增 DNA 片段大小正确。

参考文献

Baxby D. 1977. The origins of vaccinia virus. *J Infect Dis* **136**: 453–455.
Baxby D. 1981. *Jenner's smallpox virus: The riddle of vaccinia virus and its origins.* Heineman Educational Books, London.
Baxby D. 1999. The origins of vaccinia virus—An even shorter rejoinder. *Soc Hist Med* **12**: 139.
Gubser C, Hue S, Kellam P, Smith GL. 2004. Poxvirus genomes: A phylogenetic analysis. *J Gen Virol* **85**: 105–117.
Invitrogen. 2002. pENTR directional TOPO cloning kits (version B, July 9, 2002, 25-0434). Invitrogen Life Technologies, Inc., Rockville, MD.

Razzell P. 1998. The orgins of vaccinia virus—A brief rejoinder. *Soc Hist Med* **11**: 107–108.
Shuman S. 1994. Novel approach to molecular cloning and polynucleotide synthesis using vaccinia DNA topoisomerase. *J Biol Chem* **269**: 32678–32684.
Shuman S, Kane EM, Morham SG. 1989. Mapping the active-site tyrosine of vaccinia virus DNA topoisomerase I. *Proc Natl Acad Sci* **86**: 9793–9797.

方案 14　使用 X-Gal 和 IPTG 筛选细菌菌落：α-互补

许多质粒载体（如 pUC 系列、Bluescript、pGem，以及它们的衍生物）携带一段短的大肠杆菌 DNA，含有β-半乳糖苷酶的调控序列及其前 146 个氨基酸的编码信息。嵌入编码区的是一个多克隆位点，所包含的读码框在β-半乳糖苷酶氨基末端片段中产生由少量氨基酸组成的无害插入。这种类型的载体用在表达β-半乳糖苷酶羧基端部分的宿主细胞。虽然无论是宿主编码还是质粒编码的β-半乳糖苷酶片段本身都是没有活性的，但是它们可以联合形成具有酶活性的蛋白质。*lacZ* 基因的近操纵基因片段缺失突变体与具有完整近操纵基因片段的β-半乳糖苷酶阴性突变体之间的互补被称为α-互补（Ullmann et al. 1967）（更多信息，见第 1 章信息栏"α-互补"）。α-互补产生的 *lac*⁺ 细菌很容易识别，因为它们在生色底物 X-Gal 的存在下形成蓝色菌落（Horwitz et al. 1964；Davies and Jacob 1968）。然而，一个外源 DNA 片段插入到质粒的多克隆位点几乎总是导致产生的氨基末端片段不再能够 α-互补。因此，携带重组质粒的细菌形成白色菌落。这个简单色彩试验的发展极大地简化了质粒载体中构建重组体的鉴定。这很容易筛选成千上万的转化菌落，从它们的白色外观识别出那些被认为含有重组质粒的菌落。然后，这些重组体的结构可以通过小量制备载体 DNA，用限制性酶切分析或其他的鉴别标准进行验证。

为筛选细菌菌落，生色底物 X-Gal 和安慰诱导物 IPTG（见信息栏"IPTG"和第 1 章中的信息栏"X-Gal"）混合后用培养基适当稀释，结合熔化的顶层琼脂，然后铺在含有合适抗生素的琼脂平板上。细菌铺在顶层琼脂上的转化效率稍高于铺在琼脂平板表面上。也许转化的细菌更喜欢软琼脂里稍微厌氧的状态或琼脂培养基提供的等渗透压。

IPTG

IPTG（isopropylthiogalactose）是由 Mel Cohn 在 20 世纪 50 年代初合成的一系列半乳糖类似物之一，当时他在巴斯德研究院 Jaques Monod 的实验室工作。*lac* 阻遏蛋白特异性结合 *lac* 操纵子的操纵基因区，负调控大肠杆菌 *lac* 操纵子的表达。IPTG 结合 *lac* 阻遏蛋白，改变其构象使其无法结合 *lac* 操纵基因，从而诱导乳糖操纵子的转录。并不需要高浓度的 IPTG 来解除阻遏，因为硫代半乳糖苷是不可发酵的，不是β-半乳糖苷酶的底物。在蓝/白筛选中，IPTG 与 X-Gal 联合使用以鉴别表达β-半乳糖苷酶的重组细菌菌落或噬菌斑。有关进一步详情，见第 1 章中的信息栏"α-互补"。

材料

为正确使用本方案中的器材和危险试剂，必须查阅相应的材料安全数据表并咨询所在机构的环境卫生和安全办公室。

本方案的专用试剂标注<R>，配方在本方案末提供。常用储备溶液、缓冲液和试剂标注<A>，配方见附录1。储备溶液应稀释至适用浓度后使用。

试剂

大肠杆菌培养物，用重组质粒转化
IPTG 溶液（20%，*m/V*）
LB 或 YT 琼脂板<A>含有合适的抗生素
LB 或 YT 顶层琼脂<A>
X-Gal 溶液（2%，*m/V*）
　　　　　见第 1 章中的信息栏 "X-Gal"。

设备

加热块（45℃）
培养箱（37℃）
无菌黄吸头、木制牙签或接种针
无菌塑料试管（17mm×100mm）

🧬 方法

1. 将熔化的顶层琼脂分装到 17mm×100mm 试管中。把试管放入 45℃ 的加热块待用。
　　　若是 90mm 平板，分装 3mL；150mm 平板则分装 7mL。

2. 从加热块取下第一管。迅速加入 0.1mL 细菌悬液，当使用 90mm 平板时所含活菌数要小于 3000 个，150mm 平板则小于 10 000 个。关闭管盖，翻转几次使细菌在熔化琼脂中分散均匀。

3. 打开试管，如表 3-3 中所示加入适当量的 X-Gal 和 IPTG（如果需要）。关闭管盖，轻轻翻转几次以混合内含物。

4. 将熔化的顶层琼脂快速倒入含适当的抗生素的硬琼脂平板，通过旋动分散溶液。

5. 重复步骤 2～4，直到所有的样品都被铺板。

6. 等软琼脂在室温下硬化，擦掉平板盖子上的凝露，然后将平板倒置在 37℃ 孵育 12～16h。

7. 从培养箱中取出平板，将它们在 4℃ 存放几个小时，使蓝色显现。

表 3-3　顶层琼脂的成分

平板大小	试剂用量		
	熔化的顶层琼脂	X-Gal	IPTG
90mm	3mL	40μL	7μL
150mm	7mL	100μL	20μL

8. 鉴定携带重组质粒的菌落。
   - 携带野生型质粒的菌落含有有活性的β-半乳糖苷酶。这些菌落的中心是淡蓝色，周边是深蓝色。
   - 携带重组质粒的菌落不含有有活性的β-半乳糖苷酶。这些菌落是乳白色或蛋壳蓝，有时在中心带着淡淡的蓝色斑点。

在淡黄色背景下查看平板可以增强眼睛分辨蓝色和白色菌落的能力。

9. 选择和培养携带重组质粒的菌落。

蓝色或白色菌落在软琼脂中可以发生在几个不同的方位，通常好像远方倾斜的星系。不管什么方位，它们可以容易地用无菌接种针或无菌牙签刺入薄层软琼脂挑取，将接种物转移到一管含有适当抗生素的培养基中。

参考文献

Davies J, Jacob F. 1968. Genetic mapping of the regulator and operator genes of the lac operon. *J Mol Biol* **36**: 413–417.

Horwitz JP, Chua J, Curby RJ, Tomson AJ, Darooge MA, Fisher BE, Mauricio J, Klundt I. 1964. Substrates for cytochemical demonstration of enzyme activity. I. Some substituted 3-indolyl-β-D-glycopyranosides. *J Med Chem* **7**: 574–575.

Ullmann A, Jacob F, Monod J. 1967. Characterization by in vitro complementation of a peptide corresponding to an operator-proximal segment of the β-galactosidase structural gene of *Escherichia coli*. *J Mol Biol* **24**: 339–343.

信息栏

🔬 关照大肠杆菌

　　贯穿过去的一个世纪，大肠杆菌 K-12 菌株在生物学，特别是在分子生物学中发挥了无可争辩的重要作用。表 1 给出了一个标志着关键事件和发现的时间表。

表 1　大肠杆菌——大事年表

时间	人物	描述
1885	Theodore von Escherich (1857~1911)	大肠杆菌由德国细菌学家 Theodore von Escherich 从健康人的粪便中首次分离，生物名最初为 *Bacterium coli*，后来改为 *Escherichia coli* 以纪念它的发现者。大肠杆菌约占成人结肠细菌总数的 0.1%。
1940s	Ed Tatum (1909~1975)	从 20 世纪 20 年代开始，斯坦福大学细菌学系保存大肠杆菌菌种。其中一株，命名为 K-12，是从康复白喉患者的粪便中分离得到的。K-12 是原养型，在确定成分培养基中生长良好，并且传代时间短。也许是出于这些原因，Ed Tatum 使用 K-12 进行了一系列关于细菌的营养缺陷突变株的生化研究（Gray and Tatum 1944；Tatum 1945）。
1940s	Joshua Lederberg (1925~2008)	1945 年，Tatum 搬到了耶鲁大学，研究生 Joshua Lederberg 请求获取他的菌株。Lederberg 提出合作，以确定是否可以在细菌中证明遗传交配，如果是的话，是否可以用来构建遗传图谱。Lederberg 此前使用一株与 K-12 不同的大肠杆菌菌株的原养型突变体，未能找到任何重组的证据，但使用 Tatum 的 K-12 株后，实验立即获得了成功。从 1946 年 4 月交配实验开始到研究人员获得重组的证据，它看上去只用了 6 周时间。结果，7 月在冷泉港实验室研讨会上提出时，很多听众根本不相信，认为可以用特殊现象解释，而不是重组。直到几个月后，更详尽的解释出现（Lederberg and Tatum 1946），细菌接合作用即"大肠杆菌性别"的想法才得到承认。回头来看，我们现在知道，成功的关键在于碰巧使用了 Tatum 的 K-12 菌株。与大多数大肠杆菌菌株不同，它携带一个 F⁺（致育）质粒，能够调动细菌染色体。Lederberg 和 Tatum 观察到的标记重组发生，是因为用于杂交的一个突变体碰巧携带 F⁺ 因子，而另一个则没有。
1952	Bill Hayes (1913~1994)	医学细菌学家 Hayes 从群体遗传学家 Luigi Luca Cavalli-Sforza 获得 K-12 菌株，使用链霉素抗性作为标记进行交配动力学研究。Hayes 的研究显示，一株 K-12 菌株能够充当基因供体而另一株充当受体。他提出，在接触时，雄性细胞挤出一个"配子"被雌性细胞接纳（Hayes 1952）。接合过程持续 1~2h。
1997	Fred Blattner (1940~)	大肠杆菌最近的历史是丰富的。Hayes 的工作发表多年以来，大肠杆菌 K-12 已被一大群众多学科的科学家使用并已经成为分子克隆的有力工具。1997 年，美国威斯康星大学 Fred Blattner 的研究小组发表了大肠杆菌基因组的完整序列（Blattner et al. 1997），极大地丰富了大肠杆菌的数据积累。细菌基因组由 4 639 221 个碱基对组成，其中的 88% 组成 4288 个基因，当序列完成时其中约 40% 功能未知。自 1997 年以来，一些非 K-12 的大肠杆菌菌株的基因组已被测序，浮现出的画面是一个高度可变的种群，持续经历广泛的基因型和表型趋异（Woods et al. 2006）。然而，K-12 的不同亚株则非常相似。例如，Blattner 等测序的 K-12 株（MG1655）基因组与 W3110 菌株（Hayashi et al. 2006）基因组相比仅仅有 8 个碱基对不同。这个结果是令人欣慰的，但不足为奇。在世界各地的实验室分子克隆所用的大肠杆菌 K-12 菌株现在在几乎相同的条件下生长。基因组变异的缺乏只是反映出差别选择压力的缺失。 Hobman 等（2007）：大肠杆菌"毫无疑问作为生物学的首要模式生物……可以说对大肠杆菌的了解，特别是 K-12 株，比任何其他生物都多。" Neidhardt 等（1996）："所有细胞生物学家至少有两种感兴趣的细胞：他们正在研究的细胞和大肠杆菌。"

　　几乎所有关于大肠杆菌的有用信息都可以在 *Cellular and Molecular Biology*（在线版）（http://ecosal.org）的人肠杆菌和鼠伤寒沙门氏菌（*Escherichia coli* and *Salmonella typhimurium*）部分找到。

　　通常在分子克隆中使用的大肠杆菌的基因型可以在以下网址获得：openwetware.org/wiki/E_coli_genotypes。

当一种新型菌株抵达实验室

大肠杆菌菌株（未转化或转化质粒）通常是以琼脂穿刺培养物的形式通过邮件发送。所有菌株一旦进入实验室，就必须尽快验证，之后才能在实验中使用。

1. 转接一个菌环量的穿刺培养物到 3mL 含适量抗生素和必要添加物的液体培养基中。在适当的温度温育培养基 18～24h，并剧烈振荡。

2. 当液体培养物长好后，用菌液在含适量抗生素和必要添加物的琼脂平板上划线。在适当的温度下过夜孵育平板。

3. 检查平板上所有的菌落外观是否一致，外形和气味是否与大肠杆菌相同。挑取单个菌落到合适的选择性培养基上，以验证该菌株的基因型。将挑选出的菌落进行小规模（3mL）液体培养。如果细菌含有转化质粒，用约 2mL 培养物小规模制备质粒 DNA。用不同的限制性内切核酸酶消化质粒 DNA，消化产物通过琼脂糖凝胶电泳分析。根据发送者提供或文献中公布的质粒图谱，比较所观察到的条带大小与预期是否相符。

4. 复印发送菌株附带的所有书面材料，将复印件插入你的实验室笔记本中。

5. 如果没有提供菌株的基因型，可以查询相关文献或在线资源，以确定菌株是否含有可能会影响它实用性的瑕疵。许多常用的大肠杆菌菌株的基因型名单可以在此网址在线获取：http://openwetware.org/wiki/E._coli_genotypes。

质粒 DNA

1. 如果质粒 DNA 以 70%乙醇中沉淀的形式送达，通过离心分离回收 DNA，以 100μg/mL 的浓度溶解在 TE（pH 8.0）中。

2. 用不同的限制性内切核酸酶消化几个小份的 DNA，并通过琼脂糖凝胶电泳进行分析。根据发送者提供或文献中公布的质粒图谱，比较所观察到的条带大小与预期是否相符。

3. 与此同时，将一份质粒 DNA 转化合适的大肠杆菌菌株。

4. 将几个独立的转化体进行小规模（3mL）液体培养。用约 2mL 培养物小规模制备质粒 DNA。

5. 下面几种方法可以用来验证该质粒的结构。

- 限制性内切核酸酶消化。将一份 DNA 样品用一些限制性内切核酸酶消化，并通过琼脂糖凝胶电泳分析酶切产物。根据发送者提供或文献中公布的质粒图谱，比较所观察到的条带大小与预期是否相符。

- 聚合酶链反应。聚合酶链反应用两套引物（见第 7 章）。一套应该是与邻近克隆 DNA 两侧的质粒序列互补（引物 A 和 B）。另一套引物（引物 1 和 2）应该是与插入克隆的内部序列互补，这将根据已知插入序列预知产生的扩增产物的大小。使用两对分开的引物组合成 6 个[1]聚合酶链反应，如下所示：

  聚合酶链反应 1. 引物 A 和引物 B

  聚合酶链反应 2. 引物 1 和引物 2

  聚合酶链反应 3. 引物 1 和引物 A

  聚合酶链反应 4. 引物 2 和引物 A

  聚合酶链反应 5. 引物 2 和引物 B

  聚合酶链反应 6. 引物 1 和引物 B[2]

---

[1] 译者注：应为 6 个，原文为 4 个。
[2] 译者注：应为 B，原文为 A。

使用适当大小的标志物，用凝胶电泳法估计扩增产物的大小。确认插入片段的大小和它在质粒内的插入方向是否正确。

- 如果该质粒包含一个突变，而不是野生型的 DNA 插入片段，则：①使用突变型特异和野生型特异的引物进行聚合酶链反应；②测定相关插入片段的序列。

6. 如果该质粒的结构正确，大规模培养其中一个转化体。制备一批质粒 DNA，通过限制性内切核酸酶消化和/或聚合酶链反应验证其正确，然后将其溶解在 TE 中，分成小份存储于-20℃。

如果一切顺利（通常如此），按照方案存储细菌菌株，将细菌液体培养物分成小份放到甘油中于-20℃长期保存。

储存细菌菌株

大肠杆菌的主培养物最好存储于-20℃

1. 加入 0.15mL 甘油（100%）到 2mL 螺旋盖冷冻管中，高压灭菌消毒。小管的灭菌甘油可以批量制备，并在室温下保存待用。

2. 添加 0.85mL 大肠杆菌对数生长期培养物到每个含 0.15mL 灭菌甘油的小管。

3. 牢固封闭小管的顶部，剧烈振荡混合。

4. 用 Sharpie 笔标记小管和时间。同时在小管的盖子和管身上做标记。

5. 于-20℃冷冻小管。将培养物存储在冻存盒中，放在含有一个或两个冰袋的聚苯乙烯泡沫塑料容器内。以这种方式储存的含甘油培养物可以保持活性多年。为了最大限度地减少活力损失，避免反复冻融甘油菌种。

6. 如果要复苏-20℃存储的大肠杆菌，取出一个存储于-20℃冰箱中的含甘油培养物。取约 50μL 培养物转接至 5mL 预热的 LB 培养基中。迅速将含甘油培养物重新密封放回冰箱。将新接种的培养基放在振荡培养器上 37℃过夜培养。

穿刺培养

大肠杆菌菌株在软琼脂中穿刺培养可存储长达 1 年。穿刺培养可用于在室温下运输或发送菌株给其他实验室。

1. 准备和高压灭菌 0.7% LB 琼脂（在标准 LB 培养基中添加 7g/L 琼脂）。

2. LB 琼脂冷却到低于 50℃（你可以舒适地握持时），添加适当的抗生素。当琼脂仍处于液态时，添加 1mL 琼脂到 2mL 螺旋盖小瓶或高压灭菌冷冻管中，等待其凝固。小管琼脂可以分批制备，并在室温下保存待用。

3. 使用无菌直铂丝或无菌牙签从新鲜的生长平板上挑取单个菌落，穿刺到软琼脂中数次。

4. 保持管帽稍微松动，在 37℃孵育小管 8～12 h。

5. 紧紧的密封小管并避光保存，在 4℃更好。

如果存放在 20℃，远离直射光，穿刺培养将保持活力至少 12～18 个月。

复苏存储的菌株

1. 将一个菌环量的软琼脂或甘油保存菌株在标记过的、含有适当抗生素的 LB 琼脂平板上划线。重新密封穿刺培养物或甘油保存菌株并放回继续存储。

2. 在 37℃下孵育平板过夜。

3. 挑取单个菌落在 5mL 含有相关抗生素的 LB 培养基中培养作为日常存储。用封口膜密封步骤 2 的平板，并将其存储在 4℃以备进一步使用。

参考文献

Blattner FR, Plunkett G III, Bloch CA, Perna NT, Burland V, Riley M, Collado-Vides J, Glasner JD, Rode CK, Mayhew GF, et al. 1997. The complete genome sequence of *Escherichia coli* K-12. *Science* 277: 1453–1462.

Gray CH, Tatum EL. 1944. X-ray induced grwoh factor requirements in bacteria. *Proc Natl Acad Sci* 30: 404–410.

Hayashi K, Morooka N, Yamamoto Y, Fujita K, Isono K, Choi S, Ohtsubo E, Baba T, Wanner BL, Mori H, et al. 2006. Highly accurate genome sequences of *Escherichia coli* K-12 strains MG1655 and W3110. *Mol Syst Biol* 2: 2006.0007.

Hayes W. 1952. Recombination in Bact. *coli* K12: Unidirectional transfer of genetic material. *Nature* 169: 118–119.

Hobman JL, Penn CW, Pallen MJ. 2007. Laboratory strains of *Escherichia coli*: Model citizens or deceitful delinquents growing old gracefully?

Mol Microbiol 64: 881–885.

Lederberg J, Tatum EL. 1946. Gene recombination in *Escherichia coli*. *Nature* 158: 558.

Neidhardt FR, Curtis R III, Ingraham JL, Lin ECC, Low KB, Magasanik B, Reznikoff WS, Riley M, Schaechter M, Umbarger E. 1996. Escherichia coli and Salmonella: *Cellular and molecular biology*, 2nd ed. American Society for Microbiology, Washington, DC.

Tatum EL. 1945. X-ray induced mutant strains of *Escherichia coli*, *Proc Natl Acad Sci* 31: 215–219.

Woods R, Schneider D, Winkworth CL, Riley MA, Lenski RE. 2006. Tests of parallel molecular evolution in a long-term experiment with *Escherichia coli*, *Proc Natl Acad Sci* 103: 9107–9112.

用 DNA 转化细菌的历史

细菌转化中，受体细胞从培养基中获得 DNA。导入的 DNA 中的基因可以获得表达，并可能改变受体细胞的表型，使转化细胞获得选择性的优势。

转化最早于将近一个世纪前由 Fred Griffith（Griffith 1928）首先描述，他是一名在伦敦卫生署工作的军医。Griffith 对肺炎球菌的血清学多样性感兴趣，这些肺炎球菌是从不同肺炎患者的痰标本中分离出的。大部分由 Griffith 分离出的致病肺炎球菌菌株在丰富培养基上形成光滑的、反光的菌落（S），而许多非致病性菌株形成粗糙的扁平菌落（粗）菌落。Griffith 注意到，这些表型是不稳定的：将 S 株铺于巧克力琼脂上可以得到减毒粗糙株（R）；S 株可以出现在感染了非致病性 R 菌株的小鼠中。为了调查 S 株和 R 株相互转换的机制，Griffith 将 R 型细胞和加热到 60℃ 杀死的有毒 S 型细胞混合后注射小鼠，很高兴地发现，死的 S 型细胞引起 R 型细胞永久转换为 S 型细胞。Griffith 对遗传学一无所知，仅仅用发病机制解释了这种转化。半个世纪后，洛克菲勒研究所指出转化要素是 DNA 的一个团队成员——Maclyn McCarty（1985），写道：

……事情发生了永久的变化。但是细菌学已经发展为一门仿佛同生物学的其余部分无关的科学。相对于其历史而言，期望对实验室中遇到的任何现象作出遗传学解释还为时太早。

Griffith 证实转化后，在 Rockefeller 论文发表（Avery et al. 1944）之前，有大量关于转化要素的物理和化学性质的推测。在教科书 *Genetics and the Origin of Species* 的第二版中，作者、果蝇遗传学家 Theodosius Dobzhansky（1941）写道：

如果这种转化形容为基因突变——很难不这样描述它，我们正在研究特定处理引起特定突变的真正案例。

病毒学家 Wendell Stanley 认为，病毒引起了转化，而 Tracy Sonneborn 认为对此现象最好的解释是细胞质颗粒。

所有的猜测在 1944 年结束，Oswald Avery 团队的论文发表，决定性地指出转化要素是 DNA。该论文是洛克菲勒研究所一系列化学家多年工作的结晶：Martin Dawson 重复和改良了 Griffith 的实验；J. L. Alloway 设计出了一个骨干纯化的方法，就我们现在知道的而言，使得内源性 DNA 酶失活；Colin MacLeod 开发了一种不稳定但可以定量测定转化的方案；最后，Maclyn McCarty 阐明，高纯度的转化物质对于用 DNA 酶消化敏感，具有高分子质量，在波长 260nm 处有强烈吸收。

Avery 的论文激起了研究 DNA 的强烈兴趣。它促使 Edwin Chargaff 放弃了对脂质代谢和血液凝固的研究，进而发现了 DNA 碱基组成的对称性（见 Chargaff 1979）。它也激发了 Watson 和 Crick 对 DNA 三维结构充满激情的探索（Watson and Crick 1953）。Fred Griffith 死于 1941 年的一场空袭，如果他在世的话也一定会感到惊讶不已。

参考文献

Avery OT, Macleod CM, McCarty M. 1944. Studies on the chemical nature of the substance inducing transformation of pneumococcal types: Induction of transformation by a desoxyribonucleic acid fraction isolated from pneumococcus type III. *J Exp Med* 79: 137–158.

Chargaff E. 1979. How genetic got a chemical education. *Ann NY Acad Sci* 325: 345–360.

Dobzhansky T. 1941. *Genetics and the origin of species*, 2nd ed. Columbia University Press, New York.

Griffith F. 1928. The significance of pneumococcal types. *J Hyg* 27: 113–159.

McCarty M. 1985. *The transforming principle*. Norton, New York.

Watson JD, Crick FH. 1953. Molecular structure of nucleic acids; a structure for deoxyribose nucleic acid. *Nature* 171: 737–738.

聚合酶链反应产物克隆指南

自从 20 世纪 70 年代初克隆论文首次发表以来，已经公开了数以百计的不同方法，描述如何最好地产生和组装日益复杂的 DNA。在发明聚合酶链反应（PCR）技术之前，这些方法必然只是两个酶促反应的排列和修改：限制性酶切和连接。尽管早期研究人员具有丰富的创造力，精密装配复杂的 DNA 结构仍然是一个重大的挑战。这不足为奇，那些早期精心发展的克隆方法，在今天仍普遍使用的只剩一两个了。随着 20 世纪 80 年代后期 PCR 技术成为主流，大多数方法都被扫地出门了。

在 25 年的历程中，内容不断丰富的 PCR 技术已经统治了分子克隆。因为通过 PCR 扩增可以轻松地获得特定末端的扩增 DNA，下面列出的许多方法不再是仅仅利用 PCR 合成 DNA，同时也把它们连接在一起形成为特定目的设计的结构。最近的改进是模块化遗传单位的发展，这些遗传单位可以通过位点特异性重组酶装入目标 DNA，而不是 PCR。

下面的指南概述了目前使用的克隆扩增 DNA 和构建复杂多组分遗传单位的各种方法（标准方法的概述参见表 2）。

表 2　克隆扩增 DNA 的标准方法

方法	方法概要	优点	缺点
定向克隆（见方案 5）	1. 在 PCR 引物的 5′ 近末端序列引入产生黏性末端的限制性酶切位点。正向引物和反向引物采用不同的限制性位点。 2. 纯化扩增产物，用适当的限制性内切核酸酶切割，与含有一致的黏性末端的载体连接。	简单明了。扩增的 DNA 片段可以容易地从载体中回收。该方法可用于有校对功能的热稳定 DNA 聚合酶，也可用于无校对功能的 DNA 聚合酶，如 *Taq* 酶。	位于或者靠近 DNA 末端时，限制性内切核酸酶切割的效率很低，因而引物 5′端必须含有保护碱基。理想情况下，它们应富含 G 和 C 残基，像夹子一样稳定扩增 DNA 的末端。 事先知道扩增 DNA 的序列是有用的，因为它使设计的引物可以含有目标 DNA 中缺少的独特限制性位点。
非定向克隆（见方案 8）	1. 正向和反向引物的 5′ 近末端序列设计有相同的限制酶位点。 2. 扩增产物纯化后，连接到用碱性磷酸酶处理过的含一致末端的载体。	如上	如上
平末端克隆（见方案 6）	1. 使用具有校对能力的热稳定 DNA 聚合酶产生平末端的 PCR 产物。 2. 纯化后的扩增产物连接到平末端载体。	很少，如果有的话	必须使用具有校对功能的 DNA 聚合酶。平末端连接是出了名的低效率，大多是因为质粒的再环化。由线性化载体的再环化导致的高背景"空"克隆，可以通过在制备连接反应的载体时，使用限制性内切核酸酶减少。从克隆载体中精确回收扩增片段通常是不可能的。 Stratagene 公司销售一种平末端 PCR 片段克隆试剂盒（Straclone Ultra Blunt PCR Cloning Kit）。载体以分开的 DNA 臂的形式提供，各携带一个 *lox*P 位点和结合的拓扑异构酶。载体臂和 PCR 片段混合后，转化一种表达 Cre 重组酶的大肠杆菌菌株（Strataclone），催化两个 *lox*P 位点之间的重组进而实现环化。

方法	方法概要	优点	缺点
TA 克隆（见方案12）	1. 使用不具有校对功能的热稳定 DNA 聚合酶，如 Taq，产生的 PCR 产物携带一个未成对 3'端 A 残基。 2. 纯化扩增片段，将扩增 DNA 连接到线性的每个末端携带一个未成对 3'-T① 残基的 T-载体上。	高效。由于扩增的 DNA 通常缺乏 5'-磷酸残基，自身连接是不可能的。可以纯化扩增片段，但并非必要。可从许多制造商购得商业化试剂盒。	T 载体必须自己制备（见方案 11）或商业购买。精确回收扩增的 DNA 一般是不可能的。如果 T 载体两侧携带限制性酶切位点，扩增片段可以被回收，虽然每一端都带有少量额外的核苷酸。

位点特异性重组方法

在过去的几年里，将 PCR 产物和其他 DNA 克隆、亚克隆到原核载体正经历一场变革。它不再必须依赖于合适末端的连接或复杂的 PCR 方案，取而代之的，通过序列特异性重组酶的作用，如 λ 噬菌体整合酶，两侧携带适当重组位点的 DNA 片段可以在体外整合到含有合适重组位点的载体中。

与传统的依赖于限制性内切核酸酶和连接酶的克隆方法相比，重组克隆有若干优势。重组克隆：

- 是灵活高效的；
- 能够将 DNA 片段简单和快速地从一个表达载体转移到另一个，只需一个单步过程，而且能保持方向和阅读框；
- 有利于蛋白质的表达和功能分析；
- 能够适应高通量、自动化的模式；
- 产生了大量归档的克隆，携带着 Gateway 克隆系统所产生的哺乳动物可读框，可以通过美国国立卫生研究院（http://mgc.nci.nih.gov/）的 Mammalian Gene Collection 公开获得。

最初为大规模蛋白质组分析开发的重组克隆技术，现在越来越多地用于小规模研究项目和大多数大规模蛋白质组学分析。两种最流行的重组克隆技术是 Gateway 克隆（Life Technologies 公司）和 In-Fusion（Clontech 公司），它们使用不同的序列特异性重组酶，并有不同的长处和缺点，这两种系统都受专利保护。

1. *Gateway 克隆*（Life Technologies 公司）　使用的是 λ 噬菌体 DNA 位点特异性重组系统的体外版本，该系统是 λ 噬菌体 DNA 整合和从大肠杆菌基因组切除时所使用的（Hartley et al. 2000；Walhout et al. 2000；同时可见第 4 章）。这套系统包括三种酶：整合酶（Int）、切割酶（Xis）和整合宿主因子（IHF）。这些酶催化特定 DNA 序列的重组，遗传学上称之为 *att*B、*att*P、*att*L 和 *att*R 位点。Gateway 系统对这些序列和它们的同源重组酶进行了改良，在不降低重组效率的情况下增加了重组反应的特异性（表 3）。

表 3　Gateway 中修改的 *att* 位点的属性

序列	长度	携带载体	重组位点
*att*B1 和 *att*B2	25 bp	表达载体	*att*P1 和 *att*P2
*att*P1 和 *att*P2	200 bp	供体载体	*att*Bl 和 *att*B2
*att*L1 和 *att*L2	100 bp	Entry 载体	*att*R1 和 *att*R2
*att*Rl 和 *att*R2	125 bp	Destination 载体	*att*L1 和 *att*L2

在 Gateway 克隆中，通过 PCR 制备的 DNA 片段一端携带 *att*B1 位点，另一端携带 *att*B2 位点，可以克隆到 *ccdB* 基因两侧分别携带 *att*P1 和 *att*P2 重组位点的载体（供体载体），*ccdB* 基因是大肠杆菌中的一种致死基因（关于 *ccdB* 基因及其蛋白的信息，见信息栏"*ccdB* 基因"）。克隆通过由专利的酶（BP 克隆酶）驱动的体外重组反应进行，反应中，插入 DNA 片段取代了 *ccdB* 序列。所得重组质粒被称为 Entry 克隆，其侧翼重组序列被称为 Gateway *att*L 型。

---

① 译者注：应为 T，原文为 A。

　　Entry 克隆携带的 DNA 序列，然后进行一步由一种专利的酶混合物——LR 克隆酶催化的反应，可以转移到任何携带 *att*R 重组序列的目的载体中。Gateway 系统的优势是，它通过一个高效的单步过程，就可以将两侧含有合适序列特异性重组位点的 DNA 片段转移到一个目的载体中。已有数以千计的目的载体可用，可以配备诸多元件如原核生物、哺乳动物和病毒的启动子、信号序列、剪接信号、Shine-Dalgarno 序列、切割序列、poly(A) 附加序列，以及许多其他用以满足：①在各种类型细胞中表达；②目的蛋白的纯化所需要的元件。关于 Gateway 克隆的进一步详情，见第 4 章的导言和图 1、2、3。

　　2. *In-Fusion 克隆*　采用了一种专利的牛痘病毒编码的 DNA 聚合酶，称为 In-Fusion 酶。此酶具有 3 种催化功能：链置换、核苷酸的核酸外切去除和同源重组（Marsischky and LaBaer 2004；Hamilton et al. 2007）。在反应中含有两条双链线性 DNA 底物，痘病毒 DNA 聚合酶的 3'→5'校对活性能去除 DNA 片段 3'端的核苷酸。如果两个分子暴露的单链区域具有序列同源性，它们复性形成一个最适合的混合体，对聚合酶的进一步核酸外切攻击相对更加耐受。在复性的 DNA 按标准转化方案导入大肠杆菌后，任何切口、短突出端和间隙都会被修复。

　　在 In-Fusion 系统中，同源区域的产生是通过正向和反向 PCR 引物外延 15 个碱基，这些碱基与线性化质粒载体已知序列的末端完全匹配。因此，当任意 DNA 片段通过 PCR 适当"剪裁"其末端序列后，In-Fusion 系统可以将其创建成环状重组质粒（Benoit et al. 2006；Zhu et al. 2007）。

　　Clontech 公司上市了一种质粒载体，可用于创建克隆 DNA 片段两侧是 *loxP* 位点的 Master 克隆（图 1）。通过 Cre 重组酶催化的体外反应（见第 5 章的信息栏"Cre-*loxP*"），

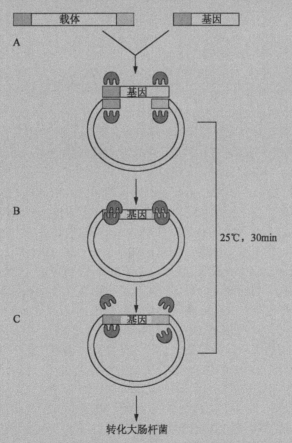

　　图 1　使用 In-Fusion 的不依赖于连接反应克隆（Clontech 公司）。（A）反应混合物包括选定的经过限制性切割的线性化载体，由含有与线性化载体（基因）同源 15bp 5'端的引物产生的 PCR 产物和专有的 In-Fusion 酶；（B）酶催化 PCR 产物和载体同源末端的排列和链置换，而 3'-外切核酸酶活性去除单链区域；（C）转化大肠杆菌后切口被封闭（转载自 D'Arpa 2009）。

插入 Master 克隆的序列可以转移到任何携带 *loxP* 位点的受体载体。可以从 Clontech 公司获得工程化的用于在细菌、酵母和哺乳动物细胞中表达蛋白的受体载体。如同 Gateway 的 Destination 载体，In-Fusion 表达载体可以携带各种信号、标签和选择性标记。

综上所述，In-Fusion 系统是简单、高效、快速的，可以适用于高通量项目［例如，BioBricks 项目（见信息栏"BioBricks 和 DNA 片段的有序组合"）］。

在 Gateway 和 In-Fusion 系统之间进行选择

如果目标是创建单个克隆或质粒文库，In-Fusion 是更好的选择，仅仅因为它可以用于任何序列已知的质粒载体。但是，如果我们的目标是创建 Master 克隆（In-Fusion）或 Entry 克隆（Gateway）文库，在这两个系统之间选择是比较困难的。两者都进行了全面优化，都是标准化的，很容易适应自动化和高通量测序。到目前为止已发表的唯一比较这两个系统优势的论文（Marsischky and LaBaer 2004）中可以获知，这两个系统的效率是相似的，虽然 In-Fusion 能够更好地处理大于 2～3kb 的克隆开放读码框。然而，目前 Gateway 有更全面的目的载体，这些都可以在研究人员之间自由共享。此外，Gateway 系统与其他重组工程技术的组合可以用于分析和修改基因表达模式（Rozwadowski et al. 2008）。另一方面，In-Fusion 通过一项称为基因组装的技术可以同时且有序地将一些 DNA 片段组装成一个单一构造（Sleight et al. 2010）。不幸的是，两套系统都不便宜。所以在开始任何大型项目前，必须找出哪些克隆/库已经可用，并对这两个系统的成本做出比较，然后制定一个令人信服的方案。

其他克隆方法

不依赖于连接反应克隆

不依赖于连接反应克隆（LIC-PCR）（也被称为无酶克隆）可同时提高克隆 PCR 产物的效率和速度。LIC-PCR 不再需要将 PCR 产物连接到载体，不依赖于限制性位点，同时也避免了热稳定 DNA 聚合酶在 PCR 产物的 3′ 端添加多余碱基带来的问题（Clark 1988）。LIC-PCR 通过将 PCR 产物直接克隆到质粒载体的特定位点，避免了载体因缺乏合适克隆位点或缺少用来筛选重组体的遗传基础时所产生的复杂的构建过程（Aslanidis and de Jong 1990；Hsiao 1993；Yang et al. 1993；Kaluz and Flint 1994）。几种不同的 LIC-PCR 方法已经被报道。

- 用 5′ 端携带至少 24 个额外碱基的引物扩增目的片段。这些碱基与线性化质粒载体的末端序列一致。因此，通过这些引物扩增产生的 PCR 产物 5′ 端序列与受体线性化质粒的 3′ 端互补。在第二次 PCR 中，延伸重叠互补序列的 3′ 端，将 PCR 产物和线性化的质粒，拼接在一起（Shuldiner et al. 1990）。

- 产生携带 12 个或更多碱基长度的 3′ 突出末端的 PCR 产物，通过复性连接到 3′ 端含有互补单链序列的线性化载体。两套突出末端之间的碱基配对创建出的嵌合分子可以通过转化导入大肠杆菌（Aslanidis and de Jong 1990）。

用来在载体和 PCR 产物的 3′ 端产生互补单链尾巴的方法包括 3′ 端的外切核酸酶切除。载体和 PCR 产物的序列是经过设计的，以保证四种碱基中的其中一种不会出现在 3′ 端的前 12 个核苷酸中。在这种 dNTP 存在的情况下，通过 T4 DNA 聚合酶的 3′→5′ 外切核酸酶活性可以产生指定长度的互补尾巴。这种酶在 3′→5′ 方向切除核苷酸，直到它到达与反应混合物中的 dNTP 相同的第一个核苷酸。通过凹链的 3′-羟基末端掺入 dNTP，T4 DNA 聚合酶的进一步核酸外切消化被中和。通过加热使酶失活后，PCR 产物通过复性连接到一个以类似方式产生的含有单链尾巴的载体（Aslanidis and de Jong 1990；Haun et al. 1992；Tachibana et al. 2009）。当嵌合分子被用于转化大肠杆菌后，细菌细胞中的连接酶将单链缺口封闭，产生一个共价闭合环状分子。

在该方法的一个变种中，重叠序列被设计引入用于扩增靶 DNA 和载体的 PCR 引物。

通过外切核酸酶 III（Hsiao 1993；Li and Evans 1997）或 T4 DNA 聚合酶的外切核酸酶活性对 PCR 产物和载体进行可控酶切消化产生互补的突出 3′ 端。由于外切核酸酶的作用产生的突出端稍微长于互补序列，杂交体形成后将保留一个伸展的单链间隙。这可以在体内（使用外切核酸酶 III 的情况下）或在体外用大肠杆菌 DNA 聚合酶 I 的 Klenow 片段（使用 T4 DNA 聚合酶的情况下）修复。

Xi 克隆（Genlantis 公司）

Xi 克隆由制造商 Genlantis 公司以试剂盒形式提供，用来将 PCR 产物定向克隆到高水平体外转录和翻译的表达载体。扩增的 DNA 片段是合成的，含有一个 28～32 个核苷酸长度的单链尾巴与一个线性化 Xi-克隆质粒的 5′ 和 3′ 端同源。当 PCR 片段和线性 Xi 克隆载体混合后转化到含 *recA* 基因的大肠杆菌菌株，细菌内源性重组系统将两个 DNA 片段连接，产生一个环状质粒。Genlatis 公司提供若干种含有装配元件的线性化载体，例如，用于在哺乳动物细胞中或在体外高水平表达蛋白质。

这个系统的优势在于它的速度和不再依赖于体外酶催化反应，该系统是否能够得到进一步的发展从而同模块化高通量重组系统（如 Gateway 和 In-Fusion）进行有效竞争，目前还不清楚。

尿嘧啶 DNA 糖基化酶（UDG）克隆

这种方法（Nisson et al. 1991；Rashtchian 1995）在 PCR 中使用的引物 5′ 端区域包含一磷酸脱氧尿苷（dUMP）。PCR 产物通过 UDG 酶切消化后导致脱氧核糖残基和尿嘧啶之间的 *N*-糖苷键断裂。此裂解产生碱性残基，破坏了 PCR 产物 5′ 端序列的碱基配对能力（Duncan 1981；Friedberg et al. 1981）。载体和插入片段都通过含尿嘧啶的引物扩增，然后用 UDG 处理。因此，当插入片段和载体混合时，插入片段只有一条链可用于同载体的互补链复性。一些线性化的载体是可商购的（Life Technologies 公司），携带确定的 12 个核苷酸长度的 3′ 突出末端。然而，这种方法仍然只是偶尔使用，从未大量普及，并且已经在很大程度上被 TOPO TA 克隆和 TOPO 工具取代（这些方法的总结和比较，见表 4）。

表 4　不使用连接酶的方法

TOPO-TA 克隆（见方案 13）	1. 使用不具有校对功能的热稳定 DNA 聚合酶如 *Taq*，产生的 PCR 产物每个末端携带一个未成对 3′ 端(A)残基。 2. 附加到一个载体（如 Life Technologies 公司的 pcDNA3.1），载体带有未成对 3′ 端(T)残基，连接到牛痘病毒拓扑异构酶（TOPO）以催化连接反应。	高效。可以很容易地用于平末端或定向克隆。 Life Technologies 公司在市场上推出了 TOPO 工具，可以实现 TOPO 介导的在 PCR 产物上添加功能 DNA 元件，如启动子、终止子、表位和标签。	TOPO 催化的载体再环化降低了克隆效率。为了改善这一问题，Life Technologies 公司提供了 TOPO 克隆载体，扩增的 DNA 插入后会破坏导致大肠杆菌死亡的 *ccdB* 基因（见信息栏"*ccdB* 基因"）。
TOPO 工具（见信息栏"TOPO 工具"）	TOPO 工具是连接到牛痘病毒拓扑异构酶的功能性核酸序列（启动子、标签、转录终止子等）。拓扑异构酶功能元件可以连接到带有一个未成对 3′-A 残基的任何 PCR 扩增的 DNA。得到的重组体通常进行第二次 PCR 扩增，产生可以克隆或直接用于转染的线性构造。Life Technologies 公司市售品种多样的 TOPO 工具。	高效。大大加快了复杂的多组分 DNA 的设计和合成，可以直接用于转染哺乳动物细胞。适应 96 孔或 384 孔形式。	
尿嘧啶 DNA 糖基化酶（UDG）（见"尿嘧啶 DNA 糖基化酶[UDG]克隆"部分）	1. 使用 5′ 端序列包含(U)残基而不是(T)残基的引物。 2. 用尿嘧啶-D-糖苷酶消化扩增产物，去除一磷酸脱氧尿苷（dUMP）的碱基，同时将暴露的单链尾巴与市售载体（pAMP1；Life Technologies 公司）的互补 5′ 突出端复性。	高效。省去了若干其他用于克隆扩增 DNA 方法中必需的步骤（限制性酶切、纯化、连接等）。	一个重要的限制因素是市售的载体很少。出于这个原因，UDG 克隆现在很少被使用。

---

① 译者注：应为 384 孔，原文为 396 孔。

参考文献

Aslanidis C, de Jong PJ. 1990. Ligation-independent cloning of PCR products (LIC-PCR). *Nucleic Acids Res* 18: 6069–6074.

Benoit RM, Wilhelm RN, Scherer-Becker D, Ostermeier C. 2006. An improved method for fast, robust, and seamless integration of DNA fragments into multiple plasmids. *Protein Expr Purif* 45: 66–71.

Clark JM. 1988. Novel non-templated nucleotide addition reactions catalyzed by procaryotic and eucaryotic DNA polymerases. *Nucleic Acids Res* 16: 9677–9686.

D'Arpa P. 2009. Strategies for cloning PCR products. *Cold Spring Harb Protoc* 10.1101/pdb.ip68.

Duncan BK. 1981. DNA glycsoylases. In *The enzymes*, 3rd ed. (ed Boyer PD), pp. 565–586. Academic, New York.

Friedberg EC, Bonurs T, Radany EH, Love JD. 1981. *Enzymes that incise damaged DNA*. Academic, New York.

Hamilton MD, Nuara AA, Gammon DB, Buller RM, Evans DH. 2007. Duplex strand joining reactions catalyzed by vaccinia virus DNA polymerase. *Nucleic Acids Res* 35: 143–151.

Hartley JL, Temple GF, Brasch MA. 2000. DNA cloning using in vitro site-specific recombination. *Genome Res* 10: 1788–1795.

Haun RS, Serventi IM, Moss J. 1992. Rapid, reliable ligation-independent cloning of PCR products using modified plasmid vectors. *BioTechniques* 13: 515–518.

Hsiao K. 1993. Exonuclease III induced ligase-free directional subcloning of PCR products. *Nucleic Acids Res* 21: 5528–5529.

Kaluz S, Flint AP. 1994. Ligation-independent cloning of PCR products with primers containing nonbase residues. *Nucleic Acids Res* 22: 4845.

Li C, Evans RM. 1997. Ligation independent cloning irrespective of restriction site compatibility. *Nucleic Acids Res* 25: 4165–4166.

Marsischky G, LaBaer J. 2004. Many paths to many clones: A comparative look at high-throughput cloning methods. *Genome Res* 14: 2020–2028.

Nisson PE, Rashtchian A, Watkins PC. 1991. Rapid and efficient cloning of Alu-PCR products using uracil DNA glycosylase. *PCR Methods Appl* 1: 120–123.

Rashtchian A. 1995. Novel methods for cloning and engineering genes using the polymerase chain reaction. *Curr Opin Biotechnol* 6: 30–36.

Rozwadowski K, Yang W, Kagale S. 2008. Homologous recombination-mediated cloning and manipulation of genomic DNA regions using Gateway and recombineering systems. *BMC Biotechnol* 8: 88.

Shuldiner AR, Scott LA, Roth J. 1990. PCR-induced (ligase-free) subcloning: A rapid reliable method to subclone polymerase chain reaction (PCR) products. *Nucleic Acids Res* 18: 1920.

Sleight SC, Bartley BA, Lieviant JA, Sauro HM. 2010. In-Fusion BioBrick assembly and re-engineering. *Nucleic Acids Res* 38: 2624–2636.

Tachibana A, Tohiguchi K, Ueno T, Setogawa Y, Harada A, Tanabe T. 2009. Preparation of long sticky ends for universal ligation-independent cloning: Sequential T4 DNA polymerase treatments. *J Biosci Bioeng* 107: 668–669.

Walhout AJ, Temple GF, Brasch MA, Hartley JL, Lorson MA, van den Heuvel S, Vidal M. 2000. GATEWAY recombinational cloning: Application to the cloning of large numbers of open reading frames or ORFeomes. *Methods Enzymol* 328: 575–592.

Yang YS, Watson WJ, Tucker PW, Capra JD. 1993. Construction of recombinant DNA by exonuclease recession. *Nucleic Acids Res* 21: 1889–1893.

Zhu B, Cai G, Hall EO, Freeman GJ. 2007. In-Fusion assembly: Seamless engineering of multidomain fusion proteins, modular vectors, and mutations. *BioTechniques* 43: 354–359.

 ## BioBricks 和 DNA 片段的有序组装

　　将具有确定功能的 DNA 序列［启动子、核糖体结合位点、编码序列、poly（A）附加位点等］组装成可以导入细胞的结构是分子克隆实验室一个老生常谈的事情。虽然这些定制的 DNA 结构已经产生了丰富的研究成果，但是它们所使用的组装技术往往是低效和特殊的。建立一套标准化、开放的模块化、乐高积木般的遗传单位的想法，来自于麻省理工学院的工程师（Knight 2003）（http://dspace.mit.edu/handle/1721.1/21168），他们想利用工程原理构建合成系统应用于"生物能源、新材料、治疗和环境治理"（Anderson et al. 2010）。其中，BioBricks 项目的既定目标是发展应用于纳米技术的生物学单位和创造完全合成生物。通过遗传单位的组装实现这些雄心勃勃的目标需要创建一个生物部件的大型文库，这些部件需要符合一套技术标准。人们希望的是，这些标准将促进发展低成本、高通量组装巨大多元遗传单位的自动化方法（Knight 2003；Shetty et al. 2008；Anderson et al. 2010）。

　　BioBrick 标准的制定是一个开放和持续的过程，它由 BioBricks 基金会（http://www.BioBricks.org）组织。几千件符合当前 BioBrick 标准的部件的序列，可在中央 Registry of Standard Biological Parts（http://www.partsregistry.org）查到，而符合 BioBrick 的实物 DNA 片段保存于资源库中。BioBrick 和 Bio-Bricks 已被注册为商标。

　　目前，所有 BioBrick DNA 保持在质粒载体中。因此，标准的 BioBrick 组装方案要求限制性内切核酸酶消化进而连接。其结果是，最终结构中的 BioBrick 部件是由 6～8 个核苷酸的限制性酶切位点的残基——BioBrick 术语称之为"疤痕"（scar）分开的。因为这些比较陈旧的存储和组装方法对于 BioBricks 项目的进一步发展是一个巨大障碍，已经提出几种无缝组装（例如，Che 2004；Shetty et al. 2008；http://hdl.handle.net/1721.1/39832）和分层组装（http://2008.igem.org/Team:UC_Berkeley）的方案。迄今为止最好的似乎是 Sleight 等（2010）描述的一个基于 PCR 的方法，通过使用 Clontech 公司 In-Fusion 系统（见信息栏"聚合酶链反应克隆产品指南"）可以扩增、组装、重新加工保存在 BioBrick 质粒中的 DNA 序列。In-Fusion 系统的使用消除了疤痕，使 BioBricks 装配高效、快速和灵活。

尽管如此，BioBricks 项目能够实现其宏伟目标之前，还有技术问题要解决：①当前的 In-Fusion 方法对双组件的组装效果很好，对更大的组装成功率下降；②以目前的形式，In-Fusion-BioBrick 组装不能完全标准化，因为它每个组装步骤都需要定制引物。

除了 In-Fusion 以外，已经开发出一些其他的基于 PCR 的技术，以用于无缝地组装 DNA 片段。这些技术包括：

- 重叠延伸（Ho et al. 1989；Horton et al. 1990；Shevchuk et al. 2004）。通过设计引物 5′端的序列，可以使得任何一对 PCR 产物在其一端具有一个共同的序列。在 PCR 反应条件下，共有序列使得两个不同片段的链彼此杂交，形成一个重叠。延长这种重叠产生的重组体，原始的 PCR 产物就被无缝连接在一起。

- USER 融合（Geu-Flores et al. 2007）。该过程需要 PCR 引物在其 5′端附近含有一个单一的脱氧尿苷残基。用市售的脱氧尿苷切除试剂 USER（New England Biolabs 公司）处理 PCR 产物，产生长的 3′突出末端，可被设计成相互杂交。连接的 DNA 片段作为模板通过另外的 PCR 产生重组体，原始的 PCR 产物进行了无缝连接。

- SLIC（Li and Elledge 2007）。用外切核酸酶生成 DNA 片段的单链突出末端，然后将其通过体外重组组装。

- 寡核苷酸组装。在 Khorana（1979）使用的基因组装的经典方法中，重叠的 5′-磷酸化的 DNA 寡核苷酸进行复性以形成双链，然后通过 T4 DNA 连接酶连接在一起。Smith 等（2003 年）改进了该方法，合成一个 5386 bp 的 fX174 RFI DNA。约 250 个 5′-磷酸化的 42 聚体复性，然后使用 *Taq* 连接酶在 65℃连接。连接反应产物使用 Stemmer 等（1995）的聚合酶链组装策略进行扩增。Gibson 等（2010）使用了一种更精细的方案，惊人地将约 1000 个长度为 1080 个碱基的重叠寡核苷酸组装成一个具有功能的生殖器支原体（*Mycoplasma genitalium*）基因组、合成副本。

每个寡核苷酸与它的相邻寡核苷酸重叠 80 个核苷酸。通过联合使用酶促方法和在酿酒酵母（*S. cerevisiae*）体内重组，持续不断地将片段逐渐连接在一起组装成基因组。最终，完整的 582 970 bp 的基因组作为着丝粒在酵母中传代（Benders et al. 2010），然后被插入到生殖器支原体。

参考文献

Anderson JC, Dueber JE, Leguia M, Wu GC, Goler JA, Arkin AP, Keasling JD. 2010. BglBricks: A flexible standard for biological part assembly. *J Biol Eng* 4: 1.

Benders GA, Noskov VN, Denisova EA, Lartigue C, Gibson DG, Assad-Garcia N, Chuang RY, Carrera W, Moodie M, Algire MA, et al. 2010. Cloning whole bacterial genomes in yeast. *Nucleic Acids Res* 38: 2558–2569.

Che A. 2004. BioBricks++: Simplifying assembly of standard DNA components. MIT Libraries. http://hdl.handle.net/1721.1/39832.

Geu-Flores F, Nour-Eldin HH, Nielsen MT, Halkier BA. 2007. USER fusion: A rapid and efficient method for simultaneous fusion and cloning of multiple PCR products. *Nucleic Acids Res* 35: e55.

Gibson DG, Glass JI, Lartigue C, Noskov VN, Chuang RY, Algire MA, Benders GA, Montague MG, Ma L, Moodie MM, et al. 2010. Creation of a bacterial cell controlled by a chemically synthesized genome. *Science* 329: 52–56.

Ho SN, Hunt HD, Horton RM, Pullen JK, Pease LR. 1989. Site-directed mutagenesis by overlap extension using the polymerase chain reaction. *Gene* 77: 51–59.

Horton RM, Cai ZL, Ho SN, Pease LR. 1990. Gene splicing by overlap extension: Tailor-made genes using the polymerase chain reaction. *BioTechniques* 8: 528–535.

Khorana HG. 1979. Total synthesis of a gene. *Science* 203: 614–625.

Knight T. 2003. Idempotent vector design for standard assembly of Biobricks. MIT Artificial Intelligence Laboratory; MIT Synthetic Biology Working Group (http://hdl.handle.net/1721.1/21168).

Li MZ, Elledge SJ. 2007. Harnessing homologous recombination in vitro to generate recombinant DNA via SLIC. *Nat Methods* 4: 251–256.

Shetty RP, Endy D, Knight TF Jr. 2008. Engineering BioBrick vectors from BioBrick parts. *J Biol Eng* 2: 5.

Shevchuk NA, Bryksin AV, Nusinovich YA, Cabello FC, Sutherland M, Ladisch S. 2004. Construction of long DNA molecules using long PCR-based fusion of several fragments simultaneously. *Nucleic Acids Res* 32: e19.

Sleight SC, Bartley BA, Lieviant JA, Sauro HM. 2010. In-Fusion BioBrick assembly and re-engineering. *Nucleic Acids Res* 38: 2624–2636.

Smith HO, Hutchison CA III, Pfannkoch C, Venter JC. 2003. Generating a synthetic genome by whole genome assembly: phiX174 bacteriophage from synthetic oligonucleotides. *Proc Natl Acad Sci* 100: 15440–15445.

Stemmer WP, Crameri A, Ha KD, Brennan TM, Heyneker HL. 1995. Single-step assembly of a gene and entire plasmid from large numbers of oligodeoxyribonucleotides. *Gene* 164: 49–53.

🦠 TOPO 工具：创建带有功能元件的线性表达结构

嵌合 DNA 结构仍然是许多分子生物学的工具。表达结构通常包括一系列的功能单元（启动子、可读框、引导蛋白运输至细胞特定位置的信号、报道基因、免疫学标记和终止子）。传统上，这些元件被逐个连接在一起——过程缓慢得令人痛苦——通过联合使用限制性内切核酸酶消化、连接和必要时的定点诱变。第一篇概述了基于 PCR 的线性表达载体组装和使用方法学论文的发表（Sykes and Johnston 1999），为连接牛痘病毒拓扑异构酶的功能 DNA 元件（TOPO 工具，Life Technologies 公司；见信息栏"聚合酶链反应产物克隆指南"的表 3）的发展开辟了道路。在这个巧妙的系统中，首先通过引入牛痘病毒拓扑异构酶识别位点以及编码序列上游和下游辅助序列（见下文）的引物扩增感兴趣的编码序列。TOPO 工具元件是结合拓扑异构酶的功能核酸序列（启动子、融合标签、终止序列等），A-尾的 PCR 产物与 TOPO 工具元件混合，拓扑异构酶催化功能元件在室温下快速反应（5~10min）连接到 PCR 产物。在添加了所需的 5′或 3′元件后，所产生的重组体再次通过 PCR 扩增以产生功能性的线性组件，可以直接用于下游应用中（参见图2）。该技术可以很容易地适用于 96 孔或 384 孔[①]的形式。

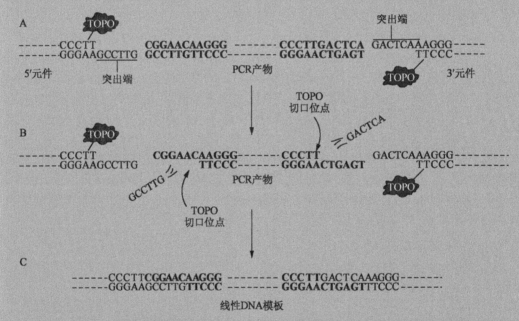

图 2　用于产生带有确定 5′和 3′功能元件的线性 DNA 结构的 TOPO 工具（$P_{CMV/\ TetO}$ 5′元件）。（A）5′和 3′功能元件和要添加它们的 PCR 产物如图所示。通过正向和反向引物，不同的 11bp 的序列（粗体）被添加到 PCR 产物的两端；（B）TOPO 切割 PCR 产物，产生 TOPO-活化的突出端（释放单链 6 聚体），与 TOPO-活化的功能元件突出端互补；（C）复性突出端，使各自的 5′-OH 并列，攻击另一个的磷酸酪氨酰键，将各功能元件的两条链连接到 PCR 产物的两条链，释放两个 TOPO 分子，并生成一个直接用于体外和体内的线性重组模板。（转载自 Invitrogen 公司 2002 年，Life Technologies 公司的一部分，©2002。）

TOPO 工具技术手册（Invitrogen 公司，2002 年）明确、详细地描述了将用户 PCR 产物与 Life Technologies 公司所出售的 5′-和 3′-TOPO-适应元件连接所需的所有步骤和必要对照。这些信息可以概括如下。

1. 设计 PCR 引物扩增靶序列。这些引物含有 5′-OH 基团，并应包含将 PCR 产物连

---

① 译者注：应为 384 孔，原文为 393 孔。

接到 TOPO 工具 5′和 3′元件所需的 11bp 序列。

2. 使用高保真度的 *Taq* DNA 聚合酶（如 Platinum *Taq*，Life Technologies 公司）扩增靶序列，用琼脂糖凝胶电泳确认 PCR 产物的完整性和浓度。

3. 以适当的摩尔比将 PCR 产物与 5′-或 3′-TOPO-适应元件混合来产生一个线性结构。

4. 使用元件特异性引物（由 Life Technologies 公司提供）进行第二轮 PCR，以扩增目标结构及其连接的元件。验证扩增产物的完整性和浓度，如果一切顺利，就可以用于转染或其他下游应用了。

参考文献

Invitrogen. 2002. TOPO tools technology. For generating functional constructs containing your PCR products and a choice of TOPO-adapted elements (version B, 072501, 25-0413). Invitrogen Life Technologies, Inc., Rockville, MD.

Sykes KF, Johnston SA. 1999. Linear expression elements: A rapid, in vivo, method to screen for gene functions. *Nat Biotechnol* 17: 355–359.

抗生素

氨苄青霉素和羧苄青霉素

性质和作用方式

* 氨苄青霉素是一种氨基青霉素；羧苄青霉素是一种半合成羧基青霉素。两种化合物对诸多革兰氏阴性菌如流感嗜血杆菌（*Haemophilus influenzae*）和大肠杆菌等具有抗菌活性。羧苄青霉素是第一种能够显著对抗假单胞菌属（*Pseudomonas*）的青霉素，假单胞菌属对氨基青霉素如氨苄青霉素不敏感。

* 青霉素敏感的生物体，部分是由于组成其细胞壁刚性的交联肽聚糖薄层，它只有一到两个分子厚。长的聚糖链完全由氨基糖组成，并且通过含有 δ-氨基酸的肽链交联。青霉素抑制细胞外由转肽酶催化的交联终末期肽合成（综述见 Donowitz and Mandell 1988）。青霉素在细菌的对数生长期对抗细菌最有效，在静止生长期影响相对较小，此时肽多糖的合成被抑制。

* 除了抑制转肽酶的活性，青霉素还抑制大肠杆菌形成杆状结构和分裂期形成隔膜所需的酶（称为青霉素结合蛋白或 PBP）的活性（Tomasz 1986）。

氨苄青霉素和羧苄青霉素的耐药机制

* 浆周酶β-内酰胺酶催化β-内酰胺环的环状酰胺键水解，伴随着氨苄青霉素和羧苄青霉素解毒（Abraham and Chain 1940；Bush and Sykes 1984）。

* β-内酰胺酶少量存在于抗生素耐药革兰氏阴性菌野生菌株的周质空间，编码于染色体或质粒上。最普遍的革兰氏阴性菌β-内酰胺酶——TEM β-内酰胺酶，是根据一个雅典女孩姓名首字母的缩写命名，1965 年正是从这个女孩身上首次分离出一株表达此酶的大肠杆菌（Datta and Kontomichalou 1965）。TEM β-内酰胺酶被广泛用作分子克隆的选择性标记，是一种由 *bla* 基因编码的 286 残基的蛋白质（Sutcliffe 1978）。新生的内酰胺酶蛋白质的前 23 个氨基酸作为信号序列，在蛋白质易位到周质的过程中被切掉。

* 当β-内酰胺酶由高拷贝载体表达时，例如在分子克隆中所使用，大量的酶被分泌到培养基中。单个转化菌落可以产生足够的β-内酰胺酶，水解周围培养基中的抗生素，创建一个受保护的区域使得对抗生素敏感的菌落可以生长。这导致未被转化的卫星菌落的出现。对于诸如假单胞菌属和埃希氏菌属等产生的β-内酰胺酶水解，羧苄青霉素比氨苄青霉素更耐受，因此在选择性培养基中使用羧苄青霉素而不是氨苄青霉素，可以改善此问题，但不能完全消除。

四环素

性质和作用方式

- 所有四环素类抗生素共有一个相同的四环碳环骨架，以支持多种基团。
- 第一种四环素——金霉素，作为生金链霉菌（*Streptomyces aureofaciens*）合成的一种自然产生的抗生素于 1948 年被发现，其活性能够对抗广谱的革兰氏阳性和革兰氏阴性菌以及原生动物。到 1980 年，已分离或合成约 1000 种四环素衍生物，估计全球产量超过 500t（综述见 Chopra et al. 1992）。
- 四环素通过外膜孔蛋白通道经被动扩散进入细菌细胞，这些通道由 OmpF 蛋白组成。抗生素转运穿越细胞质膜进入细胞质需要 pH 或电极电位梯度。
- 四环素抑制细菌生长是通过干扰核糖体的密码子-反密码子相互作用，进而阻止蛋白质的合成（综述见 Gale et al. 1981；Chopra et al. 1992）。具体而言，抗生素结合到 30S 核糖体亚基的一个位点，从而阻止氨酰-tRNA 附着到受体位点上。

四环素的耐药机制

已知有几种不同的四环素抗性机制：四环素外排、核糖体的保护和四环素修饰。该抗性基因受控于变构阻遏蛋白 TetR（Reichheld et al. 2009）和转座子 Tn10 四环素操纵子的调控元件，打开和关闭其在哺乳动物系统中的表达。TetR 蛋白检测细胞内的四环素水平。与抗生素的结合引起构象变化，减少了 TetR 与元件的结合，从而减少了其对 TetA 转录的抑制，而 TetA 编码一种膜蛋白，将四环素排出细菌细胞（Saenger et al. 2000）。

卡那霉素

卡那霉素的性质和作用方式

卡那霉素是氨基糖苷类抗生素家族的成员，于 1957 年在日本国立卫生研究院从卡那霉素链霉菌（*Streptomyces kanamyceticus*）的培养中首次分离得到（Umezawa et al. 1967），卡那霉素链霉菌合成三种形式的抗生素：卡那霉素 A、B 和 C。主要成分卡那霉素 A 对多种细菌具有广谱抗菌活性，是多年来用于治疗由革兰氏阴性杆菌引起的严重感染的一种重要抗生素。它的立体化学和绝对构型最初通过化学方法和核磁共振（NMR）获得，后经 X 射线衍射晶体分析法确认（综述见 Hooper 1982）。

氨基糖苷类抗生素是快速扩散通过革兰氏阴性菌外膜孔蛋白通道的多聚阳离子。然而，从周质空间进入细胞质的运输是由内周质膜的负膜电位驱动的，因此，这是一个需能的过程。在细胞质中，这些抗生素与至少三个核糖体蛋白以及更小的核糖体 RNA 亚基解码区域的特定碱基相互作用，从而抑制蛋白质的合成和增加诱发翻译错误的频率（综述见 Noller 1984；Cundliffe 1990）。

在体外，卡那霉素和其他缺少一个胍基基团的氨基糖苷类抗生素（如新霉素和庆大霉素）也可以抑制 I 类内含子的剪接（von Ahsen et al. 1991, 1992；von Ahsen and Noller 1993）。这一观察结果支持一种见解，即氨基糖苷类抗生素可以识别已在长期进化时间内保守的 RNA 古老结构（Davies 1990）。

卡那霉素的耐药机制

在结构上，卡那霉素与庆大霉素、新霉素、遗传霉素（G418）相似，它们可以被许多相同的细菌氨基磷酸转移酶（APH）灭活（综述见 Davies and Smith, 1978；Shaw et al. 1993）。根据底物特异性区分的 APH 的 7 个主要类群中，2 个已被广泛地用作卡那霉素抗性（*Kmr*）的选择性标记：从转座子 Tn903 分离出的 APH(3')-I 和分离自 Tn5 的

APH(3′)-II。由这些基因编码的 APH 通过将 ATP 的 γ 磷酸根转移到 pseudosaccharide 3′ 位置的羟基使卡那霉素失活。

aph(3′)-Ia 和 aph(3′)-IIa 都已被用作原核表达载体的选择性标记。然而，从文献中确定哪个基因用于构建特定载体并不总是容易的。因为 aph(3′)-Ia 和 aph(3′)-IIa 的 DNA 序列高度趋异（Shaw et al. 1993），使得这两个基因具有不同的限制性图谱，并在正常的严格条件下不会交叉杂交。aph(3′)-II 可以有效地使遗传霉素（G418）失活，用于真核细胞中的优势筛选标记（参见 Jimenez and Davies 1980；Colbè re-Garapin et al. 1981；Southern and Berg 1982；Chen and Fukuhara 1988）。

氯霉素

氯霉素抑制蛋白质的合成并且阻碍宿主 DNA 合成，但对松弛型质粒的复制没有影响。因此，在含有药物的细菌培养基温育的过程中，松弛型质粒的拷贝数增加。直到 20 世纪 80 年代初，大量培养时经常使用氯霉素以获得可观的含有野生型 colE1 复制子的质粒。1982 年后，大多数构建的高拷贝数质粒载体携带突变，将质粒 DNA 从拷贝数控制解除。含有这些突变版本的 colE1 起始点的载体维持在每个细胞数百个拷贝，即使不抑制细菌蛋白质的合成也可以得到高产量的质粒 DNA。然而，用氯霉素处理细菌培养物仍具有一定的优势：在药物的存在下，质粒的拷贝数可以进一步增加 2～3 倍，更重要的是，细菌裂解液的体积和黏度都大大降低，因为宿主的复制受到抑制。许多研究者发现，在生长培养中添加氯霉素比处理高黏稠的裂解液方便得多。

参考文献

Abraham EP, Chain E. 1940. An enzyme from bacteria able to destroy penicillin. *Nature* 146: 837.

Bush K, Sykes RB. 1984. Interaction of β-lactam antibiotics with β-lactamases as a cause for resistance. In *Antimicrobial drug resistance* (ed Bryan LE), pp. 1–31. Academic, New York.

Chen XJ, Fukuhara H. 1988. A gene fusion system using the aminoglycoside 3′-phosphotransferase gene of the kanamycin-resistance transposon Tn903: Use in the yeast *Kluyveromyces lactis* and *Saccharomyces cerevisiae*. *Gene* 69: 181–192.

Chopra I, Hawkey PM, Hinton M. 1992. Tetracyclines, molecular and clinical aspects. *J Antimicrob Chemother* 29: 245–277.

Colbère-Garapin F, Horodniceanu F, Kourilsky P, Garapin AC. 1981. A new dominant hybrid selective marker for higher eukaryotic cells. *J Mol Biol* 150: 1–14.

Cundliffe E. 1990. Recognition sites for antibiotics within rRNA. In *The ribosome: Structure, function, and evolution* (ed Hill WE, et al.), pp. 479–490. American Society for Microbiology, Washington, DC.

Datta N, Kontomichalou P. 1965. Penicillinase synthesis controlled by infectious R factors in Enterbacteriaceae. *Nature* 208: 239–241.

Davies J. 1990. What are antibiotics? Archaic functions for modern activities. *Mol Microbiol* 4: 1227–1232.

Davies J, Smith DI. 1978. Plasmid-determined resistance to antimicrobial agents. *Annu Rev Microbiol* 32: 469–518.

Donowitz GR, Mandell GL. 1988. β-Lactam antibiotics. *N Engl J Med* 318: 419–426, 490–500.

Gale EF, Cundliffe E, Reynolds PE, Richmond MH, Waring MJ. 1981. Antibiotic inhibitors of ribosome function. In *The molecular basis of antibiotic action*, 2nd ed., pp. 402–408. John Wiley, Chichester, UK.

Hooper IR. 1982. The naturally occurring aminoglycoside antibiotics. In *Aminoglycoside antibiotics* (ed Umezawa H, Hooper IR), pp. 1–35. Springer-Verlag, Berlin.

Jimenez A, Davies J. 1980. Expression of a transposable antibiotic resistance element in *Saccharomyces*. *Nature* 287: 869–871.

Noller HF. 1984. Structure of ribosomal RNA. *Annu Rev Biochem* 53: 119–162.

Reichheld SE, Yu Z, Davidson AR. 2009. The induction of folding cooperativity by ligand binding drives the allosteric response of tetracycline repressor. *Proc Natl Acad Sci* 106: 22263–22268.

Saenger W, Orth P, Kisker C, Hillen W, Hinrichs W. 2000. The tetracycline repressor—A paradigm for a biological switch. *Angew Chem Int Ed Engl* 39: 2042–2052.

Shaw KJ, Rather PN, Hare RS, Miller GH. 1993. Molecular genetics of aminoglycoside resistance genes and familial relationships of the aminoglycoside-modifying enzymes. *Microbiol Rev* 57: 138–163.

Southern PJ, Berg P. 1982. Transformation of mammalian cells to antibiotic resistance with a bacterial gene under control of the SV40 early region promoter. *J Mol Appl Genet* 1: 327–341.

Sutcliffe JG. 1978. Nucleotide sequence of the ampicillin resistance gene of *Escherichia coli* plasmid pBR322. *Proc Natl Acad Sci* 75: 3737–3741.

Tomasz A. 1986. Penicillin-binding proteins and the antibacterial effectiveness of β-lactam antibiotics. *Rev Infect Dis* (suppl. 3) 8: S260–S278.

Umezawa H, Okanishi M, Utahara R, Maeda K, Kondo S. 1967. Isolation and structure of kanamycin inactivated by a cell free system of kanamycin-resistant *E. coli*. *J Antibiot* 20: 136–141.

von Ahsen U, Noller HF. 1993. Footprinting the sites of interaction of antibiotics with catalytic group I intron RNA. *Science* 260: 1500–1503.

von Ahsen U, Davies J, Schroeder R. 1991. Antibiotic inhibition of group I ribozyme function. *Nature* 353: 368–370.

von Ahsen U, Davies J, Schroeder R. 1992. Non-competitive inhibition of group I intron RNA self-splicing by aminoglycoside antibiotics. *J Mol Biol* 226: 935–941.

衔接子

衔接子是短的双链合成寡核苷酸，在一端或两端携带限制性内切核酸酶识别位点和单链尾巴。它们可用于将研究者选择的限制位点添加到一个现有的限制位点上。衔接子的单链尾巴连接到限制性切割靶 DNA 所产生的匹配的突出单链末端。连接后，靶 DNA 的新末端序列可以用适当的限制性内切核酸酶切割，以产生新的突出末端。

衔接子的鼎盛时期在前 PCR 时代。如今，在 DNA 末端添加给定序列的方法是简单地将识别序列掺入到 PCR 寡核苷酸引物 5'端中（见方案 9）。但是，如果靶 DNA 群体由不同序列组成（如 cDNA 群体或基因组 DNA 片段集合），衔接子是一个有吸引力的选择。

磷酸化和非磷酸化的衔接子

市售的衔接子有两种基本设计和各种特异性。一些衔接子由两个不同长度的寡核苷酸之间形成一个局部双链，例如，一个 *EcoR* I-*Not* I 衔接子可能具有以下结构：

$$5'AATTCGCGGCCGC3'$$
$$3'GCGCCGGCGp5'$$

在连接过程中，衔接子的 5'突出端与靶 DNA 的互补末端接合，恢复一个 *EcoR* I 位点（GAATTC）。此外，磷酸化平末端的连接使得衔接子形成一个包含内部 *Not* I 识别位点（GCGGCCGC）的二聚体。不会形成高阶聚合物，因为突出的 5'端没有磷酸化。

其他一切都是同样的，附加这种类型衔接子的首选方法是使用非磷酸化的衔接子和磷酸化的靶标（见方案 8）。如果靶 DNA 的两端序列是互补的，并且携带 5'-磷酸基团，靶 DNA 将在连接反应过程中环化。为利于衔接子附加到靶 DNA 的末端，连接反应应采用摩尔数高度过量（至少 50 倍）的非磷酸化衔接子。

另一类提供的衔接子是非磷酸化的单寡核苷酸，其序列是部分自我互补的。形成双链体后，一个 *EcoR* I-*Pst* I 衔接子可能具有以下结构：

$$5'AATTCCTGCAGG3'$$
$$3'GGACGTCCTTAA5'$$

在连接到靶 DNA 的 5'-磷酸化 *EcoR* I 末端时，衔接子的一条链与靶 DNA 接合，恢复一个完整的 *EcoR* I 位点。进一步的连接是不可能的，除非该衔接子在研究者的实验室中被磷酸化了，在这种情况下，衔接子可以形成串联排列。磷酸化有时是必要的，因为用第二种限制性内切核酸酶切割衔接子串联阵列的效率高于单个衔接子，在此例中是 *Pst* I（位点：CTGCAG）。

然而，其他一切都是同样的，附加这种类型衔接子的首选方法是使用非磷酸化的衔接子和磷酸化的靶标。为了抑制靶 DNA 的环化，连接反应中应该使用摩尔数过量很多（约 50 倍）的衔接子。

在建立连接反应前，重要的是从准备的衔接子中消除氢键结合的二聚体，可以将准备的衔接子（溶于 TE，pH 7.5）加热到 90℃ 5min，待它们冷却至室温后立即添加到连接混合物中。

巧妙利用衔接子

也许衔接子最巧妙的使用是在 cDNA 文库构建时将 cDNA 群体连接到载体中（Yang et al. 1986；Elledge et al. 1991）。载体上 *Xho* I 克隆位点的凹陷的 3'端被部分填补，含有与部分填补 *Xho* I 位点互补的 3 个碱基的突出末端的磷酸化衔接子被连接到 cDNA 上。载体或 cDNA 分子都不能与它们自己复性，但它们可以互连。由于 *Xho* I 位点再生，克隆的 cDNA 可以通过用 *Xho* I 消化恢复。这一策略大大提高了 cDNA 克隆中棘手的连接步骤的效率，并消除了插入到载体中之前对 cDNA 甲基化或限制性酶切消化的需要。

现在衔接子还被用于：
- 克隆小 RNA 的 cDNA 拷贝（如 miRNA）（见 Elbashir et al. 2001；Lau et al. 2001

等）。简言之，3′和 5′-衔接子寡核苷酸使用 T4 RNA 连接酶连接到纯化的小 RNA。连接产物被反转录，通过 PCR 扩增并克隆。

- 抑制消减杂交（Rebrikov et al. 2004；Rebrikov 2008）。
- 3′-RACE，使用衔接子-引物将 mRNA 群体转录成 cDNA，衔接子-引物 3′端有 poly(T)；5′端有 30～40 个核苷酸，含有两个或三个限制性内切核酸酶识别位点（见第 7 章，方案 11）。

参考文献

Elbashir SM, Lendeckel W, Tuschl T. 2001. RNA interference is mediated by 21- and 22-nucleotide RNAs. *Genes Dev* 15: 188–200.

Elledge SJ, Mulligan JT, Ramer SW, Spottswood M, Davis RW. 1991. λYES: A multifunctional cDNA expression vector for the isolation of genes by complementation of yeast and *Escherichia coli* mutations. *Proc Natl Acad Sci* 88: 1731–1735.

Lau NC, Lim LP, Weinstein EG, Bartel DP. 2001. An abundant class of tiny RNAs with probable regulatory roles in *Caenorhabditis elegans*. *Science* 294: 858–862.

Rebrikov DV. 2008. Identification of differential genes by suppression subtractive hybridization: An overview. *Cold Spring Harb Protoc* 10.1101/pdb.top21.

Rebrikov DV, Desai SM, Siebert PD, Lukyanov SA. 2004. Suppression subtractive hybridization. *Methods Mol Biol* 258: 107–134.

Yang YC, Ciarletta AB, Temple PA, Chung MP, Kovacic S, Witek-Giannotti JS, Leary AC, Kriz R, Donahue RE, Wong GG, et al. 1986. Human IL-3 (multi-CSF): Identification by expression cloning of a novel hematopoietic growth factor related to murine IL-3. *Cell* 47: 3–10.

接头

合成接头是小的、自我互补的合成 DNA 片段，通常长度为 8～16 个核苷酸，复性形成平末端双链分子，含有一个限制性内切核酸酶识别位点。例如，在复性后，一个携带 *Eco*R I 识别位点的合成接头可能有如下序列：

5′CCGGAATTCCGG3′

3′GGCGTTAAGGCC5′

接头曾经用来为 DNA 的双链平末端装上酶切位点，以助于克隆（Scheller et al. 1977）。供应商提供种类繁多的商业化接头，主要是两种形式：可直接用于连接的 5′端含有磷酸残基的接头，以及连接到 DNA 前需要用多核苷酸激酶和 ATP 处理的非磷酸化接头。通常，磷酸化的接头以约 100 倍摩尔过量连接到平末端的靶 DNA，此化学计量比使得接头末端-末端连接，同时聚合接头连接到靶 DNA 的每一端。用适当的限制性内切酶消化除去多余的接头，产生含有黏性突出末端的靶分子，可以连接到含有匹配末端的载体上。

如今，接头是一种濒临灭绝的东西，因为大多数克隆和亚克隆使用已知序列 DNA 进行，通过在用于扩增的 PCR 引物中引入酶切位点，线性 DNA 可以简单方便地装配上选择的末端。

现在的合成接头已为特殊目的而设计。例如：

- 克隆小分子 RNA 和构建 miRNA 的 cDNA 文库（Lau et al. 2001；Bartel 2004）。New England Biolabs 公司销售 5′-腺苷酸化、3′-阻断的寡核苷酸，可以被 RNA 连接酶识别，在缺少 ATP 的情况下将寡核苷酸的"活化的"腺苷化 5′端连接到单链 miRNA 的 3′-OH。位于保护基团的接头 3′端的氨基基团可以防止自身连接、环化或者接头连接到 miRNA 的 5′端。
- 长接头（80 个核苷酸）分别与载体和靶 DNA 重叠 40bp 片段。用于在酵母体内构建重组体。在构造不能轻易通过 PCR 扩增的复杂结构时，这种特殊技术是有价值的（Raymond et al. 2002）。
- 生物素化的接头。用来捕获和克隆活跃在哺乳动物细胞中的调控元件（Boyle et al. 2008；Song and Crawford 2010）。

参考文献

Bartel DP. 2004. MicroRNAs: Genomics, biogenesis, mechanism, and function. *Cell* 116: 281–297.
Boyle AP, Davis S, Shulha HP, Meltzer P, Margulies EH, Weng Z, Furey TS, Crawford GE. 2008. High-resolution mapping and characterization of open chromatin across the genome. *Cell* 132: 311–322.
Lau NC, Lim LP, Weinstein EG, Bartel DP. 2001. An abundant class of tiny RNAs with probable regulatory roles in *Caenorhabditis elegans. Science* 294: 858–862.
Raymond CK, Sims EH, Olson MV. 2002. Linker-mediated recombinational subcloning of large DNA fragments using yeast. *Genome Res*

12: 190–197.
Scheller RH, Dickerson RE, Boyer HW, Riggs AD, Itakura K. 1977. Chemical synthesis of restriction enzyme recognition sites useful for cloning. *Science* 196: 177–180.
Song L, Crawford GE. 2010. DNase-seq. A high-resolution technique for mapping active gene regulatory elements across the genome from mammalian cells. *Cold Spring Harb Protoc* 10.1101/pdb.prot.5384.

连接和连接酶

DNA 连接酶

在 20 世纪 60 年代中期发现的 DNA 连接酶对于 70 年代中期分子克隆技术的发展是至关重要的。在一段时间内人们早已明白，应该存在能够封闭双链 DNA 断裂的酶，可以用于封闭 DNA 复制、重组和修复过程中引入的切口。到 1965 年，人们已经开始认真寻找一种可以连接 DNA 分子的酶。1967 年年初研究取得了突破，NIH 的 Marty Gellert 研究表明，大肠杆菌提取物可以将 λ 噬菌体 DNA 氢键环转换为共价闭合环状形式。在短短几个月内，Gellert 和其他几个组独立纯化了酶，其活性能够催化通过 Watson–Crick 配对保持双链结构的一条 DNA 链中的并列 3'-羟基和 5'-磷酸端之间形成磷酸二酯键（综述见 Lehman 1974）。

DNA 的连接是一个三步反应：①形成共价的连接酶-AMP 中间体；②AMP 转移到 DNA 的 5'-磷酸末端；③并列 3'-羟基攻击 AMP-DNA 键，DNA 中的切口被封闭，AMP 被释放（综述见 Pascal 2008）。这三个连续的步骤在连接酶的三个不同域进行，与双链 DNA 接触的各个域环绕 DNA 底物形成反应域。

DNA 连接酶主要用于产生新的核酸分子组合，以及在分子克隆前将其连接到载体上。

用于分子克隆的 DNA 连接酶是细菌来源或者噬菌体编码。所有真细菌，无论是嗜热或嗜温，包含一个单一的连接酶基因，编码 NAD^+-依赖型的酶（Olivera and Lehman 1967；Takahashi et al. 1984）。在连接反应的第一步中，使用 NAD^+ 的二磷酸作为磷酸酐键和腺苷基团转移到 DNA 连接酶赖氨酸残基的 ε-氨基基团。腺苷酸残基然后转移到 DNA 底物的 5'-磷酰基末端，变得易于受到并列的 3'-羟基基团的亲核攻击。这导致磷酸二酯键的形成，消去 AMP，以及形成 DNA 链的共价连接（综述参见 Pascal 2008 和 Shuman 2009）。

用于分子克隆的 DNA 连接酶在连接非经典底物时能力有所不同，如平末端双链、DNA-RNA 杂交体或单链 DNA。这些以及其他的属性归纳于表 5。分子克隆中最常用的催化体外连接的酶是 T4 噬菌体编码的 DNA 连接酶。

噬菌体 T4 DNA 连接酶

- T4 DNA 连接酶，由噬菌体 T4 的基因 30 所编码（Wilson and Murray 1979），是 487 个氨基酸组成的单体蛋白质（M_r 计算值=55 230）（Weiss et al. 1968b；Armstrong et al. 1983）。
- 由商业化高产大肠杆菌菌株纯化的 T4 DNA 连接酶（Tait et al. 1980），对于黏性末端 K_m 为 $6×10^{-7}$ mol/L（Sugino et al. 1977），平末端为 $5×10^{-5}$ mol/L，切口为 $1.9×10^{-9}$ mol/L。酶对 ATP 的 K_m 约为 $5×10^{-5}$ mol/L（Weiss et al. 1968b）。

- 已报道 T4 RNA 连接酶能刺激 T4 DNA 连接酶的活性（Sugino et al. 1977）。但是，聚乙二醇（Pheiffer and Zimmerman 1983）和氯化六氨合高钴（Rusche and Howard-Flanders 1985）等试剂，可以增加大分子群集，提高连接速率 3 个数量级，而且更便宜（见信息栏"缩合剂和聚合剂"）。

表 5　DNA 连接酶

| 连接酶 | 底物[a] | | | | 辅因子和激活剂 | 温度 | 巯基试剂 |
	黏性末端	平末端	DNA-RNA 杂交体	RNA-RNA 杂交体			
大肠杆菌连接酶	是	是[b]	否	否	DPN⁺ Mg²⁺(1~3 mol/L)	对于黏性末端 10~15℃；对于封闭切口，37℃[c]	不需要[d]
T4 连接酶	是	是[b]	是[e]	是[e]	ATP Mg²⁺(10mmol/L)	对于黏性末端 4℃[f]；对于平末端 15~25℃[h]；对于封闭切口，37℃[i]	需要二硫苏糖醇[g]
嗜热细菌的连接酶	是	否	否	否	DPN⁺[j] Mg²⁺(10 mmol/L)	对于黏性末端 24~37℃；对于封闭切口，65~72℃[k,l,m]	需要[k,m]

a. 如果这些 DNA 的末端在连接位点携带以下基团，连接酶将不会连接成对的 DNA：5'-羟基和 3'-羟基；5'-羟基和 3'-磷酸；5'-磷酸和 3'-双脱氧核苷；5'-三磷酸和 3'-羟基

b. 最初报道大肠杆菌 DNA 连接酶（Sugino et al. 1977）是不能连接平末端 DNA 分子的，除了在缩合剂如聚乙二醇或聚蔗糖等（Zimmerman and Pheiffer 1983）以及一价阳离子如 Na⁺（Hayashi et al. 1985a,b）存在的情况下。不过，最近 Barringer 等（1990）阐明，大肠杆菌 DNA 连接酶能够连接平末端和一些单链核酸，动力学依赖于酶和底物的浓度。然而，对于常规连接平末端 DNA，噬菌体 T4 连接酶是值得选择的酶。T4 DNA 连接酶可以连接平末端分子（Ehrlich et al. 1977;Sgaramella and Ehrlich 1978），但反应速率不线性依赖于酶的浓度，只有在高浓度 DNA 和酶时能有效工作。此外，聚合剂如聚乙二醇、聚蔗糖、氯化六氨合高钴等加快 T4 DNA 连接酶平末端连接速率 1000 倍，并可在较低的酶、ATP 和 DNA 浓度（Zimmerman and Pheiffer 1983；Rusche and Howard-Flanders 1985）下反应。平末端连接被高浓度的 Na⁺（≥50mmol/L）和磷酸盐（≥25mmol/L）抑制（Raae et al. 1975）。

c. Dugaiczyk 等（1975）。

d. Weiss 和 Richardson（1967）。

e. T4 DNA 连接酶可以将 RNA 分子复性连接到互补的 DNA 或 RNA 模板，虽然效率低（Kleppe et al.1970）。

f. Ferretti Sgaramella（1981）。

g. Weiss 等（1968a, b）。

h. Sgaramella 和 Ehrlich（1978）。

i. Pohl 等（1982）。

j. 几乎所有嗜热连接酶都和嗜温真细菌连接酶一样，使用 DPN⁺作为辅因子。不过，一种需要 ATP 作为辅因子的热稳定连接酶已被克隆和测序（Kletzin 1992）。这种酶的特性还没有详细研究。

k. Takahashi 等（1984）。

l. Takahashi 和 Uchida（1986）。

m. Barany（1991a, b）。

克隆中常用 DNA 连接酶的属性

- 如表 5 所示，T4 DNA 连接酶可催化黏性末端（Hedgpeth et al. 1972；Mertz and Davis 1972）、寡脱氧核苷酸、RNA-DNA 杂交体中寡核糖核苷酸（Olivera and Lehman 1968；Kleppe et al. 1970；Fareed et al. 1971）的连接。另外，此酶可以有效地促进具有完全碱基配对末端的两个双链分子末端间的连接（Sgar-amella et al. 1970；Ehrlich et al. 1977）。

- 对于杂交到互补模板并且在双链的 3'或 5'结合处含有错配碱基的寡核苷酸进行连接反应，T4 DNA 连接酶表现出强烈的排斥（Wiaderkiewicz and Ruiz-Carillo 1987；Landegren et al. 1988；Wu and Wallace 1989），但不是绝对的（Goffin et al. 1987）。这种区分完美和不完美配对末端的能力使寡核苷酸连接和扩增系统得到发展，以检测医学上感兴趣的基因突变。

- 高浓度（>100mmol/L）的一价阳离子如 Na⁺和 K⁺，抑制 T4 DNA 连接酶的活性，抑制的程度根据 DNA 底物的末端序列变化（Hayashi et al. 1985a）。然而，在聚合剂如 10%聚乙二醇的存在下，一价阳离子有相反的效果，转而刺激酶的活性。

大肠杆菌 DNA 连接酶

- 大肠杆菌 DNA 连接酶由 *lig* 基因进行编码，位于大肠杆菌基因图谱的 52min（Gottesman et al. 1973；Bachmann 1990）。

- *lig* 基因（Gottesman 1976）和 *lop11 lig*+（Cameron et al. 1975），一个过量生产此酶的调控突变体，已被克隆到 λ 噬菌体载体，从而有利于大规模纯化此酶（Panasenko et al. 1977，1978）。*lig* 基因的核苷酸序列（Ishino et al. 1986）表明，大肠杆菌 DNA 连接酶由 671 个氨基酸组成，相对分子质量为 73 690。

- 一些年来，人们认为大肠杆菌 DNA 连接酶不能连接平末端双链 DNA。然而，随着连接酶基因的克隆和表达，获得了高活性的酶制剂，能够以中等效率催化平末端连接（Barringer et al. 1990）。反应混合物含有 10%～15%聚乙二醇和高浓度的 K+ 时，可以刺激平末端连接提高约 10 倍（Hayashi et al. 1985b）。尽管如此，分子克隆实验中没有广泛使用大肠杆菌 DNA 连接酶，因为 T4 DNA 连接酶能够在没有聚合剂的情况下有效地连接平末端 DNA。

- 不同于 T4 DNA 连接酶，大肠杆菌 DNA 连接酶无法有效地将 RNA 连接到 DNA，因此无法将 cDNA 第二链置换合成过程中出现的相邻 RNA 和 DNA 片段连接（Okayama and Berg 1982）。所以，此细菌酶可以用于产生被 RNA 片段隔断的长链 cDNA。

热稳定 DNA 连接酶

- 来自一些嗜热菌的编码热稳定连接酶的基因已被克隆、测序并在大肠杆菌中高水平表达（例如，见 Takahashi et al. 1984 年；Barany and Gelfand 1991；Lauer et al. 1991；Jónsson et al. 1994）。这些酶可以从商业来源购得。

- 同大肠杆菌的酶一样，几乎所有的热稳定连接酶使用 NAD+ 作为辅助因子，对双链 DNA 中的切口更有效。此外，和它们的嗜温同系物一样，热稳定连接酶在聚合剂的存在下可以催化平末端连接，甚至在高温下也可以（Takahashi and Uchida 1986）。

- 由于热稳定连接酶在多轮热循环后仍具有活性，它们广泛用于连接酶扩增反应，以检测哺乳动物 DNA 中的突变。

连接酶活性单位

连接酶活性单位的标准化对于生物化学家和分子克隆者是有意义的，但已被证明是一个可望而不可即的目标。在过去的 20 年中，至少有三个不同的单位已被用来衡量连接酶的活性。

- 一个 Weiss 单位（Weiss et al. 1968b）定义为在 37℃ 下，20min 内催化将 1nmol ^{32}P 从无机焦磷酸盐交换到 ATP 所需的连接酶的量。

- Modrich-Lehman 单位（Modrich and Lehman 1971）是基于放射性标记的具有 3'-羟基和 5'-磷酰基末端的 d(A-T)$_n$ 共聚物转换为耐受外切核酸酶 III 消化的形式，现在已很少使用。一个 Modrich-Lehman 单位定义为在标准测定条件下在 30min 内将 100nmol d(A-T)$_n$ 转换为外切核酸酶 III 耐受形式所需的酶量。

- 任意单位，基于 DNA 连接酶连接黏性末端的能力，由商业供应商定义。这些单位往往比定量更主观，对重视精度的研究者几乎提供不了什么指导。在缺乏有效信息的情况下，大多数研究者必须通过估测建立连接反应，这意味着不可避免地要使用比实际需要量更多的连接酶，而这正是商业公司所寻求的。作为一个粗略的指南，1Weiss U 约相当于 60 个黏性末端单位（New England Biolabs 公司所定义的）。因此，在 16℃，30min 内，0.015 Weiss U T4 DNA 连接酶应连接 50%的用 *Hind* III 消化的 5 μg λ 噬菌体 DNA 所得到的片段。

T4 RNA 连接酶

T4 RNA 连接酶由 Silber 等（1972）首次报道，催化单链 RNA 或 DNA 连接到寡核糖核苷酸或寡脱氧核苷酸（England et al. 1977；Uhlenbeck and Gumport 1982）。该反应需要具有 5′端磷酸基的供体分子、具有 3′ 端羟基基团的受体分子和 ATP，除非供体 5′ 端已处于活化的中间体形式。含有 5′-磷酸基团和 3′-羟基基团的寡核苷酸既可作为受体，也可作为供体，产生环状和/或多聚体产物。

T4 RNA 连接酶可从一些商业供应商买到。NEB 公司销售几种形式的酶，它们催化不同形式的 RNA 和寡脱氧核苷酸模板连接反应的效率不同。

T4 RNA 连接酶已用于标记 RNA 的 3′ 端（England and Uhlenbeck 1978a），在准备用于 PCR 扩增的 RNA 5′ 端添加寡核糖核苷酸（Schaefer 1995），RNA 和 DNA 的分子间和分子内连接（Romaniuk and Ulhlenbeck 1983；Moore and Sharp 1992），以及酶法合成确定序列的寡核糖核苷酸（England and Uhlenbeck 1978b）。

参考文献

Armstrong J, Brown RS, Tsugita A. 1983. Primary structure and genetic organization of phage T4 DNA ligase. *Nucleic Acids Res* 11: 7145−7156.

Bachmann BJ. 1990. Linkage map of *Escherichia coli* K-12, edition 8. *Microbiol Rev* 54: 130−197. (Erratum *Microbiol Rev* [1991] 55: 191.)

Barany F. 1991a. Genetic disease detection and DNA amplification using cloned thermostable ligase. *Proc Natl Acad Sci* 88: 189−193.

Barany F. 1991b. The ligase chain reaction in a PCR world. *PCR Methods Appl* 1: 5−16. (Erratum *PCR Methods Appl* [1991] 1: 149.)

Barany F, Gelfand DH. 1991. Cloning, overexpression and nucleotide sequence of a thermostable DNA ligase-encoding gene. *Gene* 109: 1−11.

Barringer KJ, Orgel L, Wahl G, Gingeras TR. 1990. Blunt-end and single-strand ligations by *Escherichia coli* ligase: Influence on an in vitro amplification scheme. *Gene* 89: 117−122.

Cameron JR, Panasenko SM, Lehman IR, Davis RW. 1975. In vitro construction of bacteriophage λ carrying segments of the *Escherichia coli* chromosome: Selection of hybrids containing the gene for DNA ligase. *Proc Natl Acad Sci* 72: 3416−3420.

Dugaiczyk A, Boyer HW, Goodman HM. 1975. Ligation of EcoRI endonuclease-generated DNA fragments into linear and circular structures. *J Mol Biol* 96: 171−184.

Ehrlich SD, Sgaramella V, Lederberg J. 1977. T4 ligase joins flush-ended DNA duplexes generated by restriction endonucleases. In *Nucleic acid-protein recognition* (ed Vogel HJ), pp. 261−268. Academic, New York.

England TE, Gumport RI, Uhlenbeck OC. 1977. Dinucleotide pyrophosphate are substrates for T4-induced RNA ligase. *Proc Natl Acad Sci* 74: 4839−4842.

England TE, Uhlenbeck OC. 1978a. 3′-Terminal labelling of RNA with T4 RNA ligase. *Nature* 275: 560−561.

England TE, Uhlenbeck OC. 1978b. Enzymatic oligoribonucleotide synthesis with T4 RNA ligase. *Biochemistry* 17: 2069−2076.

Fareed GC, Wilt EM, Richardson CC. 1971. Enzymatic breakage and joining of deoxyribonucleic acid. 8. Hybrids of ribo- and deoxyribonu-cleotide homopolymers as substrates for polynucleotide ligase of bacteriophage T4. *J Biol Chem* 246: 925−932.

Ferretti L, Sgaramella V. 1981. Temperature dependence of the joining by T4 DNA ligase of termini produced by type II restriction endonucleases. *Nucleic Acids Res* 9: 85−93.

Goffin C, Bailly V, Verly WG. 1987. Nicks 3′ or 5′ to AP sites or to mispaired bases, and one-nucleotide gaps can be sealed by T4 DNA ligase. *Nucleic Acids Res* 15: 8755−8771.

Gottesman MM. 1976. Isolation and characterization of a λ specialized transducing phage for the *Escherichia coli* DNA ligase gene. *Virology* 72: 33−44.

Gottesman MM, Hicks ML, Gellert M. 1973. Genetics and function of DNA ligase in *Escherichia coli*. *J Mol Biol* 77: 531−547.

Hayashi K, Nakazawa M, Ishizaki Y, Obayashi A. 1985a. Influence of monovalent cations on the activity of T4 DNA ligase in the presence of polyethylene glycol. *Nucleic Acids Res* 13: 3261−3271.

Hayashi K, Nakazawa M, Ishizaki Y, Hiraoka N, Obayashi A. 1985b. Stimulation of intermolecular ligation with *E. coli* DNA ligase by high concentrations of monovalent cations in polyethylene glycol solutions. *Nucleic Acids Res* 13: 7979−7992.

Hedgpeth J, Goodman HM, Boyer HW. 1972. DNA nucleotide sequence restricted by the RI endonuclease. *Proc Natl Acad Sci* 69: 3448−3452.

Ishino Y, Shinagawa H, Makino K, Tsunasawa S, Sakiyama F, Nakata A. 1986. Nucleotide sequence of the *lig* gene and primary structure of DNA ligase of *Escherichia coli*. *Mol Gen Genet* 204: 1−7.

Jónsson ZO, Thorbjarnardóttir SH, Eggertsson G, Palsdottir A. 1994. Sequence of the DNA ligase-encoding gene from *Thermus scotoductus* and conserved motifs in DNA ligases. *Gene* 151: 177−180.

Kleppe K, Van de Sande JH, Khorana HG. 1970. Polynucleotide ligase-catalyzed joining of deoxyribo-oligonucleotides on ribopolynucleotide templates and of ribo-oligonucleotides on deoxyribopolynucleotide templates. *Proc Natl Acad Sci* 67: 68−73.

Kletzin A. 1992. Molecular characterisation of a DNA ligase gene of the extremely thermophilic archaeon *Desulfurolobus ambivalens* shows close phylogenetic relationship to eukaryotic ligases. *Nucleic Acids Res* **20**: 5389–5396.

Landegren U, Kaiser R, Sanders J, Hood L. 1988. A ligase-mediated gene detection technique. *Science* **241**: 1077–1080.

Lauer G, Rudd EA, McKay DL, Ally A, Ally D, Backman KC. 1991. Cloning, nucleotide sequence, and engineered expression of *Thermus thermophilus* DNA ligase, a homolog of *Escherichia coli* DNA ligase. *J Bacteriol* **173**: 5047–5053.

Lehman IR. 1974. DNA ligase: Structure, mechanism, and function. *Science* **186**: 790–797.

Mertz JE, Davis RW. 1972. Cleavage of DNA by R₁ restriction endonuclease generates cohesive ends. *Proc Natl Acad Sci* **69**: 3370–3374.

Modrich P, Lehman IR. 1971. Enzymatic characterization of a mutant of *Escherichia coli* with an altered DNA ligase. *Proc Natl Acad Sci* **68**: 1002–1005.

Moore MJ, Sharp PA. 1992. Site-specific modification of pre-mRNA: The 2'-hydroxyl groups at the splice sites. *Science* **256**: 992–997.

Okayama H, Berg P. 1982. High-efficiency cloning of full-length cDNA. *Mol Cell Biol* **2**: 161–170.

Olivera BM, Lehman IR. 1967. Diphosphopyridine nucleotide: A cofactor for the polynucleotide-joining enzyme from *Escherichia coli*. *Proc Natl Acad Sci* **57**: 1700–1704.

Olivera BM, Lehman IR. 1968. Enzymic joining of polynucleotides. 3. The polydeoxyadenylate-polydeoxythymidylate homopolymer pair. *J Mol Biol* **36**: 261–274.

Panasenko SM, Cameron JR, Davis RW, Lehman IR. 1977. Five hundredfold overproduction of DNA ligase after induction of a hybrid λ lysogen constructed in vitro. *Science* **196**: 188–189.

Panasenko SM, Alazard RJ, Lehman IR. 1978. A simple, three-step procedure for the large scale purification of DNA ligase from a hybrid λ lysogen constructed in vitro. *J Biol Chem* **253**: 4590–4592.

Pascal JM. 2008. DNA and RNA ligases: Structural variations and shared mechanisms. *Curr Opin Struct Biol* **18**: 96–105.

Pheiffer BH, Zimmerman SB. 1983. Polymer-stimulated ligation: Enhanced blunt- or cohesive-end ligation of DNA or deoxyribooligonucleotides by T4 DNA ligase in polymer solutions. *Nucleic Acids Res* **11**: 7853–7871.

Pohl FM, Thomae R, Karst A. 1982. Temperature dependence of the activity of DNA-modifying enzymes: Endonucleases and DNA ligase. *Eur J Biochem* **123**: 141–152.

Raae AJ, Kleppe RK, Kleppe K. 1975. Kinetics and effect of salts and polyamines on T4 polynucleotide ligase. *Eur J Biochem* **60**: 437–443.

Romaniuk PJ, Uhlenbeck OC. 1983. Joining of RNA molecules with RNA ligase. *Methods Enzymol* **100**: 52–59.

Rusche JR, Howard-Flanders P. 1985. Hexamine cobalt chloride promotes intermolecular ligation of blunt end DNA fragments by T4 DNA ligase. *Nucleic Acids Res* **13**: 1997–2008.

Schaefer BC. 1995. Revolutions in rapid amplification of cDNA ends: New strategies for polymerase chain reaction cloning of full-length cDNA ends. *Anal Biochem* **227**: 255–273.

Sgaramella V, Ehrlich SD. 1978. Use of the T4 polynucleotide ligase in the joining of flush-ended DNA segments generated by restriction endonucleases. *Eur J Biochem* **86**: 531–537.

Sgaramella V, Van de Sande JH, Khorana HG. 1970. Studies on polynucleotides, C. A novel joining reaction catalyzed by the T4-polynucleotide ligase. *Proc Natl Acad Sci* **67**: 1468–1475.

Shuman S. 2009. DNA ligases: Progress and prospects. *J Biol Chem* **284**: 17365–17369.

Silber R, Malathi VG, Hurwitz J. 1972. Purification and properties of bacteriophage T4-induced RNA ligase. *Proc Natl Acad Sci* **69**: 3009–3013.

Sugino A, Goodman HM, Heyneker HL, Shine J, Boyer HW, Cozzarelli NR. 1977. Interaction of bacteriophage T4 RNA and DNA ligases in joining of duplex DNA at base-paired ends. *J Biol Chem* **252**: 3987–3994.

Tait RC, Rodriguez RL, West RWJ. 1980. The rapid purification of T4 DNA ligase from a λT4 lig lysogen. *J Biol Chem* **255**: 813–815.

Takahashi M, Uchida T. 1986. Thermophilic HB8 DNA ligase: Effects of polyethylene glycols and polyamines on blunt-end ligation of DNA. *J Biochem* **100**: 123–131.

Takahashi M, Yamaguchi E, Uchida T. 1984. Thermophilic DNA ligase. Purification and properties of the enzyme from *Thermus thermophilus* HB8. *J Biol Chem* **259**: 10041–10047.

Uhlenbeck O, Gumport RI. 1982. T4 RNA ligase. In *The enzymes*, 3rd ed. (ed. Boyer PD), Vol. 15, pp. 31–58. Academic, New York.

Weiss B, Richardson CC. 1967. Enzymatic breakage and joining of deoxyribonucleic acid. III. An enzyme-adenylate intermediate in the polynucleotide ligase reaction. *J Biol Chem* **242**: 4270–4272.

Weiss B, Thompson A, Richardson CC. 1968a. Ezymatic breakage and joining of deoxyribonucleic acid. VII. Properties of the enzyme-adenylate intermediate in the polynucleotide ligase reaction. *J Biol Chem* **243**: 4556–4563.

Weiss B, Jacquemin-Sablon A, Live TR, Fareed GC, Richardson CC. 1968b. Enzymatic breakage and joining of deoxyribonucleic acid. VI. Further purification and properties of polynucleotide ligase from *Escherichia coli* infected with bacteriophage T4. *J Biol Chem* **243**: 4543–4555.

Wiadkiewicz R, Ruiz-Carillo A. 1987. Mismatch and blunt to protruding-end joining by DNA ligases. *Nucleic Acids Res* **15**: 7831–7848.

Wilson GG, Murray NE. 1979. Molecular cloning of the DNA ligase gene from bacteriophage T4. I. Characterisation of the recombinants. *J Mol Biol* **132**: 471–491.

Wu DY, Wallace RB. 1989. The ligation amplification reaction (LAR)—Amplification of specific DNA sequences using sequential rounds of template-dependent ligation. *Genomics* **4**: 560–569.

Zimmerman SB, Pheiffer BH. 1983. Macromolecular crowding allows blunt-end ligation by DNA ligases from rat liver or *Escherichia coli*. *Proc Natl Acad Sci* **80**: 5852–5856.

缩合剂和聚合剂

缩合剂如氯化六氨合高钴等、聚合剂如聚乙二醇等，对连接反应有两个方面的影响：

- 它们加快平末端 DNA 连接速率 1～3 个数量级。此增加使得连接反应可以以较低浓度的酶和 DNA 进行。
- 它们改变连接产物的分布。分子内连接被抑制，连接产物只发生在分子间。因此，即使在有利于环化的 DNA 浓度，所有的 DNA 产物都是线性多聚体。

不同批次的 PEG 8000 刺激平末端 DNA 连接反应的程度不同。一个好办法是测定几个批次的 PEG 8000，以确定其中刺激连接反应最强的，然后将其专用于连接反应。对连接反应最强的刺激通常会发生在 3%～5%的 PEG 8000，但是，这个值可以在不同批次之间波动，应根据经验来确定。在添加到连接反应前，应将 PEG 存储液（13%）加热至室温，因为 DNA 在 PEG 8000 存在时可以在低温下析出。此外，重要的是，将 PEG 存储液作为最后的成分添加至连接反应。PEG 8000 对平末端 DNA 连接的刺激高度依赖于镁离子的浓度，应在连接反应中保持 5～10mmol/L 的镁离子。

从我们掌握的情况来看，对于平末端连接的刺激，PEG 比氯化六氨合高钴的重现性更好。

限制性内切核酸酶的发现

四十年前，限制性内切核酸酶提供了建立分子克隆的基础：在目前的 DNA 重组技术中它们仍然是必不可少的工具。现在可用的丰富的限制性内切核酸酶来自于最初于 20 世纪 50 年代报道的现象。四个独立的实验室几乎同时发现称为宿主控制修饰的现象，噬菌体如λ[①]在某些大肠杆菌菌株中生长良好，但在一些别的密切相关菌株中生长很差（综述见 Arber 1965）。以宿主特异性方式生长不良的噬菌体被认为显示出一个受限的宿主范围。

通过使用复制型的噬菌体 fd DNA，Arber 和 Linn（1969）证实，限制性宿主含有能够降解病毒 DNA 的酶，噬菌体 DNA 如果以前被甲基化修饰，可以避免被降解（Kuhnlein et al. 1969）。在思考这两个对立的细菌防御系统的组成部分时，Arber 有先见之明地表示，感染噬菌体基因组上有限制性的特定位点，这些位点上的甲基化是保护性的。他在 1965 年的综述中写道：

宿主控制的修饰和限制系统为细菌细胞提供了一种独特的防御机制：菌株对外源 DNA 特异识别和灭活。该系统对于一种最近从外部环境引入的病毒特别有效，一种细菌种群还没有建立针对其免疫力的病毒。

Arber 和 Linn 的工作激发了人们寻找和鉴定其他的限制性内切核酸酶。Hamilton Smith 和 Kent Wilcox（1970）纯化并鉴定了同源的限制和修饰酶，它们来自流感嗜血杆菌（*Hemophilus influenzae*），一种革兰氏阴性球杆菌。Dan Nathans 和他的同事随后发现，这种限制性内切核酸酶能将 SV40 的 DNA 切割成特定的、电泳可分离的片段，可以映射到病毒基因组（Danna et al. 1973）。1978 年，10 岁的 Sylvia Arber 记载了限制/修饰系统的美丽，就在这一年她的父亲 Werner Arber 和 Hamilton Smith、Dan Nathans 一起被授予诺贝尔奖，在一篇文章中她写道：

当我来到我父亲的实验室，我经常看到桌子上放着一些平板。这些平板中含有细菌菌落。这些菌落让我想起了有很多居民的城市。每个细菌都有一个国王，是长而瘦的。国王有许多仆人，都是粗而短的，像球一样。我的父亲称国王为 DNA，称仆人为酶。国王就像是一本书，书上注明了仆人要做的一切工作。对于我们人类，这些国王的指令是一个谜。

我的父亲发现了一个功能像一把剪刀的仆人。如果一个外国国王侵入细菌，这仆人会把它剪成小片段，但他不会对自己的国王造成任何伤害。聪明的人使用剪刀功能的仆人找出国王的秘密。

要做到这一点，他们搜集了大量剪刀功能的仆人，将它们施放到一个国王，把国王切成碎片。用得到的碎片调查秘密会容易得多。基于这个原因，我父亲因为发现剪刀功能的仆人而获得诺贝尔奖。

（发表于 *Nature Structural Biology* 一篇 News and Views 的文章[Conforti 2000]）。

参考文献

Arber W. 1965. Host-controlled modification of bacteriophage. *Annu Rev Microbiol* 19: 365–378.

Arber W, Linn S. 1969. DNA modification and restriction. *Annu Rev Biochem* 38: 467–500.

Conforti B. 2000. The servant with the scissors. *Nat Struct Biol* 7: 99–100.

Danna KJ, Sack GH Jr, Nathans D. 1973. Studies of simian virus 40 DNA. VII. A cleavage map of the SV40 genome. *J Mol Biol* 78: 363–376.

Kuhnlein U, Linn S, Arber W. 1969. Host specificity of DNA produced by *Escherichia coli*. XI. In vitro modification of phage fd replicative form. *Proc Natl Acad Sci* 63: 556–562.

Smith HO, Wilcox KW. 1970. A restriction enzyme from Hemophilus influenzae. I. Purification and general properties. *J Mol Biol* 51: 379–391.

限制性内切核酸酶

根据域结构、辅因子的要求、识别序列的长度和对称性以及切割位置，将限制性内

[①] 译者注：应为λ，原文为 l。

切核酸酶分为 I、II 和 III 型。从克隆的角度来看，最重要的限制性内切核酸酶属于 II 型。数以百计的商品化的 II 型酶可用于分子克隆的几乎各个方面。II 型酶在各种不同细菌物种中的普遍性和多样性被认为是来自于共同的进化需求，即针对噬菌体基因组和其他入侵 DNA 的强大防御机制。

所有这三种类型的限制性内切核酸酶都有同源 DNA 甲基化酶，识别的 DNA 序列与限制性内切核酸酶相同，催化转移一个甲基基团到识别序列内每条 DNA 链的一个特定碱基上。限制位点的甲基化一般包括胞嘧啶残基，生成 4-甲基胞嘧啶、5-甲基胞嘧啶或5-羟甲基胞嘧啶。甲基化还可以发生在腺嘌呤残基，生成 6-甲基腺嘌呤。甲基化的识别位点被保护从而免受同源限制性内切核酸酶消化。

细菌编码一个特定的限制性内切核酸酶和它同伴甲基化酶的基因在细菌染色体上是彼此相邻的，但并不一定是在同一方向。严格的物理连锁降低了细菌接合过程中这两个基因被重组分离的机会——这种可能显然是灾难性的。

限制性内切酶的分类及其特点详细介绍如下，见表 6 中总结。

表 6 总结：主要类型的限制性内切核酸酶

酶的类型	结构	体外辅因子	DNA 识别序列	切割位点
I	复合体，有 3 个不同的亚基（内切核酸酶[hsdR]、甲基转移酶[hsdM]、识别[hsdS]）	SAM、ATP	不对称而且复杂	距识别位点大于 1000 bp。研究最多的 I 型酶（LlaGI）在两个不对称的头对头反向重复的识别位点切割。酶的解旋酶结构域催化识别位点间双链 DNA 的一维逐步易位（Smith et al. 2009a,b）。综述见 Bourniquel 和 Bickle（2002）。
II	二聚体。内切核酸酶和甲基化酶活性在不同的分子	Mg^{2+}	二重对称	在识别位点
III	复合体，有 2 个亚基（内切核酸酶和甲基化酶识别）	ATP、Mg^{2+}、SAM（某些情况下）		III 型限制性内切核酸酶通过头对头或尾对尾排列的识别位点之间的远程相互作用切割 DNA（van Aelst et al. 2010）。据认为是通过 DNA 滑动发生沿着 DNA 的运动（Ramanathan et al. 2009；Szczelkun et al. 2010）。

I 型

I 型限制性内切核酸酶识别 DNA 序列是不对称的，由两部分组成，一部分 3～4 个核苷酸，另一部分 4～5 个核苷酸，中间由 6～8 个核苷酸相隔。I 型酶不在它们识别序列处切割，而是在离位点至少 1kb 处切割未保护的 DNA（综述见 Murray 2000）。虽然它们对分子克隆没有用处，生物化学家对 I 型限制性内切核酸酶的多亚基结构和作为分子马达功能的能力感兴趣（Bourniquel and Bickle 2002；Seidel et al. 2004；Smith et al. 2009a,b）。它们同重组酶如 RecBC 以及真核生物的染色质重塑因子有很强的功能关联。

II 型

II 型限制性内切核酸酶是一个具有广泛属性的不同种类酶的集合。最常见的 II 型酶（如 *Hind* III、*Eco*R I）是二元修饰/限制系统的组分，系统由一个在特定核苷酸序列切割的限制性内切核酸酶和一个独立的修饰相同识别序列的甲基化酶组成。已分离和鉴定大量而且越来越多的这种类型的限制性内切核酸酶，其中有许多可用于克隆和其他分子操作。

绝大多数 II 型限制性内切核酸酶结合 DNA 形成同二聚体，识别的特定序列长度为 4、5 或 6 个核苷酸，表现出双面对称。另外，一些 II 型酶作为异二聚体结合，识别更长的序列或者简并序列。各种酶的二重对称轴内切割位点的位置也不同：一些恰好在对称轴上切割两条链，产生的 DNA 片段携带平末端，而另一些切割每一条链在对称轴对侧类似的位置，产生携带突出单链末端的 DNA 片段。II 型限制性内切核酸酶的切割在切口的一端产生 5′-磷酸残基，另一端产生 3′-羟基残基。

许多 II 型酶的 X 射线晶体结构之间的比较表明，其活性位点明显发散，并在许多情况下已经演化出不同的 DNA 结合和切割机制。例如，*Bam*H I 和 *Bgl* II 识别 6 个碱基，中间 4 个碱基[5′GATC3′]相同。令人惊讶的是这两种酶使用完全不同的氨基酸侧链排列与这 4 个中间碱基对接触（Lukacs et al. 2000）。Galburt 和 Stoddard（2000）指出，这两种限制性内切核酸酶的活性部位之间在结构上的整体差异表明其特异性不会轻易因点突变而改变。这种严格的结构特异性具有进化意义：如果由简单的氨基酸置换就引起 II 型酶切割特异性的改变或减弱将产生致命的后果，因为同源的甲基转移酶将无法保护新目标。

一些 II 型酶显示出不同的属性。例如，II B 型限制性内切核酸酶包含多个亚基，需要 S-腺苷甲硫氨酸和 Mg^{2+} 以识别不连续的序列（如 5′CGANNNNNNTGC3′），并切割它们识别位点的两侧，释放出一个小片段 DNA。II M 型限制性内切酶，如 Dpn I，只识别和切割甲基化的 DNA；Dpn I 需要其目标序列（GATC）里的腺嘌呤残基甲基化。

III 型

这类酶中的典型成员（*Eco*P I、*Eco*P15I、*Pst* II）识别短的不对称 DNA 序列，非特异性切割距识别位点 3′ 端 25～28 个核苷酸的 DNA（综述见 Bourniquel and Bickle 2002）。III 型酶可在由 ATP 水解驱动的运动反应中转移 DNA（Meisel et al. 1995）。

在线数据库

REBASE 是一个包含所有类型的限制性内切核酸酶和甲基化酶的综合数据库，地址为 http://rebase.neb.com/rebase/rebase.htmL。REBASE 可提供多种格式，包括按字段排列好的 ASCII 文本文件，便于格式化和使用专门的软件程序进行 DNA 分析。

维基百科也维护着一个限制性内切核酸酶数据库，地址为 http://en.wikipedia.org/wiki/ List_of_restriction_enzyme_cutting_sites。

参考文献

Bourniquel AA, Bickle TA. 2002. Complex restriction enzymes: NTP-driven molecular motors. *Biochimie* 84: 1047–1059.

Galburt EA, Stoddard BL. 2000. Restriction endonucleases: One of these things is not like the others. *Nat Struct Biol* 7: 89–91.

Lukacs CM, Kucera R, Schildkraut I, Aggarwal AK. 2000. Understanding the immutability of restriction enzymes: Crystal structure of BglII and its DNA substrate at 1.5 A resolution. *Nat Struct Biol* 7: 134–140.

Meisel A, Mackeldanz P, Bickle TA, Kruger DH, Schroeder C. 1995. Type III restriction endonucleases translocate DNA in a reaction driven by recognition site-specific ATP hydrolysis. *EMBO J* 14: 2958–2966.

Murray NE. 2000. Type I restriction systems: Sophisticated molecular machines (a legacy of Bertani and Weigle). *Microbiol Mol Biol Rev* 64: 412–434.

Ramanathan SP, van Aelst K, Sears A, Peakman LJ, Diffin FM, Szczelkun MD, Seidel R. 2009. Type III restriction enzymes communicate in 1D without looping between their target sites. *Proc Natl Acad Sci* 106: 1748–1753.

Seidel R, van Noort J, van der Scheer C, Bloom JG, Dekker NH, Dutta CF, Blundell A, Robinson T, Firman K, Dekker C. 2004. Real-time observation of DNA translocation by the type I restriction modification enzyme EcoR124I. *Nat Struct Mol Biol* 11: 838–843.

Smith RM, Diffin FM, Savery NJ, Josephsen J, Szczelkun MD. 2009a. DNA cleavage and methylation specificity of the single polypeptide restriction-modification enzyme LlaGI. *Nucleic Acids Res* 37: 7206–7218.

Smith RM, Josephsen J, Szczelkun MD. 2009b. The single polypeptide restriction-modification enzyme LlaGI is a self-contained molecular motor that translocates DNA loops. *Nucleic Acids Res* 37: 7219–7230.

Szczelkun MD, Friedhoff P, Seidel R. 2010. Maintaining a sense of direction during long-range communication on DNA. *Biochem Soc Trans* 38: 404–409.

van Aelst K, Toth J, Ramanathan SP, Schwarz FW, Seidel R, Szczelkun MD. 2010. Type III restriction enzymes cleave DNA by long-range interaction between sites in both head-to-head and tail-to-tail inverted repeat. *Proc Natl Acad Sci* 107: 9123–9128.

氯霉素

氯霉素抑制蛋白质合成并且阻碍宿主 DNA 合成，但对松弛型质粒的复制没有影响。因此，在含有药物的细菌培养基温育的过程中，松弛型质粒的拷贝数增加。松弛型质粒通常在其宿主菌中只复制到中等数量，因而必须通过扩增才能获得高产量的质粒。后代的质粒（如 pUC 质粒）携带改良过的 colE1 复制子，可以复制到很高的拷贝数使得扩增不再必要。在没有氯霉素的情况下，生长至饱和的细菌培养物，可以从中大量纯化这些高拷贝数质粒。然而，即使对这些质粒，使用氯霉素处理仍然有一定优势，因为它可以阻止细菌复制，细菌裂解液的体积和黏度降低，从而大大简化了质粒的纯化。一般情况下，氯霉素处理的好处胜过在生长的细菌培养物中加入药物的不便。

氯霉素的性质和作用方式

- 氯霉素通过降低位于 70S 核糖体上的肽基转移酶的催化速率常数，抑制细菌蛋白质的合成（Drainas et al. 1987）。

- 氯霉素于 1947 年从土壤放线菌首次分离（Ehrlich et al. 1947），到 1950 年，它已可以合成，成为一种广泛使用的广谱抗生素。然而，自那以后其临床使用已被削减，因为药物引起骨髓毒性，而且细菌轻易发展出了氯霉素耐受（综述见 Shaw 1983）。

- 氯霉素抑制细菌蛋白质的合成，所以它可以阻止细菌染色体的复制。然而，许多松弛型质粒，包括几乎所有携带野生型 pMB1（或 colE1）复制子的载体，可在药物存在下继续复制，直到细胞中积累到 2000 或 3000 个拷贝（Clewell 1972）。

- 直到 20 世纪 80 年代初，氯霉素通常用于从大量培养中获得较高产量的含有野生型 colE1 复制子的质粒。1982 年后构建的大多数高拷贝数质粒载体携带突变，阻止或破坏了两个小调控 RNA（RNAI 和 RNAII）之间的相互作用，从而解除了质粒 DNA 的拷贝数控制。含有这些突变的 colE1 起始点的载体维持在每个细胞有数百个拷贝，所以不抑制细菌蛋白质的合成也可以得到高产量的质粒 DNA。然而，用氯霉素处理细菌培养物仍具有一定的优势：在药物的存在下，质粒的拷贝数可以进一步增加 2～3 倍，更重要的是，因为宿主的复制受到抑制，细菌裂解液的体积和黏度都大大降低，许多研究者发现，在生长培养中添加氯霉素比处理高黏度的裂解液方便得多。

- 多年来一直认为只有当宿主细菌在基本培养基上生长时，氯霉素存在下的质粒扩增才是有效的。然而，通过一种使用丰富培养基和氯霉素的方案，携带含有 pMB1 或 colE1 复制子低拷贝数质粒的大肠杆菌菌株，也可以获得可重现的高得率（每 500mL 培养物≥1mg 质粒 DNA）。

- 用低浓度氯霉素（10～20μg/mL）处理细菌培养物，不会完全抑制宿主蛋白合成，却可以提高 pBR322 及其衍生物的产量（Frenkel and Bremer 1986）。产生这一结果的原因现在还不得而知，但可以解释为，携带 colE1 起始点的质粒的复制可能需要不稳定的宿主因子，在蛋白质合成被部分抑制的过程中此因子被持续合成。

氯霉素的耐药机制

- 细菌中天然存在的氯霉素抗性是由于氯霉素乙酰转移酶（cat 基因所编码）的活性，催化乙酰基从乙酰辅酶 A（CoA）转移到抗生素的 C3-羟基基团。反应产物 3-乙酰氧基氯霉素既不结合到 70S 核糖体的肽基转移酶中心，也不抑制肽基转移酶。

- 在肠杆菌科分离菌株和其他革兰氏阴性菌中，cat 基因是组成型表达，通常携带在质粒上，从而赋予多重耐药性。

- cat 基因产物的一些变异体已有报道，它们都形成三聚体，由相同的、M_r 约为 25 000 的亚基组成。I 型变异体由 1102bp 的 Tn9 转座子片段编码，作为报道基因广泛使用。然而，大多数动力学和结构分析用 III 型变异体进行，因为它能产生适用于 X 射线分析的晶体。位于亚基界面的活性位点包含一个组氨酸残基，推测作为乙酰化反应的广义碱催化剂（Leslie et al. 1988；Shaw et al. 1988）。两个底物（氯霉素和乙酰辅酶 A）通过位于分子相对两侧的通道接近活性位点。

参考文献

Clewell DB. 1972. Nature of ColE1 plasmid replication in *Escherichia coli* in the presence of chloramphenicol. *J Bacteriol* 110: 667–676.

Drainas D, Kalpaxis DL, Coutsogeorgopoulos C. 1987. Inhibition of ribosomal peptidyltransferase by chloramphenicol. Kinetic studies. *Eur J Biochem* 164: 53–58.

Ehrlich J, Bartz QR, Smith RM, Joslyn DA, Burkholder PR. 1947. Chloromycetin, a new antibiotic from a soil actinomycete. *Science* 106: 417.

Frenkel L, Bremer H. 1986. Increased amplification of plasmids pBR322 and pBR327 by low concentrations of chlor-amphenicol. *DNA* 5: 539–544.

Leslie AG, Moody PC, Shaw WV. 1988. Structure of chloramphenicol acetyltransferase at 1.75 Å resolution. *Proc Natl Acad Sci* 85: 4133–4137.

Shaw WV. 1983. Chloramphenicol acetyltransferase: Enzymology and molecular biology. *CRC Crit Rev Biochem* 14: 1–46.

Shaw WV, Day P, Lewendon A, Murray IA. 1988. Tinkering with antibiotic resistance: Chloramphenical acetyltransferase and its substrates. *Biochem Soc Trans* 16: 939–942.

ccdB 基因

ccdB 基因由大肠杆菌的 F 质粒携带，编码含 101 个氨基酸残基的蛋白质，在没有解毒剂 ccdA 蛋白时对细菌是致命的。虽然这两种蛋白质都是 F 质粒的稳定维持所需的，ccdA 蛋白的半衰期比 ccdB 短。由于该质粒的拷贝数低（每个细胞一到两个拷贝），两个子细胞中的其中一个可能会在分裂时不能继承 F 质粒。ccdA 蛋白的水平降低，F 分离子变得脆弱，被 ccdB 蛋白质杀死，这个过程被称为解离后致死。在自然条件下，*ccd* 基因座所编码的两种蛋白质共同作用，确保细菌种群中稳定维持 F 质粒。

ccdB 蛋白通过诱导促旋酶的 ATP 依赖的 DNA 切割来杀死细胞，导致 SOS 系统的激活（Bernard and Couturier 1992；Miki et al. 1992；Bernard et al. 1993）。然而，这种蛋白质的致死作用在携带 *gyrA*462 突变的大肠杆菌菌株中被抑制，从而使携带 *ccdB* 基因的高拷贝数质粒载体（如 pKIL；Bernard et al. 1994）得以维持，并生长到高拷贝数。如果通过在 *ccdB* 基因内的多克隆位点插入外源 DNA 片段使一个 pKIL 载体中的 *ccdB* 基因失活，所产生的重组体变成能转化 *gyrA*+ 大肠杆菌菌株。在 Gateway 克隆系统中，Destination 载体 *ccdB* 基因两侧是 *att*R 重组位点。克隆通过体外重组反应进行，过程中外来 DNA 片段替换有毒的 *ccdB* 基因，从而可以在 *gyrA*+ 细胞中选择性的增殖重组体（Hartley et al. 2000）。

参考文献

Bernard P, Couturier M. 1992. Cell killing by the F plasmid CcdB protein involves poisoning of DNA-topoisomerase II complexes. *J Mol Biol* 226: 735–745.

Bernard P, Kezdy KE, Van Melderen L, Steyaert J, Wyns L, Pato ML, Higgins PN, Couturier M. 1993. The F plasmid CcdB protein induces efficient ATP-dependent DNA cleavage by gyrase. *J Mol Biol* 234: 534–541.

Bernard P, Gabant P, Bahassi EM, Couturier M. 1994. Positive-selection vectors using the F plasmid *ccdB* killer gene. *Gene* 148: 71–74.

Hartley JL, Temple GF, Brasch MA. 2000. DNA cloning using in vitro site-specific recombination. *Genome Res* 10: 1788–1795.

Miki T, Park JA, Nagao K, Murayama N, Horiuchi T. 1992. Control of segregation of chromosomal DNA by sex factor F in *Escherichia coli*. Mutants of DNA gyrase subunit A suppress *letD* (*ccdB*) product growth inhibition. *J Mol Biol* 225: 39–52.

λ 噬菌体

当想到 λ 噬菌体时，优雅这个词便映入脑海：一种蚀刻到 DNA 的遗传"电路"，精致优美却又极度经济；互连的调控回路控制着病毒基因表达的顺序、时间以及水平；出入细菌染色体的能力。认识这些现象是一个难题，从 20 世纪 50 年代后期就已经吸引了许多遗传学领域最优秀的人员。他们的研究结果浓缩成一个和谐的基因控制理论，足以匹敌分子生物学任何其他的智力成果。就像一个早期的噬菌体工作人员写到的："在每…一步，情况都是令人赏心悦目的，大家都为此感到高兴"（Thomas 1993）。

当然，生物化学家也从来不甘落后，到 20 世纪 70 年代初——分子克隆的黎明——

关于λ噬菌体和它的 DNA 了解如此之深，此病毒几乎是自动成为克隆载体一个显而易见的选择。从λ噬菌体 DNA 中去除不方便放置的限制性位点；删除病毒基因组中不必要的片段以使可用于插入外源 DNA 的空间最大化，对噬菌体和大肠杆菌宿主都进行了突变，以满足在整个 20 世纪 70 年代控制 DNA 重组工作的严格规程。

随后的数年，λ噬菌体选作构建哺乳动物基因组和 cDNA 文库的克隆载体。虽然用它工作总是令人高兴的，但它也可能会令人沮丧。NIH 批准的载体先天不足，它们的宿主菌如此孱弱，以至于本应非常容易的事情——例如，生长高滴度储备液——有时会成为一种黑魔法。

但导致λ噬菌体作为载体使用逐渐消亡的不是这类问题，而是人类基因组计划。λ噬菌体重组体可以轻松容纳的外源 DNA 最长约为 25kb。因此，一个全面、重叠、深入的哺乳动物基因组文库将包括数百万个独立克隆。在没有阵列化和自动化的日子，处理这种规模的文库是不容易的。很快，人类基因组测序的尝试明显要求载体具备更高的容量，以与克隆或亚克隆到载体的能力相适应，如可以为测序产生单链 DNA 模板的 M13 噬菌体。

到 20 世纪末期，λ噬菌体已经成为博物馆里的东西了。遗传学和生物化学的问题已经解决。已经发展出了更好的载体，也许令人失望的是，噬菌体优雅的"电路"对于理解哺乳动物基因控制的方式几乎没提供什么帮助。然而，λ噬菌体不是一个化石：其基因组的星星点点已纳入重组工程中使用的重组系统，此系统通过在大肠杆菌中重组后产生复杂的、精确确定的克隆，而不是通过体外的限制性酶切和连接。在一些重组工程系统中，由λ噬菌体的 *gam* 基因编码的蛋白质用来抑制外切核酸酶 V——大肠杆菌 recBCD 系统的组分。抑制宿主的外切核酸酶活性，可以提高λ噬菌体 Red 操纵子介导的体内重组的效率，并抑制外切核酸酶 V 对线性双链 DNA 的降解（综述见 Court et al. 2002；Karlinsey 2007）。

参考文献

Court DL, Sawitzke JA, Thomason LC. 2002. Genetic engineering using homologous recombination. *Annu Rev Genet* 36: 361–388.
Karlinsey JE. 2007. λ-Red genetic engineering in *Salmonella enterica* serovar Typhimurium. *Methods Enzymol* 421: 199–209.

Thomas R. 1993. Bacteriophage λ: Transactivation, positive control and other odd findings. *BioEssays* 15: 285–289.

M13 噬菌体

- M13 是一个丝状噬菌体家族的一员，含有一个长约 6400 个碱基的单链基因组。

- M13 病毒颗粒只感染雄性细菌，受感染的细胞不裂解。相反，受感染的细胞释放子代病毒颗粒，即便它们继续生长和分裂。

- 在感染过程中，单链病毒基因组转换成双链、环状的复制型（RF）。RF 分子然后通过滚动循环机制生成单链的 (+)-链子代分子。RF 分子也是 11 个病毒基因转录的模板（参见图 3）。

- M13 基因组所有必需的顺式作用元件被隔离在一个 508 bp 的基因间区。

- 由于其基因组往往是不稳定的，丝状噬菌体不用于外源 DNA 片段的克隆和长期增殖。相反，它们主要作为媒介用于产生已插入双链 RF 形式 M13 DNA 基因间隔区的短 DNA 片段（300～500bp）的单链拷贝（Messing et al. 1977；Gronenborn and Messing 1978）。

- 今天普遍使用的载体是由 Joachim Messing 和他的同事在 20 世纪 70 年代和 80 年代初发展的（综述见 Messing 1983，1993，1996）。这些载体对于双脱氧 DNA 测序（Sanger et al. 1980）、鸟枪法测序（Messing et al. 1981），以及最终对许多自动化、高通量 DNA 测序方法的发展至关重要。

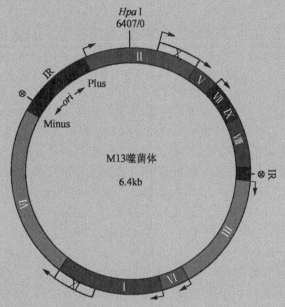

图 3　M13 噬菌体的基因图谱。 野生型 M13 是单链环状 DNA 分子，长度 6407 个核苷酸。核苷酸的编号从一个唯一的 *Hpa* I 位点开始（van Wezenbeek et al. 1980）。图中，基因都是以同一方向"顺时针"定向，编号 I 至 XI，两个基因间隔区标记为 IR，主要启动子用箭头指示，转录终止子被标记为圆圈内一个交叉。按照惯例，病毒 DNA 被称为(+)链，与病毒 mRNA 具有相同的含义。

参考文献

Gronenborn B, Messing J. 1978. Methylation of single-stranded DNA in vitro introduces new restriction endonclease cleavage sites. *Nature* 272: 375–377.

Messing J. 1983. New M13 vectors for cloning. *Methods Enzymol* 101: 20–78.

Messing J. 1993. M13 cloning vehicles. Their contribution to DNA sequencing. *Methods Mol Biol* 23: 9–22.

Messing J. 1996. Cloning single-stranded DNA. *Mol Biotechnol* 5: 39–47.

Messing J, Crea R, Seeburg PH. 1981. A system for shotgun sequencing. *Nucleic Acids Res* 9: 309–321.

Messing J, Gronenborn B, Müller-Hill B, Hofschneider PH. 1977. Filamentous coliphage M13 as a cloning vehicle: Insertion of a HindII fragment of the lac regulatory region in M13 replicative form in vitro. *Proc Natl Acad Sci* 74: 3642–3646.

Sanger F, Coulson AR, Barrell BG, Smith AJ, Roe BA. 1980. Cloning in single-stranded bacteriophage as an aid to rapid DNA sequencing. *J Mol Biol* 143: 161–178.

van Wezenbeek PMGF, Hulsebos TJM, Schoenmakers JGG. 1980. Nucleotide sequence of the filamentous bacteriophage M13 DNA genome: Comparison with phage fd. *Gene* 11: 129–148.

质粒

质粒复制子

复制子是一种遗传单位，长度为几百个碱基对，包含一个 DNA 复制的起始点和相关的控制元件。质粒复制子限定了每个细菌细胞中携带的质粒 DNA 的拷贝数。此数量可以随着细菌培养物中生长条件的变化在一个狭窄的范围内增加或减少。质粒中已经鉴定了超过 30 种不同的复制子。含有原始的 pMB1 复制子（或其近亲属，大肠杆菌素 E1 [colE1]复制子，Balbas et al. 1986）的质粒处于严紧型控制，使用宿主编码的 RepA 蛋白质作为运动调节器，维持每个细菌细胞中 15 至 20 个拷贝的质粒 DNA。几乎所有的通常用于分子克隆的质粒携带来源于 pMB1 的复制子，一种最初从临床标本分离出的质粒（Hershfield et al. 1974）。多年来，pMB1/colE1 复制子已被广泛修改，以增加拷贝数，并由此提高质粒 DNA 产量。各种质粒复制子的特点列于表 7。

表 7　质粒复制子和复制模式

复制子	复制模式	例子	拷贝数	参考文献
pMB1	严紧型	pBR322	15～20	Bolivar et al. 1977b
改良的 pMB1	松弛型	pUC[a]	500～700	Vieira and Messing 1982；1987；Messing 1983
p15A	严紧型	pACYC	10～12	Chang and Cohen 1978
pSC101	严紧型	pSC101	约 5	Stoker et al. 1982
改良的 colE1	松弛型	Bluescript 载体	300～500	Alting-Mees and Short 1989

　　a. pUC 复制子来源于 pBR322。pUC 系列高拷贝数质粒来自于编码引物 RNA（RNAII）基因的一个点突变（Lin-Chao et al. 1992）。此外，*rop* 基因（引物的阻抑物）已被删除。pMB1 和 colE 复制子的结构和功能有着广泛的同源性，并且属于相同的不相容组。

　　不管质粒具有何种复制子，通过定量提供能影响质粒 DNA 合成起始频率的分子，质粒和宿主的复制率之间保持和谐。在含有 pMB1/colE1 复制子的质粒中，这个正调节分子是 anRNA，称为 RNAII，用来引发前导链 DNA 合成的开始。携带 pMB1 复制子或其衍生物的质粒的复制不需要任何质粒编码的蛋白质，而是完全依赖于由宿主提供的长存的酶和蛋白质，包括伴侣蛋白、DNA 聚合酶 I 和 III、DNA 依赖的 RNA 聚合酶、核糖核酸酶 H（RNase H）、DNA 促旋酶和拓扑异构酶 I。这些质粒以"松弛型"的模式复制，直至因氨基酸饥饿，蛋白质合成被抑制（Bazaral and Helinski 1968）或加入氯霉素之类的抗生素（Clewell and Helinski 1969）（见信息栏"氯霉素"）。蛋白质合成对于每一轮宿主 DNA 合成的开始是必需的，但质粒复制并不需要，因此在暴露于氯霉素的细胞中，质粒 DNA 的量相对于染色体 DNA 是增加的（Clewell 1972）。在几个小时的扩增过程中，可能在细胞中积累数千个松弛型质粒拷贝；过程结束时，质粒 DNA 可能占细胞总 DNA 的 50%或更多。

　　种类繁多的高拷贝数质粒载体是分子克隆的重要工具，用于小片段重组 DNA（小于 15 kb）的几乎所有日常操作。相比之下，携带 pMB1/colE1 以外来源的复制子的低拷贝数载体都用于特殊用途。包括：

- 克隆不稳定的 DNA 序列以及在高拷贝数质粒中增殖时致死的基因；
- 构建细菌人工染色体（BAC），一种用来增殖大片段（约 100 kb）外源 DNA 的载体，就如同大肠杆菌中的质粒。

质粒不相容性和共遗传

　　当两种质粒携带相同的复制子时，它们在复制和随后分配到子细胞的步骤中相互竞争。这样的质粒在无选择压力时无法共存于细菌培养物中。这种现象被称为不相容性（综述见 Davison 1984；Novick 1987）。

　　含有相同的复制装置元件的质粒属于相同的不相容群，不能持久地共同保持于同一细菌内。携带不同复制子的质粒属于不同的不相容群，可以稳定地共维持在同一细菌内。例如，与 colE1 型质粒相容的质粒是 p15A、R6K 和 F 等低拷贝数质粒。

　　低拷贝数质粒通过主动的 ATP 依赖的分离机制分离到子细胞中，此类机制具有类着丝粒位点和作用于这些位点的蛋白质（综述见 Reyes-Lamothe et al. 2008）。高拷贝数质粒与此相反，似乎是通过被动分配传输到子细胞，这是一个不能保证两个不同的高拷贝数质粒共遗传的随机过程（Pogliano et al. 2001；Nordstrom and Gerdes 2003）。例如，较大的质粒比较小的质粒需要更多的时间来复制，在细菌种群的每个细胞中处于选择劣势。因为单个细菌细胞内随机过程产生的起始效率失衡，同样大小的质粒也可能是不相容的。这种机会的转变可以迅速导致两个质粒拷贝数的大幅差异。在某些细胞中，一种质粒可能占主导地位，而在其他细胞，另一种质粒可能会蓬勃发展。在没有选择压力的情况下，经过几代的细菌生长过程，"少数派"质粒可以从种群的一些细胞中被完全消除。原始细胞的后代可能包含其中一种质粒或另一种，但很少会两者都有。

正如前面所讨论的，大多数目前使用的载体携带来源于质粒 pMB1 的复制子。这些载体与所有其他携带 colE1 复制子的质粒是不相容的，但是和复制子来源于如 pSC101 及其衍生物的质粒完全相容。表 8 列出了一些众所周知的质粒和参与调节其复制的负调控元件。

表 8　调控复制的控制元件

不相容群	负调控元件	备注
colE1, pMB1	RNA I	控制前体 RNA II 成引物的过程
IncFII, pT181	RNA	控制 RepA 蛋白的合成
P1, F, R6K, pSC101, p15A	重复子	封闭 RepA 蛋白

选择标记

多年前，质粒用它们的开发者命名。所以，第一个克隆实验使用的质粒 pSC101（Cohen et al. 1973）是在 Stan Cohen 的实验室设计和构造的。它携带一个抗生素抗性基因（四环素抗性；见信息栏"抗生素"）和一个限制性酶切位点（EcoR I）。

质粒载体中含有遗传标记，在选择性条件下赋予带有质粒的细菌强劲增长的优势。在分子克隆中，这些标记用于：

- 选择带有质粒的细菌克隆。在实验室中，可以通过人工转化过程将质粒 DNA 导入细菌。然而，即使是在最佳条件下，转化通常是低效的，质粒只在一小部分细菌群体中稳定地"安置"下来。质粒携带的选择标记使得挑选这些稀少的转化体变得轻松。这些质粒编码的标记物提供特定的抗生素抗性（即在抗生素存在下生长的能力），如卡那霉素、氨苄青霉素、羧苄青霉素和四环素。这些抗生素的属性和作用方式在信息栏"抗生素"中进行了讨论。
- 保护转化细菌不受它们负担的质粒 DNA 或质粒编码蛋白质所施加的风险。质粒以低拷贝数（小于 20 拷贝/细胞）存在似乎并不过分妨碍其宿主细胞。然而，许多证据表明，高拷贝数质粒和大量的重组蛋白可以严重阻碍转化细胞的生长甚至生存（Murray and Kelley 1979；Beck and Bremer 1980）。为了防止出现质粒被清除的细菌，重要的是任何时候都在培养基中包含合适的抗生素以维持选择压力。

在 20 世纪 70 年代初，选择标记——通常为 Kan^r、Amp^r 或 Tet^r——被引入含有 pMB1（或 colE1）复制子的质粒（见信息栏"抗生素"）。最先用作克隆载体的质粒——pSC101（Cohen et al. 1973）、colE1（Hershfield et al. 1974）及 pCR1（Covey et al. 1976）——其通用性是有限的：它们要么复制不佳，要么携带不合适的选择标记，并且都不包含两个以上可用于克隆的限制性位点。第一个整合所有当时可用的合适特点的质粒是 pBR313（Bolivar et al. 1977b），以松弛型方式复制，包含两个选择标记（Tet^r 和 Amp^r），并含有一些有用的酶切位点。然而，pBR313 过于臃肿，超过一半的 DNA 对其作为载体是不必要的。质粒载体发展的第一阶段随着 pBR322（Bolivar et al. 1977b）的构建结束，质粒大小为 4.36 kb，大部分不必要的序列都被消除了。pBR322 是当时使用最广泛的克隆载体，许多目前使用的质粒载体是其子孙后代（综述见 Balbas et al. 1986）。

20 世纪 80 年代初，笨重的质粒如 pBR322 进一步发展，载体向尺寸更小、拷贝数更高，能够接受更广泛的限制性内切核酸酶酶切所产生的外源 DNA 片段。可以克隆到质粒中的 DNA 片段的大小没有严格的上限，但是，将质粒载体的尺寸减小到最低限度也有优点。质粒的拷贝数、稳定性和转化效率随着它们 DNA 的尺寸减小而提高。在效率开始下降之前，较小的质粒可以容纳更大的外源 DNA 片段。另外，由于较小的colE1 质粒可以复制到更高的拷贝数，外源 DNA 的得率会增加，并且用放射性标记的探针筛选包含克隆的外源 DNA 序列的转化菌落时，其杂交信号会增强。

从 pBR322 改进的衍生载体，解决了不灵活和效率低下的问题。这些质粒缺乏辅助的序列以控制拷贝数和转移。不幸的是，第一代高拷贝数质粒，其中最有名的 pXf3（Hanahan 1983）的主要缺陷是：外源DNA 序列只能在位于"天然"序列内的有限数量的限制性位点插入以构建质粒。一两年内，这些质粒被一系列革命性的载体（pUC 载体）取代了，在这些载体中，限制性内切核酸酶切割位点的数量扩大了，并且它们在载体内的分布更加合理（Messing 1983；Norrander et al. 1983；Yanisch-Perron et al. 1985；Vieira and Messing 1987）。pUC 载体是第一个包含了一系列紧密排列的合成克隆位点的载体，这些合成位点被称为多接头或多克隆位点，它们组成了限制性内切核酸酶识别序列的库。在大多数情况下，这些限制性位点是唯一的（即，它们不存在于质粒载体中的其他地方）。例如，pUC19 载体的多克隆位点由 13 种限制性内切核酸酶唯一切割位点的串联排列组成。

这样的识别序列排列提供了大量多样的靶点，可以单独使用或与众多种类的限制性内切核酸酶酶切产生的克隆 DNA 片段组合使用。此外，在一个限制位点插入的片段，常常可以通过用在侧翼位点切割的限制性内切核酸酶切割重组质粒而将其切下。因此，将 DNA 片段插入一个多克隆位点相当于在它的末端加上合成接头。这些侧翼位点的可用极大简化了绘制外源 DNA 片段图谱的任务。

将所有克隆位点一起安排到质粒的一个位置，其潜在缺点是无法使用灭活选择标记来筛选重组体。此方法广泛用于第一代质粒，如 pBR322，带有两个或更多不同的选择性标记（例如 Tet^r 和 Amp^r），每个都包含一个"天然"的限制位点。外源 DNA 序列插入到其中一个位点就可以灭活两个标记之一。含有重组质粒的细菌，因此可以同那些携带空的亲本载体的细菌区别开，因为它们只能在两套选择性条件之一进行生长（见信息栏"抗生素"）。

用 pUC 系载体进行插入失活是不可能的，因为它仅含一种抗生素抗性基因（通常为氨苄青霉素抗性）和一套聚集的克隆位点。然而，通过筛选细菌菌落的颜色，可以很容易区分重组质粒和亲本 pUC 质粒。pUC 载体和许多其衍生物携带一段短的大肠杆菌DNA 片段，包含 lacZ 基因的调节序列和β-半乳糖苷酶氨基末端 146 个氨基酸的编码信息。一个多克隆位点嵌入在编码信息中，恰好是起始 ATG 的下游。pUC 载体在转化细菌中表达的β-半乳糖苷酶氨基末端小片段没有内源性β-半乳糖苷酶活性。然而，这段被称为α片段的氨基末端片段，可以与某些自身无活性的β-半乳糖苷酶特定突变体结合，形成具有充分催化活性的酶。当 pUC 质粒被引入到一个表达无活性的β-半乳糖苷酶羧基末端片段（ω片段）的大肠杆菌菌株时，会发生α-互补。

当一段外源 DNA 克隆到 pUC 载体的多克隆位点时，编码 α 片段的序列被打断了，α-互补被极大地抑制或完全废除。因此，含重组质粒的细菌菌落具有氨苄青霉素抗性，却含有很少的或根本没有β-半乳糖苷酶活性。与此相反，含有空质粒的细菌菌落具有氨苄青霉素抗性，而且能够水解不可发酵显色底物，如 5-溴-4-氯-3-吲哚-β-D-半乳糖苷（X-Gal）（Horwitz et al. 1964；Davies and Jacob 1968；见第 1 章信息栏 "X-Gal" 和 "α-互补"）。因此，可以通过一个简单的、非破坏性的组织化学实验区分这两种类型的菌落（Miller 1972）。当琼脂培养基含有 X-Gal 时，携带亲本非重组质粒的菌落变成深蓝色，而那些含有重组质粒的菌落仍然是普通的乳白色或变成像染了浅蛋壳蓝色（更多详细信息，见第 1 章信息栏 "α-互补"）。

现今的质粒载体构建涉及用于多种用途的辅助序列的结合，包括用于 DNA 测序的单链 DNA 模板生成、外源 DNA 序列的体外转录、重组克隆的直接选择和大量外源蛋白的表达。这些特殊功能在这里简要讨论，在后面的章节中有更详细的论述。

携带来源于单链噬菌体复制起始点的质粒载体

在 20 世纪 80 年代和 90 年代开发的许多质粒载体携带来自单链丝状噬菌体基因组的 DNA 复制起始点，如 M13 或 f1（见信息栏 "M13 噬菌体"）。这样的载体有时被称为噬菌粒，结合了质粒和单链噬菌体载体的最佳特性，优点是具有两种独立的复制模式：作为一个传统的双链 DNA 质粒和作为模板产生噬菌粒一条链的单链拷贝。噬菌粒因此可以以相同的方式作为一个传统的质粒载体使用，或者用于产生含有克隆 DNA 片段单链拷贝的丝状噬菌体颗粒。自 20 世纪 80 年代初推出以来，噬菌粒使得大部分情况下外源 DNA 不再需要从质粒亚克隆到传统的单链噬菌体载体。

携带噬菌粒的细菌感染辅助噬菌体后，诱导产生单链 DNA，辅助噬菌体携带下列所需基因：①从双链模板生成单链 DNA；②将单链 DNA 包装进丝状病毒颗粒。小规模培养的感染后细菌分泌的缺陷丝状病毒颗粒，包含足够的单链 DNA，可用于测序。在大多数情况下，噬菌体复制起始点方向不同的成对质粒载体都可用。起始点的方向决定两条 DNA 链的哪一条会被包被进噬菌体颗粒。按照惯例，一个加号（+）表示质粒和噬菌体颗粒中的起始点是在同一方向。

携带噬菌体启动子的质粒载体

许多质粒载体携带来自于噬菌体的启动子 T3、T7 和/或 SP6，与多克隆位点（MCS）相邻。因此，当线性化的重组质粒 DNA 和适当的 DNA 依赖的 RNA 聚合酶以及核糖核苷酸前体一起孵育时，在 MCS 的限制性酶切位点插入的外源 DNA 可以在体外转录。这些启动子是特异性的，例如，SP6 的 RNA 聚合酶不能从位于质粒其他地方的任何其他噬菌体启动子合成 RNA。

许多商业化的载体（如 pGEM 系列载体或 Bluescript 系列载体）在相反的方向上携带两个噬菌体启动子，位于多克隆位点的各一侧（Short et al. 1988）。此结构使得可以根据转录反应中使用的 RNA 聚合酶类型，在体外从外源 DNA 的任一端或任一链合成 RNA。以这种方式产生的 RNA 可作为杂交探针，或可以在无细胞蛋白质合成系统中被翻译。此外，携带 T7 启动子的载体可用于在表达 T7 RNA 聚合酶的细菌中表达克隆 DNA 序列（Tabor and Richardson 1985）。商业公司出售多种此类型载体。

阳性选择载体

鉴别插入 DNA 的质粒曾经是令人沮丧和费时的，然而，已经开发了多种克隆载体，只允许携带重组质粒的细菌菌落生长。含亲本空质粒的细菌在这些选择性条件下无法形成菌落。通常情况下，这些系统中使用的质粒表达一种对特定细菌宿主致命的基因产物；外源 DNA 片段克隆到质粒，使这个基因失活，并解除其毒性。表 9 总结了多年来阳性选择载体使用的许多条件致死毒性基因的属性。这些旧系统中许多是非常巧妙的，但是，因为它们在一个特定的实验室被开发用来解决或改善一个特定的问题，不容易适用于其他用途。

毒性基因	参考文献
四环素抗性	Bochner et al. 1980；Maloy and Nunn 1981；Craine 1982
λ 噬菌体阻抑物	Nilsson et al. 1983；Mongolsuk et al. 1994
*Eco*R I 甲基化酶	Cheng and Modrich 1983
*Eco*R I 限制性内切核酸酶	Kuhn et al. 1986
半乳糖激酶	Ahmed 1984
φ X174 的溶菌基因	Henrich and Plapp 1986
ccdB	Bernard and Couturier 1992
Kis	Gabant et al. 1997, 2000

表 9 　阳性选择系统中使用的毒性基因

当前使用得最好的阳性选择系统是基于 F 质粒编码的 *ccdB* 基因，它表达一种 101 个氨基酸残基的蛋白质，在没有解毒剂 ccdA 蛋白时，对细菌是致命的。这两种蛋白质对于 F 质粒的稳定维持是必需的。然而，ccdA 蛋白的半衰期比 ccdB 短。因为 F 质粒的拷贝数低（每个细胞一到两个拷贝），两个子细胞中的其中一个在分裂时可能无法继承质粒。当 ccdA 蛋白的水平降低，F 分离子对 ccdB 蛋白的杀伤变得脆弱——一个称为解离后致死的过程。*ccd* 基因座所编码的两种蛋白质的共同作用确保 F 质粒在细菌群体的稳定维持（Jensen and Gerdes 1995）。

ccdB 蛋白质通过诱导促旋酶的 ATP 依赖的 DNA 切割，导致 SOS 系统的激活，进而杀死细胞（Bernard and Couturier 1992；Miki et al. 1992；Bernard et al. 1993）。这种蛋白质的致死效应在携带 *gyrA462* 突变体的大肠杆菌中受到抑制，使携带 ccdB 基因的高拷贝数质粒载体（如 pKIL，Bernard et al. 1994）得以维持并生长到高拷贝数。然而，如果 ccdB 基因被插入其内部多克隆位点内的外源 DNA 片段失活，由此产生的重组体能转化 *gyrA*⁺大肠杆菌菌株。该系统是非常有效的：大于 90%生长于 *gyrA*⁺株上的转化菌落是重组体（Gabant et al. 1997）。已开发出一个类似的系统，使用有毒的 kid 蛋白及其解毒剂 kis，由大肠杆菌的 R1 质粒编码（Gabant et al. 2000）。

在 Gateway 克隆系统中，Destination 载体 *ccdB* 基因两侧是 *att*R 重组位点。克隆通过体外重组反应进行，其间一个外来 DNA 片段取代有毒的 *ccdB* 基因，从而使重组体在 *gyrA*⁺ 细胞可以选择性增殖（Hartley et al. 2000）（见第 4 章）。

低拷贝数质粒载体

传统的高拷贝数质粒载体携带加强版的复制子，与之相比，低拷贝数质粒载体基于诸如 R1 复制子构建，保持非常严格控制的质粒 DNA 合成。

第一代的低拷贝载体——以今天的标准看来相当笨重和粗糙——被设计用来解决特定类型的外源基因和 DNA 序列克隆到质粒载体时所产生的毒性问题。许多编码膜蛋白质和 DNA 结合蛋白的基因属于这一类，某些启动子及调节序列也如此。有时，这些 DNA 序列和基因产物对宿主菌的毒性很强，以至于根本不可能使用高拷贝数载体分离出转化菌株。即使得到转化体，其生长率也常常是令人沮丧的缓慢，而且克隆的外源 DNA 序列往往不稳定。为了解决这些问题，已经开发了多用途的低拷贝数载体，含有进行严格调控且基础表达水平低的原核启动子，如 pET 系列载体，并含有原核转录终止子，以防止外源 DNA 序列从上游的质粒启动子假转录。现在，这些低拷贝数载体带有多克隆位点、单链噬菌体复制起始点、T3 和 T7 启动子，以及其他有价值的、有用的模块化的便利结构。大多数现代的低拷贝数载体还携带 par 基因座，促进质粒分子在细胞分裂过程中精确分配到子细胞。

参考文献

Ahmed A. 1984. Plasmid vectors for positive galactose-resistance selection of cloned DNA in *Escherichia coli*. *Gene* 28: 37–43.

Alting-Mees MA, Sorge JA, Short JM. 1992. pBluescriptII: Multifunctional cloning and mapping vectors. *Methods Enzymol* 216: 483–495.

Balbas P, Soberón X, Merino E, Zurita M, Lomeli H, Valle F, Flores N, Bolivar F. 1986. Plasmid vector pBR322 and its special purpose derivatives—A review. *Gene* 50: 3–40.

Bazaral M, Helinski DR. 1968. Circular DNA forms of colicinogenic factors E1, E2 and E3 from *Escherichia coli*. *J Mol Biol* 36: 185–194.

Beck E, Bremer E. 1980. Nucleotide sequence of the gene *ompA* coding the outer membrane protein II of *Escherichia coli* K-12. *Nucleic Acids Res* 8: 3011–3027.

Bernard P, Couturier M. 1992. Cell killing by the F plasmid CcdB protein involves poisoning of DNA-topoisomerase II complexes. *J Mol Biol* 226: 735–745.

Bernard P, Kezdy KE, Van Melderen L, Steyaert J, Wyns L, Pato ML, Higgins PN, Couturier M. 1993. The F plasmid CcdB protein induces efficient ATP-dependent DNA cleavage by gyrase. *J Mol Biol* 234: 534–541.

Bernard P, Gabant P, Bahassi EM, Couturier M. 1994. Positive-selection vectors using the F plasmid *ccdB* killer gene. *Gene* 148: 71–74.

Bochner B, Huang H, Schiever JL, Ames B. 1980. Positive selection for loss of tetracycline resistance. *J Bacteriol* 143: 926–933.

Bolivar F, Rodriguez RL, Betlach MC, Boyer HW. 1977a. Construction and characterization of new cloning vehicles. I. Ampicillin-resistant derivatives of the plasmid pMB9. *Gene* 2: 75–93.

Bolivar F, Rodriguez RL, Greene PJ, Betlach MC, Heyneker HL, Boyer HW, Crosa JH, Falkow S. 1977b. Construction and characterization of new cloning vehicles. II. A multipurpose cloning system. *Gene* 2: 95–113.

Chang ACY, Cohen SN. 1978. Construction and characterization of amplifiable multicopy DNA cloning vehicles derived from the p15A cryptic miniplasmid. *J Bacteriol* 134: 1141–1156.

Cheng S, Modrich P. 1983. Positive selection cloning vehicle useful for overproduction of hybrid proteins. *J Bacteriol* 154: 1005–1008.

Clewell DB. 1972. Nature of ColE1 plasmid replication in *Escherichia coli* in the presence of chloramphenicol. *J Bacteriol* 110: 667–676.

Clewell DB, Helinski DR. 1969. Supercoiled circular DNA-protein complex in *Escherichia coli*: Purification and induced conversion to an open circular form. *Proc Natl Acad Sci* 62: 1159–1166.

Cohen SN, Chang AC, Boyer HW, Helling RB. 1973. Construction of biologically functional bacterial plasmids in vitro. *Proc Natl Acad Sci* 70: 3240–3244.

Covey C, Richardson D, Carbon J. 1976. A method for the deletion of restriction sites in bacterial plasmid deoxyribonucleic acid. *Mol Gen Genet* 145: 155–158.

Craine BL. 1982. Novel selection for tetracycline- or chloramphenicol-sensitive *Escherichia coli*. *J Bacteriol* 151: 487–490.

Davies J, Jacob F. 1968. Genetic mapping of the regulator and operator genes of the lac operon. *J Mol Biol* 36: 413–417.

Davison J. 1984. Mechanism of control of DNA replication and incompatibility in ColE1-type plasmids—A review. *Gene* 28: 1–15.

Gabant P, Drèze PL, Van Reeth T, Szpirer J, Szpirer C. 1997. Bifunctional *lacZ* α-*ccdB* genes for selective cloning of PCR products. *BioTechniques* 23: 938–941.

Gabant P, Van Reeth T, Drèze PL, Faelen M, Szpirer C, Szpirer J. 2000. New positive selection system based on the *parD* (*kis/kid*) system of the R1 plasmid. *BioTechniques* 28: 784–788.

Hanahan D. 1983. Studies on transformation of *Escherichia coli* with plasmids. *J Mol Biol* 166: 557–580.

Hartley JL, Temple GF, Brasch MA. 2000. DNA cloning using in vitro site-specific recombination. *Genome Res* 10: 1788–1795.

Henrich B, Plapp R. 1986. Use of the lysis gene of bacteriophage φX174 for the construction of a positive selection vector. *Gene* 42: 345–349.

Hershfield V, Boyer HW, Yanofsky C, Lovett MA, Helinski DR. 1974. Plasmid ColE1 as a molecular vehicle for cloning and amplification of DNA. *Proc Natl Acad Sci* 71: 3455–3459.

Horwitz JP, Chua J, Curby RJ, Tomson AJ, Darooge MA, Fisher BE, Mauricio J, Klundt I. 1964. Substrates for cytochemical demonstration of enzyme activity. I. Some substituted 3-indolyl-β-D-glycopyranosides. *J Med Chem* 7: 574–575.

Jensen RB, Gerdes K. 1995. Programmed cell death in bacteria: Proteic plasmid stabilization systems. *Mol Microbiol* 17: 205–210.

Kuhn I, Stephenson FH, Boyer HW, Greene PJ. 1986. Positive selection vectors utilizing lethality and the EcoRI endonuclease. *Gene* 42: 253–263.

Maloy SR, Nunn WD. 1981. Selection for loss of tetracycline resistance by *Escherichia coli*. *J Bacteriol* 145: 1110–1111.

Messing J. 1983. New M13 vectors for cloning. *Methods Enzymol* 101: 20–78.

Miki T, Park JA, Nagao K, Murayama N, Horiuchi T. 1992. Control of segregation of chromosomal DNA by sex factor F in *Escherichia coli*. Mutants of DNA gyrase subunit A suppress *letD* (*ccdB*) product growth inhibition. *J Mol Biol* 225: 39–52.

Miller JH. 1972. *Experiments in molecular genetics.* Cold Spring Harbor Laboratory Press, Cold Spring Harbor, NY.

Mongolsuk S, Rabibhadana S, Vaatanaviboon P, Loprasert S. 1994. Generalized and mobilizable positive-selection cloning vectors. *Gene* 143: 145–146.

Murray NE, Kelley WS. 1979. Characterization of the λ*polA* transducing phages: Effective expression of the *E. coli polA* gene. *Mol Gen Genet* 175: 77–87.

Nilsson B, Uhlen M, Josephson S, Gattenbeck S, Philipson L. 1983. An improved positive selection vector constructed by oligonucleotide-mediated mutagenesis. *Nucleic Acids Res* 11: 8019–8030.

Nordstrom K, Gerdes K. 2003. Clustering versus random segregation of plasmids lacking a partitioning function: A plasmid paradox? *Plasmid* 50: 95–101.

Norrander J, Kempe T, Messing J. 1983. Construction of improved M13 vectors using oligodeoxynucleotide-directed mutagenesis. *Gene* 26: 101–106.

Novick RP. 1987. Plasmid incompatibility. *Microbiol Rev* 51: 381–395.

Pogliano J, Ho TQ, Zhong Z, Helinski DR. 2001. Multicopy plasmids are clustered and localized in *Escherichia coli*. *Proc Natl Acad Sci* 98: 4486–4491.

Reyes-Lamothe R, Wang X, Sherratt D. 2008. *Escherichia coli* and its chromosome. *Trends Microbiol* 16: 238–245. Pogliano J, Ho TQ, Zhong Z, Helinski DR. 2001. Multicopy plasmids are clustered and localized in *Escherichia coli*. *Proc Natl Acad Sci* 98: 4486–4491.

Short JM, Fernandez JM, Sorge JA, Huse WD. 1988. λZAP: A bacteriophage λ expression vector with in vivo excision properties. *Nucleic Acids Res* 16: 7583–7600.

Stoker NG, Fairweather NF, Spratt BG. 1982. Versatile low-copy-number plasmid vectors for cloning in *Escherichia coli*. *Gene* 18: 335–341.

Tabor S, Richardson CC. 1985. A bacteriophage T7 RNA polymerase/promoter system for controlled exclusive expression of specific genes. *Proc Natl Acad Sci* 82: 1074–1078.

Vieira J, Messing J. 1982. The pUC plasmids, an M13-mp7-derived system for insertion mutagenesis and sequencing with synthetic universal primers. *Gene* 19: 259–268.

Vieira C, Messing J. 1987. Production of single-stranded DNA. *Methods Enzymol* 153: 5–11.

Yanisch-Perron C, Vieira J, Messing J. 1985. Improved M13 phage cloning vectors and host strains: Nucleotide sequences of the M13mp18 and pUC19 vectors. *Gene* 33: 103–119.

黏粒

在 20 世纪 70 年代后期发展出了黏粒，以满足对可容纳大段基因组 DNA 载体的需求（Collins and Hohn 1978；Hohn and Collins 1988）。黏粒是传统的质粒，包含一个原核 DNA 复制起始点（通常为 colE1 或 pMB1）、一个选择标记和一个或多个用于插入基因组 DNA 片段的限制性位点。黏粒还携带一个，更多的时候两个，λ噬菌体 DNA 的一个小区域——280bp cos 序列（Bates and Swift 1983；Hohn 1983），可以由λ噬菌体编码的末端酶蛋白切割，产生带有 12 个碱基长度互补单链末端的线性分子（Emmons 1974）。携带λ噬菌体末端酶切割的基因组 DNA 片段的重组黏粒，可在体外包装进λ噬菌体颗粒并导入大肠杆菌（Hohn and Murray 1977；Collins and Hohn 1978；Hohn 1979）。一旦进入细菌，重组黏粒环化，然后作为一个大型的常规质粒复制到每个细胞 15～20 个拷贝数。该体外包装和转导的木马程序被设计用来解决将大型质粒有效地转化进大肠杆菌的难题。

不幸的是，黏粒载体很快出现了一个明显的问题，并且不易解决，即它们的能力根本就不足以有效地处理一个哺乳动物基因组大小的东西。黏粒足以容纳一个典型的原核基因组，却不能容纳一个完整的典型哺乳动物基因组［因为可以包装进一个 λ 噬菌体颗粒的 DNA 最大尺寸是约 52kb，黏粒载体（一般为约 8kb 大小）可容纳约 31～44kb 的外源 DNA（Feiss et al. 1977）］在这个尺寸范围之内的基因组 DNA 片段可以通过用限制性内切核酸酶部分酶切高分子质量的染色体 DNA 产生，如识别 4 碱基序列并产生黏性末端的 *Sau*3A，然后通过蔗糖密度梯度离心分离适当大小的 DNA 片段，并连接到用 *Bam*HI 消化线性化的黏粒载体。

为了提高黏粒分析大基因组的可用性，开发出一种称为染色体步查的技术，太大的 DNA 片段不适合一个单一的黏粒，可以用一组重叠的黏粒克隆。这个过程用重组黏粒末端序列生成的探针筛选基因组黏粒文库寻找重叠克隆（Bender et al. 1983；Wahl et al. 1987；Evans et al. 1987, 1989；Choo et al. 1987；Poustka 1993a,b；Fairweather 1997；关于生成末端特异性探针方法的综述，见 Arnold and Hodgson 1991；Ogilvie and James 1996）。不幸的是，这种技术虽然巧妙并且相当健壮，却往往需要连续几轮步查，以分离出一组能够完整涵盖哺乳动物基因的克隆，这个过程对时间、人工和材料的要求很高，当有更大容量的载体（BAC 和 YAC）可用时，黏粒迅速失宠。到 20 世纪 90 年代初，黏粒作为哺乳动物基因组文库构建和筛选工具的生命已走到了尽头。

腺黏粒

黏粒保留了它们的用途，作为克隆载体用于分析较小的基因组，如细菌、大病毒、低等真核生物。此外，在最近几年，黏粒已被用来作为构建复杂重组腺病毒载体的骨架。野生型腺病毒基因组大小为约 36kb，而从它衍生出的载体一般要小几千个碱基，尺寸适合于一个标准的黏粒。作为克隆骨架使用时，携带腺病毒载体基因组的重组黏粒首先在大肠杆菌中生长，纯化，然后作为一个质粒通过标准技术组装所需重组体的各段。随后，组装的重组病毒基因组从黏粒释放出来，例如，通过合适的稀有限制性内切核酸酶进行切割，或利用λ噬菌体 DNA 末端酶/包装系统。腺病毒重组 DNA 转染到培养的合适品系的哺乳动物细胞，产生重组腺病毒的原种。欲了解更多详细信息和文献引用，见第 16 章。

黏粒资源

一些公司（例如 Stratagene/Agilent 公司和 Epicentre Technologies 公司）以试剂盒形式销售黏粒载体和包装混合物以及细菌菌株。与质粒 DNA 转化大肠杆菌（见方案 1～4）相同的技术可用于转化黏粒。从转化细菌培养物分离和纯化黏粒 DNA 的技术基本上与常规质粒所使用的技术相同：碱裂解从宿主细菌释放出黏粒，然后通过商业化树脂结合和洗脱纯化。纯化质粒所使用的商品化试剂盒也可以用来纯化黏粒（见本章导言的表 3-1）。然而，由于拷贝数的巨大差异，黏粒 DNA 的得率比常规的高拷贝数质粒要低得多。

SuperCos 1 是一种新型的 7.9kb 的黏粒载体，含有噬菌体启动子序列，位于一个唯一的克隆位点两侧（参见图 4）。这种结构使得针对插入 DNA 片段末端的特异性"步查"探针可以快速合成。SuperCos1 载体也设计含有在真核细胞中扩增和表达黏粒克隆的基因。此外，通过用 *Not*I 消化重组黏粒，大多数基因组插入物可以作为一个单一的大限制性酶切片段被切掉。

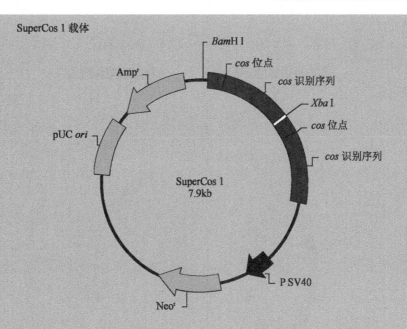

SuperCos1克隆位点区域
(序列 1~71)

```
  EcoR I  Not I          T3启动子              BamH I      T7启动子      Not I      EcoR I
  |  |    |        |                    |       |       |                |       |      |  |
  GAATTCGCGGCCGCAATTAACCCTCACTAAAGGGATCCCTATAGTGAGTCGTATTATGCGGCCGCGAATTC
```

注意: neoᵣ基因赋予大肠杆菌卡那霉素抗性, 赋予真核细胞G418抗性

特点	核苷酸位点
T3启动子	15~34
*Bam*H I克隆位点	33
T7启动子	37~56
*cos*识别序列	101~1150
*cos*位点	300~311
Xba I确切位点	1173
*cos*识别序列	1183~2237
*cos*位点	1382~1393
SV40启动子	3037~3375
新霉素抗性基因开放读码框	3732~4526
pUC复制起始子	6049~6727
氨苄青霉素抗性基因 (*bla*) 开放读码框	6878~7735

图 4　SuperCos1 (重绘, 经 Agilent Technologies 公司授权许可。©Agilent Technologies 公司)。

pWEB-TN 载体

Sma I克隆位点两侧是成对的 *Bam*H I、*Eco*R I 和 *Not* I 位点, 以帮助进行 DNA 插入片段的切除和作图 (参见图 5)。

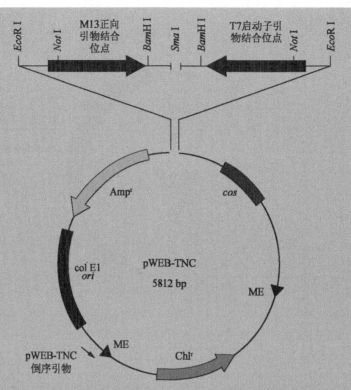

图5　pWEB-TNC 载体 [重绘，经 Epicentre 公司（一家 Illumina 公司）许可]。

参考文献

Arnold C, Hodgson IJ. 1991. Vectorette PCR: A novel approach to genomic walking. *PCR Methods Appl* 1: 39–42.

Bates PF, Swift RA. 1983. Double *cos* site vectors: Simplified cosmid cloning. *Gene* 26: 137–146.

Bender W, Spierer P, Hogness DS. 1983. Chromosomal walking and jumping to isolate DNA from the *Ace* and *rosy* loci and the bithorax complex in *Drosophila melanogaster*. *J Mol Biol* 168: 17–33.

Choo KH, Brown R, Webb G, Craig IW, Filby RG. 1987. Genomic organization of human centromeric alpha satellite DNA: Characterization of a chromosome 17 alpha satellite sequence. *DNA* 6: 297–305.

Collins J, Hohn B. 1978. Cosmids: A type of plasmid gene-cloning vector that is packageable in vitro in bacteriophage λ heads. *Proc Natl Acad Sci* 75: 4242–4246.

Emmons SW. 1974. Bacteriophage λ derivatives carrying two copies of the cohesive end site. *J Mol Biol* 83: 511–525.

Evans GA, Wahl GM. 1987. Cosmid vectors for genomic walking and rapid restriction mapping. *Methods Enzymol* 152: 604–610.

Evans GA, Lewis K, Rothenberg BE. 1989. High efficiency vectors for cosmid microcloning and genomic analysis. *Gene* 79: 9–20.

Fairweather N. 1997. Construction and use of cosmid contigs. *Methods Mol Biol* 68: 137–148.

Feiss M, Fisher RA, Crayton MA, Egner C. 1977. Packaging of the bacteriophage λ chromosome: Effect of chromosome length. *Virology* 77: 281–293.

Hohn B. 1979. In vitro packaging of λ and cosmid DNA. *Methods Enzymol* 68: 299–309.

Hohn B. 1983. DNA sequences necessary for packaging of bacteriophage λ DNA. *Proc Natl Acad Sci* 80: 7456–7460.

Hohn B, Collins J. 1988. Ten years of cosmids. *TibTech* 6: 293–298.

Hohn B, Murray K. 1977. Packaging recombinant DNA molecules into bacteriophage particles in vitro. *Proc Natl Acad Sci* 74: 3259–3263.

Ogilvie DJ, James LA. 1996. End rescue from YACs using the vectorette. *Methods Mol Biol* 54: 131–138.

Poustka A. 1993a. Construction and use of chromosome jumping libraries. *Methods Enzymol* 217: 358–378.

Poustka A. 1993b. Large insert linking-clone libraries: Construction and use. *Methods Enzymol* 217: 347–358.

Wahl GM, Lewis KA, Ruiz JC, Rothenberg B, Zhao J, Evans GA. 1987. Cosmid vectors for rapid genomic walking, restriction mapping, and gene transfer. *Proc Natl Acad Sci* 84: 2160–2164.

（邵　勇　胡显文　译，王　建　校）

第 4 章　Gateway 重组克隆

导言　Gateway 克隆的基本原理和应用　　206

Gateway 克隆的缺点和替代克隆系统　　209

方案　1　扩增 Gateway 载体　　210

2　制备可读框入门克隆和目的克隆　　213

3　应用多位点 LR 克隆反应制备目的克隆　　219

信息栏　构建 Gateway 兼容性载体　　222

导　言

　　很多实验研究采用报道基因载体帮助理解蛋白质的表达和功能。这些载体通常是质粒表达载体，设计为表达能够表明目的蛋白的时空表达和/或功能的报道蛋白。报道蛋白可以在单一目的 DNA 调控序列的控制下单独表达，或者与其他目的蛋白一起通过翻译融合方式联合表达。报道蛋白可以是可见的荧光蛋白（如绿色荧光蛋白，GFP）、活性可以被测定的蛋白酶（如萤光素酶），或使融合蛋白具有特殊生物化学特性的标签（如谷胱甘肽 *S*-转移酶，GST）。例如，GFP 与目的蛋白融合的载体在相应基因的启动子控制下进行表达后，可以通过观察 GFP 的表达模式显示内源性蛋白的表达位置和表达时间。

　　构建报道载体的通常做法是将待插入序列——一个可读框（ORF）和/或一段调控 DNA 片段——插入到一个编码报道蛋白的质粒中，这样可读框与报道基因共享读码框。传统的克隆方法使用限制性内切核酸酶产生带有兼容性末端的载体骨架和插入片段，并使用 DNA 连接酶（参见第 3 章，方案 1～3）将两者结合到一起形成环形质粒。在这种方法中，质粒构建过程受到 DNA 片段和载体中是否存在合适酶切位点的限制，而任意两个报道基因载体使用相同的限制性内切核酸酶组合是完全不可能的。这些影响因素使得应用传统克隆方法构建多个不同报道基因载体面临挑战，更不可能在基因组范围内大规模构建载体用于高通量研究。

　　为了能将多个 DNA 片段同时（如在 96 孔板中）使用同一种酶以标准化的方法进行克隆反应，研发了 Gateway 重组克隆系统（Hartley et al.2000; Walhout et al. 2000; Reboul et al. 2001）。Gateway 克隆利用的是噬菌体λ在出入大肠杆菌基因组时的高度特异性的整合和剪切反应（Hartley et al. 2000）。由于重组位点（*att* 位点）长度（25～242bp）远大于限制性位点，其在 DNA 片段中非常少见，因此同一个重组酶在平行反应中完全能够克隆多个大小不同的片段。

🔷 Gateway 克隆的基本原理和应用

　　Gateway 克隆系统使用两种不同的酶混合物，它们各自完成一种不同类型的重组反应。其中，BP 克隆酶混合物对 *att*B 位点和 *att*P 位点进行重组，产生 *att*L 和 *att*R 位点；而 LR 克隆酶混合物则催化逆反应（图 4-1A）。每一种重组反应过程都十分精确，没有核苷酸的增加或者丢失。*att* 位点的识别是非常特异的（例如，BP 克隆酶从不使用 *att*L 或 *att*R 位点），因此每一个重组反应只能产生一组衍生物。四种类型的 *att* 位点以在核心 25bp "识别区域" 任意一侧是否存在/不存在 "手臂" 来区分（图 4-1B），手臂包含有重组酶的相互作用位点，在识别区域中有一个 7bp 的 "非对称性重叠"，它是 DNA 进行剪切和重新组合的位点（图 4-1C）。在 25bp 的识别区域中引入核苷酸改变（图 4-1C）能够产生只能彼此间相互重组的 *att* 位点亚型（即 *att*B1 和 *att*P1 位点发生重组，但是不能和 *att*P2 或 *att*P3 位点发生重组）。这些不同系列的 *att* 位点有助于每个 DNA 片段在克隆时单向克隆入每个载体（图 4-2）（即通过在任意一侧末端放置不同的 *att*B 位点实现）。

　　对于每一个目的 DNA 片段（如启动子、可读框、3′-UTR），首先需要通过 BP Gateway 克隆反应克隆到 "供体载体" 从而构建 "入门克隆"（图 4-2）。初始通常采用 PCR 方法以约 50bp 的长尾引物扩增含有可读框或者调控序列的 DNA 片段，该引物的 3′端部分为目的 DNA 序列特异性部分，5′端尾部含有适宜的 *att*B 位点；随后利用相匹配的 *att*P 位点将该

PCR 产物转移到供体载体中, 此时入门克隆中的 DNA 片段可以通过 Gateway LR 克隆反应转移到各种类型的"目的载体"中 (图 4-3)。重要的是, 在最初克隆每个可读框时, 可以通过设计引物去除内源性的起始/终止密码, 并与所有那些在氨基末端或羧基末端表达融合的目的载体的读码框相匹配。由于 Gateway 重组反应十分精确, 这种读码框顺序不会因为在载体间的转移而发生改变。更先进的"多位点" Gateway LR 反应可以从一个以上的入门克隆中将 DNA 片段 (如启动子和可读框) 整合到一个目的载体中 (图 4-4)。这种方法在构建复杂的载体中非常有用, 如可以将一个启动子和可读框与一个编码 GFP 的可读框融合在一起。

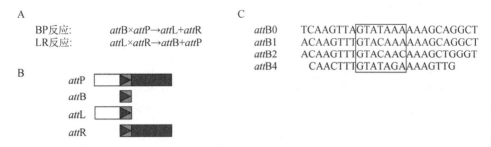

图 4-1　应用 Gateway BP 反应制备入门克隆。(A) Gateway BP 反应利用 BP 克隆酶对 *att*P 位点和 *att*B 位点进行重组, 产生 *att*L 位点和 *att*R 位点, 而 LR 克隆酶则可以催化进行逆反应。(B) 在 *att*P、*att*L 和 *att*R 位点识别区域 (带有箭头的方框) 的任意一侧或者双侧有识别"手臂", 而 *att*B 位点中则没有手臂。这些手臂中含有重组酶的结合位点, 根据手臂相对于非对称重叠区域的位置将其命名为"左侧"和"右侧": *att*L 位点的手臂在重叠区域的 5′端 (或左侧, 图中白色框部分), *att*R 位点的手臂在重叠区域的 3′端 (或右侧, 图中灰色框部分), *att*P 则在两侧均有手臂。(C)*att*B 位点长约 25bp, 其中央是一个7bp 长的、可以决定 DNA 序列的切断和重新结合位置的"非对称重叠区域"(图中方框部分)。在大肠杆菌基因组中天然存在 *att*B0 位点, 可被噬菌体λ利用(Hartley et al. 2000)。应用突变的方法可以产生 *att*B 位点的其他变异形式。

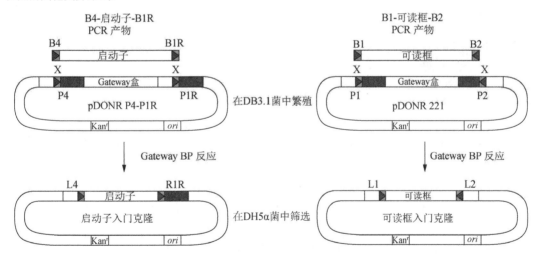

图 4-2　应用 Gateway BP 反应制备入门克隆。本例所示的入门克隆制备过程包括在 DB3.1 细菌中繁殖供体载体、扩增带有相匹配的 *att*B 位点的 PCR 产物, 以及建立一个 Gateway BP 反应。用 BP 克隆酶将 *att*B 位点和 *att*P 位点重组后, 将 Gateway 盒替换为扩增的插入片段, 后者的两侧根据 DNA 片段和载体的不同, 带有 *att*L 或者 *att*R 位点。左图中的反应示意产生启动子入门克隆, 右图中的反应示意产生显示可读框入门克隆。注意此处的克隆是单方向的, 因为 *att*B1 位点仅能和 *att*P1 位点发生重组, *att*B2 位点也仅能与 *att*P2 位点发生重组, 其余依此类推。在 BP 反应混合物被转化到标准大肠杆菌菌株(如 DH5α) 后, 仅入门克隆的转化产物能进行生长。在本图中非对称重叠区域相对于插入片段为典型的 5′→3′方向, 但是 *att* 位点在反方向也可以发挥作用, 因此被标记为"R"以示区别 (如 *att*B1R 和 *att*P1R)。这些反向的 *att* 位点对制备用于多位点 LR 反应的入门克隆具有重要作用 (图 4-4)。

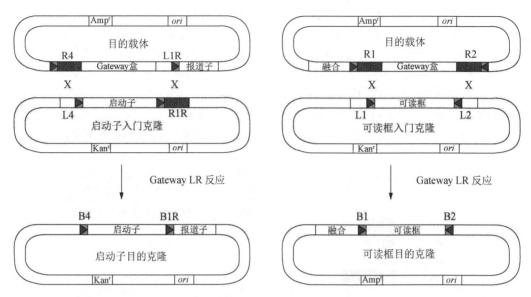

图 4-3　应用 Gateway LR 反应制备目的克隆。在 Gateway LR 反应中，将入门克隆和目的载体相混合，LR 克隆酶可以重组亚型匹配的 *att*L 和 *att*R 位点（即 *att*R4 和 *att*L4、*att*R1 和 *att*L1），使得 Gateway 盒和克隆的插入片段发生交换。左图中示意的是在绿色荧光蛋白或萤火素酶上游克隆入一个启动子的报道载体，右图中示意的是将氨基端报道子如 GST 或酵母双杂交组分（AD 或 DB）与可读框融合形成报道载体。

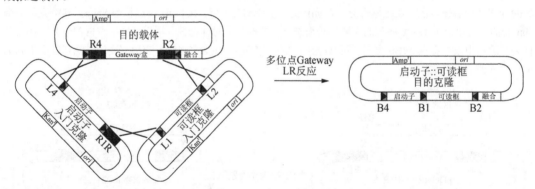

图 4-4　多位点 Gateway LR 反应。在多位点 Gateway LR 反应中，两个入门克隆与一个目的载体相混合后，与图 4-4 中所示的 LR 反应相类似，LR 克隆酶可以重组亚型匹配的 *att*L 和 *att*R 位点。然而，这种类型重组的结果是在替代 Gateway 盒时，来自于两个入门克隆的插入片段（例如启动子和可读框）会融合在一起。

　　要筛选到期望的重组产物，所有的入门载体和目的载体需要包含一个"Gateway 盒"及不同的抗性基因。Gateway 盒含有一个氯霉素抗性基因和对正常大肠杆菌（如 DH5α）具有致死作用的 *ccdB* 毒性基因（Bernard and Couturier 1992; Miki et al. 1992;同时参见第 3 章信息栏"*ccdB* 基因"）。重组过程发生目的 DNA 片段和 Gateway 盒交换，使得 DH5α 菌株可以在含有所需抗生素的培养基中生长（如入门克隆需要卡那霉素、目的克隆需要氨苄青霉素）。大肠杆菌 DB3.1 菌株对 *ccdB* 基因产物具有抗性，可以被用来在氯霉素存在的情况下繁殖扩增 Gateway 载体。

　　目前已经应用 Gateway 技术建立了入门克隆文库，并衍生出相应的目的克隆用于高通量研究。例如，在秀丽隐杆线虫（*Caenorhabditis elegans*）的开放可读框组中（Reboul et al. 2003）有大约 12 000 条全长的可读框已经构建到酵母双杂交载体中并用于确定蛋白质相互作用网络（Li et al. 2004）。同样，秀丽隐杆线虫启动子组中的 6000 多条启动子已经被克隆到绿色荧光蛋白（GFP）的上游并应用于基因表达分析和高通量酵母单杂交研究相关的转录调控网络（Dupuy et al. 2004; Deplancke et al. 2006; Vermeirssen et al.2007）。任何一个报道基因载体都可以通过调整改造以适应 Gateway 入门克隆（参见信息栏"构建 Gateway 兼容性载体"）。目前最新的 Gateway 兼容性载体制备实验技术包括 RNA 干涉（RNAi）（Rual et al. 2004）和蛋白质结合微阵列（Grove et al. 2009）。

Gateway 克隆的缺点和替代克隆系统

Gateway 克隆系统应用起来非常高效和可靠，一个研究人员可以在数天之内构建数百个质粒载体。该系统的主要缺点是一旦应用 Gateway 克隆对载体进行了转换，那么就很难再转换到其他的重组系统或回到传统的克隆方法（因为起始/终止密码经常被去掉和 Gateway 载体缺少合适的限制性内切核酸酶位点）。另外一个局限性是 Gateway 载体和重组酶的价格相当昂贵。然而，以我们的实际经验来看，如果需要构建的载体达到数十个时，成本/收益比例将会变得有利。剩下的问题是技术方面的，根据需要而各有不同，在很大程度上与所引入的 *att* 位点有关（例如，*att* 位点有可能改变最终融合蛋白的功能，或者在启动子片段中增加一个顺式调节位点）。然而，我们此前显示 *att* 位点不太可能干扰酵母单或双杂交试验结果（Walhout et al. 2000; Deplancke et al. 2004）。针对每一个下游实验，需要设立合适的对照组以确定 *att* 位点是否影响到实验结果。最后，如果需要的话，Gateway 目的载体可以通过将融合位点由氨基端移到羧基端或者插入一个新起始/终止密码的方式产生一个游离的蛋白质末端，这样 *att* 位点不会被翻译。

Gateway 克隆系统并不是基于重组方式构建报道基因载体的唯一选择。Univector 系统（Liu et al. 1998）和 Creator 系统（Siegel et al. 2004）均利用来自于噬菌体 P1（Abremski and Hoess 1984）的 Cre 重组酶催化 *loxP* 位点的重组反应；而 In-Fusion（Berrow et al. 2007）、MAGIC（Li and Elledge 2005）和 SEFC（Zhu et al. 2009）等系统则在体外或大肠杆菌体内进行同源重组。上述所有这些替代方法均已经被用来制备大规模报道载体文库。基于 Cre 的重组系统与 Gateway 系统虽然在表面上相似，但是其重组位点和目的载体缺乏多样性，限制了其在实验中的使用。同源重组的主要优点是：①不需要购置昂贵的重组酶；②不需要可能干扰实验的重组位点。然而，这种方法也有一个明显的缺点，即转移反应不能总是保持精确性，因此，最终载体需要通过序列测定进行确认。表 4-1 中列举了每种克隆系统的其他优缺点。

表 4-1　各种重组克隆方法的优缺点

克隆系统	方法	优点	缺点
Gateway	基于噬菌体 λ 识别 *att* 位点的 BP 和 LR 重组酶	在转移过程中没有核苷酸获得或丢失 不需要消化 重组反应可逆 使用入门克隆 可以产生大量目的克隆 可以进行多位点转移 具有各种各样的重组位点	需要购置酶 重组位点可能影响试验结果 需要制备兼容性目的载体
Univector Creator	基于 P1 的利用 *loxP* 位点的 Cre 重组酶	在转移过程中没有核苷酸获得或丢失 不需要消化 使用入门克隆	需要购置酶 重组位点可能影响试验结果 重组反应不可逆 可用的目的载体较少 不能使用多位点转移 重组位点种类较少 需要制备兼容性目的载体
In-Fusion, MAGIC, SEFC	同源重组	不需要重组位点 不需要购买必需的酶 [a] 可以进行多位点转移 任何载体均可以不经转换直接使用	在转移过程中偶尔出现核苷酸获得或丢失 在重组前需要通过 PCR 或消化产生插入片段 不使用入门克隆 [b]

a. In-Fusion 是一种体外反应系统，需要购置反应酶，但 MAGIC 和 SEFC 的重组反应是发生在大肠杆菌体内。

b. 在 MAGIC 系统中可能会使用入门克隆。

在 Life Technologies 公司（Invitrogen; http://www.invitrogen.com）的网站上有 Gateway 克隆所需的相关试剂和大量 Gateway 系统的实验方案（以及更深入的背景知识）。本章的目的是提供在 Gateway 克隆中使用的最基础的实验方案。方案 1 描述如何繁殖扩增含有功能性 Gateway 盒的 Gateway 载体，随后的两个方案包括了应用 Gateway 重组酶将这些载体构建成入门克隆和目的克隆。方案 2 描述了如何应用 BP 克隆制备一个可读框入门克隆，并通过 LR 克隆将可读框克隆到目的载体中。方案 3 描述了使用 LR 克隆酶将一个启动子和可读框从两个不同的入门克隆载体中同时转移到同一个目的载体的多位点 Gateway 反应实验。这三个方案均采用了指定的载体和转移反应，但是通过替换一些与目的载体相关的重要环节，如 att 位点、抗性选择及重组酶混合物等，这些实验步骤可以应用到任何 Gateway 载体和转移反应中。

致谢

本工作得到 A.J.M.W 获得的 NIH 基金 DK068429 和 GM082971 的资助。

参考文献

Abremski K, Hoess R. 1984. Bacteriophage P1 site-specific recombination. Purification and properties of the Cre recombinase protein. *J Biol Chem* **259**: 1509–1514.

Bernard P, Couturier M. 1992. Cell killing by the F plasmid CcdB protein involves poisoning of DNA–topoisomerase II complexes. *J Mol Biol* **226**: 735–745.

Berrow N S, Alderton D, Sainsbury S, Nettleship J, Assenberg R, Rahman N, Stuart DI, Owens RJ. 2007. A versatile ligation-independent cloning method suitable for high-throughput expression screening applications. *Nucleic Acids Res* **35**: e45. doi: 10.1093/nar/gkm047.

Deplancke B, Dupuy D, Vidal M, Walhout AJM. 2004. A Gateway-compatible yeast one-hydrid sysytem. *Genome Res* **14**: 2093–2101.

Deplancke B, Mukhopadhyay A, Ao W, Elewa AM, Grove CA, Martinez NJ, Sequerra R, Doucette-Stam L, Reece-Hoyes JS, Hope IA, et al. 2006. A gene-centered *C. elegans* protein–DNA interaction network. *Cell* **125**: 1193–1205.

Dupuy D, Li Q, Deplancke B, Boxem M, Hao T, Lamesch P, Sequerra R, Bosak S, Doucette-Stam L, Hope IA, et al. 2004. A first version of the *Caenorhabditis elegans* promoterome. *Genome Res* **14**: 2169–2175.

Grove CA, deMasi F, Barrasa MI, Newburger D, Alkema MJ, Bulyk ML, Walhout AJ. 2009. A multiparameter network reveals extensive divergence between *C. elegans* bHLH transcription factors. *Cell* **138**: 314–327.

Hartley JL, Temple GF, Brasch MA. 2000. DNA cloning using in vitro site-specific recombination. *Genome Res* **10**: 1788–1795.

Li MZ, Elledge SJ. 2005. MAGIC, an in vivo genetic method for the rapid construction of recombinant DNA molecules. *Nat Genet* **37**: 311–319.

Li S, Armstrong CM, Bertin N, Ge H, Milstein S, Boxem M, Vidalain P-O, Han J-DJ, Chesneau A, Hao T, et al. 2004. A map of the interactome network of the metazoan *C. elegans*. *Science* **303**: 540–543.

Liu Q, Li MZ, Leibham D, Cortez D, Elledge SJ. 1998. The univector plasmid-fusion system, a method for rapid construction of recombinant DNA without restriction enzymes. *Curr Biol* **8**: 1300–1309.

Miki T, Park JA, Nagao K, Murayama N, Horiuchi T. 1992. Control of segregation of chromosomal DNA by sex factor F in *Escherichia coli*. Mutants of DNA gyrase subunit A suppress letD (ccdB) product growth inhibition. *J Mol Biol* **225**: 39–52.

Reboul J, Vaglio P, Tzellas N, Thierry-Mieg N, Moore T, Jackson C, Shin-i T, Kohara Y, Thierry-Mieg D, Thierry-Mieg J, et al. 2001. Open-reading frame sequence tags (OSTs) support the existence of at least 17,300 genes in *C. elegans*. *Nat Genet* **27**: 1–5.

Reboul J, Vaglio P, Rual JF, Lamesch P, Martinez M, Armstrong CM, Li S, Jacotot L, Bertin N, Janky R, et al. 2003. *C. elegans* ORFeome version 1.1: Experimental verification of the genome annotation and resource for proteome-scale protein expression. *Nat Genet* **34**: 35–41.

Rual J-F, Ceron J, Koreth J, Hao T, Nicot A-S, Hirozane-Kishikawa T, Vandenhaute J, Orkin SH, Hill DE, van den Heuvel S, et al. 2004. Toward improving *Caenorhabditis elegans* phenome mapping with an ORFeome-based RNAi library. *Genome Res* **14**: 2162–2168.

Siegel RW, Velappen N, Pavlik P, Chasteen L, Bradbury A. 2004. Recombinational cloning using heterologous lox sites. *Genome Res* **14**: 1119–1129.

Vermeirssen V, Barrasa MI, Hidalgo C, Babon JAB, Sequerra R, Doucette-Stam L, Barabasi AL, Walhout AJM. 2007. Transcription factor modularity in a gene-centered *C. elegans* core neuronal protein–DNA interaction network. *Genome Res* **17**: 1061–1071.

Walhout AJM, Temple GF, Brasch MA, Hartley JL, Lorson MA, van den Heuvel S, Vidal M. 2000. GATEWAY recombinational cloning: Application to the cloning of large numbers of open reading frames or ORFeomes. *Methods Enzymol* **328**: 575–592.

Zhu D, Zhong X, Tan R, Chen L, Huang G, Li J, Sun X, Xu L, Chen J, Ou Y, et al. 2009. High-throughput cloning of human liver complete open reading frames using homologous recombination in *Escherichia coli*. *Anal Biochem* **397**: 162–167.

方案 1   扩增 Gateway 载体

制备大量的入门载体和目的载体需要将这些载体转化到 DB3.1 大肠杆菌菌株中，DB3.1 菌可以抵抗载体 Gateway 盒中 ccdB 基因的效应，使得这些载体可以进行复制。然而，由于

ccdB 基因可以发生低频度的突变，这种突变质粒可允许正常的大肠杆菌（如 DH5α）生长，因此，在完成新的 Gateway 质粒的制备后，需要检测这些质粒在大肠杆菌克隆菌株中的生长能力，包括从单一 DB3.1 细菌菌落中获得单个质粒克隆，以及将每个质粒克隆以可控制的方式转化到 DB3.1 细菌和首选细菌菌株。只有那些可以有效杀死正常菌株（即在转化后没有或者得到很少菌落）的质粒克隆才可以用于 Gateway 克隆反应。这些实验可以在 3 天内完成。

材料

为正确使用本方案中的器材和危险试剂，必须查阅相应的材料安全数据表并咨询所在机构的环境卫生和安全办公室。

本方案的专用试剂标注<R>，配方在本方案末提供。常用储备溶液、缓冲液和试剂标注<A>，配方见附录 1。储备溶液应稀释至适用浓度后使用。

试剂

琼脂糖凝胶（其他所需试剂和设备参见第 2 章，方案 1）

大肠杆菌 DB3.1 感受态菌株

标准大肠杆菌感受态菌株（如 DH5α）

DNA 分子质量和浓度标准品

30%（*V/V*）甘油无菌水溶液

LB 培养基<A>和琼脂<A>平板，含有 25μg/mL 氯霉素和 50μg/mL 卡那霉素或者 50μg/mL 氨苄青霉素

LB 培养基<A>和琼脂<A>平板，含有 50μg/mL 卡那霉素或者 50μg/mL 氨苄青霉素

非 Gateway 质粒（如 pUC19）

TBE 缓冲液（10×）<A>

转化试剂（参见第 3 章，方案 1～4）

质粒 DNA（用于随后的克隆实验的入门载体或目的载体）

设备

15mL 无菌培养试管

无菌玻璃珠

37℃孵箱

微型离心机

1.5mL 无菌离心管

MiniPrep 质粒小量提取试剂盒（可选，参见第 1 章导言和方案 1）

可检测 DNA 浓度的分光光度计（260nm 波长）

37℃、42℃水浴锅

方法

1. 将 50pg Gateway 载体 DNA 转化入 50μL DB3.1 大肠杆菌感受态细胞（参见第 3 章，方案 1～4）。使用无菌玻璃珠，将转化混合物铺到含有 25μg/mL 氯霉素和目的质粒抗性抗生素的 LB 琼脂平板上，在 37℃孵箱中孵育过夜。

> 通常情况下，入门载体带有卡那霉素抗性（50μg/mL），目的载体带有氨苄青霉素抗性（50μg/mL），但这些载体有时候存在使用其他抗生素的情况（如奇霉素）。

2．使用无菌移液吸头，将独立生长的菌落克隆转移到 3mL 含有氯霉素和目的质粒抗性抗生素的 LB 培养基中，于 37℃下振荡培养过夜。

　　见"疑难解答"。

3．在 1.5mL 无菌离心管中，将 50μL 过夜培养物与 50μL 30%的甘油溶液混合，将 15%（*V/V*）的甘油菌储存液储存在-80℃。剩余的培养物用标准的质粒 DNA 小量提取过程或者试剂盒提取质粒 DNA（参见第 1 章，方案 1）。

4．应用紫外分光光度计测定质粒 DNA 的浓度，或取 5～10μL DNA 溶液在 1%（*m/V*）琼脂糖凝胶中上样，用 1×TBE 缓冲液进行电泳分离，在旁边同时上样 DNA 浓度定量标准品确定 DNA 浓度。质粒 DNA 在-20℃下储存。

　　入门载体通常是低拷贝质粒，在 50μL 的最终小量质粒提取洗脱体积中，质粒 DNA 的产量通常约为 100ng/μL，目的载体通常为高拷贝质粒，产率最高可达 500ng/μL。

5．质粒转化（参见第 3 章，方案 1~4）。

　　i．针对每一个 Gateway 载体建立两个转化反应。第一个反应取 50pg 质粒 DNA 加入到 50μL DB3.1 大肠杆菌感受态细胞中；第二个反应取 50pg 质粒 DNA 加入到所选的标准大肠杆菌感受态细胞中（如 DH5α）。

　　ii．为非 Gateway 质粒（如 pUC19）建立独立平行的转化反应，分别转化 50pg 非 Gateway 质粒到 50μL DB3.1 大肠杆菌感受态细胞和标准大肠杆菌感受态细胞。

　　iii．使用无菌玻璃珠将转化混合物平铺到仅含有目的载体抗性抗生素的 LB 平板中。

　　iv．将平板于 37℃下孵育过夜。

　　由于上述转化反应用于筛选 Gateway 克隆反应的产物，因此培养基中不能含有氯霉素。由于未进行重组的 Gateway 载体可以杀死正常大肠杆菌细胞，因此有必要使用非 Gateway 质粒作为对照，确认感受态细胞的活性。

6．评估转化结果。

　　i．对非 Gateway 质粒转化的细菌菌落进行计数，将 DB3.1 菌落数除以正常克隆的菌落数，计算获得 *Q* 值。

　　ii．计数每一个用 Gateway 质粒转化的细菌菌株的菌落数。将 Gateway 转化的 DB3.1 平板菌落数先乘以 *Q* 值，再除以 Gateway 转化的正常菌株平板菌落数，得到 *Y* 值。

　　iii．在后续的 Gateway 克隆反应中，仅使用 *Y* 值为 1000 或者大于 1000 的 Gateway 质粒克隆。

　　变量 Q 考虑到两种细菌菌株之间能力的差异。利用通过上述测试的 Gateway 载体进行的重组反应，应该产生非常少的包含非重组质粒的菌落克隆。如果以后需要使用更多的 Gateway 载体，而且这些质粒是以步骤 2 中得到的载体 Y 值大于 1000 的甘油菌液制备的，那么不需要重复进行上述测试。

　　见"疑难解答"。

疑难解答

问题（步骤 2 和步骤 6）：菌落太多，难以计数或者挑取独立的菌落。

解决方案：重新检查质粒 DNA 的浓度，确保转化过程中的质粒用量正确。重新进行转化并减少铺板的转化混合物的用量，如果将转化混合物稀释后再进行铺板，效果会更好。检查 LB 琼脂平板中的抗生素是否有效，使用可以在无抗生素 LB 琼脂平板上生长的无抗性细菌建立对照反应，该对照反应在抗生素平板上应该无法生长。

问题（步骤 6）：所有的 Gateway 载体的 *Y* 值都不超过 1000。

解决方案：用相同基因型或尽可能接近的克隆重复检测（见步骤 1）。如果 12 个克隆均没有通过检测，那么在 Gateway 克隆反应中使用 *Y* 值最高的克隆，请记住，需要挑取更多的最终菌落克隆进行筛选鉴定，以排除非重组的载体。

方案 2　制备可读框入门克隆和目的克隆

在这里，我们描述如何构建一个如本章导言中图 4-2 所描述的可读框（ORF）的入门克隆载体，并将这个可读框转移到目的载体中（如本章导言中图 4-3 所描述）。在本例中，用 BP 重组酶将从 cDNA 模板中克隆的可读框克隆到供体载体 pDONR221，构建成功的入门载体中的可读框随后被转移克隆到目的载体 pDEST-15 中，该产物（目的克隆）将表达 N 端融合有 GST 的可读框蛋白。本技术可以用于指导克隆带有可替换的、不同的遗传物质（如基因组 DNA、att 位点，或者一个载体等）的任何目的 DNA 片段，如一个启动子序列或者 3′-UTR 序列。这一系列的载体构建和转化操作，不包括序列测定所需要的时间，需要 9～15 天。

材料

为正确使用本方案中的器材和危险试剂，必须查阅相应的材料安全数据表并咨询所在机构的环境卫生和安全办公室。

本方案的专用试剂标注<R>，配方在本方案末提供。常用储备溶液、缓冲液和试剂标注<A>，配方见附录 1。储备溶液应稀释至适用浓度后使用。

试剂

琼脂糖凝胶（其他所需试剂和设备参见第 2 章，方案 1）

cDNA 模板

> cDNA 模板可以是 cDNA 文库或者从组织中提取的 cDNA（参见第 11 章，方案 9）。如果要克隆其他目的序列（如启动子或 3′-UTR 序列）等，可以用基因组 DNA 作为 DNA 来源。

大肠杆菌感受态细胞 DH5α（大于 10^7 cfu/μg）

DNA 分子质量和浓度标准品

dNTP 溶液（1mmol/L 储存液，PCR 级别）

Gateway BP 克隆酶 II 混合物

Gateway LR 克隆酶 II 混合物

Gateway 载体：pDONR221（参见本章导言图 4-2）和 pDEST-15（参见本章导言图 4-3）

> 必须按照方案 1 中的方法制备非重组 Gateway 载体

30%（V/V）甘油无菌水溶液

GSTFW 引物(5′-CCAGCAAGTATATAGCATGGCCTTTGC-3′)

GSTRV 引物(5′-CAAAAAACCCCTCAAGACCCG-3′)

LB 培养基<A>

LB 培养基<A>和琼脂平板<A>，含有 50μg/mL 氨苄青霉素

LB 培养基<A>和琼脂平板<A>，含有 50μg/mL 卡那霉素

M13F 引物 (5′-GTAAAACGACGGCCAGT-3′)

M13R 引物 (5′-CAGGAAACAGCTATGAC-3′)

TBE 缓冲液 (10×)

TE 缓冲液(pH 8.0) <A>

热稳定高保真 DNA 聚合酶（如 *Pfu*）及相关的 PCR 缓冲液（10×）

热稳定常规 DNA 聚合酶（如 *Taq*）及相关的 PCR 缓冲液（10×）

转化试剂（参见第 3 章，方案 1～4）

无菌水（PCR 级别）

设备

15mL 无菌培养试管

无菌玻璃珠

25℃和 37℃孵箱

微型离心机

1.5mL 无菌离心管

MiniPrep 小量质粒提取试剂盒（可选，参见第 1 章导言和方案 1）

96 孔 PCR 板

可检测 DNA 浓度的分光光度计（260nm 波长）

热循环仪

无菌牙签或一次性塑料接种环

旋涡振荡器

37℃、42℃水浴锅

方法

目的可读框扩增

本过程需要 1 天。

1. 合成正向和反向引物。

    i. 合成在 5′端带有 *att*B1 序列的正向引物（M13F）：

    (5′-GGGGACAACTTTGTACAAAAAAGTTGG-3′)

    ii. 合成在 5′端带有 *att*B2 序列的反向引物（M13R）：

    (5′-GGGGACAACTTTGTACAAGAAAGTTG-3′)

    iii. 将合成好的引物用 PCR 级的无菌水重悬溶解，并调整终浓度为 20µmol/L。

    > 在设计引物时，应该在 3′端包含足够长度的可读框特异性序列，这样能够保证引物中可读框特异性序列的熔解温度在 55～60℃（最终引物的长度通常为约 50nt）。涉及起始密码子的引物的位置非常重要，需要确保插入片段后目的载体 pDEST-15 氨基末端的 GST 的读码框不变。为保证读框的一致性，正向引物中的可读框特异性部分的第一个核苷酸需要取代起始密码子（或第一个密码子）的最后一个核苷酸（即 attB1 序列中的两个 AAA 密码子可读框一致）。如果需要一个具有不同 att 位点的目的载体，那么必须根据与目的载体兼容的供体载体进行重组的 att 位点重新设计引物序列。

2. 在无菌 PCR 管（或者 96 孔 PCR 板）中建立如下的扩增反应混合物：

正向引物（20µmol/L）	1µL
反向引物（20µmol/L）	1µL
dNTP (1µmol/L)	5µL
PCR 缓冲液（10×）	5µL
cDNA 模板（100µg/mL）	10µL
热稳定高保真 DNA 聚合酶	2U
去离子水	至 50µL

推荐使用高保真 DNA 聚合酶以降低 PCR 过程中的错误。请记住，要设立未加 DNA 模板的阴性对照 PCR 反应。如果从基因组 DNA 中扩增启动子或者 3′-UTR 序列，可以采用相同的 DNA 浓度。

3．将 PCR 管放入热循环仪中，使用下表中的变性、复性、聚合反应时间和温度进行聚合酶链反应。

循环数	变性	复性	聚合
首循环	94℃，3min	56℃，1min	72℃，1min/kb 可读框序列
33 个循环	94℃，1min	56℃，1min	72℃，1min/kb 可读框序列
末循环	94℃，1min	56℃，1min	72℃，8min

PCR 反应条件（包括加入的模板量）有可能需要进行调整以适应特定的 DNA 聚合酶，并进行优化使得 PCR 反应仅产生预期的复制子。由于 DNA 聚合酶处理能力的限制，在克隆长度大于 3000bp 的片段时可能比较困难。另外，在使用多聚 dT(poly(dT))来源的 cDNA 文库时，较大的克隆有可能无法反映原始序列的特征，举例来讲，其原因可以是高二级结构的 mRNA 区域导致反转录酶无法正常发挥功能。

4．为保证能产生正确大小的复制子，取 5～10μL 聚合反应产物，在 1%（m/V）琼脂糖凝胶上上样，使用 1×TBE 缓冲液进行电泳鉴定。用 DNA 分子质量标准品判断扩增片段的大小。扩增的 DNA 插入片段储存在-20℃。

如果有多个 PCR 产物条带，将剩余的 PCR 产物在琼脂糖凝胶中电泳分离后，切取分离并纯化正确大小的 PCR 产物片段（参见第 2 章，方案 8）。然而，以 cDNA 为模板的 PCR 复制子也可能是由同一基因的不同异构体所产生的，那么在这一步中可以选择不分离纯化正确大小的片段，而是尝试使用一个重组反应克隆所有的 PCR 产物条带，并通过鉴定多个不同的最终细菌菌落克隆产物确定正确克隆。

参见"疑难解答"。

使用 BP 酶克隆一个可读框到供体载体中

整个实验操作过程需要 4～7 天，不包括可能需要的核酸序列确认过程。

5．在冰上将下列试剂混合到 1.5mL 的无菌离心管中：

PCR 产物（来自于步骤 4）	100ng
pDONR221	100ng
Gateway BP 克隆酶 II 混合物	1μL
TE 缓冲液（pH8.0）	至 5μL

临用前在冰上融化 Gateway 克隆酶 II 混合物。PCR 产物和载体可以通过凝胶电泳与已知含量的同等长度的 DNA 相对照，或者通过分光光度计进行定量（参见第 1 章中信息栏"分光光度法"）。我们通常从 PCR 产物中直接取 2μL。

阴性对照采取在制备相同的 BP 反应混合物过程中以等量的 TE 缓冲液替代 PCR 产物。

将反应物混合均匀并在 25℃孵育过夜。

孵育过程可以在热循环仪或孵箱中完成。我们不推荐在室温下（如试验台上）进行孵育，因为室温可能发生较大变动。

6．将每一个反应混合物转化到 50μL 大肠杆菌 DH5α 细胞中（参见第 3 章，方案 1～4）。阴性对照用玻璃珠将全部的转化混合物铺到加有 50μg/mL 卡那霉素的 LB 平板上，克隆反应将 1/10 的转化反应混合物用同样方法铺到卡那霉素平板上，剩余的转化混合物接种到 3mL 的卡那霉素液体 LB 培养基中。液体培养于 37℃振荡过夜培养，平板则于 37℃过夜培养。

可读框克隆的入门载体和目的载体应该以 PCR 产物混合物形式保存，因为部分载体可能含有 PCR 过程中产生的无意或错意突变。如果希望获得单克隆，插入片段必须进行全长测序以检查是否含有突变。

在克隆平板上得到的菌落克隆数应至少有 50 个。菌落数越少，意味着克隆成功的 PCR 产物混合物越少，这有可能导致在后续的克隆混合物中突变可读框的比例增加。推荐用更多的 PCR 产物和载体重新进行步骤 5 的克隆反应直到获得至少 50 个菌落克隆。阴性对照平板应该没有菌落克隆生长或者生长的菌落克隆少于 5 个，如果使用不同的载体，在本步骤以及随后的过程中可能需要不同的抗生素。

参见"疑难解答"。

7. 在 1.5mL 的无菌离心管中，将 50μL 过夜细菌培养物与 50μL 30%（V/V）甘油溶液混合后，将 15%（V/V）的甘油菌溶液储存于-80℃。剩余的菌液用小量质粒提取试剂盒提取质粒 DNA（参见第 1 章，方案 1），质粒 DNA 储存在-20℃。

由于 pDONR221 载体属于低拷贝质粒，小量质粒提取方法提取质粒的预期产量约为 100ng/μL（总体积 50μL）。

8. 在无菌 PCR 管（或者 96 孔 PCR 板）中，准备下列 PCR 混合物：

质粒 DNA（来自于步骤 7）	0.5μL
M13F 引物（10μmol/L）	1μL
M13R 引物（10μmol/L）	1μL
dNTP（1mmol/L）	2.5μL
PCR 缓冲液（10×）	2.5μL
热稳定 DNA 聚合酶	1U
去离子水	至 25μL

在本步骤中有必要分析全部的克隆混合物以确认其中只存在所需要的可读框。使用一个通用引物和一个可读框特异性引物进行扩增反应并不合适，因为这样的反应不会扩增任何可能存在的污染物。因此，在这里要使用在载体中位于插入的可读框片段两侧的两个通用引物（M13F 和 M13R）。记住，要包括一个不含有模板的阴性对照 PCR 反应。如果使用了不同的载体，那么在本实验步骤和后续实验步骤中可能需要使用其他的引物。

9. 将 PCR 管放入热循环仪中，使用下表中的变性、复性、聚合反应时间和温度进行聚合酶链反应。

循环数	变性	复性	聚合
首循环	94℃，3min	56℃，1min	72℃，1min/kb 可读框序列
33 个循环	94℃，1min	56℃，1min	72℃，1min/kb 可读框序列
末循环	94℃，1min	56℃，1min	72℃，8min

PCR 反应条件可能需要进行优化。

10. 吸取 5～10μL 扩增反应产物，在 1%（m/V）琼脂糖凝胶中用 1×TBE 缓冲液分析鉴定，在旁边同时上样 DNA 分子质量标准品来判断扩增片段大小。如果出现不同大小的多个 PCR 产物，继续进行步骤 11。如果得到的是正确大小的单一 PCR 产物条带，那么使用 M13F（和/或 M13R）引物进行 DNA 序列测定。如果测序结果确认扩增得到正确的可读框，而且仅存在预期的可读框，那么直接进行步骤 16。

分析 PCR 产物时，需要记住的是：使用 M13F 和 M13R 引物扩增的复制子的长度要增加 240bp。此外，当使用通用引物扩增时，有可能会出现约 100bp 长的引物二聚体或约 2000bp 长的无功能 Gateway 盒。在测序反应中存在不止一个可读框的明显特征是在测序结果图谱中紧接在克隆位点或者其他位点后的序列不可读。这一阶段得到的无关可读框可能是同一基因的其他亚型，可以在后面的实验步骤中进行分离。

11. 用一个无菌移液器吸头，吸取约 2μL 在步骤 7 中制备的冰冻甘油菌储存液，转移到 1mL LB 培养基中，并在此基础上用 LB 培养基制备稀释液（1:1000 和 1:10 000）。使用无菌玻璃珠，将每种稀释液各 100μL 铺到卡那霉素-LB 平板上，37℃培养过夜。

由于本步骤的目的是产生分离良好的细菌克隆，因此有可能需要进行更高倍数的稀释。

12. 应用步骤 11 中的菌落克隆建立 PCR 扩增反应。在无菌 PCR 管（或者 96 孔 PCR 板）中，准备至少 24 个 PCR 反应的混合物：

M13F 引物（10μmol/L）	1μL
M13R 引物（10μmol/L）	1μL
dNTP（1mmol/L）	2.5μL
PCR 缓冲液（10×）	2.5μL
热稳定 DNA 聚合酶	1U
去离子水	至 25μL

记住要包括不含模板的 PCR 阴性对照反应。

选择至少 24 个菌落克隆（来自于步骤 11），针对每个克隆的操作如下：

i. 使用无菌移液吸头挑取菌落克隆。

ii. 将吸头轻触卡那霉素-LB 平板以扩增菌落。

iii. 将吸头在 PCR 混合液中轻轻涡旋，将剩余的细菌细胞转移到混合液中，丢弃吸头。

iv. 卡那霉素-LB 平板 37℃培养 18h。

> 在卡那霉素-LB 平板上的细菌在 4℃下最长可储存 2 周。在这一阶段也可以用 M13F 引物和可读框特异性反向引物进行 PCR 鉴定，从而可以不用对插入片段进行测序。
>
> 在这一阶段还可以使用其他方法替代菌落 PCR 鉴定，将多个菌落接种在独立的卡那霉素-LB 培养基中进行培养，并按照步骤 7 中的方法提取质粒 DNA，随后将这些质粒进行 DNA 测序或限制性酶切消化来验证插入片段。

13. 将 PCR 管放入热循环仪中，使用下表中的变性、复性、聚合反应时间和温度进行聚合酶链反应。

循环数	变性	复性	聚合
首循环	94℃，3min	56℃，1min	72℃，1min/kb 可读框序列
33 个循环	94℃，1min	56℃，1min	72℃，1min/kb 可读框序列
末循环	94℃，1min	56℃，1min	72℃，8min

> PCR 反应条件可能需要进行优化。

14. 吸取 5～10μL 扩增反应产物，在 1%（m/V）琼脂糖凝胶中用 1×TBE 缓冲液分析鉴定，在旁边同时上样 DNA 分子质量标准品来判断扩增片段大小。使用 M13F 引物进行 DNA 测序确认所有大小正确的 PCR 产物。

> 分析 PCR 产物时，使用 M13F 和 M13R 引物扩增的复制子要增加 240bp。当使用通用引物扩增时，可能会出现约 100bp 长的引物二聚体或约 2000bp 长的无功能 Gateway 盒。在少数情况下，可能需要采用 PCR 和/或测序分析更多的克隆以获得正确的克隆。

15. 从经过确认的入门克隆中制备质粒 DNA。

i. 取至少 10 个在步骤 12 中产生的含有正确插入片段克隆的菌液，接种到 3mL 含有卡那霉素-LB 液体培养基（即在单一培养菌液中包括所有克隆）。于 37℃ 振荡培养过夜。

ii. 在 1.5mL 无菌离心管中，将 50μL 过夜培养菌液与 50μL 30%(V/V)甘油溶液混合，制成 15%（V/V）的细菌甘油储存液，储存于-80℃。

iii. 将剩余的培养菌液应用小量质粒提取试剂盒提取质粒（参见第 1 章，方案 1）。在转移到目的载体之前，克隆混合物可能需要用 PCR（按照步骤 8～10 操作）方法进行检查以确保其中含有单个可读框/异构体。

> 如果你更倾向于使用单一克隆，则需要对插入片段进行完全测序以检查突变。

应用 LR 酶将入门克隆的可读框转移到目的载体

这一过程需要 4～7 天，其中不包括测序时间。

16. 将 1.5mL 无菌离心管置于冰上，并混合下列试剂：

入门克隆（来自于步骤 10 或步骤 15）	100ng
pDEST-15	100ng
Gateway LR 克隆酶 II 混合物	1μL
TE 缓冲液（pH8.0）	至 5μL

> 可以采用分光光度法进行质粒定量。Gateway LR 克隆酶 II 混合物应当在临用前在冰上融化。阴性对照为在同样的 LR 反应混合液中以同体积的 TE 缓冲液替代入门克隆。

混合均匀后于 25℃孵育过夜。

孵育过程可以在热循环仪中或孵箱中完成。我们不推荐在室温下（如实验台上）进行孵育，因为室温可能发生较大变动。

17. 按照步骤 6～15 对来自于步骤 16 中的 GST-可读框融合表达质粒进行均匀小量质粒 DNA 提取。使用氨苄青霉素筛选含有目的质粒的细菌菌落，用 GSTFW 和 GSTRV 引物进行 PCR 鉴定和测序。

　　　　GST 引物将在复制子中增加约 300bp。如果使用不同的载体，可能需要用其他抗生素进行筛选，PCR 反应和测序也需要更换不同的引物。

　　　　参见"疑难解答"。

疑难解答

问题（步骤 4）：采用 PCR 没有扩增到 cDNA 片段。

解决方案：根据我们的经验，扩增失败最常见的原因是模板中没有靶基因，这可能是由于采用了错误的基因模型进行引物设计导致不能匹配靶基因，或者可能由于靶基因的 mRNA 在转录物收集条件下不表达而导致 cDNA 模板中没有靶分子。在这种情况下，采用其他类型的组织或发育时间点作为来源提取 cDNA 可能效果更好。模板丢失的另外一种原因是转录物过长导致反转录酶不能产生全长的 cDNA。如果基因模型不正确，应考虑更换另外的引物扩增其他区域，或先用 RACE 确定转录物的 5′端和 3′端（参见第 7 章，方案 10 和方案 11）。

问题（步骤 4）：采用基因组 PCR（例如，在步骤 2 中扩增启动子或 3′-UTR 序列）没有扩增 DNA 片段。

解决方案：除了最常见的 PCR 方面的问题（如遗漏、污染或试剂配制错误）以外，模板降解是基因组 PCR 失败的最常见原因。如果在步骤 2 中使用基因组 DNA 作为 DNA 来源，需要在琼脂糖凝胶中上样微克级的基因组 DNA 并确认可以见到高分子质量的单一条带（>20kb）。如果看见"模糊"的、大小不等的条带（特别是<5kb），则需要重新制备模板样品。如果模板的质量看起来较好但是 PCR 却失败，那么尝试使用不同的引物对（最好使用此前已经证实可以扩增模板中片段的引物）检查 PCR 中模板是否被污染或引物是否失效。如果后者能扩增成功，那么检查原来的引物是否配制正确（如检查浓度是否正确，或重新合成），甚至有必要重新设计引物。如果可以设计引物扩增目的基因片段略微不同的区域，则可以调整单一或两个引物在原始位点上游或下游增加 50～100bp 的长度。如果在目的区域中引物的位置是固定的，可以尝试在不超过熔点温度限制的范围内,在引物的 3′端增加或减少一个或几个核苷酸。

问题（步骤 6）：BP 克隆产物中含有引物二聚体。

解决方案：某些时候使用带有 Gateway 尾端的引物进行的 PCR 不仅能产生目的片段，同时还可能产生由于引物之间发生复性而非引物与模板之间复性导致的引物二聚体。由此产生的短链 DNA 片段可能与 Gateway 位点发生作用，进而干扰首选的长插入片段的克隆。筛选更多的菌落克隆（多至 48 个）会有助于发现真正的目的克隆。但是更好的解决方法是将全部扩增反应产物（步骤 4）通过琼脂糖凝胶电泳分离并切胶回收纯化 DNA，以用于后续 Gateway BP 克隆反应（步骤 5）。

问题（步骤 6 和步骤 17）：Gateway 反应失败，没有产生转化细菌。

解决方案：假如：①Gateway 位点是兼容的（通过反复检查引物和/或载体并确认）；②必要的对照实验表明细菌具有足够的全能性（使用已知量的质粒进行平行实验，铺到同样的平板上）；③Gateway 克隆酶是有功能的（使用克隆酶自带的试剂进行重组验证），那么 Gateway 载体（和/或用于 LR 反应的入门克隆载体）的质量不高可能导致 Gateway 反应出现问题。所有的 Gateway 载体都需要按照方案 1 进行检测，确定其是否具有有功能的 Gateway 盒及转化细菌的能力。通常重新进行一个小量入门克隆质粒提取可以克服这些问题。在少数情况下，通过 DNA 测序可以发现在载体中出现的可以导致 Gateway 位点失效的突变。此外，在 BP 反应中没有加入足够的复制子导致 PCR 产物克隆失败。在这些情况下，可以提高 Gateway 反应体系的体积以便增加扩增反应产物的用量。此外，也可以采用下列两种方法中的其中一种来提高复制子的浓度：扩增反应产物通过盐析/乙醇沉淀，然后用少量溶液重悬（参见第 1 章，方案 4）；或者使用 0.5μL 低浓度 PCR 扩增产物作为模板重新进行 PCR 反应来获得高浓度的扩增产物。

方案 3　应用多位点 LR 克隆反应制备目的克隆

多位点克隆反应可以将来自于多个入门克隆的插入片段转移到一个目的载体（见本章导言中图 4-4）。这种类型重组的效率远低于转移单个 DNA 片段，然而以这种方式可以产生多种多样的目的克隆。在本示例方案中，我们使用 pDEST-MB14（Dupuy et al. 2007）制备在可读框上游融合启动子片段的目的克隆，该可读框的羧基端带有来自于质粒骨架编码的绿色荧光蛋白。如同方案 2，本方法也可以用于指导其他的多位点克隆反应。

材料

为正确使用本方案中的器材和危险试剂，必须查阅相应的材料安全数据表并咨询所在机构的环境卫生和安全办公室。

本方案的专用试剂标注<R>，配方在本方案末提供。常用储备溶液、缓冲液和试剂标注<A>，配方见附录 1。储备溶液应稀释至适用浓度后使用。

试剂

琼脂糖凝胶（其他所需试剂和设备参见第 2 章，方案 1）

大肠杆菌感受态细胞 DH5α（大于 10^7cfu/μg）

dNTP 溶液（1mmol/L 储存液，PCR 级别）

GFPFW 引物(5′- TTCTACTTCTTTTACTGAAGC -3′)

GFPRV 引物(5′- CTCCACTGACAGAAAATTTG -3′)

30%（V/V）甘油水溶液

LB 培养基<A>和琼脂平板<A>，含有 50μg/mL 氨苄青霉素

带有可读框入门克隆的 pDONR221

pDEST-MB14

按照方案 1 方法制备的非重组 Gateway 载体

带有可读框入门克隆启动子的 pDONR P4-P1R

TBE 缓冲液 (10×)<A>

TE 缓冲液(pH 8.0) <A>

热稳定的常规 DNA 聚合酶 (如 *Taq*) 及相关的 PCR 缓冲液(10×)

无菌水 (PCR 级别)

设备

15mL 无菌培养试管

无菌玻璃珠

25℃和37℃孵箱

微型离心机

1.5mL 无菌离心管

MiniPrep 质粒提取试剂盒（可选；参见第 1 章导言和方案 1）

96 孔 PCR 板

可检测 DNA 浓度的分光光度计（260nm 波长）

热循环仪

旋涡振荡器

37℃、42℃水浴锅

方法

1. 将 1.5mL 无菌离心管置于冰上，并混合下列试剂：

构建在 pDONR P4-P1R 上的启动子入门克隆	100ng
构建在 pDONR 221 上的可读框入门克隆	100ng
pDEST-MB14	100ng
Gateway LR 克隆酶 II 混合物	1μL
TE 缓冲液（pH8.0）	至 15μL

采用分光光度法进行质粒定量。Gateway LR 克隆酶 II 混合物应在临用前于冰上融化。阴性对照为在同样的 LR 反应混合液中以同体积的 TE 缓冲液替代入门克隆。

多位点重组反应的效率远低于单一插入片段重组转移反应，因此需要更多的克隆酶混合物。最好使用经过全长序列测定并确认没有 PCR 诱发错误存在的可读框入门克隆进行重组实验。启动子入门克隆通常不需要进行完全测序，因为其序列错误极少引起生物学后果。

将上述试剂混合均匀并在 25℃孵育过夜。

孵育过程可以在热循环仪中或孵箱中完成。我们不推荐在室温下（如实验台上）进行孵育，因为室温可能发生较大变动。

2. 将每一个反应混合物转化到 150μL 转化能力>10^7/μg DNA 的大肠杆菌 DH5α细胞中（见第 2 章，方案 1～4）。使用无菌玻璃珠将全部转化混合物铺到加有 50μg/mL 氨苄青霉素的 LB 平板上，37℃培养过夜。

由于多位点克隆反应的转化效率较低，克隆的产率变化范围较大，但是应该高于阴性对照平板，阴性对照平板上应该没有或者少于 5 个克隆。如果使用其他载体，则在本步骤以及随后的步骤中可能需要不同的抗生素.

参见"疑难解答"。

3. 应用步骤 2 中的菌落克隆建立 PCR 扩增反应。在无菌 PCR 管（或者 96 孔 PCR 板）中，准备至少 24 个 PCR 反应的混合物：

GFPFW 引物（10μmol/L）	1μL
GFPRW 引物（10μmol/L）	1μL
dNTP（1mmol/L）	2.5μL
PCR 缓冲液（10×）	2.5μL
热稳定 DNA 聚合酶	1U
去离子水	至 25μL

记住要包括不含模板的 PCR 阴性对照反应。如果在步骤 1 中使用的是经过完整测序的可读框入门克隆，那么可以减少检测所需要的克隆数（至多 6 个）。

选择至少 24 个菌落克隆（来自于步骤 2），针对每个克隆的操作如下：

i.　使用无菌移液吸头挑取菌落克隆。

ii.　将吸头轻触氨苄青霉素-LB 平板以扩增菌落。

iii.　将吸头在 PCR 混合液中轻轻涡旋，将剩余的细菌细胞转移到混合液中，丢弃吸头。

iv.　氨苄青霉素-LB 平板 37℃培养 18h。

在氨苄青霉素-LB 平板上的细菌在 4℃下最长可储存 2 周。这些引物可以和载体中的启动子：可读框融合序列的任意一侧位点进行复性反应。在本阶段使用反向引物 GSTRV 和一个启动子或可读框特异性正向引物进行 PCR 鉴定，可不必进行测序反应确认插入片段。

在这一阶段还可以使用其他方法替代菌落 PCR 鉴定，将多个菌落接种到独立的氨苄青霉素-LB 培养基中培养，并按照步骤 6 中的方法提取质粒 DNA，将这些质粒进行 DNA 测序或限制性酶切消化来验证插入片段。

4.　将 PCR 管放入热循环仪中，使用下表中的变性、复性、聚合反应时间和温度进行聚合酶链反应。

循环数	变性	复性	聚合
首循环	94℃，3min	56℃，1min	72℃，1min/kb 可读框序列
33 个循环	94℃，1min	56℃，1min	72℃，1min/kb 可读框序列
末循环	94℃，1min	56℃，1min	72℃，8min

PCR 反应条件可能需要进行优化。

5.　吸取 5～10μL 扩增反应产物，在 1%（m/V）琼脂糖凝胶中用 1×TBE 缓冲液分析鉴定，在旁边同时上样 DNA 分子质量标准品来判断扩增片段大小。使用 GFPFW 和 GFPRV 引物在单独的反应中进行测序以确认所有大小正确的 PCR 产物中插入片段的正确以及可读框-GFP 结合区域的功能。

分析 PCR 产物时，使用 GFP 载体引物进行的扩增反应，其复制子要增加 250bp。如果对启动子-可读框结合区域进行测序则更好，这可能需要设计另外的片段特异性引物。在少数情况下，可能需要采用 PCR 和/或测序分析更多的克隆以获得正确的克隆。

6.　从经过确认的入门克隆中制备质粒 DNA。

i.　取至少 10 个步骤 3 中产生的含有正确插入片段克隆的菌液，接种到 3mL 氨苄青霉素-LB 液体培养基（即在单一培养中包括所有克隆）。于 37℃振荡培养过夜。

ii.　在 1.5mL 无菌离心管中，将 50μL 过夜培养菌液与 50μL 30%（V/V）甘油溶液混合，制成 15%（V/V）的细菌甘油储存液，储存于-80℃。

将剩余的培养菌液应用 MiniPrep 提取质粒（参见第 1 章，方案 1）。如果在步骤 1 中使用的是经过测序验证的可读框入门克隆，那么只需要培养 1 个正确克隆用于提取质粒。

疑难解答

问题（步骤 2）：Gateway 反应失败，没有产生转化细菌

解决方案：对于本问题的常见解决方法参见方案 2 的"疑难解答"（步骤 6 和步骤 17）。如果问题仍然存在，那么可能是在现有转化条件下进行成功的多位点重组反应过少而难以被检测到。一个选择是通过提高 PCR 反应产物体积和转化反应体积增加重组的成功率（即取 30μL 反应产物转化到 300μL 细胞中）。第二个选择是采用效率更高的转化方法，例如，用商业化制备的超高效率感受态细胞，或者使用电穿孔转化方法（参见第 2 章，方案 4）。

参考文献

Dupuy D, Bertin N, Hidalgo CA, Venkatesan K, Tu D, Lee D, Rosenberg J, Svrzikapa N, Blanc A, Carnec A, et al. 2007. Genome-scale analysis of in vivo spatiotemporal promoter activity in *Caenorhabditis elegans*. *Nat Biotechnol* **25**: 663–668.

构建 Gateway 兼容性载体

使所需要的报道基因载体具备 Gateway 兼容性，包括利用传统的限制性内切核酸酶和连接方式将 *att* 位点包围的 Gateway 盒克隆到载体骨架上的合适位置，以及在大肠杆菌 DB3.1 菌株中转化和繁殖环化的产物。由于这种新质粒可以像目的载体一样接受来自于入门克隆的插入片段，因此使用兼容性的 *att* 位点至关重要（如果预期的载体需要接受来自于 pDONR221 克隆的可读框，那么就需要有 *att*R1-*att*R2 位点）。根据载体的不同，将 *att* 位点以专门的可读框方式进行克隆可能也很重要（这样每一个重组的可读框均可以按正确的阅读框与氨基或羧基端融合表达）。目前市售有包含 *att*R1 和 *att*R2 包围的 Gateway 盒的平末端 DNA 片段，含三种不同的可读框，可以用来连接目的载体。如果需要不同的 *att* 位点，可以用 PCR 方法从现有的载体中扩增相似的片段。如果没有含有所需要的 *att* 位点，那么可以采用 PCR 介导的点突变方法对已有 *att* 位点进行修饰（参见第 14 章）。

（葛常辉　译，于　淼　校）

第5章 细菌人工染色体及其他高容量载体的应用

导言 | 高容量载体的发展：优势和不足   224

细菌人工染色体的应用   229

方案 |

1   BAC DNA 的小量分离和 PCR 检验   235

2   BAC DNA 的大量制备和线性化   238

3   通过脉冲电场凝胶电泳检验 BAC DNA 的质量和数量   241

4   两步 BAC 工程：穿梭载体 DNA 的制备   242

5   A 同源臂（A-Box）和 B 同源臂（B-Box）的制备   244

6   克隆 A 和 B 同源臂到穿梭载体   247

7   重组穿梭载体的制备和检验   249

8   通过电穿孔法转化重组穿梭载体到感受态 BAC 宿主细胞   251

9   共合体的检验和重组 BAC 克隆的筛选   253

10   一步 BAC 修饰：质粒制备   256

11   A 同源臂（A-Box）的制备   259

12   克隆 A 同源臂到报道穿梭载体   260

13   用 RecA 载体转化 BAC 宿主   263

14   转移报道载体到 BAC/RecA 细胞以及共合体的筛选   265

15   酿酒酵母（S.cerevisiae）的生长和 DNA 制备   267

16   酵母 DNA 的小量制备   269

信息栏 | CRE-*loxP*   270

用 EGFP 作为报道分子   273

同源臂、共合体和重组体的引物设计   274

酵母培养基   274

导　言

　　在现代分子遗传学研究中，最重要的是基因靶向特定的细胞型。表达特定的基因是不同细胞类型的特征，为了促进表达的研究，人们开发了两种方法用于协助遗传信息转移到外源宿主细胞中。第一种方法，通过在胚胎干细胞中同源重组将新的遗传信息整合到内源的基因座，用于产生"基因靶向"的小鼠品系（Capecchi 1989; Thompson et al. 1989; Joyner and Sedivy 2000; Turksen 2006; Nortarianni and Evans 2006）。第二种方法，将人工改造的 DNA 注射入受精卵的前核中，用于产生转基因系，在此转基因系中人工改造的 DNA 被稳定整合到宿主基因组中（Gordon and Ruddle 1981; Gossler et al. 1986）。这些策略已经广泛用于研究基因、细胞和整体动物的复杂生理系统的功能。然而，加工高容量载体的简便方法的发展——尤其是细菌人工染色体（BAC）——用于制备精确表达特定目的基因的转基因品系，使得转基因技术在各种各样的实验系统中得以普遍使用。

高容量载体的发展：优势和不足

　　有时，用来自特定基因构建的小启动子载体可以获得精确的转基因表达。然而，近十年来，人们清楚地认识到，要想获得忠实于内源模式的基因表达，需要构建包含完整转录元件以及来自 5′-和 3′-两侧外延调控域的大转基因载体。事实上，人类基因组计划注释的蛋白质编码基因的平均大小是 27kb（Venter et al. 2001），控制精确表达的调控元件可位于转录单位上游或下游数十乃至数百 kb（千碱基）。开发能携带数百 kb 基因组 DNA 的高容量载体，使得对精确表达重要的所有调控信息可以用于转基因实验。人们首先报道在遗传拯救实验中采用了野生型基因组 DNA 的载体，大基因组载体指导精确转基因表达的能力得以展现（Schedl et al. 1993; Antoch et al. 1997）。但是，加工大 DNA 载体方法的发展，以及通过工程 DNA 获得精确的转基因表达的示范作用，使得这个方法应用于许多生物学领域（Yang et al. 1997; Heintz 2001; Gong et al. 2002, 2003）（GENSAT 计划：http://www.gensat.org）。

　　高容量载体有四种主要类型：P1 噬菌体载体、酵母人工染色体（YAC）、细菌人工染色体（BAC）和 P1 衍生的人工染色体（PAC）。它们的特点和比较见表 5-1。每一种载体都有各自的优缺点。虽然我们在这里为每一种大容量载体类型提供了简短的介绍，但是本章的重点是 BAC 载体的使用，因为 BAC 载体现在是大范围的基因组和转基因研究常规使用的载体，这些研究在许多实验和商业上重要的生物体中需要大 DNA 片段。

表 5-1　基因组克隆采用的高容量载体

载体	容量/kb	复制子	宿主	拷贝数	克隆 DNA 的回收
P1	70～100	P1	大肠杆菌	1（可扩增）	碱提取
YAC	250～400	ARS	酵母	1	脉冲电场凝胶
PAC	130～150	P1	大肠杆菌	1	碱提取
BAC	120～300	F	大肠杆菌	1	碱提取

P1 噬菌体载体

含有源自 P1 噬菌体的顺式作用元件的 P1 噬菌体载体，能容纳 70～100kb 大小的基因组 DNA 片段（图 5-1）（Sternberg 1990, 1992, 1994）。此系统中，线性的重组分子含有基因组和载体序列，它们在体外被包装到 P1 噬菌体颗粒中，其总容量可达 115kb（包括载体和插入片段）。将载体注射到表达 Cre 重组酶的大肠杆菌中，线性 DNA 分子通过载体上的两个 loxP 位点重组而发生环化（见信息栏 "Cre-loxP"）。另外，这个载体还携带一个通用的选择标记（kan[r]）、一个区分携带外源 DNA 插入片段的阳性选择标记（sacB），以及使每个细胞都含有约一个拷贝环状重组质粒的 P1 质粒复制子。另一个 P1 复制子（P1 裂解性复制子）在可诱导的 lac 启动子的控制下，可用于分离 DNA 前的质粒扩增。为了完成复制，通过转导将 P1 克隆转移入细菌宿主菌株，它在体内保持稳定。

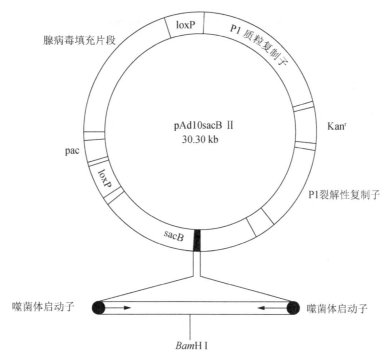

图 5-1　pAd10sacBII 简图，一种 P1 噬菌体载体。环状载体的左侧含有两个 loxP 位点、一个 DNA 复制质粒起始位点、一个包装进入 P1 颗粒的最小信号序列（pac），以及一个来源于腺病毒 DNA 的填充片段。右侧含有一个卡那霉素抗性基因（kan[r]）；一个来源于 P1 噬菌体的复制子（P1 质粒复制子），该复制子使载体在大肠杆菌中以低拷贝数质粒的方式复制；一个可诱导的复制子（P1 裂解性复制子），可用于增加质粒的拷贝数；还有一个选择标记（sacB），该标记包含一个克隆位点（BamH I），其两侧是来源于噬菌体 SP6 和 T7 的启动子。

P1 人工染色体

P1 人工染色体是环状的 DNA 分子，它把 P1 载体和 BAC 的特性结合在一起（见下面介绍），包含阳性筛选标记（sacB）及 P1 噬菌体的质粒和裂解性复制子（图 5-2）。然而，它既不是将连接产物包装到噬菌体颗粒中，同样也不通过 Cre-loxP 位点的位点特异性重组产生质粒分子，而是采用电穿孔的方法将体外连接产生的环状重组 PAC 导入大肠杆菌中，然后维持其单拷贝质粒状态（Ioannou et al. 1994）。基于 PAC 的人类基因组文库插入片段的大小在 60～150kb（Ioannou et al. 1994; Strong et al. 1997）。

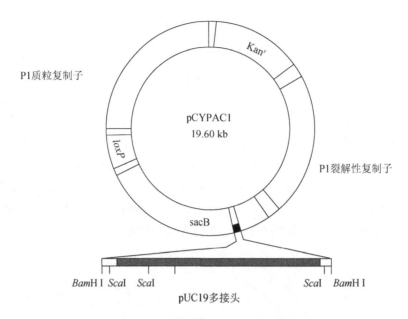

图 5-2　pCYPAC1 简图，一种用于构建 P1 人工染色体的载体。此载体含有：pAd10sacBII
载体（图 5-3）的部分遗传元件；一个卡那霉素抗性基因（*kan'*）；一个 *loxP* 位点；一个来源于 P1 噬菌体
的复制子（P1 质粒复制子），该复制子使载体在大肠杆菌中以低拷贝数质粒的方式复制；一个可诱导的复
制子（P1 裂解性复制子），能用于增加质粒的拷贝数；以及包含多个克隆位点的选择标记（*sacB*）。

酵母人工染色体

　　酵母人工染色体（YAC）的基础理论初次发表于 1983 年（Murray and Szostak 1983）。
但是，直到 1987 年，随着 YAC 载体的发展，人们才充分认识到此项技术的重要性。这些
载体能够使几百 kb 的 DNA 扩增，被用于构建哺乳动物基因组 DNA 的整体文库（Burke et
al. 1987）。

　　将大片段的基因组 DNA 连接到 YAC 载体的两条"臂"上，以产生重组的 YAC，然后
将连接混合物通过转化的方法导入酵母。每一条臂都携带一个选择标记，以及按适当方向
排列的、起端粒作用的 DNA 序列（Burke et al. 1987）。另外，其中一条臂上还携带着丝粒
DNA 片段和复制起始序列（亦称为"自主复制序列"，或 ARS）。因此，在重组的 YAC 中，
外源基因组 DNA 片段的一侧为着丝粒、复制起始序列及选择标记，另一侧为第二种选择
标记。通过在选择性琼脂平板上生长的菌落，可鉴定出接受并稳定保持人工染色体的酵母
转化体。

　　目前使用的大多数 YAC 载体设计为容易区分空载体（也就是没有携带插入 DNA）克
隆及含有基因组 DNA 插入片段的载体的克隆（图 5-3）。例如，在一些 YAC 载体的克隆位
点插入 DNA 后，打断了一种抑制型 tRNA 基因（*SUP4*），导致携带赭石型突变的 *ade2* 基
因的酵母形成红色而非白色的菌落（见筛选 YAC 重组体）。由于没有包装约束限制 YAC
的克隆容量，它们插入片段的大小可高达 2Mb。因此，插入片段的平均大小主要取决于制
备的基因组 DNA 的质量。大多数 YAC 文库的单个克隆含有 250～400kb 的外源 DNA。然
而，单个克隆含有大小超过 1Mb 的哺乳动物基因组 DNA 文库已构建成功。YAC 克隆在酵
母细胞中扩增，但是它们在有些情况下不稳定。

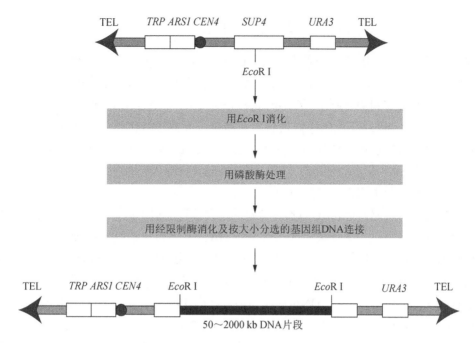

图 5-3 YAC 载体的克隆。 YAC 载体的基因组含有两个选择标记（*TRP* 和 *URA*）、一个自主复制序列（*ARS1*）、一个着丝粒（*CEN4*）、一个抑制型 tRNA 基因（*SUP4*），以及位于末端的端粒序列（*TEL*）。

筛选 YAC 重组体

　　ade2 等位基因含有一个无义突变。这个突变能够被 YAC 载体（如 pYAC4）携带的 *SUP4* 抑制。此载体的克隆位点位于 *SUP4* 基因内部。如果 YAC 载体中没有片段插入，则 *SUP4* 基因保持完整（有活性），*ade2* 突变受到限制，携带该亲代载体的转化体在酸水解酪蛋白（AHC）培养基上长成白色菌落；相反，如果 pYAC4 载体中有插入片段存在，则 *SUP4* 基因失活，*ade2* 等位基因上的无义突变阻止宿主合成磷酸核糖酰氨基咪唑羧化酶。在无此酶的情况下，磷酸核糖甘氨酰胺在酵母中堆积。取决于这种酶量的累积，菌落长成红色或粉红色。这种简单的颜色筛选法最早是由 Herschel Roman 在 20 世纪 50 年代末期报道（1957 年）。这是玉米和酵母遗传学研究上的一大创举。从此，这一方案被巧妙地用来测定基因重组事件（Fogel et al. 1981）和研究染色体的不稳定性（Hieter et al. 1985; Koshland et al. 1985）。

　　在 YAC 中构建基因组文库费时、昂贵且又费力。它不仅要求有处理大 DNA 分子的专门技术，而且要求通晓微生物宿主（酿酒酵母）的遗传学和分子生物学。此外，高效储存基因组 YAC 文库还涉及将克隆阵列排布在微量滴定板的孔中。在单个实验室中，这种技巧与资源的组合（包括操作易断裂 DNA 分子、熟悉酵母遗传学知识以及使用自动化仪器）较为罕见。因此，构建新的 YAC 文库最好交由专业人员完成，而筛选已有的 YAC 文库一般通过与各个学术性的基因组中心进行合作，或者越来越多地进行商业化操作。目前，许多物种的基因组 YAC 文库可从这些资源获得（如见 Burke 1991; van Ommen 1992; Foote and Denny 2002; Sanchez and Lanzer 2006）。一旦获得合适的 YAC 克隆，用标准的方法可对插入 DNA 进行修饰。方案 15 和 16 介绍了酿酒酵母的生长和酵母 DNA 的制备方法。

细菌人工染色体

细菌人工染色体（BAC）是基于大肠杆菌（*E. coli*）致育（F）因子的合成载体。这些载体是环状 DNA 分子，它们携带一个抗生素抗性标记、一个来源于大肠杆菌 F 因子（致育因子）的严紧型控制的复制子（Shizuya et al. 1992）、一个有助于 DNA 复制的 ATP 驱动的解旋酶（*repE*），以及三个确保低拷贝质粒精确分配到子代细胞的基因座（*parA*、*parB* 和 *parC*）。这些特性促进了质粒的维持和稳定。在体外，将外源基因组 DNA 片段连接到 BAC 载体上；然后，通过电穿孔的方法，将连接混合物导入特性明确的大肠杆菌重组缺陷型菌株，在大肠杆菌中成为单拷贝质粒。

第一代的 BAC 载体（Shizuya et al. 1992）没有标记能用于区分携带重组体的抗生素抗性细菌菌落与携带空载体的细菌菌落。新型的 BAC 载体可以通过 α-互补筛选，鉴定含有插入片段的重组体（见第 1 章信息栏"α-互补"），并带有便于克隆 DNA 回收和操作的位点（图 5-4）（Kim et al. 1996; Asakawa et al. 1997）。为了达到各种各样的研究目的，人们设计了 BAC 用于克隆大基因组 DNA 片段（Mozo et al. 1999; Hoskins et al. 2000; Osoegawa et al. 2000; McPherson et al. 2001; Osoegawa and de Jong 2004）。由于没有包装的约束，BAC 载体能用于大 DNA 片段克隆和扩增，其平均插入片段大小为 150kb，最大的插入片段为 700kb（Tunster et al. 2011），此大小通常足以涵盖整个转录单元及其相关的调控元件（Shizuya et al. 1992; Shizuya and Kouros-Mehr 2001）。在体内，通常这些 BAC 克隆是稳定的。基因组和转基因研究在许多实验和商业上重要的生物体中需要大 DNA 片段，BAC 载体现在是此类大范围研究常规使用的载体，因而是本章的重点。

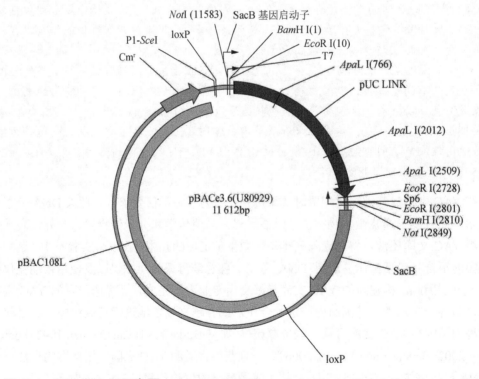

图 5-4　pBACe3.6 示意图。此环状载体携带 *loxP* 位点以便于回收克隆的序列、一个带有氯霉素抗性（*Cm^r*）的基因，以及用作阳性选择标记有利于重组克隆而不利于无插入的背景菌落的 *sacB* 基因（进一步详情，见文中）。此载体同时含有几个限制性位点，能用于克隆大的基因组 DNA 片段（Frengen et al. 1999）。[奥克兰儿童医院，BACPAC 资源中心（BPRC）许可，重新绘制]。

细菌人工染色体的应用

在基因组和转基因研究中，最常用的大容量克隆载体是 BAC 文库。多种特性使得这个来源于致育因子 F 的因子成为一种引人注意的基因组 DNA 的高容量载体。在大肠杆菌中，BAC 维持低拷贝数（1～2 个分子/细胞）（Frame and Bishop 1971），它含有 *parA* 和 *parB* 基因以确保细胞在分裂时，基于 F 因子的 DNA 分子能精确地分配到子代细胞；*parB* 同时负责驱除细胞中外来的 F 质粒。低拷贝数加上隔离的环境，限制了细胞内 BAC 分子间的重组。实际上，这使得 BAC 中外源 DNA 的重排和嵌合的程度低于 YAC。如我们所知，BAC 能扩增非常大的 DNA 片段。事实上，自然产生的 F 因子能轻松携带 1/4 的大肠杆菌染色体而不导致其不稳定。进一步，由于 F 因子 DNA 呈闭环结构，所以可以用一些简单的技术将它从大肠杆菌中分离出来，如碱裂解、CsCl-溴化乙锭密度梯度离心、树脂旋转柱层析（Zimmer and Verrinder Gibbins 1997）。通常 5mL 细菌培养物中获得的 BAC DNA 足以用于限制性酶切分析、PCR 扩增和荧光原位杂交。在各种物种中，BAC 文库能容纳非常大的基因组片段［如人（Shizuya et al. 1992; Woo et al. 1994; Kim et al. 1996）、稻米（Wang et al. 1995）、牛（Cai et al. 1995），以及鸡（Zimmer and Verrinder Gibbins 1997）］，并且能包含超过 300kb 大小的基因组 DNA 片段（Shizuya et al. 1992; Kim et al. 1996; Shizuya and KourosMehr 2001）。BAC DNA 易于纯化并可用作直接末端测序的模板（Kelley et al. 1999）。

BAC 工程的基本思路

对转基因研究而言，BAC 携带的大基因组 DNA 克隆有很多优势，现在有很多方法能在大肠杆菌中通过同源重组加工 BAC 克隆。各种方法都依靠恢复宿主菌同源重组的能力。Heintz 及其同事首先报道了一种加工 BAC 的技术，此技术通过重新导入大肠杆菌的 *recA* 基因到 BAC 宿主菌株中以恢复其同源重组的能力（Yang et al. 1997; Heintz 2000, 2001）。随后，人们开发了数种其他方法以恢复宿主同源重组的能力，如通过表达一对噬菌体来源的蛋白质 RecE/RecT，其来源于 Rac 原噬菌体（Zhang et al. 1998）；或者通过来自 λ 噬菌体的 Redα(*exo*)、Redβ(*bet*) 和 Redγ(*gam*) 蛋白（Murphy 1998; Lee et al. 2001; Sharan et al. 2009）。基于 RecA 的 BAC 工程系统已经得到极大的发展（Gong et al. 2002），并成功地应用于大规模的 BAC 工程计划，用于绘制所有在中枢神经系统中表达的基因的图谱（Gong et al. 2003）(GENSAT 计划；http://www.gensat.org)。对于在 BAC 中引入标记基因、插入、缺失或点突变，这种系统非常高效和可靠。从 2002 年以来，洛克菲勒大学的 GENSAT 计划已经修饰了超过 3000 种的 BAC，并产生了超过 1200 种的 BAC 转基因小鼠供科学界使用（Malenka 2002; Marx 2002; Abbott 2003; Geschwind 2004; Hatten and Heintz 2005; Lu 2009; Valjent et al. 2009）。基于 BAC 的 Cre 重组酶家系已经用于控制靶向的遗传灭活或在特定的细胞类型中靶向的遗传激活（Gong et al. 2007）。在体内和固定的组织中，表达荧光蛋白的 BAC 转基因小鼠为方便鉴定特定的神经元类型提供了有价值的资源。例如，基于 BAC 的 EGFP-L10a 家系表达一种大亚基核糖体蛋白（L10）和 EGFP 的融合蛋白，它被用于从特定遗传的细胞群体中分离多聚核糖体的 mRNA（Doyle et al. 2008; Heiman et al. 2008）（见信息栏"用 EGFP 作为报道分子"）。在胚胎干（ES）细胞中，BAC 工程系统也能用于产生敲除、条件性敲除和敲入的等位基因（Chadman et al. 2008）。最后，表达显性抑制基因的 BAC 转基因小鼠已经用于模拟人类疾病、研究疾病机制，以及筛选药物和开发治疗方法。挑选了一些引用

GENSAT 计划或使用 GENSAT BAC 转基因小鼠的文章，见 http://www.gensat.org/gensat _papers_report.jsp)。

细菌同源重组：穿梭载体的特点

所有的 BAC 载体都携带一个氯霉素抗性基因，并在一种重组缺陷型的大肠杆菌菌株中得以维持，常用的菌株为 DH10B。因而，操作 BAC 的第一步是恢复宿主的同源重组能力，这通常通过在宿主细胞中引入一种穿梭载体，此载体编码一种酶（通常为 RecA）或者能弥补此缺陷的酶。同时，此穿梭载体携带一个氨苄青霉素抗性的基因（用作阳性筛选标记）和一种反向筛选标记（*sacB* 基因）。*sacB* 的基因产物果聚糖蔗糖酶将蔗糖转化为果聚糖，果聚糖对宿主细胞产生毒性（Gay et al. 1985）。因而，在蔗糖存在时，果聚糖的产生增强了从宿主 BAC 细胞中去除多余载体序列（来自穿梭载体）的能力，使得重组的 BAC 克隆（Gong et al. 2002）得以选择。

通过向洛克菲勒大学作者的团队索取可以获得穿梭载体。从奥克兰儿童医院研究所可以获得修饰的 BAC（CHORI 的 BACPAC 资源）。通过原核注射修饰 BAC 得到的转基因小鼠可以从突变小鼠区域资源中心获得（NINDS/GENSAT 收集）。

修饰盒

穿梭载体携带的另一个元件是修饰盒，它被引入到 BAC 目的基因中或其邻近位置。修饰盒设计为含有任意一种如下的特征：改变基因或附加报道基因、标签序列或有用的标记（Yang and Gong 2005）。例如，从修饰盒表达的功能元件包含多种报道基因，如 EGFP（见信息栏"用 EGFP 作为报道分子"）、β-半乳糖苷酶（LacZ）、胎盘碱性磷酸酶（PLAP）或麦胚凝集素（WGA）标记；重组酶，如 Cre 重组酶（见信息栏"Cre-*loxP*"）、Flp 重组酶、Cre-ERT2 重组酶、Flp-ERT2 重组酶。其他可能的特征包括：毒素，如白喉毒素 A（DTA）；表位和亲和标签，如 Flag、Myc、血凝素（HA）、蛋白 A、多组氨酸和碱性磷酸酶；等位基因变异体（显性抑制或激活突变），如点突变、核苷酸插入或缺失；以及调控组件，如四环素反式激活因子（tTA）和反向的四环素反式激活因子（rtTA）。

BAC 工程方案的策略

为了提供一套用于转基因的高通量构建 BAC 载体的系统，人们开发了一种用于高通量研究的简便、高效的方法。通常采用两种策略用于 BAC 工程，称之为两步和一步 BAC 工程。两步完成的方案包括将两个同源臂（与 BAC 载体同源的序列）克隆到穿梭载体中，随之在穿梭载体和 BAC 克隆间进行两步重组。第一步使穿梭载体整合到 BAC 上，形成"共合体"（cointegrate）；第二步，无用的穿梭载体序列被移除，在适当的位置只留下包含突变或报道基因的组件。携带共合体 BAC 的宿主菌株在琼脂和蔗糖上生长的过程中，携带未重组 BAC 的细菌被消除（图 5-5）。因为人们能在修饰盒的 A 或 B 同源臂区域设计突变，此方案能用于精细地改变目的基因，如点突变、插入、缺失、置换或过表达一个显性抑制基因以产生动物模型（图 5-6）。如果穿梭载体采用 pLD53.SC-AEB 质粒，此方案能用于表达报道基因，其表达受到选定的基因启动子的调控。

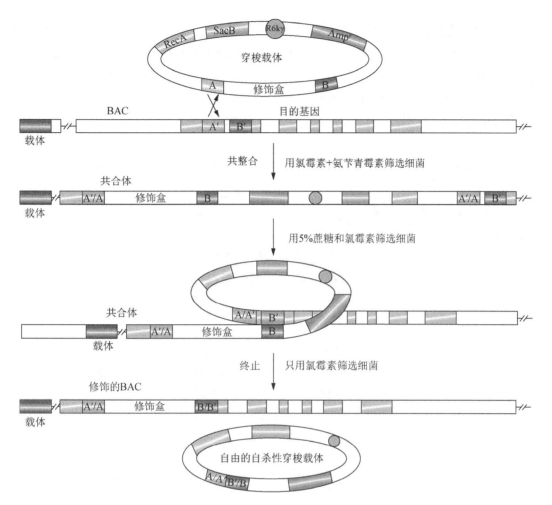

图 5-5　一种两步 BAC 修饰的策略。 此穿梭载体含有一个 *recA* 基因、一个条件复制起点、一个阳性选择标记、一个负选择标记、A 和 B 同源臂（同 BAC 克隆的 A′和 B′序列相同），以及一个携带功能元件用于插入 BAC 克隆的修饰盒。同源重组事件（共整合）在穿梭载体和 BAC 克隆的其中一个同源臂间发生。第二个同源重组事件（终止）发生在共合体中，使得多余的区域从共合体中去除。此系统用于在 BAC 克隆中引入插入、缺失和点突变（彩图请扫封底二维码）。

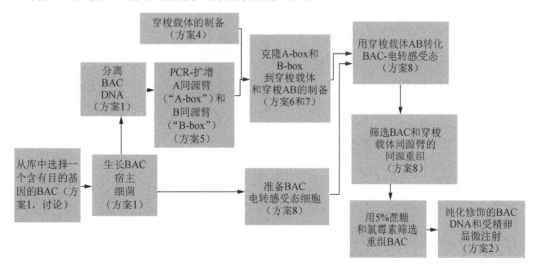

图 5-6　两步 BAC 修饰的流程图。

　　一步完成的方案采用两种质粒，它完全可以在液体培养物中完成，并用在转基因动物中表达报道基因。在此方案中，穿梭载体携带单个的同源臂和修饰盒，另一个载体（一步方案的明显特征）携带 *recA* 基因（图 5-7）。这个方案包括克隆一个同源臂，接着是一个重组步骤。pSV1.RecA 载体反向提供 RecA 产物，它具有一个温度敏感的复制起点（ts-ori），使其能够在需要的时候被扩增，然后在重组完成后被消除（图 5-8）。

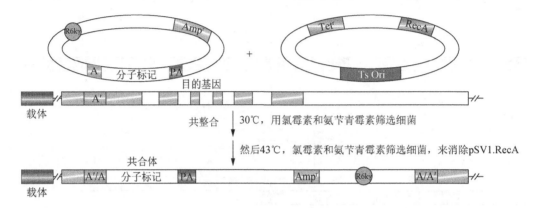

图 5-7　一种一步 BAC 修饰的策略。此穿梭载体含有：一个条件复制起点；一个阳性选择标记；A 同源臂，同 BAC 克隆的 A′序列相同；以及一个携带功能元件用于插入 BAC 克隆的修饰盒。另一个表达 RecA 的质粒有利于穿梭载体和 BAC 克隆的同源臂间发生同源重组。在高温下（43℃）生长时，RecA 质粒不能在宿主中复制，从而从宿主中消除。此系统能用于在 BAC 克隆中引入报道基因（彩图请扫封底二维码）。

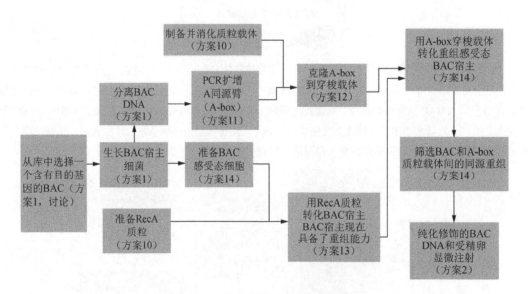

图 5-8　一步 BAC 修饰的流程图。

两步 BAC 工程

　　本方案中，BAC 转基因载体的基本起始要素包括一个 BAC 克隆和一个穿梭载体，在穿梭载体中插入了一个修饰盒和同源臂。方案 1～3 介绍了 BAC 克隆的选择和小量与大量制备的分离方法，及其随后的评估。

一种改进的穿梭载体 pLD53，由于能采用传统的克隆方法，便于其操作，并且它不能在 BAC 宿主细胞中自由复制，被用于 BAC 工程。R6kγ 复制起点保证了此载体只能在表达 π 复制蛋白的大肠杆菌菌株中复制（Metcalf et al. 1996）。因为 BAC 宿主菌（DH10B）不表达此蛋白，pLD53 不能在这些细胞中自由复制。如我们在前面部分的讨论，穿梭载体也携带 recA 基因（用于恢复 BAC 宿主的重组能力）和 sacB 基因（用于穿梭载体的负筛选）。为了使 BAC 克隆和穿梭载体间发生同源重组，BAC 同源臂被克隆到穿梭载体中。选定了一个携带目的基因的 BAC 后，接下来扩增两个约 700bp 的同源臂，并将它们克隆到穿梭载体中（见信息栏"同源臂、共合体和重组体的引物设计"）。然后，携带一个报道基因或目的突变的修饰盒被插入 A 和 B 同源臂之间。在 BAC 修饰后，报道基因或目的突变被引入到选定的 BAC 克隆。

在穿梭载体和 BAC 克隆的首次重组之后，只有含有目的共合体的载体能在选择条件下生存（氨苄青霉素和氯霉素中生长）。在第二次重组后，随后在蔗糖上生长进行筛选，正确重组的 BAC 失去了携带 sacB 和 recA 的穿梭载体（图 5-5 和图 5-6）。重组的 BAC 克隆可被进一步筛选以确认 recA 基因的丢失，丢失 recA 基因导致对紫外线敏感（Gong et al. 2002）。从蔗糖平板上选择菌落，划线到只含有氯霉素的两个复制平板上，用于筛选存在 BAC 的菌落。平板接种后，立即将一套平板照射紫外线，两套平板均培养过夜。紫外线敏感的菌落将丢失 recA，从主平板上挑选这些菌落用于后续分析。这样就通过简单地增加筛选改善了目的重组产物的回收。方案 4～9 介绍了进行两步 BAC 工程的各个步骤。

一步 BAC 工程

为了使本系统适于实际的高通量应用，需要一个适合于自动化的有力方案。一步 BAC 方案的第二个修饰过程完全在液体培养物中完成，容易实现自动化的操作（图 5-7）。本方案的策略涉及分离功能元件，这些元件是两个质粒的靶向事件所必需的（图 5-8）。在多数情况下，在 BAC 中引入有限量的载体序列不会干扰 BAC 转基因的表达，尤其是由于这些序列在标记基因盒的多聚腺苷酸[poly(A)]附加基序之后，所以不会包含在成熟的转录物中（Gong et al. 2003）。许多基因捕获实验在插入的标记基因后引入了额外的 DNA，但是对捕获的基因的表达影响很小（Friedrich and Soriano 1991; Skarnes et al. 1992; Leighton et al. 2001）。另外，在转基因载体上引入 BAC 载体序列不影响 BAC 转基因的表达（Antoch et al. 1997; Yang et al. 1997; Gong et al. 2003, 2007）。方案 10～14 介绍了一步 BAC 工程的操作方法。

致谢

感谢 K. Janssen 对文稿的认真审阅和编辑、C. Wang 和 S. Mehta 对本章所述方案的发展的贡献、S.I. Chiu 对图和文稿的编辑和准备，以及 E. Schmidt 对文稿的认真审阅。同时，感谢 J. Walsh 和 S.I.Chiu 将质粒分发给科学界使用、I. Lee 对图 5-8 的帮助，以及 P. de Jong 提供图 5-4 和 RP23 与 RP24 文库。

参考文献

Abbott A. 2003. Neuroscience: Genomics on the brain. *Nature* **426**: 757.

Antoch MP, Song EJ, Chang AM, Vitaterna MH, Zhao Y, Wilsbacher LD, Sangoram AM, King DP, Pinto LH, Takahashi JS. 1997. Functional identification of the mouse circadian Clock gene by transgenic BAC rescue. *Cell* **89**: 655–667.

Asakawa S, Abe I, Kudoh Y, Kishi N, Wang Y, Kubota R, Kudoh J, Kawasaki K, Minoshima S, Shimizu N. 1997. Human BAC library: Construction and rapid screening. *Gene* **191**: 69–79.

Burke DT. 1991. The role of yeast artificial chromosome clones in generating genome maps. *Curr Opin Genet Dev* **1**: 69–74.

Burke DT, Carle GF, Olson MV. 1987. Cloning of large segments of exogenous DNA into yeast by means of artificial chromosome vectors. *Science* **236**: 806–812.

Cai L, Taylor JF, Wing RA, Gallagher DS, Woo SS, Davis SK. 1995. Construction and characterization of a bovine bacterial artificial chromosome library. *Genomics* **29**: 413–425.

Capecchi MR. 1989. The new mouse genetics: Altering the genome by gene targeting. *Trends Genet* **5**: 70–76.

Chadman KK, Gong S, Scattoni ML, Boltuck SE, Gandhy SU, Heintz N, Crawley JN. 2008. Minimal aberrant behavioral phenotypes of neuroligin-3 R451C knockin mice. *Autism Res* **1**: 147–158.

Doyle JP, Dougherty JD, Heiman M, Schmidt EF, Stevens TR, Ma G, Bupp S, Shrestha P, Shah RD, Doughty ML, et al. 2008. Application of a translational profiling approach for the comparative analysis of CNS cell types. *Cell* **135**: 749–762.

Fogel S, Mortimer RK, Lusnak K. 1981. Mechanisms of meiotic gene conversion, or "Wanderings on a foreign strand." In *The molecular biology of the yeast Saccharomyces: Life cycle and inheritance* (ed. JN Strathern, et al.), pp. 289–339. Cold Spring Harbor Laboratory Press, Cold Spring Harbor, NY.

Foote S, Denny C. 2002. Construction of YAC libraries with large inserts. *Curr Protoc Hum Genet* **5**: 5.2.1–5.2.20.

Frame R, Bishop JO. 1971. The number of sex-factors per chromosome in *Escherichia coli*. *Biochem J* **121**: 93–103.

Frengen E, Weichenhan D, Zhao B, Osoegawa K, van Geel M, de Jong PJ. 1999. A modular, positive selection bacterial artificial chromosome vector with multiple cloning sites. *Genomics* **58**: 250–253.

Friedrich G, Soriano P. 1991. Promoter traps in embryonic stem cells: A genetic screen to identify and mutate developmental genes in mice. *Genes Dev* **5**: 1513–1523.

Gay P, Le Coq D, Steinmetz M, Berkelman T, Kado CI. 1985. Positive selection procedure for entrapment of insertion sequence elements in Gram-negative bacteria. *J Bacteriol* **164**: 918–921.

Geschwind D. 2004. GENSAT: A genomic resource for neuroscience research. *Lancet Neurol* **3**: 82.

Gong S, Yang XW, Li C, Heintz N. 2002. Highly efficient modification of bacterial artificial chromosomes (BACs) using novel shuttle vectors containing the R6Kγ origin of replication. *Genome Res* **12**: 1992–1998.

Gong S, Zheng C, Doughty ML, Losos K, Didkovsky N, Schambra UB, Nowak NJ, Joyner A, Leblanc G, Hatten ME, et al. 2003. A gene expression atlas of the central nervous system based on bacterial artificial chromosomes. *Nature* **425**: 917–925.

Gong S, Doughty M, Harbaugh CR, Cummins A, Hatten ME, Heintz N, Gerfen CR. 2007. Targeting Cre recombinase to specific neuron populations with bacterial artificial chromosome constructs. *J Neurosci* **27**: 9817–9823.

Gordon JW, Ruddle FH. 1981. Integration and stable germ line transmission of genes injected into mouse pronuclei. *Science* **214**: 1244–1246.

Gossler A, Doetschman T, Korn R, Serfling E, Kemler R. 1986. Transgenesis by means of blastocyst-derived embryonic stem cell lines. *Proc Natl Acad Sci* **83**: 9065–9069.

Hatten ME, Heintz N. 2005. Large-scale genomic approaches to brain development and circuitry. *Annu Rev Neurosci* **28**: 89–108.

Heiman M, Schaefer A, Gong S, Peterson JD, Day M, Ramsey KE, Suárez-Fariñas M, Schwarz C, Stephan DA, Surmeier DJ, et al. 2008. A translational profiling approach for the molecular characterization of CNS cell types. *Cell* **135**: 738–748.

Heintz N. 2000. Analysis of mammalian central nervous system gene expression and function using bacterial artificial chromosome-mediated transgenesis. *Hum Mol Genet* **9**: 937–943.

Heintz N. 2001. BAC to the future: The use of BAC transgenic mice for neuroscience research. *Nat Rev Neurosci* **2**: 861–870.

Hieter P, Mann C, Snyder M, Davis RW. 1985. Mitotic stability of yeast chromosomes: A colony color assay that measures nondisjunction and chromosome loss. *Cell* **40**: 381–392.

Hoskins RA, Nelson CR, Berman BP, Laverty TR, George RA, Ciesiolka L, Naeemuddin M, Arenson AD, Durbin J, David RG, et al. 2000. A BAC-based physical map of the major autosomes of *Drosophila melanogaster*. *Science* **287**: 2271–2274.

Ioannou PA, Amemiya CT, Garnes J, Kroisel PM, Shizuya H, Chen C, Batzer MA, de Jong PJ. 1994. A new bacteriophage P1-derived vector for the propagation of large human DNA fragments. *Nat Genet* **6**: 84–89.

Joyner AL, Sedivy JM. 2000. *Gene targeting: A practical approach*. Oxford University Press, Oxford.

Kelley JM, Field CE, Craven MB, Bocskai D, Kim UJ, Rounsley SD, Adams MD. 1999. High throughput direct end sequencing of BAC clones. *Nucleic Acids Res* **27**: 1539–1546.

Kim UJ, Birren BW, Slepak T, Mancino V, Boysen C, Kang HL, Simon MI, Shizuya H. 1996. Construction and characterization of a human bacterial artificial chromosome library. *Genomics* **34**: 213–218.

Koshland D, Kent JC, Hartwell LH. 1985. Genetic analysis of the mitotic transmission of minichromosomes. *Cell* **40**: 393–403.

Lee EC, Yu D, Martinez de Velasco J, Tessarollo L, Swing DA, Court DL, Jenkins NA, Copeland NG. 2001. A highly efficient *Escherichia coli*-based chromosome engineering system adapted for recombinogenic targeting and subcloning of BAC DNA. *Genomics* **73**: 56–65.

Leighton PA, Mitchell KJ, Goodrich LV, Lu X, Pinson K, Scherz P, Skarnes WC, Tessier-Lavigne M. 2001. Defining brain wiring patterns and mechanisms through gene trapping in mice. *Nature* **410**: 174–179.

Lu XH. 2009. BAC to degeneration bacterial artificial chromosome (BAC)–mediated transgenesis for modeling basal ganglia neurodegenerative disorders. *Int Rev Neurobiol* **89**: 37–56.

Malenka R. 2002. NIH workshop report: Taming the brain's complexity. *Neuron* **36**: 29–30.

Marx V. 2002. Beautiful bioimages for the eyes of many beholders. *Science* **297**: 39–40.

McPherson JD, Marra M, Hillier L, Waterston RH, Chinwalla A, Wallis J, Sekhon M, Wylie K, Mardis ER, Wilson RK, et al. 2001. A physical map of the human genome. *Nature* **409**: 934–941.

Metcalf WW, Jiang W, Daniels LL, Kim SK, Haldimann A, Wanner BL. 1996. Conditionally replicative and conjugative plasmids carrying *lacZα* for cloning, mutagenesis, and allele replacement in bacteria. *Plasmid* **35**: 1–13.

Mozo T, Dewar K, Dunn P, Ecker JR, Fischer S, Kloska S, Lehrach H, Marra M, Martienssen R, Meier-Ewert S, et al. 1999. A complete BAC-based map of the *Arabidopsis thaliana* genome. *Nat Genet* **22**: 271–275.

Murphy KC. 1998. Use of bacteriophage λ recombination functions to promote gene replacement in *Escherichia coli*. *J Bacteriol* **180**: 2063–2071.

Murray AW, Szostak JW. 1983. Construction of artificial chromosomes in yeast. *Nature* **305**: 189–193.

Notarianni E, Evans MJ. 2006. *Embryonic stem cells: A practical approach*. Oxford University Press, Oxford.

Osoegawa K, de Jong PJ. 2004. BAC library construction. *Methods Mol Biol* **255**: 1–46.

Osoegawa K, Tateno M, Woon PY, Frengen E, Mammoser AG, Catanese JJ, Hayashizaki Y, de Jong PJ. 2000. Bacterial artificial chromosome libraries for mouse sequencing and functional analysis. *Genome Res* **10**: 116–128.

Roman H. 1957. Studies of gene mutation in *Saccharomyces*. *Cold Spring Harb Symp Quant Biol* **21**: 175–185.

Sanchez CP, Lanzer M. 2006. Construction of yeast artificial chromosome libraries from pathogens and nonmodel organisms. *Methods Mol Biol* **349**: 13–26.

Schedl A, Montoliu L, Kelsey G, Schütz G. 1993. A yeast artificial chromosome covering the tyrosinase gene confers copy number-dependent expression in transgenic mice. *Nature* **362**: 258–261.

Sharan SK, Thomason LC, Kuznetsov SG, Court DL. 2009. Recombineering: A homologous recombination-based method of genetic engineering. *Nat Protoc* **4**: 206–223.

Shizuya H, Birren B, Kim UJ, Mancino V, Slepak T, Tachiiri Y, Simon M. 1992. Cloning and stable maintenance of 300-kilobase-pair fragments of human DNA in *Escherichia coli* using an F-factor-based vector. *Proc Natl Acad Sci* **89**: 8794–8797.

Shizuya H, Kouros-Mehr H. 2001. The development and applications of the bacterial artificial chromosome cloning system. *Keio J Med* **50**: 26–30.

Skarnes WC, Auerbach BA, Joyner AL. 1992. A gene trap approach in mouse embryonic stem cells: The *lacZ* reported is activated by splicing, reflects endogenous gene expression, and is mutagenic in mice. *Genes Dev* **6**: 903–918.

Sternberg N. 1990. Bacteriophage P1 cloning system for the isolation, amplification, and recovery of DNA fragments as large as 100 kilobase pairs. *Proc Natl Acad Sci* **87**: 103–107.

Sternberg N. 1992. Cloning high molecular weight DNA fragments by the bacteriophage P1 system. *Trends Genet* **8**: 11–16.

Sternberg N. 1994. The P1 cloning system: Past and future. *Mamm Genome* **5**: 397–404.

Strong SJ, Ohta Y, Litman GW, Amemiya CT. 1997. Marked improvement of PAC and BAC cloning is achieved using electroelution of pulsed-field gel-separated partial digests of genomic DNA. *Nucleic Acids Res* **25**: 3959–3961.

Thompson S, Clarke AR, Pow AM, Hooper ML, Melton DW. 1989. Germ line transmission and expression of a corrected HPRT gene produced by gene targeting in embryonic stem cells. *Cell* **56**: 313–321.

Tunster SJ, Van De Pette M, John RM. 2011. BACs as tools for the study of genomic imprinting. *J Biomed Biotechnol* **2011**: 283013.

Turksen K. 2006. *Embryonic stem cell protocols*. Humana Press, Totowa, NJ.

Valjent E, Bertran-Gonzalez J, Hervé D, Fisone G, Girault JA. 2009. Looking BAC at striatal signaling: Cell-specific analysis in new transgenic mice. *Trends Neurosci* **32**: 538–547.

van Ommen GJ. 1992. First report of the HUGO YAC committee. In *Genome priority reports: Chromosome coordinating meeting* (ed Cuticchia AJ, et al.), Vol. 1, pp. 885–888. Karger, Basel, Switzerland.

Venter JC, Adams MD, Myers EW, Li PW, Mural RJ, Sutton GG, Smith HO, Yandell M, Evans CA, Holt RA, et al. 2001. The sequence of the human genome. *Science* **291**: 1304–1351.

Wang GL, Holsten TE, Song WY, Wang HP, Ronald PC. 1995. Construction of a rice bacterial artificial chromosome library and identification of clones linked to the Xa-21 disease resistance locus. *Plant J* **7**: 525–533.

Woo SS, Jiang J, Gill BS, Paterson AH, Wing RA. 1994. Construction and characterization of a bacterial artificial chromosome library of *Sorghum bicolor*. *Nucleic Acids Res* **22**: 4922–4931.

Yang XW, Gong S. 2005. An overview on the generation of BAC transgenic mice for neuroscience research. *Curr Protoc Neurosci* **5**: 5.20.1–5.20.11.

Yang XW, Model P, Heintz N. 1997. Homologous recombination based modification in *Escherichia coli* and germline transmission in transgenic mice of a bacterial artificial chromosome. *Nat Biotechnol* **15**: 859–865.

Zhang Y, Buchholz F, Muyrers JP, Stewart AF. 1998. A new logic for DNA engineering using recombination in *Escherichia coli*. *Nat Genet* **20**: 123–128.

Zimmer R, Verrinder Gibbins AM. 1997. Construction and characterization of a large-fragment chicken bacterial artificial chromosome library. *Genomics* **42**: 217–226.

网络资源

突变小鼠区域资源中心 http://www.mmrrc.org/

NINDS GENSAT BAC（洛克菲勒大学）http://www.gensat.org/login.jsp

方案 1　BAC DNA 的小量分离和 PCR 检验

从 5mL 转化了 BAC 克隆的大肠杆菌宿主的培养物中，少量制备特定的 BAC DNA。DNA 的分离采用第 1 章方案 1 中的碱裂解法（此外，QIAGEN 公司的质粒小提试剂盒亦可使用）。BAC DNA 的产量为 0.1～0.4μg，并适用于 PCR 分析。克隆选择的注意事项见讨论部分。

▲因为 BAC DNA 对剪切力敏感，应该使用带有宽孔吸头的移液器来转移 DNA。

材料

为正确使用本方案中的器材和危险试剂，必须查阅相应的材料安全数据表并咨询所在机构的环境卫生和安全办公室。

本方案的专用试剂标注<R>，配方在本方案末提供。常用储备溶液、缓冲液和试剂标注<A>，配方见附录 1。储备溶液应稀释至适用浓度后使用。

试剂

用 1×TAE <A>配制琼脂糖凝胶（1.5%琼脂糖），含有 0.1μg/mL 的溴化乙锭，其他琼脂糖凝胶电泳所需要的试剂和设备（见第 2 章，方案 1）

碱性裂解液 I<A>

碱性裂解液 II<A>

碱性裂解液 III，冰冷<A>

BAC 克隆（CHORI 或 Riken 生物资源中心；Life Technologies 公司），在大肠杆菌 DH10B 菌株中携带

> 来自基因组 BAC 文库储藏处的克隆含有超过 100～300kb 的 DNA 插入片段。BAC 克隆资源包括人和小鼠的组织。克隆为甘油保存。更多的注意事项见本方案最后关于选择 BAC 克隆的讨论。

乙醇（100% 和 70%，V/V）

凝胶加样缓冲液III<A>

LB 琼脂<A>，添加氯霉素（20μg/mL）

LB 培养基<A>，添加氯霉素（20μg/mL）

分子质量标记（2-log DNA 梯形标记；New England Biolabs 公司）

酚：氯仿（1∶1，V/V）

Taq PCR Core Kit（QIAGEN 公司），包括酶、CoralLoad PCR 缓冲液和 Q 溶液

设备

离心机（J6-MI Beckman-Coulter，带有 JS-4.2 转子）

微型离心机（Eppendorf 公司冷冻型 5417R）

微量离心管

Vacutainer 血液收集管

方法

DNA 制备

1. 选择一个合适的 BAC 克隆，划线培养物到一个含氯霉素的 LB 琼脂平板上。37℃ 培养过夜。

> 克隆的选择见讨论部分。

2. 挑选一个单菌落，接种到 5mL 含氯霉素的 LB 培养基中。37℃，300r/min 振荡生长细胞过夜。

3. 4℃，4552g 离心 20min 收集细胞。丢弃上清液，将细菌沉淀重悬于 200μL 碱性裂解液 I 中。

4. 加入 200μL 碱性裂解液 II 裂解细菌。轻轻地混合，并在室温温育 5min。

5. 在裂解物中加入 200μL 冰冷的碱性裂解液 III 中和混合物。轻轻地混匀。

6. 转移混合物到一个 1.5mL 的微量离心管中，在微型离心机中，20 617g（14 000r/min）4℃离心 30min。

7. 转移上清到一个 Vacutainer 血液收集管，用等体积的酚：氯仿抽提，在一个旋转台上振荡 5min。在 J6-MI 离心机中，4552g，20℃离心 10min。

8. 转移上层水相到一个 2mL 微量离心管中。加入 2 体积的 100% 乙醇，轻轻地混匀。在微型离心机中，20 617g（14000r/min），4℃离心 30min。

9. 丢弃上清，用 70% 乙醇洗涤沉淀。室温下风干沉淀 10min。

10. 将沉淀重悬于 50μL 的 TE 中。4℃保存 BAC DNA，避免冻融对 DNA 的剪切。

PCR 分析

通过 PCR 确认扩增的 BAC 正确。根据模板的 GC 含量，对每个待检测的 BAC，试用两个不同的 PCR 条件。

11. 在一个无菌的 0.5mL 微量离心管中以下列顺序混合：

组分	用量		最终用量/浓度
	非富含 GC	富含 GC	
CoralLoad PCR 缓冲液（10×）	2.0μL	2.0μL	1×
A-box 或 B-box 的 5′引物	0.5μL	0.5μL	0.25μmol/L
A-box 或 B-box 的 3′引物	0.5μL	0.5μL	0.25μmol/L
dNTP（1mmol/L）	1.0μL	1.0μL	0.05mmol/L
BAC DNA（50ng/μL）	1.0μL	1.0μL	2.5ng/μL
Taq DNA 聚合酶	0.1μL	0.1μL	0.025U/μL
无菌 dH2O	14.9μL	10.9μL	
Q 溶液（*Taq* DNA 聚合酶中提供）		4.0μL	1×
总体积	20.0μL	20.0μL	

12. 准备一个同步骤 11 一样的对照反应，但是无模板 DNA。

13. 将 PCR 管放入热循环仪中，使用如下所列的变性、复性和聚合时间与温度进行扩增。

循环	变性	复性	聚合
1	94℃，2min	—	—
2～31	94℃，30s	55℃，1min	72℃，1min
32	—	—	72℃，10min

14. 在含有 0.1μg/mL 溴化乙锭的 1.5%（*m/V*）琼脂糖凝胶上分析 10μL PCR 产物，用一个 2-log DNA 梯形标记做分子质量标记。通过紫外透射仪观察凝胶。

🔗 讨论

可从 CHORI（http://bacpac.chori.org）和多个其他网址获得 BAC 克隆。一些基因组数据库提供 BAC 图，如 UCSC 基因组生物信息学 (http://genome.ucsc.edu)、NCBI 克隆资料库 (http://www.ncbi.nlm.nih.gov/genome/clone)，以及 Ensembl 小鼠基因组服务器 (http://uswest.ensembl.org/index.html)，可以鉴定出理想的 BAC 克隆。当导入宿主基因组时，大的 BAC 增加了正确表达的机会。一个理想的克隆在目的基因两侧的 5′和 3′端均具有至少 50kb 的基因组序列。只有当一个 BAC 克隆出现在前述的两个以上的数据库中时，才去选择该克隆。BAC 选择的问题是由于 BAC 克隆非常大，除目的基因外，它可能含有其他基因，这些基因也可能在转基因动物中表达，而导致意外的表型。为了达到最佳效率，建议选择含有最大转录调控元件，但很少过客（passenger）基因的 BAC 克隆。

网络资源

CHORI（奥克兰儿童医院研究所）的 BACPAC 资源 http://bacpac.chori.org/

Ensembl 小鼠基因组服务器 http://uswest.ensembl.org/index.html

NCBI 克隆资料库 http://www.ncbi.nlm.nih.gov/genome/clone

UCSC 基因组生物信息学 http://genome.ucsc.edu

方案 2　BAC DNA 的大量制备和线性化

　　建立 BAC 转基因生物的关键步骤是生产高质量的 BAC DNA。此处介绍的方法提供了用于进一步操作和修饰的 DNA 资源。而且，此方法也能用于制备一步或两步策略得到的修饰 BAC DNA，将其用于其他用途，如 BAC 转基因。

　　应用大的 DNA 分子的注意事项的分析，见讨论部分。

材料

为正确使用本方案中的器材和危险试剂，必须查阅相应的材料安全数据表并咨询所在机构的环境卫生和安全办公室。

本方案的专用试剂标注<R>，配方在本方案末提供。常用储备溶液、缓冲液和试剂标注<A>，配方见附录 1。储备溶液应稀释至适用浓度后使用。

试剂

碱性裂解液 II <A>

BAC 克隆（方案 1 中检验的）或修饰 BAC（按照方案 4~9 或 10~15 中的介绍来制备）

BAC 注射缓冲液<R>

EDTA（pH 8.0，10mmol/L）

异丙醇

LB 琼脂<A>，添加氯霉素（20μg/mL）

LB 培养基<A>，添加氯霉素（20μg/mL）

NaCl 饱和的丁醇

　　　　加入 20mL 的 3mol/L NaCl 到 100mL 丁醇中，混合均匀。让混合物静置 10min，使其分离。保留上清。

NE 缓冲液（10×）（New England Biolabs 公司）

PI-SceI 限制性内切核酸酶（NEB 公司）

乙酸钾（2mol/L 和 7.5mol/L）<A>

脉冲电场凝胶电泳：试剂和设备（方案 3）

TE（pH 8.0）<A>

TE（10:50）<A>

设备

离心机（J-25I Beckman Avanti 离心机，JLA-16.250 转子）

离心机（J6-MI Beckman-Coulter 离心机，JS-4.2 转子）

Millipore 公司膜滤器

方法

▲因为 BAC DNA 对剪切力敏感，应该使用带有宽孔吸头的移液器来转移 DNA。不要涡旋细菌或 DNA 悬液。

DNA 制备

1. 划线 BAC 克隆到一个添加氯霉素的 LB 琼脂平板上。37℃培养过夜。

2. 挑选一个单菌落，接种到 3mL 添加氯霉素的 LB 培养基中。37℃，300r/min 振荡生长细胞 8h。

3．转移 15～50μL 接种的培养基（体积取决于细胞密度）到一个含有 500mL 添加氯霉素的 LB 培养基的 2L 锥形瓶中，30℃，300r/min 振荡培养 14～16h。

4．转移细菌培养物到一个 1L 的聚丙烯瓶中，用 J6-MI 离心机，4℃，4552g，离心 30min 收集细胞。移除所有残留的上清液。

5．通过上下吹吸数次将细胞重悬于 40mL 的 10mmol/L 的 EDTA 中（pH 8.0）。

6．加入 80mL 碱性裂解液 II 到细胞中，轻轻旋转混合。在室温温育 5min。

7．加入 60mL 冷的 2mol/L 乙酸钾溶液。轻轻旋转混合，在冰上温育 5min。转移混合物到一个 250mL 的广口聚丙烯瓶中，4℃，20 369g，离心 30min（J-25I Beckman Avanti 离心机，JLA-16.250 转子）。

8．转移上清到一个 500mL 的聚丙烯瓶中，加入 180mL 异丙醇，并轻轻旋转混匀。4℃，4552g，离心 30min（J6-MI Beckman-Coulter 离心机，JS-4.2 转子）。倒出上清液。

9．将 DNA 沉淀溶解于 18mL 的 TE（10:50）中，转移混合物到一个 30mL 圆底离心管中。加入 9mL 的 7.5 mol/L 乙酸钾，并混匀。在-80℃温育 30min。

10．融化溶液。4℃，4355g，离心 10min（J-25I Beckman Avanti 离心机，JA-25.50 转子）。

11．转移上清液到一个 30mL 圆底离心管中，加入 2.5 体积的 100%乙醇。20 369g，4℃离心 30min，用于沉淀 DNA（J-25I Beckman Avanti 离心机，JLA-16.250 转子）。

纯化 DNA

12．倒掉乙醇，轻轻将沉淀（仍然是湿的）重悬于 4.4mL TE 缓冲液中。同时，在一个 50mL Falcon 管中，混合 10.2g CsCl 和 4.4mL TE 缓冲液。转移 4.4mL DNA 溶液到含有 CsCl 溶液的 50mL Falcon 管中，轻轻混合直到 CsCl 溶解。

13．加入 0.2mL 溴化乙锭溶液（10mg/mL）到 DNA/CsCl 混合物中，颠倒管子 2～3 次轻轻混合。4552g，4℃离心 10min 去除残渣（JM-4.2 转子）。

14．移除上清液，并用一个注射器和一个 18G 针头将其转移到 Beckman 快封管中。用热封器（Cordless Tube Topper）仔细密封管子，并放到 NVT65 的转子中。使用此独特的转子非常有必要。341 650g（Optima L-90K 超速离心机），18℃离心至少 8h。可过夜离心。

15．从转子上小心拿开离心管，注意不要破坏梯度。用 23G 针头在离心管顶部穿孔。用长波紫外线，用一个斜面向上的 18G 针头小心移除发光的 DNA 条带。通常会有两条带。选择底部的条带。上面的条带是降解的 DNA，而底下的条带是完整的环状 BAC DNA。被移除的条带的体积大约为 200μL。不要取液超过 200μL，不然你将得到一部分顶部降解的条带。转移 DNA 到一个 15mL 的 Falcon 管，用 1×TE 缓冲液补足总体积到 2mL。

16．加入等体积的 NaCl 饱和丁醇到 DNA 溶液中，轻轻混合。静置混合物 30s，使其分离。移除并丢弃上层。抽提溶液 4～5 次，直到不再有粉红色。

17．转移 DNA 溶液到一个 30mL 圆底离心管中，加入 1mL dH$_2$O 到溶液中，接着加入 2.5～3.0 体积的 100%乙醇。混合并在-20℃温育 30min。16 417g，4℃离心溶液 30min 以沉淀 DNA（J-25I Beckman Avanti 离心机，JA-25.50 转子）。

18．倒掉乙醇，重悬 DNA 于 0.5 mL 的 0.3 mol/L 乙酸钠中。转移溶液到一个 1.5mL 微量离心管中，加入 1mL 100%乙醇。用微型离心机，20 617g，4℃离心溶液 30min。

▲因为 BAC DNA 对剪切力敏感，应该使用带有宽孔吸头的移液器来转移 DNA。

19．丢弃上清液，用 70%（V/V）乙醇填充离心管。将离心管室温静置 5min。用微型离心机，20 617g，4℃离心溶液 30min。

20．倒掉乙醇，室温风干沉淀 10min。用 20～40μL 的 1×TE 缓冲液轻轻重悬 DNA。

缓冲液的体积取决于沉淀的体积。37℃温育溶液 20min。如方案 3 中所述，用脉冲电场凝胶电泳分析 DNA，以测定其质量和浓度。

现在，来自 BAC 克隆的纯化 DNA 能用作随后 BAC 修饰的方案中的起始材料。如果从修饰的克隆制备 DNA 用于注射入原核，继续到步骤 21，以完成载体线性化。

▲冻融产生的剪切力会损伤 DNA。

用内切核酸酶 PI-SceI 线性化 BAC DNA

为了制备修饰的 BAC 克隆，用于受精卵前核的显微注射，必须通过限制性内切核酸酶消化，使纯化的 BAC DNA 线性化。

21. 为了用内切核酸酶 PI-SceI 消化线性 BAC DNA，在一个微量离心管中混合如下试剂：

BAC DNA	100～200ng
PI-SceI	2μL
NE 10×缓冲液	5μL
dH₂O	至总体积 50μL

轻轻混合，37℃温育至少 5～6h。

22. 移取 20mL BAC 注射液到一个无菌的培养皿中，上面漂浮放置一张 25mm 的 0.025μm 孔径的微孔滤膜，光面向上。将 50μL 来自步骤 21 的线性 BAC DNA 反应液加到滤膜上，用盖子覆盖培养皿。在室温下，使缓冲液透析 4～6 h。

23. 转移滤膜上面含有 DNA 的溶液到一个微量离心管中，然后加入足量的注射缓冲液使溶液恢复到原始体积 50μL。在 4℃保存 DNA。

24. 如方案 3 介绍，通过脉冲电场凝胶电泳分析 DNA，确定其浓度。

透析和显微注射的间隔时间不应超过 7 d。

25. 在注射前，用适当量的 BAC 注射缓冲液稀释 DNA，使其浓度为 0.2～1ng/μL。如方案 3 介绍，通过脉冲电场凝胶电泳分析稀释的 DNA，确定其浓度。

讨论

由于 BAC 重组载体非常大，要想成功地进行 BAC 转基因，尤其要注意的是避免在纯化和显微注射时物理剪切 BAC DNA。在转基因动物中，降解的 BAC DNA 不能像内源基因一样，在同样的发育时间和表达模式引导生理水平的基因表达。另外，使用恰当的 BAC DNA 浓度对卵子生存率、出生率和转基因率非常关键。高 DNA 浓度能减少出生率，而极低浓度 DNA 导致高的出生率，但是降低了转基因效率。有数种方法报道了如何制备 BAC DNA 用于显微注射（Chrast et al. 1999; Conner 2004; Gong and Yang 2005; Gong et al. 2010）。为了确保高的出生率和有效的转基因效率，用浓度约为 0.5ng/μL 的线性 BAC DNA，显微注射小鼠受精卵原核。

配方

为正确使用本方案中的器材和危险试剂，必须查阅相应的材料安全数据表并咨询所在机构的环境卫生和安全办公室。

BAC 注射缓冲液

Tris（pH 7.5）	10mmol/L
EDTA	0.1mmol/L
NaCl	100mmol/L

调节 pH 到 7.4。然后加水到 1L，使用用于胚胎移植的水（Sigma-Aldrich 公司，产品目录号 W1503）。过滤注射缓冲液（通过 0.2U 滤器），并存放于 4℃。

参考文献

Chrast R, Scott HS, Antonarakis SE. 1999. Linearization and purification of BAC DNA for the development of transgenic mice. *Transgenic Res* 8: 147–150.

Conner DA. 2004. Transgenic mouse production by zygote injection. *Curr Protoc Mol Biol* 23: 23.9.1–23.9.29.

Gong S, Yang XW. 2005. Modification of bacterial artificial chromosomes (BACs) and preparation of intact BAC DNA for generation of transgenic mice. *Curr Protoc Neurosci* 5: 5.21.1–5.21.13.

Gong S, Kus L, Heintz N. 2010. Rapid bacterial artificial chromosome modification for large-scale mouse transgenesis. *Nat Protoc* 5: 1678–1696.

方案 3　通过脉冲电场凝胶电泳检验 BAC DNA 的质量和数量

脉冲电场凝胶电泳（PFGE）是检测高容量载体插入片段大小的优选方法。DNA 片段用限制酶消化后（如 PI-*Sce*I 或 *Not*I），通过 1%琼脂糖凝胶的脉冲电场凝胶电泳进行分离。横向交变凝胶电泳（TAFE）在一个程序中能处理 50～500kb 的 DNA 片段，其转换时间为 7～50s/脉冲，以 9V/cm，15℃，持续 20～24h（Shizuya et al. 1992）。另外，可使用一种钳位均匀电场（CHEF）六边形的阵列系统，其转换时间为 1～150s/脉冲，以 9V/cm，15℃，持续 20h（Zimmer and Verrinder Gibbins 1997）。

材料

为正确使用本方案中的器材和危险试剂，必须查阅相应的材料安全数据表并咨询所在机构的环境卫生和安全办公室。

本方案的专用试剂标注<R>，配方在本方案末提供。常用储备溶液、缓冲液和试剂标注<A>，配方见附录 1。储备溶液应稀释至适用浓度后使用。

试剂

琼脂糖
溴化乙锭（0.5mg/mL）
凝胶上样缓冲液 III<A>
低量程 PFG DNA 梯形标记（New England Biolabs 公司，目录号 NO350S）
TBE（5×）<A>

设备

CHEF-DR III（Bio-Rad 公司）系统
数字成像系统
脉冲电场凝胶电泳仪

方法

1. 加 2g 琼脂糖到 180mL dH₂O 中，旋转混匀。在微波炉中加热溶液 4min。加入 20mL 5×TBE，再次旋转混匀。将 1%（m/V）琼脂糖溶液倒入一个脉冲电场凝胶模子中，使其聚合。

2. 在一个孔中插入 2mm 的低量程 PFG DNA 梯形标记凝胶。要确保没有气泡。

3. 加入 2L 0.5×TBE 到凝胶盒子中，通过冷却模块循环使缓冲液冷却到 14℃。

4. 加 10μL 样品到其他孔中。在 CHEF-DR III（Bio-Rad 公司）系统中 14℃，6V/cm 运行，起始和最终的转换时间为 5s 和 20s，120°角，持续 16h。

5. 从机器中移出凝胶，置于 0.5mg/mL 的溴化乙锭溶液中（10μL 溴化乙锭储备液加入 200mL 的 dH₂O 中）。在摇床上轻轻转动 1h。倒掉溶液，用 200mL dH₂O 洗涤凝胶 1h。用数字成像系统为凝胶拍照。

参考文献

Shizuya H, Birren B, Kim UJ, Mancino V, Slepak T, Tachiiri Y, Simon M. 1992. Cloning and stable maintenance of 300-kilobase-pair fragments of human DNA in *Escherichia coli* using an F-factor-based vector. *Proc Natl Acad Sci* **89**: 8794–8797.

Zimmer R, Verrinder Gibbins AM. 1997. Construction and characterization of a large-fragment chicken bacterial artificial chromosome library. *Genomics* **42**: 217–226.

方案 4　两步 BAC 工程：穿梭载体 DNA 的制备

在两步法中，将一个单独的质粒导入携带 BAC 的细胞系中（见本章导言图 5-4 和图 5-5）。穿梭载体 pLD53.SCAB（或 pLD53.SCAEB）（见本章导言图 5-5）携带 *recA* 基因和 R6Kγ 的起点，其复制需要 π 蛋白。表达 π 蛋白的 PIR2 细胞常被用于载体的扩增和维持供体载体约 15 拷贝/细胞，在此宿主中该载体比较稳定。

材料

为正确使用本方案中的器材和危险试剂，必须查阅相应的材料安全数据表并咨询所在机构的环境卫生和安全办公室。

本方案的专用试剂标注<R>，配方在本方案末提供。常用储备溶液、缓冲液和试剂标注<A>，配方见附录 1。储备溶液应稀释至适用浓度后使用。

试剂

用 1×TAE<A>配制的琼脂糖凝胶（1.0%琼脂糖），含有 0.1μg/mL 溴化乙锭，其他琼脂糖凝胶电泳所需要的试剂和设备（见第 2 章，方案 1）

琼脂糖凝胶（1%，*m/V*；低熔点温度琼脂糖）

碱性裂解液 I<A>

碱性裂解液 II<A>

碱性裂解液 III，冰冷<A>

乙酸铵（7.5 mol/L）

*Asc*I 限制性内切核酸酶（New England Biolabs 公司）

大肠杆菌 PIR2，化学感受态（Life Technologies 公司）

乙醇（100%和 70%）

凝胶加样缓冲液 III<A>

异丙醇

LB 琼脂平板<A>，添加氨苄青霉素（30μg/mL）

LB 培养基<A>，添加氨苄青霉素（30μg/mL）

分子质量标记：2-log DNA 梯形标记和 λ-DNA-*Hin*d III 消化产物（New England Biolabs 公司）

NEBuffer 4（New England Biolabs 公司）

酚：氯仿（1∶1，*V/V*）

pLD53.SCAB DNA（穿梭载体）

　　此质粒可从洛克菲勒大学的 Heintz 实验室获得；见方案 7 的讨论部分。

SOC 培养基<A>

TE（pH 8.0）<A>

*Xma*I 限制性内切核酸酶

设备

离心机（J6-MI Beckman-Coulter，JS-4.2 转子）

离心机（J-25I Beckman Avanti 离心机，JLA-16.250 转子）

Chroma Spin＋TE-400 离心柱（Clontech 公司）

微型离心机（Eppendorf 公司冷冻型 5417R）

方法

将穿梭载体转化到 PIR2

1．在冰上融化一份 50μL 的大肠杆菌 PIR2 化学感受态细胞，加入 1.0μL pLD53.SCAB DNA（最多 25ng），轻摇管子混匀细菌和质粒，将管子冰浴 30min。

2．42℃水浴热激管子 50s。不要晃动管子。立即将管子放回冰上 1min。

3．在管子中加入 400μL SOC 培养基。37℃，225r/min 振荡培养 1h，使细菌复苏并表达抗生素抗性标记。

4．平铺 5μL 转化的 PIR2 细胞到添加氨苄青霉素的琼脂平板上。37℃过夜培养平板。菌落将在 12～16h 出现。

5．从平板上挑取一个单细菌菌落，接种到 3mL 添加氨苄青霉素的 LB 培养基中。37℃温育培养物 8h。

6．转移培养物到一个 2000mL 锥形瓶中，瓶中装有 500mL 含氨苄青霉素 LB 培养基，37℃，300r/min 旋转培养 14～16h。

7．转移细菌培养物到另一个 1000mL 的聚丙烯瓶中，4℃，4552*g*（J6-MI Beckman-Coulter）离心 30min，收集细胞。

质粒 DNA 的分离

8．丢弃上清液，在一张纸巾上颠倒放置瓶子 1min，使残余的培养基流干。用 30mL 碱性裂解液 I 上下吹吸数次，重悬每份细菌沉淀物。

9．在混合物中加入 30mL 碱性裂解液 II 裂解细菌。轻轻混合，室温温育 5min。

10．在裂解物中加入 30mL 冰冷的碱性裂解液 III 以中和裂解物。轻轻混合，冰浴 20min。

11．将混合物以 20 369*g*（J-25I Beckman Avanti 离心机），4℃，离心 30min。转移上清液到一个含有 63mL 异丙醇的 250mL 的广口聚丙烯瓶中，颠倒数次混匀。

12．将混合物以 4552*g*，4℃离心 30min（J6-MI Beckman-Coulter 离心机）。丢弃上清液，用 70%（*V/V*）乙醇洗涤沉淀。

13．室温风干沉淀 10min，重悬于 5mL TE 中。

14．用等体积的酚：氯仿从混合物中抽提 DNA，在旋转台上摇动 5min。

15．4552*g*，室温离心 5min（J6-MI Beckman-Coulter 离心机）。转移上面的水相到一个 30mL 圆底离心管中。加入 2 体积的 100%乙醇，颠倒数次混匀。

16. 16 417g（J-25I Beckman Avanti 离心机），4℃离心 30min，收集 DNA。丢弃上清液，用 70%（V/V）乙醇洗涤沉淀。室温风干沉淀 10min，重悬于 400μL TE 缓冲液中。

17. 用 Chroma Spin＋TE-400 离心柱纯化 DNA：

    i. 根据生产商的说明书准备 Chroma Spin＋TE-400 离心柱。

    ii. 小心加入不超过 200μL 的 DNA 到柱子的中心。

        纯化 400μL 的质粒溶液需要 2 个柱子。不要使任何样品沿着柱子的侧壁流过，否则将导致不能完全将样品纯化。

    iii. 将柱子以 700g，4℃离心 5min（J6-MI Beckman-Coulter 离心机）。

18. 混合 1μL 纯化 DNA、8μL TE 和 1μL 凝胶加样缓冲液 III。在含有 0.1μg/mL 溴化乙锭的 1%（m/V）琼脂糖凝胶中分析 DNA，加入 2-log DNA 梯形标记和 λ-DNA-HindIII 消化产物作为分子质量标记。

    在-20℃保存质粒 DNA。

提纯的穿梭载体 DNA 的消化

19. 建立如下反应来消化提纯的质粒：

pLD53.SCAB	10～20μL
NEBuffer 4	20μL
AscI	4μL
dH₂O	到总体积 200μL

轻轻混合反应液，37℃水浴温育过夜。

20. 在消化反应液中，加入 100μL 7.5mol/L 乙酸铵和 750μL 100%乙醇。混合均匀，将管子放到-80℃冰箱中 5～10min。

21. 在微型离心机中，20 617g，4℃离心 30min（14 000r/min）。从沉淀物的对侧缓慢地丢弃上清液。

22. 用 1.0mL 70%（V/V）的乙醇洗涤沉淀。在微型离心机中，4℃离心 10min（14 000 r/min）。小心倒掉乙醇。室温风干沉淀 10min。

23. 用 85μL dH₂O 重悬沉淀，并加入以下试剂

NEBuffer 4	10μL
BSA（100×）	1μL
XmaI	4μL

轻轻混合，37℃水浴温育过夜。

24. 为了测定消化的穿梭载体的背景，用标准的连接反应测试一份 DNA 样品。用 AscI 和 XmaI 持续消化载体 DNA（步骤 19～24）直到背景消失。

25. 通过 1%（m/V）低熔点琼脂糖凝胶跑样品来纯化消化的载体。在紫外线下观察条带，从凝胶上切下。将样品等分为 2mm 小块，放到 1.5mL 微量离心管中。将消化的载体存放于-20℃。

方案 5　A 同源臂（A-Box）和 B 同源臂（B-Box）的制备

用纯化的 BAC DNA 为模板，通过 PCR 扩增 700bp 的 A 同源臂（A-Box）和 700bp 的

B 同源臂（B-Box）。扩增反应所用的引物详见信息栏"同源臂、共合体和重组体的引物设计"。在获得的 A-box PCR 产物 5′端含有一个 *Asc*I 位点（5′引物包含一个 *Asc*I 位点，而 3′引物不包含任何限制性位点）。在 B-box PCR 产物 3′端含有一个 *Xma* I 位点（5′引物不包含任何限制性位点，而 3′引物包含一个 *Xma* I 位点）。然后用适当的限制性内切核酸酶消化扩增产物，使其适合于克隆到穿梭载体中（见方案 6 介绍）。

材料

为正确使用本方案中的器材和危险试剂，必须查阅相应的材料安全数据表并咨询所在机构的环境卫生和安全办公室。

本方案的专用试剂标注<R>，配方在本方案末提供。常用储备溶液、缓冲液和试剂标注<A>，配方见附录 1。储备溶液应稀释至适用浓度后使用。

试剂

用 1×TAE <A>配制的琼脂糖凝胶（1.1%和 1.5%琼脂糖），含有 0.1μg/mL 溴化乙锭，其他琼脂糖凝胶电泳所需要的设备和仪器（见第 2 章，方案 1）。

乙酸铵（7.5 mol/L）

*Asc*I 限制性内切核酸酶（New England Biolabs 公司）

> 如果 *A-box* 带有 *Asc*I 位点，用 *Mlu*I 代替 *Asc*I。

BAC DNA（来自方案 3）

DNA 聚合酶（高保真）

> 我们用带 Herculase 缓冲液的 Herculase 增强型 DNA 聚合酶或带 Pfu 缓冲液的 Pfu DNA 聚合酶（均来自 Stratagene 公司）。

含有 4 种 dNTP 的 dNTP 溶液（每种 dNTP 浓度为 1mmol/L，pH 8.0）

乙醇（100%和 70%）

凝胶加样缓冲液 III<A>

分子质量标记（2-log DNA 梯形标记和 λ-DNA-*Hind* III 消化产物；New England Biolabs 公司）

引物序列（见表 5-2）

表 5-2 筛选共合体所需的引物

引物	序列
R6kr ori 3S	CAGGTTGAACTGCTGATCTTCAGATCC
EGFP 100AT	GCTGAACTTGTGGCCGTTTACGTCG
Cre 100AT	GCGAACCTCATCACTCGTTGCATCG
175+50AT（载体）	CTGGTAAGGTAAACGCCATTGTCAGC
RecA 1300S	GATACACAAGGGTCGCATCTGCGG
EGFP-L10a 100AT	GCTGAACTTGTGGCCGTTTACGTCG
一步法 A-box 5′引物	正向 5′：每个基因起始密码上游 250～500 bp
一步法 A-box 3′引物	反向 3′：紧接每个基因起始密码上游
一步法 5′共合体引物	正向 5′：A-box 上游 80～100 bp
一步法 3′共合体引物	反向 3′：A-box 下游 80～100 bp
两步法 A-box 5′引物	正向 5′：突变区上游 600～700 bp
两步法 A-box 3′引物	反向 3′：紧接突变区
两步法 B-box 5′引物	正向 5′：紧接突变区下游
两步法 B-box 3′引物	反向 3′：突变区下游 600～700 bp
两步法 5′ A-box 共合体引物	正向 5′：A-box 上游 80～100 bp
两步法 3′ B-box 共合体引物	反向 3′：B-box 下游 80～100 bp

两步法的 A-box 和 B-box 引物为突变体设计，它位于 A 同源臂上。

QIAquick PCR 纯化试剂盒（或 DNA 纯化用凝胶柱）

Taq PCR Core Kit（QIAGEN），包括酶、CoralLoad PCR 缓冲和 Q 溶液

TE（pH 8）<A>

设备

Eppendorf 公司冷冻型微型离心机 5417R

🔧 方法

BAC DNA 的 A-Box 和 B-Box 臂的扩增

1．混合以下试剂，用于扩增 A-box，然后将混合物分为 50μL 等份的 4 份，将每一份都分配到一个 PCR 管中。同时设立一个没有模板 DNA 的对照反应：

成分	用量	反应终浓度
Herculase 反应缓冲液（10×）	20.0μL	1×
A-box 5′引物	5.0μL	0.25μmol/L
A-box 3′引物	5.0μL	0.25μmol/L
dNTP 溶液（1mmol/L）	10.0μL	0.05mmol/L
Herculase 聚合酶	2.0μL	0.05U/μL
BAC DNA（50ng/μL）	4.0μL	1ng/μL
无菌 dH₂O	154.0μL	
总体积	200.0μL	

2．混合以下试剂，用于扩增 B-box，然后将混合物分为 50μL 等份的 4 份，将每一份都分配到一个 PCR 管中。同时设立一个没有模板 DNA 的对照反应：

成分	用量	反应终浓度
Herculase 反应缓冲液（10×）	20.0μL	1×
B-box 5′引物	5.0μL	0.25μmol/L
B-box 3′引物	5.0μL	0.25μmol/L
dNTP 溶液（1mmol/L）	10.0μL	0.05mmol/L
Herculase 聚合酶	2.0μL	0.05U/μL
BAC DNA（50ng/μL）	4.0μL	1ng/μL
无菌 dH₂O	154.0μL	
总体积	200.0μL	

3．将 PCR 管子放到热循环仪中进行扩增反应，使用如下所列的变性、复性和聚合时间和温度进行扩增：

循环	变性	复性	延伸
1	94℃，2min	—	—
2~31	94℃，30s	55℃，1min	72℃，1min
32	—	—	72℃，10min

4．收集每次反应的 4 个 PCR 管。将 2μL 反应终产物与 7μL TE 和 1μL 凝胶加样缓冲液Ⅲ混合，分析 PCR 产物。在含有 0.1μg/mL 溴化乙锭的 1.5%（*m/V*）琼脂糖凝胶上分析混合物。用 2-log DNA 梯形标记做分子质量标记。通过紫外透射仪观察凝胶。

A 和 B 同源臂的消化

5. 在每种 PCR 产物中（A-box 和 B-box），加入 100μL 7.5 mol/L 乙酸铵和 750μL 100% 乙醇。上下颠倒管子数次混合均匀，将管子置于 -80℃ 冰箱中 5～10min。

6. 用微型离心机，20 617g，4℃ 离心 30min（14 000r/min）。确保能看到沉淀，沉淀可能会很微小。从沉淀对侧的管子侧壁缓慢丢弃上清液。

7. 用 1.0mL 70%（V/V）乙醇洗涤沉淀。用微型离心机，20 617g（14 000r/min），4℃ 离心 10min，小心倒掉乙醇。室温彻底风干沉淀物 10min 或更长时间。

8. 将扩增的 A-box DNA 沉淀重悬于 86μL 的 dH$_2$O 中。加入 10μL 的 NEBuffer 4 和 4μL 的 *Asc*I 消化 A 同源臂（如果 A-box 带有内部的 *Asc*I 位点，换用 *Mlu*I）。

9. 将扩增的 B-box DNA 沉淀重悬于 85μL 的 dH$_2$O 中。加入 10μL 的 NEBuffer 4、1μL 的 100×BSA 和 4μL 的 *Xma*I 消化 B 同源臂。

10. 混合消化反应物（步骤 8 和 9），37℃ 水浴温育过夜。用 QIAquick PCR 纯化试剂盒（如果有必要，或采用凝胶洗脱）纯化消化的片段。-20℃ 保存消化的片段。

11. 将 1μL 消化的片段、9μL TE 和 1μL 凝胶加样缓冲液 III 混合，用于确定 DNA 的浓度。在含有溴化乙锭的 1.1%（m/V）琼脂糖凝胶上分析消化的片段。用 2-log DNA 梯形标记和 λ-DNA-*Hind* III 消化产物做分子质量标记。

方案 6　克隆 A 和 B 同源臂到穿梭载体

本方案介绍了将穿梭载体导入 BAC 宿主细胞前，穿梭载体的制备。通过连接反应，将方案 5 中制备的同源臂序列引入到消化的穿梭载体 DNA 中，用于提供 BAC 克隆重组反应的位点。用单个细菌转化体的粗裂解物作为 PCR 分析的模板，用于确认重组穿梭载体上存在同源臂。

🔹 材料

为正确使用本方案中的器材和危险试剂，必须查阅相应的材料安全数据表并咨询所在机构的环境卫生和安全办公室。

本方案的专用试剂标注<R>，配方在本方案末提供。常用储备溶液、缓冲液和试剂标注<A>，配方见附录 1。储备溶液应稀释至适用浓度后使用。

试剂

用 1×TAE<A>配制的琼脂糖凝胶（1.5%琼脂糖），含有 0.1μg/mL 溴化乙锭，其他琼脂糖凝胶电泳所需要的试剂和设备（见第 2 章，方案 1）

大肠杆菌 PIR2 感受态（New England Biolabs 公司）

A 和 B 同源臂（见方案 5 中制备和消化的介绍）

LB 琼脂平板<A>，添加氨苄青霉素（30μg/mL）

pLD53.SCAB（见方案 4 中用 *Asc*I 和 *Xma*I 消化的介绍）

见方案 7 讨论部分

扩增引物（见方案 5 表 5-2）：

5′ RecA 引物

3′ A-box 引物

5′ B-box 引物

3′ P175+50AT 引物

SOC 培养基<A>

T4 DNA 连接酶和反应缓冲液（NEB 公司）

Taq PCR Core Kit（QIAGEN 公司）

设备

预置 42℃的水浴

方法

将同源臂连接到穿梭载体中

1. 转移 100ng 消化的 A 同源臂和 100ng 消化的 B 同源臂到一个 1.5mL 微量离心管中，加入 dH$_2$O 调节体积为 15μL。

2. 用 65℃水浴加热一份消化的 pLD53.SCAB 10min，用于熔化低熔点琼脂糖中保存的载体 DNA。加入 2μL 加热过的载体（约 100ng）到含有同源臂的管子中（步骤 1），室温下使混合物冷却 5min。

3. 融化一管 T4 连接酶反应缓冲液，涡旋混匀。加 2μL T4 连接酶反应缓冲液到含有消化同源臂和载体的管子中，然后加入 1μL T4 DNA 连接酶。用手指轻叩管侧壁混匀。要彻底混合，但是动作要轻。用微型离心机短暂离心，用铝箔覆盖管子。

4. 室温温育连接混合物过夜。

5. 在冰上融化一份 PIR2 感受态细菌，加入 4μL 连接混合物。轻轻混匀，冰上温育 30min。

6. 42℃水浴热激管子 50s。不要晃动管子。立即将管子放回冰上 1min。

7. 在管子中加入 400μL SOC 培养基。37℃，225r/min 振荡培养 1h，使细菌复苏并表达抗生素抗性标记。

8. 平铺 10μL 转化的 PIR2 细胞到添加氨苄青霉素的琼脂平板上。平铺 100μL 转化的 PIR2 细胞到另一个选择平板上。37℃过夜培养平板（其中一个平板将有更好的菌落分辨率）。转移 8～10 个分离的菌落到添加氨苄青霉素的主平板上，37℃培养过夜。

用 PCR 分析转化体中的同源臂

通过用 5′ RecA 引物和 3′端 A-box 引物（用于 A-box）扩增；以及 5′ B-box 引物和 P175+50AT 引物（用于 B-box）扩增，来确认 A-box 和 B-box 片段正确插入到穿梭载体上。

9. 为了制备用于 PCR 分析的裂解物，用无菌的黄色移液器吸头转移少量细菌单菌落到两个单独的 PCR 管中，每个管含有 15.9μL 的 dH$_2$O。

10. 在步骤 9 中准备的一个管子中，混合以下试剂，用于扩增 A-box。同时设立一个没有模板 DNA 的对照反应：

成分	用量	最终量/浓度
CoralLoad PCR 缓冲液（10×）	2.0 μL	1×
5′ RecA 引物	0.5 μL	0.25 μmol/L
A-box 3′ 引物	0.5 μL	0.25 μmol/L
dNTP（1 mmol/L）	1.0 μL	0.05 mmol/L
菌落裂解物（步骤 9）	15.9 μL	
Taq DNA 聚合酶	0.1 μL	0.025 U/μL
总体积	20.0 μL	

11. 在步骤 9 中准备的另一个管子中，混合以下试剂，用于扩增 B-box。同时设立一个没有模板 DNA 的对照反应：

成分	用量	反应终浓度
CoralLoad PCR 缓冲液（10×）	2.0 μL	1×
5′ B-box 引物	0.5 μL	0.25 μmol/L
3′ P175+50AT 引物	0.5 μL	0.25 μmol/L
dNTP（1 mmol/L）	1.0 μL	0.05 mmol/L
菌落裂解物（步骤 9）	15.9 μL	
Taq DNA 聚合酶	0.1 μL	0.025 U/μL
总体积	20.0 μL	

12. 将 PCR 管子放到热循环仪中，使用如下程序进行扩增：

循环	变性	复性	延伸
1	94℃，2 min	—	—
2～31	94℃，30 s	55℃，1 min	72℃，1 min
32	—	—	72℃，10 min

13. 在含有 0.1 μg/mL 溴化乙锭的 1.5%（*m/V*）琼脂糖凝胶上分析 10 μL 的 PCR 产物。用 2-log DNA 梯形标记做分子质量标记。通过紫外透射仪观察凝胶。

参见"疑难解答"。

疑难解答

问题（步骤 13）：PCR 分析表明连接反应遇到困难

解决方案：首先试着将 A 和 B 臂克隆到 pLD53SC2 载体的 *Asc*I-*Xma*I 位点。用 *Asc*I 和 *Xma*I 消化重组载体，切下 A 和 B 同源臂盒，然后克隆到 pLD53.SC.AB 载体中。

方案 7 重组穿梭载体的制备和检验

用方案 6 中获得的 pLD53.SCAB/A-B 重组穿梭载体制备质粒 DNA。将修饰质粒的酶切消化模式同未修饰的 pLD53.SCAB 比较，用于确定 A-box 和 B-box 臂已成功整合到 pLD53.SCAB。一旦确定穿梭载体携带了正确的序列，就准备好将其转移到 BAC 宿主中（方案 8）。

材料

为正确使用本方案中的器材和危险试剂，必须查阅相应的材料安全数据表并咨询所在机构的环境卫生和安全办公室。

本方案的专用试剂标注<R>，配方在本方案末提供。常用储备溶液、缓冲液和试剂标注<A>，配方见附录 1。储备溶液应稀释至适用浓度后使用。

试剂

用 1×TAE<A>配制琼脂糖凝胶（1%和 1.5%琼脂糖），含有 0.1μg/mL 的溴化乙锭，其他琼脂糖凝胶电泳所需要的试剂和设备（见第 2 章，方案 1）

碱性裂解液 I<A>

碱性裂解液 II<A>

碱性裂解液 III<A>

乙酸铵（7.5mol/L）

*Asc*I 限制性内切核酸酶（New England Biolabs 公司）

乙醇（100%和 70%）

凝胶加样缓冲液 III<A>

LB 培养基<A>，添加氨苄青霉素（30μg/mL）

分子质量标记（λ-DNA-*Hin*d III 消化物）

NEBuffer 4（New England Biolabs 公司）

pLD53.SCAB/A-B 载体，方案 6 所产生（步骤 8）

TE（pH 8.0）<A>

*Xma*I 限制性内切核酸酶（New England Biolabs 公司）

设备

J6-MI Beckman-Coulter 离心机，带有 JS-4.2 转子

Chroma-spin+TE-400 离心柱（Clontech 公司）

微型离心机（Eppendorf 公司冷冻型 5417R）

Vacutainer 血液收集管

方法

质粒 DNA 的制备

1. 在 PCR 结果的基础上，从主平板上选择一个经过确认的单菌落（方案 6，步骤 8）。接种到 20mL 添加氨苄青霉素的 LB 培养基中。37℃，300r/min 振荡培养过夜。

2. 4℃，4552g，离心 15min 收集细胞（J6-MI Beckman-Coulter 离心机）。

3. 丢弃上清液，将细菌沉淀重悬于 500μL 碱性裂解液 I 中。

4. 加入 500μL 碱性裂解液 II 到混合物中裂解细菌。轻轻地混合，并在室温温育混合物 5min。

5. 在裂解物中加入 500μL 冰冷的碱性裂解液 III 将其中和。轻轻地混匀。

6. 在微型离心机中，20 617g（14 000 r/min），4℃，离心 30min。

7. 转移上清到一个 Vacutainer 血液收集管，用等体积的酚：氯仿抽提，在一个旋转台上摇动 5min。4552g，20℃离心 10min（J6-MI Beckman-Coulter 离心机，JS-4.2 转子）。

8. 转移上层水相到另一个微量离心管中。加入 2 体积的 100%乙醇，轻轻地混匀。4552g，4℃离心 30min（J6-MI Beckman-Coulter 离心机，JS-4.2 转子），收集 DNA。

9. 丢弃上清，用 70%（V/V）乙醇洗涤沉淀。室温风干沉淀 10min。将沉淀重悬于 200μL 的 1×TE 缓冲液中。

10. 根据生产商的说明书准备 Chroma Spin＋TE-400 离心柱。小心并缓慢加入 DNA 样

品到柱子的中心。不要使样品沿着柱子的侧壁流过。将柱子和管子以 700*g*,4℃离心 5min（J6-MI Beckman-Coulter 离心机，JS-4.2 转子）。

11．在管中加入 750μL 100%乙醇和 100μL 7.5mol/L 乙酸铵。混合均匀，将管子放到-80℃冰箱中 10min。在微型离心机中，20 617*g*（14 000r/min），4℃离心 30min。

12．丢弃上清液，用 70%（*V/V*）乙醇洗涤沉淀。室温风干沉淀 10min。用 13μL TE 缓冲液重悬沉淀。将 DNA 存放于-20℃。

13．为了确定 DNA 的浓度，将 1μL 样品、9μL 1×TE 和 1μL 凝胶加样缓冲液Ⅲ混合。在 1.0%（*m/V*）琼脂糖凝胶上分析样品，用 λ-DNA-*Hin*dⅢ 消化产物做分子质量标记。

pLD53.SCAB-AB 臂载体结构的检验

14．为了确定 A-B-box 已经成功插入到 pLD53.SCAB，将修饰质粒的酶切消化模式同未修饰的 pLD53.SCAB 进行比较。建立两个反应，一个加修饰的质粒 DNA，另一个加未修饰的质粒 DNA，如下：

质粒 DNA	2μL
NEBuffer 4	3μL
*Xma*I	0.5μL
*Asc*I	0.5μL
dH₂O	24μL

轻轻混合，37℃水浴温育过夜。

15．将全部两种样品（修饰和未修饰质粒）在溴化乙锭染色的 1.5%（*m/V*）琼脂糖凝胶上电泳，用 2-log DNA 梯形标记做分子质量标记。

不同的载体用于在 BAC 克隆上引入修饰。载体的选择取决于目的修饰的类型。成功的载体修饰将呈现两条带。

下方的条带是 A-B-box 的大小。上方的条带是未修饰的 pLD53.SCAB。

16．通过 DNA 测序确认修饰质粒的正确性。

讨论

用基于 RecA 的方法修饰 BAC 克隆，可采用不同的载体，载体的选择取决于目的修饰的类型。pLD53.SCAB 载体可用于引入点突变、插入、置换或加工过表达显性抑制基因以产生动物模型。重组盒含有两个小同源臂，同源臂是从相应的 BAC 克隆上 PCR 扩增得到的。可设计整合到 A 同源臂或 B 同源臂的突变。在 BAC 修饰后，通过同源重组，将突变引入 BAC 克隆。另外，pLD53.SC-AEB 载体可将报道基因引入 BAC 克隆，产生小鼠家系。在这种情况下，重组盒含有两个小同源臂，同源臂是从相应的 BAC 克隆和报道基因上 PCR 扩增得到的。在 BAC 修饰后，报道基因被引入 BAC 克隆，随之无用的序列被去除。

方案 8　通过电穿孔法转化重组穿梭载体到感受态 BAC 宿主细胞

将 BAC 克隆做成电转感受态，用重组的穿梭载体 pLD53SCAB/AB-box 进行转化。通过在氯霉素和氨苄青霉素上生长来筛选共合体，以确保穿梭载体重组到 BAC 中（见本章导言，图 5-5）。

材料

为正确使用本方案中的器材和危险试剂，必须查阅相应的材料安全数据表并咨询所在机构的环境卫生和安全办公室。

本方案的专用试剂标注<R>，配方在本方案末提供。常用储备溶液、缓冲液和试剂标注<A>，配方见附录 1。储备溶液应稀释至适用浓度后使用。

试剂

BAC 克隆（方案 1 中选择和检验过的）
甘油（10%，V/V；水溶液；冷的，高压灭菌）
LB 琼脂平板<A>，添加氯霉素（20μg/mL）
LB 培养基<A>，添加氯霉素（20μg/mL）和氨苄青霉素（50μg/mL）
pLD53.SCAB/AB-box DNA（0.5μg/μL）（方案 6 和 7 中制备）
SOC 培养基<A>

设备

Bio-Rad Gene Pulser II 电击转化仪
离心机（J6-MI Beckman-Coulter，带有 JS-4.2 转子）

方法

准备 BAC 宿主细胞电转感受态

1. 划线选定的 BAC 克隆到一个添加氯霉素的 LB 琼脂平板上。37℃培养过夜。

2. 挑选一个单菌落，接种到 5mL 添加氯霉素的 LB 培养基中。37℃，300r/min 振荡过夜。

3. 准备转化用培养物。

　　i. 转移 1mL 或 2mL 过夜培养物（步骤 2）到一个含有 50mL 添加氯霉素的 LB 培养基的 250mL Corning 离心管中。

　　ii. 37℃剧烈振荡生长细胞 4～5h，使 OD_{600} 达到 0.6～0.8（用分光光度计测定细胞浓度）。

　　iii. 转移细胞到 50mL Falcon 管中。

4. 2560g，4℃离心 10min 收集细胞（J6-MI Beckman-Coulter 离心机）。

5. 用等体积冷的 10%甘油重悬沉淀。2560g，4℃离心 10min（J6-MI Beckman-Coulter 离心机）。此步重复 1 次。

6. 尽可能地将上清液倒出，以移除甘油，用终体积为 200μL 的冷的 10%甘油轻轻重悬细胞。

7. 将电转感受态细胞以 40μL 小份分装到无菌管中，-80℃保存。

电击转化 BAC 细胞

8. 在冰上融化 40μL BAC 感受态细胞，加入 2μL 的 pLD53.SCAB/AB-box DNA（0.5μg/μL）。轻轻混合管子，冰上温育 1min。

9. 将样品转移到一个冷的 0.1cm 小杯中，放到 Bio-Rad Gene Pulser II 电击转化仪上。采用脉冲控制器 200Ω，1.8 kV/25μF 参数的电压/电容进行电击转化。

10. 在电击转化后，加入 1mL SOC 培养基到小杯中，将细胞悬液转移到一个 15mL 管子中。37℃，220r/min，振荡培养样品 1h。

筛选共合体

11. 为了筛选转化细胞，在细胞悬液中加入 5mL 添加氯霉素和氨苄青霉素的 LB 培养基，37℃，温育 8h。

12. 按 1:1000 稀释过夜培养物到 5mL 添加氯霉素和氨苄青霉素的 LB 培养基中，37℃生长过夜。

13. 按 1:5000 稀释过夜培养物到添加氯霉素和氨苄青霉素的 LB 培养基中，37℃生长 8h 或过夜。

14. 连续稀释培养物（稀释培养物到最终 1:5000 较好），置于添加氯霉素和氨苄青霉素的 LB 琼脂平板上。用 10μL 的 1:5000 稀释液铺一块平板，用 100μL 的 1:5000 稀释液铺另一块平板，37℃培养过夜。

> 其中一块平板比另一块有更好的菌落分辨率。只有含有正确修饰 BAC 的细菌在此条件下被筛选出来。未修饰的 BAC（也就是缺少 pLD53.SCAB/A-B-box 插入）通过暴露于氨苄青霉素中来消除。由于 pLD53.SCAB/AB-box 需要 π 蛋白来复制，BAC 宿主细胞中 π 蛋白是缺失的，所以在 BAC 宿主细菌中游离的 pLD53.SCAB/AB-box 将同时被消除。

方案 9　共合体的检验和重组 BAC 克隆的筛选

可通过两个独立的 PCR 来确定成功的 BAC 修饰。第一个反应（5′共合体 PCR）用正向 5′共合体引物（A-box 5′端上游的序列）和载体上的反向 3′引物（175PA+50AT）。在合适的情况下，3′引物也可用报道基因或突变区序列。第二个反应（3′共合体 PCR）用 recA 基因（RecA1300S）的正向 5′引物和反向 3′共合体引物（B-box 3′端下游的序列）。进一步，检验 PCR 分析中的阳性菌落对紫外线的敏感性。在重组后，丢失了切除的重组载体（包含 sacB 和 recA 基因）的菌落对紫外线敏感。

材料

为正确使用本方案中的器材和危险试剂，必须查阅相应的材料安全数据表并咨询所在机构的环境卫生和安全办公室。

本方案的专用试剂标注 <R>，配方在本方案末提供。常用储备溶液、缓冲液和试剂标注 <A>，配方见附录 1。储备溶液应稀释至适用浓度后使用。

试剂

用 1×TAE<A>配制琼脂糖凝胶（1.0% 和 1.5% 琼脂糖），含有 0.1μg/mL 的溴化乙锭，其他琼脂糖凝胶电泳所需要的试剂和设备（见第 2 章，方案 1）

携带 BAC 共合体的大肠杆菌宿主（方案 8）

Hind III 限制性内切核酸酶

LB 琼脂平板<A>，添加氯霉素（20μg/mL）

LB 琼脂平板<A>，添加氯霉素（20μg/mL）和氨苄青霉素（50μg/mL）

分子质量标记：2-log DNA 梯形标记

引物：

> 正向 5'共合体引物（A-box 5'端上游的序列）
>
> 载体上的反向 3'引物（175PA+50AT）
>
> *Rec*A 基因（RecA1300S）的正向 5'引物
>
> 反向 3'共合体引物（A-box 3'端下游的序列）

PFGE 的试剂和设备（见方案 3）

Southern 印迹分析的试剂和设备

> 见第 2 章，方案 11。

设备

热循环仪

紫外透射仪（4 个 8W，312nm 灯泡）

方法

1. 转移 20～30 个分开的携带 BAC 共合体的大肠杆菌菌落到 LB 主平板上，LB 琼脂平板含有氯霉素（20μg/mL）和氨苄青霉素（50μg/mL）。37℃生长细胞过夜。

2. 用菌落 PCR 检验含有共合体的 BAC 的菌落。

   i. 制备单个细菌菌落的粗裂解物作为模板。用无菌的黄色移液器吸头转移少量细菌单菌落到 15.9μL 的 dH$_2$O 中。

   ii. 依照下表为每份裂解物设立两个独立的反应。第一个反应（5'共合体 PCR）用正向 5'共合体引物和载体的反向 3'引物（175PA+50AT）。第二个反应（3'共合体 PCR）用 *Rec*A 基因的正向 5'引物和反向 3'共合体引物。

   iii. 用不同的模板建立三个对照反应：分别用 BAC DNA，带 A 和 B 臂的质粒载体，以及无模板 DNA（空白）。

成分	用量		最终量/浓度
	5'共合体 PCR	3'共合体 PCR	
CoralLoad PCR 缓冲液（10×）	2.0μL	2.0μL	1×
正向 5'共合体引物	0.5μL		0.25μmol/L
载体的反向 3'引物	0.5μL		0.25μmol/L
*Rec*A 基因的正向 5'引物	—	0.5μL	0.25μmol/L
反向 3' 共合体引物	—	0.5μL	0.25μmol/L
dNTP（1mmol/L）	1.0μL	1.0μL	0.05mmol/L
菌落裂解物	15.9μL	15.9μL	
Taq DNA 聚合酶	0.1μL	0.1μL	0.025U/μL
总体积	20.0μL	20.0μL	

3. 将 PCR 管放到热循环仪中，依照以下程序进行扩增：

循环	变性	复性	延伸
1	94℃，2min	—	—
2～31	94℃，30s	55℃，1min	72℃，1min
32	—	—	72℃，10min

4. 在含有 0.1μg/mL 溴化乙锭的 1.5%（*m/V*）琼脂糖凝胶上，分析 10μL PCR 产物。用一个 2-log DNA 梯形标记做分子质量标记。通过紫外透射仪观察凝胶。

> 参见"疑难解答"。

筛选重组 BAC 克隆

5. 从主平板上（步骤 1）挑取 2~3 个菌落，选择那些在两次扩增反应中均为阳性的菌落。接种每个菌落到 5mL 添加氯霉素和 5%蔗糖的 LB 中，37℃，温育 8 h。

6. 按 1:5000 稀释培养物到添加氯霉素（20μg/mL）和 5%蔗糖（在 5mL 体积中加 1μL）的 LB 培养基中，37℃培养过夜。按 1:5000 稀释培养物到添加氯霉素和 5%蔗糖的 LB 中，37℃，培养 8 h。

7. 连续稀释培养物（稀释培养物到最终 1:50000 较好），置于添加氯霉素和 4.5%蔗糖的 LB 琼脂平板上。用 10μL 的 1:50000 稀释液铺一块平板，用 100μL 的 1:50000 稀释液铺另一块平板，37℃培养 16~20h。

> 在平板上将出现很大和很小的菌落。

分析丢失 RecA 的菌落

8. 转移大的和小的菌落（步骤 7）到两个添加氯霉素的 LB 琼脂主平板上。37℃培养一块主平板过夜。

> 通常，高重组频率的克隆来自小菌落。

9. 将另一块主平板放到紫外线下照射：
   i. 去掉第二块主平板的盖子，将平板颠倒放置到紫外透射仪中（4 个 8W，312nm 灯泡），第一次设定 30s。
   ii. 从平板上去掉盖子，37℃培养箱中培养过夜。
   > 由于丢失 recA 基因的菌落对紫外线敏感，此筛选有助于筛去假阳性克隆。

10. 为了通过 PCR 方法鉴定紫外线敏感的菌落，准备单细菌菌落的粗裂解物做模板。
   i. 在两个 PCR 管中分别加 15.9μL 的 dH$_2$O。
   ii. 用两个无菌的黄色移液器吸头转移少量细菌单菌落到两个 PCR 管中。
   iii. 依照下表为每份裂解物设立两个独立的反应。第一个反应（5′共合体 PCR）用正向 5′共合体引物（位于 A-box 5′端上游的序列）和突变区或报道基因的反向 3′引物。第二个反应（3′共合体 PCR）用突变区或报道基因的正向 5′引物和反向 3′共合体引物（位于 B-box 3′端下游的序列）。
   iv. 如上，建立三个对照反应：分别用 BAC DNA，带 A 和 B 臂的质粒载体，以及无模板 DNA（空白）。

成分	用量		最终量/浓度
	5′共合体 PCR	3′共合体 PCR	
CoralLoad PCR 缓冲液（10×）	2.0μL	2.0μL	1×
正向 5′共合体引物	0.5μL		0.25μmol/L
突变区的反向 3′引物	0.5μL		0.25μmol/L
突变区的正向 5′引物	—	0.5μL	0.25μmol/L
反向 3′共合体引物	—	0.5μL	0.25μmol/L
dNTP（1mmol/L）	1.0μL	1.0μL	0.05mmol/L
菌落裂解物	15.9μL	15.9μL	
Taq DNA 聚合酶	0.1μL	0.1μL	0.025U/μL
总体积	20.0μL	20.0μL	

11. 将 PCR 管放到热循环仪中，依照以下程序进行扩增：

循环	变性	复性	延伸
1	94℃，2min	—	—
2~31	94℃，30s	55℃，1min	72℃，1min
32	—	—	72℃，10min

12．在含有 0.1μg/mL 溴化乙锭的 1.5%（*m*/*V*）琼脂糖凝胶上，分析 10μL PCR 产物。用一个 2-log DNA 梯形标记做分子质量标记。通过紫外透射仪观察凝胶。

13．通过 Southern 印迹分析确认阳性克隆：用方案 1 中介绍的标准小量制备程序从阳性培养物中制备 DNA。用 A-box 序列作为杂交探针。

成功重组的 BAC 克隆的确认和分析

14．用如下分析，确定在修饰过程中，是否产生了重排或缺失：

　　i．用 *Hind* III 消化原始和修饰的 BAC DNA，接着用高分辨率的指纹图谱检测 DNA 片段长度的差异，此差异是由于某个限制性酶切位点的存在或缺少造成的，或者是由于 DNA 片段的插入或缺失造成的。

　　ii．通过脉冲电场凝胶电泳分析比较野生型和修饰的 BAC 的限制片段模式（见方案 3）。

　　　修饰 BAC 和原始 BAC 间恰当的限制片段的相关性提示修饰的 BAC 保持了完整的序列。与原始 BAC 的模式比较，插入突变或带有限制酶位点的报道基因序列，将通过修饰 BAC 片段位移到凝胶下部的位置显现出来。

15．一旦成功鉴定到重组的 BAC 克隆，用无菌的移液器吸头将数个携带这些克隆的菌落转移到一个添加氯霉素的 LB 琼脂主平板上。37℃，培养主平板 8h。

16．从主平板上挑取经确认的菌落的一小部分，用于接种 3mL 添加氯霉素的 LB 培养基。37℃，300r/min 振荡培养 8h。

17．转移 15～50μL（体积取决于细胞浓度）培养物到一个 2000mL 锥形瓶中，瓶中装有 500mL 添加氯霉素的 LB 培养基，30℃，300r/min 振荡培养 14～16h。

　　　细菌能被立即用于 DNA 显微注射，见方案 2 介绍，或保存备用。加入 200μL 100% 甘油到 800μL 过夜培养物中保存细菌，混合均匀。将细菌存放于 -80℃。

疑难解答

问题（步骤 4）：来自氯霉素/氨苄青霉素抗性的菌落的 DNA，PCR 扩增失败。

解决方案：穿梭载体或感受态细胞可能被未知的氨苄青霉素抗性质粒污染。将其转化到大肠杆菌 DH5α 感受态细胞中，检测穿梭载体。在含有氨苄青霉素的 LB 琼脂平板上应该没有任何生长。如果出现菌落，重新构建穿梭载体，重复转化直到在选择平板上无任何菌落出现。用水代替载体电击转化 BAC 感受态细胞，用于检测感受态细胞。在含有氯霉素（20μg/mL）和氨苄青霉素（50μg/mL）的 LB 琼脂平板上应该没有任何生长。如果出现菌落，重新制备感受态细胞。

方案 10 一步 BAC 修饰：质粒制备

在一步法中，两个质粒被导入到 BAC 宿主细胞中（见本章导言图 5-7 和图 5-8）。穿梭载体 pLD53.SC2 携带 EGFP 报道序列，其复制需要 π 蛋白，必须在 PIR1 或 PIR2 感受态大肠杆菌中生长。我们优选 PIR1 用于这些载体，因为此类细胞能使供体载体维持约 250 个拷贝。在 PIR1 中，这种小载体是稳定的。RecA 质粒 pSV1.RecA 带有温度敏感的复制起点，在 30℃ 下在多数感受态细菌中生长；这里我们采用 DH5α 感受态细胞。本方案介绍载体

DNA 的制备，同方案 4 两步法制备穿梭载体 DNA 类似。随之，穿梭报道载体 DNA 被消化后用于导入一个同源臂（通常是 A-box）。

材料

为正确使用本方案中的器材和危险试剂，必须查阅相应的材料安全数据表并咨询所在机构的环境卫生和安全办公室。

本方案的专用试剂标注<R>，配方在本方案末提供。常用储备溶液、缓冲液和试剂标注<A>，配方见附录1。储备溶液应稀释至适用浓度后使用。

试剂

用 1×TAE<A>配制的琼脂糖凝胶（1.0%普通和 1.0%低熔点琼脂糖），含有 0.1μg/mL 溴化乙锭，其他琼脂糖凝胶电泳所需要的试剂和设备（见第 2 章，方案 1）

乙酸铵（7.5mol/L）

BSA（100×）

大肠杆菌 DH5α，化学感受态细菌（Life Technologies 公司）

大肠杆菌 PIR1，化学感受态细菌（Life Technologies 公司）

乙醇（100%和 70%）

凝胶加样缓冲液 III<A>

LB 琼脂平板<A>，添加氨苄青霉素（30μg/mL）

LB 琼脂平板<A>，添加四环素（10μg/mL）

LB 培养基<A>，添加氨苄青霉素（50μg/mL）

LB 培养基<A>，添加四环素（10μg/mL）

NEBuffers 3 和 4

pLD53.SC2 报道质粒

此质粒携带 EGFP 报道序列，可从洛克菲勒大学的 Heintz 实验室获得。

pSV1.RecA 质粒

此质粒可从洛克菲勒大学的 Heintz 实验室获得。

限制性内切核酸酶 AscI 和 SwaI

设备

离心机（J6-MI Beckman-Coulter，JS-4.2 转子）

离心机（J-25I Beckman Avanti 离心机）

微型离心机（Eppendorf 公司冷冻型 5417R）

方法

转化质粒到选定的宿主菌株

平行操作如下的质粒转化：pLD53.SC2 报道载体到大肠杆菌 PIR1（步骤 1），以及 pSV1.RecA 到大肠杆菌 DH5α（步骤 4）。

1. 用标准的转化流程将 pLD53.SC2 穿梭载体转化到大肠杆菌 PIR1 化学感受态细胞中。见方案 4，步骤 1~6 介绍，但是要用 pLD53.SC2 和大肠杆菌 PIR1。

▲在方案 4，步骤 4 中（铺板转化细胞），平铺 5μL 转化的 PIR1 细胞混合物到 LB 氨苄青霉素的平板上，在另一个 LB 氨苄青霉素的平板上平铺 100μL。37℃过夜培养平板。

2. 从平板上挑取一个单细菌菌落，接种到 3mL 添加氨苄青霉素的 LB 培养基中。37℃温育培养物 8h。

3．转移培养物到一个 2000mL 锥形瓶中，瓶中装有 500mL 含氨苄青霉素 LB 培养基，37℃，300r/min 旋转培养 14～16h。

4．用标准的转化流程将携带 RecA 的 pSV1.RecA 质粒转化到大肠杆菌 DH5α 感受态细胞中。流程见方案 4，步骤 1～6 介绍，但是要用 pSV1.RecA 和大肠杆菌 DH5α。30℃，在 LB-四环素中筛选转化体。

▲在方案 4，步骤 4 中（铺板转化细胞），平铺 5μL 转化的 DH5α 细胞混合物到 LB 四环素的平板上，在另一个 LB 四环素的平板上铺 100μL。30℃过夜培养平板。

5．从平板上挑取一个单菌落，接种到 3mL 含四环素的 LB 培养基中。30℃温育培养物 8 h。

6．转移培养物到一个 2000mL 锥形瓶中，瓶中装有 500mL 含四环素的 LB 培养基，30℃，300r/min 旋转培养 14～16h。

纯化质粒 DNA

7．分别转移步骤 3 和 6 的细菌培养物到一个 1000mL 的聚丙烯瓶中，用 J6-MI Beckman-Coulter 离心机，4℃，4552g 离心 30min，收集细胞。

8．对两份沉淀分别进行质粒 DNA 的标准中量制备，见方案 4，步骤 8～18 介绍。

9．通过琼脂糖凝胶电泳检验制备质粒正确后，将 DNA 存放于-20℃。

报道质粒（pLD53.SC2）DNA 的消化和纯化

用 AscI 和 SwaI 消化纯化的 pLD53.SC2 质粒，用于 A 同源臂的插入。

10．在一个微量离心管中，混合以下试剂：

pLD53.SC2 DNA（约 5.0μg）	10～20μL
NEBuffer 4	20μL
AscI	4μL
dH₂O	至 200μL

轻轻混合，37℃水浴温育过夜。

11．在消化物中加入 100μL 7.5mol/L 乙酸铵和 750μL 100%乙醇。混合均匀，将管子放到-80℃冰箱中 5～10min。

12．在微型离心机中，20 617g（14 000r/min），4℃离心 30min，以回收 DNA。从沉淀物的对侧缓慢地丢弃上清液。

13．用 1.0mL 70%乙醇洗涤沉淀。以 20 617g（14 000r/min），4℃离心 10min。小心倒掉乙醇。室温风干沉淀 10min。

14．用 85μL dH₂O 重悬沉淀，加入以下试剂

NEBuffer 3	10μL
BSA（100×）	1μL
SwaI	4μL

轻轻混合，25℃温育过夜。

15．为了测定消化的穿梭载体的背景，用标准的连接反应测试一份样品。用 AscI 和 SwaI 持续消化载体 DNA，直到背景消失。

16．通过 1%低熔点琼脂糖凝胶来纯化消化的载体。在紫外线下观察条带，从凝胶上切下。将样品等分为 2mm 小块（消化的 pLD53.SC2），放到 1.5mL 离心管中。将消化的载体存放于-20℃。

方案 11　A 同源臂（A-Box）的制备

一步法 BAC 修饰仅需要将一个同源臂克隆到穿梭载体中（本方案的例子，采用 A-box）。在本方案的例子中，同源臂位于 ATG 起始密码子的上游，通过 PCR 来扩增，用纯化的 BAC DNA 作为模板。然后，得到的扩增产物用适当的限制性内切核酸酶进行消化，使其适合于克隆到穿梭载体上（见本章导言图 5-8）。

材料

为正确使用本方案中的器材和危险试剂，必须查阅相应的材料安全数据表并咨询所在机构的环境卫生和安全办公室。

本方案的专用试剂标注 <R>，配方在本方案末提供。常用储备溶液、缓冲液和试剂标注 <A>，配方见附录 1。储备溶液应稀释至适用浓度后使用。

试剂

用 1×TAE <A> 配制的琼脂糖凝胶（1.5% 和 1.1% 琼脂糖），含有 0.1μg/mL 溴化乙锭，其他琼脂糖凝胶电泳所需要的试剂和设备（见第 2 章，方案 1）。

乙酸铵（7.5mol/L）

AscI 限制性内切核酸酶（New England Biolabs 公司）

> 如果 A-box 带有 AscI 位点，用 MluI 代替 AscI。

BAC DNA（来自方案 3）

DNA 聚合酶（高保真）

> 我们采用带 Herculase 缓冲液的 Herculase 增强型 DNA 聚合酶或带 Pfu 缓冲液的 Pfu DNA 聚合酶（均来自 Stratagene 公司）。

含有 4 种 dNTP 的 dNTP 溶液（每种 dNTP 浓度为 1mmol/L，pH 8.0）

乙醇（100% 和 70%）

分子质量标记（2-log DNA 梯形标记和 λ-DNA-HindIII 消化产物；New England Biolabs 公司）

引物序列（见方案 5 表 5-2）

QIAquick PCR 纯化试剂盒（或用于 DNA 纯化的凝胶柱）

Taq PCR Core Kit（QIAGEN 公司），包括酶、CoralLoad PCR 缓冲液和 Q 溶液

TE（pH 8）<A>

设备

Eppendorf 公司冷冻微型离心机 5417R

方法

1. 混合以下试剂，用于扩增 A 同源臂，然后将混合物分为 50μL 等份的 4 份，将每一份都分装到一个 PCR 管中。同时设立一个没有模板 DNA 的对照反应。需要的引物的介绍，见方案 5 表 5-2。

成分	用量	反应终浓度
Herculase 反应缓冲液（10×）	20.0μL	1×
A-box 或 B-box 5′引物	5.0μL	0.25μmol/L
A-box 或 B-box 3′引物	5.0μL	0.25μmol/L
dNTP（1mmol/L）	10.0μL	0.05mmol/L
Herculase 聚合酶	2.0μL	0.05U/μL
BAC DNA（50ng/μL）	4.0μL	1ng/μL
无菌 dH₂O	154.0μL	
总体积	200.0μL	

2．将 PCR 管子放到热循环仪中，使用如下所列的变性、复性和聚合时间与温度进行扩增：

循环	变性	复性	延伸
1	94℃，2min	—	—
2～31	94℃，30s	55℃，1min	72℃，1min
32	—	—	72℃，10min

3．收集每次反应的 4 个 PCR 管。在含有 0.1μg/mL 溴化乙锭的 1.5%（m/V）琼脂糖凝胶上分析 PCR 产物。用 2-log DNA 梯形标记做分子质量标记。通过紫外透射仪观察凝胶。

A 同源臂（A-box）的消化

4．在 PCR 产物中（大约 200μL 体积）加入 100μL 7.5mol/L 乙酸铵和 750μL 100%乙醇。上下颠倒管子数次混合均匀，将管子置于-80℃冰箱中 5～10min。

5．用微型离心机以 20 617g（14 000 r/min），4℃离心 30min。确保能看到沉淀，沉淀可能会很微小。从沉淀对侧的管子侧壁缓慢丢弃上清液。

6．用 1.0mL 70%（V/V）乙醇洗涤沉淀。用微型离心机，以 20 617g（14 000r/min），4℃离心 10min，小心倒掉乙醇。室温彻底风干沉淀物 10min 或更长时间。

7．将沉淀重悬于 86μL 的 dH₂O 中。加入 10μL 的 NE Buffer 4 和 4μL 的 AscI（如果 A-box 带有内部的 AscI 位点，换用 MluI）。用手指轻叩管子混合，37℃水浴温育过夜。

8．用 QIAquick PCR 纯化试剂盒纯化消化的片段（如果 PCR 产物有多于 1 条带，采用人工的琼脂糖凝胶洗脱方法）。

9．在含有溴化乙锭的 1.1%（m/V）琼脂糖凝胶上分析消化的片段，用于评估其浓度。用 2-log DNA 梯形标记和 λ-DNA-Hind III 消化产物做分子质量标记。

方案 12　克隆 A 同源臂到报道穿梭载体

用方案 5 中介绍方法制备同源臂序列，通过连接反应引入到携带报道序列的穿梭载体上，以提供 BAC 克隆重组反应的位点（见本章导言图 5-7）。

用单个细菌转化体的粗裂解物作为 PCR 分析的模板，以确认重组穿梭载体上存在同源臂。对修饰质粒和未修饰质粒的酶切消化模式进行比较，进一步确保同源臂成功整合到质粒上。

材料

为正确使用本方案中的器材和危险试剂，必须查阅相应的材料安全数据表并咨询所在机构的环境卫生和安全办公室。

本方案的专用试剂标注<R>，配方在本方案末提供。常用储备溶液、缓冲液和试剂标注<A>，配方见附录 1。储备溶液应稀释至适用浓度后使用。

试剂

用 1×TAE<A>配制的琼脂糖凝胶（1.5%），含有 0.1μg/mL 溴化乙锭，其他琼脂糖凝胶电泳所需要的试剂和设备（见第 2 章，方案 1）

DNA 测序试剂（见第 11 章，方案 3）

大肠杆菌 PIR1 感受态（New England Biolabs 公司）

A 或 B 同源臂（如方案 11 所述制备和消化）

LB 琼脂平板<A>，添加氨苄青霉素（30μg/mL）

LB 培养基<A>，添加氨苄青霉素（30μg/mL）

分子质量标记（2-log DNA 梯形标记）

pLD53.SC2（如方案 10 所述消化）

扩增引物（步骤 11）：

　　5′ RecA 引物

　　3′ A-box 引物

　　5′ B-box 引物

　　3′ P175+50AT 引物

SOC 培养基<A>

T4 DNA 连接酶和反应缓冲液（NEB 公司）

Taq PCRCore Kit（QIAGEN 公司）

设备

预置 65℃和 42℃的水浴

方法

将同源臂 DNA 连接到穿梭载体中

1. 转移 100ng 消化的同源臂（4～8μL，体积取决于浓度）到一个 1.5mL 微量离心管中，加入 dH$_2$O 调节体积为 15μL。

2. 用 65℃水浴加热一份消化的 pLD53.SC2 10min，用于熔化琼脂糖中保存的样品。确保琼脂糖完全熔化。加入 2μL 加热过的载体（约 100ng）到含有同源臂的管子中（步骤 1），室温下使混合物冷却 5min。

　　　　　　　为避免 T4 DNA 连接酶变性，冷却非常必要。

3. 融化一管 T4 连接酶反应缓冲液，涡旋混匀。加 2μL T4 连接酶反应缓冲液到含有消化 A-box 和 pLD53.SC2 的管子中，然后加入 1μL T4 DNA 连接酶。用手指轻叩管侧壁混匀。要彻底混合，但是动作要轻。短暂离心，用铝箔覆盖管子。

4. 室温温育连接混合物至少 2～3h。如果愿意，可过夜温育。

转化重组穿梭载体到 PIR1 中

5. 在冰上融化一份 PIR1 感受态大肠杆菌。在一个新的 1.5mL 微量离心管中，混合 4μL pLD53.SC2/同源臂连接混合物（步骤 4）和 12～16μL PIR1 细胞。轻轻混匀，冰上温育 30min。

6. 在 42℃水浴中放置 50s，热激 PIR1 细菌。立即将管子放回冰上 1min。

7. 加入 200μL SOC 培养基。37℃水浴温育 1h。

8. 将转化 pLD53.SC2/同源臂载体的 PIR1 细菌平铺到添加氨苄青霉素的 LB 琼脂平板上。一个平板上平铺 10μL 细菌培养物，另一平板平铺 100μL。37℃过夜培养平板。

用 PCR 分析转化体中是否携带同源臂

通过扩增确认穿梭载体上正确插入了同源臂片段。在本例中，提供了用于 A-box 插入片段的 PCR 方法。

9. 转移 8～10 个分开的菌落到一个含氨苄青霉素的主平板上，37℃生长过夜。

10. 用菌落 PCR 分析这些菌落中含有修饰的 pLD53.SC2/A-box 载体：

 i. 在 8～10 个 PCR 管（等于待检测菌落的数目）中分别加入 15.9μL 的 dH$_2$O。

 ii. 用无菌的黄色移液器吸头转移少量细菌菌落到 PCR 管中，混合均匀制备悬液。

11. 混合以下试剂，以扩增 A-box。同时设立一个没有模板 DNA 的对照反应，详见下文。详细的引物介绍，见方案 5 表 5-2。

成分	用量	反应终浓度
CoralLoad PCR 缓冲液（10×）	2.0μL	1×
5′ RecA 引物	0.5μL	0.25μmol/L
A-box 3′引物	0.5μL	0.25μmol/L
dNTP（1mmol/L）	1.0μL	0.05mmol/L
菌落裂解物	15.9μL	
Taq DNA 聚合酶	0.1μL	0.025U/μL
总体积	20.0μL	

12. 将 PCR 管子放到热循环仪中，使用如下程序进行扩增：

循环	变性	复性	延伸
1	94℃，2min	—	—
2～31	94℃，30s	55℃，1min	72℃，1min
32	—	—	72℃，10min

13. 在含有 0.1μg/mL 溴化乙锭的 1.5%（*m/V*）琼脂糖凝胶上，分析 10μL 的 PCR 产物。用 2-log DNA 梯形标记做分子质量标记。通过紫外透射仪观察凝胶。

可通过 DNA 测序和限制性内切核酸酶消化小量制备的质粒进一步分析 PCR 产物。

pLD53SC.reporter/A-box 穿梭载体 DNA 的制备，用于电击转化

14. 穿梭载体 DNA 的制备。

 i. 在步骤 13 中 PCR 结果的基础上，从主平板上选择一个经过确认的单菌落（步骤 9）。

 ii. 接种到 20mL 含氨苄青霉素的 LB 培养基中。37℃，300r/min 振荡培养过夜。

 iii. 制备重组穿梭载体 DNA，见方案 7 介绍。

15. 为了检验 A-box 已经整合到 pLD53.SC2，在微量离心管中，分别建立如下两个反应：一个反应含有未修饰的（亲本）pLD53.SC2 质粒，另一个反应中含有修饰的重组质粒。

质粒 DNA	2μL
NEBuffer 4	3μL
*Asc*I	1μL
*Xma*I	1μL
dH$_2$O	23μL

轻轻混合，37℃温育混合物过夜。

16. 在溴化乙锭染色的 1.5%（*m/V*）琼脂糖凝胶上分析两种样品，用 2-log DNA 梯形标记做分子质量标记。

> 未修饰的质粒将呈现单一条带。成功的修饰质粒将呈现两条带：下方的条带是 A-box 的大小，上方的条带是质粒的大小。

方案 13　用 RecA 载体转化 BAC 宿主

本方案概述了将 RecA 质粒导入 BAC 宿主细胞的步骤，及其用于随后转化报道质粒的制备工作。将 BAC 宿主细胞做成化学感受态，用 RecA 质粒进行转化。通过四环素抗性筛选转化体，确保 RecA 标记的存在。

材料

为正确使用本方案中的器材和危险试剂，必须查阅相应的材料安全数据表并咨询所在机构的环境卫生和安全办公室。

本方案的专用试剂标注<R>，配方在本方案末提供。常用储备溶液、缓冲液和试剂标注<A>，配方见附录 1。储备溶液应稀释至适用浓度后使用。

试剂

携带 BAC 克隆的 DH10B（方案 1 中检验过的）

CaCl$_2$（50mmol/L），冰冷

CaCl$_2$/甘油溶液 [50mmol/L CaCl$_2$ 和 20%（*V/V*）甘油]，冰冷

甘油（10%，*V/V*；溶于水），冷的，高压灭菌

LB 琼脂平板<A>，添加氯霉素（20μg/mL）

LB 琼脂平板<A>，添加氯霉素（20μg/mL）和四环素（10μg/mL）

LB 培养基<A>，添加氯霉素（20μg/mL）

LB 培养基<A>，添加氯霉素（20μg/mL）和四环素（10μg/mL）

pLD53.SC2/同源臂载体 DNA（方案 12 中制备）

pSV1.RecA DNA（方案 10 中制备）

SOC 培养基<A>

设备

Bio-Rad Gene Pulser II 电击转化仪

离心机（J6-MI Beckman-Coulter，JS-4.2 转子）

方法

准备化学感受态 BAC 细胞，用 RecA 质粒进行转化

1．从含氯霉素的 LB 琼脂平板上，选择一个带有选定 BAC 的 DH10B 单菌落。在一个 14mL Falcon 管中，接种到 5mL 含氯霉素的 LB 培养基中。37℃，300r/min 振荡生长细胞过夜。

2．用含氯霉素的 LB 培养基 1:100（将 60μL 培养物加到 6mL 培养基中）稀释过夜培养物，37℃培养 3～4h。生长到 600nm 光密度（OD_{600}）达到 0.6～0.8（用分光光度计测定细胞浓度）。

3．2560g，4℃离心 10min 收集细胞（J6-MI Beckman-Coulter 离心机）。丢弃上清液。

4．用 5mL 冰冷的 50mmol/L $CaCl_2$ 重悬细菌沉淀。将管子置于冰上 15min。2560g，4℃离心 10min 沉淀细胞（J6-MI Beckman-Coulter 离心机，JS-4.2 转子）。丢弃上清液，再次重复步骤 4。

5．用 300μL 的冰冷的 $CaCl_2$/甘油溶液重悬沉淀。分装 100μL 等份到三个管子中。

6．融化一份 pSV1.RecA DNA，将 2～5μL 的质粒 DNA 加入到一份 100μL 等份的 BAC 感受态细胞中。轻轻混合均匀，冰上温育 30min。

7．将管子放到 42℃水浴，50s，热激细菌和质粒混合物。立即将混合物放回冰上 1min。

8．在混合物中加入 1.0mL SOC 培养基，转移到 1 个 1.5mL 微量离心管中，30℃，220r/min 振荡培养 1h。

9．准备两个含氯霉素（20μg/mL）和四环素（10μg/mL）的 LB 琼脂平板。一块平板铺 5μL 转化的 BAC 细胞，另一块平板铺 100μL 转化的 BAC 细胞。30℃培养过夜。

BAC-pSV1.RecA 电转感受态细胞的制备

10．从步骤 9 中的一块低密度筛选平板上挑取一个单菌落，接种到 5mL 含氯霉素和四环素的 LB 培养基中。30℃，300r/min 振荡培养过夜。

11．转移 1mL 或 2mL 过夜培养物到一个 250mL Corning 离心管中，此离心管中含有 50mL 添加氯霉素和四环素的 LB 培养基。30℃剧烈振荡生长细胞 4～5h，使 OD_{600} 达到 0.6～0.8。

12．转移细胞到 50mL Falcon 管中。用 J6-MI Beckman-Coulter 离心机，2560g，4℃离心 10min 收集细胞。

13．丢弃上清液，用等体积的冷的高压灭菌过的 10%甘油重悬沉淀。用 J6-MI Beckman-Coulter 离心机，2560g，4℃离心 10min。此步骤重复 1 次。

14．尽可能地将上清液倒出，用终体积为 200μL 的冷的 10%（V/V）甘油水溶液轻轻重悬细胞。将电转感受态细胞分装为 40μL 等份到无菌管中。-80℃保存 pSV1.RecA 转化的 BAC 感受态细胞。

方案 14　转移报道载体到 BAC/RecA 细胞以及共合体的筛选

RecA 有利于报道载体和 BAC 的重组，进而产生修饰的 BAC。通过氯霉素、氨苄青霉素和四环素中生长筛选重组体。只有含有正确修饰 BAC 和 pSV1.RecA 拷贝的细菌被筛选出来。未修饰的 BAC（也就是缺少 pLD53.SC2/A-box 插入）通过暴露于氨苄青霉素加以消除。在 BAC 宿主细菌中保留的游离的报道质粒也将被消除，因为此载体需要 π 蛋白来完成复制。通过在高温下生长筛选共合体，进而消除 RecA 质粒。分别用扩增反应确认成功的 BAC 修饰（形成共合体）。

材料

为正确使用本方案中的器材和危险试剂，必须查阅相应的材料安全数据表并咨询所在机构的环境卫生和安全办公室。

本方案的专用试剂标注<R>，配方在本方案末提供。常用储备溶液、缓冲液和试剂标注<A>，配方见附录 1。储备溶液应稀释至适用浓度后使用。

试剂

用 1×TAE<A>配制琼脂糖凝胶（1.0%和 1.5%[①]琼脂糖），含有 0.1μg/mL 的溴化乙锭，其他琼脂糖凝胶电泳所需要的试剂和设备（见第 2 章，方案 1）

转化 RecA 质粒的 BAC 克隆，DH10B 中携带（来自方案 13）

甘油（100%）

*Hin*d III 限制性内切核酸酶

LB 琼脂平板<A>，添加氯霉素（20μg/mL）和氨苄青霉素（50μg/mL）

LB 培养基<A>，添加氯霉素（20μg/mL）和氨苄青霉素（50μg/mL）

LB 培养基<A>，添加氯霉素（20μg/mL）、氨苄青霉素（50μg/mL）和四环素（10μg/mL）

pLD53.SC2/同源臂载体 DNA（方案 12 中制备）

转化 pSV1.RecA 的 BAC 感受态细胞

脉冲电场凝胶电泳的试剂和设备

SOC 培养基

设备

Bio-Rad Gene Pulser II 电击转化仪

方法

用连接的 pLD53SC 报道载体电击转化 BAC-pSV1.RecA 电转感受态细胞，以及共合体的筛选

1. 在冰上融化一管转化 pSV1.RecA 的 BAC 感受态细胞。

2. 在 40μL 转化 pSV1.RecA 的 BAC 感受态细胞中，加入 2μL 的 pLD53.SC2/同源臂载体 DNA（0.5μg/μL）。轻轻混合管子，冰上温育 1min。

---

① 译者注：应为 1.5%，原文为 1.1%。

3．将样品转移到一个冷的 0.1cm 小杯中，放到 Bio-Rad Gene Pulser II 电击转化仪上。采用脉冲控制器 200Ω，1.8 kV/25μF 参数的电压/电容进行电击转化。

4．在电击转化后，加入 1mL SOC 培养基到小杯中，将细胞悬液转移到一个 15mL 管子中。30℃，220r/min，振荡培养样品 1h。

5．在培养物中加入 5mL 含氯霉素、氨苄青霉素和四环素的 LB 培养基，30℃，培养过夜。

6．准备两块含氯霉素和氨苄青霉素的 LB 琼脂平板。用 20μL 过夜培养物铺一块平板，用 100μL 过夜培养物铺另一块平板，43℃培养过夜。

> 其中一块平板比另一块有更好的菌落分辨率。在 BAC 宿主细菌中，游离的 pSV1.RecA 不能在 43℃复制，将被消除，只有共合体被保留在宿主中。

共合体的分析

通过两个扩增反应，用于分析正确形成的修饰 BAC。第一个反应（5′共合体 PCR）用正向 5′共合体引物（A-box 5′端上游的序列）和反向 3′标记引物（*EGFP*、*EGFP-L10*、*td-Tomato* 或 Cre 重组酶）。第二个反应（3′共合体 PCR）用 R6Kγ 起点的正向 5′引物和反向 3′共合体引物（A-box 3′端下游的序列）。

7．用两套不同的菌落 PCR 反应分析 8～10 个独立的菌落中是否带有成功修饰的 BAC（共合体）。

 i．在 2 个 PCR 管中分别加入 15.9μL 的 dH₂O。

 ii．用两个无菌的黄色移液器吸头转移少量细菌菌落分别到两个 PCR 管中，混合均匀制备悬液。

 iii．设立如下详述的两个反应。

 iv．设立含有不同模板的三个对照反应：BAC DNA、带有 A 臂的质粒穿梭载体和无模板 DNA（空白）。

> 所需引物的介绍见方案 5 的表 5-2，扩增位点的图示见本章导言图 5-7。

成分	用量		最终量/浓度
	5′共合体 PCR	3′共合体 PCR	
CoralLoad PCR 缓冲液（10×）	2.0μL	2.0μL	1×
正向 5′共合体引物	0.5μL		0.25μmol/L
载体的反向 3′引物	0.5μL		0.25μmol/L
RecA 基因的正向 5′引物	—	0.5μL	0.25μmol/L
反向 3′ 共合体引物	—	0.5μL	0.25μmol/L
dNTP（1 mmol/L）	1.0μL	1.0μL	0.05mmol/L
菌落裂解物	15.9μL	15.9μL	
Taq DNA 聚合酶	0.1μL	0.1μL	0.025U/μL
总体积	20.0μL	20.0μL	

8．将 PCR 管放到热循环仪中，依照以下程序进行扩增：

循环	变性	复性	延伸
1	94℃，2min	—	—
2～31	94℃，30s	55℃，1min	72℃，1min
32	—	—	72℃，10min

9．在含有 0.1μg/mL 溴化乙锭的 1.5%（*m/V*）琼脂糖凝胶上，分析 10μL PCR 产物。用 2-log DNA 梯形标记做分子质量标记。通过紫外透射仪观察凝胶。

10．通过 Southern 印迹分析确认阳性克隆：用方案 1 中介绍的标准小量制备程序从阳性培养物中制备 DNA。用 A-box 序列作为杂交探针。

11. 用如下分析确定在修饰过程中是否产生了重排或缺失：

    i. 用方案 1 中介绍的方法小量分离 BAC DNA。

    ii. 用 *Hind* III 消化原始和修饰的 BAC DNA，接着用高分辨率的指纹图谱检测。

    iii. 通过脉冲电场凝胶电泳分析比较野生型和修饰的 BAC 的限制片段模式。几乎所有的修饰 BAC 的限制消化模式都类似于野生的 BAC。

12. 一旦鉴定到成功修饰的 BAC 克隆，用无菌的黄色移液器吸头将这些克隆转移到一个含氯霉素和氨苄青霉素的 LB 琼脂主平板上。43℃，培养主平板 8h。

13. 从含氯霉素和氨苄青霉素的 LB 主平板上，挑取经确认的菌落的一小部分，接种 3mL 含氯霉素和氨苄青霉素的 LB 培养基。37℃，300r/min 振荡培养 8h。

14. 此时为了保存克隆，加入 200μL 100%甘油到 800μL 细菌培养物中，混合均匀。将细菌存放于-80℃。

15. 为了大量制备 DNA 用于进一步的实验操作，转移来自步骤 13 的 15～50μL（体积取决于细胞浓度）细菌培养物到一个 2000mL 锥形瓶中，瓶中装有 500mL 含氯霉素和氨苄青霉素的 LB 培养基，30℃，300r/min 振荡培养 14～16h。如方案 2 所述，进行 BAC DNA 制备。

如方案 2 介绍，可进一步处理得到的 DNA 用于 DNA 显微注射，或保存备用。

方案 15　酿酒酵母（*S. cerevisiae*）的生长和 DNA 制备

以下方案介绍从携带重组 YAC 的酿酒酵母中分离总 DNA 的方法。用此方法制备的 DNA 适用于常规琼脂糖凝胶电泳、Southern 印迹、亚克隆、基因组文库构建、PCR 或其他不需要完整高分子质量 DNA 的方法。如果制备的 DNA 要用于 PFGE，请采用方案 3 的方法。小量制备 YAC DNA 的方法在方案 16 中介绍。因为线性 YAC DNA 对剪切力敏感，所以在转移 DNA 时应使用宽孔的吸头。用点滴透析法进行缓冲液的替换。每 10mL 培养物的预计产量为 2～4μg 酵母 DNA。

材料

为正确使用本方案中的器材和危险试剂，必须查阅相应的材料安全数据表并咨询所在机构的环境卫生和安全办公室。

本方案的专用试剂标注<R>，配方在本方案末提供。常用储备溶液、缓冲液和试剂标注<A>，配方见附录 1。储备溶液应稀释至适用浓度后使用。

试剂

乙酸铵（10mol/L）

乙醇

酚：氯仿（1：1，*V/V*）

TE（pH 8.0）<A>

TE（pH 8.0）<A>，含 20μg/mL RNA 酶

Triton/SDS 溶液<A>

携带目的 YAC 克隆的酵母菌落

YPD 培养基<A>

参见信息栏"酵母培养基"

设备

玻璃珠

应使用酸洗玻璃珠（如 Sigma-Aldrich 公司）。未洗过的玻璃珠不推荐使用。

Sorvall SS-34 转子或同类产品

方法

细胞生长

1. 将一个含目的 YAC 克隆的酵母菌落接种到 10mL YPD 培养基中，30℃振荡培养过夜。

2. 2000g（Sorvall SS-34 转子，4100r/min）离心 5min 收集细胞。

3. 丢弃培养基，加 1mL 无菌水，轻轻涡旋，重悬细胞。

4. 按步骤 2 的方法离心收集细胞。

5. 去除洗涤液，将细胞重悬于 0.5mL 无菌 H_2O 中，然后转移到一个 1.5mL 的无菌微量离心管中。

6. 室温下，在微型离心机中，以最大转速离心 5s 收集细胞，去除上清液。

提取 DNA

7. 加入 0.2mL Triton/SDS 溶液到细胞中，轻叩管壁，重悬细胞沉淀。

8. 加入 0.2mL 酚：氯仿和 0.3g 玻璃珠到细胞中。室温涡旋细胞悬液 2min。加入 0.2mL TE（pH 8.0），短暂涡旋以混合溶液。

9. 室温下，在微型离心机中以最大转速离心 5min，使有机相和水相分开。将上层水相移入另一个新的微量离心管中。小心操作，避免将两相界面处的物质吸入。

分离 DNA

10. 加入 1mL 乙醇到水相溶液中，盖上管盖，轻轻颠倒混匀。

11. 在微型离心机中，以最大转速 4℃离心 2～5min，收集沉淀的 DNA。用拉长的巴斯德吸管去除上清液。短暂离心管子（2s），去除离心管底部最后残余的乙醇。

12. 用 0.4mL 含 RNA 酶的 TE（pH 8.0）重悬核酸沉淀，37℃温育溶液 5min。

13. 加入等体积的酚：氯仿溶液到溶液中，抽提经 RNA 酶消化后的溶液。颠倒混匀，不要涡旋。室温下，在微型离心机中以最大转速离心 5min，使水相和有机相分离。将水层转移到一个新的微量离心管中。

14. 在水层中加入 80μL 10mol/L 乙酸铵和 1mL 乙醇。轻轻地颠倒混匀溶液。将管子室温放置 5min。

15. 在微型离心机中离心 5min，收集沉淀的 DNA。轻轻倒出上清液，用 0.5mL 70% 乙醇漂洗核酸沉淀。以最大转速离心 2min。用拉长的巴斯德吸管去除乙醇漂洗液。短暂离心管子（2s），去除离心管底部最后残余的乙醇。将 DNA 沉淀在空气中干燥 5min，然后用 50μL TE（pH 8.0）溶解沉淀。

制备的酵母 DNA 应有 2～4μg。此时，可用 PCR 或 Southern 杂交分析制备的 DNA，也可用于构建亚克隆文库供 DNA 测序或其他用途。

方案 16　酵母 DNA 的小量制备

通过消化细胞壁，然后用 SDS 裂解随之产生的原生质体，以制备酵母 DNA。用这种方法可重复制备数微克的酵母 DNA，得到的酵母 DNA 能被限制性内切核酸酶有效切割，也可用作 PCR 的模板。注意，酵母菌落能直接用于 PCR，无需纯化酵母 DNA。在方案 6 步骤 9～12 中，介绍了一种与菌落 PCR 类似的方法。在第 1 章方案 17 中提供了另一种制备酵母 DNA 的方法。

材料

为正确使用本方案中的器材和危险试剂，必须查阅相应的材料安全数据表并咨询所在机构的环境卫生和安全办公室。

本方案的专用试剂标注<R>，配方在本方案末提供。常用储备溶液、缓冲液和试剂标注<A>，配方见附录 1。储备溶液应稀释至适用浓度后使用。

试剂

乙酸钾（5mol/L）<A>

SDS（10%，m/V）

乙酸钠（3mol/L，pH7.0）

山梨糖醇缓冲液（1mol/L 山梨糖醇；0.1mmol/L EDTA，pH7.5）

TE（pH7.4）<A>

TE（pH8.0）<A>，含 20μg/mL RNA 酶

酵母细胞

酵母重悬缓冲液（50mmol/L Tris-Cl，pH 7.4；20mmol/L EDTA，pH7.5）

YPD 培养基<A>

　　　　参见信息栏"酵母培养基"

酵母溶细胞酶 100T

设备

Sorvall SS-34 转子或同类产品

预置到 65℃的水浴

方法

细胞生长及 DNA 提取

1. 用 10mL YPD 培养基培养酵母。将酵母培养物在 30℃、中度振荡条件下培养过夜。

2. 转移 5mL 细胞到离心管中。2000g（Sorvall SS-34 转子，4100r/min）离心 5min，收集细胞。将多余的培养物放到 4℃保存。

3. 用 0.5mL 山梨糖醇缓冲液重悬细胞。将细胞悬液转移到一个微量离心管中。

4. 加入 20μL 酵母溶细胞酶 100T 的溶液（用山梨糖醇缓冲液配成 2.5mg/mL 浓度）。将细胞悬液在 37℃温育 1h。

5. 用微型离心机离心 1min，收集细胞，吸出上清液。

6. 用 0.5mL 酵母重悬缓冲液重悬细胞。

7. 加入 50μL 10%的 SDS。盖上管盖，快速颠倒离心管数次混匀。将离心管 65℃温育 30min。

8. 加入 0.2mL 5mol/L 的乙酸钾，冰上放置管子 1h。

分离 DNA

9. 在微型离心机中，以最大转速 4℃离心 5min，使细胞碎片沉积。

10. 室温下用宽孔吸头转移上清到一个新的微量离心管中。

11. 加入等体积室温的异丙醇，沉淀核酸。将管内容物混匀，室温放置 5min。

▲不要使沉淀反应超过 5min。

12. 在微型离心机中以最大转速离心 10s 回收沉淀的核酸。吸出上清液，沉淀在空气中干燥 10min。

13. 用 300μL 含 20μg/mL 胰 RNA 酶的 TE（pH 8.0）溶解沉淀。将消化混合物 37℃温育 30min。

14. 加入 30μL 3 mol/L 的乙酸钠（pH 7.0）。混匀溶液，然后加入 0.2mL 异丙醇。再次混匀，在微型离心机中以最大转速离心 20s，回收沉淀的 DNA。

15. 吸出上清液，在空气中干燥沉淀 10min，用 150μL TE（pH 7.4）溶解 DNA。4℃保存 DNA。

信息栏

CRE-loxP

Cre-loxP 重组系统来源于 P1 噬菌体，其基因组是环状排列的，且末端有冗余。但是，噬菌体 DNA 的遗传图谱却是线性的。自从人们发现 P1 噬菌体含有一个重组热点 loxP（locus of crossing-over [×] in P1），这一矛盾也随之解决。loxP 定义了遗传图谱的终点（Sternberg et al. 1978, 1983）。在 loxP 位点上的重组仅由一个噬菌体编码蛋白 Cre（cyclization recombination protein）介导（Sternberg et al. 1986）。loxP 系统是线性的 P1 DNA 环化所必需的。这种环化过程在噬菌体感染大肠杆菌几分钟内发生（Segev et al. 1980; Segev and Cohen 1981; Hochman et al. 1983）。有趣的是，由于受噬菌体包装过程的限制，每 4～5 个噬菌体颗粒中只有 1 个在其末端冗余区含有 loxP 位点（图1）。只有这类噬菌体基因组才是 CRE-loxP 系统的底物，也只有这些噬菌体的基因组能发生环化并且在 recA 缺陷型的大肠杆菌中复制（见综述 Yarmolinsky and Sternberg 1988）。loxP 位点长 34 bp，含有 2 个 13 bp 的反向重复序列，中间被 1 个 8bp 的间隔区隔开。

loxP 位点的重组由 cre 基因编码蛋白催化，Cre 蛋白是一个含 343 个氨基酸的 I 型重组酶。每个 loxP 位点都含有 2 个不完全相同的 Cre 结合域。每个 Cre 结合域都是由一个 13 bp 的重复序列和它旁侧的 4 bp 间隔序列组成。修饰反向重复序列最远端的 2 个碱基，不会影响重组的效率；但是如果反向重复序列有较大的缺失，则会引起重组产物的异常的拓扑构象（Abremski and Hoess 1985）。一个完整的 loxP 位点最多可以结合 2 个 Cre 分子（一个反向重复序列结合一个 Cre 分子）。Cre-loxP 复合体与第二个 loxP 位点发生联会。后者可以在同一个 DNA 分子上，也可以在另一个 DNA 分子上。在间隔区，DNA 经不对称切割后，在联会的两个 loxP 位点间会发生链交换（见图 2 和 3）。因为间隔区的不对称性，所以使得在同一条 DNA 分子的 *loxP* 位点间进行重组具有了极性。如果发生重组的两个 *loxP* 位点是同向的，则此两位点间的 DNA 被切割；如果这两个位点是反向的，则会引起两位点间的插入序列倒位。因为单分子和双分子都能发生重组反应，Cre-*loxP* 系统能被用于转基因的整合和切除 *loxP* 位点结合序列的分子克隆实验。

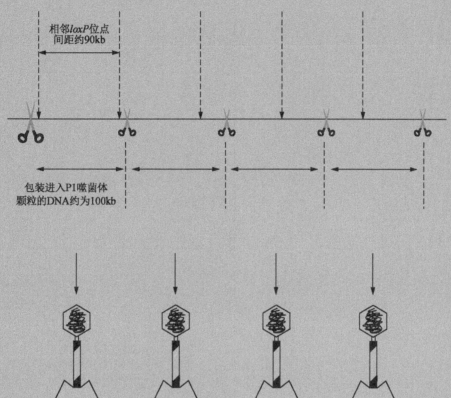

图 1　来自细胞内多联体的 P1 噬菌体 DNA 的包装。包装的底物是线性的多联体 DNA（粗线表示）。在多联体上，每一个 P1 噬菌体基因组头尾相连，串联排布。包装从一处 *pac* 位点开始（即图示中的大剪刀图标）。此位点与最近的 *loxP* 位点相距约 5kb。多联体中其他的 *pac* 位点（小剪刀）都不是包装的起始位点。长 100kb 的 DNA 片段相继以单向前进的"头样"机制被卷入噬菌体的前头部。因为 P1 噬菌体的基因组约为 90kb，而前头部的容量能达到 100kb，所以包装进每个噬菌体颗粒中的 DNA 都有冗余末端。因为有这个冗余末端，使得每个多联体形成的第一个噬菌体颗粒都含有 2 个 *loxP* 位点。所以该噬菌体 DNA 进入新的细菌胞内后，可在 Cre 重组酶的催化下发生环化。每条多联体大约可以包装 4 个噬菌体。但是，其中只有一个病毒颗粒的末端冗余区含有 *loxP* 位点。

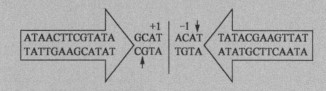

图 2　34bp 的 *loxP* 位点的结构。34bp 的 *loxP* 位点有 2 个理想的 13bp 长的反向重复序列（图示箭头内的部分），其中间被一个 8bp 的间隔区隔开。竖箭头标示的是 Cre 蛋白在 DNA 上下两条链的切割位点。为了方便起见，我们把 *loxP* 位点的核苷酸从间隔中心处（竖线）开始排序。竖线左侧的碱基对向左按正数排序，竖线右侧的碱基对向右按负数排序。

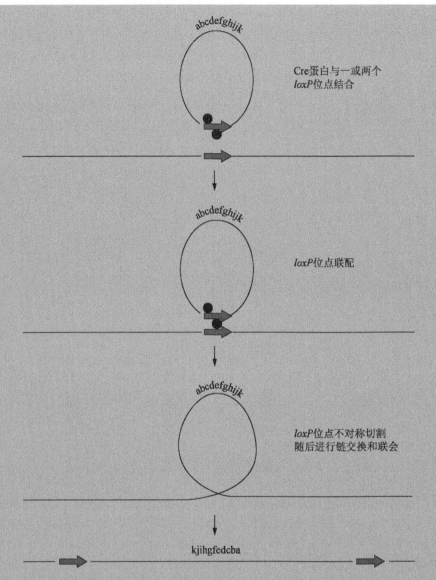

图 3 在 *loxP* 位点上 Cre 介导的重组。详细内容请参阅正文。

Cre 蛋白催化的重组反应不仅限于大肠杆菌，在酵母、植物和哺乳类动物细胞中都可发生。所以，Cre 重组酶能够：①在真核细胞的染色体上，驱动位点特异性的基因整合（图3）；②催化两侧具有正向重复 *loxP* 位点的 DNA 片段的精确切除（此过程被称为"floxing"）；③增强组织特异的启动子的表达。

DNA 整合

DNA 整合是质粒上的 *loxP* 位点和靶细胞基因组引入的另一个 *loxP* 位点进行重组的结果。Cre 蛋白可以由一个克隆拷贝的 *cre* 基因临时提供或由整合于宿主细胞基因组的一个基因拷贝提供。如我们所知，酵母和小鼠的细胞的基因组不含有任何真正的 *loxP* 位点。然而，过表达 Cre 蛋白能导致哺乳动物细胞的染色体重排，据推测其发生在同 *loxP* 位点有一定序列相似性的位点。但是，通常 *cre* 基因的表达对真核细胞是无毒性的，受小鼠金属硫蛋白 I 启动子或巨细胞病毒启动子调控的 *cre* 转基因小鼠的发育、生长或生殖能力不受影响。

染色体 DNA 片段的切除

两侧带有正向重复 *loxP* 位点的染色体 DNA 片段的切除（floxing）效率高于将 *loxP* 质粒整合到细胞染色体上嵌入的 *loxP* 位点的效率。将选定的染色体位置中含 *loxP* 位点的基因工程小鼠与表达 Cre 的转基因动物交配，Cre-*loxP* 系统可用于产生无效等位基因及以组织特异和发育调控的方式激活基因。其他用途还包括：特定的染色体倒位和缺失、特定细胞系的去除、在预先选定的小鼠组织中产生特定基因的半合子。

增强靶基因的表达

通过在靶基因上附加一个强启动子来改造宿主细胞或生物体，可使靶基因的表达增强。在启动子和靶基因之间有数个转录终止序列，转录终止序列两侧是串联排列的 *loxP* 位点。在有 Cre 蛋白时，发生切除重组，靶基因立即直接受上游强启动子调控。在转基因生物中，仅需要适时、适地地调节 Cre 蛋白的表达，就能以组织特异的方式打开靶基因的表达（注意，在常规使用中，哺乳动物细胞内天然的 *cre* 基因缺少一个最佳的翻译起始信号。在转染的哺乳动物细胞中，将-3 位核苷酸从 T 转换为 G 能大幅提高其重组能力）。

Cre-*loxP* 系统是当前最好的哺乳动物和植物基因组的重组系统，但并非独一无二。还有其他一些重组酶/靶序列的组合，它们在特定的时空内在真核生物中介导重组事件。它们包括：①酿酒酵母的 FLP-*frt* 重组酶，能在哺乳动物细胞和果蝇（*Drosophila*）中催化重组反应；②鲁氏接合酵母（*Zygosaccharomyces rouxii*）的 pSR1 重组酶，在酿酒酵母中高效发挥功能。但是，目前这些位点特异性的重组系统的开发均不如 Cre-*loxP* 系统。

有用的 Cre-*loxP* 系统的综述，见 Orban 等(1992)、Kuhn 等(1995)、Sauer (1998)、Copeland 等(2001)、Van Duyne (2001)、Branda 和 Dymecki (2004)、Garcia-Otin 和 Guillou (2006)及 Grindley 等(2006)。

参考文献

Abremski K, Hoess R. 1985. Phage P1 Cre–*loxP* site-specific recombination. Effects of DNA supercoiling on catenation and knotting of recombinant products. *J Mol Biol* 184: 211–220.

Branda CS, Dymecki SM. 2004. Talking about a revolution: The impact of site-specific recombinases on genetic analyses in mice. *Dev Cell* 6: 7–28.

Copeland NG, Jenkins NA, Court DL. 2001. Recombineering: A powerful new tool for mouse functional genomics. *Nat Rev Genet* 2: 769–779.

Garcia-Otin AL, Guillou F. 2006. Mammalian genome targeting using site-specific recombinases. *Front Biosci* 11: 1108–1136.

Grindley NDF, Whiteson KL, Rice P. 2006. Mechanisms of site-specific recombination. *Annu Rev Biochem* 75: 567–605.

Hochman L, Segev N, Sternberg N, Cohen G. 1983. Site-specific recombinational circularization of bacteriophage P1 DNA. *Virology* 131: 11–17.

Kuhn R, Schwenk F, Aguet M, Rajewsky K. 1995. Inducible gene targeting in mice. *Science* 269: 1427–1429.

Orban PC, Chui D, Marth JD. 1992. Tissue- and site-specific DNA recombination in transgenic mice. *Proc Natl Acad Sci* 89: 6861–6865.

Sauer B. 1998. Inducible gene targeting in mice using the Cre/lox system. *Methods* 14: 381–392.

Segev N, Cohen G. 1981. Control of circularization of bacteriophage P1 DNA in *Escherichia coli*. *Virology* 114: 333–342.

Segev N, Laub A, Cohen G. 1980. A circular form of bacteriophage P1 DNA made in lytically infected cells of *Escherichia coli*. Characterization and kinetics of formation. *Virology* 101: 261–271.

Sternberg N, Austin S, Hamilton D, Yarmolinsky M. 1978. Analysis of bacteriophage P1 immunity by using λ-P1 recombinants constructed in vitro. *Proc Natl Acad Sci* 75: 5594–5598.

Sternberg N, Hoess R, Abremski K. 1983. The P1 lox–Cre site-specific recombination system: Properties of lox sites and biochemistry of lox–Cre interactions. *UCLA Symp Mol Cell Biol New Ser* 10: 671–684.

Sternberg N, Sauer B, Hoess R, Abremski K. 1986. Bacteriophage P1 *cre* gene and its regulatory region. Evidence for multiple promoters and for regulation by DNA methylation. *J Mol Biol* 187: 197–212.

Van Duyne GD. 2001. A structural view of Cre–*loxP* site-specific recombination. *Annu Rev Biophys Biomol Struct* 30: 87–104.

Yarmolinsky MB, Sternberg N. 1988. Bacteriophage P1. In *The bacteriophages* (ed Calendar R), Vol. 1, pp. 291–438. Plenum, New York.

用 EGFP 作为报道分子

增强型绿色荧光蛋白（EGFP）是一个含有生色团的、238 个氨基酸长的蛋白质，受到激发时，在 490nm 处发荧光。通过其内在的荧光能直接鉴定 EGFP（取决于在细胞中拷贝数），或者通过高特异性的抗体免疫标记放大其信号。

我们已经利用这个特性创造了一种融合蛋白，用于鉴定特定细胞类型的 mRNA（Doyle et al. 2008; Heiman et al. 2008）。通过在大亚基核糖体蛋白（L10）的氨基末端附加

EGFP 来产生 EGFP-RP 融合蛋白。在特定细胞类型中表达 EGFP-RP，通过抗 EGFP 的抗体免疫沉淀核糖体，以纯化相应的 mRNA。基于 BAC 的 EGFP-L10a 细胞系，尤其在翻译图谱中筛选特定群体的 mRNA 时非常有用。通常，EGFP-RP 融合蛋白被引入 BAC 载体，它可以靶向中枢神经系统的许多特定细胞类型，因而极大加速了 DNA 微阵列技术的研究。

参考文献

Doyle JP, Dougherty JD, Heiman M, Schmidt EF, Stevens TR, Ma G, Bupp S, Shrestha P, Shah RD, Doughty ML, et al. 2008. Application of a translational profiling approach for the comparative analysis of CNS cell types. *Cell* 135: 749–762.

Heiman M, Schaefer A, Gong S, Peterson JD, Day M, Ramsey KE, Suárez-Fariñas M, Schwarz C, Stephan DA, Surmeier DJ, et al. 2008. A translational profiling approach for the molecular characterization of CNS cell types. *Cell* 135: 738–748.

同源臂、共合体和重组体的引物设计

BAC 扩增方案中使用的 PCR 引物来自 Bio-Synthesis 公司（(http://www.biosyn.com)。引物的工作浓度为 10pmol/μL。扩增 A 和 B 同源臂的引物长度为 25～30bp。通常，同时进行 2 个扩增反应来鉴定共合体的 BAC 克隆。第一套引物包括一个正向的 5′ 共合体引物，此引物位于 A 同源臂的上游；以及位于载体修饰盒上的报道分子（或设计好的突变区）的反向 3′引物。第二套引物包含一个正向的 5′引物——R6kγ（用于一步 BAC 修饰）或 RecA（用于两步 BAC 修饰），以及一个位于同源臂下游的反向的 3′共合体引物（一步 BAC 修饰中，其位于 A 同源臂下游；两步 BAC 修饰中，其位于 B 同源臂的下游）。

在两步 BAC 修饰中，同时进行两个扩增实验鉴定重组的 BAC 克隆。第一套引物包括 5′共合体引物，此引物位于 A 同源臂的上游；以及报道分子（或设计好的突变区）的反向 3′引物。第二套引物包含报道分子（或设计好的突变区）的正向的 5′引物，以及一个位于 B 同源臂下游的反向的 3′共合体引物。

酵母培养基

在分离基因组 DNA 前，推荐使用丰富的 YPD 培养基，用于携带 YAC 酵母菌株的增殖。因为 YPD 培养基含有尿嘧啶和色氨酸，对保持 YAC 无选择性。然而，由于培养物只是短时间生长（过夜），并且酵母菌株生长良好，得到丢失 YAC 的变异体的风险不大。当使用生长缓慢的菌株时，它是由于其携带特定的 YAC 或宿主的基因型所导致，最好在尿嘧啶和色氨酸营养缺陷培养基（也被称为 Ura Trp 营养缺陷培养基，参考缺少尿嘧啶和色氨酸的基本培养基）或酸水解酪蛋白（AHC）培养基中生长酵母，为保持 YAC DNA 施加选择压力。一些携带 YAC 克隆的酵母菌株在 AHC 培养基中生长得更好（Burke and Olson 1991）。它是含有腺嘌呤的完全培养基，能抑制 *ade* 突变体的回复突变。根据实验情况，加入低浓度（20mg/L）或高浓度（100mg/L）的腺嘌呤。在开始构建 YAC 文库，筛选含有插入片段的 YAC 载体时，使用低浓度腺嘌呤；在生长 YAC 菌株，用于 DNA 分离时，使用高浓度腺嘌呤。

参考文献

Burke DT, Olson MV. 1991. Preparation of clone libraries in yeast artificial chromosome libraries. *Methods Enzymol* 194: 251–270.

（王 建 译，胡显文 校）

第 6 章　真核细胞 RNA 的提取、纯化和分析

导言

方案

● 用单相裂解试剂提取总 RNA　277

1　从哺乳动物的细胞和组织中提取
　总 RNA　279

● 替代方案　从小量样本提取 RNA　281

2　从斑马鱼胚胎和成体中提取
　总 RNA　282

3　从黑腹果蝇提取总 RNA　283

4　从秀丽隐杆线虫中提取总 RNA　285

5　从酿酒酵母菌中采用热酸酚提取
　总 RNA　287

6　RNA 定量和储存　289

7　RNA 的乙醇沉淀　295

8　通过无 RNase 的 DNase I 处理去除
　RNA 样品中的 DNA 污染　297

9　Oligo（dT）磁珠法提取
　poly（A）⁺ mRNA　298

● Northern 杂交进行 RNA 转移　302

10　按照大小分离 RNA：含甲醛的
　琼脂糖凝胶电泳　308

11　根据分子质量大小分离 RNA：
　RNA 的尿素变性聚丙烯酰胺
　凝胶电泳　312

12　琼脂糖凝胶中变性 RNA 的转膜
　和固定　319

● 替代方案　下行毛细管转移　323

13　聚丙烯酰胺凝胶的电转移和
　膜固定　325

14　Northern 杂交　327

15　纯化 RNA 的点杂交和狭缝杂交　330

● RNA 作图引言　334

16　用核酸酶 S1 对 RNA 作图　342

17　核糖核酸酶保护分析：用核糖
　核酸酶和放射性标记的 RNA
　探针对 RNA 作图　349

18　引物延伸法分析 RNA　355

信息栏

如何去除 RNase　359

RNase 抑制剂　359

焦碳酸二乙酯（DEPC）　360

核酸酶 S1　362

导　言

一个典型的哺乳动物细胞约含 10^{-5} μg 的 RNA,其中 80%～85% 是核糖体 RNA(rRNA;主要是 28S、18S、5.8S 和 5S 四种)。剩余的 15%～20% 中大部分由不同低分子质量的 RNA 组成(如转运 RNA [tRNA]和小核 RNA)。这些高丰度的 RNA 有固定的大小和序列,可通过凝胶电泳、密度梯度离心、阴离子交换层析或高压液相层析(HPLC)分离。相反,占细胞 RNA 总量 1%～5% 的信使 RNA(mRNA),无论大小还是序列都是不同的——其长度从几百碱基至成千上万碱基不等。然而大多数真核 mRNA 3′端带有足够长的多聚腺苷酸残基,使其可通过与寡聚(dT)的亲和力进行纯化。这些不均一的 RNA 分子实际上共同编码了细胞内所有的多肽。

由于核糖残基在 2′和 3′位带有羟基,所以 RNA 比 DNA 的化学性质更活跃,易于被污染的 RNase(具有水解核糖残基和磷酸二酯键能力的酶)切割。由于 RNase 从裂解的细胞中释放且存在于皮肤上,故要小心防止玻璃器皿、操作台,以及浮尘中 RNase 的污染。由于链内二硫键的存在使许多 RNase 可抵抗长时间煮沸和温和变性剂,并且变性的 RNase 可迅速重新折叠,因而目前尚无使 RNase 失活的简易办法。与大多数 DNase 不同,RNase 不需要二价阳离子激活,因此难以被缓冲溶液中加入的 EDTA 或其他金属离子螯合剂失活。防止 RNase 最好的办法就是在第一步即避免污染(请参阅本章信息栏"如何去除 RNase"、"RNase 抑制剂"和"焦碳酸二乙酯")。

本章由两部分组成(图 6-1)。第一部分(方案 1～11)包括总 RNA 和随后的 poly(A)⁺RNA

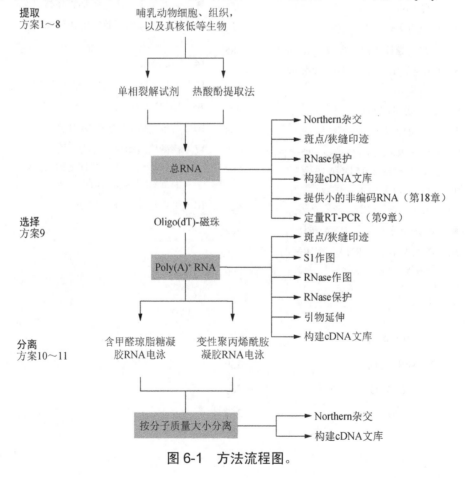

图 6-1　方法流程图。

的分离纯化，也包含 RNA 定量和存储方法（方案 6）。从总 RNA 分离小的非编码 RNA 将在第 18 章讨论。

第二部分（方案 12～18）包括对纯化的 RNA 的多种分析方法，特别是评估基因表达和基因结构。Northern 杂交（方案 12～14）和斑点杂交或狭缝杂交（方案 15）可用于测定特异 RNA 的丰度和大小。特定转录物的精细结构可通过 S1 作图或核酸酶保护法（方案 16 和 17）分析。上述方法既可分析特定 mRNA 的 5′和 3′端，又可分析 mRNA 剪接体、前体和加工过程中的中间体。引物延伸（方案 18）提供了一种检测特异 mRNA 数量和确定 mRNA 5′端的方法。

● 用单相裂解试剂提取总 RNA

从组织和细胞中成功纯化完整 RNA 的关键是速度：大多数获得完整 RNA 的方法需要能使细胞物质快速离散并能灭活细胞内 RNase 的溶液。无论如何，在提取过程的第一阶段，细胞来源的 RNase 应尽快尽量完全灭活。一旦内源的 RNase 被破坏或失活，RNA 受损的可能就大大降低，而纯化的过程就可以按适当速度进行。

为快速从细胞中分离完整的 RNA，许多方法都用到了强变性剂（如胍盐）使细胞破裂，同时溶解和变性内源性的 RNase。胍盐是离液剂，可以破坏蛋白质的高级结构。最有效常规使用的这类蛋白变性剂是异硫氰酸胍和盐酸胍，它们使大多数蛋白质转化为无规卷曲状态（Tanford 1968; Gordon 1972）。虽然看起来随着变性进程蛋白质结合更多的胍盐，但这种转变的机制还不太清楚（Gordon 1972）。首次在 RNA 提取中作为蛋白变性剂使用的胍盐是盐酸胍（图 6-2）（Cox 1968）。虽然是核酸酶的强抑制分子，但盐酸胍也不能保证从含有丰富 RNase 的组织（如胰腺）中提取完整的 RNA。异硫氰酸胍是一种强离液剂，包含的强阳离子和阴离子基团能够形成强氢键（图 6-3）。异硫氰酸胍在还原剂中可打断蛋白二硫键，在去污剂如肌氨酰中可破坏疏水相互作用。在样品匀浆或裂解时，这些试剂用于裂解细胞、溶解细胞组分并保持 RNA 的完整性。

图 6-2　盐酸胍的结构。　　　　　　图 6-3　异硫氰酸胍的结构。

历史上这种基于胍盐的方法最初由 Han 实验室（1987）或 Chirgwin 等（1979）提出，后者不适于同时处理多种样品。Chirgwin 的方法中，培养的细胞或组织在异硫氰酸胍中匀化，然后此裂解液在高浓度的氯化铯中分层。该方法基本上被 Chomczynski 和 Sacchi（1987）的一步法所完全取代，在一步法中用低 pH 的酚：氯仿抽提硫氰酸胍匀浆。该方法不需要超速离心，因而可使许多样品同时进行操作并且提高速度，而且能保证 RNA 的产率和质量。

最近，Chomczynski 和 Sacchi（1987）的一步法已几乎完全被单相裂解试剂取代，这种单相裂解试剂含有离液剂（如胍盐或硫氰酸铵）、酸化的苯酚、酚醛增溶剂（如甘油），用于加速 RNase 失活的速度和程度（Puissant and Houdebine 1990; Chomczynski, 1993, 1994;

Chomczynski and Mackey，1995a）。单相裂解试剂有一些重要的优势。首先，它们可从范围广泛的生物样品中制备 RNA，包括人类和动物的细胞和组织、植物细胞、酵母、细菌和病毒等。此外，单相裂解试剂可以同时从一种样本提取总 RNA、基因组 DNA 和蛋白质（Chomczynski，1993）。

　　在该方法中，生物样品被异硫氰酸胍和苯酚的单相溶液所破坏而裂解，然后加入氯仿（或溴氯丙烷）（Chomczynski and Mackey 1995b），混匀后离心，匀浆被分离成水相和有机相。RNA 仅存在于上层水相，而 DNA 处于水相和有机相的分界处，变性蛋白存在于下层有机相。回收水相后，通过加入异丙醇沉淀 RNA。如果需要提取 DNA 和蛋白质，可以通过顺序沉淀分离：中间相用乙醇沉淀得到 DNA，从有机相中用异丙醇沉淀获得蛋白质。从中间相回收的 DNA 为 20kb 大小，可用做 PCR 的模板；然而由于暴露于胍盐，蛋白质是变性的，因此主要用于免疫印迹。

　　单相裂解试剂可以很容易地从头制备（Weber et al. 1998; Chomczynski and Sacchi 2006）。然而，普通用户可能更愿意购买商品化的产品，它们通常都提供详细的操作说明和大量的问题指南（部分商品化单相裂解试剂的列表，请参阅表 6-1）。这类产品的好处是方便和快速（通常从样品中分离 RNA 仅需 60min）。某些商品化的试剂中含有染料，使识别不同的液相更为简单（例如，下层酚：氯仿相是红色的，而上层水相为无色）。它们的缺点包括有机萃取可能导致 RNA 的损失或片段化，高速离心导致 RNA 难以重悬，胍盐残留可能干扰随后的酶促反应，并且这些专用试剂往往是昂贵的。出于这些原因，一些商品化的RNA 分离试剂盒提供了替代的裂解方法，如变性剂裂解和/或用吸附到石英或玻璃-亲和基质替代有机萃取。在选择一个合适的用于总 RNA 提取的试剂盒时，有几个参数应被考虑，包括有机体/样品的类型、可用的起始物质的量及下游应用。

表6-1　商品化的单相裂解试剂

商品名称	公司
ISOGEN 和 ISOGEN-LS	Nippon Gene
Isol-RNA 裂解试剂	5 Prime
QIAzol 裂解试剂	QIAGEN
RNApure	GenHunter
RNA STAT-60	Tel-Test
TriPure 分离试剂	Roche Applied Science
TRI 试剂	Ambion
TRIzol 和 TRIzol LS 试剂	Life Technologies

　　使用单相裂解试剂分离的总 RNA 可用于多种应用，包括 Northern 印迹分析、斑点杂交、体外翻译、RNase 保护分析、反转录（cDNA 合成）或 RT-PCR（反转录—聚合酶链反应）等。对于大多数应用没有必要进一步纯化。然而，使用单相裂解试剂制备的 RNA 样品可能包含少量基因组 DNA 污染，如果这些 RNA 被用于后续分析如 RT-PCR、RNase 保护或实时定量 RT-PCR，必须去除 DNA（见方案 8 用 DNase 处理去除 RNA 样品中 DNA 污染）。获得的 RNA 总量取决于组织或细胞来源，但通常是 $4\sim7\mu g/mg$ 初始组织或 $5\sim10\mu g/10^6$ 细胞。提取的 RNA 的 A_{260}/A_{280} 比值可用来评估 RNA 样品的纯度（方案 6），一般是 $1.7\sim2.0$。提取的 RNA 应检测其完整性（方案 10 和 11）及定量（方案 6）。

　　从水相中沉淀获得的 RNA 随后可以用来提取 Poly（A）$^+$mRNA（方案 9）。需要注意的是异丙醇沉淀不能有效回收小分子 RNA，使得它随后不适合用于提取 microRNA 等小分子 RNA。而通过变性聚丙烯酰胺凝胶电泳可以从总 RNA 中分离出小分子 RNA（$19\sim29$个核苷酸）（见第 18 章，方案 9）。

　　方案 1~4 描述了使用单相裂解试剂从哺乳动物细胞和组织、斑马鱼、果蝇、线虫提取

RNA 的过程。虽然单相裂解试剂可用于从酵母中提取总 RNA，方案 5 描述了一种更常用的方法，即用热酸酚抽提。

参考文献

Chirgwin JM, Przybyla AE, MacDonald RJ, Rutter WJ. 1979. Isolation of biologically active ribonucleic acid from sources enriched in ribonuclease. *Biochemistry* 18: 5294–5299.

Chomczynski P. 1993. A reagent for the single-step simultaneous isolation of RNA, DNA and proteins from cell and tissue samples. *BioTechniques* 15: 532–534.

Chomczynski P. 1994. Self-stable product and process for isolating RNA, DNA and proteins. U.S. Patent 5,346,994.

Chomczynski P, Mackey K. 1995a. Modification of the TRI Reagent™ procedure for isolation of RNA from polysaccharide- and proteoglycan-rich sources. *BioTechniques* 19: 942–945.

Chomczynski P, Mackey K. 1995b. Substitution of chloroform by bromochloropropane in the single-step method of RNA isolation. *Anal Biochem* 225: 163–164.

Chomczynski P, Sacchi N. 1987. Single-step method of RNA isolation by acid guanidinium thiocyanate-phenol-chloroform extraction. *Anal Biochem* 162: 156–159.

Chomczynski P, Sacchi N. 2006. The single-step method of RNA isolation by acid guanidinium thiocyanate-phenol-chloroform extraction: Twenty-something years on. *Nat Protoc* 1: 581–585.

Cox RA. 1968. The use of guanidinium chloride in the isolation of nucleic acids. *Methods Enzymol* 12: 120–129.

Gordon JA. 1972. Denaturation of globular proteins. Interaction of guanidinium salts with three proteins. *Biochemistry* 11: 1862–1870.

Han JH, Stratawa C, Rutter WJ. 1987. Isolation of full-length putative rat lysophospholipase cDNA using improved methods for mRNA isolation and cDNA cloning. *Biochemistry* 26: 1617–1625.

Puissant C, Houdebine LM. 1990. An improvement of the single-step method of RNA isolation by acid guanidinium thiocyanate-phenol-chloroform extraction. *BioTechniques* 8: 148–149.

Tanford C. 1968. Protein denaturation. *Adv Protein Chem* 23: 121–282.

Weber K, Bolander ME, Sarkar G. 1998. PIG-B: A homemade monophasic cocktail for the extraction of RNA. *Mol Biotechnol* 9: 73–77.

方案 1 从哺乳动物的细胞和组织中提取总 RNA

下面的操作步骤，适用于 Life Technologies/Invitrogen's 公司的 TRIzol 试剂，使用单相裂解试剂从哺乳动物细胞（单层或悬浮生长）或组织提取总 RNA。应采取避免 RNase 污染的常规措施（见在本章结尾的信息栏"如何去除 RNase"、"RNase 抑制剂"和"焦碳酸二乙酯"）。

材料

为正确使用本方案中的器材和危险试剂，必须查阅相应的材料安全数据表并咨询所在机构的环境卫生和安全办公室。

本方案的专用试剂标注<R>，配方在本方案末提供。常用储备溶液、缓冲液和试剂标注<A>，配方见附录 1。储备溶液应稀释至适用浓度后使用。

试剂

悬浮或单层生长的细胞样品或组织样品

氯仿或溴氯丙烷

> 溴氯丙烷是一种可取的氯仿替代物，因为它毒性更小且不易挥发。此外，溴氯丙烷可以提供更好的液相分离，从而更好地从总 RNA 中去除基因组 DNA，获得更纯的 RNA。

乙醇（75%），用焦碳酸二乙酯（DEPC）处理的水配制

糖原（20mg/mL 储存液）（可选）

异丙醇

单相裂解试剂 [商品化（如 TRIzol）或从头配制（Chomczynski and Sacchi，1987，Weber et al. 1998）]

> 单相裂解试剂含有毒的苯酚和刺激性的异硫氰酸胍。使用时应避免接触皮肤或衣物、戴手套和保护眼睛（屏蔽、护目镜）。在化学通风柜中使用，避免吸入蒸汽。

磷酸盐缓冲液（PBS）（1×），<A>。

无 RNase 的水

制备无 RNase 水：加水至无 RNase 的玻璃瓶，加 DEPC 至 0.1%^①（*V/V*），放置过夜并高压灭菌。

设备

Glass-Teflon 或高效匀浆器（如 Polytron，或 Tekmar's TISSUMIZER 或类似设备）

🐾 方法

除另有说明外，该过程在室温下（15～30℃）进行，并且试剂是在 15～30℃放置。

样品匀浆

样品的体积应不超过用于匀浆的单相裂解试剂体积的 10%。

1. 准备并匀浆单层细胞，悬浮培养物或组织样本。

贴壁生长的单层细胞

（1）移除培养基，并用 1～2mL 冰冷的 PBS 漂洗细胞一次。

（2）移除 PBS，直接在培养皿中裂解细胞，每 100mm 培养皿加入 1mL 的单相裂解试剂并用细胞刮刀刮取。

（3）用吸头吹打几次细胞裂解液，彻底混悬。

> 单相裂解试剂的添加量基于培养皿的面积而不是细胞数量（10cm²/mL）。单相裂解试剂不足可能导致提取的 RNA 有 DNA 污染。

（4）继续进行步骤 2。

> 样品可以储存在-60～-70℃至少 1 个月。

悬浮生长的细胞

（1）200～1900*g* 室温在台式离心机中离心 5～10min 收集细胞（1000～3000r/min 在 Sorvall H1000 转子中）。

（2）去除培养基，用冰冷的 PBS 重悬细胞。200～1900*g* 离心 5min 沉淀细胞。

（3）每 $5×10^6$～$10×10^6$ 个细胞，加入 1mL 的单相裂解试剂，重复吸打或通过注射器和针头抽吸裂解细胞。

（4）继续进行步骤 2。

> 样品可以储存在-60～-70℃下至少 1 个月。

组织

（1）每 50～100mg 组织用 1mL 的单相裂解试剂匀浆组织样本，使用 glass–Teflon 或高效匀浆器匀浆。

> 对于蛋白质、脂肪、糖类或细胞外物质含量高的样品，如肌肉和脂肪组织，可以执行下述可选步骤；否则，请继续步骤 2。

> 样品可以储存在-60～-70℃至少 1 个月。

（2）匀浆后样品于 2～8℃，12 000*g* 离心 10min，从组织匀浆液除去不溶物。

> 沉淀里包含细胞外膜、多糖类和高分子质量的 DNA，而上清液中包含 RNA。

（3）从脂肪组织样本中去除脂肪收集顶层。

（4）将澄清的匀浆溶液转移到新的管中。

---

① 译者注：DEPC 水应为 0.1% DEPC 配制，原文为 0.01%。

（5）请继续进行步骤 2。

> 样品可以储存在 -60～-70℃至少 1 个月。

相分离

2．孵育匀浆样品，室温 5min，以完全解离核蛋白复合物。

3．步骤 1 每毫升初始匀化单相裂解试剂匀化样品加入 0.2mL 氯仿。盖紧管盖，用力摇动试管 15s，并在室温下孵育 2～3min。

> 不要涡旋样品，因为它会导致 DNA 污染。

4．2～8℃，12 000g 离心 15min。混合物分为，下层是酚∶氯仿相、中间相和上层的水相。RNA 仅存在于上层水相。

> 在这个方案，此步骤和步骤 7 中如果将离心时间增加到 30～60min，也可使用最大速度 2600g 的台式离心机。

5．小心地将上层水相转移到新的离心管中，注意不要扰动中间层。每毫升初始匀化单相裂解试剂可获得约 600μL 水相。

> 如果需要分离 DNA 或蛋白质，请保留有机相。
>
> 水相的体积应该为在步骤 1 中使用的单相裂解试剂体积的 60%。虽然每毫升单相裂解试剂可以获取 600μL 水相，为了防止 DNA 的污染，推荐只收回 500μL。

分离 RNA

6．从水相中沉淀 RNA，每毫升单相裂解试剂加入 0.5mL 的异丙醇。颠倒离心管几次混匀。在室温下孵育样品 10min。

> 加入 1μL 糖原（20mg/mL）储存液使步骤 7 中形成的沉淀可见。

7．于 2～8℃，不超过 12 000g 离心 10min，收集 RNA 沉淀。

> RNA 沉淀在离心之前通常是不可见的，离心后在试管底部的一侧形成凝胶样沉淀。

8．弃去上清液，并用吸头完全去除残留液体。

9．用 75%乙醇洗涤一次 RNA 沉淀，加入至少 1mL 75%乙醇，涡旋混合样品液，然后在 2～8℃以不超过 7500g 离心 5min。

> 在 75%乙醇中的 RNA 沉淀存储在 2～8℃至少 1 周，或在 -5～-20℃存储至少 1 年。

10．完全去除乙醇，空气干燥或真空干燥 RNA 沉淀 5～10min。

> 除去乙醇后，沉淀应该是半透明的，在干燥时，沉淀将变成透明凝胶体状。不要真空离心干燥的 RNA。重要的是不要让 RNA 沉淀完全干燥，因为这将大大降低其溶解度。部分溶解的 RNA 样品 A_{260}/A_{280} 比值为 1.6。A_{260}/A_{280} 比值用来衡量 RNA 样品纯度（见方案 6）。

11．用 20μL 的无 RNase 水溶解 RNA，吸头反复吸打几次，然后在 55～60℃温育该溶液 10min。

> 为了更好地溶解 RNA，可以使用加热到 40℃的无 RNase 水。RNA 也可溶于 100%甲酰胺（去离子），可在 -20℃下储存 1 年（请参阅方案 6 存储纯化的 RNA 样品）。甲酰胺提供了一种稳定的化学环境，保护 RNA 不被 RNase 降解。

替代方案　从小量样本提取 RNA

此方案用于从少量细胞（10^2～10^4 个）或组织（1～10 mg）中提取 RNA。糖原作为载体增加 RNA 的回收率，直接加入到单相裂解试剂中。糖原除了最大化的沉淀 RNA，还增大 RNA 沉淀量使其更容易被看到。糖原浓度不超过 4mg/mL 时不抑制第一链合成，也不抑制 PCR 扩增。糖原在水相与 RNA 共沉淀。

附加材料

为正确使用本方案中的器材和危险试剂，必须查阅相应的材料安全数据表并咨询所在机构的环境卫生和安全办公室。

试剂

无 RNase 糖原（如购自 Life Technologies）

设备

针头（26G）

方法

1. 加入 800μL 的单相裂解试剂至组织或细胞中。直接加 200μg 糖原，如方案 1 步骤 1 所述匀化样品。

> 糖原在单相裂解试剂的终浓度为 250μg/mL。

2. 室温孵育样品匀浆 5min。
3. 为了降低黏度，两次通过 26G 针头剪切基因组 DNA。
4. 加氯仿及进行相分离，如方案 1，步骤 3 所述。

参考文献

Chomczynski P, Sacchi N. 1987. Single-step method of RNA isolation by acid guanidinium thiocyanate-phenol-chloroform extraction. *Anal Biochem* 162: 156–159.

Weber K, Bolander ME, Sarkar G. 1998. PIG-B: A homemade monophasic cocktail for the extraction of RNA. *Mol Biotechnol* 9: 73–77.

方案 2　从斑马鱼胚胎和成体中提取总 RNA

此方案用单相裂解试剂法，是一种从多种样品中提取高质量 RNA 的快速方法。此方案是提取斑马鱼胚胎任何发育阶段的 RNA 的常规方法。胚胎可以用单相裂解试剂直接裂解，而无需先去绒毛膜。通常从 25 个受精后 6h 的胚胎中能提取 5～8μg RNA；从 25 个受精后 24h 的胚胎中提取 10～15μg RNA。

应采取常规的预防措施，以避免 RNase 污染（见本章信息栏"如何去除 RNase"、"RNase 抑制剂"和"焦碳酸二乙酯"）。

材料

为正确使用本方案中的器材和危险试剂，必须查阅相应的材料安全数据表并咨询所在机构的环境卫生和安全办公室。

试剂

氯仿或溴氯丙烷

> 溴氯丙烷是一种可取的氯仿替代物，因为它毒性更小且不易挥发。此外，溴氯丙烷可以提供更好的液相分离，

从而更好地从总 RNA 中去除基因组 DNA，获得更纯的 RNA。

乙醇（75%），用焦碳酸二乙酯（DEPC）处理的水配制

糖原（20mg/mL 储存液）（可选）

异丙醇

单相裂解试剂［商品化（如 TRIzol）或从头配制（Chomczynski and Sacchi，1987，Weber et al. 1998）］

> 单相裂解试剂含有毒的苯酚和刺激性的异硫氰酸胍。使用时应避免接触皮肤或衣物、戴手套和保护眼睛（屏蔽、护目镜）。在化学通风柜中使用，避免吸入蒸汽。

无 RNase 的水

> 制备无 RNase 水，加水至无 RNase 的玻璃瓶。加 DEPC 至 0.1%[①]（V/V），放置过夜并高压灭菌。

斑马鱼胚胎（25～50 个胚胎）

设备

针头（18～25G）和注射器（1mL）或塑料粉碎机

方法

1. 将胚胎放入 1.5mL 离心管中。少于 25 个胚胎时，加入 500μL 单相裂解试剂；25～50 个胚胎时，加 1mL 的单相裂解试剂。立即使用 18～25G 针头和注射器，反复抽吸（约 10 次）使胚胎匀化。此外，可以用塑料粉碎机匀浆胚胎。

> 当使用 1mL 的单相裂解试剂时，由于较大体积的试剂可能在匀浆时洒到管外，初始加入少于完全量的试剂较有利。例如，匀浆时加入 300～500μL 试剂然后再加入余量补足体积。然而需要注意的是，较少量的试剂会使其匀化样品更难，并可能导致起泡。最后的组织匀浆实际上不应有胚胎碎片。

2. 按照方案 1，步骤 2～11 完成 RNA 的提取。

参考文献

Chomczynski P, Sacchi N. 1987. Single-step method of RNA isolation by acid guanidinium thiocyanate-phenol-chloroform extraction. Anal Biochem 162: 156–159.

Weber K, Bolander ME, Sarkar G. 1998. PIG-B: A homemade monophasic cocktail for the extraction of RNA. Mol Biotechnol 9: 73–77.

方案 3　从黑腹果蝇提取总 RNA

在可用的从果蝇提取总 RNA 的方法中，单相裂解试剂（如 TRIzol）产率稳定可靠且较其他 RNA 提取试剂盒价格便宜。在下述方案中，在微量离心管中使用塑料研棒，加入单相裂解试剂可匀化高达 50mg 的果蝇组织。对于大量样本，可以使用研钵和研杵或杜恩斯匀浆器进行匀浆，其余部分用量可以参照操作说明按比例增加。

此方案通常从 10mg 胚胎（约 1000 个胚胎）、14mg 幼虫、30mg 成蝇（约 36 个苍蝇）、50 对卵巢或 84 对睾丸中可以获得 50μg 总 RNA。然而，应该指出的是，生长条件、生理状态和突变体的表型可以影响总 RNA 的产量。据报道，通过使用 1.5～2 倍更多的单相裂

[①] 译者注：DEPC 水应为 0.1% DEPC 配制，原文为 0.01%。

解试剂，可能获得更高的产量，特别是对脂肪组织如卵巢（Bogart and Andrews 2006）。

材料

为正确使用本方案中的器材和危险试剂，必须查阅相应的材料安全数据表并咨询所在机构的环境卫生和安全办公室。

本方案的专用试剂标注<R>，配方在本方案末提供。常用储备溶液、缓冲液和试剂标注<A>，配方见附录1。储备溶液应稀释至适用浓度后使用。

试剂

次氯酸钙（Bleach）（50%，V/V）

> 蒸馏水稀释次氯酸钙至50%。

氯仿或溴氯丙烷

> 溴氯丙烷是一种可取的氯仿替代物，因为它毒性更小且不易挥发。此外，溴氯丙烷可以提供更好的液相分离，从而更好地从总RNA中去除基因组DNA，获得更纯的RNA。

干冰/乙醇浴或液氮

乙醇（75%），用DEPC水配制

果蝇（完整的成体或胚胎）或器官/组织

异丙醇

单相裂解试剂［商品化（例如TRIzol）或从头配制（Chomczynski and Sacchi，1987，Weber et al. 1998）］

> 单相裂解试剂含有毒的苯酚和刺激性的异硫氰酸胍。使用时应避免接触皮肤或衣物、戴手套和保护眼睛（屏蔽、护目镜）。在化学通风柜中使用，避免吸入蒸汽。

磷酸盐缓冲液PBS（1×），<A>

无RNase的蒸馏水（DEPC处理过的蒸馏水）

> 加水至无RNase的玻璃瓶，加DEPC至0.1%（V/V）放置过夜并高压灭菌，以此制备无RNase水。

设备

配有微管（microtube）的无RNase的一次性颗粒研杵（手持式或电动）（如Kontes提供的）

无RNase的微量离心管（1.5mL）

方法

1. 制备样品匀浆。

洗涤组织或成虫

（1）1×PBS洗涤样品后转至冰上1.5mL的离心管。

从胚胎去除绒毛膜

（2）吸取50%（V/V）的次氯酸钙（漂白剂）溶液加到胚胎，并孵育4min。

（3）用冷蒸馏水彻底冲洗胚胎，直到没有明显的次氯酸钙（漂白剂）气味。使用KIMWIPES纸巾吸干多余水分。

（4）将去绒毛膜的胚胎转移到冰上的1.5mL离心管中。

> 如果样品没有立即继续提取，可在液氮中速冻后-80℃存储。继续执行步骤2前置于冰上解冻。

2. 加入1mL单相裂解试剂至冰上放置的样品中。

3．立即使用一次性塑料颗粒研杵匀浆样品 30～60s。

> 杵可以手动或电动。如果使用电动杵，应避免使样品加热，因为这样会导致 RNA 降解。在这一步，可以将样品保存于-80℃；样品应当冰上解冻，然后再继续进行步骤 4。

4．样品在 4℃下以 12 000g 离心 10min。

> 此离心步骤可将不溶碎片（如绒毛膜、卵黄膜、角质层等）沉淀。

5．将上清转移至一个新的 1.5mL 离心管中。

> 小心不要取到沉淀或脂肪层，它们将使脂肪粒包含苯酚，从而导致苯酚污染水相。

6．按照方案 1 步骤 2～11 完成 RNA 提取。

参考文献

Bogart K, Andrews J. 2006. Extraction of total RNA from *Drosophila*. *CGB Technical Report* 2006-10. https://dgrc.cgb.indiana.edu/files/microarray/protocol/SOP-RNA_Isolation_022805.pdf.

Chomczynski P, Sacchi N. 1987. Single-step method of RNA isolation by acid guanidinium thiocyanate-phenol-chloroform extraction. *Anal*

Biochem 162: 156–159.

Weber K, Bolander ME, Sarkar G. 1998. PIG-B: A homemade monophasic cocktail for the extraction of RNA. *Mol Biotechnol* 9: 73–77.

方案 4　从秀丽隐杆线虫中提取总 RNA

　　要从线虫有效提取 RNA，必须先通透或溶解胚胎的卵壳或幼虫和成虫的角质层（表皮）。可以在液氮中研碎虫体，然后将这些细胞物质快速溶解于强变性的 RNA 提取缓冲液中（Johnstone 1999）。也可选用更快速的方法，即用单相裂解试剂从完整的虫体提取 RNA，而不用先在液氮中研碎。当需要同时处理多个样本时，这种方法更可取。应当指出的是，虽然该方法可以从幼虫和成虫有效地提取 RNA，但它还不适于从虫胚胎中提取 RNA（Johnstone 1999）。

　　下述方案用于从幼虫（L1～L4）及成虫中用单相裂解试剂提取总 RNA。要从线虫获得高质量的 RNA，虫体应尽可能快地在含有胍盐作为离液剂的单相裂解试剂中直接裂解和物理匀浆。如果不能立即完成提取，匀浆物可以无限期地储存在-80℃。提取总 RNA 所需要的虫体的数量，依赖于所处的发育阶段。然而 RNA 产量通常根据线虫沉淀最终体积来标准化，而不是严格的数量。表 6-2 所示的线虫数可以产生 0.1mL 密实的线虫沉淀，从中可以提取 1～1.5μg/μL 的总 RNA。如果需要的话，该方案可以按比例减少。用此程序提取的 RNA 可以用于几乎所有的下游应用而无需进一步处理。但是，如果此 RNA 用于对基因组 DNA 污染敏感的应用（如反转录），就必须用无 RNase 的 DNase 处理 RNA 样品以去除 DNA 污染（见方案 8），因为它们也可能作为酶促反应的模板。

　　应采取正常的预防措施，以避免 RNase 污染（见本章信息栏"如何去除 RNase"、"RNase 抑制剂"和"焦碳酸二乙酯"）。

材料

　　为正确使用本方案中的器材和危险试剂，必须查阅相应的材料安全数据表并咨询所在机构的环境卫生和安全办公室。

　　本方案的专用试剂标注<R>，配方在本方案末提供。常用储备溶液、缓冲液和试剂标注<A>，配方见附录 1。储备溶液应稀释至适用浓度后使用。

试剂

秀丽隐杆线虫（所需的线虫数目，请参阅表 6-2）

表 6-2　提取总 RNA 所需要的幼虫和成虫数目

发育阶段	每 15cm 平板上虫体数目	15cm 平板数目
L1	60 000	3
L2	30 000	3
L3	20 000	3
L4	10 000	3
成虫	5 000	3

氯仿或溴氯丙烷

　　溴氯丙烷是一种可取的氯仿替代物，因为它毒性更小且不易挥发。此外，溴氯丙烷可以提供更好的液相分离，从而更好地从总 RNA 中去除基因组 DNA，获得更纯的 RNA。

预冷的乙醇（75%）

无 RNase 水配制。

异丙醇

M9 缓冲液，<R>

单相裂解试剂［商品化（如 TRIzol）或从头配制（Chomczynski and Sacchi，1987，Weber et al. 1998）］

　　单相裂解试剂含有毒的苯酚和刺激性的异硫氰酸胍。使用时应避免接触皮肤或衣物、戴手套和保护眼睛（屏蔽、护目镜）。在化学通风柜中使用，避免吸入蒸汽。

无 RNase 蒸馏水

　　制备无 RNase 水，加水至无 RNase 的玻璃瓶。加 DEPC 至 0.1%[①]（V/V）放置过夜并高压灭菌。

设备

离心机和转头（Thermo Scientific CL2，或类似设备，用于 15mL 锥形管的吊桶转子）

锥形离心管，15mL

水浴预设至 65℃

方法

1．用 10mL M9 缓冲液洗净培养皿中的线虫，该悬浮液转移到 15mL 的离心管。在室温，2000r/min 离心 30s，沉淀线虫。

2．小心去除上清，在室温下用 14mL M9 的缓冲液洗蠕虫 3～5 次，直至上清液澄清。最后一次离心后，弃去上清液。

　　如果不立即提取 RNA，该线虫沉淀可以储存在-80℃。

3．用线虫沉淀 10 倍体积（1mL）的单相裂解试剂重悬，转移至微量离心管。在室温下剧烈涡旋 20min 以溶解和裂解线虫。

　　线虫可能不会完全溶解，称为"幽灵块"（ghost），这是可见的不溶性表皮。

4．加 100μL 的溴氯丙烷，在室温下孵育 15min，其间不时混悬。

　　如果用氯仿作为相分离试剂，加 1/5 体积。

5．4℃，于 14 000g 离心 15min。

---

① 译者注：DEPC 水应为 0.1% DEPC 配制，原文为 0.01%。

6. 转移上清（澄清上层）至一新微量离心管，加等体积异丙醇。

7. 翻转离心管几次以混匀，室温静置 10min。

8. 4℃，于 14 000g 离心 20min。

> 可以看到 RNA 为白色沉淀。

9. 用 1mL 冰冷的 75%乙醇洗涤沉淀。

> 在-80℃，RNA 沉淀可以在 75%乙醇存储 1 年以上。

10. 4℃，14 000g 离心 5min。

11. 除去上清液，并在真空中干燥沉淀 1min。

12. 将沉淀溶解在 20μL 无 RNase 的蒸馏水。在 65℃加热 5min，以帮助溶解 RNA，然后在室温下涡旋溶液 10s。

13. 4℃，14 000g 离心 1min。将液体转移到新离心管中。

🦠 配方

为正确使用本方案中的器材和危险试剂，必须查阅相应的材料安全数据表并咨询所在机构的环境卫生和安全办公室。

M9 缓冲液

试剂	含量（1L）	终浓度
KH$_2$PO$_4$（脱水）	3g	22mmol/L
Na$_2$HPO$_4$（脱水）	6g	22mmol/L
NaCl	5g	85mmol/L
MgSO$_4$（1mol/L）	1mL	1mmol/L

注：在一个大烧杯或量筒中装入 800mL 蒸馏水，用磁力搅拌棒搅拌溶解此组分，加水调整至 1 L。分装至合适尺寸的瓶中（例如，在 500mL 大小的瓶中装 300mL），然后 15 lb/in^2 高压灭菌 15min。

参考文献

Chomczynski P, Sacchi N. 1987. Single-step method of RNA isolation by acid guanidinium thiocyanate-phenol-chloroform extraction. *Anal Biochem* 162: 156–159.

Johnstone IL. 1999. C. elegans: *A practical approach.* Oxford University Press, New York.

Weber K, Bolander ME, Sarkar G. 1998. PIG-B: A homemade monophasic cocktail for the extraction of RNA. *Mol Biotechnol* 9: 73–77.

方案 5　从酿酒酵母菌中采用热酸酚提取总 RNA

从酵母中分离 RNA 较复杂，需要首先打破厚而坚硬的细胞壁，常用的裂解哺乳动物细胞的离液试剂，不能有效裂解酵母细胞。而从酿酒酵母中提取总 RNA 的方法通常依赖于两个基本方法中的一个：用玻璃珠涡旋或采用热酸平衡酚。在第一个方法中，酵母细胞悬液与小玻璃珠（400μm 直径）混合，剧烈涡旋混合，然后用酚：氯仿在室温下提取 RNA。虽然这种方法对于处理少量样品是可行的，但繁琐的涡流步骤使得它处理大量的样品时不实用。此外，当这种方法按比例缩小培养量（<10mL）后产量较低（Sherman et al. 1983）。选择热酸酚技术分离总 RNA，因为它简单，可用于多个样品，并得到高质量和高产量的 RNA，不含污染的基因组 DNA 可满足大多数下游应用。在一般情况下，这两种方法可以有效地从对数生长期细胞中提取 RNA。有关从静息期或乙醇发酵不同阶段的酵母中提取 RNA 的

方案也有描述（Aminul Mannan et al. 2009）。

　　这里提供的是改进自 Schmitt 等的方案（1990），它采用了苯酚在去污剂十二烷基磺酸钠（SDS）的存在下，反复加热和冷冻细胞。该提取方案在低盐状态进行，以便随后通过离心分离水相和酚相，DNA 从中间层收集，而 RNA 保留在水相。该方案可以从 10mL 培养物中提取 50～250μg 的 RNA。使用这种方法提取的 RNA，适用于大多数的后续应用，如 Northern 杂交、RT-PCR 和生成 cDNA。对此方法的一个改变是，结合了酸酚提取和二氧化硅基 RNA 的分离方法，可以得到高纯度的 RNA，适用于微阵列方法（Mutiu and Brandl，2005）。

　　应采取正常的预防措施，以避免 RNase 污染（见本章信息栏"如何去除 RNase"、"RNase 抑制剂"和"焦碳酸二乙酯"）。

材料

为正确使用本方案中的器材和危险试剂，必须查阅相应的材料安全数据表并咨询所在机构的环境卫生和安全办公室。

本方案的专用试剂标注<R>，配方在本方案末提供。常用储备溶液、缓冲液和试剂标注<A>，配方见附录 1。储备溶液应稀释至适用浓度后使用。

试剂

AE 缓冲液<R>
DEPC 处理的蒸馏水
乙醇（95%，–20℃储存）
乙醇（80%）
AE 缓冲液平衡酚
酚：氯仿：异戊醇（25:24:1）<A>
SDS（10%，m/V）
乙酸钠（3mol/L, pH 5.3）
酵母细胞培养物（10mL 酵母培养物生长至 OD_{600} 为 2.5～5.0）

设备

离心机和转子（Beckman GS-6 离心机或类似设备）
干冰或干冰/乙醇浴
水浴或加热装置，预置 65℃

方法

1．4℃，2500r/min 离心 5min 沉淀酵母细胞，弃上清。

2．1mL DEPC 处理无菌水重悬细胞，转移至一微量离心管。最大转速离心 1min 沉淀细胞，弃上清。

3．400μL AE 缓冲液重悬细胞沉淀。

4．加 40μL 10% SDS 涡旋直至沉淀完全重悬。

5．加等体积（约 440μL）AE 缓冲液平衡酚，涡旋混合物。

6．65℃孵育混合物 4min。

7．迅速置干冰或干冰/乙醇浴中冷却该混合物，直到苯酚结晶出现（约 1min）。

8．室温于微量离心机以最大转速离心样品 2min 以分离水相和酚相。

9. 转移水相（上层）到一个新的微量离心管中。加入等体积（约 440μL）酚：氯仿：异戊醇，简单涡旋，室温于微量离心机以最大转速离心样品 5min。

> 为了制备的 RNA 无 DNA 污染，转移水相时，使中间层完好无损。

10. 转移水相（上层）到一个新的离心管中。加入 1/10 体积（40μL）3mol/L 乙酸钠和 2.5 倍体积的 95%乙醇（约 1mL）沉淀 RNA。

> 将样品放置在-80℃至少 30min 以沉淀 RNA。RNA 样品可以在乙醇中于-80℃无限期储存。需要注意的是，RNA 用水重悬也可以存储在-80℃（步骤 13），但是存储为乙醇沉淀最稳定。

11. 在室温下于微量离心机以最高转速离心样品 10min。

12. 弃上清液，并用 80%乙醇洗涤沉淀。

13. 干燥沉淀并用 20μL DEPC 处理的蒸馏水重悬。

> 沉淀在空气中干燥较好，真空干燥，尤其是在受热的情况下，往往使 RNA 难以溶解。如果有必要，加入水后样品可以在 65℃加热帮助 RNA 溶解。

配方

为正确使用本方案中的器材和危险试剂，必须查阅相应的材料安全数据表并咨询所在机构的环境卫生和安全办公室。

AE 缓冲液（配方）

试剂	含量（100mL）	终浓度
乙酸钠（3mol/L，pH 5.2）	1.67mL	50mmol/L
EDTA（0.5mol/L）	2mL	10mmol/L

用 DEPC 处理水调至终体积为 100mL。此缓冲液在使用前以 15lb/in² 高压灭菌 15min。

参考文献

Amin-ul Mannan M, Sharma S, Ganesan K. 2009. Total RNA isolation from recalcitrant yeast cells. *Anal Biochem* **389**: 77–79.
Mutiu AI, Brandl CJ. 2005. RNA isolation from yeast using silica matrices. *J Biomol Tech* **16**: 316–317.
Schmitt ME, Brown TA, Trumpower BL. 1990. A rapid and simple method for preparation of RNA from *Saccharomyces cerevisiae*. *Nucleic Acids Res* **18**: 3091–3092.
Sherman F, Hicks JB, Fink GR. 1983. *Methods in yeast genetics: A laboratory course manual.* Cold Spring Harbor Laboratory, Cold Spring Harbor, NY.

方案 6 RNA 定量和储存

在进行大多数 RNA 分析之前，RNA 定量是一种重要和必需的步骤。RNA 定量方法可以分为两类：紫外（UV）分光光度法，此方法基于嘌呤和嘧啶碱基的吸收光谱；基于荧光染料的方法，结合到核酸时选择性发荧光，测定荧光染料的强度。如果 RNA 样品是纯的（如没有诸如蛋白质、酚、琼脂糖或其他核酸的污染），用 UV 分光光度法测量被碱基吸收的 UV 射线简单而且精确。然而，如果样品中含有较多的杂质，或者如果 RNA 的浓度非常低，最好使用荧光染料为基础的方法。有关分光光度法与荧光染料为基础的方法概述如表 6-3 所示，并更详细描述如下。

紫外吸收分光光度法

常规分光光度法

用于测定纯化的 RNA 样品中的 RNA 浓度，最常用的方法是在 260nm 处测量其相对一个空白样品的吸光度（A_{260}），即用于溶解 RNA 的相同溶剂（核酸的吸收光谱的原理讨论，见第 1 章信息栏"分光光度法"）。A_{260} 为 1.0 对应 $40\mu g/mL$ 的单链 RNA。计算溶液中 RNA 浓度的公式如下：

$$RNA\ 样品浓度（\mu g/mL）=A_{260}\times 40\times 稀释倍数$$

这种方法需要的设备很少，通常包括：配备紫外灯的分光光度计和石英比色皿或特殊的能透射紫外线的塑料比色皿（测量核酸的吸光度所需的短波长被玻璃和一些塑料比色皿吸收）。因为它快速简便、无损样品，所以吸收光谱法早已被用于测量纯的浓缩液中 RNA 的含量。该方法的准确度取决于几个因素。

- RNA 溶液的浓度。吸收光谱法的局限性之一是它相对不敏感，因此对大多数实验室的分光光度计，核酸浓度至少为 $4\mu g/mL$ 才能获得可靠的 A_{260}。另外，RNA 溶液的浓度必须在分光光度计的线性范围内；通常情况下，A_{260} 值应落在 $0.1\sim1.0$ 之间，此范围以外不能进行精确测量。如果溶液的 A_{260} 为 1.0，应稀释 $5\sim10$ 倍。如果溶液的 A_{260} 为 0.1，应选用更精确的测定小量 RNA 浓度的方法（如用微量分光光度法或基于荧光染料的方法，如下文所述）。

表 6-3　概述分光光度法与荧光染料为基础的方法

定量方法	范围（未稀释）	用量	设备	优点	缺点	安全性
紫外吸收分光光度法				不破坏样品		
传统分光光度法	$4\sim40\mu g/mL$	$1\sim200\mu L$	N/A	常规设备即可	用量大；灵敏度低；仅精确定量纯 RNA 样品	N/A
微量分光光度法	$2\sim3000\mu g/mL$	$0.5\sim2.0\mu L$	N/A	分析小量样品；高敏感性；样品可回收	需要昂贵设备	N/A
荧光染料为基础的方法				破坏样品		
EB	>200 ng/mL	N/A	UV 透射器	便宜	灵敏度低	可能诱发突变
RiboGreen	1ng/mL～1μg/mL	N/A	荧光计	高敏感性；广谱线性范围	不能区分 RNA 与 DNA	比 EB 安全
SYBR Green II	2ng/mL～2μg/m	N/A	荧光计	高敏感性	不能区分 RNA 与 DNA	比 EB 安全
Quant-iT RNA Assay	250pg/μL～100ng/μL	N/A	荧光计	在含 DNA 时可定量 RNA		未知

- RNA 样品的纯度。A_{260} 不能区分 RNA 和 DNA，因此，建议用无 RNase 的 DNase 处理 RNA 样品去除 DNA 污染（见方案 8）。此外，污染物如苯酚和蛋白质会影响 A_{260} 的读数；苯酚在波长为 260nm 处有强烈的吸收，而芳香族氨基酸的吸收在 280nm 处。在 260nm 处吸光度相对于 280nm 的吸光度比值（A_{260}/A_{280}）可以用来评估 RNA 样品中蛋白质的污染水平。纯的 RNA 的 A_{260}/A_{280} 值接近 2.0。如果有明显的蛋白质或酚污染，A_{260}/A_{280} 比小于 2.0，用紫外分光光度法将不可能准确定量核酸含量。另一个比值 A_{260}/A_{230} 可用于评估有机化合物或高离液盐（chaotropic salt）的污染水平，它们在波长 230nm 处有强烈吸收，导致低 A_{260}/A_{230}。理想情况下，提取 RNA 的 A_{260}/A_{230} 的比例应接近 2.0。

- pH 和离子强度。A_{260}/A_{280} 比值依赖于 pH 和离子强度。随着 pH 的增加，A_{280} 降低，

但 A_{260} 不受影响，从而 A_{260}/A_{280} 的比值增加。因为纯水（如蒸馏水、MilliQ 或无 RNase/DNase 水）pH 为酸性，如果使用它们溶解 RNA，A_{260}/A_{280} 的比值可能偏低。因此为了准确的可重复的读数，最好使用缓冲液如 TE（pH8.0）作为稀释剂和空白对照。

- 洁净的比色杯。脏的石英比色皿、粉尘颗粒，以及 RNA 溶液的混浊度能造成在 320nm 处光的散射，都会影响 A_{260} 的读数。因为在 320nm 处蛋白质和核酸不吸收，需要进行背景校正：减去以前使用的相同比色皿 A_{320} 来估计 RNA 的吸光度。

微量分光光度计

除了灵敏度低，常规分光光度法的另一个局限性是其比色杯体积较大，如果想不损失一部分样品，很难对低浓度的 RNA 进行定量。为了克服这些问题，后来开发出了微量分光光度法，这一方法可以高度精确并可重复地分析小体积样品（0.5～2.0μL），而且不需要比色皿、毛细管或其他样品器件。这样的仪器包括但不限于 NanoDrop 分光光度计（Thermo Scientific）、NanoVue 分光光度计（GE 生命科学公司）、Nano-Photometer UV/Vis 分光光度计（Implen）与 Picodrop Microliter UV/Vis 分光光度计（Picodrop Limited 公司）。这些仪器可以测量很大的波长范围（通常 200～1100nm），因此可以用来测量 RNA、DNA 和蛋白质，某些情况下还可以测量染料（如花青素染料 Cy3 和 Cy5 标记的）。该仪器还可进行波长扫描以检测杂质；然后仪器软件将显示整个波长范围内的光谱，计算 A_{260} 以及 A_{260}/A_{280} 和 A_{260}/A_{230} 的值。测量后样品可以用吸头轻松回收，或擦净样品板或清洁传感器。值得注意的是，Picodrop 可以通过吸头直接测量，从而没有污染并能完全回收样品。

这些工具中，NanoDrop 也许是最常用的。NanoDrop 分光光度计家族采用了获得专利的样品保留系统，可以分析体积小至 0.5～2.0μL 的样品。使用该仪器只需直接吸取样品到光学"基座"，放下上部的"样品臂"覆盖至样品上，从而由于表面张力生成液状的"样本柱"被保持在适当位置。然后基座移动自动调整为理想的通道长度（1mm）。之后用装在基座上的两个光纤（发射光的氙气灯）与样品臂［线性电荷耦合（CCD）阵列探测器的光谱仪］进行光谱测定。最早的 NanoDrop 仪器——NanoDrop ND-1000 紫外/可见分光光度计的波长范围为 220～750nm，可以测定 1μL 浓度为 2～3000ng/mL 的样品，而不需要稀释，这比传统分光光度计的范围约宽 50 倍。新的 NanoDrop 仪器提供了更大的波长范围，扩展了浓度范围与比色槽性能，可一次分析多达 96 个样品。

基于荧光染料的方法

测定 RNA 浓度的另一种方法为测定与核酸结合染料的荧光强度，该染料与核酸结合能选择性发荧光。采用荧光染料法定量 RNA 较光谱方法减少了错误，并提高了灵敏度。当 RNA 浓度太低，用分光光度法无法准确评估，或污染物在 260nm 处有吸收，使常规方法不能准确定量时，荧光染料法非常有用。除了对 RNA 的浓度极为敏感，荧光染料在大多数情况下，对溶剂、pH 及蛋白污染物不敏感。由于这些原因，基于荧光的核酸定量方法成为标准的做法。

两个最常用的 RNA 定量荧光染料是溴化乙锭（EB）和商业荧光染料 RiboGreen（Life Technologies/Molecular Probes 公司）。溴化乙锭定量 RNA 浓度需大于 200ng/mL（Le Pecq and Paoletti 1966），而 RiboGreen 可以定量 1～1000ng/mL 范围内的 RNA 样品（Jones et al. 1998）。

另一种 Life Technologies/Molecular Probes 公司的试剂 SYBR Green II 染料，最初被开发用于凝胶中 RNA 的荧光检测，也可以用做标准的荧光计来定量溶液中 RNA 浓度，其灵敏度较 RiboGreen 低。

需要注意的是，RiboGreen、溴化乙锭和 SYBR Green II 对 RNA 不是特异的，与 DNA 结合后也发荧光。因此，当使用这些染料定量含有 DNA 的 RNA 样品时，必须用无 RNase 的 DNase I 对样品进行预处理（见方案 8）。但 Life Technologies 公司近日开发出一种检测试剂盒，可以选择性地在存在 DNA 时定量 RNA（Quant-iT RNA 检测试剂盒）。

溴化乙锭

溴化乙锭是一种嵌入试剂，当暴露在紫外线（546nm）下时，发橙色荧光（发射波长为 590nm），当结合核酸后荧光增强 20 倍。使用溴化乙锭定量 RNA 通常有两种方式。在第一种方法中，测试样品可以"点样"（spotted）到包含溴化乙锭的琼脂糖凝胶上，然后荧光与已知 RNA 浓度的一组样品进行比较，该组样品点在测试样品旁边。另外一种方法中，样品可在琼脂糖或聚丙烯酰胺凝胶上电泳（见方案 10 和 11），染色条带荧光强度与已知的样品相比较。溴化乙锭的灵敏度极限为 200ng/mL（Le Pecq and Paoletti 1966）。

琼脂糖平板法

RNA 样品中可能存在污染物，可以发荧光或猝灭荧光。为了避免这些问题，RNA 样品和标准品点在含有溴化乙锭（0.5μg/mL）的 1%琼脂糖平板凝胶的表面上。将凝胶在室温放置几个小时，以使小分子污染物有机会散开。使用短波长紫外光照射溴化乙锭拍摄这些点（photograph the spot）。通过对比标准品的荧光强度估算样品中的 RNA 浓度。

微型凝胶法

通过微型凝胶电泳（见第 2 章）提供快速、便捷的 RNA 定量方法，并可同时分析其物理状态。

1．2μL RNA 样品与 0.4μL 凝胶上样缓冲液 IV（仅含溴酚蓝）（见附录 1 配方）混合，制备含溴化乙锭（0.5μg/mL）的 0.8%琼脂糖微型胶体，将该混合物加至上样孔。

2．一系列标准 RNA 溶液（0、2.5μg/mL、5μg/mL、10μg/mL、20μg/mL、30μg/mL、40μg/mL 和 50μg/mL）各 2μL，与 0.4μL 的凝胶上样缓冲液 IV 混合。将这些样品加至凝胶上样孔。

RNA 标准品应含有与未知 RNA 的预期大小大致相同的，作为单一品种的 RNA。

3．进行电泳直至溴酚蓝迁移 1～2cm。

4．浸入含有 0.01mol/L 氯化镁的电泳缓冲液中 5min 进行凝胶脱色。

5．使用短波长紫外光照射拍摄凝胶。通过对比标准品的荧光强度估算样品中的 RNA 浓度。

RiboGreen

定量溶液中 RNA 浓度的最敏感且常用的商品荧光染料是 RiboGreen RNA 定量试剂，这是一种专有的、非对称的花青染料。虽然 RiboGreen 从安全角度较溴化乙锭更可取，但它价格昂贵，这有时限制了它的使用。RiboGreen 最大激发和发射波长与荧光剂相近（最大激发约 500nm 和最大发射约 525nm），因此使用标准的荧光过滤设置或仪器设置，与荧光酶标仪和荧光计兼容。与荧光计配合使用，RiboGreen 可检测出低至 1ng/mL 的 RNA，灵敏度比紫外吸收光谱法高 1000 倍，比溴化乙锭高 200 倍。除了提高灵敏度，由于 RiboGreen 染料系统具有很宽的线性动态范围，它的优势在于可定量的 RNA 浓度高达三个数量级，从 1ng/mL 至 1μg/mL。用两种不同的染料浓度，可以实现全面的线性动态范围：浓度（1∶200 稀释）可定量分析 20ng/mL～1μg/mL 的 RNA，而进一步 10 倍稀释（1∶2000）可以定量 1～50ng/mL 的 RNA。此线性范围即使在核酸有常见的化合物污染时也可保持，如含有蛋白质、盐、乙醇、尿素、氯仿、琼脂糖和一些洗涤剂。RiboGreen 可以可靠地定量多种 RNA，包括核糖体 RNA（rRNA）、转运 RNA（tRNA）、poly（A）$^+$RNA、细胞总 RNA、病毒 RNA 及体外转录反应的 RNA。另外，不同于紫外光谱法，RiboGreen 不能检测污染了游离核苷酸的样品，因此可以精确定量可能降解的样品中完整的 RNA。游离染料基本上无荧光，当结合到 RNA 后荧光的强度增加约 1000 倍，可以提供低背景、高荧光信号。

一个特别有效的 RNA 定量的方法是配合 NanoDrop 3300 荧光分光计使用 RiboGreen。NanoDrop 3300 可以仅测量 1μL 的样品，较常规使用的基于比色皿荧光计或酶标仪减少了样品用量。NanoDrop 3300 检测 RNA 浓度范围为：RiboGreen 染料用 1∶200 稀释时为 25ng/mL～1μg/mL，用 1∶2000 稀释时为 5～50ng/mL。与之相对，采用 TD-700 荧光计（Turner Biosystems 公司）进行 RiboGreen RNA 定量检测，RNA 浓度可低至 1ng/mL，然而这种基于比色皿的荧光计需要较大体积的样本。

要确定未知样品中的 RNA 浓度，需测量样品的荧光，通过与线性校准曲线比较确定其浓度。为了绘制标准曲线，RNA 标准品系列稀释液与等体积稀释的 RiboGreen 试剂混合，在室温下简单孵育（2～5min），测量每个样品的荧光对 RNA 浓度作图。为了更准确，应与未知样品同样条件下测量标准品。更多使用 RiboGreen 定量 RNA 的信息和详细的操作说明可从 Life Technologies/Molecular Probes 获得。

如上文所述，RiboGreen 对 RNA 没有明显的选择性，该染料与 DNA 结合也会使荧光显著增强。因此，最好进行 DNase 预处理步骤（见方案 8），以消除任何可能的产生干扰信号的基因组 DNA。由于 Dnase I 消化和 RiboGreen 荧光定量检测缓冲液组分完全不同，这两个反应必须依次进行。由于存在 Dnase I 和随之带来的二价阳离子，经 Dnase I 消化的 RNA 定量的线性范围较原来的 RiboGreen 分析略低（5ng/mL～1μg/mL）。

SYBR Green II

SYBR Green II 与标准荧光计结合使用可以定量溶液中的 RNA（Schmidt and Ernst 1995）。SYBR Green II 进行 RNA 定量与紫外吸收光谱法相比，灵敏度提高近 500 倍，与溴化乙锭的荧光比色法相比，敏感性增加近两个数量级。当 2×10^{-5} 稀释时，测定 RNA 浓度的线性范围为 2～100ng/mL；当 1×10^{-4} 稀释时，范围是 5～1000ng/mL。对于常规的 RNA 定量，1～10μL RNA 样品的溶液中加入 1mL 的稀释的 SYBR Green II 染料，在 525nm 处检测 468nm 激发荧光。RNA 样品中的浓度基于线性标准曲线计算。这种方法的一个变种是使用 Light Cycler（Roche 公司），检测范围为 10ng/mL～50μg/mL（HooperMcGrevy et al. 2003）。

SYBR Green II 染料也可以用于快速、半定量估计溶液中的 RNA 浓度。在该方法中 SYBR Green II 染料用来检测点样到干净的保鲜膜或石蜡材料封口膜（如石蜡封口膜）上的 RNA，这与前述基于溴化乙锭的方法类似。用 SYBR Green II 染料对核糖体 RNA 的可见检测极限为 3ng，与用溴化乙锭方法相比灵敏度提高 25 倍。

1. SYBR Green II 储存液用 TE（10mmol/L 的 Tris-HCl，1mmol/L 的 EDTA，pH8）按 1∶5000 稀释。

2. 将 5μL 含核酸的样品，与 5μL 1∶5000 稀释的 SYBR Green II 染料混合。

3. 混合物点到保鲜膜或封口膜上，直接放置在透照仪上。

4. 以 300nm 进行透照，通过 SYBR 凝胶成像滤镜并用宝丽来 667 黑白打印胶片成像。要获得最高灵敏度，成像是必不可少的。

5. 用已知含量的 RNA 重复步骤 2～4，观察其信号并与实验样品比较。

Quant-iT RNA 分析试剂盒

Quant-iT RNA 分析试剂盒在含 DNA 时也可以定量 RNA。因为 Quant-iT RNA 试剂是一个专利染料，与双链 DNA 相比它对 RNA 具有高度选择性，该测定法即使在存在质量相等的 DNA 情况下，也可以精确定量 RNA。Quant-iT RNA 试剂最大激发波长是 644 nm，最大发射波长为 673nm，并且可用标准的荧光计或荧光酶标仪测定。该法检测 RNA 的线性范围为 5～100ng，相应的初始实验样品浓度为 250pg/mL～100ng/mL。荧光信号不受游离核苷酸、盐、溶剂和蛋白质等多种常见污染物影响。

该试剂盒提供浓缩测定试剂、稀释缓冲液和一组预先稀释的大肠杆菌核糖体 RNA（rRNA）的标准品。Quant-iT RNA 试剂首先由缓冲液稀释，然后与小等份 RNA 标准品和未知 RNA 样品混合。检测荧光，通过比对 RNA 标准品建立的标准曲线估算未知样品中的 RNA 浓度。用 Quant-iT RNA 分析试剂盒定量 RNA 的更多信息和操作细节，由 Life Technologies/Molecular Probes 公司提供。

RNA 纯品的储存

提取 RNA 或重复使用样品时，可能会引入少量的 RNase 污染。正确的存储可以减少 RNase 污染和随之而来的样品降解。有几个可供选择的用于存储纯化 RNA 的方法。

- 用水性缓冲液溶解沉淀并存储于-80℃。常用缓冲液包括 TE（10mmol/L Tris-HCl，1 mmol/L EDTA，pH 7.0），含 SDS（0.1%～0.5%）的 TE（pH7.6），含有 0.1mmol/L EDTA（pH 7.5）的 DEPC 处理水，或商品化的 RNA 储存液（如 RNA 储存液，Ambion）。RNA 在-80℃下可稳定保存 1 年。EDTA 是一种镁和其他金属离子的螯合剂，可以避免这些金属离子对 RNA 的非特异性降解；使用 EDTA 溶液要保证无 RNase。SDS 是一种核酸酶抑制剂；在用 RNA 作为模板之前，如用于引物延伸反应、反转录或体外翻译时，应用氯仿抽提和标准乙醇沉淀法去除 SDS。

- 用盐/乙醇混悬液（salt/ethanol slurry）在-80℃下储存 RNA。将 RNA 按标准沉淀步骤（参见方案 7）沉淀，即盐（1/10 体积的 3mol/L 乙酸钠）和乙醇（2 倍体积的 100% 乙醇）在-80℃下存储该混合物，不需要通过离心沉淀 RNA。低 pH、高乙醇含量及低温的结合将稳定 RNA 并抑制酶活性，这是长期储存 RNA 的首选方法。当需要时，可以使用自动移液装置回收 RNA 样品。然而，由于沉淀的 RNA 是块状并有黏性，黏在一次性吸头表面上会造成部分损失，导致 RNA 的回收量损失。可以离心得到 RNA 沉淀，并溶解在水溶性缓冲液，然后再吸取。

- 用去离子甲酰胺溶解沉淀，并储存于-20℃。在这种条件下，RNA 至少可以稳定保存 1 年（Chomczynski 1992）。甲酰胺提供了稳定的化学环境，可保护 RNA 不被 RNA 酶降解。甲酰胺可以很快溶解纯的无盐 RNA，浓度可大于 4mg/mL，这样浓度的 RNA 样品可以直接进行凝胶电泳、RT-PCR 或 RNase 保护分析，既省时又避免了潜在因素的降解。如果需要，用 4 倍体积的乙醇进行沉淀，如 Chomczynski（1992）所述，或用 0.2mol/L NaCl 4 倍稀释甲酰胺，然后加入常规 2 倍体积的乙醇（Nadin-Davis and Mezl 1982）可以回收溶于甲酰胺溶液中的 RNA。

当从存储状态回收 RNA 样品时，最好是在冰上解冻样品，以避免被 RNase 降解。此外建议按使用量分装 RNA，这样可避免反复冻融对 RNA 的损伤，并可防止 RNase 污染。

参考文献

Chomczynski P. 1992. Solubilization of formamide protects RNA from degradation. *Nucleic Acids Res* 20: 3791–3792.

Hooper-McGrevy KE, MacDonald B, Whitcombe L. 2003. Quick, simple, and sensitive RNA quantitation. *Anal Biochem* 318: 318–320.

Jones LJ, Yue ST, Cheung CY, Singer VL. 1998. RNA quantitation by fluorescence-based solution assay: RiboGreen reagent characterization. *Anal Biochem* 265: 368–374.

Le Pecq JB, Paoletti C. 1966. A new fluorometric method for RNA and DNA determination. *Anal Biochem* 17: 100–107.

Nadin-Davis S, Mezl VA. 1982. Optimization of the ethanol precipitation of RNA from formamide containing solutions. *Prep Biochem* 12: 49–56.

Schmidt DM, Ernst JD. 1995. A fluorometric assay for the quantification of RNA in solution with nanogram sensitivity. *Anal Biochem* 232: 144–146.

方案 7　RNA 的乙醇沉淀

　　纯化的 RNA 需要沉淀浓缩以便用于下游应用。从水溶液回收 RNA 的标准方法是用乙醇（或异丙醇）沉淀 RNA（乙醇沉淀原理讨论见第 1 章，方案 4）。RNA 可从含 0.8mol/L LiCl、0.5mol/L 乙酸铵或 0.3mol/L 乙酸钠的溶液中有效沉淀。选哪种盐由 RNA 的后续应用决定。由于十二烷基硫酸钾盐非常难溶，如果要用含 SDS 的缓冲液（SDS 能抑制核酸酶活性有时用于储存 RNA）溶解 RNA，不要再用乙酸钾。基于同样原因，如果 RNA 已经溶于含有 SDS 的缓冲液，也不要使用乙酸钾以免沉淀。当 RNA 用于无细胞系统翻译或反转录时，避免使用 LiCl，这是由于 LiCl 在大多数无细胞系统中抑制蛋白合成起始，抑制依赖 RNA 的 DNA 聚合酶的活性。

　　除了盐的类型，还应该考虑用于沉淀的醇的类型。RNA 可以用 2.5～3.0 倍体积乙醇或 1 倍体积异丙醇沉淀；后者在需要保持液体的小体积时有优势。虽然异丙醇较乙醇沉淀 RNA 的效率略低，然而异丙醇在含有铵离子时比乙醇能更好地保持溶液中的游离核苷酸，从而将它们与 RNA 沉淀分离。但异丙醇较乙醇难挥发，故更难去除。

材料

　　为正确使用本方案中的器材和危险试剂，必须查阅相应的材料安全数据表并咨询所在机构的环境卫生和安全办公室。

　　注意：用于沉淀 RNA 的液体必须是无 RNase 的。

试剂

DEPC 处理水

乙醇（70%），冰冷

乙醇（100%）或异丙醇，冰冷

RNA 溶液

盐（5mol/L 乙酸铵、8mol/L LiCl 或 3mol/L 乙酸钠）

方法

1. 估计 RNA 溶液体积。

2. 如表 6-4 所示，加入一种盐溶液调整单价阳离子浓度。如果 RNA 溶液含高浓度盐，用 TE（pH 7.0）稀释。混好溶液。

表 6-4　沉淀 RNA 用的盐溶液

盐	储存液/（mol/L）	终浓度/（mol/L）
乙酸铵	5	0.5
氯化锂	8	0.8
乙酸钠	3（pH 5.2）	0.3

如加 0.1 倍体积 3mol/L 乙酸钠以增加盐浓度。

如果溶液的终体积为 400μL 或更少，在一个微量离心管中沉淀即可。较大体积的可以分装在几个微量离心管，或在适用于中速离心机或超速离心机的试管中沉淀和离心 RNA。

3．加入 2.5～3.0 倍体积的冰冷乙醇（或 1 倍体积异丙醇）混匀溶液。在-20℃放置此乙醇溶液 1 h 至过夜，以便于 RNA 沉淀。

当 RNA 浓度较高时沉淀更快、更完全，一般原则是 RNA 浓度约 10μg/mL，几小时至过夜沉淀即可，但对于更低浓度，RNA 应加入糖原助沉以利于更好地回收 RNA（见疑难解答）。

RNA 可以于-80℃储存超过 1 年。

4．于 4℃，12 000～14 000g 离心 10min 回收 RNA。

5．去除上清，用自动微量移液器或连接了真空管（vacuum line）的一次性吸头，小心取出残留痕量上清（图 6-4）。小心不要接触到核酸沉淀（这可能看不见）。用吸头去除吸附于管壁上的任何液体。

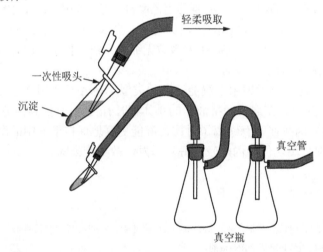

图 6-4　吸取上清。将打开盖子的微量离心管以某角度握住，使沉淀在上侧面。用连接真空装置的一次性吸头从离心管中吸走液体。将吸头插到离心管较低一侧液面以下。当液体抽走时移动吸头至管底。用轻柔的吸力避免沉淀被吸走。保持吸头末端不接触沉淀。最后抽吸管壁去除残留液滴。

6．用 0.5mL 冷 70%乙醇洗沉淀，于 4℃、微量离心机以最大转速离心 10min。

7．重复步骤 5。

8．室温下敞盖放在实验台上至残留液体挥发干净。

不要使 RNA 沉淀干透，否则很难溶解。

9．用适量无 RNase 缓冲液［常用 TE，pH 6～7 溶解 RNA 沉淀（沉淀通常是看不见的）］冲洗管壁。

重悬后的 RNA 沉淀可以 65℃孵育 5min，间或轻柔混匀以助溶。

疑难解答

问题（步骤 3）：从低浓度（ng/mL）回收 RNA 时效率低。

解决方案：糖原可与 RNA 共沉淀，用来有效回收低浓度 RNA。糖原终浓度为 50～150μg/mL 时，在包含 0.5mol/L 乙酸铵乙醇/异丙醇里与 RNA 共沉淀。注意糖原通常易被核酸污染，这会影响 UV 吸收读值，并在随后的酶反应（如 RT-PCR）中产生竞争。因此，如果沉淀的 RNA 用于 RT-PCR，强烈推荐使用无核酸的商品化糖原（如 Ambion 公司，目录号 AM9510）。也可使用共价连接染料的糖原（如 GlycoBlue，Ambion），它可以使 RNA 沉淀体积增大并更容易看见。

方案 8　通过无 RNase 的 DNase I 处理去除 RNA 样品中的 DNA 污染

用单相裂解试剂提取的 RNA 样品可能包含少量的基因组 DNA 污染，如果此 RNA 后续用于 RT-PCR（第 7 章，方案 8）或实时定量 RT-PCR（第 9 章，方案 4），必须去除 DNA 污染，而且污染的 DNA 会使 RNA 定量不准确（见方案 6）。

从 RNA 样品中最常用和有效的去除痕量到中等量 DNA 污染（大于 10 μg/mL）的方法是用 DNase I 消化，它是一种非特异性的内切核酸酶，通过水解磷酸二酯键选择性地切割 DNA（单链双链均可）（Grillo and Margolis 1990; Simms et al. 1993）（更多的方法见本方案末尾处讨论部分）。DNase 必须失活或在后续 PCR 应用之前被去除，否则它可能消化新生成的 DNA。下面的方案中，通过加入终浓度为 2.5mmol/L 的 EDTA，然后高温加热使 DNase 失活。由于高温下二价阳离子存在时 RNA 自发降解，所以 EDTA 必须在加热灭活之前加入 RNA 样品中。如果样品没有进一步沉淀或基于过柱方法纯化，那么 EDTA 的终浓度应该充足以保护 RNA 不被降解，但也不能过量，否则抑制下游酶活性（如反转录酶），这些酶的活性需要二价阳离子。通常可以在反转录酶反应之前稀释 DNase 处理的 RNA 样品，或在反转录反应中额外加入 Mg^{2+}。另外也可以用蛋白酶 K 于 50℃消化 30min（150μg 蛋白酶 K 每毫升样品）灭活 DNase，然后用酚：氯仿抽提，乙醇沉淀。

🧬 材料

为正确使用本方案中的器材和危险试剂，必须查阅相应的材料安全数据表并咨询所在机构的环境卫生和安全办公室。

试剂

无 RNase 的 DNase I

　　可由几个制造商提供（如 Promega 的 RQ1，Ambion 的无 RNase 的 DNase I）

DNase I 反应缓冲液（10×）

　　此反应缓冲液随 DNase 酶提供，可以保证最佳的 DNase 活性。

EDTA（25mmol/L）

　　有时称为终止液，含 EDTA 或 EGTA，与 DNase 同时提供。

RNA 样品

　　此方案适于＜10μg RNA 样品中去除含痕量到中间量的 DNA（达到 10μg/mL）。如果处理多于 10μg RNA 或严重污染 DNA（＞10μg/mL）的 RNA 样品，那么稀释此 RNA 样品并相应扩大反应体系。

无 RNase 水

设 备

微量离心管（1.5mL）（无 RNase）
水浴或加热装置预设至 37℃与 65℃

方法

1. 冰上溶解 RNA 样品。

2. 加入 2μL 10×Dnase I 反应缓冲液。每 1～2μg RNA 加入 1U Dnase I。用无 RNase 水调整终体积为 20μL。样品于 37℃孵育 30min。

3. 加入 2.5μL 25mmol/L EDTA 灭活 Dnase I。样品于 65～75℃孵育 5～10min。

4. 简单离心后冰上冷却样品。

讨论

除了 Dnase I 消化法，另外两种常用的从 RNA 样品中去除 DNA 污染的方法是酸性酚：氯仿抽提与氯化锂（LiCl）沉淀。样品用等量的酸性酚:氯仿 [酚:氯仿（5:1），pH4.7] 抽提，这样可以使 DNA 在有机相而 RNA 保持在水相，从而使二者分开，RNA 随后可以由乙醇沉淀回收（见方案 7）。LiCl 可以选择性沉淀 RNA 而不能有效沉淀 DNA，后者保持在上清。然而 LiCl 在严重 DNA 污染（>10μg/mL）时沉淀 RNA 是没有效果的。用 Oligo（dT）亲和纯化提取 mRNA 的方法（方案 9），也可以用于去除样品中污染的 DNA。

参考文献

Grillo M, Margolis FL. 1990. Use of reverse transcriptase polymerase chain reaction to monitor expression of intronless genes. *BioTechniques* 9: 262–268.

Simms D, Cizdziel PE, Chomczynski P. 1993. TRIzol™: A new reagent for optimal single-step isolation of RNA. *Focus (Life Technologies)* 15: 99–102.

方案 9 Oligo（dT）磁珠法提取 poly（A）⁺mRNA

以下方案来自 Jakobsen 等（1994），是常用的采用偶联磁珠的 Oligo(dT)从总 RNA 分离 mRNA 的方法。首先总 RNA 在高盐缓冲液溶解加热至 65～70℃，立即冰上冷却以破坏二级结构。此 RNA 随后在室温与偶联磁珠的 Oligo(dT)复性；高盐缓冲液可以稳定 poly(A)-Oligo(dT)复合物。然后用高盐洗涤缓冲液洗去未结合的 RNA，保留结合 Oligo(dT)-poly(A)⁺mRNA。为了从珠子上洗脱 poly(A)⁺ mRNA，用低盐缓冲液(或水)解离 poly(A)-Oligo(dT)复合物。或者直接将保留在珠子上的 poly(A)⁺ mRNA 用于下游反应(如固相 cDNA 合成)。分离 poly(A)⁺ mRNA 的背景信息列在信息栏 "poly(A)⁺ mRNA" 中。

Oligo(dT)-磁珠有几种商品化产品（表 6-5），都是作为单独的试剂和试剂盒的组分。虽然单独的试剂可以满足用户使用，而试剂盒由于提供了需要的大多数或全部预包装的试剂

（如结合、洗涤和洗脱缓冲液），并且无 RNase，从而具有更多优势。通常根据商品化试剂盒的类型和规格，可以从 0.25～8.0mg 总 RNA 中分离 poly(A)$^+$ mRNA；对于大多数试剂盒，初始总 RNA 样品浓度应 ≥ 2μg/μL。也有可以从动物或植物组织或培养细胞中分离 mRNA 的商品化试剂盒；这些试剂盒也提供裂解缓冲液，以及结合、洗涤和洗脱缓冲液。当选用试剂盒时应考虑几个不同因素，包括组织/样品类型、初始材料的量。

表 6-5　商品化的 Oligo(dT)磁珠

商品名称	制造商
BcMag mRNA magnetic beads	Bioclone, Inc.
BioMag Oligo dT(20)	Polysciences, Inc.
Dynabeads Oligo (dT)25	Life Technologies
E.Z.N.A. Mag-Bind mRNA Kit	Omega BioTek
Oligo(dT)MagBeads	Ambion
Seradyn Sera-Mag Magnetic Oligo(dT)Particles	Thermo Scientific

poly(A)$^+$ mRNA

与 rRNA、5S RNA、5.8S RNA 和 tRNA 相比，大多数真核生物的 mRNA 在其 3′端带有 poly(A)尾巴，通常有 30～200 核苷酸。因此，mRNA 能用 Oligo(dT)-亲和层析法从细胞总 RNA 中分离，该方法利用带有 poly(A)$^+$ mRNA 能与 Oligo(dT)短链形成稳定的 RNA-DNA 杂合链的原理。此方法由三个基本步骤组成：①poly(A)$^+$ mRNA 与连接于载体的 Oligo(dT)分子杂交；②洗去不能结合 Oligo(dT)的核酸；③在低严谨条件下从 Oligo(dT)/载体洗脱 poly(A)$^+$ mRNA。

传统的 mRNA 分离方法采用 Oligo(dT)-纤维素亲和层析，在这里，Oligo(dT)短链(一般长为 18～30 核苷酸)连接至纤维素基质上(Edmonds et al. 1971; Aviv and Leder 1972)。典型的方法包括两步：首先提取总 RNA，再通过亲和层析分离 poly(A)$^+$ mRNA。Oligo(dT)-纤维素直到今天仍在使用，商品化试剂盒提供预装柱用于柱层析，或提供离心柱用于批量洗脱 mRNA。最近发展了其他 Oligo(dT)载体如聚苯乙烯-橡胶(胶乳)珠(polystyrene-latex bead)，它们大小和形状全都相同，提供了有效的 poly(A)$^+$ mRNA 结合能力，而不用像 Oligo(dT)-纤维素那样大量洗涤。

在很多实验室，Oligo(dT)纤维素法主要被磁珠偶联 Oligo(dT)所取代，在这里短序列 Oligo(dT)(通常长为 14～25nt)共价结合在磁珠表面(直径约 1μm)，应用磁珠法可以简单、快速地分离 mRNA(图 6-5)(Hornes and Korsnes 1990)。该方法较非磁珠法有几个优点，包括快速分离 mRNA、减少操作(如离心)时间、便于自动化。而且该方法可以有效地从粗制组织或细胞裂解液直接分离 poly(A)$^+$ mRNA 而不需要先提取总 RNA(Jakobsen et al. 1990, 1994)。

分离的 mRNA 适用于绝大多数下游应用，如 Northern 分析、cDNA 合成、S1 核酸酶分析、核酸酶保护分析、引物延伸、消减杂交(subtractive hybridization)、SAGE、RACE。由于珠子不会干扰下游酶反应，对于多数下游应用不需要洗脱 mRNA。然而需要注意的是，poly(A)$^+$ RNA 制品可能包含残留的基因组 DNA。对于多数应用这不是问题，但对于任何包括 PCR 步骤的应用，在 mRNA 用于后续实验之前必须用 DNase 处理(见方案 8)。

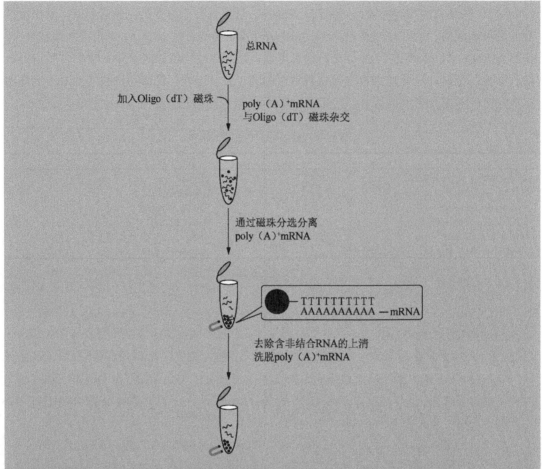

图 6-5 用 Oligo（dT）MagBeads 分离 poly（A）$^+$ mRNA。 总 RNA 包括 mRNA 和其他种类 RNA。Oligo（dT）-磁珠仅结合到 poly（A）$^+$ mRNA（见图）。用磁铁将结合到珠子上的 mRNA 沉淀，其他种类的 RNA 在上清中被去除。用水或低盐缓冲液从珠子上解离 mRNA，然后可从上清中捕获 mRNA。

材料

为正确使用本方案中的器材和危险试剂，必须查阅相应的材料安全数据表并咨询所在机构的环境卫生和安全办公室。

本方案的专用试剂标注<R>，配方在本方案末提供。常用储备溶液、缓冲液和试剂标注<A>，配方见附录 1。储备溶液应稀释至适用浓度后使用。

试剂

结合缓冲液<R>

DEPC 处理水或 10mmol/L Tris-HCl（pH 7.5）

Oligo（dT）-磁珠（见表 6-5）

总 RNA，75μg

如本章方案 1～5 所述制备 RNA。

应用凝胶电泳和/或 Northern 印迹检测总 RNA 样品质量，确保没有降解（见方案 10 信息栏 "所制备 RNA 的质量检查"）。如果在凝胶或 Northern 印迹杂交 rRNA 条带下面有弥散，则 RNA 发生降解，此样本不能用于 poly（A）$^+$ mRNA 分离。

洗涤缓冲液<R>

设备

盛冰容器

磁架（如 DynaI MPC，磁性颗粒富集器；Life Technologies 公司）

微量离心管（0.5mL），无 RNase

旋转仪

水浴或加热装置，分别预设至 65～70℃ 或 75～80℃。

方法

平衡磁珠

1. 在管中完全重悬珠子，获得均一悬液。吸取 200μL 珠子到一新的微量离心管。

2. 置于磁架上 1～2min。

    珠子将迁移至靠近磁铁一侧。

3. 管子置于磁架上，同时用吸头小心地完全去除上清。

4. 从磁架上移开管子，用 100μL 结合缓冲液重悬珠子。

5. 重复步骤 2～4。

从总 RNA 中纯化 mRNA

6. 用 DEPC 处理水或 10mmol/L Tris-HCl（pH 7.5）调整总 RNA 样品体积为 100μL。

7. 加入 100μL 结合缓冲液，溶液在 65～70℃加热 2～5min。立即置于冰上。

8. 加入 100μL 用结合缓冲液重悬 Oligo（dT）-磁珠。完全混匀并在室温连续旋转 5min 复性。

9. 将管子置于磁架 1～2min 收集珠子。小心并完全去除上清。

    当用小体积磁珠时完全必须去除所有缓冲液。

10. 从磁架上移走管子，用 1mL 洗涤缓冲液洗珠子三次。

11. 加入 DEPC 处理水或 10mmol/L Tris-HCl 75～80℃孵育 2min，从珠子上洗脱 mRNA。把管子置于磁架上，把含有 mRNA 的上清迅速移至一新的无 RNase 的管中。

    如果分离的 mRNA 仍结合在珠子上用于下游反应（如固相 cDNA 合成），用下游所用酶的缓冲液洗涤磁珠。

配方

为正确使用本方案中的器材和危险试剂，必须查阅相应的材料安全数据表并咨询所在机构的环境卫生和安全办公室。

结合缓冲液

试剂	含量（100mL）	终浓度
LiCl（5mol/L）	10mL	0.5mol/L
Tris-Cl（1mol/L，pH 8.0）	10mL	0.1mol/L
EDTA（0.5mol/L）	2mL	0.01mol/L
十二烷基硫酸锂（10%，m/V）	10mL	1%（m/V）
DTT（1mol/L）	500μL	5mmol/L

如果发现沉淀，加热至室温并摇晃直至所有组分充分重悬。

洗涤缓冲液

试剂	含量（100mL）	终浓度
LiCl（5mol/L）	3mL	0.15mol/L
Tris-Cl（1mol/L, pH 8.0）	1mL	0.01mol/L
EDTA（0.5mol/L）	200μL	1mmol/L
SDS（10%, m/V）	1mL	0.1%（m/V）

参考文献

Aviv H, Leder P. 1972. Purification of biologically active globin messenger RNA by chromatography on oligothymidylic acid cellulose. *Proc Natl Acad Sci* **69**: 1408–1412.

Edmonds M, Vaughan MH Jr, Nakazato H. 1971. Polyadenylic acid sequences in the heterogeneous nuclear RNA and rapidly-labeled polyribosomal RNA of HeLa cells: Possible evidence for a precursor relationship. *Proc Natl Acad Sci* **68**: 1336–1340.

Hornes E, Korsnes L. 1990. Magnetic DNA hybridization properties of oligonucleotide probes attached to superparamagnetic beads and their use in the isolation of poly(A) mRNA from eukaryotic cells. *Genet*

Anal Tech Appl **7**: 145–150.

Jakobsen KS, Breivold E, Hornsnes E. 1990. Purification of mRNA directly from crude plant tissues in 15 minutes using magnetic oligo dT microspheres. *Nucleic Acids Res* **18**: 3669. doi: 10.1093/nar/18.12.3669.

Jakobsen KS, Haugen M, Saeboe-Larsen S, Hollung K, Espelund M, Homes E. 1994. Direct mRNA isolation using magnetic oligo(dT) beads: A protocol for all types of cell cultures, animal and plant tissues. In *Advances in biomagnetic separation*, pp. 61–71. Eaton Publishing, Natick, MA.

●Northern 杂交进行 RNA 转移

Northern 杂交是用来检测真核生物 RNA 的量和大小及估计其丰度的实验方法。它可以从大量的 RNA 样本中同时获得这些信息，在这点上，是其他实验方法所无法比拟的。Northern 杂交是研究真核细胞基因表达的基本方法。这种方法一经发表（Alwine et al. 1977, 1979）就成为分子生物学基本操作方法的一部分。在以后的 30 年中，虽然对该方法作出了许多的变动和改进（如 Kroczek 1993），然而，Northern 分析的基本步骤没有改变，包括：

- 完整 mRNA 的提取
- 根据 RNA 的大小，通过变性琼脂糖凝胶或聚丙烯酰胺凝胶电泳对 RNA 进行分离
- 将 RNA 转移到固相支持物上，在转移的过程中，要保持 RNA 在凝胶中的相对分布
- 将 RNA 固定到固相支持物上
- 固相 RNA 与探针分子（与目的序列互补）杂交
- 除去非特异结合到固相支持物上的探针分子
- 对特异结合的探针分子的图像进行检测、捕获和分析

对以上过程中的每一步都有几种选择，新的方法在文献中也不断出现。如果想结合每步的精华，寻找适合于各种条件的最好的方法也许是不可能的。然而，方案 10～14 描述的方法是适合于各种条件的非常好的方法。

🔬 根据 RNA 的大小对其进行分离

根据 RNA 的大小，利用变性琼脂糖凝胶或聚丙烯酰胺凝胶电泳对其进行分离是 Northern 杂交的第一步。在早期，氢氧化甲基汞也曾得到一定程度的流行（Bailey and Davidson 1976），尤其是勇敢而鲁莽的实验者。虽然它是一种非常好的变性剂，但是具有挥发性，并且有剧毒（Cummins and Nesbitt 1978），因此不建议使用。基于同样原因，用乙二醛／甲酰胺对 RNA 变性，然后进行琼脂糖凝胶电泳（Bantle et al. 1976; McMaster and

Carmichael 1977; Goldberg 1980; Thornas 1980, 1983）的方法也不再使用。下面介绍的是目前在 Northern 分析中分离变性 RNA 的两种常用方法。

- 用甲醛和二甲基亚砜对 RNA 进行预处理，在含 2.2mol/L 甲醛的凝胶中电泳（方法 10）（Boedtker 1971; Lehrach et al. 1977; Rave et al.1979）.
- RNA 在含 6～8mol/L 尿素的 4%～12%聚丙烯酰胺凝胶中电泳（方案 11）（Summer et al. 2009）

这两种方法分离范围和分辨能力完全不同。聚丙烯酰胺凝胶可以分离 2～2000bp 的 RNA，能够区分长度仅相差一个碱基的 RNA。而甲醛琼脂糖凝胶分辨率较低，但它用标准凝胶和电泳装置可以分离更大范围——从 200bp 至大于 5 万碱基。除了更大的分离范围，琼脂糖凝胶有更大的荷载能力，并且它的孔径可以使 RNA 通过被动扩散法有效转移，这些使它们成为 Northern 杂交分析更常用的选择。

除了乙二醛、甲醛和氢氧化甲基汞外，许多化合物可用作凝胶电泳中 RNA 的变性剂，但是在常规实验室使用时很少被证明是可靠的。硫氰酸胍是唯一优于甲醛的化合物（Goda and Minton 1995），当以 10mmol/L 的浓度掺入琼脂糖凝胶中时，可以使 RNA 保持变性的形式。电泳在标准的 TBE 缓冲液中进行，并且溴化乙锭可掺入凝胶。但是很少实验室采用这种方法，目前尚未有用硫氰酸胍替换乙二醛和甲醛的成功经验值得推荐。

Northern 凝胶中 RNA 量的均衡

当对许多不同的样品进行比较时,使加入凝胶泳道中 RNA 的量相同是一个非常棘手的问题。有几种可行的方法，但没有一种是完美的。

- 在每个泳道中加入等量的 RNA（通常 0.5～0.7 OD$_{260}$单位）　在总的细胞 RNA 样品中，rRNA 绝对是主要成分，在紫外吸收物质中占 75%还要多。等量总 RNA 的 Northern 分析表明了目标 mRNA 稳定状态的浓度如何随细胞 rRNA 的含量而变化（Alwine et al. 1977; de Leeuw et al. 1989）。与持家基因的转录物不同，没有证据表明 18S 或 28S rRNA 随哺乳动物组织或细胞系的变化而发生很大的变化（如见 Bhatia et al. 1994）。而且，rRNA 在凝胶电泳中通过溴化乙锭染色在琼脂糖电泳中容易检测到，不用特异的探针进行另一轮杂交。
- 根据内源组成性表达的持家基因如亲环蛋白基因、β-肌动蛋白基因或 3-磷酸甘油醛脱氢酶（GAPDH）基因（Kelly et al. 1983）mRNA 的含量对样品标准化　这三个基因以中等丰度水平表达［约为 poly（A）$^+$RNA 的 0.1%或细胞总 RNA 的 0.003%］。对感兴趣基因杂交信号强度的表达总是相对这三个持家基因而言的。然而，后来证实，持家基因的表达水平在不同的哺乳动物组织和不同的细胞系中并不总是恒定的（请见 Spanakis 1993；Bhatia et al. 1994）。持家基因和感兴趣基因杂交信号相对强度的变化可能是由其中的一个基因或两者转录水平的变化而引起的。
- 加入等量的 poly（A）$^+$RNA　RNA 样品中 poly（A）$^+$的含量可以通过和放射性标记的 poly（dT）探针进行狭缝杂交或点杂交来进行比较（Harley 1987，1988）。Northern 胶中的每个泳道都可以装等量的 poly（A）$^+$ RNA。这是一个比较好的方法，因为它可以测量细胞内特定 mRNA 的浓度相对于基因转录物总量的变化。
- 用合成的假基因作为标准　几家实验室（Toscani et al. 1987；DuBois et al. 1993）用

体外合成的 RNA 作为外加的标准来测量不同细胞 RNA 样本中感兴趣基因的表达。合成的假信使与天然的大小不同，在细胞裂解时以已知的量加入。根据杂交信号的相对强度来估计内源感兴趣基因的表达。

分离 RNA 的凝胶中所用的分子质量大小标准

只有在凝胶中加入已知相对分子质量的标准参照物以后，才能对感兴趣的 RNA 的大小进行精确的测量。通常使用四种类型的标准参照物。

- 商品化的 RNA 标准物。这些标准物经常由已知长度的、克隆的 DNA 模板体外转录产生。因此，标准的 RNA 有时被模板 DNA 或与其有关的质粒序列所污染。在 Northern 杂交所用的探针中出现的载体序列也许和这些杂质杂交，在放射自显影的图上产生不连续的带，或通常出现一些不该有的污染。

- 商品化的 DNA 标准物。经乙醛酸变性的相同长度的 DNA 和 RNA 在琼脂糖电泳中迁移速率相同。在这个系统中已知大小的小 DNA 可用作标准参照物。而且，探针中出现的载体序列可以和这些标准物杂交。同时，另一个优点是在放射自显影图上标记带产生的信号可以被直接用来测量感兴趣的 RNA 的大小。DNA 标准物不能在含有甲醛的凝胶中用作标准参照物，因为在这样的胶中，RNA 比同样大小的 DNA 迁移速率快（Wicks 1986）。

- 在待测的 RNA 样本中高丰度的 rRNA（28S 和 18S）。这些 RNA 的大小在不同的哺乳动物品种中变化很小。18S rRNA 的大小范围在 1.8～2.0kb，28S 的范围在 4.6～5.3kb。

- 示踪染料。在大部分的变性琼脂糖凝胶电泳系统中，溴酚蓝迁移速率比 5S rRNA 稍快，而二甲苯腈蓝的迁移比 18S rRNA 稍慢。

用作 Northern 杂交的膜

将电泳分离开的 DNA 和 RNA 从凝胶中转移到二维固相支持物上是 Northern 杂交中关键的一步。起初，将 RNA 固定在活化的纤维素纸上进行杂交（Alwine et al. 1977; Seed 1982a,b）。不久后发现，用乙二醛、甲醛和氢氧化甲基汞变性的 RNA 像变性的 DNA 那样可以和硝酸纤维素膜牢固结合（Thomas 1980，1983）。几年后，硝酸纤维素膜成了 Northern 杂交的首选支持物。

不过，硝酸纤维素膜不是理想的固相杂交支持物，因为它结合核酸的能力比较低（约 50～100μg/cm²），并且随 RNA 的大小而变化。此外，RNA 通过疏水作用结合到硝酸纤维素膜上，而不是通过共价结合。因此，在高温下杂交和冲洗的过程中，其容易从固相支持物上慢慢地洗掉。最后，在固定核酸的过程中，硝酸纤维素膜在真空 80℃烘烤时变脆。变脆的膜经受不住以后 2～3 轮的在高温下进行杂交和冲洗的过程。

通过引入各种类型的尼龙膜使得这些问题得以解决，尼龙膜能不可逆地和核酸结合，并且比硝酸纤维素膜更经久耐用（Reed and Mann 1985），而且如果损坏还可以修补（Pitas 1989），因此被固定的核酸可以和几种不同的探针杂交。而且，因为核酸可以在低离子强度的缓冲液中固定到尼龙膜上，核酸从凝胶到尼龙膜可以进行电转移。当小分子的 RNA 从聚丙烯酰胺凝胶转移时，毛细管或真空转移是无效的，这时可以利用这种方法。

　　两种类型的尼龙膜可以买到：未经修饰的（中性的）尼龙或带电荷的尼龙，因其携带有胺基基团而称为正电或（＋）尼龙膜（其简要发展史参见信息栏中"尼龙的发展"）。这两种类型的尼龙膜都能结合单链或双链核酸，并且在水、0.25mol/L HCL、0.4mol/L NaOH 中结合量是不同的。带电荷尼龙有更好的结合核酸能力（表 6-6），但是有导致杂交背景升高的倾向，这至少部分由于 RNA 中带负电荷的磷酸基团非特异地结合到带正电荷的多聚体表面。然而，在预杂交和杂交中可以通过增加阻断剂的量来控制这种非特异结合。现有的不同品牌尼龙膜带电荷的类型和程度不同，网眼的密度也不一样。在不同的条件下，用于做 Northern 印迹和杂交的膜的有效性在不同的时间内都有所比较（请看 Khandjian 1987; Rosen et al. 1990; Twomey and Krawetz 1990; Beckers et al. 1994）。而且，不同的制造商都提供具体的建议。在 Northern 杂交方法 10～14 和第 2 章 Southern 杂交中的方法 11～13 给出的指导在大部分情况下都是行之有效的，在某些情况下可以产生比厂商的标准还要好的结果。

表 6-6　用于固定 DNA 和 RNA 的尼龙膜性能

特性	中性尼龙膜	带电荷尼龙膜
容量（μg 核酸/cm²）	约 200～300	400～500
最大结合核酸的大小	>50bp	>50bp
转移缓冲液	广泛 pH 范围内低离子强度	
固定	70℃烘烤 1h；不需要真空、中性碱或 254nm 的紫外照射	
	湿膜需 1.6kJ/m²；干膜需 160kJ/m²	
商品化产品	Hybond-N	Hybond-N⁺
	GeneScreen	Zeta-Probe
		Nytran⁺
		GeneScreen Plus

尼龙的发展

　　尼龙是具有重复的聚酰胺（—CONH—）基团的长链多聚体的总称。不同类型的尼龙是由各种二酸、二胺和氨基酸的结合形成的。在标准的命名中，单一的数字（如 nylon6）指的是单体中碳原子的数目。两位数（如 nylon 6.6 或 66）指的是由二胺或二元酸形成的一个多聚体。第一个数字指分开二胺 N 原子的 C 原子的数目。第二个数字指的是在二元氨基酸中直链 C 原子的数目。Fiber66 是尼龙的最初名字，是在 1930 年由 Wallace Carothers 发明的，他是一位在 DuPont 工作的化学家（Fenichell 1999）。他的发现来自于对长链多胺聚合物的结构和组成 10 来年的研究，这本来应该成为他事业的巅峰，却反而成了走向悲剧的催化剂。

　　Carothers 与其说是一个 20 世纪的公司的职员，倒不如说是一个科学的唯美主义者，他认为自己只是发现了一种物质，而其主要用途似乎只是丝袜的替代品，为此变得非常沮丧。1937 年，在他注册 Fiber66 专利后的几天，年仅 41 岁的 Carothers 在一家旅馆吞食氰化物自杀了。DuPont 由于 Fiber66 的商业开发而向前发展，在来年 10 月份，专用名"尼龙"首先在《先驱论坛报》上出现于公众视野。当然袜子仅仅是第一代尼龙产品，这肯定会给 Carothers 带来很大的满足，也许包括用于固定核酸的尼龙膜。

将 RNA 从凝胶中转移至固相载体

Northern 杂交分析的关键步骤是变性 RNA 从琼脂糖凝胶转移到膜上。转移时不仅要保持分子在整个胶上的分布，而且要对不同大小的核酸都要有效。为了达到这种目的，已经发明了许多方法，包括电转印、真空印迹、半干印迹和上行毛细管印迹。另外，已采取了几种方法试图通过直接在胶中进行杂交来彻底避开转移（Purrello and Balazs 1983; Tsao et al. 1983）。然而，仍不清楚需要昂贵仪器的这些技术是否真的比最初的上行毛细管转移（Southern 1975）优越。当然，没有必要仅仅因为它能极大地改善 Northern 或 Southern 印迹就去买一台真空印迹或电印迹仪器。

- 上行毛细管转移。最初是由 Southern（1975）设计的简单而又经济的方法，在向上流动的缓冲液中进行的核酸从凝胶到膜的过夜转移（图 6-6）。该方法一个主要的缺点是大分子的核酸在胶中有选择性地滞留，这是由于胶的展平、压缩及脱水造成的。可以通过以下几种方法缓解这个问题：①使用尽可能薄的凝胶；②使和胶紧密接触的滤纸在转移开始的时候完全被缓冲液浸透；③转移前，使 RNA 被碱部分水解（Reed and Mann 1985）。关键是水解要适中，过分水解会产生太小的片段，不能和膜有效结合。自 1975 年开始，进行上行毛细管转移一般需要 16h 左右。然而，现在知道向上转移仅需要 4h 就可以完成（Lichtenstein et al. 1990）。向上转移中一个更加严重的问题是：一些 RNA 具有向下从胶中移出的趋势。当凝胶下面的滤纸没有被缓冲液完全浸透时，容易发生这种现象。液体从胶中移出，带有一些核酸分子。如果保障底下的滤纸和上面的一样用缓冲液完全浸透，胶一旦放在底下的滤纸上，转移系统的其余部分要迅速装置好，这个问题将有所改善。

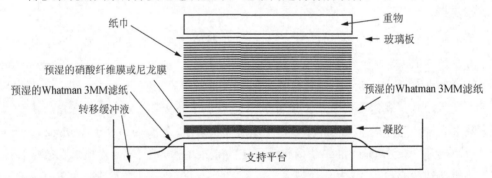

图 6-6　上行毛细管转移。核酸从琼脂糖凝胶到固相支持物的毛细管转移，转移缓冲液液流通过凝胶从液池中吸出，上行到纸巾槽中，从凝胶中洗脱出来的核酸在流动的缓冲液作用下，聚集于硝酸纤维素滤膜或尼龙膜上。纸巾上方的重物可确保转移系统中各层之间的紧密接触。

- 下行毛细管转移。下行转移（图 6-7）不会引起琼脂糖胶展平，并且核酸会得到迅速转移。例如，最大 8kb 的 RNA 分子，不管是在碱性还是中性的 pH，在 1h 内都可以实现高效转移（Chomczynski 1992; Chomczynski and Mackey 1994）。当进行 RNA 碱性印迹时，下行毛细管转移在速度方面有绝对的优势。RNA 转移超过 4h 会由于 RNA 的过分水解极大地降低杂交信号强度。

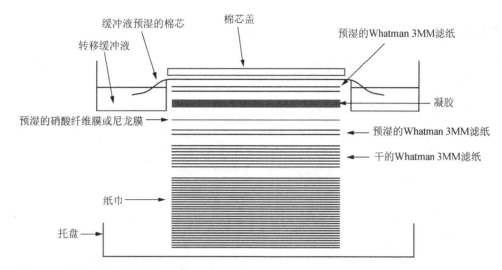

图 6-7 下行毛细管转移。在此操作中，核酸从琼脂糖凝胶到固相支持物的毛细管转移，可通过在毛细管作用下，转移缓冲液流经凝胶从液池下行到纸巾槽中，从凝胶中洗脱出来的核酸在流动缓冲液作用下，聚集于硝酸纤维素滤膜或尼龙膜上。

相比琼脂糖凝胶，聚丙烯酰胺凝胶基质的高交联特性使其不能通过被动扩散法有效、定量地或可再生地转移核酸。因此聚丙烯酰胺凝胶中的 RNA 应采用电转移（也称为电印迹）（图 6-8）。在此方法中，膜直接置于胶上，两侧放几层滤纸后放到特制的卡槽，反过来置于装了缓冲液的槽中；卡槽是有方向的，要使膜的那面对着正极。电压梯度垂直于凝胶的电泳方向，迫使样品从胶迁出至膜上。一种备选方法称为半干电印迹，仅需要少量的缓冲液，使用低电压电源，而不需要高压电源（Trnovsky 1992）。

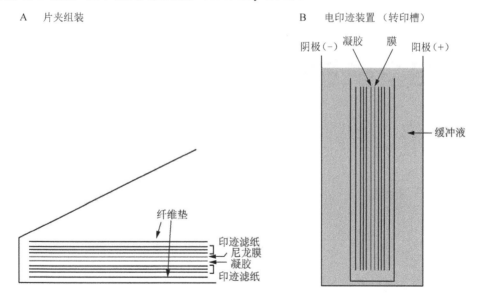

图 6-8 安装电转移装置。（A）准备胶-膜转移三明治；（B）在电转移装置中胶-膜三明治的方向。

关于 Northern 杂交的更多信息

Northern 和 Southern 杂交有许多相似之处，这包括杂交的力学原理、探针的类型、杂交后膜的处理。所有这些问题在此手册的其他章节中进一步讨论。这些信息的重要说明列在方案 10～14 的相关位置。

参考文献

Alwine JC, Kemp DJ, Stark GR. 1977. Method for detection of specific RNAs in agarose gels by transfer to diazobenzylmethoxymethyl-paper and hybridization with DNA probes. *Proc Natl Acad Sci* **74**: 5350–5354.

Alwine JC, Kemp DJ, Parker BA, Reiser J, Renart J, Stark GR, Wahl GM. 1979. Detection of specific RNAs or specific fragments of DNA by fractionation in gels and transfer to diazobenzyloxymethyl paper. *Methods Enzymol* **68**: 220–242.

Bailey JM, Davidson N. 1976. Methylmercury as a reversible denaturing agent for agarose gel electrophoresis. *Anal Biochem* **70**: 75–85.

Bantle JA, Maxwell IH, Hahn WE. 1976. Specificity of oligo(dT)-cellulose chromatography in the isolation of polyadenylated RNA. *Anal Biochem* **72**: 413–427.

Beckers T, Schmidt R, Hilgard P. 1994. Highly sensitive northern hybridization of rare mRNA using a positively charged nylon membrane. *BioTechniques* **16**: 1075–1078.

Bhatia P, Taylor WR, Geenberg AH, Wright JA. 1994. Comparison of glyceraldehyde-3-phosphate dehydrogenase and 28S-ribosomal RNA gene expression as RNA loading controls for northern blot analysis of cell lines of varying malignant potential. *Anal Biochem* **216**: 223–226.

Boedtker H. 1971. Conformation-independent molecular weight determinations of RNA by gel electrophoresis. *Biochim Biophys Acta* **240**: 448–453.

Chomczynski P. 1992. Solubilization of formamide protects RNA from degradation. *Nucleic Acids Res* **20**: 3791–3792.

Chomczynski P, Mackey K. 1994. One-hour downward capillary blotting of RNA at neutral pH. *Anal Biochem* **221**: 303–305.

Cummins JE, Nesbitt BE. 1978. Methyl mercury and safety. *Nature* **273**: 96. doi: 10.1038/273096d0.

de Leeuw WJF, Slagboom PE, Vijg J. 1989. Quantitative comparison of mRNA levels in mammalian tissues: 28S ribosomal RNA level as an accurate internal control. *Nucleic Acids Res* **17**: 10137–10138.

DuBois DC, Almon RR, Jusko WJ. 1993. Molar quantification of specific messenger ribonucleic acid expression in northern hybridization using cRNA standards. *Anal Biochem* **210**: 140–144.

Fenichell S. 1999. *Plastic: The making of a synthetic century.* Harper Business, New York.

Goda SK, Minton NP. 1995. A simple procedure for gel electrophoresis and northern blotting of RNA. *Nucleic Acids Res* **23**: 3357–3358.

Goldberg DA. 1980. Isolation and partial characterization of the *Drosophila* alcohol dehydrogenase gene. *Proc Natl Acad Sci* **77**: 5794–5798.

Harley CB. 1987. Hybridization of oligo(dT) to RNA on nitrocellulose. *Gene Anal Tech* **4**: 17–22.

Harley CB. 1988. Normalization of RNA dot blots with oligo(dT). *Trends Genet* **4**: 152.

Kelly K, Cochran B, Stiles C, Leder P. 1983. Cell-specific regulation of the *c-myc* gene by lymphocyte mitogens and platelet-derived growth factor. *Cell* **35**: 603–610.

Khandjian EW. 1987. Optimized hybridization of DNA blotted and fixed to nitrocellulose and nylon filters. *Biotechnology (NY)* **5**: 165–167.

Kroczek RA. 1993. Southern and northern analysis. *J Chromatogr* **618**: 133–145.

Lehrach H, Diamond D, Wozney JM, Boedtker H. 1977. RNA molecular weight determinations by gel electrophoresis under denaturing conditions: A critical reexamination. *Biochemistry* **16**: 4743–4751.

Lichtenstein AV, Moiseev VL, Zaboikin MM. 1990. A procedure for DNA and RNA transfer to membrane filters avoiding weight-induced flattening. *Anal Biochem* **191**: 187–191.

McMaster G, Carmichael GG. 1977. Analysis of single- and double-stranded nucleic acids on polyacrylamide and agarose gels by using glyoxal and acridine orange. *Proc Natl Acad Sci* **74**: 4835–4838.

Pitas JW. 1989. A simple technique for repair of nylon blotting membranes. *BioTechniques* **7**: 1084. doi: 111198913.

Purrello M, Balazs I. 1983. Direct hybridization of labeled DNA to DNA in agarose gels. *Anal Biochem* **128**: 393–397.

Rave N, Crkvenjakov R, Boedtker H. 1979. Identification of procollagen mRNAs transferred to diazobenzyloxymethyl paper from formaldehyde gels. *Nucleic Acids Res* **6**: 3559–3567.

Reed KC, Mann DA. 1985. Rapid transfer of DNA from agarose gels to nylon membranes. *Nucleic Acids Res* **13**: 7207–7221.

Rosen KM, Lamperti ED, Villa-Komaroff L. 1990. Optimizing the northern blot procedure. *BioTechniques* **8**: 398–403.

Seed B. 1982a. Attachment of nucleic acids to nitrocellulose and diazonium-substituted supports. *Genet Eng* **4**: 91–102.

Seed B. 1982b. Diazotizable acrylamine cellulose papers for the coupling and hybridization of nucleic acids. *Nucleic Acids Res* **10**: 1799–1810.

Southern EM. 1975. Detection of specific sequences among DNA fragments separated by gel electrophoresis. *J Mol Biol* **98**: 503–517.

Spanakis E. 1993. Problems related to the interpretation of autoradiographic data on gene expression using common constitutive transcripts as controls. *Nucleic Acids Res* **21**: 3809–3819.

Summer H, Gramer R, Droge P. 2009. Denaturing urea polyacrylamide gel electrophoresis (Urea PAGE). *J Vis Exp* **pii**: 1485. doi: 10.3791/1485.

Thomas PS. 1980. Hybridization of denatured RNA and small DNA fragments transferred to nitrocellulose. *Proc Natl Acad Sci* **77**: 5201–5205.

Thomas PS. 1983. Hybridization of denatured RNA transferred or dotted nitrocellulose paper. *Methods Enzymol* **100**: 255–266.

Toscani A, Soprano DR, Cosenza SC, Owen TA, Soprano KJ. 1987. Normalization of multiple RNA samples using an in vitro–synthesized external standard cRNA. *Anal Biochem* **165**: 309–319.

Trnovsky J. 1992. Semi-dry electroblotting of DNA and RNA from agarose and polyacrylamide gels. *BioTechniques* **13**: 800–804.

Tsao SG, Brunk CF, Pearlman RE. 1983. Hybridization of nucleic acids directly in agarose gels. *Anal Biochem* **131**: 365–372.

Twomey TA, Krawetz SA. 1990. Parameters affecting hybridization of nucleic acids blotted onto nylon or nitrocellulose membranes. *BioTechniques* **8**: 478–482.

Wicks RJ. 1986. RNA molecular weight determination by agarose gel electrophoresis using formaldehyde as denaturant: Comparison of RNA and DNA molecular weight markers. *Int J Biochem* **18**: 277–278.

方案 10 按照大小分离 RNA：含甲醛的琼脂糖凝胶电泳

RNA 样品经甲酰胺处理发生变性并且在含有甲醛的琼脂糖凝胶上电泳分离。这一方法是从 Lehrach 等（1977）、Goldberg（1980）、Seed（1982a）和 Rasen 等（1990）改进而来的，RNA 在含有 2.2mol/L 甲醛的琼脂糖凝胶上进行电泳分离。更多信息请参阅信息栏"琼脂糖甲醛凝胶"。

琼脂糖甲醛凝胶

甲醛与鸟嘌呤残基的单亚氨基基团形成不稳定的希夫碱，这些加合物通过阻止链内 Watson-Crick 碱基配对而使 RNA 维持在变性状态，因为希夫碱不稳定且容易通过稀释去除，因此只有当缓冲液或凝胶中含有甲醛时才能使 RNA 维持变性状态。甲醛是一种致畸剂，可以通过呼吸或与皮肤接触进入人体，具有很高的毒性，被职业安全和健康署（OSHA）认定为致癌剂。甲醛溶液应该在化学通风橱中谨慎处理。

含有甲醛的琼脂糖凝胶比非变性的琼脂糖凝胶黏性强，更易碎，更缺乏弹性，将其从一个容器转到另一个容器时要格外小心。尽管如此，甲醛琼脂糖凝胶电泳仍然是 Northern 分析过程中分离 RNA 的一个通用方法。然而，甲醛凝胶上的 RNA 条带总是模糊不清，不能与尿素聚丙烯酰胺凝胶电泳的清晰条带相媲美。

原有的 Northern 分析方案所用的甲醛为 6% 或 2.2 mol/L（Boedtker 1971; Lehrachet et al. 1977; Rave et al. 1979）。这一变性物质的高浓度可以弥补电泳过程中通过凝胶扩散进入缓冲液所造成的甲醛损失。然而，这一问题可以通过以高电压（7～10V/cm 代替常用的 2～3V/cm）电泳较短的时间来避免，这样就可以允许凝胶中甲醛的浓度减少到 1.1% 或 0.66mol/L（Davis et al. 1986）。

曾经认为溴化乙锭的存在影响了 RNA 从甲醛凝胶到膜的转移并/或抑制了后续的杂交（Thomas 1980）。现在认为，即使存在这种效应的话，也是很小的（Kroczek and Siebert 1990），许多研究人员习惯在 0.66mol/L 甲醛的凝胶中加入溴化乙锭，但不适用于甲醛浓度高的凝胶。当用紫外线照射时，它们发射一种神秘的粉紫色的光芒，从而掩盖少量 RNA 的信号。上样之前加热含低浓度溴化乙锭的 RNA 样品并且在没有背景荧光的情况下，可以获得更好的染色效果（Fourney et al. 1988; Rosen and Villa-Komaroff 1990）。只要样品中溴化乙锭的浓度不超过 50μg/mL，RNA 转移和杂交的效率就不会受到显著影响（Kroczek 1989; Kroczek and Siebert 1990; Ogretmen et al. 1993）。除了将溴化乙锭加入上样缓冲液中进行着色，还可以在电泳之后用核酸染色剂，如 SBRY Green Ⅱ RNA 凝胶着色剂进行着色（分子探针，请参阅该方案结尾信息栏"所制备 RNA 的质量检查"）。

材料

为了妥善处理在本方案中所使用的设备和有毒物品，查阅材料安全数据表和咨询所在单位的环境健康和安全机构是十分必要的。

本方案需用到的特殊试剂（标记为 R）的相关说明附在方案的末尾，常用原液、缓冲液、试剂（标记为 A）的相关信息参见附录 1。稀释原液到合适浓度。

注意：在这一方案中用 DEPC 处理的水制备所有溶剂（请参见信息栏"如何去除 RNase"）。

试剂

含有 2.2 mol/L 甲醛的琼脂糖凝胶 <R>

1.5% 的琼脂糖凝胶用来分离 0.5～8.0kb 大小的 RNA。更大的 RNA 应用 1.0% 或 1.2% 的琼脂糖凝胶分离（Lehrach et al. 1977; Miller 1987）。

溴化乙锭（200μg/mL）

用 DEPC 处理水配置。

甲醛

使用的甲醛为 37%～40%（m/V）（12.3 mol/L）的甲醛溶液，其中可能包含像甲醇（10%～15%）这样的稳定剂，当甲醛暴露于空气中时容易氧化成甲酸。如果甲醛溶液的 pH 是酸性（pH<4.0）或者溶液变黄，用前需将原液用 Bio-Rad AG-501-X8 或者 Dowex XG8 这样的混合树脂处理，以去除离子。

甲醛凝胶上样缓冲液（10×）<A>

甲酰胺

购买经过蒸馏去离子的制剂，分成小份在-20℃充氮条件下储存。另一种方法是，试剂级的甲酰胺可以按照附录1所述方法去离子。

MOPS 电泳缓冲液（10×）<A>

RNA 样品

总 RNA 或 poly（A）+RNA 样品应该是在 1～2μL 中含有少于 20μg 的 RNA，从储存样品中取等量 RNA 进行分析（参见方案6），将 RNA 用乙醇进行沉淀，并将其溶解于经灭菌的 DEPC 处理后的适量体积的水中。

样品中有盐或 SDS 存在的情况下，或者是每个泳道 RNA 上样量>20μg 时，电泳时会引起 RNA 的条带不清晰。

RNA 分子质量标准

DNA 和 RNA 以不同的速率通过含有甲醛的琼脂糖凝胶，RNA 的迁移速率比同等大小的 DNA 快（Wicks 1986）。尽管 DNA 分子质量标准可以获得清晰的条带，但用它们并不能方便、精确地衡量出未知 RNA 的分子质量大小。因此，我们推荐使用 RNA 梯度分子质量标准（如来自 Life Technologies 公司），长度为 9.49kb、7.46kb、4.40kb、2.37kb、1.35kb 和 0.24kb，这些 RNA 分子质量标准可被用于 RNase 污染或电泳过程中可能出现的其他问题的检测物，请参照之前方案中关于"Northern 杂交进行 RNA 转移"的介绍。

专用设备

水平电泳仪

准备一个特定的电泳仪专门用来做 RNA 分析，用去污剂清洁电泳槽和梳子以备进行 RNA 电泳（方案10 和 11），再用水冲洗，乙醇擦干，然后用 3% 的 H_2O_2 室温浸泡 10min，用 0.1%DEPC 处理的水彻底冲洗电泳槽和梳子。

由于在电泳缓冲液的 pH 会随着电泳发生变化，因此装好电泳槽后使电泳缓冲液通过蠕动泵从一个小室到另一个小室不断循环。另一种做法是，每小时人工更换电泳液。

透明直尺

55℃水浴

方法

1. 在一灭菌的微量离心管中建立变性反应体系：

RNA（最多20μg）	2.0μL
MOPS 电泳缓冲液（10×）	2.0μL
甲醛	4.0μL
甲酰胺	10.0μL
溴化乙锭（200μg/mL）	1.0μL

每一泳道至多可分析 20μg RNA，通常用 10μg 细胞总 RNA 进行 Northern 杂交，可检测高丰度 mRNA（占总 mRNA 0.1%以上）。为了检测含量极微的 mRNA，每个泳道至少应该加 1.0μg poly（A）+RNA，RNA 样品以及分子质量标准应该用相同方法处理。

反应体系中加有溴化乙锭，所以电泳完可以直观地看到凝胶上的 RNA。关于其他着色法，请参见本方案结尾的信息栏 "RNA 染色替代方法"。

2. 盖紧微量离心管的盖子，将 RNA 反应体系于 55℃温浴 60min，冰水冷却样品 10min，然后离心 5s 将所有液体离心到微量离心管底部。

许多研究人员倾向于将 RNA 样品在 85℃温浴 10min。

3. 加 2μL 10×甲醛凝胶上样缓冲液，然后将离心管重新置于冰上。

4. 将琼脂糖凝胶/甲醛凝胶装入水平电泳槽中，加足够的 1×MOPS 电泳缓冲液覆盖凝胶约 1mm，电泳 5min（5V/cm），然后将 RNA 样品加到凝胶上样孔中，将最外侧两条泳道空出加 RNA 分子质量标准。

5．凝胶进入 1×MOPS 电泳缓冲液中，4～5V/cm 电压下进行电泳，直到溴酚蓝移出约 8cm（4～5h）。

> 用较高电压会导致条带模糊不清。

6．将凝胶置于一片干净的保鲜膜上，在紫外透射仪下观察 RNA，用透明直尺比对凝胶上的着色带，紫外灯下照相。

> 请参见信息栏"所制备 RNA 的质量检查"。

7．照相并测量照片上每个 RNA 条带距上样孔的距离，以 RNA 大小的对数值对 RNA 条带迁移距离作图，利用所得曲线计算欲检测的某种 RNA 的大小。

8．通过上行或下行毛细管法将 RNA 转移到固相支持物上（方案 12 或者方案 12 结尾处的毛细管下行转移备选方案）。

配方

为正确使用本方案中的器材和危险试剂，必须查阅相应的材料安全数据表并咨询所在机构的环境卫生和安全办公室。

含有 2.2mol/L 甲醛的琼脂糖凝胶（配方）

准备 100mL 含 2.2mol/L 甲醛的 1.5%琼脂糖凝胶，将 1.5g 琼脂糖加入到 72mL 无菌水中，微波炉煮沸溶解琼脂糖。冷却至 55℃，加入 10mL 10×MOPS 电泳缓冲液和 18mL 去离子甲醛，在化学通风橱内灌制凝胶，用 3mm 厚的梳子做成一个至少比待测 RNA 样品多 4 个孔的凝胶，这些多余的泳道用来跑 RNA 大小标志物和染料（参见步骤 4）。可以允许凝胶在室温下凝固放置 1h，一旦将其灌进槽子，应立刻用干净的塑料膜包裹直至加样。

所制备 RNA 的质量检查

含溴化乙锭凝胶电泳结束后，28S 和 18S rRNA 条带在紫外灯照射下可以清楚地看到，同样还可以看到一条包含 tRNA 和 5.8S、5S rRNA 组成的较模糊、迁移较快的带。如果 RNA 样品没有被降解，28S rRNA 条带的亮度将是 18S rRNA 条带的 2 倍，并且均没有弥散现象。上样孔附近有条带表明样品中有 DNA。mRNA 是不可见的，除非过量上样。此外还有三种方法可以用来检测 RNA 的完整性。

- 以 Oligo(dT)为引物反转录合成 cDNA 大小的分析。放射性 cDNA 在先导链 cDNA 反应中合成，从哺乳动物 mRNA 中合成的 cDNA 会产生一片从 600 个碱基到 5kb 以上的放射自显影图像。大部分放射活性应该在 1.5～2kb，不应当看到 cDNA 条带，除非 mRNA 是由大量表达某些蛋白质的高度分化细胞（如网状细胞和 B 淋巴细胞）制备而来。
- 在 Northern 预杂交中以放射性标记的 poly(dT)做探针（Fornace and Mitchell 1986; Hollander and Fornace 1990）。poly(A)⁺RNA 会产生一片从 600 个碱基到 5kb 以上的放射自显影图像。大部分放射活性应该在 1.5～2kb，而且再次强调，不应当看到 cDNA 条带，除非 mRNA 是由大量表达某些蛋白质的高度分化细胞制备而来。
- 用 Northern 杂交检测已知大小的持家基因的 mRNA。甘油醛 3-脱氢酶（GAPDH）mRNA 在大多数哺乳动物中的大小约为 1.3kb，经常被用来检测 RNA 的质量。如果条带在低分子质量区弥散成一片，则表示 mRNA 大量降解。另一方面，条带不清晰还可能是琼脂糖凝胶系统存在问题。

RNA 染色替代方法

作为将溴化乙锭加入到上样染料中的替代方法，可以在电泳完成后用核酸染色剂，如来自 Molecular Probes 公司的 SYBR Green II RNA 凝胶染色剂（通常将储存液用 TBE 按 1：5000 稀释后染甲醛琼脂糖凝胶）。SYBR Green II RNA 凝胶染色剂较溴化乙锭能大大提高灵敏度：用溴化乙锭染色观察时，至少需要 200ng RNA 上样到变性琼脂糖凝胶，而用 SYBR Green II RNA 染色最低可观察到 1ng RNA。为了达到最佳灵敏度，需要特殊仪器，凝胶须用 300nm 的紫外透射仪（最低可以检测到 4ng RNA），若为了提高检测灵敏度还可以用 254nm 以上波段（与通常用的紫外透射仪激发光源兼容）照射。为了提高灵敏度应采用黑白照片（宝丽来 667 胶片）和 SYBR Green II RNA 凝胶染色剂照相滤光器。视频相机和 CCD 相机等经常用于凝胶文档整理系统的照相设备的灵敏度不同。

　　SYBR Green II RNA 凝胶染色剂与溴化乙锭染色相比有几个优势。SYBR Green II 本身存在低强度荧光，可以降低胶的背景荧光不必给凝胶脱色以清除染料。此外，RNA/SYBR Green II 复合物的荧光在甲醛存在条件下不会猝灭，这就避免了在染色之前洗掉凝胶变性剂。最后一点，SYBR Green II 不会干扰 Northern 印迹分析中 RNA 向滤膜转移或者随后的杂交过程，只要在预杂交和杂交缓冲液中加入 0.1%~0.3% 的 SDS 即可。

　　尽管推荐的 SYBR 染色是在电泳完后对凝胶染色，SYBR Green II 也可以在灌胶过程中加入凝胶中，但是实验技术人员警告这样可能会影响 RNA 的迁移速率。

参考文献

Boedtker H. 1971. Conformation-independent molecular weight determinations of RNA by gel electrophoresis. *Biochim Biophys Acta* 240: 448–453.

Davis LG, Dibner MD, Battey JF, eds. 1986. *Basic methods in molecular biology*. Elsevier, New York.

Fornace AJ Jr, Mitchell JB. 1986. Induction of B2 RNA polymerase III transcription by heat shock enrichment for heat shock induced sequences in rodent cells by hybridization subtraction. *Nucleic Acids Res* 14: 5793–5811.

Fourney RM, Miyakoshi J, Day RS III, Paterson MC. 1988. Northern blotting: Efficient RNA staining and transfer. *Focus (Life Technologies)* 10: 5–6.

Goldberg DA. 1980. Isolation and partial characterization of the *Drosophila* alcohol dehydrogenase gene. *Proc Natl Acad Sci* 77: 5794–5798.

Hollander MC, Fornace AJ Jr. 1990. Estimation of relative mRNA content by filter hybridization to a polythymidylate probe. *BioTechniques* 9: 174–179.

Kroczek RA. 1989. Immediate visualization of blotted RNA in northern analysis. *Nucleic Acids Res* 17: 9497. doi: 10.1093/nar/17.22.9497.

Kroczek RA, Siebert E. 1990. Optimization of northern analysis by vacuum-blotting, RNA-transfer visualization, and ultraviolet fixation. *Anal Biochem* 184: 90–95.

Lehrach H, Diamond D, Wozney JM, Boedtker H. 1977. RNA molecular weight determinations by gel electrophoresis under denaturing conditions: A critical reexamination. *Biochemistry* 16: 4743–4751.

Miller K. 1987. Gel electrophoresis of RNA. *Focus (Life Technologies)* 9: 14–15.

Ogretmen B, Ratajczak H, Kats A, Stark BC, Gendel SM. 1993. Effects of staining of RNA with ethidium bromide before electrophoresis on performance of Northern blots. *BioTechniques* 14: 932–935.

Rave N, Crkvenjakov R, Boedtker H. 1979. Identification of procollagen mRNAs transferred to diazobenzyloxymethyl paper from formaldehyde gels. *Nucleic Acids Res* 6: 3559–3567.

Rosen KM, Villa-Komaroff L. 1990. An alternative method for the vizualization of RNA in formaldehyde agarose gels. *Focus (Life Technologies)* 12: 23–24.

Rosen KM, Lamperti ED, Villa-Komaroff L. 1990. Optimizing the northern blot procedure. *BioTechniques* 8: 398–403.

Seed B. 1982. Attachment of nucleic acids to nitrocellulose and diazonium-substituted supports. *Genet Eng* 4: 91–102.

Thomas PS. 1980. Hybridization of denatured RNA and small DNA fragments transferred to nitrocellulose. *Proc Natl Acad Sci* 77: 5201–5205.

Wicks RJ. 1986. RNA molecular weight determination by agarose gel electrophoresis using formaldehyde as denaturant: Comparison of RNA and DNA molecular weight markers. *Int J Biochem* 18: 277–278.

方案 11　根据分子质量大小分离 RNA：RNA 的尿素变性聚丙烯酰胺凝胶电泳

　　薄的（0.4~1.5mm）聚丙烯酰胺尿素凝胶对 1000bp 以下的 RNA 可以达到很高的分辨率，可以区分在长度上相差一个核苷酸的单链 RNA 片段。聚丙烯酰胺是通过丙烯酰胺的聚合作用及与交联剂（通常是 *N*,*N'*-亚甲基双丙烯酰胺）的化学交联作用形成的。聚合作用由自由基的形成来引发，通常由过硫酸铵作为引发剂，*N*,*N*,*N'*,*N'*-四甲烯二胺（TEMED）为催化剂（Chrambach and Rodbard 1972）。在凝胶中加入变性剂尿素可以防止 RNA 二级结构形成，以确保 RNA 在凝胶中以线性形式迁移。

凝胶丙烯酰胺的浓度取决于待分析的 RNA 的分子大小区间（表 6-7）。

表 6-7　用于有效分离 RNA 的不同百分含量的丙烯酰胺

丙烯酰胺与亚甲基双丙烯酰胺 1:20（m/V）	有效分离范围/bp
3.5	1000～2000
5.0	80～500
8.0	60～400
12.0	40～200
15.0	25～150
20.0	6～100

注：表中各值实际上是分离 DNA 时的对应关系，但可以作为分离 RNA 的参考。

聚丙烯酰胺凝胶灌注进两片玻璃板中间，玻璃板由聚四氟乙烯树脂或尼龙隔圈隔开。一种被称为"鲨鱼牙"的梳子，或者一种标准的、带有细槽的梳子插到胶里可以形成上样孔，电泳前将 RNA 样品加入上样孔。与琼脂糖凝胶电泳相比，后者是水平电泳，而聚丙烯酰胺凝胶则是垂直电泳。凝胶通常也是在 45～55℃ 之间电泳，这是 RNA 的解链温度，还要加入 6～8mol/L 的尿素。

后面介绍的 8mol/L 尿素/TBE 聚丙烯酰胺凝胶配方和步骤可用于一系列应用，包括 S1 核酸酶对 RNA 作图（方案 16）、核糖核酸酶保护测定（方案 17），或者引物延伸法分析 RNA（方案 18）。电泳结束后，可以用溴化乙锭对凝胶染色以获得电转（本方案）和 Northern 杂交（方案 14）前的 RNA 分离效果图片记录。此外，凝胶还可以用 SYBR Green II RNA 凝胶染色剂染色（参见方案 10 结尾处信息栏"RNA 染色替代方法"）。

材料

为正确使用本方案中的器材和危险试剂，必须查阅相应的材料安全数据表并咨询所在机构的环境卫生和安全办公室。

本方案的专用试剂标注<R>，配方在本方案末提供。常用储备溶液、缓冲液和试剂标注<A>，配方见附录 1。储备溶液应稀释至适用浓度后使用。

试剂

丙烯酰胺（40%, m/V）（38%, m/V 丙烯酰胺；2%, m/V 双丙烯酰胺水溶液）

　　0.22 mm 滤膜过滤，置于黑色瓶子室温储藏。

　　比较便宜的丙烯酰胺通常含有污染物，通常使用分析纯级试剂，丙烯酰胺和双丙烯酰胺在光照下会缓慢脱氨生成丙烯酸，所以必须在黑色瓶中储存该溶液。

　　作为备选试剂，市场上可以买到配制好的丙烯酰胺/双丙烯酰胺 19∶1（40%, m/V）商品（如 Ambion、Bio-Rad、Sigma-Aldrich 公司），尽管有些昂贵，但这种开瓶即用的商品降低了在称量丙烯酰胺/双丙烯酰胺准备溶液过程中吸入粉尘和接触的危险性。

溶于水的过硫酸铵（10%, m/V）

　　将 1g 过硫酸铵溶解于 10mL 水中，4℃ 条件下可以储存数周。另外，还可以分装成小份于-20℃ 储藏。该溶液应保持新鲜，否则可能降低其催化效力导致丙烯酰胺聚合反应不完全。

去离子水

家用去污剂

乙醇

甲酰胺凝胶上样缓冲液<A>

氢氧化钾/甲醇溶液

　　该溶液用来除掉玻璃板上残留的硅烷化试剂。溶解 5g KOH 于 100mL 甲醇中，于瓶盖严密的玻璃瓶盛放室温储存。

待分析 RNA 样品

每 1~2μL 样品中最多可含有 20μg 总 RNA 或者 poly（A）$^+$ RNA。

RNA 分子质量标准

我们推荐使用 RNA 分子质量梯度标准（如来自 Life Technologies 公司），包括 9.49kb、7.46kb、4.40kb、2.37kb、1.35kb 和 0.24kb 几个长度。该分子质量标准可以检测有无 RNase 污染以及电泳过程中可能出现的其他问题。参见"Northern 杂交进行 RNA 转移"的介绍。

硅烷化溶液

传统的硅烷化液体包含二氯二甲基硅烷（例如，来自 Sigma-Aldrich 公司的 Sigmacote、BDH 公司的 Repelcote 和来自 GE Healthcare 公司的 Repel-Silane），有毒、易挥发、易燃。近几年来，出现了一种无毒替代品，包括 Gel Slick（FMC Bioproducts 公司）、Rain-X（Unelko 公司）和 Acrylease（Stratagene 公司）。

TBE 缓冲液（10×，pH 8.3）<A>

TBE 用于聚丙烯酰胺凝胶电泳，工作浓度为 1×，是通常琼脂糖凝胶电泳所用 TBE 浓度的 2 倍。聚丙烯酰胺凝胶电泳用的垂直电泳槽的缓冲液储藏池较小，而通过池子的电流可以较大，1×TBE 可以提供必需的缓冲能力。缓冲液的 pH 应该是 8.3，通常情况下没有必要去调整 pH，但是每一批新的 10×TBE 储存液的 pH 应该仔细校正。

用同一批 10×TBE 储存液制备凝胶和电泳缓冲液。离子强度和 pH 的微小变化也会形成缓冲锋面，进而明显歪曲 DNA 的迁移。

TEMED（N,N,N',N'-四甲基乙烯二胺）

很多制造商像 Sigma-Aldrich 公司和 Bio-Rad 公司都销售电泳级别的 TEMED。TEMED 有吸湿性，应该用密封性良好的瓶子 4℃保存。TEMED 是丙烯酰胺聚合作用的附加催化剂。

尿素，固体

最好购买分析纯或超纯级别尿素。

专用设备

夹子（长 5cm，每块胶准备 5~7 个）

全金属夹子要比塑料夹子结实。

凝胶干燥支架

尽管干燥架并非必需，但对干燥和存放用于聚丙烯酰胺凝胶电泳的玻璃板来说确实非常方便。这种干燥架可以从几家制造商包括 BioWhittaker 公司买到。

凝胶密封扎带

例如，3M 苏格兰弹性扎带（Lab Safety Supply, Janesville, Wisconsin）、3M 苏格兰黄色电子扎带#56（Life Technologies 公司）或者 3M 苏格兰聚四氟乙烯（PFTE）挤塑薄膜扎带。关于各种类型扎带和其他凝胶板密封方法的讨论参见 Hengen（1996）。

玻璃板（配对）

玻璃板是由非弹性玻璃制成矩形板，其中一块比另一块长 3.5~4.0cm 或者将其中一块做上凹槽。玻璃是液态的因此板子在用的过程中会发生变形。为了避免漏胶和裂缝，胶板最好用成套的，并且最好和电泳槽出自同一制造商。

手套（无滑石粉，一次性橡胶或者 PVC）

矿油（如凡士林）（可选；参见步骤 5）

能控制功率的供电装置

保护性试验台用纸

塑料-支撑纸（Kaydry Lab Cover from Fisher Scientific）或者桌面保护膜。

鲨鱼齿梳子（0.4mm 厚，带有 32 个、64 个或者 96 个孔，取决于凝胶装置的容量）

隔圈（每张凝胶两个，固定厚度或者用楔子定型）

垫圈由很薄的（0.4~1.5mm）、柔韧性好的塑胶或聚四氟乙烯树脂（Sanger and Coulson 1978）制成并用来隔开两块玻璃板。胶板和隔圈构成防水密封从而防止灌胶过程中未聚合的胶溶液渗漏。

楔形隔圈用来制作底部较上端厚的凝胶，电泳过程中，增加的横断层面产生了场强梯度，导致条带锐化并且使整块胶上条带间隔更均匀（Ansorge and Labeit 1984; Olsson et al. 1984）。当实验目的是为了提高凝胶可检测的分子片段长度时，推荐使用楔形胶，但是如果只是为了使样品分开或者增大对某个特定序列区间的分辨率则没有必要使用楔形凝胶。尽管楔形胶可解决条带间隔问题，但是灌胶过程很困难并且凝胶干燥后经常出现裂缝。

注射器（60cc）（可选；参见步骤 12）

垂直电泳槽

🧩 方法

注意：为了避免胶板被皮肤油脂污染，请一直佩戴无滑石粉手套并且握胶板边缘拿放。

准备玻璃板

1．选择一对大小合适的原配胶板、两个隔圈、一把凝胶梳子。确保隔圈和梳子厚度相同。

> 薄胶（0.3～0.5mm）分辨率更高，不用过多加热，比厚胶（1mm）更易固定和干燥。但是薄胶易碎，灌胶困难并且上样量很小。
>
> 可以用传统的井形梳子，但拔梳子时经常会撕坏及损坏上样孔，尤其是在丙烯酰胺浓度低的情况下。而当进行 RNase 保护实验或纯化探针或核酸时，该类梳子可以产生较为理想的结果。另外，实验中也可以用鲨鱼牙齿形梳子，这类梳子较井形梳子而言产生的上样界面更平坦、更均匀，并且降低了撕裂损坏凝胶的风险。当分析测序反应时鲨鱼齿梳子能够得到较好的结果。它的泳道非常靠近使得序列阅读更简单，但是会有孔与孔之间样品外漏的倾向。

2．如果有必要，用 KOH/甲醇溶液擦洗胶板以清除残留的硅烷化试剂。

3．用温热的洗洁精稀释液清洗胶板、隔圈和梳子，然后用水龙头流水彻底冲洗，接着用去离子水冲洗。然后用无水乙醇冲洗以去除水滴，最后空气中自然晾干。

> 胶板必须仔细清洁以保证平稳灌胶（如防止气泡产生），并且避免电泳完后分开胶板时撕裂凝胶。

4．用硅烷化溶液处理小胶板（或者有凹槽）的内表面。将玻璃板水平放置，内表面向上，倾倒或喷少量（如几滴）硅烷化溶液到玻璃板表面，用纸巾将其在玻璃板上均匀铺开，自然吹干（1～2min）。

> 硅烷化试剂包含二氯二甲基硅烷，有毒，所以要在通风橱内操作。无毒替代品可以在实验台上安全操作。如果是灌制低浓度丙烯酰胺胶，将长板也经过硅烷化处理会使灌胶更加容易。如果是用井形梳子，不要硅烷化长板（无凹槽板）的顶端，因为如果玻璃板表面太光滑会导致井形的梳齿崩落。

5．将实验台工作区铺上塑料支撑保护性用纸。将长（无凹槽）玻璃板平放在实验台上，洁净面向上，将隔圈在玻璃板边上放好（图 6-9）使其与玻璃板的边缘齐平。至于小（凹槽）玻璃板，将其硅烷化一面向下正对放置于大板上，确保隔圈仍然位于两块胶板的边缘。

> 灌胶过程中会有丙烯酰胺溶液滴落在实验台上。如果使用楔形隔圈，将隔圈较厚的一端对应放在胶板底部。
>
> 沿着整个隔圈涂上少量凡士林以维持隔圈的位置并且使两玻璃板之间密封完好。为了防止漏胶，可以在拐角处稍微多加一点凡士林。

6．用两或三个大夹子夹住两片玻璃板的一边，将玻璃板的另一边和底部全长用凝胶封口胶带包好形成防水密封带。

> 目的是在两胶板和隔圈之间形成防水密封带以防止未聚合的丙烯酰胺溶液外漏。漏胶多发生在玻璃板拐角处，因此在胶板拐角处折叠胶带时需要格外注意，不要留有空隙。如果可以的话，胶带拐角处应该按照"三角折"折叠。

7．撤掉夹子，用凝胶密封胶带将另一边密封好。

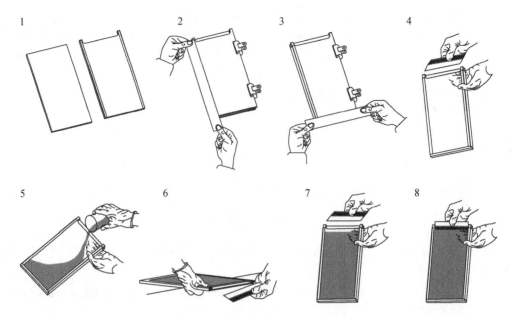

图 6-9　制备聚丙烯酰胺凝胶。

灌胶

8．在小烧杯或细颈瓶中，按照表 6-8 的说明配置含有特定浓度丙烯酰胺的凝胶溶液，表中所给的胶溶液体积足以配置一块 40cm×40cm 的胶（100mL），可以按比例进行适当调整以适应更小或更大的凝胶。例如，配制 15cm×15cm 的凝胶需要 20mL。

▲ 从这一步开始凝胶的灌制工作必须连续下去直至完成不能中断。

表 6-8　配制 8mol/L 尿素变性丙烯酰胺凝胶

	4%	5%	6%	7%	8%	9%	10%	11%	12%
丙烯酰胺∶亚甲基双丙烯酰胺溶液（40%）	10mL	12.5mL	15mL	17.5mL	20mL	22.5mL	25mL	27.5mL	30mL
10×TBE 缓冲液	10mL	10mL	10mL	10mL	10mL	10mL	10mL	10mL	10mL
水	44.5mL	42mL	39.5mL	37mL	34.5mL	32mL	29.5mL	27mL	24.5mL
尿素	48g	48g	48g	48g	48g	48g	48g	48g	48g

注：包含所有试剂的溶液体积约 66mL，用 H_2O 补足至终体积 100mL。

9．将溶液 37℃水浴 3min 促进尿素溶解。将溶液从水浴中拿出室温冷却 15min，间或振荡混匀。

> 尿素溶解是一个吸热反应，如果没有外部加热只能缓慢进行。待溶液降至室温，再加入过硫酸铵和 TEMED 防止溶液的过快聚合。

10．加 500μL 过硫酸铵至丙烯酰胺凝胶混合物，轻摇溶液使各试剂均匀混合。

11．加 50μL TEMED 至丙烯酰胺凝胶混合物，轻摇溶液使各试剂均匀混合。

> 同分离蛋白的聚丙烯酰胺凝胶相比，测序胶需要大量的 TEMED，大量的 TEMED 保证了整个凝胶快速而均一地发生聚合作用。
>
> 从这步开始操作要尽量快速，因为凝胶溶液会迅速聚合。由于聚合作用的速度取决于温度，降低凝胶溶液的温度会赢得更多的灌胶时间。有经验的操作人员通过适当的预冷凝胶溶液，可以用同一凝胶溶液灌制 2 个或更多个 40cm×40cm 的凝胶。

12．将凝胶溶液直接从烧杯倾倒进准备好的胶板（如图 6-9 所示），另一种方法是将溶液吸进 60cc 的注射器，倒置注射器排出进入其中的空气，使凝胶溶液从烧杯或者注射器缓慢由凝胶模子流进，同时使模子与水平面呈约 45°角（图 6-9）。

> 使玻璃板与水平面呈约 45°角，以底部右下有为支撑点平衡好，将烧杯或者注射器的喷嘴贴近玻璃板凹槽处。缓慢而连续地将丙烯酰胺溶液沿着板子右边注入模子，注意不要引进气泡。首先填满右下角，保持空气-丙烯酰胺界面平滑，注射时缓慢改变凝胶板的角度使凝胶充满模子底部。继续沿着模子一边注射直到丙烯酰胺到达顶端。为了避免注射进气泡，溶液必须以持续细流流入（参见"疑难解答"）。

13．将凝胶板水平放置在支持物上（例如试管架或者四个橡胶塞，胶板每个角下放一个橡胶塞）。

> 这种放置方式可以减小模子底部的流体静力学压力并且防止漏胶和胶板弯曲。

14．立刻插进梳子，注意不要在梳齿周围引进气泡。如果使用鲨鱼齿梳子，将梳子平端插进凝胶约 0.5cm。将梳子两端插进凝胶相同深度，以保证当凝胶垂直放置后平滑面齐平。

> 如果在梳子周围发现任何气泡，缓慢地从凝胶中拔出梳子。将梳子表面丙烯酰胺溶液擦干净然后重新缓慢地将梳子插入凝胶。

15．用大夹子将梳子在原位置夹紧固定。用注射器或烧杯中剩余的丙烯酰胺/尿素溶液沿着凝胶的顶部滴注。室温放置 45～60min 使凝胶聚合。如果聚合作用完全，可以观察到在梳齿周围（或者在鲨鱼梳齿平滑界面的下面）形成细直的暗线。如果凝胶用来分离 RNA，应立即使用。

> 如果凝胶溶液发生漏胶，参见"疑难解答"。

上样和电泳

16．凝胶完全聚合之后，移除夹子和密封胶带。

17．将凝胶板放进垂直电泳槽的下层缓冲液，卡住电泳槽（带有凹槽的玻璃板面向电泳槽负极）。

18．将金属板卡在前胶板之上。

> 这一步并非所有垂直凝胶电泳槽都需要：许多电泳槽有一个完整的贴后（有凹槽）玻璃板放置金属板。同样，对于 15cm ×15cm 的小胶通常也不需要，并且对用于 RNase 保护实验，仅跑约 15cm（BPB 染料前沿）的大胶也可以不用金属板。

> 金属板用来均匀驱散电泳过程产生的热量，可以降低不均衡热传导对条带变形的影响，并且确保样品均衡地迁移。

19．用 1×TBE 缓冲液充满上下层电泳槽。检查胶板周围确保缓冲液不外漏。轻轻平滑地挪动梳子谨慎拔出，立即用 21G 标准针头注射器吸取 1×TBE 缓冲液冲走上样孔内的尿素和未聚合的丙烯酰胺。

20．连接电泳槽和供电装置。在上下层缓冲液的储存槽上盖好安全盖以防缓冲液挥发。恒定功率预电泳 30～45min（对 20cm×40cm 凝胶，功率为 40～50W）。

21．重悬甲酰胺上样缓冲液中的 RNA 样品，70℃加热变性 5～15min，然后立即冰上冷却以防止复性复性。

> 如果 RNA 样品是以干燥沉淀物形式存在，直接用甲酰胺上样缓冲液溶解。如果 RNA 样品已经是溶液形式，则与 3 倍体积的上样缓冲液混匀。

> 应该尽量减小上样体积（理想体积是 1～5μL）以获得较为清晰的条带。鲨鱼齿梳子的上样量上限是 3μL，0.4mm 厚的上样孔允许上样量为 7μL。

22．关掉电源打开顶盖，用注射器吸取 1×TBE 仔细地将上样孔内尿素清除干净直至负极缓冲液中再看不到尿素漂浮。如果使用鲨鱼齿梳子，应将梳齿向下把梳子插进两胶板之间。立即仔细地将样品加至上样孔底部。盖好上层缓冲槽的盖子。

> 用压舌片状的凝胶上样移液管上样，可使在两玻璃板之间上样更为简单。

23．恒定功率电泳（40~50W 对 20cm×40cm 凝胶）直到溴酚蓝染料（即迁移较快的染料）迁移到凝胶底部（表 6-9）。对于 5%～8%大测序胶而言，需要 1～1.5h，溴酚蓝才能泳动到凝胶板底部。

低电压（8V/cm）电泳可以达到最好的分辨率。为了提高条带的清晰度，可以在开始电泳时的前几分钟内采用低电压。

表 6-9　示踪染料预期迁移率对应 RNA 分子长度

%聚丙烯酰胺/尿素凝胶	溴酚蓝	二甲苯蓝
5	35	130
6	26	106
8	19	76
10	12	55
12	8	28

注：对应 RNA 长度依据与标记染料共迁移的碱基配对 RNA 而定。

聚丙烯酰胺凝胶的 RNA 检测

24．拆卸电泳装置，从电泳槽内取出凝胶板水平放置在实验台上；当心，胶板可能会很热。如果仅前胶板（没有凹槽）被硅烷化，分离胶板前将有凹槽的胶板放在最上面，将一片硬塑料插进两片两胶板之间，小心撬开。

凝胶应该留在无凹槽的胶板上，如果凝胶主要黏在后胶板上（没有清洗干净！），再次将硬塑料插进两胶板重新尝试。凝胶应该保持黏在作为支持物的胶板上。

25．将一张 3mm 厚（或相当的）的比凝胶大 2～3cm 的 Whatman 滤纸小心放到凝胶表面。如果有气泡或褶皱形成，小心用玻璃棒或试管赶出，将纸平滑地铺在胶上使两者黏合在一起。

26．掀起纸的一角，凝胶应该黏在纸上一起掀离玻璃板，平滑地移走浸入盛有含 0.5mg/mL 溴化乙锭的 1×TBE（如 500mL 1×TBE 中含 50μL 10mg/mL 溴化乙锭）的浅槽中。染色 15～45min。

如果 Whatman 滤纸黏不到胶上，小心地吸走胶上的水然后再试。如果凝胶在被掀起过程中出现撕裂或者褶皱，可以用蒸馏水轻柔地冲洗以使凝胶恢复在纸上的位置。如果不奏效，将凝胶漂浮在盛有蒸馏水的浅槽内并且重新放到 Whatman 滤纸上。

27．在 UV 透射仪的表面上放置一片塑料膜，将胶和纸从槽中取出，凝胶向下放在塑料膜上，将透明直尺与染色凝胶对齐，然后在 UV 透射仪下给凝胶照相。

28．在照片上测量每个 RNA 条带距上样孔的距离，把 RNA 片段大小的对数 $\log_{10}$ 对迁移率作图，利用结果曲线来计算要检测的 RNA 分子的大小。

29．接下来是通过电转（方案 13）将 RNA 固定到固相支持物上。

疑难解答

问题（步骤 12）：灌胶过程产生气泡。

解决方案：为了避免产生气泡，胶溶液必须以持续细流灌入胶板。参考下面建议。

- 当用注射器灌胶时，逐渐放低胶板至水平位置，当注射器即将推空时重新吸入溶液并且继续快速灌胶。注意不要有气泡产生并且使溶液平稳均衡地由胶板底部向顶端移动，这可以通过倾斜凝胶并且以恒定速率填充胶板来实现。

- 如果在灌胶过程中产生了气泡，倾斜模子使丙烯酰胺溶液的水平线达到气泡的水平线，幸运的话，气泡会和丙烯酰胺溶液的新月面融和，如果没有自然发生，尝试轻拍玻璃板。

- 上部分凝胶中的气泡有时候可以通过轻拍玻璃板去除，或者可以插进一个薄的垫片（气泡钩）并且将气泡集中到不会干扰 RNA 样品迁移的位置。后一种解决方案只有当并非整块凝胶宽度都用来上样时才适用。

- 除非气泡能被赶走，否则要重新准备配灌凝胶。气泡的存在说明在装配模具过程中胶板清洁不彻底。

问题（步骤 15）：漏胶。

解决方案：凝胶溶液从模具底部漏出似乎是每一位操作人员都会遇到的情况，下列几种方法可以用来防止漏胶。

- 在玻璃板底部周围增加有弹性的胶带，当模子中用到带缺口的旧板子时，这种方法通常有效。

- 用融化的 3%（m/V）琼脂糖来封闭板子边缘，这种方法比较麻烦并且需要一些技巧。

- 在模子底部的开放空间内插入塑料隔圈，用扎带封闭好并且用大夹子将板子夹在一起，注意只有用到第三个隔圈时才能在凝胶模子底部用夹子；否则，凝胶厚度会发生轻微变化，这会导致电泳异常和玻璃板出现裂缝。

- 用一条滤纸封闭胶板的底部并且用经过活化的丙烯酰胺（Wahls and Kingzette 1988）浸渍，这是一个麻烦、吃力的操作。

- 我们建议无论使用哪种方法，应该选择适用于你所用的特殊凝胶模具的办法，第一次漏胶时不要气馁，多数灌胶新手都要被打击多次，经过练习情况会有所改善，大多数胶带封好的凝胶模具不会漏胶，通常不必要花大力气去封闭凝胶底部。

参考文献

Ansorge W, Labeit S. 1984. Field gradients improve resolution on DNA sequencing gels. *J Biochem Biophys Methods* 10: 237–243.

Chrambach A, Rodbard D. 1972. Polymerization of polyacrylamide gels: Efficiency and reproducibility as a function of catalyst concentrations. *Sep Sci Technol* 7: 663–703.

Hengen PN. 1996. Methods and reagents. Pouring sequencing gels the old-fashioned way. *Trends Biochem Sci* 21: 273–274.

Olsson A, Moks T, Uhlen M, Gaal AB. 1984. Uniformly spaced banding pattern in DNA sequencing gels by use of field-strength gradient.

J Biochem Biophys Methods 10: 83–90.

Sanger F, Coulson AR. 1978. The use of thin acrylamide gels for DNA sequencing. *FEBS Lett* 87: 107–110.

Wahls WP, Kingzette M. 1988. No runs, no drips, no errors: A new technique for sealing polyacrylamide gel electrophoresis apparatus. *BioTechniques* 6: 308–309.

方案 12　琼脂糖凝胶中变性 RNA 的转膜和固定

多数情况下，为检测特定的靶 mRNA，需先将 RNA 通过琼脂糖电泳分离后，再从胶上转移到二维支持物上（通常用尼龙膜），最后与特异的标记探针杂交。

正如前面关于"Northern 杂交进行 RNA 转移"的介绍，实验者可采用多种试剂和膜用于 RNA 的转移以达到 RNA 和膜紧密结合的效果。我们认为，最佳的 Northern 印迹可通过在中性或碱性（参见信息栏"RNA 向尼龙膜的转移"）条件下将 RNA 从胶上转移到尼龙膜上。

本节主要介绍 RNA 在上行的缓冲液作用下从琼脂糖胶转移至膜性支持物（参见图 6-6），然后采用不同方法将 RNA 固定在膜上进行杂交。此外，RNA 的转移还可采用下行毛细管法，具体见本方案的"替代方法：下行毛细管转移"。

RNA 向尼龙膜的转移

尼龙膜可以带电或者不带电，在此我们将分别讨论。

在碱性条件下转移至带正电荷的尼龙膜上

因为带电荷的尼龙膜具有在碱性条件下保留核酸的能力（Reed and Mann 1985），故在 8mmol/L NaOH 和 3mol/L NaCl 中，RNA 可从琼脂糖胶有效转移至膜上（Chomczynski and Mackey 1994）。在碱性条件下的转移，通过部分水解 RNA 可提高大片段 RNA（>2.3kb）的转移速率和效率。因为在碱性溶液中 RNA 是共价结合于带正电荷的尼龙膜上，因此不必在杂交前进行膜的干烤或紫外照射。

碱性条件下的转移容易产生的问题包括：有时杂交背景高，尤其是用 RNA 探针时，通常是由于带正电荷尼龙膜长时间（>6h）浸泡于碱性溶液中引起的，该问题有时可通过减少转移时间或在预杂交和杂交步骤时增加封闭剂的量来解决。此外，还有报道 RNA 在碱性转移中产生的杂交信号强度不同，这可能与操作者选择尼龙 66 膜取代原来的尼龙 6 膜有关，而后者是最先用碱性转移法时采用的膜（Reed and Mann 1985）。

中性 pH 条件下将 RNA 转移至不带电荷的尼龙膜

通常在 10×SSC 或 20×SSC（柠檬酸钠盐）的中性 pH 条件下将 RNA 转移至不带电荷的尼龙膜上，用传统方法真空干烤 2h 或微波炉里加热 2～3min（Angeletti et al. 1995），或将尼龙膜在波长 254nm/312nm 处紫外照射使 RNA 共价结合于基质。多数人赞同 Khandjian（1987）的观点，认为通过紫外照射尼龙膜固定 RNA 比干烤法产生的 Northern 杂交信号更强。

 材料

为正确使用本方案中的器材和危险试剂，必须查阅相应的材料安全数据表并咨询所在机构的环境卫生和安全办公室。

本方案的专用试剂标注<R>，配方在本方案末提供。常用储备溶液、缓冲液和试剂标注<A>，配方见附录 1。储备溶液应稀释至适用浓度后使用。

注意：在这一方案中用 DEPC 处理的水制备所有溶剂（请参见信息栏"如何去除 RNase"）。

试剂

含 0.5μg/mL 溴化乙锭的乙酸铵（0.1mol/L）（可选；参见步骤 13）

亚甲蓝溶液[0.02%（m/V）亚甲蓝（Sigma-Aldrich 公司，纯度 89%）溶于 0.3mol/L 乙酸钠（pH5.5）]

RNA 样品，琼脂糖电泳分离

  按照本章方案 10 所述准备。

浸润液

  对带正电荷的膜，用 0.01mol/L NaOH 和 3mol/L 的 NaCl；对不带电荷的膜，用 0.05mol/L NaOH。

含 1%（m/V）SDS 的 SSC（0.2×）

SSC（20×）<A>

转移缓冲液

  对于碱性条件转移至带电荷的膜，使用 0.01mol/L NaOH 和 3mol/L 的 NaCl；对于中性转移至不带电荷的膜，使用 20×SSC。

专用设备

印迹滤纸（Schleicher & Schuell GB002 或 Sigma-Aldrich P 9039）

交联设备（如 Stratalinker, Stratagene 公司；GS Gene Linker, Bio-Rad 公司）或微波炉或真空炉

玻璃烤盘

带正电荷或不带电荷的尼龙膜

转移过程中用于支持胶的有机玻璃或玻璃板

裁纸刀片

厚印迹滤纸（如 Whatman 3 MM，Schleicher & Schuell GB004，或 Sigma-Aldrich QuickDraw）

可见光盒（visible-spectrum light box）

重物（400g）

照相用黄色滤光片

方法

转移胶的制备

1．（可选）将琼脂糖凝胶浸入相应的浸泡液中部分水解 RNA 样品，如下操作。

　　将电泳后的胶经 NaOH 部分水解可提高 RNA 转移至带正电荷或不带电荷的尼龙膜的转移效率，该处理方法尤其适于琼脂糖浓度>1%、凝胶厚度>0.5cm，或待分析的 RNA>2.5 kb 的情况。

转移至不带电荷的尼龙膜

　　i．用 DEPC 处理的水淋洗胶。

　　ii．将胶浸入 5 倍胶体积的 0.05mol/L NaOH 中 20min。

　　iii．将胶转入 10 倍体积的 20×SSC 中浸泡 40min。

　　iv．直接进入步骤 2，迅速将部分水解的 RNA 通过毛细管法转移到不带电荷的尼龙膜。

转移至带正电荷的尼龙膜

　　i．用 DEPC 处理的水淋洗胶。

　　ii．将胶浸入 5 倍体积的 0.01mol/L NaOH/3mol/L NaCl 中 20min。

　　iii．直接进入步骤 2，迅速将部分水解的 RNA 通过毛细管法转移到带正电荷的尼龙膜。

2．将含有分离的 RNA 的凝胶转移至一个玻璃干烤皿内，用刀片修去凝胶的无用部分以保证转移过程中胶与膜对齐，在凝胶的左下角切取一角以作为下列操作过程中凝胶方位的标记。

3．将一张厚滤纸放到长和宽均大于凝胶的一块树脂玻璃或玻璃板上作为支持平台，保证滤纸的边缘超过板子，将其放入大的玻璃干烤皿。

　　用氯丁橡胶塞子抬高支持平台以高出缓冲液槽。

4．于干烤皿内倒入相应的转移缓冲液（带正电荷的膜用 0.01mol/L NaOH/3mol/L NaCl；不带电荷的膜用 20×SSC）直至液面略低于平台表面，当平台上方的滤纸完全湿透后，用玻棒或移液管赶走所有的气泡。

　　碱性转移缓冲液（0.01mol/L NaOH，3mol/L NaCl）适于将 RNA 转移至带正电荷的尼龙膜，而 20×SSC 中性缓冲液适于将 RNA 转移至不带电荷的尼龙膜。

转移膜的准备

5．用新的解剖刀或切纸刀裁一张长宽均大于胶 1mm 的尼龙膜。

接触膜时应戴上手套或用平头镊子（如 Millipore 镊子），因为油腻的手接触过的尼龙膜不易浸湿。

6．将尼龙膜漂浮在去离子水表面直至滤膜从下往上全部湿透，然后将膜浸入 10×SSC 中至少 5min，用干净的解剖刀片切去滤膜一角，使其与凝胶的切角相对应。

不同批号的尼龙膜其浸湿速率不同，若膜在水面上漂浮几分钟仍未湿透，直接换一张新的膜，因为未完全浸湿的膜用于 RNA 转移是不可靠的。

转移系统的安装和 RNA 的转移

（参见图 6-6）

7．小心将胶倒转后置于平台上滤纸的中央。

确保厚滤纸和胶之间没有气泡滞留。

8．用塑料保鲜膜或封口膜围绕凝胶周边，但不是覆盖凝胶。

以此形成的屏障可阻止液体自缓冲液槽直接流至凝胶上方的纸巾层，若纸巾堆放不整齐，就容易从凝胶的边缘垂下并与支持平台接触，造成的短路是导致 RNA 由凝胶向膜转移效率下降的主要原因。

9．用转移缓冲液浸湿胶（见步骤 4），在凝胶上方放置湿润的尼龙膜，并使两者的切角相重叠，滤膜的一条边缘应刚好超过凝胶上部加样孔一线的边缘。

▲一旦膜置于凝胶表面合适位置后，就不要轻易移动膜，并确保膜与胶之间没有气泡。

10．用相应的转移缓冲液浸湿两张滤纸（与胶大小一致的），放于湿的尼龙膜上，用玻棒赶走所有的气泡。

11．剪一叠 5～8cm 厚、略小于滤纸的纸巾，置于滤纸上，干纸巾上放一块玻璃板，然后压上 400g 重的重物（参见图 6-6）。

12．在中性转移缓冲液中上行的 RNA 转移的时间不超过 4h，在碱性转移缓冲液中约 1h。

13．拆除毛细管转移系统．用圆珠笔在膜上标出凝胶加样孔的位置，将膜转移至含 300mL 6×SSC 的玻璃平皿中，然后将平皿放置摇床，室温轻摇 5min。

为估计 RNA 的转移效率，可将凝胶放入数倍体积的水中漂洗几次，在含有溴化乙锭（含 0.5μg/mL 溴化乙锭的 0.1mol/L 乙酸铵）的溶液中染色 45min，然后于紫外灯下观察胶的染色情况并拍照。

14．把凝胶从 6×SSC 溶液中取出，将多余的液体沥干后，将膜的 RNA 面向上放置于干的滤纸上数分钟。

RNA 的染色以及 RNA 在膜上的固定

染色和固定的步骤根据转移类型、膜的类型以及固定方法不同而有所不同。由于在碱性缓冲液中 RNA 与带正电的尼龙膜共价结合，故在染色前无需将 RNA 固定在膜上，而在中性缓冲液中转移至不带电荷的尼龙膜上的 RNA，经过染色后，可通过真空干烤或在微波炉加热而固定在膜上。若 RNA 通过紫外照射方法交联至膜上，则 RNA 的染色应在固定之后（表 6-10）。

表 6-10 RNA 染色及膜固定顺序

膜的类型	固定方法	步骤顺序
带正电荷尼龙膜	碱性转移	1. 亚甲基蓝染色
		2. 进行预杂交
不带电尼龙膜或带正电荷尼龙膜（非碱性转移）	紫外照射（细节详见步骤 16）	1. 紫外照射固定 RNA
		2. 亚甲基蓝染色
		3. 进行预杂交
不带电尼龙膜或带正电荷尼龙膜（非碱性转移）	真空烘箱或微波炉内干烤（细节详见步骤 16）	1. 亚甲基蓝染色
		2. 烤膜
		3. 进行预杂交

转移至尼龙膜的 RNA 可通过与亚甲蓝染色得以鉴定（Herrin and Schmidt 1988），这一简单方法可用于 RNA 完整性监测、转移效率的估计、主要 RNA（通常是 rRNA）在膜上位置的估计。如果 RNA 是通过紫外交联固定，则转至步骤 16。

15．膜的染色

　　i．将湿膜转移至含亚甲蓝溶液的玻璃器皿中染色，染色至刚好能观察到 rRNA（3～5min）为止。

　　ii．在可见光下用黄色滤光片对染色的膜照相。

　　iii．照相后，将膜放入 0.2×SSC 和 1%（m/V）SDS 中室温脱色 15min。

　　　　用适宜的方法将 RNA 固定（表 6-10）在膜上后，可直接进行杂交（方案 14）。若膜并不立即用于杂交实验，应将膜彻底干燥后，用铝箔纸或滤纸宽松包裹，最好在真空下储存于室温。

16．RNA 固定在不带电荷的尼龙膜上。

干烤固定

　　i．待膜在空气中晾干后，将干燥的膜夹在两张滤纸间，80℃真空炉干烤 2h。

　　或者

　　ii．将湿膜置于干的滤纸上，微波炉里（750～900W）以最大功率加热 2～3min。

　　　　将膜参照方案 14 直接进行杂交；若膜并不立即用于杂交实验，应将膜彻底干燥后，用铝箔纸或滤纸宽松包裹，最好在真空下储存于室温。

紫外照射交联固定

　　i．将湿润的未染色的尼龙膜置于一张干的滤纸上，在波长 254nm 处按照 $1.5J/cm^2$ 的剂量照射 1min 45s。

　　　　此步骤最好参照仪器的操作说明进行。

　　ii．紫外照射后，参照步骤 15 用亚甲蓝染色。

　　　　将膜参照方案 14 直接进行杂交；若膜并不立即用于杂交实验，应将膜彻底干燥后，用铝箔纸或滤纸宽松包裹，最好在真空下储存于室温。

替代方案　下行毛细管转移

下行毛细管转移作为核酸转移的另一种方法，由 Chomczynski 和 Mackey（1994）创建，该方法转移时间短，且长片段 RNA 的转移效率高。以下方案介绍了在下行的转移缓冲液流的作用下，RNA 从琼脂糖凝胶转移至膜性支持物的步骤（参见图 6-7）。

附加材料

为正确使用本方案中的器材和危险试剂，必须查阅相应的材料安全数据表并咨询所在机构的环境卫生和安全办公室。

试剂

碱性转移液（0.01mol/L NaOH 和 3mol/L NaCl）

含有 RNA 样品的凝胶

中性转移液（10×SSC）

专用设备

滤纸

平头镊子

手套

尼龙膜

纸巾

塑料膜或者石蜡膜

解剖刀或者切纸刀

树脂玻璃或玻璃制成的薄板（参见步骤 8）

方法

1. 如方案 12 步骤 1 和 2 所述制备 RNA 分离凝胶。

2. 准备一叠约 3cm 厚的一次性纸巾。在其顶端放 4 张滤纸，纸巾和滤纸的长宽均应超过修剪后的凝胶 1～2cm。

3. 用新解剖刀或切纸刀切一片合适的尼龙膜，膜的长、宽均应比胶大约 1mm。

接触膜时应戴上手套或用平头镊子（如 Millipore 镊子），因为油腻的手接触过的尼龙膜不易浸湿！

4. 将尼龙膜漂浮在去离子水表面直至滤膜从下往上全部湿透，然后将膜浸入转移缓冲液中至少 5min，用干净的解剖刀片切去滤膜一角，使其与凝胶的切角相对应。

不同批号的尼龙膜其浸湿速率不同，若膜在水面上漂浮几分钟仍未湿透，直接换一张新的膜，因为未完全浸湿的膜用于 RNA 转移是不可靠的。

碱性转移缓冲适于将 RNA 转移至带正电荷的尼龙膜，而中性缓冲液适于将 RNA 转移至不带电荷的尼龙膜。

5. 裁剪 4 张与胶大小一致的滤纸，用转移缓冲液彻底浸湿，裁 2 张大的滤纸用于连接纸巾上层与转移缓冲液槽（如图 6-7 所示）。

转移系统的安装和 RNA 的转移

（参见图 6-7。）

6. 迅速将一叠浸湿的滤纸整齐叠放在纸巾上，然后将尼龙膜准确放于滤纸上，将修正好的琼脂糖凝胶置于膜上使两者的切角重叠。在凝胶周围（不要覆盖）包裹上塑料膜或者石蜡膜。

▲一旦凝胶置于膜上就不要再移动胶，确保胶和膜之间没有气泡。

7. 用转移缓冲液浸湿胶的上表面，立即用准备好的三张滤纸覆盖其上，用两张大的湿滤纸连接纸巾盒和缓冲液槽。

8. 在转移层上方放一有机玻璃或薄的玻璃板以防止蒸发。

9. 下行流路的 RNA 转移在中性转移缓冲液中的转移时间不超过 4h，碱性转移液中约 1h。

10. 继续方案 12 中的步骤 13～16。

参考文献

Angeletti B, Battiloro E, Pascale E, D'Ambrosio E. 1995. Southern and northern blot fixing by microwave oven. *Nucleic Acids Res* 23: 879–880.

Chomczynski P, Mackey K. 1994. One-hour downward capillary blotting of RNA at neutral pH. *Anal Biochem* 221: 303–305.

Herrin DL, Schmidt GW. 1988. Rapid, reversible staining of northern blots prior to hybridization. *BioTechniques* 6: 196–200.

Khandjian EW. 1987. Optimized hybridization of DNA blotted and fixed to nitrocellulose and nylon filters. *Biotechnology (NY)* 5: 165–167.

Reed KC, Mann DA. 1985. Rapid transfer of DNA from agarose gels to nylon membranes. *Nucleic Acids Res* 13: 7207–7221.

方案 13 聚丙烯酰胺凝胶的电转移和膜固定

聚丙烯酰胺凝胶与琼脂糖凝胶不同，它是一个高度交联的基体，不能通过被动扩散进行有效、定量或者可重复性转移。因此，聚丙烯酰胺凝胶的转移需要电印迹（也称为"电转移"），由于该方法需要低离子强度的转移液，因此通常用尼龙膜。膜直接放到胶上，膜和胶夹在多层滤纸中间形成三明治结构一起放到特殊的匣子内，接下来放进缓冲液槽中。匣子的放置应使有膜的一侧面向转移槽的正极。电压梯度应与胶的电泳方向垂直，迫使样品由胶向膜转移。

材料

为正确使用本方案中的器材和危险试剂，必须查阅相应的材料安全数据表并咨询所在机构的环境卫生和安全办公室。

本方案的专用试剂标注<R>，配方在本方案末提供。常用储备溶液、缓冲液和试剂标注<A>，配方见附录 1。储备溶液应稀释至适用浓度后使用。

试剂

RNA 样品，聚丙烯酰胺分离胶

　　　　根据本章方案 11 所述准备。

TBE 缓冲液（0.5×）<A>

专用设备

交联仪（例如，Stratalinker, Stratagene 公司；或者 GS Gene Linker, Bio-Rad 公司）

电印迹装置（例如，Thermo Scientific 公司的 Owl Transfer Blotter；Hoefer Scientific 公司的 TE 42 Transphor Unitfrom；或者 Bio-Rad 公司的 Trans-Blot Cell）

电印迹匣子，包括两片纤维（海绵）垫

尼龙膜（例如，来自 Amersham 公司的 Hybond N+）

供电设备（500V, 300mA）

解剖刀片

厚吸水纸（例如 Whatman 3MM 或类似物）

❖ 方法

准备转移设备、凝胶和膜

1. 印迹前用超纯水彻底冲洗电印迹装置、匣子和纤维垫。将纤维垫放进匣子盖好装进电印迹装置。用 0.5×TBE 填充电印迹装置的转移液槽直至将匣子覆盖，匣子和纤维垫在 0.5×TBE 中至少平衡 10min。

2. 裁剪一片尼龙膜和 6 张厚吸水纸，大小与待转移的胶相同。在膜的一角切掉一个小三角以便后续过程分辨泳道。将膜和吸水纸在 0.5×TBE 中室温浸泡 10min。

3. 用锋利的解剖刀修剪掉凝胶没用的区域，将凝胶左下角减掉一个小三角以便后续操作过程中简化定位（和泳道辨别）。

准备胶/膜转移三明治

4. 将提前浸泡好的匣子从电印迹装置中拿出，打开，置于干净表面。将浸泡好的一片纤维垫放到匣子的一侧内表面。

5. 在胶上放一片吸水纸，用玻璃棒或试管在吸水纸表面平滑地赶走气泡，再放两片吸水纸，一次放一张，确保没有残留气泡，从一端到一端平滑地赶走气泡。捡起吸水纸/凝胶，凝胶面向上平放到纤维垫上（参见图 6-8A）。

6. 将膜放到胶上，使二者的切角重合。使膜的中心先接触胶，然后慢慢向外放下膜以将所有气泡赶至胶的边缘。如果有气泡形成，用玻璃棒或试管轻轻将其赶出就，把余下的三片吸水纸置于膜上并消除气泡。

> 胶和膜之间必须形成紧密接触才能确保有效地转膜，有气泡会阻止 RNA 转移。

7. 将另一张纤维垫置于吸水纸/胶/膜三明治上，关上匣子。

8. 将装好的匣子滑入电转移装置，确保有膜的一侧面向阳极（参见图 6-8B）。

> RNA 静电荷为负电会向带正电荷的阳极移动，大部分匣子都有两个不同颜色的面（如白色和黑色、红色和黑色），这方便操作者记住胶和膜的方位确保膜面向阳极。按照常规方法（例如，通常是膜在匣子红色面一侧，并且红色面向阳极）组装匣子可以减少匣子在电印迹槽中定位错误的可能性。

RNA 的转移

9. 在整个装置上盖好安全盖子，联通供电装置，参照制造商提供的条件 30V（约 125mA）转移 4h。

> 高电压可以减少转移时间（如 40V 转移 2h），长时间似乎不能增加样品转移量但可能导致凝胶过热。切记要防止凝胶过热/或者不能接受的高电流。因为热量是由高转移速率产生，有必要时可在冷藏室（4℃）进行转移来防止凝胶过热。

RNA 染色和 RNA 在膜上的固定

10. 转移之后关掉电源并将匣子从电转移装置中取出。打开匣子移走纤维垫子和最上面的三层滤纸露出膜。

11. 进行 RNA 染色和在膜上的固定，继续方案 12 中的步骤 15 和 16。

方案 14　Northern 杂交

转移并固定到膜上的 RNA 样品可以与特异的探针杂交，从而用来对所感兴趣的 RNA 进行定位（参见方案 12、方案 12 中替代方案：下行毛细管转移或者方案 13）。实验人员应综合自身条件慎重考虑，从多种方法中选择任意一种来标记和检测探针（参见第 13 章制备探针的方法）。用抑制非特异吸附探针的封闭剂处理膜之后，在适于探针和固定的靶 RNA 杂交的条件下将膜同探针孵育，而后充分洗膜以去除非特异结合的探针，最终在膜上产生一个紧密结合探针的影像条带。分析了杂交结果之后，探针可以从膜上洗去，膜可重复用于下一个杂交实验（膜的处理方法请参阅本方案步骤 8）。表 6-11 描述了如何处理在 Northern 杂交中产生背景干扰的因素。

表 6-11　Southern 和 Northern 杂交中的背景及避免措施

问题	原因	可行的解决方案
整张膜上有大块斑点背景	预杂交时封闭不完全	延长预杂交时间
	实验中有膜完全干燥发生	在整个实验过程中保持膜是湿润的
	实验中用到的溶液中 SDS 出现沉淀	在室温下配制溶液，预热到 37℃，再加入 SDS，任何时候都不要让 SDS 沉淀。若出现 SDS 沉淀，将溶液加热澄清后再使用有时会减少背景
	杂交实验中使用了 10% 硫酸葡聚糖	加入这种多聚体可以诱导大分子聚集，因而增加杂交效率。除了少数情况［原位杂交或使用消减探针（subtracted probe）］，大多数杂交溶液可以不使用硫酸葡聚糖。使用大量洗液冲洗可以除去这种黏性复合物，如果杂交后仍留在膜上，就会产生背景
	毛细管转移时纸巾全湿（请参阅方案 12）	转移进程中增加纸巾用量或更换为干的纸巾
	使用了带电荷的尼龙膜和含有低浓度 SDS 的溶液	换用不带电荷的尼龙膜，在所有步骤中将 SDS 的浓度增至 1%（m/V）。含有高浓度 SDS 的杂交液可以最有效地消减背景同时保持高灵敏度。这些缓冲液是由 Church 和 Gilbert（1984）最早描述的杂交缓冲液的基础上改进修饰而得（请参阅 Mahmoudi and Lin 1989; Kevil et al. 1997）
	使用了不纯的（黄色）甲酰胺	使用前用 Dower XG-8 纯化甲酰胺（请参阅附录 1）
	使用了可透过水的塑料膜	使用质量更好的膜
	使用了不合适的封闭试剂	基因组 Southern 印迹时不要使用 BLOTTO，尝试用 50mg/mL 的肝素作为封闭试剂（Singh and Jones 1984），或者用 Church 缓冲液（Church and Gilbert 1984）作为预杂交和杂交缓冲液
整个膜上有光晕现象	预杂交/杂交液中有气泡，未能振荡均匀膜	使用之前预热溶液，充分振荡膜
背景集中在有核酸的泳道周围	运载 DNA 变性不当	重新煮沸鲑精 DNA 变性，不要让热变性过的 DNA 复性
	Northern 杂交中使用的探针含有 poly（T）序列	杂交液中加入 poly（A），1μg/mL
	使用了 RNA 探针	增加杂交液中的甲酰胺浓度提高严谨性，使用含 1%SDS 的杂交液，提高洗膜温度，同时降低洗液（0.1×SSC）的离子强度
膜的局部有斑点背景	同一杂交容器中放入了过多膜，预杂交/杂交溶液的体积不足	增加杂交液和洗液的体积或者减少一个杂交袋或容器中膜的数量
整张膜上出现较浓的黑点	制备探针时使用了过期的同位素	黑点状的背景是由于膜上的 ^{32}P 以无机磷或焦磷酸的形式存在，这种问题在使用 5′ 端标记的探针时经常遇到，不要使用已经发生放射性裂变的同位素，使用前可以用柱层析、沉淀或凝胶电泳纯化探针，在预杂交/杂交液中加入 0.5%（m/V）的焦磷酸钠

注：SDS，十二烷基硫酸钠；SSC，柠檬酸钠盐。

以下方案描述了放射性标记探针的应用，但需要说明的是，由于核酸技术的发展，现在有安全可靠的非放射性方法来替代放射性探针（详细说明参见第 13 章）。除了可以避免操作者使用危险的放射性同位素外，非放射性探针还具备以下几点主要优势：它们半衰期长，可储存时间更长（可储藏于-20℃重复使用），并且杂交检测较放射性探针更快速。尽管有这些优点，但是非放射性探针灵敏度相对低、背景相对高，因此在实际操作过程中非放射性探针仅限用于 Northern 印迹分析（请参阅实例 Wang et al. 1993; Yin and Lloyd 2001; Ramkissoon et al. 2006）。关于最常用的两种非放射性标记的讨论参见信息栏"生物素和地高辛"。从尼龙膜上剥离探针的方法已经被充分讨论（参阅 Meltzer et al. 1998）。

生物素和地高辛

生物素探针的经典制备方法是通过切口平移反应，用生物素标记的衍生物替代核苷酸。在经过杂交及洗涤后，杂交效果通过一系列产生蓝色信号的细胞化学反应来检测，颜色强度与杂交后生物素的量成正比。传统生物素标记探针的缺陷是一个 20 个核苷酸的典型探针仅包含几个生物素标记位点，因此限制了所获信号的强度。但是新版本的生物素标记探针，使生物素与补骨脂素（一种核苷酸嵌入成分）结合（如来自 Applied Biosystems 公司的 BrightStar 补骨脂素-生物素标记的探针）。补骨脂素-生物素嵌入 RNA，并且通过紫外照射形成共价键。据报道，这种探针灵敏度是酶标生物素化核苷酸的 2～4 倍。

典型的地高辛配基标记探针来自体外转录反应，以线性 DNA 为模板，SP6、T7 或 T3 RNA 聚合酶催化反应将地高辛-UTP 插入 RNA 转录物，通过化学发光反应检测。

材料

为正确使用本方案中的器材和危险试剂，必须查阅相应的材料安全数据表并咨询所在机构的环境卫生和安全办公室。

本方案的专用试剂标注<R>，配方在本方案末提供。常用储备溶液、缓冲液和试剂标注<A>，配方见附录 1。储备溶液应稀释至适用浓度后使用。

注意：在这一方案中用 DEPC 处理的水制备所有溶剂（请参见信息栏"如何去除 RNase"）。

试剂

预杂交液<R>

使用尼龙膜时，背景是一个常见的问题，在文献中提到的多种杂交缓冲液中，那些包含高浓度 SDS 的缓冲液对于消减背景同时保持高灵敏度是最有效的，其配方最早由 Church 和 Gilbert（1984）提出，后经 Kevil 等修改而来。

探针 DNA 或 RNA（>2×10^8 cpm/μg）

如第 13 章所述用高特异活性的 ^{32}P 在体外标记探针。

高特异活性（>2×10^8 cpm/μg）单链特异的探针（DNA 或 RNA）可以检测低到中低丰度的 mRNA，在 Northern 印迹中，用高特异活性的 ^{32}P（>2×10^8cpm/μg）在体外标记的单链探针（DNA 或 RNA）具有最高的灵敏度，而双链 DNA 探针相比单链探针灵敏性要低 2～3 倍。

固定在膜上的 RNA

根据方案 12 或方案 13 所述准备。

SSC（0.5×、1×和 2×）含 0.1%（m/V）SDS <A>

SSC（0.1×和 0.5×）含 0.1%（m/V）SDS（可选；参见步骤 4）

专用设备

吸水纸（Whatman 3MM 或相当效果的滤纸）

沸水浴

预热到 68℃的水浴

预热到杂交温度的水浴（参见步骤 3）

方法

1. 在 10～20mL 预杂交液中 68℃温育膜 2h。

目前有多种杂交系统可用于 Northern 杂交，从高效但昂贵的商品化旋转轮到各式各样的自制经济的装置包括塑料午餐盒、滤纸三明治（Jones and Jones 1992）和加热密封塑料袋（sears seal-a-meal bags 一直是最好的）。实际操作过程中，这些自制的设备能够发挥很大作用，可以根据个人偏好进行选择使用。但是商品化的旋转轮有一个很明显的优势：当使用含高浓度 SDS 的杂交缓冲液时不易泄露。因为塑料袋子和塑料盒在装有杂交液时很难做到密封良好，漏胶及污染同位素的危险性增大。

2. 若使用双链探针，在 100℃加热 ^{32}P 标记的双链 DNA 5min，使之变性，然后迅速移至冰水中冷却。

> 此外，可以加入 0.1 倍体积的 3mol/L NaOH 变性探针。室温下 5min 后，将探针移至冰水中，加入 0.05 倍体积的 1mol/L Tris-Cl（pH7.2）和 0.1 倍体积 3mol/L HCl，冰水放置直到使用。
>
> 单链探针不需变性。

3. 把变性的或单链放射性标记的探针直接加到预杂交液中，在合适的温度下继续温育 12～16h。

> 为了检测低丰度 mRNA，需使用至少 0.1μg 特异活性超过 $2×10^8$cpm/μg 的探针。当探针与靶基因非同源时，即低严谨性杂交，最好在较低的温度（37～42℃）下进行杂交，杂交缓冲液含有 50%去离子化甲酰胺、0.25mol/L 磷酸钠（pH7.2）、0.25mol/L NaCl 和 7%SDS。
>
> 探针与固定于固体支持物上的核酸杂交的具体条件请参阅第 2 章，方案 11～13。

4. 杂交后，将膜从塑料袋中取出，在室温下迅速转移到含有 100～200mL 1×SSC、0.1%SDS 的塑料盒内，将盒盖好，置于水平振荡器上，温和振荡 10min。

> ▲在洗涤步骤中，任何时候都不要让膜干燥。
>
> 如果使用单链探针，将洗涤液中的 SDS 浓度增至 1%。
>
> 在含甲酰胺的缓冲液中低严谨性杂交之后，23℃下用 2×SSC 冲洗膜，然后 23℃下用 2×SSC，0.5×SSC 和 0.1×SSC 含 0.1% SDS 的洗液分别洗膜 15min，最后 50℃下用含 1% SDS 的 0.1×SSC 洗膜。

5. 将膜转移至另一含有 100～200mL 预热至 68℃、含 0.1%SDS 的 0.5×SSC 的塑料盒中，68℃下温和振荡 10min。

6. 重复步骤 5，再洗涤至少 2 次，在 68℃下共洗涤 3 次。

7. 在吸水纸上晾干膜，然后让膜于-70℃下在含增感屏的暗盒内对 X 射线片（Kodak XAR-5 或相应的胶片）放射自显影 24～48h（请参阅附录 3）。基于钨酸盐的增感屏比以前的稀土增感屏更有效。此外，也可通过磷屏系统扫描得到膜上的图像。

去除 Northern 印迹上的放射性

（可选）要从固定有 RNA 的尼龙膜上洗去放射性标记的探针，可将膜在如下的任一体系中温育 1～2h：预热到 70～75℃的大体积含 10 mmol/L Tris-Cl（pH7.4）、0.2% SDS 的洗液；预热到 68℃含 50%去离子甲酰胺、0.1×SSC、0.1%SDS 的洗液。

配方

为正确使用本方案中的器材和危险试剂，必须查阅相应的材料安全数据表并咨询所在机构的环境卫生和安全办公室。

预杂交液

试剂	含量（1L）	终浓度
$Na_2HPO_4·7H_2O$	134g	0.5mol/L
H_3PO_4（浓磷酸，85%）	4mL	
SDS	70g	7%（m/V）
EDTA（0.5mol/L，pH7.0）	2mL	1mmol/L

参考文献

Church GM, Gilbert W. 1984. Genomic sequencing. *Proc Natl Acad Sci* 81: 1991–1995.

Jones RW, Jones MJ. 1992. Simplified filter paper sandwich blot provides rapid, background-free northern blots. *BioTechniques* 12: 684–688.

Kevil CG, Walsh L, Laroux FS, Kalogeris T, Grisham MB, Alexander JS. 1997. An improved rapid northern protocol. *Biochem Biophys Res Commun* 238: 277–279.

Mahmoudi M, Lin VK. 1989. Comparison of two different hybridization systems in Northern transfer analysis. *BioTechniques* 7: 331–332.

Meltzer JC, Sanders V, Grimm PC, Chiasson N, Hoeltke HJ, Garrett KL, Greenberg AH, Nance DM. 1998. Nonradioactive northern blotting with biotinylated and digoxigenin-labeled RNA probes. *Electrophoresis* 19: 1351–1355.

Ramkissoon SH, Mainwaring LA, Sloand EM, Young NS, Kajigaya S. 2006. Nonisotopic detection of microRNA using digoxigenin labeled RNA probes. *Mol Cell Probes* 20: 1–4.

Singh L, Jones KW. 1984. The use of heparin as a simple cost-effective means of controlling background in nucleic acid hybridization procedures. *Nucleic Acids Res* 12: 5627–5638.

Wang S, Murtagh JJ Jr, Luo C, Martinez-Maldonado M. 1993. Internal cRNA standards for quantitative northern analysis. *BioTechniques* 14: 935–942.

Yin BW, Lloyd KO. 2001. Molecular cloning of the CA125 ovarian cancer antigen: Identification as a new mucin, MUC16. *J Biol Chem* 276: 27371–27375.

方案 15　纯化 RNA 的点杂交和狭缝杂交

点杂交和狭缝杂交技术（Kafatos et al. 1979）用于在同一固相支持物（通常为带电荷的尼龙膜）上固定几种核酸样品，然后用合适的探针与已固定的样品杂交，并由此判断靶序列的浓度。通过估计待测样品点发射出的信号的强度，与已知浓度的标准品信号强度进行比较，确定待测样品中靶序列的量。

本方案描述了从细胞或组织中纯化的 RNA（请见方案 1～5）的印迹与杂交。

材料

为正确使用本方案中的器材和危险试剂，必须查阅相应的材料安全数据表并咨询所在机构的环境卫生和安全办公室。

本方案的专用试剂标注<R>，配方在本方案末提供。常用储备溶液、缓冲液和试剂标注<A>，配方见附录 1。储备溶液应稀释至适用浓度后使用。

▲ 本方案中用到的所有试剂均用 DEPC 处理的 H_2O 配制（请参见信息栏"如何去除 RNase"）。

试剂

NaOH（10mol/L）

预杂交液<R>

放射性标记与变性的探针

使用前应按方案 14 步骤 2 描述变性。

> 当每个狭线上样 5μg 细胞总 RNA 时，高比活（>5×10^8 cpm/μg）链特异探针（DNA 或 RNA）可以轻易地检测到中高丰度的 mRNA。哺乳动物细胞中极低丰度 RNA（1～5 拷贝/细胞）是很难被总 RNA 斑点杂交检测到的。检测这类 RNA 最好使用纯化 poly（A）$^+$ RNA，并且每个狭线上样>1μg，再用高特异活性的（>5×10^8 cpm/μg）链特异探针进行杂交。

RNA 变性液<R>

RNA 待测样品，标准品和负对照

> 如本章方案 1～5 所述方法之一制备样品。
>
> 所有样品应包含溶解于 10μL DEPC 处理的无菌 H_2O 的等量 RNA。
>
> 把不同量的体外合成的未经放射性标记的正义 RNA（见第 13 章）与不含探针互补序列的阴性对照等份混合作为标准品。

SSC（0.1×）含 0.1%（m/V）SDS

> 见步骤 18。

SSC（0.1×）含 1%（m/V）SDS（任选；见步骤 18）

SSC（0.5×）含 0.1%（m/V）SDS

SSC（1×）含 0.1%（m/V）SDS

SSC（2×）（任选；见步骤 18）

SSC（20×）<A>

设备

印迹装置

> 有几家厂商可提供这些设备。用于斑点印迹的装置比用于狭缝印迹的装置要普及。原因可能是斑点印迹仪适合于分析较大面积上的样品，并且杂交信号更均一。

交联设备（如 Stratalinker，Stratagene 公司；GS Gene Linker，Bio-Rad 公司）或真空炉、

微波炉

带正电荷尼龙膜

见 Northern 印迹杂交介绍（用于 Northern 印迹杂交的膜）

厚吸水纸（如 Whatman 3MM，Schleicher&Schuell GB004，或 Sigma-Aldrich QuickDraw）

预热水浴锅到 68℃。

方法

安装印迹装置

1．切一张合适大小的带正电荷尼龙膜。用铅笔或圆珠笔标上表示方向的记号。将膜用水润湿，在 20×SSC 中室温泡 1h。

2．在膜浸泡期间，先用 0.1mol/L NaOH 小心清洗印迹装置，再用无菌水洗干净。

3．把两片厚滤纸用 20×SSC 浸湿，再放到真空器顶部。

4．把样品槽插入装置的上部，把湿尼龙膜放在样品槽加样孔的底部，用吸管在膜的表面滚动以去除膜与装置夹层中的气泡。

5．加紧夹板，连接真空管。

6．加入 10×SSC 充满所有狭线/斑点，缓慢抽吸至液体穿过尼龙膜，关掉真空，再用 10×SSC 充满。

RNA 样品准备

7．把每个 RNA 样品（溶解在 10μL 水）分别与 30μL RNA 变性液混合。

8．65℃温育 5min，然后在冰上冷却。

9．向每个样品中加入等体积 20×SSC。

10．缓慢抽吸印迹装置，直到 10×SSC 穿过尼龙膜。关掉真空装置。

RNA 样品的印迹和 RNA 在膜上的固定

11．把所有样品轻轻加入狭缝中，然后轻轻吸干膜。当所有样品都铺到膜上后，每个狭缝用 1mL 10×SSC 洗两次。

12．当第二次洗膜完成后，继续轻轻抽吸 5min 吸干膜。

13．取下膜，然后像方案 12 中步骤 16 介绍的那样用紫外照射交联、烘烤或微波照射把 RNA 固定在膜上。

在进行预杂交或杂空反应之前，先看方案 14

固定 RNA 的杂交与洗膜

14．把膜放入烤盘或杂交炉中，加入 10～20mL 预杂交液 68℃温育 2h。

15．把已变性的放射性标记的探针直接加到预杂交液中。在适当的温度下继续温育 12～16 h。

在检测低丰度 mRNA 时，需使用至少 0.1μg 特异活性超过 $5×10^8$cpm/μg 的探针。低严谨性的杂交（探针与靶基因不同源）最好在较低温度下进行（37～42℃），并且杂交缓冲液中要含有 50%去离子化甲酰胺、0.25 mol/L 磷酸钠（pH7.2）、0.25 mol/L NaCl 和 7% SDS。

16．杂交完后从塑料袋中取出膜，然后尽可能快地把膜转移到室温下装有 100～200mL 的 1×SSC（含 0.1% SDS）的塑料容器中。盖紧塑料容器，放到摇床上轻摇 10min。

▲ 在洗膜的所有过程中不能让膜干燥。

如果使用单链探针，把洗膜中 SDS 的浓度增加到 1%。按低严谨性杂交的条件在含有甲酰胺的缓冲液中洗膜。

首先在 2×SSC 中于 23℃洗膜，然后在 23℃下依次用 2×SSC、0.5×SSC（含 0.1%SDS）、0.1×SSC（含 0.1% SDS）各洗 15min。最后在 50℃下用 0.1×SSC（含 1% SDS）洗一次。

17. 把膜转移到另一个装有 100～200mL 预热到 68℃的 0.5×SSC（含 0.1% SDS）的塑料袋中，然后在此温度下轻摇 10min。

18. 按步骤 17 重复洗膜两次，使在 68℃时总的洗膜次数达到 3 次。

19. 用滤纸吸干膜，在-70℃条件下使用增感屏（见附录 3）放射自显影 24～48h（Kodak XAR-5 或相当的胶片）。钨酸盐型的增感屏比旧式稀土型的效果更好。当然，磷光成像仪也可以用来成像。

讨论

多年来，点杂交和狭缝杂交技术受到许多研究者的冷落。其主要原因就是点于同一张膜上同样的样品杂交信号有时不稳定，尤其分析复杂的 RNA 或 DNA 群时。目前，这一问题虽然还没有得到完全解决（Anchordoguy et al. 1996），但是由于带正电荷尼龙膜本身有所改进，确实使这一技术得到极大的改进（Chomczynski and Qasha 1984）。就 DNA 来说，经过纯化制备或细胞和组织的碱裂解的样品，碱性条件下可以被点到膜上（Reed and Matthaei 1990）。

RNA 的点杂交分析比 DNA 的稍微困难一些。一个时期以来，研究人员利用新鲜制备的或冻存的细胞、动物组织的粗提取物进行点杂交或狭缝杂交分析（见 White and Bancroft 1982）。然而，从粗提取物而来的 RNA 点杂交后获得的结果往往与 Northern 印迹结果不完全一致（Tsykin et al. 1990）。因为这个原因，现在的点杂交和狭缝杂交一般用纯化的 RNA 样品，并且在点样前立即用甲醛（Thomas 1980）变性（见 Weydert et al. 1983）。

样品点膜

虽然 RNA 样品可以用自动加样设备手工点在膜上，但是样品点的间距和尺寸常常是可变的，最后的印迹结果有可能是畸形的、模糊不清或不均匀以致不能定量。最佳的加样方法采用真空加样。许多商业化的真空加样装置还能够控制加样点的形状。这就确保所有固定在膜上的样品点大小与形状和间距都一样，以便于杂交信号强度的比较。

标准品

为了获得定量结果，必须设定一些在物理特性上与待测核酸相似的阳性和阴性对照。例如，在分析哺乳细胞的 RNA 时，阴性对照应该选用不表达待测靶序列的细胞或组织的 RNA；阳性对照应该选用混有与探针互补的已知量的 RNA 样品。这些标准品和放射性标记的探针最好利用已克隆到质粒载体中的 DNA 作为模板在体外合成，并且此载体多克隆位点两边要有两个不同的、方向相反的噬菌体启动子。用作杂交标准品的有义链 RNA 选用一个启动子合成，而放射性标记的探针（反义）可选用另一个启动子进行合成。

准备标准品时，合成的有义链 RNA 应与无关的 RNA 混合在一起，以便标准点大小与待测样品一样大。无关 RNA 的准备与待测 RNA 一样。采取这些措施有利于控制因细胞质 RNA 存在导致杂交信号强度下降的问题，也能控制在含有大量纯化的 RNA 的样品条件下杂交效率降低的问题。

标准化

为了避免膜上样品点样过多，一个标准尺寸的狭缝所点的总 RNA 量不宜超过 5µg，并且每一狭缝点样量应该一致。然而，滞留在膜上的实际 RNA 量有时确实存在不确定性。这个问题可以这样解决：经过紫外线照射后 RNA 交联到带正电荷的膜上，然后用亚甲蓝进行染色（见方案 12 和方案 14 中的表 6-10 和表 6-11）。或者，滞留在膜上的 poly（A）⁺RNA 也可以用放射性标记的寡聚 d（T）杂交来检测（Harley 1987，1988）。此法尤其适用于小量纯化的 poly（A）⁺RNA 在狭缝中的上样。

信号强度的测定

对于大多数实验来说，杂交信号强度用肉眼即可判断。但是，要精确评定每个检测样品中靶序列的量时，需要进行光密度扫描（Brown et al. 1983；Chapman et al. 1983；Ross et al. 1989）、直接磷酸成像或发光测定（当用化学发光探针标记时）（Matthews et al. 1985）。液闪计数也可对靶 DNA 浓度进行直接定量。不过，此法需要把样品切碎成小块放入液闪管里，因此检测斑点印迹的膜不能再生使用。

配方

为正确使用本方案中的器材和危险试剂，必须查阅相应的材料安全数据表并咨询所在机构的环境卫生和安全办公室。

预杂交液

试剂	含量（1L）	终浓度
Na$_2$HPO$_4$·7H$_2$O	134g	0.5mol/L
H$_3$PO$_4$（浓磷酸，85%）	4mL	
SDS	70g	7%（m/V）
EDTA（0.5 mol/L，pH 7.0）	2mL	1mmol/L

RNA 变性液

试剂	含量（1mL）
甲酰胺	600μL
甲醛（37%，m/V）	210μL
MOPS 电泳缓冲液（10×，pH 7.0）	130μL

有关 MOPS 电泳缓冲液更详细的信息，请参见附录 1。甲醛是 37%～40%（m/V）（12.3mol/L）溶液可能包含稳定剂如甲醇（10%～15%）。当暴露于空气中时甲醛氧化成甲酸。如果甲醛溶液的 pH 是酸性的（<pH 4.0）或者溶液变黄，那么此储存液使用前应该用树脂床如 Bio-Rad AG-501-X8 或 Dowex XG8 去离子化。

购买蒸馏过的去离子甲酰胺，分成小份在氮气中储存于-20℃；或者如附录 1 所述将试剂级的甲酰胺去离子化。

参考文献

Anchordoguy TJ, Crawford DL, Hardewig DL, Hand SC. 1996. Heterogeneity of DNA binding to membranes used in quantitative dot blots. *BioTechniques* 20: 754–756.

Brown PC, Tlsty TD, Schimke RT. 1983. Enhancement of methotrexate resistance and dihydrofolate reductase gene amplification by treatment of mouse 3T6 cells with hydroxy-urea. *Mol Cell Biol* 3: 1097–1107.

Chapman AB, Costello MA, Lee F, Ringold GM. 1983. Amplification and hormone-regulated expression of a mouse mammary tumor virus–Eco gpt fusion plasmid in mouse 3T6 cells. *Mol Cell Biol* 3: 1421–1429.

Chomczynski P, Qasba PK. 1984. Alkaline transfer of DNA to plastic membrane. *Biochem Biophys Res Commun* 122: 340–344.

Harley CB. 1987. Hybridization of oligo(dT) to RNA on nitrocellulose. *Gene Anal Tech* 4: 17–22.

Harley CB. 1988. Normalization of RNA dot blots with oligo(dT). *Trends Genet* 4: 152.

Kafatos FC, Jones CW, Efstratiadis A. 1979. Determination of nucleic acid sequence homologies and relative concentrations by a dot hybridization procedure. *Nucleic Acids Res* 7: 1541–1552.

Matthews JA, Batki A, Hynds C, Cricka LJ. 1985. Enhanced chemiluminescent method for the detection of DNA dot-hybridization assays. *Anal Biochem* 151: 205–209.

Reed KC, Matthaei KI. 1990. Rapid preparation of DNA dot blots from tissue samples, using hot alkaline lysis and filtration onto charge-modified nylon membrane. *Nucleic Acids Res* 18: 3093. doi: 10.1093/nar/18.10.3093.

Ross PM, Woodley K, Baird M. 1989. Quantitative autoradiography of dot blots using a microwell densitometer. *BioTechniques* 7: 680–688.

Thomas PS. 1980. Hybridization of denatured RNA and small DNA fragments transferred to nitrocellulose. *Proc Natl Acad Sci* 77: 5201–5205.

Tsykin A, Thomas T, Milland J, Aldred AR, Schreiber G. 1990. Dot blot hybridization using cytoplasmic extracts is inappropriate for determination of mRNA levels in regenerating liver. *Nucleic Acids Res* 18: 382. doi: 10.1093/nar/18.2.382.

Weydert A, Daubas P, Caravatti M, Minty A, Bugaisky G, Cohen A, Robert B, Buckingham M. 1983. Sequential accumulation of mRNAs encoding different myosin heavy chain isoforms during skeletal muscle development in vivo detected with a recombinant plasmid identified as coding for an adult fast myosin heavy chain from mouse skeletal muscle. *J Biol Chem* 258: 13867–13874.

White BA, Bancroft FC. 1982. Cytoplasmic dot hybridization. Simple analysis of relative mRNA levels in multiple small cell or tissue samples. *J Biol Chem* 257: 8569–8572.

●RNA 作图引言

用核酸酶对 RNA 作图

三种不同的核酸酶——核酸酶 S1、核糖核酸酶和外切核酸酶 VII 被用来定量 RNA，确定内含子的位置，以及用来确定在克隆的 DNA 模板上的 mRNA 的 5′端和 3′端的位置（图 6-10 和图 6-11）。当待测 RNA 被杂交到 DNA 模板上时（见信息栏"核酸酶 S1"），核酸酶 S1 被用于保护分析。当待测 RNA 被杂交到来自 DNA 模板的 RNA 拷贝时（见方案 17），使用核糖核酸酶。外切核酸酶 VII 有更专门的用途——对短的内含子作图，并解决核酸酶 S1 保护试验中出现的异常情况。

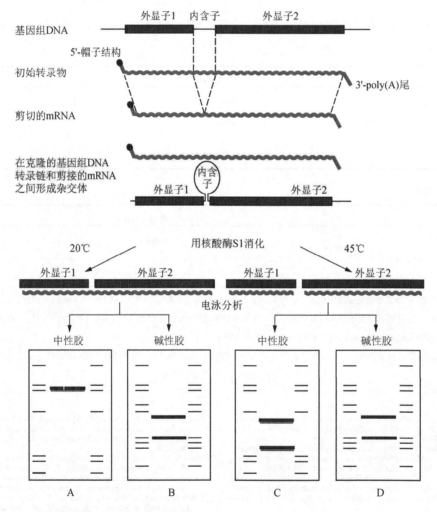

图 6-10 用核酸酶 S1 对 RNA 作图。当基因组 DNA 的克隆片段用作探针时，内含子的位置可以从核酸酶 S1 消化后条带的大小来推断。在基因组 DNA 转录链和 mRNA 之间形成的杂交体含有单链 DNA 的突环（内含子）。在 20℃用核酸酶 S1 消化这些杂交体产生的分子，其 RNA 部分是完整的，但其 DNA 部分在内含子位点含有缺口。用非变性条件下凝胶（A 胶）检测时，这些分子像单链一样泳动。但在碱性胶中（B 胶），RNA 被水解，每段 DNA 因其大小不同而分开。当核酸酶 S1 的消化反应在 45℃进行，母本杂交体的 DNA 链和 RNA 链都被切开，产生一系列小的、可以用非变性胶条件下的凝胶电泳分开的 DNA-RNA 杂交分子（C 胶）。这些杂交分子中的 DNA 部分（D 胶）与 B 胶中的大小一致。

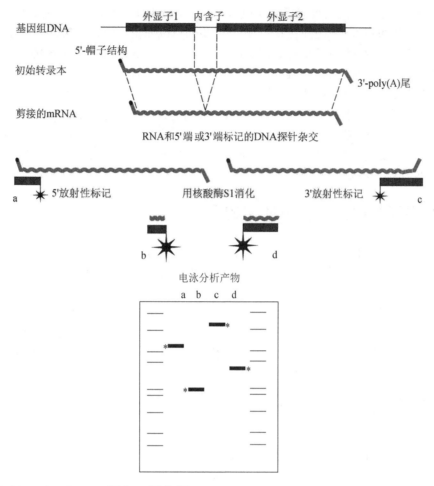

图 6-11　对 mRNA 5′端和 3′端作图。 用核酸酶 S1 消化 mRNA 与 5′端或 3′端标记的 DNA 探针形成的杂交体。放射性标记的位置用星形符号显示。通过检测抗核酸酶消化的 DNA 片段的大小和估算放射性标记的 mRNA 的 5′端和 3′端的距离，可与推测出靶 RNA 5′端和 3′端的位置。(a 泳道) 没用核酸酶 S1 消化的 5′标记探针；(b 泳道) 核酸酶 S1 消化的 5′标记探针；(c 泳道) 没用核酸酶 S1 消化的 3′标记探针；(d 泳道) 核酸酶 S1 消化的 5′标记探针。相对分子质量标准在两侧的泳道上。在真核系统中，核酸酶 S1 作图确定的 mRNA 5′端通常代表了转录的起始位点，而描绘出的 3′端代表了聚腺苷酸化的位点。同样的策略可以用来对剪接位点的 3′端和 5′端作图。

　　三种酶的使用方法是对 Berk 和 Sharp（1977）提出的经典的核酸酶 S1 实验技术的改良。含有目的 mRNA 的 RNA 与互补的 DNA 或 RNA 探针在利于形成杂交体的条件下温育。在反应的末期，一种酶用来降解未杂交的单链 RNA 和 DNA。余下的 DNA-RNA 或 RNA-RNA 杂交体用凝胶电泳分离。随后用放射自显影或 Southern 杂交来观察（Favaloro et al. 1980; Calzone et al. 1987）。当探针的摩尔数在杂交反应中过量时，信号的强度与待测样品中目的 mRNA 浓度成正比。用过量探针与一系列定量的靶序列杂交作出标准曲线，从而可以准确估算样品的浓度。

　　核酸酶 S1 保护实验的最初方法（Berk and Sharp 1977）中的一个主要问题是使用双链 DNA 作为探针。为防止探针 DNA 在杂交一步重新结合，理想的情况是建立有利于形成 RNA-DNA 杂合体远甚于形成 DNA-DNA 杂合体的反应条件，但这并不总是可行的。由于 DNA-RNA 杂交分子比 DNA-DNA 杂合体略微稳定，复性步骤一般是在含 80%甲酰胺和温度高于计算的双链 DNA 熔点温度条件下进行（Casey and Davidson 1977; Dean 1987）。然而，在这种条件下，杂交速度降低约 10 倍，而且 DNA-RNA 杂交分子的稳定性也不确定。使用单链探针则可以避免这些问题。于是复性步骤可以在正常的杂交条件下进行，因为没有互补的单链和靶 RNA 竞争探针。但是，当 Berk 和 Sharp 进行他们的研究时，还没有可靠的方式去除其互补部分的单链 DNA。链分离凝胶电泳（Hayward 1972）是那时唯一可行的方式，但它始终是一种技巧性很强、难于掌握的技术（见第 2 章，方案 16）。只有 70% 的 DNA 片段可以得到分离，而且即使在相当成功的条件下，样品中也不可避免地污染互补 DNA 单链。因为这些困难，凝胶电泳后条带的图样有时会很复杂，并且不同次实验间会有差异。直到 20 世纪 80 年代后期，通过制备有高度特异活性的标记单链 DNA 或 RNA 探针才解决了这一问题。

🧬 核酸酶 S1 保护实验中使用的探针

极性已知且特异性高的探针由分离双链 DNA 的两条链得到，或者更普遍的是从头合成与双链 DNA 模板的一条链互补的 RNA 或与单链模板互补的 DNA（详见第 13 章探针制备）。

- 链分离的探针制备是通过同时或依次使用两种 II 型限制性内切核酸酶处理合适大小的 DNA 片段（通常 100～500nt），在 5′端和 3′端各产生一突出端。因此，该片段的一条链最多可比另一条链长 8 个核苷酸。在变性条件下，聚丙烯酰胺凝胶电泳已足够分离这种差异的两条链。在电泳前或电泳后，目的单链的 5′端被去磷酸化并从 [γ-^{32}P]ATP 上得到标记的磷酸基团，从而在体外被标记，这一反应被 T4 噬菌体多核苷酸激酶催化（见第 13 章，方案 9～12）。

- 从头合成探针法用来体外产生末端标记或均一标记的 DNA 探针（Weaver and Weissmann 1979; Burke 1984; Calzone et al. 1987; Aldea et al. 1988; Sharrocks and Hornby 1991）（并见第 13 章）。末端标记的探针通过将寡聚核苷酸引物的 5′端磷酸化得到，均一标记的探针通过将放射标记的核苷酸引入正在合成的 DNA 单链得到。在两种情况下，通过一种可识别新合成的双链 DNA 上特异位点的限制性酶切，分离新合成的 DNA 链和模板。随后可以用变性聚丙烯酰胺凝胶电泳分离放射标记的探针和线性化的单链 DNA。

- 在不对称 PCR 反应中，当一种引物浓度是另一种的 20～200 倍时，PCR 反应严重偏向于合成只和 DNA 其中一条链作用的放射性标记探针。在 PCR 反应刚开始的几个循环里，双链 DNA 以常规的指数形式合成。然而，当一种引物的浓度受限时，反应产生的单链 DNA 以算术级数累积。到反应结束，DNA 某一条链的浓度比另一条多 3～5 倍（Scully et al. 1990）。均一标记的探针可以通过在 PCR 反应中掺入放射性标记核苷酸来制备（Bird 2005）。

- 通过在含有双链 DNA 模板和仅有一个引物的热循环反应中合成全部是一条链的放射性标记探针。经过 40 个循环，双链模板 DNA（20μg）产生约 200μg 的单链探针。探针的长度可以通过在模板 DNA 上探针结合位点的下游选取酶切位点加以限定（Stürzl and Roth 1990a,b）。

- 通过转录连在噬菌体启动子上的线形双链 DNA 模板可以产生均一标记的 RNA 探针（核糖核酸探针）（Melton et al. 1984）。DNA 模板的制备还可以通过用限制性内切核酸酶切割克隆在质粒上的 DNA 序列的内部或其下游酶切位点获得，也可以采用 PCR 方法获得。线性化的模板在 [α-^{32}P] NTP 存在的条件下由合适的、噬菌体来源的、DNA 依赖的 RNA 聚合酶转录，产生长度为从模板 DNA 片段启动子的起始位点到其终点的标记的 RNA。启动子和 DNA 序列按照一定的方向排列，从而使得到的核糖核酸探针与待分析的 mRNA 是反义（互补）的。严谨的但并非必需的后续工作是用变性胶电泳纯化 RNA 探针。纯化可以用含 8mol/L 尿素的 5%聚丙烯酰胺凝胶在微型蛋白凝胶装置中方便、快速地进行（如 Bio-Rad Mini-PROTEAN）。

即使使用单链探针，用核酸酶 S1 分析真核 RNA 的结构还是会有假象。例如，DNA:RNA 异源双链中小的错配就会对核酸酶 S1 产生相对的抗性（Berk and Sharp 1977）。相反的，富含 rU:dA 序列的、完美配对的异源双链区容易被酶切（Miller and Sollner-Webb 1981）。一条单链 DNA 分子如果同时和两条不同的 RNA 分子杂交，则可以不被核酸酶作用（Lopata et al. 1985）。最后一点，核酸酶 S1 不能有效地切割与 RNA 突出环相对的一段 DNA（Sisodia et al. 1987）。大多数此类问题可以通过改变核酸酶 S1 浓度、采用不同的酶切温度、使用不同的核酸酶（如绿豆核酸酶）、使用几种核酸酶的组合（如 RNaseH 和核酸酶 S1）来解决（Sisodia et al. 1987）。但是值得注意的是，用核酸酶 S1 切割不一定能反映出两条核酸链之间序列中的趋异性，抗消化也不一定表明两条核酸链相同。在这点上，用于核酸酶 S1 作图实验的探针含有与靶 RNA 非同源区（如载体序列），因此完全保护的 RNA 与核酸酶切割彻底失败的不同。所以，用核酸酶 S1 作图被认为是有效的，但是对于认识 RNA 结构并非不会出错。因此，当用核酸酶 S1 作图时，如 mRNA 5'端和 3'端的图谱，很重要的一点是要用独立的技术去确认，如使用引物延伸法（方案 18）。

在许多作图实验中，绿豆核酸酶可以替代核酸酶 S1。当和一些 DNA 探针一起使用时，完成单链区完全酶切所需的绿豆核酸酶量远少于核酸酶 S1。例如，酶切对应于人低密度脂蛋白受体的过量的单链 DNA 探针，需要核酸酶 S1 达到 1000U/mL 可完成完全酶切，而绿豆核酸酶只需要 10U/mL 即可达到相同的结果（JA Cuthbert, University of Texas Southwestern Medical Center, Dallas, pers. comm.）。绿豆核酸酶的一个缺点是在单位碱基上的花费比核酸酶 S1 贵 20 倍。

方案 16 提供了用均一标记单链 DNA 进行 mRNA 核酸酶 S1 作图的方法。

核糖核酸酶保护

核糖核酸酶保护分析通常用于测量特异性 mRNA 的丰度以及对其拓扑异构特征作图。这种方法包括待测 RNA 与互补的放射标记的 RNA 探针（核糖核酸探针）杂交，随后未杂交的序列用一种或几种单链特异性的核糖核酸酶消化。消化反应进行到最后阶段时，灭活核糖核酸酶，被保护的、放射性标记的 RNA 片段可以通过聚丙烯酰铵凝胶电泳和放射自显影进行分析。如用核酸酶 S1 保护分析（见图 6-10），可以给出被保护片段大小的特征图谱，如内含子与外显子的边界以及转录起始与终止位点（图 6-12）（Lynn et al. 1983; Zinn et al. 1983; Melton et al. 1984; 综述见 Calzone et al. 1987; Kekule et al. 1990; Mitchell and Fidge 1996）。但是对图谱数据的分析并不总是容易和明确的。例如，在分析待测 RNA 与来自克隆的基因组 DNA 片段转录的核糖核酸探针形成的保护片段时，并不总是能区分位于 mRNA 5'端的剪接点和 mRNA 的真实 5'端。因此，只要可能，需要利用独立的技术[如引物延伸（本章方案 18），或 5'-RACE（第 7 章，方案 9）]来证实。

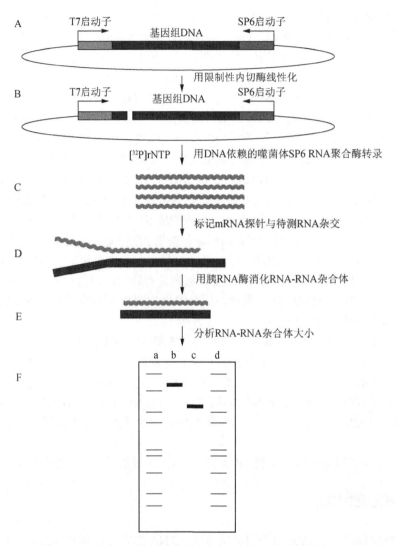

图 6-12　利用放射性标记 RNA 探针和 RNase 对 mRNA 作图。 从一个基因组 DNA 的克隆拷贝体外合成放射性标记 RNA（步骤 A～C），并与未标记的待测 mRNA 杂交（步骤 D）。用 RNase 消化去除未杂交的部分（步骤 E），用聚丙烯酰胺凝胶电泳测定抗 RNase 消化的、放射性标记的 RNA 的大小（步骤 F）。（步骤 A）目标 DNA 被克隆进一个质粒的原核启动子（噬菌体 SP6 或 17）的下游，（步骤 B）用限制性内切核酸酶切割目标 DNA 的远端使重组质粒线性化，（步骤 C）用适当的 DNA 依赖的 RNA 聚合酶转录线性化的 DNA（此例中用 SP6），模板 DNA 用无 RNase 的胰 DNase 进行消化。（步骤 D）放射性标记的 RNA（曲线所示）与未标记的待测 RNA（实线所示）杂交；（步骤 E）RNA-RNA 杂交体用胰 RNase 消化；（步骤 F）RNA-RNA 杂合体（用 RNase 消化前后的）用凝胶电泳和放射自显影来分析。泳道 a、d 是相对分子质量标准，泳道 b 是用 RNase 消化前的放射性标记的 RNA，泳道 c 是用 RNase 消化后的放射性标记的 RNA。通过使用与适当模板 DNA 片段互补的探针，可以对 mRNA 的 5′端和 3′端作图，以及确定剪接位点的 3′和 5′位置。

　　当反义的核糖核酸探针摩尔数过量时，放射自显影信号的强度与待测样品中正义 RNA 数量成正比。通过比较待测 RNA 样品信号强度与从适合的 DNA 模板体外转录而来的已知数量的标准 RNA 样品信号强度可以对 RNA 定量（见信息栏"测定 RNA 丰度的方法"）。核糖核酸酶保护方法至少比 Northern 杂交方法灵敏 10 倍。它的高灵敏性源于以下一些因素。

- 更彻底和快速地完成杂交。原因是待测 RNA 与探针 RNA 都在溶液中。
- 省去了 RNA 从凝胶向固相支持物转移的步骤。该步骤的效率随不同转移方法和靶

RNA 相对分子质量而变化。

- 省去了杂交后的洗涤步骤。杂交结合的紧密性与洗涤的效率影响了背景与信号强度。无论多有技巧的洗涤，几乎都无法使 Northern 杂交所导致的信噪比高于 10。
- 对 RNA 降解具有更大的耐受性。由于放射性标记的反义探针通常远远短于待测的 RNA，所以制备的待测 RNA 部分降解对核糖核酸酶保护实验的灵敏度与准确性影响不大。

RNase 保护实验分析方法还有 Northern 杂交不具备的其他优势：不需要专用设备，可以同时使用多种放射性标记的探针，足够敏感到可以检测总 RNA 中的低丰度 mRNA。核糖核酸酶保护具有很多与核酸酶 S1 保护分析一样的优势。但是，二者在一些细节上存在不同。在核酸酶 S1 保护分析方法中，富含 AU 区域通常被核酸酶 S1 非特异性切割，而在核糖核酸酶保护分析方法中通常并不被非特异性切割，而且杂交体的末端不再处于被蚕食的危险中（请参阅下页"核糖核酸酶保护分析中使用的核糖核酸酶"）。此外，核酸酶 S1 保护分析中所用的放射性标记的探针需要特定的寡核苷酸引物以及单链 DNA 模板。而核糖核酸探针可由带有噬菌体启动子的标准质粒转录而来（详见第 13 章）。基于上述原因，作为 RNA 分析的标准方法，核糖核酸酶保护分析在很大程度上取代了核酸酶 S1 保护分析。

测定 RNA 丰度的方法

非常奇怪的是，在 20 世纪 70 年代只有一种技术——复性动力学可用，但是对基因表达测定的精度比现在更高。核酸在溶液中的缔合源自于互补链的碰撞，且遵循二级反应动力学或很近似（Wetmur and Davidson 1968）。因此，杂交速率与起始的互补链的浓度成反比例（Britten and Kohne 1968）。特定 RNA 的绝对浓度可以通过与之缔合的 DNA 模板的动力学计算出来。

在分子克隆发展的年代，为测量 mRNA 的浓度进行了很多缔合实验。几乎所有的这些实验都包括当 RNA 过量时，测定放射性标记的单链 DNA 探针与互补的 mRNA 缔合率。

这是很困难的实验，原因在于：首先，杂交反应中试剂的浓度通常很低，以至于缔合反应需要很多小时——有时很多天——才能生成足够数量的杂交。其次，羟基磷灰石柱被常规用于分离单—双链核酸（Kohne and Britten 1971; Britten et al. 1974）。操作这种柱子较费时费力。经过练习，一人可同时操作 24 个羟基磷灰石小柱子。但是，这并非有趣的工作，不仅仅因为操作样品的过程极为单调，更糟的是柱子需要在可导致烫伤的热水浴中进行。接下来是一直存在的高特异性活性放射标记的模板生成问题。在当时，所有的核酸都是在体内利用 ^{32}P 正磷酸盐标记。在冷泉港实验室，每周二有 100mCi 这种可怕的东西被送到，然后立即用于标记被 SV40 或腺病毒感染的培养细胞。如果幸运的话，到星期五或星期六，在下批同位素到达之前，将有足够多纯化的病毒 DNA 用于几个实验。无论是羟基磷灰石柱还是放射性标记的 DNA 均令人不爽。

现在羟基磷灰石柱和烫人的热水浴几乎已从实验室的目录中消失了。我们并不遗憾其消失，但值得怀念的是复性动力学作为一种核酸浓度的测量方法也随之失去了。这种基本原理简单、精致而且明晰的实验值得存在更长时间。

如今有多种程序被用来测定总 RNA 或 poly（A）$^+$ RNA 样品中特定 mRNA 的丰度。最常用的方法包括 Northern 杂交、核糖核酸酶保护，以及定量反转录 PCR（RT-PCR）。这些方法各有优缺点。

- Northern 杂交需要大量的材料，受 RNA 降解影响很大。敏感性低，而且在测量同一样品中不同 mRNA 的丰度时是一种笨拙的方法。不过它的独特优势在于可同时提供相对分子质量和丰度两个方面信息。通过与持家基因转录物或者与外加的标准核酸探针再次杂交进行定量，对于比较不同组织中剪接变体的转录物的表达特别有用（见"用 Northern 杂交进行 RNA 转移"）。

- 核糖核酸酶保护不需要完整的 RNA，它比 Northern 杂交敏感 20～100 倍，可检测到特异 10^5 个拷贝转录物。这种方法可容易地同时处理多种靶 mRNA，而且由于所产生的信号强度直接与靶 mRNA 浓度成正比，所以比较靶 RNA 在不同组织中的表达水平极易做到。但是，核糖核酸酶保护最好利用与靶 mRNA 恰好互补的反义核酸探针，如果实验产生的 RNA-RNA 杂交体含有易于被核糖核酸酶切割的错配碱基时，这会是个问题（如在分析相关的 mRNA 家族时）。最好通过使用一种（Pape et al. 1991）或两种（Davis et al. 1997）合成的、通过分子质量大小区别于内源靶 RNA 的有义链模板建立标准曲线来定量靶 RNA。

- 实时定量 RT-PCR（见第 9 章，方案 4）具有许多其他方法无法比拟的优势。RNA不必高度纯化，仅需少量 RNA 模板，而且这种方法的敏感性远高于 Northern 杂交或核糖核酸酶保护分析。RT-PCR 是理论上唯一能够检测到单一拷贝的制备 RNA样品的方法。但是在实践中，多因为第一步反应，即从 RNA 到 DNA 的反转录过程效率较低而导致这种敏感性远远达不到。接下来的具有高敏感性的扩增步骤也是其弱点，样品间扩增效率的细小差别将极大地影响获得信号的强度。在 PCR 实验中使用内参照可以减少这一问题，但绝对无法彻底排除。

总之，实时定量 RT-PCR 是测量小规模制备的 mRNA 中稀有转录物的最佳、最有效方法。但是，完全是因为分析方法的线性关系，当靶 RNA 样品的数量在可检测范围内时，应首先考虑核糖核酸保护分析。Northern 杂交在展示度上是最令人愉快的。

核糖核酸酶保护分析中使用的核糖核酸酶

最初的核糖核酸酶保护方法（Melton et al. 1984）完全依赖与胰核糖核酸酶（RNase A）降解杂交后的单链 RNA。然而，使用两种具有不同特异性的、单链特异的内切核糖核酸酶RNase A 和 RNase T1（Winter et al. 1985）的混合物可以使消化更完全。牛胰核糖核酸酶 A对嘧啶碱基的 3′位置的易受攻击的磷酸二酯键有更强的偏好性，对嘌呤碱基的 5′位置有偏好性（见综述 Nogués et al. 1995）。该酶对多聚寡核苷酸底物比寡聚核苷酸有更明显的偏好性。米曲霉菌（在日本用于酿造清酒）的核糖核酸酶 T1 对单链 RNA 的 GpN 序列的 5′磷酸二酯键的切割具有高度的专一性（综述见 Steyaert 1997）。现在核糖核酸酶保护实验多将此两种酶组合使用，可以有效地将大部分单链 RNA 切割成单核苷酸和寡核苷酸的混合物。但是，这样做有两个缺点：一是消化后需要在 SDS 存在下用蛋白酶 K 灭活核糖核酸酶活性；二是在标准的消化条件下混合使用 Rnase A 和 RNase T1 可使双链 RNA 的富含 AU 区形成缺口。在分析富含 AU 序列（即 A+U>65%）的 RNA 时，最好使用不具有攻击单链 RNA的 ApN 或 UpN 残基 5′磷酸二酯键活性的 RNase T1。很多研究人员没有发现这一缺点而遇到困扰。也正因为如此，在核糖核酸酶保护分析中不时有其他核糖核酸酶被使用。

RNase T2 可以切割所有四种核苷酸的 3′端且对腺嘌呤的 3′端有很强的偏好性（Uchider and Egami 1967），也被用于核糖核酸酶保护实验（Saccomanno et al. 1992）。除了广泛特异性外，RNase T2 具有易于灭活的优势，但是其主要缺点是昂贵。

来源于基因克隆表达的大肠杆菌 RNase I 已有商业化产品（RNase ONE, Promega）。这种酶不具有偏好性，可以切割所有 4 种核苷酸的 3′端，可以被 SDS 灭活，电泳前不需要用有机溶剂抽提。但同 RNase T2 一样，RNase ONE 比 RNase A 和 RNase T1 的混合物昂贵许多。

对于所有类型的 RNase，消化单链 RNA 的效率和特异性与酶的浓度直接相关。酶量过多将使特异性降低，导致双链 RNA 的部分降解；与此相反，酶量过少将导致部分单链 RNA 不被降解。

方案 17 给出了用核糖核酸酶和 RNA 探针进行 RNA 作图的程序。

引物延伸

引物延伸法主要用于 mRNA 5′端作图。制备的 poly（A）$^+$RNA 先与过量 5′端放射性标记的、与靶 RNA 互补的单链寡核苷酸引物杂交，然后用反转录酶延伸引物。产生的 cDNA 与 RNA 模板互补，并与寡核苷酸引物 5′端和 RNA 5′端之间的距离相等。

以往引物延伸也用于其他目的：测定某个靶 mRNA 的丰度，确定 mRNA 的前体和加工中间体（综述见 Boorstein and Craig 1989）。然而，由于有更高的灵敏度，现在更优先使用核糖核酸酶保护和核酸酶 S1 实验。尽管如此，在 mRNA 5′端作图时引物延伸法仍为首选方法。一旦引物被起始合成，延伸反应大多会进行到 RNA 模板的 5′端，产物的大小可以被高精度测定。此外，产物的长度不会受到靶基因内含子分部和大小的影响，而这能通过与基因组模板杂交来干扰 mRNA 的作图。在依赖于杂交体消化的实验中，如核酸酶 S1 和核糖核酸酶保护，mRNA 5′端的短外显子很容易被遗漏。

几乎所有的引物延伸反应实验都采用 20～30nt 的合成寡核苷酸引物（更多细节见第 13 章）。当用于和靶序列杂交的寡核苷酸引物位于距 mRNA 5′端 150nt 以内时，可以获得最佳结果。由于反转录酶会在模板 RNA 的高度二级结构区域停顿和终止，在更远的距离处杂交会生成不均一的延伸产物。因此，在设计引物时，除实际的序列外，还要考虑到杂交的位置。应尽可能使寡核苷酸引物的 GC 含量在 50%左右，且在 3′端为 G 或 C。用两个引物在 mRNA 相距一段已知距离（如 20～50nt）的区域上分别杂交则更为理想。大小差别等于两个引物间距的延伸产物为结果提供了佐证。为了找到一对能产生明确延伸产物的引物，合成多个引物是有必要的。

优化引物延伸反应

在多数情况下，延伸反应会产生两个产物：全长的 cDNA 分子和短 1～2bp 的反转录产物。这可能代表着多个转录起始位点导致的 mRNA 5′端的不均一性。或者，在邻近靶 mRNA 加帽位点的甲基化残基处提前终止延伸反应会产生更短的分子。与帽子相关的条带的化学计量在不同的 mRNA 样品中可能是不同的，但是对于一份给定的样品通常是不变的。为了区分反转录假象和真正的 5′端不均一性，用 5′端标记的探针（见方案 16）进行核酸酶 S1 分析是一个很好的方法（如果不需要得到用于发表的结果）。

与未进一步分离的哺乳动物 RNA 相比，用 poly（A）$^+$样品可得到清晰得多的结果，因为前者常会产生多到不可接受的提前终止延伸产物。通过在更高浓度（5mmol/L）dNTP 下进行延伸反应，以及采用互补区位于 mRNA 5′端 50～100nt 以内的引物，可以将假象降至最低。

用聚丙烯酰胺凝胶电泳纯化寡核苷酸引物以除去短分子曾经是必需的（Boorstein and Craig 1989）。但是近年来，除非总是产生延伸产物的梯带，许多研究者已经不再费心纯化了。

在杂交反应中，寡核苷酸引物的摩尔数应超过靶 mRNA 大约 10 倍。更大量的引物可能导致非特异的引物延伸和人工条带的出现。因此，用一定量的 RNA 与不同量的引物，通常为 20～40fmol（10^4～10^5 cpm）进行一系列预实验是可取的。

复性温度在很大程度上影响延伸实验的质量，因此花一些时间进行预实验确定最适复性温度是值得的。大多数情况下，对于 20～30bp GC 含量为 50% 的引物，最适复性温度在40～60℃之间。为了确定最适复性温度，可以设置一系列以 5℃为间隔的引物延伸反应进行杂交。

当用聚丙烯酰胺凝胶电泳分析延伸反应产物大小时，已知大小的、末端标记的 DNA 片段可用作分子质量标准。但更好的是采用与引物延伸反应相同引物的基于 DNA 模板的测序图。通过对照测序图读出引物延伸反应产物的大小，靶 mRNA 的 5′端可定位于一个特定的碱基。方案 18 提供了用引物延伸实验进行 RNA 作图的方法。

参考文献

Aldea M, Claverie-Martin F, Diaz-Torres MR, Kushner SR. 1988. Transcript mapping using [^{35}S] DNA probes, trichloroacetate solvent and dideoxy sequencing ladders: A rapid method for identification of transcriptional start points. *Gene* 65: 101–110.

Berk AJ, Sharp PA. 1977. Sizing and mapping of early adenovirus mRNAs by gel electrophoresis of S1 endonuclease-digested hybrids. *Cell* 12: 721–732.

Bird IM. 2005. Generation of high-sensitivity antisense cDNA probes by asymmetric PCR. *Methods Mol Med* 108: 199–213.

Boorstein WR, Craig EA. 1989. Primer extension anlaysis of RNA. *Methods Enzymol* 180: 347–369.

Britten RJ, Kohne DE. 1968. Repeated sequences in DNA. Hundreds of thousands of copies of DNA sequences have been incorporated into the genomes of higher organisms. *Science* 161: 529–540.

Britten RJ, Graham DE, Neufeld BR. 1974. Analysis of repeating DNA sequences by reassociation. *Methods Enzymol* 29: 363–418.

Burke JF. 1984. High sensitivity S1 mapping with single-stranded [^{32}P] DNA probes synthesized from bacteriophage M13mp templates. *Gene* 30: 63–68.

Calzone FJ, Britten RJ, Davidson EH. 1987. Mapping of gene transcripts by nuclease protection assays and cDNA primer extension. *Methods Enzymol* 152: 611–632.

Casey J, Davidson N. 1977. Rates of formation and thermal stabilities of RNA:DNA and DNA:DNA duplexes at high concentrations of formamide. *Nucleic Acids Res* 4: 1539–1552.

Davis MJ, Bailey CS, Smith CK II. 1997. Use of internal controls to increase quantitative capabilities of the ribonuclease protection assay. *BioTechniques* 23: 280–285.

Dean M. 1987. Determining the hybridization temperature for S1 nuclease mapping. *Nucleic Acids Res* 15: 6754. doi: 10.1093/nar/15.16.6754.

Favaloro J, Treisman R, Kamen R. 1980. Transcription maps of polyoma virus-specific RNA: Analysis by two-dimensional nuclease S1 gel mapping. *Methods Enzymol* 65: 718–749.

Hayward GS. 1972. Gel electrophoretic separation of the complementary probe strands of bacteriophage DNA. *Virology* 49: 342–344.

Kekule AS, Lauer U, Meyer M, Caselmann WH, Hofschneider PH, Koshy R. 1990. The preS2/S region of integrated hepatitis B virus DNA encodes a transcriptional transactivator. *Nature* 343: 457–461.

Kohne DE, Britten RJ. 1971. Hydroxyapatite techniques for nucleic acid reassociation. *Prog Nucleic Acid Res* 2: 500–512.

Lopata MA, Sollner-Webb B, Cleveland DW. 1985. Surprising S1-resistant trimolecular hybrids: Potential complication in interpretation of S1 mapping analyses. *Mol Cell Biol* 5: 2842–2846.

Lynn DA, Angerer LM, Bruskin AM, Klein WH, Angerer RC. 1983. Localization of a family of mRNAs in a single cell type and its precursors in sea urchin embryos. *Proc Natl Acad Sci* 80: 2656–2660.

Melton DA, Krieg PA, Rebagliati MR, Maniatis T, Zinn K, Green MR. 1984. Efficient in vitro synthesis of biologically active RNA and RNA

hybridization probes from plasmids containing a bacteriophage SP6 promoter. *Nucleic Acids Res* 12: 7035–7056.

Miller KG, Sollner-Webb B. 1981. Transcription of mouse RNA genes by RNA polymerase I: In vitro and in vivo initiation and processing assay. *Cell* 27: 165–174.

Mitchell A, Fidge N. 1996. Determination of apolipoprotein mRNA levels by ribonuclease protection assay. *Methods Enzymol* 263: 351–363.

Nogués MV, Vilanova M, Cuchillo CM. 1995. Bovine pancreatic ribonuclease A as a model of an enzyme with multiple substrate binding sites. *Biochim Biophys Acta* 1253: 16–24.

Pape ME, Melchior GW, Marotti KR. 1991. mRNA quantitation by a simple and sensitive RNAse protection assay. *Genet Anal Tech Appl* 8: 206–213.

Saccomanno CF, Bordonaro M, Chen JS, Nordstrom JL. 1992. A faster ribonuclease protection assay. *BioTechniques* 13: 846–850.

Scully SP, Joyce ME, Abidi N, Bolander ME. 1990. The use of polymerase chain reaction generated nucleotide sequences as probes for hybridization. *Mol Cell Probes* 4: 485–495.

Sharrocks AD, Hornby DP. 1991. S1 nuclease transcript mapping using sequenase-derived single-stranded probes. *BioTechniques* 10: 426, 428.

Sisodia SS, Cleveland DW, Sollner-Webb B. 1987. A combination of RNAse H and S1 circumvents an artifact inherent to conventional S1 analysis of RNA splicing. *Nucleic Acids Res* 15: 1995–2011.

Steyaert J. 1997. A decade of protein engineering on ribonuclease T1: Atomic dissection of the enzyme–substrate interactions. *Eur J Biochem* 247: 1–11.

Stürzl M, Roth WK. 1990a. Run-off synthesis and application of defined single-stranded DNA hybridization probes. *Anal Biochem* 185: 164–169.

Stürzl M, Roth WK. 1990b. PCR-synthesized single-stranded DNA: A useful tool for 'hyb' and 'HAP' standardization for construction of subtraction libraries. *Trends Genet* 6: 106.

Uchider T, Egami F. 1967. The specificity of ribonuclease T2. *J Biochem* 61: 44–53.

Weaver RF, Weissmann C. 1979. Mapping of RNA by a modification of the Berk-Sharp procedure: The 5′-terminus of 15 S β-globin mRNA precursor and mature 10 S β-globin mRNA have identical map coordinates. *Nucleic Acids Res* 7: 1175–1193.

Wetmur JG, Davidson N. 1968. Kinetics of renaturation of DNA. *J Mol Biol* 1: 349–370.

Winter E, Yamamoto F, Almoguera C, Perucho M. 1985. A method to detect and characterize point mutations in transcribed genes: Amplification and overexpression of the mutant c-Ki-*ras* allele in human tumor cells. *Proc Natl Acad Sci* 82: 7575–7579.

Zinn K, DiMaio D, Maniatis T. 1983. Identification of two distinct regulatory regions adjacent to the human β-interferon gene. *Cell* 34: 865–879.

方案 16　用核酸酶 S1 对 RNA 作图

本方案提供了使用均匀标记的单链 DNA 探针对 mRNA 进行核酸酶 S1 作图的详细说明。生成的 DNA-RNA 杂交分子随后被核酸酶 S1 消化。消化产物用凝胶电泳分离，并用

放射显影分析。探针制备和核酸酶 S1 分析 mRNA 的技巧见本方案前面的 RNA 分子作图的
导言部分（参阅前面"RNA 作图引言"中的"用核酸酶进行 RNA 作图"和"核酸酶 S1
保护实验中使用的探针"）。

材料

为正确使用本方案中的器材和危险试剂，必须查阅相应的材料安全数据表并咨询所在机构的环境卫生和安全办公室。

本方案的专用试剂标注<R>，配方在本方案末提供。常用储备溶液、缓冲液和试剂标注<A>，配方见附录 1。储备溶液应稀释至适用浓度后使用。

▲本方案中所有试剂的配制需用 DEPC 处理过的水（见信息栏"如何去除 RNase"）。

试剂

过硫酸铵（10%）

$[\gamma\text{-}^{32}P]ATP$（10mCi/mL，3000Ci/mmol）

复性缓冲液（10×）<R>

T4 噬菌体多核苷酸激酶

载体 RNA（酵母 tRNA）

含 8 mol/L 尿素的变性聚丙烯酰胺凝胶

对于大多数的 5'端或 3'端的作图，使用含 8mol/L 尿素的 5%或 6%变性聚丙烯酰胺凝胶可以很好地分辨被保护的 DNA 片段。典型的胶厚 1.5mm，当然薄胶（0.4mm）也可以使用。如果使用薄胶分离保护的 DNA 片段，则干胶前不必如步骤 23～25 所述用三氯乙酸（TCA）固定。固定使条带变细，从而增加厚胶的分辨率。很多情况下，使用微型蛋白质电泳装置（如 Bio-Rad Mini-PROTEAN）（13cm×13cm×1mm）来制备放射性标记的单链 DNA、RNA 探针，以及分析核糖核酸酶消化的产物。表 6-12 给出了用于纯化不同大小 DNA 片段的聚丙烯酰胺浓度比，表 6-13 给出了示踪染料在这些胶中的迁移率。在步骤 1 中描述了制备小型聚丙烯酰胺凝胶的方法，方案 11 中描述了制备大型及丙烯酰胺凝胶的方法。

表 6-12　用于纯化 DNA 片段的不同百分含量的丙烯酰胺

聚丙烯酰胺/尿素凝胶/%	条带大小/nt
4	>250
6	60～250
8	40～120
10	20～60
12	10～50

注：nt:核苷酸数目。

表 6-13　示踪染料的预期迁移

聚丙烯酰胺/尿素凝胶/%	二甲苯腈蓝/nt	溴酚蓝/nt
4	155	30
6	110	25
8	75	20
10	55	10

注：在变性胶中示踪染料可以用作有用的大小标准。本表指出了在不同浓度聚丙烯酰胺凝胶中示踪染料以核苷酸为单位的大小。

均匀标记的单链 DNA 探针

按本方案步骤 1～15 制备 DNA 探针。为避免放射性衰减导致的问题，在几天内使用均匀标记的、有高比活的单链探针。

含有 4 种 dNTP 的溶液（20mmol/L）

用 25mmol/L Tris-Cl（pH 8.0）溶解 dNTP，分装成小份储存于-20℃。

凝胶洗脱缓冲液 <R>

无甲酰胺的杂交缓冲液（用于 RNA）<A>

大肠杆菌 DNA 聚合酶 Klenow 片段（10U/μL）

核酸酶 S1（用于制备核酸酶 S1 消化缓冲液）

> 每次使用新探针或 RNA 前，有必要对核酸酶 S1 进行滴定。

核酸酶 S1 消化缓冲液 <A>

> 临用前加入核酸酶 S1 浓度达到 500U/mL。

核酸酶 S1 终止混合液 <R>

酚:氯仿（1:1，m/V）

限制性内切核酸酶

标准 RNA

> 体外转录含有目的 DNA 序列和噬菌体启动子的重组质粒的一条适当的链合成 RNA。合成和纯化 RNA 的方法见第 13 章，方案 5。

RNA 凝胶上样缓冲液 <A>

乙酸钠（3mol/L，pH 5.2）

溶于蒸馏水中的合成寡核苷酸（10pmol/μL）

> 作为从单链 DNA 模板上合成探针的寡核苷酸的长度应为 20~25 个核苷酸，并与待分析的 RNA 互补。而且寡核苷酸应在选定的酶切位点 3′方向相距 250~500 个核苷酸的地方与模板 DNA 杂交。将寡核苷酸分装储存于−20℃。

TE（pH 7.6）<A>

TEMED（N,N,N'',N''-四甲基二乙胺）

模板 DNA（1μg/μL），单链

> 使用标准方案从重组的 M13 噬菌体制备单链 DNA，噬菌体上插入了与被测 RNA 同义的 DNA 链。也可以用不对称 PCR 生成单链 DNA 模板（Kaltenboeck et al. 1992）。

待测 RNA

> 使用本章方案 1~5 的一种方法制备 poly（A）$^+$ 或总 RNA。

三氯乙酸（1% 和 10% TCA）

> 使用前将储备液稀释 10 倍或 100 倍。工作液置于冰上。

设备

水浴，预置到 65℃、85℃和 95℃，以得到合适的消化温度（见步骤 23），以及理想的杂交温度（见步骤 22）。

Whatman 3MM 滤纸（或相当的产品）。

方法

随机标记的单链 DNA 探针制备

1. 制备含 8mol/L 尿素的聚丙烯酰胺凝胶（13cm×15cm×0.75mm）（如 Bio-Rad Mini-PROTEAN）。

    i. 混匀下列试剂：

尿素	7.2g
10×TBE	1.5mL

加入适当量的 40% 丙烯酰胺凝胶（丙烯酰胺:亚甲基双丙烯酰胺=19:1）（表 6-14）制备所需浓度的聚丙烯酰胺凝胶（见表 6-12）。

ii. 加水至终体积 15mL。

iii. 室温下在磁力搅拌器上搅拌直至尿素溶解。再加入：

过硫酸铵（10%）	120μL
TEMED	16μL

快速混匀溶液，并将胶导入微型胶槽。

表 6-14 制备不同浓度的微型胶所需的聚丙烯酰胺的体积

胶浓度/%	40%丙烯酰胺体积/mL
4	1.5
5	1.875
6	2.25
8	3.0

2. 在胶凝结的过程中，混合下列试剂：

未标记的寡核苷酸	10pmol（1μL）
[γ-^{32}P]ATP（3000Ci/mmol，10mCi/mL）	10μL
10×多核苷酸激酶缓冲液	2μL
水	6μL
多核苷酸激酶	10U（1μL）

将反应物于 37℃温育 45min，在 95℃温育 3min 灭活多核苷酸激酶。

3. 向激酶反应中加入：

单链 DNA 模板	2μL（2μg）
10×复性缓冲液	4μL
水	14μL

将反应混合液 65℃温育 10min，再冷却到室温。

4. 向步骤 3 的反应混合液中加入：

dNTP 混合液	4μL
大肠杆菌 DNA 聚合酶 I 的 Klenow 片段	1μL（10U）

将反应混合液室温温育 15min，再 65℃温育 3min 灭活 DNA 聚合酶。

5. 调整反应混合物的离子组成和 pH 以适应限制酶。加入 20U 限制酶，于适当温度消化 2h。

6. 向限制性内切核酸酶消化反应中加入：

载体 RNA	2μL
3mol/L 乙酸钠（pH 5.2）	5μL

用标准的乙醇沉淀法回收 DNA 探针。

7. 用 20μL 凝胶上样缓冲液溶解 DNA。于 95℃加热 5min 使 DNA 变性，然后快速冷却到 0℃。

用凝胶电泳纯化探针

8. 当 DNA 在 95℃温育时，清洗凝胶加样孔除去尿素，然后立刻将探针加入凝胶孔。

9. 电泳直至溴酚蓝到达凝胶的底部（200mA 约 30min）。

10. 拆卸凝胶装置，使胶附着在底层玻璃板上。用塑料膜包裹凝胶和玻璃板。确保胶和塑料膜之间没有气泡。

▲撬开玻璃板时，戴上保护眼睛的装置。

11. 让胶在 X 射线片上曝光。用记号笔在胶片上作出玻璃板角和边的位置的记号。同时作出溴酚蓝和二甲苯腈蓝位置的记号。

通常 2～10min 的曝光时间足够得到放射标记探针的图像。

12. 分开玻璃板和胶片，用手术刀切除放射性标记的条带。将切过的胶在一张新的胶片上二次曝光，确保含有正确分子大小条带的凝胶区域被准确地切除。

13. 将切下的凝胶碎片转入灭菌的微量离心管中，加入正好足够覆盖凝胶的凝胶洗脱缓冲液（200～500μL）。盖好离心管在摇床上室温过夜。

14. 用微型离心机最大转速离心 5min。

15. 用移液器将上清转入新的离心管，小心避免吸入聚丙烯酰胺凝胶沉淀。用液闪仪检测标记探针应为 $1×10^4$cpm/μL。

（可选）为最大限度地回收 RNA，在步骤 15 向凝胶沉淀中加 200μL 凝胶洗脱缓冲液。盖好离心管在摇床上室温过夜。重复步骤 14 和步骤 15。

16. 于-70℃保存探针。

待测 RNA 和放射性标记的 DNA 探针间的杂交

17. 为定量制备的待测 RNA 中目的序列的量，设置一系列包含恒定量放射性标记探针、恒定量对照 RNA（如缺少目的序列的 RNA）和一定量（1fg～100pg）的体外合成的标准制备的 RNA。总细胞 RNA（10μg）包含 10fg～1pg 稀有 mRNA 和约 300pg 中等丰度的 mRNA，如β-肌动蛋白和磷酸甘油醛脱氢酶。

18. 转移 0.5～150μg 的 RNA（待测的和标准的）等分到灭菌的离心管中。向每一个管中加入过量的均匀标记的单链 DNA 探针。

未标记的待测 RNA 的量依赖于目的序列的丰度和标记探针的比活性。用放射性标记的、高比活性的 DNA（>10^9 cpm/mg），10μg 总 RNA 通常足以检测到 1～5 拷贝/细胞水平的 mRNA。为了检测更低量（如从杂合的细胞群体中提取）的 RNA，可以在 30μL 的杂交反应中使用大约 150μg 的 RNA。

DNA 探针相对于靶 RNA 应当是过量的。在多数情况下，0.01～0.05pmol 探针（1～8ng 400nt 的单链 DNA 探针）在杂交反应中即是过量的。但是，高丰度的 RNA（如感染细胞中的病毒 mRNA、编码结构蛋白的 mRNA 或编码高丰度酶的 mRNA）的核酸酶 S1 作图需要更多的 DNA 探针。达到饱和时所需探针的精确用量，可以通过一系列含有不同的待测 RNA：探针的核酸酶 S1 消化的杂交混合物来凭经验确定（见步骤 17）。

所有反应应当包含相同量的 RNA 以确保核酸酶 S1 在近似相同的条件下进行消化。如果必要，可以用加入载体 RNA 调节使每个杂交体系中 RNA 量相同。

19. 加入 0.1 体积的 3mol/L 乙酸钠（pH5.2）、2.5 倍体积的冰冷乙醇，沉淀 RNA 和 DNA。0℃放置 30min，于 4℃用微型离心机最大转速离心 15min 回收核酸。弃去乙醇的上清，用 70%的乙醇洗涤，再次离心样品。小心去除所有乙醇，将含有 RNA 和 DNA 的沉淀室温放置直至最后可见的痕量乙醇挥发尽。

不要让沉淀变干燥，否则会很难溶解。

20. 用 30μL 杂交缓冲液溶解每种核酸沉淀。用移液器吹打几次以保证沉淀彻底溶解。

为了便于后续操作，建议保持杂交体积为 30μL 或更少。如果试剂短缺，可将杂交反应体积按比例减少到 10μL。

通常核酸沉淀在杂交缓冲液中很难完全溶解，如果用真空干燥器干燥，这个问题更严重。如果沉淀不溶解，参阅"疑难解答"。

21. 将离心管盖盖紧，将杂交反应液在 85℃水浴中温育 10min 使核酸变性。

22. 快速将离心管转移到调至杂交温度（通常 65℃）的水浴中。转移过程中不要让离心管冷却到低于杂交的温度。在选定的温度下将 DNA 和 RNA 杂交 12～16h。

核酸酶 S1 消化 DNA-RNA 杂交分子

23. 注意保持离心管浸没在水中，打开杂交管盖。快速加入 300μL 冰冷的核酸酶 S1

消化缓冲液，并立即将离心管从冰浴中取出。温和旋涡振荡以混匀离心管中的物质。再将离心管转移至调至核酸酶 S1 消化温度的水浴中。根据所需要的消化程度，温育 1～2h（参见信息栏"核酸酶 S1 消化条件"）。

> 如果需要,绿豆核酸酶可以替代核酸酶 S1。绿豆核酸酶的消化缓冲液含有 10mmol/L 乙酸钠(pH 4.6)/50mmol/L NaCl/1mmol/L ZnCl$_2$/1mmol/L β-巯基乙醇/0.001%（V/V）Triton X-100。

24．将反应体系冷至 0℃。加 80μL 核酸酶 S1 终止混合液。旋涡振荡混合溶液。

25．用酚∶氯仿抽提反应体系一次。用微型离心机于室温最大转速离心 2min，转移上清到一新管中。加入两倍体积的乙醇，混匀，于−20℃放置 1h。

26．用微型离心机于 4℃最大转速离心 15min 回收核酸。小心除去所有的上清，将打开的离心管在室温放置直到最后可见的痕量乙醇挥发尽。

核酸酶 S1 消化条件

　　各种各样的温度和核酸酶 S1 浓度被用于分析 DNA-RNA 杂交分子。例如，在 20℃，核酸酶 S1 在浓度为 100～1000U/mL 时降解 DNA 突环。但是，不能有效地消化连接 DNA 突环的桥接 RNA 分子片段。这种属性在对基因组 DNA 的内含子/外显子的边界作图时很有用，因为这种部分酶切的分子在中性 pH 的琼脂糖凝胶中与双链 DNA 有大致相同的泳动速率。然而，在碱性条件下，RNA 桥将被水解，释放出两端较小的单链 DNA。通过这些片段的大小，通常可以在一段基因组 DNA 上排列出内含子/外显子的连接的位置（Berk and Sharp 1977）。为了消化 DNA-RNA 杂交分子的单链区，一般需要更高的温度（37～45℃）或更大量的核酸酶 S1。由于选择酶切条件的不确定性导致有可能完全抗酶切或是对单链核酸结构的完全消化，所以最好选择一个适宜的消化时间（如 1h），再建立一系列核酸酶 S1 的用量不同（100U/mL、500U/mL 和 1000U/mL）、消化温度不同（22℃、30℃、37℃和 45℃）的测试反应，用聚丙烯酰胺凝胶电泳检测结果找出最适的酶浓度和消化温度。

用凝胶电泳分析核酸酶 S1 酶切产物

27．用 4μL TE（pH7.6）溶解核酸沉淀。加入 6μL 上样缓冲液并混匀。

28．于 95℃加热核酸 5min，立即转移到冰上。用微型离心机稍微离心使样品聚集在离心管的底部。

29．用含 8mol/L 尿素的聚丙烯酰胺凝胶电泳分析放射性标记的 DNA。

> 大多数情况下，使用 1.5mm 厚、含 8mol/L 尿素的 5%～6%聚丙烯酰胺凝胶。用末端标记的、已知大小的 DNA 片段或测序梯带作为指示相对分子质量大小的标志。电泳时应有足够大的电流通过胶，以使玻璃板摸起来温热。

30．当示踪染料在胶上移动了适当距离后（见表 6-13），关掉电源，拆卸电泳装置。轻轻撬开较大玻璃板的一边，慢慢从胶上移去玻璃板。切去凝胶的一角以确定方向。

> ▲撬开玻璃板时应戴护目用具。

31．把带有凝胶的玻璃板移至一个装有过量的 10%TCA 的托盘中，室温轻轻震荡或转动托盘 10min。

> 在温育时凝胶常会浮起脱离玻璃板，不要让胶自身折叠。

32．倒去 10% TCA 溶液，重新加入过量的 1% TCA，室温轻轻振荡或转动托盘 5min。

33．倒去 1%的 TCA 溶液，用去离子水漂洗固定过的凝胶。从托盘中一起取出玻璃板和凝胶，置于平台顶上。用纸巾从边缘吸去多余的水。

> 不要将纸巾置于凝胶上。

34．剪一张各边均比凝胶大 1cm 的 Whatman 3MM 滤纸（或类似产品）。把滤纸铺在凝胶的顶上，再倒转玻璃板使凝胶转移到滤纸上。

35．移去玻璃板，用带加热的真空凝胶干燥器于 60℃干燥 1.0～1.5h。

36. 获得干胶的放射自显影图。用光密度测定法或磷光成像扫描图像，或者切下含有核酸片段的凝胶用液闪仪计量。

> 从含有不同量的标准 RNA 的样品，可以构建质量相对于放射性的曲线，使用插入法可以评估制备的待测 RNA 中靶序列的量。

疑难解答

问题（步骤 20）：核酸沉淀不能完全溶解。

解决方案：尝试用剧烈吹打和加热到 60℃ 的方法溶解。如果仍然难溶，或者重复的 RNA 样品难以得到相同的信号，建议使用下面的程序。

- 在本方案的步骤 19 后，用 40～50μL 水溶解。在旋转蒸发仪上蒸发至刚刚干燥。
- 加 30μL 杂交缓冲液。水化的沉淀应该快速容易地进入溶液，并产生可重复的结果。

配方

为正确使用本方案中的器材和危险试剂，必须查阅相应的材料安全数据表并咨询所在机构的环境卫生和安全办公室。

复性缓冲液（10×）（配方）

试剂	用量（10mL）	终浓度
Tris-Cl（1mol/L，pH7.5）	1mL	100mmol/L
$MgCl_2$（1mol/L）	1mL	100mmol/L
NaCl（5mol/L）	1mL	0.5mol/L
DTT（1mol/L）	1mL	100mmol/L

凝胶洗脱缓冲液

试剂	用量（10mL）	终浓度
乙酸铵（7.5mol/L）	0.67mL	0.5mol/L
EDTA（0.5mol/L，pH8.0）	20μL	1mmol/L
SDS（20%，*m/V*）	50μL	0.1%（*m/V*）

核酸酶 S1 终止混合液

试剂	用量（10mL）	终浓度
乙酸铵（7.5mol/L）	5.3mL	4mol/L
EDTA（0.5mol/L，pH8.0）	1mL	50mmol/L
载体 RNA（酵母 tRNA）（10mg/mL）	50μL	50μg/mL

核酸酶 S1 终止液分装成小份储存于-20℃。

参考文献

Berk AJ, Sharp PA. 1977. Sizing and mapping of early adenovirus mRNAs by gel electrophoresis of S1 endonuclease-digested hybrids. *Cell* 12: 721–732.

Kaltenboeck B, Spatafora JW, Zhang X, Kousoulas KG, Blackwell M, Storz J. 1992. Efficient production of single-stranded DNA as long as 2 kb for sequencing of PCR-amplified DNA. *BioTechniques* 12: 164, 166, 168–171.

方案 17　核糖核酸酶保护分析：用核糖核酸酶和放射性标记的 RNA 探针对 RNA 作图

在本方案中准备随机标记的单链 RNA 探针，然后与 mRNA 分子杂交。RNA 用 RNase A 和 RNase T1 混合物消化。具有 RNase 抗性的杂交分子用凝胶电泳分离和放射自显影分析。关于 RNA 作图的核糖核酸酶保护和核糖核酸酶使用的更多信息参阅方案 16 前有关 "RNA 作图引言" 的部分（特别是 "核糖核酸酶保护分析中使用的核糖核酸酶" 和 "核糖核酸酶保护"）。

材料

为正确使用本方案中的器材和危险试剂，必须查阅相应的材料安全数据表并咨询所在机构的环境卫生和安全办公室。

本方案的专用试剂标注<R>，配方在本方案末提供。常用储备溶液、缓冲液和试剂标注<A>，配方见附录 1。储备溶液应稀释至适用浓度后使用。

▲本方案中所有试剂的配制需用 DEPC 处理过的水（参见信息栏 "如何去除 RNase"）。

试剂

乙酸铵（10mol/L）

噬菌体编码的、DNA 依赖的 RNA 聚合酶

　　T3、SP6 或 T7，依赖于质粒载体和待转录的 DNA 链，通常需要将厂家提供的浓缩的噬菌体 RNA 聚合酶用酶稀释缓冲液适当稀释。

载体 RNA（1mg/mL）

　　用含有 0.1mol/L NaCl 的灭菌 TE 缓冲液（pH 7.6）溶解商品化的 tRNA 制备 10mg/mL 的储备液。用酚（用 pH 7.6 的 Tris-HCl 平衡）抽提 2 次，再用氯仿抽提 2 次。用 2.5 倍体积乙醇室温沉淀回收 RNA。用灭菌 TE（pH 7.6）溶解沉淀的 RNA，将储备液分装成小份，存于 −20℃。

含 8mol/L 尿素的变性聚丙烯酰胺凝胶

　　对于大多数的 5′端或 3′端的作图，使用含有 8mol/L 尿素的 5% 或 6% 变性聚丙烯酰胺凝胶可以很好地分辨被保护的 DNA 片段。典型的胶 1.5mm 厚，当然薄胶（0.4mm）也可以使用。如果用薄胶分离保护的 DNA 片段，则干胶前不必如步骤 23～25 所述用三氯乙酸（TCA）固定。固定使条带变细，从而增加厚胶的分辨率。很多情况下，使用微型蛋白质电泳装置（如 Bio-Rad Mini-PROTEAN）（13cm×13cm×1mm）来制备放射性标记的单链 DNA、RNA 探针以及分析核糖核酸酶消化的产物。表 6-12 给出了用于纯化不同大小 DNA 片段的聚丙烯酰胺浓度比，表 6-13 给出了示踪染料在这些胶中的迁移率。在步骤 1 中描述了制备小型聚丙烯酰胺凝胶的方法，方案 11 中描述了制备大型及丙烯酰胺凝胶的方法。

二硫苏糖醇（0.2mol/L）

DNase I（1mg/mL，无 RNase 的胰 DNase）

　　该酶可购自多个厂家（如 Promega 的 RQ1）。

乙醇

含甲酰胺的杂交液（用于 RNA）<A>

酚:氯仿（1:1，*V/V*）

用于模板制备的质粒 DNA 或线性靶 DNA

　　如果质粒被用于模板（见步骤 1），将目的 DNA 片段克隆至 pGEM（Promega）或 Bluescript（Stratagene）质粒系列中。pGEM 质粒含有可被来自 SP6 和 T7 噬菌体的 RNA 聚合酶识别的启动子，Bluescript 质粒含有噬菌体 T7 和 T3 的启动子（表 6-15）。小量制备的质粒 DNA 足够反应，但不是体外转录反应的最佳模板。如要获得较好的结果，最好使用聚乙二醇沉淀碱裂解细菌培养物来大规模制备质粒。

表 6-15　噬菌体编码 RNA 聚合酶识别的启动子序列

噬菌体	启动子				
	−15	−10	−5	+1	+5
	|	|	|	|	|
T7	T A A T A C G A C T C A C T A T A G G G A G A				
T3	A A T T A A C C C T C A C T A A A G G G A G A				
	T				
SP6	A T T T A G G G A C A C T A T A G A A G				
	G				

注：改编自 Jorgensn 等（1991），获得美国生物化学与分子生物学会的允许。

聚合酶稀释缓冲液

用前现配。

蛋白酶 K（10mg/mL）

RNase 的蛋白质抑制剂（置冰上）

这类抑制剂被不同厂家以多种商品名出售（如 Promega 公司的 RNasin；PRIME Inhibitor，5 Prime→3 Prime）。

细节参阅信息栏"RNase 抑制剂"。

核糖核苷酸

准备 GTP、CTP 和 ATP，每种浓度为 5mmol/L。

核糖核酸探针

核糖核酸探针的制备见本方案步骤 1～7。

标准 RNA

标准 RNA 通过带有目的 DNA 序列和噬菌体启动子的重组质粒的合适链在体外转录获得（见第 13 章）。通过克隆目的基因的合适片段，根据分子大小可以区分试验样品中真实的 mRNA 和 RNA 标准的信号（Pape et al. 1991）。

RNA 凝胶上样缓冲液 <A>

RNase 消化混合物 <R>

SDS（10%，m/V）

乙酸钠（3mol/L，pH 5.2）

TE（pH 7.6）<A>

启动子的共有序列被 T7（Dunn and Studier 1983）、T3（Beck et al. 1989）和 SP6（Brown et al. 1986）三种噬菌体编码的 RNA 聚合酶识别。这些噬菌体启动子在-7～+1 有共有核心序列，这表明这个区域在启动子功能中具有共同的作用。启动子的-8～-12 区域不同，启动子的特殊性包含在这个区域中。按照惯例，列出的是非模板链的序列。除了启动子，紧连着转录起始位点的核苷酸也影响 RNA 合成的效率（Solazzo et al. 1987; Nam and Kang 1988; Milligan and Uhlenbeck 1989）。因此合成的寡核苷酸引物最好扩展到起始位点后 5～6 个核苷酸。表中给出的不同启动子避免了 RNA 聚合酶的空循环，并在转录反应中生成大量的 RNA。关于噬菌体聚合酶和其识别的启动子的更多信息请见第 13 章信息栏"体外转录系统"。

待测 RNA

使用本章方案 1～5 的方法制备 poly（A）⁺或总 RNA。在一些情况下用无 RNase 的 DNase 处理总 RNA 能够提高 RNase 保护的准确性（Dixon et al. 1997）。

10× 转录缓冲液 <R>

三氯乙酸（1%和 10% TCA）

使用前将储备液稀释 10 倍或 100 倍。工作液置于冰上。

UTP（100μmmol/L）

[α-^{32}P]UTP（10mCi/mL，800Ci/mmol）

[α-^{32}P]UTP 是选择性的放射标记，因为其对 RNA 是特异的。但是，有些研究者偏爱使用[α-^{32}P]GTP，因为噬菌体 SP6 的 RNA 聚合酶相对于其他三种核苷酸更耐受低浓度的这种核苷酸。

设备

预置到 30℃、85℃ 和 95℃ 及合适复性温度的水浴（见步骤 11）。

Whatman 3MM 滤纸（或相当的产品）。

🔬 方法

制备随机标记的单链 RNA 探针

1. 制备线性 DNA 模板。

　　用于体外转录的模板可以通过克隆目的 DNA 序列到噬菌体启动子下游或用含有噬菌体启动子序列的寡核苷酸引物通过 PCR 扩增目的 DNA 获得。

从质粒 DNA 制备模板

　i. 用 5 倍过量的、适当的限制性内切核酸酶切割克隆的 DNA 序列或下游序列，使 5～20μg 质粒线性化。线性化后形成的末端与启动子的距离应为 200～400bp。确保不使用能使启动子和目的序列分开的酶。由于噬菌体编码的 RNA 聚合酶能够在 3′突出端起始转录，所以要选择产生平端或 5′突出端的限制性内切核酸酶。

　ii. 消化反应后，取少量反应液（约 200ng）用琼脂糖凝胶电泳分析。不应出现环状质粒 DNA，否则加入适量的酶继续消化直到检测不到环状质粒为止。

　iii. 用酚：氯仿抽提两次纯化线性 DNA，然后用标准的乙醇沉淀法回收 DNA。沉淀用 70%乙醇洗涤，用 TE（pH 7.6）溶解，浓度为 1μg/μL。

　　当沉淀少量线性 DNA（<1μg）时，最好用不干扰转录反应的糖原作为载体。

目的 DNA 扩增制备模板

　i. 用 PCR 合成长度为 100～400bp 的双链 DNA 模板（Schowalter and Sommer 1989; Bales et al. 1993; Davis et al. 1997; 详见第 7 章，方案 1）。

　　模板既可以是线性的质粒，也可以是编码目的序列的 DNA 片段。两者的引物在 5′端均需含有噬菌体启动子的基本序列（参见表 6-15）。PCR 扩增产生的双链 DNA 在两端或一端带有噬菌体启动子。

　ii. 用琼脂糖凝胶电泳或聚丙烯酰胺凝胶电泳检测 PCR 扩增产物以确保 DNA 片段大小正确。

　iii. 酚：氯仿抽提两次纯化线性 DNA，然后用标准的乙醇沉淀法回收 DNA。沉淀用 70%乙醇洗涤，用 TE（pH 7.6）溶解，浓度为 1μg/μL。

2. 按顺序混合下列溶液，若无特殊说明预热至室温。

线性 DNA 模板（来源于步骤 1）	0.5μg
0.2mol/L DTT	1μL
核苷酸溶液	2μL
100μmol/L UTP	1μL
[α-^{32}P]UTP（800Ci/mmol，10mCi/mL）	50～100μCi
补水至 16μL	
10×转录缓冲液	2μL
RNase 蛋白质抑制剂（冰上）	24U
噬菌体 RNA 聚合酶（冰上）	15～20U

　　室温下按顺序加入上述试剂既可以防止 DNA 被转录缓冲液中的亚精胺和 Mg^{2+} 沉淀，又可以防止 RNase 抑制剂被高浓度的 DTT 失活。

　　通常厂家提供的噬菌休 RNA 聚合酶是高浓度的，用聚合酶稀释缓冲液稀释到合适浓度。

将上述混合液于 37℃ 保温 60min。

> 由于 60%～80%的放射性标记的 UTP 被掺入，反应中合成的 RNA 比活性较高（约 10^9cpm/μg），RNA 的总产量约为 100ng。

3. 上述反应结束，加入 1U 约 1μg 不含 RNase 的 DNase，继续 37℃ 保温 10min。

> 同时进行步骤 4 和 5。

4. 用 TE（pH 7.6）稀释反应液至 100μL，取 1μL 稀释的混合液测量总放射活性和可被 TCA 沉淀的放射活性（参阅附录 2）。通过掺入的可被 TCA 沉淀的放射活性比例，计算反应合成的 RNA 探针的量和比活性。

5. 在步骤 4 溶液移去 1μL 后，在剩余的稀释的反应液中加入 1μL 1mg/mL 载体 RNA。酚：氯仿抽提稀释的混合液一次，将水相移至一新管，加入 10μL 10mol/L 乙酸铵和 300μL 乙醇沉淀 RNA。储存于 -20℃ 直到步骤 4 完成。

> 用 DEPC 处理的水按 1:10 稀释储存液，制备 1mg/mL 的载体 RNA。

6. 用微型离心机最大转速于 4℃ 离心 10min 回收 RNA。用 75%乙醇洗涤，再次离心。弃上清，室温干燥 RNA 直到无可见的痕量乙醇。如果探针需要进一步凝胶电泳纯化（步骤 7），则用 20μL 凝胶上样缓冲液溶解。如果不需要进一步纯化，用 20μL TE（pH 7.6）溶解使用。

> 由于通过凝胶纯化可以使全长转录物与未掺入的寡核苷酸、短的 RNA 产物，以及 DNA 模板分开，当反转录反应液中一种或多种 rNTP 浓度受限时，RNA 链的合成可被中断。如果 rNTP 足够，超过 90%的转录物将是预期大小的单链 RNA。RNase 污染可导致胶中 RNA 条带不清晰或 RNA 片段变短（参阅 Melton et al. 1984; Krieg and Melton 1987）。

7. 按照方案 16 中步骤 8～16 的说明，用预先制备好的含有 8mol/L 尿素的聚丙烯酰胺凝胶电泳纯化探针。高比活性的探针应在合成后的几天内使用，以避免 RNA 的放射化学损伤问题。

RNA 杂交和核糖核酸酶消化杂合体

8. 将每种待测 RNA 及标准 RNA 与核糖核酸探针合并（$2×10^5$～$10×10^5$cpm，0.1～0.5ng）。

> 未标记的待测 RNA 的量依赖于目的序列的丰度和标记的互补 RNA 探针的比活性。在进行大规模实验前，建议首先进行预实验以摸索能产生理想结果的 RNA 浓度范围。对高比活的探针（10^9cpm/μg），10μg 总 RNA 通常足以检测到 1～5 拷贝/细胞水平的 mRNA。为了检测更低量（例如，从杂合的细胞群体中提取）的 RNA，可以在 30μL 的杂交反应中使用大约 150μg 的 RNA。为了便于后续操作，建议保持杂交体积为 30μL 或更少。如果试剂短缺，可将杂交反应体积按比例减少到 10μL。
>
> 在比较不同来源的 RNA 时，确保所有的反应应包含相同量的 RNA。只有这样才能保证 RNase 的消化是在标准条件下进行。如果必要，可以用加入载体 RNA 调节使每个杂交体系中 RNA 量相同。
>
> 通常每一杂交反应需要 $1×10^5$～$5×10^5$cpm 的探针。噬菌体来源的 DNA 依赖的 RNA 聚合酶在单一的体外转录反应中可产生约 2pmol 的探针，足够用于 200 个以上的杂交反应。但是，由于背景会随着加入探针量的增加而增高，因此探针以加到刚好过量为止。探针的用量一般可通过由 RNase 消化一系列不同比例的探针 RNA 和目的 RNA 混合物的实验来经验性地确定。如果必要，杂交体系可以通过设置一系列的对照反应来精确地测定，在对照反应中，保持标记 RNA 的量恒定而同时依次增加非标记的 RNA 的量，非标记的 RNA 通过体外转录适当双链 DNA 模板的反向链获得（参见第 13 章，方案 5）。

9. 加入 0.1 倍体积的 3mol/L 乙酸钠（pH 5.2）和 2.5 倍体积的冰冷乙醇。将混合物储存于 -20℃ 10min，用微型离心机于 4℃ 最大转速离心 10min，回收 RNA。用 75%乙醇洗沉淀。小心弃去乙醇，室温干燥直到最后可见的痕量乙醇挥发尽。

> 不要使 RNA 沉淀过于干燥，否则会导致溶解困难。
>
> 所有反应应含有等量的 RNA 以保证 RNase 的消化反应基本在同一条件下进行。如有必要，可以在杂交反应中加入载体 RNA 来调整 RNA 量。
>
> 为定量制备的待测 RNA 中目的序列的量，设置一系列包含恒定量放射性标记探针、恒定量对照 RNA（如缺少

目的序列的 RNA）和一定量（1fg～100pg）的体外合成的标准制备的 RNA。10μg 总细胞 RNA 包含 10fg～1pg 稀有 mRNA 和约 300pg 中等丰度的 mRNA，如β-肌动蛋白和磷酸甘油醛脱氢酶。

10. 用 30μL 杂交缓冲液溶解 RNA。用移液器多次上下吹打溶液以保证沉淀彻底溶解。

> 核酸沉淀在杂交缓冲液中通常很难完全溶解，如果用真空干燥器干燥这个问题更严重。如果沉淀不溶解，参阅"疑难解答"。

11. 杂交混合液在 85℃保温 10min 使 RNA 变性。然后迅速转移到设置在复性温度的保温箱或水浴中，保温 8～12 h。

> 不同 RNA 的最适复性温度不同，可以依据 G+C 含量和形成二级结构的情形来预测。多数情况下，当 RNA 在 45～50℃时复性可以得到满意的结果。未获得特定探针杂交的合适条件，可设置互补实验使标记的探针与适当的双链 DNA 模板体外转录而来的未标记的翻译 RNA 杂交，杂交温度在 25℃和 65℃之间变动（参阅第 13 章，方案 15；也可以参阅步骤 8 的注意事项）。

12. 将杂交混合液冷却到室温，加入 300μL RNase 消化混合液，30℃保温 60min。

> 如果放射自显影后信噪比不能接受，根据经验确定 RNase 消化的时间和温度。
>
> 某些情况下，可以在加入 RNase 消化之前，将杂交反应冰上放置 10～20min 可以提高检测的特异性和敏感性。这种冷却可以稳定 DNA-RNA 杂交分子的末端。

13. 加入 20μL 10% SDS 和 10μL 10mg/mL 蛋白酶 K 终止反应。于 37℃温育混合物 30min。

14. 加 400μL 酚：氯仿，剧烈振荡 30s，用微型离心机在室温最大转速离心 5min 分相。

15. 将上层水相转移到新管，小心避免接触水相和有机相之间的界面。

16. 加入 20μg 载体 RNA 和 750μL 冰冷乙醇。将溶液混合并于-20℃放置 30min。

17. 于 4℃高速离心 15min 回收 RNA。小心弃去乙醇，用 500μL 70%乙醇洗涤沉淀。再次离心。

18. 小心弃去乙醇，室温干燥直到最后可见的痕量乙醇蒸发尽。

凝胶电泳分析抗 RNase 的杂合体

19. 用 10μL 凝胶上样缓冲液重悬沉淀。

20. 于 95℃加热核酸 5min，迅速置冰上。短暂离心使样品收集在管底。

21. 用含 8mol/L 尿素的"薄型"聚丙烯酰胺凝胶电泳分析放射性标记的 RNA。

> 多数情况下，使用 1.5mm 厚的含 8mol/L 尿素的聚丙烯酰胺凝胶就可以。使用 DNA 序列梯带或已知大小的末端标记的 DNA 片段［如末端被（α-^{32}P）dGTP 标记的 MspI 酶切的 pBR322，或末端被（α-^{32}P）dGTP 标记的 HaeIII 酶切的 ΦX174］做相对分子质量标准。电泳时应有足够大的电流通过胶，以使玻璃板摸起来温热。在含 8mol/L 尿素的聚丙烯酰胺凝胶中，RNA 和 DNA 的迁移率不同取决于电泳条件。通常电泳越快，相同大小的 RNA 和 DNA 间的迁移率差异越小。在常用的 40～45V/cm 条件下，RNA 比同等大小 DNA 的迁移约慢 5%～10%。因此，90nt 的 RNA 的迁移速度近似于 100nt 的 DNA。如需测定 RNA 的绝对大小，建议采用一系列抑制长度的放射性标记的 RNA 探针。这些 RNA 相对分子质量标准可以通过经限制性内切核酸酶逐步远离噬菌体启动子切割形成的双链 DNA 体外转录产生。另外也可以通过用[α-^{32}P]虫荧素和 poly（A）聚合酶末端标记商业化的 RNA 分子质量标准产生。

22. 当示踪染料在胶上移动了适当距离后（见表 6-13），关掉电源，拆卸电泳装置。轻轻撬开较大玻璃板的一边，慢慢从胶上移去玻璃板。切取凝胶的一角以确定方向。

> ▲撬开玻璃板时应戴护目用具。

23. 把带有凝胶的玻璃板移至一个装有过量的 10% TCA 的托盘中，室温轻轻振荡或转动托盘 10min。

> 在温育时凝胶常会浮起脱离玻璃板，不要让胶自身折叠。

24. 倒去 10% TCA 溶液，重新加入过量的 1% TCA，室温轻轻振荡或转动托盘 5min。

25. 倒去 1%的 TCA 溶液，用去离子水漂洗固定过的凝胶。从托盘中一起取出玻璃板和凝胶，置于平台顶上。用纸巾从边缘吸去多余的水。

> 不要将纸巾置于凝胶上。

26. 剪一张各边均比凝胶大 1cm 的 Whatman 3MM 滤纸（或相当的产品）。把滤纸铺在凝胶的顶上，再倒转玻璃板使凝胶转移到滤纸上。

27．移去玻璃板，用带加热的真空凝胶干燥器于 60℃干燥 1.0～1.5h。

28．获得干胶的放射自显影图。用光密度测定法或磷光成像扫描图像，或者切下含有核酸片段的凝胶用液闪谱仪计量。

> 含有不同量的标准 RNA 的样品，可以构建质量相对于放射性的曲线，使用插值法可以评估制备的待测的 RNA 中靶序列的量。

疑难解答

问题（步骤 10）：核酸沉淀不能完全溶解。

解决方案：尝试用剧烈吹打和加热到 60℃的方法溶解。如果仍然难溶，或者重复的 RNA 样品难以得到相同的信号，建议使用下面的程序。

- 在本方案的步骤 9 后，用 40～50μL 水溶解。在旋转蒸发仪上蒸发至刚刚干燥。
- 加 30μL 杂交缓冲液。水化的沉淀应该快速容易地进入溶液，并产生可重复的结果。

配方

为正确使用本方案中的器材和危险试剂，必须查阅相应的材料安全数据表并咨询所在机构的环境卫生和安全办公室。

RNase 消化混合物

试剂	用量（10mL）	终浓度
NaCl（5mol/L）	600μL	300mmol/L
Tris-Cl（1mol/L,pH 7.4）	100μL	10mmol/L
EDTA（0.5mol/L,pH 7.5）	100μL	5mmol/L
RNase A（10mg/mL）	40μL	40μg/m
RNase T1（1mg/mL）	20μL	2μg/mL

用含 15mmol/L NaCl 的 10mmol/L Tris-Cl（pH 7.5）配制 10mg/mL 的 RNase A（牛胰 RNase）。用含 15mmol/L NaCl 的 10mmol/L Tris-Cl（pH7.5）配制 1mg/mL 的 RNase T1。每次在消化前加入新配制的 RNase。每次消化反应需要 300μL 的消化混合物。

转录缓冲液（10×）

试剂	用量（10mL）	终浓度
Tris-Cl (1mol/L, pH 7.5)	4000μL	0.4mol/L
NaCl (5mol/L)	200μL	0.1mol/L
MgCl$_2$ (1mol/L)	600μL	60mmol/L
Spermidine (100mmol/L)	2000μL	20 mmol/L

储存于-20℃。

参考文献

Bales KR, Hannon K, Smith CK II, Santerre RF. 1993. Single-stranded RNA probes generated from PCR-derived templates. *Mol Cell Probes* 7: 269–275.

Beck PJ, Gonzalez S, Ward CL, Molineux IJ. 1989. Sequence of bacteriophage T3 DNA from gene 2.5 through gene 9. *J Mol Biol* 210: 687–701.

Brown JE, Klement JF, McAllister WT. 1986. Sequences of three promoters for the bacteriophage SP6 RNA polymerase. *Nucleic Acids Res* 14: 3521–3526.

Davis MJ, Bailey CS, Smith CK II. 1997. Use of internal controls to increase quantitative capabilities of the ribonuclease protection assay. *BioTechniques* 23: 280–285.

Dixon DA, Vaitkus DL, Prescott SM. 1997. DNAse I treatment of total RNA improves the accuracy of ribonuclease protection assay. *BioTechniques* 24: 732–734.

Dunn JJ, Studier FW. 1983. Complete nucleotide sequence of bacteriophage T7 DNA and the locations of T7 genetic elements. *J Mol Biol* 166: 477–535.

Jorgensen ED, Durbin RK, Risman SS, McAllister WT. 1991. Specific contacts between the bacteriophage T3, T7 and SP6 RNA polymerases and their promoters. *J Biol Chem* 266: 645–651.

Krieg PA, Melton DA. 1987. In vitro RNA synthesis with SP6 RNA polymerase. *Methods Enzymol* 155: 397–415.

Melton DA, Krieg PA, Rebagliati MR, Maniatis T, Zinn K, Green MR. 1984. Efficient in vitro synthesis of biologically active RNA and RNA hybridization probes from plasmids containing a bacteriophage SP6 promoter. *Nucleic Acids Res* 12: 7035–7056.

Milligan JF, Uhlenbeck OC. 1989. Synthesis of small RNAs using T7 RNA polymerase. *Methods Enzymol* 180: 51–62.

Nam SC, Kang C. 1988. Transcription initiation site selection and abnormal initiation cycling of phage SP6 RNA polymerase. *J Biol Chem* 263: 18123–18127.

Pape ME, Melchior GW, Marotti KR. 1991. mRNA quantitation by a simple and sensitive RNAse protection assay. *Genet Anal Tech Appl* 8: 206–213.

Schowalter DB, Sommer SS. 1989. The generation of radiolabelled DNA and RNA probes with polymerase chain reaction. *Anal Biochem* 177: 90–94.

Solazzo M, Spinelli L, Cesarini G. 1987. SP6 RNA polymerase: Sequence requirements downstream from the transcription initiation start site. *Focus (Life Technologies)* 10: 11–12.

方案 18　引物延伸法分析 RNA

对 mRNA 5′端作图，引物延伸法是一种可选的方法。用多核苷酸激酶标记寡核苷酸的末端，探针随后与 mRNA 杂交，用克隆自莫洛尼鼠白血病病毒的反转录酶对引物和模板进行反转录。引物延伸产物用变性聚丙烯酰胺凝胶分离，用放射自显影进行分析。更多有关引物延伸实验细节参阅方案 16 前的"RNA 作图引言"（特别是"引物延伸"和"优化引物延伸反应"部分）。下面的方案是由 Thomas Südhof（Stanford University School of Medicine）建立的，并由 Daphne Davis（University of Texas Southwestern Medical Center）提供。

🔬 材料

为正确使用本方案中的器材和危险试剂，必须查阅相应的材料安全数据表并咨询所在机构的环境卫生和安全办公室。

本方案的专用试剂标注<R>，配方在本方案末提供。常用储备溶液、缓冲液和试剂标注<A>，配方见附录 1。储备溶液应稀释至适用浓度后使用。

▲本方案中所有试剂的配制需用 DEPC 处理过的水（见信息栏"如何去除 RNase"）。

试剂

乙酸铵（10mol/L）

[γ-^{32}P]ATP（10mCi/mL，7000Ci/mmol）

载体 RNA（酵母 tRNA）

氯仿

含 8mol/L 尿素的变性聚丙烯酰胺凝胶

> 多数情况下小型蛋白质凝胶电泳装置（如 Bio-Rad Mini-PROTEAN 13cm×13cm×0.75mm）既可用于放射性标记的引物延伸产物（参阅方案 16 中的表 6-12 和表 6-13，以及方案 16 材料清单中聚丙烯酰胺凝胶电泳入门的注意事项）。制备小型变性聚丙烯酰胺凝胶的方法在方案 16 的步骤 1 中述。制备大型胶的方法在方案 11 中已述。

二硫苏糖醇（1mol/L）

放射性标记的用于凝胶电泳的 DNA 相对分子质量参照物

> 参阅方案 16 前面的"RNA 作图引言"（"优化引物延伸反应"部分）。

乙醇

甲酰胺加样缓冲液<A>

待测 RNA

> 最好用 poly（A）$^+$RNA，尤其是在第一次建立引物延伸反应，或者总使用 RNA 产生不同长度的延伸产物时。

KCl（1.25mol/L）

寡核苷酸引物

> 引物长度应为 20～30nt，最好用 Sep-Pak 层析法和凝胶电泳纯化（参阅第 13 章，方案 17）。未精制的或粗制的寡核苷酸会导致放射自显影中的较高背景，尤其是在胶片上对应于聚丙烯酰胺凝胶低相对分子质量区域的部分。用 TE（pH 7.6）重悬纯化的寡核苷酸至终浓度约为 60ng/μL（（5～7pmol/μL）。

酚

多核苷酸激酶

引物延伸反应混合物<R>

RNase 蛋白抑制剂

> 多个厂家以不同的商标（如 Promega 公司的 RNasin；PRIME Inhibitor，5 Prime →3 Prime）出售这种抑制剂。更多细节参阅信息栏"RNase 抑制剂"。

反转录酶

本方案中选用的是莫洛尼鼠白血病病毒（Mo-MLV）编码的一种克隆化的反转录酶。与野生型相比，缺失了 RNase H 活性（如 StrataScript，Stratagene 公司）的突变体更具优点，其能产生更多的全长延伸产物，并且在 47℃和 37℃均能很好地工作（综述请阅 Gerard et al. 1997）。

不同厂家提供的反转录酶的单位活性不同。当使用一批新酶时，应取一定量的 poly（A）⁺RNA 和寡核苷酸引物，以及不同的酶量进行系列预实验。如果可能，引物应特异于 poly（A）⁺RNA 样品中的中等丰度 mRNA。按照本方案所述，通过凝胶电泳检测每个反应中的产物。使用能产生最多延伸产物所需的最小酶量。本方案中用的酶单位适用于大多数批次的 StrataScript 产品。

乙酸钠（3mol/L，pH 5.2）

TE（pH 7.6）<A>

三氯乙酸（1%和 10% TCA）

储备液在使用前稀释 10 倍和 100 倍。冰上预冷工作液。

设备

42～95℃水浴（包括合适复性温度）（参见步骤 12）

Whatman 3MM 滤纸（或相当产品）

 ## 方法

寡核苷酸探针的制备

1. 在如下反应体系中使寡核苷酸引物磷酸化：

寡核苷酸引物（5～7pmol 或 60ng）	1µL
去离子水	6.5µL
10×激酶缓冲液	1.5µL
多核苷酸激酶（约 10U）	1µL
[γ-³²P]ATP（7000Ci/mmol）	2µL

于 37℃温育 60min。

反应中放射性标记 ATP 的终浓度应为约 30nmol/L。

2. 加入 500µL TE（pH 7.6）终止激酶反应。加入 25µg 载体 RNA。

3. 加入 400µL 平衡过的酚（pH8.0）和 400µL 氯仿 [或是 800µL 的市售的酚：氯仿（1：1）的混合物]。剧烈振荡 20s。用微型离心机离心 2min 分离水相和有机相。

4. 将水相移到新的无菌微量离心管中，用 800µL 氯仿抽提，剧烈振荡 20s。用微型离心机离心 2min 分离水相和有机相，再将水层转移到一个新的无菌微量离心管中。

5. 重复步骤 4。

6. 向步骤 5 的水相加入 55µL 无菌的 3mol/L 乙酸钠（pH5.2）和 1mL 乙醇。涡旋振荡混匀，置于-70℃至少 1h。

7. 于 4℃用微型离心机最大转速离心 15min 收集沉淀的寡核苷酸引物。移去并丢弃放射性上清。再用 70%乙醇洗沉淀，离心。弃上清，空气中干燥沉淀。沉淀溶于 500µL TE（pH7.6）。

8. 用液闪仪对加入 2µL 放射性标记的寡核苷酸引物的 10mL 闪烁液计数。假定 80%回收率，计算放射性标记引物的比活性。引物的比活性应为 2×10⁶ cpm/pmol。

寡核苷酸引物的杂交和延伸

9. 混合 10⁴～10⁵cpm（20～40fmol）的 DNA 引物和 0.5～150µg 的待测 RNA。加入 0.1

倍体积的 3mol/L 乙酸钠（pH5.2）和 2.5 倍体积的乙醇，置于-70℃ 60min。用微型离心机最大转速于 4℃离心 10min 回收 RNA。用 70%乙醇洗沉淀，再次离心。小心移去乙醇，室温放置直至可见的痕量乙醇挥发尽。

> 引物的摩尔数应该 10 倍过量于模板 RNA（参阅方案 16 前 "RNA 作图引言" 中的关于 "优化引物延伸反应" 的讨论）。

10. 每管用 8μL TE（pH 7.6）重悬沉淀。用移液器反复抽吸样品几次使沉淀溶解。

11. 加入 2.2μL 1.25mol/L KCl。轻轻混匀，用微型离心机离心 2s 使液体沉于管底。

12. 将寡核苷酸/RNA 混合物置于适当复性温度的水浴中。在通过预实验确定的最适温度（参阅方案 16 前 "RNA 作图引言" 中的关于 "优化引物延伸反应" 的讨论）下温育 15min。

> 在典型的引物延伸条件下，即引物过量于靶 mRNA 的情况下，寡核苷酸引物与 mRNA 模板间的复性动力学相当迅速。因此，步骤 12 中的复性时间限制在 15min。有的方案在这一步包括了精细的加热和降温过程，但是，在我们看来这些复杂的改变很少是必要的。

13. 在寡核苷酸和 RNA 复性时，按如下所述向引物延伸混合物中加入二硫苏糖醇和反转录酶：在冰上溶解 300μL 引物延伸混合物，然后加入 3μL 1mol/L 二硫苏糖醇和终浓度为 1～2U/μL 的反转录酶。加入 0.1U/μL 的 RNase 的蛋白质抑制剂，倒转几次轻轻混匀，保存于冰上。

> 可以通过在反应混合物中加入双脱氧核苷酸（终止物）来确定引物延伸产物的 DNA 序列。在 5′端作图实验中，知道引物延伸产物的准确序列有助于对基因 5′侧翼区的精确定位。在检测细胞中相对丰富的 mRNA（I 型抗原、大鼠肝类固醇 5α 还原酶 mRNA 和酵母乙醇脱氢酶 2 mRNA）时，此方法已在许多实验室成功使用。引物延伸测序的方案参阅 Geliebter 等（1986）和 Hahn 等（1989）。

14. 从水浴中取出含有寡核苷酸引物和 RNA 的试管，微型离心机离心 2s 使液体沉于管底。

15. 每管加入 24μL 引物延伸混合物。轻轻混匀管中溶液，再次离心使液体沉于管底。

16. 于 42℃温育 1h，使引物延伸反应进行。

17. 加入 200μL TE（pH 7.6）、100μL 平衡酚（pH 8.0）、100μL 氯仿终止反应。振荡 20s，室温离心 4min 分离水相和有机相。

> 在电泳（步骤 22）后的聚丙烯酰胺凝胶加样孔里常有相当数量的放射性残余。在我们的实验中，孔里放射性的量与期望的引物延伸产物的量之间很少有关联，孔里聚集的物质可能代表寡核苷酸引物对非靶 mRNA 或沾染的基因组 DNA 模板上引发产生的更长的延伸引物。在极少数情况下，这些是预期的引物延伸产物与 RNA 分子的聚合物。
>
> 如果有大量的放射性积存在胶孔里，尝试在步骤 16 后用 RNase 处理引物延伸产物：向每管中加入 1μL 0.5mol/L EDTA（pH8.0）和 1μL 无 DNase 的胰 RNase（5mg/mL），于 37℃温育 30min。加入 150μL 含 0.1mol/L NaCl 的 TE（pH7.6）和 200μL 酚：氯仿。振荡 30s，用最大转速室温离心 5min。继续步骤 18。还可以在电泳前用 NaOH 处理步骤 16 中的引物延伸产物以水解 RNA 模板：向溶液中加入 1μL 10mol/L 的 NaOH，室温温育 10min，加入 1/10 体积的 3mol/L 乙酸钠（pH 5.2）中和 NaOH，继续步骤 17。

18. 加入 50μL 10mol/L 乙酸铵和 700μL 乙醇沉淀核酸。振荡混匀，–70℃放置沉淀至少 1h。

纯化和分析引物延伸产物

19. 于 4℃离心 10min 回收沉淀的核酸。小心地用 400μL 70%的乙醇漂洗。再次于 4℃离心 5min，用吸头移去 70%乙醇洗液。室温开口放置小管直至最后可见的乙醇挥发尽。

20. 用 10μL 甲酰胺上样缓冲液溶解核酸沉淀，反复抽吸助溶。

21. 于 95℃加热样品 8min，之后置于冰水浴中。立即用变性聚丙烯酰胺凝胶电泳分析引物延伸产物。

> 已知大小末端标记的 DNA 片段用作相对分子质量参照物（参阅方案 16 前 "RNA 作图引言" 中关于 "优化引物延伸反应" 的讨论部分）。

22．当示踪染料在凝胶中（方案 16 中表 6-13）迁移了适当的距离后，关闭电源，打开电泳槽，轻轻撬开较大玻璃板的一边，慢慢从胶上移去玻璃板。切取凝胶的一角以确定方向。

▲撬开玻璃板时应戴护目用具。

23．如果所用的聚丙烯酰胺凝胶电泳厚 1mm，用 TCA 固定。把带有凝胶的玻璃板移至一个装有过量的 10% TCA 的托盘中，室温轻轻振荡或转动托盘 10min。

在温育时凝胶常会浮起脱离玻璃板，不要让胶自身折叠。

如果用的是薄胶（0.4 mm 厚）就不需要此步骤。这种情况下进行步骤 26。

24．倒去 10% TCA 溶液，中新加入过量的 1% TCA，室温轻轻振荡或转动托盘 5min。

25．倒去 1% TCA 溶液，用去离子水漂洗固定过的凝胶。从托盘中一起取出玻璃板和凝胶，置于平台顶上。用纸巾从边缘吸去多余的水。

不要将纸巾置于凝胶上。

26．剪一张各边均比凝胶大 1cm 的 Whatman 3MM 滤纸（或相当的产品）。把滤纸铺在凝胶的顶上，再倒转玻璃板使凝胶转移到滤纸上。

27．移去玻璃板，用带加热的真空凝胶干燥器于 60℃干燥 1.0～1.5h。

28．用放射自显影或磷光成像得到凝胶的图像。

配方

为正确使用本方案中的器材和危险试剂，必须查阅相应的材料安全数据表并咨询所在机构的环境卫生和安全办公室。

引物延伸混合物

试剂	含量（10mL）	终浓度
Tris-Cl（1mol/L，室温下 pH 8.4）	200μL	20mmol/L
$MgCl_2$（1mol/L）	100μL	10mmol/L
dNTP 溶液 4 种 dNTP（100 mmol/L）	160μL	1.6mmol/L
放线菌素 D（5mg/mL）	100μL	50μg/mL

再加到引物延伸混合物中之前用甲醇溶解放线菌素 D 至 5mg/mL。放线菌 D 储备液于-20℃避光保存。

参考文献

Geliebter J, Zeff RA, Melvold RW, Nathenson SG. 1986. Mitotic recombination in germ cells generated two major histocompatibility complex mutant genes shown to be identical by RNA sequence analysis: K^{bm9} and K^{bm6}. *Proc Natl Acad Sci* 83: 3371–3375.

Gerard GF, Fox DK, Nathan M, D'Alessio JM. 1997. Reverse transcriptase. The use of cloned Moloney murine leukemia virus reverse transcriptase to synthesize DNA from RNA. *Mol Biotechnol* 8: 61–77.

Hahn CS, Strauss EG, Strauss JM. 1989. Dideoxy sequencing of RNA using reverse transcriptase. *Methods Enzymol* 180: 121–130.

信息栏

如何去除 RNase

许多实验由于 RNase 的污染导致了不必要的失败。然而，外源性 RNase 问题可以通过小心采取预防措施和谨慎应用常识来完全避免。在我们的经验中，最频繁出现的外源性 RNase 污染有两个来源。

1. 被污染的缓冲液。由于粗心的无菌操作，使缓冲液被细菌或其他微生物污染。这些微生物的生长通常是肉眼不可见的，不需要等到大量繁殖就足以引起问题。因为 RNase 不能通过高压灭菌去除，因此被污染或怀疑被污染的溶液必须丢弃。

2. 自动移液器。如果自动移液器先前用于分配含有 RNase 的溶液，再使用无 RNase 的一次性吸头就没有意义了（例如，在小规模质粒制备过程中，更糟的是进行核糖核酸酶保护性分析中）。如果自动移液器的枪管和金属枪栓接触试管壁，它就成为散布 RNase 的非常有效的载体。

对使用橡胶手套可以避免 RNase 问题的迷信已经在许多实验室扎根。然而事实并非如此，依赖手套并不可靠。首先，研究者的头发和胡须更容易成为罪魁祸首，更重要的是，手套只有在与皮肤表面接触前能提供有效的保护。即使每接触一次仪器设备都更换一次手套，也未必有用，像打开冰箱、填充冰桶、填写实验记录和称量试剂。这既不明智也不好操作。戴上手套，但要不迷信它可以防止 RNase。更明智的措施包括以下几个方面：

- 当处理 RNA 时保证自动移液器专用。
- 将要用于 RNA 实验的玻璃器皿、塑料制品和缓冲液留出来专用。
- 分成小份保存溶液和缓冲液，并将每小包装用后丢弃。避免使用已经在实验室中用于其他目的的材料和溶液。
- 留出专门的电泳装置用于分离 RNA。这些装置要用去污剂清洗，流水冲洗，乙醇冲洗干燥，之后充满 3% 过氧化氢，室温放置 10min 后，用 DEPC 处理过的水彻底冲洗电泳槽（请参见信息栏 "DEPC"）。
- 用无 RNase 的玻璃器皿、DEPC 处理过的水准备所有的溶液和缓冲液，用于 RNA 实验的化学药品要用一次性药匙或者敲击试剂瓶的方式取用。可能的话，用 0.1% 的 DEPC 在 37℃ 处理溶液至少 1h，之后在 15 psi（$1.05kg/cm^2$）高压灭菌 15min。
- 高压灭菌的玻璃器皿和塑料制品不能有效地灭活 RNase。玻璃器皿可以在 300℃ 烘烤 4h，塑料制品可以用 DEPC 处理，或者用商业化的产品灭活上面的 RNase（如 Ambion 的 RNaseZap）。
- 用声誉好的厂家的无 RNase 一次性移液器吸头和微量离心管。为了减少污染的机会，最好用无菌镊子从原包装中取这些耗材放置于实验架上。
- 在分离 RNA 的过程中用抑制剂以抑制 RNase（请见信息栏 "RNase 抑制剂"）。

RNase 抑制剂

RNase 是功能强大的酶，在 RNA 分离和鉴定的所有阶段严重影响 RNA 的完整性。通常有三种类型的抑制剂被用于抑制 RNase 活性。

- DEPC 是一种高活性的烷化剂，被用于灭活缓冲液和玻璃器皿中的 RNase。由于 DEPC 不加选择地修饰蛋白质和 RNA，在分离和纯化 RNA 过程中不能使用，而且它与一些缓冲液不相容（如 Tris）。有关进一步细节，请参阅信息栏"DEPC"。

- 氧钒核糖核苷复合物是能够结合多种 RNase 活性位点的过渡态类似物，并能近乎完全抑制酶活性（Berger and Birkenmeier 1979）。由于氧钒核糖核苷复合物不能共价修饰 RNase，因此在提取纯化 RNA 的所有步骤中可以使用。但是，由于这些复合物抑制 RNA 聚合酶和体外翻译，因此必须用含有 0.1%羟基喹啉的酚多次抽提以从最终产物中除去。氧钒核糖核苷复合物可从一些供应商处买到。

- RNase 的蛋白质抑制剂。许多 RNA 可以与一类分子质量约 50kDa 的蛋白质非共价键紧密结合，这类蛋白质几乎存在于所有哺乳动物组织的细胞质中，可以从胎盘中大量分离（Blackburn et al. 1977）。这类蛋白质在体内的功能是作为包括胰 RNase 超家族特别是血管生成素和一种血管诱导和嗜酸粒细胞衍生神经毒素的蛋白质抑制剂。这类蛋白质抑制剂与它们的靶蛋白之间的亲和力是已知最高的（1～70fmol）（Lee et al. 1989; for review, see Lee and Vallee 1993）。

原型的 RNase 抑制剂分子是马蹄形分子，包含 7 个交替的、含有长度为 28～29 个氨基酸残基的富亮氨酸重复序列。抑制剂还含有大量的、以还原型存在的半胱氨酸残基。在核糖核酸酶和抑制剂间的界面非常大，包含位于两种蛋白质中多个结构域的残基。然而，起重要作用的仅包括抑制剂的羧基端片段和核糖核酸酶的催化中心，其中包括一个关键的赖氨酸残基（Kobe and Deisenhofer 1993, 1995, 1996; Papageorgiou et al. 1997; 综述见 Hofsteenge 1994）。

不同厂家出售的不同来源的 RNase 的蛋白抑制剂有不同的商品名（如 RNasin, Promega；SUPERase·In, Ambion）。尽管这些产品对巯基试剂的要求不同，它们都具有光谱的 RNase 抑制活性，但不抑制其他核酸酶、多聚酶和体外翻译系统（举例见 Murphy et al. 1995）。

因为抑制剂不与 RNase 形成共价复合物，它们不能在变性剂存在时使用，如 SDS 和胍，这些变性剂通常在提取 RNA 的最初步骤中用于裂解哺乳动物细胞。不过抑制剂可以在随后的纯化 RNA 的所有步骤中使用。由于可以被苯酚抽提除去，一定要在纯化过程中补加几次抑制剂。

参考文献

Berger SL, Birkenmeier CS. 1979. Inhibition of intractable nucleases with ribonucletide–vanadyl complexes: Isolation of messenger ribonucleic acid from resting lymphocytes. *Biochemistry* 18: 5143–5149.

Blackburn P, Wilson G, Moore S. 1977. Ribonuclease inhibitor from human placenta. Purification and properties. *J Biol Chem* 252: 5904–5910.

Hofsteenge J. 1994. "Holy" proteins. I. Ribonuclease inhibitor. *Curr Opin Struct Biol* 4: 807–809.

Kobe B, Deisenhofer J. 1993. Crystal structure of porcine ribonuclease inhibitor, a protein with leucine-rich repeats. *Nature* 366: 751–756.

Kobe B, Deisenhofer J. 1995. A structural basis for the interactions between leucine-rich repeats and protein ligands. *Nature* 374: 183–186.

Kobe B, Deisenhofer J. 1996. Mechanism of ribonuclease inhibition by ribonuclease inhibitor protein based on the crystal structure of its complex with ribonuclease A. *J Mol Biol* 264: 1028–1043.

Lee FS, Vallee BL. 1993. Structure and action of mammalian ribonuclease (angiogenin) inhibitor. *Prog Nucleic Acid Res Mol Biol* 44: 1–30.

Lee FS, Shapiro R, Vallee BL. 1989. Tight binding inhibition of angiogenin and ribonuclease A by placental ribonuclease inhibitor. *Biochemistry* 28: 225–230.

Murphy NR, Leinbach SS, Hellwig RJ. 1995. A potent, cost-effective RNase inhibitor. *BioTechniques* 18: 1068–1073.

Papageorgiou AC, Shapiro R, Acharya KR. 1997. Molecular recognition of human angiogenin by placental ribonuclease inhibitor—An X-ray crystallographic study at 2.0 Å resolution. *EMBO J* 16: 5162–5177.

🔬 焦碳酸二乙酯（DEPC）

在分子克隆中，焦碳酸二乙酯（DEPC）用于灭活制备核 RNA 或 mRNA 所使用的溶液、玻璃器皿和塑料器皿中可能污染的痕量 RNase（Penman et al. 1971; Williamson et al. 1971）。DEPC 是一种高活性的烷化剂，主要是通过乙氧基甲酰化组氨酰基破坏酶活性（图6-13）。

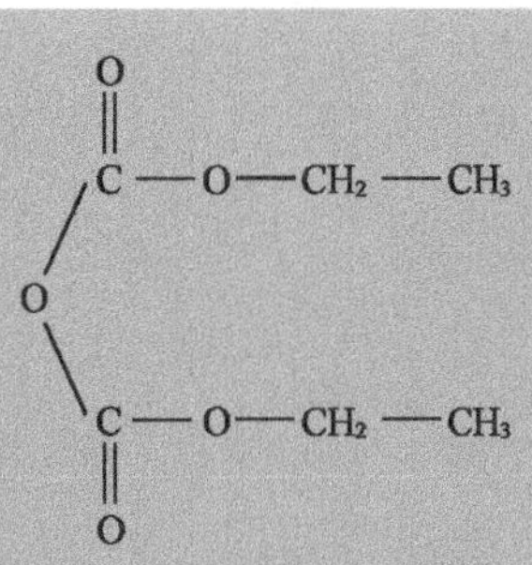

$$
\begin{array}{c}
O \\
\| \\
C\!-\!O\!-\!CH_2\!-\!CH_3 \\
| \\
O \\
| \\
C\!-\!O\!-\!CH_2\!-\!CH_3 \\
\| \\
O
\end{array}
$$

图 6-13　焦碳酸二乙酯结构。

玻璃器皿和塑料制品应该充满含 0.1%DEPC 水溶液中，在 37℃静置 1h，或在室温下过夜。用 DEPC 处理水淋洗数次，随后在 15psi（$1.05kg/cm^2$）下高压蒸汽灭菌 15min。

在水溶液中，DEPC 迅速水解为二氧化碳和乙醇，在 pH 6.0 的磷酸盐缓冲液中的半衰期是 20min，在 pH 7.0 的磷酸盐缓冲液中的半衰期是 10min。DEPC 的水解反应可以被 Tris 和胺类大大地加速，在此过程中自身被消耗。因此，DEPC 不能用于处理含有这类物质的缓冲液。不含有亲核试剂（如水和乙醇）的 DEPC 样品是非常稳定的，但即使是少量的这些溶剂也可能会使 DEPC 完全转换为碳酸二乙酯。出于这个原因，DEPC 应防潮。应将其分成小包装储存在干燥条件下，并在打开它使用之前一直置于室温环境下。

尽管使用维护良好的现代化的反渗透系统纯化的水是无 RNase 的（Huang et al. 1995），但是维护不良的纯水净化系统有可能因微生物生长而污染。这种情况通常发生在带有长管道和储存水罐的大型集中供水系统的情况下，是由于水的驻留造成的。在这种情况下水就有必要用 0.1%DEPC 在 37℃处理 1h，随后在 15psi（$1.05kg/cm^2$）下高压蒸汽灭菌 15min。

DEPC 的其他用途

除了与蛋白质中的组氨酸残基的反应外，DEPC 可以在未配对的嘌呤的咪唑环 N7 上形成碱不稳定的加合物，导致糖苷键的断裂和产生一个碱不稳定的脱碱基位点（综述，见 Ehrenberg et al. 1976）。由于具有高活性和高特异性，DEPC 被用作 DNA 和 RNA 二级结构的探针（举例见 Peattie and Gilbert 1980; Herr 1985）。未配对的腺嘌呤残基具有强反应性（Leonard et al. 1970, 1971），Z-DNA 中的鸟嘌呤残基也具有强反应性（Herr 1985; Johnston and Rich 1985）。因此，嘌呤与 DEPC 反应活性的减少可以用来测量 Z-DNA 与特异蛋白质间的结合（Runkel and Nordheim 1986）。

使用 DEPC 的问题

通过热降解 DEPC 会产生少量的乙醇和二氧化碳，这导致离子强度增加和非缓冲液的 pH 降低。DEPC 可以使 RNA 中未配对的腺嘌呤残基羧甲基化。在体外蛋白质合成体系中，暴露在 DEPC 中的 mRNA 翻译效率降低（Ehrenberg et al. 1976）。然而，DEPC 处理的 RNA 形成 DNA-RNA 或 RNA-RNA 杂交分子的能力并未受到严重的影响，除非大量的嘌呤残基被修饰。

参考文献

Ehrenberg L, Fedorcsak I, Solymosy F. 1976. Diethyl pyrocarbonate in nucleic acid research. *Prog Nucleic Acid Res Mol Biol* 16: 189–262.

Herr W. 1985. Diethyl pyrocarbonate: A chemical probe for secondary structure in negatively supercoiled DNA. *Proc Natl Acad Sci* 82: 8009–8013.

Huang YH, Leblanc P, Apostolou V, Stewart B, Moreland RB. 1995. Comparision of Milli-Q® PF Plus water to DEPC-treated water in the preparation and analysis of RNA. *BioTechniques* 19: 656–661.

Johnston BH, Rich A. 1985. Chemical probes of DNA conformation: Detection of Z-DNA at nucleotide resolution. *Cell* 42: 713–724.

Leonard NJ, McDonald JJ, Reichmann ME. 1970. Reaction of diethyl pyrocarbonate with nucleic acid components: Adenine. *Proc Natl Acad Sci* 67: 93–98.

Leonard NJ, McDonald JJ, Henderson REL, Reichmann ME. 1971. Reaction of diethyl pyrocarbonate with nucleic acid components: Adenosine. *Biochemistry* 10: 3335–3342.

Peattie DA, Gilbert W. 1980. Chemical probes for higher-order structure in RNA. *Proc Natl Acad Sci* 77: 4679–4682.

Penman S, Fan H, Perlman S, Rosbash M, Weinberg R, Zylber E. 1971. Distinct RNA synthesis systems of the HeLa cell. *Cold Spring Harbor Symp Quant Biol* 35: 561–575.

Runkel L, Nordheim A. 1986. Chemical footprinting of the interaction between left-handed Z-DNA and anti-Z-DNA antibodies by diethyl-pyrocarbonate carbethoxylation. *J Mol Biol* 189: 487–501.

Williamson R, Morrison M, Lanyon G, Eason R, Paul J. 1971. Properties of mouse globin messenger ribonucleic acid and its preparation in milligram quantities. *Biochemistry* 10: 3014–3021.

 ## 核酸酶 S1

核酸酶 S1（$M_r=29\,030$）是一种由米曲霉（*Aspergillus oryzae*）真菌分泌的热稳定的胞外酶。成熟酶被糖基化，包含 2 个二硫键和排列在活性裂隙的一组 3 个 Zn^{2+}，Zn^{2+} 是酶活性必需的。核酸酶 S1 的氨基酸序列和三维（3D）结构都是已知的（Iwamatsu et al. 1991；Sück et al. 1993），编码核酸酶 S1 的基因（*nucO*）已被克隆（Lee et al. 1995）。

在高离子强度（0.1~0.4mol/L NaCl）和低 pH（pH 4.2）以及 1mmol/L Zn^{2+} 存在条件下，核酸酶 S1 高度特异性降解单链 DNA 和 RNA（Ando 1966）。反应的主要产物是 5′单核苷酸，这是由外切核酸酶和内切核酸酶活性协同完成的（Shishido and Ando 1982）。适量核酸酶 S1 可以在双链 DNA 的单链切口处进行切割（Beard et al. 1973；Martin-Bertram 1981），但不识别单碱基对错配（Silber and Loeb 1981）。核酸酶 S1 能在很多酶完全不能接受的条件下切割单链 DNA，例如，10%甲酰胺、25mmol/L 乙二醛、30%二甲基亚砜（DMSO）和 30%甲酰胺（Case and Baker 1975；Hutton and Wetmur 1975）。

PO_4^{3-}、5′核糖核苷酸、脱氧核糖核苷酸、核苷三磷酸、柠檬酸盐和 EDTA 均可抑制核酸酶 S1 活性。但是，核酸酶 S1 在低浓度的变性剂中是稳定的，如在 SDS 或尿素中（Vogt 1973）。

如需进一步信息，请参阅 Shishido 和 Habuka（1986）、Fraser 和 Low（1993），以及 Gite 和 Shankar（1995）。

参考文献

Ando T. 1966. A nuclease specific for heat-denatured DNA isolated from a product of *Aspergillus oryzae*. *Biochim Biophys Acta* 114: 158–168.

Beard P, Morrow JF, Berg P. 1973. Cleavage of circular superhelical simian virus 40 DNA linear duplex by S1 nuclease. *J Virol* 12: 1303–1313.

Case ST, Baker RF. 1975. Investigation into the use of *Aspergillus oryzae* S1 nuclease in the presence of solvents which destabilize or prevent DNA secondary structure: Formaldehyde, formamide and glyoxal. *Anal Biochem* 64: 477–484.

Fraser MJ, Low RL. 1993. Fungal and mitochondrial nucleases. In *Nucleases*, 2nd ed. (ed Linn SM, et al.), pp. 171–207. Cold Spring Harbor Laboratory Press, Cold Spring Harbor, NY.

Gite SU, Shankar V. 1995. Single-strand-specific nucleases. *Crit Rev Microbiol* 21: 101–122.

Hutton JR, Wetmur JG. 1975. Activity of endonuclease S1 in denaturing solvents: Dimethylsulfoxide, dimethylformamide, formamide and formaldehyde. *Biochem Biophys Res Commun* 66: 942–948.

Iwamatsu A, Aoyama H, Dibo G, Tsunasawa S, Sakiyama F. 1991. Amino acid sequence of nuclease S1 from *Aspergillus oryzae*. *J Biochem* 110: 151–158.

Lee BR, Kitamoto K, Yamada O, Kumagai C. 1995. Cloning, characterization and overproduction of nuclease S1 gene (*nucS*) from *Aspergillus oryzae*. *Appl Microbiol Biotechnol* 44: 425–431.

Martin-Bertram H. 1981. S1-sensitive sites in DNA after γ-irradiation. *Biochim Biophys Acta* 652: 261–265.

Shishido K, Ando T. 1982. Single-strand-specific nucleases. In *Nucleases* (ed Linn SM, Roberts RJ), pp. 155–185. Cold Spring Harbor Laboratory, Cold Spring Harbor, NY.

Shishido K, Habuka N. 1986. Purification of S1 nuclease to homogeneity and its chemical, physical and catalytic properties. *Biochim Biophys Acta* 884: 215–218.

Silber JR, Loeb LA. 1981. S1 nuclease does not cleave DNA at single-base mis-matches. *Biochim Biophys Acta* 656: 256–264.

Sück D, Dominguez R, Lahm A, Volbeda A. 1993. The three-dimensional structure of *Penicillium* P1 and *Aspergillus* S1 nucleases. *J Cell Biochem* Suppl 17C: 154.

Vogt VM. 1973. Purification and further properties of single-strand-specific nuclease from *Aspergillus oryzae*. *Eur J Biochem* 33: 192–200.

（铁 轶　郑晓飞　译，付汉江　校）

第 7 章　聚合酶链反应

导言 | 基础 PCR 反应　　　　　　　　　　364

基础 PCR 反应中引物的设计　　　369

mRNA 的检测、分析及定量　　　371

PCR 中的污染　　　　　　　　　372

方案 | 1　基础 PCR　　　　　　　　　　375

2　热启动 PCR　　　　　　　　380

3　降落 PCR　　　　　　　　　383

4　高 GC 含量模板的 PCR 扩增　385

5　长片段高保真 PCR（LA　PCR）　390

6　反向 PCR　　　　　　　　　393

7　巢式 PCR　　　　　　　　　397

8　mRNA 反转录产物 cDNA 的扩增：
　　两步法 RT-PCR　　　　　　400

9　由 mRNA 的 5'端进行序列的快
　　速扩增：5'-RACE　　　　　409

10　由 mRNA 的 3'端进行序列的快速
　　扩增：3'-RACE　　　　　416

11　使用 PCR 筛选克隆　　　　422

信息栏 | *Taq* DNA 聚合酶　　　　　　　424

PCR 理论　　　　　　　　　　426

核糖核酸酶 H　　　　　　　　427

大肠杆菌的 *dut* 和 *ung* 基因　　428

末端转移酶　　　　　　　　　429

导　言

聚合酶链反应（PCR）几乎是所有现代分子克隆技术的基石。使用 PCR 技术，即使那些在高复杂性及大片段的 DNA 中只出现一次的靶序列（如整个哺乳动物基因组中的靶序列），也可以准指数增长的方式，被快速、特异性地扩增，产生数百万的拷贝。PCR 反应的建立简单、便宜且要求不高，唯一要求的是知道靶序列的一些核苷酸序列。除了操作简单外，PCR 反应还具有强劲、快速、灵活、灵敏的特点。

自 20 世纪 80 年代初发展以来（Saiki et al. 1985; Mullis and Faloona 1987; Mullis 1997），基础 PCR 反应已广泛用于分子克隆的各项用途，包括 DNA 测序、体外突变、突变检测、cDNA 和 gDNA 的克隆、等位基因分析等。由于用途广泛，因此，以整本杂志或书籍的篇幅描述这一技术也不为过。本章的导言部分先讨论了影响 PCR 反应的参数，随后的方案部分可用于 DNA 片段扩增及鉴定的实际操作。

基础 PCR 反应

PCR 反应使用温度循环以启动及终止酶催化的 DNA 合成。每一轮循环都包含三个阶段：
- 模板 DNA 的热变性（通常>90℃）。
- 两条合成的引物与变性模板复性。根据模板的已知序列设计并合成引物，长度一般为 20～25 个核苷酸。两条引物与靶序列的两条链反向互补引物结合位点可能只相隔数个或多达数千个核苷酸，这可按研究者的需要来定。
- 延伸，DNA 合成是从结合的引物 3′端起始。引物的延伸温度在 55～70℃，由热稳定 DNA 聚合酶催化。

这个过程重复 25～35 次，通常在 PCR 仪上进行。PCR 仪是可控制循环反应中每一步的时间和温度的可编程装置。

第一轮循环产生两个子代 DNA 分子，作为下轮循环的模板。产物的长度即是两条引物结合模板位点的 5′端之间的距离。PCR 反应持续 25 个以上循环，直至引物和 dNTP 的浓度下降到不足以支持循环的进行（Liu and Saint 2002 a,b）。理论上，每次循环靶序列的拷贝数倍增，而实际上，每次循环靶序列的拷贝数增加的倍数都小于 1。之所以与理论模型有出入，影响因素很多，如反应中存在抑制剂、热稳定聚合酶的性质、部分模板降解、部分引物在模板上错配等。

PCR 反应的必要成分

下述成分是建立 PCR 反应所必需的。
- 热稳定 DNA 聚合酶。催化模板依赖的 DNA 合成。目前有多种酶可供选择，这些酶在保真度、扩增效率及合成大片段 DNA 的能力方面有所不同。对于常规 PCR 反应来说，最初从栖热水生菌（*Thermus aquaticus*）中分离获得的 *Taq* 聚合酶（0.5～2.5U/25～50μL 标准反应体系）仍然是首选的酶。大部分商业化制备的 *Taq* 酶的比活性约为 80 000U/mg。标准的 PCR 反应体系含有 2×10^{12}～10×10^{12} 个酶分子。使用 *Taq* 聚合酶扩增的效率大约是 0.70（Gelfand and White 1990; Lubin et al. 1991），据此计算，当产物积累到 1.4×10^{12}～7×10^{12} 个分子后，酶量就不足以支持 PCR 循环的进行了（参见信息栏 "*Taq* DNA 聚合酶"）。

- 引物。影响扩增反应的效率和扩增特异性的因素很多，最为关键的是寡核苷酸引物的设计。仔细地设计引物，可获得所需片段的高产量扩增，抑制可能的、非特异性的、不必要的序列扩增，便于扩增产物的后续操作。虽然引物的效率在很大程度上影响到 PCR 反应的成败，但是，它们的设计准则更多的是基于常识，而不是众所周知的热力学和结构学原理。遵从这些经验性原则不能保证成功，但是，无视它们，很可能导致失败。更多的信息参见表 7-1。

表 7-1 引物设计

性质	最佳设计
碱基组成	G+C 含量应为 40%～60%，4 种核苷酸在引物上均匀分布（如没有聚嘌呤或聚嘧啶，以及没有双核苷酸重复序列）。如果可能的话，避开富含 GC 区，因为这些区段容易形成二级结构。
长度	引物的长度为 18～30nt，一对引物的长度差别不要大于 3 个碱基。小于 18nt 的引物会与复杂的模板 DNA（如基因组 DNA）非特异性结合，而长度大于 30nt 的引物形成二级结构（如发夹环）的概率增加。
内部重复及自互补结构	确保引物不含有反向重复序列或>3bp 的自互补序列。这类序列容易导致产生发夹结构，抑制引物和模板的结合。
引物间的互补	一条引物的 3′端不能和另外一条引物的任何区域配对。因为 PCR 反应中引物浓度很高，即使引物间有微弱互补，也会形成杂交，并导致引物二聚体的扩增，这些引物二聚体是真正的祸害，因为它们可以竞争 DNA 聚合酶和 dNTP，并抑制真正的目标序列的扩增。通过精心设计引物并借助计算机程序（如 OligoAnalyzer, http://www.itdna.com/analyzer/Applications/OligoAnalyzer）来筛选自互补和交叉互补的引物可减少引物二聚体的形成。引物二聚体的形成也可使用热启动 PCR 或降落 PCR 或专门配制的 DNA 聚合酶（AmpliTaq Gold; Applied Biosystems）来抑制。如果这些努力都失败了，在 PCR 反应体系中尝试加入甲酰胺或二甲基亚砜（DMSO），并通过设置系列含不同浓度 Mg^{2+} 的 PCR 反应来重新优化体系中的镁离子浓度。
熔解温度（T_m）	引物和靶序列形成的二聚物的最佳 T_m 介于 55～60℃，同一 PCR 中的两条引物的 T_m 差距不能超过 2～3℃，大部分引物设计软件采用的方程都是基于最邻热力学理论（nearest-neighbor thermodynamics theory）。大于 25 个碱基的引物的一阶近似融解温度可使用下列 Wallace 方程计算（Wallace et al. 1979）：$$T_m=2℃（A+T）+4℃（G+C）$$A、T、G、C 指每种碱基的数量。
GC 夹	最靠近引物 3′端的 5 个碱基中的 G 或 C 可帮助引物牢固结合在模板上，因为 GC 配对中有更强的氢键结合，引物 3′端以 G 结尾有利于提高引物的效率和特异性，但是，最后 5 个碱基中应避免超过 3 个 G 或 C。
在引物的 5′端添加限制性酶切位点或其他有用的序列错配	一些和模板不配对但是有用的序列可以加在引物的 5′端，由于限制性内切核酸酶在切割 DNA 末端的酶切位点时效率很差，因此，一般在酶切位点的外侧还需要加入至少 3 个碱基。NEB 的目录上描述了各类限制性内切核酸酶切割 DNA 末端位点的效率。引物序列需要对靶标序列进行 BLAST 比较，以寻找可能的错配（http://www.ncbi.nlm.nih.gov/BLAST/）。错配导致非特异性扩增水平的提升。
cDNA 特异性引物	在反转录 PCR 中，基因组 DNA 的污染会造成许多问题，包括假阳性数量的增加。避免这个问题的最好办法是将引物设计在 mRNA 的跨外显子-外显子交界区，或该交界区的侧翼序列上。
在线设计软件可辅助引物设计，它们可降低失败率，从而减少试验的成本和时间	Primer3-Plus(http://www.bioinformatics.nl/cgi-bin/primer3plus/primer3plus.cgi) GeneFisher2 (http://bibiserv.techfak.uni-bielefeld.de/genefisher2/) Primer-Blast (http://www.ncbi.nlm.nih.gov/tools/primer-blast/) 参见 Chen 等(2002)

在某些情况下，需要同时扩增多个片段，这时应使用一种叫做多重 PCR 的扩增反应。反应体系中包含有不止一对引物，更多的信息请参见本章中的多重 PCR 部分。标准反应中可含有无限量的引物，通常每种引物为 $0.1～0.5\mu mol/L$（$6×10^{12}～3×10^{13}$ 个分子）。这个量足够 1kb 的 DNA 片段扩增至少 30 个循环，更高浓度的引物会错配，从而导致非特异扩增。

自动 DNA 合成仪合成的引物无需进一步纯化即可用于标准 PCR 反应，如果引物经过市售树脂柱色谱（如 NENSORB; NEN Life Science 公司产品）或变性聚丙烯酰胺凝胶纯化，单拷贝的哺乳动物基因组模板的扩增效率会更高（参见第 2 章，方案 10）。

- 脱氧核糖核酸三磷酸盐（dNTP）。标准的 PCR 反应含有等摩尔数的 dATP、dTTP、dCTP 和 dGTP，每种 dNTP 的推荐浓度是 200～250μmol/L，$MgCl_2$ 的浓度为 1.5mmol/L。在 50μL 反应体系中，这个浓度足以合成 6～6.5μg 的 DNA，即使对于含有 8 对以上引物的多重 PCR 反应来说也是足够的。dNTP 低至 20μmol/L 也能合成 0.5～1.0pmol 的 1kb 的 DNA 分子。但是，过高浓度的 dNTP（大于 4mmol/L）反而会抑制 PCR 反应，可能的原因是对 Mg^{2+} 的猝灭作用。

  多家公司（如 Roche、QIAGEN、Boehringer-Ingelheim、GE Healthcare Life Sciences）均出售经过高压液相色谱（HPLC）纯化后的 dNTP，以作为 PCR 反应的底物。这些 dNTP 中不含有能够抑制 PCR 反应的四磷酸盐及焦磷酸盐。储存的 dNTP 对反复冻融敏感，几次冻融后，PCR 效率会下降。解决方法是将 dNTP 分装（2～5μL）在 10mmol/L 的 Tris（pH8.0）中，保存于-20℃，在第二轮冻融后，就应该丢弃不用了。如果使用纯水溶解保存，容易造成 dNTP 的酸水解。在长期-20℃保存中，水分会蒸发到管壁上，造成 dNTP 浓度的变化，此时应短暂离心。

- 二价阳离子。二价阳离子通常为 Mg^{2+}，是所有的热稳定 DNA 聚合酶活性所必需的。一些聚合酶在 Mn^{2+} 存在的情况下，虽然活性略低，但是也能工作。Ca^{2+} 是完全无效的。镁离子有两个功效：一是和 dNTP 结合成复合物，作为聚合酶的底物；二是稳定引物-模板复合体。一般来说，PCR 产物的产量和镁离子浓度的关系呈钟形，当镁离子浓度过低时，引物复性到模板上的效率差；当镁离子浓度过高时，DNA 二聚体配对强度过高，以至于加热也难以有效解链，由于 dNTP 和核苷酸结合镁离子，故镁离子的摩尔浓度应该超过 dNTP 和引物共同拥有的磷酸基团的摩尔数。因此，各种情况下的最佳镁离子浓度很难确定。虽然 1.5mmol/L 是最常使用的镁离子浓度，但是据报道，将镁离子浓度增加到 4.5mmol/L 或 6mmol/L，在某些情况下可减少非特异性引发（参见 Krawetz et al. 1989; Riedel et al. 1992），也可增加非特异性引发（参见 Harris and Jones 1997）。因此，每组引物模板组合的最佳镁离子浓度都必须通过实验来确定。

  很多公司（如 Life Technologies、Sigma-Aldrich、Roche Applied Science 和 Alliance Bio）销售 PCR 缓冲液优化试剂盒，其中含有各种缓冲液组分，可供研究者通过实验决定最佳反应条件。一旦条件确立，就可以从这些公司购买最终的缓冲液或自己在实验室里配制。或者，研究者同时进行 10 个 PCR 反应，每个反应中镁离子的浓度从 0.5mmol/L 到 5.0mmol/L 递增，依次增加 0.5mmol/L，有时为了更精确，还得进行第二轮优化，镁离子的浓度递增按 0.2mmol/L 进行。如果可能，制备的模板中不应含有螯合剂（如 EDTA）或阴离子（如磷酸根），这些都会猝灭镁离子。

- 维持 pH 的缓冲液。室温下 pH 调到 8.3～8.8 的 Tris 缓冲液经常用于 PCR 反应，浓度从 10mmol/L 到 66mmol/L 不等，当在 72℃时（延伸温度），反应缓冲液的 pH 会下降整整一个单位，也就是降到约 7.2。

- 单价阳离子。标准的 PCR 缓冲液含有 50mmol/L 的 KCl，这个浓度对大于 500bp 片段的扩增是很有效的，把 KCl 浓度提升到 70～100mmol/L 可提升短片段产物的产量。

- 模板 DNA。单链或双链形式的包含靶序列的模板 DNA 都可用于 PCR，闭合环状 DNA 的扩增效率要比线性 DNA 扩增效率略低。虽然模板 DNA 的长度并不是很关键，但是，如果扩增片段位于长模板内（大于 10kb），那么使用限制性内切核酸酶先消化模板，可以提高目标片段产物的产量。当然，在目标片段内部必须不含有这种限制性内切核酸酶。

原则上，只要有一个分子的模板，就可以被 PCR 扩增出来，但是，通常都需要数千拷贝的模板分子来进行 PCR 扩增。对于哺乳动物基因组 DNA 来说，每个反应需要的模板量是 1μg，这里面含有的常染色体单拷贝基因约为 3×10^5 拷贝。对于酵母染色体、细菌染色体和质粒等模板的通常用量分别是 10ng、1ng 和 1pg。

热稳定 DNA 聚合酶

热稳定 DNA 聚合酶从两类生物中分离获得：嗜热和超嗜热真细菌型古细菌。这些菌中含有的 DNA 聚合酶是嗜热细菌中 DNA 聚合酶 I 的活化石。嗜热古菌中含有的主要 DNA 聚合酶属于栖热水生菌聚合酶α家族，它是嗜热古菌家族的一员（Brock 1995a,b, 1997）。*Taq*（*T. aquaticus*；栖热水生菌）DNA 是首先分离及了解最透彻的热稳定 DNA 聚合酶，目前在各个实验室中依然作为 PCR 反应的主力军（参见信息栏 "*Taq* DNA 聚合酶"）。

一个单位 *Taq* 酶的定义是：74℃、30min 内将 10nmol 的 dNTP 掺入酸沉淀物质中的酶量。因为大部分商业化的 94kDa *Taq* 酶的比活是 80 000U/mg 蛋白质，1U 的酶量约含有 8 $\times 10^{10}$ 个 *Taq* 酶分子。一般的 PCR 反应使用 1U 的酶，摩尔数远超过模板量，但是当扩增结束的时候，扩增的 DNA 的摩尔数会超过酶分子数的 100 倍。

不幸的是，每个厂家出售的 *Taq* 酶制剂是不同的，在产量、扩增长度、保真度等方面有差异（参见 Linz et al. 1990）。因此，有必要对每批次的 *Taq* 酶优化 PCR 条件。

Taq 酶的半衰期在 97.5℃时是 9min，此酶可以在 10s 内合成 9000bp。*Taq* 酶在合成小片段的时候依然可作为首选，但是，由于其缺乏 3′→5′的校对功能（Lawyer et al. 1993），扩增的突变率较高（每 9000 个核苷酸中出现 1 个突变）（Tindall et al. 1988）。从其他嗜热细菌或古菌中分离的热稳定 DNA 聚合酶，如 *Pfu* DNA 聚合酶，拥有校对功能（Cline et al. 1996），可用于替代 *Taq* 酶或与之结合使用。特别是在需要确保高保真度扩增的情况下，如扩增超过数 kb 的片段或反转录扩增 mRNA。

对酶的选择得由实验目的来决定，例如，如果需要高保真扩增基因，那么酶就得需要具备校对功能；如果是为了克隆扩增片段，那么以选择产生平头末端的酶为佳。直到最近，研究者对这些选择只能采取折中的方式。然而，使用两种或多种 DNA 聚合酶的混合物可以有效地提升产量，特别是对于长片段 DNA 的扩增（Barnes 1994; Cheng et al. 1994a,b; Cohen 1994）。性能提升的原因是混合物中的一种酶可以补充另外一种酶的缺陷，从而延伸并跨越模板链上可能的障碍。这些障碍包括：①二级结构（Eckert and Kunkel 1993）；②缺口，对于缺口，缺乏末端转移酶功能的聚合酶无法跨越（Hu 1993）；③错配的碱基，错配的碱基会导致无校对功能的聚合酶驻留并从引物-模板上解离下来（Barnes 1994）。目前一些公司销售鸡尾酒式聚合酶组合，以获得所需要的性能。例如，*Tbr* 和 *Taq* 的组合，商品名为 DyNAzyme（NEB 和其他供应商），具有高保真性（由 *Tbr* 的校对功能支持）和高效性（由 *Taq* 的高效性支持）。类似的，*Taq* 和 *Pfu* 的混合酶可高效生产长片段产物（能达到 35kb）。

Taq 酶的产物带有 3′突出的 A，这对 TA 克隆是有利的，这些克隆载体有一个 3′突出的 T，可与 PCR 产物 3′突出的 A 配对，有利于 PCR 产物克隆。

PCR 反应的程序设计

PCR 反应是一个重复过程，包含三个要素：模板的加热变性；引物与单链模板的复性；复性引物在热稳定 DNA 聚合酶的作用下延伸（图 7-1）。

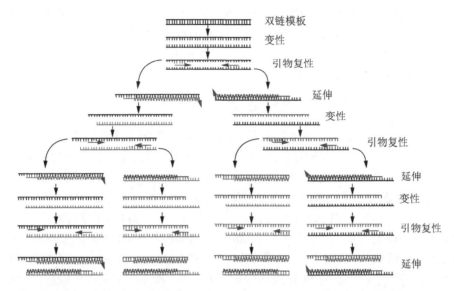

图 7-1 PCR 反应中的扩增步骤。 本图显示了 PCR 前几轮反应的各个步骤。原始模板（在图的顶部）是双链 DNA，左向和右向引物分别用箭头 "←" 和 "→" 来表示。前几轮扩增反应的产物在大小上是不均一的，但是，在两条引物之间的区域随后会优先扩增，这样的产物也会迅速成为主流。

- 变性。双链 DNA 模板的变性温度部分是由其 GC 含量决定的，GC 含量越高，解链温度越高。DNA 越长，在解链温度下持续的解链时间就越长。如果变性温度过低或持续时间过短，那么只有富含 AT 区解链，当进入 PCR 反应的其他阶段时，温度降低，这个时候模板 DNA 又会复性成天然状态。

  Taq 酶催化的 PCR 反应中，变性温度一般是 94～95℃，这是 *Taq* 酶能够承受 30 个循环而不发生过度损伤的最高温度。在第一轮 PCR 中，变性时间持续约 5min，以确保长模板 DNA 完全变性，然而，根据我们的经验，对于线性 DNA 模板，这么长的变性时间可能是无用且有害的（Gustafson et al. 1993）。对于线性且 GC 含量不超过 55% 的模板 DNA，在 94～95℃变性 45s 即可。

  高 GC 含量的模板（GC 含量大于 55%）所需的变性温度更高，来自于古细消解酶菌的 DNA 聚合酶比 *Taq* 更耐热，因此更适合高 GC 含量模板的扩增。

- 引物与模板的复性。复性温度的选择很关键，如果选择高了，那么引物与模板结合困难，导致产物量很少；如果低了，那么就会有非特异性复性的情况发生，导致非特异性片段的扩增。复性温度一般要比熔解温度低 3～5℃，熔解温度是指引物从模板上解离下来的温度。有很多公式用于计算理论熔解温度，但是没有一个能够对各种长度和序列的引物的熔解温度进行精确计算。所以，最好是做一系列试验性 PCR，以探索比熔解温度低 2～10℃的各种温度点中哪个温度是最佳的。或者，PCR 的前几个循环中复性温度逐渐降低（参见方案 3 "降落 PCR"）（Don et al.1991）。前者得在不同复性温度下进行多个 PCR 反应，而后者的好处在于，在一个 PCR 反应中试验不同的复性温度并找到合适的温度。降落 PCR 解决了每对引物需要试验最佳复性温度的问题，经常用于在常规 PCR 中获得可靠的产物量（Peterson and Tjian 1993; Hecker and Roux 1996; Roux and Hecker 1997）。

- 引物的延伸。一般在或接近热稳定 DNA 聚合酶催化 DNA 合成的最佳温度下进行，对 *Taq* DNA 聚合酶来说就是 72～78℃。在前两轮 PCR 中，从一条引物发起的延伸会超越另外一条引物在模板上的结合位点，而后来的产物长度就是两条引物结合模板位点之间的长度，从第三轮反应开始，两条引物之间长度的产物几何级增长，而超过两条引物之间长度的产物则以正比例方式增长（Mullis and Faloona 1987）。作为一个经验法则，每 1kb 产物，延伸时间为 1min。在最后一轮 PCR 中，许多研究者使用的延伸时间一般为前轮循环延伸时间的 3 倍，表面上是为了让所有的扩增产物最终完成延伸。但是，我们的实验显示，延伸时间进行这样的调整不会显著改变 PCR 的结果。

- 循环数。如在信息栏"PCR 理论"中讨论的那样，循环数取决于 PCR 起始时存在的模板数及引物延伸和扩增的效率。一旦进入指数级增长，反应会进行到 PCR 组分耗尽而不足以支持循环进行下去时。到这个时候，扩增产物达到最大量，而非特异性扩增几乎看不到。含有 10^5 拷贝模板和 *Taq* DNA 聚合酶的 PCR 反应一般 30 个循环后可达到这个程度（扩增效率约 0.7）。以哺乳动物基因组作为模板，扩增单拷贝序列，至少需要进行 25 个循环，以获得可接受的产物量。

PCR 反应中可选择的成分

一些助溶剂和添加剂可降低错配率及增加富含 GC 模板的扩增效率（吐温-20 和 NP-40）。助溶剂包括有机胺化合物，如甲酰胺（1.25%～10%，*V/V*）（Sarkar et al. 1990；Varadaraj and Skinner 1994；Chakrabarti and Schutt 2001）、二甲基亚砜（DMSO，最多可到 15%，*V/V*）（Bookstein et al. 1990）、甘油（1%～10%，*V/V*）（Lu and Nègre 1993）等。添加剂包括四甲基氯胺（Hung et al. 1990；Chevet et al. 1995）、甜菜碱（Henke et al. 1997）、谷氨酸钾（10～200mmol/L）、硫酸铵、非离子和阳离子去污剂（Bachmann et al. 1990；Pontius and Berg 1991），以及一些特异性强化剂，如 Perfect Match 聚合酶增强子（Agilent 公司产品）和 GC-Melt（Clontech 公司产品）。很多这些助溶剂及添加剂在高浓度下会抑制 PCR 反应，因此，对每个特定的引物及模板，都需要进行试验以确定最佳浓度。在动用这些助溶剂及添加剂之前，我们认为最好先优化 PCR 的常规组分，如镁离子及钾离子的浓度（Krawetz et al. 1989；Riedel et al.1992）。唯一例外的是 GC-Melt，在我们的工作中发现，它用于对付高 GC 的模板非常有效，可极大地提升扩增效率。

抑制剂

任何成分过量都可能成为 PCR 反应的抑制剂。最常见的 PCR 杀手包括：蛋白酶 K（如果有机会，它会降解热稳定 DNA 聚合酶）、酚、EDTA。其他可能引起麻烦的成分还有：离子去污剂（Weyant et al. 1990）、肝素（Beutler et al. 1990）、多聚阴离子如亚精胺（Ahokas and Erkkila 1993）、血色素及上样染料如溴苯酚兰、二甲苯胺等（Hoppe et al. 1992）。很多情况下，扩增产物产量低或产量不稳定的主要原因在于模板的污染（参见下述"PCR 中的污染"部分）。对模板进行纯化，即可解决 PCR 中的很多问题，如对模板进行透析、乙醇沉淀、氯仿抽提及使用合适的树脂进行层析纯化等。

基础 PCR 反应中引物的设计

引物设计的主要指标就是特异性，也就是两条引物都能够稳定地结合到模板的特定靶序列上。一个经验法则是：引物越长，特异性越好。下面的方程可用于计算引物在模板上完全配对的概率，这里的模板假设为 4 种核苷酸完全随机分布。

$$K=[g/2]^{G+C} \times [(1-g)/2]^{A+T}$$

式中，*K* 是指引物在一条模板上完全配对的概率；*g* 是指模板上 GC 的相对含量；*G*、*C*、*A*、*T* 是指引物中 4 种碱基分别的个数。一条双链模板的长度如果为 *N*（指核苷酸数），那么这个模板上可能的引物结合位点数（*n*）就是 *n=2NK*。

按照这个方程进行计算，一条长度为 15nt 的引物，在哺乳动物基因组（*N* 约等于 3×

10^9）中的结合位点（指完全匹配）只有一个。对于一个 16nt 的引物来说，在复杂度为 10^7 的哺乳动物 cDNA 文库中恰好含有能与其完全匹配的序列的概率只有 1/10。然而，这个计算方法的前提是：4 种碱基在哺乳动物基因组中是随机分布的。这个前提其实不存在，因为哺乳动物具有密码子偏爱性，另外，有相当部分的基因组序列是由重复序列或基因家族组成的。为了降低非特异性结合，引物的长度要比上述方法计算出的长度长一些。由于重复序列的存在，即使引物长度超过 20nt，只有不超过 85%的哺乳动物基因组序列可以精确地配对。设计引物的时候，要用引物序列比对 DNA 数据库，以确保引物只和靶基因配对，而不会和载体、其他基因及重复序列配对。

表 7-1 提供了引物设计中的一些原则，如果认真执行这些标准，那么在很大程度上可以避免失败。

选择 PCR 引物

下列步骤用于筛选引物：

1．分析靶基因和引物结合位点，确保不存在多个同种核苷酸的聚集区，没有明显形成二级结构的可能，不会形成自互补，也不会和靶基因的其他部位结合（参见第 9 章中"实时荧光 PCR 反应引物、探针设计和反应条件优化"部分）

2．按照表 7-1 的标准，把可能的正向及反向引物列出来，按照下面列出的方程，计算其熔解温度。

3．选择匹配良好的正、反向引物，两条引物的 GC 含量要相当。两条引物及扩增产物的 GC 含量最好能够相当，并且最好为 40%～60%。

4．前后移动引物位置，确保引物的 3′端以 G 或 C 结尾，确保两条引物之间没有互补区域，原则上说，两条引物之间连续三个碱基互补是不允许的。

计算机辅助设计引物

使用计算机程序对引物进行设计、筛选及定位可节省时间，减少麻烦。关于这方面的综述，参见 Chen 等（2002）。很多独立的计算机程序可用于选择引物位点，使用者需要设定一些参数，就可以获得没有发夹、二聚体及其他问题结构的引物。这些程序可产生一系列供选择的引物，其熔解温度一般使用最近邻法进行计算，在这种计算方法中，引物和模板的热力学稳定性由相邻碱基相互作用的叠加计算而来。

大部分程序使用绘图工具，界面友好，可根据各参数的权重对引物进行打分排序。有些程序还含有一些功能，如帮助搜索引物非特异性结合的数据库、优化 PCR 反应条件、把氨基酸序列转化成核苷酸序列、排除有二级结构的引物等。所有的这些 DNA 分析包都含有引物设计的先进模块（参见第 8 章中的方案 3；http://www.humgen.nl/primer_design.html 网站提供有各种程序的链接）。

计算引物-靶序列杂交体的熔解温度

有几个方程可用于计算引物-靶序列杂交体的熔解温度，但都不是很完美，因此，对它们的选择主要取决于个人喜好。对于一对引物中的两个成员，在计算熔解温度时，必须使用同一个方程。

- 一个基于经验且很方便使用的方程，叫做 Wallace 方程（Suggs et al. 1981; Thein and Wallace 1986），可用于计算高离子强度下（如 1mol/L 的氯化钠）15～20nt 长的双链的熔解温度：

$$T_m(℃) = 2℃(A+T) + 4℃(G+C)$$

式中，$A+T$ 指引物中 A 和 T 的总数；$G+C$ 指引物中 G 和 C 的总数。

- Baldino 等（1989）的方程计算更为精确，14～70nt 的引物长度，在 0.4mol/L 或更低的离子强度下的计算方程为：

$$T_m(℃)=81.5℃ +16.6(\log_{10}[K^+]) + 0.41(\%[G + C]) - (675/n)$$

式中，n 是引物的核苷酸数。这个方程还可用于计算扩增产物的熔解温度，只要扩增产物的长度和序列已知。在标准 PCR 反应中，扩增产物的熔解温度最好不要超过 85℃，以确保解链步骤中扩增产物能够完全解链。需要指出的是，PCR 反应中的变性温度定义为"同源分子之间不可逆的分离温度"，不可逆的分离温度比熔解温度要高几度（对于 GC 含量 50%的 DNA 分子来说，不可逆的分离温度为 92℃）

上述的两个方程都没有考虑到碱基序列对熔解温度的影响（考虑到了碱基组成），掺入最邻热力学数据可更精确地计算熔解温度（参见 Rychlik 1995）。但是，Wallace 原则和 Baldino 方程使用起来更方便，对于大多数应用来说也已经足够了。

mRNA 的检测、分析及定量

多年来，发展出了多种检测、分析及定量 mRNA 和其他细胞转录物的方法（表 7-2），按出现的时间排序，这些方法罗列如下。

- Northern 杂交（Alwine et al. 1977）。①RNA 成分在变性琼脂糖凝胶中电泳分离；②转移到固相支持介质上（尼龙膜或硝酸纤维素膜）；③与标记探针杂交。比较目标 RNA 和已知大小的对照的迁移率，就可以知道目标 RNA 的大小；而杂交强度就反映了其丰度（参见第 6 章）。

表 7-2 对 mRNA 的检测、分析及定量

方法	目标RNA的类型	同时定量的目标RNA的数量	用途	缺点
Northern杂交	mRNA	通常为一个，最多几个。	主要用于估测不同组织、细胞中目标mRNA的分子质量，可用于mRNA的粗略定量。	需要大量RNA；只可同时检测一个或最多几个mRNA；与PCR方法相比，灵敏度差、耗时。
RNA酶保护	mRNA	通常为一个，但是如果使用混合探针，最多可同时检测12种mRNA。	主要用于对不同类型细胞或组织中目标mRNA的检测和定量。	需要特异性的反义杂交探针（通常带放射性）。RNA 酶保护法远比Northern杂交灵敏，但灵敏度还是不如PCR法。
传统反转录PCR	mRNA	通常为一个，但是也可努力做到多重检测系统。	是检测目标RNA的高灵敏度方法，即使目标RNA在细胞中拷贝数很低也可检测。主要用于检测不同细胞和组织中mRNA的相对丰度。	由于反转录PCR取决于反转录步骤和扩增步骤所使用的引物，经常可能出现假阳性结果；反转录步骤变化大；另外，产物量的测定方法有很多缺陷，如低分辨率和低灵敏度。
实时定量PCR	mRNA及miRNA	通常为一个，但也可检测多个目标RNA，参见Stanley和Szewczuk (2005)等的研究结果，他们在单个多重反应中同时分析过72个mRNA	是检测目标RNA的一种高灵敏及高精度的方法。即使目标RNA在细胞中拷贝数极少也适用。实时PCR比其他方法更灵敏、更快、更精确。最近10年内是检测细胞中mRNA相对丰度的主要方法。不仅可用于mRNA的检测，也可用于microRNA的检测（参见Chen et al. 2005; Benes and Castoldi 2010）。	市场上销售的几种商业设备采用的检测方法不同。另外，已出版了数百种描述实时定量PCR的方案。实时PCR的每个步骤都缺乏标准，导致可靠性和可重复性的比较即使可能，也很困难（Nolan et al. 2006; Derveaux et al. 2010）。对实时PCR提出了一些合理的建议和标准，规定了实时PCR结果发表所必需的最少信息量，也许会有助于解决目前的困境（Bustin et al. 2009; Bustin 2010）。

- RNA 酶保护（Zinn et al. 1983; Melton et al. 1984）。使用反义标记探针特异性结合 RNA 群体中的目标 RNA。使用 RNA 酶消化水解所有未能杂交的序列。余下的标记探针的量就能够反映起始总 RNA 中目标 RNA 的量。

- 反转录 PCR（RT-PCR）（Wang et al. 1989）。以 mRNA 群体作为反转录的模板，再用一对目标 RNA 特异性引物，通过传统 PCR 方法扩增目标序列。这两步酶促反应可在一步偶联反应中完成，也可分两步单独完成。在反转录 PCR 的步骤中，反应在产物的指数式增长最大循环数时停止，然后使用凝胶电泳和 Southern 杂交方法检测产物。在反转录 PCR 过程中，反应系统中加入一系列已知量的 mRNA，形成一套标准，以这些标准所生成的 DNA 产物的量来确定目标 RNA 的量。

- 实时定量 PCR（RT-qPCR）。以 mRNA 群体作为反转录的模板，再以一对目标 RNA 特异性引物，通过传统 PCR 方法扩增目标序列。这两步酶促反应可在一步偶联反应中完成，也可分两步单独完成。PCR 产物的量与能发光的荧光标记分子成正比，可用于检测和定量所研究的 mRNA。荧光强度的测量是实时进行的。

  如今，定量细胞 RNA 标准的方法是实时定量反转录 PCR（RT-qPCR）（Van Guilder et al. 2008）。RT-qPCR 在装备有能监测检测分子所发出荧光的系统的热循环仪上进行。有多种不同的技术方法，最常见的有 TaqMan（Applied Biosystems 公司产品）、LightCycler（Roche 公司产品）、LUX（Life Technologies 公司产品）、Molecular Beacons 及 SYBR Green 等。对这些技术方法的详细讨论请参见第 9 章。

其他用于测定 mRNA 5′端和 3′端序列的基于 PCR 的技术有 5′-RACE（方案 9）和 3′-RACE（方案 10）等。

PCR 中的污染

PCR 实验中经常遇到的一个问题是外源 DNA 片段的污染，这些污染的 DNA 片段可作为模板而扩增得到产物。污染毫无例外的都是由于研究者或其同事的疏忽造成的，这些粗心大意者把靶 DNA 弄进了仪器、溶液及 PCR 反应中用到的酶里面。麻烦的第一个征兆是在没有模板 DNA 的阴性对照中也总能扩增出目标产物。一旦如此，所有的扩增出的产物都值得怀疑。根据我们的经验，这个时候去探寻污染源是毫无意义的，更简单、代价更小、破坏性更小的做法是把所有的溶液、试剂及其他用到的东西都丢弃掉，把仪器设备擦干净去掉污染源，并采取下述的步骤以降低将来发生污染的可能性。

实验室

最理想的是，在一个独立的实验室中配制 PCR 反应体系，这个房间得有一套设备和冰箱等，以储备缓冲液和酶。大多数研究者更实际的做法是：在实验室里划定一个特别的区域，用于配制 PCR 反应体系。PCR 反应配制的地方要有层流和紫外灯。层流柜不用的时候，要打开紫外灯。在层流柜中放一台小离心机、一次性手套、试剂和一套移液器，这套移液器只用于配制 PCR 反应体系。由于自动移液器的活塞是污染的一个主要来源，因此，用于吸取 PCR 组分的正排量移液器得配备一次性吸头和活塞。

另外一种方法是为自动气压式移液器配备带滤芯的灭菌一次性吸头（如 ART 气溶胶阻滞吸头，Research Products International 公司产品）。吸头和管子开包就使用，不宜高压灭菌。PCR 仪要放在实验室的特定部位，与配制 PCR 反应体系的层流柜隔绝。

配制和操作 PCR 的原则

下面列出了配制和操作 PCR 的一些原则。打算做 PCR 的研究者必须对这些原则有充分理解并切实遵循。

- 指定配制 PCR 体系的区域尽量减少物品的运入和运出。
- 在此区域工作时戴手套，并经常更换。戴面具和头套，以减少面部皮肤和头发细胞来源的污染。
- 建立起个人单独使用的一套试剂及一次性用品（包括 PCR 管、矿物油、蜡珠等）。使用新的玻璃器皿、塑料器具及移液器，这些用品没有在实验室的 DNA 环境中暴露过，用这些物品配制及储存溶液。缓冲液和酶要分装成小份，放在靠近层流柜的冰箱的特定区域中。使用后剩余的小份试剂丢弃不用，配制 PCR 成分的那些试剂不要用于其他实验。
- 在打开装有 PCR 试剂的离心管前，先用层流柜中的小离心机短暂离心（10s），把液体离心到管底。这样可以减少对手套和移液器的污染。
- 在自己的实验台上稀释 DNA 模板，只把需要使用的稀释液带入 PCR 配制区。
- 在完成 PCR 扩增后，不要把装有扩增产物的管子带入 PCR 配制区，而应该在你自己的实验台上操作后续步骤。
- PCR 级的水是所有 PCR 反应所必需的，不含离子、盐、核酸酶，pH 中性。可从 Ambion 公司和其他供应商购买。

去除溶液和设备的污染

对试剂（无 dNTP 的缓冲液和水）采用 254nm 波长的紫外线照射可以灭活其中的污染 DNA。紫外线照射可使双链 DNA 中邻近的嘧啶碱基形成二聚体，从而使得污染 DNA 不再能够成为 PCR 反应的模板。使用商业化的紫外交联仪（如 Stratalinker，Agilent 公司产品），透明的白色离心管内的溶液很容易完成照射处理（$200 \sim 300 mJ/cm^2$ 照射 $5 \sim 20 min$）。dNTP 对紫外线照射具有抗性，但是 *Taq* DNA 聚合酶不具有抗性。引物对紫外照射的敏感性差别很大，无法预测（Ou et al. 1991）。

紫外照射去除小型设备（如架子、移液器等）外露面的污染。工作区、离心机、PCR 仪的非金属表面可用弱漂白剂溶液（如 10%的次氯酸钠）处理去污染（Prince and Andrus 1992），或使用商业化的产品（如 Ambion 公司的 DNAZap）来处理。

阻止来自其他 PCR 产物的污染

尿嘧啶 *N*-糖基酶（Ung）可用于摧毁本次 PCR 反应中污染的上一次 PCR 反应的产物（Longo et al. 1990；Thornton et al. 1992；综述参见 Hartley and Rashtchian 1993）。DNA 中的 dU 代替 dT 掺入后，尿嘧啶 *N*-糖基酶就可切开 DNA 中的尿嘧啶-糖苷键，但是这个酶不会切割 RNA 中的 rU 和双链 DNA 中的 dT 残基。防污染程序先是在 PCR 反应中用 dUTP 代替 dTTP，这种替代对 PCR 反应的特异性及 PCR 产物的分析影响极小。但是，PCR 产物的量会略有减少（Persing 1991）。当下次的 PCR 体系用尿嘧啶 *N*-糖基酶短暂处理后，含有尿嘧啶残基的污染 DNA 就会被摧毁。对于从大批量样本中扩增少数 DNA 片段的 PCR 反应，如基因组筛选，使用 dUTP 和尿嘧啶 *N*-糖基酶控制污染会非常有效。但需要认识到的是，使用尿嘧啶 *N*-糖基酶控制污染的效果并不是绝对的（Niederhauser et al.1994），它只是整个控制污染方法体系中的一个组成部分。

参考文献

Ahokas H, Erkkila MJ. 1993. Interference of PCR amplification by the polyamines, spermine and spermidine. *PCR Methods Appl* 3: 65–68.

Alwine JC, Kemp DJ, Stark GR. 1977. Method for detection of specific RNAs in agarose gels by transfer to diazobenzyloxymethyl-paper and hybridization with DNA probes. *Proc Natl Acad Sci* 74: 5350–5354.

Bachmann B, Luke W, Hunsmann G. 1990. Improvement of PCR amplified DNA sequencing with the aid of detergents. *Nucleic Acids Res* 18: 1309. doi: 10.1093/nar/18.5.1309.

Baldino F Jr, Chesselet MF, Lewis ME. 1989. High-resolution in situ hybridization histochemistry. *Methods Enzymol* 168: 761–777.

Barnes WM. 1994. PCR amplification of up to 35-kb DNA with high fidelity and high yield from λ bacteriophage templates. *Proc Natl Acad Sci* 91: 2216–2220.

Benes V, Castoldi M. 2010. Expression profiling of microRNA using real-time quantitative PCR, how to use it and what is available. *Methods* 50: 244–249.

Beutler E, Gelbart T, Kuhl W. 1990. Interference of heparin with the polymerase chain reaction. *BioTechniques* 9: 166.

Bookstein R, Lai CC, To H, Lee WH. 1990. PCR-based detection of a polymorphic BamHI site in intron 1 of the human retinoblastoma (RB) gene. *Nucleic Acids Res* 18: 1666. doi: 10.1093/nar/18.6.1666.

Brock TD. 1995a. The road to Yellowstone—And beyond. *Annu Rev Microbiol* 49: 1–28.

Brock TD. 1995b. Photographic supplement to "The road to Yellowstone—And beyond." Available from T.D. Brock, Madison, WI.

Brock TD. 1997. The value of basic research: Discovery of *Thermus aquaticus* and other extreme thermophiles. *Genetics* 146: 1207–1210.

Bustin SA. 2010. Why the need for qPCR publication guidelines?—The case for MIQE. *Methods* 50: 217–226.

Bustin SA, Benes V, Garson JA, Hellemans J, Huggett J, Kubista M, Mueller R, Nolan T, Pfaffl MW, Shipley GL, et al. 2009. The MIQE guidelines: Minimum information for publication of quantitative real-time PCR experiments. *Clin Chem* 55: 611–622.

Chakrabarti R, Schutt CE. 2001. The enhancement of PCR amplification by low molecular weight amides. *Nucleic Acids Res* 29: 2377–2381.

Chen B-Y, Janes HW, Chen S. 2002. Computer programs for PCR primer design and analysis. *Methods Mol Biol* 192: 19–29.

Chen C, Ridzon DA, Broomer AJ, Zhou Z, Lee DH, Nguyen JT, Barbisin M, Xu NLK, Mahuvakar VR, Andersen MR, et al. 2005. Real-time quantification of microRNAs by stem-loop RT-PCR. *Nucleic Acids Res* 33: e179.

Cheng S, Chang SY, Gravitt P, Respess R. 1994a. Long PCR. *Nature* 369: 684–685.

Cheng S, Fockler C, Barnes WM, Higuchi R. 1994b. Effective amplification of long targets from cloned inserts and human genomic DNA. *Proc Natl Acad Sci* 91: 5695–5699.

Chevet E, Lemaitre G, Katinka MD. 1995. Low concentrations of tetramethylammonium chloride increase yield and specificity of PCR. *Nucleic Acids Res* 23: 3343–3344.

Chien A, Edgar DB, Trela JM. 1976. Deoxyribonucleic acid polymerase from the extreme thermophile *Thermus aquaticus*. *J Bacteriol* 127: 1550–1557.

Cline J, Braman JC, Hogrefe HH. 1996. PCR fidelity of pfu DNA polymerase and other thermostable DNA polymerases. *Nucleic Acids Res* 24: 3546–3551.

Cohen J. 1994. 'Long PCR' leaps into larger DNA sequences. *Science* 263: 1564–1565.

Derveaux S, Vandesompele J, Hellemans J. 2010. How to do successful gene expression analysis using real-time PCR. *Methods* 50: 227–230.

Don RH, Cox PT, Wainwright BJ, Baker K, Mattick JS. 1991. 'Touchdown' PCR to circumvent spurious priming during gene amplification. *Nucleic Acids Res* 19: 4008. doi: 10.1093/nar/19.14.4008.

Eckert KA, Kunkel TA. 1993. Effect of reaction pH on the fidelity and processivity of exonuclease-deficient Klenow polymerase. *J Biol Chem* 268: 13462–13471.

Gelfand DH, White TJ. 1990. Thermostable DNA polymerases. In *PCR protocols: A guide to methods and applications* (ed Innes MA, et al.), pp. 121–141. Academic, San Diego.

Gustafson CE, Alm RA, Trust TJ. 1993. Effect of heat denaturation of target DNA on the PCR amplification. *Gene* 123: 241–244.

Harris S, Jones DB. 1997. Optimisation of the polymerase chain reaction. *Br J Biomed Sci* 54: 166–173.

Hartley JL, Rashtchian A. 1993. Dealing with contamination: Enzymatic control of carryover contamination in PCR. *PCR Methods Appl* 3: S10–S14.

Hecker KH, Roux KH. 1996. High and low annealing temperatures increase both specificity and yield in touchdown and stepdown PCR. *BioTechniques* 20: 478–485.

Henke W, Herdel K, Jung J, Schnorr D, Loenig SA. 1997. Betaine improves the PCR amplification of GC-rich sequences. *Nucleic Acids Res* 25: 3957–3958.

Hoppe BL, Conti-Tronconi BM, Horton RM. 1992. Gel-loading dyes compatible with PCR. *BioTechniques* 12: 679–680.

Hu G. 1993. DNA polymerase-catalyzed addition of nontemplated extra nucleotides to the 3' end of a DNA fragment. *DNA Cell Biol* 12: 763–770.

Hung T, Mak K, Fong K. 1990. A specificity enhancer for polymerase chain reaction. *Nucleic Acids Res* 18: 4953. doi: 10.1093/nar/18.16.4953.

Krawetz SA, Pon RT, Dixon GH. 1989. Increased efficiency of the *Taq* polymerase catalyzed polymerase chain reaction. *Nucleic Acids Res* 17: 819. doi: 10.1093/nar/17.2.819.

Lawyer FC, Stoffel S, Saiki RK, Chang SY, Landre PA, Abramson RD, Gelfand DH. 1993. High-level expression, purification, and enzymatic characterization of full-length *Thermus aquaticus* DNA polymerase and a truncated form deficient in 5' to 3' exonuclease activity. *PCR Methods Appl* 2: 275–287.

Linz U, Delling U, Rubsamen-Waigmann H. 1990. Systematic studies on parameters influencing the performance of the polymerase chain reaction. *J Clin Chem Clin Biochem* 28: 5–13.

Liu W, Saint DA. 2002a. A new quantitative method of real time reverse transcription polymerase chain reaction assay based on simulation of polymerase chain reaction kinetics. *Anal Biochem* 302: 52–59.

Liu W, Saint DA. 2002b. Validation of a quantitative method for real time PCR kinetics. *Biochem Biophys Res Commun* 294: 347–353.

Longo MC, Berninger MS, Hartley JL. 1990. Use of uracil DNA glycosylase to control carry-over contamination in polymerase chain reactions. *Gene* 93: 125–128.

Lu YH, Nègre S. 1993. Use of glycerol for enhanced efficiency and specificity of PCR amplification. *Trends Genet* 9: 297.

Lubin MB, Elashoff JD, Wang SJ, Rotter JI, Toyoda H. 1991. Precise gene dosage determination by polymerase chain reaction: Theory, methodology, and statistical approach. *Mol Cell Probes* 5: 307–317.

Melton DA, Krieg PA, Rebagliati MR, Maniatis T, Zinn K, Green MR. 1984. Efficient in vitro synthesis of biologically active RNA and RNA hybridization probes from plasmids containing a bacteriophage SP6 promoter. *Nucleic Acids Res* 12: 7035–7056.

Mullis KB. 1997. *Nobel Lectures Chemistry 1991–1995* (ed Malstrom BG). World Scientific, Hackensack, NJ.

网络资源

GeneFisher2 software http://bibiserv.techfak.uni-bielefeld.de/genefisher2/

OligoAnalyzer software www.itdna.com/analyzer/Applications/OligoAnalyzer

PCR primer design www.humgen.nl/primer_design.html

Primer-Blast software www.ncbi.nlm.nih.gov/tools/primer-blast/

Primer3-Plus software www.bioinformatics.nl/cgi-bin/primer3plus/primer3plus.cgi

方案 1　基础 PCR

本方案概述了普通 PCR 所需的试剂和步骤。

- 引物。每条引物的长度应该为 20~30 个核苷酸，含有数量大致相同的 4 个碱基，GC 碱基平均分配，不易形成稳定的二级结构。具体细节参见在本章导言中"基础 PCR 反应中的引物设计"。如下面讨论的，限制性位点能够与设计引物合为一体。使用该类型引物扩增产生的 DNA 在两末端带有酶切位点，可方便用于克隆。

  自动 DNA 合成仪合成的寡核苷酸引物无需进一步纯化即可用于标准 PCR。如果引物经过市售树脂柱色谱（如 NENSORB; NEN Life Science 公司产品）或变性聚丙烯酰胺凝胶纯化，从哺乳动物基因组模板扩增单拷贝序列的效率会更高（在第 2 章，方案 3 中）。

- 模板 DNA。模板可以是 DNA 片段、制备的基因组 DNA、重组质粒，或者是任何其他含有 DNA 的样本。模板 DNA 溶解于含有低浓度 EDTA（<0.1mmol/L）的 10mmol/L Tris-Cl(pH7.6)。

- 耐热的 DNA 聚合酶。*Taq* DNA 聚合酶是适用于大多数形式的 PCR 扩增阶段的标准的、合适的酶。但是，当 3′端错配引物延伸可疑时，可优先考虑具有 3′→5′校正活性的热稳定 DNA 聚合酶（Chiang et al. 1993）（参见前页"热稳定 DNA 聚合酶"部分和信息栏"*Taq* DNA 聚合酶"）。

  Taq DNA 聚合酶储存于含有 50%甘油的储存缓冲液中。该溶液相当黏稠，难以用移液器进行准确吸加。最好的办法是用离心机将盛有酶的离心管在 4℃高速离心 10s，然后用正排量移液器吸取所需酶量。

- 自动移液器。自动微量移液器再配以带滤芯的吸头是 PCR 实验的必备工具。带有隔水屏障的一次性带滤芯的吸头可防止样品液体不小心流入微量移液器，同时减少 PCR 与 DNA 样品在实验过程中存在交叉污染的可能性。带滤芯的吸头可以从几家商业公司购买（例如，ART 带滤芯的吸头可以从 Molecular BioProducts 公司购买）。

- 正排量移液器。正排量移液器装置内的活塞直接与样品液体接触，用于准确量取高黏度的液体。

- 微量离心管或微量滴定板。紧贴于 PCR 仪模块的薄壁塑料管被应用于扩增反应。这种薄壁塑料离心管热传导性能好，大大缩短了达到程序设定温度的时间间隔。

- 热循环仪。能够按照指定扩增程序进行扩增的热循环仪是必需的。由不同商业公司销售的大量可编程热循环仪经 PerkinEler 公司许可被应用于 PCR。这些 PCR 仪的选择取决于研究人员的喜好、经费预算及仪器的使用范围。在购买 PCR 仪之前，我们建议尽可能多地征求意见以发现不同机型的优缺点。

如果有必要的话，通过使用另一对结合到目标 DNA 扩增片段内的序列引物进行第二轮扩增以提高所需产物的产量。在第二轮巢式扩增后，几乎所有含有目标 DNA 片段的产物都可以通过溴化乙锭染色进行检测。也可以参照方案 10 末尾中鉴定和纯化 PCR 扩增产物的那部分内容。

🔩 材料

为正确使用本方案中的器材和危险试剂，必须查阅相应的材料安全数据表并咨询所在机构的环境卫生和安全办公室。

▲为了减少污染外源 DNA 的概率，要准备和使用 PCR 专用试剂和耗材。所使用的玻璃器皿要在 150℃烘烤 6h，塑料器皿要高压灭菌。至于更多的信息，参看本章介绍中 PCR 污染部分。

试剂

含有 MgCl$_2$ 的扩增缓冲液（10×），由 *Taq* DNA 聚合酶的生产厂商供应

Bystander DNA

> 参看步骤 1 中的对照表格

氯仿

含有 4 种 dNTP 的 dNTP 溶液，每种浓度为 20mmol/L（pH8.0）

溴化乙锭或 SYBR Gold

水溶正向引物（20μmol/L）及反向引物（20μmol/L）

> 参看本章导言中有关引物的讨论

使用以下公式计算寡核苷酸的分子质量：

$$M_r =(C×289)+(A×313)+(T×304)+(G×329)$$

式中，*C* 代表寡核苷酸内胞嘧啶脱氧核苷的残基数；*A* 代表寡核苷酸内腺嘌呤脱氧核苷的残基数；*T* 代表寡核苷酸内胸腺嘧啶脱氧核苷的残基数；*G* 代表寡核苷酸内胞嘧啶脱氧核苷的残基数；20mer 分子质量大概为 6000Da；100pmol 的寡核苷酸相当于约等于 0.6μg。

PCR 级水

> PCR 级水不含离子、盐、核酸酶，具有平衡的 pH。Ambion 公司及其他供应商有商业化供应的 PCR 级水。

聚丙烯酰胺凝胶或琼脂糖胶（参见步骤 4）

模板 DNA

> 在含有低浓度 EDTA（<0.1mmol/L）的 10mmol/L Tris-Cl (pH 7.6) 中按以下浓度进行：

哺乳动物基因组 DNA	100μg/mL
酵母基因组 DNA	1μg/mL
细菌基因组 DNA	0.1μg/mL
质粒 DNA	1～5ng/mL

耐热 DNA 聚合酶（来自 Agilent、Life Techonologies、NEB 及其他商业供货商）

设备

用于自动移液器的带滤芯的吸头

微量离心管（0.5mL，扩增反应用薄壁管）或者微孔板

聚丙烯酰胺或琼脂糖凝胶电泳装置

正排量移液器

可编程所需扩增程序的热循环仪

> 如果 PCR 仪没有配加热盖，在 PCR 过程中，离心管内 PCR 反应混合液的上层应加矿物油或石蜡油防止液体蒸发。石蜡油不仅有防止液体蒸发的作用，还有使 PCR 反应体系内各组分（如引物与模板）在反应液加热变性前的阻隔效应。这种阻隔可防止反应初始阶段引物的非特异结合（参见方案 2）。

方法

1. 按照以下次序，将各组分加在 0.5mL 灭菌管、扩增管或灭菌滴定板的孔内混合：

10×扩增缓冲液	5μL
20mmol/L 4 种 dNTP 混合液（pH8.0）	1μL
20μmol/L 正向引物	2.5μmol/L
20μmol/L 反向引物	2.5μmol/L
耐热的 DNA 聚合酶（1～5U/μL）	1～2U
模板 DNA	5～10μL
加 H$_2$O 至终体积为	50μL

下表提供了 PCR 的标准反应条件

Mg^{2+}	KCl	dNTP	引物	DNA 聚合酶	模板 DNA
1.5mmol/L	50mmol/L	0.4mmol/L	1μmol/L	1~5U	1pg~1μg

反应缓冲液在 25℃ 测定 pH 应该为 8.3。因为 Tris pK_a 的高温依赖性,反应缓冲液的 pH 会在 72℃ 降至约 7.2 (Good et al.1966; Ferguson et al. 1980)。模板 DNA 的复杂性不同,其加入量根据序列的复杂性也会有所不同。至于哺乳动物 DNA,每个反应可使用多达 1.0μg 模板 DNA 的量,酵母、细菌和质粒 DNA 标准的模板量分别为 10ng、1ng 和 10pg。

每组 PCR 都要设有阴性和阳性对照,具体参见下表。阳性对照用于检测 PCR 的效率,而阴性对照则用于检测是否污染了含有靶序列的 DNA。

	Bystander DNA[a]	模板 DNA[b]	靶 DNA[c]	特异性引物[d]
阳性对照				
1	+	—	+	+
2	—	—	+	+
阴性对照				
3	—	—	—	+
4	+	—	—	+

a. Bystander DNA 不含靶序列。它应该和模板 DNA 在复杂度、大小和浓度等各个方面都相似。

b. 模板 DNA 是试验中的 DNA。

c. 含有靶序列的靶 DNA。它可以是重组 DNA 克隆、纯化的 DNA 片段或者是基因组样本。它应该加到阳性对照中,浓度应该和预计的模板 DNA 的浓度相当。常常要建立一系列包含不同含量的靶 DNA 的阳性对照,其范围包括了涵盖预计的模板 DNA 的含预计量。靶序列应该事先进行适当稀释,这些操作应在实验室中的特定区域内完成,这个区域不同于其他 PCR 试剂的区域。这些预防措施降低了 PCR 的特定区域中仪器和塑料器皿被污染的可能性。

d. 特异性引物是与靶 DNA 片段互补的寡核苷酸引物。

2. 如果 PCR 仪没有配置加热盖,应在反应混合液上层加一滴轻矿物油（约 50μL）,防止样品在反复的冷热循环中蒸发。如果使用热启动方案,也可以选择在试管中加入一滴石蜡（参见方案 2）,然后将试管或微量滴定板放到 PCR 仪上。

3. 按照以下方法进行 PCR 扩增,变性、复性、聚合反应的时间和温度如下表:

循环数	变性	复性	聚合
30 个循环	94℃,30s	55℃,30s	72℃,1min
末轮循环	94℃,1min	55℃,30s	72℃,1min

这些时间适用于在 0.5mL 薄壁管中配制,在诸如 PerkinElmer 9600 或 9700、Mastercycler (Eppendorf)和 PTC-100 (MJ Research)等 PCR 仪上运行的 50μL 反应体系。时间和温度可以根据其他类型的设备和反应体积进行调节整。

通常,每 1000bp 长 DNA 的聚合反应进行时间为 1min。

大多数 PCR 仪设置的最后一个结束程序是扩增样品温育在 4℃ 温育直到样品从 PCR 仪上取走。样品可以在该温度保存过夜,但是以后应该储存于 -20℃.

4. 从检测的反应混合液及 4 个对照反应中抽取 5~10μL 样品,通过琼脂糖或聚丙烯酰胺凝胶电泳分析扩增结果（参见第 2 章）。确定使用适合大小的 DNA markers。用溴化乙锭（EB）或者 SYBR Gold 染色凝胶来查看 DNA。

一次成功的扩增反应应该产生清晰可见的、预期大小的 DNA 片段,条带可以通过 DNA 测序、Souhern 杂交和/或限制性内切核酸酶切图谱来鉴定。

如果以上这些鉴定都表明扩增产物是正确的,那么含有两个阳性对照样品(管 1 和管 2)及检测的待检模板 DNA 的凝胶泳道应该出现具有正确分子质量大小的明显 DNA 条带,而阴性对照该不出现这条带。相反,如果扩增产物不正确,参见“疑难解答”。

5. 若用矿物油覆盖反应液（步骤 2）,可用 150μL 氯仿抽提去除矿物油。

水相中含有扩增的 DNA,在接近弯月面处将形成胶束,可以使用自动移液器将其转移到新的离心管中。

许多时候，例如，用 Centricon 微量离心机纯化扩增产物或进一步克隆扩增产物，都需要在操作之前把这种矿物油从样品中去除。

▲不要尝试在微孔板中进行氯仿抽提，因为微孔板的塑料不能耐受有机溶剂的腐蚀。

疑难解答

当第一次使用新的模板 DNA、新引物或新的耐热 DNA 聚合酶进行 PCR 时，扩增效果往往不会是最佳的。经常需要微调反应体系以抑制非特异性扩增和/或提高扩增 DNA 的产量。以下步骤列举了一些平常遇到的问题和解决这些问题的一些建议（注意："疑难解答"部分也适用于本章的后续方案）。

问题（步骤 4）：没有扩增产物。

解决方案：有可能在配制 PCR 体系或编制 PCR 仪程序，或者是检测扩增 DNA 时使用的方法出现错误，尝试按以下一个或多个方法解决。

- 通过设定对照 PCR，用新的模板和试剂检测试剂。使用一个你或他人以前用过的模板和一套引物。
- 使用引物设计软件检测引物的特异性。如果有必要的话，重新设计引物。
- 检测 PCR 仪是否设置了正确的温度和循环次数。
- 确保胶上包含用于分析 PCR 产物的对照 DNA。
- 检测模板 DNA 是否未被降解。

问题（步骤 4）：没有扩增产物——一条或一对引物的靶序列没有出现在模板 DNA 中。

解决方案：检查合成的引物序列是否正确，以及引物是否与模板 DNA 的正确链互补。

问题（步骤 4）：因为复性温度不合适，导致扩增产物的产量很少。

解决方案：设置 PCR 仪的程序，按照 2℃升高的梯度温度进行。

问题（步骤 4）：因为 PCR 反应的循环数不够导致扩增产物的产量很少。

解决方案：额外运行 5 个循环。当使用总的哺乳动物 DNA 作为模板时，有必要建立再扩增反应，即第一轮 PCR 产物作为第二轮的模板。

问题（步骤 4）：因为 $MgCl_2$ 浓度不正确导致扩增产量很少。

解决方案：使用不含 $MgCl_2$ 的 10×扩增缓冲液，通过设置含有不同浓度 Mg^{2+}(1.5～5.0mmol/L，按照 0.5mmol/L 的增量)的反应体系来优化 Mg^{2+} 的浓度。

问题（步骤 4）：因为反应体系中 dNTP 的降解或过量导致扩增产物产量很少。

解决方案：dNTP 溶液对于反复冻融十分敏感。分别使用旧的和新的批次的 dNTP 建立对照反应，过量的 dNTP 可以抑制 PCR。

问题（步骤 4）：因为延伸时间太短导致扩增产物的产量很少。

解决方案：延伸时间应该大约等于扩增片段的长度（每分钟相对于千碱基）。

问题（步骤 4）：因为变性时间不正确或 *Taq* DNA 聚合酶不足量导致扩增产物的产量很少。

解决方案：确保变性时间为 2min，使用新批次的 *Taq* DNA 聚合酶。

问题（步骤 4）：因为模板量不够或者模板降解导致扩增产物的产量很少。

解决方案：通过凝胶电泳检测模板 DNA 的浓度及完整性。

问题（步骤 4）：因为样品蒸发导致扩增产物的产量很少。

解决方案：检查反应的离心管盖子是否盖紧、PCR 仪的盖子是否封紧。如果使用板子，在每次运行后检测每孔的水平。确保 PCR 仪的盖子是否拧紧压住板子。使用硬的、特制的板子。

问题（步骤 4）：由于形成引物二聚体导致扩增产物的产量很少。

解决方案：尝试以下的一种或几种方法：

- 使用引物设计软件检测引物的特异性。如果有必要，重新设计引物。
- 提高复性温度和/或者降低反应中 Mg^{2+} 的浓度。
- 确保 PCR 所用引物的浓度在 0.1～1μmol/L。

问题（步骤 4）: 由于模板 DNA 不纯导致扩增产物的产量很少。

解决方案: 进行 PCR 时确保模板 DNA 中没有乙醇。

问题（步骤 4）: 由于模板 DNA 中高度的二级结构导致扩增产物的产量很少。

解决方案: 使用降落 PCR 或热启动 *Taq* DNA 聚合酶（参照方案 2 和方案 3）

问题（步骤 4）: 由于模板富含 GC 残基导致扩增产物的产量很少。

解决方案: 使用降落 PCR 或热启动 *Taq* DNA 聚合酶，或者添加剂如甜菜碱或二甲基亚砜（DMSO）（参见本章导言，也可参照方案 2 和方案 3）

问题（步骤 4）: 由于靶 DNA 与杂 DNA 的比率太高或太低导致扩增产物的产量很少。

解决方案: 复杂的 DNA，如哺乳动物基因组 DNA，靶 DNA 与杂 DNA 的比率十分低，大约为 $1:10^7$，有必要将第一轮的扩增产物作为第二轮扩增的模板。

问题（步骤 4）: 因为引物与靶 DNA 的比例欠佳导致扩增产物的产量很低。

解决方案: PCR 所用引物的浓度为 0.1～1μmol/L。使用引物的浓度过高会导致引物二聚体的形成。如果扩增片段很小（<100bp），使用低浓度的引物也许量就不够。

问题（步骤 4）: 存在很多短的、强的扩增产物，故引物可能会扩增模板 DNA 中的重复序列。

解决方案: 用 BLAST 比对引物和模板。若有必要，更换引物。

问题（步骤 4）: 存在很多短的、强的扩增产物，故反应条件不是最佳的。

解决方案: 多种不足之处都会产生这种结果。以下是一种或几种可能的解决方案。

- 提高复性温度、复性时间、延伸时间或延伸温度
- 降低 PCR 的循环数到最小
- 调整 KCl 的浓度至 70～100mmol/L，调整 $MgCl_2$ 的浓度至 1.75mmol/L。
- 降低引物、模板 DNA 或 *Taq* 聚合酶的总量

问题（步骤 4）: 具有不同大小的产物会在胶上形成拖尾，表明引物、*Taq* 聚合酶或模板的浓度过高。

解决方案: 建立一系列的 PCR 反应体系：引物浓度逐渐降低和/或 *Taq* 聚合酶量逐渐减少。

问题（步骤 4）: 具有不同大小的产物会在胶上形成拖尾，表明引物的非特异性复性。

解决方案: 使用热启动 DNA 聚合酶。

问题（步骤 4）: 具有不同大小的产物会在胶上形成拖尾，表明 Mg^{2+} 的浓度不是最佳的。

解决方案: 按照 0.5mmol/L 的增量在 1.5～5.0mmol/L 之间优化 Mg^{2+} 的浓度。

问题（步骤 4）: 扩增高 GC 含量模板。

解决方案: 参考方案 4，使用添加剂来解决这些困难。有关 PCR 优化和"疑难解答"的进一步综合建议，参见 Cha 和 Thilly(1993)、Roux(2003) 和 Radstrom 等(2003)。

参考文献

Cha RS, Thilly WG. 1993. Specificity, efficiency, and fidelity of PCR. *PCR Methods Appl* 3: S18–S29.

Chiang CM, Chow LT, Broker T. 1993. Identification of alternately-spliced mRNAs and localization of 5′ends by polymerase chain reaction amplification. *Methods Mol Biol* 15: 189–198.

Ferguson WJ, Braunschweiger KI, Braunschweiger WR, Smith JR, McCormick JJ, Wasmann CC, Jarvis NP, Bell DH, Good NE. 1980. Hydrogen ion buffers for biological research. *Anal Biochem* 104: 300–310.

Good NE, Winget GD, Winter W, Connolly TN, Izawa S, Singh RM. 1966. Hydrogen ion buffers for biological research. *Biochemistry* 5: 467–477.

Rådström P, Löfström C, Lövenklev M, Knutsson R, Wolffs P. 2003. Strategies for overcoming PCR inhibition. In *PCR primer: A laboratory manual*, 2nd ed. (ed Dveksler GS, Dieffenbach CW), pp. 149–161. Cold Spring Harbor Laboratory Press, Cold Spring Harbor, NY.

Roux KH. 2003. Optimization and troubleshooting in PCR. In *PCR primer: A laboratory manual*, 2nd ed. (ed Dveksler GS, Dieffenbach CW), pp. 35–42. Cold Spring Harbor Laboratory Press, Cold Spring Harbor, NY.

方案 2　热启动 PCR

在次优的复性温度时出现的引物错配会导致合成非特异性的 PCR 产物。当用低浓度的诸如哺乳类动物基因组 DNA（Chou et al. 1992）等复杂模板进行 PCR 时，脱靶扩增会成为一个很严重的问题。在这类反应中，错配的可能性会随着引物：模板 DNA 的比率升高而增加。

热启动 PCR 的目的是优化所需 PCR 反应扩增产物的产率，同时抑制非特异性扩增和引物二聚体的形成。这可以通过后加 PCR 中的一个必需组分来实现——例如，DNA 聚合酶或者引物，直到反应温度加热到可以抑制引物之间或引物与模板的非特异区域结合时再加入。

在热启动 PCR 最初的描述中（D'Aquila et al. 1991；Erlich et al. 1991；Ruano et al. 1992），模板 DNA 和引物混合在一起并保持在引物与模板链非特异性结合阈值以上的温度，然后加入除了耐热 DNA 聚合酶以外 PCR 延伸所需的所有组分。向预热的反应体系中加入聚合酶启动热循环。在 PCR 的第一个循环之前消除预热过程会减少寡核苷酸引物非特异性复性的机会，而不加 DNA 聚合酶可以防止错配引物的延伸。

在最开始，热启动的方法是很困难的，因为反应混合物需在管内配制，而管的温度要在加热块上才能保持。现在有更好的方法可以实现热启动，比如在反应体系成分间制造一个物理屏障（Chou et al. 1992；Tanzer et al. 1999）。引物、Mg^{2+}、dNTP 及缓冲液可以在室温下于反应管底部混合，之后用融化的石蜡覆盖（例如，AmpliWax PCR Gem 50 or 100，可从 Applied Biosystems, Life Technologies 或其他供应商获取），商品化的石蜡可在 53～55℃ 下融化，或者可以选择在反应离心管中预加入一滴石蜡（Molecular BioProducts）。融化后，蜡在预混合的反应混合物上形成一层固相的保护封印，而剩下的成分加入到石蜡封印上面。PCR 中第一个循环的变性阶段，石蜡溶解，使得石蜡封印上、下部分混合到一起。这时，石蜡漂浮在反应体系的顶部，这为扩增过程及之后的 PCR 产物提供了一个均一的水汽屏障。一些商家售卖的石蜡珠包含 PCR 反应的重要成分，如 TaqBead 热启动聚合酶（Promega）。除了隐藏在石蜡球中的组分，PCR 扩增反应体系其他组分可以混合在一起。在热启动程序第一个变性循环中，当反应体系的温度上升到石蜡的熔点时石蜡球融化，隐藏的试剂便被释放出来。

用于热启动 PCR 的其他方法也得到了发展，主要是由供应商提供。常用方法如下：

1. 在 PCR 配制和预热阶段，利用中和单克隆抗体阻止 DNA 聚合酶活性（Chou et al. 1992）。许多生产商售卖的以这种方式修饰的酶都有一个可爱的名字，如 GoTaq 热启动聚合酶（Promega）、PfuUltra 热启动 DNA 聚合酶（Agilent）。

2. 一种化学修饰的耐热 DNA 聚合酶（AmpliTaq Gold 360；Applied Biosystems）在室温下无活性，而当 DNA 模板完全变性、引物无法结合时才能被激活（Birch et al. 1996；Moretti et al. 1998）。

3. 在低温下，具热稳定保护 4-氧代-十四烷基基团（OXT）的引物（CleanAmp；TriLink）具有空间位阻，可阻止 DNA 聚合酶掺入核苷酸。在 PCR 第一个循环时温度上升，位阻解除。在固相合成时，该保护基团被合成到定制的寡核苷酸引物上（Lebedev et al. 2008）。

对于只含一对精心设计的寡核苷酸引物和简单 DNA 模板的优化 PCR 体系来说，热启动 PCR 是没有必要的。然而，当反应体系中的模板 DNA 量在 10^4 拷贝以下，模板 DNA 高度复杂（如哺乳类动物基因组 DNA），或者当 PCR 反应包含几对寡核苷酸引物的时候，热启动 PCR 便是需要的。在所有这些情况下，热启动 PCR 是首选方法，并且最好和"降落"

程序联合使用（见方案 3）。

材料

为正确使用本方案中的器材和危险试剂，必须查阅相应的材料安全数据表并咨询所在机构的环境卫生和安全办公室。

本方案的专用试剂标注<R>，配方在本方案末提供。常用储备溶液、缓冲液和试剂标注<A>，配方见附录 1。储备溶液应稀释至适用浓度后使用。

试剂

含有 $MgCl_2$ 的扩增缓冲液（10×），由生产 *Taq* DNA 聚合酶的厂商提供

Bystander DNA（见步骤 1 中的对照表）

含有所有 4 种 dNTP 的 dNTP 溶液，每种浓度为 20mmol/L（pH 8.0）

溴化乙锭（EB）或 SYBR Gold

水溶正向引物（20μmol/L）和反向引物（20μmol/L）

　　见本章导言中有关引物的讨论

聚丙烯酰胺或琼脂糖凝胶（见步骤 4）

利用下面的公式计算寡核苷酸的分子质量：

$$M_r = (C \times 289) + (A \times 313) + (T \times 304) + (G \times 329),$$

式中，C 是寡核苷酸中 C 残基的数目；A 是 A 残基数目；T 是 T 残基数目；G 是 G 残基数目。20mer 的分子质量约为 6000Da；100 pmol 的寡核苷酸大约相当于 0.6μg。

Taq DNA 聚合酶（来自 Agilent、Life Technologies、NEB 以及其他商家）

模板 DNA

　　用含有低浓度的 EDTA（<0.1mmol/L）的 10 mmol/L 浓度的 Tris-Cl（pH 7.6）溶解模板 DNA 至以下浓度：

哺乳类动物基因组 DNA	100μg/mL
酵母基因组 DNA	1μg/mL
细菌基因组 DNA	0.1μg/mL
质粒 DNA	1～5ng/mL

设备

AmpliWax PCR Gem 50 beads（来自 Applied Biosystems，Life Technologies 或其他商家）

用于自动移液器的带滤芯的吸头

微量离心管（0.5mL，壁薄以利于扩增反应）

聚丙烯酰胺或琼脂糖凝胶电泳设备

正排量移液管

可编程所需扩增程序的热循环仪

方法

1. 将以下试剂混合。下面给出了单个热启动反应所需的试剂的体积。充分混合以适用于实验的所有样品和对照品。

扩增缓冲液（10×），商家售卖耐热 DNA 聚合酶时提供	5μL
4 种 dNTP 溶液（pH 8.0），每种浓度为 20 mmol/L	1μL
正向引物（20μmol/L）	2.5μL
反向引物（20μmol/L）	2.5μL
H_2O	加至总体积46μL

正、反向引物对靶 DNA 片段是特异的

每组 PCR 都需设置阳性和阴性对照，详细见下表。阳性对照用来检测 PCR 的效率，而阴性对照用来检测包含在靶序列中的 DNA 污染。

	Bystander DNA[a]	模板 DNA[b]	靶 DNA[c]	特异性引物[d]
阳性对照				
1	+	−	+	+
2	−	−	+	+
阴性对照				
3	−	−	−	+
4	+	−	−	+

　　a. Bystander DNA 不包含靶序列，其在其他方面与模板 DNA 相似，如复杂性、大小及浓度。

　　b. 模板 DNA 是待测试的 DNA。

　　c. 靶 DNA 包含靶序列。它可以是重组 DNA 克隆、一段纯化的 DNA 片段，或者是基因组 DNA 样品。它应该被添加到阳性对照中，其浓度要求和模板 DNA 中预期的一样。往往需要建立包含一系列不同的跨预期模板 DNA 的靶 DNA 的阳性对照。在准备 PCR 所需的其他试剂之前，需要准备好合适稀释度的靶序列。这种预防减少了 PCR 周围区域的设备和塑料制品的污染。

　　d. 特异性引物是可高度特异结合靶序列的寡核苷酸，可引发与靶 DNA 互补的 DNA 的合成。

2．向每个薄壁 PCR 管中分配 46μL 下层混合液。向每个管中加入一颗 AmpliWax PCR Gem 50 珠子。

3．盖上离心管的盖子并将其放入热循环仪，设置 80℃，5min。

4．取出离心管，将其在 20℃放置 5～10min。

5．与此同时准备上层混合液。对每个反应，混合液如下：

Taq DNA 聚合酶	1～2U
模板 DNA	5μL

6．将离心管放入热循环仪，运行程序如下表所示：

循环数	变性	复性	延伸
1	94℃，1 min		
30 个循环	94℃，45 s	55℃，30 s	72℃，1 min
末循环			72℃，7 min

　　这些时间适用于在 0.5mL 薄壁管中配制，在诸如 PerkinElmer 9600 或 9700、 Mastercycler (Eppendorf)和 PTC-100 (MJ Research)等 PCR 仪上运行的 50μL 反应体系。时间和温度可以根据其他类型的设备和反应体积进行调整。

　　大多数 PCR 仪的结束程序是扩增样品在 4℃温育直到样品从 PCR 仪上取走。样品可以在该温度保存过夜，但是随后应该在-20℃保存.

7．从反应体系以及对照组体系中取出 5～10μL 样品用聚丙烯酰胺或琼脂糖凝胶电泳进行分析。使用合适的 DNA markers。用 EB 或 SYBR Gold 染色使得 DNA 可见。

　　一个成功的扩增反应会产出预期大小的、清晰可见的 DNA 片段。条带可以通过 DNA 序列、Southern 杂交或限制性内切核酸酶图谱来鉴别。

参考文献

Birch DE, Kolmodin L, Laird WJ, McKinney N, Wong J, Young KKY, Zangenberg GA, Zoccoli MA. 1996. Simplified hot start PCR. *Nature* 381: 445–446.

Chou Q, Russell M, Birch DE, Raymond J, Bloch W. 1992. Prevention of pre-PCR mis-priming and primer dimerization improves low-copy-number amplifications. *Nucleic Acids Res* 20: 1717–1723.

D'Aquila RT, Bechtel LJ, Videler JA, Eron JJ, Gorczyca P, Kaplan JC. 1991. Maximizing sensitivity and specificity of PCR by pre-amplification heating. *Nucleic Acids Res* 19: 3749. doi: 10.1093/nar/19.13.3749.

Erlich HA, Gelfand D, Sninsky JJ. 1991. Recent advances in the polymerase chain reaction. *Science* 252: 1643–1651.

Lebedev AV, Paul N, Yee J, Timoshchuk VA, Shum J, Miyagi K, Kellum J, Hogrefe RI, Zon G. 2008. Hot start PCR with heat-activatable primers: A novel approach for improved PCR performance. *Nucleic Acids Res* 36: e131. doi: 10.1093/nar/gkn575.

Moretti T, Koons B, Budowle B. 1998. Enhancement of PCR amplification yield and specificity using AmpliTaq Gold DNA polymerase. *BioTechniques* 25: 716–722.

Ruano G, Pagliaro EM, Schwartz TR, Lamy K, Messina D, Gaensslen RE, Lee HC. 1992. Heat-soaked PCR: An efficient method for DNA amplification with applications to forensic analysis. *BioTechniques* 13: 266–274.

Tanzer LR, Hu Y, Cripe L, Moore RE. 1999. A hot-start reverse transcription-polymerase chain reaction protocol that initiates multiple analyses simultaneously. *Anal Biochem* 273: 307–310.

方案 3　降落 PCR

常规 PCR 的特异性随着模板 DNA 复杂性增加而降低。模板复杂性越高，引物与预期靶序列以外的序列杂乱地结合的概率就越大。通过优化 PCR 各成分的浓度可以减少错配的发生，尤其是其中的 Mg^{2+}、引物、dNTP 及模板的浓度。使用严格的复性条件可以使脱靶扩增最小化，该条件可使寡核苷酸引物与靶序列高效并特异地复性。

最佳复性温度的近似值可以通过 Wallace 方程计算引物之间形成完美双链的 T_m 值得到（Suggs et al. 1981；Thein and Wallace，1986）：

$$T_m(℃)=2℃(A+T)+ 4℃(G+C)$$

式中，$A+T$ 是寡核苷酸中 A 和 T 残基的总和；$G+C$ 是寡核苷酸中 G 和 C 残基的总和。T_m 被定义为"半数靶序列和它们同源的寡核苷酸形成完美杂交的温度"。Wallace 方程适用于高离子强度溶剂中（如 1 mol/L NaCl）长度为 15～20nt 的正确的双链。

当核苷酸长度为 14～70nt，离子浓度为 0.4mol/L 或者更低时，更倾向于使用 Baldino 等（1989）方程来预测合适的熔解温度。

$$T_m(℃)=81.5℃+16.6(\log_{10}[K^+]) +0.41(\%[G+C])-(675/n)$$

式中，n 表示寡核苷酸中碱基对数。

然而，基于这些或者其他方程（Sharrocks 1994）计算的熔解温度值只是近似值，它既不能准确也不能精确地作为实际 PCR 操作中的复性温度。

这类问题的解决可使用"降落 PCR"，它最初的开发是为了测定寡核苷酸引物的最佳复性温度（Don et al. 1991）。但其价值逐渐转变为降低脱靶启动从而提高 PCR 反应的特异性（Korbie and Mattick 2008）。在降落 PCR 中，复性温度的起始设置比引物计算的 T_m 值高 5～10℃。在高度严格的条件下的复性有利于形成完善的引物-模板杂交体。在此后的循环中，复性温度以小数量逐步递减，这样至 PCR 循环结束时，复性温度会比引物计算所得的 T_m 低 2～5℃。到那时候，靶序列已经历几个循环的几何级扩增，并且成为占据主导地位的 PCR 扩增产物。在 PCR 早期为了使错配最小化，降落 PCR 最好使用热启动方案联合应用（见方案 2）。

当引物序列与靶序列不十分匹配时，降落 PCR 的使用就十分必需。例如，如果引物序列是由氨基酸序列推导出的，模板 DNA 或许包含一些密切相关的目标时，或者靶 DNA 是来自不同物种设计引物的。

当今大多数的热循环仪可以进行编程，在连续循环的 PCR 中的特定阶段可以自动降温。例如，如果计算所得的 T_m 值是 60℃，那么编程时的循环复性温度每个周期或间隔一个周期可设置为 1℃，从 66℃到 55℃之后，再额外在 55℃设 15～20 个循环。

材料

为正确使用本方案中的器材和危险试剂，必须查阅相应的材料安全数据表并咨询所在机构的环境卫生和安全办公室。

本方案的专用试剂标注<R>，配方在本方案末提供。常用储备溶液、缓冲液和试剂标注<A>，配方见附录 1。储备溶液应稀释至适用浓度后使用。

试剂

含有 $MgCl_2$ 的扩增用缓冲液（10×），*Taq* DNA 聚合酶
Bystander DNA（见步骤 1 中的对照表）

含有所有 4 种 dNTP 的 dNTP 溶液，每种浓度在 20mmol/L（pH 8.0）

溴化乙锭（EB）或者 SYBR Gold

正向引物（20µmol/L）和反向引物（20µmol/L）

见本章导言中有关引物的讨论

利用下面的公式计算寡核苷酸的分子质量：

$$M_r = (C \times 289) + (A \times 313) + (T \times 304) + (G \times 329)$$

式中，C 是寡核苷酸中 C 残基的数目；A 是 A 残基数目；T 是 T 残基数目；G 是 G 残基数目；20mer 的分子质量约为 6000Da；100pmol 的寡核苷酸大约相当于 0.6µg。

聚丙烯酰胺或琼脂糖凝胶（见步骤 4）

Taq DNA 聚合酶（来自 Agilent、Life Technologies、NEB 及其他商家）

模板 DNA

用含有低浓度的 EDTA（＜0.1mmol/L）的 10mmol/L Tris-Cl（pH7.6）溶解模板 DNA 至以下浓度：

哺乳类动物基因组 DNA	100µg/mL
酵母基因组 DNA	1µg/mL
细菌基因组 DNA	0.1µg/mL
质粒 DNA	1～5ng/mL

设备

AmpliWax PCR Gem 50 珠子（来自 Applied Biosystems 公司，Life Technologies 公司或其他厂商）

自动微量移液器用的带滤芯的吸头

微量离心管（0.5 mL，壁薄以利于扩增反应）

聚丙烯酰胺或琼脂糖凝胶电泳设备

正排量移液器

可编程所需扩增程序的热循环仪

方法

1. 设置热循环仪程序。下面的时间表适用于所计算的 T_m 值为 60℃ 的情况。

循环号	变性	复性	延伸
1	94℃，1min	66℃，30s	72℃，1min
2	94℃，1min	65℃，30s	72℃，1min
3	94℃，1min	64℃，30s	72℃，1min
4	94℃，1min	63℃，30s	72℃，1min
5	94℃，1min	62℃，30s	72℃，1min
6	94℃，1min	61℃，30s	72℃，1min
7	94℃，1min	60℃，30s	72℃，1min
8	94℃，1min	59℃，30s	72℃，1min
9	94℃，1min	58℃，30s	72℃，1min
10	94℃，1min	57℃，30s	72℃，1min
11	94℃，1min	56℃，30s	72℃，1min
12～27	94℃，1min	55℃，30s	72℃，1min
最后一个循环			72℃，7min

2. 建立一个方案 2 中描述的热启动 PCR。在方案 2 中的步骤 6，执行上面的时间表进行扩增反应。注意总循环数不要超过 30～35，否则会出现非特异性产物和/或引物二聚体。

参考文献

Baldino F Jr, Chesselet MF, Lewis ME. 1989. High-resolution in situ hybridization histochemistry. *Methods Enzymol* **168**: 761–777.

Don RH, Cox PT, Wainwright BJ, Baker K, Mattick JS. 1991. 'Touchdown' PCR to circumvent spurious priming during gene amplification. *Nucleic Acids Res* **19**: 4008. doi: 10.1093/nar/19.14.4008.

Korbie DJ, Mattick JS. 2008. Touchdown PCR for increased specificity and sensitivity in PCR amplification. *Nat Protoc* **3**: 1452–1456.

Sharrocks AD. 1994. The design of primers for PCR. In *PCR technology: Current innovations* (ed Griffin AM, Griffin HG), pp. 5–11. CRC, Boca Raton, FL.

Suggs SV, Wallace RB, Hirose T, Kawashima EH, Itakura K. 1981. Use of synthetic oligonucleotides as hybridization probes: Isolation of cloned cDNA sequences for human β2-microglobulin. *Proc Natl Acad Sci* **78**: 6613–6617.

Thein SL, Wallace RB. 1986. The use of synthetic oligonucleotides as specific hybridization probes in the diagnosis of genetic disorders. In *Human genetic diseases: A practical approach* (ed Davies KE), pp. 33–50. IRL, Oxford.

方案 4　高 GC 含量模板的 PCR 扩增

PCR 扩增的效率受到核苷酸组成及模板 DNA 序列的影响。问题模板包括长均聚区、反向重复序列，或者是富含 GC 区，如那些在哺乳类动物基因调控区的 GC 含量高于 60% 的序列。模板富含 GC 残基集中区域容易折叠形成复杂的二级结构，从而使得在 PCR 循环复性阶段不熔解。此外，扩增高 GC 区的引物具有很高的形成自身或者交叉二聚体的能力，并具有折叠成茎环结构的强烈倾向，这会使得 DNA 聚合酶沿着模板分子的进展受到阻碍。可以预见的是，全长模板 DNA 的扩增效率低，并且由于 DNA 聚合酶被阻碍，会导致反应产物包含较多的短片段。

改变引物设计并且联合使用热启动和降落 PCR 有时会改善扩增效率。更多的时候，多管齐下的方法是必要的，比如在扩增反应中使用增强剂、调整循环程序，并且在需要时重新设计引物。

- 引物设计。当设计富含 GC 序列引物时，用一个寡核苷酸设计程序来检查以下两种的 Gibbs 自由能值（ΔG）：①引物与靶位点结合形成的双链；②每个寡核苷酸预测的二级结构。选择具有最高匹配得分和最低熵值（约-4kcal/mol 的最小化 ΔG）的成对引物（Hube et al. 2005）。如果这些寡核苷酸在热启动 PCR 中效率低下，可在扩增反应中使用下述增强剂。如果都失败了，那么可以考虑通过向寡核苷酸的富含 GC 中心区域引入无义突变来降低寡核苷酸的熵值（Sahdev et al. 2007）。
- 增强剂。已报道的很多添加剂可以增强高 GC 含量的模板或引物的 PCR 反应（表 7-3）。其效应是不可预测的，并且不管是单独还是综合使用它们，都不能保证改善具有大量二级或三级结构的 DNA 扩增的有效性。正如此方案中描述的一样，如果一些增强剂同时使用，那么成功的机会就会增加（Musso et al. 2006；Ralser et al. 2006；Zhang et al. 2009）。此外，从商家可以购买含有添加剂的试剂盒。大多数试剂盒中除了其他未说明的添加剂，都默认含有甜菜碱添加剂。
- 改变 PCR 循环条件。如果联合了降落 PCR、热启动 PCR 及添加剂混合物都不能改善高 GC 模板的扩增，那么改变循环条件可能会解决这个问题。例如，Frey 等（2008）描述了一种联合使用缓慢的升温速率（2.5℃/s）和缓慢的冷却速率（1.5℃/s）的方法来处理复性温度。"缓慢降落" PCR 技术的一个基本组分是包含在反应混合物中的 7-脱氮-2′-脱氧鸟苷。

在以下的方案中，使用了 4 种添加剂混合物——甜菜碱、二硫苏糖醇（DTT）、二甲基亚砜（DMSO）及牛血清白蛋白（BSA），该方案改编自 Ralser 等（2006）出版的关于使用 *Taq* DNA 聚合酶方法。当使用添加剂混合液时，要优化反应中模板 DNA 的量和 Mg^{2+} 浓度。有报道指出，高浓度的模板 DNA 会抑制高 GC 序列的扩增（Ralser et al. 2006）。

表 7-3　常被用来改善高 GC 模板的扩增效率的增强剂

增强剂	作用模式	参考文献
甜菜碱 （*N,N,N*-trimethylglycine）(0.5～1mol/L)	通过降低高 GC 区 T_m 来减少二级结构的形成	Rees et al. 1993；Henke et al. 1997
7-脱氮-2'-脱氧鸟苷	消除 Hoogsteen 键的形成，但不损害 Watson-Crick 碱基配对	McConlogue et al. 1988
DMSO 以及低分子质量砜类（1%～10%）	结合到模板 DNA 大小沟中使双链不稳定	Winship 1989；Pomp and Medrano 1991；Varadaraj and Skinner 1994；Chakrabarti and Schutt 2001
甲酰胺（1%～5%）	干扰 DNA 两条链之间的氢键形成	Sarkar et al. 1990
聚乙二醇（5%～15%）	一个浓缩剂，可能破坏具高 T_m DNA 的稳定性	
乙二醇和 1,2-丙二醇	通过一种和甜菜碱不同的未知机制来降低 DNA 熔解温度	Zhang et al. 2009
甘油（5%～20%），牛血清白蛋白（BSA）(0.1 mg/mL)，或明胶（0.1%～1.0%）	一般的酶稳定剂	Giambernardi et al. 1998
非离子化去污剂 Triton X-100（0.1%～0.5%）， Nonidet P-40 润湿剂 (0.1%～0.5%)	在准备模板时置换痕量的离子型去污剂	Gelfand and White 1990

材料

为正确使用本方案中的器材和危险试剂，必须查阅相应的材料安全数据表并咨询所在机构的环境卫生和安全办公室。

本方案专用试剂的配方以<R>表示，在本方案末尾提供。附录 1 给出了常用储备溶液、缓冲液和试剂的配方，标记为<A>。使用时稀释储备溶液到合适浓度。

▲ 为了降低外源 DNA 污染的概率，使用的一套试剂和溶液应为 PCR 专用，玻璃器皿 150℃干烤 6h，所有塑料物品高压灭菌。更多信息请参见本章导言中的"PCR 中的污染"部分。

试剂

添加剂溶液（5×）<R>

氯仿

含有所有 4 种 dNTP 的 dNTP 溶液，每种浓度为 20mmol/L（pH 8.0）

溴化乙锭（EB）或者 SYBR Gold

正向引物（20μmol/L）和反向引物（20μmol/L）

> 见本章导言中有关引物的讨论

利用下面的公式计算寡核苷酸的分子质量：

$$M_r =(C \times 289)+(A \times 313)+(T \times 304)+(G \times 329),$$

式中，C 是寡核苷酸中 C 残基的数目；A 是 A 残基数目；T 是 T 残基数目；G 是 G 残基数目。20mer 的分子质量约为 6000Da；100pmol 的寡核苷酸大约相当于 0.6μg。

富含 GC 的扩增缓冲液（10×）<R>

> 该缓冲液中 $MgCl_2$ 浓度为 30mmol/L；然而，最优 Mg^{2+} 浓度应在一系列不同 Mg^{2+} 浓度下（0.5～5.0mmol/L））进行试点反应所得。

Taq DNA 聚合酶（来自 Agilent 公司、Life Technologies 公司、NEB 公司及其他厂商）

模板 DNA（100～500ng/mL，溶解于 pH 7.6、浓度 10mmol/L 的 Tris-Cl 中）

设备

自动微量移液器用的带滤芯的吸头

微量离心管（0.5mL，壁薄以利于扩增反应）或微孔板

聚丙烯酰胺或琼脂糖凝胶电泳设备

正排量移液管

可编程所需扩增程序的热循环仪

热循环仪如果没有配备热盖，那么在 PCR 循环中可以用矿物油或石蜡来防止反应混合液中液体的蒸发。石蜡不仅可以防止蒸发，在混合液加热前，它还可以隔离混合液中的成分（如引物和模板）。这种分离阻止了引物在最初阶段的非特异结合（见方案 2）。

方法

1. 在一个无菌的 0.5mL 微量离心管或者充分灭菌的微孔板中混合以下成分：

高 GC 扩增缓冲液（10×）	5μL
4 种 dNTP 溶液（pH 8.0），每种浓度为 20mmol/L	1μL
正向引物（20μmol/L）	2.5μL
反向引物（20μmol/L）	2.5μL
耐热 DNA 聚合酶	1～2U
模板 DNA	5～10μL
添加剂溶液（5×）	5μL
H₂O	加至总体积 50μL

此外，像方案 2 中提及的一样，设置一系列包含合适阴阳性对照 DNA 的反应。

2. 如果热循环仪没有配备热盖，那么可以在反应混合液上滴加一滴（约 50μL）轻质矿物油，以防止样品在反复加热冷却的循环中蒸发。而使用热启动方案时可以滴加一滴石蜡（见方案 2）。将离心管或微孔板放入热循环仪中。

3. 通过变性、复性、延伸来扩增核酸，时间和温度如下表所列：

循环数	变性	复性	延伸
30 个循环	94℃，30 s	55℃，30 s	72℃，1 min
末循环	94℃，1min	55℃，30 s	72℃，1 min

这些时间适用于在 0.5mL 薄壁管中配制 50μL 反应体系，并在诸如 PerkinElmer 9600 或 9700、Mastercycler (Eppendorf 公司)和 PTC-100 (MJ Research 公司)等 PCR 仪上孵育的。时间和温度可以根据设备类型以及反应体积做适当调整。

通常，每 1kb 靶 DNA 延伸所需时间为 1min。

许多热循环仪的结束程序是扩增样品保持在 4℃ 直到被取出。样品可以在此温度下放过夜，但随后需放在-20℃ 保存。

4. 从样品反应体系以及对照组体系中取出 5～10μL 样品用聚丙烯酰胺或琼脂糖凝胶电泳进行分析。使用合适的 DNA markers。用 EB 或 SYBR Gold 染色使得 DNA 可见。

5. 如果反应用了矿物油覆盖（步骤 2），可用 150μL 氯仿萃取以去除样品中的矿物油。

含有扩增 DNA 的水相，在近弯液面处形成胶束。用自动微量吸管可将其转移到新的离心管中。

对于许多用途，如纯化扩增产物或者克隆扩增产物，在开始之前都是需要将样品中的矿物油成分去除的。

▲因微孔板的材料是不耐有机溶剂的，因此不要试图在微孔板中进行氯仿萃取。

多重 PCR

"多重 PCR"是指同一 PCR 中用 N 对引物同时扩增 N 个靶序列，N>1。作为从人类基因组 DNA 中筛选 Duchenne 型肌营养不良症（Chamberlin et al. 1988）不同突变位点的一种有效方法，多重 PCR 现已被用于各种用途。例如，在病理学样品中筛选和识别多种细菌和病毒病原体（Elnifro et al. 2000）；从人基因组 DNA 中筛选临床上显著的突变、基因组重排以及多态性（Beggs et al. 1990；Schuber et al. 1993；Peter et al. 2001）；从更商业化的层面上来说，可以用来测量不同品牌 PCR 仪器控制温度的精确性（Schoder et al. 2003；Yang et al. 2005）。

一旦优化了一组特定的引物-模板 DNA，那么多重 PCR 不仅可以节省时间和金钱，还能从一个有价值的模板 DNA 中有效地提取大量的信息。然而，优化是一个漫长且充满挫折的过程，尤其是当所需靶序列很多或者模板 DNA 很复杂时。

必须非常小心确保反应体系中所有引物具有如下特征:
- 具有大致相同的熔解温度
- 对目标基因座特异
- 不能与自身或其他序列有显著的同源性
- 扩增产物的大小大致相同,但可以通过凝胶电泳区分彼此

N 的值越大,扩增产物的产率越低。一般来说,在扩增产物的产率降低到不能在琼脂糖凝胶上看见的点之前,可以同时使用的引物多达 8 对。而当 $N>8$ 时,杂乱的扩增产物(如引物二聚体)的数量就会很明显。这些产物的形成主要是由于扩增反应早期循环中出现了高浓度的引物所致。而通过仔细设计引物(见表 7-1)可以阻止这类问题,并且在某种程度上可以通过调整 PCR 中引物:模板比得到缓和。

一些靶序列会优先扩增是常见的问题。多重 PCR 本质上是不同靶序列之间的竞争扩增。在这样的竞争环境中,PCR 早期阶段的随机效应会导致扩增效率的差异,特别是当模板 DNA 浓度很低的时候。优先扩增同样可以由靶序列本身具有的差异造成。例如,靶内富含 GC 区的位置,以及靶序列和模板 DNA 的其他区域形成二级结构或瞬态双链的倾向。这些问题可以通过仔细选择靶序列以及使用降落 PCR(见方案 3)得到缓和。

如此多的变量影响多重 PCR 的效率和特异性,导致其不能通过现成方案很好地运行。成功的关键是反应中每个步骤、每种成分的系统优化(图 1)。这是一个相当大量的工作,除非多重 PCR 方案多次被使用,将不会符合成本效益的。

1997 年,Henegariu 等发表了一个有用的逐步流程图说明如何避免、判断及解决多重 PCR 中常出现的问题。图 1 是一个修改和升级版的流程图。Markoulatis 等(2002)的文章也是建立,以及优化多重 PCR 的有用的参考资源(同样,见第 9 章中有关多重 PCR 的模块信息)。

多重 PCR: 一步一步优化

步骤 1. 用引物设计软件设计引物对。遵循章节导言中表 7-1 的规则。确保所有引物两两之间的 T_m 值差别在 2℃ 之内。确保扩增产物的大小能在凝胶中显示出充分的差别以鉴定出来。

步骤 2. 用 BLAST 检查引物的特异性。用引物设计软件检查不同引物对之间的同源性,形成不利的二级结构和引物二聚体的可能性。

步骤 3. 用单引物对、模板 DNA、*Taq* DNA 聚合酶,以及加了增强剂混合液的标准扩增缓冲液建立一系列的多重 PCR(见表 7-1)。通过凝胶电泳分析分析单独的 PCR 产物及所有产物的混合物。

步骤 4. 用与步骤 3 相同的条件,建立一个包含有相同摩尔浓度(在 0.1~0.4μmol/L 之间)的所有引物对的多重 PCR。通过凝胶电泳分析产物,用步骤 3 中的产物作为对照组。

存在的问题和可能的解决方案

所有产物的弱扩增：

1. 因为 Mg^{2+} 的核酸结合，多重 PCR 中高浓度的寡核苷酸可能使得游离的 Mg^{2+} 浓度降低到不理想的水平。可建立一系列包含不同浓度 Mg^{2+}（0.1~0.5mmol/L，每次增加 0.05mmol/L）的多重降落 PCR。

2. 建立一系列包含最适浓度 Mg^{2+} 的多重降落 PCR，并增加 *Taq* DNA 聚合酶量。

3. 建立一系列渐进增加延伸时间的多重降落 PCR。

较短产物的弱扩增：

1. 建立一系列复性和延伸温度按 1℃ 逐步递减的多重降落 PCR。

2. 增加微弱扩增产物的引物浓度。

较长片段的弱扩增：

1. 增加降落 PCR 的延伸时间。

2. 以递增 1℃ 的方式，增加复性和延伸温度。

3. 增加弱扩增产物的引物浓度。

非特异性扩增强度难以接受：

1. 以每次增加 1℃ 的方式，增加降落 PCR 的复性温度

2. 降低模板 DNA 和 DNA 聚合酶的使用量

3. 如果出现引物二聚体的问题，那么可以将复性温度设高 1℃ 并将 Mg^{2+} 浓度降低一些。建立一系列不含特异性引物的多重 PCR 去鉴别哪些引物可能会形成二聚体结构。重新设计造成这个问题引物。

图 1 多重 RCR 优化。

 配方

为正确使用本方案中的器材和危险试剂，必须查阅相应的材料安全数据表并咨询所在机构的环境卫生和安全办公室。

添加剂溶液（5×）

试剂	用量（配制 10mL 的量）	终浓度
甜菜碱（5mol/L）	5.4mL	2.7mol/L
DTT（1mol/L）	67μL	6.7mmol/L
DMSO	670μL	6.7%（*V/V*）
BSA（2mg/mL）	275μL	55μg/mL

添加剂溶液应在 4℃ 保存并且不超过 1 周。

高 GC 扩增缓冲液（10×）

试剂	用量（共 10mL）	终浓度
Tris-HCl (1mol/L, pH 8.5)	6.6mL	0.66mol/L
硫酸铵(1mol/L)	1.66mL	166mmol/L
$MgCl_2$(1mol/L)	300μL	30mmol/L
吐温—20	10μL	0.1%（V/V）

保存在 4℃。

参考文献

Beggs AH, Koenig M, Boyce FM, Kunkel LM. 1990. Detection of 98% of DMD/BMD gene deletions by polymerase chain reactions. *Hum Genet* **86**: 45–48.

Chamberlin JS, Gibbs RA, Ranier JE, Nguyen PN, Caskey CT. 1988. Deletion screening of the Duchenne muscular dystrophy locus via multiplex DNA amplification. *Nucleic Acids Res* **16**: 11141–11156.

Chakrabarti R, Schutt CE. 2001. The enhancement of PCR amplification by low molecular weight amides. *Nucleic Acids Res* **29**: 2377–2381.

Elnifro EM, Asshsi AM, Cooper RJ, Klapper PE. 2000. Multiplex PCR: Optimization and application in diagnostic virology. *Clin Microbiol Rev* **13**: 559–570.

Frey UH, Bachmann HS, Pewters J, Siffert W. 2008. PCR-amplification of GC-rich regions: 'Slowdown PCR.' *Nat Protoc* **3**: 1312–1317.

Giambernardi TA, Rodeck U, Klebe RJ. 1998. Bovine serum albumin reverses inhibition of RT-PCR by melanin. *BioTechniques* **25**: 564–566.

Gelfand DH, White TJ. 1990. Thermostable DNA polymerases. In *PCR protocols: A guide to methods and applications* (ed Innes MA, et al.), pp. 121–141. Academic Press, San Diego.

Henegariu O, Heerems NA, Cloughy SR, Vance GH, Vogt PH. 1997. Multiplex PCR: Critical parameters and step-by-step protocol. *BioTechniques* **23**: 504–511.

Henke W, Herdel K, Jung J, Schnorr D, Loenig SA. 1997. Betaine improves the PCR amplification of GC-rich sequences. *Nucleic Acids Res* **25**: 3957–3958.

Hubé F, Reverdiau P, Iochmann S, Gruel Y. 2005. Improved PCR method for amplification of GC-rich DNA sequences. *Mol Biotechnol* **31**: 81–84.

Markoulatis P, Siafakis N, Moncany M. 2002. Multiplex polymerase chain reaction: A practical approach. *J Clin Lab Med* **16**: 47–51.

McConlogue L, Brow MA, Innis MA. 1988. Structure-independent DNA amplification by PCR using 7-deaza-2'-deoxyguanosine. *Nucleic Acids Res* **16**: 9869. doi: 10.1093/nar/16.20.9869.

Musso M, Bocciardi R, Parodi S, Ravalazzo R, Ceccherini I. 2006. Betaine, DMSO, and 7-deaza-dGTP, a powerful mixture for amplification of GC-rich sequences. *J Mol Diagn* **8**: 544–550.

Peter M, Gilbert E, Delattre O. 2001. A multiplex real time assay for the detection of gene fusions observed in solid tumors. *Lab Invest* **81**: 905–912.

Pomp D, Medrano JF. 1991. Organic solvents as facilitators of polymerase chain reaction. *BioTechniques* **10**: 58–59.

Ralser M, Querfurth R, Warnath HJ, Lehrach H, Yaspo ML. 2006. An efficient and common enhancer mix for PCR. *Biochem Biophys Res Commun* **347**: 747–751.

Rees WA, Yager TD, Korte J, von Hippel PH. 1993. Betaine can eliminate the base pair composition dependence of DNA melting. *Biochemistry* **32**: 137–144.

Sahdev S, Saini S, Tiwari P, Saxena S, Singh Saini K. 2007. Amplification of GC-rich genes by following a combination strategy of primer design, enhancers and modified PCR cycle conditions. *Mol Cell Probes* **21**: 303–307.

Sarkar G, Kapelner S, Sommer SS. 1990. Formamide can dramatically improve the specificity of PCR. *Nucleic Acids Res* **18**: 7465. doi: 10.1093/nar/18.24.7465.

Schoder D, Schmalwieser A, Schauberger G, Kuhn M, Hoorfar J, Wagner M. 2003. Physical characteristics of six new thermocyclers. *Clin Chem* **49**: 960–963.

Schuber AP, Skoletsky J, Stern R, Handelin BL. 1993. Efficient 12-mutation testing in the CFTR gene: A general model for complex mutational analysis. *Hum Mol Genet* **2**: 153–158.

Varadaraj K, Skinner DM. 1994. Denaturants or cosolvents improve the specificity of PCR amplification of a G+C-rich DNA using genetically engineered DNA polymerases. *Gene* **140**: 1–5.

Winship PR. 1989. An improved method for directly sequencing PCR amplified material using dimethyl sulphoxide. *Nucleic Acids Res* **17**: 1266. doi: 10.1093/nar/17.3.1266.

Yang I, Kim Y-H, Byun J-Y, Park S-R. 2005. Use of multiplex polymerase chain reactions to indicate the accuracy of the annealing temperature of therm cycling. *Anal Biochem* **338**: 192–200.

Zhang Z, Yang Y, Meng L, Liu F, Shen C, Yang W. 2009. Enhanced amplification of GC-rich DNA with two organic solvents. *BioTechniques* **47**: 775–779.

方案 5 长片段高保真 PCR（LA PCR）

标准 PCR 很容易扩增出长度小于 3000bp 的 DNA 片段，该长度能满足大部分的用途，但是不足以去扩增整个哺乳动物基因甚至是平均长度的 cDNA。与全长产物不同，较长模板的标准 PCR 扩增会产生不同长度的片段，从而在凝胶上呈现不同的条带。而关于普通 PCR 扩增长模板失败的解释有：

- 当缓冲液暴露在高温下，不能维持其 pH 的稳定从而损坏模板和产物 DNA
- 一些散在二价阳离子（最首要的当属 Mn^{2+}）在高温时会促进 DNA 链的裂开
- 在 PCR 循环的加热阶段，长 DNA 分子变性存在困难
- 耐热聚合酶如 *Taq* 由于缺乏剪辑功能，从而导致高概率地掺入错误碱基（在延伸链 3′端掺入错误碱基会造成酶的停顿，从而会限制 PCR 产物的大小）

这些潜在问题中的前三个问题通过简单调整反应条件（参见 1994 年 Foord and Rose 的综述）即可解决（至少部分地解决），然而第四个则需要更原创性的思路。Wayne Barnes

（1994）发现，通过两种不同耐热 DNA 聚合酶混合液催化扩增反应可以消除 3′端错配造成的障碍。其中一种聚合酶高效但易产生错配（如 *Taq*），而第二种用量非常少的酶能提供 3′→5′外切核酸酶校验功能从而切除错配的 3′端（如 *Pfu* 或 Deep VentR；NEB 公司）。这种改善在混合液中得以体现，许多商家售卖的这种混合液能够实现高产率和长模板的精准复制，如 TaqPlus 长片段 PCR 系统（Agilent 公司）、Expand 长模板 PCR 系统（Roche Applied Science 公司）、Advantage HF 2 PCR 试剂盒（Clontech 公司）。

LA PCR 的进一步改进包括以下内容。

- 用耐热的尿苷三磷酸酶（UTPase），与 *Pfu* DNA 聚合酶一起扩增可以改善产物的产率（Hogrefe et al. 2002；Arezi et al. 2003）。在 PCR 过程中，dCTP 水解脱氨生成 dUTP，而掺入引物、模板 DNA 或者 PCR 产物中的胞嘧啶残基脱氨会转化成 dU。和大多数其他类型的 DNA 聚合酶不同，古细菌 DNA 聚合酶如 *Pfu*、Vent 及 Deep Vent，可紧密结合含 dU 的 DNA 且被其强烈抑制（Lasken et al. 1996；Greagg et al. 1999）。
- 向 LA PCR 中加入高浓度的甜菜碱（终浓度是 1.3mol/L）（Cheng et al. 1994a,b），会使 LA PCR 变性阶段的温度从 94℃降为 91～93℃（Barnes 2003）。
- 将延伸时间增加至 2min/kb（Barnes 2003）。

以下方案改编自 Barnes（2003）。

材料

为正确使用本方案中的器材和危险试剂，必须查阅相应的材料安全数据表并咨询所在机构的环境卫生和安全办公室。

本方案的专用试剂标注<R>，配方在本方案末提供。常用储备溶液、缓冲液和试剂标注<A>，配方见附录 1。储备溶液应稀释至适用浓度后使用。

试剂

琼脂糖凝胶

扩增缓冲液（与耐热 DNA 聚合酶一起提供）（10×）

> 这种缓冲液含有高浓度的 Tris，用来在扩增长模板必需的长时间延伸阶段维持正确的 pH（Ohler and Rose 1992），母液 pH 也很高（室温时为 9.0），可以补偿当 Tris 缓冲液加热时造成的 pK_a 下移（Good et al. 1966；Ferguson et al. 1980）。此外，Tris 可以用三甲基甘氨酸（Tricine）（室温时 pH 8.4，终浓度为 30mmol/L）代替 （Ponce and Micol 1991）。甘氨酸缓冲液的 pK_a 值对温度的依赖性远小于 Tris（Good and Izawa 1972）。
>
> 在 10×缓冲液中，硫酸铵可以用 KCl（100mmol/L）代替，并且可以终浓度为 0.01%的明胶代替 BSA。

甜菜碱（5mol/L）

> 甜菜碱溶液用 0.22μm 滤膜过滤除菌，室温放置。

氯仿（见步骤 3）

dNTP 溶液（1.0mmol/L）：所有 4 种 dNTP 溶于 40mmol/L $MgCl_2$

溴化乙锭（EB）或者 SYBR Gold

溶于水的正向引物（10μmol/L）和反向引物（10μmol/L）（10pmol/μL）

> 需严格遵守引物设计规则（见本章导言表 7-1）。然而，用于长片段 PCR 的引物比用于普通 PCR 的引物一般略长（25～30 个核苷酸）。尤其重要的是，要争取使两个引物有相同的熔解温度。如果熔解温度的差异超过 1℃，那么可能会出现错配和优先扩增一条链的问题。

模板 DNA（10μg/mL，溶于含 100μg/mL BSA 的 TEN 缓冲液中<R>）

> 各种模板，包括重组 P1 衍生的人工染色体（PAC）、细菌人工染色体（BAC）、黏粒、λ噬菌体克隆，以及高分子质量的基因组 DNA 的长 PCR 效果很好。然而 DNA 的质量是最重要的。DNA 模板的平均长度（通过凝胶成像或脉冲场凝胶电泳分析）至少应为所需 PCR 产物长度 3 倍以上。DNA 也应该广泛纯化以减少抑制剂的浓度。

在使用之前,按1：1000的比例将DNA用含100μg/mL BSA的TEN缓冲液稀释,使最终DNA浓度为10pmol/μL。

含 100μg/mL BSA 的 TEN 缓冲液<A>

适合 LA PCR 的耐热 DNA 聚合酶（TaqPlus Long PCR System [Agilent 公司]，Expand Long Template PCR System [Roche 公司]，Advantage HF 2 PCR 试剂盒 [Clontech 公司]，或者 KlenTaq LA [Clontech 公司]）

使用供应商提供的10×扩增缓冲液,检查10×缓冲液是否含有 Mg^{2+}。如果不含,准备 15mmol/L 的 Mg^{2+},并向反应体系中加入适当的量。反应体系中 Mg^{2+}最终浓度约为 1.5mmol/L。

其他试剂

本方案步骤4所需试剂列于第2章，方案3。

设备

自动微量移液器用的带滤芯的吸头

微量离心管（0.5mL，壁薄以利于扩增反应）

Southern 杂交所用的尼龙或硝酸纤维素滤膜（见步骤4）

聚丙烯酰胺或琼脂糖凝胶电泳设备

正排量移液管

可编程所需扩增程序的热循环仪

热循环仪如果没有配备热盖,那么在 PCR 循环中可以用矿物油或石蜡来防止反应混合液中液体的蒸发。

在编写循环程序之前,测量从68℃加热到92℃所需的时间。

方法

1. 在一个无菌的薄壁离心管中混合以下成分：

扩增缓冲液（10×）	5μL
4 种 dNTP 溶液（10mmol/L）	5μL
正向引物（10pmol/μL）	1μL
反向引物（10pmol/μL）	1μL
耐热 DNA 聚合酶（见生产说明书）	2～3μL
模板 DNA	100pg 至 2μg
H$_2$O	至总体积 50μL

从构建在 λ 噬菌体、粘粒、细菌噬菌体 P1、PAC 及 BAC 载体上的单个重组克隆中纯化得到的模板,其使用量范围为 50pg 到 300ng。全基因组 DNA 的用量较大,通常每个反应需要 50ng 到 1μg。在长 PCR 中,反应中模板使用量的灵活性很小:太少会导致没有产物,太多会造成强的非特异性扩增。对于每一种新制备的 DNA,模板的最佳用量及引物/模板的最佳比例应该通过经验来确定。

2. 将热循环仪预热至 68℃。如果热循环仪没有安装热盖，向反应混合体系中加入一滴（约 50μL）液态轻质石蜡覆盖。或者可以用热启动 PCR 加一滴固体石蜡取而代之。将离心管或者微孔板放入热循环仪。利用下表所列的变性、复性及延伸时间来扩增核苷酸：

循环数	变性	复性以及延伸
1[a]	92℃，5s	
2～35[a]	92℃，5s	63℃，10min

a. 循环仪应编程为所需时间的总和,要求是从68℃加热至92℃的时间加上5s。

这些时间适用于配制在 0.5mL 薄壁管中,在诸如 PerkinElmer 9600 或 9700、 Mastercycler (Eppendorf 公司)和 PTC-100 (MJ Research 公司)等 PCR 仪上孵育的 50μL 反应体系。时间和温度可以根据设备类型及反应体积做适当调整。

每 1kb 靶 DNA 延伸时间应为 2min。

3．如果用矿物油覆盖反应液（步骤 2），可用 150μL 氯仿萃取将其从样品中去除。

含扩增 DNA 的水相，在近弯液面处形成胶束。用自动微量吸管可将其转移到新的离心管中。

▲因微孔板的材料是不耐受有机溶剂的，因此不要试图在微孔板中进行氯仿萃取。

4．使用合适大小的 DNA marker，用琼脂糖凝胶电泳分析一份水相样本。用 EB 或 SYBR Gold 对 DNA 进行染色，或者转移到尼龙或硝酸纤维素滤膜后用探针进行 Southern 杂交（见第 2 章）。

虽然长 PCR 比普通 PCR 要求更加苛刻，但其本质是相同的。长 PCR 和普通 PCR 存在的问题是相似的，往往都是涉及特异性和产率。在绝大多数情况下，这些问题都可以通过仔细优化 PCR 的各个阶段得以解决。

配方

为正确使用本方案中的器材和危险试剂，必须查阅相应的材料安全数据表并咨询所在机构的环境卫生和安全办公室。

TEN 缓冲液（配方）

试剂	量（总量为 10mL）	终浓度
Tris-Cl (1mol/L, pH 7.9)	100μL	10mmol/L
NaCl (1mol/L)	100μL	10mmol/L
EDTA (0.5mol/L)	2μL	0.1mmol/L

保存在-20℃。

参考文献

Arezi B, Xing W, Sorge JA, Hogrefe HH. 2003. Amplification efficiency of thermostable DNA polymerases. *Anal Biochem* **321**: 226–235.

Barnes WM. 1994. PCR amplification of up to 35-kb DNA with high fidelity and high yield from λ bacteriophage templates. *Proc Natl Acad Sci* **91**: 2216–2220.

Barnes WM. 2003. Tips for long and accurate PCR. In *PCR primer: A laboratory manual*, 2nd ed. (ed Dveksler GS, Dieffenbach CW), pp. 53–60. Cold Spring Harbor Laboratory Press, Cold Spring Harbor, NY.

Cheng S, Chang SY, Gravitt P, Respess R. 1994a. Long PCR. *Nature* **369**: 684–685.

Cheng S, Fockler C, Barnes WM, Higuchi R. 1994b. Effective amplification of long targets from cloned inserts and human genomic DNA. *Proc Natl Acad Sci* **91**: 5695–5699.

Ferguson WJ, Braunschweiger KI, Braunschweiger WR, Smith JR, McCormick JJ, Wasmann CC, Jarvis NP, Bell DH, Good NE. 1980. Hydrogen ion buffers for biological research. *Anal Biochem* **104**: 300–310.

Foord OS, Rose EA. 1994. Long-distance PCR. *PCR Methods Appl* **3**: S149–S161.

Good NE, Izawa S. 1972. Hydrogen ion buffers. *Methods Enzymol* **24**: 53–68.

Good NE, Winget GD, Winter W, Connolly TN, Izawa S, Singh RM. 1966. Hydrogen ion buffers for biological research. *Biochemistry* **5**: 467–477.

Greagg MA, Fogg MJ, Panayotou G, Evans SJ, Connolly BA, Pearl LH. 1999. A read-ahead function in archaeal DNA polymerases detects promutagenic template-strand uracil. *Proc Natl Acad Sci* **96**: 9045–9050.

Hogrefe HH, Hansen CJ, Scott BR, Nielson KB. 2002. Archaeal dUTPase enhances PCR amplifications with archaeal DNA polymerases by preventing dUTP incorporation. *Proc Natl Acad Sci* **99**: 596–601.

Lasken RS, Schuster DM, Rashtchian A. 1996. Archaebacterial DNA polymerases tightly bind uracil-containing DNA. *J Biol Chem* **271**: 17692–17696.

Ohler LD, Rose EA. 1992. Optimization of long-distance PCR using a transposon-based model system. *PCR Methods Appl* **2**: 51–59.

Ponce MR, Micol JL. 1991. PCR amplification of long DNA fragments. *Nucleic Acids Res* **20**: 623. doi: 10.1093/nar/20.3.623.

方案 6　反向 PCR

标准 PCR 用来扩增位于两条引物内侧的 DNA 片段，与此相反，反向 PCR 技术（也被称为倒置或者向外 PCR）是用于扩增一段已知 DNA 序列旁侧的 DNA 序列，这些序列中没有可以用于扩增的引物。在快速高效的 DNA 测序出现之前，这项技术在几个独立课题组内都得到很好的发展（Ochman et al. 1988; Triglia et al. 1988; Silver and Keerikatte 1989）。目前，在多数情况下，测序已成为确定未知 DNA 片段的主要选择手段。然而，反向 PCR 仍旧被广泛应用于快速的等位基因分型，以及确定整合到基因组中的反转录病毒、转基因、转座子的定位。

反向 PCR 要用到一种限制性内切核酸酶对大分子 DNA 酶切消化，制备一个包含已知序列及其侧翼区域的 DNA 片段（图 7-2）。个别限制性酶切片段（哺乳动物的基因组 DNA 可能产生成千上万条片段）通过自身分子环化连接，然后这种包含已知序列的环化 DNA 可以被用来作为 PCR 模板。未知序列通过与已知序列特异结合的引物反方向扩增获得。

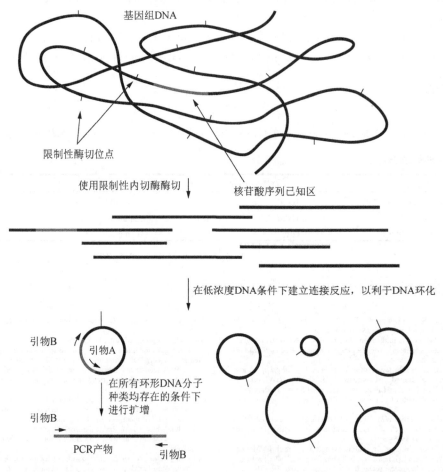

图 7-2　反向 PCR 示意图。反向 PCR 用来扩增与已知序列（浅色区）相邻的未知序列（深色区）。基因组 DNA 被酶消化产生携带已知基因（及其他）的 DNA 片段，并通过 Southern 印迹杂交测定。这些 DNA 片段通过连接环化，然后从已知序列中设计反向延伸的特异引物来扩增已知序列间的未知序列。

扩增产物是一条线性 DNA 片段，其中包含有最初用于消化 DNA 的限制性酶切位点。这个位点是以前克隆的已知序列与其侧翼未知序列的交界。扩增片段大小依赖于已知序列和侧翼区域中限制性酶切位点的分布。用不同限制性酶切位点得到的 DNA 为模板，通过反向 PCR 可获得 4kb 大小的 DNA 侧翼序列（Jones and Winistorfer 1993）。无论已知序列的上游还是下游侧翼区，只通过一个已知序列内不存在的限制性酶切位点的切割反应，进行一次反向 PCR 就能获得。

以下方案由 Dennis McKearin 提供（University of Texas Southwestern Medical Center, Dallas）。

材料

为正确使用本方案中的器材和危险试剂，必须查阅相应的材料安全数据表并咨询所在机构的环境卫生和安全办公室。

本方案的专用试剂标注<R>，配方在本方案末提供。常用储备溶液、缓冲液和试剂标注<A>，配方见附录 1。储备溶液应稀释至适用浓度后使用。

试剂

琼脂糖或聚丙烯酰胺凝胶（见步骤 7）

含 $MgCl_2$ 的扩增缓冲液（与耐热 DNA 聚合酶一起提供）（10×）

ATP（10mmol/L）

噬菌体 T4 连接酶（1U/μL）

氯仿

含有所有 4 种 dNTP（pH 8.0）的 dNTP 溶液（20mmol/L）

乙醇

溴化乙锭（EB）或者 SYBR Gold

连接酶缓冲液（10×）（和 T4 连接酶一起提供）

溶于水的正向引物（20μmol/L）和反向引物（20μmol/L）

> 除了在模板分子上的位置不同之外（见图 7-2），反向 PCR 引物并没有其他特别之处，因此提供的是一般引物设计的规则。每个引物应该长 20～30 个核苷酸，并且其中 4 种碱基的数量大约相等，G 和 C 的分布要均衡，形成稳定二级结构的倾向低。限制性内切核酸酶酶切位点可以添加到引物 5'端，以便扩增产物的克隆和操作。

酚：氯仿（1：1，*V/V*）

限制性内切核酸酶

乙酸钠（3mol/L）

TE 缓冲液（pH 8.0）

> 10mmol/L Tris-Cl（pH 8.0）
>
> 1mmol/L EDTA

用含少于 0.1mmol/L EDTA 的 10mmol/L Tris-Cl（pH 7.6）溶解的模板 DNA

> 反向 PCR 需要一个环状的 DNA 作为模板，此方案中，步骤 1～4 描述的是如何将传统方法制备的线性 DNA 转反为环形 DNA，这些线性 DNA 可为纯化的 DNA 片段，也可为总基因组 DNA，或其一定大小的组分；λ噬菌体 cDNA 文库；一份黏性质粒或噬菌体 P1 基因组文库；或～10^9bp 以下的 DNA 序列。线性 DNA 的使用量至少在 1μg 以上以便环化，并在几个浓度下进行 PCR。

耐热 DNA 聚合酶

Tris-Cl（10mmol/L，pH 7.6）

其他试剂

此方案步骤 7 中所需的试剂已在第 2 章，方案 1 和方案 13。

设备

自动微量移液器使用的带滤芯的吸头

微量离心管（0.5mL，壁薄以利于扩增反应）或微孔板

正排量移液管

可编程所需扩增程序的热循环仪

> 如果没有配备热盖，那么在 PCR 循环中可以用矿物油或石蜡来防止反应混合液中液体的蒸发。

16℃的水浴

方法

1. 基于已知 DNA 序列，设计并合成寡聚核苷酸引物 1 和引物 2。

2. 用合适的限制性内切核酸酶（见以下注释）消化 2～5μg DNA 模板（序列<10⁹bp）。用酚：氯仿提取消化后的 DNA，再用氯仿单独抽提。加 0.1 倍体积的 3mol/L 乙酸钠和 2.5 倍体积的乙醇使 DNA 沉淀，离心回收沉淀，用 TE 缓冲液(pH 8.0)溶解使浓度为 100mg/mL。

> 选做步骤，DNA 消化后置 65℃加热 15～20min 使酶失活。

> 用 Southern 印迹杂交（第 2 章，方案 13）实验来选择可以把片段切成适当大小（1～4kb）的限制性内切核酸酶。为提高模板 DNA 连接时自身环化效率，尽量选择能够产生黏性末端的酶。若只能选择平端酶，则需要在连接缓冲液中加入聚乙二醇。

3. 在 0.5mL 的无菌微量离心管、PCR 管或灭菌的微孔板中，设定一系列连接反应，其中切割模板 DNA 的浓度范围为 0.1～1mg/mL。

模板 DNA	10～100ng
连接缓冲液（10×）	10μL
噬菌体 T4 DNA 连接酶（1U/μL）	4μL
三磷酸腺苷（10mmol/L）	10μL
水	加至 100μL

> 反应体系置 16℃孵育 12～16h。

> 某些商品化的连接缓冲液包含 ATP。若使用此类缓冲液，不需要在连接体系中额外添加 ATP。

> 理论上，利于连接过程中形成单分子环的条件很好找（Collins and Weissman 1984），但在实际中很难做到。为避免分子间的串联，更好地形成分子内环化，DNA 末端的摩尔浓度必须降低。然而，在大小不同的 DNA 分子的分布，以及末端被损坏的分子比例未知的情况下，很难推算出合适的 DNA 浓度，最好的办法就是用浓度范围为 1～10μg/mL 的 DNA 进行一系列连接反应，然后把这一系列连接反应的产物用于以下步骤。

4. 连接 DNA 用酚：氯仿提取后，再用氯仿单独抽提。加 0.1 倍体积的 3mol/L 乙酸钠和 2.5 倍体积的乙醇使 DNA 沉淀，离心回收沉淀并重溶于 10mmol/L Tris-Cl(pH7.6)或水中，浓度为 100μg/mL。

5. 在灭菌的 0.5mL 薄壁扩增管中加入下列试剂并混匀：

扩增缓冲液（10×）	5μL
4 种 dNTP 溶液（pH 8.0），每种浓度在 20mmol/L	1μL
寡核苷酸引物 1（20μmol/L）	2.5μL
寡核苷酸引物 2（20μmol/L）	2.5μL
耐热 DNA 聚合酶(1～5U/μL)	1.0μL
水	28～33μL
连接后的模板 DNA	5～10μL
总体积	至 50μL

> 线性 DNA 模板有时比环状 DNA 更有益于反向 PCR 的扩增效率。我们可以在两条引物 5'端之间的已知序列区域寻找一个限制性酶切位点，把环化的 DNA 分子线性化。最好这个酶不能对未知序列进行切割。或者在制备扩增反应体系之前，将模板加热至 100℃、15min，也可以使环状分子线性化，不过效率比较低（Triglia et al. 1988; Ochman et al. 1993）。

i. 设置两个对照反应。其中一个反应包含除 DNA 模板以外的上述所有试剂。另一个反应中，用一个携带已知片段大小的质粒取代 DNA 模板，此质粒包含用于设计寡核苷酸引物的 DNA 片段。

> 第一个对照确保任何可见产物都与外源 DNA 无关。第二个反应测试 PCR 各试剂的保真性。

ii. 每一个对照反应都进行所有的后续操作步骤。

6. 如果热循环仪没有配备热盖，可在反应混合物中加一滴（约 50μL）轻质矿物油。这样可以避免样品在重复冷热循环中蒸发。另外，在使用热启动 PCR 时可在管中加一粒石蜡。将反应管或微孔板放入热循环仪。利用下表列出的变性、复性和延伸时间及温度扩增核苷酸：

循环数	变性	复性	延伸
30 个循环	94℃，30s	55℃，30s	72℃，2.5min
末循环	94℃，30s	55℃，30s	72℃，10min

这些时间适用于配制在 0.5mL 薄壁管中，在诸如 PerkinElmer 9600 或 9700、Mastercycler（Eppendorf 公司）和 PTC-100（MJ Research 公司）等 PCR 仪上孵育的 50μL 反应体系。时间和温度可以根据设备类型及反应体积做适当调整。

许多热循环仪的结束程序是扩增样品保持在 4℃直至被取出。样品可以在此温度下放置过夜，但随后需放在-20℃保存。

在一个特定的 PCR 反应中，引物对的具体复性温度得靠经验估计。若靶 DNA 较长（大于 4kb），应当尝试延长延伸时间（每个循环延长到 10min）。另外，使用突变的、缺乏外切核酸酶活性的耐热 DNA 聚合酶可以获得较长的扩增片段。

7. 从反应体系以及对照组体系中取出 5～10μL 样品，通过琼脂糖或聚丙烯酰胺凝胶电泳进行分析。使用合适的 DNA marker。用溴化乙锭或 SYBR Gold 进行凝胶染色。

成功的扩增反应应该产生一条清晰可见的 DNA 条带，条带可以通过 DNA 测序、限制性酶切图谱分析，或者使用与已知 DNA 序列同源的探针进行 Southern 杂交来进一步鉴定。

参考文献

Collins FS, Weissman SM. 1984. Directional cloning of DNA fragments at a large distance from an initial probe: A circularization method. *Proc Natl Acad Sci* 81: 6812–6816.

Jones DH, Winistorfer SC. 1993. A method for the amplification of unknown flanking DNA: Targeted inverted repeat amplification. *BioTechniques* 15: 894–904.

Ochman H, Gerber AS, Hartl DL. 1988. Genetic applications of an inverse polymerase chain reaction. *Genetics* 120: 621–623.

Ochman H, Ayala FJ, Hartl DL. 1993. Use of polymerase chain reaction to amplify segments outside boundaries of known sequences. *Methods*

Enzymol 218: 309–321.

Silver J, Keerikatte V. 1989. Novel use of polymerase chain reaction to amplify cellular DNA adjacent to an integrated provirus. *J Virol* 63: 1924–1928.

Triglia T, Peterson MG, Kemp DJ. 1988. A procedure for in vitro amplification of DNA segments that lie outside the boundaries of known sequences. *Nucleic Acids Res* 16: 8186. doi: 10.1093/nar/16.16.8186.

方案 7　巢式 PCR

巢式 PCR 一般适用于一些有必要增加灵敏度和/或特异性的 PCR 反应，例如，扩增一个特定的多态基因家族成员，或者扩增一种 mRNA 丰度极低的临床标本的 cDNA 副本，并且这个标本含有几种不同的细胞类型（混合细胞群体）。

巢式 PCR 通常涉及两个连续的扩增反应，每个反应使用一对不同的引物（Smit et al. 1988; Kemp et al. 1989）。第一次扩增反应的产物被用作第二次 PCR 的模板，而第二次反应的寡核苷酸引物对位于第一对引物内侧（图 7-3）。先后使用两对引物可使循环数倍增，从而提高了 PCR 的灵敏度。反应特异性的提高源于和相同模板结合的两套独立的引物。巢氏 PCR 对于扩增长模板片段是一种有效的方法，但是需要知道靶基因的序列。

在"半-巢氏 PCR"中，第二次扩增使用的一条引物与第一次 PCR 中两条外引物的其中一条完全相同（Zhang and Ehrlich 1994）。半-巢氏 PCR 的特异性可能较常规的巢氏 PCR

稍差，但是两种技术在灵敏度上相近。

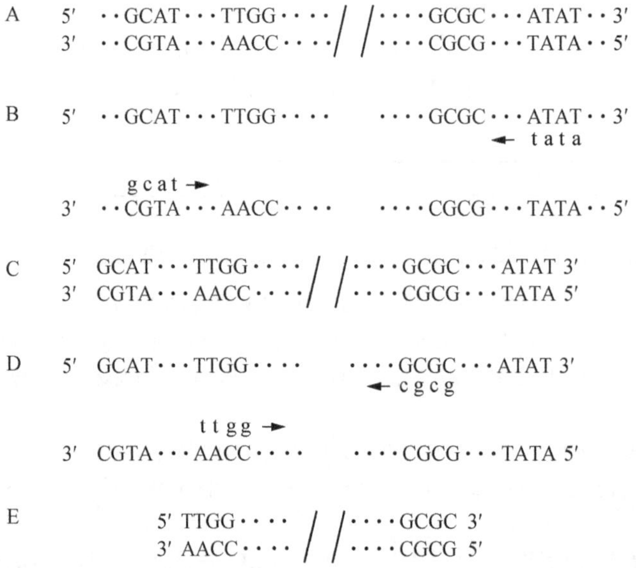

```
A    5′ ··GCAT···TTGG···· / /····GCGC···ATAT··3′
     3′ ··CGTA···AACC···· / /····CGCG···TATA··5′


B    5′ ··GCAT···TTGG···       ····GCGC···ATAT·3′
                                          ← t a t a

          g c a t →
     3′ ··CGTA···AACC···       ····CGCG···TATA·5′


C    5′ GCAT···TTGG···· / /····GCGC···ATAT 3′
     3′ CGTA···AACC···· / /····CGCG···TATA 5′


D    5′ GCAT···TTGG···       ····GCGC···ATAT 3′
                                     ← c g c g

          t t g g →
     3′ CGTA···AACC···       ····CGCG···TATA 5′


E         5′ TTGG···· / /····GCGC 3′
          3′ AACC···· / /····CGCG 5′
```

图 7-3　巢式 PCR 策略。此处使用两对引物。（A~C）第一对引物进行常规 PCR 反应。（D）第二对套嵌引物结合首次 PCR 产物。套嵌引物结合处位于第一对引物结合位点内部。（E）第二轮 PCR 后，PCR 终产物的长度由内部引物结合位点的位置来确定。（方案由 A. Malcolm Campbell, Davidson College and James G. Martin Genomics 提供。）

🔬 材料

为正确使用本方案中的器材和危险试剂，必须查阅相应的材料安全数据表并咨询所在机构的环境卫生和安全办公室。

本方案的专用试剂标注<R>，配方在本方案末提供。常用储备溶液、缓冲液和试剂标注<A>，配方见附录 1。储备溶液应稀释至适用浓度后使用。

试剂

琼脂糖或聚丙烯酰胺凝胶（见步骤 7）

含 $MgCl_2$ 的扩增缓冲液（与耐热 DNA 聚合酶一起提供）（10×）

ATP（10mmol/L）

氯仿

含有所有 4 种 dNTP（pH 8.0）的 dNTP 溶液（20mmol/L）

乙醇

溴化乙锭（EB）或者 SYBR Gold

酚：氯仿（1：1，V/V）

引物［溶于水的外部核苷酸引物 1（20μmol/L）和引物 2（20μmol/L）；溶于水的内部寡核苷酸引物 1（20μmol/L）和引物 2（20μmol/L）］

> 除了在模板分子上的位置不同之外，巢氏 PCR 引物并没有其他特别之处。此处提供一般引物设计的规则。每个引物应长 20~30 个核苷酸，并且其中 4 种碱基的数量大约相等，G 和 C 的分布要均衡，形成稳定二级结构的倾向低。引物 5′端可以添加限制性内切核酸酶酶切位点，以利于扩增产物随后的克隆和操作。

乙酸钠（3mol/L）

Taq DNA 聚合酶（来自 Agilent 公司、Life Technologies 公司、NEB 公司及其他厂商）

TE　缓冲液（pH 8.0）

　　　10mmol/L Tris-Cl（pH 8.0）

　　　1mmol/L EDTA

溶于 10mmol/L Tris-Cl（pH 7.6）的模板 DNA，含少于 0.1mmol/L EDTA

Tris-Cl（10mmol/L，pH 7.6）

其他试剂

此方案步骤 7 中所需的试剂已在第 2 章的方案 1 和 2，或者方案 3 和 4，以及方案 13 中列出。

设备

微量自动移液器用的带滤芯的吸头

微量离心管（0.5mL，壁薄以利于扩增反应）或微孔板

正排量移液管

可编程所需扩增程序的热循环仪

　　热循环仪如果没有配备热盖，那么在 PCR 循环中可以用矿物油或石蜡来防止 PCR 过程中反应混合液液体的蒸发。

方法

1. 基于已知 DNA 序列，设计并合成一对内部寡聚核苷酸引物对和外部寡核甘酸引物对。

2. 在灭菌的 0.5mL 薄壁扩增管中加入下列试剂并混匀：

扩增缓冲液（10×）	5μL
4 种 dNTP 溶液（pH 8.0），每种浓度在 20mmol/L	1μL
外部寡核苷酸引物 1（20μmol/L）	2.5μL
外部寡核苷酸引物 2（20μmol/L）	2.5μL
热稳定 DNA 聚合酶（1～5U/μL）	1.0μL
水	28～33μL
DNA 模板（0.1～1.0μg）	5～10μL
总体积	50μL

3. 如果热循环仪没有配备热盖，可在反应混合物中加一滴（约 50μL）轻质矿物油。这样可以避免样品在重复冷热循环中蒸发。另外，在使用热启动 PCR 时可在管中加一滴石蜡。将反应管或微孔板放入热循环仪。下表列出第一轮扩增的变性、复性、延伸时间及温度：

循环数	变性	复性	延伸
30 个循环	94℃，30s	60℃，30s	72℃，2.5min
末循环	94℃，30s	60℃，30s	72℃，10min

　　这些时间适用于配制在 0.5mL 薄壁管中，在诸如 PerkinElmer 9600 或 9700、Mastercycler（Eppendorf 公司）和 PTC-100（MJ Research 公司）等 PCR 仪中反应的 50μL 反应体系。时间和温度可以根据设备类型及反应体积做适当调整。

　　许多热循环仪的结束程序是扩增样品放置在 4℃直至被取出。样品可以在此温度下放置过夜，但随后需放在 -20℃保存。

　　通过经验确定既定扩增反应中引物对的确切复性温度。若靶 DNA 较长（大于 4kb），应当尝试延长延伸时间（每个循环延长到 10min）。

4. 从反应体系中取出 5～10μL 样品放置在 4℃，如果对第二次扩增后的 DNA 产量不满意，可以把保存的这些巢氏 PCR 首轮扩增产物通过琼脂糖或聚丙烯酰胺凝胶电泳进行分析。使用合适的 DNA marker。用溴化乙锭或 SYBR Gold 进行凝胶染色。

5. 以 5μL 首次扩增产物为模板进行第二次扩增。在无菌的 0.5mL 薄壁扩增管中加入下列试剂并混匀：

扩增缓冲液（10×）	5μL
4 种 dNTP 溶液（pH 8.0），每种浓度在 20mmol/L	1μL
内部寡核苷酸引物 1（20μmol/L）	1.5μL
内部寡核苷酸引物 2（20μmol/L）	1.5μL
耐热 DNA 聚合酶(1～5U/μL)	1.0μL
水	28～33μL
DNA 模板（0.1～1.0μg）	5μL
总体积	至 50μL

6. 如果热循环仪没有配备热盖，可在反应混合物中加一滴（约 50μL）轻质矿物油。这样可以避免样品在重复冷热循环中蒸发。另外，在使用热启动 PCR 时可在管中加一粒石蜡。将反应管或微孔板放入热循环仪。下表列出第一轮扩增的变性、复性和延伸时间以及温度：

循环数	变性	复性	延伸
30 个循环	94℃，30s	60℃，30s	72℃，2.5min
终止循环	94℃，30s	60℃，30s	72℃，10min

这些时间适用于配制在 0.5mL 薄壁管中，在诸如 PerkinElmer 9600 或 9700、Mastercycler（Eppendorf 公司）和 PTC-100（MJ Research 公司）等 PCR 仪中反应的 50μL 反应体系。时间和温度可以根据设备类型及反应体积做适当调整。

许多热循环仪的结束程序是扩增样品放置在 4℃直至被取出。样品可以在此温度下放置过夜，但随后需放在-20℃保存。

通过实验确定既定扩增反应中引物对的确切复性温度。

7. 从二次反应体系中取出 5～10μL 样品，通过琼脂糖或聚丙烯酰胺凝胶电泳对这些样品以及保存的首轮反应产物进行分析。使用合适的 DNA marker。用溴化乙锭或 SYBR Gold 进行凝胶染色。

成功的扩增反应应该产生一条清晰可见的 DNA 条带，条带可以通过 DNA 测序、限制性酶切图谱分析，或者使用与已知 DNA 序列同源的探针进行 Southern 杂交来进一步鉴定。

方案 8　mRNA 反转录产物 cDNA 的扩增：两步法 RT-PCR

RT-PCR 是从低拷贝 mRNA 中合成和检测 cDNA 的有效方法。该方法需要两种酶：反转录酶和热启动 DNA 聚合酶。mRNA 在反转录酶作用下生成单链 cDNA 拷贝，该扩增产物随后可作为模板，通过热启动 DNA 聚合酶进行扩增反应。本方案描述了传统 RT-PCR，即两步合成反应按顺序分开进行。所以，该方法也叫两步法 RT-PCR（two-step RT-PCR）。

第一链合成的引物

依据实验目的，针对 cDNA 第一链合成的引物可依据靶基因设计，该引物可与靶基因特异结合；也可用 oligo（dT）或随机引物，该引物可结合所有 mRNA。

- oligo（dT），能与哺乳动物 mRNA 的内源 poly（A）尾相结合，作为通用引物用于第一链 cDNA 的合成。后续 PCR 扩增可用一条或多条基因特异性引物与 oligo（dT）配对来产生一种特异的 mRNA 3′端序列的拷贝（3′-RACE，参见方案 10）

- cDNA 合成可用一种合成的反义寡核苷酸引物来引发，该引物可选择与特殊靶 RNA 或 mRNA 家族序列的某个区域杂交。特异 cDNA 片段能通过 PCR 扩增来获得，而正义和反义寡核苷酸引物可根据 cDNA 具体序列来设计。为了达到最大的特异性，反义引物应该设置在引发 cDNA 合成的寡核苷酸的上游。

  寡核苷酸引物设计尽可能根据靶 RNA 的不同外显子的序列结构来设置结合位点，并应用正义与反义引物来扩增 cDNA 产物。用这种方法，极易区分来自 cDNA 与污染的基因组 DNA 的扩增产物。然而，无内含子基因的转录物不易与污染的基因组 DNA 区别开。在这种情况下，RNA 样品最好用没有 RNase 的 DNase 来处理（Grillo and Margolis 1990）。

- 随机六寡核苷酸引物可沿着 RNA 模板的许多位点引导 cDNA 合成，并产生多个 RNA 分子总体的拷贝。尤其在靶 RNA 序列很长或包含很多二级结构，使用 oligo（dT）或合成的寡核苷酸引物不能有效引导 cDNA 合成时，应用随机六寡核苷酸引物是非常有用的（Lee and Caskey 1990）。因为所有的 mRNA 都能够作为模板，再结合针对特异性 cDNA 序列设计的正义和反义引物进行 PCR 扩增，可得到基因特异性的扩增产物。

cDNA 的扩增方法不同，其扩增效率也不一样（Lekanne et al. 2002；Stahlberg et al. 2004a，b）。在许多情况下，研究者的目标在于产生的第一链 cDNA 应该尽可能长，并且包含高比例的、与靶 RNA 互补的分子。因此，设计与靶 mRNA 的 3′非翻译区相结合的基因特异性寡核苷酸作为引物是一种很好的选择。oligo (dT)作为合成第一链 cDNA 的引物是最佳选择，当其他引导方法都不能令人满意时，产物没有特异性要求且允许产生长短不一的 cDNA 分子，可考虑应用随机六寡核苷酸作为引物。

当使用随机六寡核苷酸或 oligo（dT）作为 cDNA 第一链合成的引物时，最好在室温下配制反应体系，在 25℃孵育 10min 后再置于 37℃。低温孵育有助于反转录酶引导衍生反应，并可以阻止引物-RNA 复合物的过早解链。

对照

在设置 RT-PCR 时应始终包括阳性与阴性对照。阴性对照指样品在 RT-PCR 实验中不加反转录所必需的成分。然而，阳性对照则需要更多技巧，因为它们要求有能反转录成 cDNA 的标准靶 RNA 样品，并与实验管样品扩增靶序列平行进行。理想的阳性对照是由已定量的 RNA 组成，该 RNA 应该是来自靶 DNA 突变体克隆的转录物。这种精确的靶 RNA 标准样品最好与实验管的靶 RNA 样品仅存在一个或两个碱基差异，这样 RT-PCR 扩增样品能产生一至多个新的限制性酶切位点。靶 RNA 与标准 RNA 样品二者应该能用同一对引物进行 PCR 扩增（Becker-Andre and Hahlbrock 1989；Wang et al. 1989；Giiand et al. 1990；Siebert and Larrick 1992）。扩增后，两种 PCR 产物能用限制性内切核酸酶消化，再通过琼脂糖凝胶电泳鉴别（Becker-Andre 1993）。

一个完美的对照需要详细的规划和大量的工作。因此，大多数研究者退而求其次，使用一种不够完美的内标。例如，用 cDNA 克隆片段按照不同浓度加入到 RNA 模板中，或者用与靶 RNA 完全无关的内源 RNA 样品作为模板，它需要用专门的引物才能进行 PCR 扩增。如此不完美的对照，对于严谨的研究者来说是难以令人满意的，他们往往倾向于根本不设这样的对照。但这至少提供了一种测定反转录与扩增总体效率的方法，另外也提供了 RNA 制备质量的一些信息。

RNA 制备

用离液剂从细胞中抽提出的总 RNA，通常是 RT-PCR 扩增中丰度到高丰度 mRNA 的首选模板（Liedtke et al. 1994）。对于低丰度靶 mRNA 的样品，最好选择 poly (A)$^+$ RNA 作模板进行 RT-PCR。而如果细胞数量非常少，作为 RT-PCR 的 RNA 可以通过以下方法制备：

1．在离心管中 4℃下离心 5s，收集细胞（10～1000 个）。

2．吸弃上清。加 10～20μL 冰冷的裂解液[0.5% Nonidet P40 (NP-40)，10mmol/L Tris-Cl (pH8.0)，10mmol/L NaCl，3mmol/L MgCl]。非常轻微地振荡离心管，使细胞分散于裂解液中。

3．离心管在冰上放置 5min，然后在 4℃高速离心 2min，在作为 PCR 模板使用前，通过加入无 RNA 酶的 DNA 酶处理以去除污染的细胞 DNA。

> 注意：裂解液中 NP-40 的最佳浓度的确定可能需要进行预实验。在此推荐 0.5%的 NP-40 浓度对于裂解淋巴细胞效果很好。但对于其他类型哺乳动物细胞，可能要求适当提高 NP-40 的浓度。只有当制备出的 RNA 没有核糖核酸酶和基因组 DNA 的污染时，RT-PCR 才能成功。不幸的是，几乎所有的真核 mRNA 制备都含有少量的基因组 DNA 片段污染，这种情况可以通过添加无 RNA 酶的 DNA 酶 I 处理去除（Rio et al. 2010）（见本方案结尾部分"从 RNA 制备溶液中去除 DNA"）。
>
> 在开始工作前，所有设备都需要喷洒 RNaseZap（或其他商品化的去除 RNA 酶试剂）。缓冲液和其他溶液也要用焦碳酸二乙酯（diethyl pyrocarbonate，DEPC）或其他商业化去除 RNA 酶的试剂处理（如 Ambion 公司的 RNaseZap 或类似产品）。
>
> 整个试验过程中必须戴手套操作以防止来自人的 RNase 的污染。接触到实验室公共物体（门把手、冰箱门等）后要更换手套。RNA 操作要单独配备自动移液器，要使用带滤芯的吸头。

两步法 RT-PCR 中使用的反转录酶

1970 年，DNA 依赖的 RNA 聚合酶的发现解开了一个长期困扰人们心头的困惑——反转录病毒的 RNA 基因组是如何在被感染或被转化细胞中复制成 DNA 的（Baltimore 1970; Temin and Mizutani 1970）。反转录酶这个名字起源于 John Tooze 近乎玩笑似的杜撰，他匿名在 *Nature* 上的"新闻评论"专栏文章中首次使用了反转录酶这个名字。出乎意料的是，用词考究者的愤怒和 Tooze 本人的快乐都无关大局，反转录酶这个名字很快成为了约定俗成的专业名词。

有几种类型的 RNA 依赖的 DNA 聚合酶现在也用于体外催化与 RNA 模板互补的 DNA 的合成。

- 禽成髓细胞瘤病毒（AMV）反转录酶（avian myeloblastosis virus，AMV）与莫洛尼鼠白血病病毒（Moloney strain）来源的中温酶，这两种酶要求以 RNA 或 DNA 为模板，并且要求具有带 3′羟基基团的 RNA 或 DNA 引物。由于缺乏 3′→5′外切核酸酶活性，故这两种酶在聚合过程中易发生错误。此外，这两种酶的 dNTP 底物的 K_m 值是很高的，在毫摩尔级，因此，为了保证 RNA 模板完全转录，在反应体系中维持高浓度的 dNTP 是必需的。AMV 来源的反转录酶具有较高的 RNase H 活性，因而能消化反转录过程 RNA-DNA 杂交链中的 RNA 链部分；如果反转录酶的 DNA 合成过程终止，也能消化延伸 DNA 链的 3′端附近的 RNA 模板（Kotewicz et al. 1988）。因此，这种高活性 RNase H 趋向于抑制 cDNA 的产生及限制其合成长度（进一步的信息参见信息栏"核糖核酸酶 H"）。

  中温反转录酶在催化 cDNA 第一链合成过程中很容易受到 RNA 模板二级结构的阻碍。此外，这类酶的 RNase H 活性也会对全长 cDNA 合成产生干扰。Mo-MLV 反转录酶由于其 RNase H 活性相对较弱（Gerard et al. 1997），因此该酶比禽类反转录酶更适合 RT-PCR。然而，Mo-MLV 反转录酶催化反应的最适温度为 37℃，较

AMV 反转录酶的 42℃低，因而对于具有高度二级结构的 RNA 模板可能会有稍微不利的影响。缺失 RNase H 活性的 Mo-MLV 反转录酶突变体也有商业化销售（如 Life Technologies 公司和 Invitrogen 公司的 SuperScript 酶，以及 Agilent 公司的 StrataScript 酶）。与野生型酶相比，改造后的反转录酶能转录出更大比例的模板分子，而且可合成较长的 cDNA 分子（Gerard et al. 1988，1997；Kotewicz et al. 1988；Telesnitsky and Goff 1993）。此外，还能在更高的温度下合成 cDNA，这对于易折叠成二级结构的 RNA 模板更为有利。

耐高温（60℃）的反转录酶改构体也可在 Life Technologies 公司（SuperScript III，ThermoScript）和 Agilent 公司（AffinityScript）购买。这些酶较中温反转录酶能够产生更长的 cDNA，现在已广泛用于一步法和两步法 RT-PCR。

- 嗜热 Tth DNA 聚合酶，是一种由嗜热真细菌（栖热菌属）来源的、在 Mn^{2+} 条件下显示反转录酶活性的高温酶（Myers and Gelfand 1991）。这种酶用在 RT-PCR 中的主要优点在于，它能在反转录与扩增两个阶段均起作用，实验可在同一支反应管内进行（Myers et al. 1994）。但是，Tth DNA 聚合酶不能应用于以 Oligo (dT)或随机六寡核苷酸作为引物的反应，因为在嗜热 DNA 聚合酶催化反应的最适温度（60～70℃）下，这两种引物不能与 RNA 模板形成稳定的杂合体。有几家公司销售该酶的增强体，它能有效地将 RNA 拷贝成 cDNA。这些酶主要用于一步法 RT-PCR（详见本方案结尾处信息栏 "mRNA 反转录产物 cDNA 的扩增：一步法 RT-PCR"）

关于 RT-PCR 不同反转录酶效能的更多信息，参见 Stahlberg 等（2004b）。

材料

为正确使用本方案中的器材和危险试剂，必须查阅相应的材料安全数据表并咨询所在机构的环境卫生和安全办公室。

本方案的专用试剂标注<R>，配方在本方案末提供。常用储备溶液、缓冲液和试剂标注<A>，配方见附录 1。储备溶液应稀释至适用浓度后使用。

试剂

琼脂糖和聚丙烯酰胺凝胶（见步骤 8）

含有 Mg^{2+} 的 10×扩增缓冲液（由热稳定 DNA 聚合酶厂家提供）

氯仿

4 种 dNTP 的储存液(20mmol/L，pH8.0)

乙醇

溴化乙锭或 SYBR Gold

外源性的 RNA 对照（见步骤 2）

基因特异性的寡核苷酸（20μmol/L 溶于水，终浓度为 20pmol/μL）

> 基因特异性的寡核苷酸应该是已知靶 mRNA 序列的互补序列。

$MgCl_2$（50mmol/L）

Oligo（dT）$_{12\sim18}$(100μg/mL，溶于 TE，pH8.0)

合成 cDNA 的寡核苷酸引物

> 根据试验的需要，oligo (dT)$_{12\sim18}$、随机六寡核苷酸或基因特异性反义寡核苷酸能够用于第一链 cDNA 的合成(参见本方案的导言)。正义与反义寡核苷酸引物用于 cDNA 的 PCR 扩增。

酚：氯仿(1：1，V/V)

胎盘 RNase 抑制剂(20U/μL)

> 参见第 6 章信息栏 "RNase 的抑制剂"。

随机六寡核苷酸（1mg/mL，溶于 TE，pH8.0）

当使用随机六寡核苷酸或 oligo（dT）作为 cDNA 第一链合成的引物时，最好在室温下配置反应体系，在 25℃孵育 10min 后再置于 37℃。低温孵育有助于反转录酶引导衍生反应，并可以阻止引物-RNA 复合物的过早解链。

反转录酶（RNA 依赖的 DNA 聚合酶）

参见本方案导言部分的"两步法 RT-PCR 中使用的反转录酶"。

用于 cDNA 扩增的正义和反义寡核苷酸引物

用于合成 cDNA 的引物在标准 RT-PCR 扩增阶段也可用作反义引物。而且，用反义引物结合到第一链 cDNA 的上游序列还能改善扩增的特异性。正义和反义引物都是基因特异性化学合成的寡核苷酸，其长度在 20~30bp，内含的 4 种碱基数基本相等，G 与 C 碱基平衡分布，且引物具有较低的自发形成二级结构的倾向。如果可能，应当使用与靶 RNA 的不同外显子序列相结合的特异性寡核苷酸作为正义和反义引物来扩增 cDNA 产物。用这种方法，极易区分来自 cDNA 与污染的基因组 DNA 的扩增产物。进一步的细节请参见本方案的导言及本章导言中关于设计基本PCR 的寡核苷酸引物的部分。

在正义与反义引物的 5′端可插入限制性内切核酸酶酶切位点用于 PCR 扩增，这样可大大便于扩增产物的进一步克隆。

寡核苷酸引物用自动 DNA 合成仪合成，用于标准 RT-PCR 的引物一般不需进一步纯化。然而，如果寡核苷酸引物经商品化的树脂进行柱层析纯化（如 NEN life Science 公司的产品 NENSORB），或者经变性的聚丙烯酰胺凝胶电泳纯化，纯化后的引物用于扩增低丰度的 mRNA 时常常会更有效。

> 使用下列公式计算多聚核苷酸分子质量：
>
> $$M_r = (C \times 289) + (A \times 313) + (T \times 304) + (G \times 329)$$
>
> 此处 C 是多聚核苷酸中胞嘧啶的数目，A 是腺嘌呤的数目，T 是胸腺嘧啶的数目。G 是鸟嘌呤的数目；20 碱基长度的多聚核苷酸的大致分子质量为 6000，100pmol 的这类多聚核苷酸约为 0.6μg。

热稳定的 DNA 依赖的 DNA 聚合酶

Taq DNA 聚合酶是大多数 RT-PCR 扩增阶段的标准的最佳聚合酶。然而，当引物 3′端不完全配对时也可能产生衍生扩增，因此可以选择具有 3′→5′校对活性的热稳定 DNA 聚合酶（参见表 7-4 和表 7-5）。

总 RNA（100μg/mL 水溶液）和带 polyA 的 RNA（10μg/mL 水溶液）

表 7-4　热稳定 DNA 聚合酶特性

	厂家	聚合酶混合物	3′→5′外切核酸酶	5′→3′外切核酸酶	3′端修饰	推荐靶基因长度（基因组）	尿嘧啶敏感性[b]	出错率（×10⁶）
PfuUltra II	Agilent	无[a]	强	无	平端	≤19kb	是	0.4
Herculase II	Agilent	无[a]	强	无	平端	≤23kb	是	1.3
Phusion	NEB, Finnzymes	无	强	无	平端	≤7.5kb	是	1.3
PicoMaxx	Agilent	Taq+Pfu[a]	弱	是	多为加 A	≤10kb	弱	4.0
Easy-A	Agilent	Taq+exonuclease[a]	强	是	加 A	≤5kb	弱	1.3
Platinum Taq High Fidelity	Life Technologies	Taq+Deep Vent	弱	是	多为加 A	≤15kb	弱	5.8
Expand High Fidelity	Roche	Taq+Tgo	弱	是	多为加 A	≤5~9kb	弱	3.3
Expand Long	Roche	Taq+Tgo	弱	是	多为加 A	≤20~27kb	弱	7.4
PfuTurbo	Agilent	无[a]	强	无	平端	≤19kb	是	1.3
PfuTurbo Cx	Agilent	无	强	无	平端	≤10kb	无	1.3
Vent	NEB	无	强	无	平端	≤2kb	是	2.8
Platinum Pfx	Life Technologies	无	强	无	平端	≤12kb	是	3.5
Taq	Multiple	无	无	是	加 A	≤1~4kb	无	8.6

本表由 Agilent 技术公司 Holly Hogrefe 和 Michael Brons 提供。

a. 本酶含有 dUTP 酶活性，可以将 dCTP 转变为 dUTP，从而消除尿嘧啶敏感性（Hogrefe et al. 2002）。

b. PCR 被 dU 引物或含有 dUTP 的核苷酸混合物（dATP、dCTP、dGTP、dUTP）抑制。

表 7-5   热稳定 DNA 聚合酶应用

类型	举例	常规 PCR	高保真 PCR	快速 PCR	长距离 PCR	富含 GC 模板	cDNA 模板	TA 克隆	dUTP/Ung 方法
融合 (校正)	PfuUltra II[a], Herculase II, Phusion[a]	++	+++	+++	++/+++	+++	++	无	无
混合	PicoMaxx[a] EasyA[a] Platinum *Taq* High Fidelity[a]，Expand High Fidelity	++	+（+++，EasyA）	+	++/+++	++	+++	++/+++	+
校正	PfuTurbo,[a]，PfuTurbo Cx[a]，Vent, Platinum Pfx[a]	+	+++	无	+/++	++	+	无	无（+++，PfuTurbo Cx）
无校正	*Taq*[a]，Tth	+++	无	无	无	+	++（RNA 模板，含有 Mg^{2+}的 Tth）	+++	+++

本表由 Agilent 技术公司 Holly Hogrefe 和 Michael Brons 提供。

应用相对表现按照+号多少，由弱到强排列。

a. 热启动系列。

其他试剂

本方案的步骤 8 所需要的试剂列于第 2 章的方案 1、2，或方案 3、4，以及第 2 章的方案 13。

设备

自动微量移液器用的带滤芯的吸头

盛有冰的容器

微量离心管（0.5mL 薄壁管，用于扩增）或微孔板

聚丙烯酰胺或琼脂糖电泳设备

正排量移液器

可编程所需扩增程序的热循环仪

预先设定在 37℃、75℃、95℃的水浴或金属浴

方法

1. 转移 1pg～100ng 的 poly(A)+ mRNA 或 10pg～1µg 的总 RNA 到一新的离心管。用水调整体积至 10µL。将 RNA 样品在 75℃变性 5 min，将离心管迅速插入冰中冷却。

2. 在变性 RNA 样品中加入如下试剂：

10×扩增缓冲液	2µL
20 mmol/L 4 种 dNTP 混合液(pH8.0)	1µL
引物(最优化，见下)	1µL
约 20U/µL 胎盘 RNase 抑制剂	1µL
50 mmol/L MgCl₂	1µL
100～200U/µL 反转录酶	1µL
H₂O 补足	至 20µL

i. 37℃孵育 60 min。

MgCl₂ 为反转录酶作用所必需。

引物与模板的最佳比例对于每一批制备的 RNA 样品是应该通过预实验来确定的，我们推荐在 20µL 反应体系中加入一定范围的引物量来筛选：

与靶 RNA 互补的寡核苷酸	5～20 pmol/L
oligo (dT)12-18	0.1～0.5μg
随机六寡核苷酸	1～5μg

cDNA 合成通过测定放射性物质的掺入量比例来确定，因为在反转录反应中加入 10～20μCi 的[³²P] dCTP 放射性底物(放射性比活度为 3000Ci/mmol)。第一链 cDNA 分子的大小能通过碱性琼脂糖凝胶电泳来鉴定（参见第 2 章，方案 6）。

ii. 设置 3 个阴性对照。第 1 阴性对照中加入合成第一链 cDNA 反应所需要的所有试剂，但不加模板 RNA。第 2 阴性对照加入除了反转录酶外的所有试剂。第 3 阴性对照加入除了引物外的所有试剂。

这些对照进行所有后续的实验步骤。设置这些对照能保证 cDNA 产物不是由于污染或由 RNA 的自身引导所致。

尽可能设置阳性对照。阴性对照用外源参考 RNA 作模板，而它的引物结合位点最好与靶 RNA 模板的结合位点是相同的(Wang et al. 1989)。有时，依据一种外源 DNA 序列的正义和反义引物结合位点而扩增产生的序列，常常能产生一种合适的参考模板。然后，这种重组克隆能体外转录出 RNA 模板，而后者可作为 RT-PCR 的阳性对照。

见"疑难解答"。

3. 95℃加热 5 min，使反转录酶失活和模板-cDNA 复合物变性。

样品反转录后，反应液中的反转录酶必须使之失活，才能使 RT-PCR 的扩增阶段能更有效地合成产物 (Sellner et al. 1992; Chumakov 1994)。有时，反转录酶仅用加热法使之失活是不够的。在 PCR 扩增前，对第一链 cDNA 用酚：氯仿抽提、乙醇沉淀等步骤予以纯化。人们推测，反转录酶的污染会导致扩增反应效率的降低。

4. 调整反应混合液体积使正义和反义引物浓度为 20pmol/L。

反义寡核苷酸引物(20 pmol/L)用于引导第一链 cDNA 的合成。过量的寡核苷酸引物能导致非特异性序列的扩增，而寡核苷酸引物的不足又能造成扩增效率的降低。可从 cDNA 制备的样品中除去过量的寡核苷酸和随机六寡核苷酸引物，然后再调整正义和反义引物的最佳浓度进一步进行 PCR 扩增反应。

5. 反应体系中加入如下反应试剂：

| 1×扩增缓冲液 | 77μL(或调整反应体积至 99μL) |
| 1～2U 热稳定 DNA 聚合酶 | 1μL |

6. 将离心管或微量滴定板置于热循环仪上并盖上加热盖。

7. 扩增反应有变性、复性和聚合（延伸反应）。相应的循环条件与温度列表如下：

循环数	变性	复性	延伸
35 个循环	94℃，45s	55℃，45s	72℃，1min15s
末循环	94℃，1min	55℃，45s	72℃，1min15s

这些时间适用于配制在 0.5mL 薄壁管中，在诸如 PerkinElmer 9600 或 9700、Mastercycler (Eppendorf 公司)和 PTC-100 (MJ Research 公司)等 PCR 仪上孵育的 100μL 反应体系。时间和温度可以根据设备类型及反应体积做适当调整。

每 1kb 靶 DNA 延伸时间应为 1min。

许多热循环仪的结束程序是扩增样品保持在 4℃直至被取出。样品可以在此温度下放置过夜，但随后需放在-20℃保存。

8. 从每个扩增体系（包括 4 种对照样本）中各取 5～10μL 进行琼脂凝胶或聚丙烯酰胺凝胶电泳分析扩增结果，用 DNA marker 来判断扩增片段的大小。凝胶一般用 EB 或 SYBR Gold 染色来观察扩增的量与片段大小。

一次成功的扩增反应应该产生清晰可见的、与我们预期大小一致的 DNA 片段。扩增条带可用 DNA 序列分析鉴定。

若扩增 30 个循环后看不到产物，则加入新的 Taq 聚合酶并继续扩增 15～20 个循环。

见"疑难解答"。

9. 用 150μL 氯仿抽提反应液。

含扩增 DNA 片段的水相在弯月状界面处会形成胶束。可用自动微量移液器小心吸取微胶粒胶束转移到一个新的离心管内。

10. 把扩增产物克隆到已经制备好的相应的载体上（参见第 3 章，方案 9～13）。

疑难解答

总体来讲，要确保在实验中加入所有适当的阴性对照（无 RNA、无反转录酶、无热稳定 DNA 聚合酶）和阳性对照（阳性 RNA 对照，如果有可能）。

问题（步骤 2）： 第一链 cDNA 产量少，原因是 RNA 发生降解。

解决方案： 通过变性琼脂糖凝胶电泳（第 2 章，方案 1）检测 mRNA 制备的完整性和浓度。如果 RNA 降解，要重新制备。

问题（步骤 2）： 第一链 cDNA 产量少。RNA 样本中含有抑制反转录酶的成分，如 SDS 或胍盐。

解决方案： 用乙醇重新沉淀 RNA。

问题（步骤 2）： 第一链 cDNA 产量少。当反转录反应各组分比例不佳时，PCR 过程中会出现假引发扩增。

解决方案： 尝试以下一种或多种解决方案。

- 通过琼脂糖凝胶电泳检测扩增产物大小。错误的引发扩增通常会导致短 cDNA 合成，会有弥散条带在琼脂糖凝胶中迁移。如果是这一情况，要系统优化反转录反应的模板引物比例、Mg^{2+} 浓度和复性温度。
- 改变引物［如将 oligo（dT）换成随机引物］。
- 增加反转录反应温度至 42℃或更高。

问题（步骤 8）： 扩增反应低效。

解决方案： 可能是第一链 cDNA 太少。可通过以下方法解决该问题。

- 增加扩增反应中 cDNA 含量。
- 通过改变第一链 cDNA 与引物的浓度，使用新 dNTP 来优化 PCR。如果结果仍不满意，考虑重新设计引物。
- 用 2U 的 RNase H 处理第一链反应产物（37℃放置 20min），以去除单链 DNA 产物中的 RNA 模板。

问题（步骤 8）： 扩增产物大于或小于预期片段。

解决方案： 可能有基因组 DNA 污染。在添加或无反转录酶情况下进行两步法 RT-PCR。若有必要，用 DNase I 处理 RNA 样本。必要情况下重新设计引物，这样它们可与 DNA 序列的不同外显子复性，这会极大降低污染基因组 DNA 有效扩增的可能性。

从 RNA 制备溶液中去除 DNA

1. 用无 RNA 酶的水溶液溶解 RNA 至终浓度为 1μg/μL。
2. 混合以下溶液：

RNA 溶液	25μL
10×DNase I 缓冲液（DNase 厂家提供）	10μL
RNasin	4000U
DNase I	1000U
H_2O	至总体积 100μL

3. 37℃孵育反应液 30min。
4. 加入 100μL 2×DNase I 失活缓冲液（由 DNase 生产厂家提供）。
5. 加入 20μL 3mol/L 乙酸钠（pH5.2）。
6. 酚抽提溶液，用 2.5 倍体积乙醇沉淀 RNA。
7. 用 20μL 无菌 DEPC 水溶解半干的 RNA 沉淀。
8. 测定 RNA 浓度（参见第 6 章）。

mRNA 反转录产物 cDNA 的扩增：一步法 RT-PCR

在一步法 RT-PCR 中，所有涉及反转录和扩增过程的试剂及酶都放在同一试管中。两个反应会按顺序进行而不需要额外添加试剂。相反，在较早的传统两步法 RT-PCR 中，cDNA 合成是单独的反应，该反应物会作为传统 PCR 的模板进行后续反应。在反转录反应中合成的 cDNA 可作为模板进行多个不同的扩增反应，这是其有利之处。然而，两步法 PCR 也有一些缺陷，例如，用来催化第一链 cDNA 合成的嗜温反转录酶很容易受 RNA 模板二级结构的影响。这些问题在一步法 RT-PCR 中就可以避免，因为联合反转录和扩增反应两者都能被热稳定酶催化，这些酶在提高温度后仍然有很高的活性。结果是启动第一链 cDNA 反应更特异，而两步法反应也更快速、更易建立和优化。然而，由于扩增反应需要基因特异性的引物，因此必须要为每一对引物设立单独的一步法 RT-PCR。一步法 RT-PCR 中所需的反转录酶和热稳定 DNA 聚合酶可从许多厂商购买，然后可以自己配制反应液并进行优化以适用于特殊的模板 RNA。然而，一步法 RT-PCR 利用试剂盒进行试验更有效，是少有的购买试剂盒进行实验更有效的几个方案之一。对于大多数实验室，这个方法在一个特定的项目上只使用几次，所以购买一个 50 次反应的试剂盒在时间和成本上都更为划算。

有许多商家提供一步法 RT-PCR 试剂盒（表 7-6）。这些试剂盒中提供的酶各不相同，但没有用系列模板平行比较这些酶的效率和易用性的文献报道。一般来讲，解决这一问题最好的方法就是向公司销售人员索取购买过该试剂盒的研究人员名单，来听听他们的意见。

表 7-6　一步法反转录 PCR 的商业化试剂盒

厂商	试剂盒名字	反转录酶	第一链 cDNA 反应条件	耐热 DNA 聚合酶	备注
Clontech	Titanium One-Step	M-MLV-RT	55℃，1h	Titanium *Taq* and *Taq* Start antibody	试剂盒提供一种热稳定试剂（可能是甜菜碱或海藻糖）和 GC-Melt；要求使用基因特异性引物。
Affymetrix	One-Step RT-PCR	M-MLV-RT	42~50℃，30min	*Taq* DNA polymerase	基础试剂盒。提供聚合酶是传统的 *Taq* 酶而不是热稳定聚合酶。如果 RT 反应是 42℃，可以使用 oligo（dT）或随机九聚体引物。
QIAGEN	OneStep RT-PCR Kit	Omniscript and Sensiscript		HotStarTaq DNA polymerase	含有两种 RT 聚合酶，能保证高丰度和低丰度 mRNA 都能有效拷贝，要求使用基因特异性引物。
Agilent	AffinityScript One-Step RT-PCR Kit	Thermostable version of M-MLV-RT	42~55℃，15~30min	Herculase II fusion DNA polymerase，Pfu DNA 聚合酶的升级版	DNA 聚合酶含有高亲和力的双链 DNA 结合结构域；如果 RT 反应是在 42℃反应 10min 后再移入 50~55℃，可以使用随机九聚体引物或 oligo（dT）引物。

这些手册中列出的试剂盒只是其中的一部分示例。作者可以不采纳这些试剂盒，其他公司也有很好的试剂盒。

事实上所有的商业化试剂盒都提供使用手册，也包括问题疑难解答，所有试验步骤都可以在线查阅，Clontech 公司的手册尤其不错。

需要说明的是，Ung/dUT 系统可用于控制 PCR 过程污染，这在诊断和法医实验室是一个非常重要的问题。然而，Ung/dUT 系统却不能用于一步法 RT-PCR 系统中，除非有能在反转录和 DNA 扩增过程都可以使用的 rTth DNA 聚合酶（如 TaqMan 公司的 Real-Time EZ RT-PCR 试剂盒）。

Ung/dUT 系统可以用来控制 PCR 扩增中的 DNA 污染，在诊断和法医实验室这是一个很重要的问题（见信息栏"大肠杆菌的 *dut* 和 *ung* 基因"）。然而，Ung/dUT 系统却不能用在一步法 RT-PCR 系统中，除非有能在反转录和 DNA 扩增过程都可以使用 rTth DNA 聚合酶（如 TaqMan 公司的 Real-Time EZ RT-PCR 试剂盒）

需要避免的问题

- 在预试验中，要通过设置不同温度的反转录反应来选择可以产生最佳产物的最低温度。尽量避免高温反应，因为高温可以抑制依赖于金属离子的 RNA 杂交过程

（Brown 1974）。

- 一旦选定最佳反应温度，要再做一系列预试验以确定 Mg²⁺ 的最佳浓度。
- 如遇到非特异 PCR 产物问题，可以添加促溶剂，如甜菜碱、DMSO，或商业化的试剂（如 Agilent Stratagene 公司的 Perfect Match 聚合酶增强子）。更多关于促溶剂的信息，参见本章导言。
- 可以考虑使用 Ung/dUT 系统来减少 DNA 扩增过程有 RNA 的污染（Longo et al. 1990；Park and Lee 2003）（见信息栏"大肠杆菌的 *dut* 和 *ung* 基因"）。然而，要牢记 dUTP 会抑制一些 DNA 聚合酶（如 *Pfu*，Deep Vent）的 3′端外切核酸酶活性（Barnes 1994；Cheng et al.1994b；Lasken et al. 1996）

参考文献

Arezi B, Hogrefe H. 2009. Novel mutations in Moloney Murine Leukemia Virus reverse transcriptase increase thermostability through tighter binding to template-primer. *Nucleic Acids Res* 37: 473–481.

Baltimore D. 1970. RNA-dependent DNA polymerase in virions of RNA tumour viruses. *Nature* 226: 1209–1211.

Barnes WM. 1994. PCR amplification of up to 35-kb DNA with high fidelity and high yield from λ bacteriophage templates. *Proc Natl Acad Sci* 91: 2216–2220.

Becker-André M. 1993. Absolute levels of mRNA by polymerase chain reaction–aided transcript titration assay. *Methods Enzymol* 218: 420–445.

Becker-André M, Hahlbrock K. 1989. Absolute mRNA quantification using the polymerase chain reaction (PCR). A novel approach by a PCR aided transcript titration assay (PATTY). *Nucleic Acids Res* 17: 9437–9446.

Brown DM. 1974. Chemical reactions of polynucleotides and nucleic acids. In *Basic principles in nucleic acid chemistry* (ed T'so POP), pp. 43–44. Academic, New York.

Cheng S, Fockler C, Barnes WM, Higuchi R. 1994b. Effective amplification of long targets from cloned inserts and human genomic DNA. *Proc Natl Acad Sci* 91: 5695–5699.

Chumakov KM. 1994. Reverse transcriptase can inhibit PCR and stimulate primer–dimer formation. *PCR Methods Appl* 4: 62–64.

Gerard GF, Fox DK, Nathan M, D'Alessio JM. 1997. Reverse transcriptase. The use of cloned Moloney murine leukemia virus reverse transcriptase to synthesize DNA from RNA. *Mol Biotechnol* 8: 61–77.

Gerard GF, Schmidt BJ, Kotewicz ML, Campbell JH. 1988. cDNA synthesis by Moloney murine leukemia virus RNase H-minus reverse transcriptase possessing full DNA polymerase activity. *Focus* 14: 91–93.

Gilliland G, Perrin S, Blanchard K, Bunn HF. 1990. Analysis of cytokine mRNA and DNA: Detection and quantitation by competitive polymerase chain reaction. *Proc Natl Acad Sci* 87: 2725–2729.

Grillo M, Margolis FL. 1990. Use of reverse transcriptase polymerase chain reaction to monitor expression of intronless genes. *BioTechniques* 9: 262–268.

Hogrefe HH, Hansen CJ, Scott BR, Nielson KB. 2002. Archaeal dUTPase enhances PCR amplifications with archaeal DNA polymerases by preventing dUTP incorporation. *Proc Natl Acad Sci* 99: 596–601.

Kotewicz ML, Sampson CM, D'Alessio JM, Gerard GF. 1988. Isolation of a cloned Moloney murine leukemia virus reverse transcriptase lacking ribonuclease H activity. *Nucleic Acids Res* 16: 265–277.

Lasken RS, Schuster DM, Rashtchian A. 1996. Archaebacterial DNA polymerases tightly bind uracil-containing DNA. *J Biol Chem* 271: 17692–17696.

Lee CC, Caskey CT. 1990. cDNA cloning using degenerate primers. In *PCR protocols: A guide to methods and applications* (ed Innis MA, et al.), pp. 46–53. Academic, San Diego.

Lekanne Deprez RH, Fijnvandraat AC, Ruijter JM, Moorman AF. 2002. Sensitivity and accuracy of quantitative real-time polymerase chain reaction using SYBR Green I depends on cDNA synthesis conditions. *Anal Biochem* 307: 63–69.

Liedtke W, Battistini L, Brosnan CF, Raine CS. 1994. A comparison of methods for RNA extraction from lymphocytes for RT-PCR. *PCR Methods Appl* 4: 185–187.

Longo MC, Berninger MS, Hartley JL. 1990. Use of uracil DNA glycosylase to control carry-over contamination in polymerase chain reactions. *Gene* 93: 125–128.

Myers TW, Gelfand DH. 1991. Reverse transcription and DNA amplification by a *Thermus thermophilus* DNA polymerase. *Biochemistry* 30: 7661–7666.

Myers TW, Sigua CL, Gelfand DH. 1994. High temperature reverse transcriptase and PCR with a *Thermus thermophilus* DNA polymerase. *Nucleic Acids Symp Ser* 30: 87.

Park K, Lee J. 2003. Dealing with carryover contamination in PCR: An enzymatic strategy. In *PCR primer: A laboratory manual* (ed Dveksler GS, Dieffenbach CW), pp. 15–20. Cold Spring Harbor Laboratory Press, Cold Spring Harbor, NY.

Rio DC, Ares M, Hannon G, Nilsen TW. 2010. Removal of DNA from RNA. *Cold Spring Harb Protoc* doi: 101101/pdbprot5443.

Sellner LN, Coelen RJ, Mackenzie JS. 1992. Reverse transcriptase inhibits Taq polymerase activity. *Nucleic Acids Res* 20: 1487–1490.

Siebert PD, Larrick JW. 1992. Competitive PCR. *Nature* 359: 557–558.

Stahlberg A, Hakansson J, Xian X, Semb H, Kubista M. 2004a. Properties of the reverse transcription reaction in mRNA quantification. *Clin Chem* 50: 509–515.

Stahlberg A, Kubista M, Pfaffl M. 2004b. Comparison of reverse transcriptases in gene expression analysis. *Clin Chem* 50: 1678–1680.

Telesnitsky A, Goff SP. 1993. RNase H domain mutations affect the interaction between Moloney murine leukemia virus reverse transcriptase and its primer-template. *Proc Natl Acad Sci* 90: 1276–1280.

Temin HM, Mizutani S. 1970. RNA-dependent DNA polymerase in virions of Rous sarcoma virus. *Nature* 226: 1211–1213.

Wang AM, Doyle MV, Mark DF. 1989. Quantitation of mRNA by the polymerase chain reaction. *Proc Natl Acad Sci* 86: 9717–9721.

方案 9　由 mRNA 的 5′端进行序列的快速扩增：5′-RACE

　　对于分离全长 cDNA 克隆，首先必须明确整个 mRNA 的蛋白质编码序列，并且要求 mRNA 的 5′端在基因组 DNA 上有精确定位。不幸的是，cDNA 文库中的一些克隆会缺失相应的 mRNA 5′端序列。出现这些截短体是由于反转录酶不能够沿全长 mRNA 模板衍生出

cDNA 第一链。起始 mRNA 模板越长，模板二级结构含量越高，反转录合成不完整 cDNA 克隆的可能性就越大。在 PCR 技术出现以前，研究者们最大的愿望在于通过调整实验条件反复筛选 cDNA 文库来获得全长 cDNA 克隆。然而，在许多情况下，这种做法的结果常常更令人失望和充满挫败感。往往不得不重新构建并筛选新的 cDNA 文库。在 20 世纪 80 年代后期，Frohman 等（1988）发现一种更好的方法，即用传统的 PCR 方法扩增 cDNA 的 5′端序列。这一方法不同于传统的 PCR，它只需要知道靶 RNA 或 cDNA 上的一部分序列（图 7-4）。5′-RACE 可分为三个步骤。步骤 A，引物通过反转录延伸获得与 mRNA 5′端互补的序列。步骤 B，在 cDNA 的 3′端加入一个同聚尾或引物接头，这样在靶 mRNA 的 5′端未知序列区会产生一个引物结合位点。步骤 C，使用基因特异引物和上游引物合成 cDNA 的第二链并扩增出双链 cDNA。步骤 C 产生的双链 DNA 可纯化并克隆入载体，进行测序分析和后续实验。

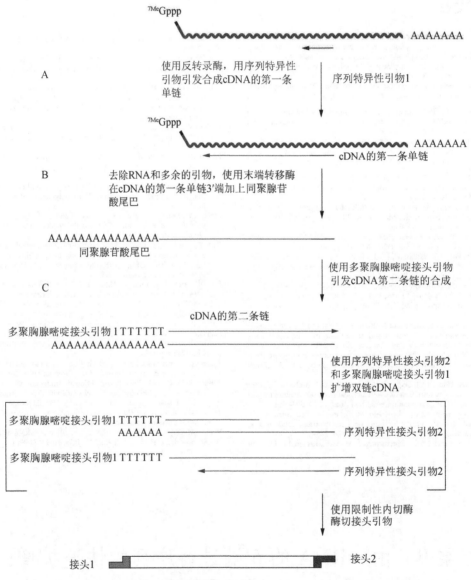

图 7-4　5′-RACE 实验确定 mRNA 的 5′端序列。(A)与已知序列特定区域互补的序列特异性引物 1 与 RNA 样品复性。用反转录酶和 dNTP 通过酶促反应获得 cDNA 第一链。(B)利用旋转透析从反应产物中去除多余的引物。第一链 DNA 的 3′端用末端转移酶催化并进行同聚物加尾，典型方法是通过 dATP 来产生 poly (dA)尾，然而，一些研究者更喜欢用 dCTP 产生 poly (dC)尾，尤其对 RNA 末端已经存在多个 A 更是如此。(C) 用(dT)₁₇接头引物来引导合成 cDNA 的第二链，通过扩增反应产生足够的产量用于克隆到质粒载体和后续的序列分析。

　　5′-RACE 不像听起来那样既简单又有效。脊椎动物的 5′端非翻译区常富含 G 和 C 残基，这将降低反转录酶复制和 PCR 扩增的效率，更致命的问题在于不能选择性地扩增 mRNA 5′端相应序列，同聚尾和引物接头会加入到所有 cDNA 当中，不管它们是否是全长序列，结果是所有的 cDNA 第一链都得到扩增，不管它们是否含有 mRNA 的 5′端序列。最后，由于 PCR 偏向于扩增较小的模板，因此 5′-RACE 通常产生扩增产物的异源分子群，当琼脂糖凝胶电泳检测时会出现弥散条带，实际上在扩增出的 DNA 产物中只有一小部分分子含有真正的 5′端序列。

　　这一技术现在已有许多改进，其中一些问题已得到解决（更多信息见 Frohman 1993，1995；Schaefer 1995；Chen 1996；Scotto-Lavino et al. 2006）。另外，专门用于 5′-RACE 的试剂盒也有销售，其中一些试剂盒（Ambion 公司和 Clontech 公司）使用的是二代 RACE 技术，如 RNA 连接酶介导的 RACE（Ambion 公司）或链转换反转录酶（Clontech 公司）。不过，我们推荐使用商业化试剂盒，特别是刚开始做这类试验，除非贵实验室的一些人已掌握 5′-RACE 方法或已有更先进的方法。为了让实验更为简便，许多类型的人类组织 mRNA 相对应的 cDNA 文库也可以通过商业化途径购买（如 Clontech 和 OriGene 公司）

　　以下 5′-RACE 方法是基于 W.J.Chen（Glaxo-Wellcome）实验方案修改后的经典方案（Scotto-Lavino et al. 2006），而 W.J.Chen 实验方案是在 Frohman 等（1988）实验方案基础上修改的。

材料

　　为正确使用本方案中的器材和危险试剂，必须查阅相应的材料安全数据表并咨询所在机构的环境卫生和安全办公室。

　　本方案的专用试剂标注<R>，配方在本方案末提供。常用储备溶液、缓冲液和试剂标注<A>，配方见附录 1。储备溶液应稀释至适用浓度后使用。

试剂

琼脂糖或聚丙烯酰胺凝胶（见步骤 9）

10mol/L 乙酸铵（可选，见步骤 3）

含有 $MgCl_2$ 的 10×扩增缓冲液，*Taq* DNA 聚合酶厂家提供

氯仿（可选，见步骤 10）

dATP（1mmol/L，二钠盐）

含有 4 种 dNTP 的溶液(20mmol/L，pH8.0)

> (dT)$_{17}$ 接头引物(10μmol/L)（5′-GACTCGAGTCGACATCGA(T)$_{17}$-3′)溶于水中(10pmol/μL)
>
> (dT)$_{17}$ 接头引物与通过末端转移酶加入到 cDNA 的 5′端的 poly(A)$^+$相结合。在本方案的一些实例中，扩增 DNA 末端已接入一些限制性内切核酸酶识别位点，如 *Xho* I、*Sal* I、*Acc* I、*Hinc* II 和 *Cla* I 等。

乙醇（可选，见步骤 3）

EB 或 SYBR Gold 染料

基因特异性反义寡核苷酸引物(10μmol)溶于水(10pmol/μL)

> 　　基因特异性反义寡核苷酸引物应该与靶 mRNA 的已知序列互补，长度为 20～30 核苷酸，内含的 4 种碱基数量基本相等，G 与 C 碱基平衡分布，且引物具有较低的自发形成稳定二级结构的倾向。进一步的细节请参见本章导言部分"基础 PCR 反应中的引物设计"的内容。基因特异性引物 1 用于步骤 2 的反转录酶反应过程，以启动基因特异的第一链 cDNA 的合成。基因特异性引物 2 和目标 mRNA 序列，位于引物 1 的 5′端，在扩增反应阶段使用。限制性酶切位点常会设计在接头引物处。当然，它们也可以放在基因特异性寡核苷酸序列中，设计内切酶位点有助于扩增 cDNA 的进一步克隆。

胎盘 RNase 抑制剂（20U/μL）

> 参见第 6 章信息栏"RNase 的抑制剂"

随机六寡核苷酸（溶于 TE，浓度为 1mg/mL，pH8.0）（可选）

在一些紧急情况下，随机六寡核苷酸可替代基因特异性反义寡核苷酸引物用于引发 cDNA 合成的引导 (Harvey and Darlison 1991)。随后用基因特异性正向引物在 5'-RACE 反应的 PCR 阶段扩增目的基因(Harvey and Darlison 1991；Apte and Siebert 1993)。随机六寡核苷酸通常不作为 5'-RACE 的第一选择，因为它不能识别靶 mRNA 与其他 mRNA 之间的差别，但在缺乏基因特异性反义核苷酸时，用随机六寡核苷酸引物引发提供了一种跳过 cDNA 合成障碍这一步骤的方法；同时也应该看到，这一步骤也延迟了 5'-RACE 方案中的关键性选择步骤。当用六寡核苷酸用于引发 RACE 中 cDNA 合成时，由于通过随机引物获得的 cDNA 只有一小部分含有基因特异性正向引物的结合位点，因此此扩增产物的量通常是非常低的。

反转录酶（RNA 依赖的 DNA 聚合酶）

不同的供应厂商常提供不同的反转录酶，已有文章报道了同类产品的性能比较数据有关这些酶显著特性的比较数据资料较少 (Stahlberg et al. 2004a, b)。此外，一些供应厂商也会通过提供一些已发表的实验数据，来证实它们扩增长片段和高 GC 含量 mRNA 的能力。

5×反转录缓冲液。

TE 缓冲液（pH7.6）‹A›

10mmol/L Tris-HCl（pH7.6）

1mmol/L EDTA

末端脱氧核苷转移酶（末端转移酶）

参见信息栏"末端转移酶"

5×末端转移酶缓冲液（厂家提供）

热稳定 DNA 聚合酶

在 RACE 中使用热启动 DNA 聚合酶是为了减少非特异扩增，但这也增加了由 3'端引物错配引发错误延伸的可能，因此可选择具有 3'→5'校正活性的热稳定 DNA 聚合酶（Chiang et al. 1993）。

总 RNA（100μg/mL，溶于水）或 poly(A)$^+$ RNA（10μg/mL，溶于水）

总 RNA 一般用促溶剂从细胞中抽提出的总 RNA，通常是 RT-PCR 扩增中丰度到高丰度 mRNA 的首选模板 (Liedtke et al. 1994)。选择总 RNA 作模板一般适用于中丰度到高丰度 mRNA 中通过 RT-PCR 克隆靶基因。对于低丰度靶 mRNA 的样品，最好选择 poly(A)$^+$ RNA 作模板进行 RT-PCR。

上游引物（10μmol/L）（5'-GACTCGAGTCGACATCG-3'）溶于水（10pmol/μL）

接头引物可以与基因特异性正向引物联合在一起用于扩增特异性靶 cDNA。第一步 PCR 扩增后，PCR 目的产物可能仅占总 DNA 产物的 1%，也可能多至占总 DNA 产物的 100%。如果必要，可用第一轮 PCR 产物作模板进行第二轮嵌套式 PCR，改善目的产物的产率，该轮 PCR 的引物为接头引物和另一个基因特异性正向引物。在第二轮嵌套式 PCR 扩增后，几乎所有的扩增产物在 EB 染色下呈现了与靶 mRNA 的 5'区域序列相一致的条带。

RT-PCR 的引物用自动 DNA 合成仪合成，用于标准 RT-PCR 的引物一般不需要进行进一步纯化。然而，如果寡核苷酸引物经商品化的树脂进行柱层析纯化(如 NEN Life Science 公司产品 NENSORB)，或者经变性的聚丙烯酰胺凝胶电泳纯化，纯化后的引物用于扩增低丰度的 mRNA 常常会更有效(参见第 2 章，方案 10)。

设　备

自动微量移液器用的带滤芯的吸头

盛有冰的容器

微量离心管（0.5mL，薄壁扩增反应专用离心管）或微量滴定板

PCR 纯化试剂盒(如 QIAGEN 公司的 DNA Cleanup 或 Promega 公司的 Wizard SV Gel 和 PCR Clean-Up）

正排量移液器

旋转真空蒸发器（如 Savant Inc 公司的 SpeedVac）（可选；见步骤 3）

离心柱（如 QIAGEN 公司的 Spin-20 或 QIAquick）

可编程所需扩增程序的热循环仪。

如果热循环仪没有配备加热盖，在 PCR 过程中需要在反应液加入矿物油或石蜡油以防止液体蒸发。

水浴箱，温度要预先设定在 37℃、75℃和 95℃

方法

反转录

在该实验开始时，就决定了 5′-RACE 成功或失败。如果反转录步骤是有效的，那么分离到含有靶 mRNA 的 5′端序列的克隆的概率是较高的。另一方面，如果反转录步骤是无效的，那么本方案的后续步骤是无法补偿的。因此，对于反转录反应条件是值得花时间优化的，如最佳的引物与模板比例、反应体系的 Mg^{2+} 浓度。

1．转移 1pg～100ng 的 poly(A)$^+$ mRNA 或 10pg～1μg 总 RNA 到一只新的离心管。用水调整体积至 10μL。将 RNA 样品在 75℃变性 5min，将离心管插入冰中冷却。

2．向变性 RNA 样品中加入如下试剂：

5×反转录酶缓冲液	4μL
20 mmol/L 4 种 dNTP 混合液(pH8.0)	1μL
10μmol/L 基因特异性反义引物 1	4μL
约 20U/μL 胎盘 RNase 抑制剂	1μL
100～200U/μL 反转录酶	1μL
H$_2$O	至 20μL

i．在 37℃孵育 60min。

ii．设置 3 个阴性对照。第 1 个阴性对照中加入合成第一链 cDNA 反应所需的所有试剂，但不加模板 RNA；第 2 个阴性对照加入除了反转录酶外的所有试剂；第 3 个阴性对照中加入除引物外的所有试剂。这些对照进行所有的后续步骤。

设置这些对照能保证 cDNA 产物不是由于基因组 DNA 与寡核苷酸片段的污染或者由 RNA 模板分子的自身扩增所致。

总 cDNA 的合成量通过测定用三氯乙酸（TCA）沉淀的反转录产物中放射性物质的掺入量比活来确定，因而在反转录反应中加入了含 10～20μCi 的[^{32}P] dCTP 放射性底物（放射性比活度为 3000Ci/mmol）。实验要注意离心管内肯定不含有寡核苷酸引物；而 RNA 分子自身引导的产物没有放射性活性。第一链 cDNA 分子的大小能通过碱性琼脂糖凝胶电泳（参见第 2 章，方案 6）及放射自显影来鉴定。

为了检测基因特异性 DNA 合成的效率，建立了一种引物延伸反应的实验方法，该方法是将基因特异性反义寡核苷酸引物的 5′端用噬菌体 T4 多核苷酸激酶和[γ-^{32}P] ATP 通过酶促催化反应使引物的 5′端带有放射性标记（参见第 6 章，方案 18）。反转录反应的产物长度通常是不均一的，应该通过碱性琼脂糖凝胶电泳（参见第 2 章，方案 6）及放射自显影来分析鉴定。对于与低丰度 mRNA 互补的引物延伸产物，放射自显影压片时间可能要大于 24h。

反转录产物纯化

反转录反应完成后，多余的 dNTP 和引物必须从反应液中去除。否则，dNTP 可能在末端转移酶作用下不适当地加入到 cDNA 的 3′端，这会干扰 3′端作为引物结合位点的能力，另外，多余的引物存在也会造成不利的影响，因为引物的 3′端会与 cDNA 的加尾反应相竞争。

3．去除过剩的寡核苷酸或随机六寡核苷酸引物可用 QIAGEN Spin-20 或 Qiaquick 离心柱处理。

还可选择用 2 倍体积的 2.5mol/L 乙酸钠和 3 倍体积的乙醇沉淀。连续两次用 2.5mol/L 乙酸钠沉淀 DNA 可去除 DNA 样品中 99%以上的 dNTP 与寡核苷酸引物(Okayama and Berg 1983)。

4．在 10μL cDNA 样品中加入如下试剂：

5×末端转移酶缓冲液	4μL
1mmol/L dATP	4μL
末端转移酶	10～25U

在 37℃水浴中孵育 15min。

> 加尾反应可通过模拟反应来优化。在模拟反应液内加入 50ng、长度为 100～200bp 的对照 DNA 片段，加尾反应结束后，DNA 片段的大小应该增加 20～100 个核苷酸，用 1% 中性琼脂糖凝胶电泳鉴定。更精确地估计碱基 3′端加尾反应可建立对照反应管，管内加约 10ng 的长度约为 30 个碱基的合成寡核苷酸，并在它的 5′端用 ^{32}P 标记。这种加尾反应的产物可用 10% 聚丙烯酰胺测序凝胶电泳来分离，结合放射自显影来分析结果。加尾反应产物在放射自显影底片上呈现阶梯状带型，每相差一个核苷酸就呈现不同的条带。理想的同聚物尾平均长度应为约 20 个寡核苷酸，结合在大多数 cDNA 底物上。

5. 在 80℃放置 3min 使末端转移酶灭活。用的 TE（pH7.6）稀释带 dA 尾的 cDNA 至为 1mL。

扩增

6. 按以下次序，将各成分加入在一只 0.5mL 灭菌离心管、扩增管或灭菌微量滴定板的孔内，建立一系列 PCR 反应体系：

已稀释 cDNA	0～20μL
10×扩增缓冲液	5μL
20 mmol/L 4 种 dNTP 混合液	5μL
10μmol/L (dT)$_{17}$ 接头引物(16pmol)	1.6μL
10μmol/L 接头引物(32pmol)	3.2μL
10μmol/L 基因特异性引物 2 (32pmol)	3.2μL
1～2U 热稳定 DNA 聚合酶	1μL
H$_2$O	至 50μL

> 如果实验必要，可设计一系列的扩增反应，用于筛选 cDNA 加尾模板产生最大量的扩增 5′端。对照管加入以上除了 cDNA 模板之外的所有试剂。

7. 如果 PCR 仪没有配置加热盖，在反应混合液的上层应加一滴矿物油（约 50μL），防止样品在 PCR 反应多个加热与冷却的循环过程中蒸发。如果应用热启动 PCR 程序，在反应混合液上层加一滴石蜡油，放置离心管或微量滴定板在热循环仪上。

8. 根据试剂制造厂家的条件推荐，热启动 DNA 聚合酶要经历变性、复性和聚合（延伸反应）过程；相应的循环条件与温度列表如下：

循环数	变性	复性	聚合
首轮循环	94℃，5min	50～58℃，5min	72℃，40min
后续循环(30 个)	94℃，40s	50～58℃，1min	72℃，3min
末循环	94℃，40s	50～58℃，1min	72℃，15min

> 这些时间适用于配制在 0.5mL 薄壁管中，在诸如 PerkinElmer 9600 或 9700、Mastercycler (Eppendorf 公司)和 PTC-100 (MJ Research 公司)等 PCR 仪上孵育的 50μL 反应体系。时间和温度可以根据设备类型及反应体积做适当调整。
> 在首轮循环中，应用了一个延长的聚合反应(40min)，目的在于保证热稳定 DNA 聚合酶催化的长链 cDNA 的合成。
> 寡核苷酸引物的最佳复性温度应由经验来确定。通常从 50℃开始，逐步提高，到产生最大量的特异性产物的温度为最高复性温度。

9. 从每个反应中各抽取扩增样品 5～10μL，用琼脂凝胶电泳或聚丙烯酰胺凝胶电泳来分析扩增结果，用 DNA marker 来判断扩增片段的大小。凝胶一般用 EB 或 SYBR Gold 染色来观察 DNA。

> 一次成功的扩增反应应该产生与我们预期大小一致的 DNA 片段。扩增条带可用 DNA 测序、Southern 杂交和/或限制性内切核酸酶酶切图谱予以鉴定。
> 如果经过 30 个扩增循环后仍然没有明显的特异性产物条带，可加入新的 *Taq* DNA 聚合酶，进一步在 PCR 仪上进行 15～20 个循环的扩增反应。
> 如果加尾的 cDNA 扩增样品在凝胶电泳上呈现不清晰的成片电泳条带谱型，应从制备性琼脂糖凝胶上回收最长的扩增产物。然后以它作为模板，进一步在 PCR 仪上进行 15～20 循环的扩增反应。

参见"疑难解答"。

10. 若用矿物油覆盖在微量离心管内样品液体的上层（步骤 7），反应结束后可用 150μL
氯仿抽提去除。

> 在 PCR 管内，包含扩增 DNA 片段的水相与上层矿物油的界面形成弯月面，在弯月面下面的水相还有胶束，
> 可用自动移液器小心吸取水相液体转移到一个新的离心管内。

> 注意，如用微量滴定板作为 PCR 的反应管，就不能用氯仿抽提的方法来去除矿物油，因为这种塑料制品不能
> 接触耐有机溶剂。

11. 通过使用 QIAGEN 公司的 DNA Cleanup 或 Promega 公司的 Wizard SV 凝胶或 PCR
Clean-Up 方法，从扩增的 DNA 产物中分离去除残留的热稳定 DNA 聚合酶和 dNTP。

DNA 片段现在可以连接到一种平末端载体或 T 载体，或者用限制性内切核酸酶进行酶
切，再连接到具有相应末端的载体上。

疑难解答

问题（步骤 9）：全长克隆少。

解决方案：克隆数量少的很多情况是由于反转录过程的效率低下。如果 RNA 发生降解
或 mRNA 的 5′端富含 G 和 C 残基，反转录酶就很难穿过稳定的二级结构区。克隆产量问
题可以通过以下方法解决。

- 在高温下进行反转录反应（用鼠反转录酶可升至 55℃），或使用热稳定反转录酶（如
  Tth 聚合酶，Retrotherm）。
- 在加同聚尾或扩增前使用琼脂糖或聚丙烯酰胺电泳把 cDNA 产物各片段分开。
- 将修饰的碱基如 7-deaza-dGTP 掺入 cDNA 的第一链，可以防止后者形成二级结构
  （MConlogue et al. 1988）。请记住把 7-deaza-dGTP 掺入 cDNA 第一链还可以提高扩
  增阶段的效率，但是它也会妨碍一些限制性内切核酸酶对 DNA 扩增片段进行酶切，
  这些酶包括 *Alu* I、*Dde* I、*Hinf* I、*Sau*3A I、*Ace* I、*Bam*H I、*Eco*R I、*Pst* I、*Sal* I
  和 *Sma* I。然而，经 7-deaza-dGTP 修饰的 DNA 可用 *Mae* I、*Hind* III 和 *Xba* I 有效酶切。
- 在加 d(T)接头引物之前，用基因特异的引物对带有 d(A)尾的 cDNA 进行 5 轮线性
  扩增。
- 用琼脂糖或聚丙烯酰胺凝胶电泳纯化这种加尾的 DNA 扩增片段。然后，将最长的
  分子从凝胶上回收并作为模板，再用接头引物和基因特异性的引物进行第二轮扩增。

参考文献

Ammerschläger M, Kioschis P, Vincent E, Briganti J, Schagat T. 2010. *Lining up the scripts: Reverse transcriptase comparison study*. http://www.promega.com/pubs/tpub_029.htm.

Apte AN, Siebert PD. 1993. Anchor-ligated cDNA libraries: A technique for generating a cDNA library for the immediate cloning of the 5′ ends of mRNAs. *BioTechniques* 15: 890–893.

Chen Z. 1996. Simple modifications to increase specificity of the 5′ RACE procedure. *Trends Genet* 12: 87–88.

Chiang CM, Chow LT, Broker T. 1993. Identification of alternately-spliced mRNAs and localization of 5′ends by polymerase chain reaction amplification. *Methods Mol Biol* 15: 189–198.

Frohman MA. 1993. Rapid amplification of complementary DNA ends for generation of full-length complementary DNAs: Thermal RACE. *Methods Enzymol* 218: 340–356.

Frohman MA. 1995. Rapid amplification of cDNA ends. In *PCR primer: A laboratory manual* (ed Dveksler GS, Dieffenbach CW), pp. 381–409. Cold Spring Harbor Laboratory Press, Cold Spring Harbor, NY.

Frohman MA, Dush MK, Martin GR. 1988. Rapid production of full-length cDNAs from rare transcripts: Amplification using a single gene-specific oligonucleotide primer. *Proc Natl Acad Sci* 85: 8998–9002.

Harvey RJ, Darlison MG. 1991. Random-primed cDNA synthesis facilitates the isolation of multiple 5′-cDNA ends by RACE. *Nucleic Acids Res* 19: 4002. doi: 10.1093/nar/19.14.4002.

Liedtke W, Battistini L, Brosnan CF, Raine CS. 1994. A comparison of methods for RNA extraction from lymphocytes for RT-PCR. *PCR Methods Appl* 4: 185–187.

McConlogue L, Brow MA, Innis MA. 1988. Structure-independent DNA amplification by PCR using 7-deaza-2′-deoxyguanosine. *Nucleic Acids Res* 16: 9869. doi: 10.1093/nar/16.20.9869.

Okayama H, Berg P. 1983. A cDNA cloning vector that permits expression of cDNA inserts in mammalian cells. *Mol Cell Biol* 3: 280–289.

Schaefer BC. 1995. Revolutions in rapid amplification of cDNA ends: New strategies for polymerase chain reaction cloning of full-length cDNA ends. *Anal Biochem* 227: 255–273.

Scotto-Lavino E, Du G, Frohman MA. 2006. 5′ End cDNA amplification using classic RACE. *Nat Protoc* 1: 2555–2562.

Stahlberg A, Hakansson J, Xian X, Semb H, Kubista M. 2004a. Properties of the reverse transcription reaction in mRNA quantification. *Clin Chem* 50: 509–515.

Stahlberg A, Kubista M, Pfaffl M. 2004b. Comparison of reverse transcriptases in gene expression analysis. *Clin Chem* 50: 1678–1680.

方案 10　由 mRNA 的 3′端进行序列的快速扩增：3′-RACE

用 oligo（dT）引导合成的第一链 cDNA 常含有 RNA 的 3′序列，然而，用内部基因特异性引物产生的 cDNA 常缺失 mRNA 的一端或两端序列。另外，选择性剪切或内部富 A 区域产生的 cDNA 克隆也常缺乏 3′端序列。这些问题可以通过 3′-RACE 来解决（Frohman 1993；Scotto-Lavino 2006b），该方法也可以对由选择性聚腺苷酸化产生的 mRNA 家族各成员的 3′端定位。

3′-RACE 像它更著名的同胞兄弟 5′-RACE 一样，也要求知道靶 RNA 或 cDNA 的部分克隆的少量序列（图 7-5）。

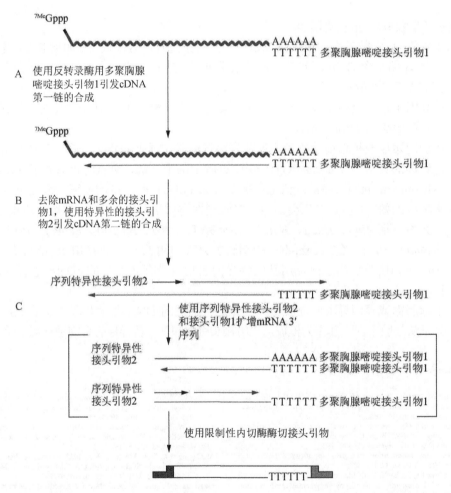

图 7-5　使用 3′-RACE 确定 mRNA 的 3′端。该策略命名为 3′-RACE 是因为可用此方法分离获得 mRNA 3′端的未知序列。（A）（dT）$_{17}$ 接头引物（以黑色箭头代指）与 mRNA 复性。使用反转录酶和 dNTP 实现第一链的合成 [由（dT）$_{17}$ 接头引物引发]。（B）第二链的合成由一条特异性引物引发。（C）扩增由序列特异性引物和人工接头互补引物执行，产生足够量的产物，然后克隆到克隆载体中并测序。

- 用 3′端的 poly（T）接头引物和它的 5′端长 30～40bp 的核酸序列作为引物，把 mRNA 总体反转录为 cDNA，该 5′端核酸序列可含有 2～3 个限制性内切核酸酶识别位点。

● 反转录后通常伴随着两步连续的 PCR。第一步 PCR 用基因特异性正向寡核苷酸引物与反向 poly (dT)接头引物引导。如果必要，可用第一步 PCR 产物作为模板进行第二步嵌套式 PCR，该步 PCR 的引物 1 为第一步 PCR 正向引物的内部序列，引物 2 与第一步 PCR 反向 poly (dT)接头引物中间区域的序列相一致。

第二步 PCR 产物可进行电泳分离、酶切、克隆和鉴定等。

● 以下 3′-RACE 方法是基于 W.J.Chen （Glaxo-Wellcome）实验方案修改后的方案（Frohman 1993，Schaefer 1995，Scotto-Lavino 2006），而 W.J.Chen 实验方案是在 Frohman 等（1988）实验方案的基础上修改的。不过，我们推荐使用商业化的试剂盒，特别是刚开始做这类试验，除非贵实验室的一些人已掌握 3′-RACE 方法或已有更先进的方法。Ambion 公司的试剂盒使用的是 RNA 连接酶介导的 RACE，而 Clontech 公司采用的是链转换反转录酶（更多信息请看后面的信息栏"RACE 商业化试剂盒"）。

材料

为正确使用本方案中的器材和危险试剂，必须查阅相应的材料安全数据表并咨询所在机构的环境卫生和安全办公室。

本方案的专用试剂标注<R>，配方在本方案末提供。常用储备溶液、缓冲液和试剂标注<A>，配方见附录 1。储备溶液应稀释至适用浓度后使用。

试剂

水溶接头引物(10μmol)（5′-GACTCGAGTCGACATCG-3′)(10pmol/μL)

> 接头引物与基因特异性正向引物联合在一起用于扩增特异性靶 cDNA。第一步 PCR 扩增后，PCR 目的产物可能仅占总 DNA 产物的 1%，也可能多至占总 DNA 产物的 100%。如果必要，可用第一轮 PCR 产物作模板进行第二轮嵌套式 PCR，改善目的产物的产率，该轮 PCR 的引物为接头引物与另一个基因特异性正向引物。在第二轮嵌套式 PCR 扩增后，几乎所有的扩增产物在 EB 染色下呈现了与靶 mRNA 的 3′区域序列相一致的条带。

凝胶电泳检测到的几乎所有的产物都含有所要的 mRNA 的 3′区

琼脂糖或聚丙烯酰胺凝胶（见步骤 6）

含有 MgCl$_2$ 的 10×扩增缓冲液，Taq DNA 聚合酶厂家提供

氯仿（可选；见步骤 8）

含有 4 种 dNTP 的溶液(20mmol/L，pH8.0)

(dT)$_{17}$ 接头引物(10μmol/L)(5′-GACTCGAGTCGACATCGA(T)17-3′)溶于水中(10 pmol/μL)

> (dT)$_{17}$ 接头反义引物的 oligo (dT)与第一链 cDNA 3′端的 poly (A)$^+$相结合，留下一个未配对的接头序列。在扩增过程中，接头序列会转化成双链 cDNA，在本方案的一些实例中，扩增 DNA 序列会插入一些限制性内切核酸酶的识别位点，如 Xho I、Sal I、Acc I、Hinc II 和 Cla I 等。

EB 或 SYBR Gold 染料

基因特异性正义寡核苷酸引物(10μmol/L)溶于水(10pmol/μL)

> 基因特异性正义寡核苷酸引物应该是 mRNA 的已知序列，长度为 20～30 核苷酸，内含的 4 种碱基数量基本相等，G 与 C 碱基平衡分布，且引物具有较低的自发形成稳定二级结构的倾向。进一步的细节请参见本章导言部分"基础 PCR 反应中的引物设计"。以下讨论的有关限制性内切核酸酶切位点总是设计在接头引物内，然而，有时它们也被设计在基因特异性寡核苷酸引物内部。这种两端带有限制性内切核酸酶酶切位点的扩增 cDNA 便于进一步克隆。

热启动耐热 DNA 聚合酶

> 在 RACE 中使用热启动 DNA 聚合酶是为了减少非特异扩增，但这也增加了由 3′端引物错配引发错误延伸的可能，因此可选择具有 3′→5′校正活性的热稳定 DNA 聚合酶（Chiang et al. 1993）。

胎盘 RNase 抑制剂（20U/μL）

（参见第六章信息栏 DNA 酶抑制剂）

反转录酶（RNA 依赖的 DNA 聚合酶）

不同的供应厂商常提供不同的反转录酶，有关这些酶特性的比较数据资料较少（Stahlberg et al. 2004a，b）。此外，一些供应厂商也会通过提供一些已发表的实验数据，来证实它们扩增长片段和高 GC 含量 mRNA 的能力。

5×反转录缓冲液（厂家提供）。

TE 缓冲液（pH7.6）

10mmol/L Tris-HCl（pH7.6）

1mmol/L EDTA

总 RNA（100μg/mL，溶于水）或 poly(A)$^+$ RNA（10μg/mL，溶于水）

总 RNA 一般用促溶剂从细胞中抽提，选择总 RNA 作模板一般适用于中丰度到高丰度 mRNA 中通过 RT-PCR 克隆靶基因（Liedtke 1994）。对于低丰度靶 mRNA 的样品，最好选择 poly(A)$^+$ RNA 作模板进行 RT-PCR。

设 备

自动微量移液器用的带滤芯的吸头

微量离心管(0.5mL，薄壁扩增反应专用离心管)或微量滴定板

PCR 纯化试剂盒（如 QIAGEN 公司的 DNA Cleanup 或 Promega 公司的 Wizard SV Gel 和 PCR Clean-Up）

正排量移液器

可编程的热循环扩增仪

如果热循环仪器没有配备加热盖，在 PCR 过程中需要在反应液加入矿物油或石蜡油以防止液体蒸发。

水浴箱或加热模块，温度要预先设定在 37℃和 75℃。

方法

反转录

在实验开始时，首先要确定 3′-RACE 是否成功。如果反转录步骤是有效的，那么分离到含有靶 mRNA 的 3′端序列的克隆的概率是较高的。相反，如果反转录步骤是无效的，那么本方案的后续步骤是无法补偿的。因此，对于反转录反应条件是值得花时间优化的，如最佳的引物与模板比例、反应体系 Mg^{2+}浓度和反应体系中反转录酶的量。

1. 转移 1pg～100ng 的 poly(A)$^+$ mRNA 或 10pg～1μg 总 RNA 到一只新的离心管。用水调整体积至 10μL。将 RNA 样品在 75℃变性 5min，将离心管插入冰中冷却。

2. 向变性 RNA 样品中加入如下试剂：

5×反转录酶缓冲液	10μL
20 mmol/L 4 种 dNTP 混合液	1.5μL
10μmol/L（dT)$_{17}$接头引物（80pmol）	8.0μL
约 20U/μL 胎盘 RNase 抑制剂	1μL
100～200U/μL 的反转录酶	1μL
H$_2$O	至 50μL

i. 37℃孵育 60min。

ii. 设置 3 个阴性对照。第 1 个阴性对照中加入合成第一链 cDNA 反应所需的所有试剂，但不加模板 RNA；第 2 个阴性对照中加入除了反转录酶外的所有试剂；第 3 个阴性对照中加入除引物外的所有试剂。这些对照进行所有的后续步骤。

设置这些对照能保证 cDNA 产物不是由于基因组 DNA、寡核苷酸片段的污染或者由 RNA 模板分子的自身扩增所致。

总 cDNA 的合成量通过测定用三氯乙酸(TCA)沉淀的反转录产物中放射性物质的掺入量比活来确定,因而在反转录反应中加入了含 10~20μCi 的[^{32}P] dCTP 的放射性底物(放射性比活度为 3000Ci/mmol)。实验要注意对照管内肯定不含有寡核苷酸引物;而 RNA 分子自身引导的产物没有放射性活性。第一链 cDNA 分子的大小能通过碱性琼脂糖凝胶电泳(参见第 2 章,方案 6)及放射自显影来鉴定。

3．用 TE (pH 7.6)将反转录反应产物(cDNA)稀释至终体积为 1mL。

从反转录产物 cDNA 样品中去除过剩的寡核苷酸或随机六寡核苷酸引物常是必要的。然后,进一步优化扩增反应中正义与反义引物的浓度。

扩增

4．将以下各成分加入到一只 0.5mL 灭菌离心管、扩增管或灭菌微量滴定板孔内,建立系列 PCR 反应体系:

已稀释 cDNA	0~20μL
l0×扩增缓冲液	5μL
20 mmol/L 4 种 dNTP 混合液	5μL
10μmol/L (dT)$_{17}$ 接头引物(l6pmol)	1.6μL
10μmol/L 接头引物(32 pmol)	3.2μL
10μmol/L 基因特异性正义寡聚核苷酸引物(32pmol)	3.2μL
1~2U 热启动 DNA 聚合酶	1μL
H$_2$O	至 50μL

如果必要,可建立一系列的扩增试验管,以确定最佳 cDNA 的量,产生最大量的 5′端扩增。对照管加入以上除 cDNA 模板之外的所有试剂,以鉴别模板有无污染。

5．根据热启动 DNA 聚合酶制造厂家的推荐,使用如下的变性、复性和聚合(延伸反应)时间:

循环数	变性	复性	聚合
首轮循环	94℃,5min	50~58℃,5min	72℃,40min
后续循环(30 个)	94℃,40s	50~58℃,1min	72℃,3min
末轮循环	94℃,40s	50~58℃,1min	72℃,15min

这些时间适用于配制在 0.5mL 薄壁管中,在诸如 PerkinElmer 9600 或 9700、 Mastercycler (Eppendorf)和 PTC-100 (MJ Research)等 PCR 仪上孵育的 50μL 反应体系。时间和温度可以根据设备类型及反应体积做适当调整。

在首轮循环中,应用了一个延长的聚合反应(40min),目的在于保证热稳定 DNA 聚合酶催化的长链 cDNA 的合成。

6．从每个反应中各抽取扩增样品 5~10μL,用琼脂糖或聚丙烯酰胺凝胶电泳来分析扩增结果,用 DNA marker 来判断扩增片段的大小。凝胶一般用 EB 或 SYBR Gold 染色来观察 DNA。

一次成功的扩增反应应该产生与我们预期大小一致的 DNA 片段。扩增条带可用 DNA 测序、Southern 印迹杂交和/或限制性内切核酸酶酶切图谱予以鉴定。

如果经过 30 个扩增循环后仍然没有明显的特异性产物条带,可加入新的 Taq DNA 聚合酶,在 PCR 仪上再运行 15~20 个循环的扩增反应。

如果加尾的 cDNA 扩增样品在凝胶电泳上呈现不清晰的拖尾条带,应从制备性琼脂糖凝胶上回收最长的扩增产物。然后以它作为模板,在 PCR 仪上再进行 15~20 个循环的扩增反应。

7．若用矿物油覆盖在微量离心管内样品液体的上层(步骤 7),反应结束后可用 150μL 氯仿抽提去除。

在 PCR 反应管内,包含扩增 DNA 片段的水相与上层矿物油的界面形成弯月面,在弯月面下面的水相还有微胶粒。可用自动移液器小心吸取水相液体转移到一个新的离心管内。

▲注意,如用微量滴定板作为 PCR 的反应管,就不能用氯仿抽提的方法来去除矿物油,因为这种塑料制品不能接触有机溶剂。

8. 通过使用 QIAGEN DNA Cleanup 或 Promega Wizard SV 凝胶或 PCR Clean-up 方法从扩增的 DNA 产物中分离去除残留的热稳定 DNA 聚合酶和 dNTP。

DNA 片段现在可以连接到一种平末端载体或 T 载体，或者用限制性内切核酸酶进行酶切，再连接到具有相应末端的载体上。

RACE 商业化试剂盒

RNA 连接酶介导的 RACE（RLM-RACE）

RNA 连接酶介导的 RACE（RNA-ligase-mediated，RLM-RACE）（Fromont-Racine et al. 1993；Liu and Gorovsky 1993）是扩增 mRNA 5′端的第二代方法。Ambion 公司提供有 RLM-RACE 试剂盒（FirstChoice RLM-RACE Kit）。Clontech 公司的 SMARTer RACR Kit 在 RACR PCR 中是直接使用第一链 cDNA。两个试剂盒都可以用于 mRNA 的 3′端区域的抓捕和克隆测序（3′-RACE；见方案 10）。RLM-RACE 操作简述如下。

1. Poly(A)$^+$ RNA 制备产物首先使用小牛肠磷酸酶去除污染 rRNA、tRNA 和 RNA 片段 5′端磷酸残基。脱磷酸化的 RNA 在后续 RNA 连接酶作用下不能进行连接反应。

2. 用酚-氯仿抽提法去除磷酸酶，RNA 产物再用烟草酸焦磷酸酶处理，其目的是水解帽子结构区三磷酸键桥上的磷酸酐键并暴露出一个 5′端磷酸残基。这样脱帽后的 mRNA 就变成噬菌体 T4 编码的 RNA 连接酶的底物。

3. 因为化学合成的寡聚核苷酸在 5′端含有一个 5′羟基，可使用 T4 编码的 RNA 连接酶把寡聚核苷酸（通常为 30~40 个核苷酸）连接到 mRNA 脱帽后暴露出来的 5′磷酸基团上，连接上的寡聚核苷酸可作为下一步 PCR 的接头。

4. 寡聚核苷酸-RNA 嵌合体作为模板合成第一链 cDNA，引物可以使用随机八聚体或十聚体引物。

5. 延伸至嵌合 RNA 5′端的第一链 cDNA 会携带一个和它 3′端寡核苷酸互补的序列。在热启动 PCR 中，第一链 cDNA 会作为模板，通过基因特异性引物和接头引物得以扩增。只有在其 5′端含有接头序列的 cDNA 才能被扩增。

6. 通过树脂吸附和洗脱方法纯化扩增产物（如 Promega 公司的 Wizard PCR 试剂盒），而后克隆入质粒载体。

SMARTer RACE

Clontech 公司的 SMARTer RACE 试剂盒避免了接头连接反应，虽然不是很有效，但是在 RACR PCR 中是直接使用第一链 cDNA 进行 PCR。步骤简述如下。

1. 第一链 cDNA 是通过改良的锁-坞 oligo（dT）引物来启动的，在其 3′端有两个降解的核苷酸。该核苷酸位于 mRNA poly(A)$^+$尾的起始处，这样可以消除传统 oligo（dT）引导合成产物的 3′端不均一性（Borson et al. 1992）。

2. 第一链 cDNA 合成是在 Clontech 公司的 SMARTScribe 反转录酶作用下进行的，该酶是 MMLV 反转录酶的突变体。在到达 RNA 模板尾部时，该聚合酶会表现出末端转移酶活性，在第一链 cDNA 的 3′端加入 3~5 个核苷酸。

3. 试剂盒提供的 SMARTer 寡核苷酸末端延伸出一些修饰碱基，可与第一链 cDNA 延伸 3′端发生复性结合。SMARTScribe 反转录酶能够将 mRNA 模板转换为第一链 cDNA，SMARTer 寡核苷酸引物和 RNA 一端结合后，可以合成完整的双链 cDNA 拷贝。由于反转录酶只有到达 mRNA 模板末端后才发生模板转换，因此 SMARTer 序列通常只能渗入全长的单链 cDNA。

4. 扩增反应是使用通用引物 A Mix（试剂盒提供）和基因特异性引物来执行的。

PCR 扩增产物的鉴定和纯化

如果整个 PCR 过程进展顺利，所有反应体系中的 dNTP 和引物最后都应该会渗入扩增产物中。在理想状态下，把 PCR 产物作为模板（如测序反应）是不需要进行纯化的。将 PCR 产物稀释 10～20 倍就可以完全去除残留引物和 dNTP 的影响。然而，为了增加测序反应的成功率，最好去除残留的引物、dNTP、单链 DNA 和 *Taq* 聚合酶，并且检测测序样本的正确性。

鉴定 PCR 扩增产物

1. 通过琼脂糖凝胶电泳分析 DNA 扩增样本。理想状态下，染色后只呈现一条 DNA 条带。如果出现多条带现象，可选用以下方法。

　i. 通过梯度复性和热启动方法重新进行 PCR（见方案 2 和方案 3）。如果不成功，可增加模板的复性温度直到获得单一 PCR 产物。

　ii. 单独切下 DNA 条带并进行凝胶回收，使用嵌套引物再次扩增（见方案 7）。回收 DNA 进行再次扩增的一个简单方法是先用 Whatman 3MM 滤纸擦干凝胶表面，用一皮下针刺入 DNA 条带，取出后快速浸入新的 PCR 反应液中并做搅动，这样的 DNA 模板量虽然很少，但是作为另一轮 PCR 反应的模板是足够的（Bjourson and Cooper 1992）。

如果仍有多条带，回收最大条带并测序验证。

　iii. 如果上述方法均不起作用，另一解决办法就是回收所有条带并分别进行克隆（如 TA 载体）（参见本文后和第 3 章方案 12）

PCR 扩增产物的纯化

有文献报道 *Taq* DNA 聚合酶在 PCR 产物经酚-氯仿抽提、乙醇沉淀和其他商业化的试剂盒纯化后仍然会有残留（Crowe et al. 1991; Barnes 1992）。然而，多数商业化产品可以有效去除未消耗完的 dNTP、单链 DNA 和引物等，处理后的扩增产物可用于克隆和 DNA 测序。PCR 纯化用商业试剂盒价格便宜，是多数实验室最经济的选择。

以下列举了一些不同原理的纯化试剂盒。

1. DNA 被结合到树脂表面，漂洗后再洗脱。常用试剂盒有 QIAGEN 公司的 QIAquick DNA 纯化试剂盒、Agilent 公司的 StrataPrep PCR 纯化试剂盒和 Sigma-Aldrich 公司的 GenElute PCR Clean-Up。

2. DNA 通过阴离子捕获结合至磁珠表面，如 Life Technologies 公司的 ChargeSwitch-Pro PCR Clean-Up。

3. DNA 通过安装在微量加样器吸头内的离心柱进行纯化，该离心柱填充有阴离子硅酸盐 TopTIP charged with PolyWAX LP（GlySci, Glygen 公司产品）。

参考文献

Ammerschläger M, Kioschis P, Vincent E, Briganti J, Schagat T. 2010. *Lining up the scripts: Reverse transcriptase comparison study*. http://www.promega.com/pubs/tpub_029.htm.

Barnes WM. 1992. The fidelity of *Taq* polymerase catalyzing PCR is improved by an N-terminal deletion. *Gene* 112: 29–35.

Bjourson AJ, Cooper JE. 1992. Band-stab PCR: A simple technique for the purification of individual PCR products. *Nucleic Acids Res* 20: 4675. doi: 10.1093/nar/20.17.4675.

Borson ND, Salo WL, Drewes LR. 1992. A lock-docking oligo(dT) primer for 5′ and 3′ RACE PCR. *PCR Methods Appl* 2: 144–148.

Chiang CM, Chow LT, Broker T. 1993. Identification of alternately-spliced mRNAs and localization of 5′ends by polymerase chain reaction amplification. *Methods Mol Biol* **15**: 189–198.

Crowe JS, Cooper HJ, Smith MA, Sims MJ, Parker D, Gewert D. 1991. Improved cloning efficiency of polymerase chain reaction (PCR) products after proteinase K digestion. *Nucleic Acids Res* **19**: 184. doi: 10.1093/nar/19.1.184.

Frohman MA. 1993. Rapid amplification of complementary DNA ends for generation of full-length complementary DNAs: Thermal RACE. *Methods Enzymol* **218**: 340–356.

Frohman MA, Dush MK, Martin GR. 1988. Rapid production of full-length cDNAs from rare transcripts: Amplification using a single gene-specific oligonucleotide primer. *Proc Natl Acad Sci* **85**: 8998–9002.

Fromont-Racine M, Bertrand E, Pictet R, Grange T. 1993. A highly sensitive method for mapping the 5′ termini of mRNAs. *Nucleic Acids Res* **21**: 1683–1684.

Liedtke W, Battistini L, Brosnan CF, Raine CS. 1994. A comparison of methods for RNA extraction from lymphocytes for RT-PCR. *PCR Methods Appl* **4**: 185–187.

Liu X, Gorovsky MA. 1993. Mapping the 5′ and 3′ ends of *Tetrahymena thermophila* mRNAs using RNA ligase mediated amplification of cDNA ends (RLM-RACE). *Nucleic Acids Res* **21**: 4954–4960.

Schaefer BC. 1995. Revolutions in rapid amplification of cDNA ends: New strategies for polymerase chain reaction cloning of full-length cDNA ends. *Anal Biochem* **227**: 255–273.

Scotto-Lavino E, Du G, Frohman MA. 2006. 3′ End cDNA amplification using classic RACE. *Nat Protoc* **1**: 2742–2745.

Stahlberg A, Hakansson J, Xian X, Semb H, Kubista M. 2004a. Properties of the reverse transcription reaction in mRNA quantification. *Clin Chem* **50**: 509–515.

Stahlberg A, Kubista M, Pfaffl M. 2004b. Comparison of reverse transcriptases in gene expression analysis. *Clin Chem* **50**: 1678–1680.

方案 11　使用 PCR 筛选克隆

PCR 常代替费力的小量提取质粒的方法，用于筛选靶序列的重组质粒的大肠杆菌克隆。当初用于扩增 DNA 片段的那对引物同时也可用于克隆筛选。为了区分克隆片段的方向，可使用第三条引物，该引物位于插入位点相邻的质粒序列上，并指向插入序列。此方法也可用于筛选文库获得感兴趣的克隆（Israel 2006）。

材料

为正确使用本方案中的器材和危险试剂，必须查阅相应的材料安全数据表并咨询所在机构的环境卫生和安全办公室。

试剂

琼脂糖或聚丙烯酰胺凝胶

含有氯化镁的 10×扩增缓冲液，由 *Taq* DNA 聚合酶的制造商提供

转化有感兴趣的重组质粒的细菌克隆和作为对照用的非转化细菌克隆

氯仿

合适大小的 DNA 分子质量标记

含有 4 种 dNTP 的混合液，每种浓度为 20mmol/L（pH8.0）

溶于水的正向和反向引物（20μmol/L）

　　　　参见本方案的导言。

> 使用下述公式计算多聚核苷酸的分子质量
> $$M_r = (C \times 289) + (A \times 313) + (T \times 304) + (G \times 329),$$
> 式中，C、A、T、G 分别指 C、A、T、G 4 种碱基的数量；20bp 长度多聚核苷酸的分子质量约为 6000Da；100pmol 的多聚核苷酸约等于 0.6μg。

上样缓冲液

灭菌的去离子水

热稳定 DNA 聚合酶（来自 Agilent、Life Technologies、NEB 及其他供应商）

设备

自动微量移液器用的带滤芯的吸头

微量离心管（0.5mL，薄壁扩增反应专用离心管）或微孔板

正排量移液器

可编程所需扩增程序的热循环仪

> 如果热循环仪没有加热盖，使用矿物油或石蜡油封住液面，防止 PCR 过程中液体的蒸发。石蜡油不仅能防止蒸发，还可用于隔绝体系中的组分（如把引物和模板隔开），直到体系受热而混合。这种隔绝可阻止反应开始前引物的非特异性结合（参见方案 2）。

方法

1. 在灭菌离心管中，按下述准备工作液：按所示顺序加入组分，离心管一直放置在冰上。将需要筛选的克隆数乘以体系的体积可得到总体积，如需要筛选 10 个转化体和 2 个非转化体对照，就乘以 12。振荡离心管，以混合工作液中的各组分，尽量避免产生气泡。

水	38μL
扩增缓冲液（10×）	5 μL
dNTP 溶液（20mmol/L；pH8.0）	1 μL
正向引物（20μmol/L）	1.0 μL
反向引物（20μmol/L）	1.0 μL
热稳定 DNA 聚合酶（1~5U/μL）	1~2U

2. 将 50μL 的工作液加入到所需数量的 PCR 管中（冰上放置）。

3. 向每个有工作液的冷 PCR 管中，加入少量转化细菌克隆。方法是用灭菌的黄吸头的尖端触碰细菌克隆，然后尖端浸入工作液中，上下轻轻吹打几次，避免产生气泡。

4. 使用下表所列的变性、复性、聚合时间和温度来扩增产物。

循环数	变性	复性	聚合
1	94℃，4min	55℃，2min	72℃，2min
30 个循环	94℃，1min	55℃，2min	72℃，1min
末循环			72℃，10min

5. 5μL 的 PCR 产物和 5 μL 水及 2.5 μL 上样缓冲液混合，使用合适的分子质量标准进行电泳。

> 为了确定片段插入的方向，可使用质粒特异引物分别与插入片段的两条特异引物组合来重复 PCR 反应。根据产物片段的大小可推测出插入的方向。

参考文献

Israel DI. 2006. PCR-based method for screening libraries. *Cold Spring Harb Protoc* doi: 10.1101/pdb.prot4129.

信息栏

Taq DNA 聚合酶

Taq 酶是一种热稳定的 DNA 依赖的 DNA 聚合酶，于 1976 年首次从嗜热真菌栖热水生菌中分离获得（图 1）（Chien et al. 1976; Kaledin et al. 1980）。数年后，这个酶由于其在 PCR 中的应用而闻名（Saiki et al. 1988），在 1989 年被选为年度明星分子（Koshland 1989），可见该酶的分量和价值。Fore 等（2006）发表了一篇优秀的综述，总结描述了由 *Taq* 酶催化的 PCR 反应所导致的专利和商业化等繁杂的法律纠纷。PCR 技术的发明者 Kary Mullis（1990）对 *Taq* 酶非同寻常的起源做了更加浪漫的描述。虽然 PCR 的原始专利在 2005～2006 年就到期了，但依然还存在很多 PCR 相关的技术专利，在这些案例中，只要从专利所有者那里购买试剂，就获得了专利使用许可。

图 1　Brock 的探险。Thomas D. Brock，麦迪逊市威斯康星大学的微生物生态学家，在图中站在黄石国家公园的蘑菇泉旁边，时间是 1967 年 6 月 23 日。Tom Brock 和他的研究生 Hudson Freeze 在前一年从喷口里采集的样本中分离出了栖热水生菌种 YT-1。Tom Brock 在其回忆性自传（Brock 1995a,b, 1997）中优雅且自豪地描述了他们的工作。Madigan 和 Marrs 总结了这种极端微生物对生物技术产业的后续影响(1997)(在征得 Brock 的同意后再版，1995b)。

- *Taq* 酶基因（Lawyer et al. 1989）编码一个 832 个氨基酸残基的双结构域蛋白（分子质量为 93.9kDa），拥有三种不同的酶活性。

1. N 端区域（1～290 残基）的序列和结构与 DNA 聚合酶 I 家族成员（包括大肠杆菌 DNA 聚合酶 I 和相关的噬菌体编码的聚合酶）的 5′→3′外切酶结构域类似。一些商业化制备的 *Taq* 酶缺乏 5′→3′外切酶活性。这些产品包括 Stoffel 片段和一些点突变体（Merkens et al. 1995）。一般来说，这些酶与野生型的 *Taq* 酶相比，聚合效率和延长能力都要差一些。

2. *Taq* 酶的聚合酶亚结构域（424～831 残基）和大肠杆菌 DNA 聚合酶 I 的 Klenow 片段非常类似，负责催化的氨基酸残基在两种酶中是保守的（参见表 1 和方案 8 中的步骤 2）（综述参见 Joyce and Steitz 1994, 1995; Pelletier 1994; Perler et al. 1996）。

3. *Taq* DNA 聚合酶与其他的热稳定 DNA 聚合酶一样，还拥有一种独立但是低效的转移酶活性，即在扩增的 DNA 片段的 3′端以模板非依赖的方式添加一个脱氧核苷酸残基（表 1）（Clark 1988; Mole et al. 1989; Hu1993）。双链线性 DNA（那些有凸出的 3′端的除外）可被 *Taq* 酶转化成 3′端 A 凸出的分子。这个不配对的 A 可与克隆载体上不配对的 T

配对，从而有利于扩增片段的克隆（参见第 3 章，方案 12）。

表 1　*Taq* DNA 聚合酶催化的标准 PCR 反应的条件

DNA 模板	目标序列 $10^4 \sim 10^5$ 个拷贝
循环数	25～30
引物，长 18～25 核苷酸	0.1～0.5μmol/L
Mg^{2+}	一般为 1.5～2.0mmol/L，但是为了有效的扩增，需要摸索最佳浓度
dNTP	4 种 dNTP 的浓度为每种 200μmol/L，更高浓度的 dNTP 会降低聚合酶的准确性，并需要反应体系中含有更高浓度的 Mg^{2+}
Taq DNA 聚合酶	1.0～1.25U/反应（50μL 体系）
变性条件	对于 GC 含量大于 55% 的模板，95℃、30s 足够，富含 GC 的模板可能需要更长的变性时间（4min 以上）
复性条件	一般来说在 45～60℃ 之间，取决于引物对的熔解温度
延伸条件	虽然 *Taq* 酶的最佳温度为 75～80℃，但延伸反应的温度一般来说略低，为 68～70℃。延伸时间取决于扩增区域的长度，由于 *Taq* 聚合酶的速度是每秒 35～100 个核苷酸，因此，按每 1kb 的长度延伸时间为 1min 计算是足够的
添加剂	在 PCR 条件优化后，如果扩增效率还是很低，可以考虑使用添加剂，常用的有甘油（5%～10%）和牛血清白蛋白（高至 0.8μg/μL）。对于高 GC 含量模板（大于 55%），可加入甲酰胺（1%～5%）、DMSO（2%～10%）或甜菜碱（0.5～2μmol/L），使用甜菜碱的时候，变性温度降低到 92～93℃，复性温度降低 1～2℃

　　Taq 酶的羧端区（294～422 氨基酸残基）有微弱的 $3' \to 5'$ 外切酶活性，因此，这个酶和其他的几种热稳定聚合酶一样，缺乏校对功能。因此，错误掺入 dNTP 的比例较高（Tindall and Kunkel 1988）。对于扩增 200bp 的片段，25 个循环后，高于 50% 的扩增片段含有 1 个或 2 个突变。如果扩增需要高保真性，那么使用商业化的热稳定聚合酶混合物。例如，Platinum *Taq* 聚合酶(Life Technologies 公司产品)是重组 *Taq* DNA 聚合酶和火球菌 GB-D 聚合酶的混合物，后者拥有校对功能，可提高保真度 6 倍。其他的 DNA 聚合酶混合物有 TaqPlus Precision PCR （Agilent 公司产品）、AccuPrime DNA 聚合酶（Life Technologies）和 Expand High Fidelity PCR System（Roche 公司产品）。

- *Taq* DNA 聚合酶的热稳定性被认为由酶核心的疏水性增加、静电力稳定性的提高，以及溶剂分子相互作用的增加所造成，因为在酶表面存在额外的脯氨酸残基（Kim et al. 1995; Korolev et al. 1995）。

- Chien 等（1976）首先分离出的热稳定 DNA 聚合酶比全长的 *Taq* 蛋白要小，催化性质也略有不同，最常见的形式是缺乏部分氨端区的水解片段。在栖热水生菌中，*Taq* 酶的表达水平很低（占细胞总蛋白的 0.01%～0.02%），因此，直接提取在商业上是不可行的。近年来，*Taq* 酶由各种版本的 *Taq* 基因编码生产，这些版本的基因做过优化，以在大肠杆菌中提升表达量。这些突变方法主要是修改紧邻起始 ATG 密码子上游和下游的 DNA 序列（例子请参见 Engelke et al. 1990; Lawyer et al. 1993; Ishino et al. 1994; Desai and Pfaffle 1995）。由于各个生产商修饰方法不同，酶蛋白纯化的流程也不同，因此，不同生产商生产的酶扩增结果也不同。然而，自制 *Taq* 聚合酶制备容易（Engelke et al. 1990; Pluthero 1993; Desai and Pfaffle 1995），质量高，批间差异小。*Taq* DNA 聚合酶制剂一般具有下述的典型性质：

　　最佳反应温度：75～80℃

　　最佳反应条件：1.5mmol/L 的 MgCl₂，50～55mmol/L 的 KCl（pH7.8～9.0）

　　K_m dNTP：10～15μmol/L

　　K_m DNA：1.5μmol/L

　　延伸速率（每个酶分子每秒聚合的 dNTP 数）：

75℃	150
70℃	<60
55℃	24

37℃	1.25
22℃	0.25

延伸性（每个酶分子每秒聚合的 dNTP 数）：42
酶的半衰期：

97.5℃	5～6 min
95℃	40 min
92.5℃	130 min

　　Taq DNA 聚合酶可接受修饰的脱氧核苷酸三磷酸盐作为底物，因此，DNA 扩增片段可被放射性核苷酸、地高辛、荧光素或生物素标记（Innis et al. 1988; Lo et al. 1988）。

- 为了启动 DNA 合成，*Taq* 聚合酶和其他 DNA 聚合酶一样，都需要有能够复性结合到模板上的引物，引物的 3′ 端带有自由羟基，在体外延伸反应中，*Taq* DNA 聚合酶可以除掉延伸端前面结合在模板上的、带有 5′ 自由羟基的核苷酸，但是不能除掉带有 5′ 磷酸的核苷酸。当 *Taq* 酶遇到模板的脱嘌呤碱基后无法继续合成，DNA 模板在高温下，脱嘌呤的发生率相当高，这可能限制了 *Taq* DNA 聚合酶扩增的片段的长度（Barnes 1994）。

参考文献

Barnes WM. 1994. PCR amplification of up to 35-kb DNA with high fidelity and high yield from λ bacteriophage templates. *Proc Natl Acad Sci* **91**: 2216–2220.

Brock TD. 1995a. The road to Yellowstone—And beyond. *Annu Rev Microbiol* **49**: 1–28.

Brock TD. 1995b. Photographic supplement to "The road to Yellowstone—And beyond." Available from T.D. Brock, Madison, WI.

Brock TD. 1997. The value of basic research: Discovery of *Thermus aquaticus* and other extreme thermophiles. *Genetics* **146**: 1207–1210.

Chien A, Edgar DB, Trela JM. 1976. Deoxyribonucleic acid polymerase from the extreme thermophile *Thermus aquaticus*. *J Bacteriol* **127**: 1550–1557.

Clark JM. 1988. Novel non-templated nucleotide addition reactions catalyzed by procaryotic and eucaryotic DNA polymerases. *Nucleic Acids Res* **16**: 9677–9686.

Desai UJ, Pfaffle PK. 1995. Single-step purification of a thermostable DNA polymerase expressed in *Escherichia coli*. *BioTechniques* **19**: 780–782.

Engelke DR, Krikos A, Bruck ME, Ginsburg D. 1990. Purification of *Thermus aquaticus* DNA polymerase expressed in *Escherichia coli*. *Anal Biochem* **191**: 396–400.

Fore JJ, Wiechers I, Cook-Deegan R. 2006. The effects of business practices, licensing, and intellectual property on development and dissemination of the polymerase chain reaction: Case study. *J Biomed Discov Collab* **1**: 7. doi: 10.1186/1747-5333-1-7.

Hu G. 1993. DNA polymerase-catalyzed addition of nontemplated extra nucleotides to the 3′ end of a DNA fragment. *DNA Cell Biol* **12**: 763–770.

Innis MA, Myambo KB, Gelfand DH, Brow MA. 1988. DNA sequencing with *Thermus aquaticus* DNA polymerase and direct sequencing of polymerase chain reaction-amplified DNA. *Proc Natl Acad Sci* **85**: 9436–9440.

Ishino Y, Ueno T, Miyagi M, Uemori T, Imamura M, Tsunasawa S, Kato I. 1994. Overproduction of *Thermus aquaticus* DNA polymerase and its structural analysis by ion-spray mass spectrometry. *J Biochem* **116**: 1019–1024.

Joyce CM, Steitz TA. 1994. Function and structure relationships in DNA polymerases. *Annu Rev Biochem* **63**: 777–822.

Joyce CM, Steitz TA. 1995. Polymerase structures and function: Variations on a theme? *J Bacteriol* **177**: 6321–6329.

Kaledin AS, Sliusarenko AG, Gorodetskii SI. 1980. Isolation and properties of DNA polymerase from extreme thermophylic bacteria *Thermus aquaticus* YT-1. *Biokhimiya* **45**: 644–651.

Kim Y, Eom SH, Wang J, Lee DS, Suh SW, Steitz TA. 1995. Crystal structure of *Thermus aquaticus* DNA polymerase. *Nature* **376**: 612–616.

Korolev S, Nayal M, Barnes WM, Di Cera E, Waksman G. 1995. Crystal structure of the large fragment of *Thermus aquaticus* DNA polymerase I at 2.5-Å resolution: Structural basis for thermostability. *Proc Natl Acad Sci* **92**: 9264–9268.

Koshland DE Jr. 1989. The molecule of the year. *Science* **246**: 1543–1546.

Lawyer FC, Stoffel S, Saiki RK, Myambo K, Drummond R, Gelfand DH. 1989. Isolation, characterization, and expression in *Escherichia coli* of the DNA polymerase gene from *Thermus aquaticus*. *J Biol Chem* **264**: 6427–6437.

Lawyer FC, Stoffel S, Saiki RK, Chang SY, Landre PA, Abramson RD, Gelfand DH. 1993. High-level expression, purification, and enzymatic characterization of full-length *Thermus aquaticus* DNA polymerase and a truncated form deficient in 5′ to 3′ exonuclease activity. *PCR Methods Appl* **2**: 275–287.

Lo YM, Mehal WZ, Fleming KA. 1988. Rapid production of vector-free biotinylated probes using the polymerase chain reaction. *Nucleic Acids Res* **16**: 8719. doi: 10.1093/nar/16.17.8719.

Madigan MT, Marrs BL. 1997. Extremophiles. *Sci Am* **276**: 82–87.

Merkens LS, Bryan SK, Moses RE. 1995. Inactivation of the 5′–3′ exonuclease of *Thermus aquaticus* DNA polymerase. *Biochim Biophys Acta* **1264**: 243–248.

Mole SE, Iggo RD, Lane DP. 1989. Using the polymerase chain reaction to modify expression plasmids for epitope mapping. *Nucleic Acids Res* **17**: 3319. doi: 10.1093/nar/17.8.3319.

Mullis KB. 1990. The unusual origin of the polymerase chain reaction. *Sci Am* **262**: 56–65.

Pelletier H. 1994. Polymerase structures and mechanism. *Science* **266**: 2025–2026.

Perler FB, Kumar S, Kong H. 1996. Thermostable DNA polymerases. *Adv Protein Chem* **48**: 377–435.

Pluthero FG. 1993. Rapid purification of high-activity *Taq* DNA polymerase. *Nucleic Acids Res* **21**: 4850–4851.

Saiki RK, Gelfand DH, Stoffel S, Scharf SJ, Higuchi R, Horn GT, Mullis KB, Erlich HA. 1988. Primer-directed enzymatic amplification of DNA with a thermostable DNA polymerase. *Science* **239**: 487–491.

Tindall KR, Kunkel TA. 1988. Fidelity of DNA synthesis by the *Thermus aquaticus* DNA polymerase. *Biochemistry* **27**: 6008–6013.

PCR 理论

　　PCR 的过程可用图表表示，有两种方式：

- 一种是标准的 *x-y* 线图，以扩增产物的量（或荧光强度）对循环数作图获得。因为扩增产物量是以几何级数增长的，理论上每一轮反应后都能倍增，线性的 *x-y* 图能展示信号强度突破本底后的几个循环的指数增长过程。

- 与之相反，当用产量的 $\log_{10}$ 对数对循环数作图时，反应的指数增长期则表现为一条直线，直线的斜率可用于估算扩增效率。用半对数方式作图可计算出 Ct 值（更充分的讨论见第 9 章）。

在定量 PCR 中，荧光信号突破基线以上的那个点的循环数叫做域循环或称为 Ct 值，它的值与目标模板的起始拷贝数的 $\log_{10}$ 对数成反比。在大多数商业化仪器中，Ct 值自动设定在 PCR 对数增长期的一个节点上，该节点处的信号强度为平均基线信号强度的 10 倍。在进行扩增反应时，模板的起始拷贝数越高，到达 Ct 值的时间越早。

扩增反应的指数增长区的扩增效率主要由热稳定 DNA 聚合酶的质量来决定，由于 PCR 的几何级增长特性，使用低效率聚合酶的后果是很严重的，例如，Linz 等（1990）发现，指数扩增 20 个循环后，使用不同的聚合酶扩增得到的产物的量相差超过 200 倍。造成如此之大的差别的原因是，使用的聚合酶之间的效率有差别，而效率相差仅 2 倍就能造成如此严重的后果。对 PCR 扩增效率的深入讨论请参见 Peccoud 和 Jacob（1996）、Liu 和 Saint（2002a,b）、Jagers 和 Klebaner（2003）及 Lalam（2006）的文献。

当产物抑制或因为一种或多种试剂变得有限时，PCR 的效率最终开始下降。反应此时进入线性状态，在 x-y 线图上显示为一条直线。平台期就是 PCR 反应的终点。在对数图中，不同模板数的 PCR 反应最后看上去都进入同一个平台，但这只是对数作图造成的。在散点图上，不同起始模板数的 PCR 反应平台期有明显的差异。

最早的定量 PCR 采用终点测定的方法，这个方法耗时、精确度和灵敏度都很低、动力学范围有限，PCR 后还需要大量的处理过程。另外，最终的平台区产物水平不仅与模板的起始浓度相关，其他的影响因素也很多。例如，指数增长期的扩增效率取决于热稳定 DNA 聚合酶的效率。由于 PCR 指数级扩增的特性，使用低效聚合酶的后果是很严重的。例如，Linz 等发现经过 20 轮的指数增长后，使用不同的聚合酶会导致产物有 200 倍的差别，而聚合酶活性的 2 倍差别就能造成终产物产量如此巨大的差别。对 PCR 扩增效率的深入讨论请参见 Peccoud 和 Jacob（1996）、Liu 和 Saint（2002a,b）、Jagers 和 Klebaner（2003）及 Lalam（2006）的文献。

现在，定量 PCR 依赖于扩增反应早期阶段的动力学分析，这种测定方法直接反映了模板的起始量，避免了平台期水平计算方法中存在的其他因素的影响。

参考文献

Jagers P, Klebaner F. 2003. Random variation and concentration effects in PCR. *J Theor Biol* 224: 299–304.

Lalam N. 2006. Estimation of the reaction efficiency in polymerase chain reaction. *J Theor Biol* 242: 947–953.

Linz U, Delling U, Rubsamen-Waigmann H. 1990. Systematic studies on parameters influencing the performance of the polymerase chain reaction. *J Clin Chem Clin Biochem* 28: 5–13.

Liu W, Saint DA. 2002a. A new quantitative method of real time transcription polymerase chain reaction assay based on simulation of polymerase chain reaction kinetics. *Anal Biochem* 302: 52–59.

Liu W, Saint DA. 2002b. Validation of a quantitative method for real time PCR kinetics. *Biochem Biophys Res Commun* 294: 347–353.

Peccoud J, Jacob C. 1996. Theoretical uncertainty of measurements using quantitative polymerase chain reaction. *Biophys J* 71: 101–108.

核糖核酸酶 H

核糖核酸酶 H（RNase H）能够内切降解 DNA-RNA 复合物中的 RNA，产生不同长度的 RNA 多聚核苷酸，降解产物两端分别为 5′磷酸和 3′羟基。此酶最初是从牛胸腺中被发现和分离的（Stein and Hausen 1969; Hausen and Stein 1970），但现在发现它广泛存在于哺乳动物组织、酵母、原核生物及病毒颗粒中，很多类型的细胞含有不止一种核糖核酸酶 H。

在很多反转录病毒中，核糖核酸酶 H 与多功能酶的反转录酶有关，在病毒基因组转录成 DNA 的多个阶段中执行重要功能。在真细菌中，核糖核酸酶 H 确信在以下方面是必需的：从 Okazaki 片段去除 RNA 引物时、在转录物进入 DNA 聚合酶 I 启动 DNA 合成所用引物的转录过程时，以及在去除 R-环为在大肠杆菌染色体复制起点提供不规则 DNA 合成的条件性起始位点时。在真核细胞中，核糖核酸酶 H 也可能执行类似的功能。

据报道，核糖核酸酶 H 可显著地增强反义寡脱氧核苷酸对基因表达的抑制作用，这些寡核苷酸和 mRNA 中的特定序列杂合子对此酶的降解敏感。核糖核酸酶 H 在体外启动对在 Colicin E1(pColE1)型质粒的原始部位（Ori）的复制是必需的。此酶似乎也抑制启动非 Ori 部位的 DNA 合成。X 射线晶体成像分析显示，大肠杆菌核糖核酸酶 H 含有两个结构域，其中一个含 Mg^{2+}结合位点，与一种前不久在 DNA 聚合酶 I 中被认识的β折叠链吻合。更多的信息和参考文献请参见 Crouch (1990)、Wintersberger (1990)、Hostomsky 等(1993)、Jung 和 Lee (1995)、Kanaya 和 Ikehara (1995)、Rice 等(1996)和 Crooke (1998)。

参考文献

Crooke ST. 1998. Molecular mechanisms of antisense drugs: RNase H. *Antisense Nucleic Acid Drug Dev* 8: 133–134.

Crouch R. 1990. Ribonuclease H: From discovery to 3D structure. *New Biol* 2: 771–777.

Hausen P, Stein H. 1970. Ribonuclease H. An enzyme degrading the RNA moiety of DNA-RNA hybrids. *Eur J Biochem* 14: 278–283.

Hostomsky Z, Hostomska Z, Matthews DA. 1993. Ribonucleases H. In *Nucleases*, 2nd ed. (ed Linn SM, et al.), pp. 341–376. Cold Spring Harbor Laboratory Press, Cold Spring Harbor, NY.

Jung YH, Lee Y. 1995. RNases in ColE1 DNA metabolism. *Mol Biol Rep* 22: 195–200.

Kanaya S, Ikehara M. 1995. Functions and structures of ribonuclease H enzymes. *Subcell Biochem* 24: 377–422.

Rice P, Craigie R, Davies DR. 1996. Retroviral integrases and their cousins. *Curr Opin Struct Biol* 6: 76–83.

Stein H, Hausen P. 1969. Enzyme from calf thymus degrading the RNA moiety of DNA–RNA hybrids: Effect on DNA-dependent RNA polymerase. *Science* 166: 393–395.

Wintersberger U. 1990. Ribonucleases H of retroviral and cellular origin. *Pharmacol Ther* 48: 259–280.

大肠杆菌的 *dut* 和 *ung* 基因

dut

大肠杆菌 *dut* 基因编码 dUTP 酶，它是一个含锌的四聚焦磷酸酶(分子质量 64 000Da)（Shlomai and Kornberg 1978; Lundberg et al. 1983）。在 *dut* 突变体中，细胞转化 dUTP 为 dUMP 的能力受损，这导致细胞中 dUTP 池的水平上升 25～30 倍，从而造成 dUTP/dTTP 的比例上升，使得 dUTP 掺入本应由 dTTP 占据的位点的频率上升。

在 Kunkel 方法中使用的 *dut* 突变型的大肠杆菌都含有痕量的 dUTP 酶活性（Konrad and Lehman 1975; Hochhauser and Weiss 1978），也许是因为完全缺乏这个酶活性会致死（el-Hajj et al. 1988）。活的 *dut* 突变体的重组和自发性突变频率增高，原因是由 *ung* 基因所编码的尿嘧啶-DNA 糖基酶会切除尿嘧啶残基，导致 DNA 链形成暂时性的断裂和缺口。

ung

大肠杆菌中掺入 DNA 中的尿嘧啶残基一般会被小的单体酶尿嘧啶-DNA 糖基酶（预测分子质量 25 664Da）切除，此酶会切割碱基和磷酸脱氧核酸骨架之间的 *N*-糖苷键，形成一个脱嘧啶位点（Lindahl 1974; 综述参见 Lindahl 1982; Tomilin and Aprelikova 1989）。这个位点的磷酸二酯骨架被内切核酸酶切开（内切核酸酶 III 或内切核酸酶 IV）（综述参见 Lloyd and Linn 1993），然后再被 DNA 聚合酶 I 和连接酶所修复。缺乏尿嘧啶-DNA 糖基酶的细胞无法切割 *N*-糖苷键，导致自发突变的上升，这种突变偏向于 G:C 向 A:T 的转换（Duncan and Miller 1980; Duncan and Weiss 1982）。

大肠杆菌的 *ung* 基因已被克隆（Duncan and Chambers 1984），其他生物来源的高度保守的 *ung* 基因也都获得了克隆，如来自酵母的、人的、疱疹病毒的（参见 Olsen et al. 1991; Lloyd and Linn 1993）*ung* 基因。这些基因可能被设计用来去除 DNA 上致突变的脱氨基胞嘧啶残基。

参考文献

Duncan BK, Chambers JA. 1984. The cloning and overproduction of *Escherichia coli* uracil-DNA glycosylase. *Gene* 28: 211–219.

Duncan BK, Miller JH. 1980. Mutagenic deamination of cytosine residues in DNA. *Nature* 287: 560–561.

Duncan BK, Weiss B. 1982. Specific mutator effects of *ung* (uracil-DNA glycosylase) mutations in *Escherichia coli*. *J Bacteriol* 151: 750–755.

el-Hajj HH, Zhang H, Weiss B. 1988. Lethality of a *dut* (deoxyuridine triphosphatase) mutation in *Escherichia coli*. *J Bacteriol* 170: 1069–1075.

Hochhauser SJ, Weiss B. 1978. *Escherichia coli* mutants deficient in deoxyuridine triphosphatase. *J Bacteriol* 134: 157–166.

Konrad EB, Lehman IR. 1975. Novel mutants of *Escherichia coli* that accumulate very small DNA replicative intermediates. *Proc Natl Acad Sci* 72: 2150–2154.

Lindahl T. 1974. An *N*-glycosidase from *Escherichia coli* that releases free uracil from DNA containing deaminated cytosine residues. *Proc Natl Acad Sci* 71: 3649–3653.

Lindahl T. 1982. DNA repair enzymes. *Annu Rev Biochem* 51: 61–87.

Lloyd RS, Linn S. 1993. Nucleases involved in DNA repair. In *Nucleases*, 2nd ed. (ed Linn SM, et al.), pp. 263–316. Cold Spring Harbor Laboratory Press, Cold Spring Harbor, NY.

Lundberg LG, Thoresson HO, Karlstrom OH, Nyman PO. 1983. Nucleotide sequence of the structural gene for dUTPase of *Escherichia coli* K-12. *EMBO J* 2: 967–971.

Olsen LC, Aasland R, Krokan HE, Helland DE. 1991. Human uracil-DNA glycosylase complements *E. coli ung* mutants. *Nucleic Acids Res* 19: 4473–4478.

Shlomai J, Kornberg A. 1978. Deoxyuridine triphosphatase of *Escherichia coli*. Purification, properties, and use as a reagent to reduce uracil incorporation into DNA. *J Biol Chem* 253: 3305–3312.

Tomilin NV, Aprelikova ON. 1989. Uracil-DNA glycosylases and DNA uracil repair. *Int Rev Cytol* 114: 125–179.

末端转移酶

末端脱氧核糖核苷酸转移酶（Tdt）是一个大约 510 个氨基酸残基的单体酶，催化 dNTP 加到 DNA 分子的 3′端（综述参见 Bollum et al. 1974）。在几种具有非模板依赖的 DNA 合成功能的酶中，末端转移酶是最有效的。一些 DNA 聚合酶如大肠杆菌 DNA 聚合酶的 Klenow 片段、*Taq* 酶等可在 DNA 底物的末端加入一个核苷酸，而末端转移酶在同样的条件下，可以催化加入数百个核苷酸。

在分子克隆中，末端转移酶主要用于在 5′-RACE 和 3′-RACE 反应中产生的单链 DNA 上加一个同聚尾巴。数年前这个酶很畅销，因为当时 cDNA 通常会配备一个 G 尾巴，以克隆入含有 C 尾巴的克隆载体中。这个加尾反应总是很混乱，很难控制，因为加尾反应的动力学机制非常奇怪，往往是灾难性的，这是由于早期的酶制剂经常污染有内切核酸酶和外切核酸酶。

在反应体系中的各种底物浓度较高且所有的 DNA 末端都是相同的情况下，同聚加尾反应会完全遵循预测的动力学机制。但是，如果 DNA 的 3′端种类不一，末端转移酶就会先对 3′端突出的 DNA 末端快速加尾，然后轮到平头末端，最后，这个酶才会勉强对 3′端凹进的 DNA 末端加尾。在平头末端的情况下，第一个核苷酸的加尾反应是限速步骤，以 G:C 结尾的平头末端的加尾比较困难，而平头末端如果富含 A:T 的话，加尾反应更易进行，并且各个 DNA 末端的加尾更容易实现同步化。如果末端转移酶找到了一个 3′端绽开的平头末端，那么就会在末端加入一个核苷酸，后续的同聚尾巴延长就会很快进行下去。DNA 末端的种类越多，加尾反应的动力学机制的多变性就越大，同步性也越差。

末端转移酶的要求很奇特，常用的反应缓冲液中存在的很多阳离子都会抑制它的活性。如铵离子、氯化物、磷酸盐等（综述参见 Bollum et al. 1974）。尽管 100mmol/L 的 Tris-acetate 不错，但大部分加尾反应在甲次砷酸盐（二甲基砷酸）缓冲液中进行（Kato et al. 1967），以 dTTP 或 dCTP 为底物的同聚加尾反应需要 Co^{2+} 的存在；对于嘌呤核苷酸的同聚加尾，Mn^{2+} 是优先选择的辅因子。

末端转移酶在前 B 细胞和前 T 细胞中有表达，对于从这些细胞中发展而来的特定类型的淋巴癌，末端转移酶可作为一个指征分子。在免疫系统的成熟过程中，末端转移酶通过加尾和破坏同源重组，介导 T 细胞受体表位的扩张和多样化（综述参见 Gilfillan et al. 1995）。末端转移酶在分子生物学和酶学方面的综述，参见 Chang 和 Bollum（1986）。

参考文献

Bollum FJ, Chang LM, Tsiapalis CM, Dorson JW. 1974. Nucleotide polymerizing enzymes from calf thymus gland. *Methods Enzymol* 29: 70–81.

Chang LM, Bollum FJ. 1986. Molecular biology of terminal transferase. *CRC Crit Rev Biochem* 21: 27–52.

Gilfillan S, Benoist C, Mathis D. 1995. Mice lacking terminal deoxynucleotidyl transferase: Adult mice with a fetal antigen receptor repertoire. *Immunol Rev* 148: 201–219.

Kato KI, Gonçalves JM, Houts GE, Bollum FJ. 1967. Deoxynucleotide-polymerizing enzymes of calf thymus gland. II. Properties of the terminal deoxynucleotidyltransferase. *J Biol Chem* 242: 2780–2789.

（林艳丽　陈红星　译，陈苏红　校）

第8章 生物信息学

导言 | 致谢   434

方案 | 1 使用 UCSC 基因组浏览器将基因组
注释可视化   434

● 序列比对和同源性检索简介   442

2 使用 BLAST 和 ClustalW 进行序列
比对和同源性检索   444

3 使用 Primer3Plus 设计 PCR 引物   450

● 基于微阵列和 RNA-seq 的表达谱
分析简介   456

4 使用微阵列和 RNA-seq 进行表达
序列谱分析   461

● 关于将上亿短读段定位至参考基因组
上的简介   470

5 将上亿短读段定位至参考基因组上   472

● 寻峰算法简介   478

6 识别 ChIP-seq 数据集中富集的区域
（寻峰）   483

● 基序（motif）寻找简介   491

7 发现顺式调控基序   495

信息栏 | 数据格式   503

算法、门户网站和方法   506

导　言

　　生物信息学是计算科学与生物学结合产生的领域。计算对生物学研究很重要这一观念是在 20 世纪 70 年代出现的，当时，由实验得到的蛋白质和核酸序列正开始积累。为此，为许多人公认的生物信息学先驱 Margaret Dayhoff 启动了蛋白质序列收集项目，并将这些蛋白质序列在名为 *Atlas of Protein Sequence and Structure*（1965—1978）的系列丛书中发表。随着获得越来越多的蛋白质序列，人们清楚地认识到书籍已经不是储存和发布序列的合适媒介，需要数据库来满足这些需求。1984 年，Dayhoff 在美国国家生物医学研究基金会（National Biomedical Research Foundation）之下成立了第一个蛋白质序列数据库，名为 Protein Information Resource。与此同时，在洛斯阿拉莫斯国家实验室（Los Alamos National Laboratory）的 Walter Goad 领衔开发了第一个核酸序列数据库——Los Alamos Sequence Database（洛斯阿拉莫斯序列数据库），该数据库由他在 1979 年启动。Goad 的数据库在 1982 年以 GenBank 为名得到了美国国立卫生院（National Institutes of Health）的资助，逐渐成为一个可公开存取的核酸序列及其蛋白质翻译序列数据库。同期建立的数据库还有 1980 年欧洲分子生物学实验室建立的核酸序列数据库（EMBL）和 1984 年日本建立的 DNA 数据库（DNA Data Bank of Japan, DDBJ）。这三个数据库在 1984 年合并为国际核酸序列数据库（International Nucleotide Sequence Database），三者每天都会进行数据交流。到目前为止，GenBank（http://www.ncbi.nlm.nih.gov/genbank/）仍然是提供所有公开 DNA 序列的最大数据库。它目前和其他很多被广泛运用的数据库一样，隶属于美国国家生物技术信息中心（National Center for Biotechnology Information），并由其进行维护与发布。

　　序列数据库的应用之一就是研究分子进化，Dayhoff 以蛋白家族形式来组织其序列图集，并率先开发了用于蛋白质序列比对的可编程计算机方法，并基于序列比对来识别进化历史（系统发育和进化树）。随着 NCBI 数据库中序列的快速积累，人们迫切需要开发出一种能够将一个查询序列（query sequence）与数据库中所有序列进行比对的算法，从而识别出与查询序列足够相似的数据库中的序列，进而推断出共同的进化历史（同源性，homology）。自 1989 年起担任 NCBI 主任的 David Lipman 领导了一支团队开发了用于序列两两比对和数据库检索的 BLAST 算法（Altschul et al. 1990），该算法目前仍为应用最广泛的生物信息学工具之一。本章中所描述的许多应用所依赖的其他重要算法是在过去的几十年中发展起来的。关于这些内容的历史记录可以在 Mount（2001）一书中找到。关于一些特定算法的相关信息见本章末尾信息栏中"算法、门户网站和方法"。

　　生物信息学在 20 世纪 90 年代后期因"人类基因组计划"（Human Genome Project）成为被关注的焦点。将 1kb 长度的读段（reads）拼接成整个人类基因组（3Gb），这本身就是一个巨大的生物信息学挑战。对新测序得到的人类基因组进行注释是另外一个大的挑战，例如，识别包含剪接模式在内的所有基因和所有调控区等。随着测序完成的基因组数据的快速积累，人们很快意识到，关于大部分新发现基因和基因组中许多功能性区域，并没有其他已知的生物学信息可供参考。一种推测生物学功能的方法是通过同源性进行推断：因为同源基因具有一个共同的进化历史，所以它们很有可能具有相同的生物学功能。由于基因组测序的速度不断加快，上述挑战使得生物信息学家们在过去的十年中非常忙碌。

　　与发表一个测序完成的人类基因组相比，更为重要的是人类基因组计划已经改变了人们对生物学的思维模式，目前更受青睐的做法是同时研究基因组中的所有基因，而不是一次只研究其中一个基因。由人类基因组计划带来的两个革新即微阵列（见第 10 章）与新的测序技术（见第 11 章），使上述基因组水平的思维模式成为现实。微阵列是寡核苷酸所组成的阵列，这些寡核苷酸是根据一个参考基因组设计的，这样它们就能够与由任何生物化学方法富集的基因组 DNA 或转录物进行特异性杂交。微阵列的一种常见应用是检测基因组中所有基因的转录水平。近年来，测序方法的创新极大地提高了测序通量并降低了 DNA 测序的成本，使得这些测序技术能够为大多数生物学家们所用。例如，RNA 测序技术（RNA-seq）能对基因组的所有转录物进行直接测序，而 ChIP-seq（见第 20 章）则能对所有能够被染色质免疫沉淀所富集的基因组 DNA 进行直接测序。这些实验创新带来了新的生物信息学挑战。例如，新的测序技术促进了对大量短读段序列数据进行定位、组装及解释的新生物信息学方法的发展。

现在，生物信息学已经成为一个宽广的领域，该领域包括了各种各样运用计算方法来研究生物学问题的课题。在计算方面，生物信息学的内容既包括开发新数学公式、统计和计算方法，也包括运用目前已有的理论和算法来解决新的生物学问题。在生物学方面，生物信息学的内容包括了为聚合酶链反应（PCR）设计引物、在一段 DNA 序列中识别某个基因的结构、通过序列预测蛋白质结构和/或功能、识别某段序列中的调控蛋白结合位点、基于某个蛋白家族的序列来建系统发育树、基于蛋白质间相互作用和蛋白质与 DNA 的相互作用数据来构建调控互作网络、在多个个体中识别多态性、从头组建某个基因组等各种应用。

生物信息学方法本身亦是多种多样的。因为序列是生物数据的主要来源，许多生物信息学工具都被设计用于基因或蛋白质序列、基因序列与基因组之间或基因组之间的快速准确比较。另一类生物信息学工具则通过数据挖掘、模式识别及其他机器学习方法来识别生物学数据中反复出现的模式（如响应某种刺激的基因共同表达模式）。因为将生物学信号从随机噪声中区分出来是很重要的，统计检验成为了生物信息分析中的重要成分。所有生物信息结论都需要得到统计学显著性的证明，即多重检验校正（multiple testing correction）后得到的 p 值或 q 值。

生物信息学工具有多种类型。大型集中化的生物信息资源，如 NCBI 和欧洲生物信息学中心（EBI），提供了许多数据库和网页版的分析工具。这些工具在服务器上运行，并不需要用户提供计算资源。它们具有网页用户界面，因此并不要求用户具有广泛的计算培训经历。其他生物信息学工具，尤其是那些需要大量计算能力和储存空间的工具，通常在类似 UNIX 的环境下运行，且需要被安装在用户的电脑上才能被使用。这些工具常常可以通过安装在本地或通过云计算的计算机集群得到加速。受过电脑培训的用户可以将这些程序进行安装和使用，并根据实际的生物学问题对它们进行修改。

本章重点介绍了分子生物学家经常使用的对序列数据进行分析的生物信息学方法，尤其是那些拥有图形化用户界面且不要求用户具有较强计算背景的方法。本章提供了 7 种生物信息学分析方案的具体步骤。方案 1 叙述了如何使用 UCSC 基因组浏览器在特定基因组区域上进行序列和注释的检索及可视化。方案 2 介绍了用于序列比对和同源性搜索的两种广泛使用的工具——BLAST 和 ClustalW。在对数据库与序列比对概念进行介绍的基础上，方案 3 介绍了用于引物设计的工具 Primer3Plus。其余 4 种方案则适用于高通量数据分析。首先，方案 4 详细阐述了如何分析由微阵列和 RNA-seq 得到的表达谱数据。接下来的方案则着重于下一代测序（next-generation sequencing）数据：如何将序列定位至参考基因组上（方案 5），检测被最多读段定位的基因组区域（方案 6），以及在这些区域中发现序列模式（方案 7）。本章仅涵盖了很小一部分生物信息学工具，我们鼓励读者探索生物信息学广阔领域中的其他工具。

与本章末尾的信息栏部分类似，本章各方案前的信息部分提供了更多详细的关于特定算法和方法的信息。

致谢

我们在此感谢 University of Massachusetts 医学院的 Brian Pierce 教授和 University of Washington 的 William Noble 教授，感谢他们对本章内容进行了评阅和编辑。

网络资源

GenBank http://www.ncbi.nlm.nih.gov/genbank/

方案 1　使用 UCSC 基因组浏览器将基因组注释可视化

目前，基因组数据和注释在诸如 UCSC Genome Browser （http://genome.ucsc.edu/; Rhead et al. 2010）、NCBI（http://www.ncbi.nlm.nih.gov; Sayers et al. 2009）和 Ensembl （http://ensembl.org; Hubbard et al. 2009）等数据库中迅速累积。鉴于这些基因组数据库的巨大规模，如何方便地获取某个特定基因位点的已知数据和注释非常重要。例如，对于一个新鉴定的、与某个转录因子结合的顺式调控元件，可以立即想到的问题有：该元件是否位于某个转录起始位点附近，如果是，则需要知道相应基因的名字；该基因座的组蛋白或 DNA 是否被修饰。UCSC 基因组浏览器是以很多真核基因组的参考序列或草图为基础，以通道（tracks）形式来组织数据和注释，并将这些信息呈现在一个强大的网页版图形界面上。本方案描述了如何运用 UCSC 基因组浏览器将某个特定的基因区域中被选中的通道进行可视化处理、下载相关数据和注释用于进一步的分析，并且检索得到多序列比对及它们的保守评分。

材料

仪器

具有 Internet 连接和网页浏览器的电脑
UNIX 环境

本方案使用了 UNIX 指令。如果你使用的是 Windows 电脑，请安装 Cygwin（http://www.cygwin.com/）以运行 UNIX 指令。Cygwin 是一个免费的软件，它可以在 Windows 上提供一个类似 UNIX 的环境。Mac OS X 用户可以通过以下路径来获得 UNIX 环境：应用（Application）→实用工具（Utilities）→终端（Terminal）。

UCSC Genome Browser（http://genome.ucsc.edu/）

方法

准备基因组坐标或序列

一个基因组区域可以被其所在染色体及其在基因组草图（genome assembly）中的起始

和终止坐标所确定，还可以被某个基因名所确定。如果你有一个基因组区域的坐标或者基因名，请选择"使用 UCSC 基因组浏览器可视化基因组区域"（步骤 5 和 6）。如果你有多个区域的基因组坐标，请选择"使用 UCSC 表格浏览器（Table Browser）可视化多段基因组区域"（步骤 7~9）。如果你有的是原始序列，请执行步骤 1~4。

1. 将基因组序列保存为 FASTA 格式（见信息栏"数据格式"），并使用 UCSC 基因组浏览器中的 BLAT 序列相似性搜索工具（Kent 2002）将相关序列定位至某个参考基因组。"BLAT"标签位于基因组浏览器所有页面的顶部。

> BLAT 工具非常有用。例如，当你有两个人的转录物 5'端序列，并想要确认 C-磷酸-G（CpG）岛是否位于这些
> 序列上游 1kb 以内时，你就可以用 BLAT 来解决问题。详见"疑难解答"。

2. 进入 UCSC 基因组浏览器（Genome Browser）（http://genome.ucsc.edu/）。

 i. 点击页面顶部的"BLAT"键，并将由 BLAT 提供的两段序列粘贴至查询窗口。

 ii. 将"Genome"一栏选择为 human，"Assembly"一栏选择为 Mar. 2006，"Query type"一栏选择为 DNA，"Sort output"一栏选择为 score，"Output type"一栏选择为 hyperlink，然后点击"Submit"。以上过程将产生与查询序列匹配的基因组区域列表，并根据比对分数进行排列（图 8-1）。

> 其他分类选项如"query, score"和"chrom, score"将使以上结果列表以查询形式或染色体形式被分类。

```
BLAT Search Results

  ACTIONS         QUERY        SCORE START  END  QSIZE IDENTITY CHRO STRAND  START      END      SPAN
-----------------------------------------------------------------------------------------------------
browser details transcript_2    200    1   200   200  100.0%    7    +    98844537  98844736   200
browser details transcript_1    200    1   200   200  100.0%    7    -    99517108  99517307   200
browser details transcript_1     24  166   190   200  100.0%   11    -   111288861 111288886    26
browser details transcript_1     21  165   185   200  100.0%   18    +    19124309  19124329    21

Direct link to visualize this region in UCSC Genome browser
```

图 8-1　BLAT 输出。点击超链接（红框）来可视化每一个区域（彩图请扫封底二维码）。

3. 仅使用高度可信的命中结果（由 BLAT 所识别得到的与查询序列具有高相似性的基因组区域）用于进一步分析。某个命中结果的可信度可以通过联合考虑得分、长度和序列相同性来衡量。得分正比于比对长度（图 8-1 中"SPAN"一栏）。只有那些与查询序列相同性接近 100%且长度几乎相同的命中结果能够被保留。图 8-1 显示了 4 个命中结果，但是仅有上面的两个命中结果与基因组区域完全匹配，且与查询序列长度相同（长度 = 200，相同性 = 100%）。

4. 提取 BLAT 输出结果中最上面两个命中结果的以下信息：CHRO（染色体）、START（区域起始坐标）和 END（区域终止坐标），然后在 BED 格式文件中指定相关信息（见信息栏"数据格式"）。

 i. 如果目标基因组位点可能位于指定区域的上游或下游，BED 文件中的起始或终止坐标可以在考虑染色体链的情况下进行相应调整。例如，在我们所举的例子中，要找到位于这两段区域的上游 1kb 以内的 CpG 岛时，你可以将位于+链上的区域起始坐标减去 1kb，并将位于一链上区域终止坐标加上 1 kb。修改后的BED 文件如图 8-2 所示。

 ii. 继续选择"使用 UCSC 表浏览器可视化多段基因组区域"。详见"疑难解答"。

```
chr7 99517108 99518307 transcript_1(-strand)
chr7 98843537 98844736 transcript_2(+strand)
```

图 8-2　修改后的包括了扩展区域的 BED 文件。被修改的部分由黑体字显示（彩图请扫封底二维码）。

使用 UCSC 基因组浏览器可视化一段基因组区域

5．点击"Genome"标签直接进入基因组浏览器；图 8-3A 阐述了这个过程。

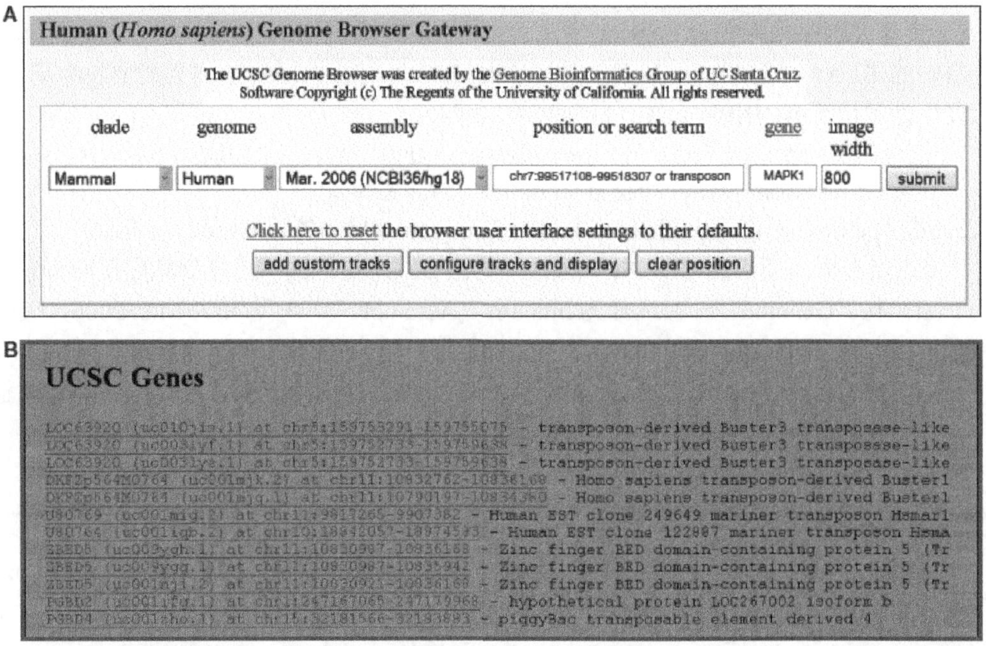

图 8-3　运用 UCSC 基因组浏览器进行查询。（A）通过坐标、基因名或关键词搜索基因组区域；（B）通过关键词搜索返还的候选区域列表（彩图请扫封底二维码）。

  i．首先，选择一个参考基因组和草图（assembly）。请注意基因组是以一定的分割单位（clades）来组织的，并需要指定一个正确的基因组草图，因为在不同草图中坐标可能会发生改变。当选中一个基因组草图的时候，需要记住数据通道是与某个特定的基因组草图联系在一起的。因此，某些通道可能在一个旧的草图中存在，而在最新的草图中反而不存在，反之亦然。

  ii．在"position or search term"框中指定基因组区域（如前一个例子中的"chr7:99517108-99518307"）；或者在"gene"框中指定基因名，如"MAPK1"。你也可以用一个关键词进行搜索，如"转座子"，然后一系列可能的基因组区域将被返回，你可以从中挑选一个进行可视化操作（图 8-3B）。

6．选择一个通道列表。通道被分成不同的组以反映这些数据和注释所包含的生物学信息。在上一个例子中，通过将"display mode"切换为"full"并点击"refresh"，来打开"Regulation"组中的"CpG islands"通道。

定制通道

  我们可以通过点击图 8-3A 所示的"add custom tracks"按钮来添加 UCSC 中不存在的包含数据和注释的定制通道。

  定制通道可以被存为包括 BED 格式在内的多种格式（图 8-4A），并通过以下三种途径之一提交至 UCSC：将数据直接粘贴到窗口中、将数据上传至网络可访问的位置并将相应链接粘贴至窗口，或者上传一个本地文件（图 8-4A）。通过重复以上过程我们可以上传多个定制通道。定制通道管理器允许你显示、隐藏或者删除定制通道（图 8-4B）。定制通道的显示形式与 UCSC 的公共通道相同（图 8-4C）。

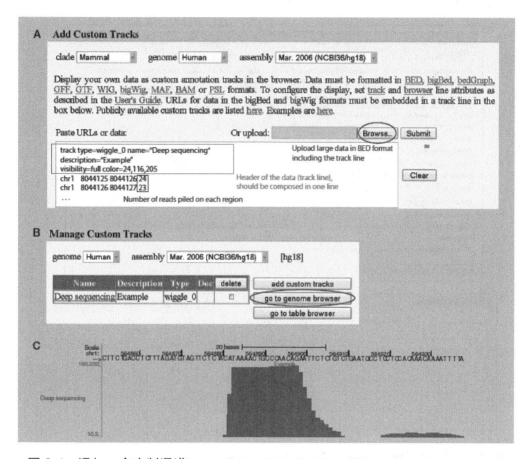

图 8-4 添加一个定制通道。（A）将用户信息存储为 BED 格式，设置通道类型为"bedGraph"并设置文件名、描述和颜色（RGB 形式，例如，红、绿、蓝，各数值范围均为 0～255），然后点击"Submit"。（B）定制通道管理器显示了新上传的通道。点击"go to genome browser"按钮以返回至浏览器。（C）显示定制通道（彩图请扫封底二维码）。

使用 UCSC 表格浏览器可视化多个基因组区域

7. 让我们来继续之前那个在两段基因区域上游定位 CpG 岛的例子（步骤 4），

    i. 在 UCSC 基因组浏览器的任意网页上，点击顶部面板上的"Tables"键，进入 UCSC 表格浏览器（Table Browser）（Karolchik et al. 2004）。

    ii. 选定参考基因组和它的草图，在本例中应将 clade 选为"Mammal"，将 genome 选为"Human"，将 assembly 选为"Mar. 2006"，并在"Regulation"组中选择"CpG islands"通道。图 8-5A 显示了最终的输出结果。

8. 点击"define regions"按钮以打开一个新的网页框（图 8-5B）。

    i. 将两个之前被确定的区域以 BED 格式（如图 8-2 所示）粘贴至该网页框中，点击"submit"从而返回至表格浏览器。

    ii. 为了在 UCSC 基因组浏览器上可视化与上述两个区域重叠的 CpG 岛，我们可以将"output format"设置为"hyperlinks to Genome Browser"，然后点击"get output"，将出现一个新的网页，该网页将显示与基因组区域重叠的 2 个 CpG 岛的超链接。

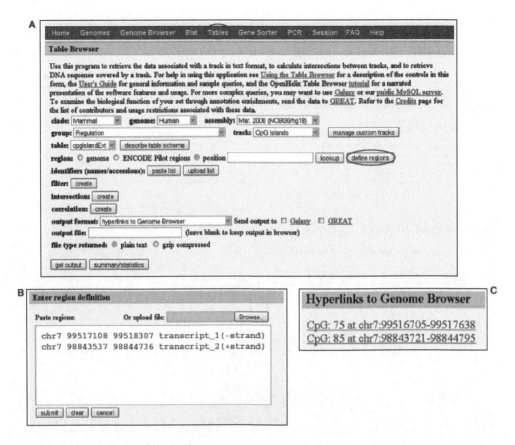

图 8-5　使用 UCSC 表格浏览器。（A）点击"Table"键进入表格浏览器；在下拉选项中设置 clade、genome、group、track、output format 等选项。点击"define regions"以指定多个基因组区域的信息。（B）将如图 8-2 所示的形式的两段区域的信息粘贴至网页对话框中，点击"Submit"。（C）与（B）中区域重叠的 CpG 岛在 UCSC Genome Browser 中以超链接的形式显示（彩图请扫封底二维码）。

9. 选择另外一种"output format"来保存两个 CpG 岛，用于进一步分析。例如，你可以选择"BED-browser extensible data"格式，并指定一个文件名称，将 CpG 岛以文本文件的形式下载下来，随后你可以将这些文本文件作为定制通道重新上传至 Genome Browser 中。

检索多序列比对与保守评分

10. 与"使用 UCSC 基因组浏览器可视化一段基因组区域"一节中查看通道的方法类似，我们可以通过设置"Comparative Genome"组中的"Conservation"通道查看某段区域的保守区域。

 i. 点击"Comparative Genomics"组中的"Conservation"链接（图 8-6A）。在结果页面上（图 8-6B），将"Maximum display mode"设置为"full"，并调整"Multiz Alignments"和"Element Conservation（phastCons）"为"full"。

 ii. 点击图 8-6B 中青色圈标记的加号来选中全部的三个进化枝（clade）。

 iii. 选择红色框所标记的"No codon translation"来查看基因组 DNA 序列；否则，由序列翻译得到的氨基酸序列也将被显示。

 iv. 如图 8-6C 所示，在页面的底部，点击红色圈标记的加号标志选中所有物种，然后点击"Submit"。

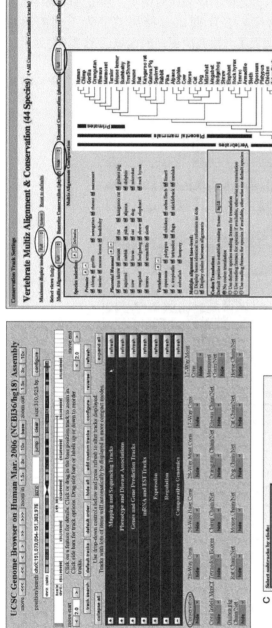

图 8-6 设置 "Conversation" 通道的步骤。(A) 点击 "Comparative Genomics" 组中的 "Conservation" 链接。(B) 将 "Maximum display mode" 设置为 "full",将 "Multiz Alignments" 和 "Element Conservation (phastCons)" 均设置为 "full",将 "Basewise Conservation (phyloP)" 和 "Conserved Elements" 均设置为 "hide"。点击青色图标记的加号标志,这样就可以把三个进化枝中的所有 44 种脊椎动物物种均包括到多序列比对中。将某物种之前的勾选消去使该物种的序列不参与多序列比对。(右)系统发育树显示了这些物种之间的进化关系。在红色框所标记的 "Codon Translation" 部分选择 "No codon translation",这样可以让 Browser 显示基因组 DNA 序列。由于蛋白质序列比编码区的 DNA 序列更为保守,所以选择此三个选项以显示翻译得到的氨基酸序列也非常有用。(C) 在 "Select subtracks by clade" 部分,点击 "+"(使所有 PhastCons 和 MultiZ 的子通道均显示,然后点击 "Submit" 以显示图 8-7A 所示的保守通道(彩图请扫描扉底二维码)。

11. 图 8-7A 显示了保守区域和序列比对通道。前三个通道"Primate Cons"、"Mammal Cons"和"Vertebrate Cons"代表了这些进化枝之间的序列保守性。图中的峰越高，说明保守性越强。请注意外显子是高度保守的，并在内含子和基因间区内存在一些额外的保守区域。

 i. 红色框标记的区域显示各物种和人类之间的序列比对情况。点击该区域将显示该基因组区域的多序列比对情况。多序列比对结果被分为不同的模块（"blocks"），每个模块（block）代表了一段高度保守的区域。图 8-7B 显示了其中一个例子。

 ii. 点击每个物种开头的"B"来浏览该物种被比对的区域，点击"D"来检索相应的 DNA。

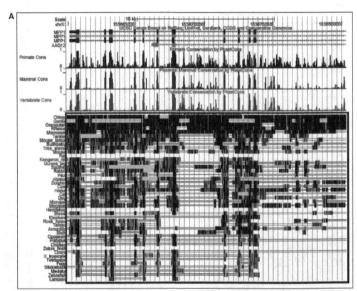

图 8-7　保守和比对通道。（A）显示图 6 中所设置的保守通道。（B）某段保守区域序列比对示图（即模块），由点击 A 中的红色框得到。破折号表示空位（插入或缺失）。点击窗口左侧的"B"来浏览该物种的相应区域，点击"D"来检索其 DNA 序列。请注意某些物种的基因组数据并未储存在 UCSC 基因组浏览器中（彩图请扫封底二维码）。

12. 要得到多个物种的大区域的保守得分和的多序列比对结果，请前往 UCSC 表格浏览器，根据"使用 UCSC 表格浏览器可视化多个基因组区域"中的指示进行操作。

　　i. 此时将 group 设置为"Comparative Genome"，将 track 设置为"Conservation"，然后将 table 设置为"Multiz Align（multiz 44 way）"。

　　ii. 在本例中，使用图 8-5B 中所示的相同区域。

　　iii. 将输出格式选择为"MAF multiple alignment format"，并提供文件名（如"download.txt"）用于输出结果。

　　iv. 点击"get output"将输出结果保存在本地文件中。该结果文件中包括了所有含有或部分含有所指定区域的保守区信息。

　　v. 使用如下 UNIX 指令，基于 MAF 文件来格式化序列比对和保守分值：

```
awk –F"+"' {if($1=="a"){a++; print"\nBlock"a"\t"$2; }if($1=="s")
{split($2, token, ".");print token[1]"\t"token[2]"\t"$3"\t"$4"\t"$5"\t"$7;}}'
download.txt > conservation.xls
```

如果您是 Windows 用户，请安装 Cygwin 来运行以上指令。该指令将产生一个名为"conservation.xls"的文件。

　　vi. 使用 Excel 打开 conservation.xls 文件，如图 8-8 所示。

Block 2	score=569425.000000				
hg18	chr7	99517113	53	+	G---C-AGTGGCACAGACACCA---CCCC---CTTCCCCGGC---GA-CCACAGCCT----CCGTCTCACC--------
echTel1	scaffold 312536	86932	48	+	-------GCGATACGGACAT-----CCCC---CTTCCCCGGC---GA-CCACAGCCT---CTGTCTCACC--------
calJac1	Contig60	1321257	53	-	G---C-AGTGGCACAGACACCA---CCCC---TTTCCCCGGC---GA-CCACAGCCT----CCGTCTCACC--------
rheMac2	chr3	47360323	53	+	G---C-AGCGGCACAGACACCA---CCCC---CTTCCCCGGC---GA-CCACAGCCT----CCGTCTCACC--------
ponAbe2	chr7	9066831	53	+	G---C-AGTGGCACAGACACCA---CCCC---CTTCCCCGGC---GA-CCACAGCCT----CCGTCTCACC--------
gorGor1	Supercontig 0006866	25923	53	+	G---C-CGTGGCACAGACACCA---CCCC---CTTCCCCGGC---GA-CCACAGCCT----CCGTCTCACC--------
panTro2	chr7	99934259	53	+	G---C-AGTGGCACAGACACCA---CCCC---CTTCCCCGGC---GA-CCACAGCCT----CCGTCTCACC--------
micMur1	scaffold 2556	110883	53	+	A---C-AGCGGCACGGACACCA---CCCC---CTTCCCCGGC---GA-CCGCAGCCC----CCGTCTAACC--------
otoGar1	scaffold 82111	48263	53	+	A---C-AGCAGCACGGACACCA---CCCC---TTTTCCCAAA---GA-CCGCAGCCT----CCGTCTCACC--------
tupBel1	scaffold 142981	34499	52	-	G---C-AGCGGCACGGACATTA---CCCC---TTCCCCGGC---GA-CCACAGCCT----CCGTCTCACC--------
rn4	chr12	17598583	54	-	G---C-GGACGTGTGAACACCA---ACCCC---CTTCCCCGGC---GA-CCACAACTT----CCACCTCACC-------
mm9	chr5	1.39E+08	54	-	G---C-GGACGTGTGAACACCA---ACCCC---CTTCCCCGGA---GA-CCACAACTT----CCACCTCACC-------
dipOrd1	scaffold 9623	8442	39	-	qccccc-qgAC--------gAC----CCTCC---CCTCC---CC---AC-TCACGACC----C--------
cavPor3	scaffold 30	21835803	51	-	G---C-AGCGGCACGGACACCA---CCC---CTTCCCTGGC---GA-CGACAGCCT----CCG-CTCACC--------
speTri1	scaffold 151296	3147	55	+	G---CAAGCCGCACGGACGTCA---CCCT---CTTCCCTGGC---GA-CCACAGCCT----CCGCCTCACC-------
vicPac1	scaffold 10517	8509	56	+	G---C-AGCGGCACGGACACCA---CCCCCACTTCCCTGGC---GA-CCACTGTCC----CTGCCCCACC-------
bosTau4	chr25	5591227	52	-	G---C-GGCGGAAGGGACACCA---CCC---CTTCTCCGGC---GA-TCACTGCCT----CCGTCCCACC-------
turTru1	scaffold_89700	92117	52	+	G---C-AGCGGCACGGACACCA---CCC----CTTCCCCGGC---GA-CCACTGCCT----CCGTCCCACC-------
equCab2	chr13	8015747	53	+	C---G-AGGGGGTCGGGAAGGA---CAGC---GTTGGCCGGG---GA-AGGGCAACC----GCGGGGCACC-------
felCat3	scaffold 8533	2372	53	+	G---C-AGCGGCACGGACACCA---CCCC---CTTCCCTAGC---GA-CCACAGCTCT---CCGTCTCACC-------
canFam2	chr6	12540276	53	+	G---C-AGCGGCGCGGACACCA---CCCC---TTTCCCCGAC---GG-CCACAGCCT----CCGTCTCACC-------
pteVam1	scaffold 2197	163384	53	-	G---C-AGCGGCACGGACACCA---CCCC---CTTCCCTAGC---GA-CCACAGCCT----CCGTCTCACC-------
proCap1	scaffold 42972	14716	53	-	A---C-AACGGCACGGACATTA---CCCC---TTTCCCCGGC---GA-CCACAGGCT----CCATCTCACT-------
loxAfr2	scaffold_11078	49138	53	+	G---C-AGCGGCACGGACACCA---CCCC---CTTCCCCGGC---GA-CCCCAGCCT----CCGTCTCACC-------
choHof1	scaffold_69270	6030	53	+	A---C-AGCGGCACGGACACCA---CCCT---CTTCCCCGGA---GA-CCACAGACT----CCGTCTCACC-------
dasNov2	scaffold 103333	2517	51	+	A---C-AGCGGCAATGACACC----CCCC---CTTCCCCGGC---GA-CCACAGACT----CCGTCTCA-C-------
monDom4	chr2	2.78E+08	55	+	-----ACTCCGCACGCAGTCCGTGCCTCA---CTCACCAGGA---GC-CTGGAGCCTGGAGCAGTCT----------

图 8-8　由 download.txt 中提取保守模块信息，由 Microsoft Excel 进行查看。在每个模块中，各列的含义依次如下：基因组草图（genomic assembly）、染色体、起始坐标、长度、基因组链及序列比对。注意，如果基因链为"-"，则用于比对的位置和比对结果都是由参考基因组的反向互补序列计算得到的。换言之，以上位置是由基因组模板链的 3′ 端开始计算位置得到的（彩图请扫封底二维码）。

疑难解答

问题（步骤 1）：使用 BLAT 后没有任何命中结果。

解决方案：BLAT 虽然运作迅速，但其敏感性是有限的（详见信息栏"算法、门户网站和方法"）。为了找到具有较高敏感性的命中结果，你可以使用 BLAST（见方案 2），然后将 BLAST 的结果存为 FASTA 格式，以便与本方案中其他步骤保持一致。

问题（步骤 4）：坐标信息来自不同版本的基因组。

解决方案：保持坐标值与基因组草图一致非常重要。如果你想要在两个草图之间切换坐标，请使用 UCSC 基因组浏览器提供的 LiftOver 工具（http://genome.ucsc.edu/ cgi-bin/

hgLiftOver）。你只需要将 BED 格式的坐标信息粘贴或上传，然后选中原始的基因组草图和新的基因组草图，点击"submit"，将新的坐标保存用于其他用途。

讨论

本方案仅介绍了 UCSC 基因组浏览器可提供的诸多功能中的非常小的一部分。UCSC 基因组浏览器在各网页上提供了详细的帮助信息，同时还提供许多非常优秀的教程。这个网站同时还提供一些分析工具。然而，在表格浏览器得到的数据，统计分析最为完善。基于网页的工作平台 Galaxy（Giardine et al. 2005）则提供了很多工具，可用于分析由 UCSC 表格浏览器（Goecks et al. 2010）中获得的基因组数据。此外，用户在电脑上安装了 MySQL 客户端库后，可以直接存取 UCSC 基因组浏览器之下的 MySQL 关系型数据库（http://www.mysql.com/）。与任何通道相关的数据可以通过 MySQL 下载，或者通过 http://hgdownload.cse.ucsc.edu/downloads.html 直接下载。

网络资源

Cygwin http://www.cygwin.com/
Ensembl http://ensembl.org
MySQL http://www.mysql.com/
NCBI relational database http://www.ncbi.nlm.nih.gov
UCSC Genome Browser http://genome.ucsc.edu/

序列比对和同源性检索简介

序列比对算法的目的是试图把一系列蛋白质或 DNA 序列进行整理，使得由共同祖先进化而来的核苷酸或氨基酸得到对齐。这些算法属于最早被开发，也是在生物信息学应用中被经常使用的算法。将一组序列对准，使得检测和度量序列相似性（similarity）变得更为容易，而相似性则是衡量由同一祖先进化而来所产生的同源性（homology）的良好标准，同时，相似性也是相似生物学功能的良好指标。在数据库中搜索同源物（homologs）是对一种新发现的基因或蛋白质进行注释的第一步。同源物（homologs）是指与进化祖先相关的基因，包括直系同源物（orthologs）和旁系同源物（paralogs）。所谓直系同源物，是指在物种形成过程中由一个共同始祖基因进化但位于不同物种中的一组基因；而旁系同源物是指位于相同基因组中由于复制产生的一组基因。

基于对分子进化过程的一些简化假设，一些算法可以用于寻找两个给定序列之间的最优对准。这些算法就是所谓的动态规划算法（dynamic programming algorithm）的实例，其运行时间正比于两个序列的长度之积。然而在实际运行中，对一个大型序列数据库运行动态规划算法可能会慢得令人无法忍受。

动态规划算法是一种用于解决可以被分割为一系列较小子问题的问题且该问题可被递归方式解决的算法。一个动态规划算法的例子就是通过将之前的数字（如 $n-1$，$n-2$）进行加和来计算斐波那契数列（Fibonacci sequence）的第 n 个数字。

因此，为了对日益增长的序列数据库进行有效搜索，一种叫做 BLAST（Basic Local Alignment Search Tool）的算法被开发（Altschul et al. 1990）。作为启发式算法（heuristic algorithm），BLAST 是以损失由严格动态规划方法获得最优对准为代价，来保证很好的运行时间优势（即运行更快、时间更短）。BLAST 首先在查询序列和目标序列之间寻找一对短小且相似的子序列（种子，seed），然后在不允许空位（gap）的情况下进行延伸。当相似子序列延伸达到足够长时，BLAST 将进行一次全长的存在空位的比对（gapped alignment）。BLAST 忽略了数据库中没有与查询序列相似子序列的序列，从而极大地提高了它的运行速度。此外，基于序列相似性，BLAST 运用精心设计的统计方法，来量化数据库中的序列与查询序列之间的同源性。

设计用于寻找最优解的算法通常需要大量的计算资源和时间，启发式算法（heuristic algorithm）则以牺牲一定程度的准确度为代价，通过一个连续渐进的过程，采用时间上经济的方法来搜索一种合理可行的解决方法。在一个精心设计的连续过程中，启发式算法可以找到非常好的解决方法，甚至可以找到最佳结果，但是这种算法通常无法确定或证明所找到的方法是最佳解决方法。

作为一种局部比对算法（local alignment algorithm），BLAST 识别两段序列之间相似性区域时，并不对不配对的延伸区段（overhangs）进行罚分。相反，全局比对算法（global alignment algorithm）则试图对全长的输入序列进行比对。

由于蛋白是模块化的，可能包含多个作为功能单位的结构域，在这种情况下，局部比对及其统计方法通常是搜索同源性的最适宜的方法。不同类型的 BLAST 被用于不同的用途（表 8-1）。例如，BLASTn 用于比对两个核酸序列，BLASTp 用于比对两个蛋白质序列，而 tBLASTn 则使用一段蛋白质序列对翻译后的核酸序列数据库进行查询。由于密码子的冗余性（61 个密码子对应 20 个氨基酸），所以对检测同源物来说，蛋白质比对的敏感度要比核酸比对更高。

表 8-1　几种 BLAST 方法的总结

算法	查询序列	目标序列	特征	备注
blastn	核酸	核酸		
megablast	核酸	核酸	所有查询序列被连接为一个序列，所有的命中结果最后统一进行解析和分析	当对大量查询序列进行搜索时速度快于 blastn
blastp	蛋白质	蛋白质		
PSI-BLAST	蛋白质	蛋白质	PSI-BLAST 的首次迭代只是简单的 blastp，对每个查询序列，得到的比对后的序列被用于建立一个位点特异性得分矩阵。该矩阵被用于在第二次迭代中搜索目标，如果得到的命中结果多于第一次迭代，则矩阵将被更新。迭代将一直进行直至没有更多新的命中结果	在寻找远源同源蛋白时敏感性远远强于 blastp
tblastn	蛋白质	核酸	目标序列首先通过 6 种可读框被翻译为蛋白质序列，然后查询序列与翻译后的目标序列进行比对	寻找蛋白质水平上的同源物；敏感性强于 blastn
blastx	核酸	蛋白质	查询序列首先通过 6 种可读框被翻译为蛋白质序列，然后与目标序列进行比对	同上
tblastx	核酸	核酸	查询序列和目标序列均通过 6 种可读框被翻译为蛋白质序列，然后将翻译后的查询序列与翻译后的目标序列进行比对	同上；所有算法中运行速度最慢

当我们拥有来自多个物种的同源序列时，我们通常希望能够将这些序列全部进行比对，因为这样就能对保守性进行更为准确的评估。对多个序列进行比对同时也是建立系统发育树的关键步骤之一。不幸的是，多重序列比对（multiple sequence alignment，MSA）的算法为了保证得到最佳结果，其运行时间随序列总数呈指数型增长（见信息栏中"算法、门户网站和方法"一节）。为了节省计算时间，以 ClustalW（Higgins and Sharp 1988；Thompson et al. 2002）为例的启发式算法，根据系统发育树，以逐步优化方式合并最佳对准，来渐进

实现多序列比对。

　　目前人们仍在努力根据蛋白质的功能域将蛋白质分为不同的家族，这些功能域是指具有特异性催化位点或结合界面的保守模块。被分类的蛋白家族被储存在数据库中，对这些数据库进行搜索可以发现某种新蛋白属于哪个蛋白家族。该策略要比使用 BLAST 对未分类的数据库进行搜索更为敏感。此外，蛋白家族数据库可以提供已经被分类的蛋白家族的多序列比对结果。

蛋白家族数据库

　　许多蛋白质的结构区域和功能区域（如功能域）可以在其他蛋白质或者其他物种的蛋白质中被发现。具有相似结构或功能域的蛋白质很可能具有相同的功能，因此可以被分类至同一蛋白家族。这些蛋白家族中的蛋白质由于具有相同的结构域而具有特异的序列谱（specific sequence profiles）。这些序列谱（profiles）可以通过系统的 BLAST 结果进行收集，也可以通过分类后的数据进行人工收集。根据每个序列谱可以设计概率模型（probabilistic models）来优化蛋白家族的分类。目前，有许多网络数据库在运用、储存并提供这些信息，如 Pfam（http://pfam.sanger.ac.uk/）（Sonnhammer et al. 1998）、Prosite（http://expasy.org/prosite/）（Sigrist et al. 2002）、SCOP（http://scop.mrc-lmb.cam.ac.uk/scop/）（Lo Conte et al. 2000）、CATH（http://www.cathdb.info/）、InterPro（http://www.ebi.ac.uk/interpro/）（Apweiler et al. 2001）和 CDD（http://www.ncbi.nlm.nih.gov/cdd）（Marchler-Bauer et al. 2011）。

网络资源

CATH http://www.cathdb.info/

CDD http://www.ncbi.nlm.nih.gov/cdd

InterPro http://www.ebi.ac.uk/interpro/

Pfam http://pfam.sanger.ac.uk/

Prosite http://expasy.org/prosite/

SCOP http://scop.mrc-lmb.cam.ac.uk/scop/

方案 2　使用 BLAST 和 ClustalW 进行序列比对和同源性检索

　　本方案叙述了使用 BLAST 对序列数据库进行搜索的步骤，BLAST 主要对查询序列和数据库中的各目标序列进行序列两两比对。在此之后，本方案还叙述了使用 ClustalW 进行多序列比对的步骤。Argonaute 2（Ago2）蛋白是果蝇中小干扰 RNA（siRNA）介导的 RNA 干涉（RNA interference）中的基本组成部分。本方案以 Ago2 蛋白为例来演示如何使用 BLAST 在果蝇蛋白组中搜索所有 Ago2 蛋白的旁系同源物，并用 ClustalW 对搜索得到的序列进行多序列比对。

材料

仪器

BLAST（http://blast.ncbi.nlm.nih.gov/）

ClustalW（http://www.ebi.ac.uk/Tools/msa/clustalw2）

具有 Internet 连接和网页浏览器的电脑

Java virtual machine（JVM）

> 本方案中介绍了被称为 Jalview 的序列比对编辑器，其运行需要电脑上安装了 JVM。请从 java 官方网站（http://www.java.com/en/download/index.jsp）上下载最新版本的 JVM。

方法

使用 BLAST 在果蝇蛋白组中搜索一个蛋白序列

1. 获取示例蛋白 Ago2 的氨基酸序列，存为 FASTA 格式（见方案 1 和信息栏 "数据格式"）。

   i. Ago2 是目前已进行深入研究的蛋白质，其序列可以通过在 NCBI 数据库（Sayers et al. 2009）中搜索它的蛋白质名称得到。登录 NCBI 主页（http://www.ncbi.nlm.nih.gov/），选择 "Protein" 进行搜索，在搜索框中输入 "fly Ago2"，然后点击 "Search"。

   ii. 我们本次搜索的结果页面显示了 16 个命中结果，其中一个为 Ago2 的亚型 C，它具有 1217 个氨基酸。点击该命中结果的 "FASTA" 链接以得到它的 FASTA 格式的蛋白质序列。

2. 登录 http://blast.ncbi.nlm.nih.gov/Blast.cgi，选择 "protein blast"（如图 8-9A 中蓝色圈所标记），将出现一个新的页面（如图 8-9B 所示）。

   i. 将步骤 1 中得到的 Ago2 亚型 C 的序列粘贴至第一个框中。

   ii. 选择 "Reference proteins (refseq_protein)" 数据库，在 Organism 一栏中输入 "Drosophila melanogaster"，algorithm 一栏选择 "blastp (protein-protein BLAST)"，然后点击 "BLAST"。

   iii. PSI-BLAST 通过迭代运行 BLAST 来找到远源同源物（Altschul et al. 1997）。PSI-BLAST 的初次迭代仅是简单的 BLASTp，并基于某个显著性阈值来选择与检索序列显著性高的目标序列，这些序列被用于建立一个位点特异性记分矩阵 [position-specific scoring matrix，亦称序列谱（sequence profile）；见方案 7]。该序列谱将被用于对数据库进行第二次迭代搜索，如果得到比第一次迭代多的结果，则该序列谱将被更新。迭代将一直进行，直至没有更多新的命中结果出现。使用 PSI-BLAST 时，请将算法选择为 "PSI-BLAST（Position-Specific Iterated BLAST）"，然后点击 "BLAST"。

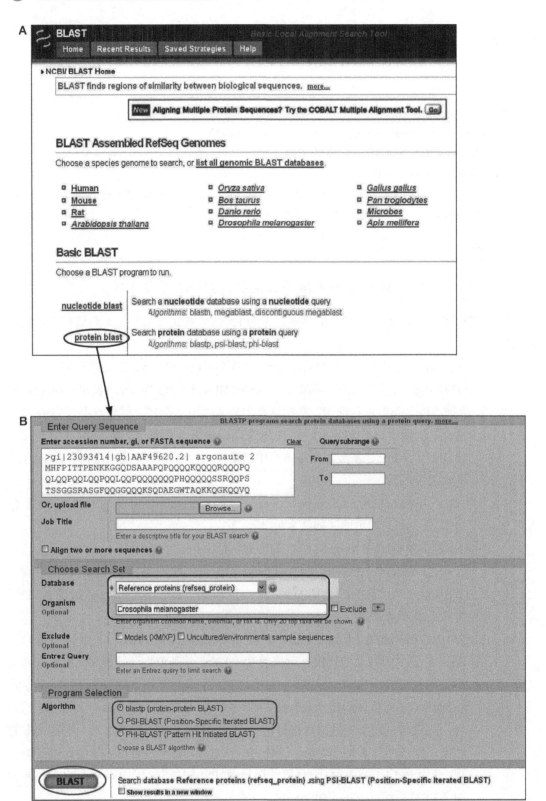

图 8-9　使用 NCBI 中的 BLAST 的界面。（A）有两种途径进入 BLAST 服务器，一种是选定一个基因组（在"BLAST Assembled RefSeq Genomes"部分中），或者选择一个 BLAST 程序（在"Basic BLAST"部分中）。（B）在 BLAST 搜索页面，由"protein blast"链接（如图 A 中椭圆形标记）进入该页面。粘贴或上传 Ago2 序列。选择合适的数据库和程序（步骤 2.ii）（彩图请扫封底二维码）。

3. 当 BLAST 搜索开始之后，将出现另一个页面，该页面提供了有关结果显示格式的更多选项。

    i. 将所有选项都设置为默认选项，然后点击"View Report"，将产生图 8-10 所示结果。结果页面以查询序列信息开始，在本例中即为 Ago2 蛋白。随后有三个部分：第一部分为"Graphic Summary"，显示了 BLAST 发现的可能同源物（putative homolog），并根据比对分值用颜色标注分值显著的命中结果；第二部分为"Description"，提供了这些命中结果的具体信息；第三部分为"Alignments"，显示查询序列与各个命中结果之间的序列两两比对结果。

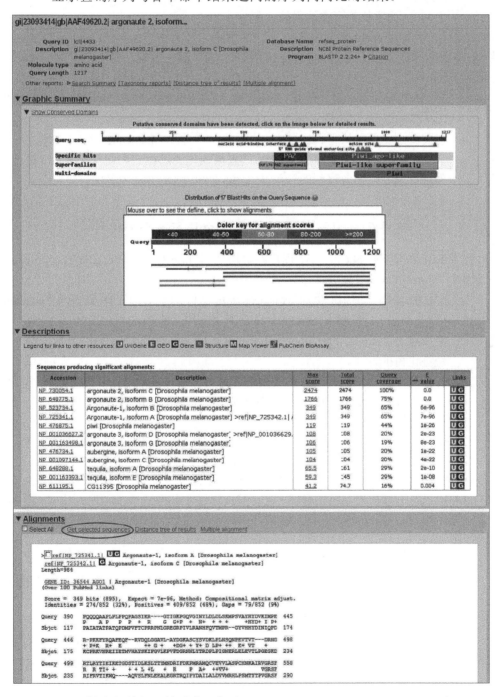

图 8-10　BLAST 搜索的结果，被分为三部分：Graphic Summary、Description 和 Alignment（彩图请扫封底二维码）。

　ii. 本次搜索获得了果蝇中所有已知的 Argonaute 蛋白：Ago2 的两种亚型、Ago1 的两种亚型、Piwi、Ago3 的两种亚型和 Aubergine（Aub）的两种亚型。其他 Ago 蛋白仅与 Ago2 的羧基端部分相似，它们与 Ago2 序列之间相似性的百分比在"Descriptions"下的"Query coverage"栏中显示。图 8-10 仅显示了 Ago2-Ago1 比对结果（结果显示了相同的残基），相似残基用"+"表示，空位用"−"表示。对于每个命中结果都报道了相应的 E 值，一个比对的 E 值是指其比对分数大于或等于随机条件下检索数据库时命中结果分数的期望数（$E=mn/2^{S}$，其中，S 为序列比对的标准化分数；m 为检索序列长度；n 为数据库中所有序列的长度之和），通常认为可靠结果的 E 值应小于 10^{-5}。

4. 通过选中 Alignment 部分中 Ago 蛋白的方框，并点击"Get selected sequences"键（如图 8-10 红色圈所标示）得到 Ago 蛋白的序列。为了简化过程，我们仅保留了 Ago 蛋白的一种亚型。

　i. 一个新的页面将出现。选择"File"作为输出结果，选择"FASTA"作为输出格式，然后点击"Create File"。

　ii. 在网页浏览器默认下载目录中，将出现一个名为 sequences.fasta 文本文件。为了让接下来的步骤中将 ClustalW 结果可视化的过程更为便利，我们将对这个文件进行编辑，在各序列的开头插入 Ago2 和 Ago1 等基因名字。

　　详见"疑难解答"。

使用 ClustalW 对果蝇 Ago 蛋白进行多序列比对

5. 登录 EBI 界面友好的 ClustalW 用户网页服务器（http://www.ebi.ac.uk/Tools/clustalw2/index.html）（Larkin et al. 2007）。

　i. 上传 BLAST 一节中产生的 sequences.fasta 文件。将 RESULTS 设置为"interactive"（即互动式），将 ALIGNMENT 设置为"full"，将 CLSUTERING 设置为"NJ"，然后点击"Run"。"NJ"（neighborjoining）（Saitou and Nei 1987）是一种产生系统进化树的方法。

　ii. ClustalW 首先将所有输入的序列进行两两比对，然后基于序列之间的距离建立一个引导树（guide tree），最后根据所产生的树渐近地对最为相似的序列（或序列对）进行比对。

　　增加对一个新出现空位以及空位延伸（指含有两个或两个以上连在一起的空位）的罚分将使结果更青睐于空位较少的比对。然而，默认的参数在大多数情况下已能够很好地满足需求。

6. 如图 8-11 所示，步骤 6 产生的交互式输出结果范围非常广泛。其结果包括了一幅如图 8-11A 所示的引导树的系统发育图、氨基酸被标注不同颜色的多重序列比对（图 8-11B 显示了部分比对）和一条通向与基于 Java 的序列比对编辑器 Jalview（Waterhouse et al. 2009）的链接（图 8-11C）。

　i. 图 8-11A 所示的引导树对 5 种果蝇的 Argonaute 蛋白之间的进化距离进行了估算：Piwi 和 Aub 较早就分化了，此后分化的是 Ago3，而 Ago2 和 Ago1 之间的进化距离最近。

　ii. 在图 8-11C 中，每个氨基酸根据其化学性质标注其颜色。例如，丙氨酸（A）、异亮氨酸（I）、亮氨酸（L）、甲硫氨酸（M）、脯氨酸（P）、苯丙氨酸（F）、色氨酸（W）和缬氨酸（V）为疏水残基，它们被标示为红色；精氨酸（R）和赖氨酸（K）均带正电，它们被标示为紫红色。一段在各个位置均具有相同颜色的比对区块说明该区域为高度保守性区域（例如，结构域或催化位点）。

　iii. "Conservation"图形显示了各个位置的保守性程度，"Quality"表示了比对对齐的质量，"Consensus"报告了各位点出现频率最高的残基。"+"被用来表示某个位置上出现最高频率有多个残基的情况。较高的保守性和比对质量得分说明相应区域很可能具有重要功能。

详见"疑难解答"。

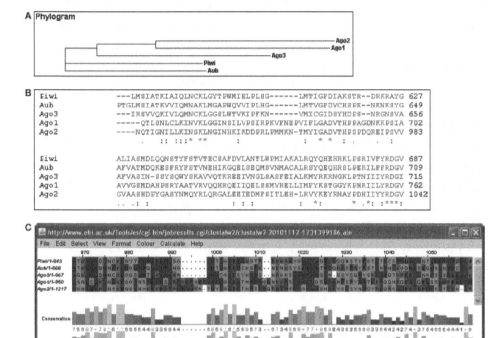

图 8-11　ClustalW 的结果页面。（A）引导树（又称系统发育图）；（B）根据氨基酸生化特性将其标注颜色的部分多序列比对；（C）序列比对编辑器 Jalview 的截屏（彩图请扫封底二维码）。

讨论

使用 BLAST 寻找同源序列是生物信息学中最为重要的技术之一。它的应用覆盖了许多生物学家的研究兴趣，如鉴定新基因的潜在功能、发现其他物种中的重要基因的同源基因。当运行 BLAST 时，请注意它是一个启发式算法，因此，它所产生的结果并不一定是最佳结果。由于密码子的简并性，比对蛋白序列的敏感性将高于比对 DNA 序列，所以尽可能地使用蛋白质序列。此外，使用 PSI-BLAST 可以得到更高的敏感性。ClustalW 被设计用于寻找在一组密切相关的蛋白质序列中的保守区域，例如，如图 8-11 所示的蛋白家族。该程序在识别结合结构域或催化位点等功能性基序时非常有效。

ClustalW 并不适用于比对多个基因组来定位保守的或者快速进化的区域，因为它的运行速度过慢，而且它在比对可能包含大段插入、缺失、反转和复制序列的长基因组序列时准确度较低。相反，大尺度的比较基因组序列分析需要以下几个步骤：对基因组间的同源（同线，syntenic）区域进行重建、对同源区域进行多重序列比对、识别进化保守的或者快速进化的区域。请阅读 Margulies 和 Birney（2008）的综述，来查找使用最广泛的工具。

疑难解答

问题（步骤 4）：使用 BLAST 搜索没有获得比对结果或得到的比对结果太多。

解决方案：BLAST 提供了一个统计学显著性衡量标准（E 值）来表示各个比对结果的质量。BLAST 首先对各个比对结果进行得分计算。对核酸序列，得分的计算基于配对、错配和空位的数量；对蛋白质序列，则采用了一个记分矩阵［scoring matrix，如 PAM（point accepted mutation）和 BLOSUM（blocks substitution matrix）］使 BLAST 在寻找远源同源物时具有更高的敏感度。E 值越低，说明命中结果的统计学显著性越高。在没有命中结果或者命中结果过多时可以对 E 值的阈值进行调整。

问题（步骤 6）：ClustalW 产生的多序列比对似乎不正确。

解决方案：正如本方案简介中所提及的，ClustalW 是一种启发式算法，因此它不能保证得到最佳解决方案。请使用 T-Coffee（http://www.ebi.ac.uk/Tools/msa/tcoffee/）和 Muscle（http://www.ebi.ac.uk/Tools/msa/muscle/）等多序列比对算法，并比较其结果。以上两个工具都有类似于 ClustalW 的网页界面，便于用户操作。请注意它们的结果可能存在较大差异。如果你觉得比较这些结果很困难，可以使用 M-Coffee 工具（http://tcoffee.crg.cat/apps/tcoffee/play?name=mcoffee），该工具可以自动整合由几个常用比对工具获得的结果。

网络资源

BLAST http://blast.ncbi.nlm.nih.gov/

ClustalW 网页服务器 http://www.ebi.ac.uk/Tools/msa/clustalw2

Java Virtual Machine（JVM） http://www.java.com/en/download/index.jsp

M-Coffee http://tcoffee.crg.cat/apps/tcoffee/play?name=mcoffee

Muscle http://www.ebi.ac.uk/Tools/msa/muscle/

NCBI 关系型数据库 http://www.ncbi.nlm.nih.gov

T-Coffee http://www.ebi.ac.uk/Tools/msa/tcoffee/

方案 3　使用 Primer3Plus 设计 PCR 引物

对需要使用 PCR 的分子生物学实验来说，设计寡核苷酸引物是确保实验成功的一个极其关键的步骤。PCR 包含三个步骤的循环：变性、复性和延伸。在变性阶段，双链 DNA（dsDNA）分子（模板）解链成为单链。在复性阶段，一对引物与单链分子的互补区域进行复性互补。在延伸阶段，DNA 聚合酶对引物进行延伸反应，从而产生了被引物（扩增子，amplicon）界定的相应 DNA 分子。以上所有步骤都对温度非常敏感，其对应的常用适宜温度依次为 94℃、60℃、70℃。引物设计不好可能会导致没有扩增产物或者有额外的非目的扩增片段。引物设计目标包括良好的引物特异性、高复性效率、合适的解链温度、适宜的 GC 比例，以及防止引物发夹结构或引物二聚体的形成（Burpo 2001），以上内容详见本方案的讨论部分和第 7 章。

材料

仪器

具有 Internet 连接和网页浏览器的电脑

Primer3Plus（http://www.bioinformatics.nl/cgi-bin/primer3plus/primer3plus.cgi/）

方法

1. 登录 NCBI 核酸数据库（Pruitt et al. 2007）下载人类白蛋白（albumin）的 mRNA 序列（http://www.ncbi.nlm.nih.gov/nuccore/215982788?report=fasta）。

2. 登录 Primer3Plus（http://www.bioinformatics.nl/cgi-bin/primer3plus/primer3plus.cgi/）。

    i. 将 Task 设置为"Detection"，粘贴 ALB 序列（无 FASTA 标题），并将"ALB"作为序列 ID。使用鼠标将某段区域选中，然后点击"< >"、"[ ]"或者"{ }"来选中相关区域进行引物设计，以上按键的功能依次为使 Primer3Plus 将该段区域排除、选中、选中和包含该区域。

3. Primer3Plus 有许多参数，然而，我们仅需要对其中一小部分进行调整，其他参数可以保持为默认值。

    i. 如图 8-12 所示，点击"General Settings"面板，然后将"Primer GC%"的"Min"值设置为 40.0，将"Max"值设置为 60.0。

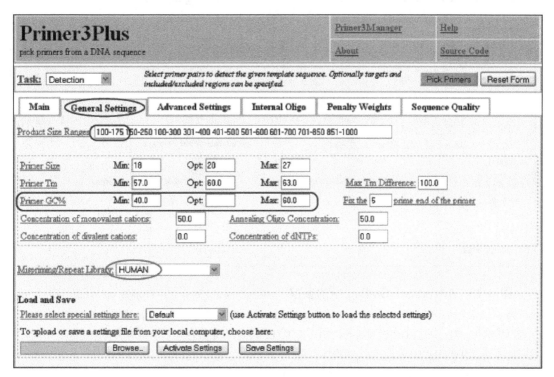

图 8-12　General Setting 中的参数。请在"Product Size Range"框中按优先级从高到低输入所期望得到的产物长度，如图中紫红色椭圆中所示。改变 Primer GC% 的 Min 和 Max 值，如图中蓝色椭圆中所示。根据目标序列的物种选择相应的 Mispriming/Repeat Library，如图中绿色椭圆中所示（彩图请扫封底二维码）。

ii. 将 Mispriming/Repeat Library 设置为"HUMAN"。该操作将使 Primer3Plus 使用
人类重复片段文库（human repeat library）对选中的区域进行过滤，去除那些可
能导致产生额外扩增的区域。

目前，Primer3Plus 仅提供人类、啮齿动物和果蝇的文库。如果你想要为以上三种物种以外的物种进行引物设计，
你必须在将你的序列提交至 Primer3Plus 前，将序列中的重复片段用"N"进行替代。

iii. 如果你对产物的片段长度（如 100～175 个核苷酸）存在偏好，请在"Product Size
Ranges"窗口输入"100-175"。这样 Primer3Plus 就会尝试寻找产物在指定长度
范围内的引物对。

可以设置多个产物长度范围（优先级从高到低排列），这样当 Primer3Plus 无法找到能够产生最渴望得到的产物
长度的引物对时，就会尝试寻找下一个指定范围内可能的引物对。

4. 其他参数可在"Advanced Settings"中进行设置（图 8-13）。

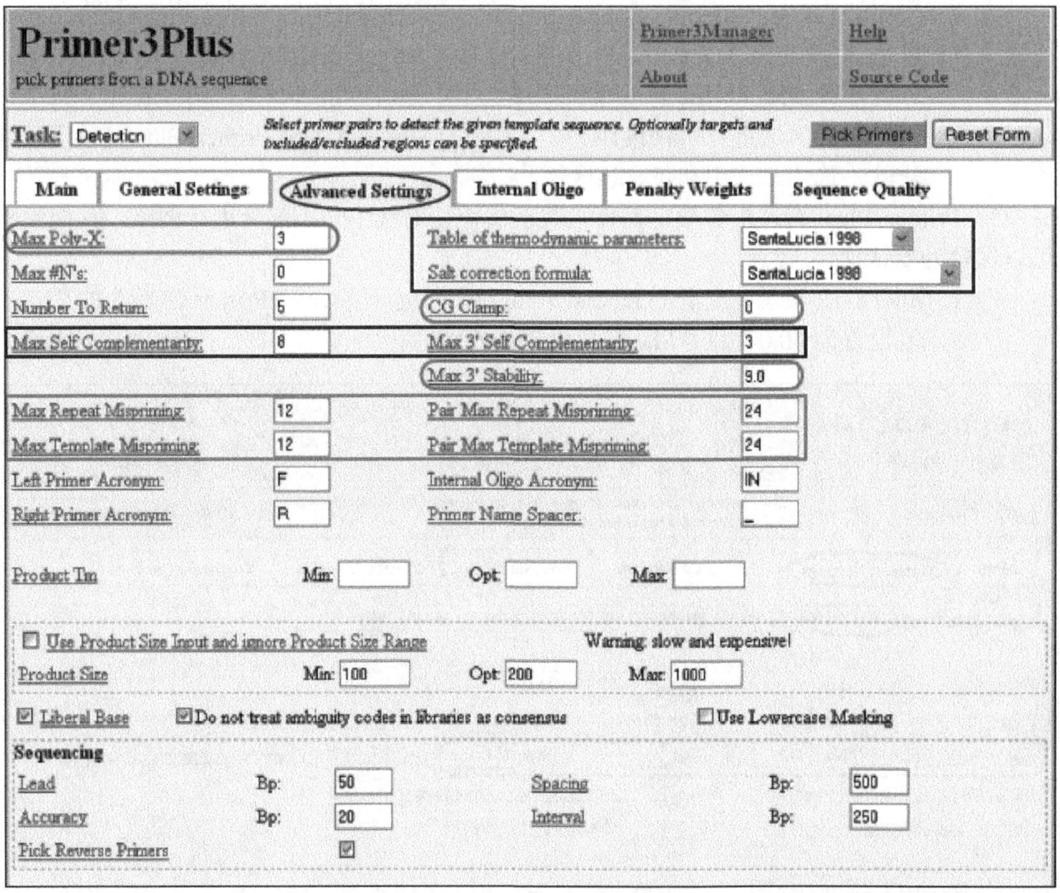

图 8-13　Advanced Setting 中的参数。（绿色椭圆中）poly（A/T/C/G）连续长度的最大长度
设置为 3。（紫色矩形中）将 thermo dynamic parameters 和 salt correction formula 设置为 SantaLucia 1998。
（青色椭圆中）对 3'端的 GC 含量进行控制，设置为默认值。（紫红色矩形中）对所允许的自身互补水平
进行调整，自身互补水平即形成发夹结构或引物二聚体的可能性，设置为默认值。（橙色矩形中）对序列
与重复片段的相似性进行微调，设置为默认值（彩图请扫封底二维码）。

i. 将"Max Poly-X"设置为"3"，这样可以将同聚（homopoly）-A/C/G/T 的最大
长度限制在三个。

ii. 如图 8-13 紫色框中所示，将"Table of thermodynamic parameters"和"Salt correction
formula"均设置为"SantaLucia 1998"。对"CG Clamp"进行设置，同时增加

"Max 3′ Stability"的值（青色标注），这样可以得到 3′端 CG 含量较高的引物。

iii. 调高"Max Self Complementarity"和"Max 3′ Self Complementarity"（如图中紫色框中所示）中的值，能够降低对引物形成发夹结构或引物二聚体的限制；调低这二者的值，将加紧对引物形成发夹结构或引物二聚体的限制。

iv. 图 8-13 橙色方框中所示的 4 个附加参数被调高时，将允许引物与其他重复片段存在更高的相似性；被调低时，将允许引物与其他重复片段存在更低的相似性。对一段序列的互补性得分进行计算时，Primer3Plus 的设置如下：互补碱基得分为 1.00，任意碱基与 N 配对得分为-0.25，错配得分为-1.00，空位得分为-2.00（仅单碱基空位被允许）。

理想状态下，最好能够完全避免自身互补配对和与引物和重复片段的相似性；然而，将这些参数设置得过于严格可能会导致没有找到任何引物对。在本例中，我们将这些参数设置为它们的默认值。

v. 当所有参数都被设置好的时候，点击"Pick Primers"。

5. 如果 Primer3Plus 能够找到符合所有输入要求的引物对，它就会给出如图 8-14A 所示的引物对报告。在本例中，左侧（正向）引物为"AAGCTGCCTGCCTGTTGCCA"，从 ALB mRNA 的第 666 位开始，长度为 20 个核苷酸，复性温度为 59.5℃。关于右侧（反向）引物也有一份类似的报告。这对引物将产生一段长为 135 个核苷酸的产物，如图 8-14A 所示，这对引物在目标序列上的结合位点被高亮强调。

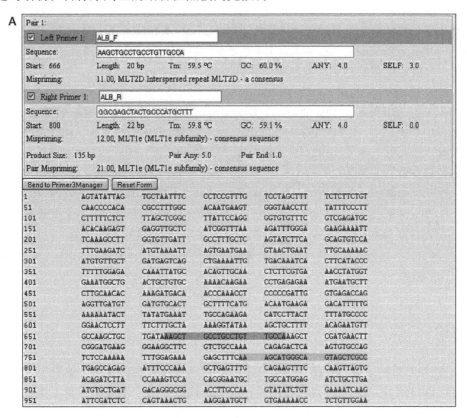

图 8-14　Primer3Plus 的输出结果。（A）识别得到的引物对的信息和位置；（B）表格显示了参数设定如何对其他候选引物进行排除（彩图请扫封底二维码）。

　　i. 将结果页面滚动至底部，找到一份如图 8-14B 所示的统计数据表格。该表格报告了被各个参数所过滤掉的候选引物对的数量。例如，GC 含量参数排除了 8312 对引物。该表格在 Primer3Plus 没有报告任何引物对时可以提供一份有用的诊断，从而可以针对性地对一些参数进行调整。

引物设计的特例

为基于定制引物的克隆测序设计引物

当你需要使用引物来产生长片段核酸序列的扩增产物时，如对 DNA 上某段特定区域进行（再）测序时，请将图 8-12 中的 "Task" 改为 "Sequencing"。同时可对图 8-13 底部用于测序任务 "Advanced Settings" 中的 5 个附加选项进行微调：Lead、Spacing、Interval、Accuracy 和 Pick Reverse Primer，这些选项含义如下。

　　1. Lead: 引物起始位置到测序仪可以产生峰值信号的位点之间的距离（默认值为 50 个核苷酸）。

　　2. Spacing: 同一条链上两个连续引物之间的距离（默认值为 500 个核苷酸）。

　　3. Interval: 相反链上两个连续引物之间的距离（默认值为 250 个核苷酸）。

　　4. Accuracy: Primer3Plus 搜索最佳引物的区域范围（默认值为 20 个核苷酸）。

　　5. Pick reverse primer: 此外，在反义链上选取引物（默认为自动选择该选项）。

当对这些参数进行设置时，请记得基于 "Spacing" 和 "Interval" 的设置，在 "General Settings" 中将 "Product Size Ranges" 改变至合适的大小。

在一个特定位置的克隆产物起始或终止

将图 8-12 中的 "Task" 改为 "Cloning"，使用花括号界定你想要进行克隆的区域，并在 "Fix the x prime end of the primer" 文本框（图 8-12 中蓝色强调部分的旁边）中输入 5 或 3。这样做可以将引物的 5'端或 3'端设置在被标记区域的边界上。以上做法在 PCR 产物的阅读框必须是确定的情况下非常有用。

检查选中引物的特异性

一种直观的方法就是采用 BLAST 将引物与相应的基因组和转录组进行比较，以确保每个引物的命中结果尽可能少，并且命中的结果中包含模板序列。由于引物相对较短，所以可将 E 值阈值调整至 200，从而检测到更多的潜在可能脱靶的目标。如方案 2 所描述，对应于相似性得分的 E 值，被定义为在随机条件下大于或等于查询序列得分的序列数目。

 ## 讨论

当引物与非目标区域进行结合时，结果可能会具有严重的误导性。使用 BLAST 来检查每一条引物的所有可能靶标是在使用引物前应该被执行的一项简单筛查工作。另外，如果你使用基因序列来设计用于 mRNA（如寻找可能的亚型）扩增的引物，请务必谨慎且避免引物与内含子或非转录区域结合。还有，在设计引物时请考虑到 mRNA 的选择性剪切及可能的连接位点。一些引物设计工具可以找到定位于连接位点的引物，以增加它们的特异性（Arvidsson et al. 2008）。这个小技巧在避免引物与被污染的 DNA 进行结合时尤其有效。DNA 污染在 qPCR（定量 PCR）和 real-time PCR 文库准备中非常常见。

✿ 引物设计

用于引物设计的主要原则如下。

1. 特异性。为了在 PCR 实验中对目标 DNA 进行扩增，两端引物会与目标 DNA 的有义链和反义链的 3′端复性结合。在理想情况下，引物应该足够长，这样它们就可以和目标序列进行独一无二的特异性结合。此外，引物应该避免存在与重复片段［如短散步重复序列（SINE）和长散步重复序列（LINE）］互补的序列，这样就能避免对基因组中非目标区域进行扩增。

2. 效率。平均而言，较短的引物与目标区域进行结合的效率高于较长的引物；然而，引物越短，其特异性就越差。作为特异性和效率之间的折中，引物长度应该为 18～24 个核苷酸。

3. 解链温度（melting temperature）。在一个 PCR 循环中，引物与目标序列在复性阶段形成双链分子，双链分子在变性阶段解链。其中，复性阶段的温度低于变性阶段的温度。因此，一对好的引物应该具有适宜且相似的解链温度。下面是由 Marmur 和 Doty（1962）提出的公式，用于估算引物的解链温度，目前被广泛使用：

$$解链温度 = 2℃ \times (N_A + N_T) + 4℃ \times (N_G + N_C)$$

式中，N_A、N_T、N_G、N_C 依次为引物中 A、T、G、C 的数目。通常，引物的解链温度应为大约 60℃。然而，以上公式不适用于长引物（>13 个核苷酸）；因此，目前被推荐的做法是使用由 SantaLucia Jr.（1998）提出的最近邻参数集（the nearest-neighbor parameter set）来设计所有长度的引物。

4. GC 含量。除了在计算解链温度时要考虑 GC 含量，在设计引物时也应该将 GC 含量控制为大约 50%，并且避免出现长的 GC 片段。高 GC 含量会使得引物具有"黏性"并使引物与模板中非目标区域结合的概率增加。长片段的 poly（G,C）会导致引物与模板中的长 GC 片段发生非特异性结合。

另一方面，poly（A,T）片段会导致配对结合不稳定，进而导致引物-模板双链分子的解链。如果可能，请控制 poly（T,C）和 poly（A,G）片段出现的次数，因为它们可以诱导引物-模板双链分子中出现非预期的二级结构。此外，引物的 3′端应为 G 或者 C，这样该引物就能与目标区域发生有益的紧密结合。这个结构被称为 G/C 夹（G/C clamp, Lowe et al. 1990）。

5. 发夹结构与引物二聚体。由于下列情况是可能的——引物自身有可能形成一个稳定的二级结构，或两条相同引物之间形成同源二聚体（homodimer），或两条不同引物之间形成异源二聚体（heterodimer）（Hillier and Green 1991），因此，为了防止以上错配的发生，应该避免引物自身或引物之间存在互补序列。

如上文所描述的，设计好的引物通常需要深入的分析。Primer3Plus 是一个有效的用于引物设计的网络服务器。本方案演示了如何使用 Primer3Plus 设计引物以对基因的表达水平进行测量（Rozen and Skaletsky 2000; Untergasser et al. 2007）。请注意，Primer3Plus 还可以执行其他需要引物的任务，如克隆与测序等（详见帮助页面 http://www.bioinformatics.nl/cgi-bin/ primer3plus/ primer3plusHelp.cgi）。

为了沉默一个转录物而设计一个 siRNA 双链分子的过程，与为检测一个转录物设计 PCR 引物的过程非常相似；然而，在其他限制条件（Arvidsson et al. 2008）下，有一个叫做"siRNA Target Finder"的网络服务器可以用于设计 siRNA：http://www.ambion.com/techlib/misc/siRNA_finder.html。为了避免脱靶效应导致意外的基因表达被抑制，需要进行 BLAST 搜索。

许多引物设计工具可以通过 Internet 免费使用，其中某些工具具有特殊用途（表 8-2）。

普通 PCR 引物设计工具，如 Primer3Plus（Untergasser et al.2007）、Primo Pro、GeneFisher2（Giegerich et al. 1996）和 Primer-BLAST 也可以用于实时 PCR 实验。但是使用 PCR Now、QuantPrime（Arvidsson et al. 2008）和 AutoPrime（Wrobel et al. 2004）等实时 PCR 专用工具则可以得到特异性更高的引物。为便于快速查询，表格中还包括了 2 个 siRNA 双链分子设计工具。

表 8-2　其他引物设计工具

工具	URL	类型	特征
Primo Pro	http://www.changbioscience.com/primo/primo.html	PCR	使用人类转录组来分析并降低随机引物的概率
GeneFisher2	http://bibiserv.techfak.uni-bielefeld.de/genefisher2/	PCR	允许输入多个来自密切相关生物的序列，根据保守序列设计引物
Primer-BLAST	http://www.ncbi.nlm.nih.gov/tools/primer-blast/	PCR	为每个引物执行 BLAST 比较以自动过滤非特异性的引物
PCR Now	http://pathogene.vbi.vt.edu/rt_primer/	Real-time PCR	使用"通用的"包含人类和啮齿文库的错配文库来提高引物特异性
QuantPrime	http://www.quantprime.de/	Real-time PCR	使用外显子-外显子链接和 BLAST 搜索来提高引物特异性
AutoPrime	http://www.autoprime.de/ AutoPrimeWeb	Real-time PCR	使用关于外显子边界信息来提高引物特异性
siRNA Target Finder	http://www.ambion.com/techlib/misc/siRNA_finder.html	siRNA	设计 siRNA 双链分子并进行 BLAST 比较来提高特异性
RNAi Design	http://www.idtdna.com/Scitools/Applications/RNAi/RNAi.aspx	siRNA	设计 siRNA 双链分子

互联网信息

AutoPrime http://www.autoprime.de/AutoPrimeWeb

GeneFisher2 http://bibiserv.techfak.uni-bielefeld.de/genefisher2/

NCBI nucleotide database http://www.ncbi.nlm.nih.gov/nuccore/21598278?report=fasta

PCR Now http://pathogene.vbi.vt.edu/rt_primer/

Primer-BLAST http://www.ncbi.nlm.nih.gov/tools/primer-blast/

Primer3Plus http://www.bioinformatics.nl/cgi-bin/primer3plus/primer3plus.cgi

Primo Pro http://www.changbioscience.com/primo/primo.html

QuantPrime http://www.quantprime.de/

RNAi Design http://www.idtdna.com/Scitools/Applications/RNAi/RNAi.aspx

siRNA Target Finder http://www.ambion.com/techlib/misc/siRNA_finder.html

●基于微阵列和 RNA-seq 的表达谱分析简介

基因表达谱（expression profile）是指在涉及多种细胞类型、不同处理方法或环境条件下的多个实验中，同时测量大量基因的表达水平（通常指某个基因组中的所有基因）。通过微阵列或下一代测序技术（RNA-seq）检测 mRNA 水平来获得表达谱（见第 10 章和第 11 章）。

一张微阵列上包含了上千至上百万的可以与样本中特定 RNA 分子杂交的互补 DNA（cDNA）片段或寡核苷酸（称为探针，probe）；这些特定 RNA 在进行杂交前会被纯化，有时可能被扩增，并用荧光进行标记。通常，为了便于比较实验组与对照组，被不同染料标记的实验 RNA 和对照 RNA 会同步进行杂交。洗脱之后，荧光成像的结果将显示目标 RNA 的表达水平。由于通常情况下探针序列是已知的，因此，微阵列常常被设计用于分析已知基因的表达水平。与此不同的贴瓦阵列（tiling array），由于包含了沿整个基因组均匀且密集分布的探针，可以用来捕获选择性剪接的外显子和新的转录物。对 RNA-seq（RNA 测序技术）来说，被纯化的 RNA 样本被直接剪切并测序（见第 11 章，方案 9）。特别地，双端测序读段（paired-end reads）在发现相隔远的外显子之间连接时非常有用，该方法特别有助于测定可变剪接事件。

微阵列：从探针强度到基因表达水平

许多因素都能导致微阵列数据中的噪声，以下是一些例子。

（1）扫描仪设置通常不同，结果导致不同微阵列总亮度之间存在差异。

（2）各个微阵列的杂交条件可能不同。

（3）各个微阵列的杂交反应完成程度可能不同。

（4）不同微阵列中用于杂交的 RNA 数量不同。

（5）在双色微阵列中，一种染料总是比另一种更容易结合；且两种染料之间结合程度的差异在各微阵列中也不同。

（6）两种染料之间存在荧光猝灭和重吸收现象，这些现象会根据浓度发生变化。

因此，原始微阵列数据在用于数据分析之前必须进行标准化。标准化的目的是减小技术误差和系统误差，相应地，使基因之间和微阵列之间的生物学差异更为明显。科学文献中已描述了多种对微阵列数据进行标准化的方法。一些方法假设噪声来自于探针序列，尤其是序列中的 GC 核苷酸含量，因为 GC 相比 AT 将导致更强的碱基配对（Dudoit et al. 2002；Song et al. 2007）。而其他方法并没有假设噪声与序列相关（Irizarry et al. 2003；Li 2008）。

每个微阵列中都存在对照探针，这些对照探针的序列是精心设计的，不会与样品中的 RNA 分子发生特异性杂交。因此，这些探针的平均强度（mean intensities）显示了（相应染料的）背景荧光，微阵列中的所有其他探针的强度应减去这个平均强度。

标准化的最简单方法是假设各个微列阵上杂交的 RNA 数量是相同的，并且通常设定 RNA 数量由 log（探针强度）（即探针强度取对数）来表示。因而，当存在 N 个微阵列时，可以取出其中一个阵列为标准，在假定各个样本平均 log（探针强度）相同的情况下，计算其他 $N-1$ 个样本的换算系数（scaling factor）。平均数（mean）受到异常值（outlier）的强烈影响，中位数（median）或截尾平均数（trimmed mean）在计算换算系数时是一种更为稳健的度量标准。异常值是由荧光强度分布的最顶端的异常事件导致的，例如，亮度最强的探针仅在部分微阵列中达到饱和，而在其他微阵列中不饱和。在计算截尾平均数时，具有最极端的强度值（如前 25% 和后 25%）的探针将被排除。

分位数标准化（quantile normalization）是一种概念清晰、技术简单的对微阵列数据进行标准化的方法（Bolstad et al. 2003）。这种方法假设，尽管个别探针在强度分布中的排序位置可能不同，所有样品中的探针强度分布都是相同的，而且是与序列相关的。因此，每个微阵列中的探针强度分布被标准化为所有微阵列中探针的联合分布（pooled distribution）。这个方法通过以下 4 个步骤进行。

（1）根据每个微阵列中的探针强度，将探针排序。

（2）计算排序后每个位置的探针平均强度。

（3）将相应位置的探针强度替换为计算得到的平均值。

（4）将数据顺序重新调整为最初的探针顺序。

图 8-15 展现了由包含 10 个探针的相同微阵列所产生的 3 组数据标准化的具体过程。分位数标准化消除了大部分技术偏差，但如果一些基因的表达水平在阵列之间差别较大，分位数标准化过程可能会低估大多数差异表达基因。为了提高敏感性，通常会设计多个探针来覆盖一个基因，这些探针被称为一个探针组。在本例中，分位数标准化过程仍在探针水平上进行，基因的表达水平由一个探针组中被标准化的探针的联合强度来表示，如使用平均值、中位数或概要统计（summary statistics）等联合强度。

STEP 1. Tabulate probe intensities.

Probe	Array 1	Array 2	Array 3
A	2.17	13.98	4.30
B	2.79	3.34	4.10
C	2.94	3.90	0.67
D	2.20	3.30	4.51
E	2.22	3.50	4.78
F	2.42	3.28	4.12
G	10.89	3.02	4.45
H	2.85	3.70	4.56
I	2.29	3.86	4.29
J	2.54	3.35	4.64
Mean	3.33	4.52	4.44

STEP 2. Rank probes in each array.

Rank	Array 1	Array 2	Array 3	Mean
1	2.17(A)	3.02(G)	0.67(C)	1.96
2	2.20(D)	3.28(F)	4.10(B)	3.19
3	2.22(E)	3.30(D)	4.12(F)	3.21
4	2.29(I)	3.34(B)	4.29(I)	3.31
5	2.42(F)	3.35(J)	4.30(A)	3.36
6	2.54(J)	3.50(E)	4.45(G)	3.49
7	2.79(B)	3.70(H)	4.51(D)	3.67
8	2.85(H)	3.86(I)	4.56(H)	3.75
9	2.94(C)	3.90(C)	4.64(J)	3.83
10	10.89(G)	13.98(A)	4.78(E)	9.89
Mean	3.33	4.52	4.44	3.96

STEP 3. Substitute intensity with mean in each rank.

Rank	Array 1	Array 2	Array 3
1	1.96(A)	1.96(G)	1.96(C)
2	3.19(D)	3.19(F)	3.19(B)
3	3.21(E)	3.21(D)	3.21(F)
4	3.31(H)	3.31(B)	3.31(I)
5	3.36(F)	3.36(J)	3.36(A)
6	3.49(J)	3.49(E)	3.49(G)
7	3.67(B)	3.67(H)	3.67(D)
8	3.75(H)	3.75(I)	3.75(H)
9	3.83(C)	3.83(C)	3.83(J)
10	9.89(G)	9.89(A)	9.89(E)
Mean	3.96	3.96	3.96

STEP 4. Restore the probe order.

Probe	Array 1	Array 2	Array 3
A	1.96	9.89	3.36
B	3.67	3.31	3.19
C	3.83	3.83	1.96
D	3.19	3.21	3.67
E	3.21	3.49	9.89
F	3.36	3.19	3.21
G	9.89	1.96	3.49
H	3.75	3.67	3.75
I	3.31	3.75	3.31
J	3.49	3.36	3.83
Mean	3.96	3.96	3.96

图 8-15　分位数标准化步骤。（步骤 1）原始探针强度被整理成表格形式，表格中每一列代表一个样本，每一行代表一个探针。（步骤 2）每个阵列的探针都根据其强度进行排列。探针 ID 被记录在括号内。计算排序后的每一行的平均强度，如红色部分所示。（步骤 3）在所有阵列中的每个排序位置，用计算得到的平均值替代探针强度。（步骤 4）将新的探针数据调整至它们的原始位置。现在每个阵列的平均值是相同的（彩图请扫封底二维码）。

一些更为复杂的标准化方法由软件包支持，如 RMA（Irizarry et al. 2003）、dChip（Li 2008; www.dchip.org）、MAT（Dudoit et al. 2002）和 MA2C（Song et al. 2007）。RMA 和许多其他的工具都被包括在 Bioconductor 包中（www.bioconductor.org）。在进行标准化以后，如果一个基因由多个探针表示，该基因的表达水平就可以用这些探针强度的中位数或者截尾平均数表示。

🔬 RNA-seq：从序列读段到转录物的表达水平

RNA-seq 得到的序列读段可以通过方案 5 中描述的方法，被定位至注释后的转录组中。一个转录物的表达水平由被定位至该转录物的读段总数所表示，其单位为每百万个读段中的转录物上每千个碱基上的读段数（RPKM）。被定位至多个转录物上的读段可以根据那些被专一地定位至相应转录物中的读段的数量进行分配。已证明包含这些被多重定位的片段会提高 RNA-seq 和微列阵间的相关性（Mortazavi et al. 2008）。

由于大多数物种的转录物尚未被完全注释，所以那些未能被定位的读段有可能是源自新的剪切体和新基因。目前，基于 RNA-seq 数据，已开发了很多算法发现新的外显子之间的连接［例如，TopHat（Trapnell et al. 2009）和 SpliceMap（Au et al. 2010）］。这些方法首先将读段定位至基因组上，以发现可能的外显子（被连续定位的读段所覆盖的区域），然后构建一系列可能的外显子连接，并以之为基础定位其他读段。

一些双端测序读段（paired-end reads）显示，在基因组坐标上距离较远的成对外显子有时候会分布在单个转录物上。Cufflinks 是一个为运用这些信息而特别设计的程序（Trapnell et al. 2010），基于该软件，可以构建由 TopHat 软件定位读段所支持的一组简约转录物，此外，这个程序可以通过一个统计学模型来估计这些转录物的丰度。转录物丰度通过每百万个被定位片段中的外显子中每千个碱基包含的片段数来估计（FPKM），其中，片段代表双端测序读段所界定的 RNA 片段。基于双端测序读段的 FPKM 与上述提及的基于单端测序的 RPKM 等价。Cufflinks 可以使用一个被注释的转录组作为输入内容，此外，它还可以完全根据由 TopHat 产生的从头组装的转录物作为输入。当输入来自两个样本的 RNA-seq 数据时，Cufflinks（与 TopHat 联接）还可以对这两个样本中不同的转录物进行报告，包括选择性剪接和表达变化。

可以采用 UCSC（见方案 1）等基因组浏览器可视化微列阵和 RNA-seq 数据。

检测差异表达的转录物

进行表达谱分析的主要目的是检测在不同类型细胞或不同处理条件下差异表达的转录物。为了评估结果的统计学意义，需要每种细胞类型或者处理条件下的多个生物样本，即生物重复（biological replicates）。生物重复是指经过相同处理所分离出的生物样本，例如，来自不同个体的细胞，或者来自不同批次的细胞培养物的样本。相比之下，技术性重复（technical replicates）是指基于同一生物样本的等分所获得的多个样本。典型地，为了获得充分的统计学判别能力，每种细胞类型或者每种处理条件下需要 3～6 个生物样本。

例如，想象你正在利用微阵列或者 RNA-seq 实验来测定 M 个疾病样本和 N 个对照样本中的基因表达水平，一个特定转录物的平均表达水平在疾病组中为 m_D，在对照组中为 m_C。凭直觉，$m_D \gg m_C$（或者 $m_D \ll m_C$）表示该转录物在疾病样本被过表达（或被低表达）。一个相关问题就是"有多大的可信度表明该转录物是差异表达的"，该问题依赖于在基因表达水平中随机观察到这样差异的概率。这个概率被定义为 p 值，而"零假设（null hypothesis）"是一种用于定义"随机"的统计学描述（statistical scenario）。零假设可以通过一个数学公式进行描述（称为 analytical null，分析零假设），或者通过计算机模拟进行估计（称为 empirical null，经验零假设）。

标准 t 检验是一种常用的统计学检验，可以用来评价一个转录物在两组样本中的差异表达情况。统计量 t 被定义为两组数据的平均数之差除以两组数据的联合标准误。该统计量服从自由度为 $M+N-2$ 的 t 分布。t 分布的数学特征使我们可以计算出与转录物相关的 p 值。因此，t 检验使用了一个分析零假设。

我们可以计算出基于微列阵或 RNA-seq 获得的每个转录物 p 值。p 值小于某个预先设定的置信水平（被称为犯第 I 类错误的概率，通常用 α 来表示）的转录物构成一个原始的差异表达转录物列表，该列表中的数据将被用于下一部分所描述的多重检验校正（multiple testing correction）。

标准 t 检验假设一个转录物的表达水平符合一个正态分布，且用于比较的两组数据具有相同的方差（variance）。如果正态性假设不成立，我们可以使用 Wilcoxon 秩和检验（Wilcoxon rank sum test）或者 SAM（significance analysis of microarrays，微阵列显著性分析）（Tusher et al. 2001）作为替代（详见信息栏"算法、门户网站和方法"）。当有足够多的生物样本时（每组中含有 6 个或者更多样本），我们可以使用计算机模拟来产生一个零假设分布（经验零假设）。通过置换检验（permutation test）将各表达水平数据的样本标志（疾病组和对照组）进行随机变换，并重新计算统计量 t。此时，每个转录物的 p 值为一个百分比，其分子为 t 统计量大于或等于标签正确情况下的 t 统计量的置换数，分母为总的置换数。

　　不管我们采用哪一种方法计算转录物的 p 值，根据 p 值与表达水平倍数（fold changes，两组数据平均表达水平的比值）进行作图都可以带给我们大量信息。因为一个转录物，由于在同一类型样本中的巨大变化（有时由一个异常样本引起），尽管有较高的倍数，但 p 值较大。反之，其他一些转录物，尽管其倍数变化较小，p 值仍较小。在进一步研究中，你或许想排除以上两种或其中一种情况的转录物。基于 p 值与倍数变化所作的图（图 8-16），依据其形状被称为"火山图（volcano plot）"。该图的横坐标为两组数据之间的倍数变化值（被转换为 $\log_2$ 值，这样过表达和低表达的数据就能够对称），纵坐标为 p 值，通常情况下使用 p 值的负对数 $[-\log(p)]$ 变换来作图，这样较小的 p 值就能够位于较高的位置。横坐标显示了表达变化的生物学影响；纵坐标显示了相应变化的统计学显著性或可靠性。使用交互式程序来查看火山图将十份便利，因为这样点击图上的某一数据点就能看到对应的转录物的属性。然后我们就可以使用 UCSC 等基因组浏览器（Karolchik et al. 2004）（详见方案 1）来可视化检查所有样品中差异表达的基因的表达数据。

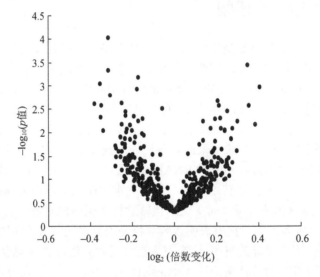

图 8-16　火山图。每一点都代表了一种转录物。p 值由 t 检验计算得到。左上角和右上角的转录物更有可能是差异表达的。可以使用一个 p 值阈值和一个倍数变化阈值来找到这样的转录物（彩图请扫封底二维码）。

多重检验和 FDR 校正

　　如之前所定义的，p 值是指随机条件下，某转录物的差异表达得分（如由统计量 t 计算得到）大于或等于某观察值的概率。对一个具有 100 000 条转录物的转录组来说，我们需要计算 100 000 个 p 值。在这个例子中，如果 p 值<0.001 的转录物被认为是差异表达的，那么可以预期将在该转录组中随机检测到 100 条差异表达的转录物（100 000×0.001 = 100）。因此，如果统计检验发现有 200 条 p 值<0.001 的转录物，则其中一半的转录物为假阳性。多重检验校正是指基于一定次数的试验，采用各种统计学方法来校正统计学上的可信度估计值。在基因组尺度的研究中，最常见的多重检验校正是错误发现率（false discovery rate，FDR）。FDR 定义为预测结果为假阳性的比例：FDR = 假阳性/（假阳性+真阳性）。在之前的例子中，FDR 等于 50%（200 个预测结果中有 100 个假阳性结果），这个 FDR 值明显过高，使得该预测结果不具有生物学意义。因此，我们希望获得更少的预测结果（p 值小于 0.001 的情况）来得到一个合理的 FDR 值，即 0.05 或者 0.01，Benjamini 和 Hochberg（1995）提出了一种广泛使用的方法来控制 FDR。把所有转录物根据其差异表达的 p 值由低到高进行排列。如果我们得到了 k 个预测结果，

那么 FDR 值就是排序高于第 k 位的假阳性转录物所占比例。换言之，FDR 就是被错误预测为差异表达的基因所占的比例，即这些基因实际上没有差异表达。假设第 k 位基因的 p 值为 p_k，而微阵列实验总共对 M 个基因进行测量，我们就可以预计 $M \times p_k$ 个基因为假阳性。因此，k 个基因中假阳性的比例（即 FDR）为 $M \times p_k/k$。在上述推理过程中，我们使用了一个分析零假设模型来计算 FDR 值，因为我们使用 p 值定义计算预期假阳性结果的数量。对多重检验校正和 FDR 的进一步讨论见 Storey 和 Tibshirani（2003）及 Noble（2009）的文章。

方案 4　使用微阵列和 RNA-seq 进行表达序列谱分析

由于没有广泛使用的具有图形用户界面的 RNA-seq 数据分析软件，本方案提供了一个通过 Babelomics（Medina et al.2010; http://babelomics.bioinfo.cipf.es/）对微阵列数据进行分析的例子。这个分析过程涉及分位数标准化，其次是检测与人类致癌基因 c-*Myc* 转至小鼠相关的差异表达基因。最后，使用 Cluster 程序（Eisen et al. 1998; de Hoon et al. 2004; http:// bonsai.hgc.jp/~mdehoon/software/cluster/）对这些差异表达的基因进行层次聚类（hierarchical clustering），然后使用 TreeView（Saldanha 2004；http://sourceforge.net/projects/jtreeview/files/）对结果进行可视化。

材料

仪器

Babelomics（http://babelomics.bioinfo.cipf.es/）
Cluster（http://bonsai.hgc.jp/~mdehoon/software/cluster/）
具有 Internet 连接和网页浏览器的电脑
Java virtual machine（JVM）
　　　　本方案中介绍的聚类和可视化程序被称为 TreeView，其运行需要电脑上安装了 JVM。请从 java 官方网站（http://www.java.com/en/download/index.jsp）上下载最新版本的 JVM。
TreeView（http://sourceforge.net/projects/jtreeview/files/）

方法

提交数据

1. Affymetrix 微阵列数据是 CEL 格式的。双色微阵列（如 Agilent 和 Genepix）的原始数据是 TXT 格式的。Babelomics 可以将一个 zip 文件作为输入，该 zip 文件由一个项目涉及的所有数据文件压缩而来。

　　i. 例如，从基因表达数据库 GEO 中下载一个关于 c-*Myc* 转基因小鼠的 Affymetrix 数据集（GEO, NCBI 上的微阵列和测序数据集的数据库）（Edgar et al. 2002）：ftp://ftp.ncbi.nih. gov/pub/geo/DATA/supplementary/series/GSE10954/。该链接指向一个名为 GSE10954_RAW.tar 的文件，该文件包含了 8 个被分别压缩的 CEL 文件，从 GSM277567.cel 到 GSM277583.cel。前 4 个样本来自于具有一个 c-*Myc* 转基因的小鼠，剩下 4 个样本则来自非转基因对照样本。

　　ii. 将 8 个文件解压缩，然后将它们压缩至一个文件，并命名为 cMyc.zip。

2. 登录 Babelomics 网站（http://babelomics.bioinfo.cipf.es/）
   i. 点击"Upload data"，如图 8-17 所示。

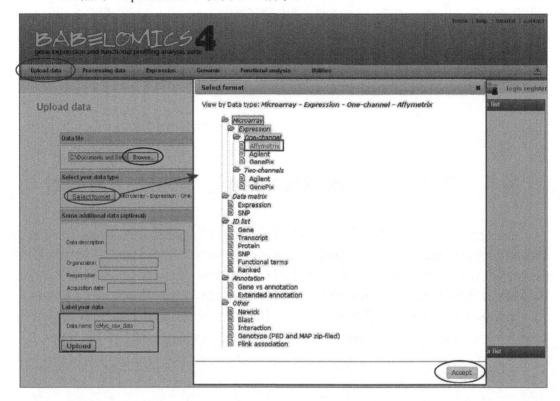

图 8-17 Babelomics 数据上传窗口。点击"Browse"上传名为 cMyc.zip 的数据文件。将格式选择"Affymetrix"，在弹出的"Select format"面板中点击"Accept"，然后将数据名设置为"cMyc_raw_data"。点击"Upload"上传文件（彩图请扫封底二维码）。

　ii. 上传 cMyc.zip 文件后，点击"Select format"，选择"Microarray"→"Expression"→"One-channel"→"Affymetrix"，然后在弹出面板中点击"Accept"。

　iii. 将数据名设置为"cMyc_raw_data"。

　iv. 点击"Upload"来提交文件，等待确认过程完成。所有提交的数据都被列在"Data list"面板中。

3. 在数据上传完成后，"Data list"面板中数据状态将变为"valid"。

　i. 为了在标准化之前对原始数据的表达强度进行检查，点击"Utilities"页面中的"Microarrayraw-data plot"链接。

　ii. 在链接的页面中，点击"browse server"，选择"Uploaded data"→"cMyc_raw_Data"，然后点击"Accept"。

　iii. 将作业名设置为"CMyc_original_boxplot"，然后点击"Run"。

　iv. 当作业完成后，在"Job list"面板中点击它，然后点击"Box-plots"链接来查看如图 8-18 所示的箱型图（box plots）。

　　　每个箱型图都显示了一个样本的概要统计（summary statistics），图中箱型包含了中间 50% 的数据，箱型的上边缘（下边缘）表示了数据的第 75（25）百分位的数据，垂直的线条表示了最大值和最小值。我们可以看到在本例中的 8 个数据集具有不同的强度分布。

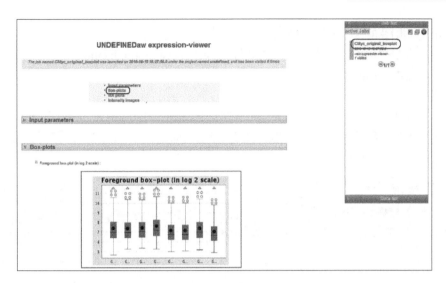

图 8-18　点击"Job list"面板中的"CMyc_original_boxplot"，然后点击"Box-plots"来查看 8 个样本的探针强度的箱型图，如绿色矩形中所示。每个箱型都代表了第一个分位数（第 25 百分位的数据或 Q1；箱型的底部线条）、第二个分位数（第 50 百分位的数据，即中位数，箱型种间的水平线）和第三个分位数（第 75 百分位的数据或 Q2，箱型的顶部线条）。两端线条代表了排除异常值后数据中的最大值和最小值。线条末端之外的圆圈是被归为异常值的数据，没有被用于分位数标准化过程（彩图请扫封底二维码）。

分位数标准化

4．执行分位数标准化：

　　i．在"Processing data"页面中点击"Affymetrix"（图 8-19）。

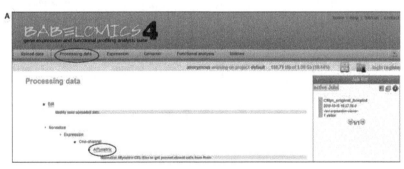

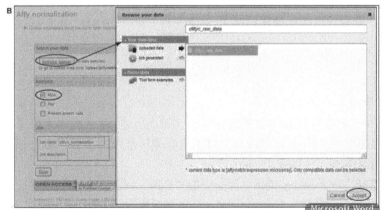

图 8-19　提交标准化作业。（A）选择"Affymetrix"以前往"Affymetrix normalization"作业数据提交。（B）使用"RMA"分位数标准化方法，对名为"cMyc_raw_data"的数据集进行标准化（彩图请扫封底二维码）。

ⅱ．点击图 8-19B 中红色椭圆所示的"browse server"。

ⅲ．点击"RMA"，然后将该作业标记为"cMyc_normalization"。

ⅳ．点击"Run"。

5．当标准化作业完成后，

ⅰ．点击图 8-20 右侧"Job list"面板中红色圈所示的"cMyc_normalization"。

ⅱ．点击图 8-20 中间红色椭圆所示的"Box-plots"，查看标准化后的箱型图。

在分位数标准化后，很明显，8 个样本的强度分布几乎一样。

图 8-20　查看分位数标准化的结果。蓝色矩形中显示的为 RMA 处理后的箱型图（彩图请扫封底二维码）。

差异表达基因检测

6．为了检测到差异表达基因：

ⅰ．首先，对各个样本的表型进行赋值。如上所述，4 个样本来自于具有 *c-Myc* 转基因的小鼠，其余 4 个样本来自于没有该转基因的小鼠。将进行 *t* 检验来比较这两组样本（见步骤 7）。

ⅱ．选择"Processing data"页面中的"Edit"（图 8-21A），然后在接下来的查询页面中，通过点击"browse server"选择被标准化的数据，选择"Job generated"→"cMyc_normalization"→"rma.summary"，然后点击"Accept"。

ⅲ．点击如图 8-21B 所示的绿色椭圆中的"Create new variable"。填写"Phenotype"，

选择"CATEGORICAL"然后在弹出面板中点击"OK"。

iv. 点击如黄色圆圈所示的魔术棒（magic wand）按钮，输入"c-Myc_transgenic"作为一种表型（phenotype），然后点击"OK"。再次点击魔术棒按钮以输入另一种表型"Control"。

v. 点击图 8-21B 中紫色圆圈所示的信息按钮，然后在图中所示的紫色框中设定每个样本的表型值（phenotype values）。

vi. 点击"submit"以完成表型设置。

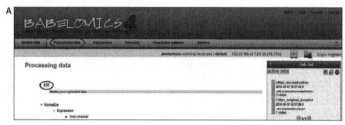

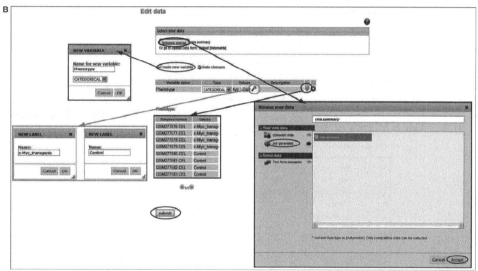

图 8-21　为各样本设置表型。（A）点击"Processing data"，然后点击"Edit"，如图中红色椭圆内所示。（B）选择由标准化作业产生的"rma.summary"文件，如图中蓝色大方框所示。为新变量（绿色框内）设定"Phenotype"和"CATEGORICAL"。设置为两类："c-Myc_transgenic"和"Control"（黄色矩形内）。最后为各样本输入表型类型（紫色框内）（彩图请扫封底二维码）。

7. 执行 *t* 检验，

i. 在工具条中选择"Expression"（图 8-21A），然后点击"Class comparison"以前往"Differential expression: class comparison"作业提交页面。在此页面中，点击"Browse server"→"Job generated"→"cMyc_normalization"→"rma.summary"，然后点击"Accept"。

ii. 将分组名选择为"Phenotype"，然后选择"C-Myc_transgenic"和"Control"。

iii. 选中"T-test"，选择"Benjamini and Hochberg (BH), FDR"作为多重检验校正的方法。

iv. 输入 0.05 作为 FDR 临界值（cutoff），然后设定"cMyc_T_test"作为作业名称。

v. 点击"Run"。

8. 当 *t* 检验作业完成后，

i. 点击"Job list"栏中的"cMyc_T_test"，该项显示存在 789 个显著性（FDR<0.05）

差异表达的基因（图 8-22）。

ii. 点击"t_significative_dataset.txt"，保存上述差异表达基因列表，用于后续的聚类分析（clustering analysis）。

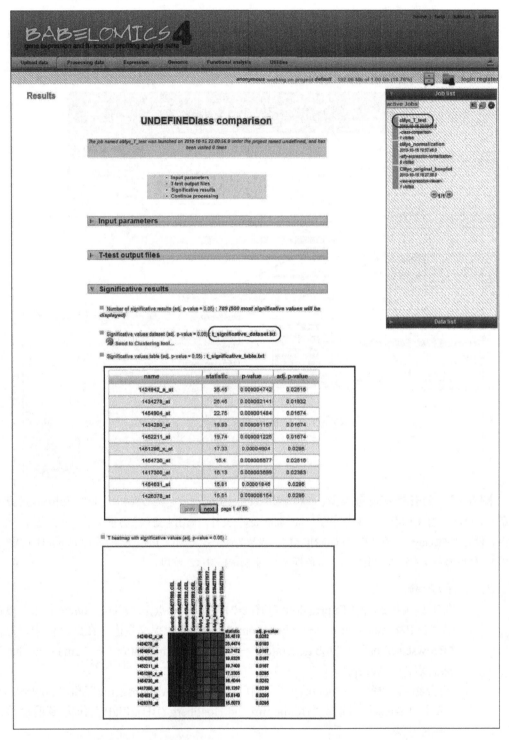

图 8-22 查看 *t* 检验作业的结果。在"Significant results"部分中，下载"t_significative_dataset.txt"文件用于下游分析。在蓝色框中，所有 FDR 低于（0.05）的探针都可以通过点击"prev"和"next"按钮来浏览。在下方绿色框中，显示的是 8 个样本中所有显著性探针的热图（heat map）（彩图请扫封底二维码）。

差异表达基因聚类

对差异表达基因进行聚类通常能够获得很多信息，因为具有相似表达模式的一个基因集合能揭示被改变的调控过程。

9. 下载 Cluster（Eisen et al. 1998; de Hoon et al. 2004; http://bonsai.hgc.jp/~mdehoon/software/cluster/）和 Treeview（Saldanha 2004; http://sourceforge.net/projects/jtreeview/files/）。

 i. 去除由步骤 8 所生成文件 "t_significative_dataset.txt" 中的标题（header），因为 Cluster 不允许文件中含有标题。

 ii. 运行 Cluster，然后选中 "File" → "Open" → "t_significative_dataset.txt"。

 iii. 点击 "Adjust Data" 页面，将 "Center genes" 设置为 "Median"，并将 "Center arrays" 设置为 "Median"，然后点击 "Apply"（图 8-23A）。

 iv. 点击 "Hierarchical" 页面（图 8-23B），选中 "Cluster"，然后在 "Genes" 和 "Arrays" 面板中均选择 "Correlation (centered)"。

 v. 点击 "Centroid linkage" 作为聚类方法，然后等待状态栏中出现 "Done Clustering" 的信息（图 8-23B）。将产生一个名为 "t_significative_dataset.cdt" 的文件，这个文件将作为下一步骤中 Treeview 程序的输入内容。

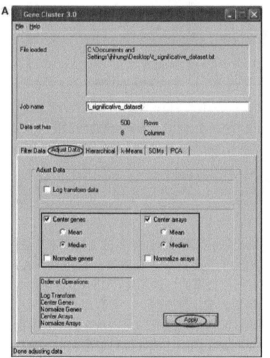
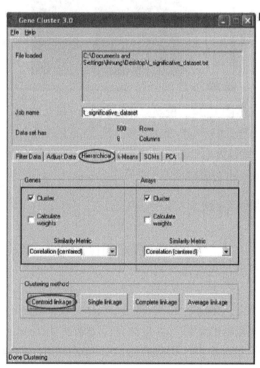

图 8-23　Cluster 3.0。（A）在 "Adjust Data" 页面（红色椭圆中），将 "Center genes" 和 "Center arrays" 均选为 "Median"。（B）在 "Hierarchical" 页面（红色椭圆中），选中 "Cluster"，然后在 "Genes" 和 "Arrays" 中均选择 "Correlation (centered)"。点击 "Centroid linkage"，然后等待窗口底部出现 "Done Clustering"（彩图请扫封底二维码）。

10. 为了可视化聚类结果，运行 Java 程序 Treeview，然后打开步骤 9.v 中产生的文件 "t_significative_dataset.cdt"。最终聚类的可视化结果如图 8-24 所示。具有相似表达模式的基因簇可以被仔细检查，并用于进一步分析，如检测该基因簇在功能分类中的富集情况。

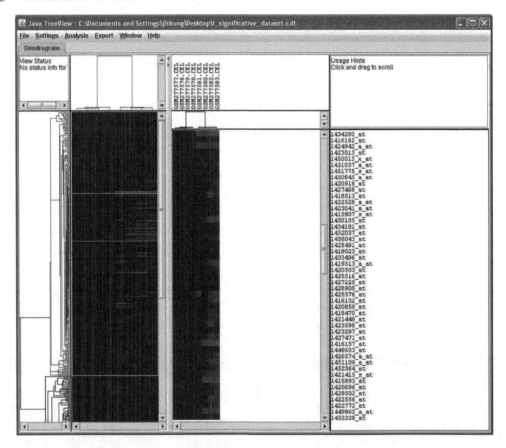

图 8-24　聚类结果可视化。（最左栏）基于层次聚类构建的完整系统树图。图中有两个大的基因簇和两个样本簇。上侧的基因簇（红色系统树）由 c-Myc 转基因样本中的上调基因组成。在另一个基因簇中的基因（未显示）为被下调的基因。（中间栏）最左栏中青色框内部分的放大图。（最右栏）相应的探针名称（彩图请扫封底二维码）。

讨论

　　基于基因的微列阵仍旧比 RNA-seq 便宜，因此使得实验可以在更多的生物样本上进行；然而，通常微阵列的噪声更高，且不能对基因组中的重复区域进行测量。此外，RNA-seq可以用来发现新转录物和新的选择性剪接。随着测序技术的快速发展，RNA-seq 可能会成为表达谱分析的主要技术。RNA-seq 数据分析需要大量计算资源。大多数用于分析深度测序数据的计算工具是命令行驱动的（command-line driven），缺乏一个图形化的用户界面。在方案 6 中，我们描述了 Galaxy（http://main.g2.bx.psu.edu/），该软件可以整合用于分析大尺度基因组、比较基因组和功能基因组数据的软件工具。Galaxy 的一大优势就是通过一个网页浏览器，使那些不知道如何编写软件的用户进行复杂的大规模数据分析。用户可以执行独立的程序或者通过拖拽单个程序建立一个类似于管道的工作流程，将各程序的输入和输出进行配对并设置必要的参数，目前，用于分析 RNA-seq 数据的 TopHat（Trapnell et al.2009）和 Cufflinks（Trapnell et al. 2010）等工具可以在 Galaxy 中使用。

　　通常，当发现一组差异表达基因或一簇相关基因的时候，我们对这些基因的共同生物学功能感兴趣。例如，当我们发现大部分差异表达基因与细胞分裂相关时，我们可以进一步将一种生物学机制与表型联系在一起。换言之，我们想要知道这些差异表达的基因是否可以被富集至某个功能注释（如细胞分裂）。这种分析被称为基因集富集分析（gene-set enrichment analysis）（Subramanian et al. 2005; Ackermann and Strimmer 2009）。注释主要来自人工管理的数据库，如 Gene Ontology（Ashburneret al. 2000）和 KEGG（Kanehisa et al. 2010）。因为许多复杂疾病是由相关通路（pathway）中的多个基因引起的，所以基因集富集分析越来越受到关注。对这些引起疾病的基因进行识别可以极大地促进我们对疾病发生机制和可能治疗结果的理解。

材料阅读 *t* 检验和标准化

检验 *t* 检验的正态性假设是否成立

可以对表达水平的分布情况进行作图，并与 Gaussian 钟形分布（Gaussian bell-shaped distribution）进行比较。另外，可以进行 Kolmogorov–Smirnov（K-S）检验，该方法可以评价某一分布（表达水平分布）是否与某一参照分布（Gaussian 分布）显著性偏离。实际上，如果观察到同一表型的样本之间存在预期外或高或低的变化很可能说明数据偏离正态分布。当这种情况发生时，存在以下几种选择。

1. 通过将样本标签随机打乱产生零模型（null model），然后使用经验零假设来计算 *p* 值。

2. 使用 Wilcoxon 秩和检验，该检验方法是一种无参数检验，并不需要正态性假设（以敏感性降低为代价）。

3. 使用其他可以稳定方差的检验方法，如 SAM（significance analysis of microarrays，微阵列显著性分析）。关于 SAM 的详细信息见信息栏"算法、门户网站和方法"。

注意 Student's *t* 检验也假设待比较的两个分布方差相同。如果情况并非如此，请使用 Welch *t* 检验。

什么情况下应该执行标准化？

标准化过程对多个微列阵数据比较非常重要。标准化的方法有很多，其中分位数标准化方法被广泛使用，并被认为它在去除噪声和偏差上很有效。请注意在大多数情况中，将标准化后的强度转化成对数形式非常重要；然而，对数转换可能使找到差异表达基因的力度降低。

层次聚类

聚类是一种将数据（如基因）分成不同集合（如基因簇）的方法。同一基因簇内的基因表现出相似的特性（如表达谱），它们比不同基因簇间的基因更为相似。两个基因的表达谱之间的相似性可以用相关系数（correlation coefficient）或欧几里得距离函数（function of Euclidian distance）来度量。在层次聚类中，基因簇是通过类树结构来构建的，这种方法要比仅列出一个基因簇更富含信息。层次聚类通常采用凝集策略（agglomerative strategy）。开始时，视每个基因为一个基因簇；然后在各步骤中，找出两个最相似的基因或者基因簇，并合并成一个新的基因簇，于是基因簇数目减少一个，直到最后，所有基因在一个簇中。两个基因簇之间的相似性可以通过它们的质心（centroid）之间的相似性来衡量。质心是一个伪数据，它的特性（如表达谱）是基因簇内所有数据的特性的平均值。在聚合基因簇的过程中，被聚合的基因簇之间的关系和基因簇之间的相似性会被记录，然后被用来构建一个如图 8-24 所示的系统树图（dendrogram）。通过从根部截平树枝，我们可以轻松控制基因簇的数量。与 K 均值聚类（K-means clustering）和自组织映射（self-organizing maps）等需要提前设定基因簇数量的聚类方法相比，层次聚类方法更为方便。

网络资源

Babelomics http://babelomics.bioinfo.cipf.es/

Cluster3.0 program http://bonsai.hgc.jp/~mdehoon/software/cluster/

Galaxy http://main.g2.bx.psu.edu/

Gene Expression Omnibus（GEO；NCBI 下微列阵和测序数据组的数据库）http://www.ncbi.nlm.nih.gov/geo/

Java Virtual Machine (JVM) http://www.java.com/en/download/index.jsp

TreeView http://sourceforge.net/projects/jtreeview/files/

●关于将上亿短读段定位至参考基因组上的简介

能够准确、快速且廉价地测定上亿 DNA 碱基的测序仪器的迅速发展和商业化正在使分子生物学和医学发生革命性的变化（见第 11 章）。许多技术在利用高通量测序仪的基础上被开发，从而对人个体基因组（Altshuler et al. 2010）、整个微生物群体（microbiome，微生物组）（Blow 2008）、癌症基因组（Mardis and Wilson 2009）、具有表观遗传学标记或与转录因子结合的特殊区域（ChIP-seq；Robertson et al. 2007）、mRNA（RNA-seq；Marioni et al. 2008）和小沉默 RNA（Trapnell and Salzberg 2009）进行测序。

与 Sanger 测序仪相比［该测序仪每次运行产生上千条长度约为 1000 个核苷酸（又称读段，reads）的长序列］，由 Illumina（HiSeq 2000）和 Applied Biosystems（ABI SOLiD 4）生产的新测序仪，每次运行可以产生上亿条短读段（双端测序读段长度最长可达 2 × 100 个核苷酸）。目前正在生产的 Roche/454 测序仪则可以产生片段长度大于 400 个核苷酸的读段。尽管 Pacific Biosciences 测序仪目前处于中等通量阶段，在早期测试阶段可以产生片段长度大于 1000 个核苷酸的读段。这些平台的详细讨论和比较见第 11 章。

因为通常情况下都能得到一个参考基因组，由新一代测序仪带来的第一个生物信息学挑战就是基因组定位问题，即将每个读段定位至一个参考基因组来揭示其在基因组上的位置。因为传统的 BLAST（见方案 2）和 BLAT（见方案 1）等序列比对算法运行速度都太慢而无法执行这样的任务，在过去 3 年中，已开发许多新的算法来将短读段序列定位至一个参考基因组（综述详见 Trapnell and Salzberg 2009）。目前，最为广泛使用的算法都基于对参考基因组的 Burrows-Wheeler (BW) 变换［Burrows-Wheeler (BW) transform］。这些算法包括 Bowtie(http://bowtie.cbcb.umd.edu/；Langmead et al. 2009)、BWA(http://maq.sourceforge.net/ bwa-man. shtml；Liand Durbin 2009) 和 SOAP2 （http://soap.genomics.org.cn/；Li et al. 2009b）。尽管在处理错配和空位上的策略不同，这些算法均具有类似的良好表现。

BW 变换是一种最初被用于开发压缩大型文件的技术，目前已被修改用于压缩基因组序列。BW 变换能够与一种被设计用于完全字符串匹配算法（exact string-matching algorithms）的后缀/前缀(suffixes/prefixes trie)数据结构完美结合。Trie(该词来自于 retrieval)是一种储存一个字符串所有前缀/后缀的数据结构，有助于快速搜索，在我们的例子中，它储存的是参考基因组序列。搜索一个查询序列（一段测序读段）可以通过检索前缀与查询序列完全匹配的后缀来完成。因为所有后缀都已被排序，搜索过程可以被迅速完成。准确地说，搜索某个查询序列是否能够与 trie 中某个序列完全匹配的时间复杂度和查询序列的长度呈线性比例，且与参考基因组的长度无关。然而，台式电脑的内存无法储存一个基因组的所有后缀。BW 变换则可以将 trie 压缩至只占用小内存而不明显增加处理时间。

人类基因组是一个具有 30 亿个 A、G、C、T 的文本文件，其 BW 变换后文件仅需要大约 2.2 Gb 的内存空间（RAM），大多数台式机或笔记本电脑都能提供这样大小的空间。基于 BW 变换的算法以每次一个碱基的策略来对查询序列与 BW 变换后的参考基因组进行比较。每增加一个碱基，就筛选基因组中的一系列可能配对。基于字符串完全匹配算法，Bowtie 和 BWA 等算法的主要创新之一，就是对那些无法完全或完美定位至基因组（由测序错误或多态性导致）的查询序列的处理。这些算法对查询序列中很可能产生测序错误的位点上检索错配，以便在基因组中定位相应的配对。

尽管运行速度非常快，这些算法通常仍需要数个小时来处理一个数据集（将上百万个读段定位至一个哺乳动物基因组），且需要在用户的电脑上运行，而不是在可以通过网站访问的程序上。当数据集很大时，我们可以使用一个计算机集群（computer cluster），这样数据集就可以被分割成多个任务，从而提交给多个计算节点（compute node）来处理。然而，参考基因组不可被分割（如每个任务一个染色体）；否则，将需要一个高强度计算的合并过程。因为在基因组分割后，一个定位至基因组上多个位置的读段可能会定位至单一位置。定位至基因组上单一位置读段的百分比通常是一种比对算法的主要结果。在最佳情况下，85%~95%的读段定位至单一位置。然而，这个百分比数值受到以下几个与算法无关的因素的影响。

1. 多态性程度。如果样本基因组与参考基因组之间的进化距离较远，那么即便两者来自相同的物种，多态性数量依旧可能很高，尤其是在基因组中那些进化选择压力较小的区域（如基因间区和异染色质区域）。考虑到多态性，我们可以允许一小部分错配的存在（如每 36 个碱基一个错配）。更精确的做法是，如果该基因组的各基因型已被记录（例如，对人类基因组来说，HapMap 国际人类基因组单体型图计划和千人基因组计划），我们就可以明确地将参考基因组中的多态性包括在内。例如，当我们仅考虑某个多态性位点的两个主要等位基因时，我们可以联合两个人类基因组副本，每个副本在相应位置上有一个等位基因，作为 BW 变换和搜索的输入参数。

2. 序列数据的质量。数据质量较低通常导致配对情况较差，这种情况通常由低质量的文库或测序问题导致（见第 11 章，方案 19）。例如，一个人的 DNA 样本可能被严重污染，以致其中很多读段来自于其他生物的基因组。通过对读段各位点的测序质量分值做箱型图可以揭示较差的测序质量——高质量的数据集在所有位点的分值均较高，且 3′端不存在大量衰退迹象。

3. 被测序的 DNA 分子长度与参考基因组长度的比较。对一些实验来说，被测序的 DNA 分子长度可能比测序仪的读段长度要小。例如，你想通过降解被蛋白质结合的 DNA 片段两侧碱基，从而高分辨率地研究 DNA 结合蛋白的结合位点。对一个由 N 个随机排列（即无重复序列等高阶排列模式）的碱基所组成的基因组来说，长度小于 $\log_4(N)$个碱基的读段预期至少可随机定位至基因组上一次。同样道理，所有长度小于 16 个碱基的读段预期都可以定位至人类基因组上。因此，如果结合位点短于 16 个核苷酸，确定其基因组位置将很困难。在这个例子中，我们也许应该考虑对更长的 DNA 分子进行测序，然后通过计算识别内嵌的结合位点来提高分辨率。

4. 读段所定位的基因组区域中序列重复程度。从定义可以看出，定位至基因组上重复区域的读段可定位至多个位点。一些比对算法也许不会报道定位至基因组上过多位点读段的所有位置。例如，因为人类基因组中有大约 10^6 个 Alu 元件，定位至 Alu 的读段通常会被舍弃。

这个问题仅可以通过以下两种方法来减轻：增加读段长度或使用双端测序以期其中一个片段对能够定位至单一位点。

目前已有的测序技术在不断努力获取更长的读段，并且在不断发展新的技术来产生更长的读段。允许少数错配已经不再是对长片段进行定位的最佳策略了，因为存在部分错配和得失位（indels，插入或缺失位点）的长片段仍旧可以定位至参考基因组上的单一位点。BWA-SW（http://maq.sourceforge.net/bwa-man.shtml；Li and Durbin 2010）等算法比短片段比对（如 Bowtie、BWA 和 SOAP2）的速度要慢，但仍比 BLAST 和 BLAT 之类的传统比对算法要快很多。在可预见的将来，将有一系列的算法可根据不同测序技术进行选择。

定位算法的输出结果是下一步分析的输入数据。下游分析的例子见方案 4 和方案 6。定位结果可以通过 UCSC 基因组浏览器（Fujita et al. 2010）（方案 1）等工具进行可视化。大多数比对算法可以产生 SAM 格式（或它的二进制等价物，BAM 格式；Li et al. 2009a）的输出结果，该格式的文件可以被直接上传至 UCSC 基因组浏览器。借助 SAMtools（Li et al. 2009a）和 BEDTools（Quinlan and Hall 2010）等工具，用户可以调用变异读段［如单核苷酸多态性（single-nucleotide polymorphism，SNP）］和堆叠读段将 SAM/BAM 文件转换成 BED 格式，为其他软件或网站提供输入参数（基于以上两种工具的管道见如下"方法"部分；有关数据格式见信息栏）。

由于测序技术和定位算法的快速发展，通过期刊和书籍出版物来传递信息的传统途径相形之下就显得很慢。SeqAnswers（http://www.seqanswers.com）是一个由具有不同水平的下一代测序经验的用户所组成的在线论坛。在论坛上，有很多关于定位短读段及其随后数据分析与可视化的现有软件的有用线索。新手用户可以在其上找到运行这些程序时遇到的大多数错误的解决方案，经验丰富的用户则可以在其上得到一些关于参数调整的建议，以便为他们所需要解决的生物学问题提供最佳参数，而算法开发者则可以在其上提供他们的代码用于发布前的测试并寻求反馈。

网络资源

Bowtie http://bowtie.cbcb.umd.edu/

BWA-SW http://maq.sourceforge.net/bwa-man.shtml

SeqAnswers http://www.seqanswers.com

SOAP2 http://soap.genomics.org.cn/

方案 5　将上亿短读段定位至参考基因组上

本方案描述了通过使用几种程序将短序列读段定位至参考基因组上。本方案中的例子从一组 FASTQ 格式的 ChIP-seq 数据开始，使用 Bowtie 将读段与人基因组进行比对，然后使用 SAMtools 和 BEDTools 中的一些实用工具。SAMtools 和 BEDTools 是两套用于操作短读段比对结果的可执行程序的集合。通过这些工具的联合使用，我们可以对由 Bowtie 产生的序列比对结果进行总结和可视化，并进行基本分析，如确定定位至某个特定基因的读段数目。这些工具也可以被整合至更复杂分析的管道中（pipelines）。最终比对结果则可被用于方案 6 中峰的寻找。

材料

仪器

具有 Internet 连接和网页浏览器的电脑

UNIX 环境

> 本方案使用了 UNIX 环境。我们强烈推荐您在基于 UNIX 的操作系统，如 Ubuntu、Centos/Red Hat 或 Mac OS X 中进行工作。如果你使用的是 Windows 操作系统，请先安装 Cygwin，然后在 Cygwin 下安装 Bowtie（http://bowtie-bio.sourceforge.net/index.shtml）、SAMtools（http://bowtie-bio.sourceforge.net/index.shtml）和 BEDTools（http://code.google.com/p/bedtools/）。Cygwin 是一个免费软件，它可以在 Windows 上提供一个类似 UNIX 的环境。我们可以在 http://www.cygwin.com/ 上找到 Cygwin 的安装包。

方法

一次测序运行的输出结果通常是 FASTA 格式或 FASTQ 格式的。FASTQ 格式与 FASTA（解释见方案 1）类似，每个读段的标题行之后是核酸序列行，此外每个碱基还有对应的测序质量得分［被称为 Phred 质量（Phred quality）］（见信息栏"数据格式"）。大多数定位算法使用以上两种格式。

生成一个格式正确的数据集

1. 获得被干扰素 γ（interferon-γ，IFN-γ）刺激的 HeLa S3 细胞（GSE12782；Rozowsky et al. 2009）中由 STAT1 抗体钓出而被 STAT1 结合的 ChIP-seq 数据集。

  i. 通过"SPR000/SPR000703"数据集的"ftp"链接（图 8-25 中红色椭圆中所示），从 GEO 网站（Barrett et al. 2007; http://www.ncbi.nlm.nih.gov/geo/query/acc.cgi?acc=GSE12782）下载所有的 FASTQ 文件。

  ii. 连接页面上包含了两个文件夹，分别为 SRX003799 和 SRX003800，每个文件夹包含了 6 个压缩文件。在文件夹 SRX003799 中，SRR014987.fastq.bz2 到 SRR014992.fastq.bz2 的 6 个文件是 FASTQ 格式，均是基于 STAT1 的 ChIP-seq 数据。在文件夹 SRX003800 中，SRR014993.fastq.bz2 到 SRR014998.fastq.bz2 的文件均是用于输入（去除抗体后的阴性对照；更多信息请见方案 6）的 FASTQ 文件。

2. 将所有下载得到的文件都放在一个名为"GSE12782"的文件夹中，然后用任何合适的软件将它们解压，或者在 GSE12782 文件夹中执行以下 UNIX 指令：

  bunzip2 *.bz2

3. 将所有 STAT1 ChIP-seq 的 FASTQ 文件都合并到一起。

  i. 使用以下两个 UNIX 指令：

  cat SRR014987.fastq SRR014988.fastq SRR014989.fastq SRR014990.fastq
      SRR014991.fastqSRR014992.fastq > STAT1.fastq
  cat SRR014993.fastq SRR014994.fastq SRR014995.fastq SRR014996.fastq
      SRR014997.fastqSRR014998.fastq > INPUT.fastq

  ii. 将产生两个合并文件：STAT1.fastq 和 INPUT.fastq。

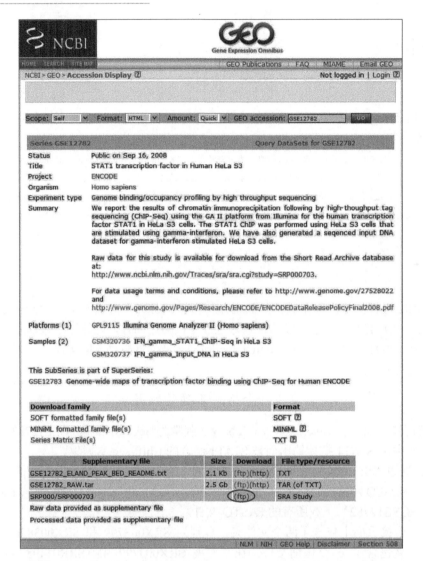

图 8-25　数据集 GSE12782 的 GEO 页面。通过红色椭圆中所示的链接下载 FASTQ 文件（彩图请扫封底二维码）。

4. 通过下载并解压 Bowtie 网站（ftp://ftp.cbcb.umd.edu/pub/data/bowtie_indexes/）上的预先建立好的文件，获得 Bowtie 所要求格式的人类基因组序列。建立这样的文件的具体步骤如下。

 i. 登录 UCSC 基因组浏览器的下载页面（http://hgdownload.cse.ucsc.edu/downloads.html）。点击"Human"，然后点击"Feb. 2009 (hg19,GRCh37)"部分中的"Full data set"。

在连接页面的底部，下载"hg19.2bit"文件，然后将它保存在新建立的本地文件夹"GSE12782"中。这是二进制压缩的人类基因组文件。

 ii. 当下载完成后，我们需要使用一个叫做"twoBitToFa"的文件来将"hg19.2bit"文件转换成 Bowtie 所要求的 FASTA 格式。通过 http://hgdownload.cse.ucsc.edu/admin/exe/ 链接并选择合适的电脑平台（如"linux.x86_84"），然后点击"twoBitToFa"将该程序保存在本地文件夹"GSE12782"中。

 iii. 输入以下指令：

twoBitToFa hg19.2bit hg19.fa

 iv. 将产生一个名为"hg19.fa"的文件，该文件是人类基因组被分为不同染色体的

FASTA 文件。

ⅴ. 为了快速查询和短序列比对，我们需要为人基因组建立索引。输入以下指令：

bowtie-build -f hg19.fa hg19

ⅵ. 将产生 6 个索引文件：hg19.1.ebwt、hg19.2.ebwt、hg19.3.ebwt、hg19.4.ebwt、hg19.rev.1.ebwt 和 hg19.rev.2.ebwt.

使用 Bowtie 将读段与人类基因组进行比对

5. 使用 Bowtie 将 STAT1.fastq 和 INPUT.fastq 中的读段与人类基因组进行比对，

ⅰ. 输入以下两个指令：

bowtie hg19 --best --strata -v 2-m 1 -S -q -p 8 STAT1.fastq STAT1.sam
bowtie hg19 --best --strata -v 2-m 1 -S -q -p 8 INPUT.fastq INPUT.sam

ⅱ. 为了在比对时允许 Bowtie 利用存储在 FASTQ 文件中的测序质量信息，将 "-v" 改为 "-n"，然后提供质量得分的计算定义："-phred33-quals"、"-phred64-quals" 或 "-solexa-quals"。

6. 两个输出的比对文件 STAT1.sam 和 INPUT.sam 都是 SAM 格式。SAM 使用了一种丰富但是紧凑的数据结构，需要利用计算机软件来解析出 SAM 文件中的感兴趣字段，并将选中的字段转化成一个便于阅读的表格。SAMtools 和 BEDTools 就是两套可以用于这种用途的计算机程序。

ⅰ. 使用以下指令将 STAT1.sam 和 INPUT.sam 文件转化成二进制 BAM 文件，与 SAM 格式文件相比，BAM 格式文件在储存和可视化方面具有更高的计算效率：

samtools view -bSh -o STAT1.bam STAT1.sam
samtools view -bSh -o INPUT.bam INPUT.sam

Bowtie 中的参数

Bowtie 具有许多参数，我们有必要了解每个参数的用途，然后选择正确的组合。参数的详细解释请见 Bowtie 手册（http://bowtiebio.sourceforge.net/manual.shtml#the–n-alignment-mode）。步骤 5 中的例子包含了最基本的参数：

"--best --strata"：对每个读段，仅报道错配数量最少的比对

"-v 2"：仅报道含有或少于两个错配的的比对

"-m1"：仅报道定位于基因组上一个位置的比对（这些读段被称为单一映射）

"-q"：使用 FASTQ 格式的文件作为输入

"-S"：将比对以 SAM 格式输出

"-p 8"：通过在不同处理器或不同核上同时调用 8 个搜索线程来加速 Bowtie 运行。线程的最优数量取决于可用的处理器。

参数 b 使 SAMtools 输出 BAM 文件；参数 S 表示输入内容为 SAM 格式的；参数 h 告诉 SAMtools 在输出结果中保留标题。作为定制通道，STAT1.bam 和 INPUT.bam 可被上传至 UCSC 基因组浏览器。

ⅱ. 图 8-26A 显示了 STAT1.bam 中的一个特定位点（chr1:175 161 500～175 163 500）。那些定位至基因组正链和负链上的比对分别用蓝色和红色表示。将比对区域放大至碱基水平来查看错配，从而找到可能的 SNP 或者测序错误。

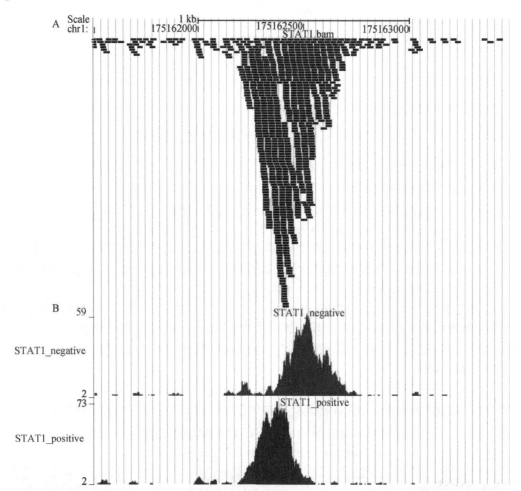

图 8-26 在 UCSC 基因组浏览器中可视化 Bowtie 比对。（A）被上传的 STAT1.bam 文件。通过设置比对区域至碱基水平，可见每个读段中的错配。（B）两条定制通道被上传至 UCSC 基因组浏览器。最左侧的标签显示了这些通道的名字（彩图请扫封底二维码）。

7. 这些比对可以作为定位至基因组各个位置的读段数量的直方图表达出来。BEDTools 中的 genomeCoverageBed 程序可以生成这样的直方图，并将它们储存为 UCSC bedGraph 格式（http://genome.ucsc.edu/golden-Path/help/bedgraph.html）。为了提高计算效率，genomeCoverageBed 要求这些比对根据染色体进行分类。以上过程可以通过以下两步完成。

  i. 根据基因组坐标，使用以下指令将 STAT1.bam 和 INPUT.bam 分类，并储存结果文件为 STAT1.sorted 和 INPUT.sorted：

       samtools sort STAT1.bam STAT1.sorted
       samtools sort INPUT.bam INPUT.sorted

  ii. 使用下列 BEDTools 指令将 BAM 文件转换成 BED 文件：

       bamToBed -i STAT1.sorted.bam > STAT1.sorted.bam.bed
       bamToBed -i INPUT.sorted.bam > INPUT.sorted.bam.bed

以下几行来自 BED 文件：

       chr1 10446 10474 SRR014988.1614474 255 -
       chr1 10459 10487 SRR014991.3802529 255 -
       chr1 10496 10524 SRR014987.254257 255 -
       chr1 13051 13079 SRR014992.3833233 255 -

iii．程序 genomeCoverageBed 也需要一个列有各染色体名字和大小（碱基对数量）的输入文件，tab 分隔的文件如下（以人类基因组为例）：

> chr1 249250621
>
> chr2 243199373
>
> ...
>
> chrY 59373566

iv．因为 BAM 文件也包含了这样的信息，使用下列 UNIX 命令来生成一个名为 human.genome 的文件：

> sed-n′2,94p′STAT1.sam|cut -f 2, 3|awk ′{split($1, a, ":"); split($2, b, ":");
>
> print a[2]"\t"b[2]}′ > human.genome

v．最后，使用以下命令来生成包含定位至正链和负链上读段数量信息的 4 个文件：

> genomeCoverageBed -bga -ibam STAT1.sorted.bam
>
> 　-g human.genome -strand + > STAT1_positive.bed
>
> genomeCoverageBed -bga -ibam STAT1.sorted.bam
>
> 　-g human.genome -strand - > STAT1_negative.bed
>
> genomeCoverageBed -bga -ibam INPUT.sorted.bam
>
> 　-g human.genome -strand + > INPUT_positive.bed
>
> genomeCoverageBed -bga -ibam INPUT.sorted.bam
>
> 　-g human.genome -strand - > INPUT_negative.bed

vi．通过设定参数"-strand"将定位至基因组不同链上的读段分开。如果在某个应用中，更期望将定位至不同链上的读段混合在一起，就省略这个参数。下面为这样文件中的几行数据信息：

> chr1 566745 566746 9
>
> chr1 566746 566747 12
>
> chr1 566747 566748 15
>
> chr1 566748 566749 22
>
> chr1 566749 566750 26
>
> chr1 566750 566751 29
>
> chr1 566751 566752 32
>
> chr1 566752 566753 34
>
> chr1 566753 566754 38

8. 将这 4 个 bedGraph 文件作为定制通道直接上传至 UCSC 基因组浏览器。为了减少文件大小，使用以下 UNIX 指令提取一个特定的基因位点（chr1:175 161 500～175 163 500）：

awk '{if ($1 == "chr1" && $2 >= 175161500 && $3 <= 175163500) print $0}'
STAT1_positive.bed > region_positive.bed

图 8-26B 显示了该位点位于正链和负链的直方图。

Bowtie 可以允许大量错配存在吗？

　　不幸的是，Bowtie 的设计使之不可能找到错配数量大于三个的比对。Bowtie 同时还不能保证找到所有具有错配的比对。这个缺点（低敏感性）在大多数快速短片段比对程序中非常常见，因为它们都是由字符串完全匹配算法发展而来的，以牺牲敏感性而提高速度。允许更多的错配存在会显著降低速度。如果敏感性在一个应用中非常关键，我们也许会想要使用 BLAST 来对未定位的区域进行重新比对，以找到额外的比对。

讨论

　　许多关于小 RNA 深度测序数据的研究提取完美定位至基因组（有时考虑到测序错误，会允许一些错配的存在）的读段，并丢弃未定位的读段。然而，由于 SNP、转座子、重复片段和结构变体在大多数生物中都非常常见，我们很可能见到许多读段无法与参考基因组形成比对，这些现象实际上会成为有趣的生物学结果。例如，缺少 hen1 的果蝇，表现为内源 siRNA 和 piRNA 的广泛被截尾（trimming）和加尾（tailing）现象，这里 hen1 是一种给内源 siRNA 和 Piwi 互作 RNA（piRNA）的 3'端添加 2'-O-甲基基团的甲基化转移酶。这些被截尾和加尾的序列不可能通过标准短读段定位算法定位至参考基因组。为此，已设计了一种基于后缀树的算法来发现这些读段和它们未被修饰的基因位点（Ameres et al. 2010, 2011）。

其他快速短读段定位法

　　用于短读段与一个参考基因组进行比对的最快算法包括 Bowtie、BWA 和 SOAP2。它们都采用了相似的 BW 变换来压缩储存一个基因组的后缀/前缀 trie。这些算法之间的区别在于它们对待错配、空位和双端测序读段的策略不同。关于这些工具的比较可参见 Li 和 Durbin（2009）的文章及 Li 和 Homer（2010）的文章。模拟结果显示 SOAP2 是最快的，BWA 是最准确的。请注意 SOAP2 需要的内存空间大约是 BWA 和 Bowtie 的两倍。通常，速度以准确度为代价，这些对准方法都是非常具有竞争力的。

网络资源

BEDTools http://code.google.com/p/bedtools/

Bowtie http://bowtie.cbcb.umd.edu/

Cygwin http://www.cygwin.com/

Gene Expression Omnibus (GEO; an NCBI database for microarray andsequencing data sets) http://www.ncbi.nlm.nih.gov/geo/

SAMtools http://bowtie-bio.sourceforge.net/index.shtml

twoBitToFa http://hgdownload.cse.ucsc.edu/admin/exe/

UCSC bedGraph format http://genome.ucsc.edu/goldenPath/help/bedgraph.html

UCSC Genome Browser http://genome.ucsc.edu

●寻峰算法简介

　　微阵列和下一代测序技术极大地促进了通过多种生化方法富集的基因组 DNA 的发现。染色质免疫共沉淀技术（ChIP）就是一种常用方法，可富集被某一抗体特异识别的染色质片段（此方法的具体信息见第 20 章）。ChIP 通常分为三个步骤。

　　1. 由活细胞中将染色质纯化出来，其中基因组 DNA 与结合蛋白交联。

　　2. 通过机械方法（如超声法）或酶解（如使用微球菌核酸酶进行消化）将染色质分解

成片段。

3. 使用能够特异性识别转录因子、组蛋白或甲基化 DNA 的抗体将与蛋白质结合的基因组 DNA 片段拉下来。

得到的 DNA 片段可以通过微列阵（ChIP 芯片；Buck and Lieb2004）或测序（ChIP-seq；Robertson et al. 2007）进行测定（见第 20 章，方案 5 和方案 6）。在全基因组研究中，ChIP-seq 的准确度和通量都超过了 ChIP 芯片，因此，本方案的重点在于 ChIP-seq 数据分析。

由于仅基因组的一小部分与特定转录因子结合或具有表观遗传学标记（组蛋白修饰或 DNA 甲基化），ChIP-seq 数据集中的大部分序列读段为背景。以下例子说明了这个现象。三甲基组氨酸 H3 赖氨酸 4（H3K4me3）是一个基因转录起始位点（transcription start site，TSS）附近富集的标记。如果我们假设人类基因组中有 30 000 个被 H3K4me3 标记的 TSS，且 H3K4me3 区域的平均大小为 1000 个碱基对（1kb），预计在无抗体富集的情况下，仅能得到 1% 的 H3K4me3 区域的读段，计算过程如下：30 000×1000/3 000 000 000 = 1%。如果抗体存在情况下平均富集程度为 10 倍的话，该数值可被提高至 9.2%，计算过程如下：30 000 ×1000×10/[30 000×1000×10 + (3 000 000 000 −30 000×1000)×1] = 9.2%。如果因抗体富集倍数为 100 倍的话，该数值能被提高至 50%。由于基因组中转录因子的结合位点比组蛋白修饰位点更少，故对转录因子来说，来自背景的读段所占比例会变得更高，背景读段在基因组上随机分布，但是由于 DNA 剪接、切割位点和/或测序错误的存在，背景读段的分布并不是绝对均匀的，且随组织类型和 ChIP 方案的不同而有所变化。因此，理想情况下，背景 DNA 应在无抗体的 ChIP-seq 实验中进行测量，来自这样实验得到的数据被称为输入（input）。分析 ChIP-seq 数据的第一步是识别一个 ChIP 样本中与对照样本相比被富集的区域，这些区域被称为峰。为此，已经设计了很多软件工具（综述和对比请见 Pepke et al. 2009；Wilbanks and Facciotti 2010）。这些算法被称为寻峰算法，它们在检测点状峰（punctate peak，＜10kb）时非常有效。在下一节中，我们会从概念上解释这样的算法是如何运行的。

寻峰算法

ChIP-seq 实验中的 DNA 片段的平均大小很小，通常为数百碱基对。出于经济考虑，大多数 ChIP-seq 实验使用单端测序（single-end sequencing），读段长度仅够在基因组中的大多数位置产生单一的定位位点。方案 5 描述了定位短读段的算法。Illumina 和 ABI 测序仪默认都产生 36bp 的读段，该长度足够使读段定位至大多数真核基因组非重复区域的单一位点。由某个特定基因座产生的 DNA 片段会产生两堆短读段：一种来自正链，另一种来自负链，与 DNA 片段的两端相对应。寻峰算法是沿 3′ 方向移动每个读段开始，止于平均片段长度一半的地方（图 8-27）。

寻峰算法的主要任务是探测在 ChIP 样本中存在的读段数（reads）显著高于输入（未结合抗体；图 8-27）的基因组区域。例如，如果某个区域中有 N_{ChIP} 个读段和 N_{input} 个读段（ChIP 数据和输入数据的总测序深度已被标准化至一致，且等于两者中较低的一方），ChIP 相对于输入的富集程度的显著性如何？显著性可以通过 p 值来衡量，p 值被定义为不被抗体（即输入数据中对应的抗体）识别的某一区域被错误地预测为峰的概率。我将 N_{input} 的分布称为零分布（null distribution），从该分布我们可以计算得到与一个 N_{ChIP} 对应的 p 值。方案 4 讲述了在检测差异表达基因时如何计算 p 值，计算在 ChIP 实验中被富集区域相对于输入的 p 值过程与此完全相同。N_{input} 分布可以通过分析得到（分析零假设）或通过电脑模拟得到（经验零假设）。一种广泛应用的寻峰算法——MACS（model-based analysis of ChIP-seq，基于模型的 ChIP-seq 分析）（Zhang et al. 2008），首先使用长为 DNA 片段平均长度两倍的滑动窗口（sliding window）扫描基因组。MACS 假设 N_{input} 遵循泊松分布（Poisson distribution）

（一种分析零假设），该分布被用于计算 N_{ChIP} 的 p 值。然后 MACS 将相互重叠的显著性窗口进行合并。

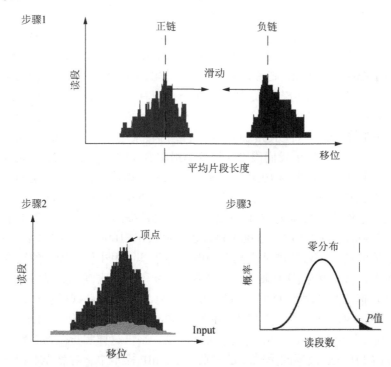

图 8-27　寻峰算法的步骤。（步骤 1）将所有读段在 3′方向平均片段长度一半的位置进行移位。定位至基因组正链的读段被显示为红色，定位至基因组负链的读段被显示为紫色。（步骤 2）在每个滑动窗口中，计算 ChIP 得到的读段总数（蓝色）和 input 中的读段总数（灰色）。（步骤 3）执行统计学检验来检测每个滑动窗口中的 ChIP 读段是否多于 input 读段，并基于零分布来计算统计学显著性（p 值）（彩图请扫封底二维码）。

与寻找过表达基因（方案 4）相似，寻峰算法也面临着多重检验问题。因为大量的基因组区域被评估，其统计具有显著性。我们可以使用方案 4 中描述的相同方法，根据以下三个步骤来执行错误发现率校正（Benjamin and Hochberg 1995）。

1. 所有区域根据其 p 值从小到大进行排列。

2. 计算各个区域的 q 值，q 值是指一个区域被检测认为具有显著性的最小 FDR。排序在最后的区域 q 值等于其 p 值。根据排序列表，第 k 位区域的 q 值为 $M \times p_k/k$ 与 q_{k+1} 这两者中的较小值，其中，k 是排列的位置，p_k 是第 k 位的 p 值，M 是区域总数量。

3. 仅保留其 q 值小于事先确定的 FDR 临界值的区域（如 FDR = 0.01，或者被预测的区域中 1%为假阳性）。或者，我们也可以根据一个经验零假设来进行 FDR 校正。

在 MACS 的例子中，峰检测是在以 ChIP 数据集为背景下在输入（input）数据集上进行的（input vs. ChIP）。某个特定 p 值所对应的 q 值是在相同参数条件下，由 input vs. ChIP 获得的峰数除以由 ChIP vs. input 获得的峰数。

检测尖锐峰的顶点

在孤立抗体附着且强烈富集情况下，例如，含有一个强序列基序的孤立转录因子结合位点，可能会产生尖锐的峰。这些峰的顶点或许对应转录因子结合位点。因此，寻峰算法通常会输出每个峰的顶点，即峰中具有大多数读段的位置（图 8-27）。

检测在多个生物样本中被富集的区域

ChIP-seq 可以在多个样本中进行，例如，在最近一项研究中（Cheung et al. 2010），利用 ChIP-seq 方法来检测 9 位不同年纪的正常人前额皮质神经元（prefrontal cortex neuron）中的 H3K4me3。这项研究的目标之一就是在比较样本中 3 个婴儿（小于 1 岁）与 3 个最老个体（大于 65 岁）的基础上，找出各自的 H3K4me3 富集区域。寻峰算法 MACS 以 3 位年长者的联合脑数据集为对照，在被合并的 3 个婴儿数据集中运行；反之亦然。那些具有显著 MACS p 值的区域将被进一步研究。对每个区域还计算了另外两个数值：t 检验的 p 值和倍数变化（婴儿样本中平均读段密度与老人样本中平均读段密度的比值）。为了避免由非常小的读段密度除以更小的读段密度而带来的较大倍数变化，我们可以在计算倍数变化时，在分子和分母中各加上一个伪记数（pseudocount）。与检测差异表达基因（方案 4）相似，我们可以- $\log_{10}$(MACS p value) 或- $\log_{10}$(t-test p value)对 $\log_2$(倍性变化)作火山图（volcano plot，图 8-28）。火山图中不同区域的基因座展现了强烈富集与样本间微小变化这两者之间的平衡情况。用户可以综合以上三个标准来选择用于进一步生物学检验的区域。

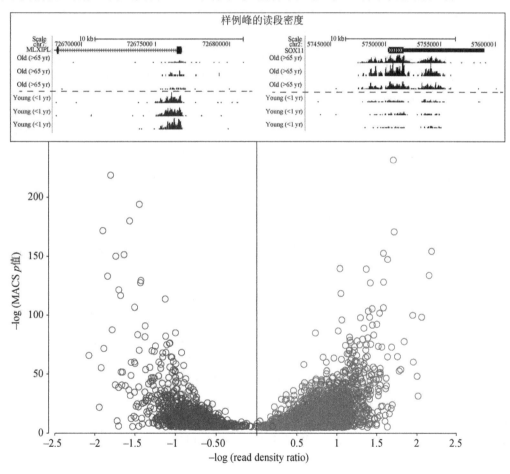

图 8-28　由寻峰算法 MACS 计算得到的 p 值与婴儿和老人之间平均读段密度的倍数变化所作的火山图。每一点都是 MACS 找到的一个峰。红点表示该峰是在婴儿大脑中富集的 H3K4me3 区域，而蓝色表示的是在老人大脑中富集的 H3K4me3 区域。左上方和右上方的点代表了最值得进一步研究的点。读段密度（read density）被定义为一个峰中的读段总数除以峰的长度，此处使用了 0.005 作为伪记数（pseudocount）来将婴儿和老人大脑中读段密度低于 0.005 的峰进行排除（彩图请扫封底二维码）。

ChIP-seq 峰的功能性注释

根据 ChIP-seq 峰与基因转录起始位点（TSS）的接近程度，可以对 ChIP-seq 峰进行分类，因为近距（proximity）意味着调控，尽管这不是直接证据。典型地，2kb 的临界值被用于定义近距。TSS 可以从注释中获得，如 RefSeq（Pruitt et al. 2007）、GenCode（Harrow et al. 2006）或者 UCSC known genes（Hsu et al. 2006），或者理想状态下从相同实验条件下相同细胞类型的 RNA-seq 中获取。如果可以获得定量表达数据（如来自 RNA-seq），我们可以查询那些 TSS 与峰接近的基因与其他基因相比是否有差异表达。这个问题可以通过对这两组基因的表达水平执行一个统计学检验（t 检验或 Wilcoxon 秩和检验）来完成。此外，计算 ChIP-seq 信号（读段的数量）和最近基因表达水平之间的相关性是有可能的。如果 ChIP-seq 邻近的基因属于一些通路，如那些被 Gene Ontology（GO）（Ashburner et al. 2000）分类的基因，我们就可以获取关于这个转录因子生物学功能的额外的信息。还有，与峰对应的 DNA 序列也许富集了转录因子的基序。方案 7 描述了识别序列基序的方法。

我们很难判断 TSS 相距较远的峰是否调控基因，如果答案为是，那就需要找出它们调控了哪些基因。虽然峰与基因相距较远，这些峰仍然对最近的基因进行调控这个假设依旧非常诱人。我们有两种实验方法可以对以上假设进行检验。

1. 例如，使用 RNAi 敲低（或沉默）相关因子，也许会导致基因的差异表达。

2. 使用 5C（Dostie et al. 2006）或 Chia-PET（Li et al. 2010）等技术来检验峰对应的基因组 DNA 和启动子 DNA 之间的物理联系。

随着越来越多的基因组数据集可被利用，一种方法就是去研究由一个 ChIP-seq 数据集获得的峰是否与另一组基因组数据集检测到的区域发生重叠。这种重叠可以通过一个统计学检验［如超几何分布检验（hypergeometric test）］来实现，或者通过两组数据在一个预先设定的基因组区域内（如基因组中所有被注释的启动子区域或所有 5kb 长的不重叠的窗口）的读段数量之间的相关性来完成。另一种比较多个基因组数据集的有力方法是使用接下来所描述的聚合图（aggregation plot）策略。

使用聚合图来展现基因组特定位置附近的平均信号谱

通常，转录因子的 ChIP-seq 的峰小于 1kb。在 TSS 附近富集的组蛋白修饰（如 H3K4me3 和 H3K27ac）往往标记几千个碱基（即一部分相近的核小体可以具有这个组蛋白标志）。其他组蛋白修饰（如 H3K4me27me3 和 H3K36me3）可以标记数十万个碱基。尽管不同基因位点之间的信号谱变化很大，在一组基因组位置（锚点，anchor）将平均信号谱（signal profile）排列起来仍能说明问题。通常使用的锚点为 TSS、转录终止位点（TTS）、剪接位点和转录因子结合位点。这些图被称为聚合图（aggregation plot），因为它们聚合（平均）了通过锚点对齐的信号谱。

图 8-29 显示的聚合图，涉及转录因子 GATA1 和 Egr1、一种绝缘子（insulator）结合蛋白 CTCF，以及人类基因组中所有被注释的 TSS 附近的组蛋白修饰 H3K4me3、H3K27ac、H3K36me3 和 H3K27me3。这些蛋白质根据其表达水平进行分组。作为比较，图中还包括了在相同细胞系中使用相同实验方法产生的输入（input）。这些数据由 ENCODE 协会（Raney et al. 2011; ENCODE Project Consortium 2011）产生。基于此图可以得到以下结论。

1. 转录因子（GATA1、Egr1 和 CTCF）比 H3K4me3 和 H3K4me27ac 具有较小的信号谱，而 H3K4me3 和 H3K4me27ac 又比 H3K36me3 具有较小的信号谱。

2. H3K4me3 和 H3K4me27ac 的波形中存在凹陷，对应于与 TSS 紧接着的、上游无核小体的区域。

3．H3K36me3 的波形在 TSS 下游上升，说明该标记位于基因之内。

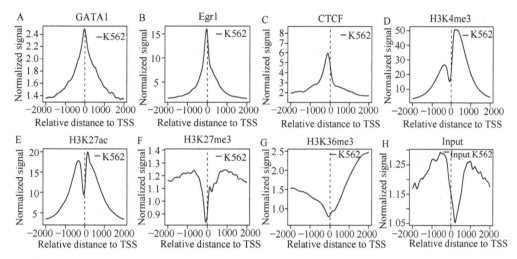

图 8-29　某个 TSS 附近所锚定的不同 TF 或组蛋白修饰与输入（input，背景）的聚合图例子。（A）GATA1；（B）Egr1；（C）CTCF；（D）H3K4me3；（E）H3K27ac；（F）H3K27me3；（G）H3K36me3；（H）Input。所有标记都根据它们与最近的 TSS 之间的距离（碱基数）进行聚合。我们可以从视觉上区分 TSS 附近标记的特定分布。例如，我们可以分辨出 H3K4me3 在 TSS 附近高度富集，尤其是在+1 核小体附近，而在-1 核小体附近衰减（彩图请扫封底二维码）。

方案 6　识别 ChIP-seq 数据集中富集的区域（寻峰）

本方案演示了如何使用 MACS 软件在一个 ChIP-seq 数据集中寻找峰（peak）。MACS 是使用最广泛的寻峰程序之一。本方案描述了如何在 UNIX 环境下，以及在 Galaxy 上运行 MACS 软件，如何提取由 MACS 获得的具有最显著 p 值的 500 个峰附近 50bp 距离的序列。

材料

仪器

具有 Internet 连接和网页浏览器的电脑

MACS 软件

　　在 Unix 系统的电脑上下载并安装 MACS 软件包（安装指南见 http://liulab.dfci.harvard.edu/MACS/ INSTALL.html）。或者，MACS 还可以在网页平台 Galaxy（http://main.g2.bx.psu.edu/）上运行，Galaxy 提供了一系列用于管理和分析生物数据的有用工具（Goecks et al. 2010）。

MS Excel 软件

UNIX 环境

　　本方案使用了 UNIX 指令。我们强烈推荐您在 Ubuntu、Centos/Red Hat 或 Mac OS X 等基于 UNIX 的操作系统中进行工作。如果你使用的是 Windows 操作系统，请先安装 Cygwin，然后在 Cygwin 下安装 Python 和 MACS。Cygwin 是一个免费的软件，它可以在 Windows 上提供一个类似 UNIX 的环境。我们可以在 http://www.cygwin.com 上找到 Cygwin 的安装包。在 Cygwin 上安装 Python 指南见 http://docs.python.org/install/index.html。

方法

在 UNIX 环境中运行 MACS

1. 首先，如方案 5 所描述，将所有序列读段与参考基因组进行比对，MACS 接受多种格式（http://liulab.dfci.harvard.edu/MACS/00README.html）。在本方案中，我们使用方案 5 产生的 BED 文件 STAT1.sorted.bam.bed 和 INPUT.sorted.bam.bed。MACS 所要求的 BED 格式文件必须包括 6 个域（fields）（如方案 5 步骤 7.ii 所示）。

2. 根据实验设计设置以下三个参数。

    i. 带宽（bandwidth）。为构建模型，设置用来扫描基因组的窗口大小。将带宽设置为被测序的 DNA 片段的平均大小。

    ii. 标签尺寸（tag size）。序列读段的长度。

    iii. 移位尺寸（shift size）。沿 3′ 方向移动读段的核苷酸数量，如图 8-30 中步骤 1 所示。设置移位尺寸为 DNA 片段平均大小的一半。MACS 可以自动估计这个参数的大小。

3. 参照方案 5 中的相同例子。

    i. 点击方案 5 图 8-25 中"Samples"部分的链接。在链接页面中，"Extraction protocol"部分显示"After adapter ligation DNA was PCR amplified with Illumina primers for 15 cycles and library fragments of ~ 250 bp (insert plus adaptorand PCR primer sequences) were band isolated from an agarose gel［在接头连接 DNA 经过 Illumina 引物 15 个循环的 PCR 扩增以后，由琼脂糖胶中分离得到长度约为 250bp 的文库片段（包含接头的插入和 PCR 的引物序列）的条带]"。此外，"Data processing"部分中则显示"all the uniquely mapped tags reads（mapped against NCBI36）to the averaged sequenced DNA fragment size ~200 bps"［所有被单一定位的标签读段（被定位至 NCBI36）其长度至多为测序 DNA 片段平均长度大约 200bp]"。

    ii. 带宽设置为 250 bp，标签尺寸设置为 36，移位尺寸设置为 100。

4. 输入以下指令使 MACS 以你所设置的参数运行：

    macs -t STAT1.sorted.bam.bed -c Input.sorted.bam.bed --format=BED --bw=250
        --tsize=36 --shiftsize=100 --name=STAT1 --pvalue=1e-5 --wig

"--pvalue=1e-5"选项告诉 MACS 仅报道具有比 1e-5 更显著 p 值的峰。"--wig"选项告诉 MACS 为每个染色体都产生一个 wiggle 文件，该种文件可以通过 UCSC 基因组浏览器进行可视化（Fujita et al. 2010）。wiggle 格式与方案 5 中描述的 bedGraph 格式相似；这两种格式都可以用于显示被定位至染色体位点的读段数量（http://genome.ucsc.edu/goldenPath/help/wiggle. html）。

    要求 MACS 输出 wiggle 文件需要耗时间和空间，因此，如果不要求可视化，"--wig"可以忽略。

5. 被 MACS 识别的峰会被储存在一个名为"STAT1_peaks.xls"的文件中，该文件可以被 Excel 软件用于进一步分析。MACS 还可以将峰及其顶点以 BED 格式输出等（http://liulab.dfci.harvard.edu/MACS/00README.html）。

6. wiggle 结果文件可以作为一个定制通道上传至 UCSC 基因组浏览器中。上传定制通道过程见方案 1。图 8-30 比较了在相同基因座上被移位的读段与未移位的读段（方案 5，图 8-31）。

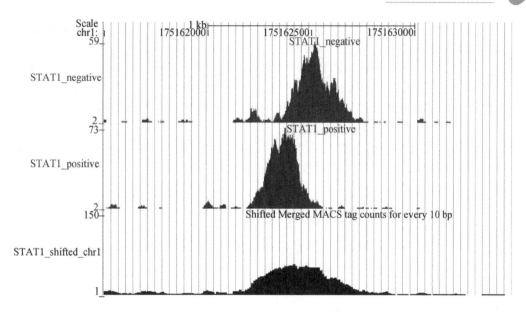

图 8-30　在 UCSC 基因组浏览器上比较读段移位前后的分布情况（彩图请扫封底二维码）。

在 Galaxy 上运行 MACS

7. 为了在 Galaxy 上运行 MACS，

　　i. 通过点击 "Get Data"，然后点击左侧栏中的 "Upload File"（如图 8-31 红色框中所示），将方案 5 中产生的 BED 文件 STAT1.sorted.bam.bed 和 INPUT.sorted.bam.bed 上传至 Galaxy（http://main.g2.bx.psu.edu/）。

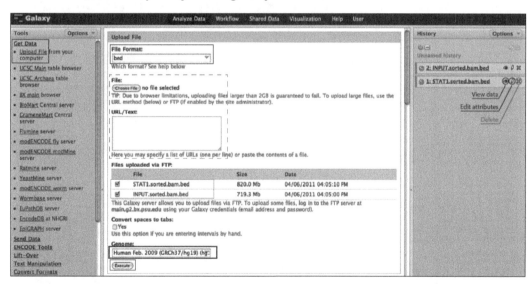

图 8-31　将数据上传至 Galaxy。Galaxy 的网页界面由三个栏组成。左侧 "Tools" 栏包括一系列的工具。点击每个工具标题会在中间栏中产生一个工作（job）提交页面，该页面将会显示该工具的选项和参数，并允许你运用该工具。右侧 "History" 栏记录了所有提交的任务及其结果。在本图中，使用了 "Upload File" 工具提交了两个 BED 文件。这两个文件上传任务被记录在 "History" 栏中。当这些工作结束后，点击这些任务后面的图标可以对它们进行查看、编辑和删除（彩图请扫封底二维码）。

　　ii. 在 "Upload File" 页面（图 8-31 中间栏的最上方）中，设置文件格式为 "bed"（图中顶部蓝色矩形所示）。

　　　　上传小文件时，通过点击 "Choose file" 按钮选择要上传的文件，提供 URL 或者将内容粘贴在 "URL/Text" 文本框（虚线框中所示）中。对于这样的文件（例如，此处的两个 ChIP-seq BED 文件），我们最好通过 Galaxy FTP（ftp://main.g2.bx.psu.edu）将其上传。获取 Galaxy FTP 需要在 Galaxy 进行注册。

 iii．文件上传至 Galaxy FTP 服务器之后，它们会被显示在图 8-31 橙色矩形中。

 iv．通过在文件名之前的方框中打钩可以选中这两个文件，在 "Genome" 下拉框中选择 "Human Feb. 2009(GRCh38/hg19) (hg19)"，并点击 "Execute"（绿色矩形中所示）来提交任务。

 v．这两个文件会显示在右侧的 "History" 栏中。点击 "History" 栏中的铅笔图标来编辑每个文件的各项属性（如文件名、文件类型等）。

8．运行 MACS，

 i．点击工具栏中的 "NGS: Peak Calling"，然后点击左侧栏中的 "MACS" 以进入提交页面（图 8-32）。

 ii．将 "Experiment Name" 设置为 "STAT1"（图 8-32 中间栏中红色矩形）。

 iii．在图 8-32 蓝色框中所示的下拉框中，选择你刚刚上传的两个 BED 文件：STAT1.sorted.bam.bed 作为 "ChIP-Seq Tag File"；INPUT.sorted.bam.bed 作为 "ChIP-Seq Control File"。

 iv．如步骤 4 中所描述的，将 "Tag size" 设置为 "36"，将 "Band width" 设置为 "250"，如图 8-32 绿色框中所示。将其他参数设置为默认值，然后点击 "Execute"。

 v．按照预期右侧 "History" 栏（红色虚线框所示）中会出现两个任务。其中一项任务会产生所有峰区域的 BED 文件，而另一项任务会输出一个关于这些峰的 HTML 格式总结报告。

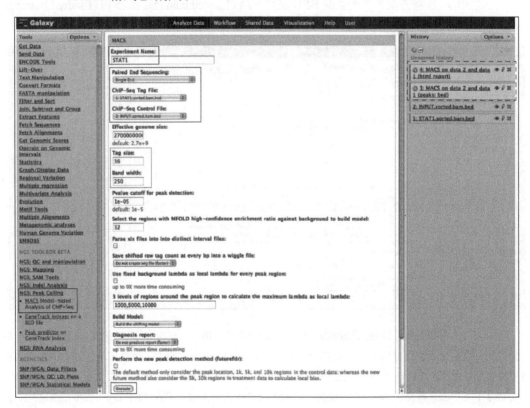

图 8-32　在 Galaxy 上运行 MACS（彩图请扫封底二维码）。

9．当 MACS 运行完毕后，

 i．点击 "History" 栏中 MACS 输出结果 "html report" 右侧的眼睛图标。你将看到中间栏中出现了 5 个链接。

ii. 右击"STAT1_peaks.xls"，将其保存至你的本地磁盘中。

以具有最显著性 *p* 值的 500 个 MACS 峰值为中心，提取 ±50bp 的峰宽序列

10. 将 MACS 输出结果"STAT1_peaks.xls"重新上传至 Galaxy 中。

i. 点击左侧工具栏中的"Get Data"，然后点击左侧栏中的"Upload File"。

ii. 在中间栏的"Upload File"页面中，点击"Choose File"，选择你本地硬盘驱动器中的文件"STAT1_peaks.xls"，然后点击"Execute"提交页面。

11. 根据其显著性得分（significance score）[计算公式为 – 10*$\log_{10}$（*p* value）]对文件进行排序，显著性得分是"STAT1_peaks.xls"文件中的第 7 列。

i. 点击"Filter and Sort"，然后点击左侧栏中的"Sort"，一个"Sort"页面将会出现在中间栏中（图 8-33A）。

ii. 在"Sort Query"中选择"STAT1_peaks.xls"，在"on column"中选择"c7"，在"with flavor"中选择"Numerical sort"，然后在"everything in"中选择"Descending order"。

iii. 点击"Execute"来提交任务。

iv. 当任务完成后，点击铅笔图标（图 8-33A 右侧红圈中所示）将文件名改为"Sorted_peaks.xls"。

12. 仅保留最前面的 500 个峰。

i. 点击左侧栏中的"Text Manipulation"，然后点击"Select first"（见图 8-33C）。

ii. 在中间页面中，在"Select first"区输入"500"，然后在"from"下拉选项中选择"Sorted_peaks.txt"，点击"Execute"来提交页面。

iii. 将文件名改为"Top500_peaks.txt"。

13. 得到峰顶点 ±50 bp 的坐标。每个峰区域的染色体起始和终止位点被列在 MACS 输出结果中。此外，MACS 报道了每个峰的顶点，这些顶点应位于转录因子结合位点附近。MACS 记录了各个峰的起始位点以及峰顶点距离峰起始位点的相对距离。为了得到峰顶点 ±50 bp 的坐标，我们将对 MACS 的输出结果执行简单的操作（即起始位点+峰顶点的相对距离±50）。

i. 在左侧栏中，点击"Text Manipulation"，然后点击"Compute"（图 8-33B）。

ii. 在"Add expression"文本框中输入"c2+c5-50"[c 代表了列（column），c2 为峰的起始位点坐标，c5 为峰顶点到起始位点的相对距离]。

iii. 在"as a new column to"的下拉选项中选择"Top500_peaks.txt"，然后将"Round result?"选择框中选择"YES"，点击"Execute"来提交任务。

iv. 将文件名改为"Top500_summit.temp."。

v. 再一次重复相同"Compute"操作，但本次操作中将"Add expression"文本框中的内容改为"c2+c5+50"，在"as a new column to"的下拉选项中选择"Top500_summit.temp"，然后点击"Execute"来提交工作。

vi. 将文件名改为"Top500_summit.txt"。

14. 将步骤 13vi 中的文件"Top500_summit.txt"转换为 BED 格式。

i. 点击左侧栏中的"Text Manipulation"，然后点击"Cut"（图 8-34A）。

ii. 在"Cut columns"文本框中输入"c1,c10,c11"。

iii. 在"Form"下拉选项中选的"Top500_summit.txt"，然后点击"Execute"来提交任务。

iv. 将文件名改为"Top500_summit.bed"。

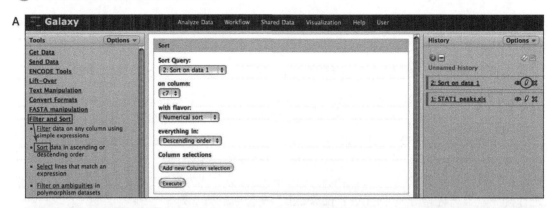

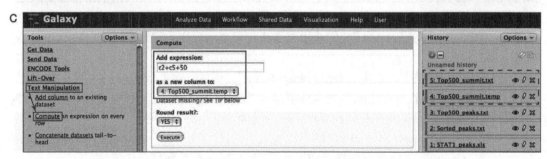

图 8-33　Galaxy 中的命令设置。（A）以每个峰的分值降序方式对 MACS 输出进行排序。（B）选择 500 个最可靠的峰。（C）计算每个峰中心±50bp 的坐标。必须注意到该操作需要采用不同的表达和文件执行两次（彩图请扫封底二维码）。

15．为了使 Galaxy 了解"Top500_summit.bed"是一个 BED 文件，且它被定为至 hg19 基因组上，

ⅰ．点击铅笔图标，将"Database/Build"改为"Human Feb. 2009 (GRCh37/hg19)"，然后点击如图 8-34B 中红色矩形中所示的"Save"。

ⅱ．编辑属性，再次点击铅笔图标，本次在"NewType"下拉选项中选择"bed"。点击图 8-34B 中蓝色矩形中所示的"Save"。

16．获取与峰顶点对应的基因组序列。

ⅰ．点击"Fetch Sequences"，然后点击"Extract Genomic DNA"（图 8-34C 左侧栏

中所示）。

ii．将"Fetch sequences for intervals in"设置为"Top500_summit.bed"，然后在"Interpret features when possible"下拉选项中选择"No"。

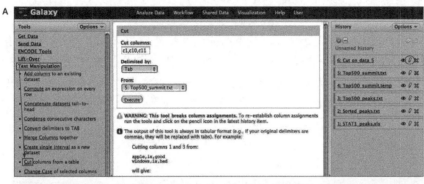

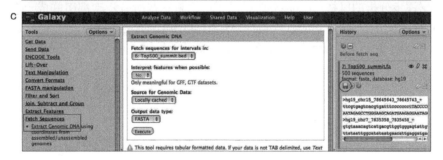

图 8-34 Galaxy 配置工具。（A）提取峰顶点坐标，并把它们存储为 BED 格式。（B）设置文件"Top500_summit.bed"的属性和数据类型。请注意你需要编辑两次：一次是在红色矩形标记处，另一次是在蓝色矩形标记处。（C）提取峰顶点±50-bp 的 DNA 序列（彩图请扫封底二维码）。

iii．在"Source for Genomic Data"中选择"Locally cached"，在"Output data type"中选择"FASTA"。

iv．点击"Execute"来提交任务。

v．将文件名改为"Top500_summit.fa"。通过点击软磁盘图标下载此文件，如图 8-34C 右侧红色圈中所示。

vi．我们可以对这些序列进行基序分析（见方案 7）来发现 STAT1 上新的或已知的结合基序。

如何在没有输入（input）的情况下运行 MACS？

　　MACS 使用一个参数λ将 N_{input} 的分布模拟为泊松分布。λ代表了分布均值和方差。在 MACS 中，在每个以可能峰所在位置为中心的滑动窗口中，根据以下公式对λ进行动态测量。

$$\lambda = \max(\lambda_{BG}, [\lambda_{1k},] \lambda_{5k}, \lambda_{10k})$$

式中，λ_{BG} 是预期的标签数量（被定位至基因组的标签的数量×窗口大小/基因组大小）；λ_{1k}、λ_{5k}、λ_{10k} 分别指在输入中，以峰位点为中心的 1kb、5kb 或者 10kb 大小的窗口中的标签数量。如果没有输入（input）数据，以上所有参数都是基于信号数据来估计的，且不使用 λ_{1k}。请注意，MACS 在没有输入（input）数据的情况下运行也许会漏掉宽于 5kb 的峰。

　　为了使 MACS 在没有输入（input）数据的情况下运行，只需忽略-c 参数（-c argument）即可。在我们之前的例子中，方法部分步骤 4 将成为下列形式。

macs -t STAT1.sorted.bam.bed --format=BED --bw=250 --tsize=36 --shiftsize=100
--name=STAT1 – pvalue=1e-5 --wig

讨论

　　MACS 通过比较 ChIP-seq 和 input 数据来识别在 ChIP 中被富集的基因组区域。这些区域可能是转录因子结合位点，也可能具有表观遗传标记。比较多个生物样本的 ChIP-seq 数据是有益的。在多个样本中的重叠区域可以产生更为可靠的结果。MACS 使用了 6 个字节（byte）在内存中储存标签（tag），所以确保你的电脑有足够的内存空间来运行 MACS 非常重要。例如，如果你的数据集中有 5 亿个读段，如 MACS 文件（MACS documentation）中所指出的那样，MACS 将需要至少 3Gb 的 RAM，通常需要大约 4Gb 的空间来储存额外的信息。根据数据集大小和所使用的参数，MACS 可能会需要数个小时来完成工作（http://liulab.dfci.harvard.edu/MACS/00README.html）。

　　Galaxy 是一个可执行多项任务的柔性平台。本方案中所展示的 Galaxy 功能只是给读者展现了数据逐步分析的风格。Galaxy 还提供了一个将这些所有步骤都串联成一个"工作流（workflow）"的功能，这个功能可以被简单地重复使用，并应用于其他数据集。更多信息请见 Galaxy wiki 的网页：https://bitbucket.org/galaxy/galaxy-central/wiki/Home。

网络资源

　　Cygwin http://www.cygwin.com/

　　Galaxy http://main.g2.bx.psu.edu/

　　Galaxy wiki https://bitbucket.org/galaxy/galaxy-central/wiki/Home

　　MACS install instructions http://liulab.dfci.harvard.edu/MACS/INSTALL. html

　　Python http://docs.python.org/install/index.html

　　wiggle format http://genome.ucsc.edu/goldenPath/help/wiggle.html

● 基序（motif）寻找简介

转录因子（transcription factor，TF）是一大类与基因组 DNA 结合并调控转录的蛋白质。人类基因组中存在数千种 TF。转录调控是对基因表达时空分布进行控制的一种常见机制，TF 的序列特异性则是这个复杂调控机制的核心。在原核生物中，单个 TF 与某个位点进行结合可能就足以进行转录调控。在真核生物中，实验数据证实了结合到相邻或重叠位点的多个 TF 之间存在相互作用，这些位点被统称为一个顺式调控模块（*cis*-regulatory module，CRM）。提出 CRM 这个概念的主要原因是基于这样的事实，即在任何基因组中，在不同细胞类型和受到多种刺激时被观察到的转录模式的数量，远远超过了转录因子的总数。

每个 TF（或者每组紧密相关的 TF）都具有特征性的结合特性，包括其 DNA 结合位点的宽度和各个位点上核苷酸的偏好，这些被统称为序列基序（sequence motif）。某些位点具有严格的核苷酸偏好（这可能是由 TF 和 DNA 上这些位点之间广泛的原子接触所导致的），而其他位点具有较弱的核苷酸偏好。可以通过将与某个 TF 结合的一组已知 DNA 序列比对来确定位置偏好（position preferences）。如果我们假设基序中的所有位点在结合过程中独立发挥作用（本方案始终承认此假设，并认为该假设是一个好的近似方法），比对结果可被总结为一个计数矩阵（count matrix，图 8-35B），运用信息论中熵（entropy）的概念可以对以上矩阵进行量化。熵（entropy）是对不确定性的测量。对于一个可能出现 4 种碱基的位点，各碱基出现的概率为 p_i（i = A, C, G, T），其熵被定义为 $-\sum_{i=1}^{4} p_i \times \log_2(p_i)$。如果 4 种碱基出现的概率相同，那么该位点的最大不确定性或最大熵为 2 bit。如果该位点通常出现某种特定的碱基（例如，$p_A = 1$ 且 $p_C = p_G = p_T = 0$），则该位点的不确定性或熵为 0。因此，一个基序上某个特定位点所包含的信息量为 $2 - (-\sum p_i \times \log_2(p_i))$（$i$ = A, C, G, T）。基序上各个位点的信息含量可以用一张修正后的条形图来表示，图中条形被 A、C、G、T 这些字母的堆叠所取代，字母堆叠的高度与相应位点的信息含量成比例，且 4 种字母的相对高度与该位点出现的碱基的相应频率成比例。这样的图通常被称为序列标识或基序标识（sequence or motif logo）（Schneider and Stephens 1990）（图 8-35A）。

运用相对熵（relative entropy）的概念，一个基序的计数矩阵可被用于预测一段长 DNA 序列中的结合位点。假设一个基序中的某个位点上出现概率为 p_i（i = A, C, G, T）的 4 种碱基，而非基序 DNA（背景）某个位点上出现概率为 q_i（i = A, C, G, T）的 4 种碱基，则基序位点的相对熵就被定义为 $-\sum p_i \times \log_2(p_i/q_i)$。相对熵的值越高，该基序位点与背景的差异就越大。为了便于沿一段 DNA 序列进行基序快速扫描以找到结合位点，所有 4 种碱基和所有基序位点的 $p_i \times \log_2(p_i/q_i)$ 可以储存在矩阵中，这种矩阵通常被称为位点特异性记分矩阵（position-specific scoring matrix，PSSM）、位点权重矩阵（positionweight matrix，PWM）或者序列谱（profile）。任何与 PSSM 长度相等的序列都可以根据序列中各个位点的碱基所对应的分值进行求和，计算得到该序列对应的分值。图 8-35A～C 依次显示了 TATA 基序的序列标识、计数矩阵和 PSSM。

现在有多个 TF 结合基序及其 PSSM 的集合，使用最为广泛的是 JASPAR（Sandelin and Wasserman 2004）和 TRANSFAC（Matys et al. 2003）。其中，JASPAR 为一个开源的资源（http://jaspar.genereg.net/）。

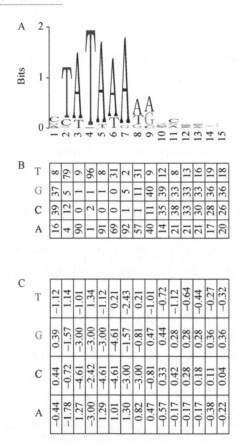

A

B

	1	2	3	4	5	6	7	8	9	10	11	12	13	14	15
T	8	79	9	96	8	31	2	31	9	9	12	13	16	19	18
G	37	5	1	1	1	0	5	11	40	39	33	33	33	36	36
C	39	12	0	2	0	0	1	1	11	35	33	30	28	26	26
A	16	4	90	1	91	69	92	57	40	14	21	21	21	17	20

C

	1	2	3	4	5	6	7	8	9	10	11	12	13	14	15
T	-1.12	1.14	-1.01	1.34	-1.12	0.21	-2.43	0.21	-1.01	-0.72	-1.12	-0.64	-0.44	-0.27	-0.32
G	0.39	-1.57	-3.00	-3.00	-3.00	-4.61	-1.57	-0.81	0.47	0.44	0.28	0.28	0.28	0.36	0.36
C	0.44	-0.72	-4.61	-2.42	-4.61	-4.61	-3.00	-3.00	-0.81	0.33	0.42	0.28	0.18	0.11	0.04
A	-0.44	-1.78	1.27	-3.00	1.29	1.01	1.30	0.82	0.47	-0.57	-0.17	-0.17	-0.17	-0.38	-0.22

图 8-35　三种常见的 TATA 基序的表现形式。（A）序列标识。x 轴对应基序的位点，y 轴为对应位点的相对熵的 $\log_2$ 值。A/T/C/G 字母比例越高，说明基序中该位点出现这个核苷酸的频率越高。（B）计数矩阵。矩阵中每个元素上的数字可以通过基序该位置上的碱基总数进行标准化，产生该位置上各个碱基出现的频率或概率，得到的矩阵亦被称为位点特异性概率矩阵（position-specific probability matrix，PSPM）。（C）位点特异性记分矩阵（PSSM）。计算一个 PSSM 需要背景频率（即前文所提到的 q_i），在这个例子中采用均匀分布背景（$q_i = 0.25$；i = A, C, G, T）（彩图请扫封底二维码）。

基序搜索问题

　　通过与一组背景序列进行比较，寻找在一组调控序列中富集的基序，通常称为基序搜索问题。调控序列通常有三个来源：①基因组同源序列（如多个物种中直系同源基因的启动子）；②一个物种中被共同调控的基因启动子（由大规模表达研究或文献所确认，在相同调控通路所确定的、具有相似表达模式的基因）；③通过大规模 TF-DNA 结合实验识别的区域，例如，与微列阵偶联的 ChIP 技术（ChIP-chip），或者与大规模测序（massive sequencing）偶联的 ChIP 实验（ChIP-seq；见方案 6），或者蛋白结合微列阵（protein-binding microarrays，PBM）（Mukherjee et al. 2004）（见第 10 章和第 20 章）的体外实验技术。

　　背景序列的选择需要谨慎对待，因为基因组序列是高度结构化的。理想状态下，背景序列应该与调控序列为相同类型，但不与待研究的 TF 进行结合。例如，如果调控序列为肌肉细胞中特异表达的基因启动子序列，一个用于背景序列选择的好策略就是选择在所有类型细胞中普遍表达且表达水平相同的基因启动子。

　　有两种寻找基序的通用方法。第一种是对任何种类的基序进行从头搜索。第二种是检查一个包含已知基序的文库，并找出与背景序列相比在调控序列中统计学上过量表达的基序。从头搜索方法具有更大的通用性，利用该种方法可以找到全新的基序；但与基于文库的搜索方法相比，增加的搜索空间（整个基序范围 vs. 预先设定的列表）使得从头搜索方法敏感性较低。此外，从头搜索方法仅能预测出基序但不能预测对应的 TF，而预先编译好的文库通常包括了 TF 的注释。

　　在本方案中,我们将使用三种方法:①对所有 k-mer(k 为基序宽度)进行穷举搜索(exhaustive search);②MEME,一种从头搜索的方法(Bailey and Elkan 1994);③Clover,一种基于文库的方法(Frith et al. 2004)。感兴趣的读者可以参考用于比较从头搜索(Tompa et al. 2005)和基于文库(McLeay and Bailey 2010)方法的相关资源,MDscan 是另一种从头搜索方法,而 AME 则是另一种基于文库的方法,这些方法在信息栏"算法、门户网站和方法"中介绍。

所有 k-mer 的穷举搜索

　　当基序较短(如<8bp)且两组序列(调控序列和背景序列)中存在足够多的序列时,最直观的方法就是对这两组序列中 k-mer 的出现频率进行比较。k-mer 的平均出现频率可以通过宽度为 k 的滑动窗口来计算,首先计算出一个序列中 k-mer 的百分比,然后在整组序列中计算该 k-mer 平均值。我们可以作一张散点图(scatter plot)来查看 k-mer 的分布情况,图上各点分别代表一个 k-mer,两条坐标轴分别代表 k-mer 在两组序列中的平均出现频率。图 8-36 通过对一组来自由 UCSC 表格浏览器(UCSC table browser,Karolchik et al. 2004)上获取的 TATA 结合蛋白(TATA-binding protein,TBP)的推定结合位点,阐述了这种方法的使用。关于获取 CREB 结合位点的例子见以下方法部分。为了获得背景序列,我们对 TATA 结合序列进行了随机洗牌(random shuffling)。TATA 组和背景组中共存在 113 个 6-mer。很明显,在 TATA 组中被富集的 6-mer 与 TBP 的结合基序相似(图 8-36)(Bucher 1990)。

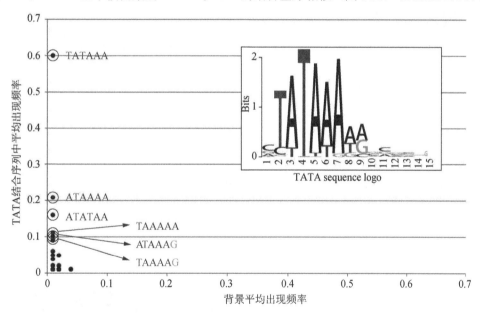

图 8-36　TATA 结合序列中 6-mer 的平均出现频率(y 轴)对随机抽取序列中平均出现频率(背景;x 轴)作图。(红色)如小图所示,很明显,位置最高的 6 个 6-mer(与背景相比,在调控序列中富集的序列)为已知的 TATA 基序的子链(substring)(彩图请扫封底二维码)。

MEME

　　MEME 软件假设调控序列是由一个双组分有限混合模型(two-component finite mixture model)产生的。一种组分描述了基序的出现频率,而另一种组分描述了序列中的所有其他位点(正如在背景序列中)。MEME 使用了期望最大化(expectation maximization,EM)方法来估计模型中的两个参数:之前已提及的基序位点特异性概率矩阵(PSPM)和调控序列中核苷酸出现频率的百分比,即基序中每个位置每个核苷酸的出现频率。MEME 在两个步骤之间进行迭代。在给定调控序列和两个参数当前估计值情况下,MEME 的 E(expectation,

期望）步骤是要找到这两个参数似然对数的期望值。MEME 的 M（maximization，最大化）步骤是在给定序列情况下，通过这些参数的对数似然比进行最大化来得到两个参数的下一步估计值。图 8-37 展示了 MEME 算法。

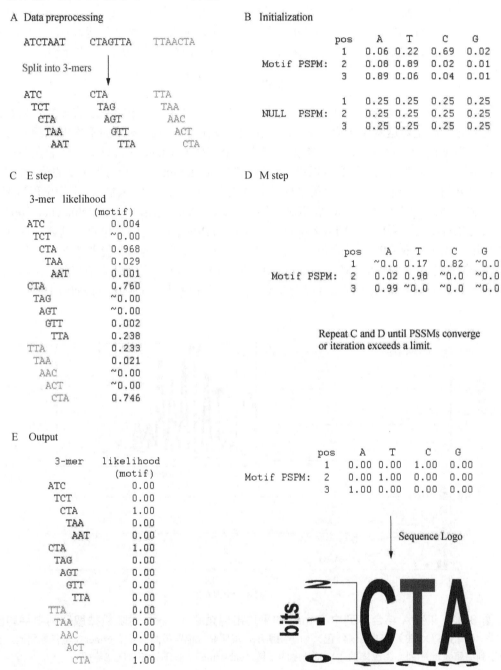

图 8-37　MEME 算法的主要步骤。 一个包含三段调控序列的简单例子，假定每个调控序列都包含了一个长为 3bp 的未知基序。（A）将序列分割成所有可能的 3-mer。（B）在起始步骤中，建立一个关于基序 PSPM 的初始估计（first guess）及其背景模型。该初始估计可以影响最终结果，因为 EM 算法只能找到在基序范围内最接近的局部最佳结果。（C）期望步骤（E 步骤），基于现有的 PSPM，计算每个 3-mer 是来自基序的概率。（D）最大化步骤（M 步骤），基于 C 中计算得到的似然值。根据新的似然值更新 PSPM，然后在 C 和 D 两个步骤之间进行迭代，直到基序的 PSPM 不再出现显著的变化或者当迭代数超过用户设置界限的时候。（E）输出基序的 PSPM 和相应的序列标识。在本例中，CTA 就是找到的基序，其每个位点具有零不确定性（熵 ＝0）（彩图请扫封底二维码）。

EM 算法可以找到最接近局部最优结果 PSPM，但会错过全局最佳结果。因此，MEME 使用了启发式方法系统地搜索整个 PSPM 空间。MEME 报道了每个被识别基序的 E 值，即该基序被随机发现的次数。由于 MEME 所报道的 E 值为真实 E 值的上限（upper bound），所以如果 E 值很大（例如，>0.05），请谨慎处理该 E 值，因为这种情况下对应的基序可能非常显著。Nagarajan 等（2005）提供了一个在线服务器（http://www.cs.cornell.edu/w8/~niranjan/），用于计算一个给定 MEME 基序的精确 E 值。

MEME 软件包（http://meme.ncbr.net）还提供一些额外的功能：发现存在空位的基序；扫描序列以得到新发现基序的出现频率；搜索基序数据库；分析基序靶标的功能富集情况。

Clover（MotifViz）

Clover 的功能是比较基序的 PSSM 在调控序列与背景序列之间的差别，并评价该基序在这些调控序列中是否是统计学上过表达（overrepresented）或低表达（underrepresented）情况。该方法包括两个步骤。首先计算一个原始记分，将基序在调控序列中的出现程度进行量化。第二步是对该原始记分进行 p 值估算：p 值是指在随机条件下，使用背景序列计算得到相同或更大原始记分的概率。如果 p 值非常低（例如，< 0.001），说明基序在调控序列中显著性过表达。如果 p 值非常高（例如，> 0.999），说明基序在调控序列中显著性过低表达。Clover 可以下载到本地计算机上运行，或通过 MotifViz 网页服务器（http://zlab.umassmed.edu/MotifViz/）来提交任务。

网络资源

JASPAR http://jaspar.genereg.net/

MEME suite of software programs http://meme.ncbr.net

MotifViz web server http://zlab.umassmed.edu/MotifViz/

方案 7　发现顺式调控基序

本方案以顺式调控基序为例，描述了一套用来找到基序的软件。通过一组从 UCSC 基因组浏览器下载的预测 CREB-结合序列，本方案第一部分演示了 MEME（Bailey et al. 2006）（从头基序发现）、JASPAR（Portales-Casamar et al. 2010）（一个基序数据库）、Clover（Frith et al. 2004）（搜索已知的被富集的基序）和 MAST（Bailey and Gribskov 1998）（扫描序列寻找基序位点）的使用方法。本方案第二部分展示了如何使用 MEME-ChIP（Machanickand Bailey 2011）（一套用来分析 ChIP-seq 数据的集成工具包）来发现 STAT1 ChIP-seq 峰中的基序并将其与 JASPAR 数据库中已知基序进行比较。

 材料

仪器

Clover 软件（http://zlab.umassmed.edu/MotifViz/）

具有 Internet 连接和网页浏览器的电脑

JASPAR（http://jaspar.genereg.net/）

MAST（http://meme.sdsc.edu/meme/mast-intro.html）

MEME-ChIP（http://meme.sdsc.edu/meme/cgi-bin/meme-chip.cgi）

MEME 软件（http://meme.ncbr.net）

UNIX 环境

本方案使用了一部分 UNIX 指令。如果你使用的是 Windows 操作系统，请先安装 Cygwin，然后在 Cygwin 下安装运行这些指令。Cygwin 是一个免费软件，它可以在 Windows 上提供一个类似 UNIX 的环境。我们可以在 http://www.cygwin.com/ 上找到 Cygwin 的安装包。

方法

使用 MEME、JASPAR、Clover 和 MAST

1. 使用 UCSC 表格浏览器（Table Browser，http://genome.ucsc.edu/cgi-bin/hgText）下载推定的 CREB 结合位点。

　i. 登录 UCSC 表浏览器，如图 8-38A 所示，将 clade 选为"Mammal"，将 genome 选为"Human"，将 assembly 选为"Mar. 2006 (NCBI36/hg18)"，将 group 选为"Regulation"，将 track 选为"TFBS Conserved"，将 table 选为"tfbsConsSites"。

　ii. 点击图 8-38A 中上方红色圈中所标示的"edit"，该按键将打开一个如图 8-38B 所示的页面。在名字区域将名字设置为"V$CREB_01"，然后点击"submit"回到图 8-38A 中所示页面。

　iii. 将输出格式改为"sequence"，将输出文件名设置为"creb_01.txt"，然后点击"get output"转到图 8-38C 所示的页面。

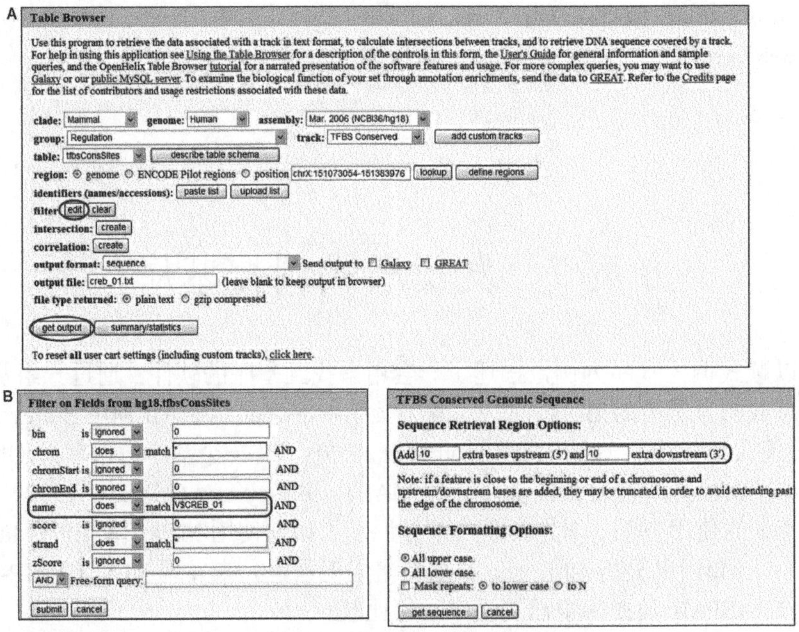

图 8-38　使用 UCSC 表格浏览器下载推定的 CREB 结合位点。（A）在人"TFBS 保守性"通道中选择表"tbfs cons sites"。（B）获取仅被注释为 CREB 蛋白结合位点的序列。（C）在结合位点两侧各延长 10 个碱基（彩图请扫封底二维码）。

　iv. 设置添加至推定 CREB-结合序列上游和下游额外碱基的数量为"10"，点击"get sequence"，保存到文件名为"creb_01.txt"的文件中。creb_01.txt 文件是 FASTA 格式，该格式可用于 MEME 程序；然而，此时所有序列都被设置为相同的名字，这将导致 MEME 仅保留第一条序列。使用步骤 1.v 中的指令来校正这种情况。

 v. 在 UNIX 电脑上使用以下 awk 指令来对所有序列设置依次增加的 ID，然后将结果输出到文件"creb_01_new.txt"。

awk '{if (substr($0, 0, 1) == " > "){a=a+1; print " > "a}else print $0}' creb_01.txt
>creb_01_new.txt

或者，使用以下 awk 指令将基因组坐标添加至依次增加的序列 ID 之后：

awk '{if (substr($0, 0, 1) == ">"){a = a + 1; split($0,token,
"range="); split(token[2],token2," "); print ">
"a" "token2[1]} else print $0}' creb01:txt . creb 01 new.txt

2. 将序列提交至 MEME。

 i. 登录 MEME 网站（http://meme.sdsc.edu/meme/cgi-bin/meme.cgi），然后通过点击"Browse"提交"creb_01_new.txt"。

需要提供一个 e-mail 地址，这样作业状态和网站链接就可以被发送至用户了。

 ii. 指定每个序列中预期基序的出现次数（例如，仅至少一次，或任何数目）。设置每个基序的最大长度和最小长度，以及设置用于搜索基序的最大数量的数值。

 iii. MEME 会产生一个含有每个被发现基序详细信息的报告。本例中总计找到了 3个基序，所找到的基序数量受之前提到的"maximum number of motifs（基序的最大数量）"参数的限制；图 8-39A 显示了显著性最强的一个基序。

 iv. 点击"Download"来获取 png 格式或 eps 格式的序列标识（sequence logo），文件格式可以在"Format"的下拉列表中进行选择。图 8-39B 显示了多重序列比对和基序在各个序列中的位置。

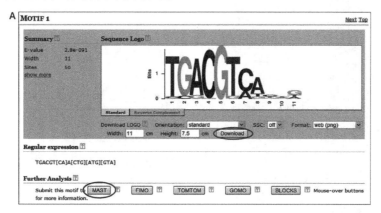

图 8-39　MEME 输出结果。（A）一个显著性基序的总结。点击"Reverse Complement"键来查看相同基序在反义互补链上的情况。eps 格式的序列标识可以被下载用于出版。（B）包含基序的输入序列比对情况。"Bloak Diagrams"显示了基序在各个序列中的位置（彩图请扫封底二维码）。

v. 通过点击单选按钮"PSPM"（图中未显示）来收集新发现基序的 PSPM。

vi. 复制 PSPM，用于接下来的 MAST 和 Clover 程序。

3. 为了确定 MEME 在推定 CREB 结合位点上刚刚发现的基序确实是 CREB 的基序，同时为了演示 JASPAR 数据库的用法：

i. 登录网页 http://jaspar.genereg.net/，并搜索"CREB1"（如图 8-40 所示）。图 8-40A 显示了 CREB1 的详细信息。尽管图 8-40A 中的序列标识与 MEME 所发现的标识相似，但图 8-40A 中的序列标识更短，而且在第一个位点上具有更大的可变性。

ii. 点击标识以获取该基序的总结页面（图 8-40B），该页面上有下载该序列标识的记分矩阵和可缩放矢量图形（scalable vector graphics，SVG）文件的链接。

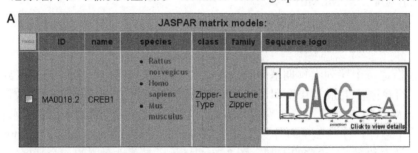

图 8-40　在 JASPAR 数据库中搜索 CREB1 基序。（A）CREB1 基序的简要信息。点击红色矩形中的序列标识将会出现一个如 B 中包含了该基序详细信息的窗口。点击"Make a SVG logo"将得到 SVG 格式的序列标识，该文件可用于出版（彩图请扫封底二维码）。

4. 在一组序列中搜索已知的富集基序可以发现与这些序列结合的 TF（或多个 TF）。

出于演示目的，这里我们使用相同的推定 CREB 结合位点（UCSC 表浏览器中的 "creb_01.txt"），通过 Clover 工具来寻找被富集的基序。

  i.　登录 MotifViz 页面（http://zlab.umassmed.edu/MotifViz/），然后选择 "Clover" 作为要使用的程序。

  ii.　上传 "creb_01.txt" 文件，然后选择任意数量的基序。不在列表内的基序也可以被包括在内，例如，你可以上传 MEME 所发现的 CREB PSPM。

  iii.　选择一个显著性 p 值阈值（如 0.01），然后点击 "run"。

  5. Clover 的结果页面（图 8-41）显示了两个过表达的基序 bZIP910 和 CREB。"Overview of Motif Distribution" 和 "Detailed Sequence Output" 部分显示了结合位点是高度重叠的，这暗示了它们可能具有相似的结合基序，事实上，曾报道过这些基序的共现（co-occurrence）和相似性（Schones et al. 2005）。

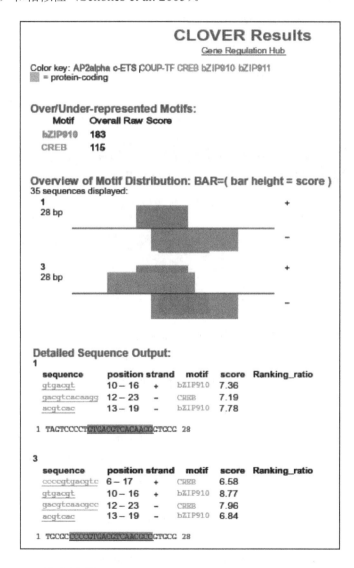

图 8-41　Clover 输出结果。结果分为三个部分："Over/under-represented Motifs"、"Overview of Motif Distribution" 和 "DetailedSequence Output"。第一部分仅报道了超过用户设定的 p 值阈值的具有统计学显著性的基序。三个部分中的基序颜色是统一的；色彩值（color key）位于页面的顶部。在第二部分中，每个模块都代表了一个基序在一个序列中位置。位于底部的第二部分显示了基序序列及其位置（彩图请扫封底二维码）。

6. 搜索一个新发现基序的额外位置可以找出潜在的新靶标基因。MEME suite 中的 MAST 程序和 MotifViz suite 中的 POSSUM 程序都可以执行这个任务。在此，我们将演示 MAST 的用法。

　i. 登录 MAST 页面（http://meme.sdsc.edu/meme/mast-intro.html/）。图 8-39A 显示了在 MEME 的输出页面上有一个直接指向 MAST 的链接（红色圈中所示）。

　　 或者，你可以将 PSPM 直接上传至 MAST 的主页（http://meme.sdsc.edu/meme/mast-intro.html）。

　ii. 将 Category 选为"Upstream Sequences"，将 Database 选为"Homo_sapiens_EnsEMBL (upstream) (nucleotide only)"，然后点击"Start search"。

　iii. 图 8-42 显示了靶标序列和基序之间的比对情况。这些靶标可以通过使用基序本体论（Gene Ontology for Motifs，GOMO）等工具，来检测它们是否存在 GO 富集情况（图 8-39A 显示了一个通向该网址的链接）。

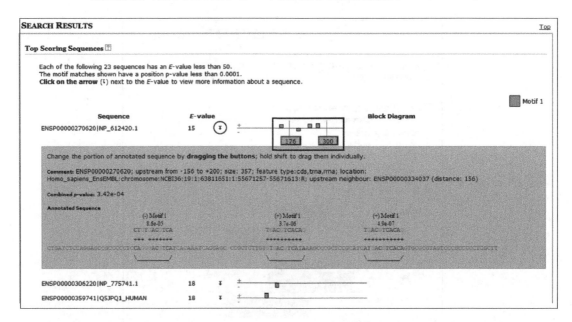

图 8-42　MAST 输出结果。 点击红圈中的箭头来展开如浅蓝框中标注的详细序列信息。移动蓝色矩形中的滑动窗口来发现序列中所有可能的结合位置（彩图请扫封底二维码）。

使用 MEME-ChIP

7. 使用 MEME-ChIP 来分析 ChIP-seq 的峰。

登录 MEME ChIP 网站（http://meme.sdsc.edu/meme4_6_0/cgi-bin/meme-chip.cgi），输入你的 e-mail 地址，然后上传名为 Top500_summit.fa 的 FASTA 文件（方案 6 中产生的），该文件包含了前 500 个 STAT1 ChIP-seq 峰（峰顶点±50 bp 的序列）。MEME-ChIP 与 MEME 的界面和参数相同。

8. MEME-ChIP 结果是一个包括了各种工具运行结果链接的表格（图 8-43A）。本方案的之前步骤包括了 MEME 和 MAST 的用法。这里我们聚焦 TOMTOM（Guptaet al. 2007），该软件将由 MEME 发现的基序与 JASPAR 中已知的基序进行比较。

　i. 点击图 8-43A 中红色圈中标识的链接，该链接将产生一个包含 TOMTOM 输出结果的页面（图 8-43B）。

　ii. TOMTOM 报道了 MEME 发现的最为显著的基序（红色矩形所标识的）与数据库中 4 个已知的基序高度相似。它们分别是 STAT1、Stat3、ARO80 和 GABPA。

　iii. 在图 8-43B 的"Matches to Query: 1"部分中显示了两个序列标识的比对情况。

顶部的标识为 JASPAR 数据库中储存的已知的 STAT1 基序，底部基序代表了
MEME 在输入序列中所发现的基序；这些基序之间的相似性非常显著。
TOMTOM 还提供了如青色矩形中所示的统计学测度（statistical measurement）。

即使你的序列不是来自 ChIP 实验，你仍可以使用 MEME-ChIP；可以利用 MEME-ChIP 中整合的基序分析工作
流程来分析任何 DNA 序列集。

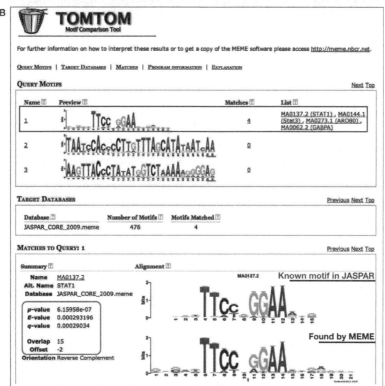

图 8-43　显示基序信息。（A）MEME-ChIP 的结果是一个包括了各种工具运行结果链接的表格。
点击红色椭圆中所标示的链接将产生包含 TOMTOM 输出结果的页面。（B）TOMTOM 报告了 JASPAR 数
据库中与 MEME 所发现基序具有显著性相似的基序（彩图请扫封底二维码）。

比较两个基序的 PSPM

除了可视化比较两个基序的序列标识之外，还可以通过量化两个基序 PSPM 之间的相似性来比较两个基序，而 TOMTOM 是一个可以执行这样任务的工具之一。假设两个 PSPM 对应的列遵循相同分布，常用的相似性度量包括两个列之间的欧氏距离（Euclidean distance）（Choi et al. 2004）或者 Pearson 相关系数（Pearson correlation coefficient）（Pietrokovski 1996）。统计学显著性可以使用 χ^2 检验、Fisher 精确检验（Schones et al. 2005）或者随机化（randomization）（Pape et al. 2008）来计算。请注意，有必要比较基序以及与基序反向互补的序列，并采用两个比较中相似性强的基序。默认情况下，TOMTOM 使用 Pearson 相关系数来测量 PSPM 之间的相似性。

确定由 MEME 识别得到的基序是否具有显著性

MEME 对它所发现的每个基序都会计算一个 E 值（如图 8-39A），该值估计了在随机打乱的输入序列中随机发现这样基序的期望值。此概念与 BLAST 报道的 E 值概念非常相似（见方案 2）。有时，尽管一些基序仅在输入序列中出现少数次数，但 MEME 仍报道具有高信息含量基序的高度显著性 E 值（这样的基序标识通常很长且退行性位点很少）。这样的基序最有可能是假阳性结果，尤其是当输入序列为 ChIP-seq 数据集中排序最靠前的峰时。也许值得注意的是，MEME 计算得到的 E 值通常过于悲观（Nagarajan et al. 2005），所以你可能会想要使用更为宽松的临界值来避免假阴性结果。

讨论

本方案描述了在一组序列中发现基序的几个程序。这些程序可以单独运行，或被组织成一个工作流程来运行，如 MEME-ChIP 工具。因为与转录因子结合位点对应的基序很短且具有高度退行性（degenerative），基因组 DNA 中的大多数高分匹配片段通常在体内是没有功能的。这很可能因为基序与 TF 结合受到染色质状态和与其他调控蛋白相互作用所影响。因此，将基序搜索工具与来自 ChIP-seq 数据集的峰等实验数据相结合将是最有效率的方法。因为 ChIP-seq 峰可以根据它们的 p 值进行排序（见方案 6），我们可以测试由 MEME 通过排序最高的峰所发现的基序，是否在排序较低的峰，以及峰的侧翼基因组区域中富集程度较低。

网络资源

Cygwin http://www.cygwin.com/

JASPAR http://jaspar.genereg.net/

MEME-ChIP website http://meme.sdsc.edu/meme/cgi-bin/meme-chip.cgi

MEME suite of software programs http://meme.ncbr.net

MotifViz web server http://zlab.umassmed.edu/MotifViz/

UCSC Table Browser http://genome.ucsc.edu/cgi-bin/hgText

信息栏

数据格式

下面是几种可转换的数据格式，这些数据格式在生物信息学领域中经常使用，并在本章中进行介绍。

BED 格式

BED 格式是一种用于指定基因组区域的常见格式。每一行代表一个基因区域，每个区域至少含有按下列顺序由制表符隔开的三个域（fields）："chrN Start End"。其中，chrN 代表染色体（如 chr1 或 chrX），Start 和 End 代表该区域的基因组起始坐标和终止坐标。下面是一个包含两个基因组区域的 BED 文件，域（fields）之间必须用制表符隔开。

chr7 99517108 99517307 transcript_1(-strand)

chr7 98844537 98844736 transcript_2(+strand)

需要注意的是，这里的坐标与被直接输入至 UCSC 基因组浏览器中的坐标不同，一个 BED 格式文件是从 0 开始索引"Start"列，但是从 1 开始索引"End"列。因此，对应于 21 号染色体最开始三个位置的 BED 行被表述为"chr21 0 3"。文件中可以包含用于注释的另外的域（fields）。在本章方案 1 中的图 8-40A 中，输入序列包含第 4 个域："能够被定位的读段数"；这种含有 4 个域的 BED 格式也被称为"bedGraph"格式。而且，可以添加以符号"#"开始的注释行来描述基因区域的下一个区块（block）。UCSC 基因组浏览器可以显示这些注释行，作为由下面基因组区块所组成的定制轨道的标题。

BED 形式的比对结果如下所示。从左到右的域（fields）分别代表染色体、起始位点、终止位点、读段 ID、定位得分和染色体链。

chr1 10446 10474 SRR014988.1614474 255 -

chr1 10459 10487 SRR014991.3802529 255 -

chr1 10496 10524 SRR014987.254257 255 -

chr1 13051 13079 SRR014992.3833233 255 -

用于可视化位于不同基因组区域的读段数目的 bedGraph 格式如下例所示，从左到右的域（fields）分别为染色体、基因组区域的起始位点与终止位点，以及定位至该区域的读段数目。

chr1 566745 566746 9

chr1 566746 566747 12

chr1 566747 566748 15

chr1 566748 566749 22

chr1 566749 566750 26

chr1 566750 566751 29

chr1 566751 566752 32

chr1 566752 566753 34

chr1 566753 566754 38

FASTA 格式

FASTA 是一种常用的存储 DNA 或蛋白质序列的数据格式。它以单行描述开始，描述行的第一个符号必须是 ">"，描述行之后可以跟一行或多行序列数据，且每一行的最大字符数没有限制。一个文件中可以包含多个序列，这些序列分别以一个描述行开始。

>transcript_1

AAACGAGGGGGAACTTCCGTTCTTTGTTCTGTCCCCGGTGTGTGGGTCTGTGACAG

GGTCCAACAGGGCCTGGTCCGTGTCCGGTCCCCCAAATCTGTCGTCCCTGCCCCCA

GGGTGAGTCCACGCGTCCCCGGGTCTCGCGGTGAGACGGAGGCTGTGGTCGCCGGG

GAAGGGGGTGGTGTCTGTGCCACTGCGGCCCG

>transcript_2

CAGCTACCCAAGCTCCAGGAGCTTCCGGTATGTGTTTTCCCTCTGTTCTCGATTAC

CTTGGCAACGGCTGAGGCGGGAGACCGGTGGTCTGCACCGTCCTGGAGGGAGATAT

GAGTGGCTGGACTCTCAGCCAGCCACTGGGATGTGTTCGGGCTTTGGACCTTGAGG

CCGGAGAGAGCTCCCGAGAGGAGGCGGCGCCA

FASTQ 格式

FASTQ 文件是一种基于文本的测序仪依赖的数据文件，不仅保存序列，也保存对应的编码质量分数（encoded quality score）。

每一个来自测序仪器的序列读段信息被表示为如下形式：

第一行：@序列 ID；可以包含其他的注释

第二行：序列（A/T/C/G ... ）

第三行：+序列 ID；可以包含额外的注释

第四行：编码的质量分数

第四行的每一个符号代表第二行相对应的每一个核苷酸的测序质量。这里有一个例子：

@SRR001339.3 FC12160_04JAN08_s_3.tar:3:1:230:474 length = 36

GTTAGTCGGGAACTAAGGCCTGTAGGCTCTTTCCAT

+SRR001339.3 FC12160_04JAN08_s_3.tar:3:1:230:474 length = 36

IIIIBIII*II,III$I'I9IDI%II . . : 5'E%%(H

SRR0013339.3 是序列 ID；其他的注释（如日期、长度等）紧随其后。一般来说，质量分数（也叫 Phred 质量分数）是根据测序仪所测对应碱基正确性的可靠性来度量的。第四行的质量分数被编码为 ASCII 码。需要注意的是，质量分数和编码方式均是依赖于测序仪的。几种常用的分数-编码方案都以 Phred+33、Solexa+64 及 Phred+64 为基础。

MAF 格式

多重序列比对格式是一种用来存储多重序列比对的纯文本格式（multiple alignment format，MAF，https://cgwb.nci.nih.gov/goldenPath/help/maf.html）。保守区域（区块）的比对以"a"标志开始，不同保守区域之间使用一个空行隔开。每一块包含一些必需行和可选行来代表多重比对的每个序列。简单来说，以"s"开始的行以文本形式存储序列比对，以"i"开始的行包含这一比对的相关信息，以"e"开始的行代表一个内容为空的比对，以"q"开始的行记录了每个被比对碱基的质量。

下面是一个例子：

a score = 100.0

s hg18.chr7 27707221 13 + 158545518 GCAGCTGAAAACA

s mm8.chr6 53310102 13 + 151104725 ACAGCTGAAAATA

SAM 格式和 BAM 格式

SAM（sequence alignment/map）格式是一种存储序列比对信息的通用格式，很多比对工具都可以生成 SAM 格式。一个 SAM 文件中的一个典型的行包括 12 个域（fields），这些信息使得我们可以通过基因组位置对所有比对建立索引并高效检索。SAM 格式的二进制索引文件则是 BAM（binary alignment/map）格式，可以使用 SAMtools 工具对 SAM 和 BAM 格式文件进行操作和格式相互转换。

Wiggle 格式

当使用 UCSC 基因组浏览器来可视化稠密且连续的数据时（如基因组上覆盖每 10 核苷酸窗口上的读段数量），就可以使用 wiggle 格式来代替 BED 和 bedGraph 格式。Wiggle 格式包括声明行和数据行（http://genome.ucsc.edu/goldenPath/help/wiggle.html）。下面是一个例子：

variableStep chrom = chr19 span = 150

59304701 10.0

59304901 12.5

59305401 15.0

59305601 17.5

...

第一行是声明行，其他四行是数据行。在声明行中，用户可以选择两种 wiggle 格式中的一种：变长（variableStep）（连续数据点之间的不规则区间）和定长（fixedStep）。声明行中的跨度（span）参数表示由数据行第一列所指定的起点位置所覆盖的染色体区域跨度。数据行的第二列是用来绘图的信号。对于定长格式，仅有信号行是必需的，此时开始位点和步长已经在声明行中指定，如下例所示。

fixedStep chrom = chr19 start = 59204701 step = 10

10.0

5.5

...

网络资源

Multiple alignment format (MAF) https://cgwb.nci.nih.gov/goldenPath/help/maf.html

wiggle format http://genome.ucsc.edu/goldenPath/help/wiggle.html

 ## 算法、门户网站和方法

AME（基序富集分析）

和程序 Clover 一样，AME （http://bioinformatics.org.au/ame/）（McLeay and Bailey 2010）是在一个调控序列集合中检测已知基序（motif）的富集情况。和 Clover 不同的是，AME 需要每个输入序列都被标记一些生物信号，如 ChIP-seq 分数，并以一种类似 MAST 的方式，对每个 DNA 序列赋予一个基序得分（motif score）。然后，对 DNA 序列的基序得分和序列所带生物信号之间的关联度进行测量，从而识别出具有最强关联度的基序。AME 已被包含在 MEME 工具包，并为 MEME-ChIP 流程的一个组件。

BEDTools

BEDTools 包由主要用来管理 BED 文件的一些工具组成，如寻找重叠区域和计算覆盖度等任务的功能模块，也有一些操作以 SAM/BAM 格式文件为输入。当处理高通量测序数据时，强烈建议用户熟悉 SAMtools 和 BEDTools 的操作。

BLAT

BLAT 是用来寻找与查询序列相似度在 95% 以上的 DNA 序列，此时要求查询序列长度在 25 个核苷酸以上。BLAT 可能会丢掉那些较短或较分散（divergent）的序列。BLAT 在算法上与 BLAST 不同，BLAST 是用来在 DNA 或蛋白质序列中寻找远源同源关系。在方案 2 中对 BLAST 有详细描述。一般来说，在以下方面 BLAT 优于 BLAST：

1. 更快的搜索速度（代价是在搜索比较分散的命中结果时敏感性低）。

2. 可以比较方便地将 BLAT 结果与 UCSC 基因组浏览器直接相连，或将 BLAT 结果作为定制通道。查看 BLAT 文档：http://genome.ucsc.edu/goldenPath/ help/hgTracksHelp. html# BLATAlign 以获取详细信息。

3. 5 个方便的输出排序选项

 i. Score。Score 是指通过用匹配数目减去不匹配的数目计算而来，请注意每一个命中结果的最大分数等于"SPAN"（比对长度）。与 BLAST 不同，BLAT 并不是通过统计学显著性，而是使用分数来更快地寻找高可信度的命中结果。

 ii. Query, Score。当输入的 FASTA 文件中有多个序列时，所有命中结果首先将按照它们对应的查询序列 ID（在 FASTA 中在">"之后部分指定）进行排序，其次按照分数进行排序。

 iii. Query, Start。和选项 ii 一样，首先按照 ID 对命中结果进行排序，其次按照配对在查询序列（query）上的起始位点排序。

 iv. Chrom, Score。命中结果首先按照染色体排序，其次是分数排序。

 v. Chrom, Start。命中结果首先按照染色体排序，其次是比对在参考基因组上的起始位点排序。

ENCODE Consortium

ENCODE（Encyclopedia of DNA Elements）表示 DNA 元件百科全书，是在 2003 年由 NHGRI（National Human Genome Research Institute）启动的研究项目。ENCODE 的目标是识别人类基因组的所有功能元件并将数据公开化。ENCODE 初期阶段是以人类基因组的 1%预选区域展开的。在这一阶段，产生了许多重要的发现和技术。在 2007 年，ENCODE 进入产出阶段，目标瞄准整个人类基因组。所有的 ENCODE 数据都存储在 UCSC 基因组浏览器（http://genome.ucsc.edu/）和 GEO 数据库中（Gene Expression Omnibus）（Edgar et al. 2002），并可实现可视化。

Galaxy

Galaxy 是一个用来从不同资源中检索大规模公共数据的网络门户（http://galaxy.psu.edu/）。该门户网站整合了许多用于数据格式变换、可视化和分析的在线工具，包括文件操作（格式转换、文件合并等）、从外部数据库获取数据（如 UCSC 基因组浏览器），以及基本的统计学信息。关于这些工具的详细情况见 http://community.g2.bx.psu.edu/。

GEO

GEO 是由 NCBI 维护的一个基因组实验数据库（http://www.ncbi.nlm.nih.gov/ geo），存储了微阵列数据、下一代测序数据，以及其他形式的高通量技术产生的数据。这些数据由研究团队以良好架构的格式和协议进行上传提交。通过网页界面，所有数据易于搜索和下载。

Motif Discovery Scan

类似于 MEME，基序发现扫描程序（motif discovery scan，MDscan）（Liu et al. 2002）是在一组 DNA 序列中从头寻找被富集的基序。MDscan 是最早被设计用来在 ChiP-chip 峰中寻找基序的工具之一。MDscan 首先在最高的 3～20 个 ChIP-chip 峰中找到丰度最高的 k-mer（允许少量错配），然后对于每一个 k-mer 构建一个 PSSM（size $= k$），使用它去扫描剩余的 ChIP-chip 峰并通过迭代修改 PSSM。MDscan 也可以使用类似的方式应用于 ChIP-seq 峰数据。

多重序列比对算法

进行多重序列比对（MSA）有三种通用策略：渐进、迭代和基于一致性的方法。代表这三种方法的典型工具分别是：ClustalW、Muscle 和 T-Coffee。

ClustalW 是最古老的 MSA 算法，在 1988 年发明（Higgins and Sharp）并于 2007 年（Larkin et al.）更新。它首先基于序列两两之间的相似性构建系统发育树［采用非加权组平均法（unweighted pair group method with arithmeticmean，UPGMA）或邻接法（neighbor-joining，NJ）］，然后根据系统发育树渐进地将序列比对进行合并（即距离最近的序列优先进行比对）。由于在多序列比较过程中引入的空位不能被移除（一旦有了空位，空位将一直存在），最终得到的比对准确性高度依赖于系统发育树。尽管在一些例子中，已证明 T-Coffee 和 Muscle 运行结果优于 ClustalW，ClustalW 仍旧是最为广泛使用的 MSA 算法之一（Larkin et al. 2007）。

在 ClustalW 之后，提出了基于一致性的方法，如 T-Coffee。T-Coffee 利用 ClustalW 产生的 MSA，并将此 MSA 分割成全局性的序列两两比对。然后再把这些全局性的序列两两比对与 lalign（Huang and Miller 1991）产生的局部序列两两比对进行结合。T-Coffee 非常准确，然而它的运行速度远远慢于 ClustalW。

最近提出了 Muscle 等迭代 MSA 算法。Muscle 并不是完全依赖于像 ClustalW 那样逐步生成的系统发育树。它将系统发育树作为一个引导，通过比较由引导树进行限制分区所得子树（subtree）导出的 MSA，来对 MSA 进行迭代改进（Edgar 2004）。其运行结果至少和 ClustalW 产生的结果一样准确，而且它的运行非常高效。

目前的研究表明，不同 MSA 算法得到的比对非常不同（Golubchik et al. 2007），所以多个 MSA 算法的结果应该被整合，进而产生更为可靠的比对；M-Coffee（Wallace et al. 2006）就是一个实现此策略的工具。

SAM

为了测量两组表达水平（x 和 y）均值之间的差异显著性，SAM（significance analysis of microarrays）使用了一个统计量 d，该统计量与 Student's t 检验中的统计量 t 相似，但是它在分母中具有一个额外的稳定常数 s_0，其定义如下：

$$d = \frac{\overline{x} - \overline{y}}{\mathrm{SE} + s_0},$$

而统计量 t 的定义如下

$$t = \frac{\overline{x} - \overline{y}}{\mathrm{SE}}.$$

该稳定常数 s_0 有助于控制基因特异性波动的影响；s_0 被用来最小化所有基因变化的 d 值。SAM 通过样本标签置换方法直接估算 FDR 值，而不是为每个 d 值计算相应的 p 值。因此，SAM 不像 t 检验那样要求数据的正态性。

SAMtools

SAMtools 是一组命令行实用工具，可对 SAM 文件和 BAM 文件进行管理。SAMtools 可以执行分类、合并和索引等功能，还可以产生位置对应（per-position）格式的比对，该格式的比对是一种可以寻找潜在单核苷酸多态性（single-nucleotide polymorphism, SNP）的直观方法。

Wilcoxon 秩和检验

在数据不具正态性时，Wilcoxon 秩和检验是一种 t 检验的常用替代。在 Wilcoxon 秩和检验中，在两种表型的所有样本中，某个基因表达水平被联合起来并进行排序。Wilcoxon 秩和检验统计量（T）被定义为一种表型的所有样本的秩总和。T 可以被转换为 z 得分，根据高斯分布及 z 得分，可以获得对应的 p 值。

网络资源

AME http://bioinformatics.org.au/ame/
BLAT http://genome.ucsc.edu/goldenPath/help/hgTracksHelp.html#BLATAlign
GALAXY http://galaxy.psu.edu
GEO http://www.ncbi.nlm.nih.gov/geo
UCSC Genome Browser http://genome.ucsc.edu

（赵　铸　译，李伍举　伯晓晨　校）